旗 標 FLAG

好書能增進知識　提高學習效率　卓越的品質是旗標的信念與堅持

旗 標 FLAG

http://www.flag.com.tw

旗 標 FLAG

好書能增進知識 提高學習效率 卓越的品質是旗標的信念與堅持

旗 標 FLAG
http://www.flag.com.tw

AutoCAD 2022

不分行業別
建築土木
機械製圖
都適用

電腦繪圖 職訓寶典

感謝您購買旗標書，記得到旗標網站
www.flag.com.tw
更多的加值內容等著您…
<請下載 QR Code App 來掃描>

● FB 官方粉絲專頁：旗標知識講堂

● 旗標「線上購買」專區：您不用出門就可選購旗標書！

● 如您對本書內容有不明瞭或建議改進之處，請連上旗標網站，點選首頁的 聯絡我們 專區。

若需線上即時詢問問題，可點選旗標官方粉絲專頁留言詢問，小編客服隨時待命，盡速回覆。

若是寄信聯絡旗標客服 email，我們收到您的訊息後，將由專業客服人員為您解答。

我們所提供的售後服務範圍僅限於書籍本身或內容表達不清楚的地方，至於軟硬體的問題，請直接連絡廠商。

學生團體　訂購專線：(02)2396-3257 轉 362
　　　　　傳真專線：(02)2321-2545

經銷商　服務專線：(02)2396-3257 轉 331
　　　　將派專人拜訪
　　　　傳真專線：(02)2321-2545

國家圖書館出版品預行編目資料

AutoCAD 2022 電腦繪圖職訓寶典 / 陳坤松 著. --
臺北市：旗標，2021. 07　面；公分

ISBN 978-986-312-676-8 (平裝附光碟片)

1.AutoCAD 2022(電腦程式)　2.電腦繪圖　3.電腦輔助設計

312.49A97　　　110009372

作　者／陳坤松

發行所／旗標科技股份有限公司

台北市杭州南路一段15-1號19樓

電　話／(02)2396-3257(代表號)

傳　真／(02)2321-2545

劃撥帳號／1332727-9

帳　戶／旗標科技股份有限公司

監　督／陳彥發

執行企劃／張根誠

執行編輯／張根誠

美術編輯／林美麗

封面設計／蔡錦欣

校　對／張根誠

新台幣售價：750 元

西元 2024 年 1 月 初版 2 刷

行政院新聞局核准登記-局版台業字第 4512 號

ISBN 978-986-312-676-8

序

AutoCAD 歷經數十次的改版升級，現在已成為電腦補助繪圖界之標竿軟體，被廣泛應用在土木建築、室內設計、電子電路、機械設計等諸多領域中。如何快速學習並操作 AutoCAD 軟體，以立即應付職場所需，是初學者於學習 CAD 軟體前應先了解的課題。

在作者寫作的一連串 AutoCAD 書籍中，總是在首章苦口婆心提出學習它的正確方法，因為錯誤的學習方法，不但增長學習痛苦指數，更浪費金錢與時間成本，最後還可能導致學習失效而中輟，何以致之，這可能是目前傳統教學方法使然，另一方面也是一般大眾對於電腦繪圖軟體的錯誤認知所致。於歷次寫作 AutoCAD 書籍中，除發表有效且快速學習 AutoCAD 的方法外，更首揭 AutoCAD 的比例問題，更論及 AutoCAD 的發展團隊為追隨直觀設計觀念及圖形介面的發展潮流，勤於每年改版，無非想改變舊有的操作習慣，以工具面板操作模式取代指令操作模式，以免遭受這股洪流所淹沒，其後在 2013 版本以後更把指令行全部面板化，而其尚保留的工具指令文字操作模式，可說是軟體界唯一僅存的老骨董了，這是為照顧以往的使用者不得不然的結果，然而初學者有否必要依然遵循此傳統操作方法，切實值得莘莘學子們深切審思。

有位學生對我反映 AutoCAD 越改版怎越難使用，頓時讓人錯愕，察其原委，在於這位仁兄只習於舊有指令操作，而憚於更換直觀式運作模式，如果在早期，光靠 AutoCAD 足以應付工作所需，惟在現今必需靠多種軟體協同運用才足以成事，如猶固守舊有學習之道，將逐漸被這股洪流所淘汰。AutoCAD 從 2009 版本開始，它一直把 Ribbon 面板（工具面板）的改進做為研發重點，對於 AutoCAD 的學習和使用者而言，如何改變操作習性，以直觀設計概念做為操作及思考邏輯，如此，將會以最少的學習成本及時間，學會 AutoCAD 的一切技巧。當在做設計案時，腦中思考的是源源不斷的創意，而不用特別煩心於指令操作，除非使用者往後要做為 AutoCAD 後續程式開發者，就必需專注於指令的運用，不過畢竟這些開發者是少數，對於多數使用及學習者，不應固守傳統指令操作模式，如果乃一意以執行指令操作為要，建議只要固守 R10 或 2004 版本足矣，不用去追尋使用 2009 以後的版本了，因為這些版本的改版對他著實毫無意義。

本書是專為 AutoCAD 2022 繁體中文版而寫作的教學書籍，它是以直向及橫向的邏輯概念貫穿整個 AotoCAD 的操作系統，讓使用者完全以直觀邏輯概念模式做為學習重點；處於現今資訊狂飆的年代，許多行業與客戶的溝通需要的是 3D 圖像的表達，因此，在職場中為求生存之道，最重要的是學會 2D 與 3D 軟體間的互補與協同作戰，這是目前學子們剛接觸 CAD 軟體時應有基本認知，當使用者對 AutoCAD 的運作方式知其然並知其所以然後，即應將心力轉移至相關應用軟體操作實力上，如此具備三度空間作戰能力後，方足以應付工作職場的一切所需，且能使自己立於永遠不敗之地。

本書在寫作 AutoCAD 2022 中文版期間，因新版本新寫作方式，可供參考資料有限，且因作者才疏學淺，以致詞謬語誤的地方，在所難免，尚祈包涵指正；如果讀者在學習本書的過程中有任何疑問或不清楚的地方，請 Email 給我：sketchupwelsh@yahoo.com.tw。您的鼓勵與支持，是作者繼續寫作下去的原動力。

最後本書得以順利完成，除感謝家人的全力支持與鼓勵，更感謝旗標公司張先生及眾多好友的相助，在此特一併申謝。

作者 **陳坤松** 2021 年 7 月

書附下載檔案說明

- 讀者可連到以下網址下載各章範例的壓縮檔，解壓縮後所看到的章節資料與書中的章節是一致的。

  https://www.flag.com.tw/DL.asp?F1584

  書中凡出現「書附光碟」指的就是您透過上述網址所取得的書附範例。

- 另本書所有練習案例是 AutoCAD 2022 版本製作而成，AutoCAD 2018 以前版本可能無法讀取，在此特予敘明。

- 本書第九章中為說明模型空間與圖紙空間之需，以一建築事務所辦公室裝潢設計為例，將其平面、立面及剖面圖均製作在一個模型空間中，取名為 sample03檔案，至於其中詳細繪製施工圖方法說明，為作者寫作 AutoCAD2012 室內設計製圖一書中範例，有興趣的讀者可以自行參閱。

- 本書所附檔案的**附錄**資料夾內，計有八大類 3000 多個檔案內容，共近 4GB 的檔案容量，僅供讀者自行練習之用，請勿使用於商業用途上。

- 其中 **3D WareHouse** 資料夾為 SketchUp 之 3D 元件庫，共有五大類。3D WareHouse 網站是全世界愛好者無私提供 3D 模型之場所，目前已累積上千百萬個之多，為 SketchUp 使用者在建立 3D 場景時提供免費各式模型，以供無限擴充場景內容。

- 其他七個資料夾為 AutoCAD 之各類圖塊或圖形合輯，此為網路蒐集而來，其單位大部份為 mm，字體可能為簡體字，因此打開檔案後可能呈現眾多?號，惟此並未妨礙圖形的讀取，在此先預為告知。其中有關單位之換算或是字體亂碼解決方案，在書中相關章節均有詳細說明，請自行參閱。

目錄

第 1 章　AutoCAD 2022 操作界面與使用基礎

第 2 章　AutoCAD 2022 之基本操作

第 4 章　圖形編輯工具之運用

第 5 章　建立專屬繪圖樣板

第6章 使用圖塊與外部參考

第 7 章　圖層管理與使用文字、表格

第8章 尺寸與多重引線標註

第 9 章　模型空間與圖紙空間之布局運用

第 10 章　繪製精確各式幾何圖形

Chapter

01

AutoCAD 2022 操作界面與使用基礎

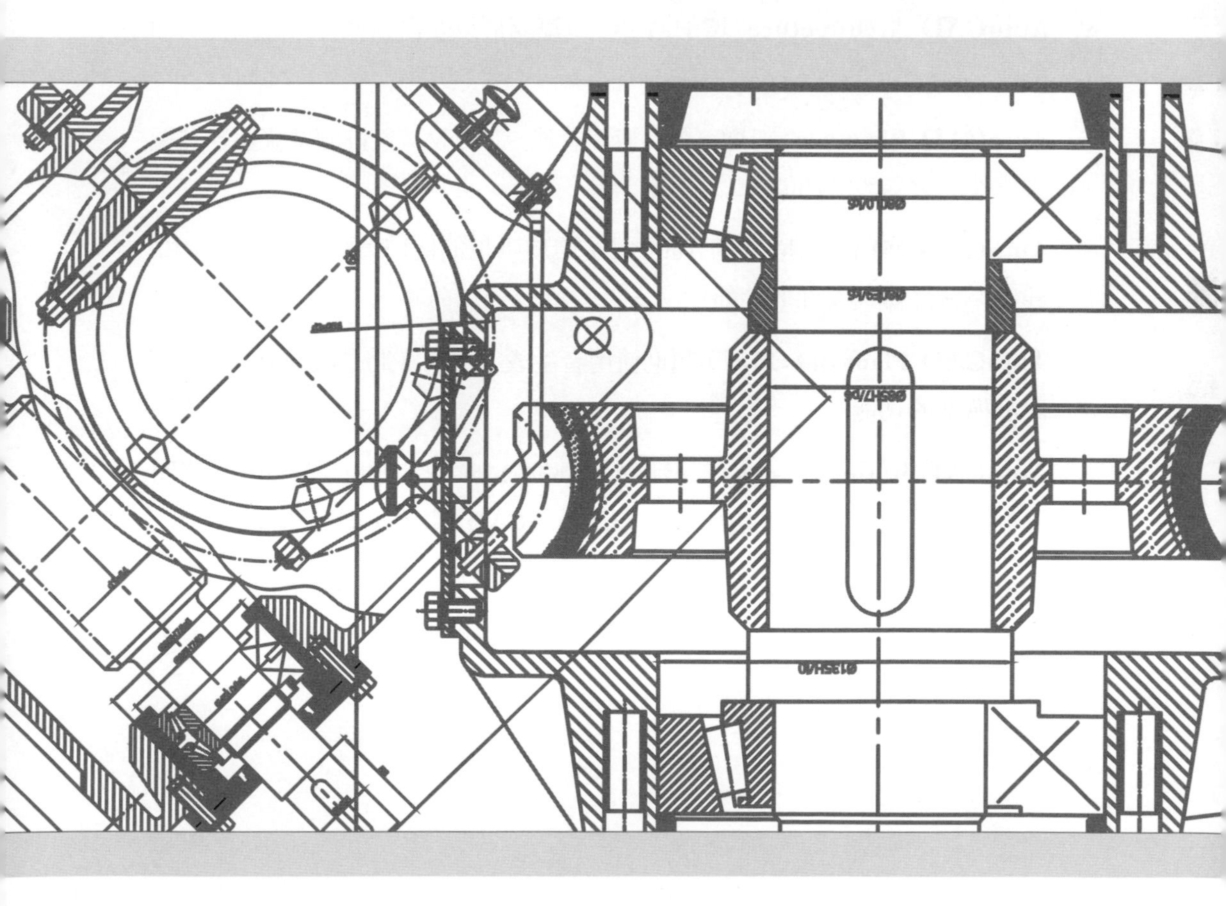

AutoCAD 是 Autodesk 公司所推出的集 2D 繪圖、3D 設計為一體的電腦輔助設計與繪圖軟體。當於西元 1982 年發表 AutoCAD 第一個版本以來，經由設計團隊努力不懈的研發改進，歷經數十次的改版升級，現已成為國際上廣為流行的電腦補助繪圖工具，被廣泛應用在土木建築、室內設計、城市規劃、園林設計、電子電路、機械設計、航天工業及輕工、化工等諸多領域，為目前市面上眾多 CAD 應用軟體中，應用最多、最廣的軟體。其最主要成功原因，在於它能隨時間推移與時俱進，不時改進操作模式與增進功能，繪圖速度更快、精度更高、因此，學習 AutoCAD 已成為進入這些行業的必備敲門磚。

近年來，Autodesk 公司更致力於產品的整合狂潮，冀望將各行業皆整合在其軟體的應用中，其中光是 AutoCAD 一項，就已經衍生出多個不同的版本，如下：

- ◉ **AutoCAD Architecture：**增加適用於建築圖形以及自動執行繪圖任務的功能。
- ◉ **AutoCAD Electrica：**新增可幫助使用者建立、修改電氣控制系統並為其編製文件的電氣設計功能。
- ◉ **AutoCAD MEP：**新增可在 AutoCAD 環境中幫助使用者繪製和設計 MEP 建築系統並編製文件的功能。
- ◉ **AutoCAD Plant 3D：**新增可幫助使用者生成 P&ID 並將其集成到 3D 工廠設計模型的功能。
- ◉ **AutoCAD Raster Design：**新增將光柵轉換為無量的工具，可幫助使用者將光柵圖像轉換為 DWG 對象。在熟悉的 AutoCAD 環境中編輯掃瞄的圖形。
- ◉ **AutoCAD 行動應用：**在軟體許可條件下，隨時隨地在行動裝置上查看、創建、編輯和共享 AutoCAD 圖形，即便身處工地現場，也可以使用最新圖形進行工作。

特別因應這麼多行業，對於 CAD 的使用者而言自然是好事，可以降低設計難度以及提高出圖效率。不過，在 Autodesk 公司緊鑼密鼓的擴張浪潮及不斷更新版本的作為中，似乎未受眾多的從業者及講師、教授們所關注，他們主要接觸的還是最原始的 AutoCAD 版本，不錯，這些衍生的後續軟體，基本上還是建立在原始的 AutoCAD 上，對一位初學者而言，本應從 AutoCAD 基礎學起，待建立厚實的軟體操作技能，於行有餘力時，才挑選各別行業別衍生軟體再進一步學習，才是正確的學習途徑。

本書是專為 AutoCAD 2022 繁體中文版而寫作的教學書籍，它顛覆傳統的切香腸式的指令教學模式，而是以直向及橫向的邏輯概念貫穿整個 AotoCAD 的操作系統，讓使用者完全以直觀邏輯概念模式做為學習重點。處於現今電腦繪圖軟體爆炸的年代，想要以單一軟體應付職場上各項工作挑戰，簡直為不可能的任務，不可諱言，CAD 軟體在各行業中其倚賴性有逐漸下滑趨勢，因此，在職場中為求生存之道，最重要的是學會各軟體間援引使用與協同作戰，這是目前學子們剛接觸 CAD 軟體時應有基本認知，當使用者對 AutoCAD 的基本運作了然於胸後，即應將心力轉移至相關應軟體操作實力上，如此具備三度空間作戰實力，才足以應付工作職場的一切所需，使自已立於不敗之地。

1-1 AutoCAD 2022 新增功能

1 **3D 圖形技術預覽**：此版本包含針對 AutoCAD 開發、全新跨平台 3D 圖形系統的技術預覽，運用新型 GPU 和多核心 CPU 的所有強大功能，與舊版相比，能為大型圖面提供更順暢的瀏覽體驗。此技術預覽預設為關閉。如果打開，新型圖形系統會使用「描影」視覺型式接管視埠。新型圖形系統最後有可能會取代既有的 3D 圖形系統，如圖 1-1 所示。

圖 1-1 3D 圖形技術預覽

2 **浮動圖面視窗**：現在使用者可以將圖檔頁籤從 AutoCAD 應用程式視窗拖曳出，使其成為浮動的視窗，如圖 1-2 所示。

圖 1-2 浮動圖面視窗

* 浮動圖面視窗功能的部分優點包括：
* 多個圖檔可以同時可見，而無需在頁籤之間切換。
* 一個或多個圖檔可以移至另一個螢幕。

3 **計數**：快速、準確地計數圖形中的實例，可以將包含計數數據的表格插入到當前圖形中，有關 AUTOCAD 計數功能之操作方法請參閱第七章說明。

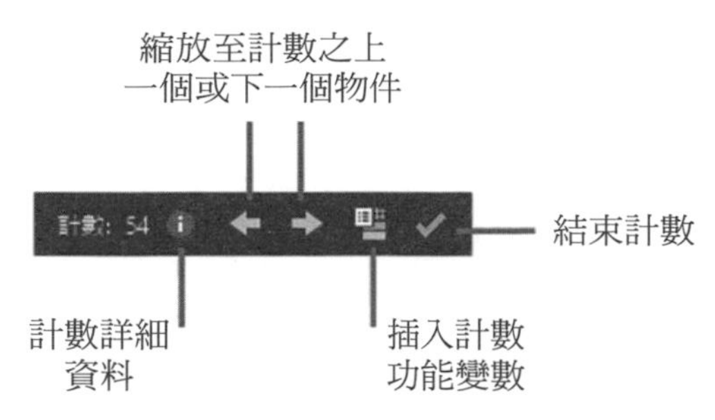

圖 1-3 自動開啟計數工具列面板

4 **軌跡**：軌跡提供一個安全的空間，可對 AutoCAD 網頁應用程式和行動應用程式中的圖面變更進行協同合作，不用擔心改變既有的圖面。軌跡就像是將一張虛擬的協同合作描圖紙放在圖面上，讓協同合作者可以直接在圖面中加入意見。

5 **共用目前圖面**：共用目前圖面複本的連結，以在 AutoCAD 網頁應用程式中檢視或編輯。所有相關的 DWG 外部參考和影像均包括在內。共用的運作方式類似於 AutoCAD 桌面版的 ETRANSMIT。共用檔案包括所有相關的從屬檔案，例如外部參考和字體檔。有連結的任何人都可以在 AutoCAD 網頁應用程式中存取圖面。連結在建立後七天後到期。使用者可以選擇兩種收件者權限層級：「僅供檢視」和「編輯和儲存複本」。

6 **推送到 Autodesk Docs**：此功能可讓團隊在現場檢視數位 PDF 當作參考。可將 AutoCAD 圖面以 PDF 格式上傳到 Autodesk Docs 上的特定專案，如圖 1-4 所示。

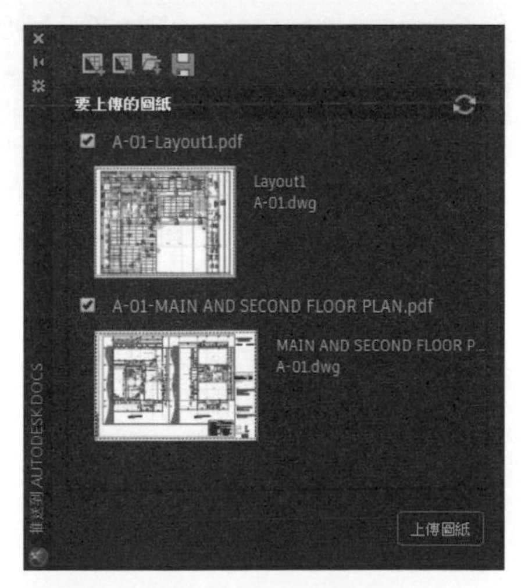

圖 1-4 推送到 Autodesk Docs

7 **重新設計的開始頁籤**：「開始」頁籤已重新設計，可為 Autodesk 產品提供一致的操作體驗。

8 **安裝程序**：2022 版提供一種全新、更快、更可靠的安裝和部署體驗。安裝產品時，選項比較少，讓使用者啟動和執行的速度更快。如需更自訂化地安裝或建立部署，請使用 Autodesk Account 中的「自訂安裝」工作流程。這可以讓使用者無需先下載產品，就能完全控制想要的選項。使用「自訂安裝」，可以在單一安裝中包括多個產品，並加入所有選項、延伸和外掛程式。

9 **改進效能**：2D 和 3D 視覺型式現在支援 Microsoft 的 DirectX 12。

1-2 AutoCAD 2022 軟硬體系統配置規格

AutoCAD 2022 系統需求 for Windows	
作業系統	64 位元 Microsoft Windows 10
處理器	基本要求：2.5-2.9 GHz 處理器 建議：3+ GHz 處理器
記憶體	基本要求：8 GB 建議：16 GB
螢幕解析度	1920 x 1080 解析度 在 Windows 10 上支援高達 3840 x 2160 的解析度
顯示卡	基本要求：1 GB GPU 建議：4 GB GPU
硬碟空間	10.0 GB
.NET Framework	.NET Framework 版本 4.8 或更高版本

AutoCAD 2022 for Mac 系統要求	
作業系統	Apple macOS Big Sur v11 Apple macOS Catalina v10.15 Apple macOS Mojave v10.14
CPU	64 位元 CPU 建議：Intel Core i5 或 M1 處理器
記憶體	基本要求：4 GB 建議：8 GB 或更大
螢幕解析度	基本要求：1280 x 800 螢幕 高解析度：2880 x 1800 Retina 螢幕
硬碟空間	10.0 GB

大型數據集、點雲和三維建模的其他要求	
記憶體	8 GB 或更大 RAM
硬碟空間	6 GB 可用硬碟空間
顯示卡	3840 x 2160 (4K) 或更高，Pixel Shader 3.0 或更高版本，支援 DirectX 的工作站級顯卡。

◎ 其他工具組合(僅限 Windows)

工具組合	其他要求
AutoCAD Map 3D	硬碟空間：20 GB 記憶體：16 GB
AutoCAD Electrical	硬碟空間：20 GB Microsoft Access Database Engine 2016 Redistributable (x64) (16.0.5044.1000) 或更高版本
AutoCAD Architecture	硬碟空間：20 GB 記憶體：16 GB
AutoCAD MEP	硬碟空間：21 GB 記憶體：16 GB
AutoCAD Plant 3D	硬碟空間：12 GB
AutoCAD Mechanical	硬碟空間：12 GB
AutoCAD Raster Design	硬碟空間：1 GB

1-3 有效學會 AutoCAD 2022 的方法

AutoCAD 的發展歷史悠久，因每年勤於改版致系統變得相當龐大複雜，更因發展長久，為照顧以往的愛用者，致在每次改版中，不敢拋棄太多傳統包袱，以致整體程式呈現疊床架屋態勢。早期 3D 繪圖尚在萌芽階段，以 CAD 做為電腦補助繪圖的唯一工具，尚可花費全部精力專注於它。如今 3D 電腦繪圖已達成熟期，以致百家爭鳴，演變成需要多種軟體相互搭配方足以成事。如今想以單一 AutoCAD 軟體做為職場上單一應用軟體工具，成為不可能的任務。某些電腦補習業者的招生廣告**學會 AutoCAD 以成就百萬年薪**的廣告訴求，識者可以把它當成笑話一則，但卻嚴重誤導了學習 CAD 的正確方向。

因此，對於一位初學者而言，如何將 AutoCAD 做正確定位，並能快速學會軟體操作，成為起始學習的重要課題，茲將其學習要訣試分析如下：

1. **剝洋蔥式工具指令學習方法**：AutoCAD 是一款龐大的操作系統，它為應付各行各業之需要，因此功能設計相當繁多複雜，如果只為應付考試需要，一味涉獵所有功能選項，則可能會半途斷羽而歸，即便拿到一紙證照，仍然無法擁有專業的繪圖技能。正確的學習方法，則是依未來就業方向，再依本業需要從淺顯簡單的工具指令，專注熟練學習它，至於太過於深奧的指令功能，則留待工作上有需要時再深入研究即可。

2. **啟用動態輸入及使用工具面板**：傳統的操作方式，完全以指令行的指令輸入為主，這是傳授者昧於軟體進步事實，以自身學習方法硬套學習者身上。讓這些初學者一開始即要背誦 DOS 時期遺留下來的文字指令，這會是痛苦折磨的開始，也會延遲學習的速度與成效，因此，使用人性化的動態輸入及使用工具面板，是快速學習 CAD 軟體的不二法門，這也是 AutoCAD 勤於改版的主要內容。

3 **啟用工具面板之直觀操作模式**：審視目前 AutoCAD 的學習書籍，盡是一些操作指令的解說，宛如軟體操作手冊的合集，且以工具指令操作為主，要求使用者死記這些英文指令，完全不理會 Ribbon 面板（工具面板）的直觀設計功能，誠然如果使用者最終目的是要成為一位 AutoCAD 系統規劃者，或是 AutoLISP&DCL 二次開發的程式設計人員，背誦這些工具指令是必要的，因此建議，如果有此志向者應以學習 AutoCAD 的英文版本為要，因為，經由這樣的訓練，才足以成其大器。至於一般的使用者，只要跟著作者的學習腳步，經由以 Ribbon 面板（工具面板）及面板化之指令行操作模式，再加上實例演練為輔的一系列解說，其學習心力絕對最省，且其效果將最為顯著。

如今電腦軟體已經是圖形介面操作的天下，使用指令操作有如瀕臨絕種的保育類稀有動物了，有長期使用電腦經驗者都了解，使用指令方式為 DOS 時代的產物，因此不管 Autodesk 本身或其他軟體公司所開發的軟體，都已全面使用工具面板做為軟體操作模式，唯獨 AutoCAD 為照顧這些舊有的使用者，才保留此一操作模式，對一位剛初學者而言，實無必要再因循使用此種操作模式以增加學習難度，況且在 AutoCAD2013 版本以後，也已將指令行給予 Ribbon 面板化了。如果能夠拿捏前面所分析的方法，想要快速學會龐大 AutoCAD 系統，將會是一件容易的事情。

4 **首重理解 AutoCAD 整體操作的邏輯概念**：一般 AutoCAD 傳授者太注重工具指令的運用解說，對於貫穿整個軟體的操作邏輯概念卻略而不提，因此，學子縱使學會且熟練這些工具指令，乃然無法整體靈活運用。況且軟體變化速度太快，當另習其他軟體後，如想再回頭使用 AutoCAD，可能需要再花數倍時，卻已不能溫故而知新了。

5 **釐清比例觀念並正確的使用它**：比例對於電腦補助繪圖上相當重要，但也相當惱人，在筆者從事電腦繪圖寫作與教學多年中，得知多數 CAD 使用者對於 AutoCAD 的比例觀念仍處於一知半解狀態，而許多 AutoCAD 的書籍，對此不是語焉不詳，不然就是略而不提，本章的另一小節將提出詳盡的說明，以求徹底為讀者解惑。

6 **建立專屬的繪圖樣板**：各行各業都有專屬於自己的繪圖樣板，建立專業的專屬樣板，有助於系統學習，更有助於繪圖效率提昇，本書將以個別專章（第五章），對此提出詳盡的說明。

7 **模型空間與圖紙空間的轉換及出圖**：一般 AutoCAD 書籍，對於此一領域也是語焉不詳或不多做著墨，其實它不但有助於列印輸出的布局，更對於整體繪圖成果有決定性的影響，如果兩者觀念清楚，圖形從繪製到輸出會是一路順暢，本書將在第九章做徹底詳細的專業說明。

8 **專注 CAD 軟體於 2D 繪圖領域中**：用對軟體則事半功倍，用不對軟體則事倍功半，不管 AutoCAD 再怎麼改版以增強 3D 功能，它終究還是 2.5D 的產品，在 3D 軟體的排行中，仍然屬於低階者，因此在產品的 3D 表現應用上，從來就未被使用者列入考慮，在很多 AutoCAD 的書籍中，雖然有 3D 指令的解說，但最多也是虛應故事聊備一格，以做為它有 3D 功能的交代，如果學習者不察，將會浪費太多的學習精神於此，不但打壞了學習興致，且導致一事無成。

9 **貼行業及重實踐**：初學者需要的是拋開 CAD 軟體，在這裡指的是不要以 CAD 學習為真正的目的，而是要從行業的實用角度出發。我們把著眼點放在如何快速的實現我們的商業目標和效果上，深入的理解軟體在行業中的應用。比如說如何使用圖塊這個操作進行快速的製圖...等等。

10 **慎選 3D 建模軟體**：在電腦繪圖發達的今天，設計師普遍都會以 3D 圖做為溝通工具，如此才能呈現其專業性，也才能讓業主輕易了解設計內容。在 AutoCAD 歷次改版中曾不間斷增強 3D 功能，唯其本質仍屬 2.5D 的軟體，其原因上面已做過詳細說明。至於 3D 建模主流軟體當非 SketchUp 莫屬，以其操作簡單學習容易的特性以及直觀設計概念，早已獲得設計師們的青睞，作者對此軟體有完整系列的書籍寫作。如圖 1-5 所示，這是一個社區的造鎮計劃，經由 AutoCAD 繪製社區整體平面圖，再經由 SketchUp 以產生 3D 立體場景的情形。如圖 1-6 所示，這是由 AutoCAD 繪製完之 DWG 圖，經匯入到 SketchUp 軟體中快速創建 3D 模型。如圖 1-7 所示，這是由 SketchUp 創建 3D 建模，經匯出 DWG 格式之立面圖以供 AutoCAD 後續編輯用。藉由這三個案例可以很容易了解，想要製作理想的 3D 場景，就交給專業的 3D 軟體繪製，且可藉由 3D 場景的建立，迅速完成各面向立面圖的繪製，因此藉由軟體間之互補即可應付工作上之各項需求。

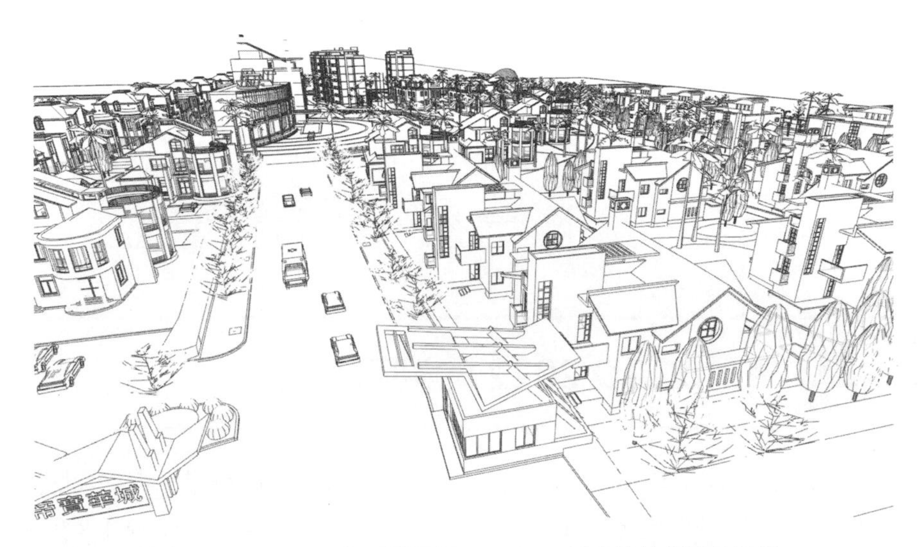

圖 1-5　借助 AutoCAD 平、立面圖再經 SketchUp 創建的社區造鎮計劃

圖 1-6　經由 CAD 圖匯入到 SketchUp 中快速完成 3D 建模

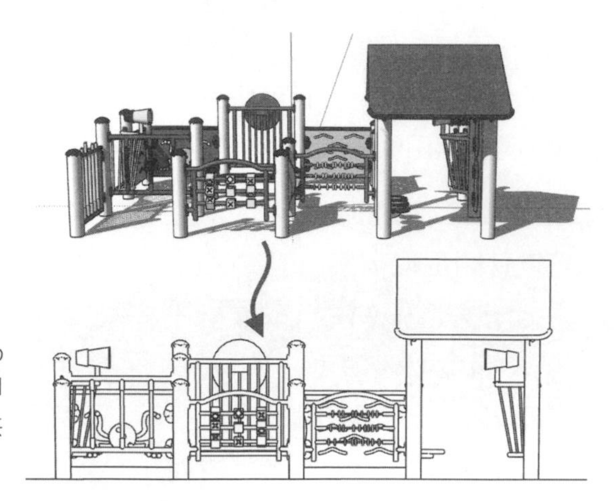

圖 1-7 經由 SketchUp 創建之 3D 模型立即轉成各面向立面圖供 AutoCAD 使用

1-4 AutoCAD 2022 的迎賓畫面

當安裝完成 AutoCAD 2022 軟體後，其啟動軟體後之迎賓畫面與之前版本有相當顯著的不同，分別有不同欄位與區間以供不同功能使用，如圖 1-8 所示，這是 2022 版本新創設的迎賓畫面，茲將其各別編號並說明其內容如下：

圖 1-8 進入 AutoCAD 2022 軟體後的迎賓畫面

溫馨提示 讀者的迎賓畫面與此圖面底色不同，這是作者為寫作需要所做的更改，至於更改的方法在後面的小節中再做詳細的說明。

1 **開啟圖面按鈕**：當在**開啟**欄位中按下滑鼠左鍵，可以打開**選取檔案**面板，在面板中可以選取以前存檔之 DWG 格式檔案，當選取檔案後按下**開啟**按鈕即可進入到 AutoCAD 軟體內。使用者亦可按下欄位右側的向下箭頭按鈕，系統會表列出 3 種格式供選取，如圖 1-9 所示，當再一次按下向下箭頭按鈕，即可收回表列面板。

圖 1-9 系統會表列出 3 種格式供選取

. **開啟新建檔案按鈕**：執行此按鈕，可以 acadiso.dwt 為樣板直接進入軟體中並開啟一新檔案以供繪圖使用。使用者亦可按下欄位右側的向下箭頭按鈕，系統會表列出各種功能選項供選取使用，如圖 1-10 所示，現將其分別編號並分別說明其功能如下：

圖 1-10 系統會表列出各種功能選項供選取使用

(1) **樣板選項**：本選項目前為灰色不可執行，當使用自定繪圖樣板時即可執行，有關建位專屬繪圖樣板的方法，在本書第五章會有詳細的說明。

(2) **acadiso.dwt 選項**：這是系統預定的樣板。

(3) **瀏覽樣板選項**：執行本選項可以打開**選取樣板**面板，此面板中會呈現系統提供眾多樣板檔案供選取。

(4) **線上取得更多樣板選項**：執行本選項可以透過網路選取更多的樣板檔案。

(5) **圖紙集選項**：執行本選項可以打開自定的圖紙集。

(6) **建立圖紙集選項**：執行本選項可以打開**建立圖紙集—開始**面板，供使用者自定圖紙集。

3 **最近使用按鈕**：執行此按鈕，於右側的內容展示區中會展示使用者曾經開啟過的檔案。

4 **Autodesk Docs 按鈕**：執行此按鈕，系統會要求使用者登入 Autodesk 帳戶。

5 **學習按鈕**：執行此按鈕，於右側的內容展示區中會展示學習面板，如圖 1-11 所示，在面板中有許多教學影片可供操作學習，此部分有需要的讀者請自行操作練習。

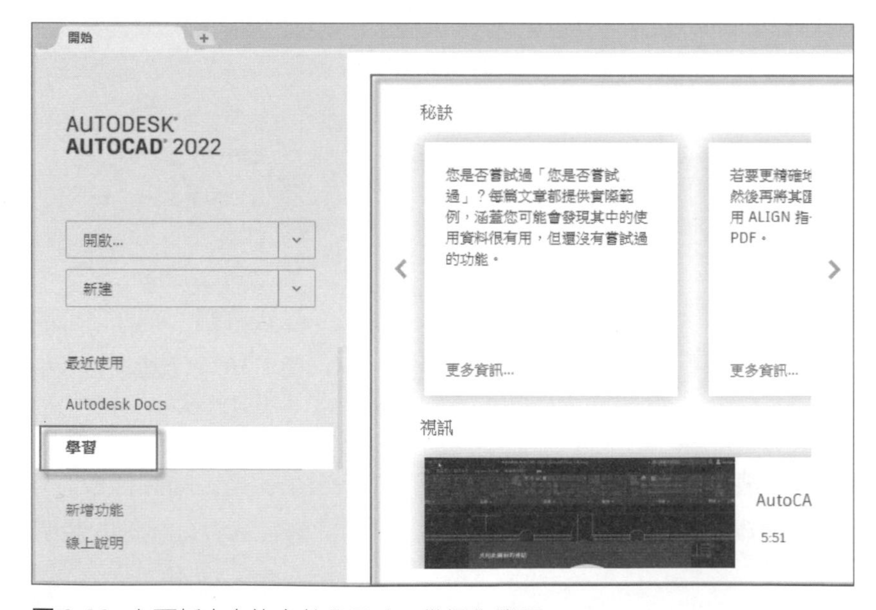

圖 1-11 在面板中有許多教學影片可供操作學習

6 **網路輔助功能區：**本區中系統提供多種網路功能，當使用者連上網路後，可以即時利用網路功給予必要之協助，如圖 1-12 所示，這是完全展開後的網路輔助功能區所有內容。

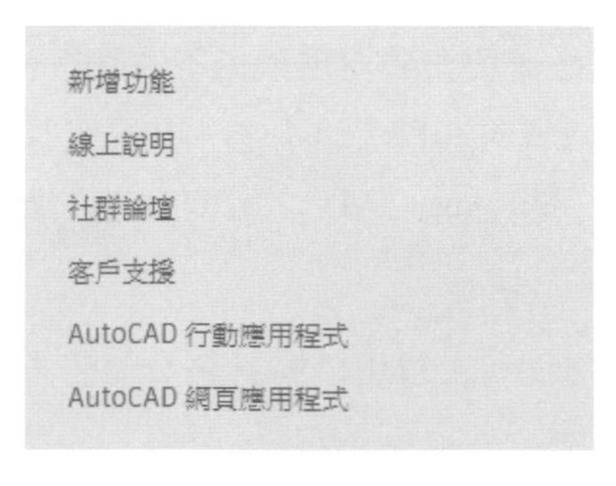

圖 1-12 完全展開後的網路輔助功能區所有內容

7 當於前面執行**最近使用**按鈕時，內容展示區上方會顯示此兩按鈕，各別執行它們可以將展示區內容以表列文字或縮略圖方式展示。

8 圖檔之表列文字或縮略圖方式展示區。

9 當於前面執行最近使用按鈕時，於每一檔案區會再有許多按鈕，供使用者對此等檔案做各項控管。

10 執行此按鈕可以關閉其右側之面板，當再次執行此按鈕時可以再度開啟。

11 **Announcements（公告）區：**此區可以展示 Autodesk 最近發布之訊息。

12 **連接區：**此區為當使用者購買 AutoCAD 軟體後，可聯上 AutoDesk 公司或 AutoCAD 之雲端做各項資料連結。

13 **傳送回饋區：**本區為可依使用者之使用狀況向 Autodesk 公司做回報，以做為 AutoCAD 改進之參考。

1-5 AutoCAD 2022 系統介面

當使用滑鼠按下**新建圖面**按鈕，真正進入 AutoCAD 時書中畫面可能與使用者的畫面有些差異，這是作者為寫作需要預先對環境做了些更改，並且電腦螢幕上多出下拉式功能表單，在 AutoCAD 2012 版本以後，其內定狀態是隱藏起來，現為說明需要把它顯示出來，有關 AutoCAD 之環境設定及顯示下拉式功能表方法，將在後續小節中做說明。

進入 AutoCAD 2022 程式後的畫面，大致可以將其區分為若干區域，如圖 1-13 所示，現將各區域功能說明如下：

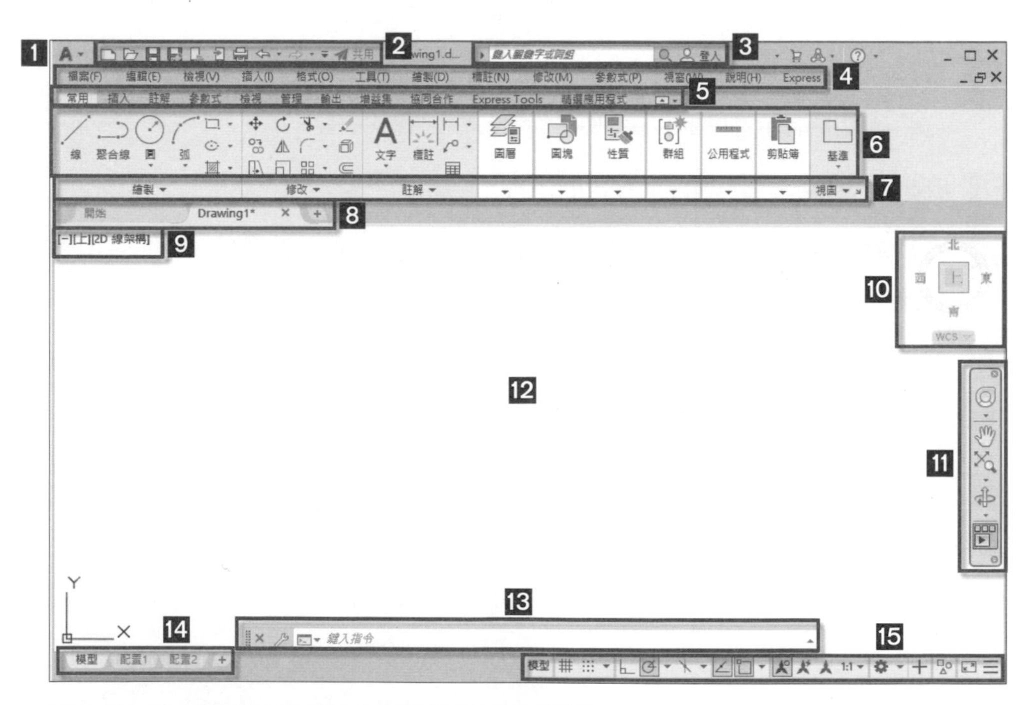

圖 1-13 將 AutoCAD 的使用介面畫分若干區域說明

1 **應用程式視窗工具**：這是 Windows 視窗中位於左上角慣有的小按鈕，它原做為放大縮小及開關視窗之用，如今 AutoCAD 擴充了它的功能，在沒有下拉式功能表→**檔案**功能表單下，它可以取代其部分功能，使用滑鼠按紅字 A 工具按鈕，可以打開其下拉式表單，在其表單中可以執行以下工作：

* 建立、開啟或儲存檔案
* 檢核、修復與清除檔案
* 列印或發佈檔案
* 存取「選項」對話方塊
* 關閉應用程式

2 **快速存取工具面板**：此處顯示一些常用的工具按鈕，如圖 1-14 所示，由左至右分別為新建、開啟、儲存、另存、從網頁版和行動版開啟、儲存至網頁版和行動版、出圖、退回、重做及共用等按鈕，如果想再加入其它工具按鈕，可點擊最右側的向下箭頭，可以展現其下拉式功能表單，在表單中將系統預設的工具按鈕打勾，即可在**快速存取**工具面板中呈現。至於其它表列功能選項之操作方法，現詳為說明如下：

共用

圖 1-14　快速存取工具面板中的 9 個按鈕

(1) 主功能表單在系統預設情形下是隱藏的，此時可以打開上述的下拉式功能表單，選擇其中的**展示功能表列**功能表單，可以把傳統使用的主功能表單顯示出來，如果想隱藏主功能表單，再執行一次此功能表單即可。

(2) 在 AutoCAD 的新操作模式下，主要作圖方法是運用工具按鈕及右鍵功能表單，因此主功能表用到機會較少，平常可以維持隱藏狀態，需使用時再打開即可，以擴大繪圖區域。

(3) 也許感覺工具按鈕及右鍵功能表單的功能，尚不足以應付工作所需，可以在打開的**展示功能表列**功能表單中，選擇其中的**更多指令**功能表單，隨即可以打開**自訂使用者介面**面板，如圖 1-15 所示，此面板可以將工具面板中未呈現，而工作所需的工具加入到**快速存取**工具面板中。

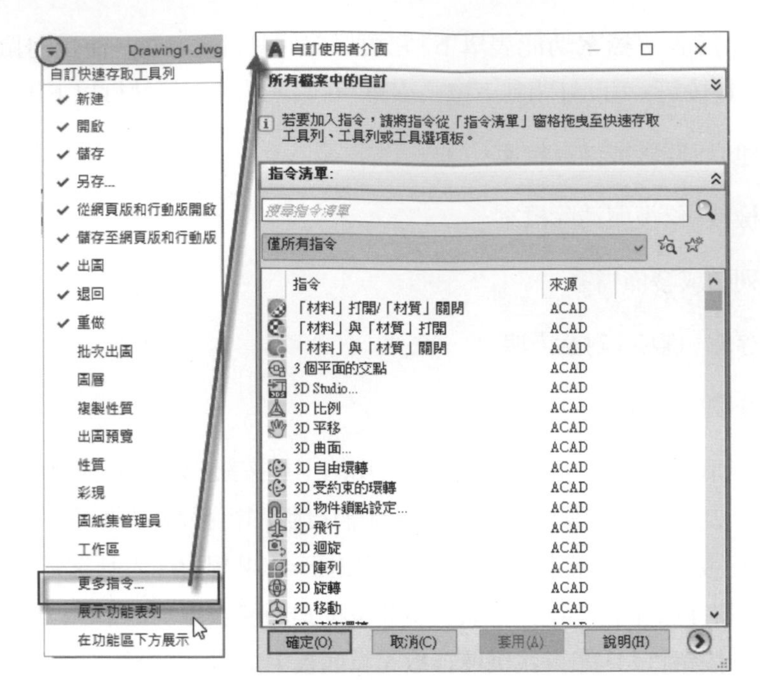

圖 1-15 開啟**自訂使用者介面**面板

(4) 當自行增加了許多按鈕後，如果讀者想將多餘的工具按鈕自此快速存取面板中移除，可以選取此工具按鈕並按下滑鼠右鍵，在右鍵功能表中選取從快速存取工具則中移除選項，即可將此工具從快速存取面板中移除。

(5) **快速存取**工具面板因空間位置有限，因此在工具面板中已存在的工具，請不要再將其放置在此面板中，並以經常使用到者為限以節省空間。

3 **求助區**：現說明查詢工具指令的使用說明如下：

(1) 當使用者對某一指令有疑惑時，可以在空白欄位內輸入欲查詢指令，當然此時宜輸入英文的工具名稱，如果使用者無法知道其英文名稱，可以移游標現至此工具上停留，即可顯示其英文工具名稱。

(2) 當在輸入欄內輸入英文之工具名稱後，再按下欄位右側的**望遠鏡**按鈕，即可打開 Autodesk AutoCAD 2022 說明面板，在面板內系統會提供此指令之詳細訊息。

4 **下拉式功能表**：這是由 13 個主要的功能表單所組成，所有的 AutoCAD 的指令操作及功能設定，皆可利用這些功能選項執行，唯在直觀設計概念的執行中，它變成了備而不用的功能，因此在 2022 版本中內定將它隱藏起來，需用時才會將其開啟。

5 **工具頁籤**：本工具面板中設有常用、插入、註解、參數式、檢視、管理、輸出、增益集、協同合作、Express Tools 及精選應用程式等共計十一項，每一項頁籤內又包含了多種工具組，如**常用**頁籤內包含了繪製、修改、註解、圖層、圖塊、性質、群組、公用程式、剪貼簿及視圖等十項，在此工具面板中 AutoCAD 2022 版本和之前版本相差不大，這是 AutoCAD 的精華所在，它幾乎可以取代主功能表及指令行所有指令，新的繪圖操作模式，則以此等面板展開所有工作，如圖 1-16 所示，這是**常用**頁籤內的工具面板內容。其大致操作方法如下：

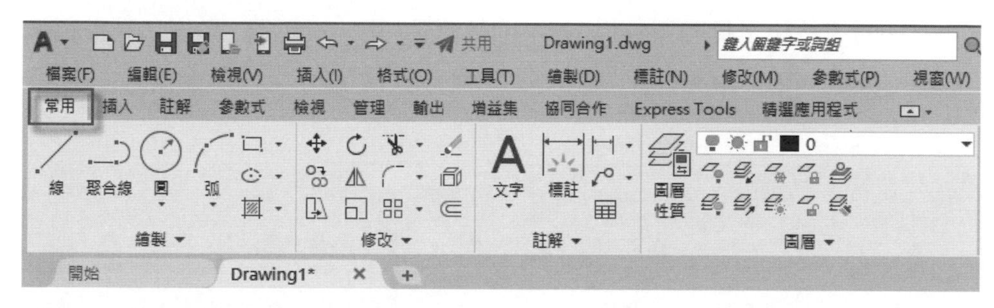

圖 1-16 **常用**頁籤內的工具面板內容

(1) 使用滑鼠點擊頁籤面板右側的向上箭頭按鈕，可以隱藏工具面板，而只剩下頁籤面板及面板標題及每一工具面板的第一組工具圖標，如圖 1-17 所示。

圖 1-17 只剩下頁籤面板及面板標題及每一工具面板的第一組工具圖標

(2) 使用滑鼠再點擊頁籤面板右側的向上箭頭按鈕，可以隱藏每一工具面板的第一組工具圖標，而只剩下面板標題，再一次點擊，最後只剩下頁籤面板，如圖 1-18 所示，當再一次點擊，則可以顯示全部的面板。

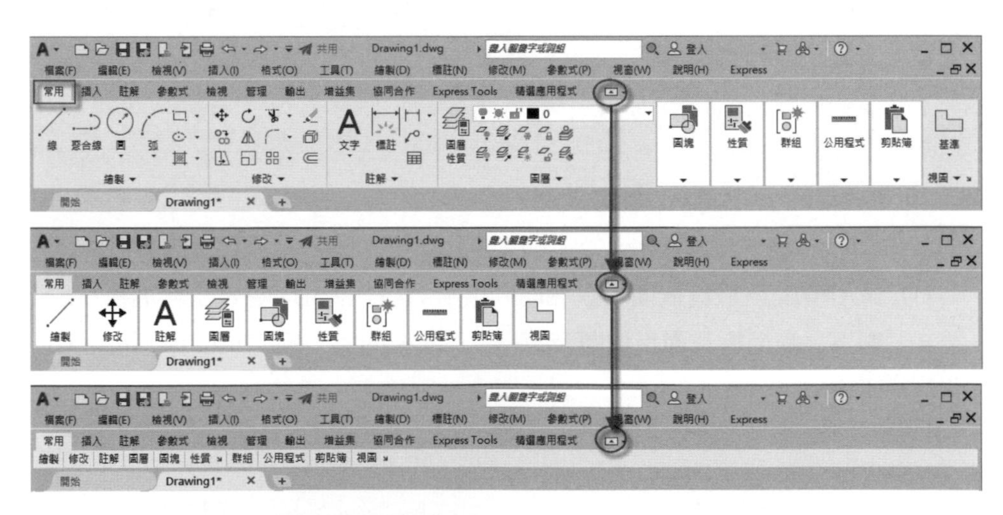

圖 1-18 工具頁籤及工具面板可以循環顯示

(3) 如果不想循環顯示方式，可以使用滑鼠點擊最右側的向下箭頭按鈕，在顯示的下拉式表列選項中，直接選擇各種顯示方式功能表單，如圖 1-19 所示。

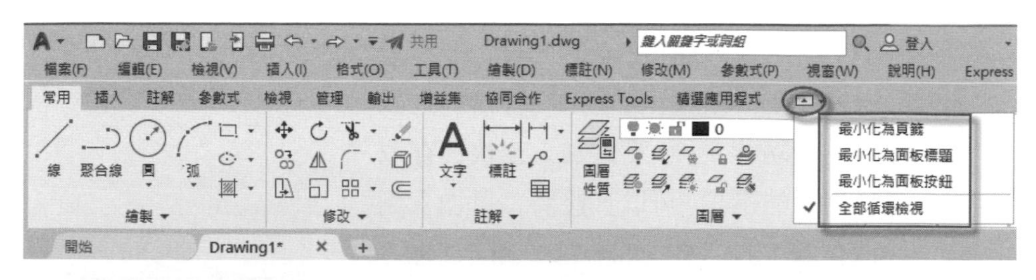

圖 1-19 直接選擇各種顯示方式

(4) 在頁籤面板空白處，點擊滑鼠右鍵，可以打開右鍵功能表，如圖 1-20 所示，在面板中最底下兩個選項，如執行**浮動**功能選項，可以使頁籤面板呈浮動狀態，可以隨處移放，如執行**關閉**功能選項，則可以整個關閉頁籤面板，其再次顯示的方法，在後面的小節中會做說明。

圖 1-20 在頁籤面板空白處執行右鍵功能表

6 **工具面板**：如前面所言這是最新版本 AutoCAD 的精髓所在，它由工具面板和面板標題所組成，上段顯示的工具按鈕為較常用工具，使用滑鼠點擊面板標題，可以再展出更多的工具，如圖 1-21 所示，其操作方法說明如下：

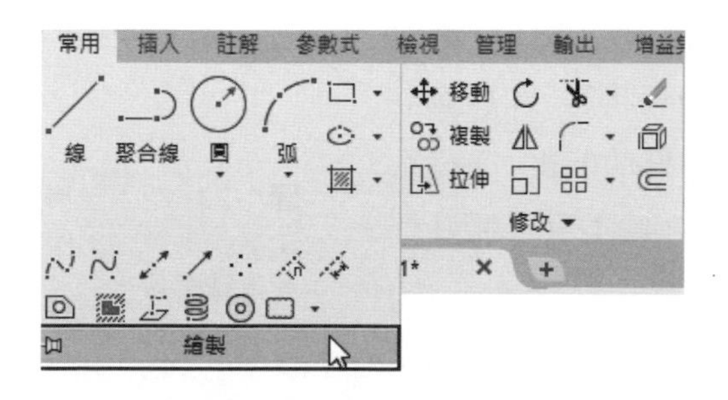

圖 1-21 展開全部的**繪製**工具面板

(1) 在打開全部工具面板中，左側的圖釘預設為向左，表示此面板可以隱藏或開啟，如果使用滑鼠點擊此圖釘，則此面板改為固定式存在，無法再隱藏起來，AutoCAD 一般會把較常用工具置於上方面板中，因此，維持面板為活動式較切實際，以防止繪圖區變小。

(2) 移游標到工具按鈕上並按滑鼠右鍵，在開啟的右鍵功能表中，點選**加入至快速存取工具列**功能選項，可以直接將工具加入到快速存取工具列中，如圖 1-22 所示，唯一般均保留快速存取工具列上的位置，以供未出現在工具面板上的工具使用。

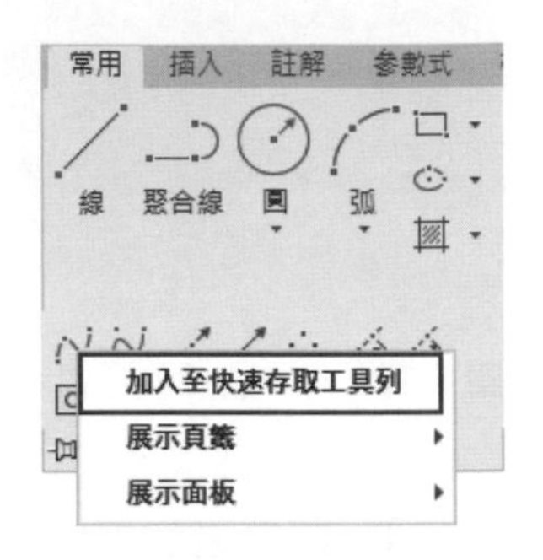

圖 1-22 執行**加入至快速存取工具列**功能選項

(3) 續執行上面的右鍵功能表，如選擇**展示頁籤**功能選項，在下一層次功能表中會列出所有頁籤選項，如圖 1-23 所示，如想取消某一頁籤的顯示，將其不勾選即可。如果執行**展示面板**功能選項，則在下一層次功能表中會列出所有此頁籤之工具面板選項，如圖 1-24 所示，其中勾選者為顯現，不勾選者則為隱藏狀態，在頁籤空白處使用右鍵功能表，亦有此功能選項，在此不重複說明。

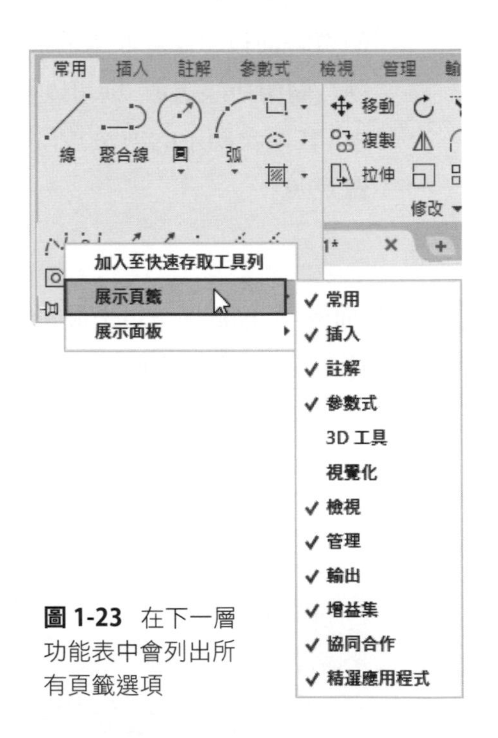

圖 1-23 在下一層功能表中會列出所有頁籤選項

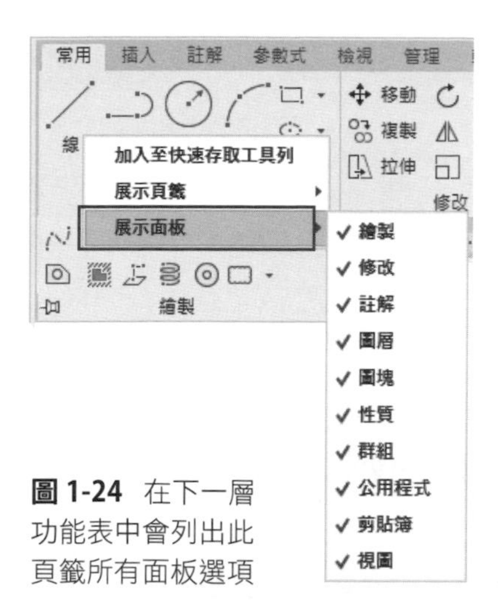

圖 1-24 在下一層功能表中會列出此頁籤所有面板選項

7 **面板標題**：本標題之說明已併入到工具面板中，請自行參閱。

8 **文件頁籤區**：當使用者在迎賓畫面中按下**啟動圖面**按鈕，在進入到 AutoCAD 程式中系統會自動開啟一新圖檔，供立即繪製編輯圖形，並展示此文件頁籤區，其操作方法說明如下：

(1) 當移動游標到開始頁籤上時，按下滑鼠左鍵，即可再打開迎賓畫面，供使用者再次使用迎賓畫面中各項功能。

(2) 想要結束迎賓畫面，可以在**檔案**頁籤上點擊檔案名稱即可。

(3) 在頁籤中文件序號為依開啟檔案時的前後順序編列，選取該頁籤可以使用滑鼠移動其前後順序，其中文件中有星號表示自上次保存後已被修改。

(4) 使用滑鼠點擊文件頁籤右側的新圖面（＋號）按鈕，可以開啟一新檔案，以供重新繪圖與編輯圖形。

(5) 移動游標至文件頁籤區之空白地方，按下滑鼠右鍵，可打開其右鍵功能表，如圖 1-25 所示，在該功能表中可以執行開啟、儲存或關閉檔案。

圖 1-25 在文件頁籤區之空白地打開右鍵功能表

9 **視埠表示功能表區**：此區為 AutoCAD 2012 版本以後新增項目，現說明各項按鈕之功能如下：

(1) 使用滑鼠點擊（－）按鈕，在其打開的表列功能表中，選取**還原視埠**功能表單，可以將繪圖區恢復成四區均分的視埠，在此四埠中只有一個視埠為目前作用中之視埠，系統會藍色框框住視埠，並且原（－）按鈕會改為（＋）號按鈕，如圖 1-26 所示。

圖 1-26 恢復成四區均分的視埠

(2) 再按此視埠之 (+) 號按鈕，在其顯示的下拉功能表列中選擇最大化視埠選項，則可以恢復成原來的單視埠情況。當選取**視埠規劃清單**功能表單，在次功能表中可以選擇各式的視埠規劃，如圖 1-27 所示。

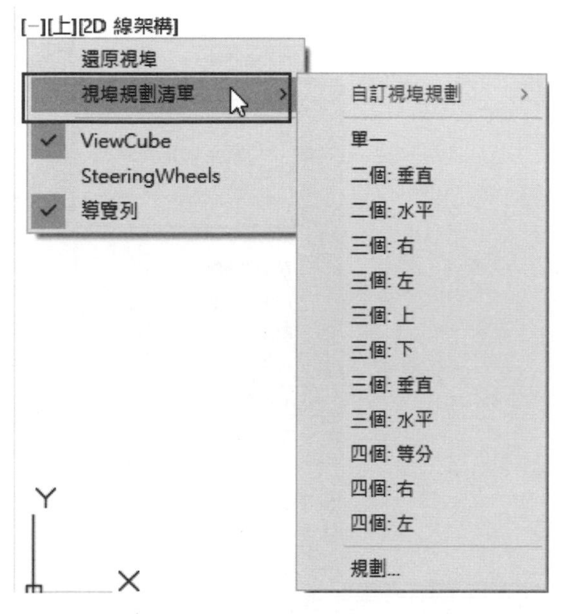

圖 1-27 在次功能表單中選擇各種視埠規劃

(3) 其下的 ViewCubel 及導覽列功能表單，系統內定情況為勾選狀態，其表現結果則如繪圖區右側顯示的兩組工具面板，當勾選 Steering Wheels 功能表單，則會顯示 Steering Wheels 工具面板，如圖 1-28 所示，要結束此面板只要按下 [ESC] 鍵即可，此三項功能表單可視個人需要設置。

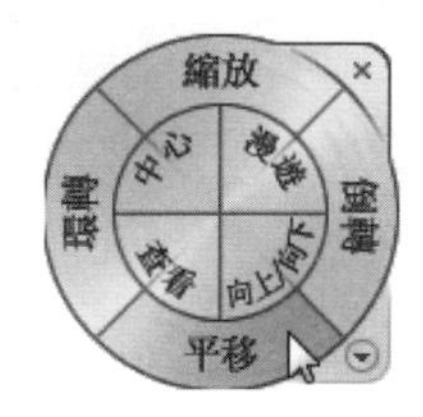

圖 1-28 顯示 Steering Wheels 工具面板

(4) 使用滑鼠點擊**上**按鈕，可以展示視埠各方位的功能表單，如前面所言，將本書定位 AutoCAD 只做為 2D 繪圖使用，因此不執行此按鈕，以維持其預設值不予變動。

(5) 使用滑鼠點擊 **2D 線架構**按鈕，可以展示線架構的各種構成方式的表列功能表單，如圖 1-29 所示，本項依預設值設定即可，唯亦可視個人特殊需求，做不同的選擇。

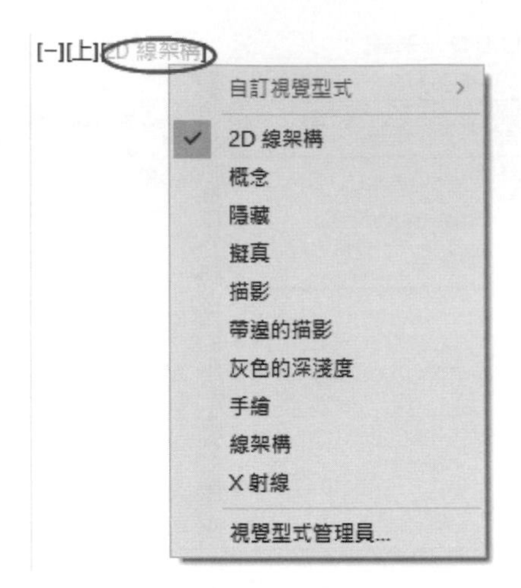

圖 1-29 展示線架構的各種構成方式的功能表

10 **ViewCubel 工具面板區**：在此面板中可以使用滑鼠做視埠各視角的旋轉，也可以按下方的 **WCS** 按鈕，系統內定為 WCS 座標系統，使用者亦可選擇新 UCS 座標系統，如圖 1-30 所示，唯在 2D 操作模式下，其作用不大，可視需要選擇將其關閉。

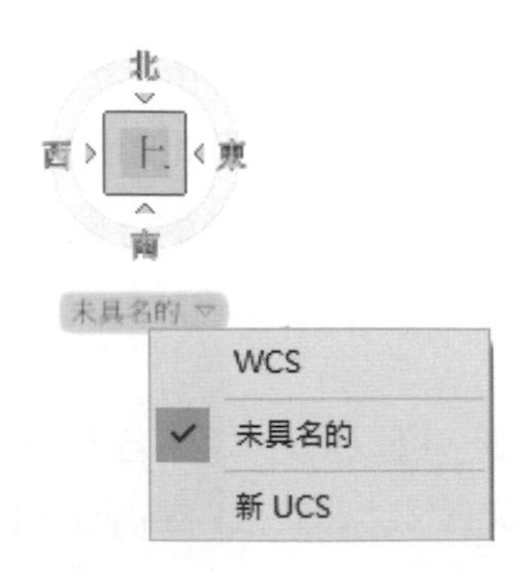

圖 1-30 ViewCubel 工具面板

11 **導覽列面板區**：此面板的各項工具，可以對視埠做各種導覽控制，如圖 1-31 所示，一般均以滑鼠來操控視圖，如果是 AutoCAD 使用老手可以視需要將其關閉。

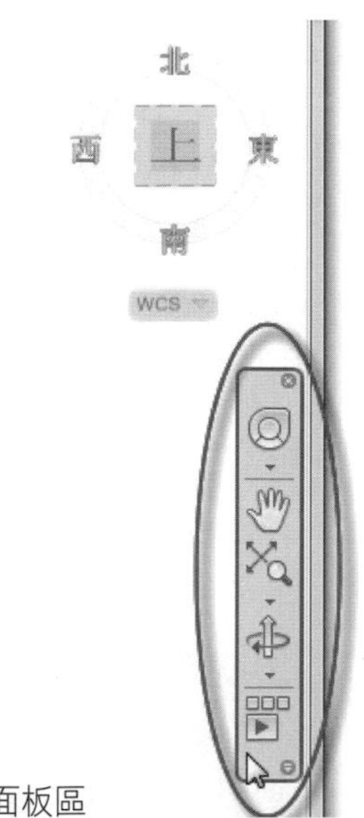

圖 1-31 導覽列面板區

12 **繪圖區**：這是螢幕中最大的區域，也是主要繪製圖形的地方，理論上它是無限大的空間，讓使用者可以 1:1 的比例，在上面繪製任何圖形，在傳統 AutoCAD 教學者，第一步會指導讀者執行下拉式功能表→**格式→圖面範圍**，然後依據列印出圖的紙張大小，設定工作區範圍，在新觀念做圖中，這是不切實際而且多餘的工作，在後面的章節中會詳細剖析其原理。

13 **浮動式智慧型指令行**：在 AutoCAD 2022 版本中將指令行改為浮動式，並做了諸多改進，以使指令行呈工具面板化，並將以往版本之狀態欄區併入。其作法是一方面以照顧傳統的使用者，另一方面跟隨潮流進化，將軟體朝向直觀式操作方式邁進，在後面小節會對此做詳細介紹。如想關閉指令行，可以執行 [Ctrl]+[9] 鍵，如想回復再按一次 [Ctrl]+[9] 鍵即可。

14 **繪圖區頁籤**：此處是 AutoCAD 專業表現的精華所在（即 Layout 布局），其中系統內定有**模型**、**配置 1** 及**配置 2** 等三個頁籤，模型頁籤代表模型空間，配置 1 及配置 2 代表圖紙空間中的兩個頁面，系統內定選項為模型空間，當按最右側新配置（+號）按鈕，可以再增加新配置，有關模型空間與圖形空間之相互關係，在第九章中會做詳細說明。

15 **輔助工具按鈕**：這也是 AutoCAD 相當重要的地方，可以做為顯示、抓點、圖紙與模型轉換及比例設定的地方，請在面板最右側按下**自訂**按鈕，可以表列出所有輔助工具按鈕的選項，打勾的選項為顯示狀態，如取消打勾則為隱藏狀態，在剛學習 AutoCAD 階段可以維持系統內定狀態，如圖 1-32 所示，其各工具按鈕之功能與操作方法，在本書第二章中會做詳細的介紹及說明。

圖 1-32 打開所有輔助工具按鈕表列供選取設定

1-6 工作區介面設定

1 在 AutoCAD 之前版本，安裝軟體後進入程式會要求做初始畫面的設定，此時可在輔助工具按鈕面板中選取工作區切換工具按鈕，會顯示 **2D 製圖與註解**工具選項。在 2012 版本以後省略了這些步驟，系統已預先設定為**製圖與註解**模式。

2 使用滑鼠點擊輔助工具按鈕面板中的選取**工作區切換**工具右側的向下箭頭按鈕，可以打開表列功能表單，表單中會呈現**製圖與註解**呈勾選狀態，如圖 1-33 所示，表示目前系統是以此型態表現工作區介面。

圖 1-33 **輔助**工具面板中的工作區切換按鈕呈現**製圖與註解**模式

3 如果想要執行其它的工作區介面型態，可以選取表列的功能表單，如圖 1-34 所示，選取 **3D 基礎**工作區或 **3D 塑型**工作區功能表單。傳統的 AutoCAD 典型的工作區介面，在此版本中已無法設定。

圖 1-34 選取 **3D 基礎**工作區或 **3D 塑型**工作區功能表單

4 在表列功能表單中，可以為工作區介面做儲存及設定的工作，也可以選取**自訂**功能選項，以打開**自訂使用者介面**面板，如圖 1-35 所示。

圖 1-35 打開**自訂使用者介面**面板

5 依此面板，使用者可以依據各人的需求，設置自己專屬的工作介面，唯其前題是對 AutoCAD 相當熟稔，一般初學者建議維持系統內定方式，且因本書因係直觀式操作方法的演練，因此強烈建議設成**製圖與註解**的模式。

6 在**快速存取**工具面板中亦有此選項，唯系統內定為不顯示，請按下此區中最右側的向下箭頭按鈕，在打開的表列選項中選取**工作區**選項，如圖 1-36 所示。

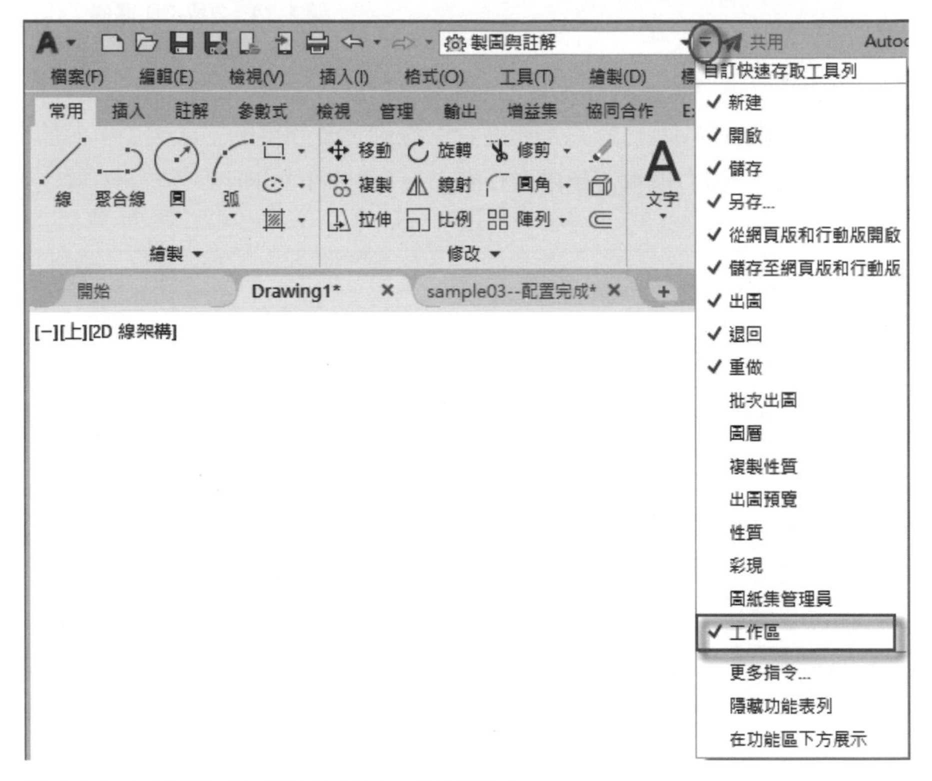

圖 1-36 在打開的表列選項中選取**工作區**選項

7 當選取**工作區**選項後此選項左側會呈現打勾狀態，在**快速存取**工具面板中會增加工作區切換欄位，在此欄位中按下向下箭頭按鈕，可以像輔助工具列按鈕一樣設定工作區介面型態供選擇，如圖 1-37 所示。

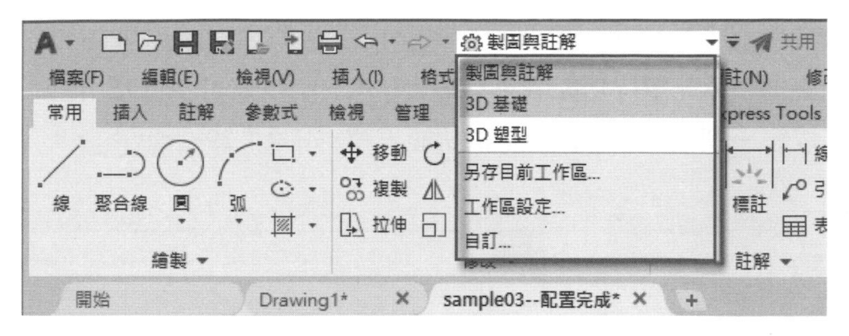

圖 1-37 可以像輔助工具列按鈕一樣設定工作區介面型態

8 一般為使**快速存取**工具面板呈現最大空間，通常關閉工作區選項，而只使用**輔助**工具面板中的工作區切換按鈕來設定工作區型態。

1-7 單位設定

AutoCAD 是否有單位設定？就是連 CAD 老手也可能茫然不知，但事實上，AutoCAD 的繪圖單位可以分成兩層次說明，當它對外與其它軟體溝通時存在單位設定，但當其對內繪圖時則由繪圖者自行定義，因此對初學者而言可能造成相當大的困擾，然只要理解其中的原理，自然能解除心中之疑惑。

1 單位對一位施工圖繪製者非常重要，不正確的尺寸表示可能影響施工品質，對 CAD 初學者而言，首先必需有尺寸的觀念。基本上 AutoCAD 是以 1:1 的比例方式，以真實尺寸作圖，因此在繪圖區繪製了 800×600 個單位的矩形，使用者認為長度為 800 公釐它就是 800 公釐，如果認定為 800 公分它就是 800 公分了。

2 但當繪製的圖形與外界軟體溝通時，就必需有單位做為轉換圖形大小的依據，如果無單位介面就會形成雞同鴨講情形，即所謂認定的標準不一而讓人無所適從。單位的設定可依各行業之慣例為之，在台灣地區依建築設計的慣例，一般以公分（cm）為計算單位，但如繪製大樣圖可能以公釐為計算單位，如果是繪製大區域的開發案又可能是以米（m）為單位了，因此，單位設定只是一種形式，它完全要依作圖需要來決定。

3 要設定單位，可以依前節說明的方法，把主功能表顯示出來，請執行下拉式功能表→**格式**→**單位**功能表單，如圖 1-38 所示。亦可執行應用程式視窗 工具按鈕→**圖檔公用程式**→**單位**功能表單，如圖 1-39 所示。

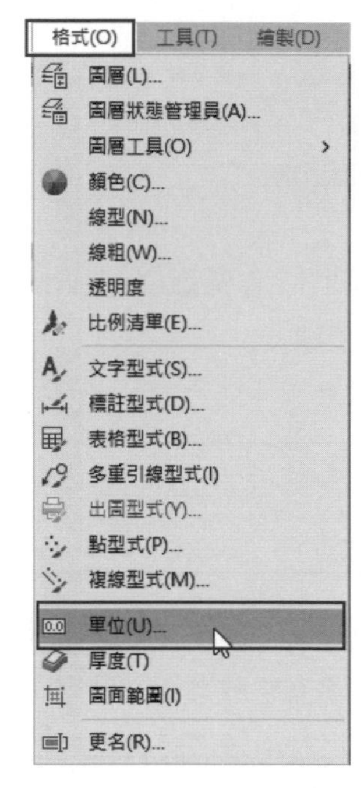

圖 1-38 執行下拉式功能表中之**單位**設定功能表單

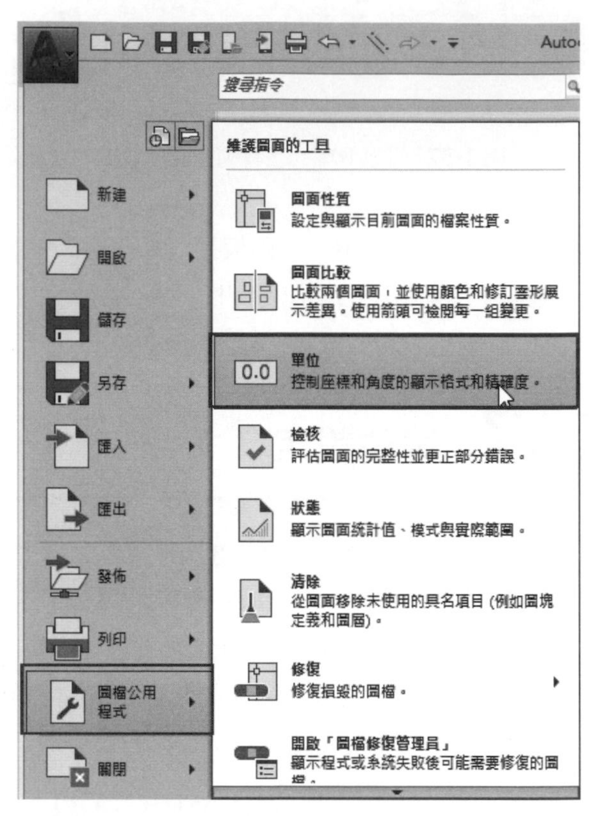

圖 1-39 執行應用程式視窗工具按鈕下之**單位**設定功能表單

4 在接續開啟的**圖面單位**面板中，在長度選項的**類型**欄位選擇**十進位**，它並沒有其它軟體的單位標示。**精確度**欄位設定為 **0.0** 小數點一位。插入比例選項中的單位欄位設定為**公分**亦即 cm 單位，這是使用外界的圖形時的單位聲明，如果外界使用公釐（mm）單位儲存圖塊，系統自動會以 1:10 方式自動轉換為公分，如果原始為公分（cm）為單位，系統自動會以 1:1 方式轉換。角度選項可以維持內定即可，當然依慣例旋轉方向逆時鐘方向為正，如果想要順時鐘方向為正，可以勾選順時鐘欄位。其設定情形，如圖 1-40 所示。

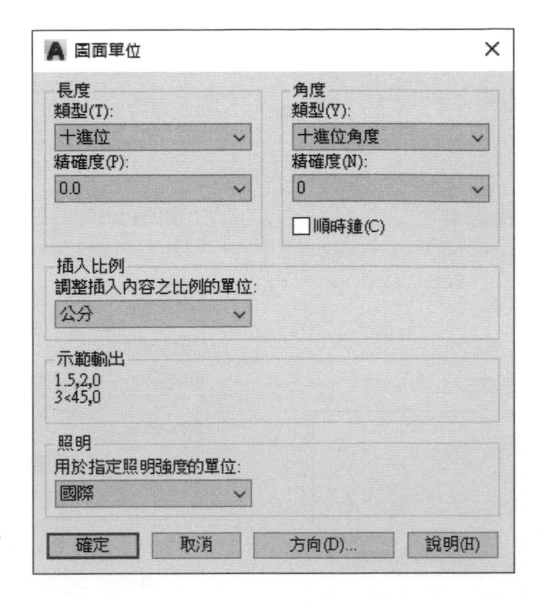

圖 1-40 圖面單位面板設定情形

5 一般輔助繪圖軟體都設畫面上方為北方，右側為東方，如圖 1-41 所示，請在**圖面單位**面板中，使用滑鼠點擊下方的**方向**按鈕，可以開啟**方向控制**面板，AutoCAD 預設右側也是東方，如圖 1-42 所示，一般依預設值設定即可。

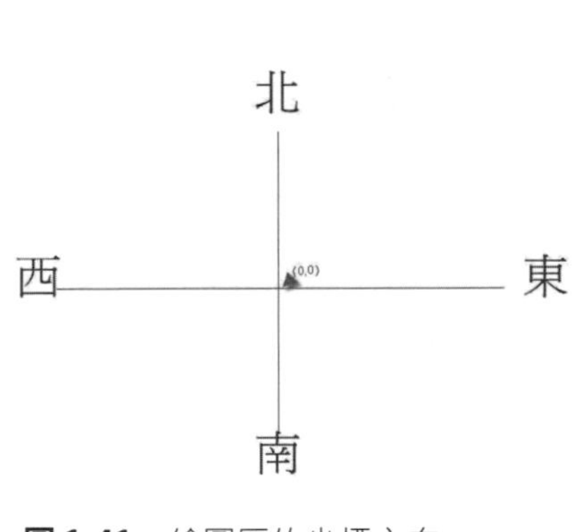

圖 1-41 繪圖區的坐標方向

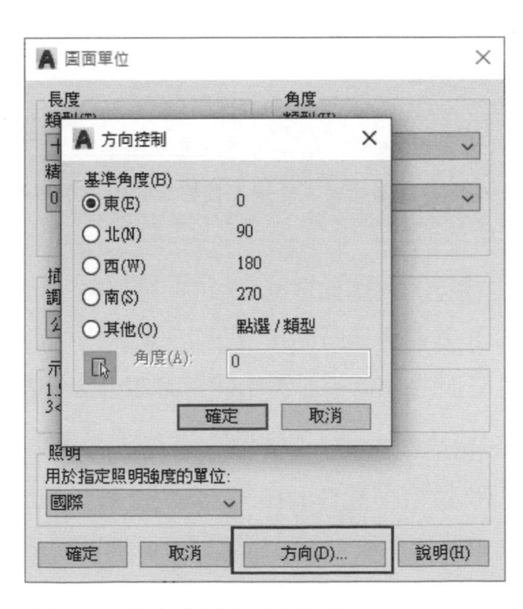

圖 1-42 方向控制面板中的設定

6 另外在**選項**面板之**使用者偏好**頁籤中亦有**插入比例**欄位之設定，如圖 1-43 所示，其詳細的操作情形，待下一小節設置繪圖環境中再做詳細說明。

圖 1-43 在**選項**面板之**使用者偏好**頁籤中亦有**插入比例**欄位之設定

7 在打開的**圖面單位**面板中，只有插入比例單位設定，這是 AutoCAD 在與外界軟體溝通時的單位設定，但對內如與印表機的溝通，則未有單位之設定，因此在出圖時必需由使用者親自執行單位之認定工作。

8 也許有人會認為 AutoCAD 太不人性化，其實對內無單位設定一項，是經過一番精細盤算的結果，藉由註解比例與視埠比例之設計，倒可以有效且細膩解決圖形比例與非圖形比例問題，有關比例問題之解答在後面小節將會有精闢的解說。

1-8 設置繪圖環境

1 請在繪圖區點擊滑鼠右鍵，在彈出的右鍵功能表中選取**選項**功能表單，如圖 1-44 所示，也可以執行下拉式功能表→**工具→選項**功能表單。同樣可以開啟**選項**面板。

圖 1-44 在繪圖區中執行右鍵功能表

2 在打開的**選項**面板中共有十項頁籤可供選擇（內定為**顯示**頁籤），如圖 1-45 所示，對初學者而言，大部分內容均維持其預設值即可，在下面各章節的解說中，如因某些工具或繪圖需要，可能會再次開啟此面版，做各別詳細解說。

圖 1-45 在**選項**面板中共有十項頁籤可供選擇

3 在 AutoCAD 2022 版本最大增進特色即為**新的深色主題**，即將功能面板之背景顏色與圖示顏色進行了最佳化表現，它的背景與文字比以往版本改進了對比度，讓人更容易閱讀，而作者為寫作需要，在**顏色主題**欄位中已改為淡色選項，至於如何取捨可依各人喜好而定。

4 現要設定繪圖區的顏色，請選取**顯示**頁籤，在面板中點擊**顏色**按鈕。在出現的**圖面視窗顏色**面板中，內定的**介面環境**欄是 **2D 模型空間**，**介面元素**欄選擇**制式背景**，在**顏色欄**中，可以自由選擇背景色的顏色，系統內定顏色為 R＝33、G＝40、B＝48 的顏色，本書為圖示說明需要選了白色的顏色，選擇完成後，請執行下方的**套用並關閉**按鈕，如圖 1-46 所示。讀者可以依自己製圖需要選擇適當的顏色。

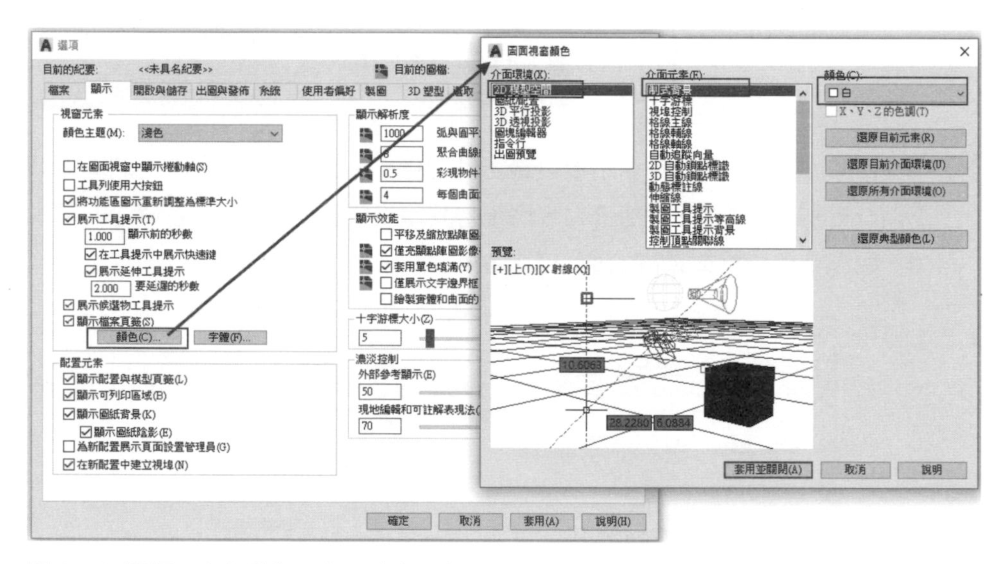

圖 1-46 選擇了白色做為工作區的背景色

5 續選取**顯示**頁籤，將展示工具**提示**欄位的勾選取消，則當游標移至工具面板上的工具按鈕時，系統不會出現工具提示，唯對初學者而言，建議維持內定勾選狀態，當工具執行相當熟練後即可將它關閉，以加速繪圖速度。

6 在**顯示**頁籤面板中，將**在圖面視窗中顯示捲動軸**欄位勾選取消，以取消視窗捲動軸（系統內定為不勾選）。在新式操作方式中，使用滑鼠操控視窗的平移，總比工具按鈕或視窗捲動軸要來的直接、快速多了，且可以擴大繪圖區，因此建議維持此欄位之關閉，至於滑鼠操控視窗方法，將於下一章中詳為說明。

7 顯示**檔案**頁籤欄位系統內定為勾選狀態，當將此欄位勾選取消，文件頁籤區將消失，雖然可以加大繪圖區內容，唯初學者對此欄位應維持勾選狀態，以維持繪圖的順利進行。

8 請選擇**開啟與儲存**頁籤，在其面板中打開**另存**的檔案格式，系統內定為 AutoCAD 2018 圖面的檔案格式，這是 Autodesk 更新的 DWG 格式，很多協同軟體可能無法讀取，為讓 AutoCAD 2022 以前版本或其它軟體使用，可視需要選擇 2013 版本或更前的版本格式儲存，如圖 1-47 所示。如維持系統預設值，當個別圖檔在另存時再依需要選擇輸出版本亦可。

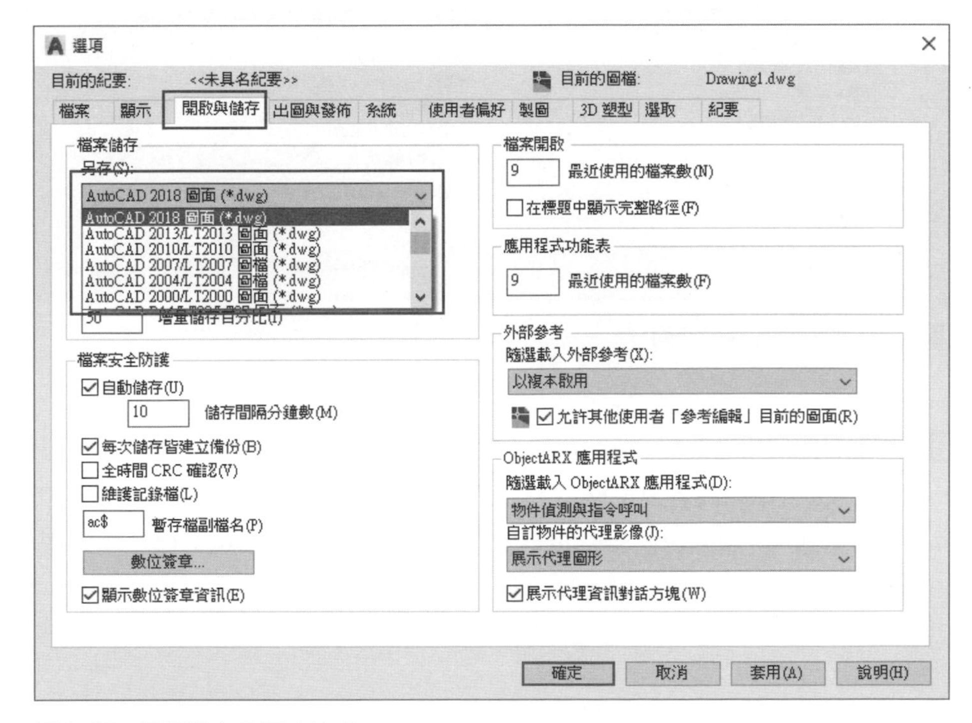

圖 1-47 選擇儲存的版本格式

9 在執行繪圖工作時，最怕電腦故障而讓辛苦多時的工作完全白費，因此系統會定時的自動存檔以防萬一，當然自動存檔間隔越短，檔案流失風險越小，但當繪製圖形過於龐大複雜時，電腦系統負擔會加重，端看個人工作與電腦配備而定，在同上的面板中，在**檔案安全防護**選項內的**自動儲存**欄內，系統內定為 10 分鐘，此處作者依個人需要將其更改為 20，如圖 1-48 所示。

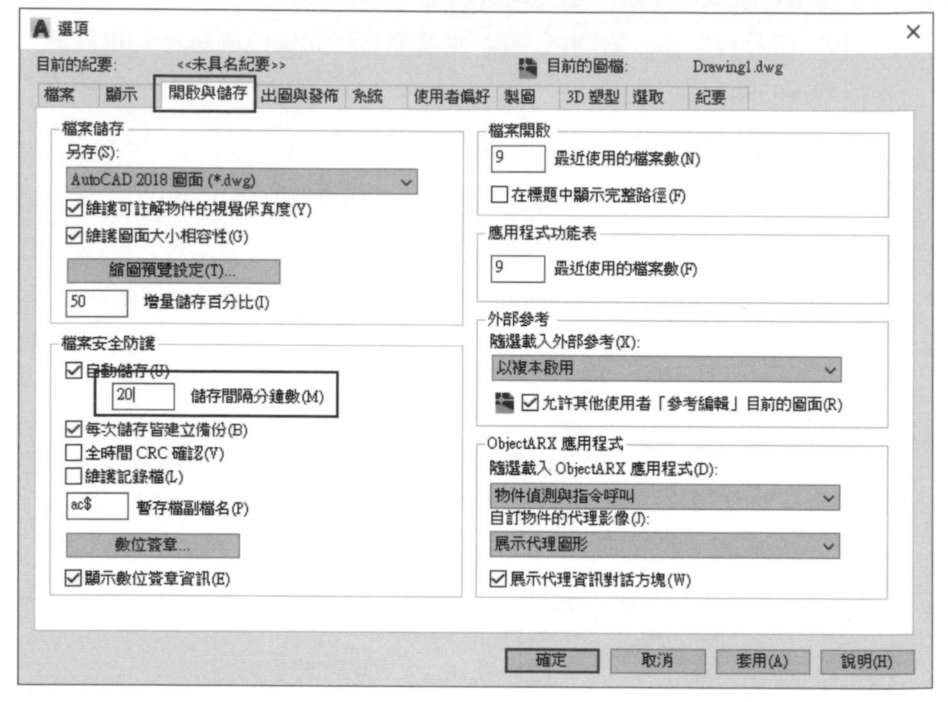

圖 1-48 設定自動存檔時間

10 請續選擇**使用者偏好**頁籤，在**插入比例**選項中，將**當單位設定為無單位時的預設設定**，**原始內容單位**欄位設為**公分**，**目標圖面單位**欄位設為**公分**，如依各行業所需，請依自己需要設定此選項。同時在 **Windows 標準模式**選項中，將**按兩下編輯**欄位勾選，如圖 1-49 所示。

圖 1-49 在**使用者偏好**頁籤面板中做各欄位設定

11 在前面單位設定小節中曾言及 AutoCAD 本身並無單位設定，且由於不同國家、不同行業有些約定俗成的標準和習慣，大家都用相同的單位，因此大多數情況下這個單位設不設置都沒有關係，在面板中之原始內容單位代表插入圖形之單位，目標圖面單位代表目前在繪圖區中之單位，即使存在需要轉換單位的圖紙，也可以在插入前設置單位即可。

溫馨提示

在**選項**面板中，按下**套用**按鈕表示接受欄位設定的改變，但不關閉面板可以繼續其它選項的設定。如選取**確定**按鈕，則表示接受欄位設定且關閉目前的**選項**面板。

1-9 圖形文件管理

1-9-1 創建新圖檔

1 在 AutoCAD 之前版本中，想要開啟新圖檔可以經由不同的途徑執行，如今在 AutoCAD 2022 版本中需要在迎賓畫面中，在**新建**按鈕中理應先選定樣板檔，再執行此按鈕以開啟新檔案，如果不先選取樣板檔案亦可，系統將以 acadiso.dwt 做為內定的樣板檔案，如圖 1-50 所示。

圖 1-50 系統將以 acadiso.dwt 做為內定的樣板檔案

2 當以**開啟**按鈕進入 AutoCAD 程式以開啟檔案後，其後開啟新檔案方法則和之前版本的操作方法相同，在本處請執行應用程式視窗 A 工具面板→**新建→圖面**功能選項，如圖 1-51 所示，可以開啟新圖檔。

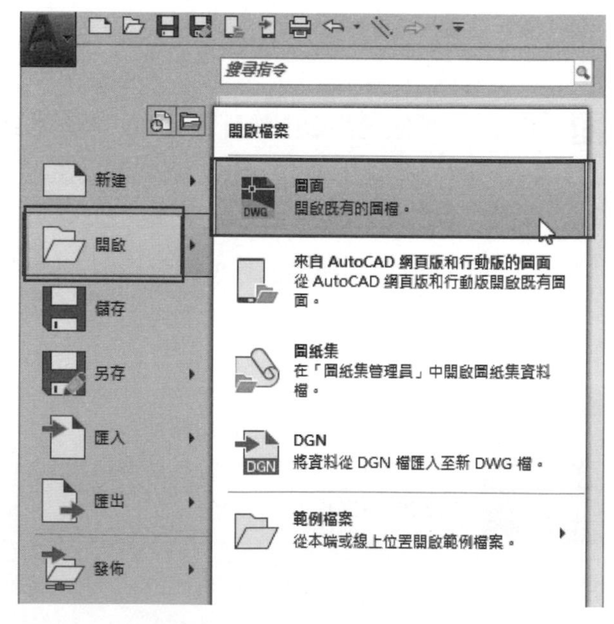

圖 1-51 執行應用程式工具以開啟新圖檔

3 選取**圖面**功能表單後，之前版本會再打開**選取樣本**面板，以供再次選取各式的樣板檔，其內定的樣本檔為 acadiso.dwt 檔案，唯此版本中直接使用迎賓畫面中選擇之範本檔。

4 在樣板檔中通常包含有與繪圖相關的一些通用設置，如圖層、線型、文字型式、尺寸標註型式等，此外還可以包括一些通用圖形對象，如標題欄、圖框等。利用樣板檔可以避免重複設置以提高工作效率，當然系統提供的樣板檔並不符合使用者需要，如何設定符合自己需求的樣板檔，將在第五章中做詳細說明。

5 創建新圖檔，亦可執行下拉式功能表→**檔案→新建**功能表單。亦可由**快速存取**工具面板中的**新建**工具按鈕以執行之，如圖 1-52 所示。

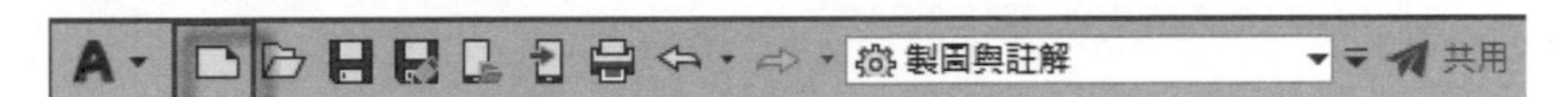

圖 1-52 由**快速存取**工具面板中的**新建**工具按鈕執行創建新圖檔

6 有關 AutoCAD 常用檔案類型，茲列表如下以供作圖之參考。

mnd	MC 功能表原始檔	dxf	標準圖形交換檔
mn l	AutoLisp 功能表程式檔	dxx	屬性 dxf 格式萃取檔
mns	功能表原始檔	err	錯誤報告檔
mnu	功能表樣本檔	fmt	字體替換對應表檔
mnr	功能表資源檔	hlp	輔助說明檔
mnc	功能表編譯檔	lin	線型定義檔
mnx	DOS 版功能表編譯檔	log	圖面紀錄檔
pat	剖面線形狀定義檔	sat	ACIS 實體圖型檔
pgp	快捷鍵定義檔	scr	AutoCAD 劇本檔
plt	繪圖輸出檔	shx	字型編譯檔
cfg	規劃檔	sld	幻燈片檔
dcl	交談框程式檔	sv$	自動儲存檔
dvb	VBA檔	tga	TGA影像檔
dwf	網際網路圖形檔	vlx	Visual LISP 程式檔
dwg	圖檔	arg	環境選項個案設定檔
dwt	樣板檔		

7 茲將 AutoCAD 常用檔案類型表中之檔案格式重要者，分別提出說明如下：

(1) **dxf 檔案格式**：CAD 的另一種圖形保存格式，主要用於與其他軟體進行數據交互。保存的文件可以用記事本打開，看到保存的各種圖形數據。

(2) **DWT 檔案格式**：CAD 樣板文件，可在新建圖形時加載一些格式設置，除 CAD 提供的樣板文件外，自己也可以創建符合自己需要的樣板文件，可以直接替換 CAD 內建的樣板文件，也可以重新命名。

(3) **SHX 檔案格式**：AutoCAD 採用的字體文件，其源碼文件為 *.SHP，可以自行定義後在 AutoCAD 中編譯成 SHX 文件。SHX 文件分三類，一類是符號形狀，保存了一些用於製作線型或獨立調用的符號。一類是普通字體文件，支援字母、數字及一些單字節符號。一類是大字體文件，支援中文、日文、韓文等雙字節文字。

(4) **PAT 檔案格式**：AutoCAD 採用的填充圖案文件，純文本文件，可以用記事本編輯。可以自己編寫或將收集的 PAT 文件複製粘貼到 CAD 的填充目錄或填充文件中。

(5) **CTB 檔案格式**：顏色相關列印樣表，設置了每種索引色所對應列印輸出的顏色、線寬及其他效果，是一種常用的控制列印輸出的文件。CAD 通常都附帶了很多預設的列印樣式表，有單色、灰度、彩色的，可以直接調用或做簡單編輯。

(6) **STB 檔案格式**：命名列印樣式表，設置一些列印輸出設置的樣式，可以設置不同圖層使用不同的列印樣式。在早期版本和一些單位使用比較多，目前較很少人使用。

(7) **PC3 檔案格式**：列印機和繪圖儀配置文件，是 CAD 中保存列印驅動及相關設置的文件。

(8) **ARG 檔案格式**：配置文件，在 CAD 中設置好「選項」對話框的各類選項後，可以輸出為 *.arg 文件，這樣可以將配置分享給其他人。一些專業軟體通常使用配置文件來加載自己的相關設置。

1-9-2 打開圖形文件

1 想要打開現有的圖形文件，可以在迎賓畫面板執行**開啟**按鈕，也可以執行**快速存取**工具面板上的**開啟**工具按鈕，如圖 1-53 所示，即可打開**選取檔案**面板，在此面板之檔案**類型**欄位中不僅可以開 dwg 的檔案格式，亦可開啟 dws、dxf、dwt 等檔案格式，如圖 1-54 所示。

圖 1-53 由**快速存取**工具面板中的**開啟**工具按鈕

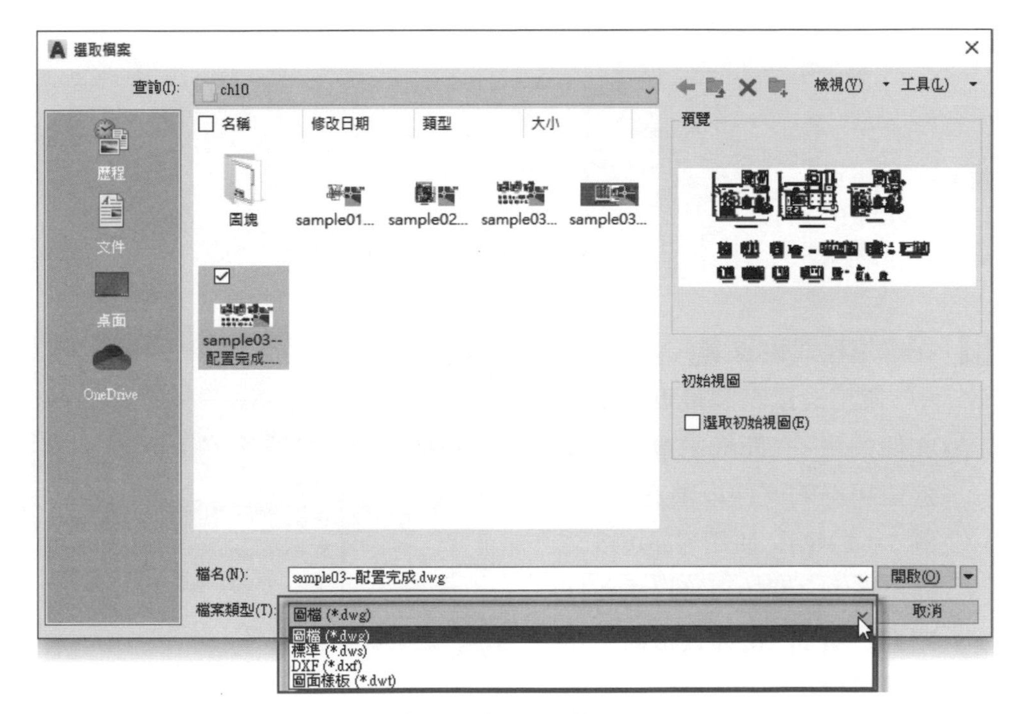

圖 1-54 開啟**選取檔案**面板可以選擇不同的圖形文件

2 使用滑鼠點擊應用程式視窗 A 工具按鈕，在打開的表列選單中，選擇**開啟 →圖面**功能選項，如圖 1-55 所示，亦可開啟**選取檔案**面板。

圖 1-55 由應用程式視窗工具面板的表列選單中選取**開啟**表單

3 在應用程式視窗 A 工具面板中，使用滑鼠點擊**最近使用的文件**按鈕，在面板中會列出最近使用過的文件以供選取，如圖 1-56 所示，使用者亦可按文件頁籤中之開始頁籤以重新打開迎賓畫面，在迎賓畫面中點擊**最近使用**按鈕，在其右側區域中會顯示使用者之前曾使用過的文件供選取，此部分請參閱前面的說明。

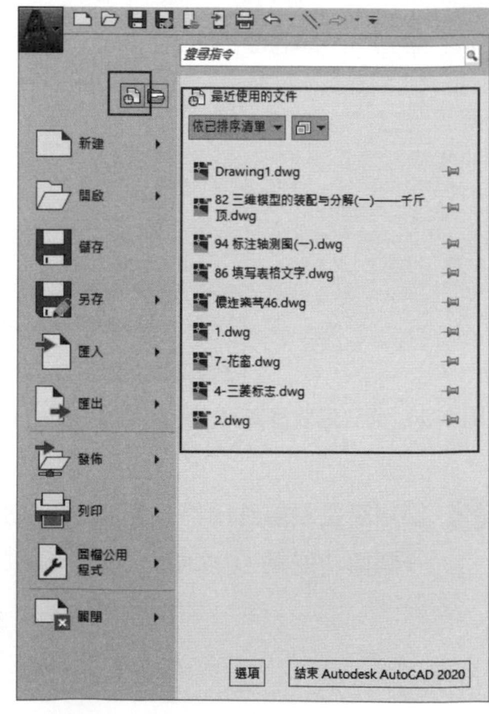

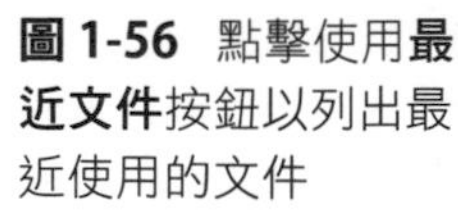
圖 1-56 點擊使用**最近文件**按鈕以列出最近使用的文件

4 在應用程式視窗工具面板中，使用滑鼠點擊**目前開啟文件**按鈕 ，在面板中會列出目前開啟的文件以供選取。不過在 AutoCAD 2022 版本在文件頁籤區中可以更方便選取目前開啟中的檔案，強烈建議使用。

5 在 Windows 環境中，使用檔案總管直接在 DWG 格式的檔案名稱上，按滑鼠左鍵兩下，亦可直接開啟 AutoCAD 的圖檔。

6 另外亦可使用拖放方式為之，亦即將檔案拖放至 AutoCAD 置於桌面上之縮略圖標上，或是直接拖放至 AutoCAD 執行視窗中亦可。

1-9-3 保存圖形文件

1 如果目前在繪圖區製作了一些圖形文件想要儲存，可以執行快速存取面板中的 儲存工具按鈕，以執行存檔動作，在文件頁籤中執行右鍵功能表→**儲存**功能表單，亦可執行儲存檔案工作，也可以執行應用程式視窗 工具按鈕，在打開的面板中，選取**儲存**選項。

2 如果想另存檔案，可以執行快速存取面板中的 **另存**工具按鈕，以執行存檔動作，也可以在應用程式視窗工具面板中，選取**另存**選項，在表列選單中選擇**圖面**功能選項，以另存檔案，如圖 1-57 所示。當然，使用另存方式可以將檔案儲存到其他格式的檔案，如 DWG、DWS、DWT 或是 DXF 的檔案格式。

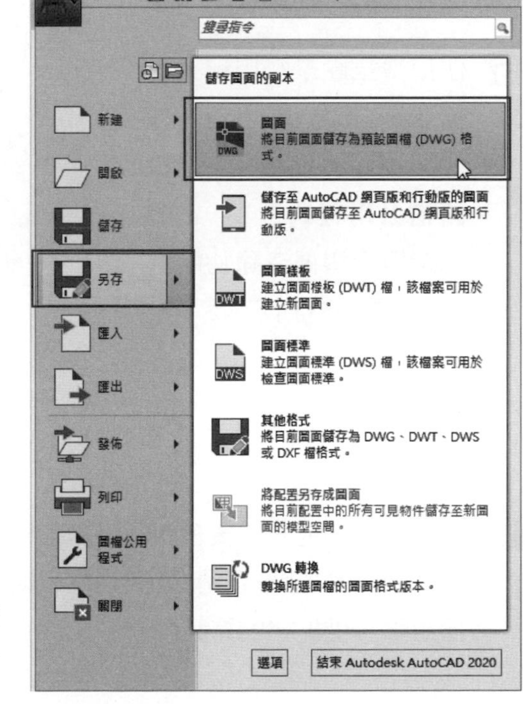

圖 1-57 在應用程式視窗工具面板中選取**另存**之圖面表單

3 當選取**另存**選項之 AutoCAD 圖面功能選項後，可以打開**圖面另存成**面板，在面板中可以選擇 AutoCAD 的版本別，以及如 dxf 等檔案格式，以供不同的 AutoCAD 版本使用者。

4 在編輯圖形後想要儲存檔案，依使用經驗應予執行另存動作而不應執行儲存動作，因為直接執行儲存動作系統會直接將原圖檔蓋掉而無預警以現有圖形儲存，而執行另存動作時，系統會再次詢問是否以原檔儲存，以預防將想保留原圖檔蓋掉。

5 當圖形經多次修改及擴充後，儲存的圖形文件檔案體積會增大很多，其中可能存在著許多無用的圖層以及圖塊等，此時執行檔案瘦身動作，一方面可減小檔案體積，另一方面也可增加圖形繪製效率。

6 使用滑鼠點擊應用程式視窗 工具按鈕，在應用程式視窗工具面板中，選取**圖檔公用程式**選項，在表列選單中選擇**清除**功能選項，如圖 1-58 所示。

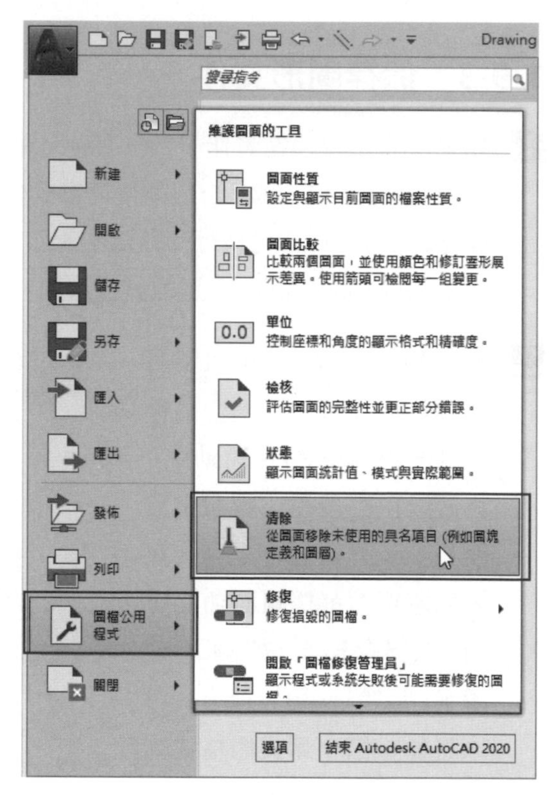

圖 1-58 在**圖檔公用程式**選項中選擇**清除**功能表單

7 選取**清除**功能表單後會開啟**清除**面板，在面板中可以檢視可清除的項目及無法清除的項目。在清除工作中，可以單獨各項選擇清除，亦可選擇一次全部清除，如圖 1-59 所示。

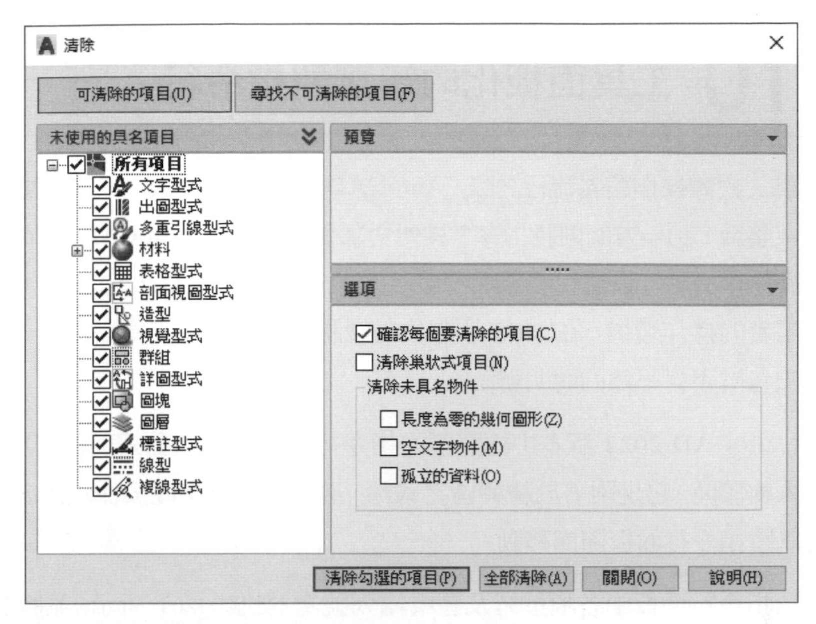

圖 1-59 在**清除**面板中可做圖形文件清除工作

8 當在**清除**面板中按下**全部清除**按鈕（亦或**清除勾選的項目**按鈕），可以打開**清除-確認清除**面板，在面板中按下**清除此項目**按鈕即可將無用的資料一次清除，如圖 1-60 所示。

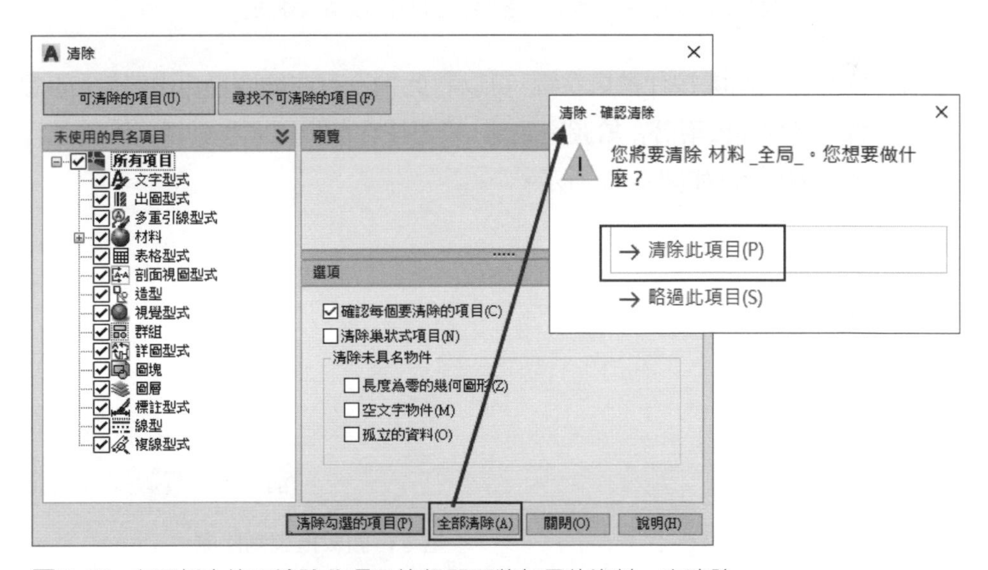

圖 1-60 在面板中按下**清除此項目**按鈕即可將無用的資料一次清除

1-10 工具面板化的智慧型指令行

在直觀式軟體操作蔚為流行之際，AutoCAD 勤於每年改版，一方面朝雲端協同合作做整合，另一方面則將指令工具列全部面板化，而 AutoCAD 中的工具指令文字操作模式，可說是軟體界唯一僅存的老骨董了，然 Autodesk 公司為照顧原有使用者的操作習慣，在 2013 版以後巧妙將指令行給予工具面板化，這是為解決歷史包袱不得不然的聰明辦法。

1 在 AutoCAD 2022 版本中繪圖區的指令行已設計成活動式面板，當第一次進入軟體時，它是附著於繪圖區之底部，當使用滑鼠左鍵按住左側之圖標，可以將指令行面板隨處移動。

2 現為指令行面板中各項按鈕及區域編列號次，如圖 1-61 所示，並將其各別功能說明如下：

圖 1-61 為指令行面板中各項按鈕及區域編列號次

(1) 移游標至此處按住滑鼠左鍵，可以將此指令行在繪圖區自由停放，如想將工具列面板附著在繪圖區底部，只要按住面板標頭移動滑鼠到繪圖頁籤區域即可，如圖 1-62 所示。

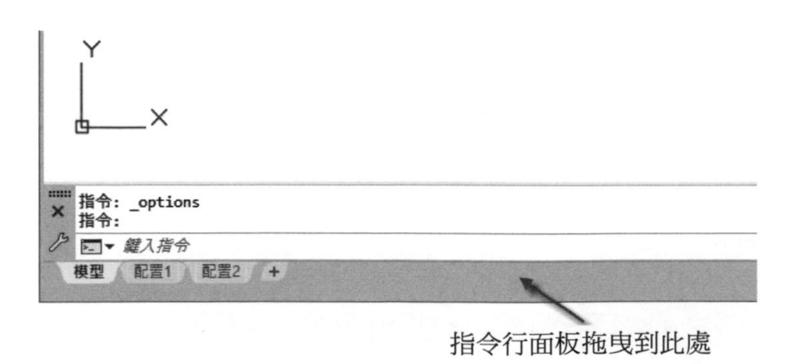

圖 1-62 將指令行設定到繪圖區底部

(2) 使用滑鼠點擊（×）形按鈕，可以打開**指令行--關閉視窗**面板，詢問是否永遠關閉指令行視窗，如圖 1-63 所示，如想再次顯示指令行，可以執行 [Ctrl]+[9] 按鍵，也可以將 [Ctrl]+[9] 按鍵做為指令行關閉與開啟之快捷鍵。

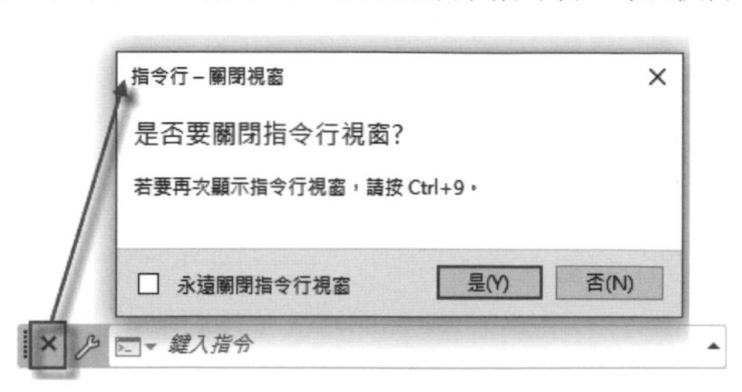

圖 1-63 打開**指令行--關閉視窗**面板

(3) 此處為指令行設定按鈕，執行此按鈕可以打開次子功能選項，在這些選項中可以對指令行面板做適合自己的各項設定，例如當圖面複雜而指令行有礙空間操作，此時可以選擇**透明度**功能表單，在開啟的**透明度**面板中，可以設定指令面板的透明度狀況，如圖 1-64 所示。

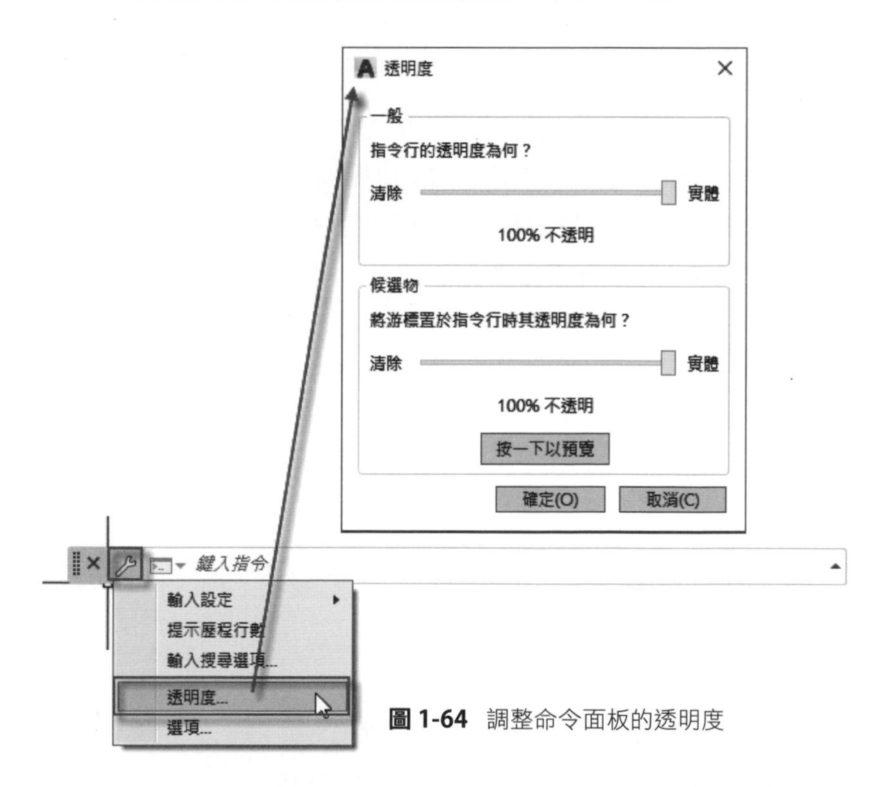

圖 1-64 調整命令面板的透明度

(4) 此處為最近使用指令按鈕，執行此按鈕可以將最近使用過的指令羅列出來，可以直接選取以供重複使用，如圖 1-65 所示。

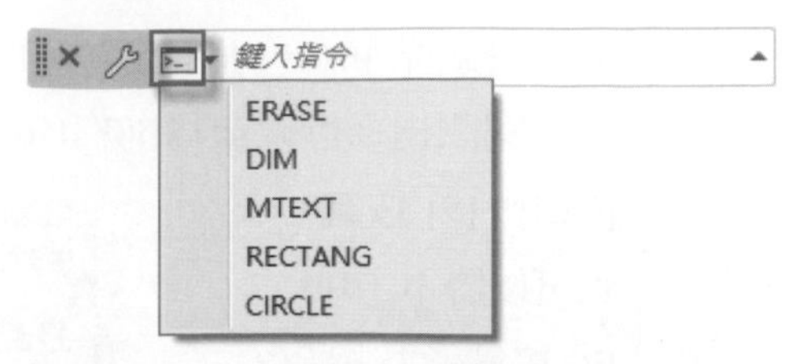

圖 1-65 羅列最近使用過指令以供重複使用

(5) 此處為傳統的指令行區，以供仍然抱守傳統操作方法的人士使用，唯當使用者執行繪製與**修改**工具面板上之工具時，指令行嚴然成為動態輸入的提示區，並提供功能選項供直接使用滑鼠選取，例如選取**矩形**工具，則指令行會呈現後續的選項供直接選取使用，如圖 1-66 所示。

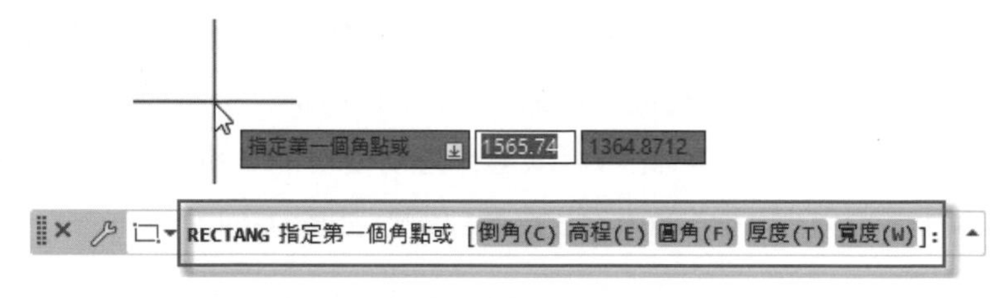

圖 1-66 指令行會呈現後續的選項供直接選取使用

(6) 執行此向上箭頭按鈕，可以開啟傳統文字格式之最近使用過指令面板，如圖 1-67 所示，它無法直接使用滑鼠操控這些指令，必需使用複製、貼上等動作，將指令貼附於指令行內方可執行，此為舊傳統的執行方法，其方法相當不科學應避免使用。

```
指令: _rectang
指定第一個角點或 [倒角(C)/高程(E)/圓角(F)/厚度(T)/寬度(W)]:
需要點或選項關鍵字。
指定第一個角點或 [倒角(C)/高程(E)/圓角(F)/厚度(T)/寬度(W)]:
需要點或選項關鍵字。
指定第一個角點或 [倒角(C)/高程(E)/圓角(F)/厚度(T)/寬度(W)]: *取消*
自動儲存到 C:\Users\pc\AppData\Local\Temp\Drawing1_1_21763_fce135af.sv
$ ...
指令:
指令: *取消*
指令:  RECTANG
指定第一個角點或 [倒角(C)/高程(E)/圓角(F)/厚度(T)/寬度(W)]: *取消*
指令:
指令:
指令: _options
指令:
指令:
指令:
指令: _rectang
RECTANG 指定第一個角點或 [倒角(C) 高程(E) 圓角(F) 厚度(T) 寬度(W)]:
```

圖 1-67 開啟傳統文字格式之最近使用過指令面板

(7) 移動游標至面板右側的直立邊線上，滑鼠圖標變成左右箭頭，即可對面板之範圍做伸縮處理。

3 在 2018 版本以後指令行支援自動更正的功能，如果使用者鍵入錯誤的命令用語，系統會表列出最相關和最有效的 AutoCAD 命令，例如不小心輸入 TABEL 命令，TABLE 命令會自動啟動，如圖 1-68 所示。

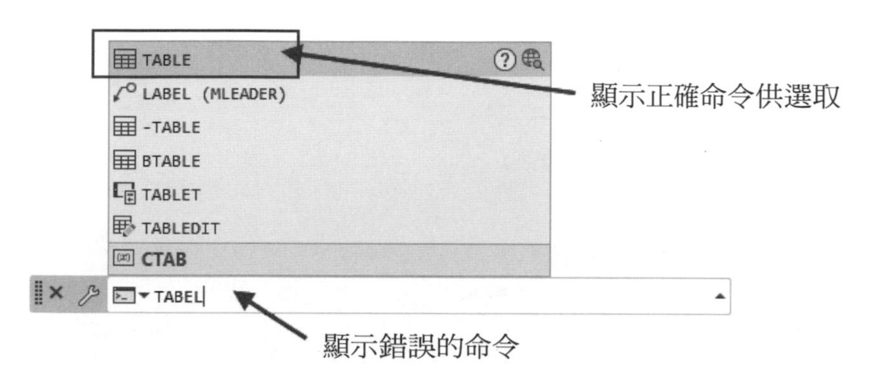

圖 1-68 指令行支援自動更正的功能

4 在此版本中指令行支援自動完成的功能，亦即支援字串搜尋自動完成輸入命令的增強，例如在指令行中輸入 FI 字串，系統會自動推斷為 FILTER 命令，並表列開頭為 FI 的所有命令，如圖 1-69 所示。

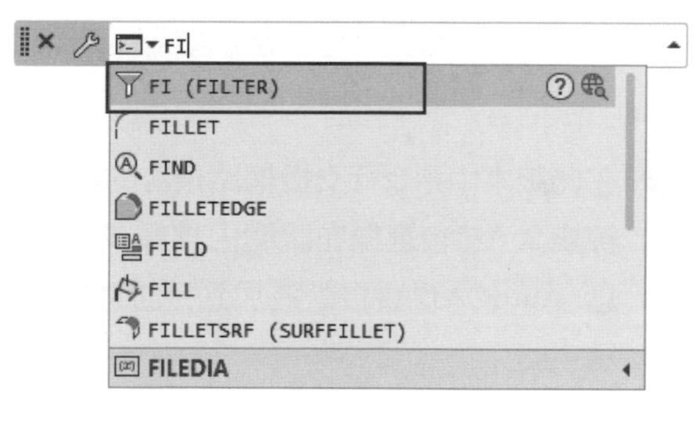

圖 1-69 指令行支援自動完成的功能

5 在此版本中指令行支援同義字建議的功能，在指令行中輸入一個單詞，它會返回一個命令，如果找到一個匹配的同義詞列表。例如，如果使用者輸入 SYMBOL 時，AutoCAD 發現 INSERT 命令可用，這樣就可以插入一個塊，如圖 1-70 所示。

圖 1-70 指令行支援同義字建議的功能

6 在此版本中指令行支援網路搜尋的功能，將游標移動到列表中的命令或系統變量，然後選擇在說明內搜尋或在網際網路上搜尋圖標來搜尋相關訊息，AutoCAD 會自動追加到目前長期在網際網路上的搜尋，如圖 1-71 所示。

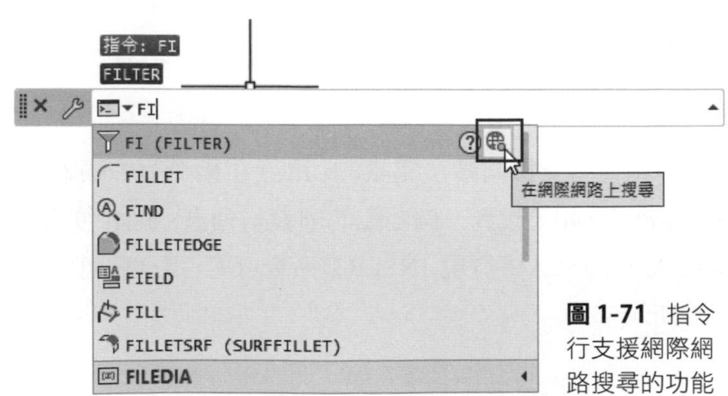

圖 1-71 指令行支援網際網路搜尋的功能

7 在指令行中可以訪問圖層、圖塊、填充圖案、文本樣式、標註樣式和視覺風格等，如果使用者在指令行中鍵入 door 命令，則相同名稱之 door 圖塊及 door 圖層會出現在列表，以供使用者選取使用。

8 當執行繪圖或修改命令時，傳統的指令行會做出各種次命令提示，使用者必需在鍵盤上再次輸入此次命令，如今，此等次命令會以按鈕方式呈現在指令行中，只要使用滑鼠點擊即可執行，如圖 1-72 所示。

圖 1-72 在指令行中可以執行次命令按鈕

9 以工具面板執行繪圖操作，再加上智慧型指令行及搭配動態輸入模式，將提高 AutoCAD 無限效率，使用者應勇於接受新型態的操作方式，才不辜負 AutoCAD 設計團隊勤於改版之苦心。

1-11 AutoCAD 的比例問題

對一位 CAD 初學者而言，比例問題常為造成學習障礙的最大因素，如前面述及，AutoCAD 基本對內是無單位可言，它的單位設定也只有插入比例的單位。因此，一般在模型空間中做圖，均會以 1:1 的方式繪製圖形，此可以稱做為繪圖比例。但是一般列印輸出時，可沒有這麼大的圖紙供印製，必需以一定的比例來做縮小輸出，這可稱為列印比例。但在一張圖面中，有些圖形不需隨列印比例縮小，而需要以固定尺寸來表示，如尺寸標註及多重引線標註等，而有些圖形則要隨列印比例縮小，如建築立面圖、平面配置圖等，如此盤結交錯的比例設置，再加上印表機的單位箝制，讓 AutoCAD 的使用者一時無所適從，希望借助下面的解說，讓讀者能對 AutoCAD 的比例觀念有全面性清楚的了解。

1 **人工繪圖與電腦繪圖的比例觀念**：當處在手工繪圖時代，繪圖者在圖紙上繪製建築圖或機械圖等圖形時，會將實際的尺寸經由比例尺先做換算，再將它們依比例縮放繪製在預定尺寸的圖紙上。當進化到電腦繪圖時代，一切繪製均可依實際的尺寸繪製圖形，而不用事先做比例之換算再作圖，當要出圖時再依設定的比例靠電腦自動換算比例，如此不僅繪圖、改圖都方便許多，前者為人工繪圖時代之比例運作情形，後者則為電腦繪圖時代之比例運作情形。

2 **圖形比例與非圖形比例**：AutoCAD 對內因為沒有尺寸單位設置，理論上繪製的傢俱平面圖或機械圖等圖形，它們在模型空間中都是以 1:1 的方式繪製，此時對其而言是無比例的問題，然到列印時，則會依需要做各種比例的縮小或放大，如以室內設計的平面圖而言，會以視埠比例設定 1:100 的比例縮小圖形，以做為列印圖紙之需，此時它在出圖的圖紙上只有原來尺寸的百分之一大小。所謂非圖形即指文字、尺寸標註、多重引線等，它們原本不牽涉比例問題，而只要出圖時依照國家制訂標準執行即可，如數字的大小，在模型空間中依國家標準制定為 2.5mm，但是在列印輸出時，所有圖形均經視埠比例縮小或放大，其大小會經由列印而變調，此時非圖形原沒有比例可言，反而成了最大的比例困擾問題。比如列印時想要縮小為 1:10，則在模型空間中就要給這些非圖形預做 10 倍的放大，以達成視埠比例再縮小十分之一時，乃能保有 2.5mm 的大小要求，如圖 1-73 所示，為小套房平面傢俱配置圖，虛線內之所有圖形為圖形比例所指之物件（其中文字除外），而虛線外尺寸、多重引線及文字標註即為非圖形比例所指之物件。

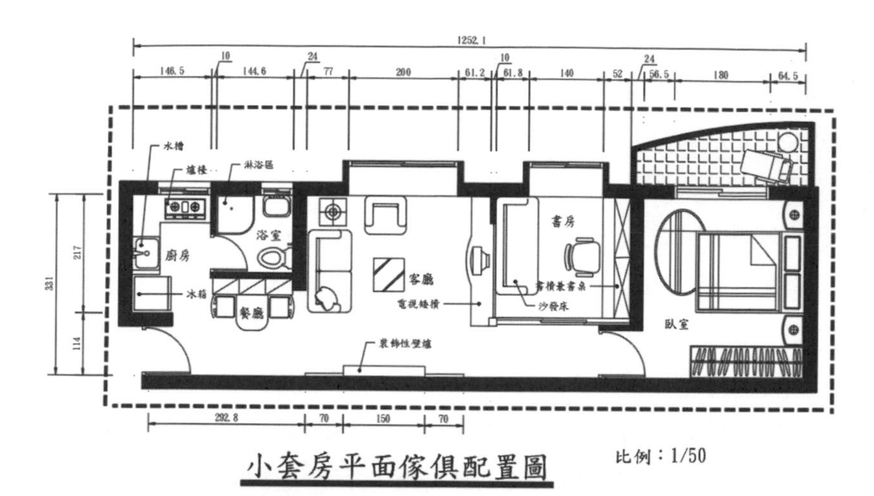

圖 1-73　圖形比例與非圖形所指之物件

> **溫馨提示**
>
> 圖形比例之大小應由視埠比例設定之，至於應設定多少一般依圖形及圖紙之大小而定之。而非圖形比例之設定則應依國家製圖標準制定之，有關此部分的操作，在本書第五章會做詳細的介紹。

3 **註解比例與視埠比例**：對於上述的非圖形比例問題，傳統的做圖者，會以各別的縮放比例因子，預為加諸於這些文字、尺寸標註、多重引線的設定上，以沖銷輸出比例。AutoCAD 從 2008 版本開始，即設計了註解比例方式，以較科學及人性化方式，將這些非圖形者賦予註解比例，再以視埠比例沖銷回來即可。

例如以 5mm 的文字來說明，在不設註解比例情形下，經由圖紙空間設定縮小比例為 1:10，則文字會被縮小至 0.5mm，可想而知，0.5mm 的文字在輸出的圖面上幾不可見，如果文字可註解，預先給予 1:10 的註解比例（註解比例是比例值的倒數），即軟體會先自動放大 10 倍為 50mm，經圖紙空間的 10 倍縮小又會回到想要的 5mm 大小了。

至於視埠比例則從模型空間，縮小圖面以容納於列印圖紙中的比例設置，即一般所言圖面比例或是列印比例。

有關註解比例與視埠比例之詳細操作，在後面章節中會做更詳細的解說。

4 **印表機單位與比例問題**：前面述及 AutoCAD 對內無比例問題，所指的就是 AutoCAD 不處理使用者與印表機的單位換算，市面上所有的印表機都是以公釐（mm）或英吋做為單位，而當使用者在系統中設定了單位，如當使用者設定設計圖為公分（cm）設計單位，基本上印表機仍把它認定為（mm），因此它與使用者的認知就有 10 倍的差距，以致造成一般 CAD 使用者在使用比例縮小時，對此相當迷惑。其實道理相當簡單，例如畫 100cm 的線段，印表機會識別為 100mm，如以 1:1 的方式出圖，經印表機列印後實際丈量會是 100mm，即變為 10 公分長的線段了，無形中被依 1:10 的比例縮小。依此推論，想要做一百分之一比例出圖時，其視埠比例應設定為 10:100，即為 1:10。五十分之一比例出圖時，其設定縮小方式為 10:50，即為 1:5，其餘依此類推，如果讀者還一時無法體會出來其間的關鍵，不要緊，只要記住目前所畫的圖形，到出圖列印時已被印表機自動縮小十分之一，在後面各章節實例演練時，就會更清礎了解。

如果使用單位是公尺者，其經印表機縮小者更達 1000 倍了，想要做五千分之一比例出圖時，其視埠比例應設定為 1000:5000，即 1:5 的設定。但是使用公釐（mm）為單位者，它和印表機單位相同，所以其出圖時，即依正常比例設定即可，如以 1:100 比例出圖，其視埠比例即設為 1:100。

在大陸的使用者為減免此種困擾，因此乾脆即以 mm 做為繪圖單位，不過使用如此小的單位，當遇上大面積的土地規劃時，如仍以 mm 為單位時，100 公尺的長度將是 100000mm 的量度，這猶然讓大入穿上嬰兒鞋之怪現象，如果改以公尺為單位時，其印表機單位與比例問題將會更讓人糾纏不清了。

5 **模型空間與圖紙空間**：經由上面的解說，可以理解所繪製的圖形只要在視埠比例上做設定即可，而非圖形者，則要先在模型空間中設定註解比例，然後在圖紙空間以視埠比例沖銷回來，也許有識者會認為剛繪製圖形時，尚拿不定出圖時要以何種視埠比例出圖，一開始要如何設定註解比例，AutoCAD 在此方面也做了妥善的因應，即開始之初即設定一大約的註解比例，而在**輔助**工具面板中，則設有**註解比例**工具可以讓使用者於出圖時隨時更改之。

至於模型空間一般做為繪製圖形的基礎，而圖紙空間則做出圖之基礎，如果使用者沒有圖紙空間概念者，會直接以模型空間作圖並輸出，此等行為屬於初級者行為，想要有專業級的圖形輸出則必需仰賴圖形空間出圖，如此即牽涉到模型空間與圖紙空間的轉換操作，本書第九章將以模型空間與圖紙空間之布局運用做完整說明，完全擺脫傳統忽略圖紙空間的操作模式，唯有著重於兩者之間相互搭配，才能產出漂亮與高效能的施工圖紙。且完全解決比例困擾問題。

6 **圖框與視埠比例**：每一位設計者或公司，為業務需要或表現個人風格，均設置有專屬風格的圖框，經由一般的理解其屬於非圖形者至明，然其處理卻有別於前面所言非圖形之使用註解比例，如圖 1-74 所示，因它位於視埠邊框以外，所以在設計時只要單獨考慮印表機的比例折損即可，可以不理會視埠比例和註解比例兩者，在後續將會有專章對此提出說明。

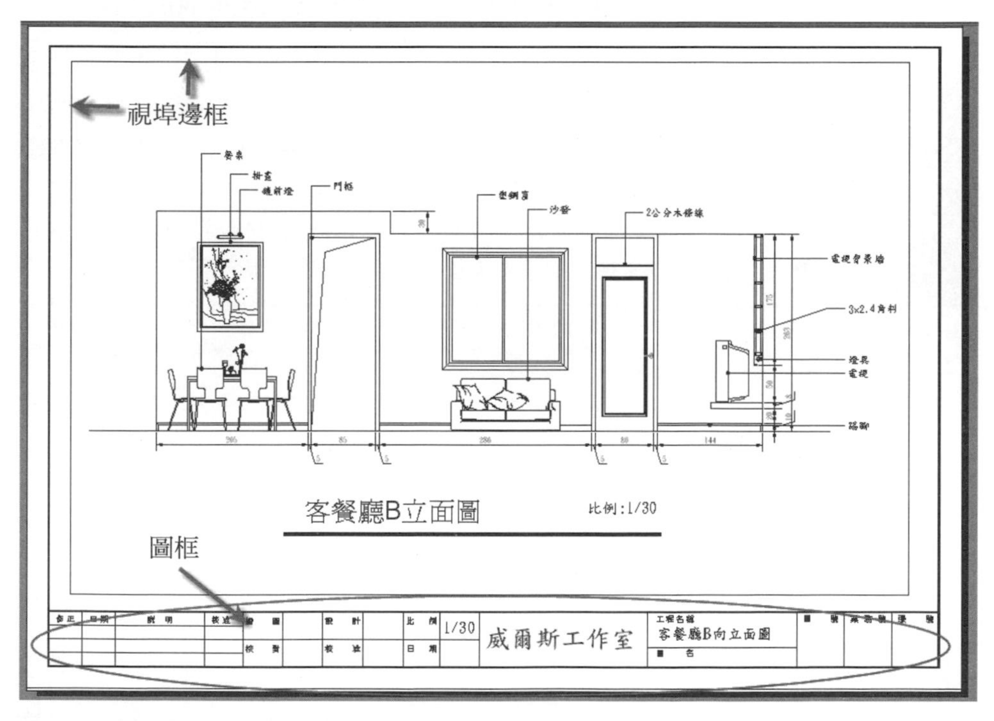

圖 1-74 圖框位於視埠邊框之外不受視埠比例影響

有關註解比例與視埠比例、模型空間與圖紙空間等專業問題，讀者可能一時還無法理解，沒關係，在後面章節中會循序漸進詳細的解說並做實例操練。

在本書中除了講解 AutoCAD 軟體之操作外，其實做為一位專業級的設計者，其所涉及之電腦專業範圍包含 2D → 3D →渲染→後期處理等軟體，在 2D 繪圖領域中當非 AutoCAD 莫屬。在 3D 建模領域中較為知名者則為 SketchUp 及 3ds max 兩軟體，而後者不管學習及操作上都比前者困難一、二十倍以上，況且 SketchUp 不僅在 3D 建模上快速方便外，其尚可繪製 2D 平面圖，更甚者，當其完成 3D 透視圖場景後，即可將其轉換為各面向立面圖，供其附屬的 LayOut 程式立即完成施工圖的製作，可謂一舉數得。SketchUp 雖無渲染系統但可直接出圖不失快速簡便的方法，如想設計產出照片級效果者，其後續有數十種渲染軟體可接續產出，較為有名則為 Artlantis、VRay for SketchUp 及 Lumion 等軟體。至於後期處理則非 Photoshop 軟體莫屬，然因現今的渲染軟體均有較佳的渲染表現，因此目前 Photoshop 的重要性也已漸被淡化、取代。

溫馨提示

當讀者行有餘力時應續為研究，才能在未來職場立於不敗之地，上面提到的各軟體作者皆有相關著作可供參考，另作者在文化大學推廣教育部（台北市建國南路與和平東路口）及華岡興業均開設有 SketchUp 基礎、SketchUp 高手精技與 Artlantis 及 VRay for SketchUp 照片級渲等諸多設計課程，可供短期想學會這些軟體操作者一條便捷快速的學習管道。

Chapter

02

AutoCAD 2022 之基本操作

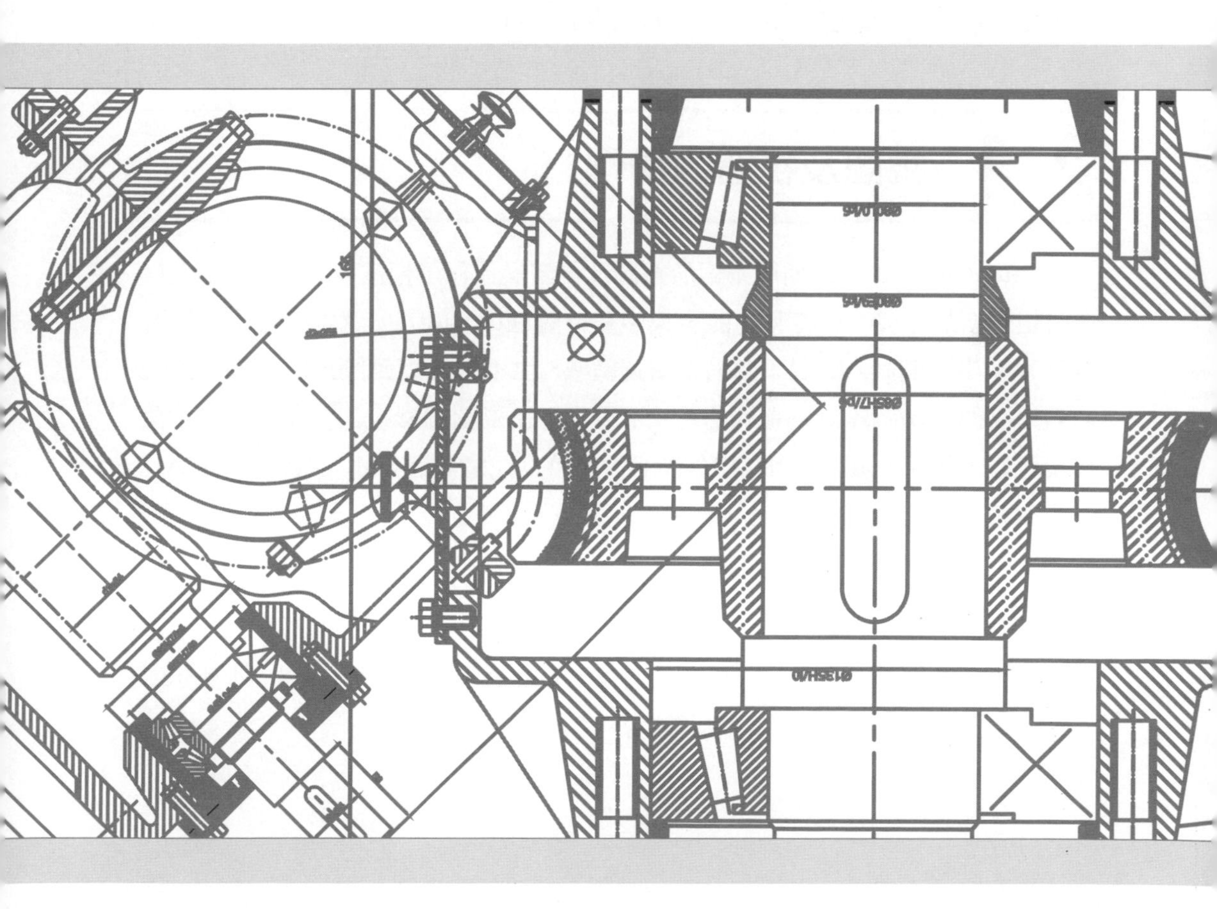

經過第一章的解說，對 AutoCAD 2022 最新版本應有基本的認識與了解，它一方面朝雲端協同合作做整合，另一方面則將操作模式朝直觀式操作邁進，然為照顧以指令操作模式的前期使用者，在 2013 版本以後巧妙將指令行給予工具面板化，這是為解決歷史包袱不得不然的聰明解決辦法，然使用者要有與時俱進的心理準備。

所謂直觀式操作模式，就是藉由工具面板、動態輸入和動態定位的操作方式，將讓使用者不用再死記那些英文操作指令，而使做圖及改圖變得超簡單容易。以往 AutoCAD 給人那種龐大複雜的刻板印象，其實是傳統做圖方式的遺毒，也許傳統的使用者對新操作方式頗有微詞，認為軟體版本越提昇其操作難度越高，不如指令行指令操作方式的單純，這是自我萎靡矮化的惰性使然，而無法自我接受挑戰與創新的駝鳥心態，其實渠等只要執行 AutoCAD 早期 R10 版本足矣，不用一味追求 AutoCAD 新版本的更新。

2-1 視圖及視窗的操作

在 AutoCAD 2022 最新版本對於視圖及視窗操作做了相當多的改進，讓人有了耳目一新的感受，它將其功能全集中在繪圖區中，以方便就近操控，且其指令行也呈半透明狀，絕對不會縮小繪圖區域，也不會妨礙到圖形的繪製，讓使用者只需顧及繪圖設計的邏輯思考，不用分心在視圖的操控上。唯其工具之操作工序並未統一，讓初學者在操作時必需要時常注意動態提示，希望 AutoCAD 在未來改版上能朝這方面多做改進。

2-1-1 視圖的操作

1 請打開第二章中之 sample01.dwg 檔案，這是一張機械圖形，如圖 2-1 所示，將以此檔案做為本小節的圖形練習。

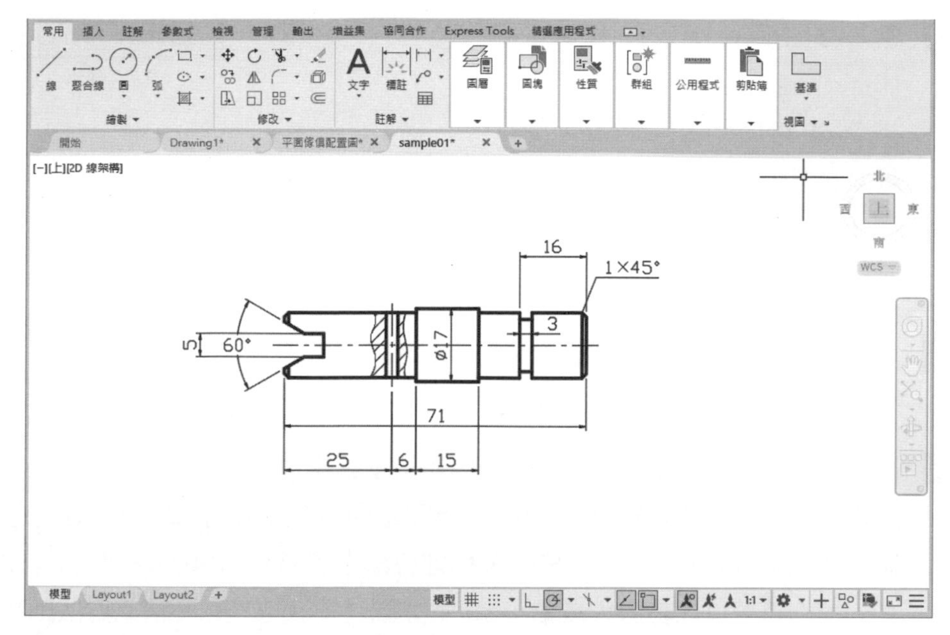

圖 2-1　開啟第二章 sample01.dwg 檔案做為本小節圖形練習

2 如想要對視圖中的圖形做平移，可以將游標移到繪圖區右側的導覽列工具面板上的**平移**工具按鈕 ，這時游標變成手形，代表可以對圖做平移動作，此時下方的**輔助**工具面板呈隱藏為不可執行狀態，而指令行會顯示移動指令，按住滑鼠左鍵不放，移動游標整個視圖會跟著平移，如圖 2-2 所示。

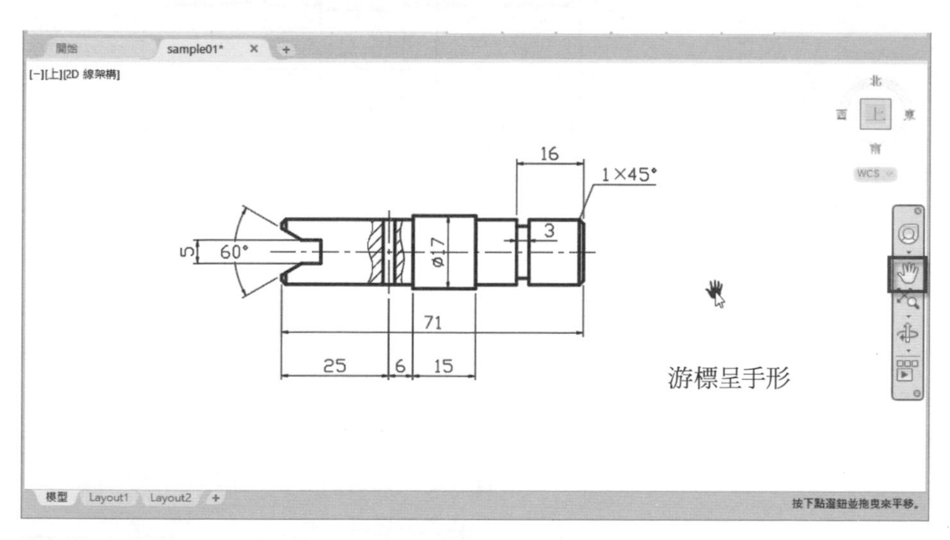

圖 2-2　游標變成手形而指令行會顯示移動指令

3 當平移完畢後，可以按 [ESC] 鍵、[Enter] 鍵或是按空白鍵以結束平移指令，亦可按滑鼠右鍵，在開啟的右鍵功能表中選取**結束**功能表單，如圖 2-3 所示，以結束平移動作。

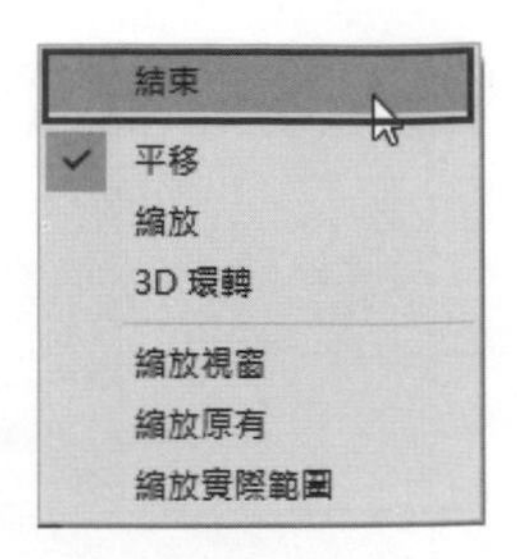

圖 2-3　執行右鍵功能表之**結束**功能表單以結束平移動作

4 如果不想以導覽列工具面板上的工具做平移，可以移游標到空白處，按滑鼠右鍵，在右鍵功能表中選擇**平移**功能表單，亦可執行上述的平移動作。

5 想要對視圖的圖形做縮放，可以直接在繪圖區空白處按下滑鼠右鍵，在右鍵功能表中選取**縮放**功能表單，在繪圖區中按住滑鼠左鍵不放，往上移動游標會將圖形放大，往下移動游標則會縮小圖形，當移動游標時會呈現（+、−）符號以代表放大或縮小處理，如圖 2-4 所示。至於結束方法則和平移工具的方法相同。

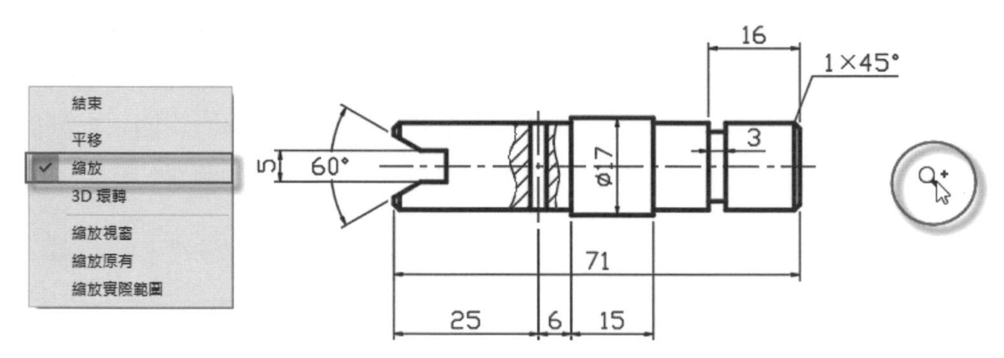

圖 2-4　執行**縮放**功能表單以對圖形做縮放處理

6 想要執行環轉工作，可以執行導覽列工具面板中的**環轉**工具，使用滑鼠點擊**環轉**工具下方的向下箭頭，可以打開各種**環轉**工具，本書所有操作皆屬 2D 繪圖，應避免使用此等工具，如圖 2-5 所示。

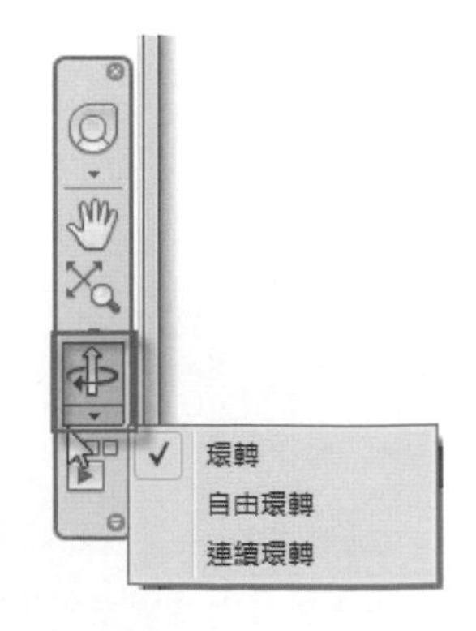

圖 2-5　導覽列工具面板上的**環轉**工具

7 使用滑鼠點擊導覽列工具面板上的**縮放實際範圍**工具，則可以將整個圖形充滿繪圖區，如圖 2-6 所示，當圖形很複雜經幾次縮放而不知身處何處時，執行此按鈕以觀看整體圖形，再移動到想要編輯圖形地方即可。

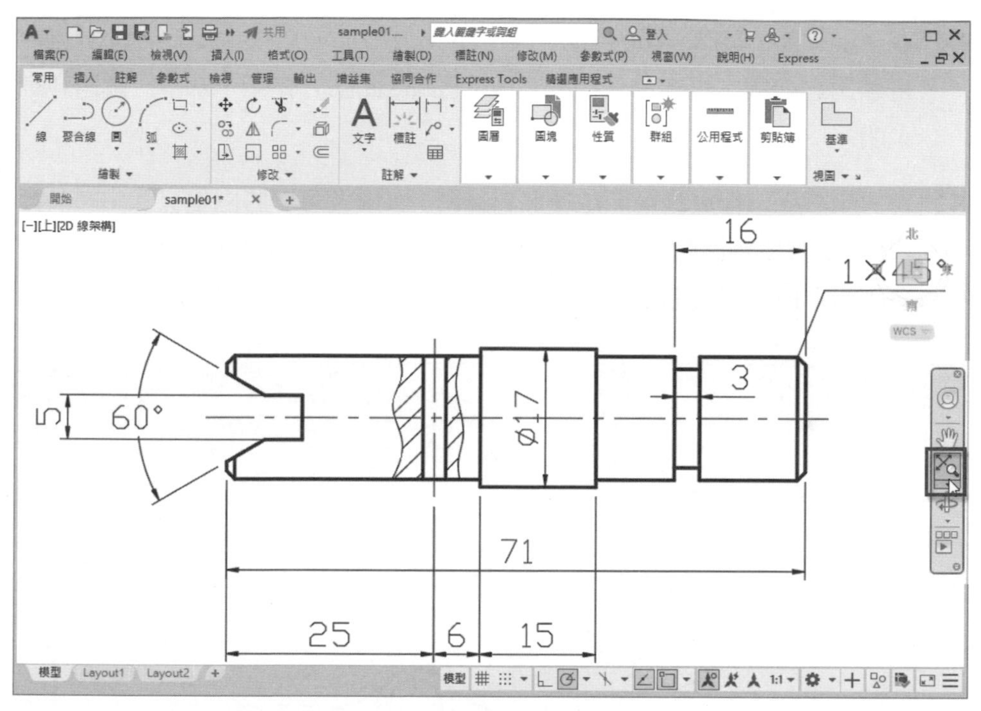

圖 2-6 執行**縮放實際範圍**工具可以使圖形充滿整個繪圖區

8 如果想更進一步操作視圖，只要按下**縮放實際範圍**工具下方的向下箭頭，可以開啟視圖操作的一些進階工具表列，如圖 2-7 所示，這些工具的操作方法，請讀者自行練習。

圖 2-7 按下向下箭頭可以開啟視圖操作的一些進階工具表列

2-1-2 視窗的操控

1 AutoCAD 是一個多視窗操控系統，它允許一次開啟多個圖形文件，唯只能使其中一個圖形文件做為當前作用中的文件。

2 在 AutoCAD 2022 版本中，於繪圖區的上方增加了文件頁籤工作區，此區中可以比之前版本更容易管控已開啟的圖檔，此部分在第一章中已做過詳細說明。

3 當使用者在文件頁籤區開啟多個檔案時，使用者可以將圖檔頁籤中將其拖曳出，使其成為浮動的視窗，如圖 2-8 所示，藉由剪貼簿機制可以將圖形在各視窗中做複製及貼上操作，這是 AutoCAD 2022 版本新增加功能。

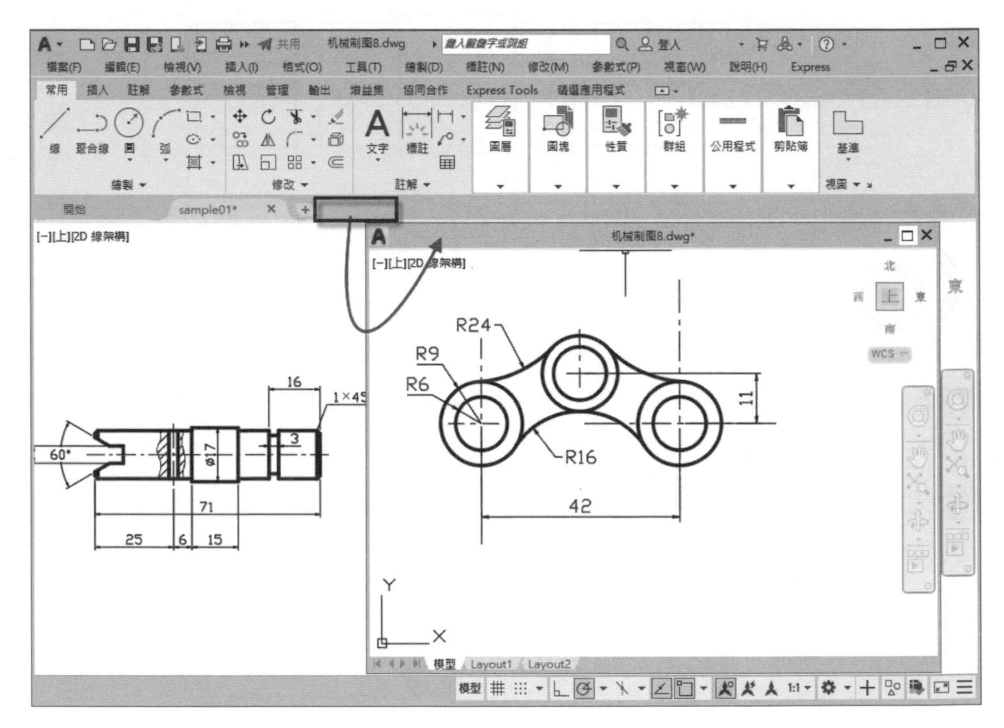

圖 2-8　從圖檔頁籤中拖曳出浮動的視窗

4 如前面之操作，使用者可以創建數個浮動視窗，如果想結束浮動視窗，只要使用滑鼠左鍵按住浮動視窗檔案，將其移動到文件頁籤區即可。

5 請執行下拉式功能表→**視窗**選項，在表列功能選單中會列出已開啟檔案名稱，其中檔案名稱前為打勾者，即為作用中的圖形文件，如圖 2-9 所示。

圖 2-9 在表列功能選單中會列出已開啟檔案名稱

6 選取**檢視**頁籤，在使用者介面工具面板中可以有更多的視窗操控工具可用，點取**切換視窗**工具按鈕，可以顯示開啟的圖形文件，經由此也可以很方便的切換目前作用中的文件，如圖 2-10 所示。

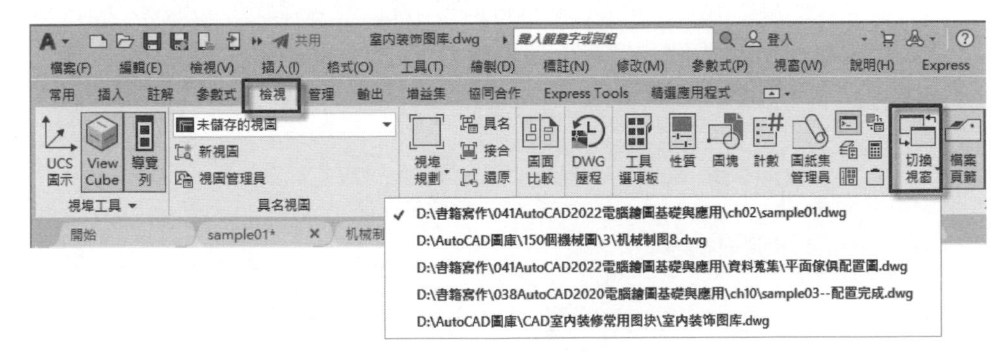

圖 2-10 使用**切換視窗**工具按鈕切換目前作用中的文件

7 使用鍵盤上 [Ctrl]+[Tab] 鍵，可以在文件頁籤區中對開啟的圖形文件循序成為目前使用中的圖檔。在檢視工具面板中之**介面**選項內，亦可以對多個視窗做各種排列。

8 在作用中的視窗標頭上按滑鼠兩下，可以完全展開作用中的視窗。在檢視工具面板之介面標題右側的箭頭，如圖 2-11 所示，可以開啟**選項**面板，在此面板內可以從事諸多設定，而有關其操作方法在第一章已做過說明。

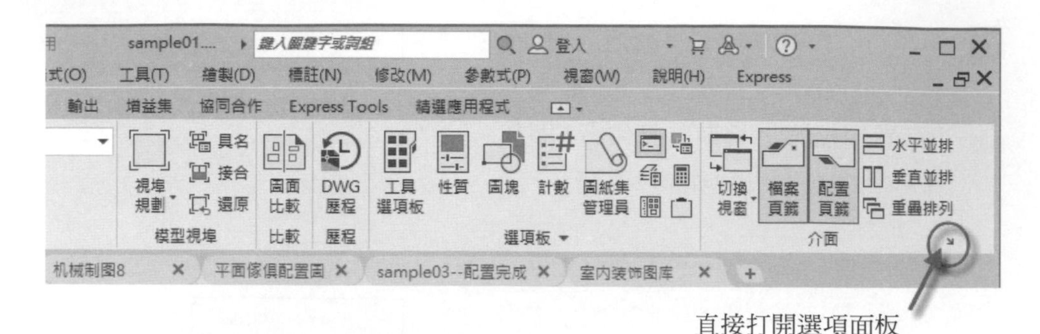

圖 2-11 點擊視窗標題右側的箭頭以開啟**選項**面板

2-2 滑鼠的操控與選取

1 有關視圖操作使用工具按鈕的方法，是屬初級使用者使用，如果想有較好的操作效率，使用滑鼠操控視圖且習慣它，會是提昇繪圖功力的好方法，請使用三鍵式滑鼠，中間須帶有滑動滾輪，其各按鍵之功能，如圖 2-12 所示。

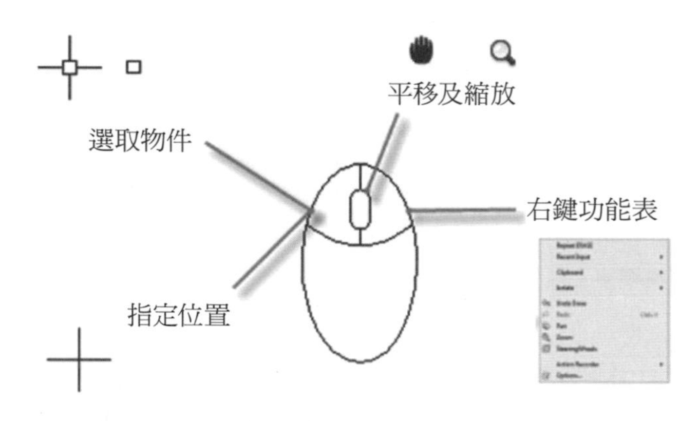

圖 2-12 滑鼠各按鍵之功能

2 按滑鼠左鍵可執行工具按鈕的所有命令，且可以選取物件及指定圖形的位置，是最主要的操作按鍵。

3 按住滑鼠滾輪不放，在視圖中任意滑動，則場景會隨滑鼠移動而上、下、左、右平移，如同使用**平移**工具按鈕的效果。

4 操作滑鼠滾輪，視圖會隨滑鼠滾輪向前滾動而放大。向後滾動而縮小，如同使用**縮放**工具按鈕。

5 操作滑鼠滾輪且同時按下鍵盤上（Shif）鍵，可以將原本平移動作，變成旋轉視圖的動作，因本書主要是 2D 視圖操作，所以應避免使用，如果不小心旋轉了視圖，可以使用滑鼠點擊右上角 ViewCube 工具面板上的**上**圖標，即可回復上視圖模式，如圖 2-13 所示。

圖 2-13 按 ViewCube 工具面板上的**上**圖標以回復上視圖

> **溫馨提示**
> 如果是 SketchUp 的慣用者，會常把滑鼠滾輪且同時按下鍵盤上（Shift）鍵當做平移使用，因此兩者常相混淆而產生困擾，應儘早適應兩軟體的不同操作模式。

6 使用滑鼠操控視圖是加速製圖的不二法門，使用者應該盡快熟稔它，如果操作技術更進步，則 ViewCube 工具面板及導覽列工具面板皆可以將它關閉不用了。

7 在繪圖區按下滑鼠右鍵，可彈出右鍵功能表，它會取代部分下拉式功能表的功能，是相當快速、好用、方便的操作方式，唯它會隨著選取物件的不同顯示不同的右鍵功能表內容。

8 請開啟第二章中的 sample02.dwg 檔案，如圖 2-14 所示，這是一套沙發組之平面圖以做為 AutoCAD 選取功能之練習。

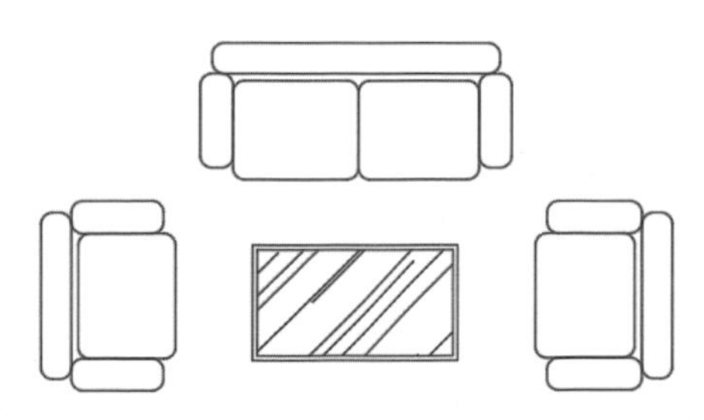

圖 2-14 開啟第二章中的 sample02.dwg 檔案

9 請先使用滑鼠在繪圖區空白處按下滑鼠右鍵，在顯示的右鍵功能表中選取**選項**功能表單，可以打開**選項**面板。

10 在打開的**選項**面板中請選取**選取**頁籤，在選取**模式**選項內的**視窗選取方式**欄位內，自 AutoCAD 2012 版後新增了**按住並拖曳**功能選單，系統並內定為**兩者—自動偵測**選項，強烈建議讀者使用，如圖 2-15 所示。

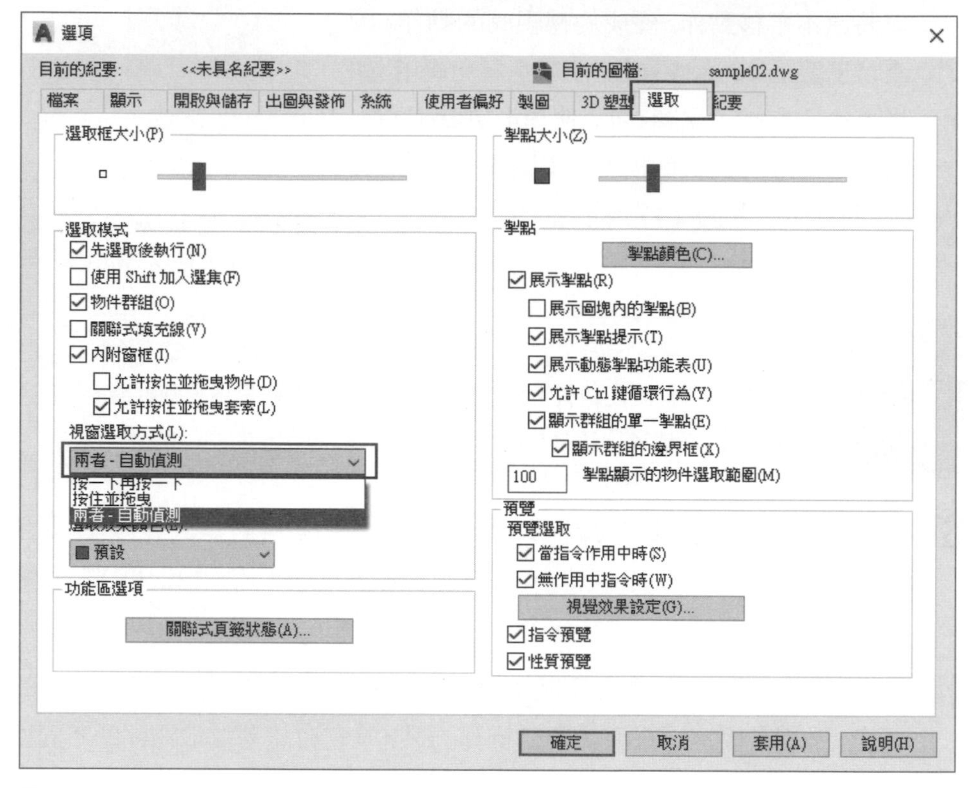

圖 2-15 視窗選取方式建議選取**兩者—自動偵測**選項

11 在表列選單中的所謂**按一下再按一下**的選取模式，為之前版本使用的選取模式，其使用方法是當要選取物件時，使用滑鼠左鍵按一下，以定下選取範圍的第一點，此時放開滑鼠，移游標到選取範圍的第二角點上，再按下滑鼠左鍵，即定下選取範圍。

12 所謂**按住並拖曳**的選取模式，為使用滑鼠左鍵點擊第一點後不要放開滑鼠，將游標拖曳到選取範圍的對角上放開滑鼠左鍵，即可選取物件。

13 除非使用者有特別的使用習慣，一般維持內定的**兩者一自動偵測**模式，即兩者操作模式均可使用。

14 如果使用者不想使用拖曳套索功能者，可以把**允許按住並拖曳套索**欄位勾選去除，如圖 2-16 所示，為啟動拖曳套索功能之選取模式。

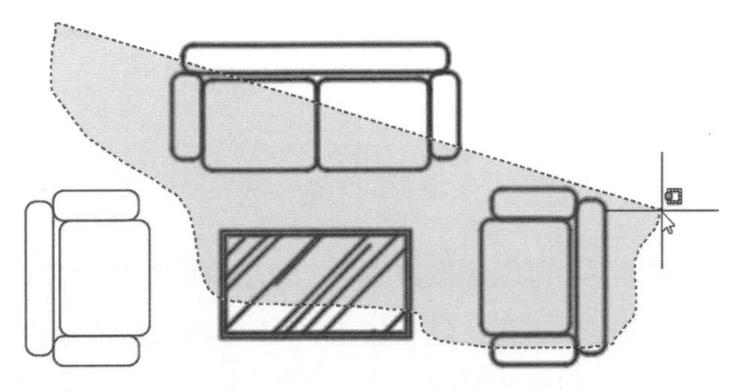

圖 2-16 啟動拖曳套索功能之選取模式

15 使用滑鼠由左向右拉出矩形面（由圖示第 1 點移至第 2 點），全部被選中的圖形才會被選取，如圖 2-17 所示，左圖為由左往右選取情形，右圖顯示出只有左邊沙發被選取，此即所謂**窗選**。

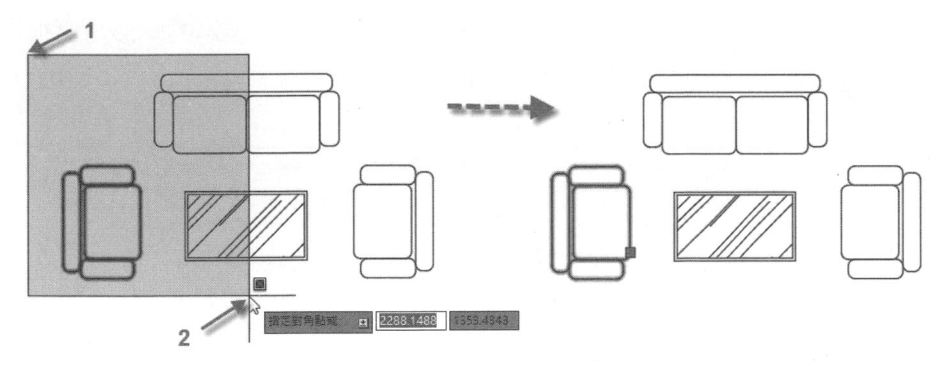

圖 2-17 由左向右窗選的情形

16 使用滑鼠由右向左拉出矩形面（由圖示第 1 點移到第 2 點），只要部分被選中的圖形都會被選取，如圖 2-18 所示，左圖為由右向左選取情形，右圖顯示出除最右側的單人沙發未被選外，其餘所有的二人座、左側單人沙發及茶几均被選取，此即所謂**框選**。

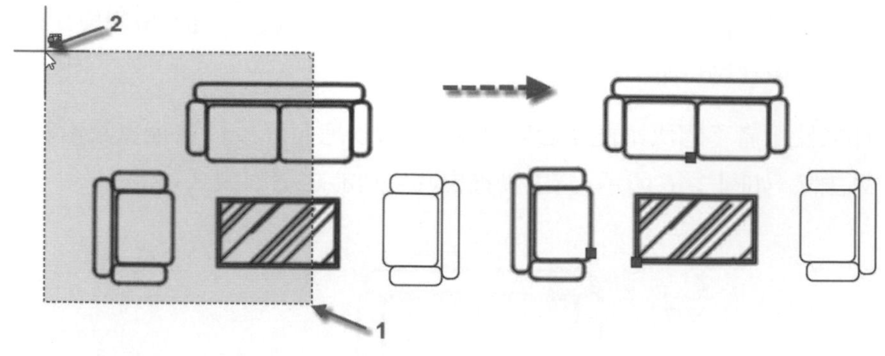

圖 2-18 由右向左框選的情形

17 使用滑鼠點擊圖形，可以選取該圖形，當連續點擊圖形可以加選圖形，如當選取圖形錯誤想去除選取，請按住 [Shift] 鍵再使用滑鼠執行窗選或框選該圖形，即可去除該圖形之選取。

18 當執行**修改**工具面板上的任何工具時，指令行提示**選取物件**，此時在鍵盤上直接輸入「all」指令後，當按 [Enter] 鍵確定，則會選取全部的圖形物件。

19 在上述操作中如果在鍵盤上輸入「f」指令，然後按 [Enter] 鍵確定，指令行提示**指定第一籬選點或點選/拖曳游標：**，請在圖示 1、2 點位置上，移動游標定下兩個籬選點，當按下 [Enter]，在兩籬選點間線段經過的圖形均會被選取，如圖 2-19 所示。此種選取稱為**籬選**。

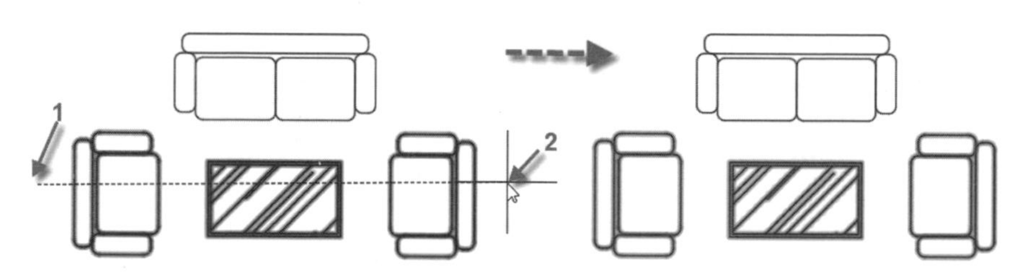

圖 2-19 兩籬選點間線段經過的圖形均會被選取

20 使用**修改**工具面板上的任何工具，當指令行提示選取物件時，此時在鍵盤上輸入「wp」後，按 [Enter] 鍵確定，可以使用滑鼠拉出多邊形的面，被多邊形的面完全包含的圖形才會被選取，如圖 2-20 所示。此種選取稱為**多邊形窗選**。

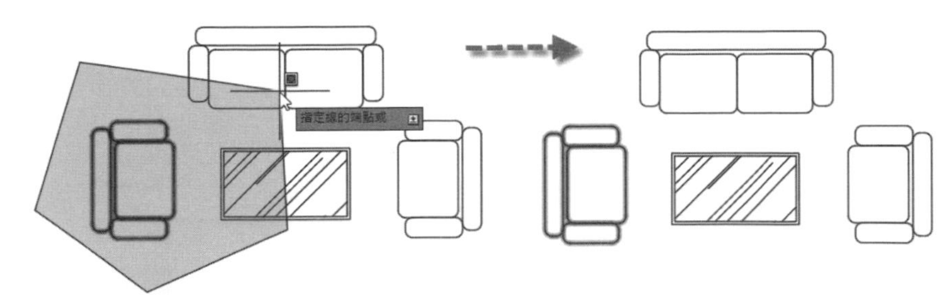

圖 2-20 被完全包含的左側沙發才會被選取

21 使用**修改**工具面板上的工具，當指令行提示選取物件時，此時在鍵盤上輸入「cp」，後按 [Enter] 鍵確定，可以使用滑鼠拉出多邊形的面，被多邊形部分含蓋的圖形也會被選取，如圖 2-21 所示。此種選取稱為**多邊形框選**。

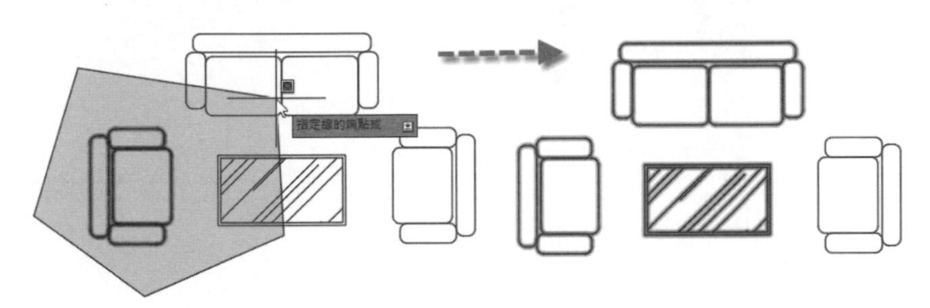

圖 2-21 被多邊形部分含蓋的沙發及茶几也會被選取

溫馨提示	當執行 **f**、**wp**、**cp** 等以執行選取物件動作，要結束此等選取，可以按鍵盤上 [Enter] 鍵或空白鍵，如果按 [ESC] 鍵則代表放棄選取。

2-3 工具面板之操作

1 在工具面板頁籤旁空白處，按下滑鼠右鍵，在打開的右鍵功能表中，選取**浮動**功能表單，當選擇了**浮動**功能表單，整個工具面板會以浮動方式，可以依各人喜好隨處擺放，如圖 2-22 所示，將它置於繪圖區中。

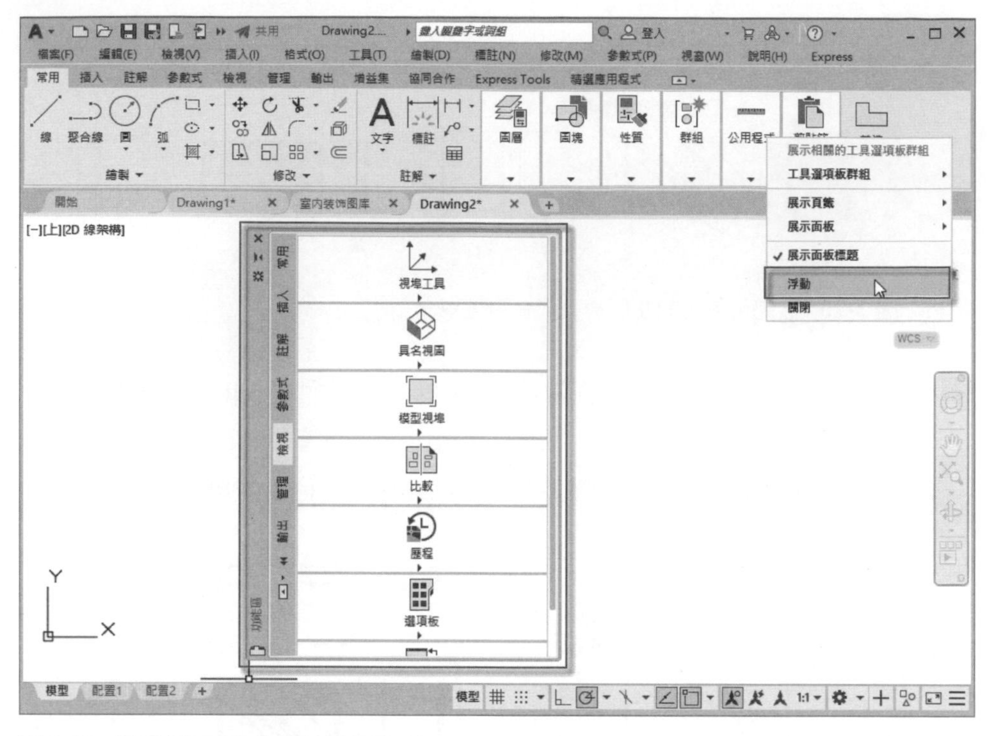

圖 2-22　將整個工具面板置於繪圖區中

2 移游標至功能區空白處，按下滑鼠右鍵，可以顯示右鍵功能表選單，請選取**允許停靠**功能選單，再選取**錨定左側**功能表單，如圖 2-23 所示，如此整個工具面板會錨定在繪圖區的左側方，而且只出現功能區標題。

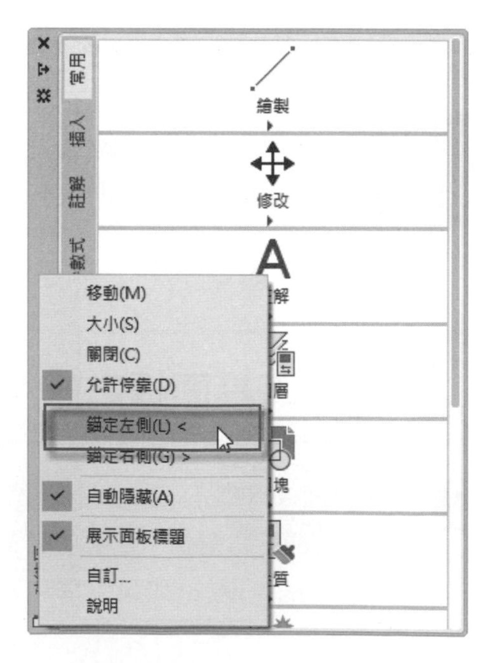

圖 2-23　選取**錨定左側**功能選單

3 這是系統內定將工具面板自動隱藏，只要移動游標到功能區標題處，整個面板會即時顯示出來，以擴大整個繪圖區域，如圖 2-24 所示。

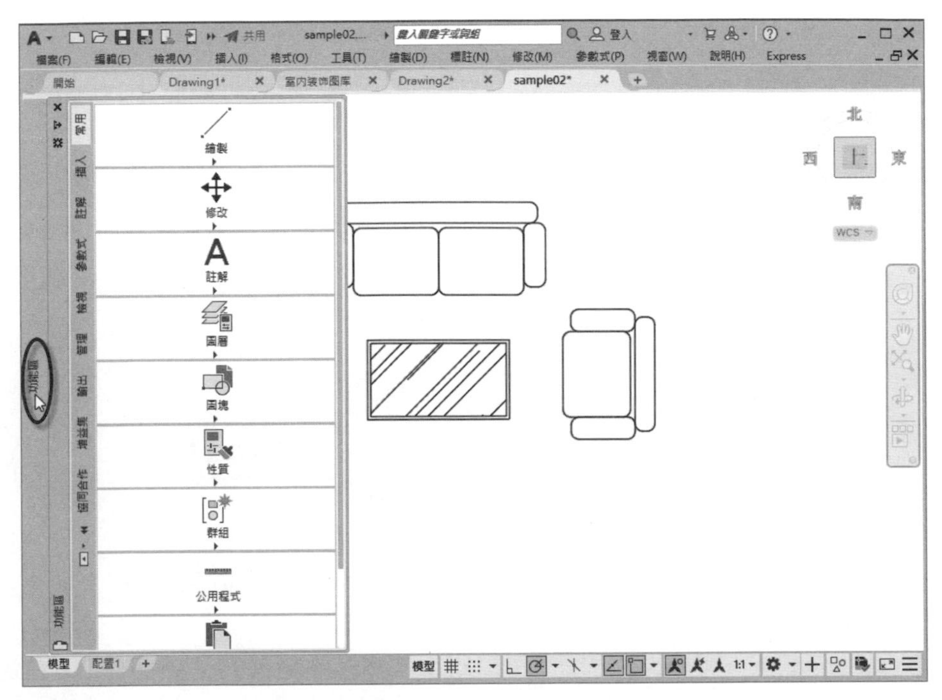

圖 2-24 移游標到功能區標題處整個面板即會顯示出來

4 想要使工具面板回復到原來位置，移游標至功能區空白處，快速按下滑鼠左鍵兩下，即可將工具面板脫離繪圖區左側錨定，而只出現功能區之長條狀，然只要移動滑鼠到功能區空白處，即可將整體工具面板顯示回來，此時只要使用滑鼠按住功區空白處即可讓工具面板呈自由移動狀態。

5 移游標至功能區中按住滑鼠左鍵，將工具面板移到繪圖區的上方，即可將工具面板推回到系統內定的狀態。在工具面板功能區的右鍵功能表上，尚有諸多功能表單，請讀者自行試著練習。

> **溫馨提示**
>
> 如果工具面板不小心被使用者關閉，則整體繪圖操作將會出現很大障礙，這時想要將其恢復圖來，可以執行下拉式功能表→**工具**→**選項板**→**功能區**功能表單，即可將被關閉的工具面板再顯示回來。

6 使用游標到個別工具面板標頭處，按住滑鼠左鍵不放，移動滑鼠可以單獨將各別工具面板移動到繪圖區的任何地方，如圖 2-25 所示，為將**繪製**工具面板移動到繪圖區中。

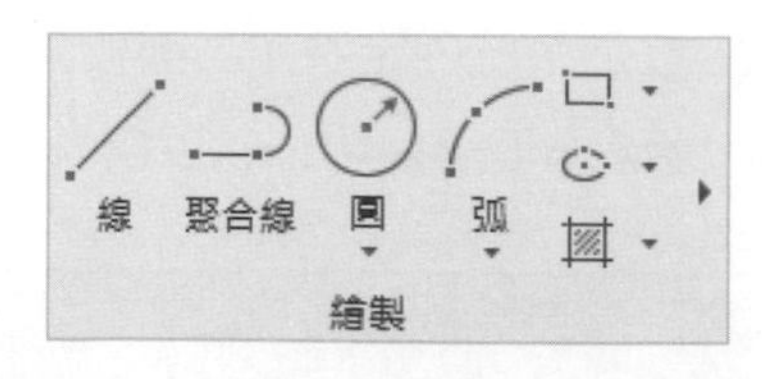

圖 2-25 將**繪製**工具面板移動到繪圖區

7 移動狀態中的**繪製**工具面板，移動游標至面板兩側之任一側稍做停留，可以自動顯示兩側之功能區，使用滑鼠點擊右上角的按鈕，如圖 2-26 所示，可以將面板推回原來的地方。

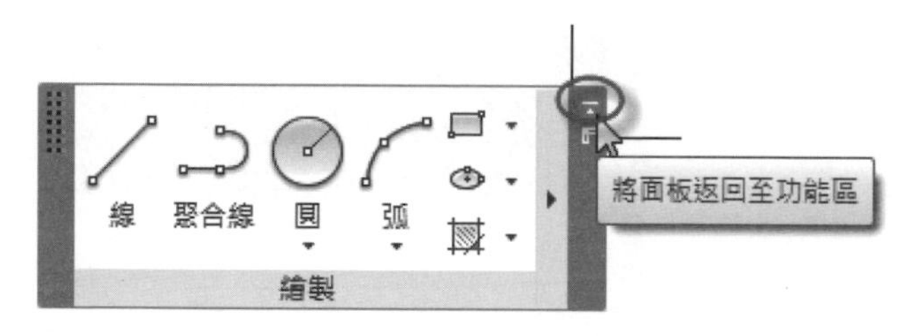

圖 2-26 使用滑鼠按下面板右上角按鈕可以將面板推回原來處

8 使用滑鼠按下切換方位按鈕，可以將工具面板中隱藏的工具面板，由右邊移轉到下方位置，標示的黑色小箭頭，即為開啟隱藏工具面板的按鈕，如圖 2-27 所示。

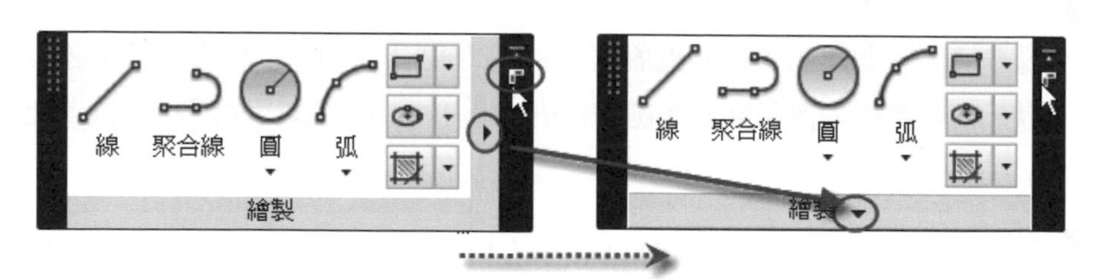

圖 2-27 使隱藏的工具面板互異位置

9 當再按一次切換方位按鈕，又可將標示的黑色小箭頭移轉到右側的位置，亦即工具面板中隱藏的工具面板將出現在右側。

2-4 輔助工具按鈕

在 AutoCAD 繪圖環境設置上，為使繪圖能準確迅速，有必要對一些輔助工具做適合自己的設定，甚至把這些設定存成自己的樣板檔，如此在每一次開啟程式或開啟新檔案，均不必一再重複修改這些設定，如何設定樣板檔在後面會有專章做詳細說明。

2-4-1 模型空間之輔助工具列面板

在處於模型空間時，繪圖區下方有一系列不同用途的輔助工具按鈕，如圖 2-28 所示，為說明需要特意將其全部顯示出來的狀態，然這些輔助工具顯示的多寡，可由使用者依需要而自由設定，在第一章中曾做過這樣的說明。當使用滑鼠點擊某一工具按鈕，可以啟動該工具，經啟動的工具會呈現藍色的按鈕，再一次點擊工具按鈕，可以關閉工具的啟用，不啟動的工具則呈灰色，現對各項按鈕分別編號並說明其功能如下。

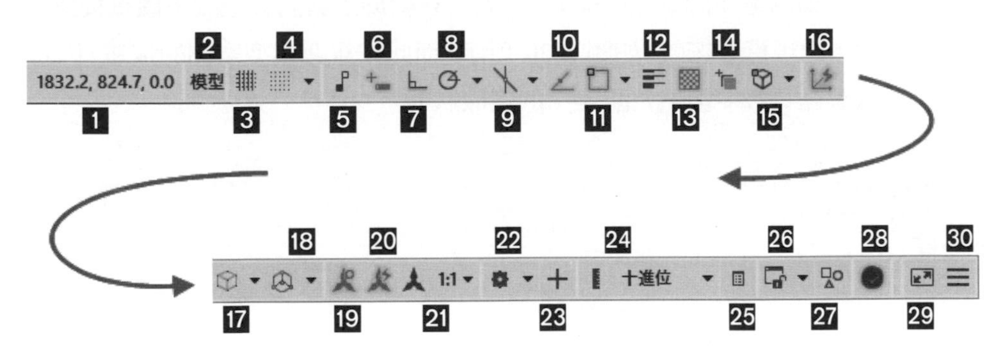

圖 2-28 在輔助工具按鈕區顯示的工具

1 **座標工具** 1832.2, 824.7, 0.0：此工具在顯示繪圖中之 X、Y、Z 三軸向座標軸，因本書以 2D 圖為操作模式，在新版本之操作中顯為多餘，因此強烈建議將此工具隱藏而不顯示。

2 **模型或圖紙空間工具** 模型：模型空間與圖紙空間在第一章中有約略提到，而此按鈕是在模型空間與圖紙空間中做切換。唯此處較讓初學者感到困擾的是模型兩字，特在此說明如下：

(1) 在繪圖區頁籤中系統設置有**模型**及**配置 1**、**配置 2**，內定為模型頁籤，這代表著一切做圖皆會在模型空間中為之，在**輔助**工具面板上也會顯示模型空間按鈕。

(2) 模型頁籤外的配置 1 及配置 2，這是 AutoCAD 為圖紙空間預設的兩個頁面，當頁籤中選擇其中之一，在**輔助**工具面板上也會立即改為顯示圖紙空間按鈕，如圖 2-29 所示。

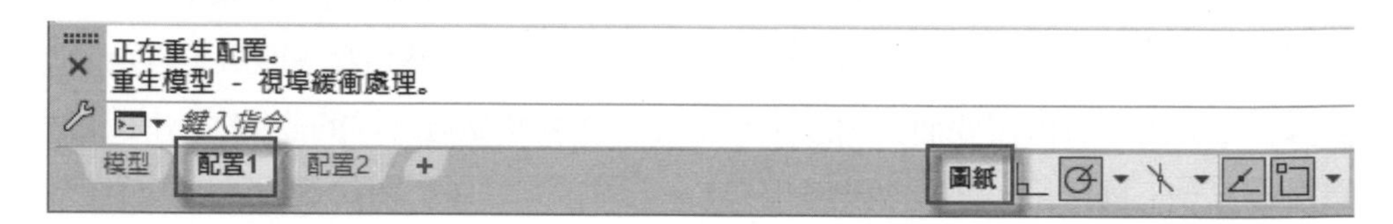

圖 2-29 選取配置 1 頁籤**輔助**工具面板上也會顯示圖紙空間按鈕

(3) 如果繪圖區在圖紙空間模式下，此時在**輔助**工具面板上按下**圖紙**按鈕，會再出現**模型**按鈕，如圖 2-30 所示，而此按鈕非模型空間的按鈕，因為繪圖區頁籤中仍然為配置 1 的選取狀態。

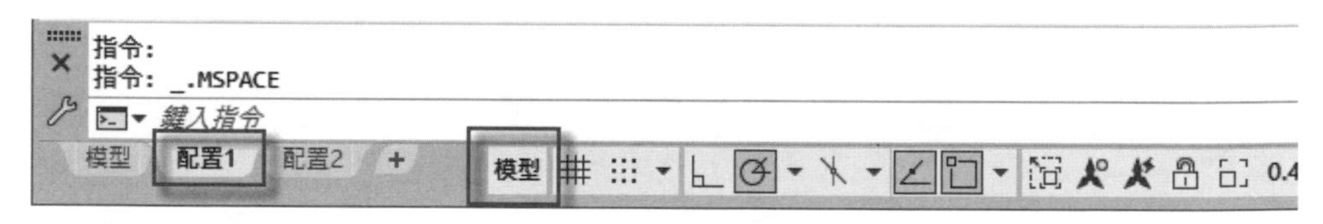

圖 2-30 輔助面板上的**模型**按鈕非模型空間的按鈕

(4) 其原因在於圖紙空間中又可分為**圖紙**按鈕模式及**模型**按鈕模式兩種，因此容易讓人產生混淆，而此兩種按鈕模式在圖紙中則各具有特殊功能，剛接觸者可能一時無法理解，沒關係，其實際運作情形，在本書第九章中將會做詳細介紹。

3 顯示圖面格式(格線)工具

(1) 讀者使用 acadISO 樣板以開啟新檔時,**格線顯示**工具按鈕系統內定為啟用狀態,在繪圖區中會佈滿格柵線,如圖 2-31 所示,對初學而言造成相當大的困擾。

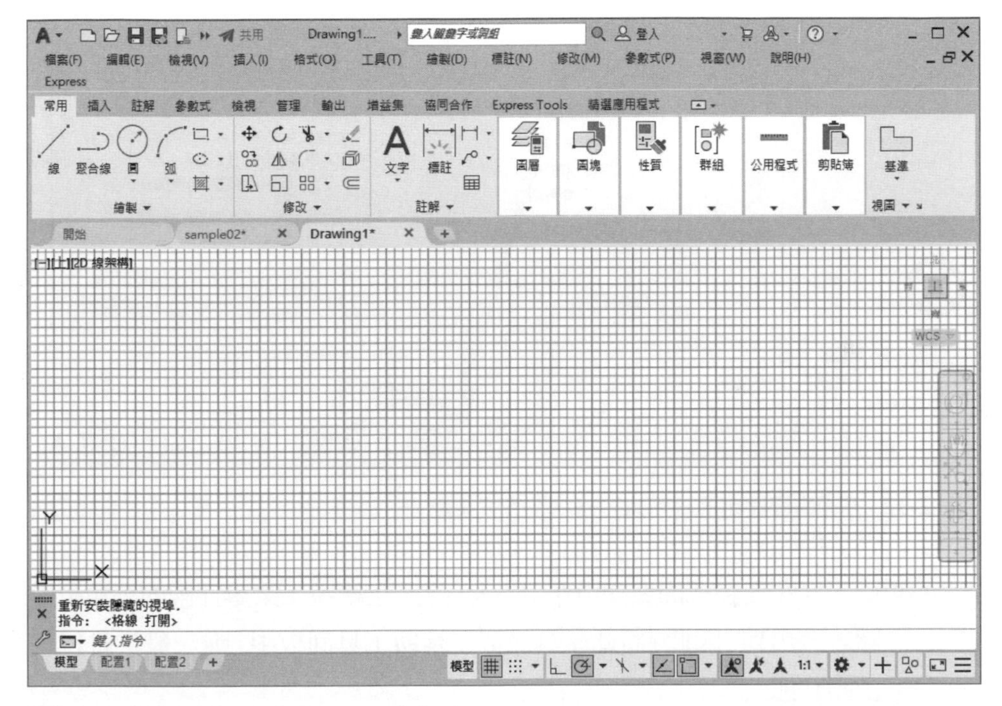

圖 2-31 開啟新檔案時會自動顯示格柵線

(2) 移動游標至輔助工具面上之顯示圖面格線按鈕上,按滑鼠右鍵可以顯示**格線設定**選項,執行此選項,可以打開**製圖設定**面板,在面板中可以對格線做各種設定,如圖 2-32 所示。

圖 2-32 打開**製圖設定**面板可以對格線做各種設定

(3) 此工具在直觀式的做圖中作用不大，除非在繪製工業零件圖的等角投影圖才會用到，因此，將此工具保留在**輔助**工具面板中，唯一般均維持不啟動狀態。

(4). 移動游標到顯示**圖面格式**按鈕上，點擊滑鼠左鍵，使工具不呈現藍色區塊狀態下，即會將繪圖區中格柵線隱藏而不顯示。

4 鎖點模式工具

(1) 本工具系統內定為不啟動狀態，使用滑鼠點擊工具右側的向下箭頭，可以開啟其表列功能選項，如圖 2-33 所示。

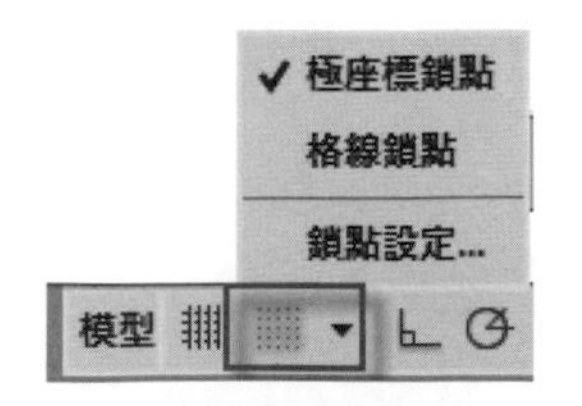

圖 2-33 鎖點模式工具之表列功能選項

(2) 如果執行表列功能選項之鎖點設定選項，一樣可以開啟**製圖設定**面板，系統內定為鎖點與格線頁籤面板，在此面板中可以做相關設定，當點取面板左下角的**選項**按鈕，可以打開**選項**面板，系統內定為製圖頁籤面板，在此可以更進一步做設定，如圖 2-34 所示。

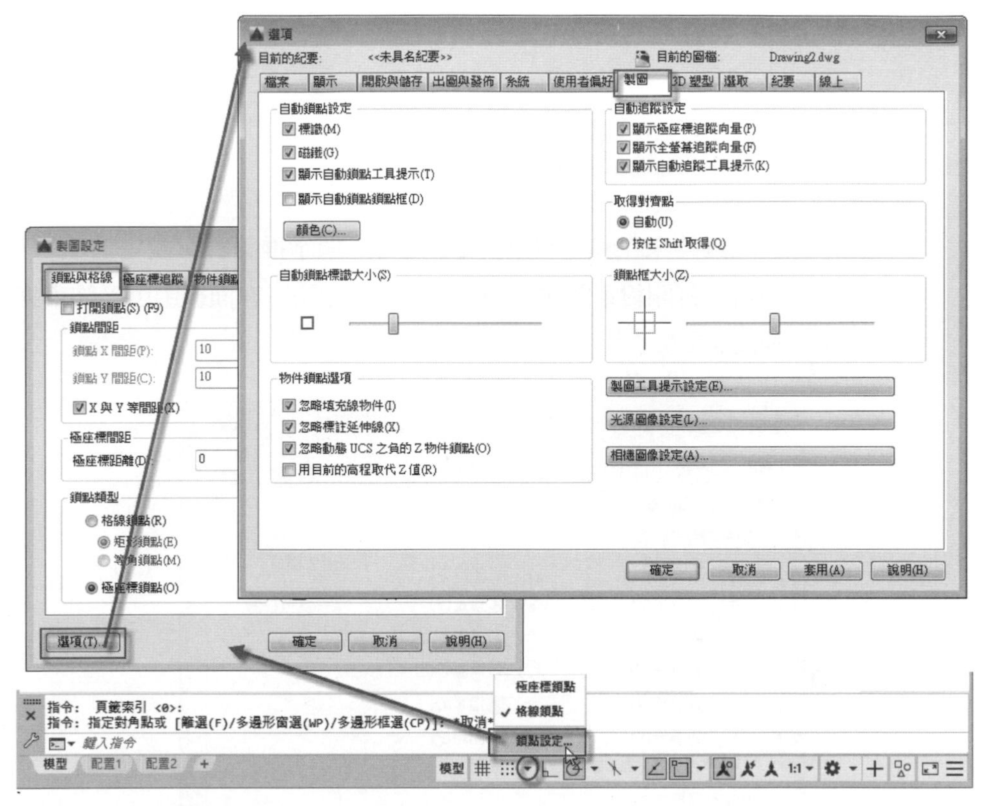

圖 2-34 可打**選項**面板對鎖點做位一步設定

(3) 此工具在直觀式的做圖上作用不大，除非在繪製工業零件圖的等角投影圖才會用到，因此，將此工具保留在**輔助**工具面板中，唯一般均維持不予啟動狀態。

5 推論約束工具

(1) 這是 AutoCAD 增加參數設計功能後所搭配的輔助工具，貼心的提供圖面中物件之間的約束關係。

(2) 使用**矩形**工具，在繪圖區繪製兩矩形，如圖 2-35 所示，左圖為此工具未啟動時繪製的情形，右圖則為啟動此工具繪製的情形，在圖形旁會顯示參數設計相關參數的圖標。

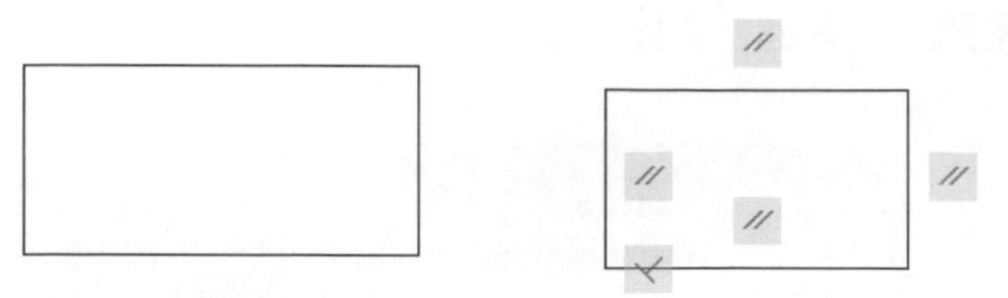

圖 2-35 右圖為啟動推論約束工具在圖形旁會顯示參數設計的圖標

(3) 移游標到推論約束工具上，按滑鼠右鍵可以顯示推論**約束設定**選項，執行此選項可以打開**約束設定**面板，如圖 2-36 所示，在面板中可以約束推論做各種設定。

圖 2-36 打開**約束設定**面板

(4) 未設定推論約束的矩形，當移動矩形的任一掣點時，只會對此掣點做改變，但當移動已設定推論約束的矩形的任一掣點時，其移動點會受各**約束設定**所約束，而呈平行移動的現象，如圖 2-37 所示。

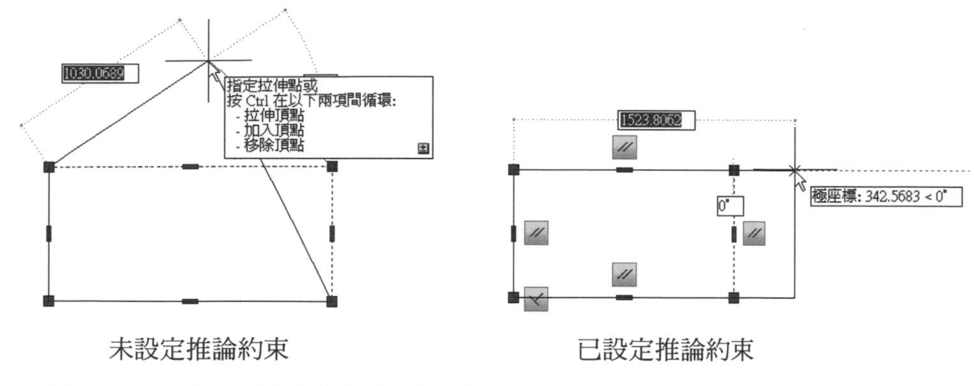

圖 2-37 是否設定約束推論對圖形編輯之影響

(5) 本推論約束工具按鈕，對 AutoCAD 初學者而言較不易使用，請維持系統內定狀態，建議將此工具隱藏而不顯示，當熟悉 AutoCAD 操作後再學習使用即可。

6 動態輸入工具

(1) 動態輸入工具是直觀式做圖的利器，如果不啟動此工具，一切操作都要靠指令行內之屬性提示。如果啟動此工具按鈕，製圖時游標右下角會顯示動態輸入提示，並提供一組輸入框以供輸入，如圖 2-38 所示。

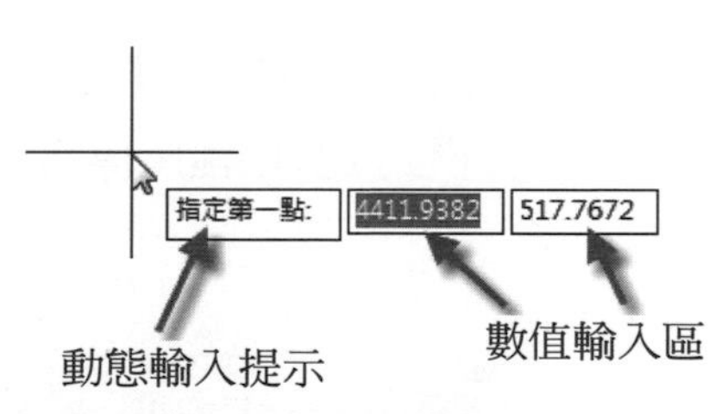

圖 2-38 啟動動態輸入工具

(2) 使用動態輸入模式，當動態輸入提示區有**或**字或出現向下箭頭時，按下鍵盤上的**向下鍵**，可以依使用工具的不同，顯示各異的表列功能選項供選擇，一如指令行的選項，如圖 2-39 所示。

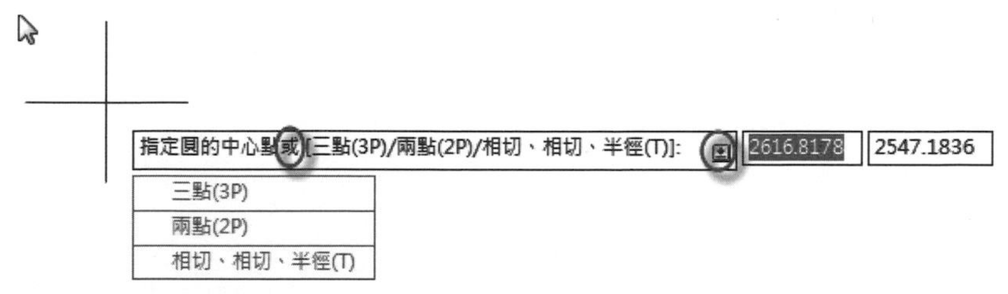

圖 2-39 按下鍵盤上的**向下鍵**可顯示表列功能選項供選擇

(3) 在 AutoCAD 2022 版中在指令行提供更貼切的設計，不必像以往要按下鍵盤上的**向下鍵**，直接在指令行上顯示各功能選項供點選，如圖 2-40 所示。

圖 2-40 直接在指令行上顯示各功能選項供點選

(4) 有了指令行工具面板化之後，這些功能選項不必像之前版本，必需利用鍵盤依提示輸入其次命令，而直接可以使用滑鼠點擊這些功能選項，以執行後續的繪圖或修改命令。如果再配合動態輸入模式，將使直觀式操作更能徹底有效執行。

7 限制正交游標（正交模式）工具

(1) 限製正交游標（正交模式）工具與其右之將游標限制在指定的角度（極座標追蹤）工具為處於競合狀態，只能選擇其一為啟動狀態，亦即選擇正交模式工具則極座標追蹤工具會將呈灰色不啟動狀態，如圖 2-41 所示。

圖 2-41 正交模式工具與極座標追蹤工具兩者相互競合

(2) 正交模式工具可以約束做圖只做垂直或水平的移動，以畫出水平或垂直於座標軸的圖案，如圖 2-42 所示，此種做圖很符合建築及室內設計的製圖規則，以往的 CAD 書籍均教導讀者開啟此工具項。

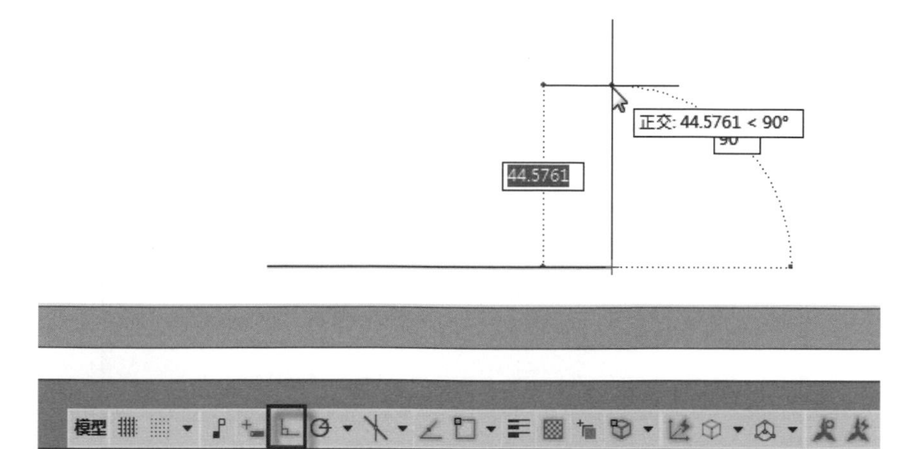

圖 2-42 使用正交模式繪製圖形

(3) 雖然符合建築及室內設計的製圖的規則，但比不上極座標追蹤工具的靈活性，因此建議讀者可以選用後者，而將此工具不予啟動。

8 將游標限制在指定的角度（極座標追蹤）工具

(1) 此工具與正交模式工具處於競合狀態，使用游標按下工具右側的向下箭頭，系統表列各種角度選項供直接選取，如圖 2-43 所示，觀察這些表列選項應足敷工作中所需。

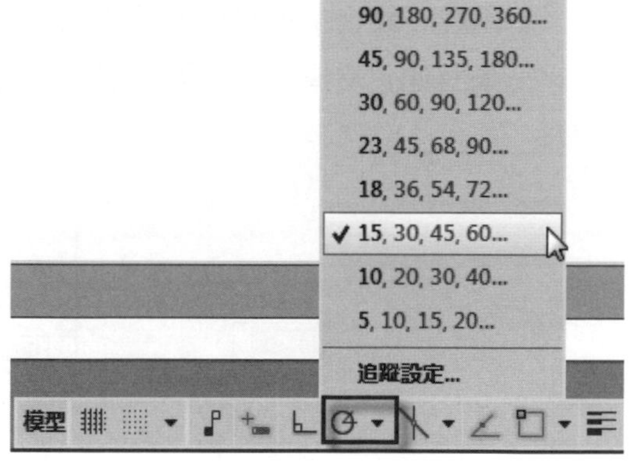

圖 2-43 系統表列各種角度選項供直接選取

(2) 如果這些現成角度未能滿足使用者需求時，可以在剛才開啟的系統表列各種角度選項中選取**追蹤設定**選項，即可開啟**製圖設定**面板，如圖 2-44 所示，在面板中可以做更細緻的設定。

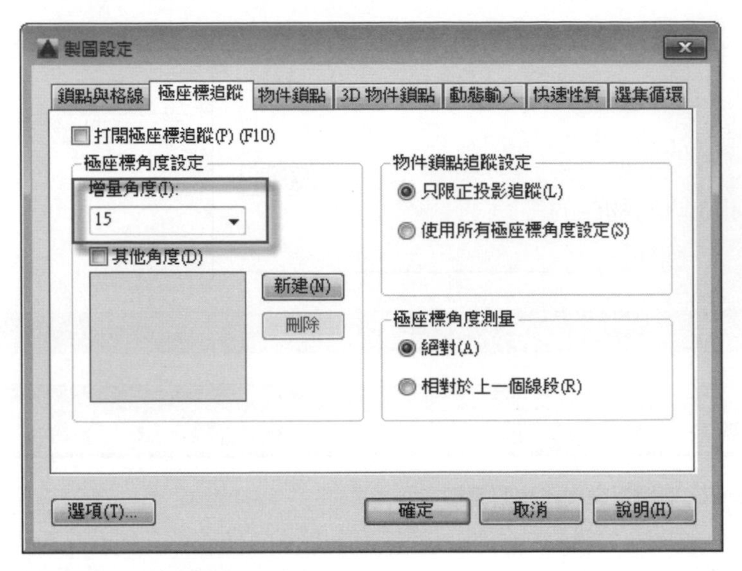

圖 2-44 開啟**製圖設定**面板

(3) 在此處選取 15 度的功能選項，則凡是 15 度倍數因子均適用，選取畫**直線**工具，在定出畫直線的第一點後，拉出 30 度角的第二點，在畫面中會出現一條約束線，概 30 度仍為 15 度的倍數因子，如圖 2-45 所示，其效果有如正交模式的功能，而且更具有彈性。

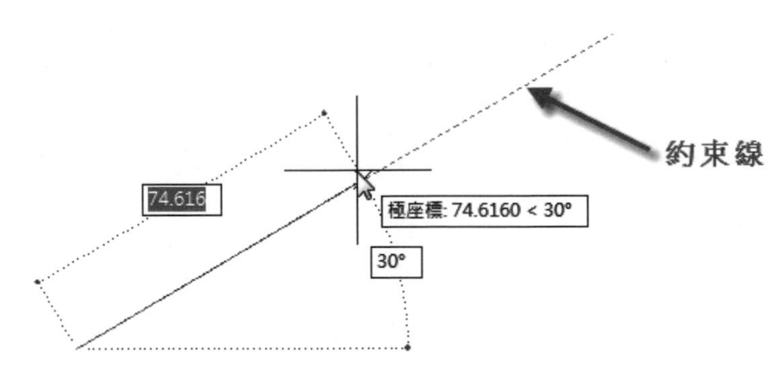

圖 2-45 當拉出 30 度角時會出現一條約束線

(4) 此工具為人性化操作 AutoCAD 的必要手段，因此強烈建議將此工具設定為啟用狀態。

9 等角製圖工具 ：此工具為繪製等角投影之立體圖時才用到，對於初學者而言，應將此工具隱藏而不將其顯示。

10 展示鎖點參考線（物件鎖點追蹤）工具

(1) 此工具為物件的鎖點追蹤，是 AutoCAD 製圖相當強項的工具，所有準確性製圖均由它而來，一般均維持開啟狀態，當此工具呈作用狀態時，選取工具面板中任選繪製及修改工具，移游標到繪圖區的圖形上時，在端點或中點的位置上，會出現鎖點以供鎖住位置。

(2) 移動游標至此工具上按下滑鼠右鍵，可以顯示的物件鎖點追蹤設定選項，執行此選項可以開啟**製圖設定**面板，在面板中系統提供多種物件鎖點供選取，將欄位空格打勾則表示啟用此種鎖點方式，如圖 2-46 所示。

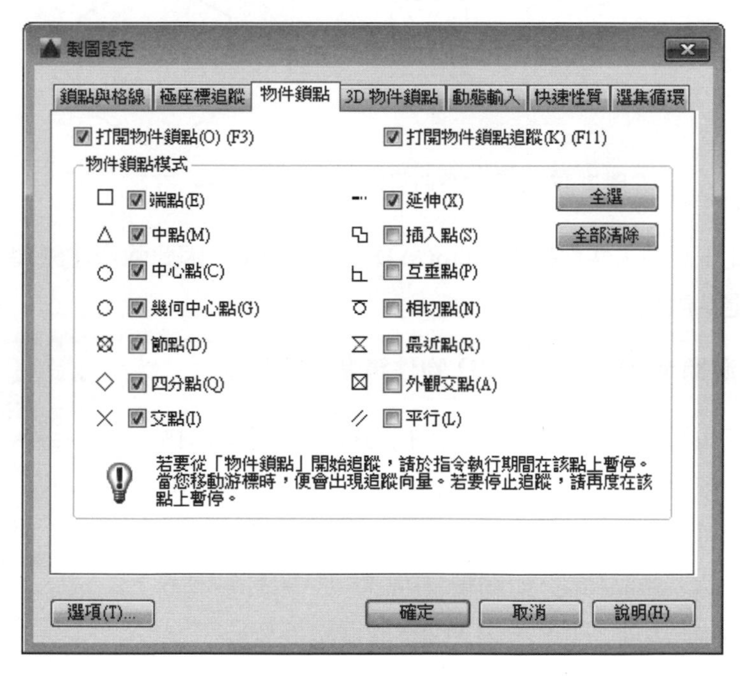

圖 2-46 開啟**製圖設定**面板以供設定鎖點的種方式

(3) 此工具與其右側的鎖點游標至 2D 參考點工具有點類似，不過此工具對於參考位置的鎖點會拉出一條參考線，以方便延伸鎖點外的做圖，例如想在圓中心點上方 50 公分做為畫線的起點，當游標到圓中心點上圓心被鎖定，往上垂直移動可以拉出一條參考線，如圖 2-47 所示，只要接著輸入距離值即可定出畫線的起點。

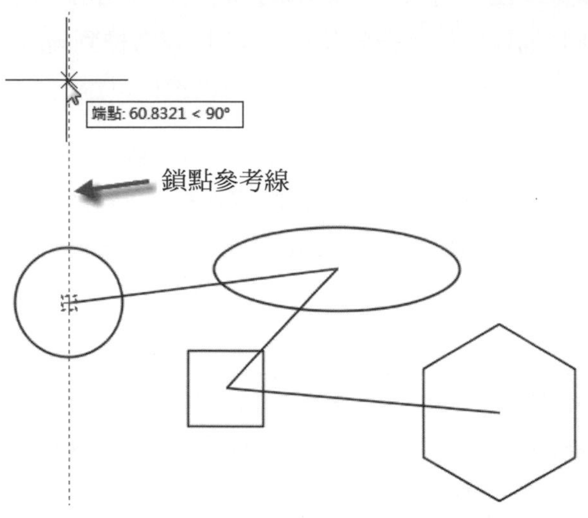

圖 2-47 鎖點鎖住時可以拉出一條參考線

(4) 此工具為人性化操作 AutoCAD 的必要手段，因此強烈建議將此工具設定為啟用狀態。

11 鎖點游標至 2D 參考點 (2D 物件鎖點) 工具

(1) 使用滑鼠點擊工具右側的向下箭頭，可以顯示物件鎖點的表列選項，如圖 2-48 所示，在表列選項中可以表現目前鎖點設置情形，鎖點名稱前打勾者為具鎖點功能，如端點、中心點等，未打勾則不具鎖點功能，如插入、互垂點、最近點等。

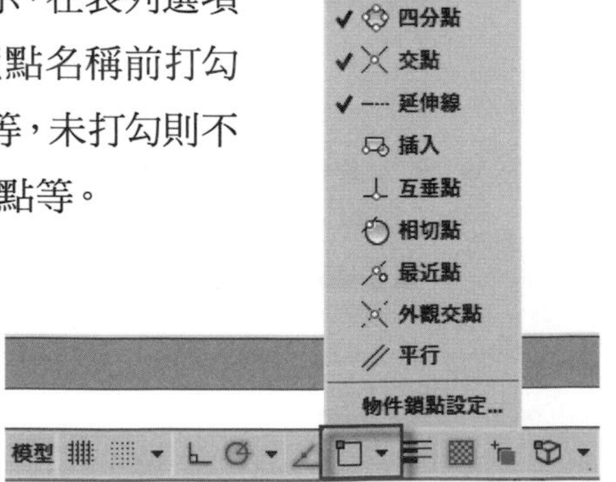

圖 2-48 顯示物件鎖點的表列選項

(2) 如果想要對鎖點項目做設定，可以在表列選項中選取**物件鎖點設定**選項，同樣可以打開**製圖設定**面板，並同時對鎖點方式做出設定。

(3) 此工具為人性化操作 AutoCAD 的必要手段，因此強烈建議將此工具設定為啟用狀態。

(4) 鎖點游標至 2D 參考點和展示鎖點參考線工具一般相搭配使用，必須先設定物件鎖點，然後才能從物件的鎖點進行追蹤。使用物件鎖點追蹤，以沿著基於物件鎖點的對齊路徑進行追蹤，取得的點會顯示一個小加號 (+)，最多可同時取得七個追蹤點。

(5) 在已有的菱形中，想要畫 L1 與 L2 兩條延伸線的交點，使用**繪製**工具面板中選取**畫線**工具，由圖示 1 點定下畫線的起點，移游標到圖示 2 點上，出現抓點，此時不要放開滑鼠，移動游標可以出現一條圖示 2 點線的延伸線（綠色虛線），此即為追蹤線，移動游標到圖示 3 點定下畫線的終點，即可得到想要的線段，如圖 2-49 所示。

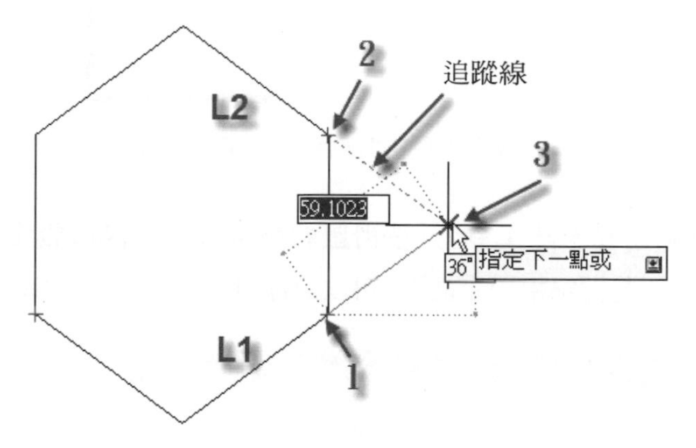

圖 2-49 使用物件鎖點追蹤工具畫圖

(6) 在四邊形中想定出其中間點，使用**繪製**工具面板的**畫線**工具，移動到圖示 1 點上**線段中點**，會在其上出現（△）標誌，再移動游標到圖示 2 點位置**線段中點**，同樣會在其上出現（△）標誌，當相條追蹤線相交處，即為四邊形的中心點，如圖 2-50 所示。

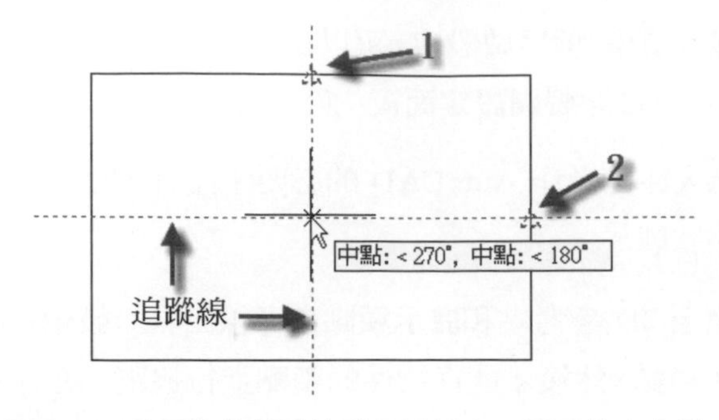

圖 2-50 使用物件鎖點追蹤工具找出四邊形的中心點

12 顯示/隱藏線粗(線粗)工具

(1) **展現/隱藏線粗**工具按鈕可以展現或隱藏線粗，如圖 2-51 所示，左方圖形為工具不啟動狀態，右方則為此工具啟動狀態。

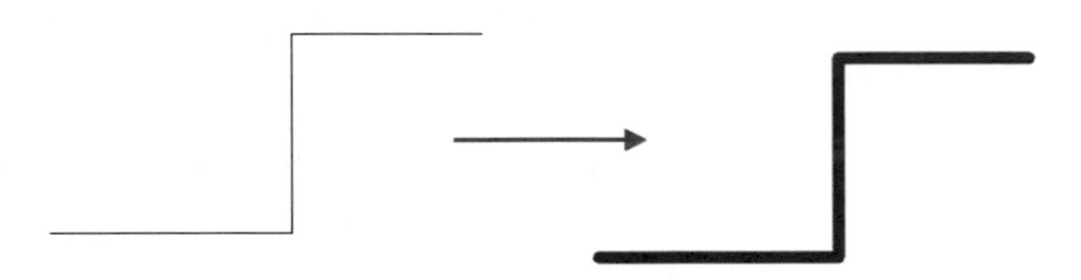

圖 2-51 同樣的線段經本工具啟動後可以顯示粗線

(2) 移動游標至此工具上，按滑鼠右鍵可以顯示**線粗設定**選項，執行此選項，以打開線粗設定面板，可以對線粗做各項設定，如圖 2-52 所示。

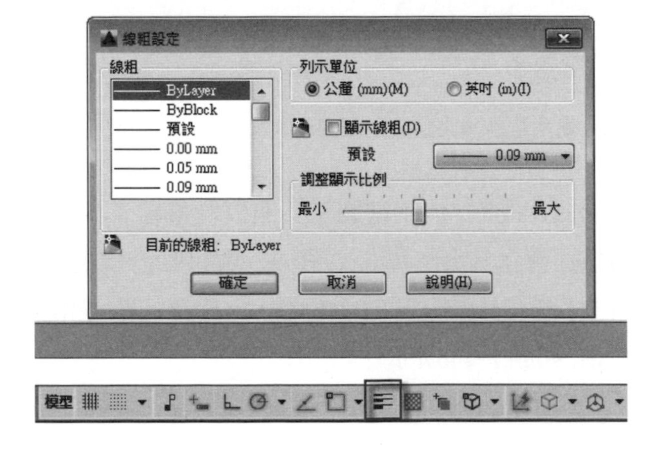

圖 2-52 在線粗設定面板中可以對線粗做各項設定

(3) 展現/隱藏線粗工具請維持工具顯示，唯維持其不啟動狀態，視做圖需要隨時將它啟動即可。

13 透明度工具

(1) 透明度工具為 AutoCAD2012 版本以後增加功能，當選取此工具，使成為展現透明度模式時，會使具有透明度的圖形變為透明狀，反之，則所有圖形均不具透明度。

(2) 有關圖形是否透明，一般皆在圖層中設定控制之，亦即將某些圖層設定透明值，則含在此圖層內的圖形都具有透明度，如圖 2-53 所示，藉由圖層可以控制圓的透明值，然後由此工具在繪圖區中表現出來。

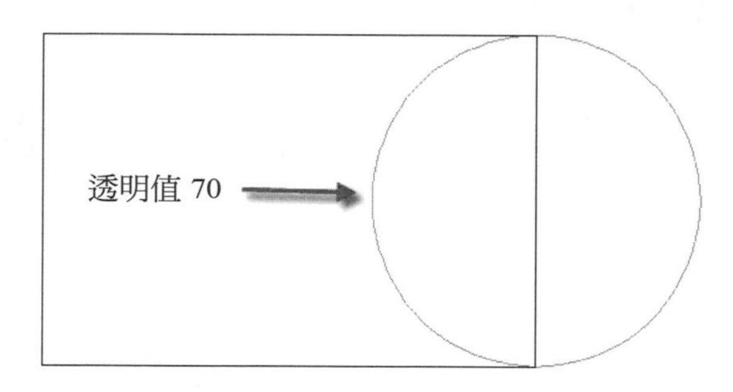

圖 2-53 可以顯示物件的透明值

(3) 透明度工具請維持工具顯示，唯維持其不啟動狀態，視做圖需要隨時將它啟動即可。

14 選集循環工具

(1) 選集循環工具為 AutoCAD 2012 版本以後新增輔助工具，當繪圖區中圖形有重疊情形，於啟動此工具時，使用滑鼠在重疊圖形處按下滑鼠左鍵，會顯示選取面板，面板中會有表列圖形名稱以供方便選取，如圖 2-54 所示。

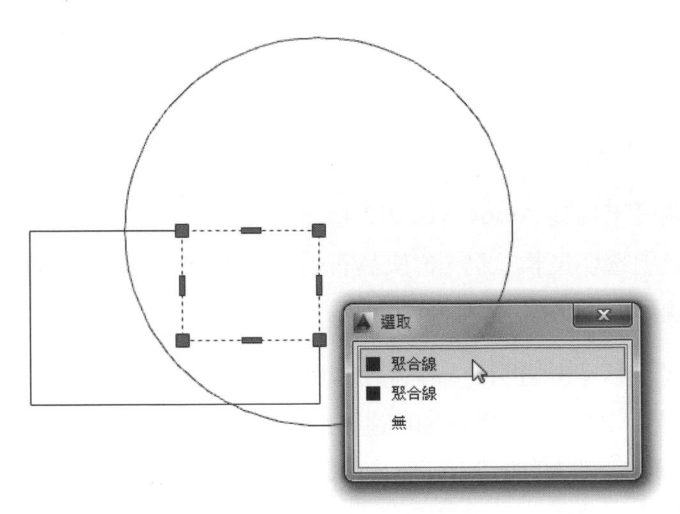

圖 2-54 啟動此工具會有表列圖形名稱以供方便選取

(2) 在選取面板中選取不同的圖形名稱，則該名稱的圖形會自動被選取，如圖 2-55 所示，這在複雜的圖形上想選取編修圖形是相當重要功能。

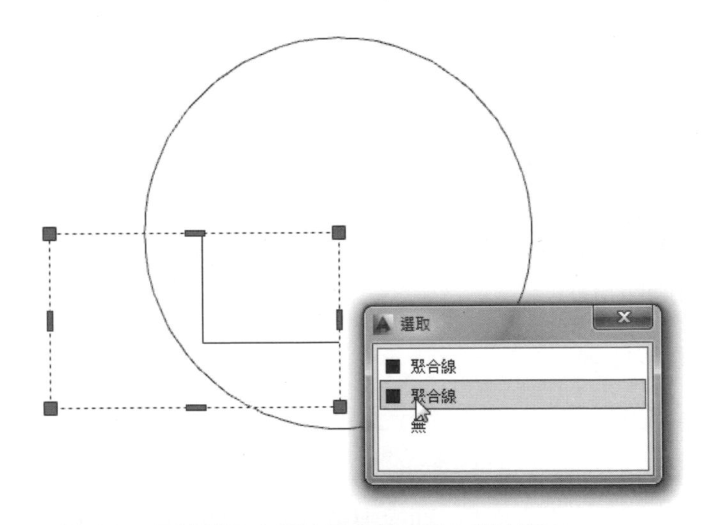

圖 2-55 更換選取名稱時該名稱圖形自動被選取

(3) 選集循環工具請維持工具顯示，唯維持其不啟動狀態，視做圖需要隨時將它啟動即可。

15 鎖點游標至 3D 參考點(3D 物件鎖點)工具 :此工具一般使用在 3D 物件上，本書主要操作偏重於 2D 的繪製，因此一般設定為工具不顯示。

16 鎖點 UCS 至作用中的實體平面(動態 UCS)工具 :此工具一般使用在 3D 物件上，本書主要操作偏重於 2D 的繪製，因此一般設定為工具不顯示。

17 篩選物件選取(選取篩選)工具 :此工具一般使用在 3D 物件上，本書主要操作偏重於 2D 的繪製，因此一般設定為工具不顯示。

18 展示控點(控點)工具 :此工具一般使用在 3D 物件上，本書主要操作偏重於 2D 的繪製，因此一般設定為工具不顯示。

19 展示註解物件(註解可見性)工具

(1) 控制是否顯示所有可註解物件，或僅顯示符合目前註解比例的物件。

(2) 此工具為圖紙空間操作中不可或缺的工具，至於使用方法將於後面章節再詳為說明。

(3) 展示註解物件(註解可見性)工具，強烈建議將此工具顯示，並維持系統內定的啟動狀態。

20 當註解比例變更時，將比例加入至可註解物件(自動比例)工具

(1) 當註解比例變更時，自動將註解比例加入至所有可註解物件。

(2) 此工具為圖紙空間操作中不可或缺的工具，至於使用方法將於後面章節再詳為說明。

(3) 當註解比例變更時，將比例加入至可註解物件(自動比例)工具，強烈建議將此工具顯示，並維持系統內定的啟動狀態。

21 目前的視圖比例(註解比例)工具 1:1

(1) 這是新版 AutoCAD 相當重要的按鈕，其在模型空間中專為解決非圖形的比例問題而設置。

(2) 在圖紙空間的**模型**按鈕模式中，會有**視埠比例**按鈕與其對應，兩者如何操作，後面章節會做詳細介紹。

(3) 目前的視圖比例（註解比例）工具，強烈建議將此工具顯示，至於註解比例則依做圖需要而訂定之。

22 **工作區切換工具** ：此工具已在第一章做過詳細介紹，請維持工具之顯示狀態。

23 **註解監控器（註解監控）工具**

(1) 註解監控工具按鈕為 AutoCAD2013 版本以後新增加輔助工具，有點類似於關聯式標註，可以針對所有事件打開註解監控，一般運用在 3D 模型文件上，在 2D 繪圖上鮮少使用。

(2) 使用註解監控工具的前題必需在圖形中設定註解比例，其設定方法在後面章節會做詳細介紹，當此工具為啟用狀態時，它會協助使用者識別並修正取消關聯的註解。

(3) 註解監控工具按鈕，一般應用在 3D 模型文件上，在 2D 繪圖中使用意義不大，因此請維持工具顯示，但保持系統內定不啟動狀態。

24 **目前圖面單位（單位）工具** 十進位：有關單位設定在第一章已做過說明，當設定完成後一般不會再做更動，因此，請將此工具隱藏而不顯示。

25 **快速性質工具**

(1) **快速性質**工具按鈕有如**性質**面板的縮略版，當啟動此工具時，每當選取圖形時，不論是否需要它都會自動顯示**快速性質**面板，因此一般維持工具的顯示但保持系統內定不啟動狀態，當需使用時再予啟動，以免干擾做圖畫面。

(2) 移動游標於此按鈕上按滑鼠右鍵，在開啟的右鍵功能表中選取**快速性質**設定功能表單，以開啟**製圖設定**面板，可以對**快速性質**面板的設置做各項設定，如圖 2-56 所示。

圖 2-56 在**製圖設定**面板可以對快速性質做各項設定

(3) 在**快速性質**工具按鈕呈開啟狀態時，於繪圖區中選取圖形，會開啟**快速性質**面板，如圖 2-57 所示，繪圖區中選擇了圓形物件，會立即顯示出其**快速性質**面板。

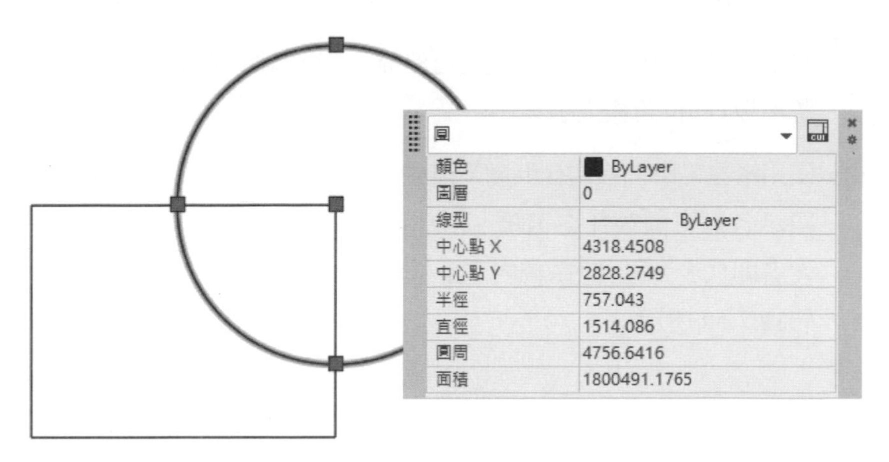

圖 2-57 選取物件會立即顯示出**快速性質**面板

(4) **快速性質**面板可以隨處移動，在面板邊框上按下滑鼠右鍵，亦可如右鍵功能表功能，提供面板的功能選單供選擇。

(5) 選取**顏色**欄位，系統提供顏色表列以供選擇，以圓為例選取紅色，則繪圖區的圓形立即變為紅色。

(6) 原圓半徑為 757.043，在**快速性質**面板中更改半徑欄位值為 600，繪圖區的圓馬上改變為半徑 600 單位的圓，如圖 2-58 所示。

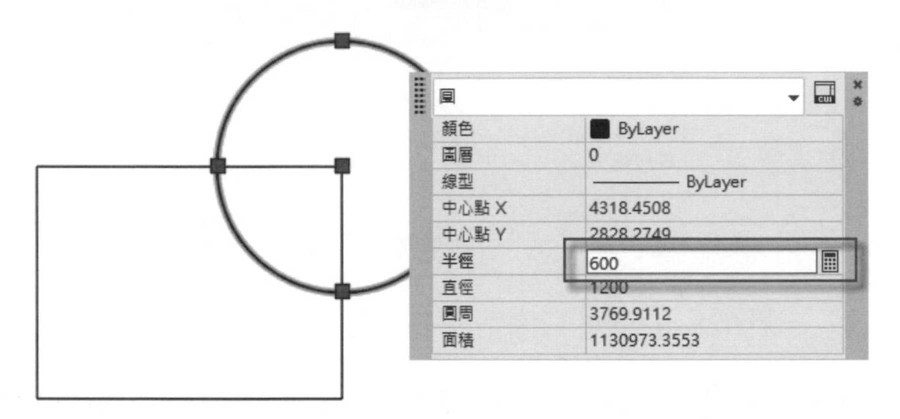

圖 2-58 在**快速性質**面板中更改圓的半徑

26 鎖住使用者介面工具

(1) 本工具可以鎖住工具列面板與可停靠視窗 (例如「設計中心」與「性質」選項板) 的位置與大小。

(2) 使用滑鼠點擊面板右側的向下箭頭，可以顯示各類可供鎖住之選項，選項前方打勾者即代表為鎖住，系統內定全不勾選，如圖 2-59 所示。

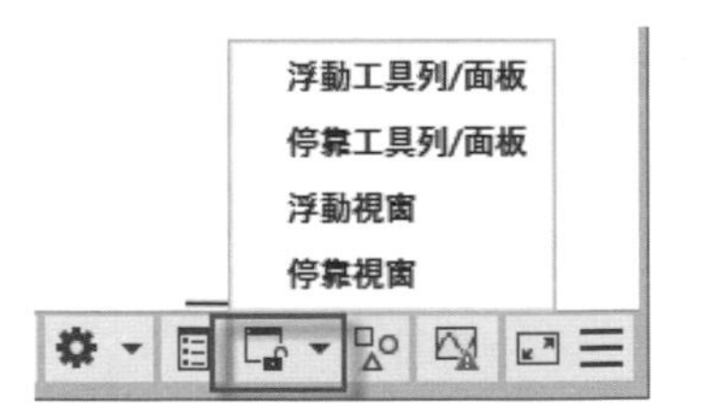

圖 2-59 在工具內系統表列各類可供鎖住之選項

(3) 本工具內之選項如有其中一項勾選，則本工具即為啟動狀態，本工具一般維持系統內定隱藏狀態而不使用。

27 **隔離物件** ：此工具為 AutoCAD2012 版以後新增工具。其內含分為隔離與隱藏兩種功能，移游標至此工具上按下滑鼠左鍵，可以打開其表列功能選項，如圖 2-60 所示，其功能可以節省在圖層間追蹤物件的時間，是相當快速操做圖形工具請維持工具之顯示狀態。

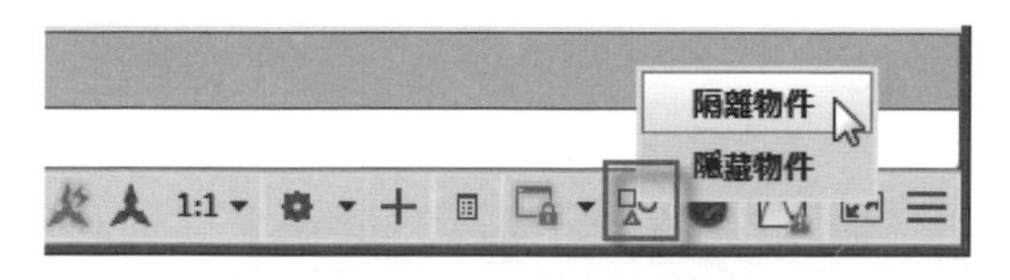

圖 2-60 按下滑鼠左鍵可以打開其表列功能選項

28 **硬體加速（圖形效能）工具** ：本工具一般針對 3D 繪圖使用，如第一章所言， AutoCAD 應專長於 2D 繪圖上，因此將此工具關閉不顯示。

29 **清爽螢幕工具**

(1) 執行此按鈕，可以強迫關閉工具面板，以使呈現最大的繪圖區，想要回復原來的畫面，只要再一次按下此按鈕即可，或是按下 [Ctrl]+[0] 之快捷鍵。

(2) 當執行此工具後只能靠熟練指令來操作，嚴重違反直觀式操作概念，因此建議將此工具關閉不顯示。

(3) 在早期的 DOS 年代，有些 CAD 老手可以單靠 CAD 指令及快捷鍵即可操控自如，才有機會執行清爽螢幕工具模式，在如今資訊百家爭鳴年代，想要靠單一軟體闖天下幾乎已不可能，因此，執行此工具已不具時效且毫無意義。

30 **自訂工具**

(1) 此工具可以設定輔助工具列面板中之工具顯示或不顯示，當使用滑鼠左鍵按下此工具後，會表列出所有輔助工具的功能表單。本工具系內定為顯示狀態，使用者無法將此工具隱藏。

(2) 經過上面的執行結果，計有模型空間、格線、鎖點模式、動態輸入、正交模式、極座標追蹤、物件鎖點追蹤、2D 物件鎖點、線粗、透明度、選集循環、註解可見性、自動比例、註解比例、工作區切換、註解監控、快速性質、隔離物件及系統變數監視器（系統內定存在）等共計 19 項，再加上自訂工具項，總共顯示 20 項輔助工具，將其顯示在**輔助**工具面板中，如圖 2-61 所示。

圖 2-61 總共顯示 20 項輔助工具

(3) 在顯示的 20 項輔助工具中，有些必需為啟動狀態，這是直觀式做圖所必需，在本書第五章建立專屬繪圖樣板時會再詳細說明。

2-4-2 圖紙空間中之輔助工具列面板

1 請在繪圖區頁籤區選取配置 1 以打開圖紙空間，在此空間中其輔助工具列面板與模型空間略有不同，在本小節中如果這些輔助工具在前面小節已做過說明，將省略不再重複說明。

2 在圖紙空間中如果處於**圖紙**按鈕模式下（圖紙空間中有**圖紙**按鈕及**模型**按鈕兩種模式已如前述），其輔助工具略少於模型空間，其中工具大致相同，唯此處多出最大化視埠工具，如圖 2-62 所示。

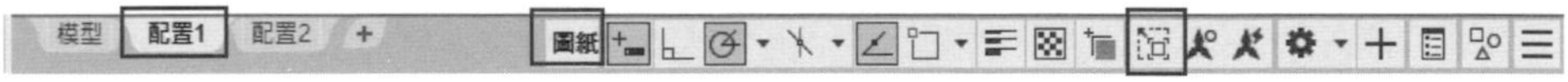

圖 2-62 在圖紙空間中圖紙模式下之輔助工具列面板

(1) 當使用滑鼠點擊最大化視埠工具，**圖紙**按鈕模式已改成為**模型**按鈕模式，而且在繪圖區中會布滿視埠框，如圖 2-63 所示。

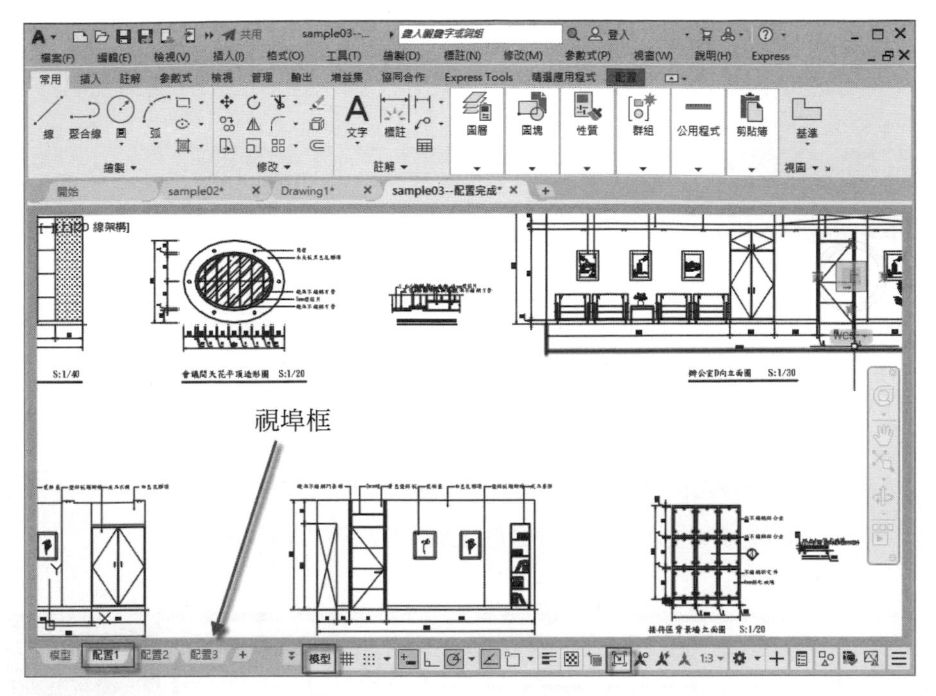

圖 2-63 在繪圖區中會布滿視埠框

(2) 如果啟動 PLOT 指令（出圖至繪圖機、印表機或檔案），則會取消最大化視埠狀態。

(3) 在處於最大化視埠狀態下，則有如模型空間一樣，可以對圖形進形編輯，如果想回到圖紙空間狀態時，只要按下**模型**按鈕以回到**圖紙**按鈕，同時最大化視埠回到最小視埠狀態，如圖 2-64 所示。

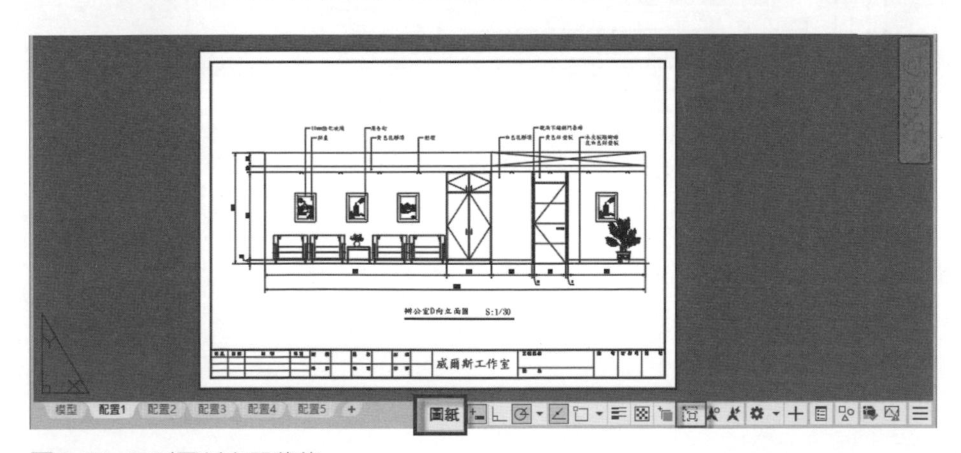

圖 2-64 回到圖紙空間狀態

3 在圖紙空間中如果處於**模型**按鈕模式下，其輔助工具列面板之工具與模型空間略有不同，如圖 2-65 所示，茲將其在上節未提出之工具提出說明：

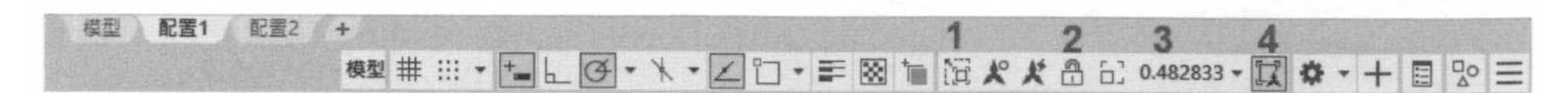

圖 2-65 在圖紙空間中模型模式下之輔助工具列面板

(1) **最大化視埠工具**：此工具已在圖紙空間之**圖紙**按鈕中做過說明。

(2) **選取的視埠未鎖住/鎖位（視埠鎖住）工具**

A. 當視埠鎖住工具未啟動時，使用滑鼠操作操控圖紙時，會把視埠內之圖形比例任意放大縮小，所選視埠的**比例**工具右具的數字會跟隨變動，如此操作並不符合施工圖的要求，如圖 2-66 所示。

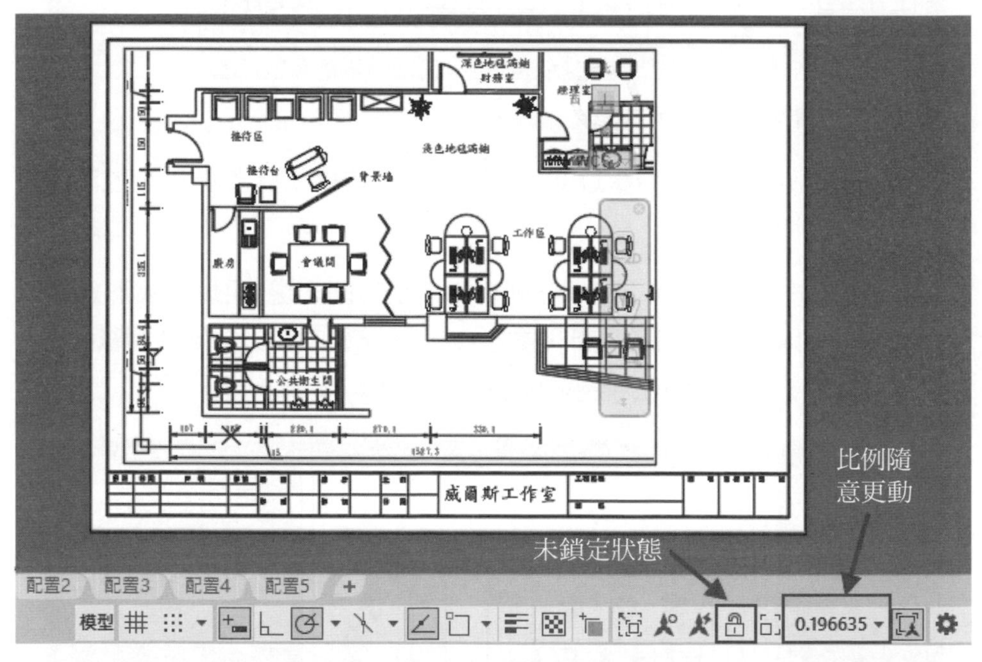

圖 2-66 視埠鎖住工具未啟動圖形比例隨著滑鼠操控而任意變動

B. 當視埠比例設定完成後，將視埠鎖住為啟動狀態時，則視埠比例會呈現灰色不可執行狀態，則比例可以維持固定不變，使用滑鼠操控圖紙時，整張圖紙雖然會跟著縮放，如圖 2-67 所示。

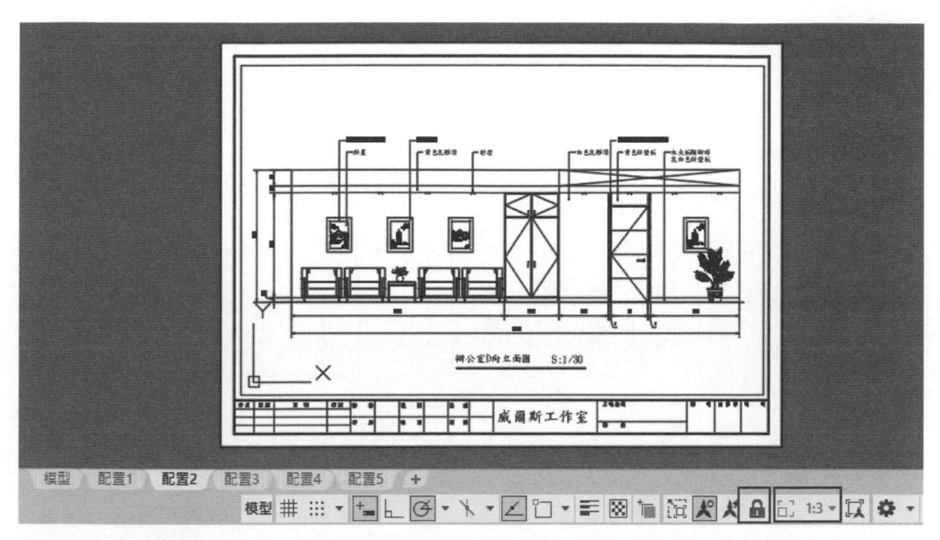

圖 2-67 視埠鎖住工具啟動圖形比例不隨著滑鼠操控仍固定不變

C. 為維持施工圖紙比例之正確性，當圖形的視埠比例設定已符合自己要求，則請將此工具啟動以鎖住此比例設定，以防止不經意的變動到圖形比例，而在一般狀態下請維持其不啟動狀態，以利圖形的比例設定。

(3) **所選視埠比例（視埠比例）工具**

A. 依做圖需要設定視埠比例，必先將視埠鎖住工具改成未啟動狀態，然後使用滑鼠點擊**視埠比例**工具右側的向下箭頭，系統會表列所有比例選項供選取使用，如圖 2-68 所示。

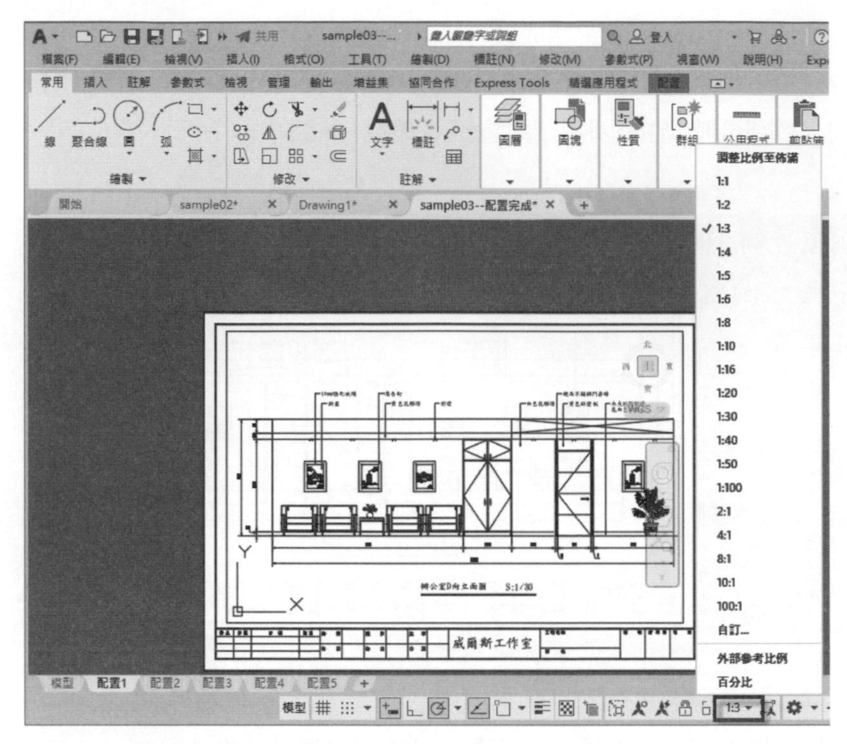

圖 2-68 系統提供所有比例選項供選取

B. 如果在表列選項中之比例尚未符合需要時，可以在表列選項中選取自訂功能表單，可以開啟**編輯圖面比例**面板，在面板中提供自定比例之編輯，如圖 2-69 所示。

圖 2-69 開啟**編輯圖面比例**面板以供編輯自訂比例

C. 本工具需與模型空間中的註解比例相搭配使用，其詳細操作情形在後面章節會再做詳細說明。

(4) **視埠比例等於註解比例（視埠比例同步）工具**：當視埠框內圖形之視埠比例符合視埠框內任一物件之註解比例時，工具會呈現視埠比例等於註解比例之圖示 ，但當視埠比例不符合視埠框內任一物件之註解比例時，工具會呈現視埠比例不等於註解比例之圖示 。

4 在圖紙空間之輔助工具列面板所列之工具，亦可如模型空間一樣操作，將各別的工具給予顯示或隱藏，此處依系統內定顯示的輔助工具而不予變動，如果讀者另有需要，可以如模型空間操作一樣自由設定。

5 模型空間與圖紙空間，以及圖紙空間內之**圖紙**按鈕模式與**模型**按鈕模式，對初學者可能產生莫大困擾，沒關係，如果此時還一時無法體會，在後面章節會再陸續做詳細的說明。

2-5 直觀式的繪圖操作

所謂直觀式的做圖方法，就是捨棄以指令輸入為模式的傳統方法，它完全以工具面板按鈕、右鍵功能表、動態定位及智慧型指令行等方法為之，滑鼠一手在握一切搞定，它讓繪圖者只要注重設計構思層面，而不用死記那些操作指令，其人性化介面及操作速度特快是最大特點。

在操作直觀式繪圖前，請先確認前面介紹的輔助工具按鈕，其中的四項按鈕是必處於開啟狀態，即**動態輸入、將游標限制在指定的角度（極座標追蹤）、展示鎖點參考線（物件鎖點追蹤）、鎖點游標至 2D 參考點（2D 物件鎖點）**，如圖 2-70 所示，因為在直觀的製圖方法中，會建立在這些按鈕基礎上。

圖 2-70 輔助工具按鈕必為啟動設置狀態

2-5-1 動態輸入

AutoCAD 在未把指令行執行優化前，想要讓它有直觀式的操作架構，就必需要依靠動態輸入方可，而在 AutoCAD 把指令行工具面板化後，其功能取代了一部分動態輸入模式，而且讓使用者在指令行中直接選取功能選項，摒除動態輸入模式必需按下向下鍵以開啟功能表單而顯得更直觀，不過動態輸入尚有廣泛的用途，例如在繪圖中能即時顯示角度與長度，是相當貼心之舉，因此兩者合併使用才是聰明人的做法。

1 請新建一個圖形文件，並使用滑鼠點擊**繪製**工具面板上的**畫線**工具，如圖 2-71 所示，移動游標到繪圖區中，游標處會出現**指定第一點**的動態提示，同時指令行也會出現 **LINE 指定第一點**之提示，如圖 2-72 所示。

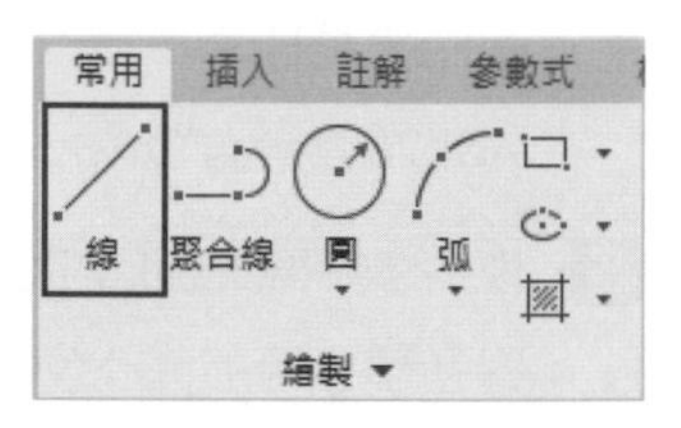

圖 2-71 選取**畫線**工具

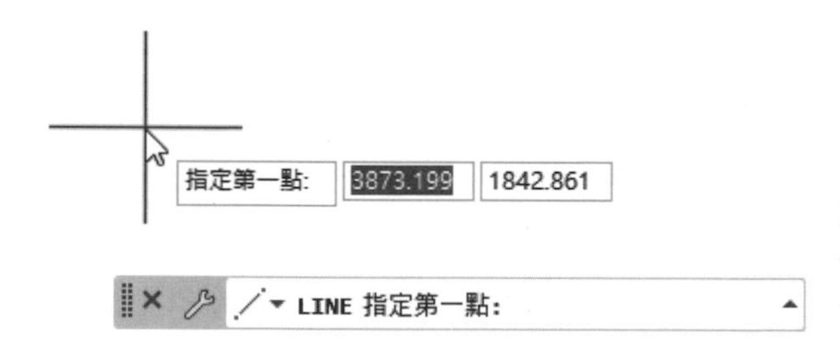

圖 2-72 游標處及指令行都會出現指定第一點的動態提示

2 隨意在繪圖區中按滑鼠左鍵一下，以定出線段的起點，接著移動游標，畫面中出現一些訊息，當移動滑鼠拉出線段，會有線段長度訊息及線段的角度，動態輸入及命令行也會再提示**指定下一點**的提示，如圖 2-73 所示。

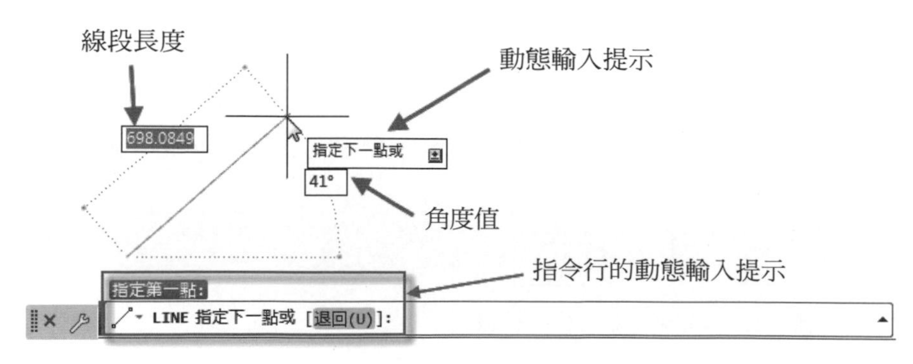

圖 2-73 當定下第 1 點後移動游標會出現一些訊息

溫馨提示

在畫線段時，動態輸入會顯示線段長度及角度兩欄位，系統內定為長度輸入模式，唯只要按鍵盤上 [Tab] 鍵，即可改為角度輸入模式，此時可以方便輸入畫線的角度值，當再一次按鍵盤上 [Tab] 鍵，即又恢復為長度輸入模式，亦或使用者可以在輸入數字前加入 (<) 符號，即可直接指定角度值。

3 如果是畫水平線，因為極座標為開啟狀態且設定角度為 15 度，而 0 仍為 15 度的因子，因此會有一條水平的約束線，依此可以很正確畫出水平線，如果此時在鍵盤上輸入 200，在原來線長度顯示框內會變為數值輸入區，允許使用者輸入想要的線段長度，如圖 2-74 所示。

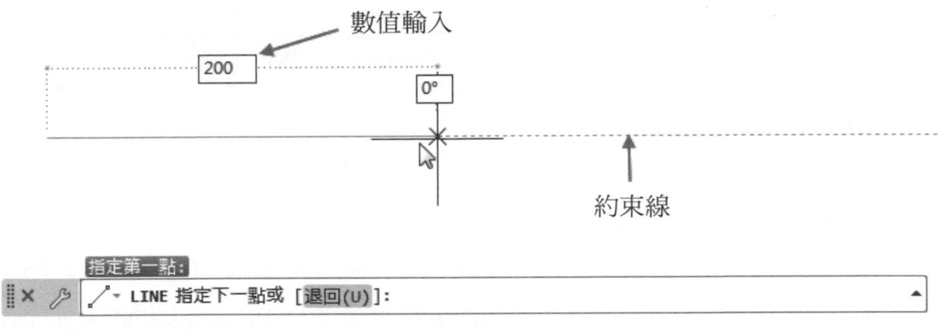

圖 2-74 可以依約束線畫水平線及想要的長度

4 如果在極座標追蹤工具上選定了 15 度，在畫線時旋轉角度如果剛好 30 度時，會自動出現 30 度角的約束線，如圖 2-75 所示。同時水平、垂直、30 及 60 度角的線也是 15 度的因子，因此這些角度也可以一體適用。

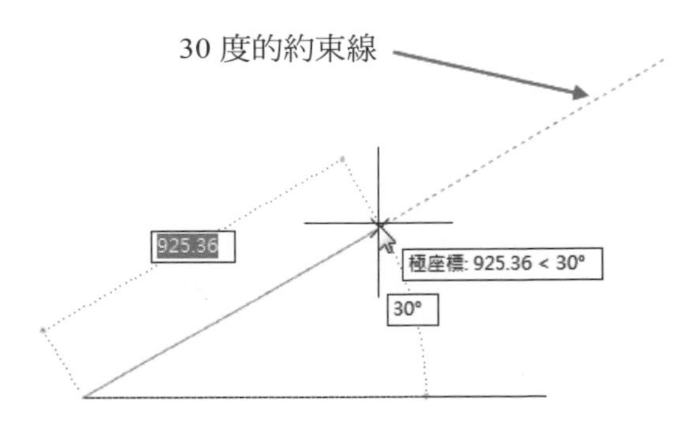

圖 2-75 極座標追蹤工具上選定了 30 度角

5 請選取**繪製**工具面板上的**畫圓**工具（系統內定為中心點、半徑），先不要管以何種方式**畫圓**工具，如圖 2-76 所示，移游標到繪圖區中，動態輸入會提示**指定圓的中心點或**，在指令行中除了提示外，更有多種畫圓方式之選項供選擇執行，如圖 2-77 所示。

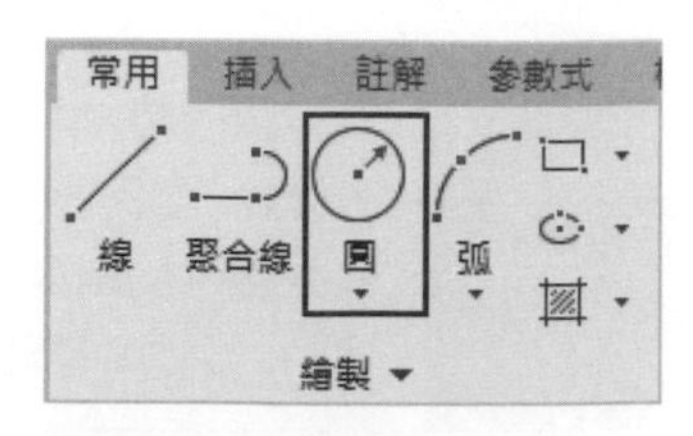

圖 2-76 在**繪製**工具面板中選取**畫圓**工具

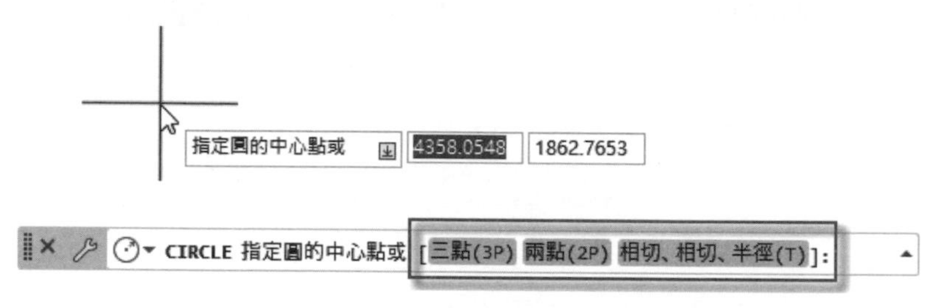

圖 2-77 移游標至繪圖區中會有多種畫圓方式之選項供選擇執行

6 此時直接按下滑鼠左鍵以定下圓心，在指令行顯示指令行提示**指定圓的半徑或**，此時在鍵盤輸入數字即可畫出以半徑為距離值的圓，如圖 2-78 所示，如果在未定出半徑前，改使用滑鼠點擊命令行中之直徑功能選項，則會改以直徑距離值畫圓，如圖 2-79 所示。

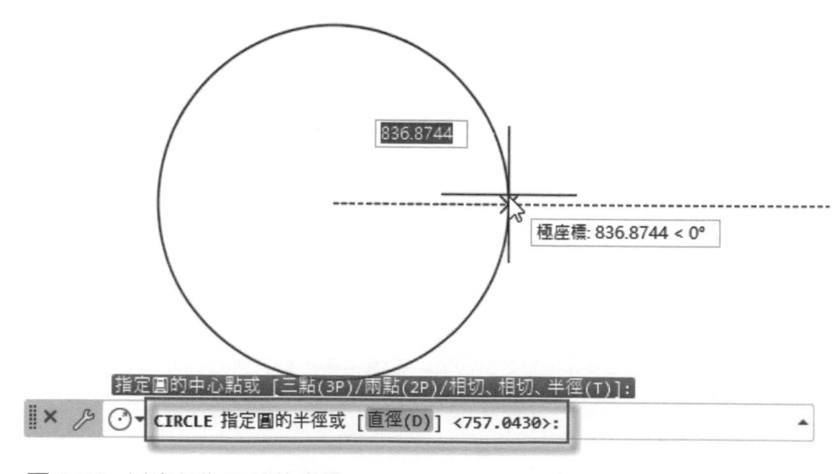

圖 2-78 以半徑為距離值畫圓

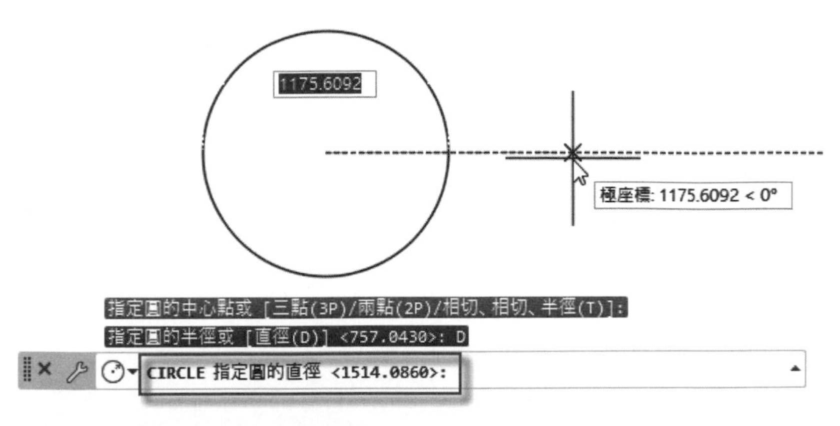

圖 2-79 改以直徑為距離值畫圓

7 選取**畫圓**工具後在未定下圓心前，可執行鍵盤上的**向下鍵**，以顯示表列功能選單以供選擇，此選單可以提供其它畫圓方式做圖。在 AutoCAD 2022 版本以後，可以省略此步驟了，指令行中之功能選項區提供直接選取，如圖 2-80 所示。

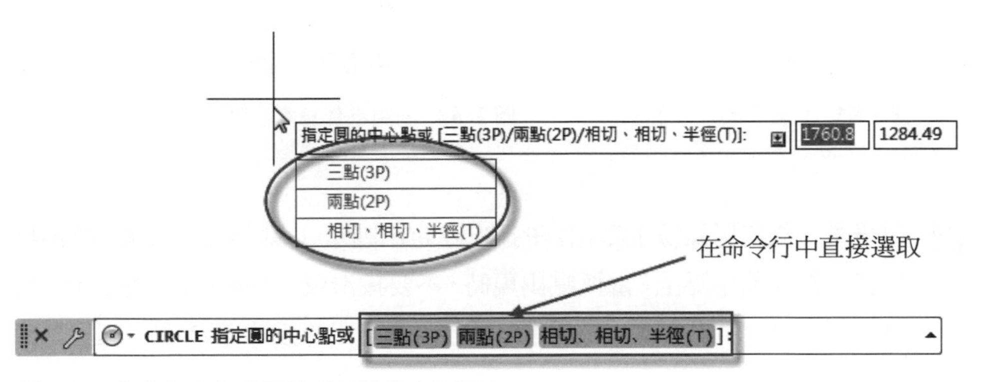

圖 2-80 指令行中之功能選項區提供直接選取

> **溫馨提示**
>
> 在 AutoCAD 2022 版本以後，指令行中之功能選項區提供直接選取功能選項，比執行鍵盤上的**向下鍵**更方便直接好用，在往後操作中將以此為操作模式。

2-5-2 動態定位

1 想要從已知的圖示 1 點位置，往右 220 單位的圖示 2 點上做為畫線起點，往上畫一條垂直線，如圖 2-81 所示，因為 AutoCAD 沒有像 SketchUp 的量尺工具，可以事先量取測量點。在動態定位的繪製上，移動游標至圖示 1 點上，當抓點出現時，不要按下滑鼠左鍵，此時移動游標往右，原第 1 點位置會出現物件追蹤鎖點十字標，立即在鍵盤上輸入 220，即可定出畫線的起點，如圖 2-82 所示。

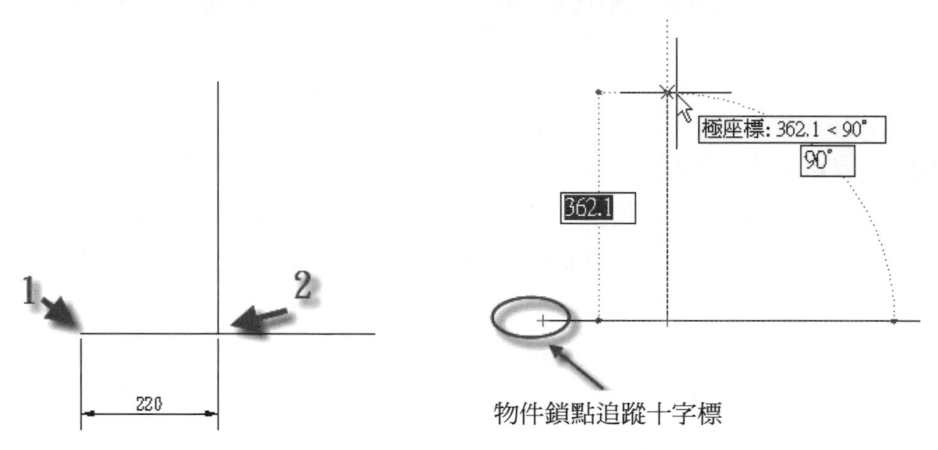

圖 2-81 想要以圖示 1 點的右方 220 距離處為畫線起點

圖 2-82 利用物件鎖點追蹤可以很快定出畫線起點

2 想要畫一條與另條線中點相齊的線，在定出圖示 1 點為畫線起點，移游標到另一條線的中點上，當抓點出現時，不要按滑鼠，直接水平移動游標，可以拉出一條與中點相齊的約束線，很容易可定出線段的第 2 點，如圖 2-83 所示。

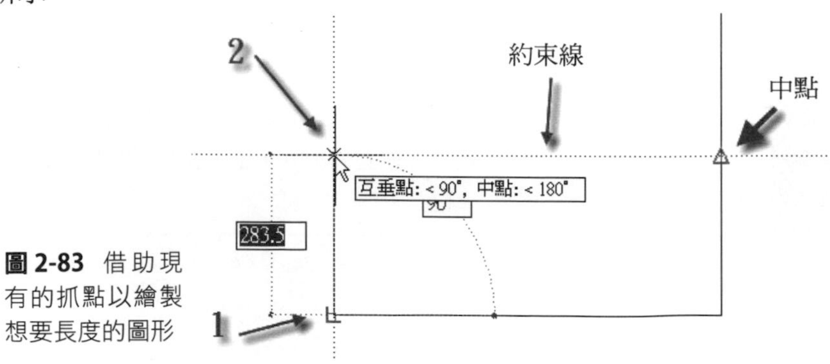

圖 2-83 借助現有的抓點以繪製想要長度的圖形

溫馨提示

如果讀者尚未有物件中點之抓點功能，可以移游標至物件鎖點工具按鈕上，按下滑鼠右鍵在顯示的右鍵功能表中選擇設定功能表單，可以開啟**製圖設定**面板，在面板中將中點欄位打勾，即可將其納入物件鎖點功能中。

3 想要在一四方形的中心點處畫圓，在選取**畫圓**工具後，可移動游標到一邊垂線的中點上，當抓點出現時先水平移動游標，然後移游標到水平線的中點上，當抓點出現時垂直移動游標，兩條約束線相交時，即可在此交點上定出圓心，如圖 2-84 所示，在 2018 版本以後新增幾何中心點鎖點功能，利用此功能即可方便在任何幾何圖形中找到中心點。

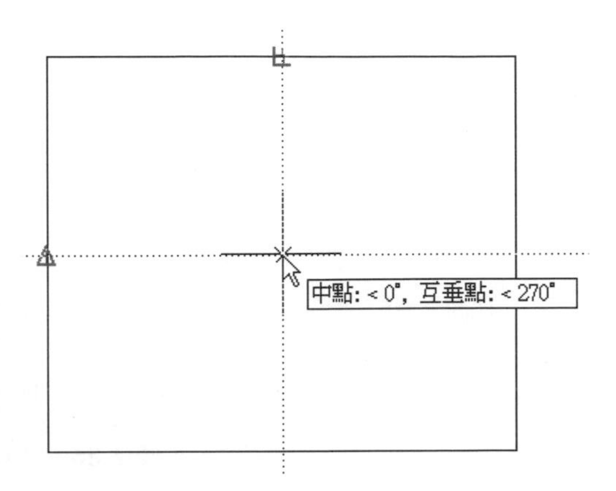

圖 2-84 利用物件鎖點追蹤可以很快定出中心點

4 在做圖時，如果有一點做為參考點其相對的座標關係，如圖 2-85 所示，位於參考點的右側為＋X 軸，反向則為－X 軸，位於參考點的上方為＋Y 軸，反向則為－Y 軸。

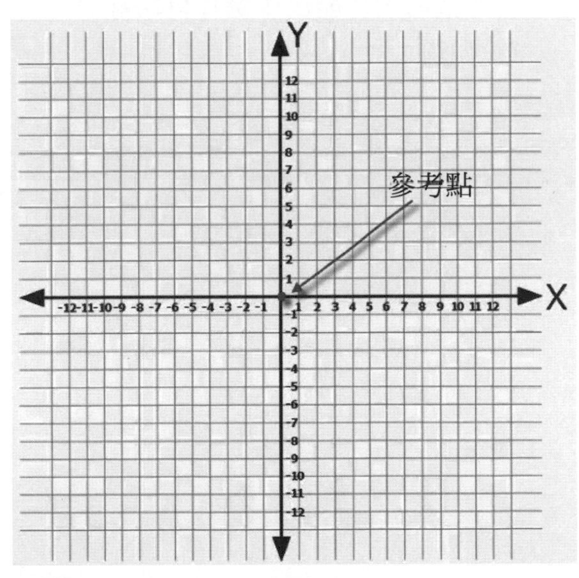

圖 2-85 與參考點的相對座標關係

5 想要以圖示 1 點處為參考點，在(300, 250)的位置上畫圓，如圖 2-86 所示，一般做圖方法必需先建立必要的參考線，再定出圓心以畫圓，最後再把參考線刪除，動態定位則可以直接找出圓心點。

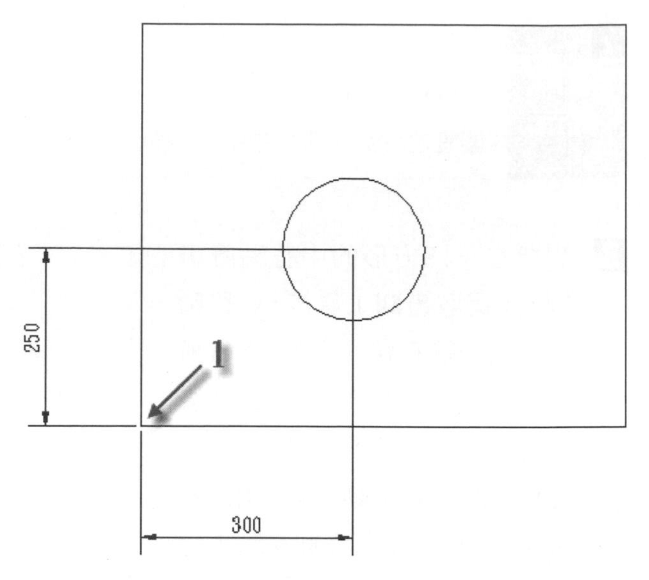

圖 2-86 定出要畫圓的圓心位置

6 選取**畫圓**工具，移游標到繪圖區中，按下鍵盤上的 [Shift] 鍵＋滑鼠右鍵，在開啟右鍵功能表中選擇**自**功能表單，如圖 2-87 所示。

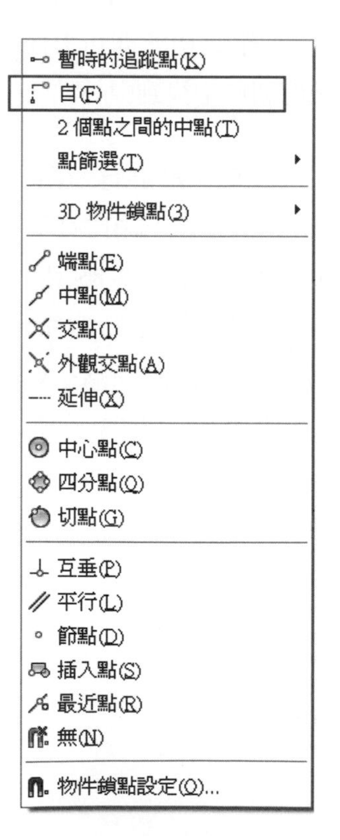

圖 2-87 在右鍵功能表中選擇**自**功能表單

7 當選取了**自**功能表單後，指令行提示**基準點**，請以圖示 1 點為基準點按下滑鼠左健，接著在鍵盤上輸入「@300, 250」，如圖 2-88 所示，記得要在距離前加入@字母，以做為相對位置標記。

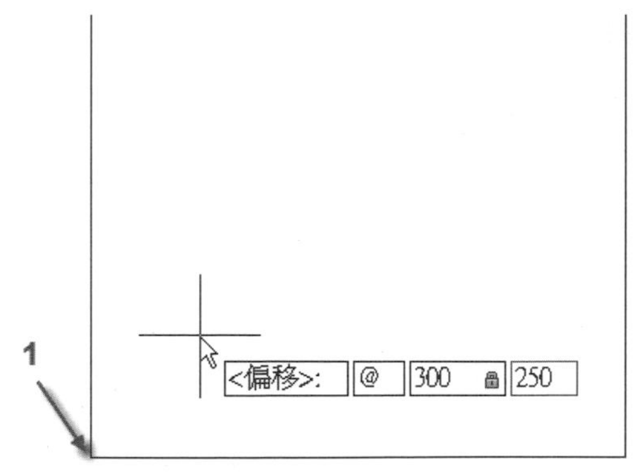

圖 2-88 利用動態定位法定出想要的位置點

8 當按下 [Enter] 鍵後，可以定出圓心位置，然後在鍵盤輸入 100，即可畫出半徑為 100 公分的圓。

9 另一種更好用的方法，即 tk 定位法，延續剛才畫線方法，選取**畫圓**工具，移游標到繪圖區中，立即在鍵盤上輸入「tk」兩個字，並按 [Enter] 鍵確定，如圖 2-89 所示。

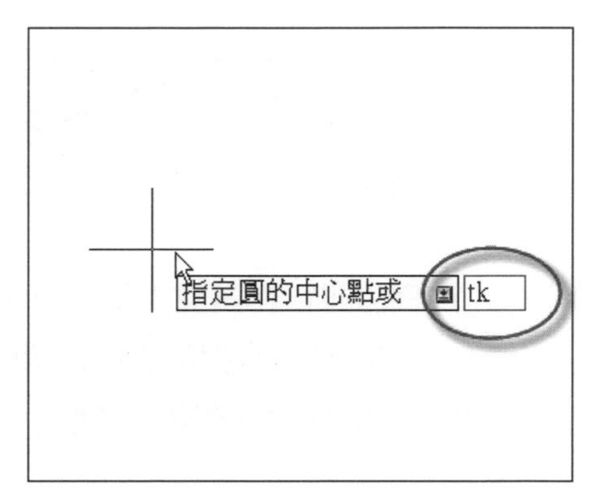

圖 2-89 在鍵盤上輸入 tk 執行 tk 定位

10 此時指令行提示**第一追蹤點**，請在四方形左下角按下滑鼠左鍵做為第一追蹤點。指令行提示**下一點**，如圖 2-90 所示。

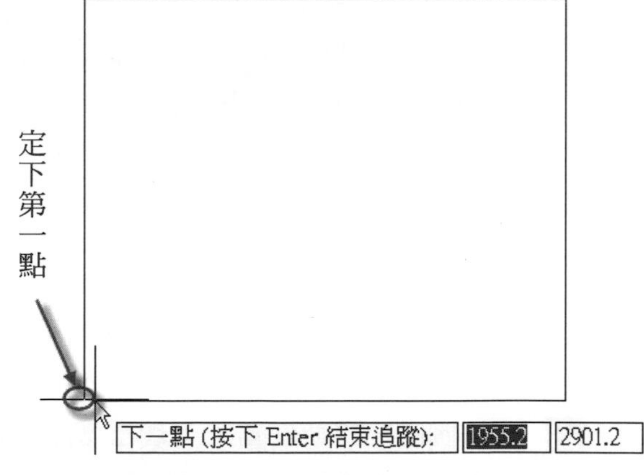

圖 2-90 以左下角定下第一點可以再定下一個追蹤點

11 在鍵盤上輸入 300 按下 [Enter] 鍵後，指令行提示**下一點**，可以繼續尋找下一個追蹤點，如圖 2-91 所示，將游標移往垂直方向。

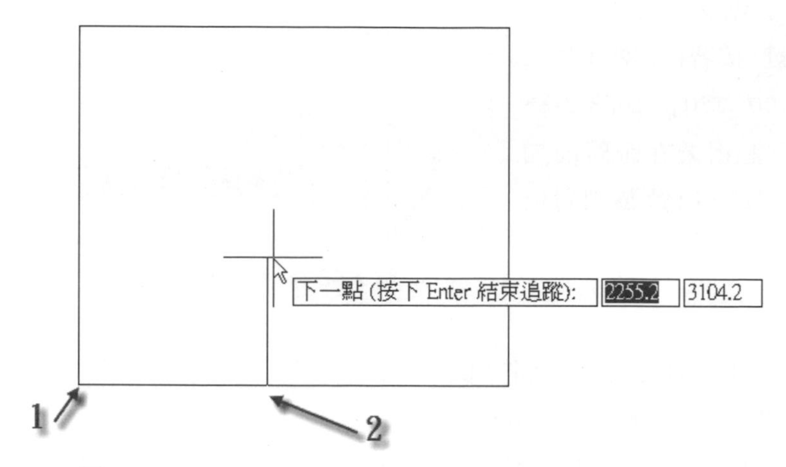

圖 2-91 向右 300 單位定下第 2 追蹤點

12 維持垂直方向，在鍵盤上輸入 250，指令行提示**下一點**，如果此點即為畫圓所要的圓心點，直接按 [Enter] 鍵以結束點的追蹤，如果想要再追蹤下去，可以延續做多次的追蹤，如圖 2-92 所示。

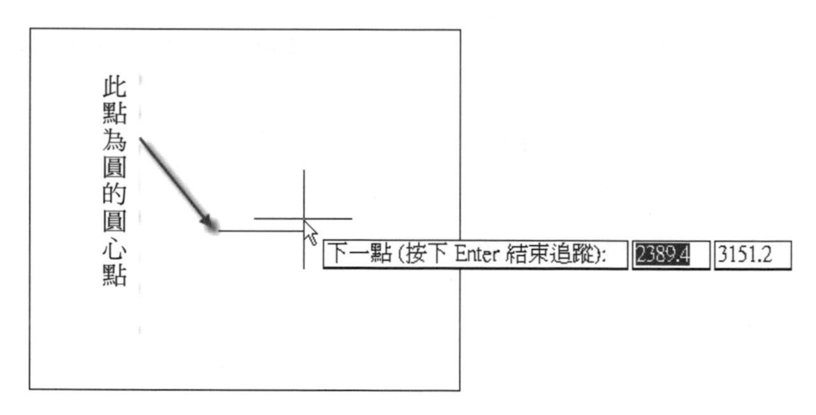

圖 2-92 使用此法也可以定位出圓心點

13 想將圓圖形移動到圖示 1 與 2 點的中間處，如圖 2-93 所示，依傳統的的做法必先量出距離做輔助線，才能取得 1、2 點間的中點。

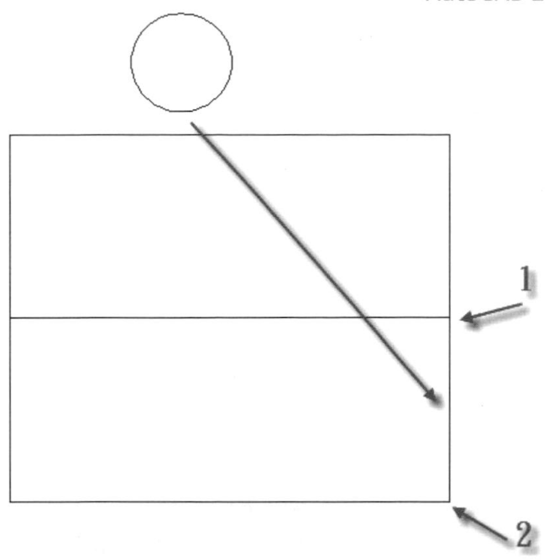

圖 2-93 想將圓圖形移動到圖示 1 與 2 點的中間處

14 選取**修改**工具面板上的**移動**工具，如圖 2-94 所示，選取圓物件，定圓心為基準點，此時按住鍵盤上的 [Shift] 鍵＋滑鼠右鍵，在顯示的右鍵功能表中選取 **2 個點之間的中點**功能表單，如圖 2-95 所示。

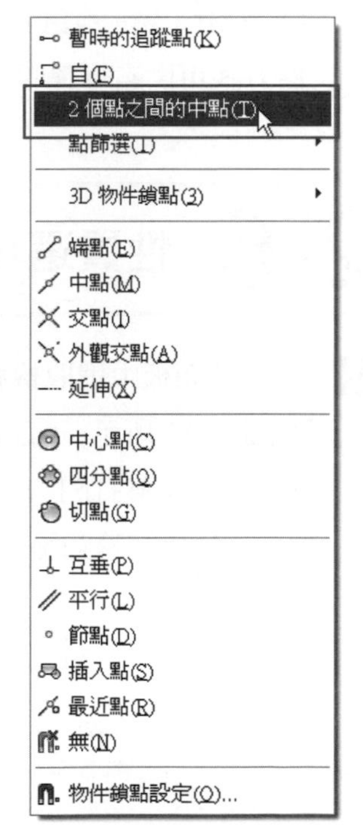

圖 2-95 在右鍵功能表中選取 **2 個點之間的中點**功能表單

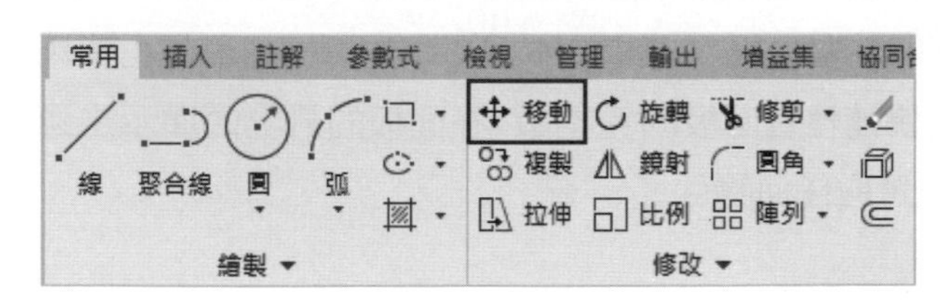

圖 2-94 選取**修改**工具面板上**移動**工具

15 分別移動游標至圖示 1、2 點上按下滑鼠左鍵，可以順利將圓圖形，移動到圖示 1、2 點間的中點上，如圖 2-96 所示。

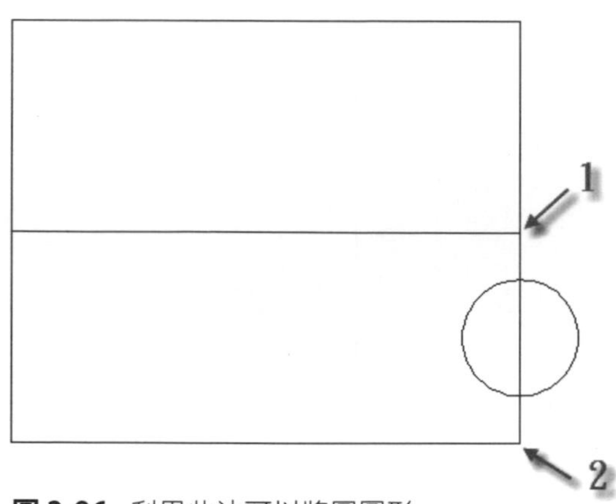

圖 2-96 利用此法可以將圓圖形移動到 1、2 點之中點上

16 如果原來預設的抓點設定方式，不足以應付做圖所需，亦可利用上述方法，以 [Shift] 鍵＋滑鼠右鍵以打開右鍵功能表，在右鍵功能表中有相當多的抓點方式可供臨時選取。

2-6 性質選項面板

1 在工具面板中選取**檢視**頁籤，在展開的選項板工具面板中選取**性質**工具，如圖 2-97 所示，可以打開**性質**面板，如圖 2-98 所示，也可以在鍵盤上使用 [Ctrl]＋[1] 鍵打開，它是**快速性質**面板的完整版，在面板的最上頭顯示未選取，這代表在繪圖區中未選取任何物件。

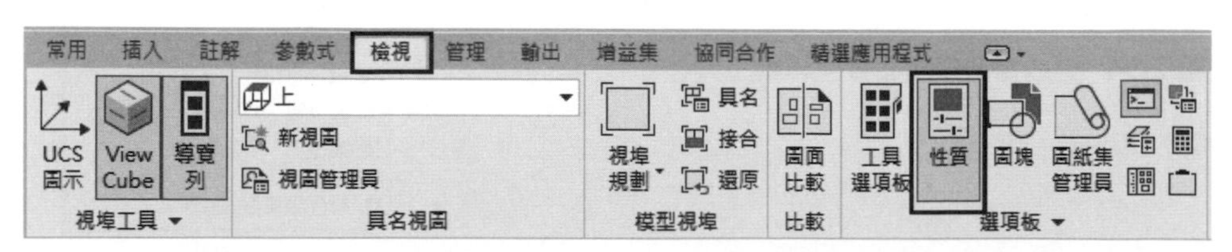

圖 2-97 在選項板工具面板中選取**性質**工具

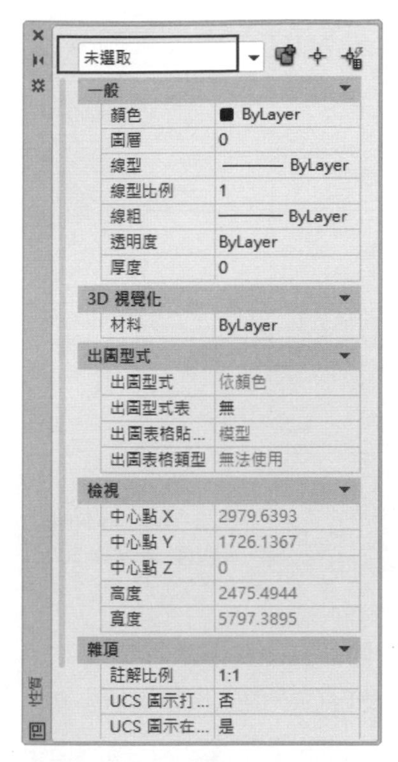

圖 2-98 打開**性質**面板

2 此**性質**面板和一般工具面板的操作方法相同，在工具標題空白處按滑鼠右鍵，在顯示的右鍵功表中，可以將它錨定在左側或右側繪圖區中，如圖 2-99 所示。

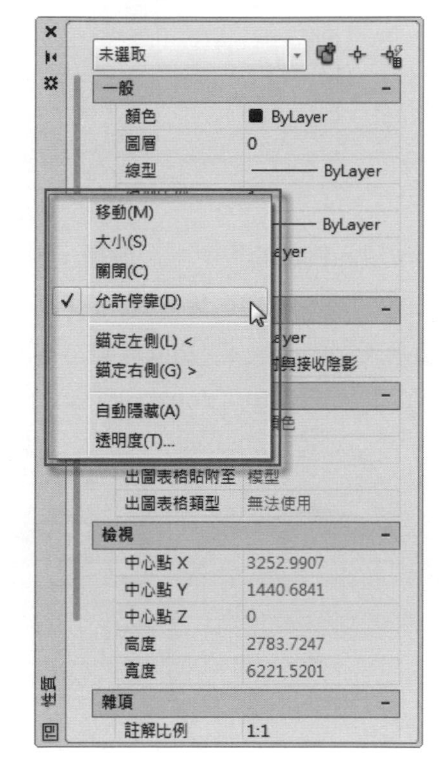

圖 2-99 **性質**面板和一般工具面板的操作方法相同

3 請開啟第二章中 sample03.dwg 檔案，在繪圖區的圖形中選取圓形，在**性質**面板的最上頭會顯示圓，表示選取了圓形，在幾何圖形選項中，可以得知圓的半徑為 200，如圖 2-100 所示。

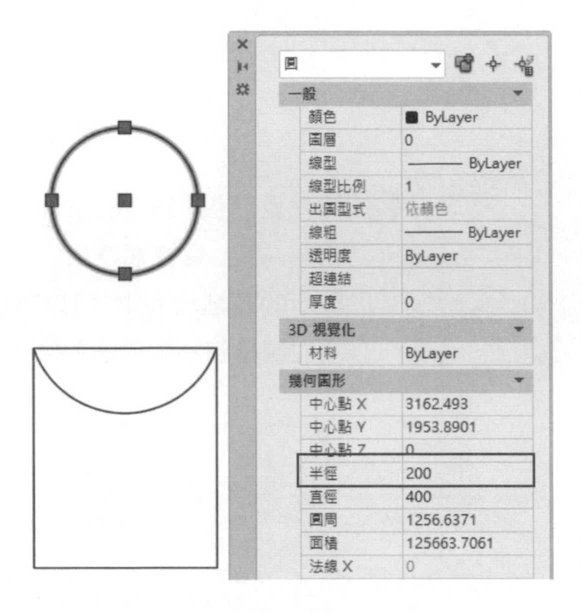

圖 2-100 選取圓得知其半徑為 200

4 使用滑鼠在**性質**面板中半徑欄位上點擊一下，隨即在該欄位上將 200 改為 400，亦即將圓的半徑更改為 400，移游標至繪圖區空白處按下滑鼠左鍵，或是輸入完成後按下 [Enter] 鍵亦可，可以更改圓的半徑為 400，繪圖區中的圓馬上加大半徑為 400，如圖 2-101 所示。

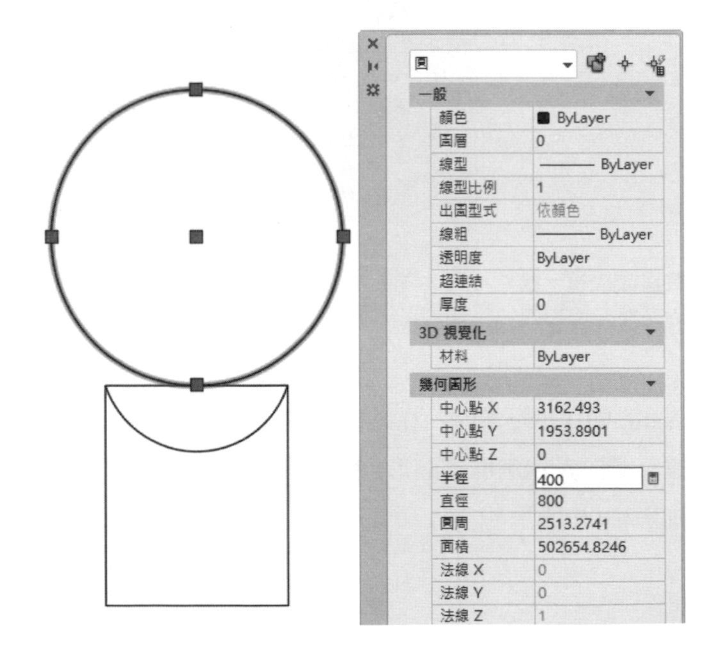

圖 2-101 使用**性質**面板更改幾何圖形

5 在圖形中選取弧形線，在**性質**面板中將其顏色改為青色，則繪圖區中的弧形線會立即改為青色，如圖 2-102 所示。

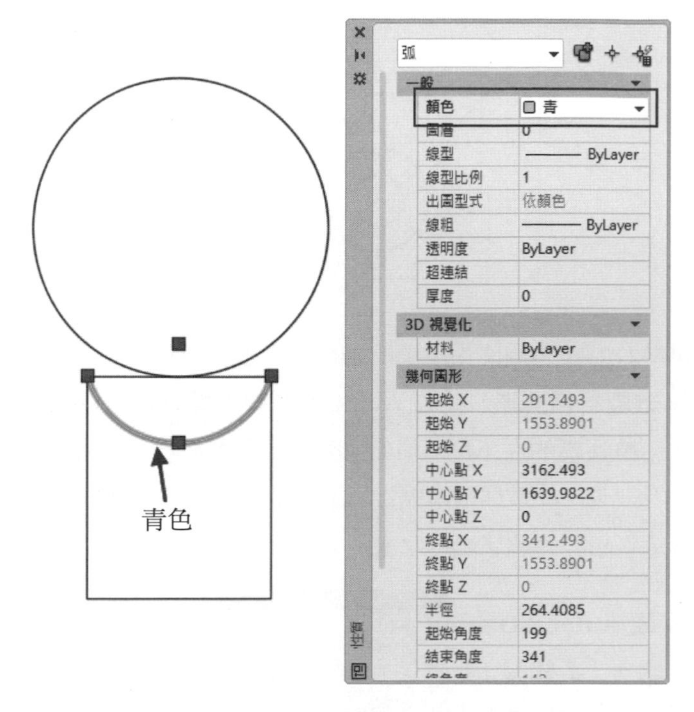

圖 2-102　更改弧形線為青色

6 **性質**面板是一個很理想的編輯工具，可以快速改變各物件，在圖形編輯章節中會有更詳盡的說明，如果想要更快捷的**性質**面板，也可以啟動**輔助**工具面板上的**快速性質**工具，如此只要選中物件，立即會顯示**快速性質**面板。

2-7 AutoCAD 的座標系統

1 請開啟本書第二章目錄內的 sample04.dwg 檔案，如圖 2-103 所示，這是機械製圖中的零件圖。

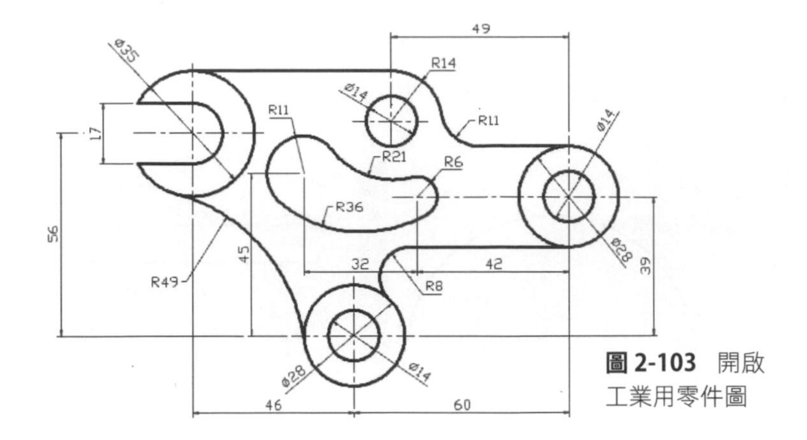

圖 2-103 開啟工業用零件圖

2 在 AutoCAD 中，通過使用座標的概念，以求精確的定位點，並通過精確的定位點來繪製各種圖形，因此，AutoCAD 的座標系統是進入電腦繪圖的重要基礎，在繪圖區的左下角，可以很容易看到其圖標。通常在 AutoCAD 繪圖區中的每一點，都是利用這點在 X、Y 軸上的投影座標值（X, Y, ）來定義出（因為是平面故省略了高度 Z 軸）。

3 在安裝完成 AutoCAD 2022 軟體後，系統呈現開啟座標系圖標，並自動內定 2D 繪圖模式，因此在座標軸上省略了 Z 軸。如果想關閉座標軸圖標，請執行下拉式功能表→**檢視→顯示→UCS 圖示→打開**功能表單，如圖 2-104 所示，當再一次選取此功能表單，則可再次顯示座標系圖標。

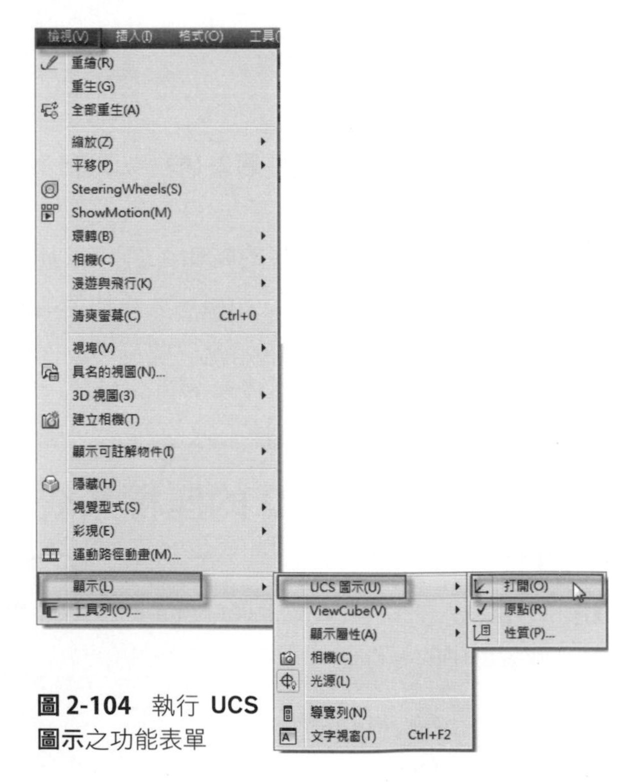

圖 2-104 執行 **UCS** 圖示之功能表單

4 從 AutoCAD2012 版本以後，將座標的設置工作從**檢視**頁籤中刪除，如果欲對其做設置，可以移動游標到繪圖區右下角的座標系圖標上，按滑鼠右鍵，在顯示的右鍵功能表中可以顯示眾多的座標設置功能表單，如圖 2-105 所示。

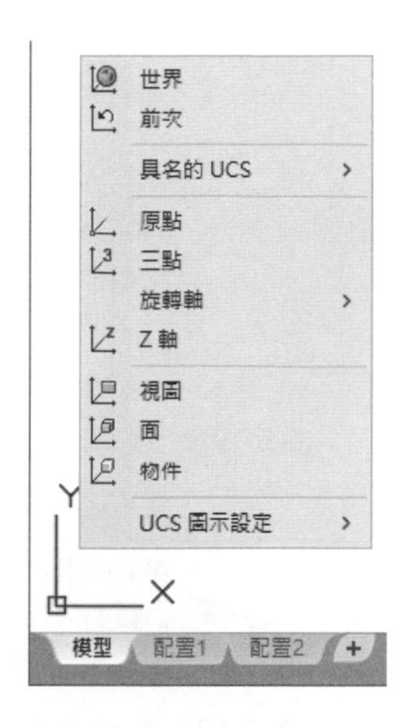

圖 2-105 在座標系圖標上的右鍵功能表中可以顯示眾多功能表單

5 在 AutoCAD 2022 版本中於**檢視**頁籤中增設 **UCS 圖示**工具，執行此工具可以執行座標之顯示及隱藏工作，如圖 2-106 所示，而不必再執行下拉式功能表中之 UCS 圖示功能表單。

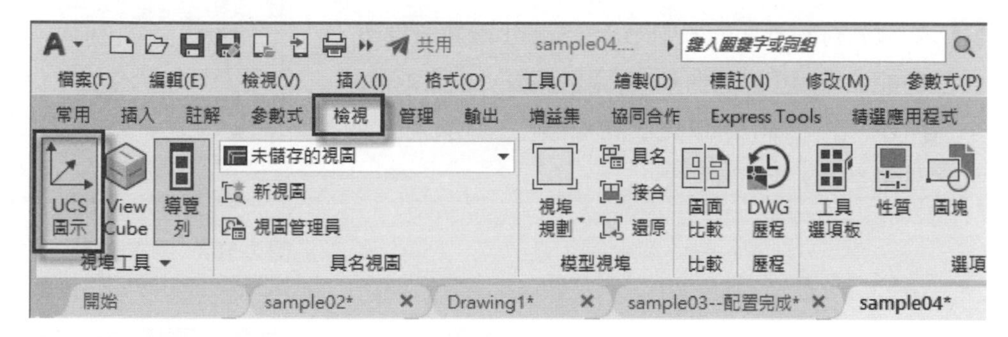

圖 2-106 **檢視**頁籤之 **UCS 圖示**工具可以控制座標之顯示與隱藏

6 當選取圖標時原點為顯示四方形的點，而 X、Y 軸上會顯示圓形點，移動游標至座標系圖標上的原點上，按住滑鼠左鍵不放，可以將圖標拖至任何地方放置，如圖 2-107 所示，使用滑鼠按住在 X 或 Y 軸上的圓形點，可以對座標做各種角度的旋轉，唯 2D 做圖中應避免此項操作。

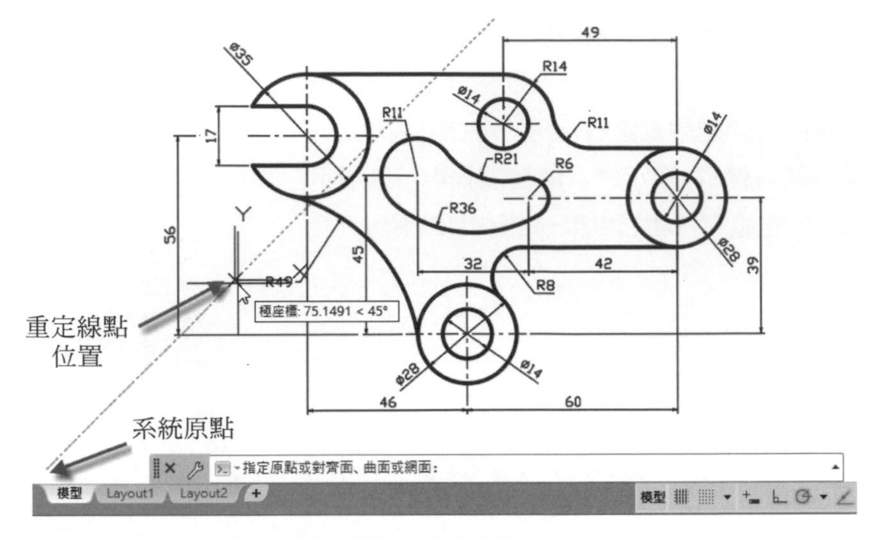

圖 2-107 按住原點可以任意移動座標系圖標

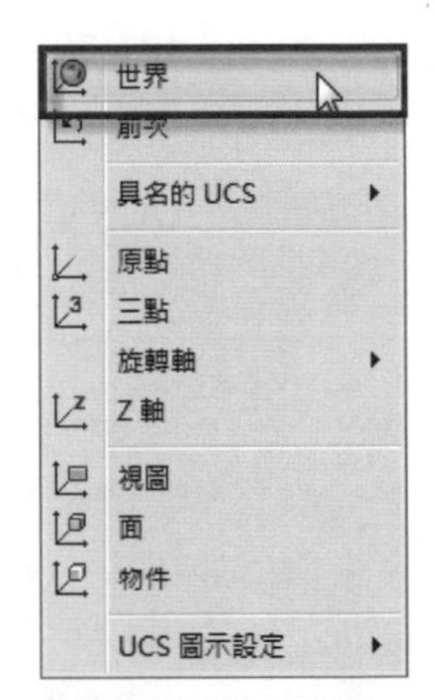

圖 2-108 將座標歸還到原來的原點上

7 使用滑鼠在座標系圖標上按右鍵，在右鍵功能表中選取**世界**功能表單，即可將座標原點歸還原來的世界座標的原點上，如圖 2-108 所示。

8 如果執行右鍵功能表中的 UCS 圖示設定→**性質**功能表單，可以開啟 UCS 圖示面板，如圖 2-109 所示，在面板中可以更改圖標顏色、圖示大小，甚至是 2D 或 3D 型式。

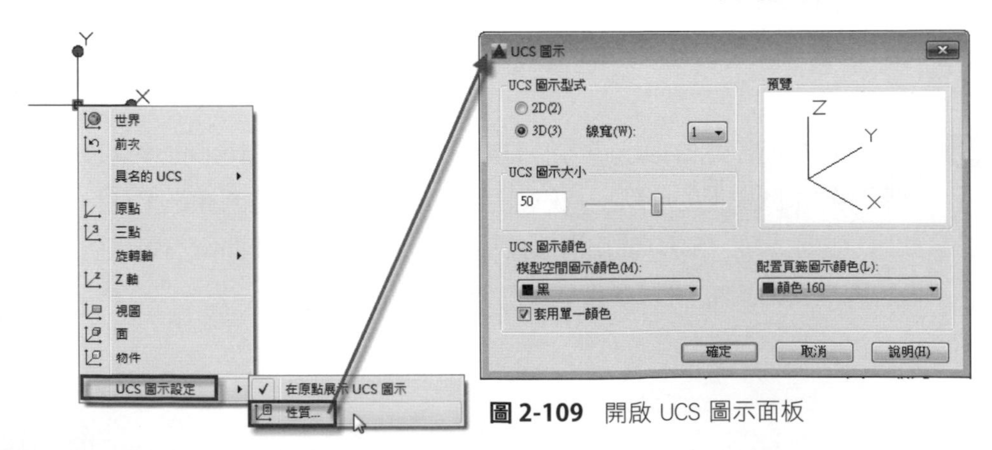

圖 2-109 開啟 UCS 圖示面板

9 在 AutoCAD 新版本中，將座標系統分為兩種，一種是固定式的座標系統，即俗稱的 WCS 世界座標系統。另一種為可移動式的座標系統，稱之為（UCS）使用者座標系統。這種 UCS 座標系統可以自由設定原點的座標點，並為此新設座標點具名以供日後引用，請在圖標上按下滑鼠右鍵，在右鍵功能表中選取具名的 UCS→**儲存**功能表單，即可為此座標系賦予名稱，如圖 2-110 所示。

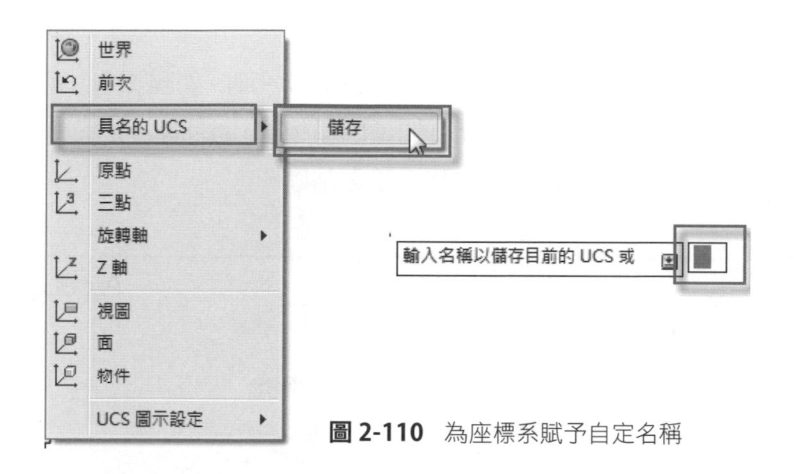

圖 2-110 為座標系賦予自定名稱

10 經過多次的座標設定，如想回復到世界座標系，只要在右鍵功能表中，選取**世界**功能表單，即可又回復到世界座標系統。在未改變座標系統前，系統內定是 UCS 與 WCS 座標合而為一。

11 而在 WCS 座標下，又可分為絕對座標與相對座標。所謂絕對座標是圖形點相對於原點的絕對位置，這在直觀式的做圖方法是沒有意義。相對座標是點與點之間的相對位置。這在以前的做圖方式，會在數值前加入@以為辨識，例如**@100, 50** 代表下一點距參考點的 X 軸 100 單位、Y 軸 50 單位。在動態輸入及 UCS 系統下，一切都是使用者座標，當然非相對座標莫屬，因此在賦予距離值前不用再加入@這個惱人代號了，其更確切的使用方法，在往後的章節中會做詳細說明。

12 在所有 UCS 座標系統中，皆以原點為基點，往右為正 X 軸向，往左為負 X 軸，往上為正 Y 軸，往下為負 Y 軸。

2-8 ACAD 基本操作快速指南

1 如前面所言 AutoCAD 是一套龐大複雜的操作系統，而在現今資訊狂飆的年代，要應付工作所需絕對非靠單一軟體能竟其功，因此當使用者剛開始學習 AutoCAD 軟體時，最忌諱一頭栽進指令的操作模式中，而必需有一套科學的學習程序。

2 依 Autodesk 官方的一張 AutoCAD 快速指南圖，如圖 2-111 所示，即可明白其中的學習脈絡，它們相互之間是環環相扣，而且有一套縱橫邏輯概念相維繫，本書每一章節即依此做為論述之基礎。

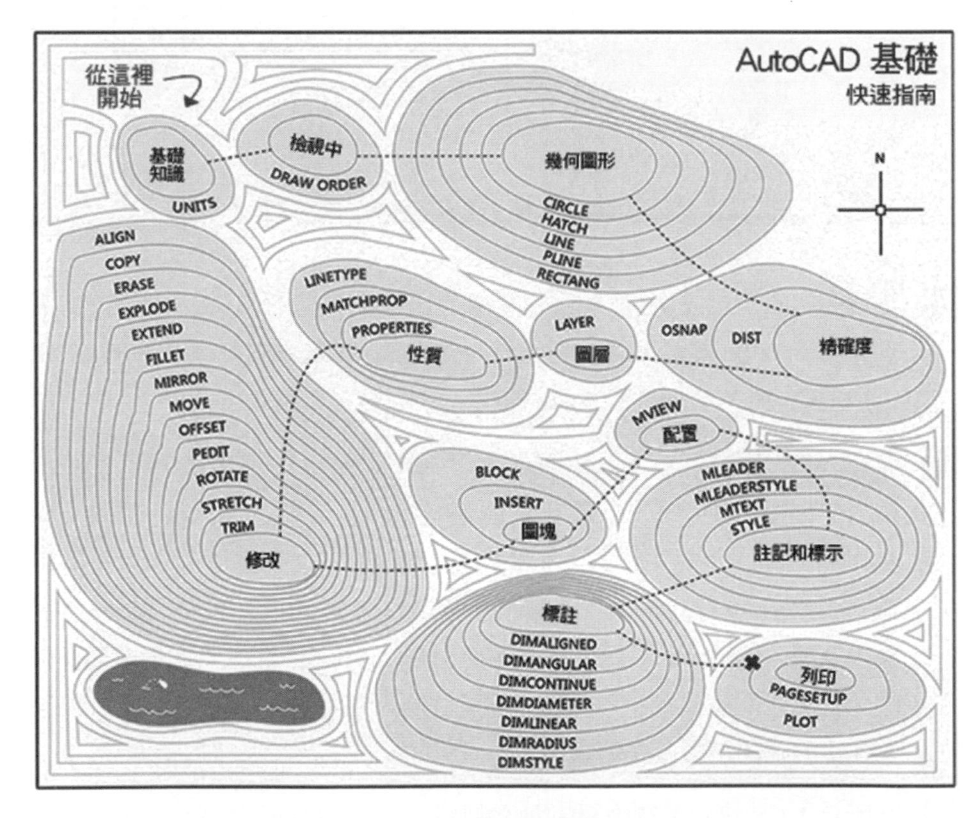

圖 2-111 Autodesk 官方的一張 AutoCAD 快速指南圖

3 依圖中各節點的含義試為說明如下：

(1) **基礎知識**：檢閱基本 AutoCAD 和 AutoCAD LT 控制項。

(2) **檢視中**：透過平移和縮放控制視圖在圖面中的位置和倍率。

(3) **幾何圖形**：建立基本幾何物件，例如線、圓以及填充線區域。

(4) **精確度**：確保使用者的模型所需的精確度。

(5) **圖層**：透過將物件指定至圖層來組織圖面。

(6) **性質**：使用者可以將顏色和線型等性質指定至個別物件，或將其做為指定給圖層的預設性質。

(7) **修改**：執行編輯作業，例如刪除、移動和修剪圖面中的物件。

(8) **圖塊**：從商用線上來源或從自己的設計將符號和詳細資料插入至使用者的圖面。

(9) **配置**：在稱為「配置」之標準大小的圖紙上，顯示一或多個設計的比例視圖。

(10) **註記和標示**：建立註記、標示、標示圈和圖說。依名稱儲存並還原型式設定。

(11) **標註**：建立多種標註類型，並依名稱儲存標註設定。

(12) **列印**：將圖面配置輸出至印表機、繪圖機或檔案。儲存並還原每個配置的印表機設定。

4 經由上述簡略說明，再配合本書第一章中有效且快速學會 AutoCAD 2022 的方法小節之解說，當完成 AutoCAD 的基礎訓練後，即使平常不以 AutoCAD 做為軟體操作基底，只要再回鍋操作即可馬上運用自如了。

MEMO

Chapter

03

圖形繪製工具之運用

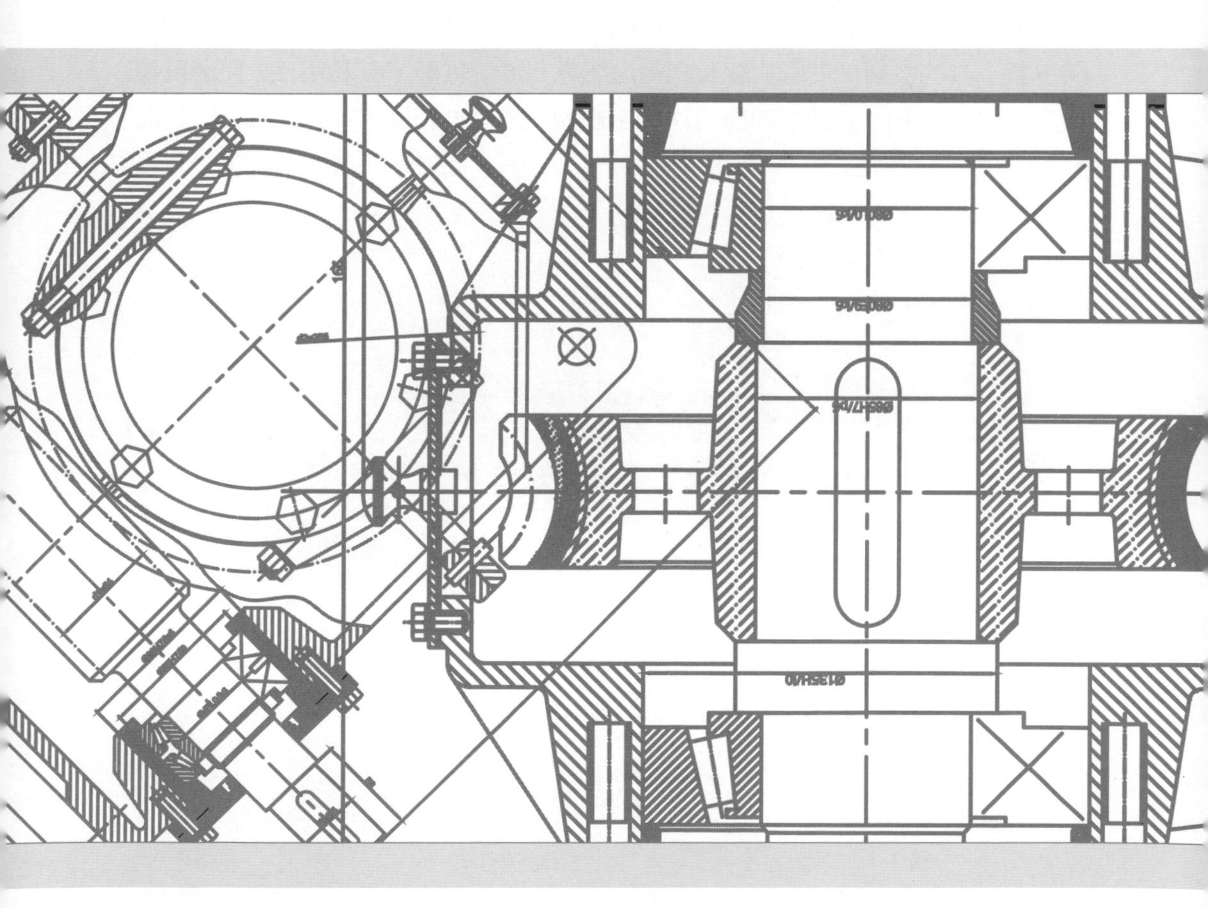

通過第一、二章的練習，對於 AutoCAD 的使用介面及直觀式操作方法應有基本認識，本章將通過學習 AutoCAD 2022 的繪圖工具，靈活掌握繪製二維圖形的基本方法，為後面章節的幾何圖形繪製奠下牢固的基礎。傳統的 CAD 書籍，在開啟製圖前，都會教導讀者如何設定圖形單位及圖面範圍，並直接於指令行鍵入指令，然後隨著指令行之提示再逐步執行，這是 DOS 時代操作模式的遺毒，它完全沒有人性面的考量，需要使用者背誦記憶這些指令方足以操作軟體，這也許是傳授者已固化這樣的操作模式，因此不得不續傳這樣的概念。然在 AutoCAD 翻倍更新年代，直觀式的操作概念，似乎是軟體革新的核心價值，因此在本章的圖形繪製過程中，會以更迅速快捷的方法，以做為直觀式繪圖的詳細說明。

本書操作理念是以工具面板操作為主，因此當面板中沒有列出的工具，才會使用下拉式功能表中的表單。當使用工具面板時，移游標到每一工具上，系統會顯示該工具的名稱、使用功能及指令之訊息，如果想再了解其用法，使滑鼠在其上停留 2 秒鐘，會顯示操作方法的示範說明，可說相當人性化的設計，如圖 3-1 所示。

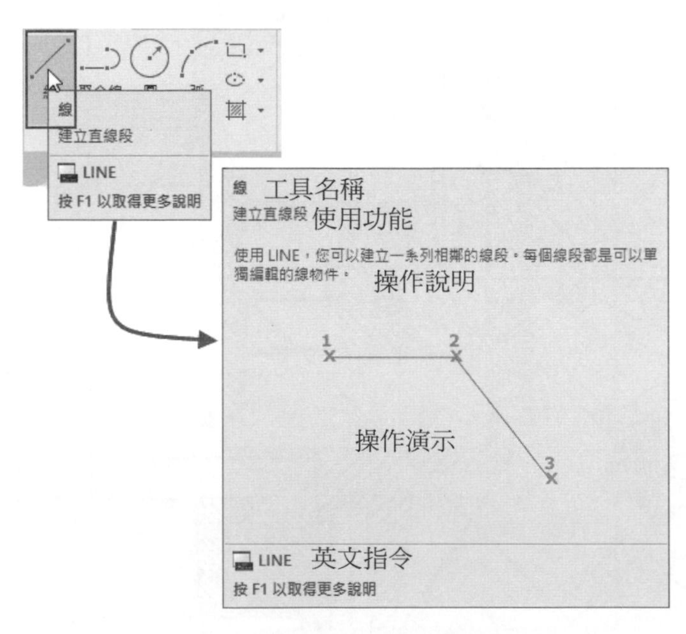

圖 3-1 系統對每一工具均有人性化的操作提示

3-1 設置圖形單位及圖面範圍

1 一般傳統 AutroCAD 書籍在繪製圖形前，都會教導讀者先設定繪圖單位及圖面範圍，在第一章中已講解 AutoCAD 對外軟體之單位設置方法，且說明對內並無單位之設置，因此未於第五章中製定專屬樣板前，在本章及下面一章中所繪製的圖形將只有數字而無單位名稱。

2 請使用 acadiso.dwt 樣板檔（此為系統內定樣板）開啟一新檔案，預計圖面會布滿格柵線，這是多餘且會妨礙繪圖的進行，請在輔助工具列面板中將**格線**工具改為不啟動狀態，如圖 3-2 所示，以取消繪圖區格柵線的顯示。

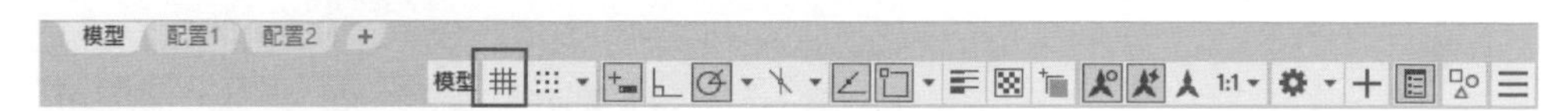

圖 3-2　在輔助工具列面板中將**格線**工具改為不啟動狀態

3 請依第一章中單位設定小節說明，選取應用程式視窗 工具，在打開的功能表列中選取**圖檔公用程式→單位**功能表單，可以打開**圖面單位**面板，在面板中**類型**欄位設為十進位，**精確度**設為小數 1 位數，**插入比例**為公分，其他欄位值維持不變，如圖 3-3 所示。如果**插入比例**為公釐者，只要改變**精確度**欄位值。其餘欄位維持不變。

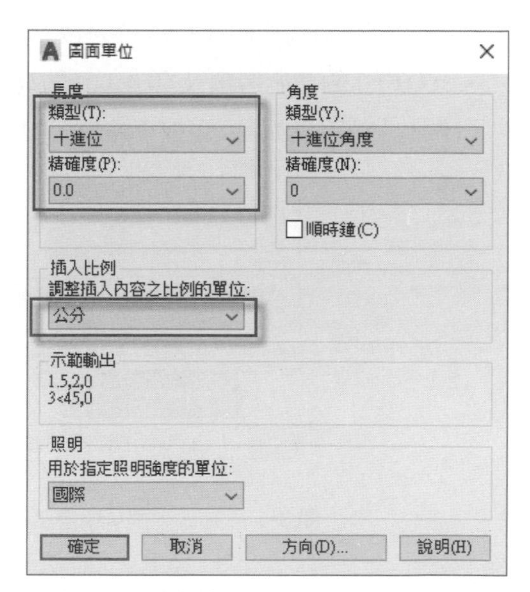

圖 3-3　在**圖面單位**面板中做欄位設定

4 在 AutoCAD 中設定圖面範圍，是受早期人工繪圖時直接繪製在圖紙上的思維延續，在電腦繪圖上本為多餘之舉，然為說明及練習需要，也試著建立圖面範圍，請依第一章的說明，將主功能表顯示出來，再執行下拉式功能表→**格式→圖面範圍**功能表單，如圖 3-4 所示。

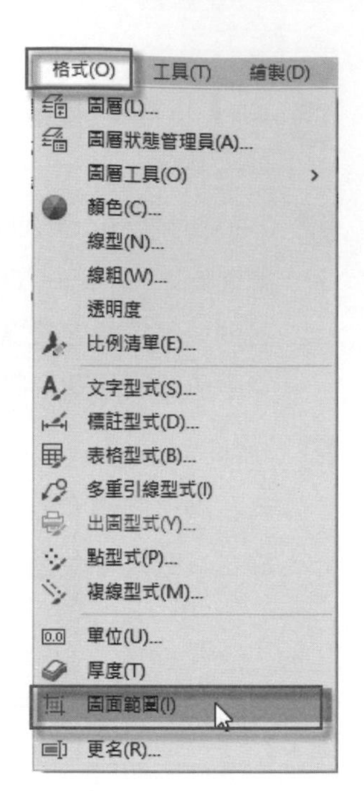

圖 3-4 選取**圖面範圍**功能表單

5 選取**圖面範圍**功能表單後，移游標至繪圖區，在指令行中有**打開（ON）關閉（OFF）**的功能選項及〈0.0,0.0〉的提示，如圖 3-5 所示，如果想以〈0.0,0.0〉做為左下角的原點，可按下鍵盤上的 [Enter] 鍵確定。

圖 3-5 在表列選單中選擇以 **0.0, 0.0** 為原點

6 接著指令行會提示右上角的預設值為 <420.0 0, 297.00>，這是以 mm 為單位的 A3 圖紙範圍，如果想改變可以輸入兩組數值，中間以（, ）點隔開，在這裡直接按 [Enter] 鍵使用預設值。

7 在依預設值 <420. 00, 297.00> 按下 [Enter] 鍵確定後，指令行的上方會顯示右上角的設定值，如圖 3-6 所示，唯其顯示時間只有 2、3 秒時間。

圖 3-6　指令行的上方會顯示右上角的設定值

8 選取導覽列工具面板中的縮放工具的向下箭頭，在表列的眾多縮放工具中選擇**縮放全部**，如圖 3-7 所示。

9 將輔助工具列面板上中的**格線**工具啟動，則可以很清楚看出整個圖面範圍，這些示範只說明製定圖面範圍的方法，對作圖助益不大且嚴重妨礙模型空間的作圖，請將此文件關閉，再依前面方法開啟一新檔案，並設定圖面格柵線關閉，以供後續的繪圖練習。

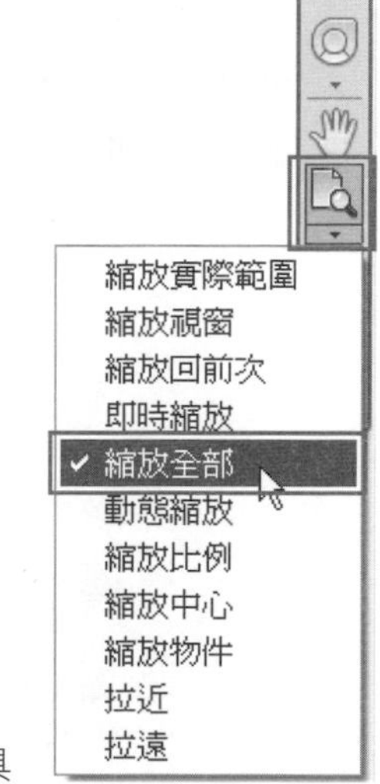

圖 3-7　選取**縮放全部**工具

10 在繪製圖形前，請先確認在第二章中介紹的輔助工具列工具面板，其中動態輸入、極座標追蹤、物件鎖點追蹤及 2D 物件鎖點等 4 項按鈕是必處於開啟並啟動狀態，如圖 3-8 所示，因為往後的直觀式繪圖形態，均建立在此基礎上。

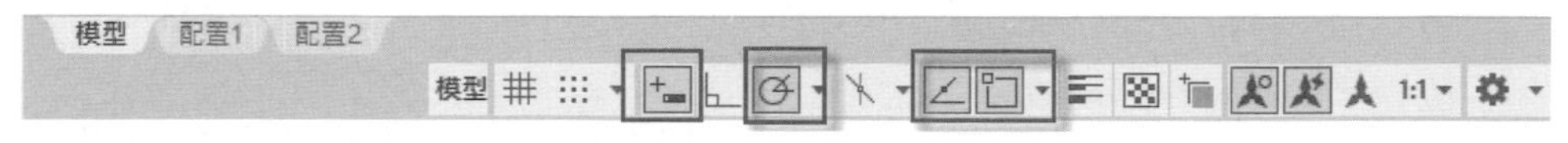

圖 3-8　左側輔助工具按鈕設置情形

3-2 繪製直線、建構線、射線

3-2-1 繪製直線

1 選取**常用**頁籤之**繪製**工具面板中的**畫線**工具，如圖 3-9 所示，在繪圖區中任一處點下滑鼠左鍵，往右移動滑鼠，這時在視圖上會出現一條約束線，這是極座標追蹤工具啟動的功效，因為設定在 15 度上，因此約束線會在水平或垂直方向上（15 度的因子），在鍵盤輸入 500，動態訊息區的數值輸入欄會出現 500 字樣，如圖 3-10 所示。

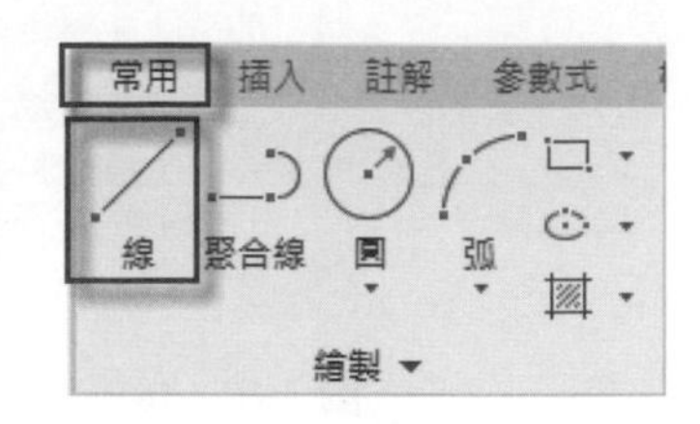

圖 3-9 在**繪製**工具面板上選取**畫線**工具

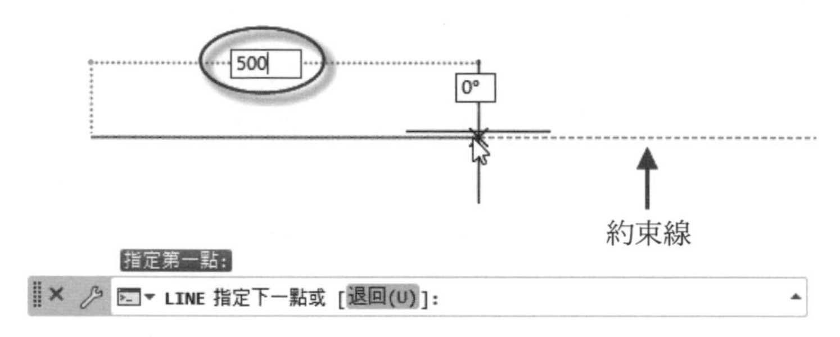

圖 3-10 在繪圖區繪製水平 500 的直線

2 輸入 500 後按下 [Enter] 鍵，可以完成直線段的繪製，此時系統會做繼續繪製的動作，如想結束繪製，可以按下 [Enter] 鍵、空格鍵或 [ESC] 鍵，即可結束繪製直線命令，現想繼續執行，請將游標移到向上 90 度的位置上，畫面會出現 90 度的角度標示，同樣會出現垂直的約束線，請在鍵盤上輸入 600，如圖 3-11 所示。

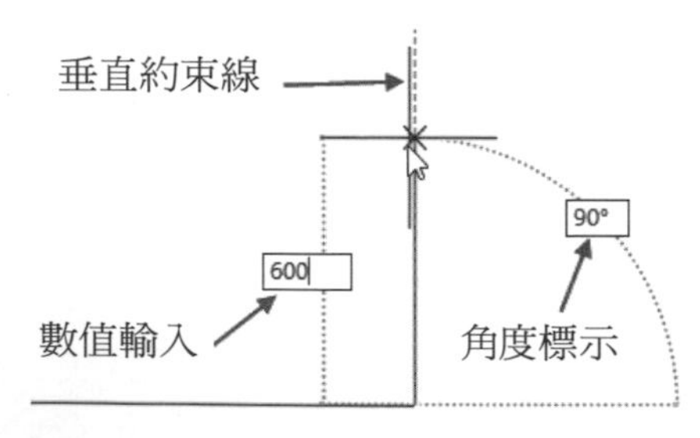

圖 3-11 向上繪製 600 公分的垂直線

溫馨提示

AutoCAD 的直觀設計概念，就是以游標的位置，決定繪圖方向，然後直接輸入距離值即可，不用再像以前輸入 X、Y 軸的間距值，如此可以節省很多的繪圖工序，想要多了解直觀設計概念，可以執行 SketchUP 軟體，它的操作模式完全是直觀式操作之標榫，可資借鏡。

3 利用上面的方法，再向右畫 800 水平線，向上 400 垂直線，向左 1600 的水平線，如圖 3-12 所示。

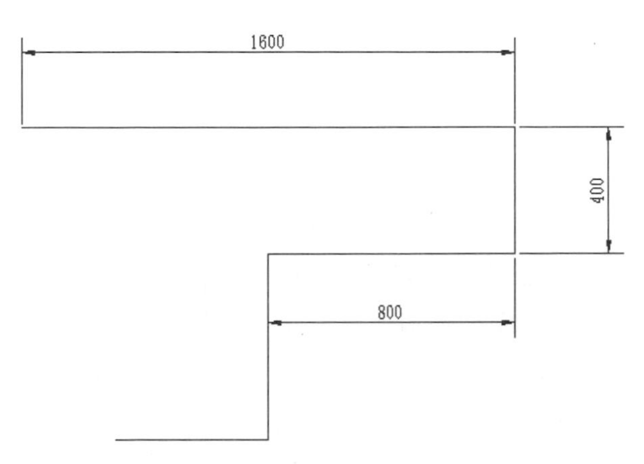

圖 3-12 續繪製數條直線

4 繼續畫向下的直線，現在要畫與 400 平齊的線段，先移游標到第 1 點的位置上，然後游標往左水平移動，此時會出現一條水平的約束線，當移動到原來線端的垂直位置第 2 點，也會出現垂直的約束線，在此兩約束線的交點上按下滑鼠左鍵，可以畫出與 400 平行並齊平的線段，如圖 3-13 所示。

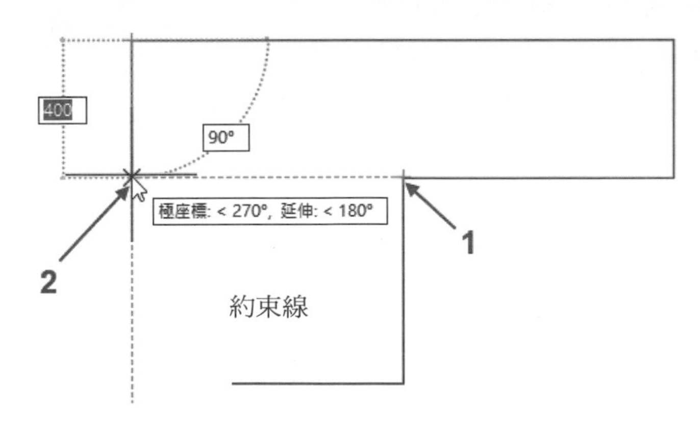

圖 3-13 利用約束線做定位工作

溫馨提示	藉由物件鎖點追蹤方式，可以加速作圖速度，讀者應熟悉其用法，在往後的操作中會時常用到。

5 如果想更改剛才的畫線動作而想封閉圖形，可以直接移動游標到指令行上，按下**退回**功能選項，如圖 3-14 所示，則可以取消剛才的畫線動作。

圖 3-14 執行指令行上的**退回**功能選項

6 此處不執行**退回**功能選項，而是在指令行上選取**關閉**功能選項，則系統自動會畫線至起點上，而將此圖形封閉，如圖 3-15 所示。

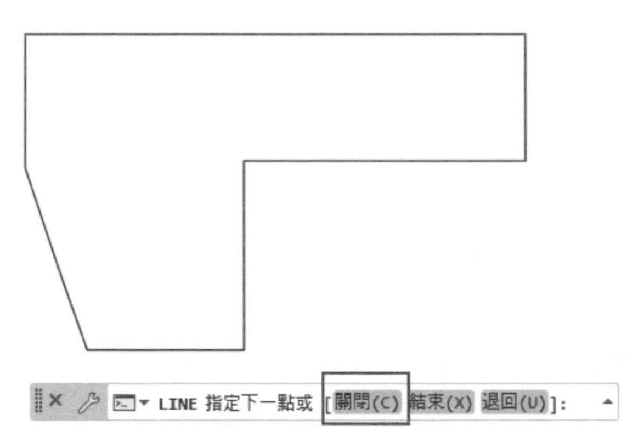

圖 3-15 將線畫回起點以封閉圖形

7 現想在圖示第一點向右 400 的地方做為畫線起點，選取**畫線**工具，移游標到圖示 1 點的位置上，此時第一點出現抓點的方框，移動滑鼠往右水平移動到任意的點，會出現一條水平的約束線，在鍵盤上輸入 400，如圖 3-16 所示，可以定出由圖示 1 點處往右 400 的地方為畫線的起點。

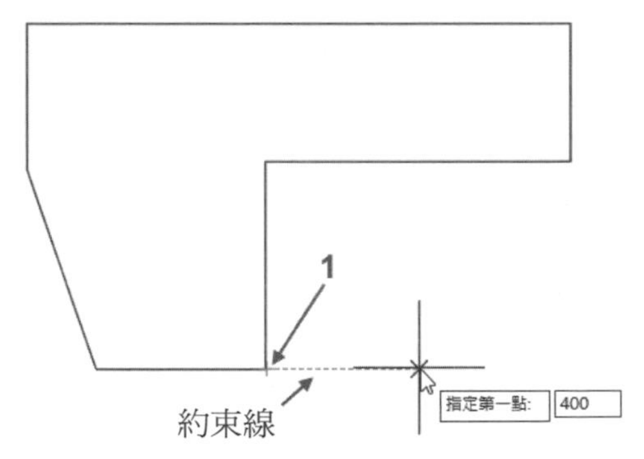

圖 3-16 利用物件鎖點追蹤功能可以定出畫線的起點

溫馨提示	利用物件鎖點追蹤功能找出作圖的第一點，在輸入數值後按 [Enter] 前，均不要按下滑鼠左鍵，只要移動滑鼠即可。

8 接著將游標移到作圖第一點的右上方，畫面中會出現一條 45 度角的約束線，在鍵盤上輸入數值，即可畫出 45 度角的線段，如圖 3-17 所示。

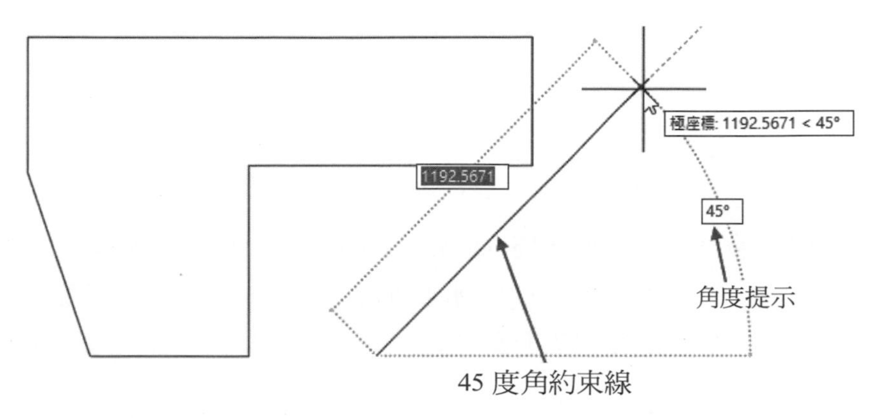

圖 3-17 利用 45 度角的約束線可以畫出 45 度角直線

9 在鍵盤輸入 800，按 [Enter] 鍵確定，可以畫出長度 800 的 45 度角直線，續移游標往右水平移動，同樣可以拉出水平方向的約束線，如圖 3-18 所示。

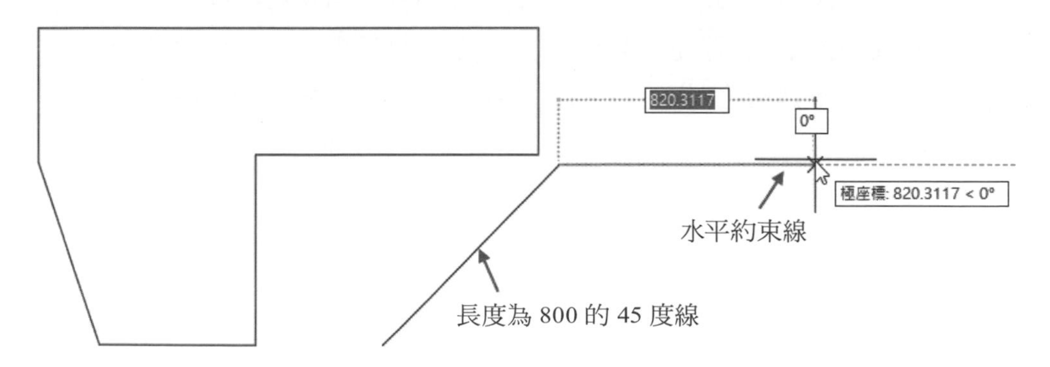

圖 3-18 畫出長度 800 的 45 度角直線再改變極座標追蹤為水平角度

3-2-2 繪製建構線

1 選取**建構線**工具，它位於**繪製**工具面板之非**常用**工具面板內，需要點擊**繪製**工具面板上的標頭，才可以展現出來，如圖 3-19 所示，一般用於建構房屋結構線或當做修剪邊界的線段。

常用
插入
註解
參數式
線
聚合線
圓
弧
繪製

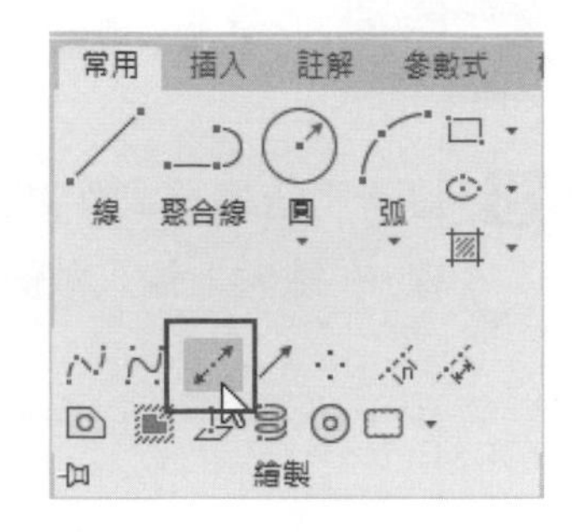

圖 3-19 選取**繪製**工具面板上的**建構線**工具

2 選取工具後，移游標至繪圖區，如果是 AutoCAD 2022 之前版本，需先按滑鼠的右鍵，在右鍵功能表中選擇**水平**功能表單，如今只要移動游標至指令行中選取**水平**功能選項即可，如圖 3-20 所示。此時可以在繪圖區中繪製任意的水平建構線。

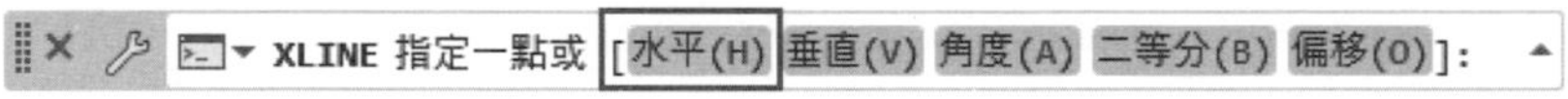

XLINE 指定一點或 [水平(H) 垂直(V) 角度(A) 二等分(B) 偏移(O)]:

圖 3-20 在指令行選取**水平**功能選項

3 當選取**水平**功能選項後，在畫面中定下第一條水平建構線，此時指令行會提示**指定通過點**，請先移動游標到第一條建構線上端位置（此動作在確定接下來繪製建構線方位），立即在鍵盤上輸入 500，會在原建構線上端第 2 點定出 500 距離的建構線，移游標到第 2 條線的下方，並輸入 1200，會以第二條建構線為基準，定出 1200 距離的建構線，如圖 3-21 所示，在按下空格鍵結束以前，可以一直畫下去。有關垂直建構線畫法，請讀者參照水平畫法自行練習。

2
1
3

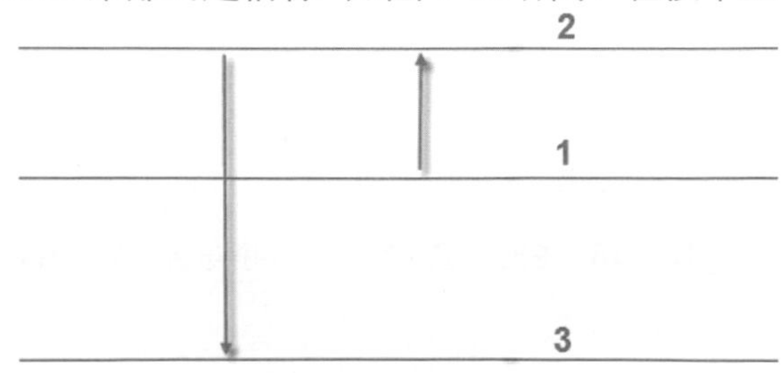

圖 3-21 輸入數值以定出建構線的間距

4 重新選取**建構線**工具後，移游標至指令行中請選取**角度**功能選項，此時指令行提示**指定建構線角度(0)或**，如圖 3-22 所示。

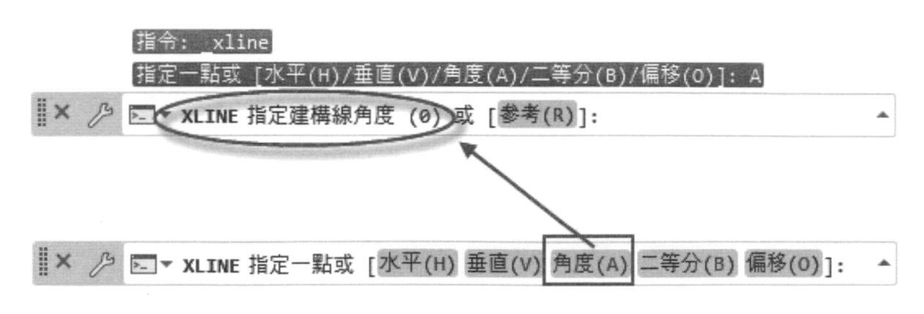

圖 3-22 在指令行中選取**角度**功能選項

5 在本例中請在鍵盤上輸入 45，以定建構線的角度為 45 度角，如同之前方法定出建構線的間距，可以在繪圖區中畫出一定間距且帶角度的建構線，如圖 3-23 所示。

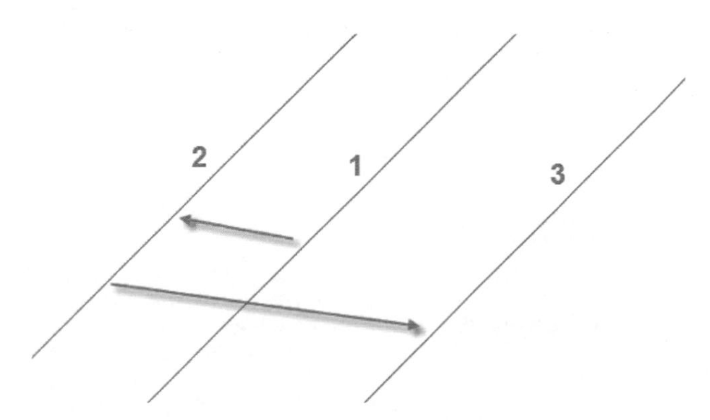

圖 3-23 畫出一定間距且帶角度的建構線

6 圖中已先畫好兩條夾角為 45 度的直線，選**建構線**工具，在指令行中選取**二等分**功能選項，指令行會提示**指定角度頂點**，請以圖示 1 點為頂點，指令行會接著提示**指定角度起點**，請以圖示 2 點為起點，指令行會接著提示**指定角度端點**，請以圖示 3 點為端點，可以畫出平分角度的建構線，如圖 3-24 所示。

3
平分角度的建構線
1
2
XLINE 指定一點或 [水平(H) 垂直(V) 角度(A) 二等分(B) 偏移(O)]:

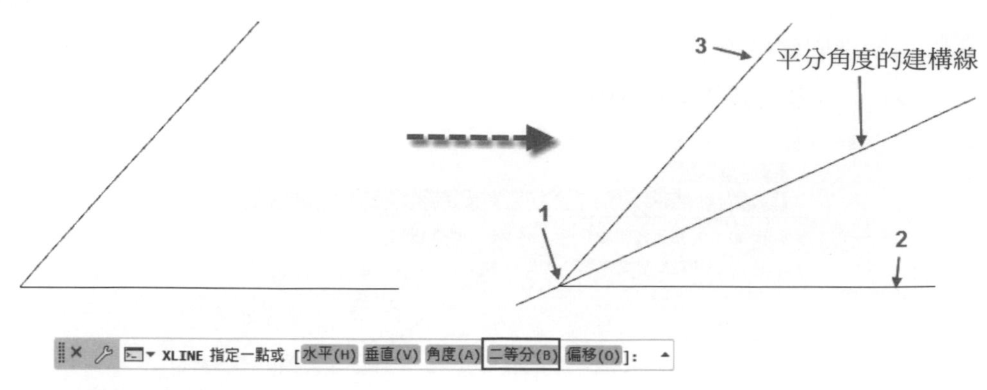

圖 3-24 畫平分角度的建構線

7 續使用**建構線**工具，在指令行中選取**偏移**功能選項，如圖 3-25 所示，此功能選項可以利用輸入偏移距離畫建構線，和之前的畫平行建構線畫法有點類似，唯此功能選單其偏移的物件，並不限於建構線本身。

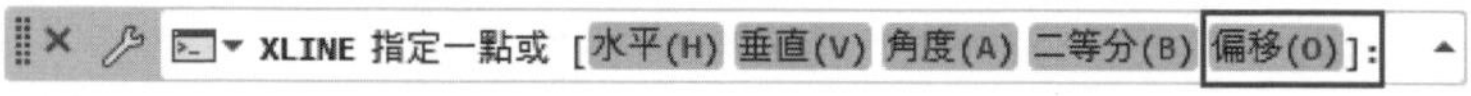

XLINE 指定一點或 [水平(H) 垂直(V) 角度(A) 二等分(B) 偏移(O)]:

圖 3-25 在指令行中選取偏移功能選項

8 選取**偏移**功能選項後，指令行會接著提示**指定偏移距離或**，此時輸入偏移值 500，指令行會接著提示**選取 1 個線物件**，請選取圖示 1 之夾角線，指令行會接著提示**指定要偏移的那一側**，請在圖示 1 的夾角線左側點擊一下，即可偏移一條結構線，指令行會接著提示**選取 1 個線物件**，此時請續選取圖示 2 結構線，即可再以圖示 2 結構線向左再偏移複製一條，如圖 3-26 所示。

3
2
1
鍵入指令

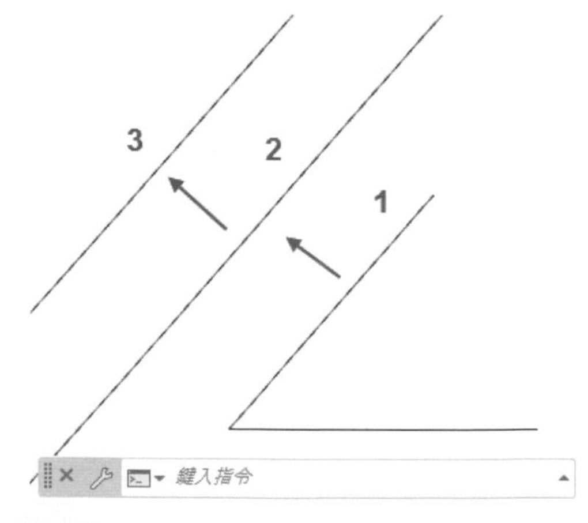

圖 3-26 可以選取線段設偏移值以畫建構線

3-2-3 繪製射線

1 在**繪製**工具面板中選取**射線**工具，如圖 3-27 所示，選取圓心點做為起點，可以畫出一條有起點而沒有終點的直線，如圖 3-28 所示。

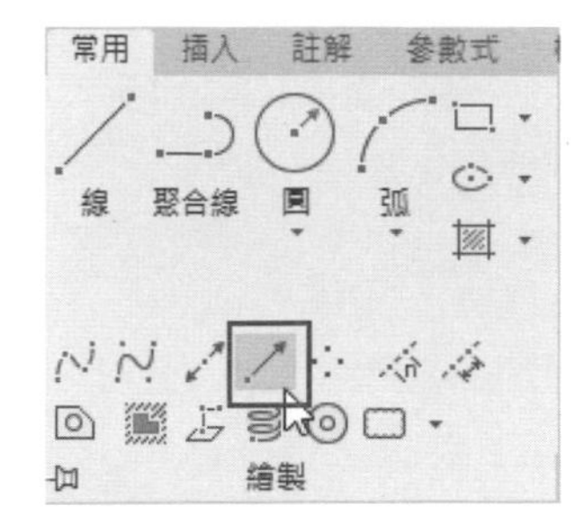

圖 3-27 在**繪製**工具面板中選取**射線**工具

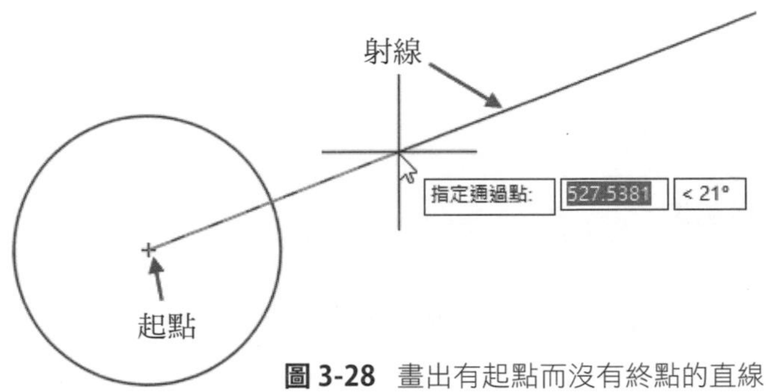

圖 3-28 畫出有起點而沒有終點的直線

2 選擇**射線**工具當定下起點後，指令行提示**指定通過點**，可以利用圖面中現有的點為通過點畫射線，亦可輸入座標位置如 **1000, 500**，可以定出通過點以畫出射線，如圖 3-29 所示。

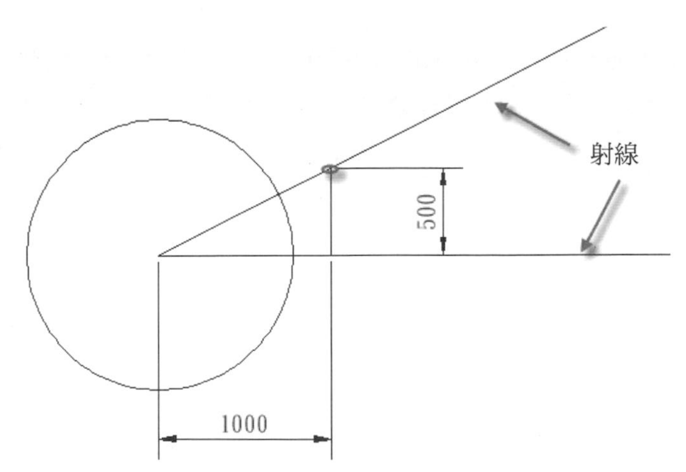

圖 3-29 使用座標值來定射線的通過點以畫出射線

3 更方便的方法是使用極座標追蹤的角度，本例中設定其角度為 45，則當移動游標至 45 度角時，會產生一條約束線牽制，可以順利畫出 45 度角的射線，如圖 3-30 所示，按 [Enter] 鍵可以結束射線的繪製。

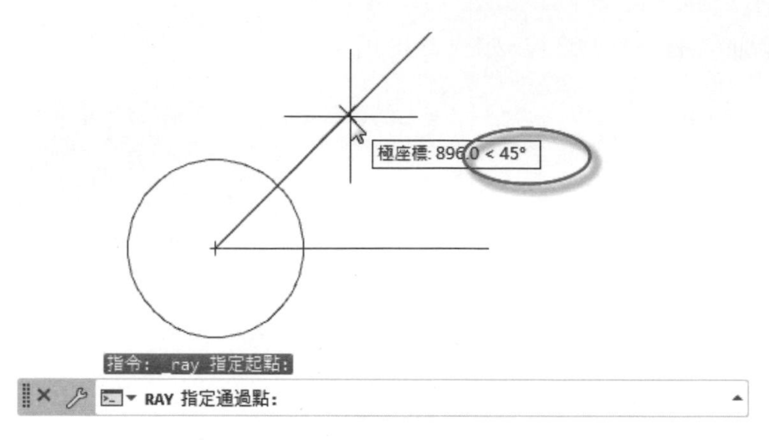

圖 3-30 使用極座標追蹤的角度順利畫出射線

3-3 繪製圓、弧、橢圓及橢圓弧

3-3-1 繪製圓

1 在**繪製**工具面板中的工具，如果其右側有向下鍵頭，表示該工具另有多種繪製工具可供使用，此處，請按**畫圓**工具下方的向下箭頭，列出 6 個畫圓方法，請選擇**中心點、半徑**的方式畫圓，如圖 3-31 所示。

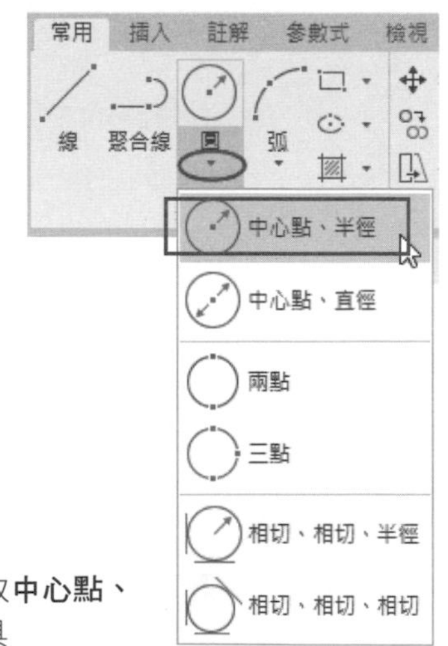

圖 3-31 選取**中心點、半徑**畫圓工具

2 選取**中心點、半徑**畫圓工具後，指令行提示**指定圓的中心點或**，在指令行中可以顯示各種畫圓的功能選項供選擇，此時在繪圖區任意點定下圓心點，接著在鍵盤上輸入 500 以定半徑，可以準確繪出圓形，如圖 3-32 所示。

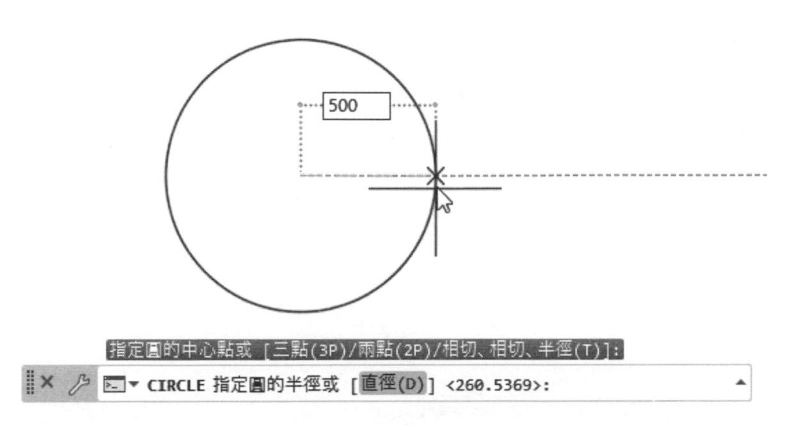

圖 3-32 定下圓心點後直接輸入半徑值就可以畫出圓

3 想要連續執行相同的工具指令，只要按下鍵盤上的空格鍵或 [Enter] 鍵，即可重複執行該命令，請在繪圖區之圓旁再繪一個小圓，接著按 [Enter] 鍵再執行畫圓命令，此時，不要急著按下左鍵定圓心，請移動游標至指令行中選取**相切、相切、半徑**功能選項，如圖 3-33 所示。

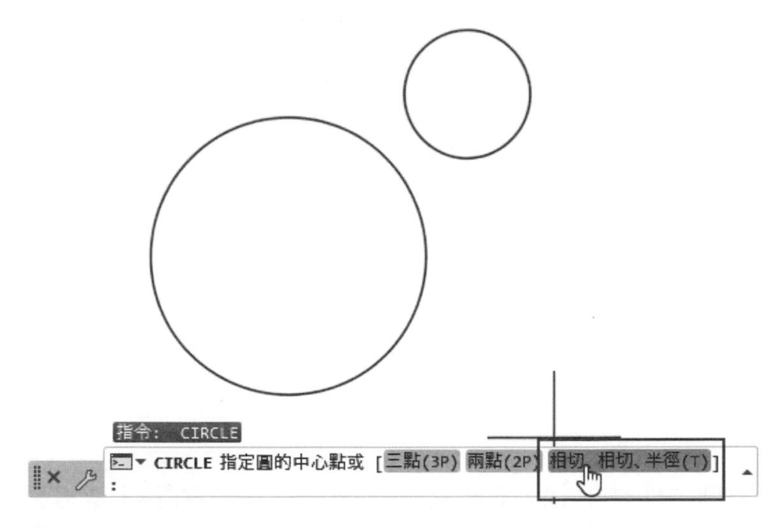

圖 3-33 選取指令行中的**相切、相切、半徑**功能選項

4 跟隨指令行訊息指定圖示第 1、2 個相切的圓，接著訊息會要求輸入圓的半徑值，在鍵盤上輸入 600 按 [Enter] 鍵，即可完成第 3 圓的繪製工作，如圖 3-34 所示。

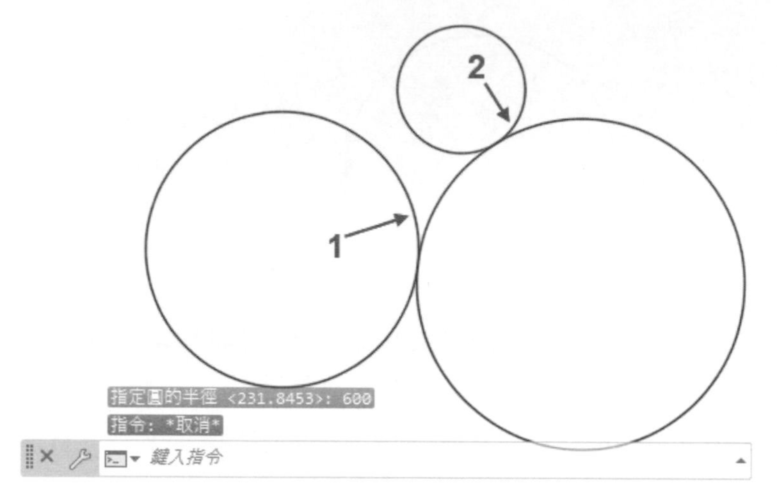

圖 3-34 利用兩圓相切完成第 3 圓的繪製工作

> **溫馨提示** 當指示已知圓之相切位置時，將決定相切圓之繪出方位，因此使用者在指定圖示第 1、2 點，便要想好相切圓預定出現位置再點擊。

5 使用同樣的**畫圓**工具，在定圓心前在指令行中選取三**點**功能選項，可以利用現有 3 個點繪製一個圓，如圖 3-35 所示，圖示 1 點為線段中點，2、3 點為角點，由此 3 點可以畫出一圓。

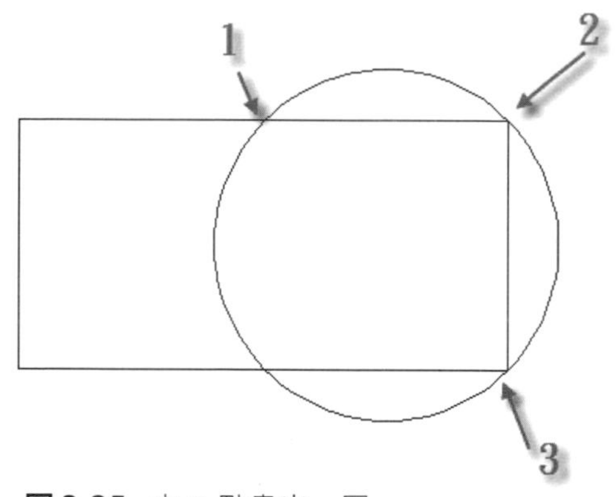

圖 3-35 由 3 點畫出一圓

6 其它**畫圓**工具，其作法大致相同，請讀者自行練習，在第十章繪製精確幾何圖形練習中，將會有更多的畫圓的實際運用演練。

3-3-2 繪製弧線

1 在**繪製**工具面板中選取畫弧工具，此工具中 AutoCAD 提供多種的畫弧方法，此處，請選擇三**點**的方式畫弧，如圖 3-36 所示。

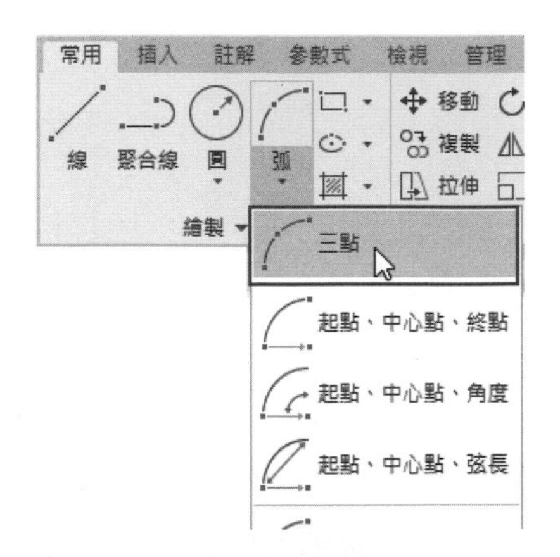

圖 3-36 選取**三點畫弧**工具

2 選取圖示 1、2、3 點，即可畫出一圓弧，如圖 3-37 所示，唯要注意第 2、3 點的方向，亦即逆時針及順時針方向，會影響兩者繪出的弧線方向。

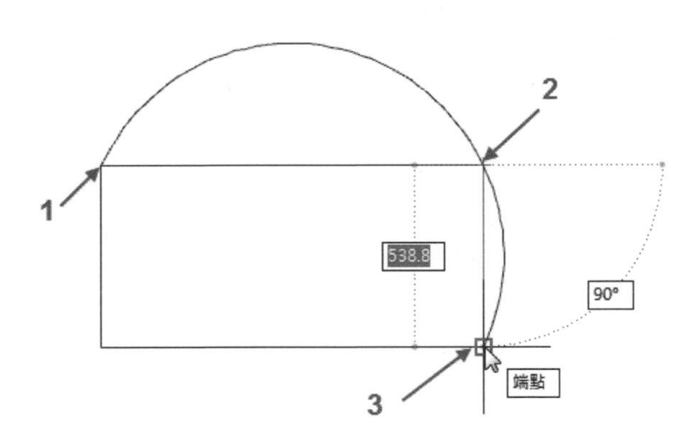

圖 3-37 經由 3 點可以畫出弧線

3 如果選取畫弧工具後，在指令行中選取**中心點**功能選項，指令行提示**指定弧的中心點**，在 2022 版本已自動標示出中心點，當定下矩形的中心點後，指令行提示**指定弧的起點**，請以圖示的 1 點做為弧的起點，接著指令行提示**指定弧的端點**，請以圖示的 2 點做為弧的端點，由此可以畫出一弧形，如圖 3-38 所示。

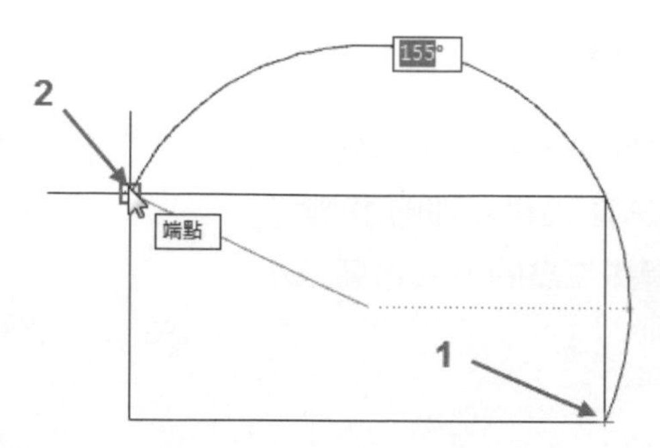

圖 3-38 由矩形中心點及其他兩點亦可畫出弧線

4 在上面的例子中，第 1、2 點位置對調則其弧線方向也會相反，然依前面的方法操作，在未定下第二點前，此時按住 [Ctrl] 鍵可以將弧形線直接做方向的對調，如圖 3-39 所示，此功能為 AutoCAD 2016 版以後新增功能。

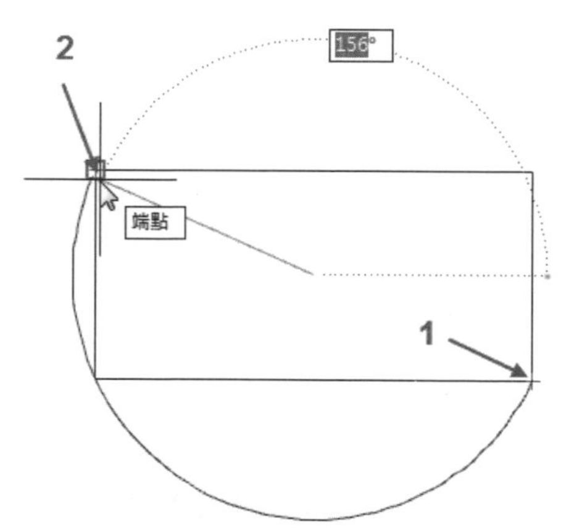

圖 3-39 按住〔Ctrl〕鍵可以將弧形線直接做方向的對調

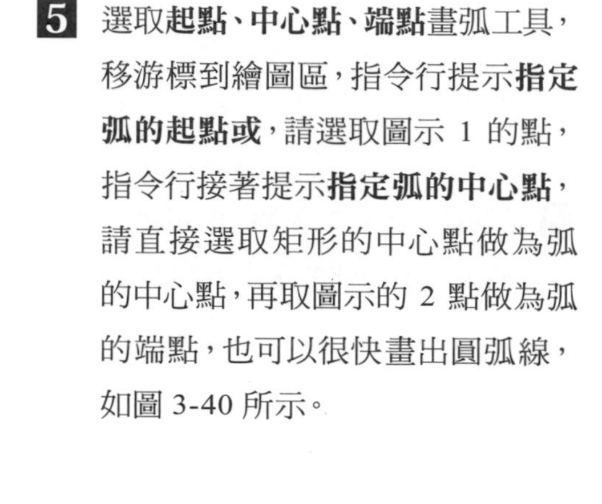

5 選取**起點、中心點、端點**畫弧工具，移游標到繪圖區，指令行提示**指定弧的起點或**，請選取圖示 1 的點，指令行接著提示**指定弧的中心點**，請直接選取矩形的中心點做為弧的中心點，再取圖示的 2 點做為弧的端點，也可以很快畫出圓弧線，如圖 3-40 所示。

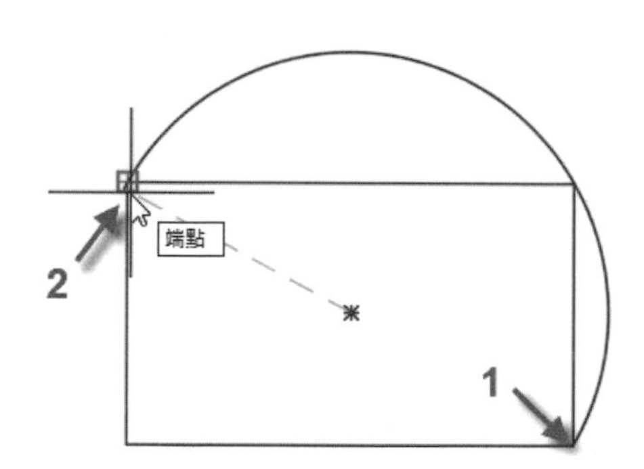

圖 3-40 利用起點、中心點、終點畫弧工具畫弧

6 其他畫弧工具作法大致相同，請讀者自行線習。

3-3-3 繪製橢圓

1 在**繪製**工具面板中選取畫橢圓工具，在此工具中 AutoCAD 提供多種的畫橢圓方法，此處，選擇**中心點**的方式畫橢圓，如圖 3-41 所示。

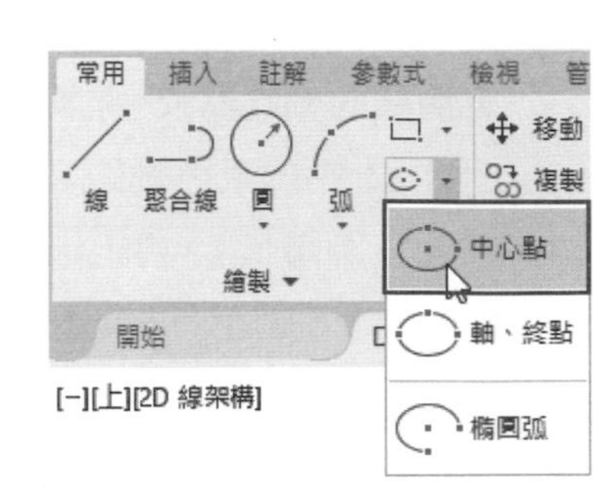

圖 3-41 在**繪製**工具面板中選取中心點畫橢圓工具

2 選取工具後指令行提示**指定橢圓的中心點**，在繪圖區中定下橢圓的中心點，指令行提示**指定軸端點**，請定下長軸的端點，指令行提示**指定至另一的距離或**，請定下短軸的端點，可以很容易繪製一橢圓，如圖 3-42 所示。

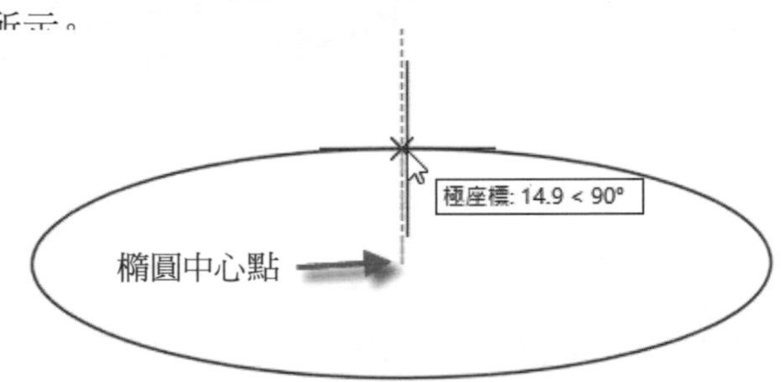

圖 3-42 定下圓心後再定兩軸的端點可繪製橢圓

3 上面的例子中，當定下長軸的端點後，移游標至指令行中選取**旋轉**功能選項，指令行提示**指定繞著主軸的旋轉角度**，隨著游標移動，夾角越大橢圓越是扁平，如在鍵盤輸入 75，可繪出一扁平橢圓，如圖 3-43 所示。

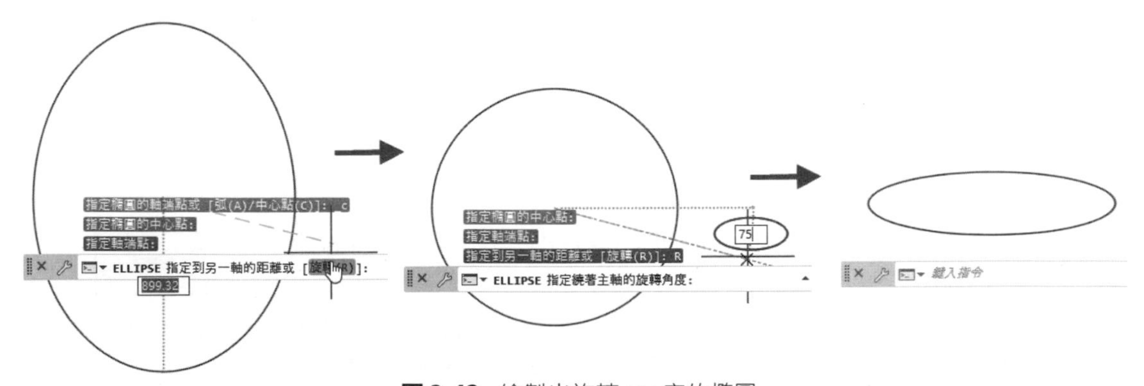

圖 3-43 繪製出旋轉 75 度的橢圓

4 在**繪製**工具面板中選取**軸、端點**畫橢圓工具，如圖 3-44 所示，指令行提示**指定橢圓的軸端點或**，在繪圖區中定出圖示 1、2 點的直徑軸距（可利用參考點或輸入距離值），再定出由圓心到圖示 3 點的半徑軸距（同第 1、2 點定距離值方法），即可畫出想要的橢圓形，如圖 3-45 所示。

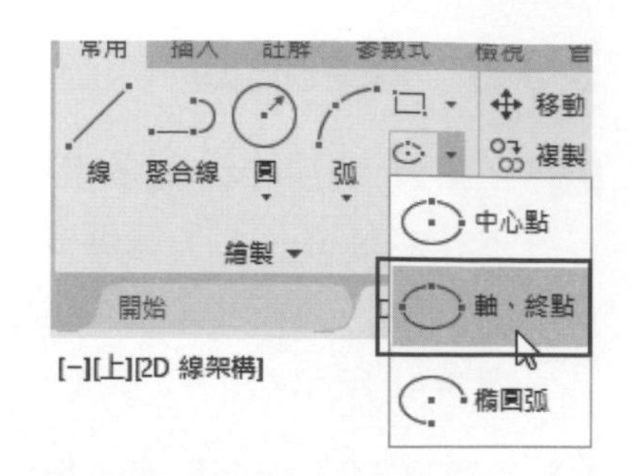

圖 3-44 選取**軸**、**端點**畫橢圓工具

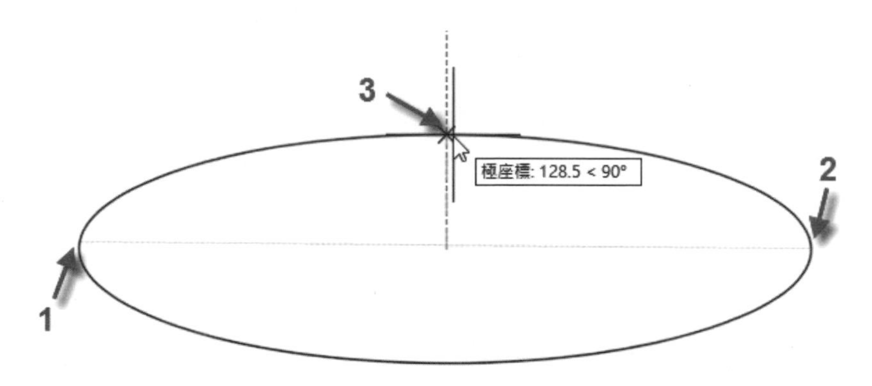

圖 3-45 由直徑軸及半徑軸即可畫出橢圓

5 當選取**軸、端點**畫橢圓工具時，指令行中有**弧**及**中心點**兩功能選項供選擇，其使用方法與前面兩種方法大致相同，請讀者自行練習繪製。

3-3-4 繪製橢圓弧

1 在**繪製**工具面板中選取**橢圓弧**工具，如圖 3-46 所示，指令行提示**指定橢圓的軸端點或**，請依**軸、端點**畫橢圓的方式在繪圖區中畫出橢圓，如果在未畫橢圓前選取指令行中的**中心點**功能選項，則會以中心點畫橢圓方式畫出橢圓。

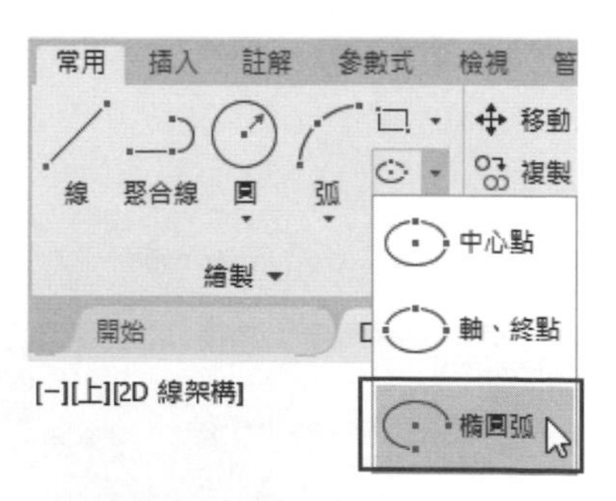

圖 3-46 在繪圖工具面板中選取**橢圓弧**工具

2 請依畫橢圓方法畫出橢圓後，指令行提示**指定起始角度或**，請依水平的約束線，在圖示 1、2 點處點擊滑鼠左鍵以指定圓弧的起始角度與結束角度，即可畫出半邊的橢圓弧，如圖 3-47 所示。

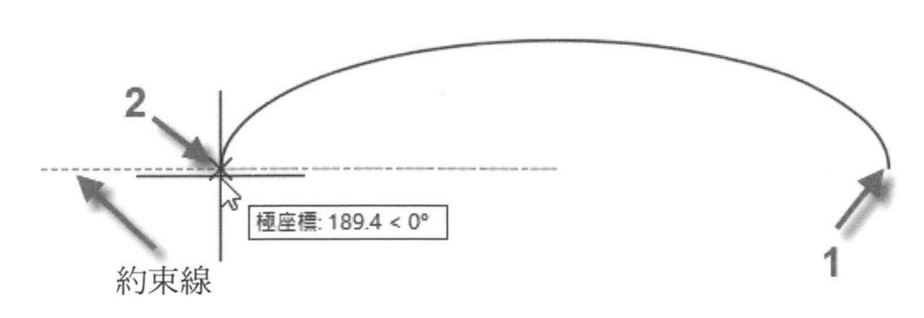

圖 3-47 依約束線與橢圓交點可以截取出半邊的橢圓弧

3 如果利用夾角線，亦可利用兩條夾角線繪製出夾角間的橢弧線，如圖 3-48 所示，以圖示 1 點為指定圓弧的起始角度後，當指令行提示指定結束角度時，立即在鍵盤上輸入 144，即可繪製出想要的的橢圓弧。

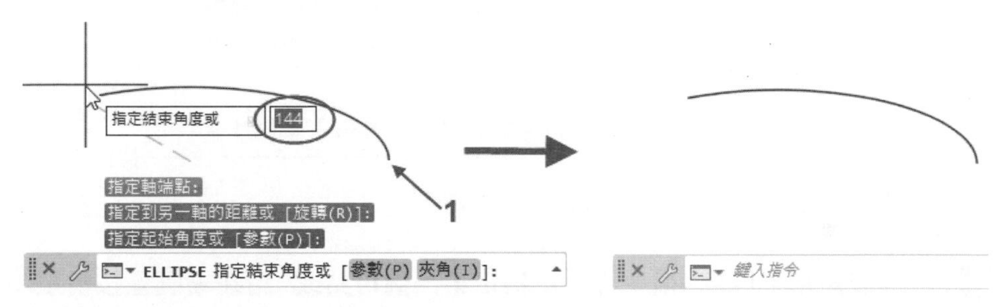

圖 3-48 兩條夾角線內可以定出橢圓弧

4 一樣使用**橢圓弧**工具，如果在畫好橢圓後，移動游標指令行會提示**指定起始角度或**，此時輸入 180，移動游標指令行會提示**指定終點角度**，此時輸入 0，其製作出來的橢圓弧會上面製作的半邊橢圓弧相同。如果輸入起始角度為 0，及終點角度為 180，則其為相反的圖形，如圖 3-49 所示。

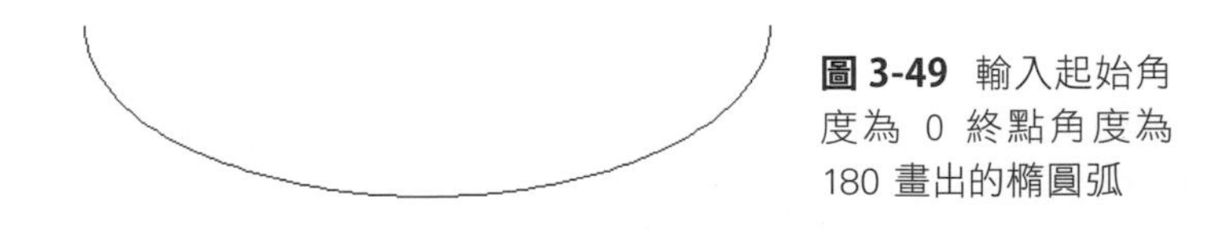

圖 3-49 輸入起始角度為 0 終點角度為 180 畫出的橢圓弧

5 使用**橢圓弧**工具，在畫好橢圓後指令行會有**參數**功能選項供選取，其繪製方法與「起始角度」做同樣的輸入，唯使用參數式向量方程式建立橢圓弧，於初學階段應避免使用。

3-4 繪製矩形和多邊形

3-4-1 繪製矩形

1 在**繪製**工具面板中選取**矩形**工具，如圖 3-50 所示，移游標到繪圖區中，在指令行中會有諸多功能選項供選擇，如圖 3-51 所示，其中**高程**、**厚度**為 3D 繪圖選項，先不要理會這些功能選項。

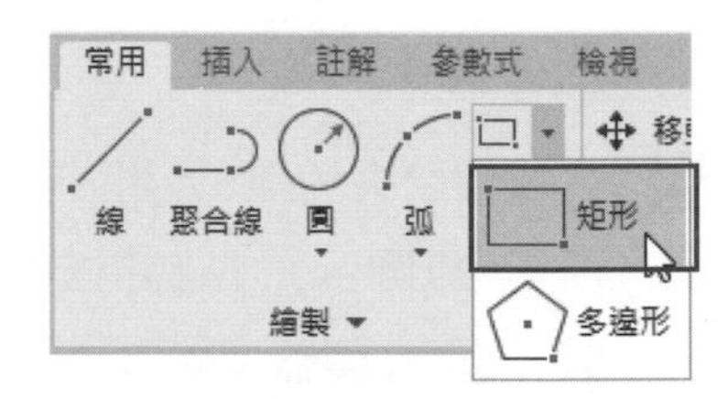

圖 3-50 在**繪製**工具面板中選取**矩形**工具

圖 3-51 在指令行中會有諸多功能選項供選擇

2 當選取**矩形**工具後，指令行提示**指定第一個角點或**，請在繪圖區按滑鼠左鍵，定下矩形的第一點，接者在鍵盤輸入「800, 400」，前面一個數字為 X 軸的長度，後面的數字為 Y 軸的寬度，如圖 3-52 所示。利用（Tab）鍵亦可替代（, ）點功能。

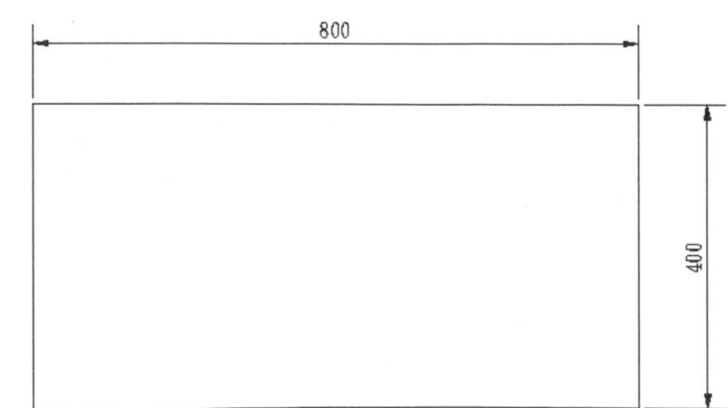

圖 3-52 定下第一點後輸入兩組數字即可繪製矩形

溫馨提示

如果未啟用動態輸入，則在輸入數字前必需先輸入@字。數字前面的正負值影響矩形的繪製方向，以第一點為軸心，向右、向上為 X 軸、Y 軸的正軸向，向左、向下為 X 軸、Y 軸的負軸向，請參閱第二章中的 AutoCAD 座標系統小節說明。

3 如果在指令行中選擇**倒角**功能選項，依指令行的提示，輸入矩形的第一個倒角距離 50，第二個倒角距離 50，再使用滑鼠在繪圖區任意處按下左鍵，以確定矩形第一點，接著在鍵盤輸入矩形長寬值 **800, 500**，可以繪製帶倒角的矩形，如圖 3-53 所示。

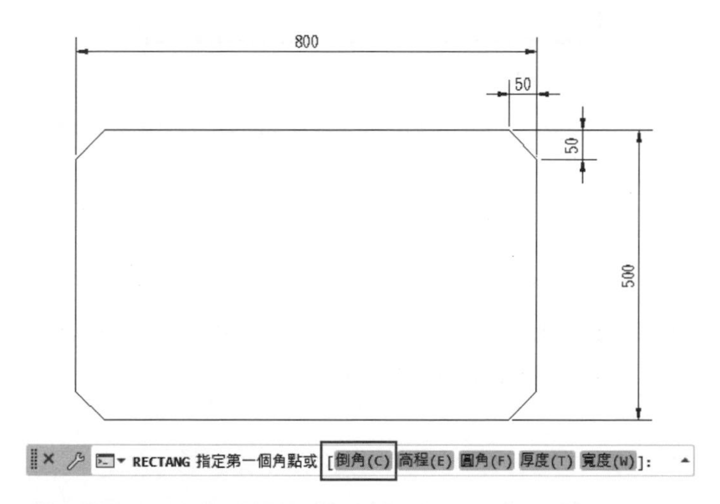

圖 3-53 繪製出帶倒角的矩形

4 如果在指令行中選擇**圓角**功能選項，指令行會要求輸入圓角角度，請輸入 60，在定下第一點後，一樣輸入「800, 500」的矩形長寬值，可以繪製出一帶圓角的矩形，如圖 3-54 所示。

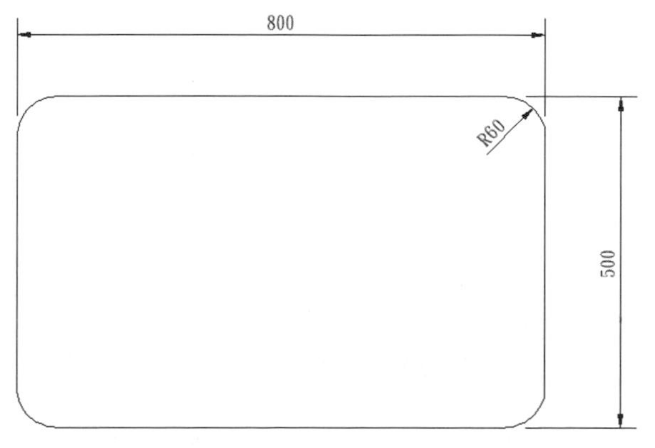

圖 3-54 利用圓角功能選項製作出帶圓角的矩形

5 執行**矩形**工具，一樣在指令行中選取**圓角**功能選項，將提示的圓角輸入值改為 0 按 [Enter] 鍵確定後，在指令行中**寬度**功能選項，在其要求寬度值時輸入 10，使用滑鼠左鍵點擊以確定矩形第一點，移動游標在繪圖區任意點定下第二點，可以繪製帶線寬度的矩形，如圖 3-55 所示。

圖 3-55 繪製帶線寬度的矩形

> **溫馨提示**
> AutoCAD 有一慣性，即執行工具後會記憶前一次的選項，此例中前面執行了 60 度的圓角繪製矩形，往後的繪製矩形都會是帶 60 度的圓角，所以想要回復正常直角，就必先把圓角歸 0。

6 執行**矩形**工具，利用上面的說明，將線寬度先歸零，在定下第一角點後，在指令行中選擇**面積**功能選項，如圖 3-56 所示。

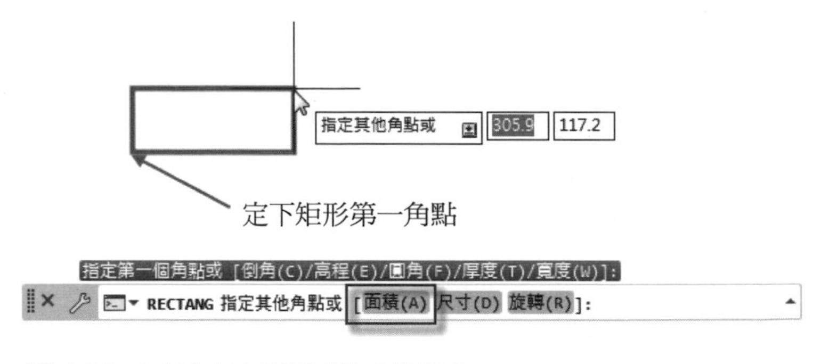

圖 3-56 在指令行中選擇面積功能選項

7 指令行提示**以目前單位輸入矩形面積**，請在鍵盤上輸入 400000 按 [Enter] 鍵確定，指令行自動顯示長度或寬度選項供選擇，請選取長度功能選項，在輸入矩形長度（800），即可繪出 800×500 的矩形，如圖 3-57 所示。

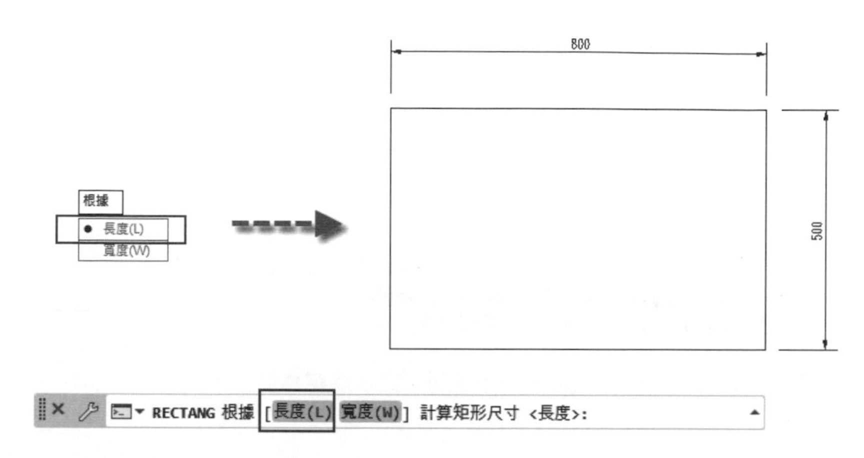

圖 3-57 利用矩形長度即可繪出等面積的矩形

8 執行**矩形**工具，在定下第一角點後，移動滑鼠拉出矩形，此時在指令行中選取**旋轉**功能選項，如圖 3-58 所示。

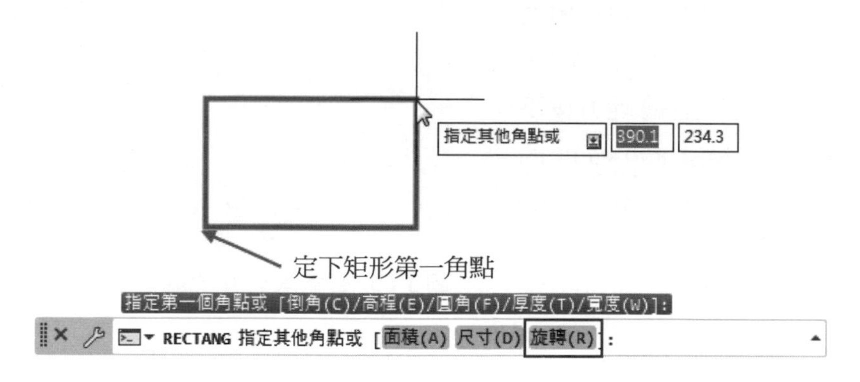

圖 3-58 在指令行中選取**旋轉**功能選項

9 這時移動游標可以第一角點為軸心，可任意旋轉矩形，指令行提示**指定旋轉角度**，此時可直接輸入角度值，或依極座標追蹤工具的角度設定，可以很容易抓住想要的角度，如圖 3-59 所示。

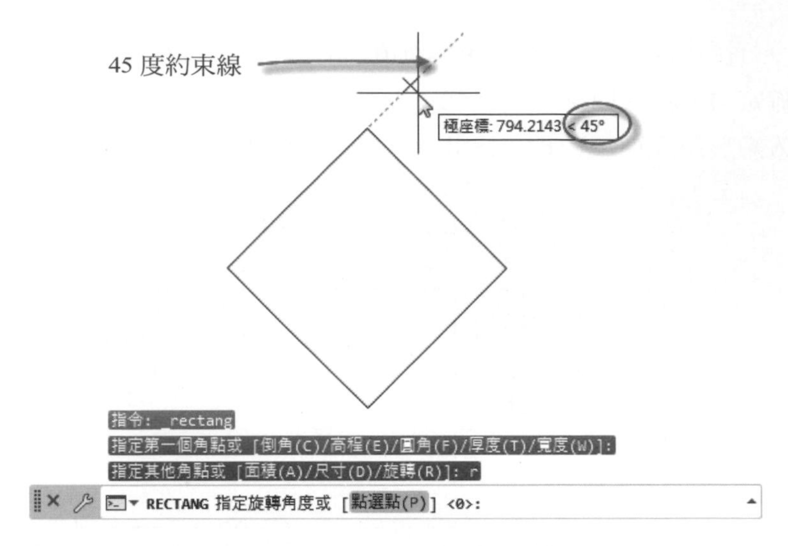

圖 3-59 使用極座標追蹤的約束線可以定出旋轉角度

10 設定好角度後移動游標，指令行提示**指定其它角點或**，請在指令行上選取**尺寸**功能選項，指令行會依序提示**指定矩形的長**及**指定矩形的寬度**，請依序輸入 800 及 500，在使用滑鼠在任意地方按下左鍵，即可繪出 800×500 的矩形，如圖 3-60 所示

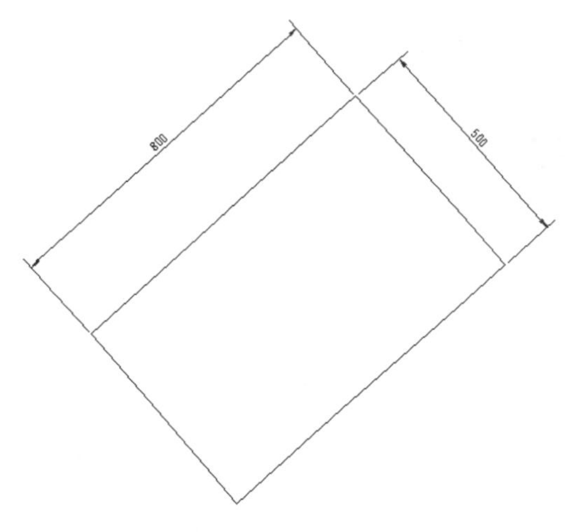

圖 3-60 畫旋轉 45 度的矩形

3-4-2 繪製多邊形

1 於**繪製**工具面板中點擊矩形右側的向下箭頭，會列出矩形和**多邊形**工具，選取**多邊形**工具，如圖 3-61 所示，移游標至繪圖區，指令行會要求多邊形的邊數，請輸入 8，接下來當定下多邊形的中心點後，指令行會自動顯示**內接於圓**或**外切於圓**的功能選項供選擇，如圖 3-62 所示。

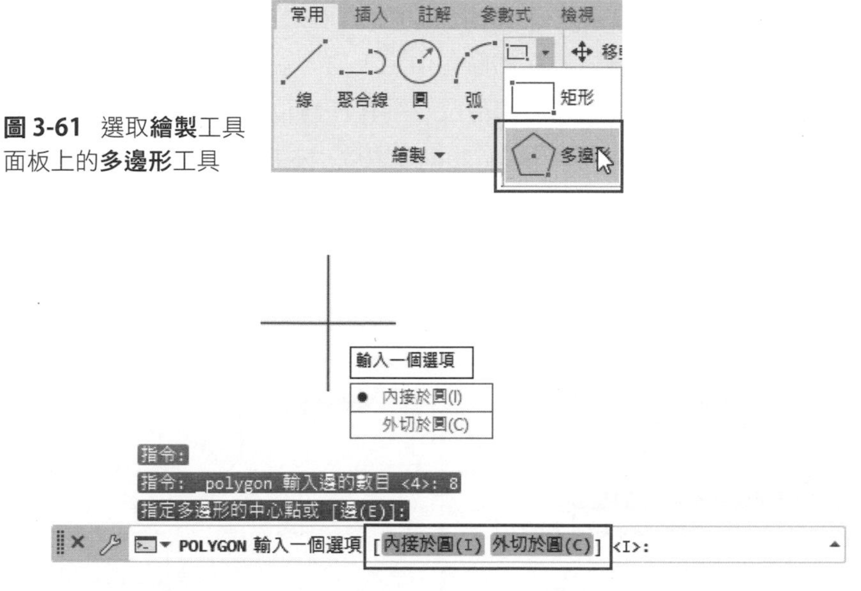

圖 3-61 選取**繪製**工具面板上的**多邊形**工具

圖 3-62 **多邊形**工具提供內接或外切於圓方式畫多邊形

2 當使用滑鼠選擇內接於圓表列功能選單後，可以從圓心拉出一條到多邊形頂點的半徑線，此時可以在鍵盤上輸入半徑值 **300**。如果選擇外切於圓表列功能選單後，可以從圓心拉出一條到多邊形邊線中點的垂直線，此時可以在鍵盤上輸入半徑值 **300**。以此方法，亦可以繪製出準確的多邊形，如圖 3-63 所示。

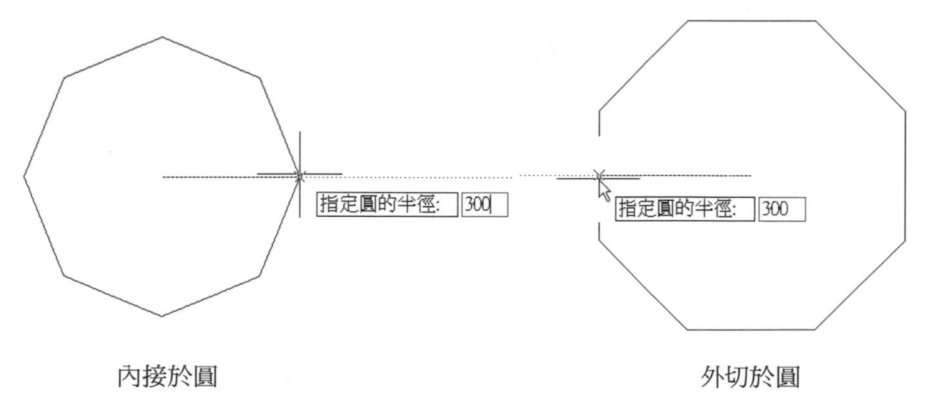

圖 3-63 左圖為內接於圓右圖為外切於圓的繪圖情形

3 如果在設定多邊形的邊數後，在指令行中選取**邊**功能選項，指令行會提示**指定邊緣的第一個端點**，請在繪圖區中定下第一端點，指令行會再提示**指定邊緣的第二個端點**，此時可以用滑鼠左鍵在任意位置定下第二個端點，此處請在鍵盤輸入 200，定邊緣線為 200 個單位，按下 [Enter] 鍵後，即可繪製出每一邊長為 200 的八邊形，如圖 3-64 所示。

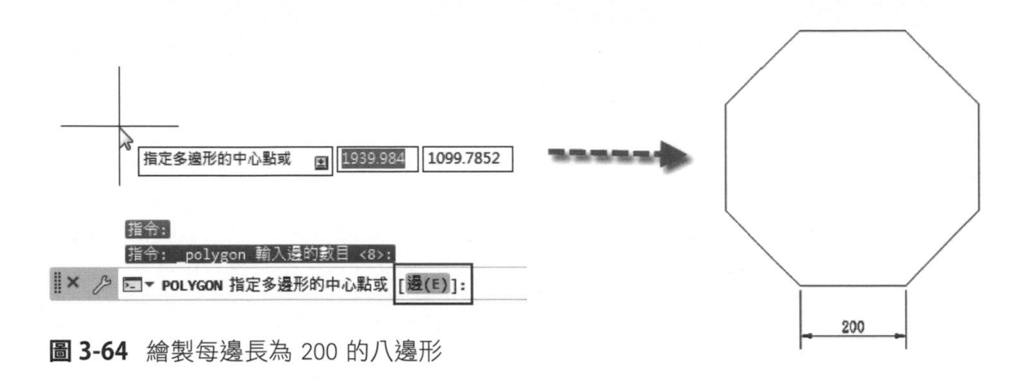

圖 3-64 繪製每邊長為 200 的八邊形

3-5 繪製聚合線

聚合線是一種特殊的線，可以由等寬或不等寬的直線和圓弧組成，聚合線與直線工具相比，它所畫出的一系列直線是首尾相接的整體，而且內容更加豐富。

1 在**繪製**工具面板中選取**聚合線**工具，如圖 3-65 所示，繪製聚合線的方法和繪製直線的方法大致相同，在此不重複示範。

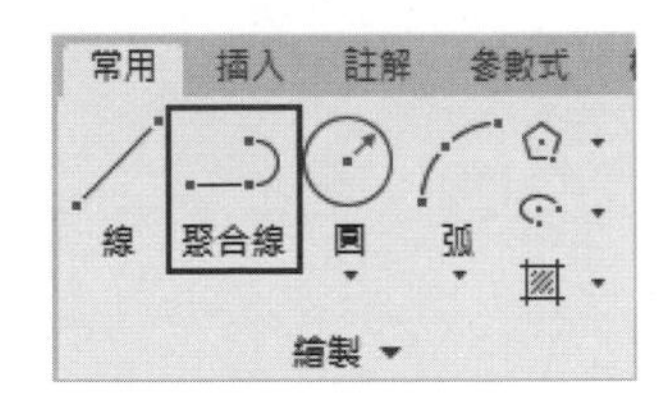

圖 3-65 選取**繪製**工具面板上的**聚合線**工具

2 移動游標到繪圖區中按下滑鼠左鍵，可以定下聚合線的第一點，此時指令行中提供多種功能選項，如圖 3-66 所示，現分別說其功用如下：

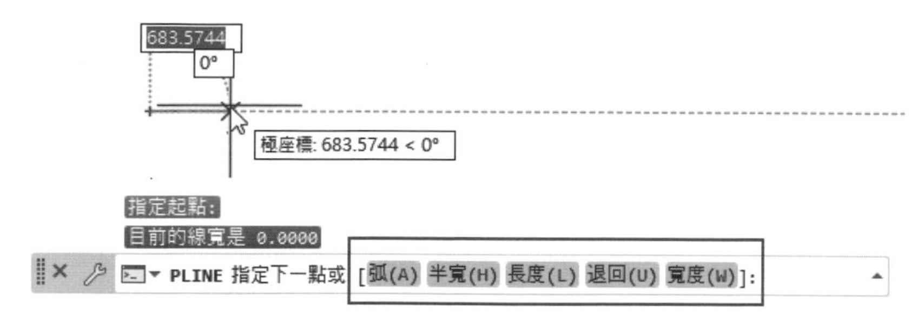

圖 3-66 指令行中提供多種功能選項

(1) **弧選項**：從繪製直線方式切換到繪製圓弧方式。

(2) **半寬選項**：設置聚合線的半寬度，即聚合線的寬度等於輸入值的 2 倍，其中可分別指定對象的起點半寬和端點半寬。

(3) **長度選項**：指定繪製的直線段的長度，此時，AutoCAD 將以該長度沿著上一段直線的方向繪製直線段，如果前一段線對象是圓弧，則該段直線的方向為上一圓弧端點的切線方向。

(4) **退回選項**：刪除聚合線上的上一段直線或者圓弧段，以方便及時修改在繪製聚合線過程中出現的錯誤。

(5) **寬度選項**：設置聚合線的寬度，可以分別指定對象的起點和終點的寬度。

3 當在指令行中選取**寬度**功能選項，指令行會提示**指定起點寬度**，請輸入 20 以定出聚合線的寬度，再移動一下游標指令行區會提示**指定終點寬度**，請續在鍵盤上輸入 20，接著就和畫直線方法一樣，當輸入 400 後按下空格鍵結束聚合線，可以繪出 400 長度的聚合線，如圖 3-67 所示。

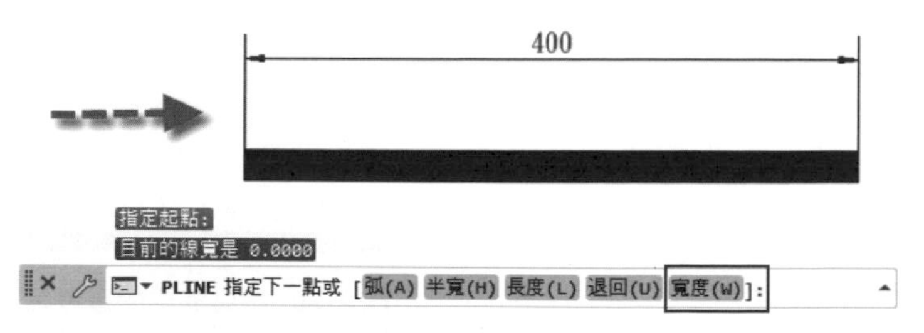

圖 3-67 繪製了 400 單位的聚合線

4 續前面的程序，在畫完 400 的長度後，在指令行中選取**弧**功能選項後，指令行中會有更多的選項供選擇，如圖 3-68 所示。

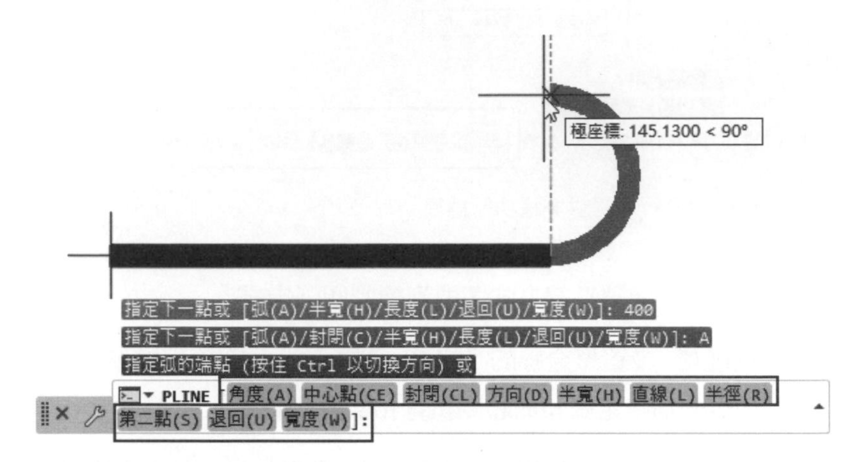

圖 3-68 選取**弧**功能選項後指令行中會有更多的選項供選擇

5 在指令行中選取**中心點**功能選項，利用鎖點追蹤功能，由圖示 1 點垂直往上移動游標，並在鍵盤上直接輸入 70 以定弧的中心點，以此中心點可以旋轉角度以定弧長，如圖 3-69 所示。

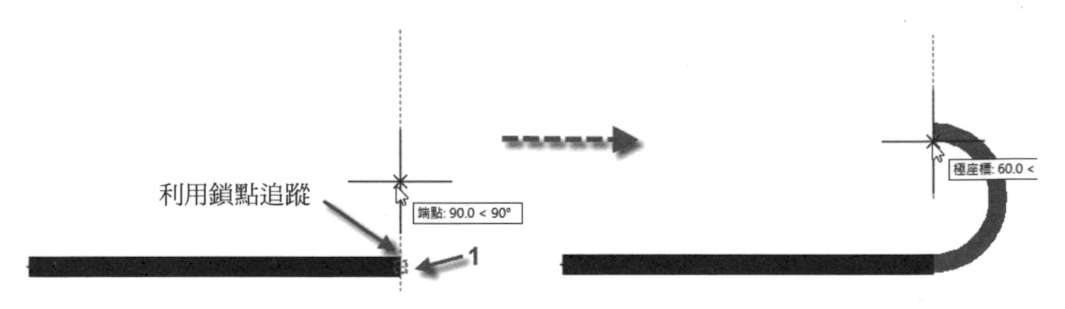

圖 3-69 設定 70 長的弧中心點再決定弧長

6 決定弧的終點位置後，續在指令行中選取**直線**功能選項，接著繪製到與聚合線起點位置齊，其繪圖結果，如 3-70 所示。

圖 3-70 繪製完成的聚合線

3-6 雲形線擬合、雲形線 CV 及修訂雲形

3-6-1 雲形線擬合、雲形線 CV

1 在 AutoCAD2012 版本以後，繪製雲形線有兩種工具，分別位於**繪製**工具面板中的**雲形線擬合**及**雲形線 CV** 兩工具，如圖 3-71 所示，由此兩種工具所繪製的線段，屬於非均勻關係的曲線，適於表達具有不規則變化曲率半徑的曲線，例如機械圖形的斷切面及建築圖中的地形等高線等。

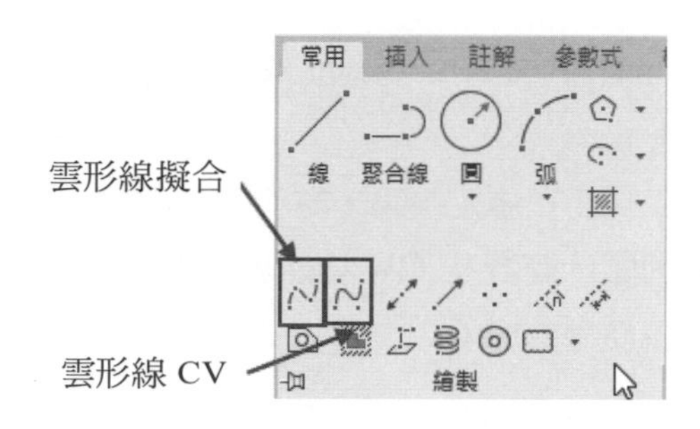

圖 3-71 選取**繪製**工具面板中的**雲形線**工具

2 請選取雲形線擬合工具，移游標到繪圖區中，指令行提示**指定第一點**，當定下第一點後，指令行會提示**指定下一點**，可以連續定下多點以繪製曲線，如圖 3-72 所示。

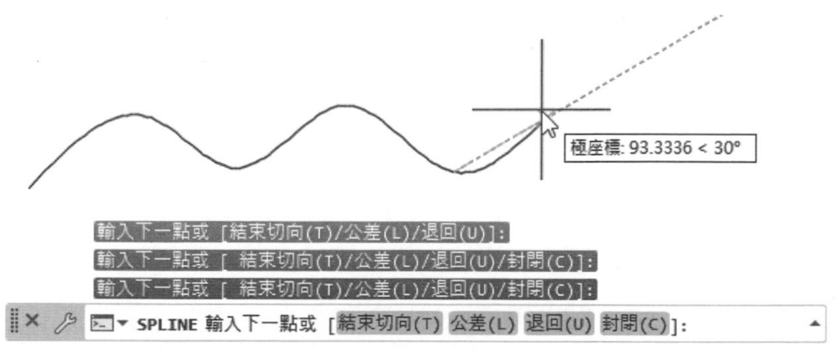

圖 3-72 連續定下多點可以繪製曲線

3 當想結束雲形線繪製，可以按下 [Enter] 或空格鍵（ [ESC] 鍵為放棄），此時可以結束雲形線的繪製，使用滑鼠選取雲形線，其掣點會位於雲形線上，想要編輯雲形線，只要使用滑鼠移動掣點則可，如圖 3-73 所示。

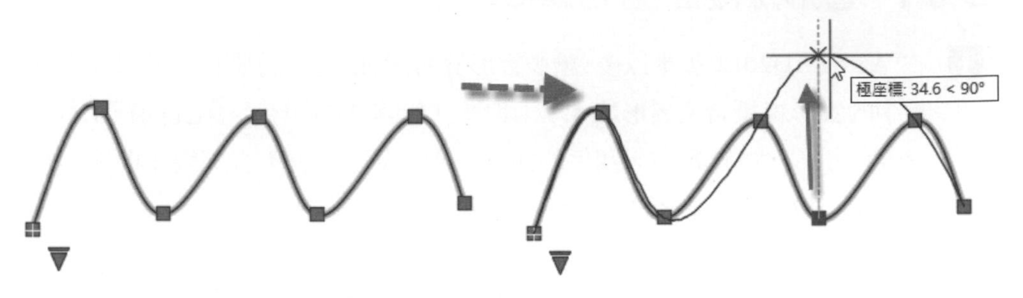

圖 3-73 使用滑鼠移動掣點可以編輯雲形線

4 當選取**雲形線**工具而在未定下第一點前，在指令行中選取**方式**功能選項，在指令行中會自動顯示**擬合**及 **CV** 功能表單供選取，如圖 3-74 所示，以供使用者臨時改變為使用雲形 CV 工具。

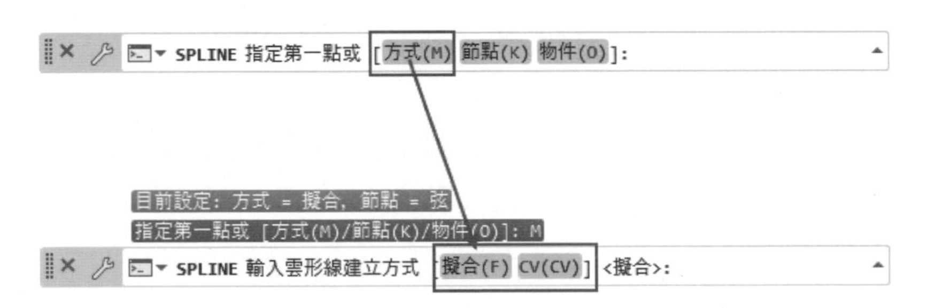

圖 3-74 在指令行中會自動顯示**擬合**及 **CV** 功能表單供選取

5 請選取**雲形線 CV** 工具，移游標到繪圖區中，其繪製雲形線的方法完全和雲形線擬合工具一樣，唯當繪製完成，使用滑鼠選取雲形線，其掣點會位於雲形線上的兩側。想要編輯雲形線，只要使用滑鼠移動掣點則可使用不同方式編輯線形，如圖 3-75 所示。

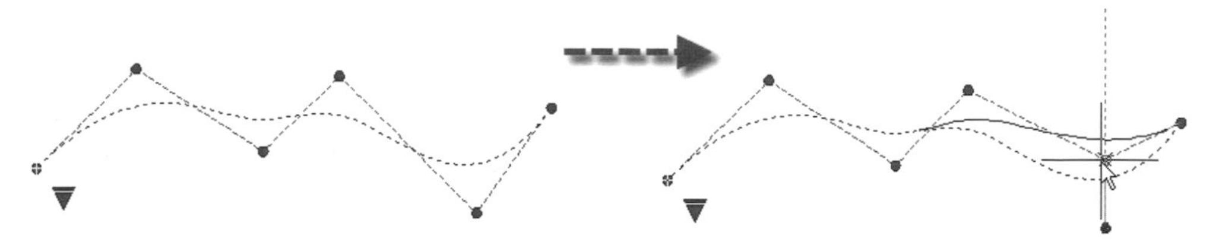

圖 3-75 移動掣點可使用不同方式編輯線形

6 當使用掣點編輯由**雲形線 CV** 工具所畫的雲形線時，移動游標至掣點上時，可以顯示表列**拉伸頂點、加入頂點、細分頂點及移除頂點**功能表單供選取以，如圖 3-76 所示。

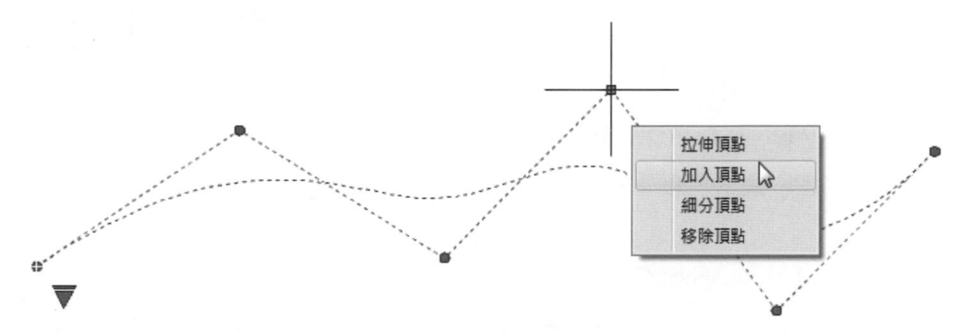

圖 3-76 移動游標至掣點上時可以顯示表列各項功能表單

7 不管使用雲形線擬合或是**雲形線 CV** 工具所繪製的雲形線，在選取這些雲形線後，在線段左下角有向下箭頭，移游至此箭頭上當其顯示為紅色時，按下滑鼠左鍵可顯示表列功能選項，在表列選項中可更換雲形線為擬合或控製頂點（雲形線 CV）方式，如圖 3-77 所示。

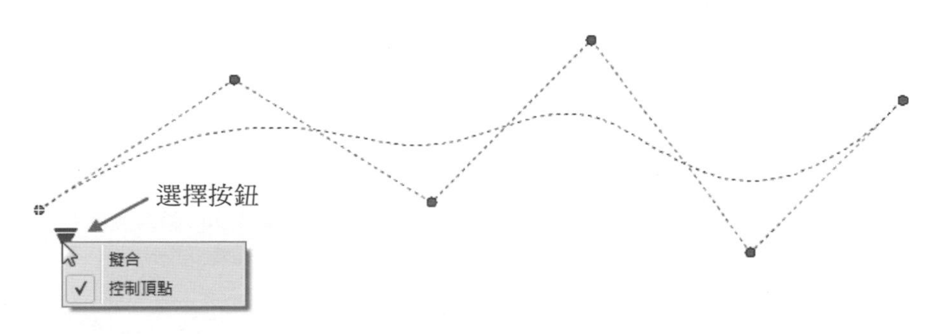

圖 3-77 各雲形線間可以互換

3-6-2 修訂雲形線

1 選取**繪製**工具面板上的**修訂雲形**工具，如圖 3-78 所示，AutoCAD 之前版本只有**手繪修訂雲形**工具，在 2016 版以後新增加了**矩形**及**多邊形**修訂雲形工具。修訂雲形是由連續弧組成的聚合線。它們通常用於在審閱階段溫馨提示圖面的某個部分。

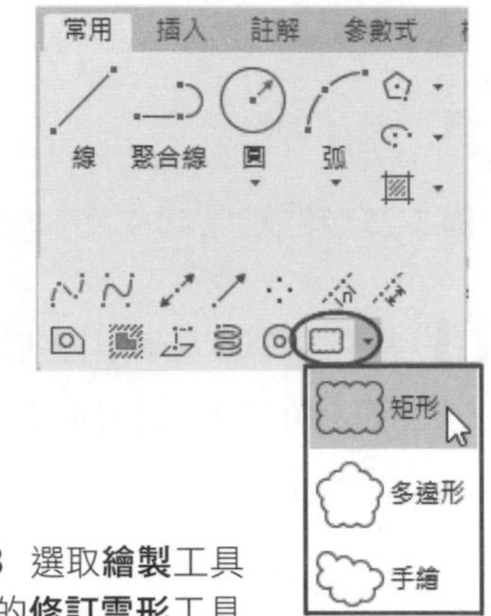

圖 3-78 選取**繪製**工具面板上的**修訂雲形**工具

2 另外在 AutoCAD 2022 版本中，於**註解**頁籤工具面板中，亦有**修訂雲形**工具供直接選取使用，如圖 3-79 所示，並對其增加了相當多的功能。

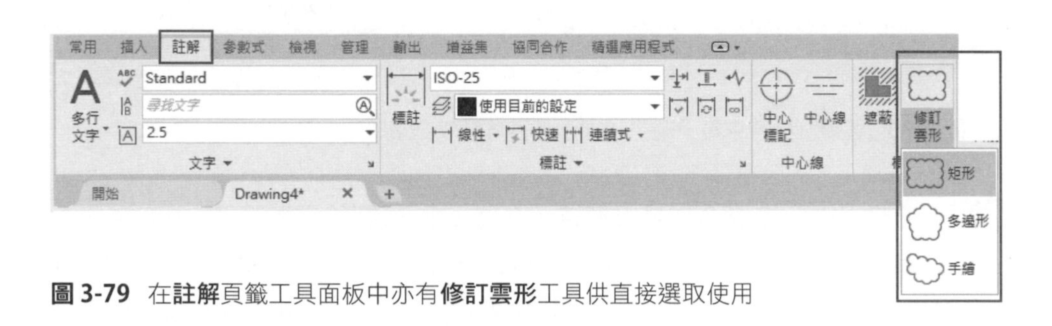

圖 3-79 在**註解**頁籤工具面板中亦有**修訂雲形**工具供直接選取使用

3 選取**手繪修訂雲形**工具，移動游標在繪圖區中繞一圈，可以繪製出一封閉的連續弧形線，如圖 3-80 所示。如果不是封閉線，當按下 [Enter] 鍵結束圖形繪製，指令行會詢問是否**反轉方向**，亦即可以使弧形反向，如圖 3-81 所示。

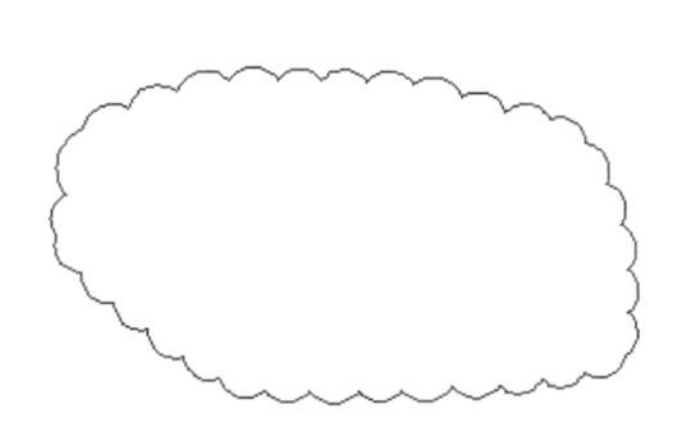

圖 3-80 繪製封閉的連續弧形線

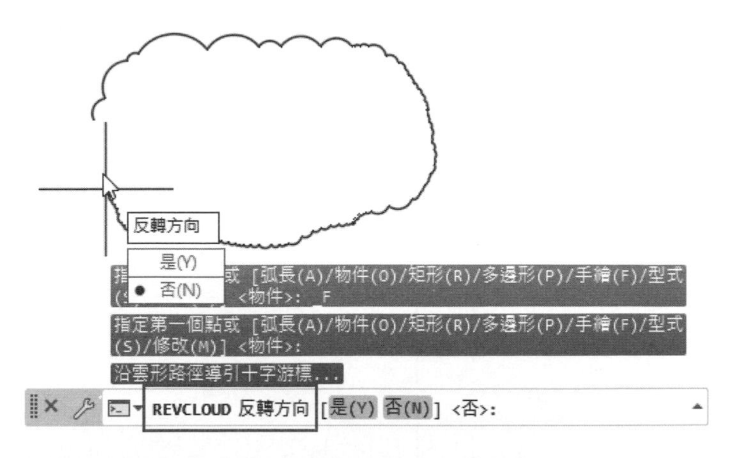

圖 3-81 如果處於非封閉型態可以有正反向選擇

4 選取**手繪修訂雲形**工具，在未操作前先在指令行中選取**弧長**功能選單，指令行會依序提示**指定最小弧長**及**指定最大弧長**，最大弧長不得超過最小弧長 3 倍，如圖 3-82 所示，為最小弧長＝20、最大弧長＝60 所繪製的圖形。

圖 3-82 設定最小弧長 20 及最大弧長 60 所繪製的圖形

5 選取**修訂雲形**工具，在未操作前先在指令行中選取**物件**功能選單，選取繪圖區中的橢圓，可以將橢圓轉成連續弧形線，如圖 3-83 所示。不止橢圓只要是封閉的物件皆可，如圓、矩形、聚合線等。

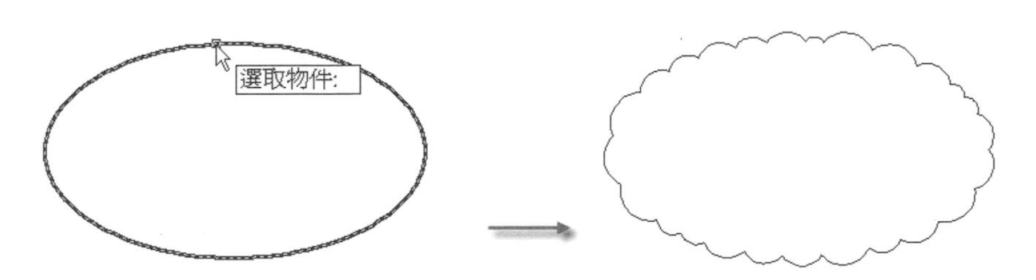

圖 3-83 將封閉物件轉成連續弧形線

6 選取**手繪修訂雲形**工具，在未操作前先在指令行中選取**矩形**或**多邊形**功能選單，即等於執行工具面板中之矩形修訂雲形或**多邊形修訂雲形**工具，如圖 3-84 所示，為在繪圖區中繪製了矩形及多邊形的修訂雲形，因此不管選擇何種**修訂雲形**工具，在事後均可更改工具選項。

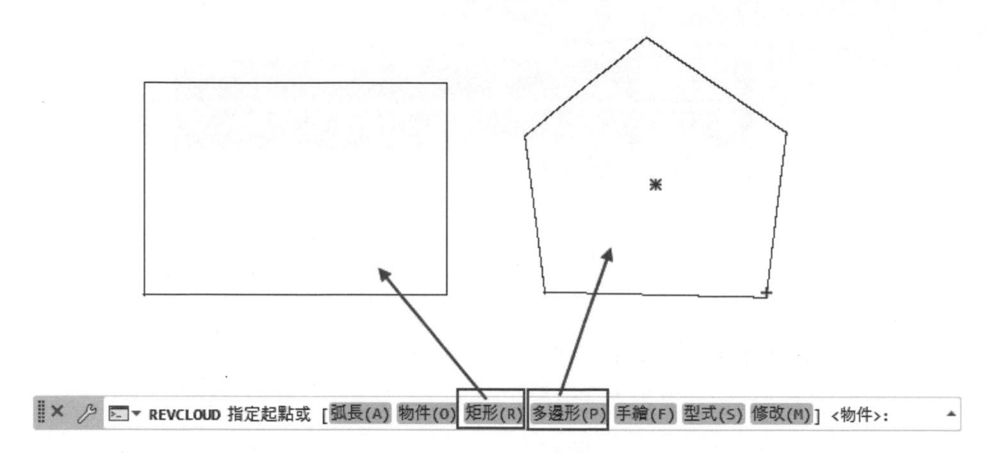

圖 3-84 在繪圖區中繪製了矩形及多邊形的修訂雲形

7 選取**手繪修訂雲形**工具，在未操作前先在指令行中選取**型式**功能選單，接著指令行會顯示**正常**及**書法**功能選單供選擇，如圖 3-85 所示，兩者之差別在於書法型式會顯示較寬的曲線，如圖 3-86 所示。

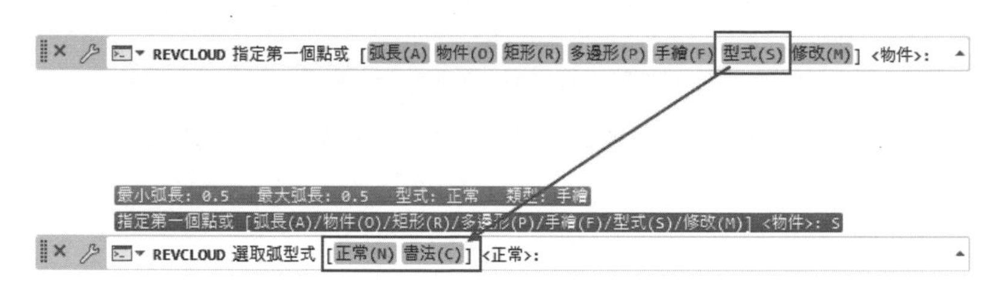

圖 3-85 指令行及指令行區會自動顯示**正常**及**書法**兩個選項供選擇

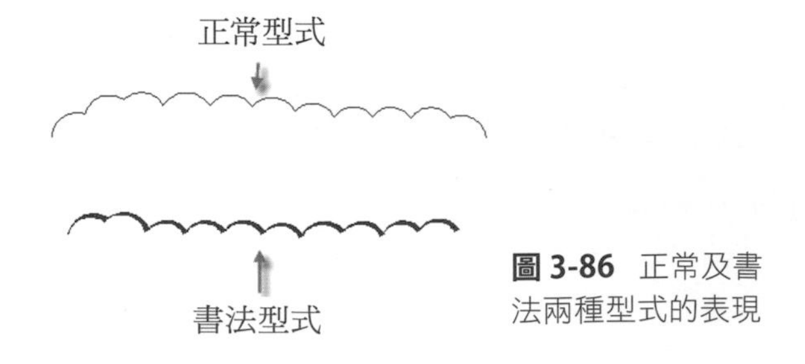

圖 3-86 正常及書法兩種型式的表現

8 在繪圖區中先以**手繪修訂雲形**工具繪製修訂雲形線，再選取**手繪修訂雲形**工具，並在指令行中選取**修改**功能選單，如圖 3-87 所示，指令行會提示**選取要修改的聚合線**，請移動游標到要修改的雲形線上點擊滑鼠左鍵。

圖 3-87 在指令行中選取**修改**功能選單

9 指令行會再提示**指定下一點或**，此時移動游標到原雲形線理想點上按下左鍵，指令行會提示**點選一側以刪除**，請移動游標至欲刪除的雲形線上，如圖 3-88 所示。

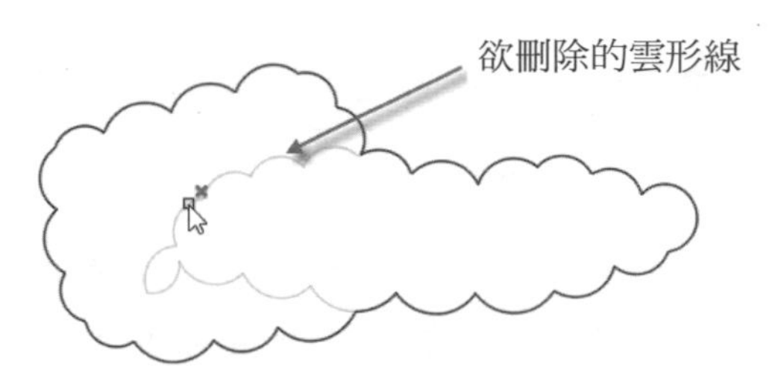

圖 3-88 當點取第二點後系統會詢問要除那一側的雲形線

10 當選取雲形線段並按下滑鼠左鍵，指令行會提示**反轉方向**提示，並顯示是、否的功能選項供選擇，如圖 3-89 所示，當選取否選單後，即可將完成雲形線修改工作。

圖 3-89 系統提示是否將雲形線反轉方向

11 有關矩形及**多邊形修訂雲形**工具之運用方法與**手繪修訂雲形**工具相同，此處請讀者自行操作練習。

12 至於如何改變雲形線的線寬度，則可以使用**性質**面板以改變之，請先在**輔助**工具面板中啟動**線寬**按鈕，然後選取雲形線，再按下鍵盤上 [Ctrl] +[1] 鍵，可以打開**性質**面板，如圖 3-90 所示。

圖 3-90 在**輔助**工具面板中啟動**線寬**按鈕再打開**性質**面板

13 在**性質**面板中選取**線粗**選項，並按下右側欄位之向下箭頭，可以顯示表列線粗之類型供選擇，此處選取 0.7mm 之線組，繪圖區之雲形線會立刻改為 0.7mm 之粗線，如圖 3-91 所示。

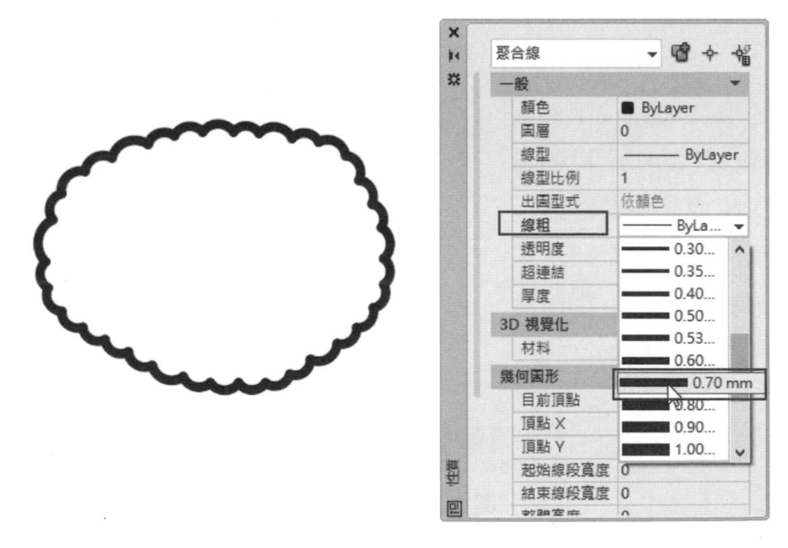

圖 3-91 利用**性質**面板之**線粗**選項可以改變雲形線之線寬度

3-7 填充線

AutoCAD 2012 版以後對於**填充線**工具的操作方式改變甚多，已將傳統的**填充線與漸層**面板改成為填充線建立工具面板，以下說明其工具的使用方法：

3-7-1 使用填充線

1 選取**繪製**工具面板上的**填充線**工具，共有填充線、漸層及邊界三項工具供選用，如圖 3-92 所示，請先選取**填充線**工具，在繪圖區上方工具頁籤中會增加**填充線建立**頁籤，並顯示**填充線建立**面板，如圖 3-93 所示，在面板中可以選擇圖案邊界、填充類型、圖案樣式，確定填充的角度和大小，在邊界選項中，通過**加入**按鈕來選擇填充的對象。

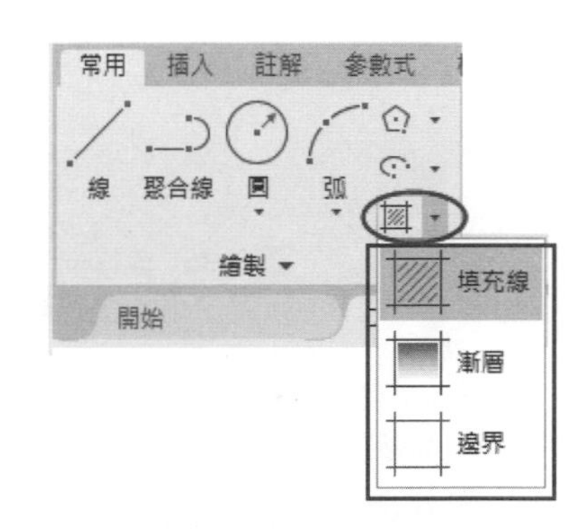

圖 3-92 共有填充線、漸層及邊界三項工具供選用

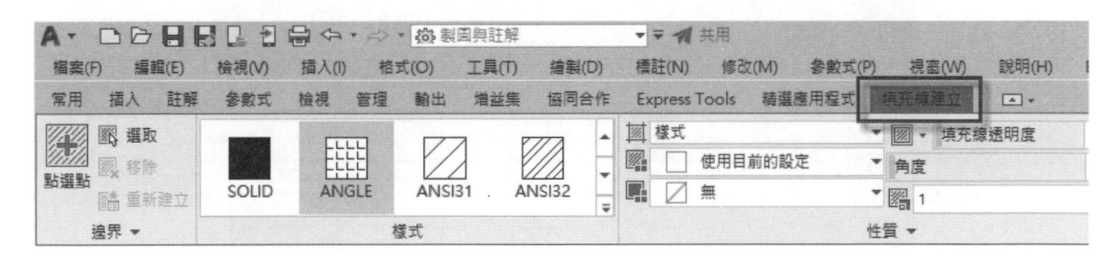

圖 3-93 顯示**填充線建立**面板

2 請打開第三章 sample01.dwg 檔案，這是一張簡單的幾何圖，如圖 3-94 所示。選取**填充線**工具，可以打開**填充線建立**工具面板，其中樣式面板內會顯示系統預先定義之樣式圖案。而其右側有捲動軸可以觀看更多樣式，如想一次觀看更多樣式，可以執行向下箭頭按鈕，以展示更多樣式圖樣供選擇，如圖 3-95 所示。

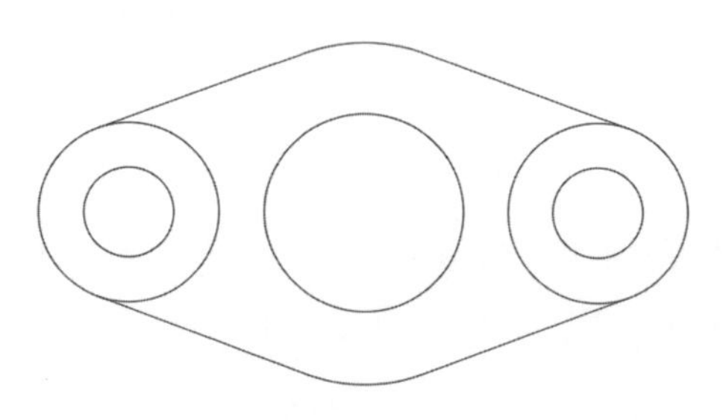

圖 3-94 開啟第三章 sample01.dwg 檔案

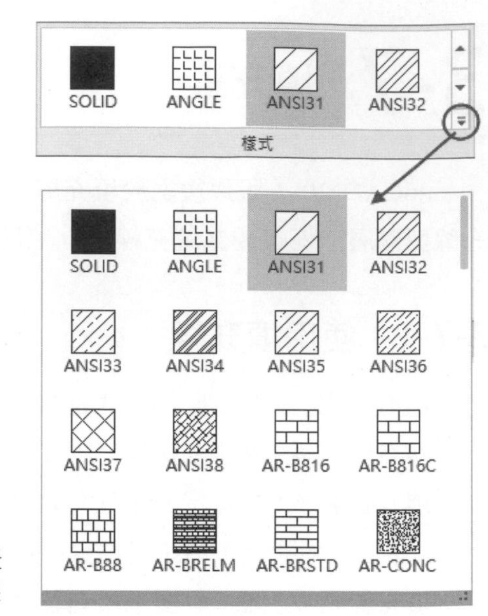

圖 3-95 執行向下箭頭按鈕以展示更多樣式圖樣供選擇

3 在展現更多樣式面板中選取 ANSI36 樣式之填充圖案，如圖 3-96 所示。當選好填充圖樣，移動游標到繪圖區中封閉的圖形面上點擊滑鼠左鍵，即可在此封閉面上顯示該填充圖案。

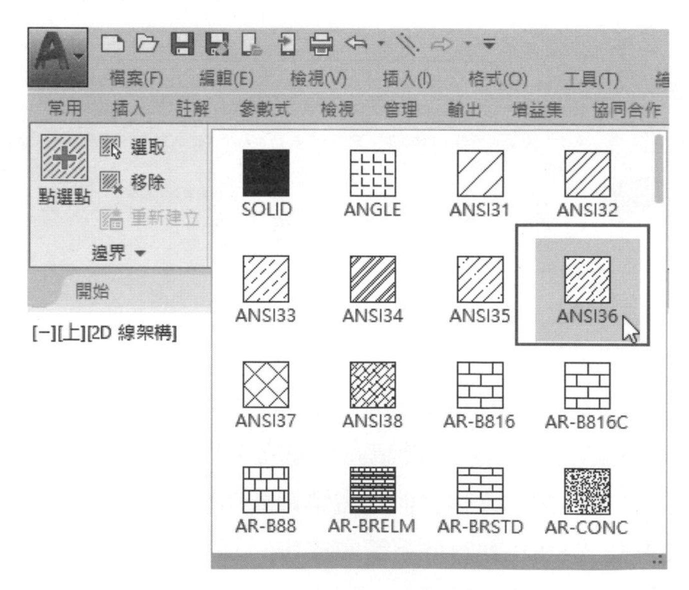

圖 3-96 選取 ANSI36 樣式圖案

4 如果在中間圓形封閉的圖形上按下滑鼠左鍵，指令行會提示**點選內部點或**，此時可連續點擊封閉面，如圖 3-97，當按下空格鍵、[Enter] 鍵或是在填充線建立面板中按下關閉填充線建立按鈕，即可在選區內完成填充圖案。

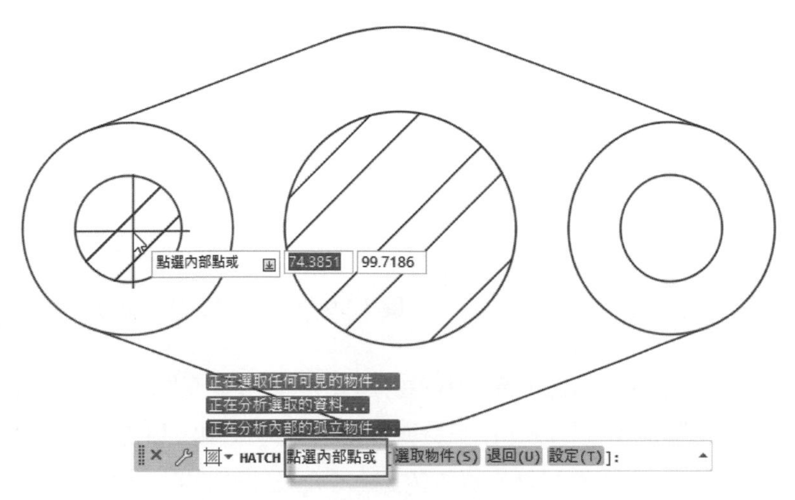

圖 3-97 指令行會提示**點選內部點或**

5 如果在指令行提示時，在指令行中選取**設定**功能選項，可以打開**填充線與漸層**面板，如圖 3- 98 所示，此面板為以往傳統設定面板，其設定方法已被目前工具面板所取代，在此將不再重複說明。

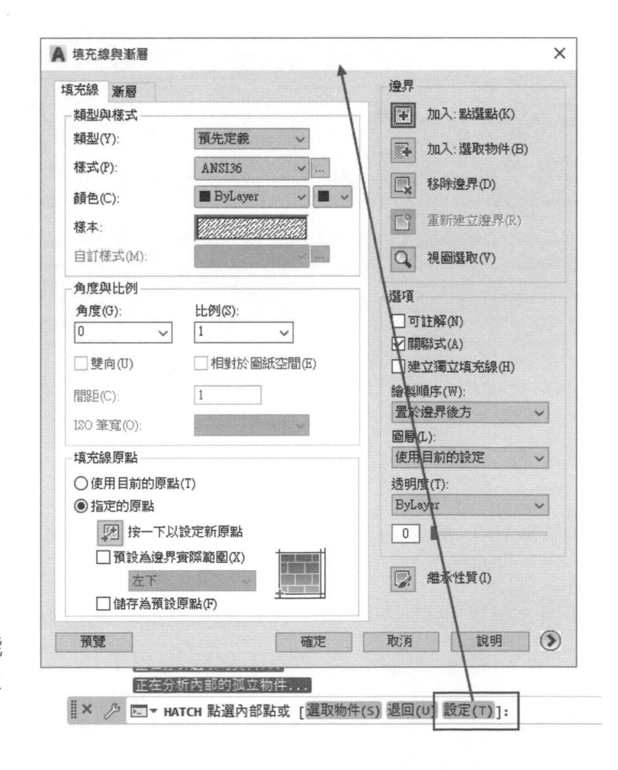

圖 3-98 選取設定功能選項以打開傳統方式之**填充線與漸層**面板

6 再使用**填充線**工具，在打開的填充線建立面板中選取 BRICK 圖案，對封閉面續賦予此填充線，如圖 3-99 所示，讀者亦可自選填充線賦予封閉面，它比傳統的點選點的方法更為方便好用。

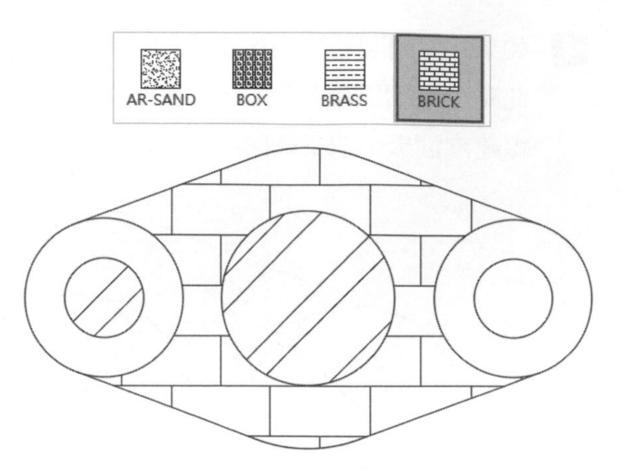

圖 3-99 可以連續點選方式賦予圖形填充圖案

7 當結束**填充線**工具之填充工作後，想要再編輯填充圖案，請使用滑鼠左鍵點擊圖形中的填充圖案，在工具面板中可以再次開啟**填充線編輯器**面板，且原來的填充線圖案會顯示藍色色調，當要結束編輯時可以執行面板最右側的關閉工具按鈕，如圖 3-100 所示。

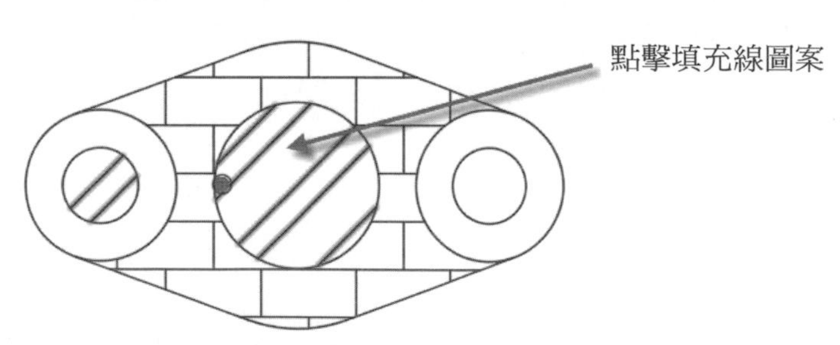

圖 3-100 點擊圖形中的填充圖案可以再次開啟**填充線編輯器**面板

8 如果想要將其中的填充圖案去除，可以使用鍵盤上 [Delete] 鍵，亦或是在**填充線編輯器**面板上使用**移除邊界**工具，如圖 3-101 所示，現將其操作方法說明如下。

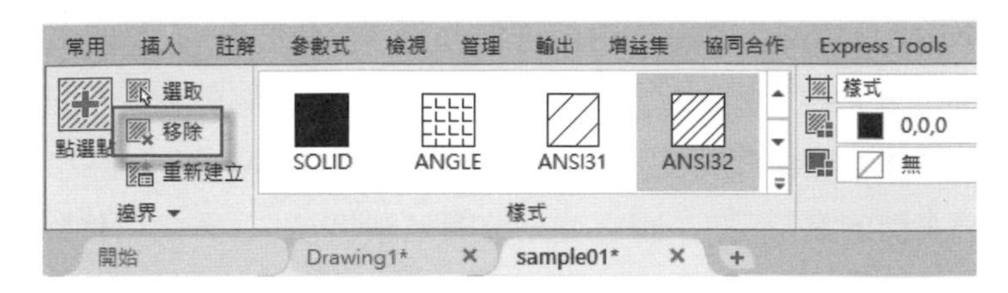

圖 3-101 選取**移除邊界**工具指令

(1) 直接移動游標至外圈之填充圖案上按滑鼠左鍵一下，可以快速開啟**填充線編輯器**面板，此時可以直接按下鍵盤上 [Delete] 鍵將選取中的填充線圖形刪除。

(2) 如果不使用 [Delete] 鍵，可以在**填充線編輯器**面板選取**移除邊界**工具，此時指令行提示選取物件，請移動游標至顯示藍色的線上按下滑鼠左鍵，如圖 3-102 所示。

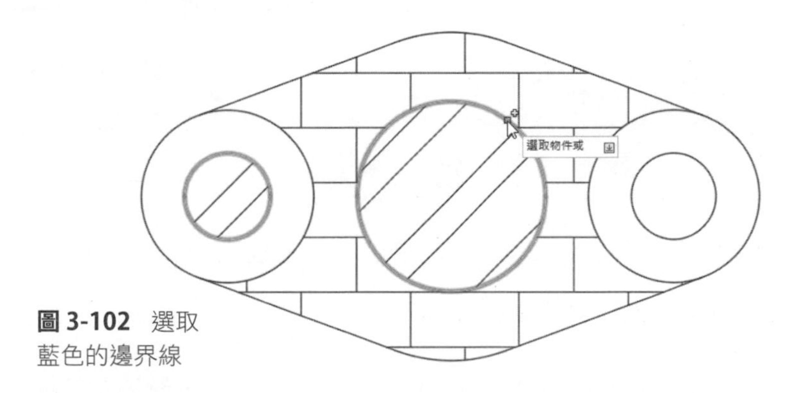

圖 3-102 選取藍色的邊界線

(3) 當游標於兩處之藍色邊線上按下滑鼠左鍵，它代表移除了此段邊線，則將使原封閉面改成未封閉，當按下 [Enter] 鍵即可將此封閉面之填充線圖案刪除，如圖 3-103 所示。

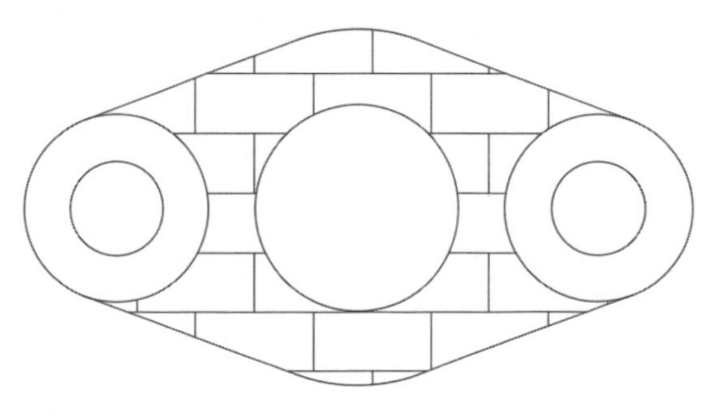

圖 3-103 將藍色線內的填充線圖案刪除

(4) 使用 [Delete] 鍵刪除法較直接快速，在此圖中有 2 區中均賦予了相同的填充線，當選取此填充線以開啟**填充線編輯器**面板面，此時按下 [Delete] 鍵會同時把兩圓形區的填充線都予刪除，如果想保留大圓的填充線圖案，而把小圓之填充線圖案刪除，則必需使用**移除邊界**工具指令。

9 請打開第三章 sample02.dwg 檔案，這是一張簡單之機械圖，在**填充線**工具面板中選取**漸層**工具，如圖 3-104 所示，可以打開漸層模式之填充線建立面板，如圖 3-105 所示。

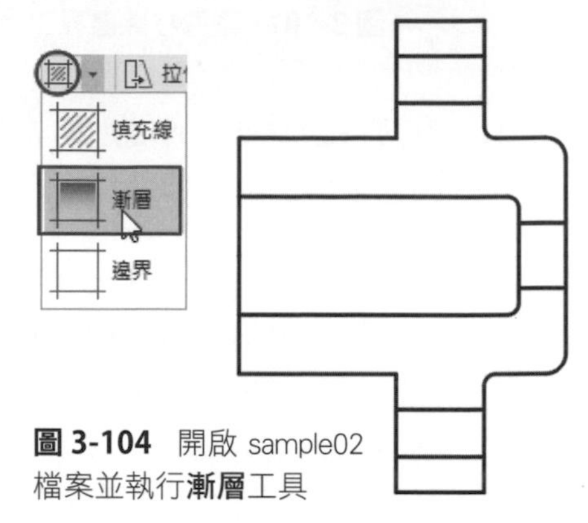

圖 3-104 開啟 sample02 檔案並執行**漸層**工具

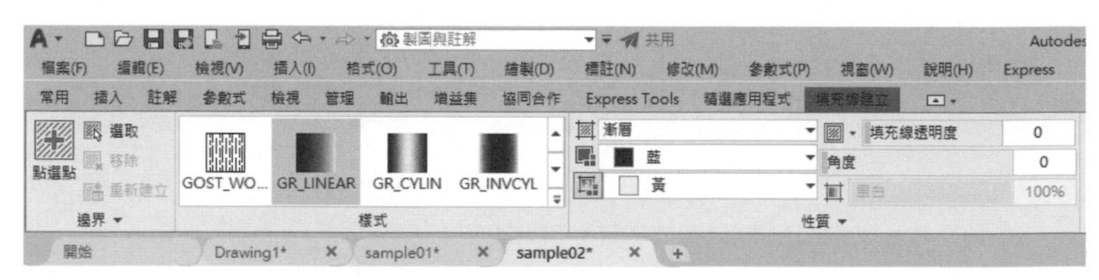

圖 3-105 打開漸層模式之填充線建立面板

10 選取**性質**工具面板，在面板左側最上欄位 工具，系統顯示為剛才選取之漸層樣式模式，按下右側的向下箭頭，可以表列其它的填充模式供選取，如圖 3-106 所示。

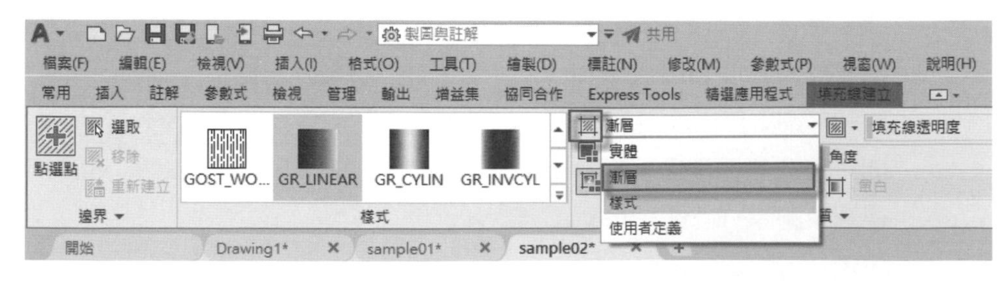

圖 3-106 表列其它的填充模式供選取

11 在**性質**工具面板，選取面板左側中間之填充線顏色 工具，使用滑鼠點擊欄位右側的向下箭頭，可以在表列顏色選項中選擇填充線的顏色，如圖 3-107 所示，即可改變填充線或漸層之顏色。

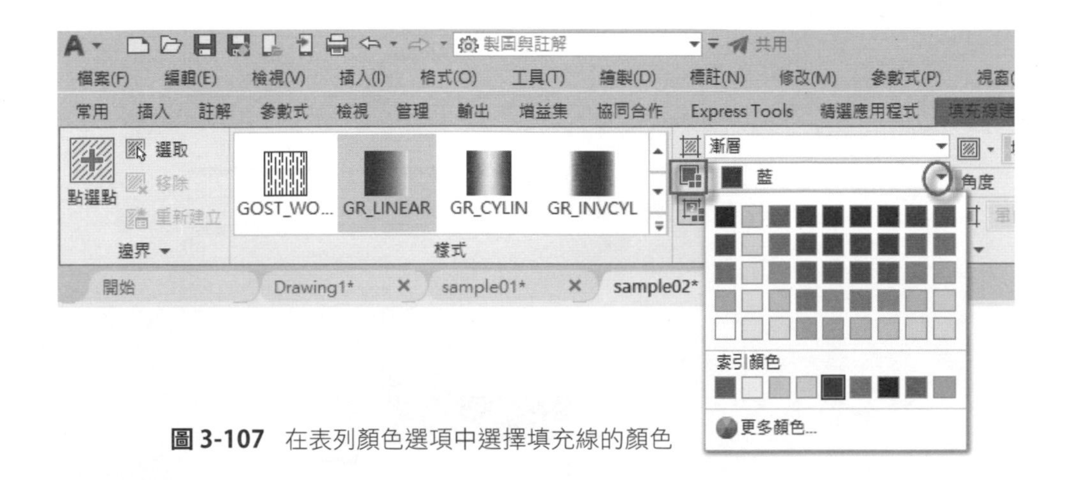

圖 3-107 在表列顏色選項中選擇填充線的顏色

> **溫馨提示**
> 當選擇樣式模式時，在此表列功能選項最上兩行會有 Bylaye 及 Byblock 兩選項，如圖 3-108 所示，而 Bylayer 選項為依圖層設定，Byblock 選項則為依圖塊設定，如選取此兩項則各依圖層或圖塊中的顏色設定。

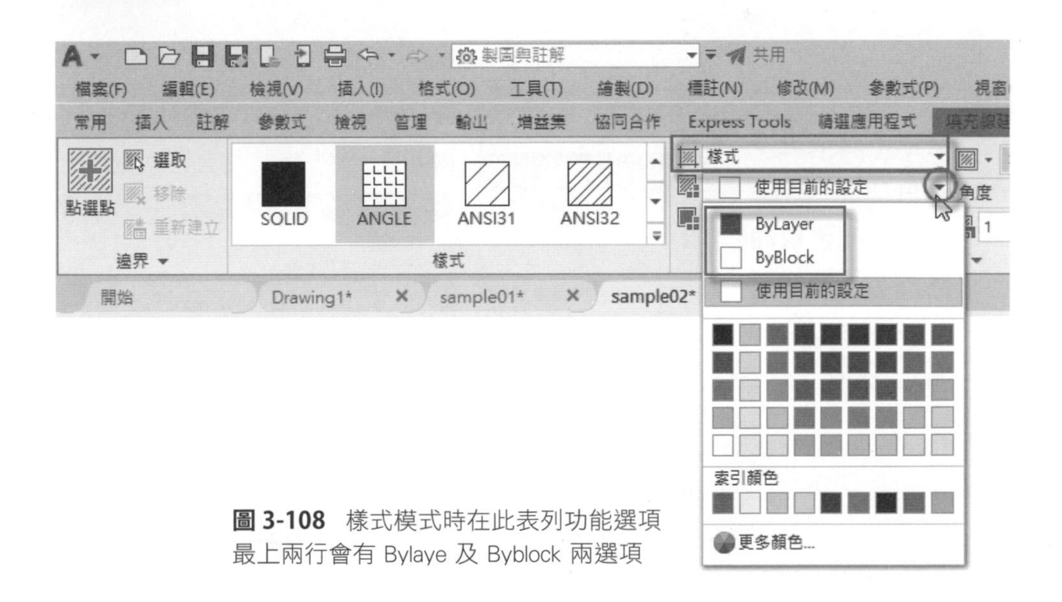

圖 3-108 樣式模式時在此表列功能選項最上兩行會有 Bylaye 及 Byblock 兩選項

12 在**性質**工具面板之填充線**類型**欄位中，如果處於樣式模式下，其面板左側底下欄位為背景色 工具，使用滑鼠點擊欄位右側的向下箭頭，可以在表列顏色選項中選擇填充線的顏色。如果處於漸層模式下，則與上層欄位顏色層兩色之漸層關係，此時賦予繪圖區中之圖形內，如圖 3-109 所示。

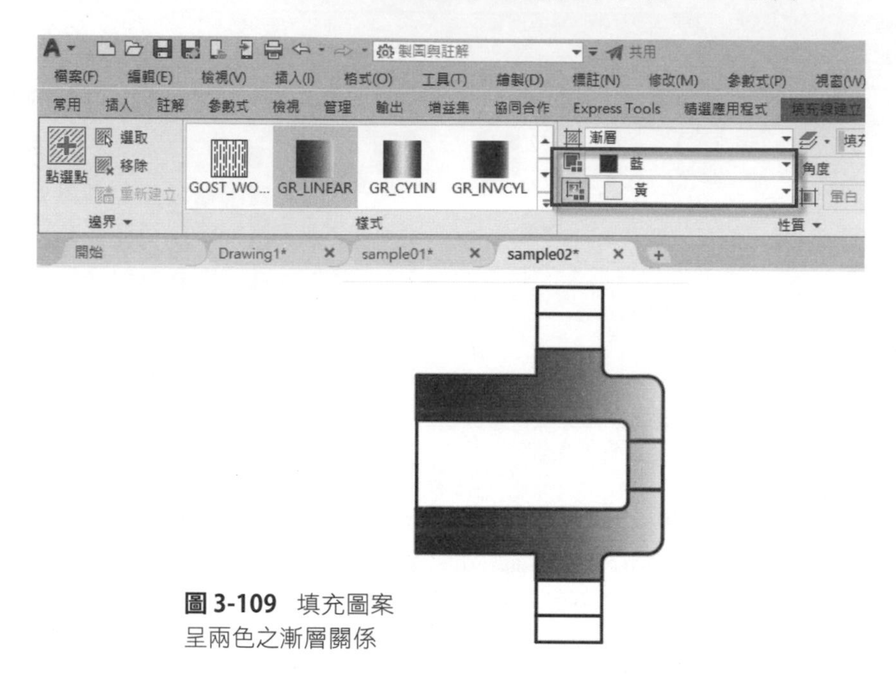

圖 3-109 填充圖案呈兩色之漸層關係

13 如果在表列功能選單中選取**更多顏色**功能選項，可以打開**選取顏色**面板，以供選取更多顏色，如圖 3-110 所示。

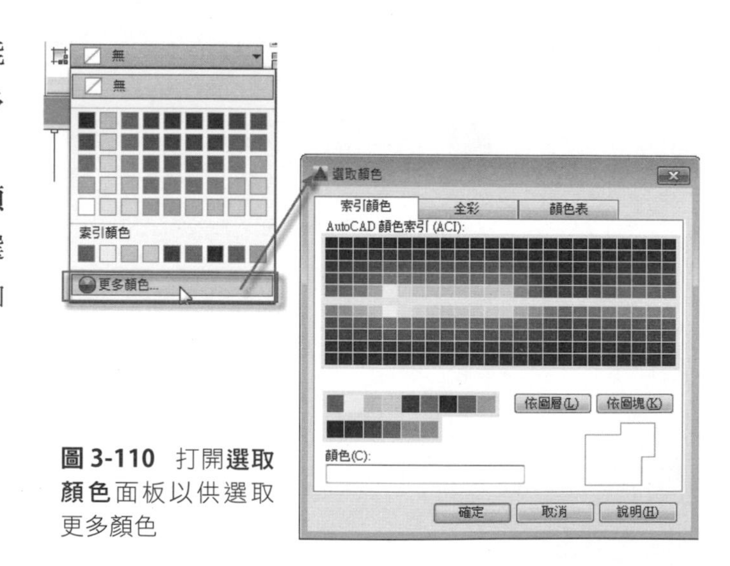

圖 3-110 打開**選取顏色**面板以供選取更多顏色

14 當填充線建立面板處於樣式模式時，選取**性質**工具面板，在面板右側有透明度、角度及樣式比例等三個工具欄位，如圖 3-111 所示，現說明其功能如下：

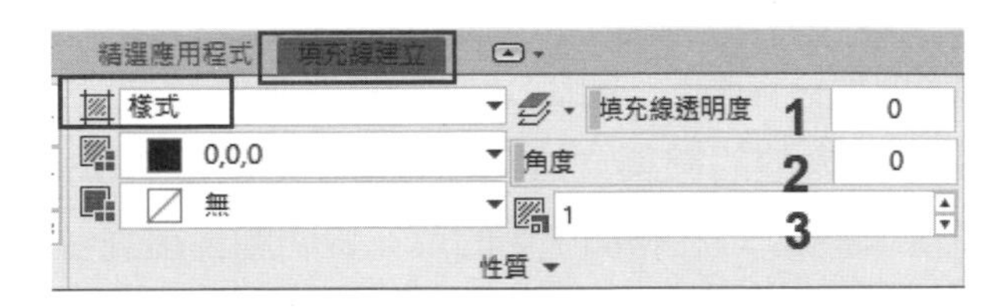

圖 3-111 在面板右側有透明度、角度及樣式比例等三個工具欄位

(1) **填充線透明度欄位**：按圖標右側的向下箭頭，在其下拉表列功能選項中，可分為使用目前的設定、依圖層透明度、依圖塊透明度及透明度值等 4 選項，如圖 3-112 所示，除非要依圖層或圖塊設定透明度，一般均使用透明度值選項。系統提供滑桿，按住滑鼠左鍵左、右移動可以調整透明度值，亦可在右側欄位中直接填入透明度數值，如 3-113 所示。

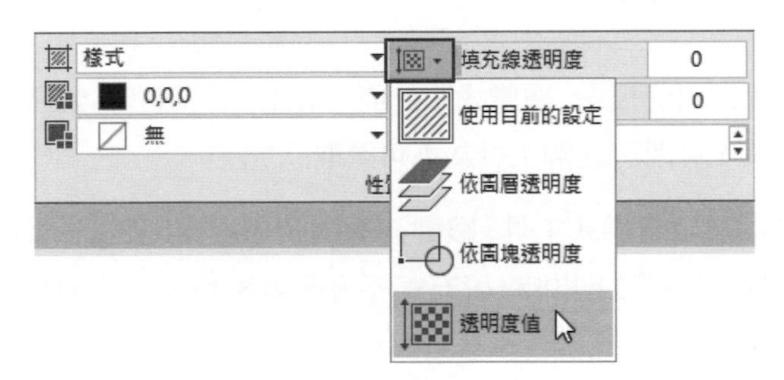

圖 3-112 **透明度**欄位提供 4 功能選項供選擇

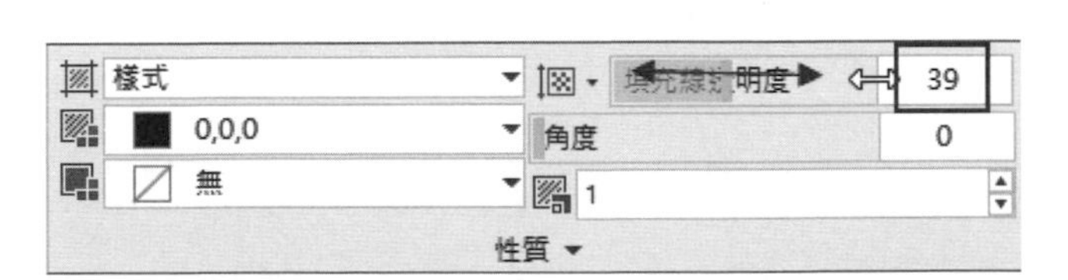

圖 3-113 在欄位中以滑桿或填入數值方式設定填充線透明度

(2) **填充線角度欄位**：指定填充線樣式相對於目前 UCS 中 X 軸的角度。系統提供滑桿，按住滑鼠左鍵左、右移動可以調整角度值，或是以填入數值方式以決定填充線的角度。

(3) **填充線樣式比例欄位**：擴大或縮小預先定義的填充線樣式或自定義填充樣式的間距。在欄位右側可以直接填入數值為之，也可以按最右側的上、下箭頭做數值的微調，如圖 3-114 所示，使用 ANSI32 圖樣填充，再將欄位值調整為 2，在繪圖區中的填充線明顯稀疏許多。

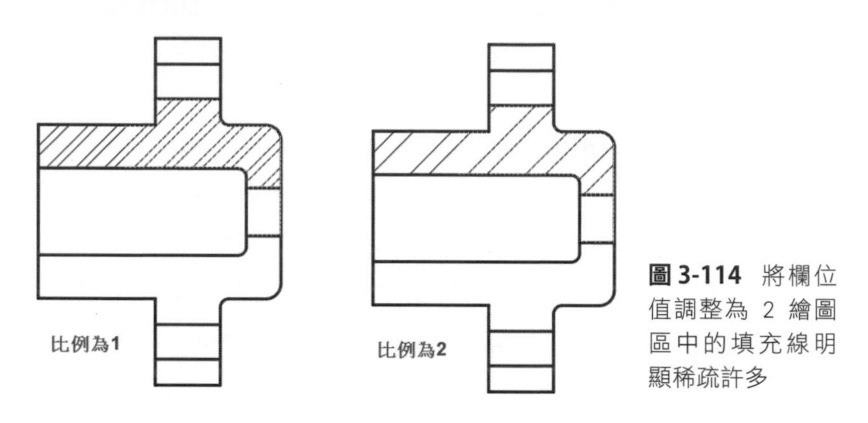

圖 3-114 將欄位值調整為 2 繪圖區中的填充線明顯稀疏許多

15 在**填充線選項**面板中，**關聯式**工具與可註解工具兩者為競合狀態，亦即選取了**關聯式**工具則可註解工具為不可選取狀態。

16 至於選不選取**關聯式**工具，影響後續的圖形編輯，如圖 3-115，右圖為不使用關聯式，當編輯邊界時，填充線不會跟著編輯。左圖為使用關聯式情況，當編輯邊界時，填充線會跟著編輯。

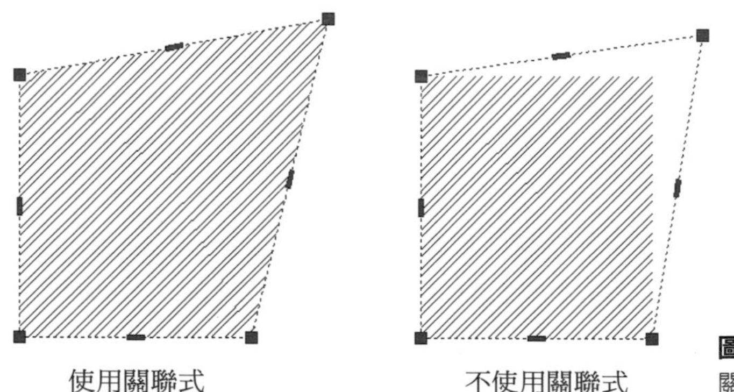

圖 3-115 使不使用關聯式按鈕的差異

17 使用滑鼠點擊選項標頭旁的向下箭頭，可以打開其他選項工具，如圖 3-116 所示，可以對填充邊界進行更多的設置。

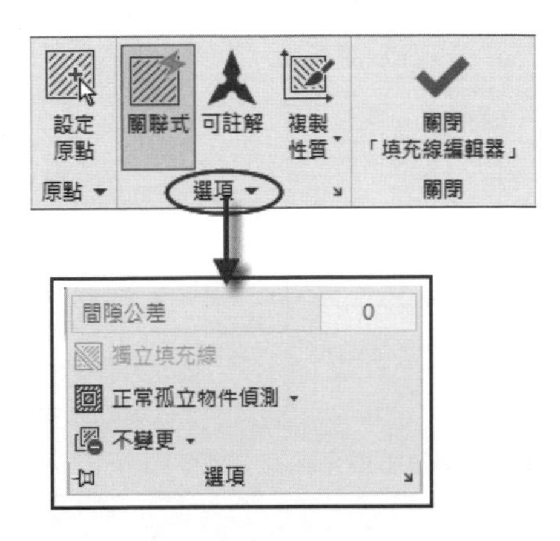

圖 3-116 在選項工具面板中打開其他選項工具

3-7-2 編輯填充線

1 請打開第三章 sample03.dwg 檔案，這是一個矩形內附有填充線，如圖 3-117 所示，使用滑鼠選取填充線，可以打開填充線編輯器，其用法在前面小節中已做過說明。

圖 3-117 開啟 sample03.dwg 圖檔

2 本小節將使用**性質**面板對填充線做編輯，請選取矩形內之填充線，按下 [Ctrl] + [1] 鍵以打開**性質**面板，在面板最上端顯示填充線，在樣式選項之樣式名稱欄位顯示填充線為 ANSI31，如圖 3-118 所示。

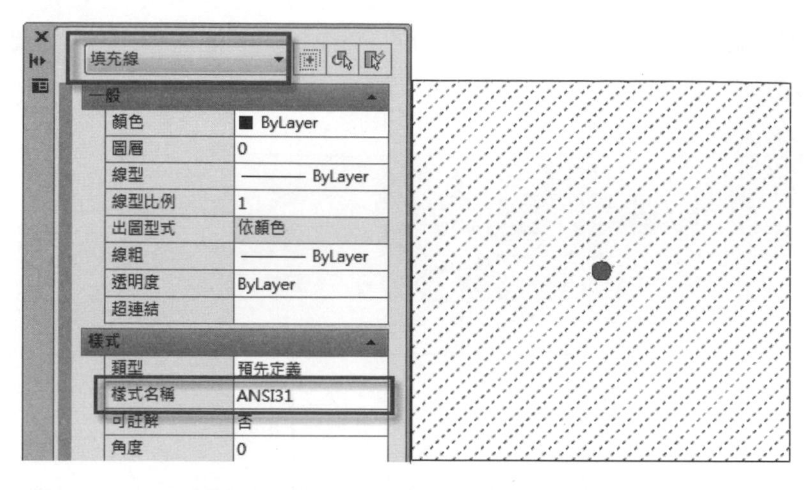

圖 3-118　在**性質**面板中顯示填充線為 ANSI31

3 在面板中點擊樣式名稱欄位，可以在 ANSI31 名稱右側旁出現 ▭ 按鈕，使用滑鼠點擊此按鈕，可以打開**填充線樣式選項**面板，在面板中改選取 ANSI37 樣式，如圖 3-119 所示。

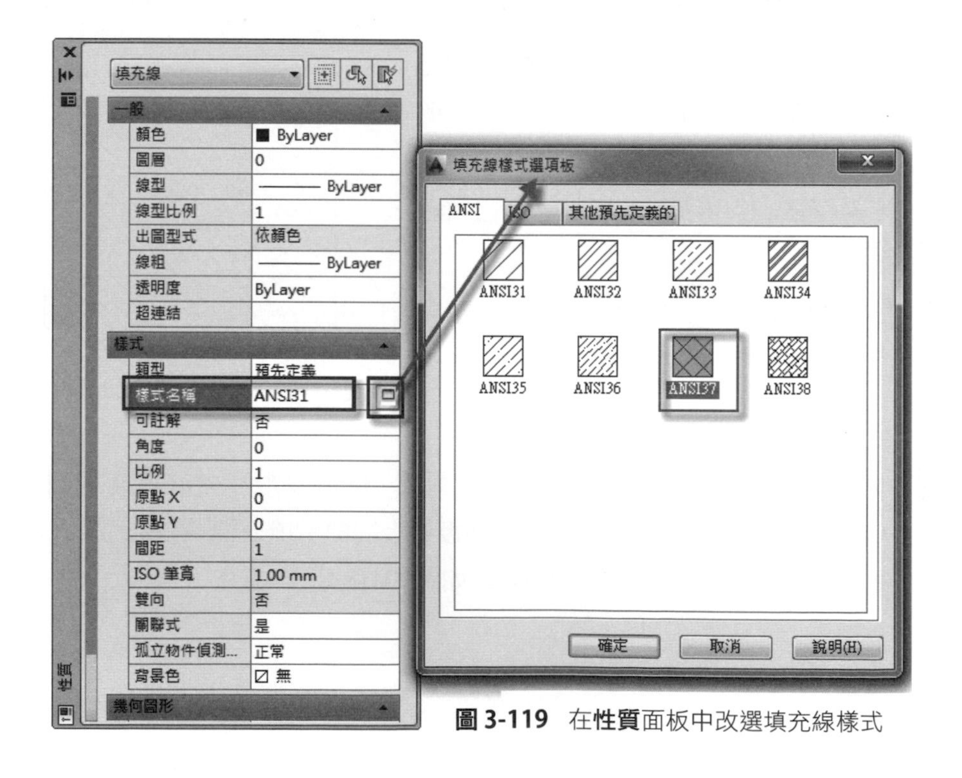

圖 3-119　在**性質**面板中改選填充線樣式

4 在**填充線樣式選項**面板中按下**確定**按鈕，**性質**面板中樣式名稱欄位更改為 ANSI37，圖面中的矩形也更改了填充線樣式，如圖 3-120 所示。

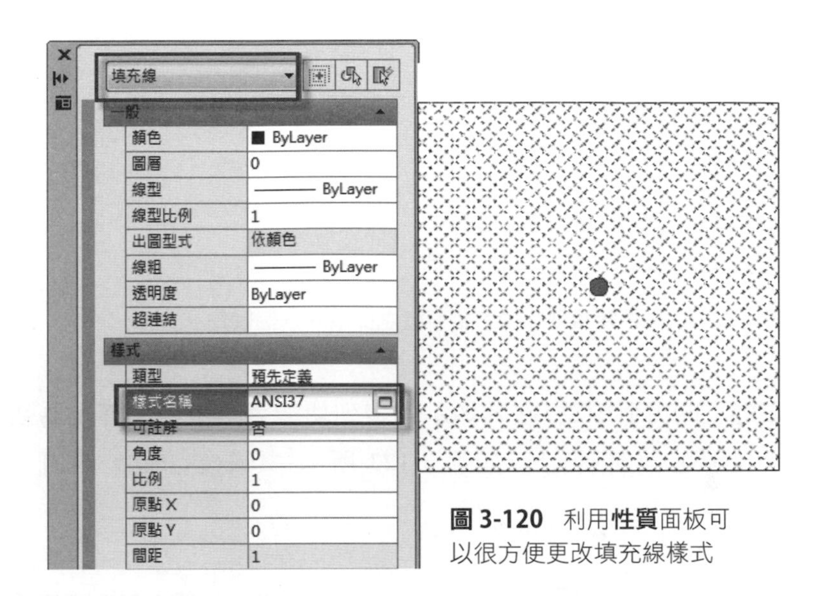

圖 3-120 利用**性質**面板可以很方便更改填充線樣式

5 單獨選取矩形邊框將其刪除，則填充線邊界關聯性被移除，此時再選取填充線。

6 選取其中的一個掣點移動它，可以對填充線的範圍做編輯，如圖 3-121 所示。再選取原來的掣點，移游標到角點上，可以顯示**拉伸**、**加入**及**移除頂點**功能表單供選擇，請試著選擇**移除頂點**功能表單，可以立即刪除一個掣點，如圖 3-122 所示。

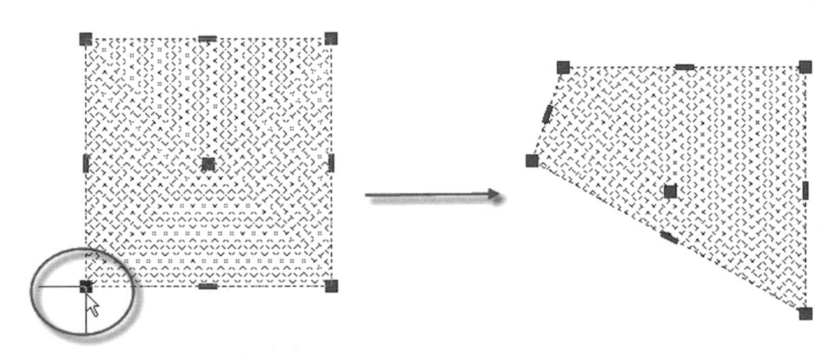

圖 3-121 移動掣點可以編輯填充線圖形

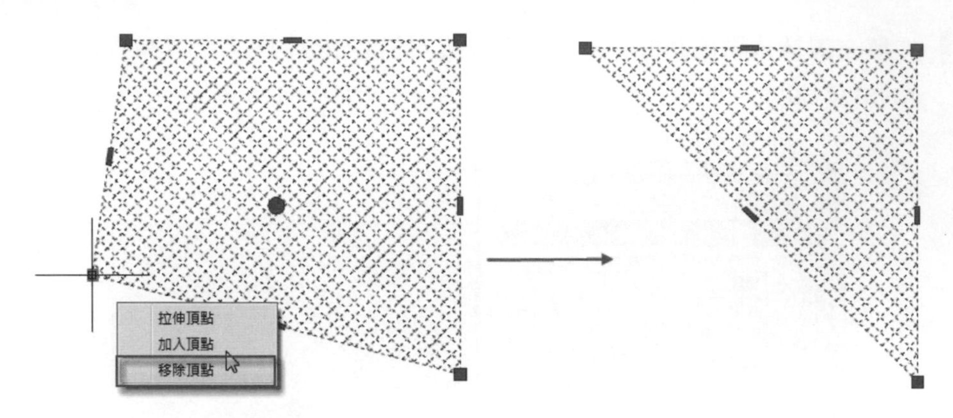

圖 3-122 選擇**移除頂點**功能表單可以立即刪除一個掣點

7 選取邊上的方形掣點，在其顯示的表列功能選單中選擇**轉換為弧**功能表單，可以將它改成圓弧形，如圖 3-123 所示，其最後完成圖，如圖 3-124 所示。

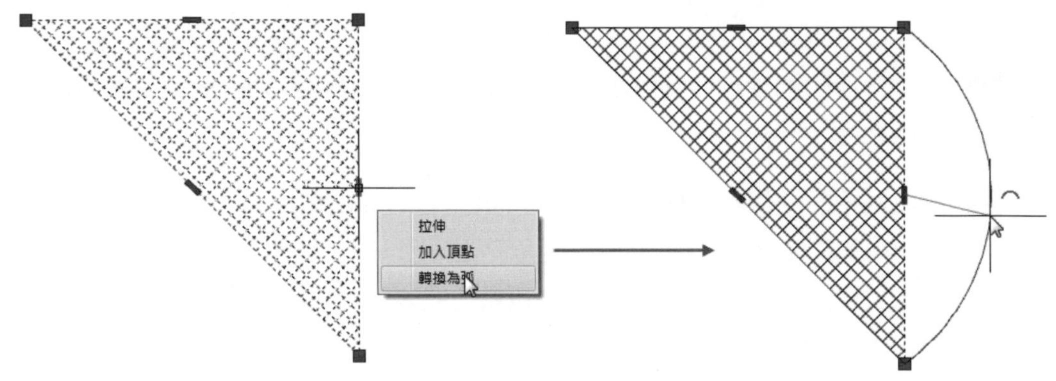

圖 3-123 選擇**轉換為弧**功能表單可以將它改成圓弧形

圖 3-124 施作完成的結果

3-7-3 加入自定義填充圖案

1 使用**畫圓**工具，在繪圖區中繪製半徑為 100 單位的圓，選取**填充線**工具，在填充線建立頁籤的**性質**面板中選取**使用者定義**模式，在樣式面板中只出現一個 USER 樣式圖案，如圖 3-125 所示。

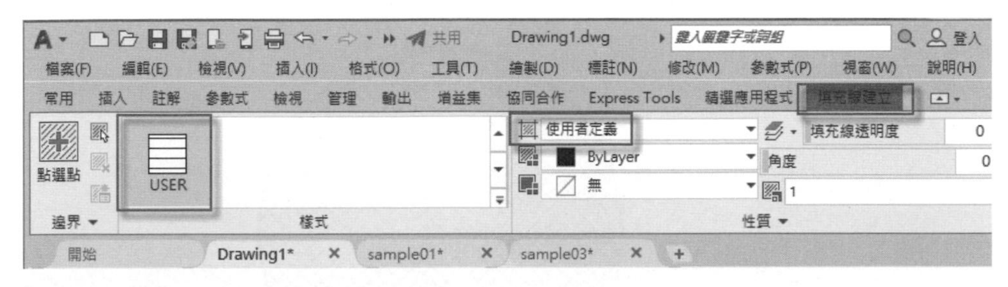

圖 3-125 系統只備一個 USER 樣式圖案

2 先不要填充圖案，在**性質**面板上將角度設為 45 度角，填充線間距欄位設為 6，再使用滑鼠點擊**性質**頁籤的向下箭頭，可以打開更多欄位，請選取**雙填充線**欄位，如圖 3-126 所示。

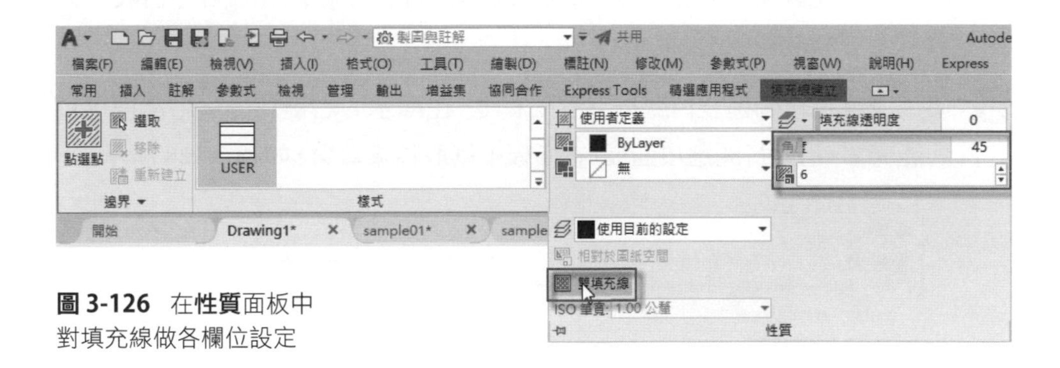

圖 3-126 在**性質**面板中對填充線做各欄位設定

3 設定完成後移游標至圓內點擊，可以將使用者定義的圖案填入圓內，在樣式面板中也會呈現自定義的圖案樣式，如圖 3-127 所示。

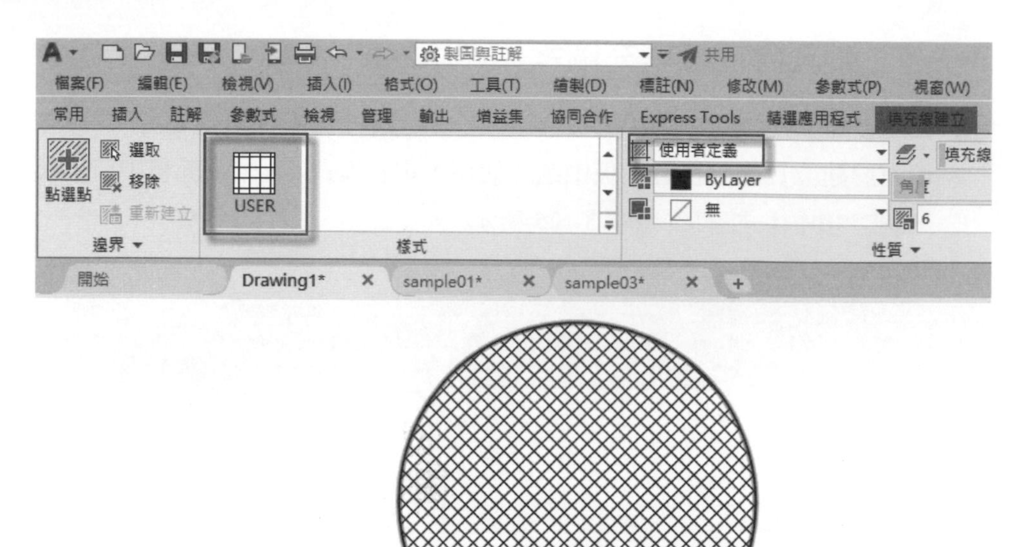

圖 3-127 在圖形中填入自定義的圖案樣式

4 依上面編輯的填充只能在本圖檔使用無法另存，作者為讀者準備了 627 個額外的填充圖案，存放在第三章**填充圖案**資料夾內，請在硬碟中自設一個資料夾，將其檔案複製進來。

5 使用滑鼠在繪圖區空白處按下滑鼠右鍵，在顯示的右鍵功能表中選擇**選項**功能表單，可以打開**選項**面板，在面板中選取**檔案**頁籤，如圖 3-128 所示。

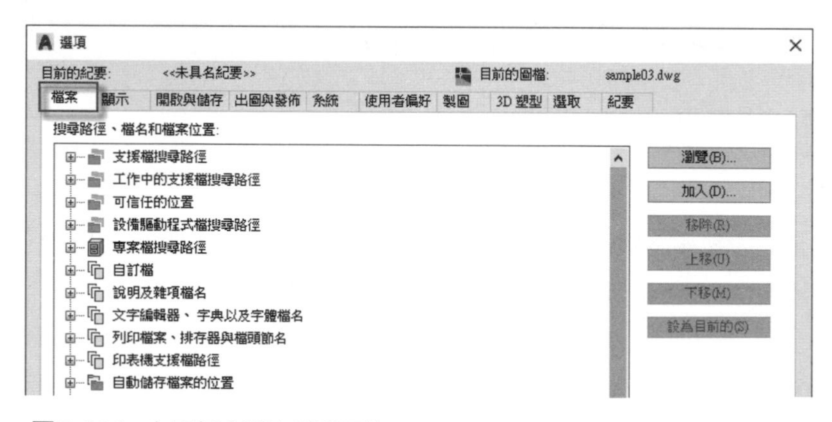

圖 3-128 在面板中選取**檔案**頁籤

6 在面板中選取支援檔案搜尋路徑，再按右側的**加入**按鈕，可以加入空白的路徑，再按右側的**瀏覽**按鈕，在開啟的**瀏覽資料夾**面板中將剛才建立的資料夾加入，如圖 3-129 所示。

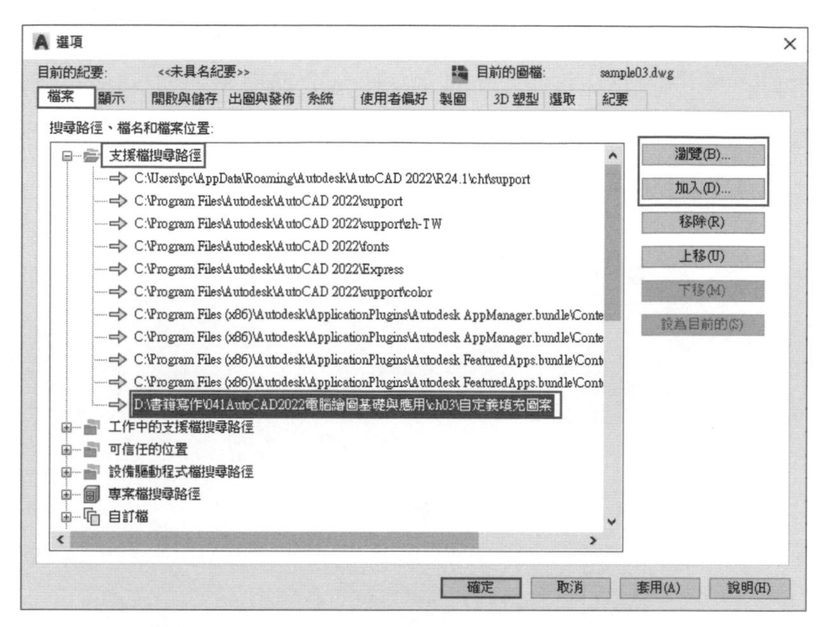

圖 3-129 將剛才建立的資料夾加入

7 完成上面的操作，退出 AutoCAD 後再進入，當使用填充工具的樣式模式時，即可有剛才加入的 627 個填充圖樣可以使用，如圖 3-130 所示。

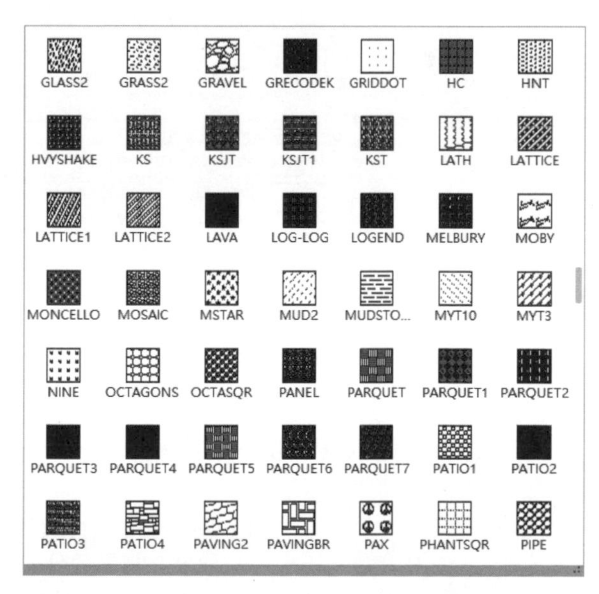

圖 3-130 另外提供 627 個填充圖案的圖例

3-8 等分及等距工具

1 為易於操作等分及等距工具，請於**常用**頁籤中使用滑鼠點擊公用程式標頭右側的向下箭頭，在打開次工具選項中選取**點型式**工具，可以打開**點型式**面板，在面板中隨便選取一種點的表現型式，如圖 3-131 所示，有關點的操作在第五章中會再做詳細解說。

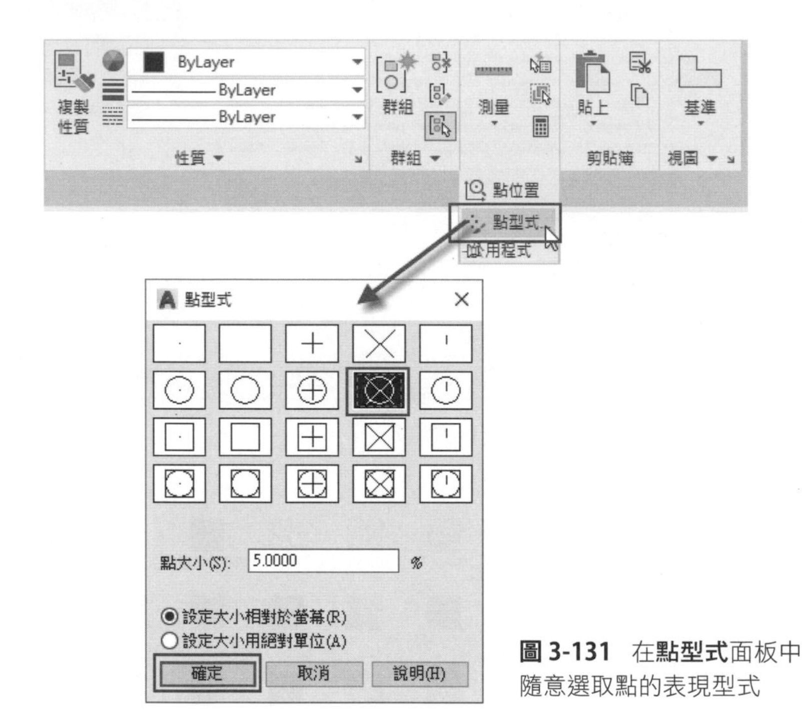

圖 3-131 在**點型式**面板中隨意選取點的表現型式

2 等分工具可以對任意圖形或圖塊進行等分的工作，請在繪圖區中繪製任意大小的圓，在**繪製**工具面板中選取等分工具，如圖 3-132 所示，指令行提示**選取要等分的物件**。

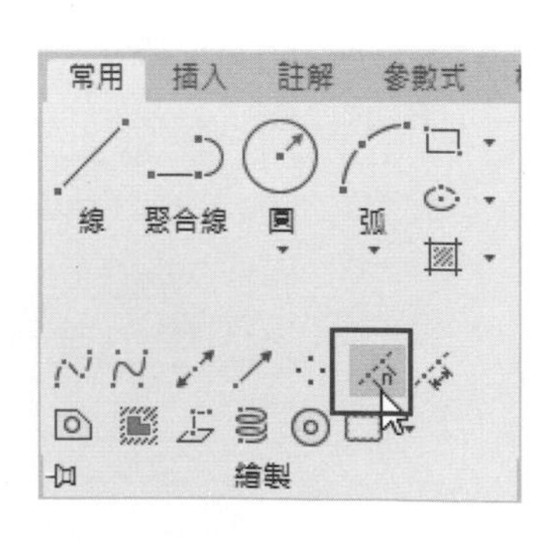

圖 3-132 在**繪製**工具面板中選取**等分**工具

3 請選取圓圖形做為等分物件，指令行提示**輸入分段數目或**，請在鍵盤上輸入 5 後按 [Enter] 鍵確定，即可將圓之圖形分為 5 等分，如圖 3-133 所示。

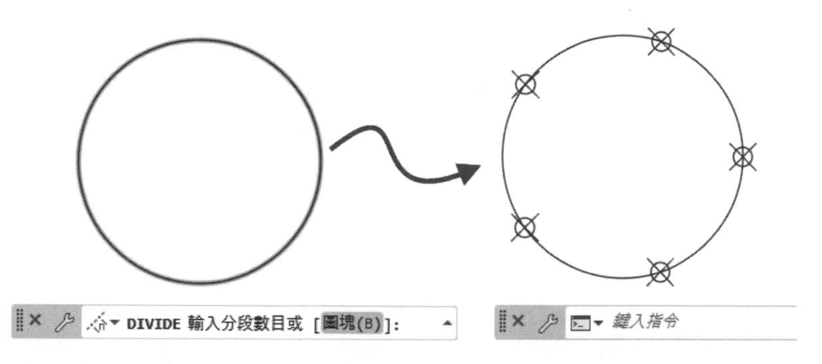

圖 3-133 將圓圖形分成 5 等分

3 請使用雲形線擬合工具在繪圖區中繪製任意長度之曲線，在**繪製**工具面板中選取等距工具，如圖 3-134 所示，指令行提示**選取要測量的物件**。

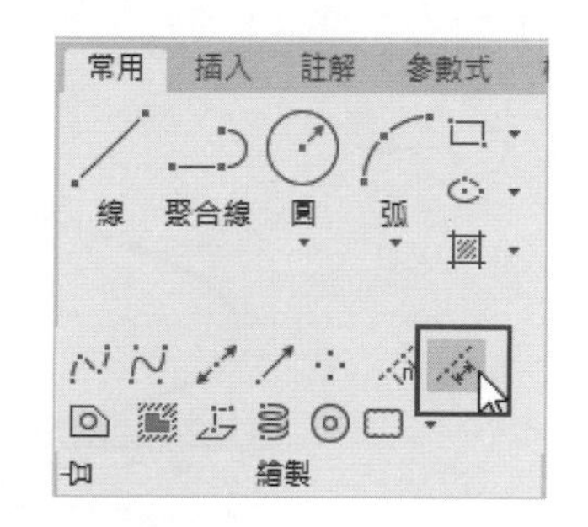

圖 3-134 在**繪製**工具面板中選取**等距**工具

4 請選取曲線圖形做為等距物件，指令行提示**指定分段長度或**，請在鍵盤上輸入 200 後按 [Enter] 鍵確定，即可在曲線上以每 200 間距處標註點，如圖 3-135 所示。

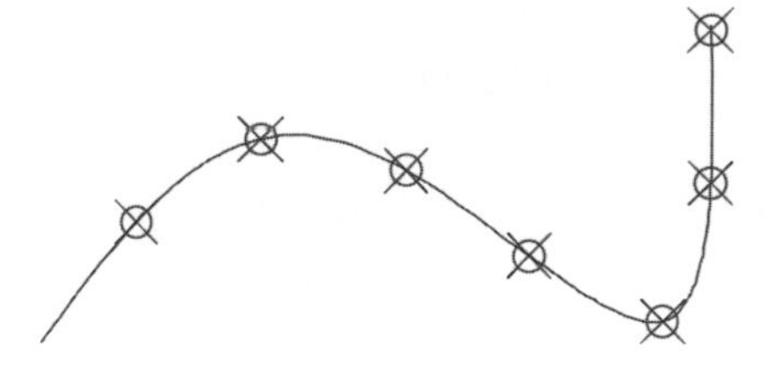

圖 3-135 在曲線上以每 200 間距處標註點

6 請開啟第三章 sample04.dwg 檔案，這是在繪圖區中繪製任意大小的橢圓以及製作一名為 block 的圖塊，使用等分工具並選取**橢圓**做為等分物件，指令行提示**輸入分段數目或**時，在指令行中選取**圖塊**功能選項，如圖 3-136 所示。

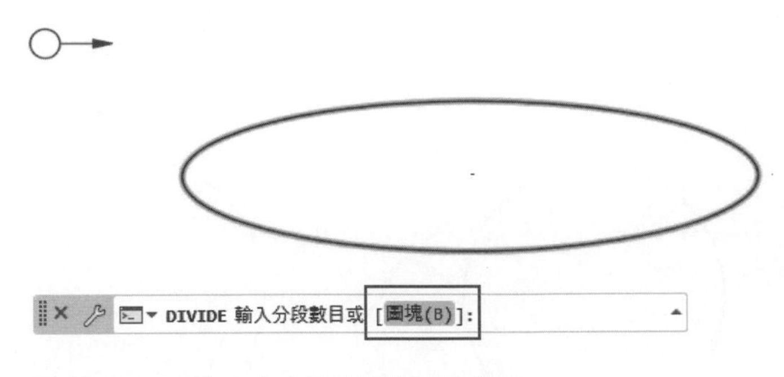

圖 3-136 在指令行中選取**圖塊**功能選項

7 接著指令行提示**輸入要插入的圖塊名稱**，請在鍵盤上輸入 block，接著指令行提示**是否將圖塊對齊物件？**，並顯示**是**與**否**的功能選項，如圖 3-137 所示。

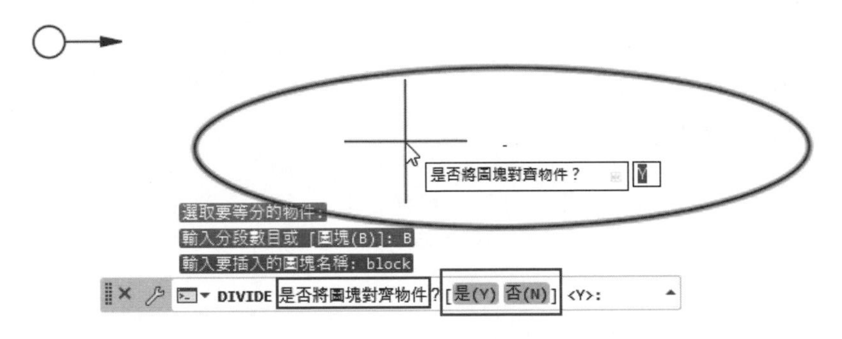

圖 3-137 在指令行上顯示**是**與**否**的功能選項

8 請在指令行選取**否**功能選項，接著指令行提示**輸入分段數目**，請在鍵盤上輸入 8 後，即可以圖塊代替點將圓分成 8 等分，如圖 3-138 所示，等距工具以圖塊代替點之操作方法與等分工具相同，此處請讀者自行練習。

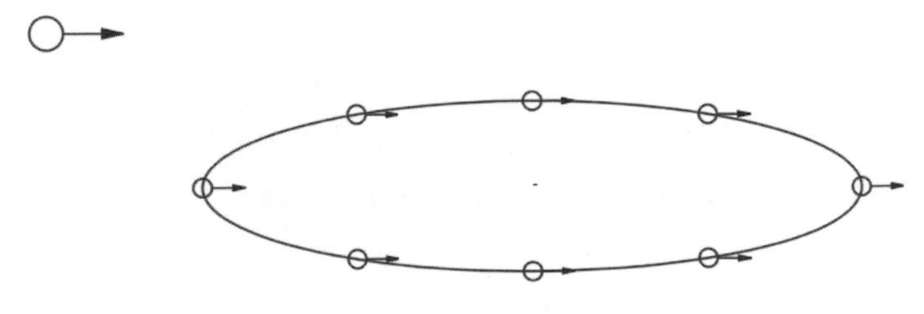

圖 3-138 以圖塊代替點將圓分成 8 等分

3-9 填充線之點選點與選取方式之區別及使用時機

CAD 中創建填充圖案時有兩種選擇邊界的方式：點選點和選取方式，有不少人不清楚兩者的區別，大部分人都採用點選點的方式，選取方式用得很少。

到底什麼情況下適合用點選點，什麼時候適合用選取呢？請開啟三章中之 sample05.dwg 檔案，如圖 3-139 所示，在本例中預先繪製了一些圖形，以進行兩種選取邊界的方式進行了比較，大家看過以後就應該有基本的判斷了。

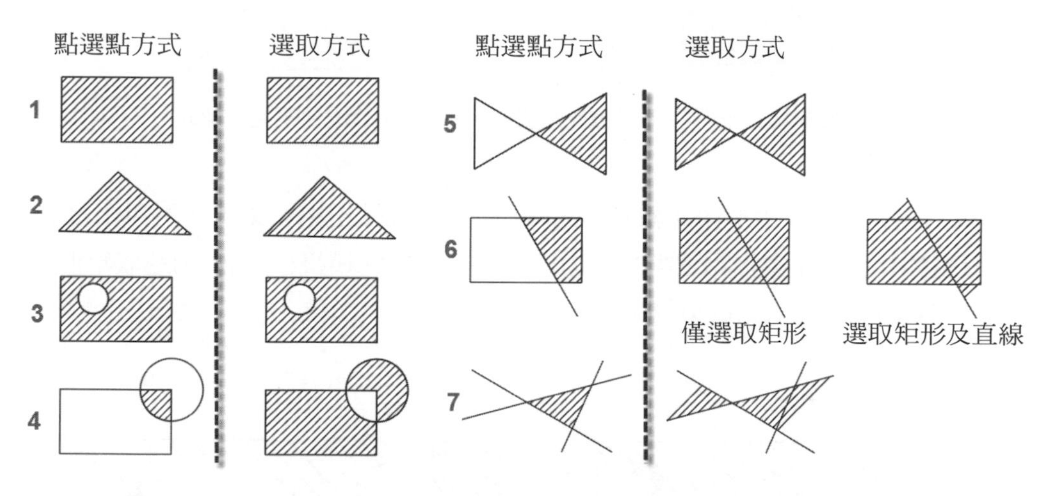

圖 3-139 不同的幾何圖形依點選點和選取方式之不同所表現不一樣填充線形式

當使用**填充線**工具以開啟建立填充線面板時，在邊界面板標題欄位內有**點選點**和**選取**兩種方式供選取，如圖 3-140 所示，依上圖幾種封閉的幾何圖施做填充線會有不同的表現形式，現將分別說明其區別如下：

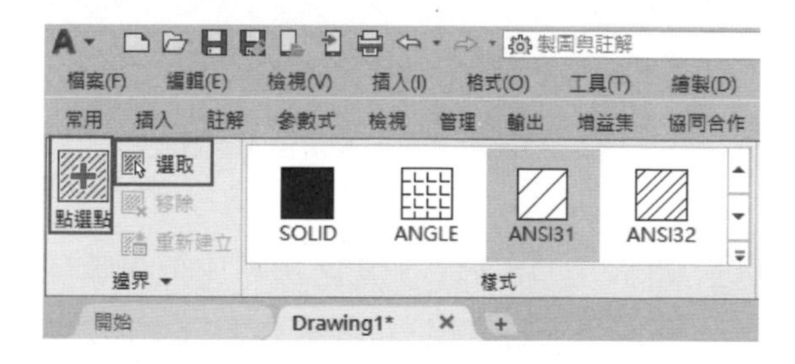

圖 3-140 在邊界面板標題欄位內有**點選點**和**選取**兩種方式供選取

1 圖示 1 為封閉的多線段，圖示 2 為封閉的直線，當分別使用點選點和選取兩種方式，其填充效果完全相同，如圖 3-141 所示，左側為選點點方式選取封閉圖形之區域，右側則為選取圖形之邊線。

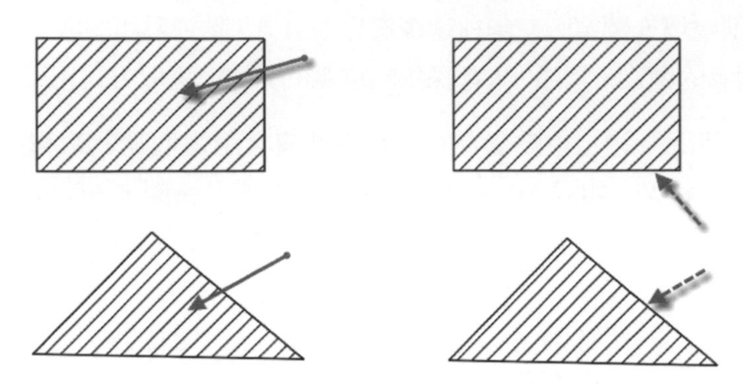

圖 3-141 分別使用點選點和選取兩種方式其填充效果完全相同

2 圖示 3 為在矩形內加繪圓形之圖形，左右兩圖之填充效果完全相同，不同的是左側是直接點選點矩形內部區域，右側則以選取方式分別選取矩形及圓邊線所得到的結果，如圖 3-142 所示。

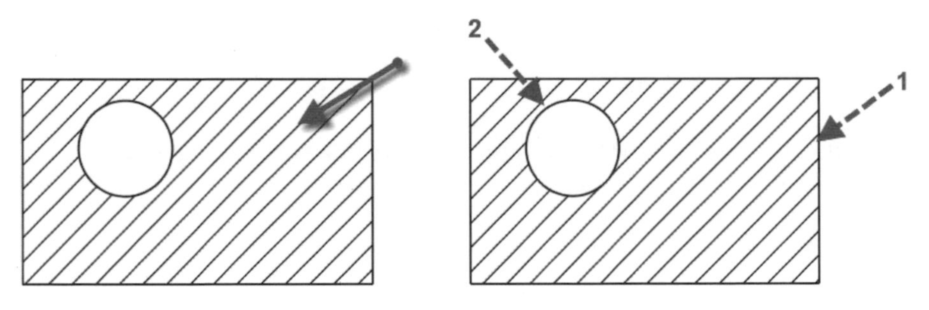

圖 3-142 相同的填充線效果但不一樣的操作模式

3 圖示 4 為矩形右上角之角點加繪圓形，左圖為點選點兩圖形的交集面所呈現的填充線表現，右圖則為選取矩形邊線再選取圓邊線所呈現的填充線表現，如圖 3-143 所示，因選取邊界的不同所呈現不同的填充線效果。

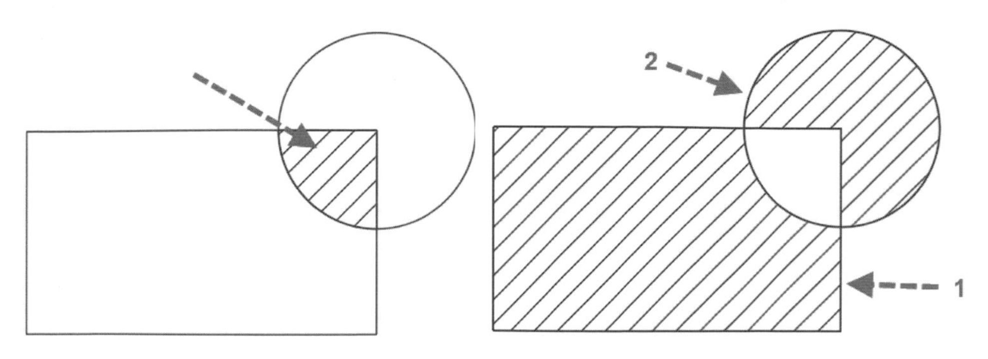

圖 3-143 因選取邊界的不同所呈現不同的填充線效果

4 圖示 5 為交叉封閉區域，左側為點選點一塊封閉之區域，右側則為選取交叉封閉區域之任一邊線，則兩者因選擇邊界之不同產生不同的填充線效果，如圖 3-144 所示。

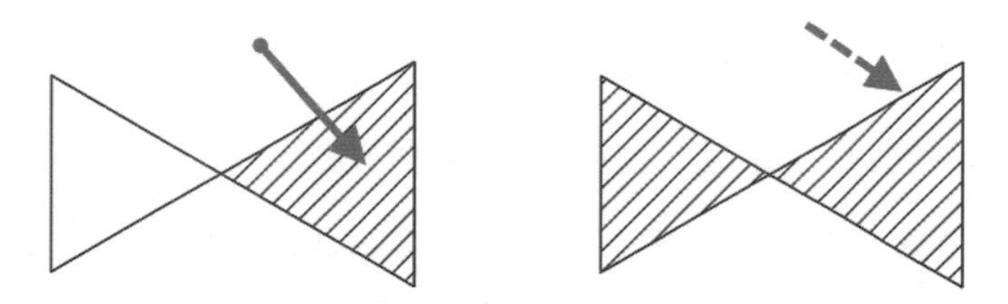

圖 3-144 兩者因選擇邊界之不同產生不同的填充線效果

5 圖示 6 為矩形中加入一斜直線，左側為點選點一塊封閉之區域，右側 A 圖為選取矩形之邊線，右側 B 圖除選取矩形邊線並加選斜直線，則三者因選擇邊界之不同產生不同的填充線效果，如圖 3-145 所示。

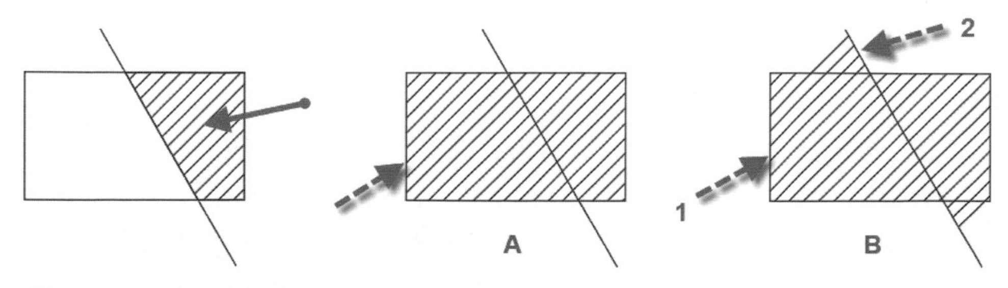

圖 3-145 三者因選擇邊界之不同產生不同的填充線效果

6 圖示 7 交叉之三直線，左側為點選點一塊封閉之區域，右側則分別選取兩條直線，則二者因選擇邊界之不同產生不同的填充線效果，如圖 3-146 所示。

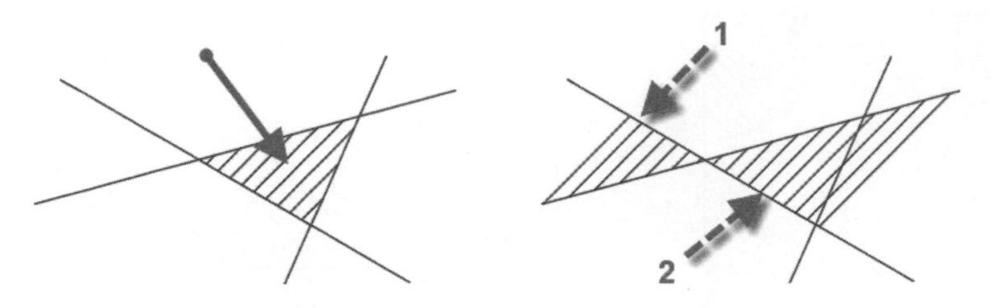

圖 3-146 二者因選擇邊界之不同產生不同的填充線效果

7 綜合上面的幾種實驗，從填充效果來看，點選點的方式明確地指定了要填充的區域，結果比較好掌握，而且適用於絕大多數情況。選取方式則要求相對較高，邊界最好是封閉多段線，如果不是多段線，需要正好構成一個封閉區域。

8 選擇交叉不封閉的線時也可以填充，但結果會很奇怪。正因為這樣的原因，大部分人都採用了點選點的方式來創建填充線。

9 從上面的幾種實驗情況下，點選點和選取的結果是一樣的，而在有些情況，比如我們需要忽略封閉多段線內的其他線時，直接點選多段線進行填充無疑是最佳的選擇。

10 要選擇使用哪種方式進行填充，除了要瞭解在不同情況下兩種方式的填充效果外，還需要瞭解兩種填充的計算方式。當使用點選點方式選擇填充區域時，CAD 軟體會在視圖範圍內進行搜尋和計算，最終算出一個合理的區域。當視圖裡顯示的圖形很多時，而且如果圖形比較複雜，比如有很多圓、弧、樣條線、而且之間有很多交叉、嵌套，計算區域會很慢。

11 在 CAD 低版本會直接提示對象太多、計算量大是否繼續？CAD 高版本進行了優化，但仍然會很慢。而選取方式則不同了，CAD 只需計算這些選擇的對象是否構成封閉區域，是否嵌套等等，計算量會小得多。因此當圖形比較複雜的時候，如果滿足選取方式進行填充的條件，盡量使用選取的方式。

12 如果只能使用點選點的方式的話，可以盡量將視圖放大，讓視圖裡顯示的對象少一點，或者通過選取方式來構建「邊界集」，然後再點選點。

Chapter

04

圖形編輯工具之運用

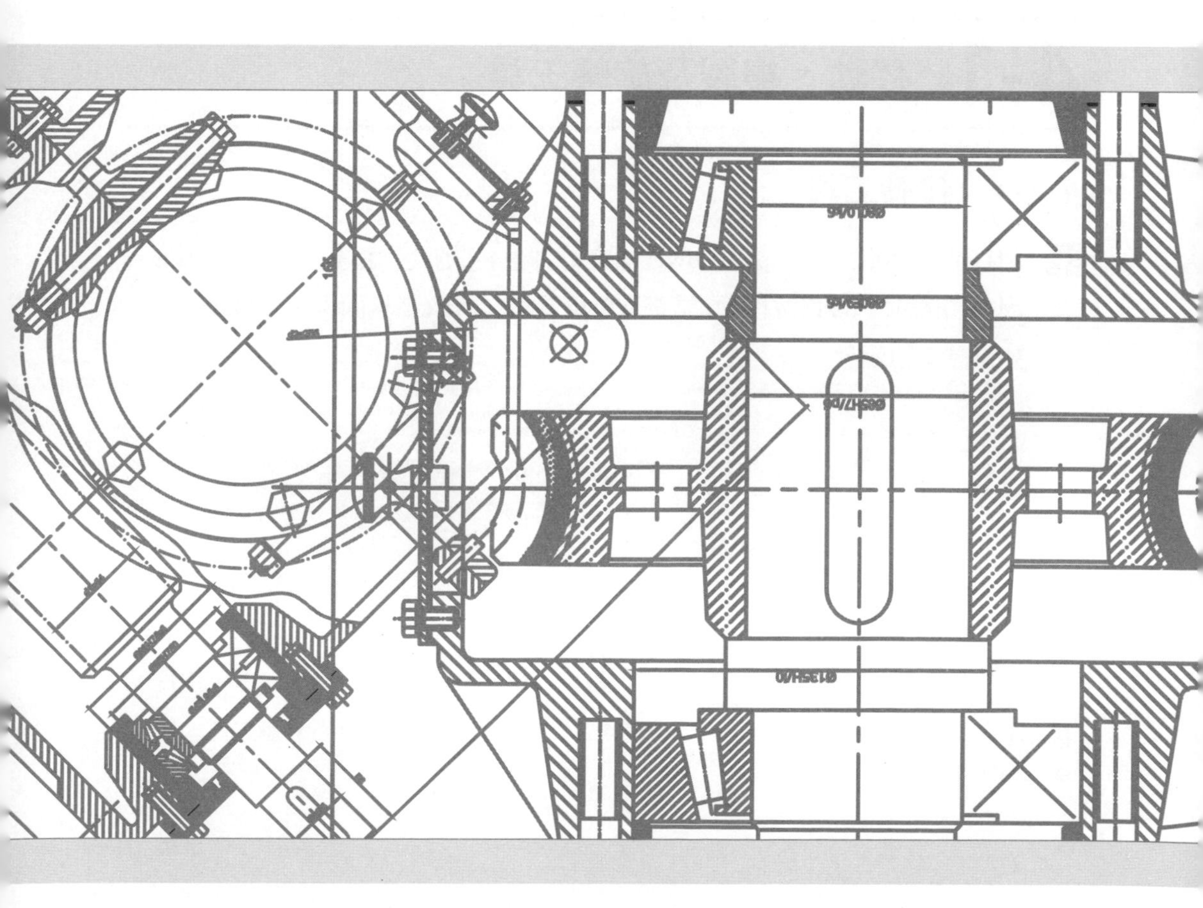

經由前面一章的練習，基本上應會使用繪圖工具了，不過它只能創建出一些基本或未經修飾美化的圖形，想要完成工作上可資利用的圖形，尚一大段距離需要跨越。依 CAD 前輩經驗得知，繪圖工具所能完成工作只是佔設計圖中的二、三成而已，其餘七、八成工作就需要借助於**修改**工具面板中的編輯工具，和其他面板中的相關工具指令了。

AutoCAD 在電腦輔助設計上擁有眾多優勢，在很大程度上要歸功於超強的圖形編輯能力，這對使用者不僅能方便、快捷地改變物件的大小及形狀，而且通過編輯現有圖形可以生成新圖形，有些時候設計者可能發現，花在編輯圖形的時間，比創建新圖形的時間還要長，因此，想要有效率地使用 AutoCAD，就必須熟練及掌握修改工具的操作方法。

4-1 移動、複製及旋轉工具

4-1-1 移動工具

1 請打開第四章內 sample01.dwg 檔案，如圖 4-1 所示，這是一張幾何圖形。現想將圖示 1 的圓做移動，請選取**常用**頁籤之**修改**工具面板中的**移動**工具，如圖 4-2 所示。

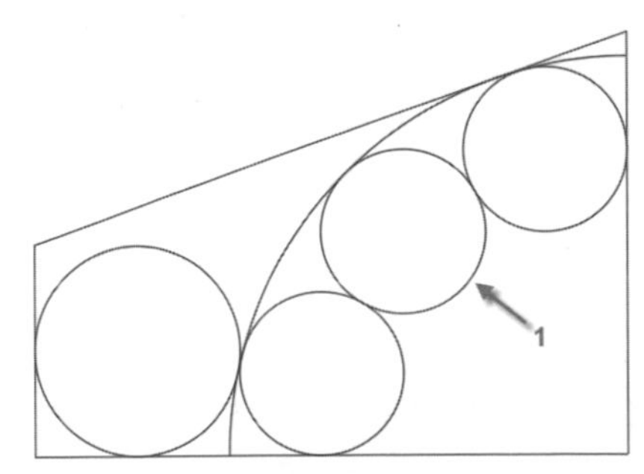

圖 4-1 打開第四章內 sample01.dwg 檔案

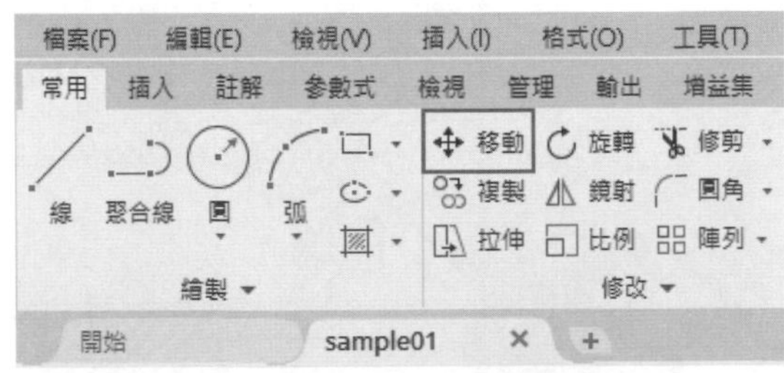

圖 4-2 選取**修改**工具面板中的**移動**工具

2 移動游標到繪圖區中，指令行提示**選取物件**，此時使用游標點取圖示 A 的圓，並按下 [Enter] 鍵或空白鍵以結束選取，則此圓會被選取，如圖 4-3 所示。

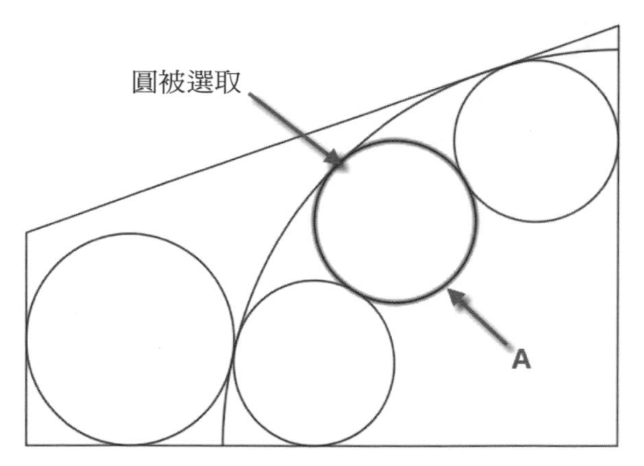

圖 4-3　圖示 A 的圓被選取

3 此時指令行提示**指定基準點或**，移游標到圓的圓心點位置按下滑鼠左鍵，以圓心做為基準點，可以移動滑鼠做為移動方向的指向，指令行提示**指定第二點或 (使用第一點當做位移)**，如圖 4-4 所示。此時可以在鍵盤輸入數值，以使用第一點當做位移距離值。

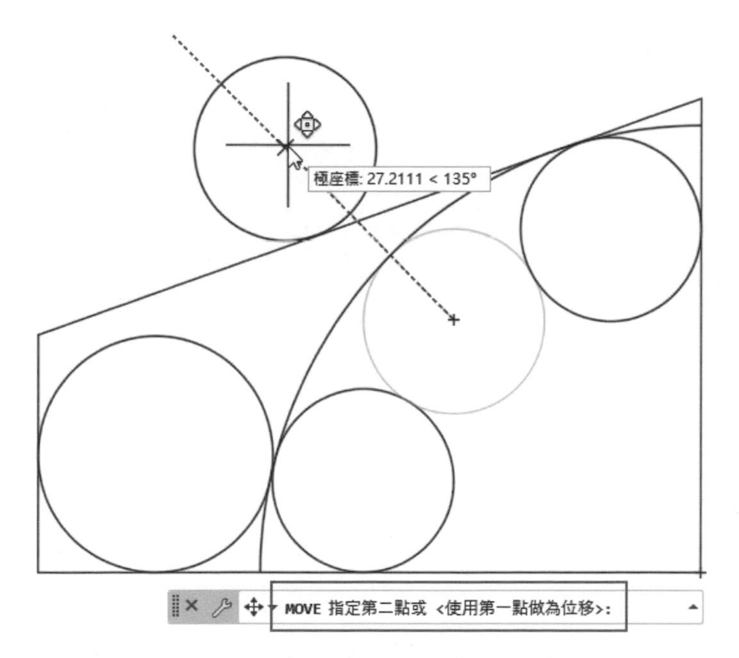

圖 4-4　指令行提示**指定第二點或 (使用第一點當做位移)**

4 此處不輸入數值，直接利用鎖點功能，將圖示 1 點處做為指定的第二點，移動游標到此點上，如圖 4-5 所示，按下滑鼠左鍵後，即確定了移動位置，圖形移動到新位置，原圖形的虛線會消失不見，右側圖為移動完成的圖形。

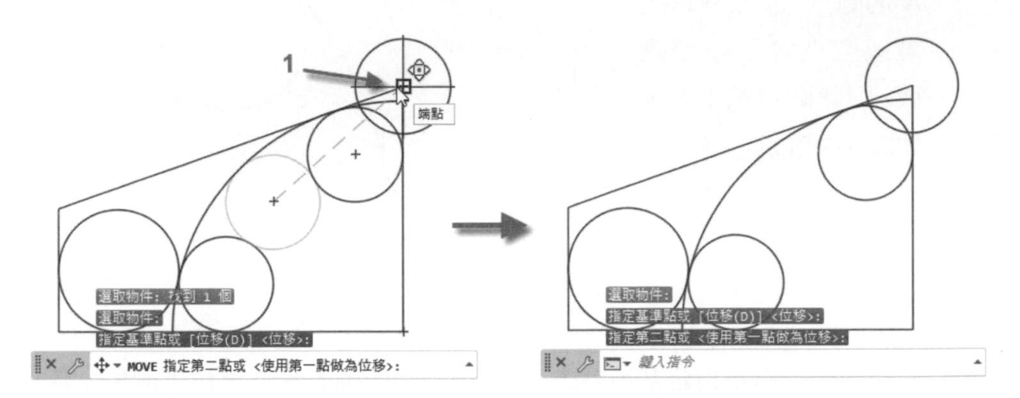

圖 4-5　使用**移動**工具移動圖形

5 利用前面的方法，當定下移動的基準點後，移動游標以定出移動的方向，接著在鍵盤上輸入 80，如圖 4-6 所示，即可將此圓沿著指定方向左移動 80 單位的距離。

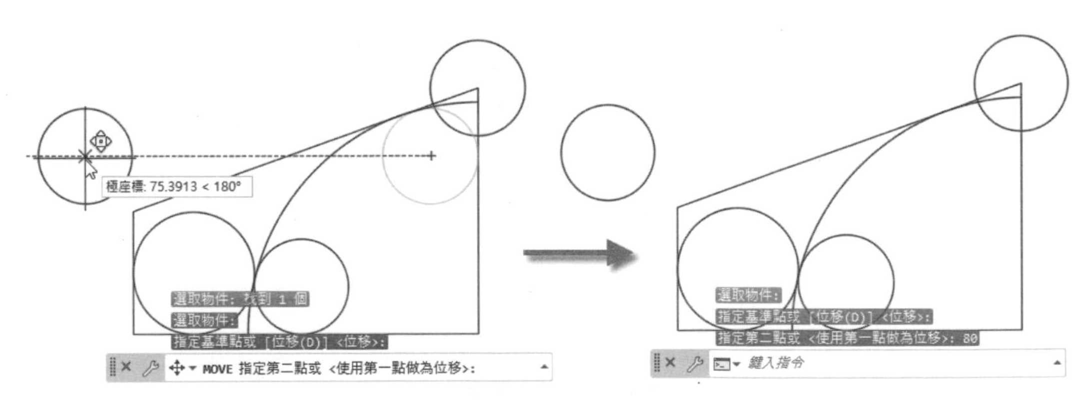

圖 4-6　將此圓沿著指定方向移動 50 單位的距離

4-1-2 複製工具

圖 4-7 打開第四章 sample02.dwg 檔案

1. 請打開第四章 sample02.dwg 檔案，如圖 4-7 所示，這是一張中式拼花圖案以供**複製**工具之操作，**複製**工具和**移動**工具的使用方法大致相同，只是複製工具保留了原來的圖形。

2. 選取**修改**工具面板上**複製**工具，如圖 4-8 所示，移動游標至繪圖區中，當選取圖形後，指令行提示**指定基準點或**，此時在指令行中選取**位移**功能選項，如圖 4-9 所示，它會以世界座標軸的原點為基準點，再定移動的位置，此選項應避免使用。

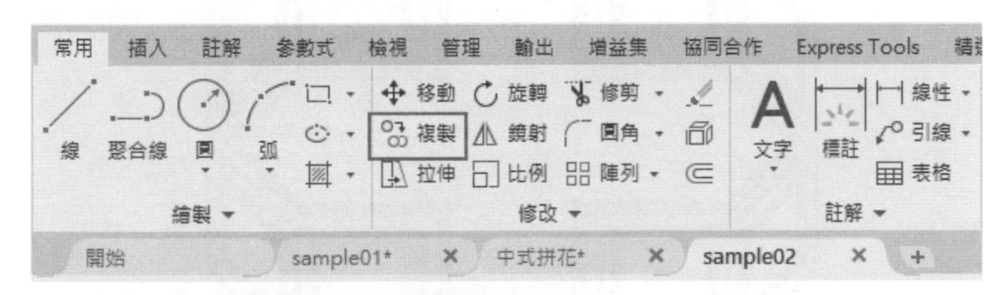

圖 4-8 選取**修改**工具面板中的**複製**工具

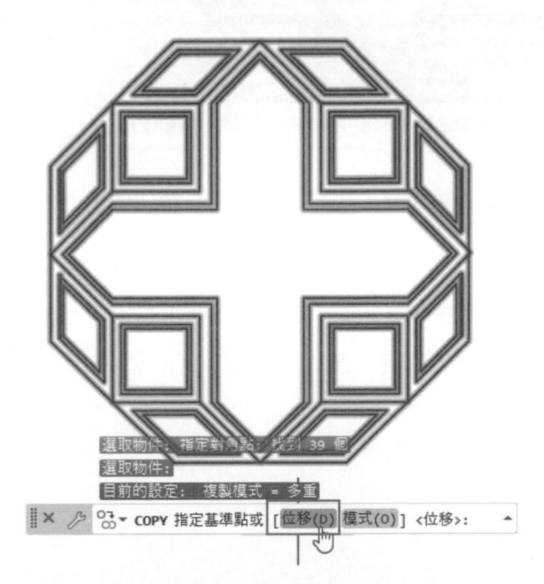

圖 4-9 在指令行中選取**位移**功能選項

3 在指令行中選取**模式**功能選項後，指令行會自動列出單一或多重的表列功能選單供選擇，如圖 4-10 所示。此時選取單一選項後，指令行提示**指定基準點**，並提供**位移**、**模式**與**多重**等 3 選項供選擇，如圖 4-11 所示。

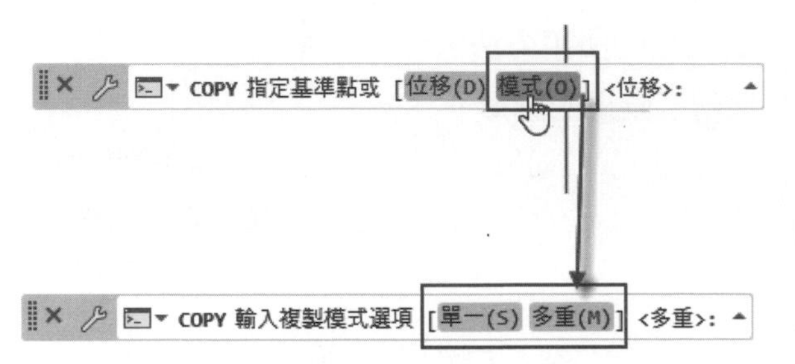

圖 4-10 指令行會自動列出單一或多重的表列功能選單供選擇

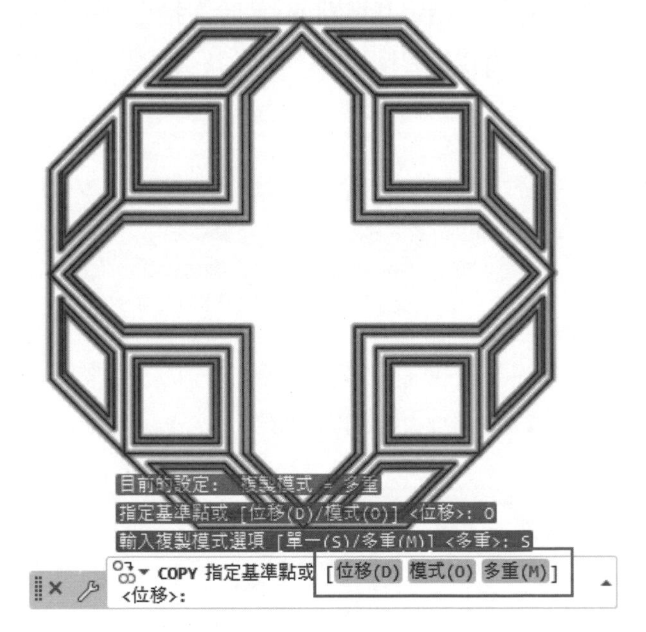

圖 4-11 指令行提供位移、模式與多重等 3 選項供選擇

4 此處請選取圖中任一點為基準點，水平移動由圖示 1 點移動到圖示 2 點上按下左鍵，即可執行複製動作，其複製的個數目只有一個，如圖 4-12 所示。

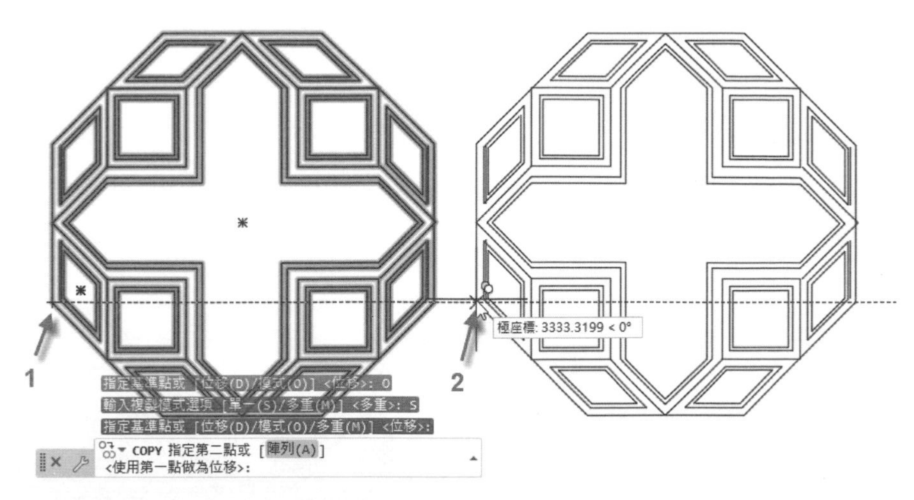

圖 4-12 由圖示 1 點移動複製到圖示 2 點上

5 當定下移動的第一點後，立即在鍵盤上選取陣列功能選項，指令行會提示輸入要排成陣列的項目個數，此時請在鍵盤上輸入 3，如圖 4-13 所示。輸入完成後在繪圖區指定移動的第二點（圖示 2 點），如此即可一次再複製 2 組，如圖 4-14 所示。

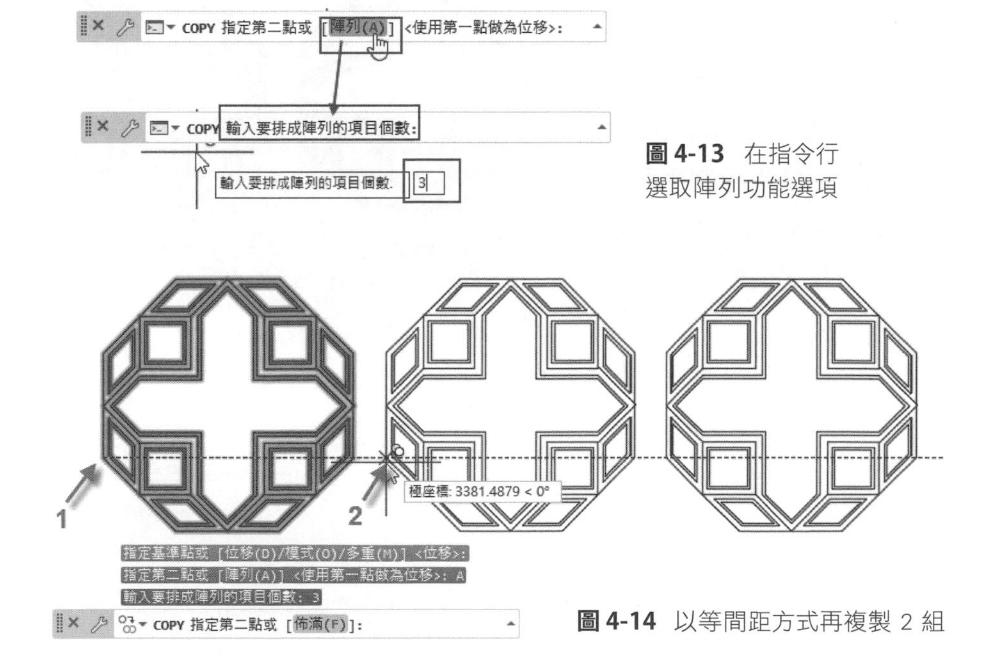

圖 4-13 在指令行選取陣列功能選項

圖 4-14 以等間距方式再複製 2 組

6 延續上面的例子，當在指令行中選取陣列功能表單後，指令行會提示輸入要排成陣列的項目個數，此時請在鍵盤上輸入 5，此時不要馬上定下第二點，而在指令行中續選取佈滿功能選項，然後定下移動的第二點（圖示 2 點），此時系統會以圖示 1 點至圖示 2 點間平均分配 5 組，如圖 4-15 所示。

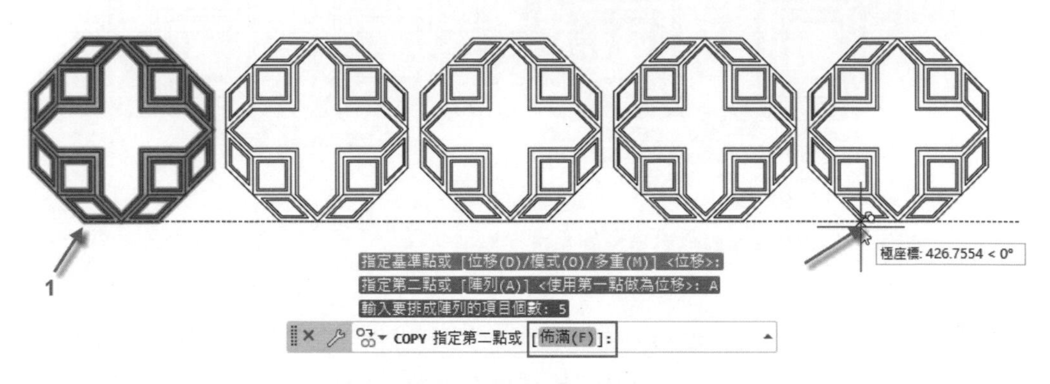

圖 4-15 在一定距離間系統自動以等距離方式分配 5 組

7 如果在在指令行中選取**多重**功能選項，則可以連續做多重的複製，如圖 4-16 所示，在連續複製另 3 組後按下空白鍵以結束複製動作。在前面的示範中均以在繪圖區中隨意指定位置方式處理，使用者亦可以在鍵盤上直接輸入距離值方式處理，不過在處理過程中要先把方向定位出來。

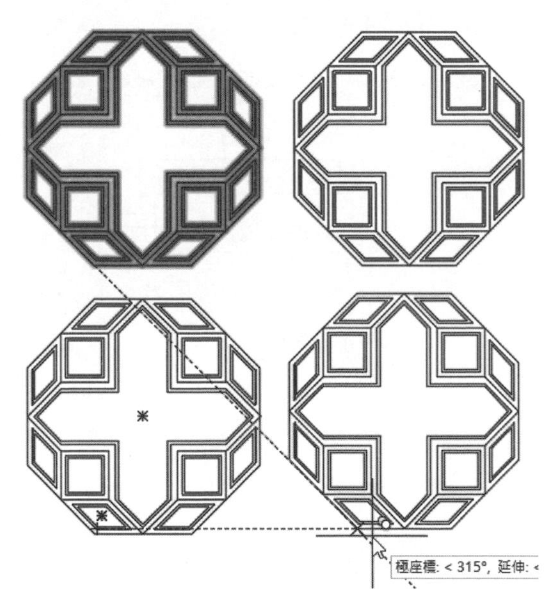

圖 4-16 在指令行選取選取多重選項可產生多次的複製動作

4-1-3 旋轉工具

1 請打開第四章中 sample03.dwg 圖檔，如圖 4-17 所示，這是一個圓形時鐘的平面圖。**旋轉**工具和**移動**工具的施作方法有點類似，請選取**修改**工具面板上**旋轉**工具，如圖 4-18 所示。

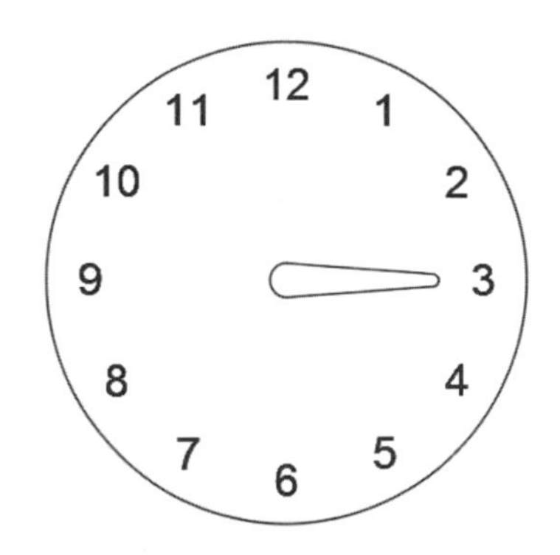

圖 4-17 打開第四章 sample03.dwg 檔案

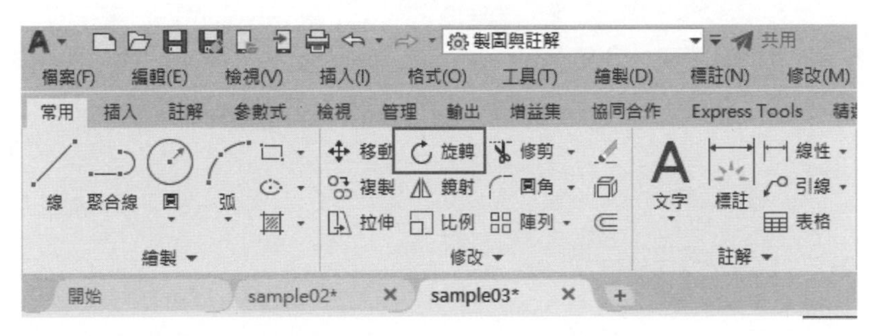

圖 4-18 選取**修改**工具面板上**旋轉**工具

2 選取**旋轉**工具後，指令行提示**選取物件**，請選取圖形中的指針，指令行提示**指定基準點**，選擇指針圓的圓心為基準點，指令行提示**指定旋轉角度**，這時可以在鍵盤上直接輸入角度，也可以移動游標旋轉角度，如圖 4-19 所示。

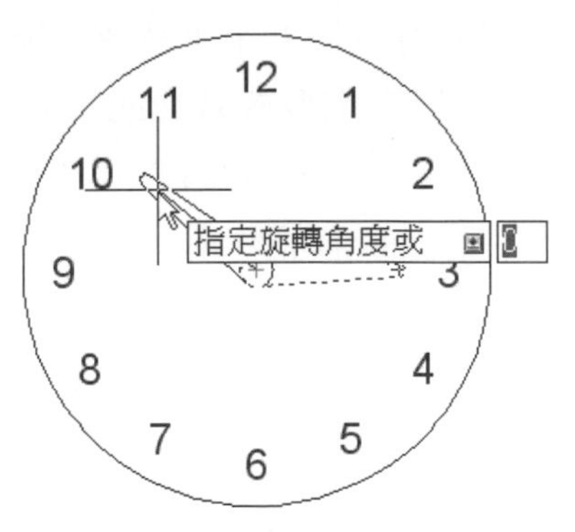

圖 4-19 可以直接輸入角度或移動游標旋轉

3 如果在未定下角度前，在指令行中選取**複製**功能選項，如圖 4-20 所示，指令行提示**指定旋轉角度或**，此時如果在鍵盤上輸入 45，可以在逆時針方向旋轉 45 度角並複製另一份指針，如圖 4-21 所示。

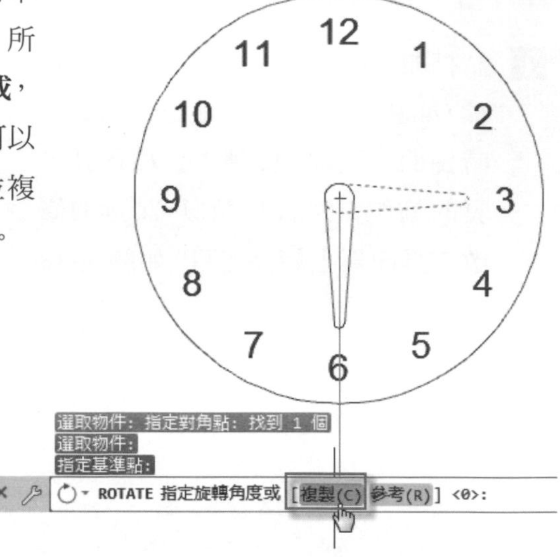

圖 4-20 在指令行中選取**複製**功能選項

圖 4-21 在逆時針方向旋轉 45 度角以複製另一份指針

4 重新選取**旋轉**工具，並選取剛才複製的指針，在定下基準點後，在指令行中選取**參考**功能選項，如圖 4-22 所示，可以旋轉物件，以便對齊至絕對角度。

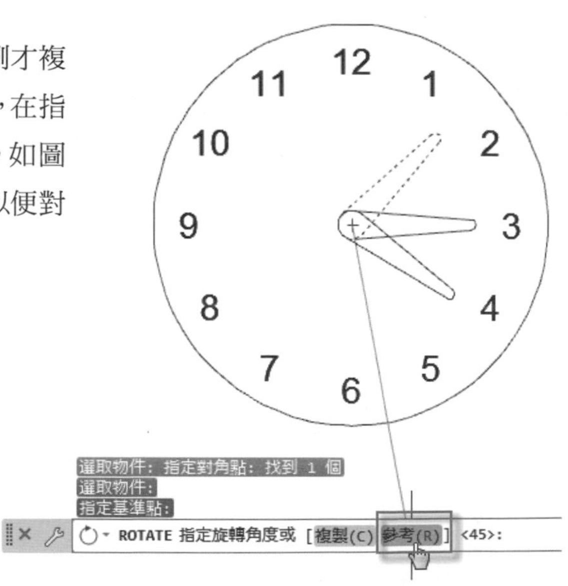

圖 4-22 在指令行中選取**參考**功能選項

5 此時指令行提示**指定參考角度**，請選擇圖示的 1、2 點為參考角度，如圖 4-23 所示。指令行提示**指定新角度或**，此時在鍵盤上輸入 90，會將指針指向 12 點的位置上，如圖 4-24 所示。

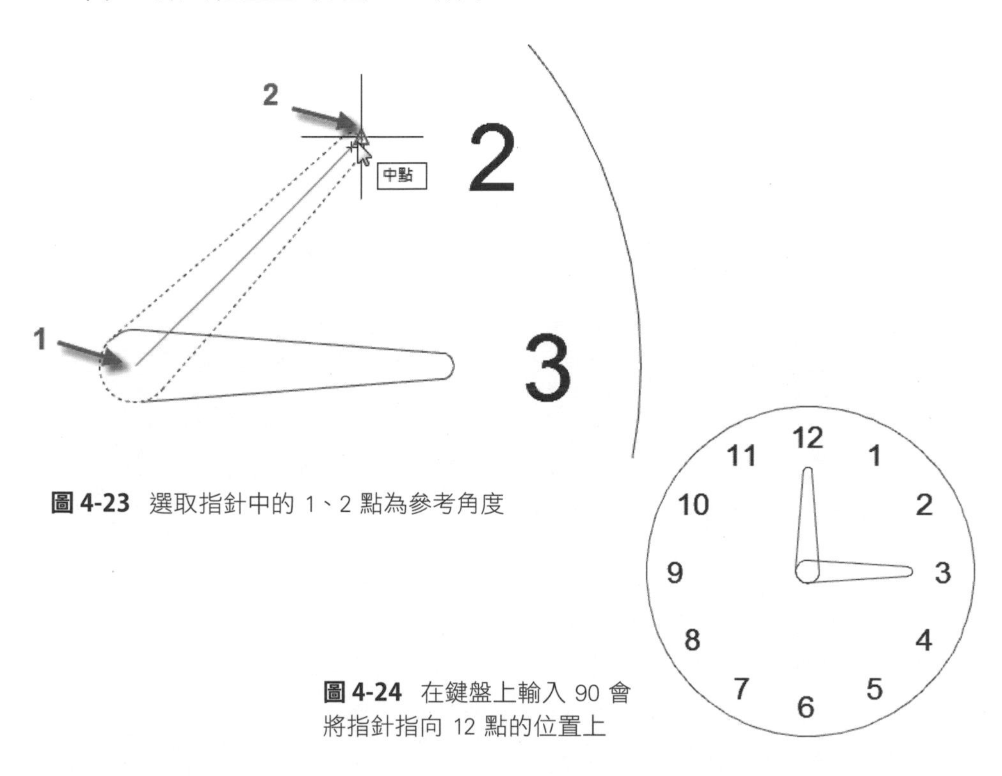

圖 4-23 選取指針中的 1、2 點為參考角度

圖 4-24 在鍵盤上輸入 90 會將指針指向 12 點的位置上

6 續前面的操作，不要輸入角度，此時移動游標，可以在圓的四分點上以抓點方式做為旋角度，亦可將指針旋轉至垂直位置，如圖 4-25 所示，唯其前題必先將圓四分點設為物件鎖點。

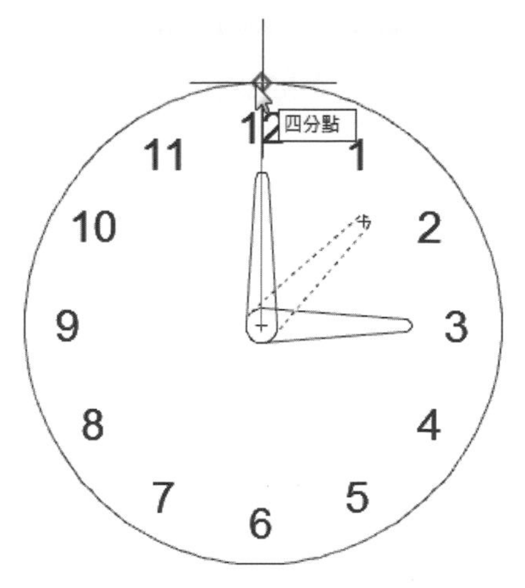

圖 4-25 使用游標抓點方式定旋轉角度

4-2 刪除及分解工具

1 選取**修改**工具面板上**刪除**工具，如圖 4-26 所示，到繪圖區中選取圖形，可以使用游標加選方式，亦可用框選方式選取圖形，按下滑鼠右鍵或鍵盤上 [Enter] 鍵，即可以刪除選中的圖形。

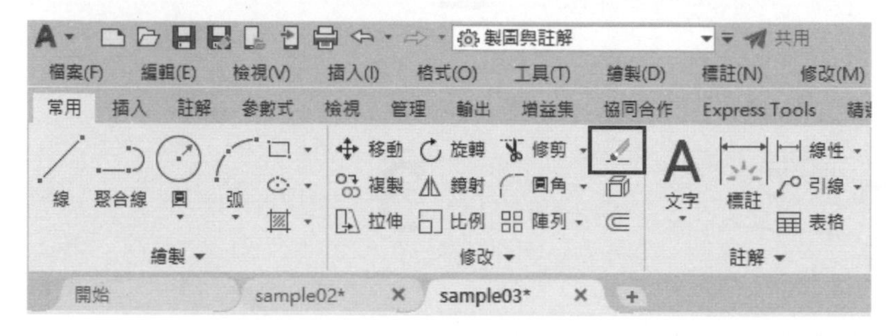

圖 4-26 選取**修改**工具面板上**刪除**工具

2 不使用**刪除**工具，以游標選取圖形，按鍵盤上的 [Delete] 鍵，亦可刪除圖形。或選取物件，執行滑鼠右鍵，在右鍵功能表中選取**刪除**功能表單，如圖 4-27 所示，亦可刪除選取的圖形。

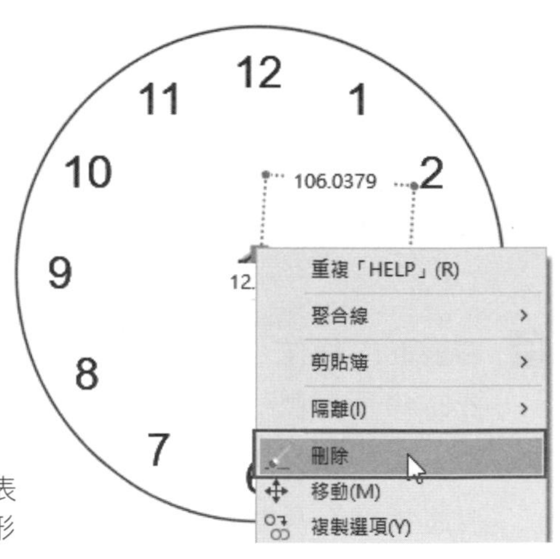

圖 4-27 使用右鍵功能表中**刪除**表單亦可刪除圖形

3 以矩形為例，使用游標選取矩形，它會整體被選取，如果使用**分解**工具，可以將矩形各邊分解開來。其方法，選取**修改**工具面板上**分解**工具，如圖 4-28，選取矩形物件，即可將矩形分解，如圖 4-29 所示，左圖為分解前的矩形，右圖為分解後的圖形，其目的可以使用編輯工具為每一邊做編輯工作。

圖 4-28 選取**修改**工具面板上**分解**工具

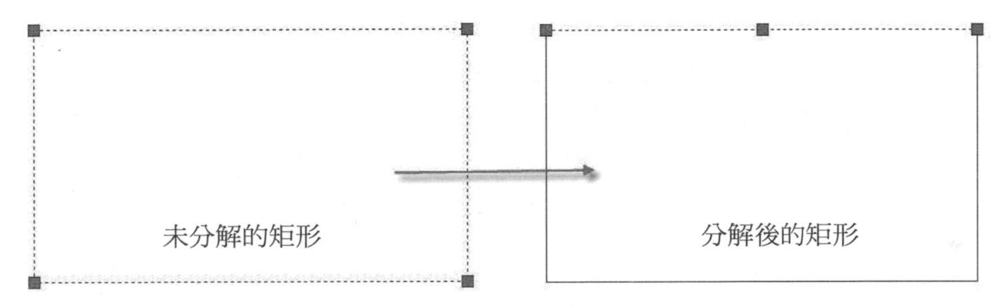

圖 4-29 右圖將矩形分成各自獨立的 4 個邊

4 當想將圖塊變為一般圖形時，亦可執行**分解**工具，將選取的圖塊分解成一般圖形，此時原圖塊的圖形會分散各自獨立存在。

4-3 拉伸及鏡射工具

4-3-1 拉伸工具

1 請輸入第四章 sample04.dwg 檔案，這是一張機械圖，如圖 4-30 所示，請在**修改**工具面板中選取**拉伸**工具，如圖 4-31。所示。

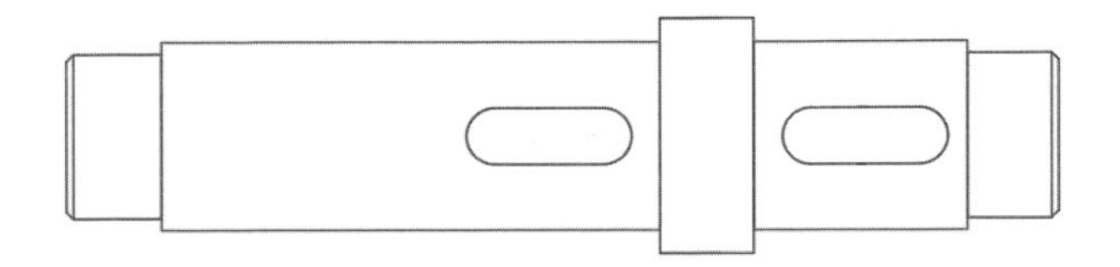

圖 4-30 開啟第四章 sample04.dwg 檔案

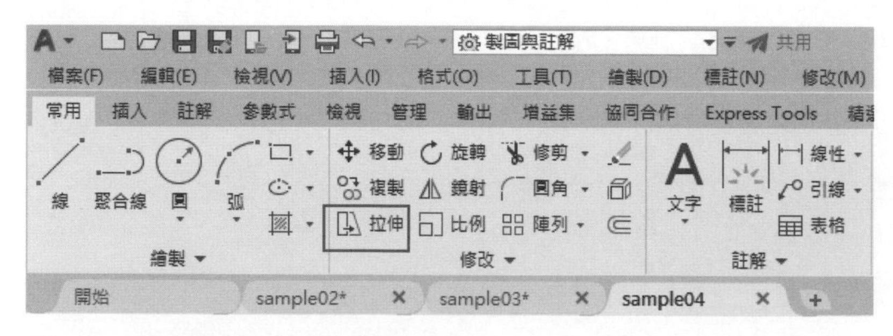

圖 4-31 選取**修改**工具面板中**拉伸**工具

2 當選取**拉伸**工具後，指令行提示**選取物件**，請使用游標以框選方式，選取圖形的左側部位，如圖 4-32 所示。

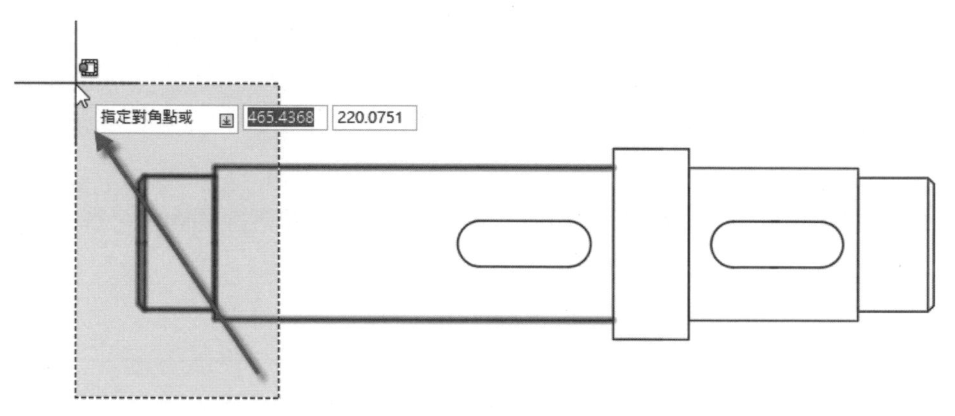

圖 4-32 使用框選方式選取圖形左側部位

3 選取圖形後，指令行提示**指定基準點或**，請指定圖形的左下角為基準點（圖示 1 點），移動游標，圖形會隨著游標做拉伸，指令行提示**指定第二點或(使用第一點做為位移)**。此時可以使用抓點方式以游標直接定下第二點，也可以維持水平向左移動，並在鍵盤上輸入 30，可以得到再延長寬度以增加 10 單位的圖形，如圖 4-33 所示。

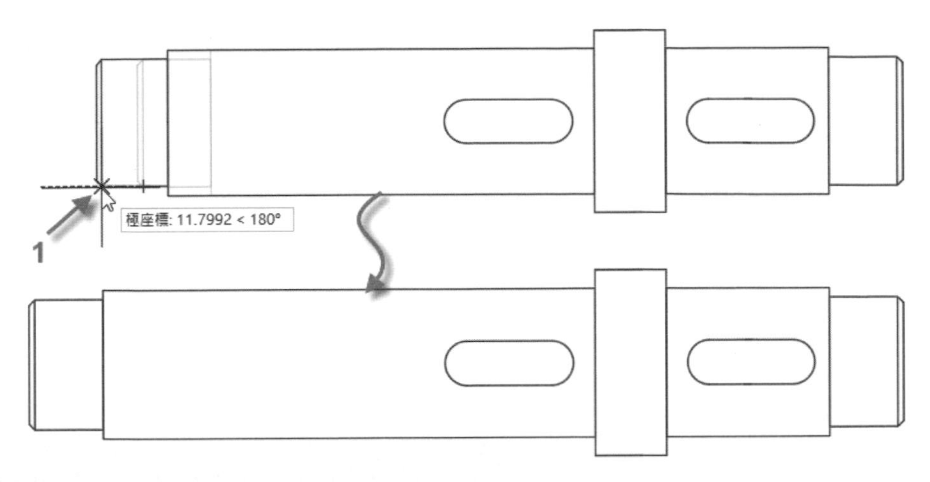

圖 4-33 向左水平拉伸寬度以增加 30 單位的圖形

4 選取**拉伸**工具，指令行提示**選取物件**時，使用窗選方式，以圖示 1 點往右下拉到圖示 2 點上。結束選取，此時只有最右側的小矩形及梯形被選取，指令行提示**指定基準點或**，以圖形右下角圖示 3 點為基準點，向右水平拉伸，其結果只有小矩形及梯形被移動，如圖 4-34 所示。

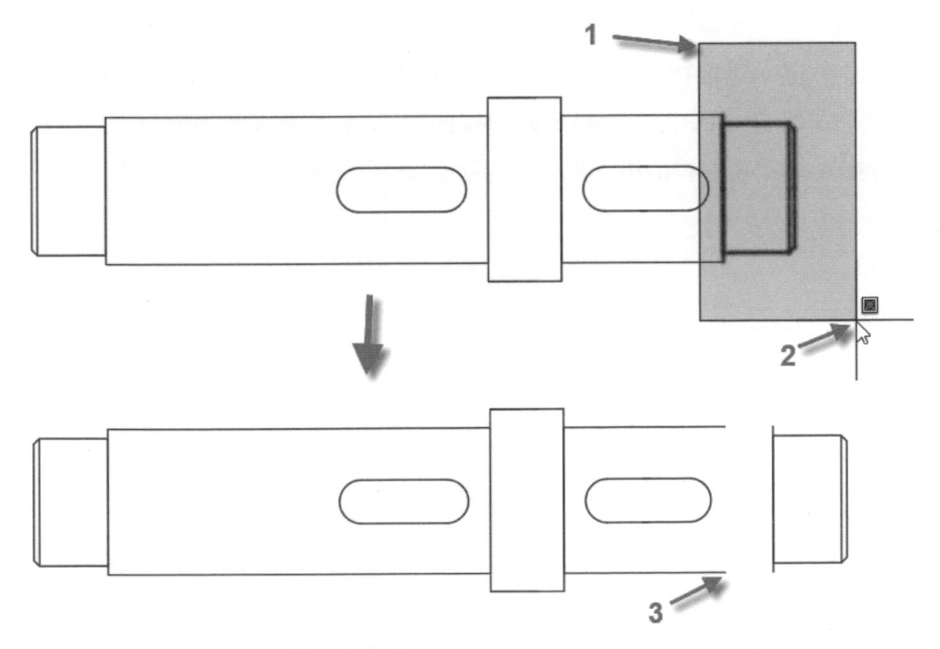

圖 4-34 只有小矩形及梯形被移動

5 使用**拉伸**工具時，一般應使用框選方式選取物件，如此拉伸時會將相連的圖形一起做拉伸動作，如果選擇窗選方式，會產生圖形剝離現象。

4-3-2 鏡射工具

1 請輸入第四章 sample05.dwg 檔案，這是一張機械圖，如圖 4-35 所示，請選取**修改**工具面板上的**鏡射**工具，如圖 4-36 所示。

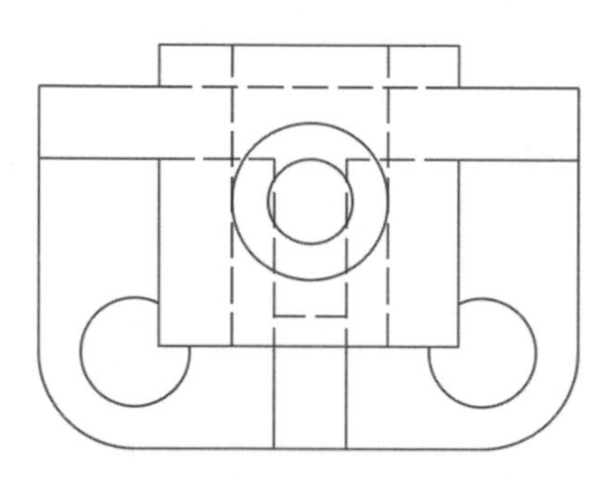

圖 4-35 輸入第四章 sample05.dwg 檔案

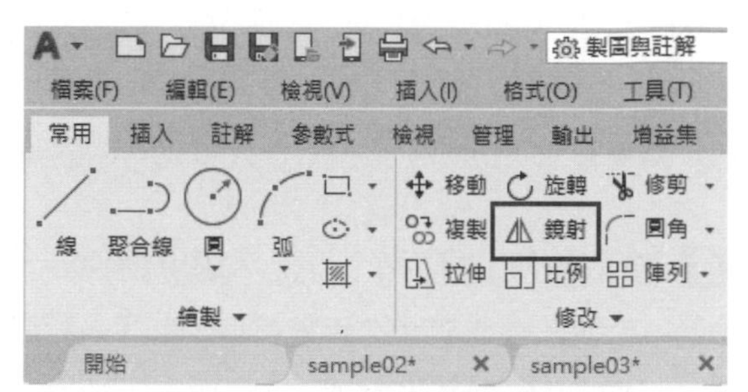

圖 4-36 選取**修改**工具面板上的**鏡射**工具

2 指令行提示**選取物件**，請使用框選方式選取全部圖形，選取完成後按空白鍵完成選取，指令行提示**指定鏡射線的第一點**，移游標到圖示 1 點上，指令行提示**指定鏡射線的第二點**然後移動到圖示 2 點上，如圖 4-37 所示。

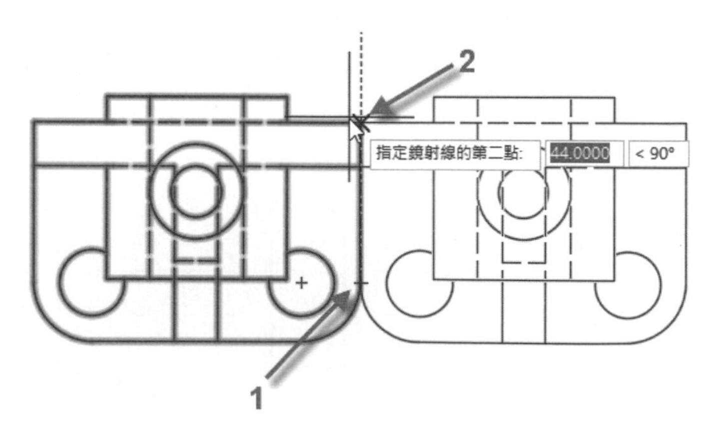

圖 4-37 定出鏡射的基準第一點與第二點

3 當定出第二點後，指令行提示**是否刪除來源物件**，此時在指令行中有**是**與**否**的功能選項，系統內定為**否**的功能選項，如圖 4-38 所示。

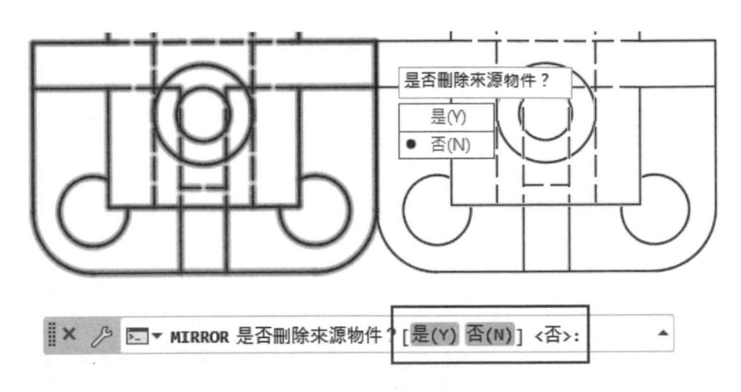

圖 4-38 指令行中有**是**與**否**的功能選項

4 如選擇**是**不保留原物件，如選擇**否**，則成為鏡射複製原物，現依系統預設值選擇否功能選項，即可在右側完成鏡射複製的圖形，如圖 4-39 所示。當然在定下第二點後，也可以直接在鍵盤上輸入「N」表示不刪除，輸入「Y」則表示刪除。

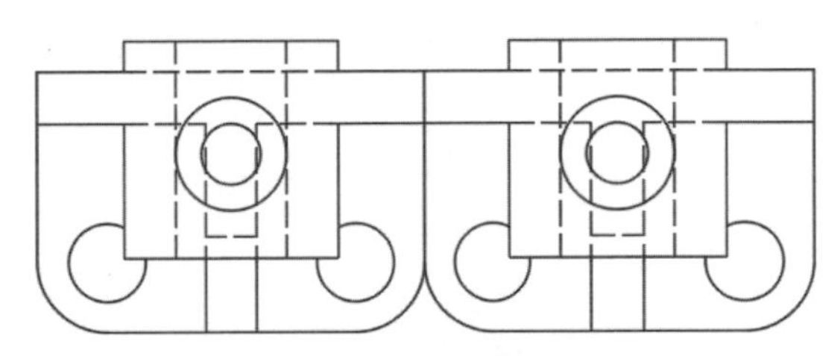

圖 4-39 完成鏡射複製後的圖形

5 再選取**鏡射**工具，指令行提示**選取物件**，請使用滑鼠點選下方之兩圓，選取完成後按空白鍵完成選取，指令行提示**指定鏡射的第一點**，此時先按鍵盤上[Shift] 鍵+滑鼠右鍵，在右鍵功能表中選擇**兩點之中點**功能表單，如圖 4-40 所示。

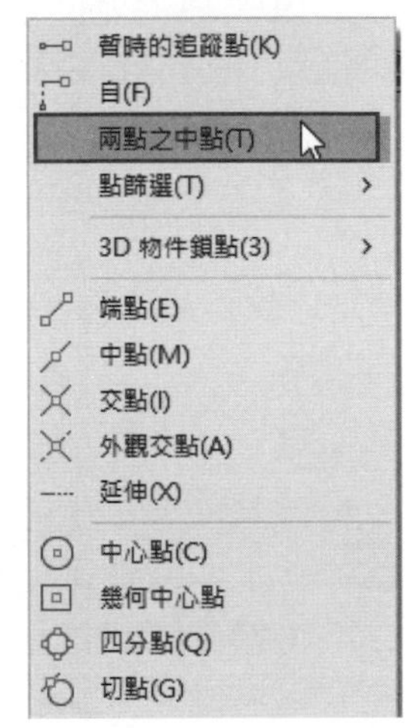

圖 4-40 在右鍵功能表中選擇**兩點之中點**表單

6 移游標到圖示 1、2 點的位置做為中點的第一、二點，可以取得鏡射的第一點，然後移動游標往右水平移動，因極座標追蹤啟動狀態，因此會有一條水平的約束線，在此約束線上任意點（圖示第 3 點）做為鏡射的第二點，如圖 4-41 所示。

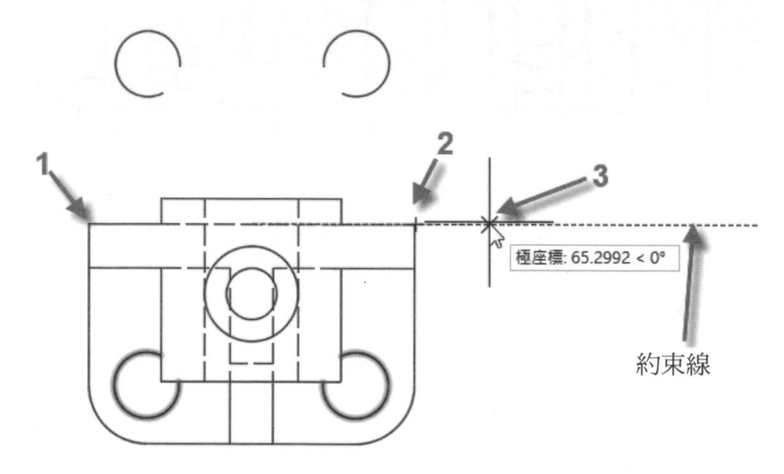

圖 4-41 利用指令行定位方法找出不規則圖形中點

7 當按下圖示第 3 點，指令行提示**是否刪除來源物件**，請選擇**否**，則可以將兩圓鏡射複製到上方位置，而且以圖示 1、2 點之角點做為鏡射點，如圖 4-42 所示。

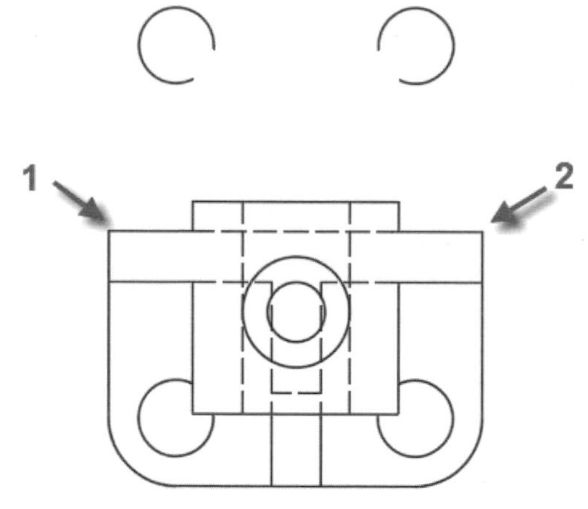

圖 4-42 將兩圓鏡射複製到上方位置

8 在上面的操作中亦可簡化，即直接以圖示 1、2 點做為鏡射的第一、二點，即可操作兩圓向上之鏡射工作。

4-4 偏移及比例工具

4-4-1 偏移工具

1 請輸入第四章中 sample06.dwg 檔案，這是使用畫圓、多邊形、矩形及**直線**工具，隨意在繪圖區中畫上圓、六角形、矩形及直線的圖形，請選取**修改**工具面板上的**偏移**工具，如圖 4-43 所示。

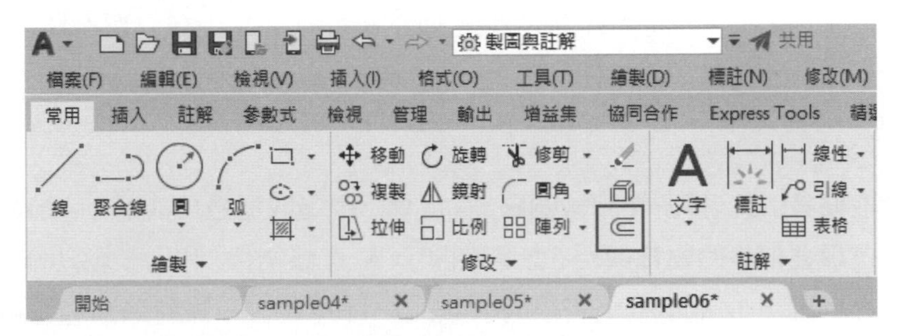

圖 4-43 選取**修改**工具面板上的**偏移**工具

2 當選取**偏移**工具後，指令行提示**指定偏移距離**，此時在鍵盤輸入 20 以定偏移值，按 [Enter] 鍵確定後，指令行提示**選取要偏移的物件**，請選取直線物件，指令行提示**指定要在那一側偏移的點**，移動滑鼠到直線的左上方點擊滑鼠左鍵，即可完成直線的偏移複製，如圖 4-44 所示。

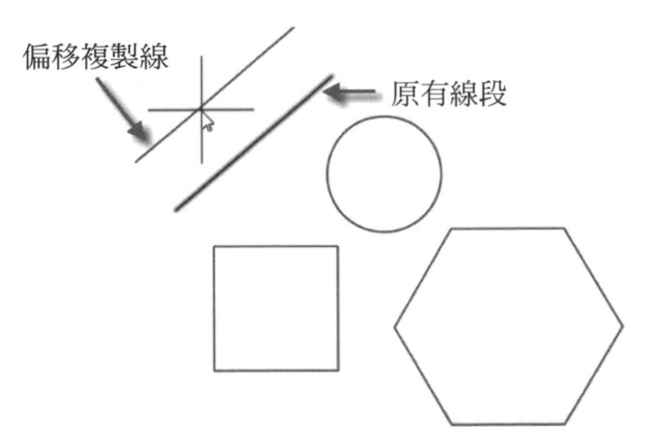

圖 4-44 完成直線向左上偏移複製 20 距離值

3 **偏移**工具可以連續執行，當偏移複製完成直線後，如果偏移值相同，可以再選取矩形物件，於矩形的外側按下滑鼠左鍵，即可將矩形向外偏移複製 20，同樣方法，相同方法，選取六角形向內偏移複製 20，如圖 4-45 所示。

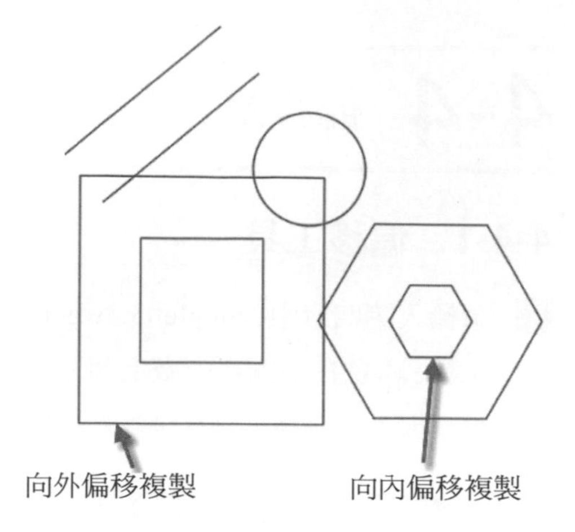

圖 4-45 將矩形向外偏移複製 20、將六角形向內偏移複製 20 之距離值

4 選取**偏移**工具，移游標到繪圖區，在指令行中選取**通過**功能選項。指令行提示**選取要偏移的物件或**，接著選取圖示 A 直線物件，利用鎖點功能，移動游標到圖示 B 的圓心上，按下滑鼠左鍵，即可建立一條通過圓心並和原直線平行的線段，如圖 4-46 所示。

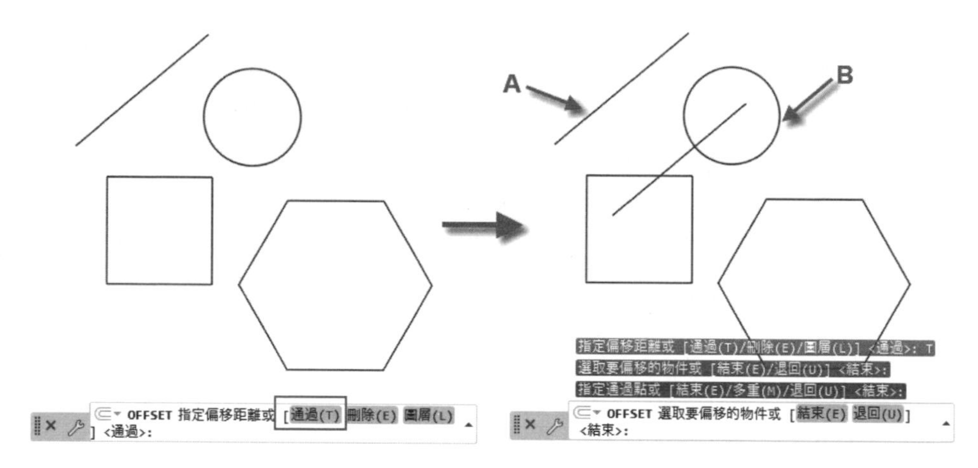

圖 4-46 利用通過點的方式偏移複製直線

5 如果在選取**偏移**工具後，移游標到繪圖區，在指令行中選取**刪除**功能選項，指令行會提示**偏移後是否刪除來源物件**，會在指令行中顯示**是**與**否**功能選項，如圖 4-47 所示。

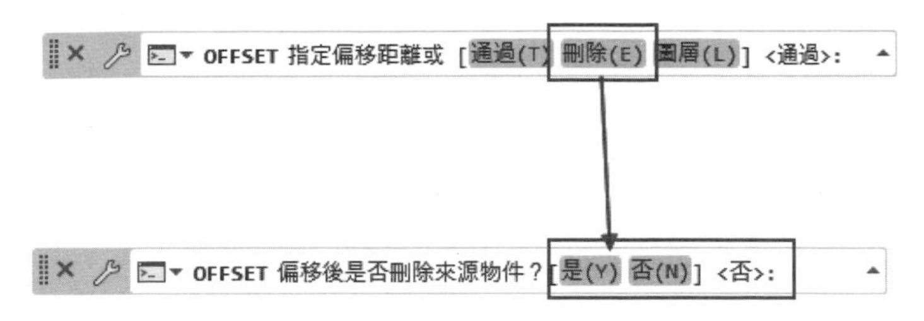

圖 4-47 在指令行中顯示**是**與**否**功能選項

6 請在指令行中選擇**是**功能選項，然後再次在指令行中選取**通過**功能表單，利用上面的方法，可以將圖示 A 的線偏移複製到圓心上，而原來的物件將被刪除，如圖 4-48 所示。

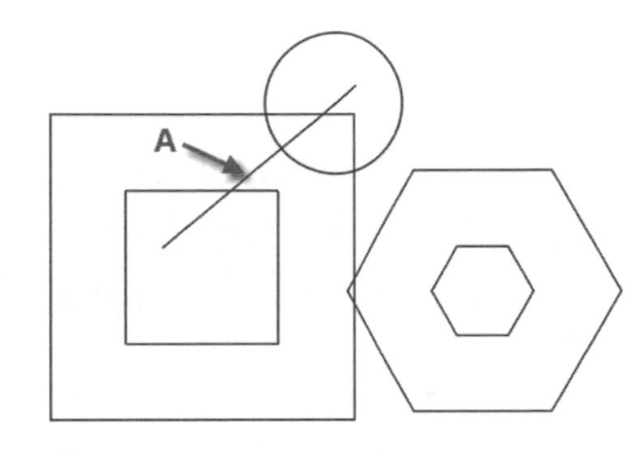

圖 4-48 偏移後原物件被刪除

> **溫馨提示**
> AutoCAD 的編輯工具會記住上次的設定情形，如上一例**偏移**工具使用了刪除功能表單，則往後的偏移都會刪除原物件，使用時不可不查。

4-4-2 比例工具

1 請輸入第四章 sample07.dwg 圖檔，這是一幅中式古典桌立面圖，如圖 4-49 所示，選取**修改**工具面板上的**比例**工具，如圖 4-50 所示。

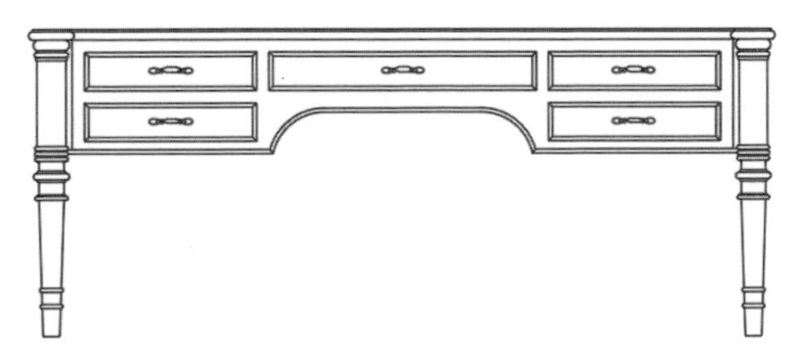

圖 4-49 開啟第四章 sample07.dwg 圖檔

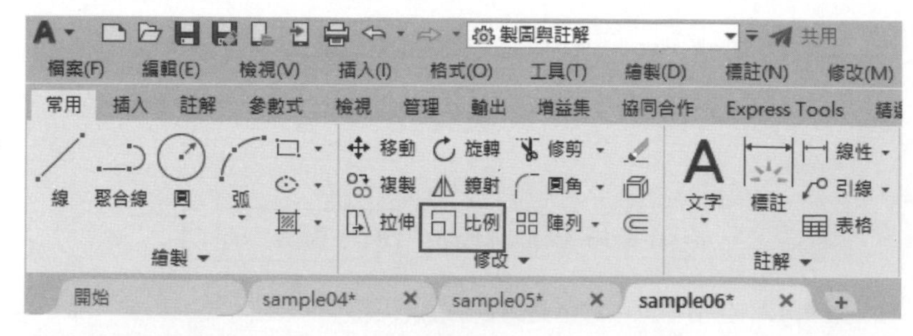

圖 4-50 選取**修改**工具面板上的**比例**工具

2 移游標到繪圖區，指令行提示**選取物件**，當選取物件後，指令行提示**指定基準點**，請選取左下角之桌腳（圖示 1 點）為基準點，指令行提示**指定比例係數點**，如果大於 1 為放大，小於 1 為縮小，此處，在鍵盤上輸入 0.8，做 0.8 倍的縮小，如圖 4-51 所示，右側圖為縮小為 0.8 倍。

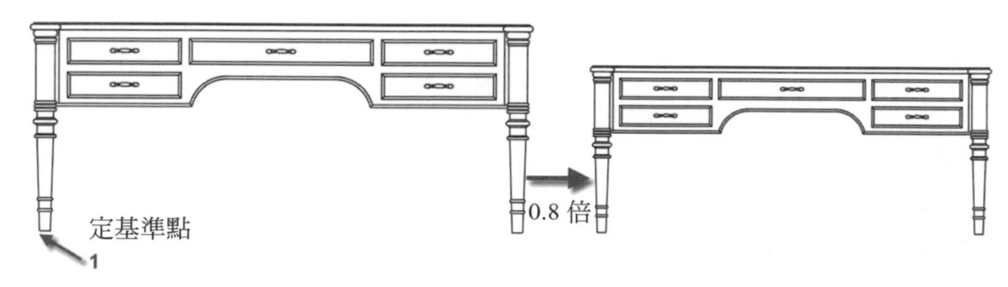

圖 4-51 將物件做 0.8 倍縮小

3 依前面的工序，執行到定下基準點後，此時不要輸入縮放倍數，在指令行中選取**複製**功能選項，如圖 4-52 所示，則在縮放的同時會保留原物件。

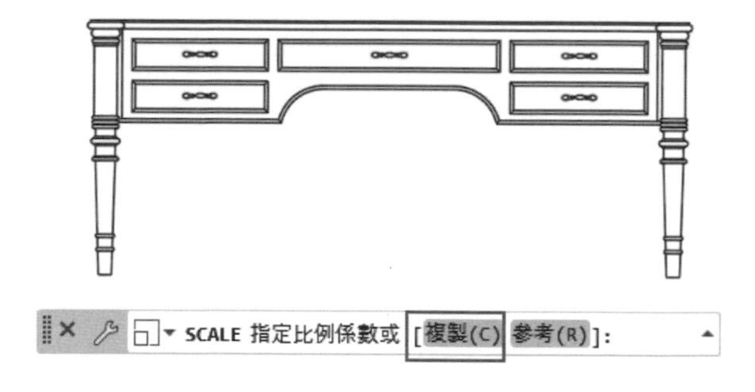

圖 4-52 在指令行中選取**複製**功能選項

4 使用比例倍數值做縮放是比較不科學的做法，因為所有比例倍數值是要經過一番計算而來，現示範較直接的方法，依前面的工序執行到定下基準點後，此時不要輸入縮放倍數，在指令行中選取**參考**功能選項，如圖 4-53 所示，指令行提示**指定參考長度**，請在物件中點取圖示 1、2 點，如圖 4-54 所示。

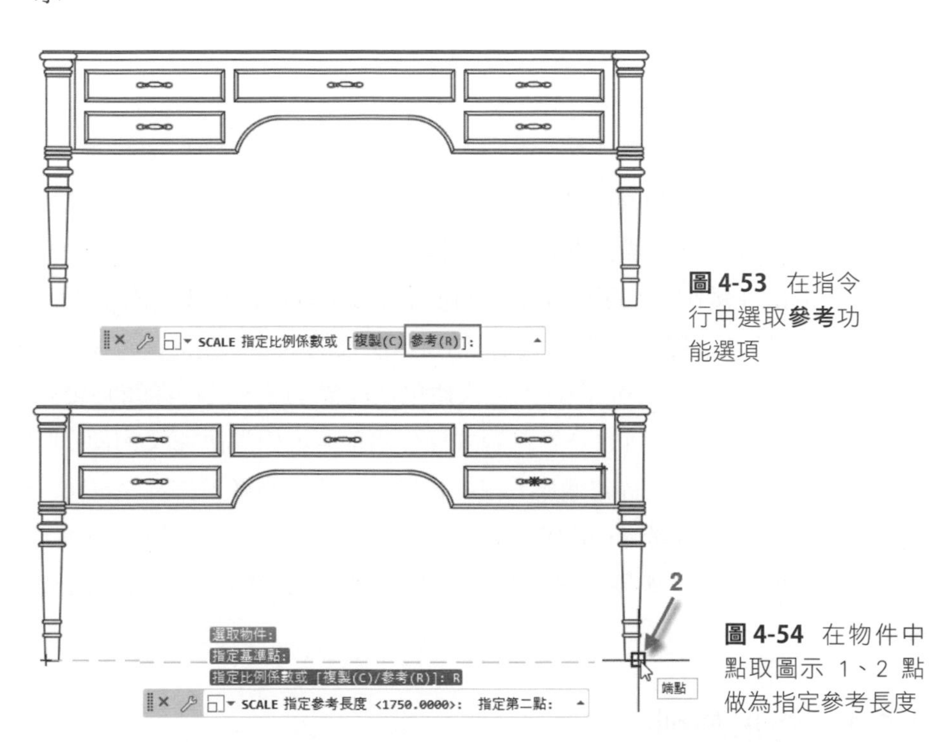

圖 4-53 在指令行中選取**參考**功能選項

圖 4-54 在物件中點取圖示 1、2 點做為指定參考長度

5 指令行提示**指定新長度或**，此時在鍵盤上輸入 200 做為新長度，則會將原圖示 1、2 點的距離縮放成 200 單位的大小，如圖 4-55 所示。

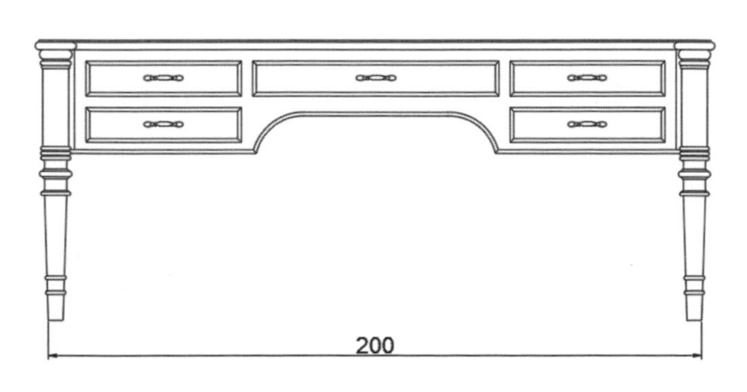

圖 4-55 將原物件 1、2 點的距離縮放成 200 個單位

6 利用此原理，可以使用**參考**功能選項來調整整個圖面的比例。例如輸入的圖塊其單位不是預期的單位，使用縮放工具選取全部的圖形，在指令行中選取**參考**功能選項，以已知尺寸的圖形段為 1、2 點的參考長度，再輸入真正想要的尺寸，則所有物件會縮放成正確比例。

4-5 陣列工具

陣列工具的運用從 AutoCAD 2012 版本以後做了重大的改變，它把原來傳統的陣列面板操作模式，完全改成工具面板模式，如果想要編輯它，只要在陣列物件上按滑鼠左鍵兩下，即可在工具面板中增加**陣列**頁籤，其內包含有類型、欄、列、層、性質及選項面板等，具有相當革命性的改變。在 AutoCAD2018 版本中對此更為進化，它不但操作上更人性化及簡潔明確，且在編輯時會自動增加活動式陣列面板。此種改變對直觀式操作者而言，相當快速又方便，但對傳統操作者可能需要一段時間適應，在本書第一章中，作者曾言及 AutoCAD 的研發團隊為符合軟體潮流，漸朝學習容易操作簡單的直觀設計概念邁進，所有 AutoCAD 的使用者，如果不思調整心態跟上腳步，最後終究會被這股潮流所淘汰。

4-5-1 矩形陣列

1 請輸入第四章中 sample08.dwg 檔案，如圖 4-56 所示，這是一間會議室平面圖，選取**修改**工具面板上的矩形**陣列**工具，如圖 4-57 所示。。

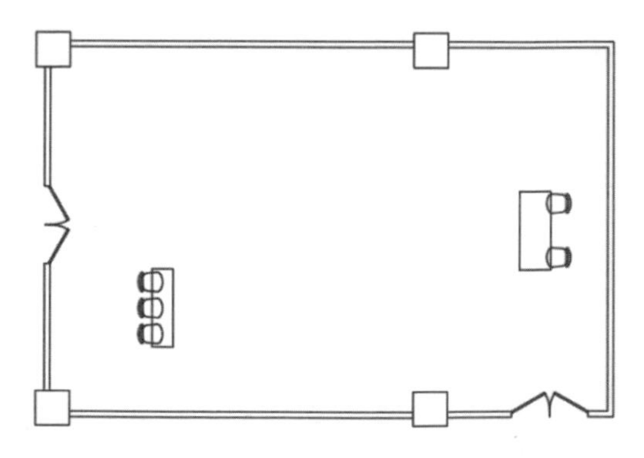

圖 4-56 輸入第四章 sample08.dwg 檔案

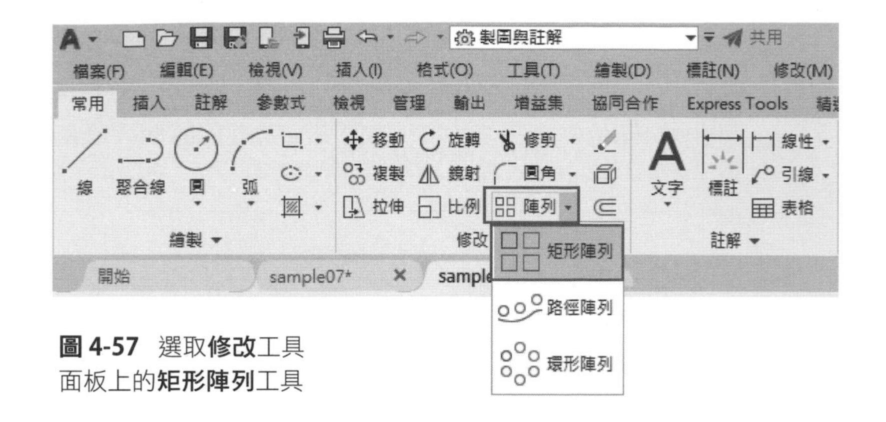

圖 4-57 選取**修改**工具面板上的**矩形陣列**工具

2 當選取矩形**陣列**工具後，指令行提示**選取物件**，請選取場景中左側的會議桌椅，在 AutoCAD 2018 版本以後，當選取物件完成後，系統內定以 4 行 3 列格式做矩形陣列展示，如圖 4-58 所示。

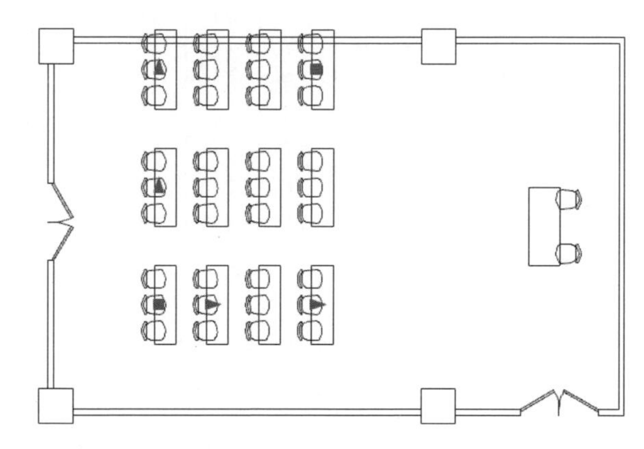

圖 4-58 系統內定以 4 行 3 列格式做矩形陣列展示

3 系統內定以 4 行 3 列格式做矩形陣列展示外，在工具面板中會增加**陣列建立**頁籤，並展示其面板內容，如圖 4-59 所示，使用者可以依自己陣列需要，更改面板各欄位值即可。

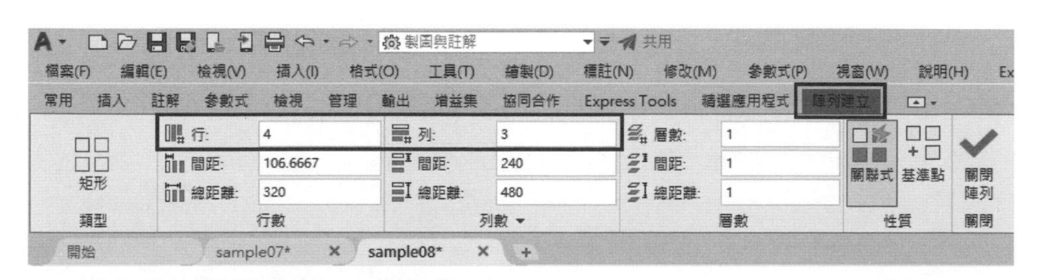

圖 4-59 矩形陣列之**陣列建立**頁籤面板

4 此時在繪圖區中按下滑鼠右鍵，可以顯示陣列的右鍵功能表列，指令行中也會提供相同的功能選項供選取，如圖 4-60 所示，這些功能選項其實和**陣列建立**頁籤面板中的欄位內容完全相同，如何使用完全依靠個人使用習慣而定。

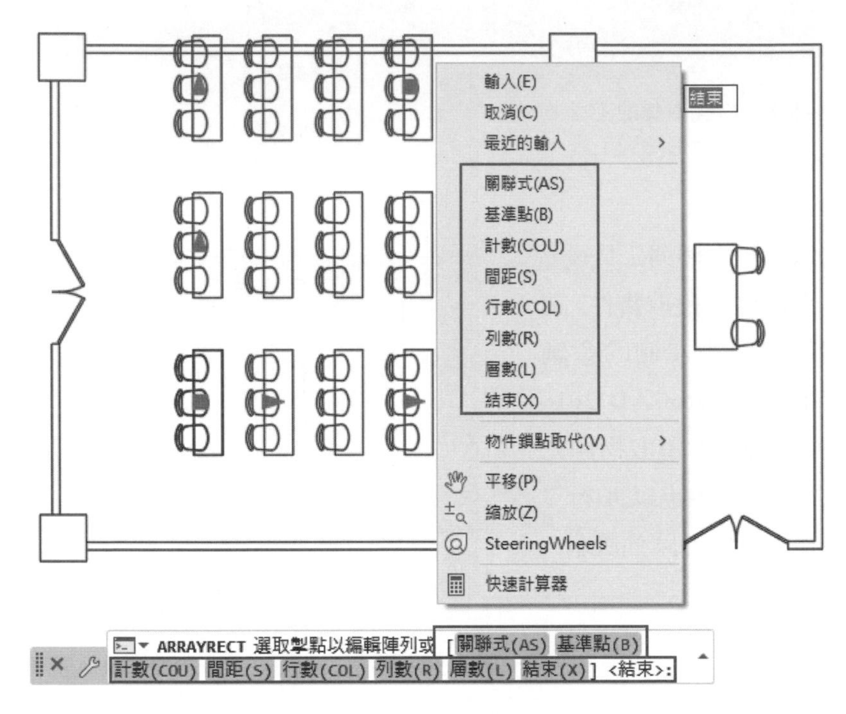

圖 4-60 在右鍵功能表及指令行中均有與工具面板中相同的功能選項

5 例如原預想做 6 行 3 列的矩形陣列，可以在**欄**面板中將其行欄位值改為 6，在**列**面板中將列間距欄位值改為 200，當各輸入其值並按下 [Enter] 鍵確定後，如圖 4-61 所示，可以自動調整為 6 行 3 列的矩形陣列的圖形。

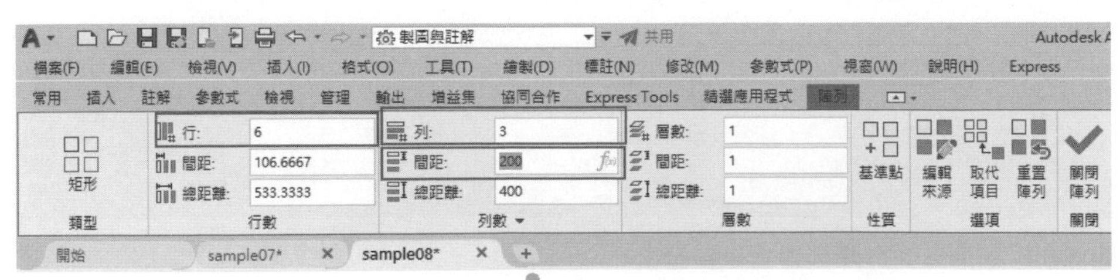

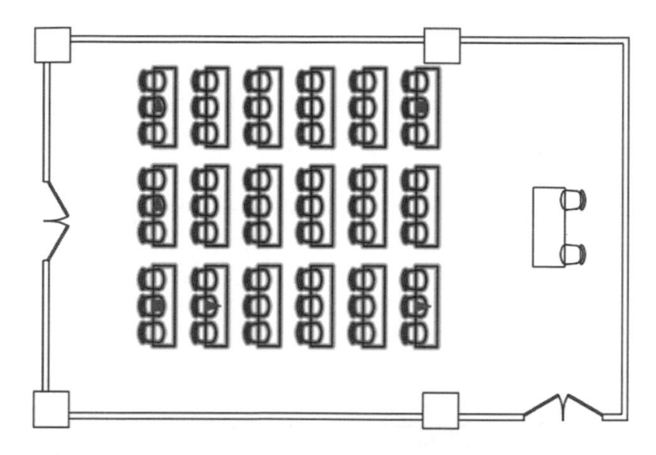

圖 4-61 在**陣列建立**頁籤面板中調整欄位值可以改變陣列情形

6 選取矩形**陣列**工具後，系統內定以 4 行 3 列格式做矩形陣列展示外，其指令行會提示**選取掣點以編輯陣列或**並內定為結束選項，此時直接按下 [Enter] 鍵可以結束**陣列**工具的運用。

7 以前面的陣列圖形觀之，系統會以物件的中心點為內定的基準點，如果想改變基準點，可以在**性質**工具面板上選取基準點工具，如圖 4-62 所示，亦可在指令行中選取**基準點**功能選項，此時可以在圖形中移動游標以定出新的基準點。

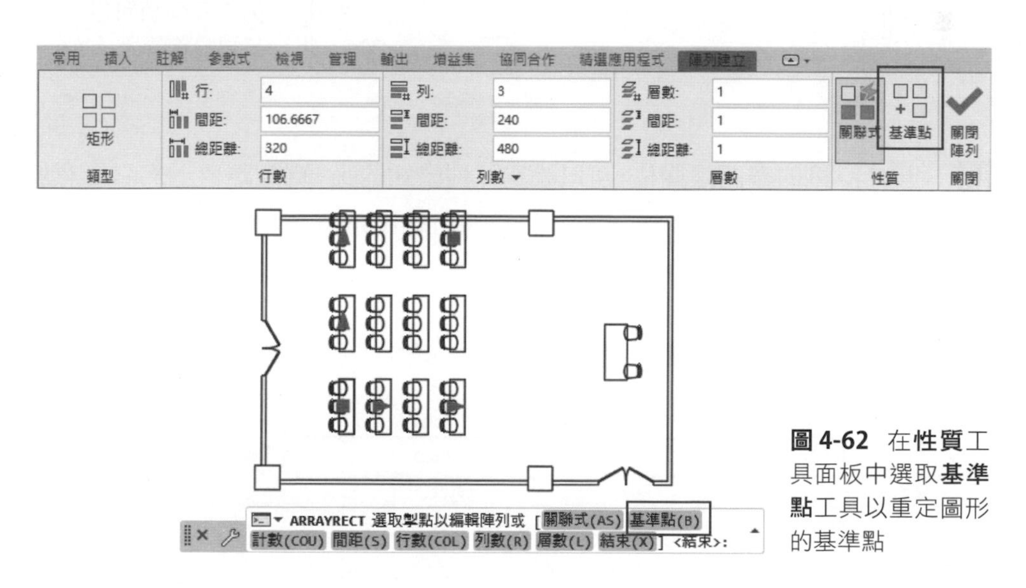

圖 4-62 在**性質**工具面板中選取**基準點**工具以重定圖形的基準點

8 許多傳統操作者對新形式陣列操作方式不適應，認為它煩瑣複雜難以捉摸，但 AutoCAD 2018 版本以後，它使操作方法更為簡化且所見即所得，只要在繪圖區上方的陣列標籤的工具面板做各項欄位填入工作即可。

9 以本範例為例在行數工具面板中更改行間距為 140，在列數工具面板中更改列間距為 160，即可快速將矩形陣列設定成符合自己的需要，如圖 4-63 所示。

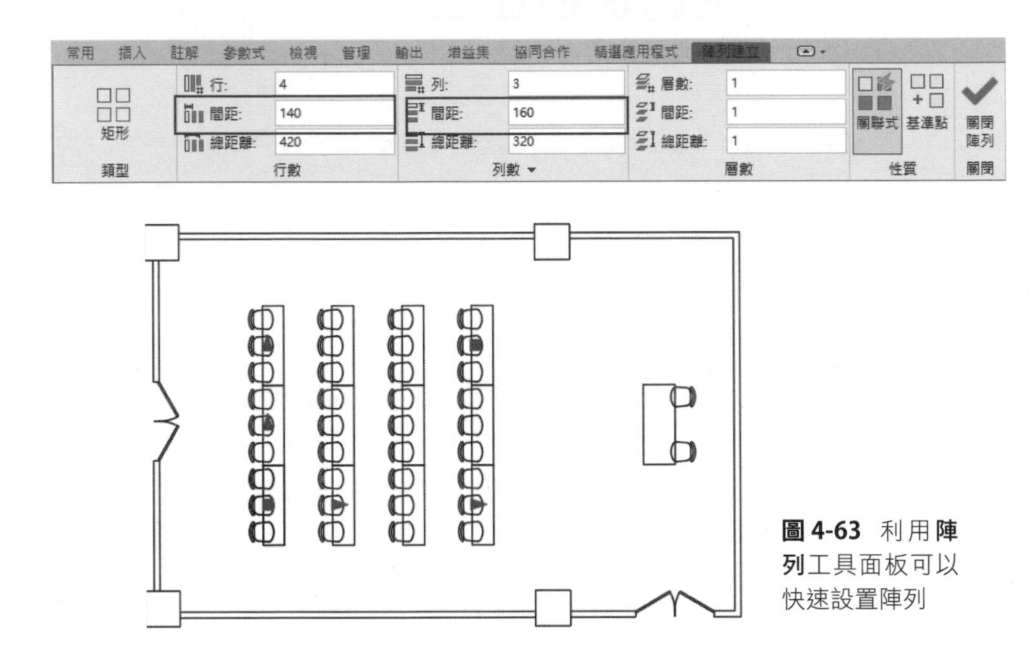

圖 4-63 利用**陣列**工具面板可以快速設置陣列

10 利用行、列的**總距離**欄位，可以設定陣列已知的長、寬距離值，讓系統自動分配物件間的間距，如圖 4-64 所示，設行總距離值為 600，列總距離值為 400，系統會自動計算欄、列之間距。

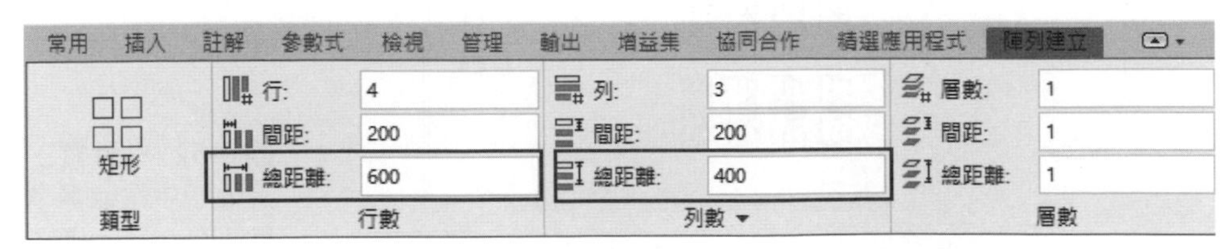

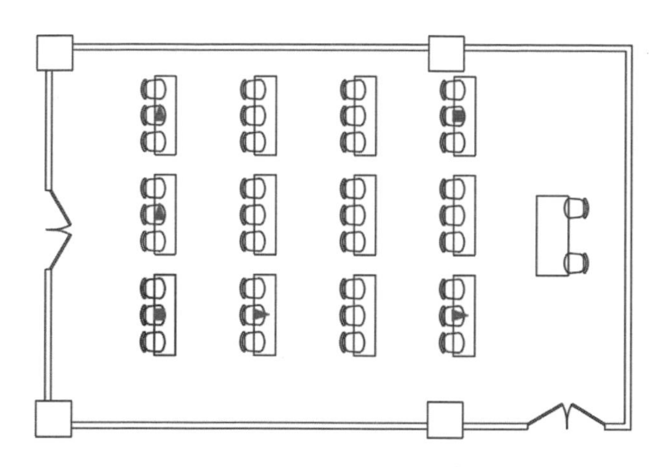

圖 4-64 在工具面板上定行、列總距離欄位值

11 在工具面板上有三個欄位，一般運用在 3D 空間作圖，在 2D 製作中較不具意義，有興趣的讀者請自行操作練習。

12 當在矩形陣列編輯中，在指令行中尚未按下**結束**功能選項以結束**陣列**工具的運用前，在**陣列建立**頁籤面板中之**性質**面板尚有**關聯式**工具，系統內定為啟用狀態，其作用即將陣列項目納入單一陣列物件中，類似於圖塊的作用，透過關聯式陣列，在編輯陣列中個別物件時會擴展至整個陣列的物件。

13 當圖形為關聯式陣列，則使用**修改**工具面板上的各項工具以選取各別物件時，整個陣列的物件都會被選取，如圖 4-65 所示。

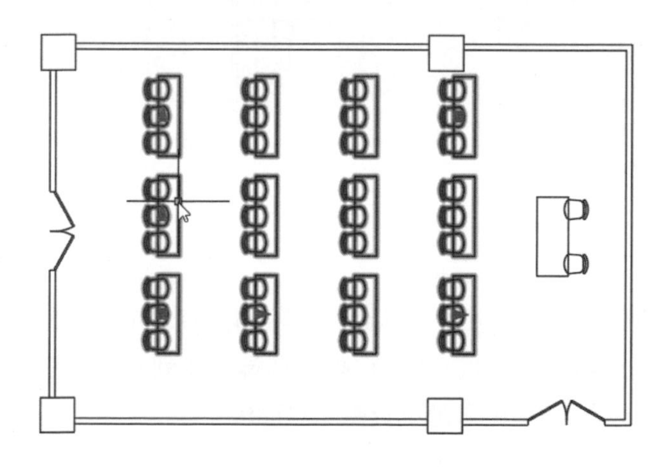

圖 4-65 在關聯式陣列中每個物件都具關聯性

14 當想讓陣列不具關聯性，在**陣列建立**頁籤面板中之**性質**面板按下**關聯式**工具，讓工具不具藍色區塊。當選取指令行中的**關聯式**功能選項時，指令行會提示**建立關聯式陣列 [是(Y)/否(N)]**的提示，如圖 4-66 所示，本例中直按在指令行中按下**否(N)**功能選項。

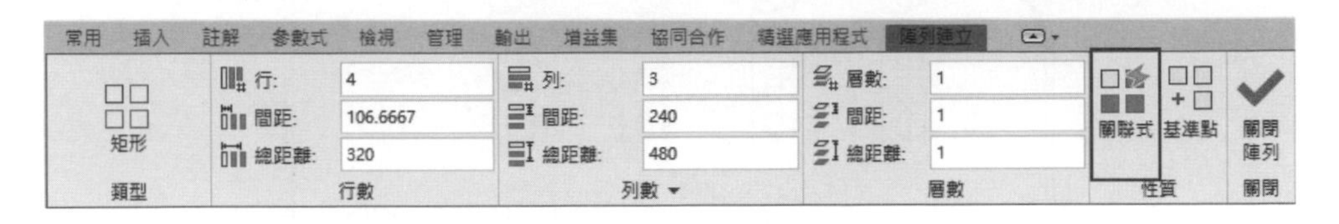

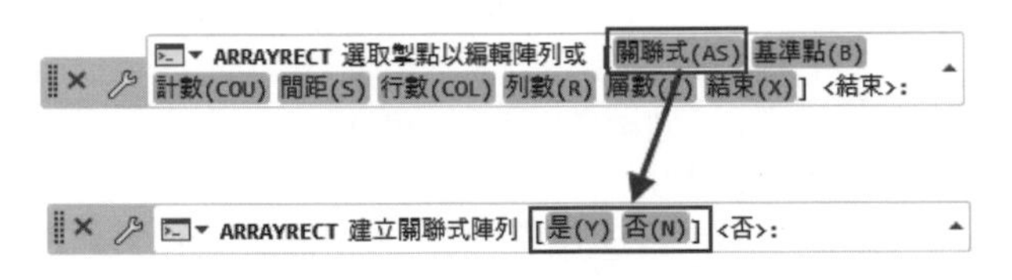

圖 4-66 按下**關聯式**工具使工具不具藍色區塊

15 當圖形不具關聯式陣列，則使用**修改**工具面板上的各項工具以選取各別物件時，整個陣列的物會被個別選取，如圖 4-67 所示。

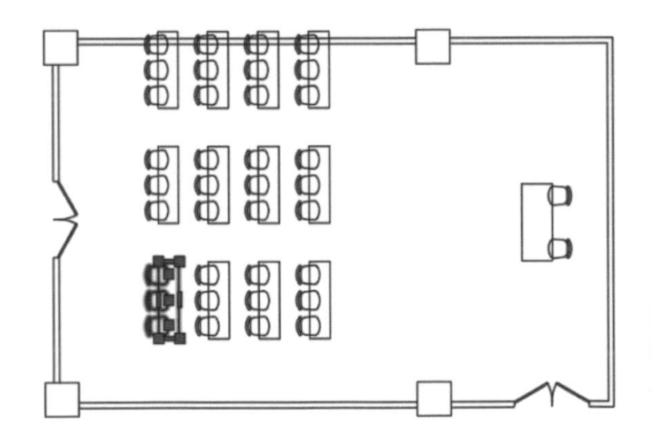

圖 4-67 在不具關聯式陣列中每個物件都不具關聯性

16 當結束矩形陣列的編輯後，想重新更動它的陣列內容，如果它屬於不具關聯式陣列則無法重啟陣列面板，如果它屬於關聯式陣列，只要使用滑鼠點擊陣列中的物件，則會重新開啟陣列頁籤工具面板。

17 此陣列頁籤面板與**陣列建立**頁籤面板大致相同，唯少了**關聯式**工具，而多了選項工具面板，在此面板中有**編輯來源**、**取代項目**及**重置陣列**等 3 項工具可供使用，如圖 4-68 所示。

圖 4-68 在選項目板中有 3 項工具可供使用

18 選取選項工具面板中的編輯來源工具，指令行提示**選取陣列中的項目**，使用滑鼠點擊取陣列中的一個物件，系統會開啟陣列編輯狀態面板做為確認警示，如圖 4-69 所示，如果以後不想再開啟此面板，可以將**不再展示此確認警示**欄位勾選即可。

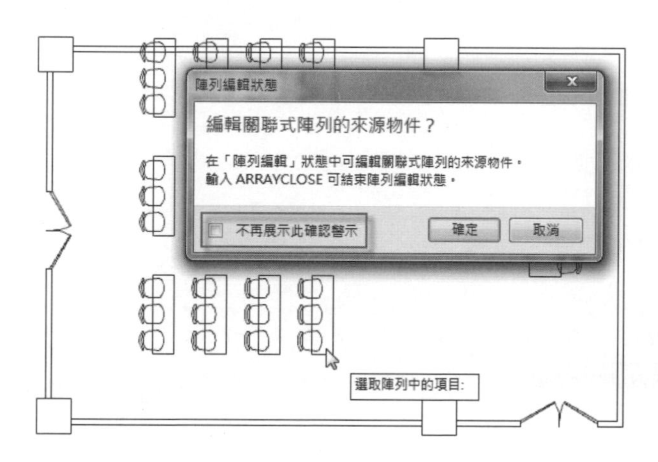

圖 4-69 系統會開啟陣列編輯狀態面板做為確認警示

19 在開啟陣列編輯狀態面板中按下**確定**按鈕，在陣列中的圖形，剛才被選取的物件會以黑實線顯示以供編輯，而之外的物件都會以藍色線顯示，如圖 4-70 所示。

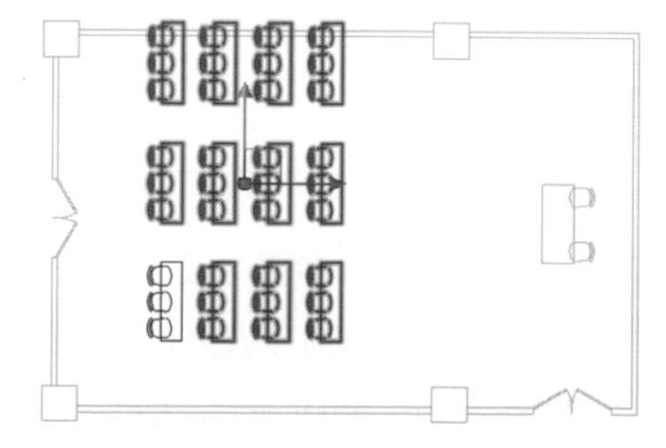

圖 4-70 選取的陣列物件會以黑實線顯示

20 此時系統會回到**常用**頁籤工具面板，而在此面板的最右側會增加一編輯陣列面板，可以顯示其中的儲存變更與捨棄變更兩工具，如圖 4-71 所示。

圖 4-71 在編輯陣列面板中顯示儲存變更與捨棄變更兩工具

21 在**常用**頁籤工具面板中，選取**修改**工具面板的**拉伸**工具，對桌面進行拉伸，則所有的陣列物件的桌面都會跟隨著編輯，如圖 4-72 所示。

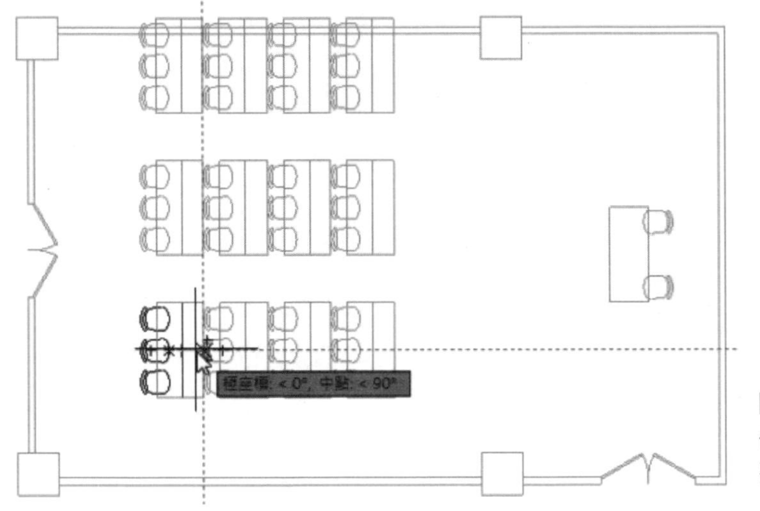

圖 4-72 編輯一個選項後所有陣列物件跟隨編輯

22 編輯完成後，視需要在編輯陣列面板中，可選擇儲存變更與捨棄變更任一工具，以結束陣列的編輯。

23 預先在場景中繪製一矩形，再啟動陣列編輯模式，在陣列頁籤面板中，選取選項工具面板中的取代項目工具，可以選取剛繪製的矩形以取代原有陣列物件，如圖 4-73 所示，指令行提示**選取取代物件**。

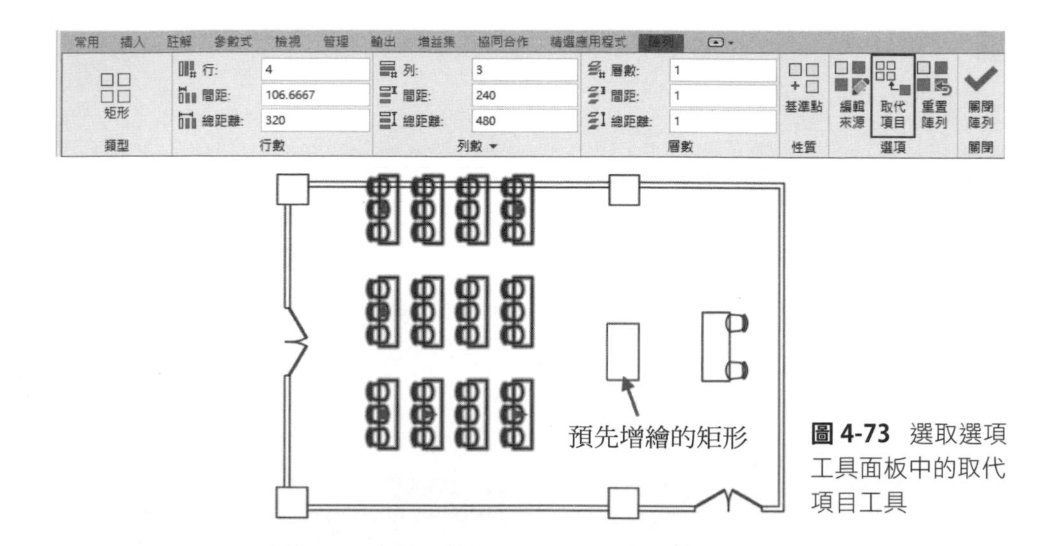

圖 4-73 選取選項工具面板中的取代項目工具

24 請選取剛繪製的矩形做為取代物件，指令行提示**選取取代物件的基準點或**，請選取矩形的中心點做為基準點，指令行提示**選取陣列中要取代的項目或**，請移游標到其中一個陣列物件上按下滑鼠左鍵，即可以此矩形取代物件，如圖 4-74 所示。

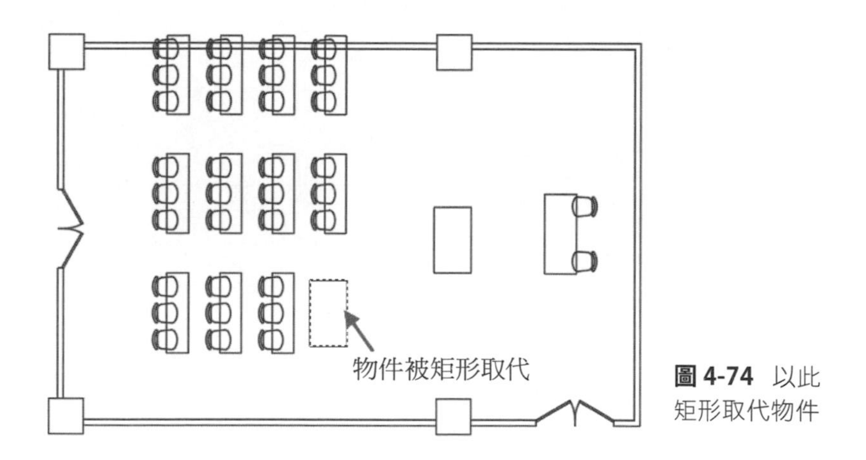

圖 4-74 以此矩形取代物件

25 此工具可以連續執行取代工作，只要移動游標連續點擊物件即可，在按下 [Enter] 鍵並選取指令行中的**結束**功能選項，即可結束取代項目工具之操作而回到陣列編輯面板。

26 在選項工具面板中選取**重置陣列**工具，可以還原刪除的項目並復原所有項目取代，此處請讀者自行練習。

4-5-2 環形陣列

1 請打開第四章中的 sample09.dwg 檔案，這是一張大圓桌配上一張椅子的平面圖，如圖 4-75 所示，請在**修改**工具面板中，選取**環形陣列**工具，如圖 4-76 所示。

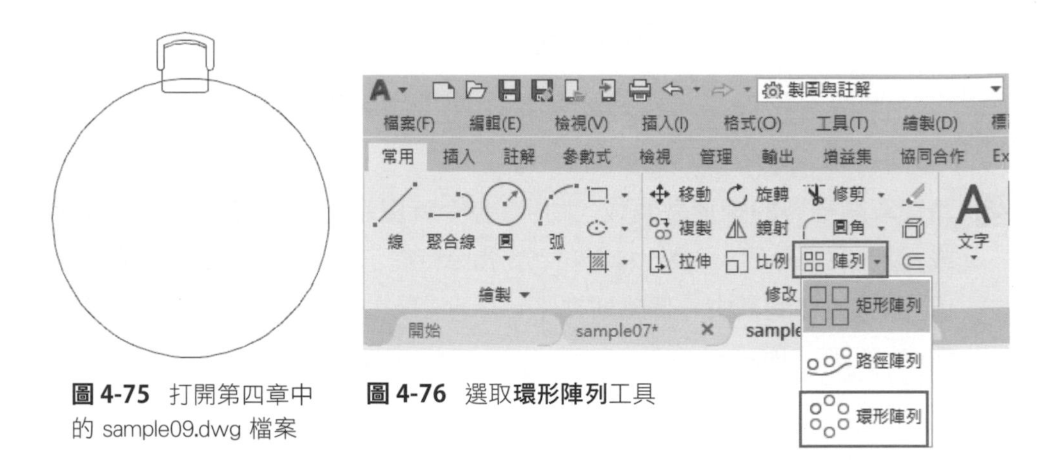

圖 4-75 打開第四章中的 sample09.dwg 檔案

圖 4-76 選取**環形陣列**工具

2 選取工具後指令行提示**選取物件**，請使用窗選方式選取圖形中的椅子，指令行提示**指定陣列的中心點或**，請利用鎖點功能以桌子圓心做為陣列的中心點，如圖 4-77 所示，如一時找不到圓心，只要移游標到圓的邊線上即可出現圓心點。

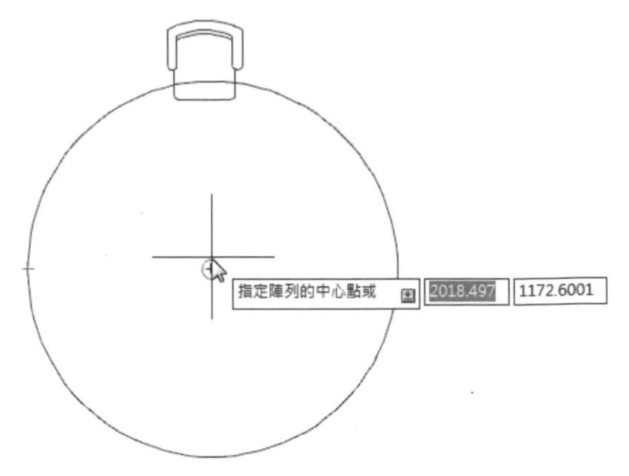

圖 4-77 以以桌子圓心做為陣列的中心點

3 在定下中心點後，如矩形陣列一樣，系統會自動以 6 項 1 列做為環形陣列，如圖 4-78 所示，在圓桌旁置入了 6 張椅子。

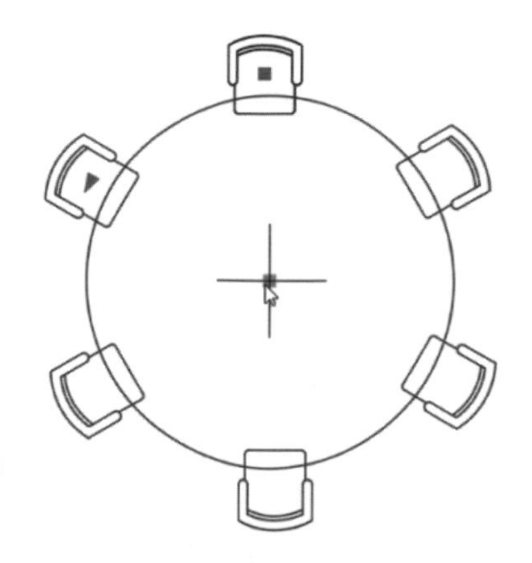

圖 4-78 系統自動以 6 項 1 列做為環形陣列

4 當定下環形陣列中心點後，指令行提示**選取掣點以編輯陣列或**，此時按住陣列椅子之小四方藍點並移動游標，可以同時對 6 張陣列椅子以中心點為圓心，做內外距離縮放，如圖 4-79 所示，離開中心點為放大距離，拉近中心點為縮小距離。

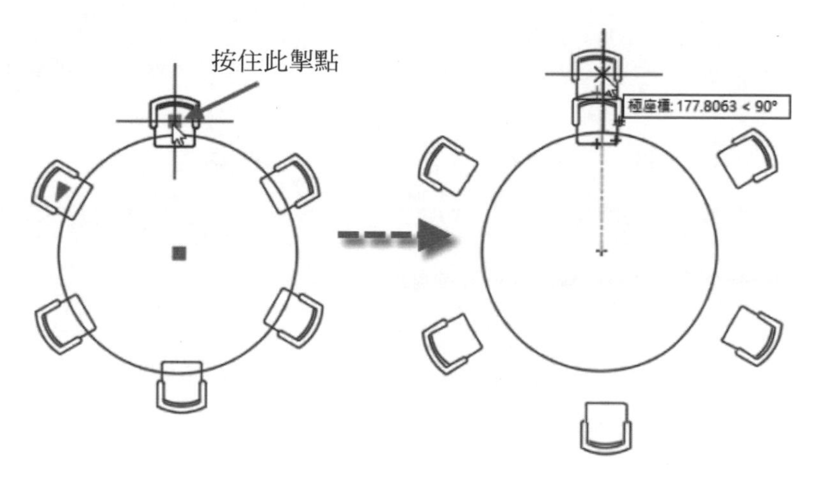

圖 4-79 按住掣點可同時對 6 張陣列椅子以中心點為圓心做內外距離縮放

5 在陣列椅子中按住三角形的藍色點，移動游標可以自由調整每張椅子的夾角值，如圖 4-80 所示，也可以在鍵盤輸入每張椅子的夾角值。

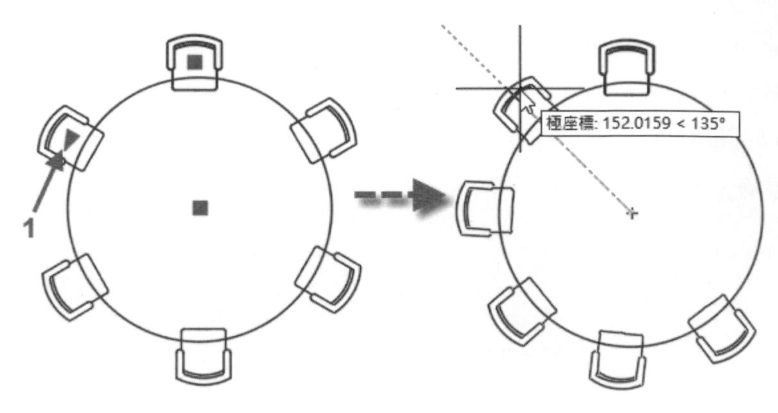

圖 4-80 移動游標可以自由調整每張椅子的夾角值

6 在未結束陣列設定，在繪圖上方會顯示**陣列建立**頁籤，並顯示其各項工具面板，如圖 4-81 所示，如矩形陣列之操作，此等工具面板是 AutoCAD 2012 版本以後為陣列操作所設計的精華所在。

製圖與註解 共用
檔案(F) 編輯(E) 檢視(V) 插入(I) 格式(O) 工具(T) 繪製(D) 標註(N) 修改(M) 參數式(P) 視窗(W) 說明
常用 插入 註解 參數式 檢視 管理 輸出 增益集 協同合作 Express Tools 精選應用程式 陣列建立
環形 項目: 6 夾角: 60 填滿: 360 列: 1 間距: 76 總距離: 76 層數: 1 間距: 1 總距離: 1 關聯式 基準點
類型 項目 列數 層數
開始 sample07* sample08* sample09*

圖 4-81 **環形陣列**工具之**陣列建立**頁籤工具面板

7 在**項目**工具面板中，將**項目**計數欄位設定為 8，**填滿**角度欄位設為 360，則可以在一圈中平均分配 8 張椅子，如圖 4-82 所示，這是讓系統自動計算環形陣列各物間的角度。

常用 插入 註解 參數式 檢視 管理 輸出 增益集
環形 項目: 8 夾角: 45 填滿: 360 列: 間距: 總距離:
類型 項目

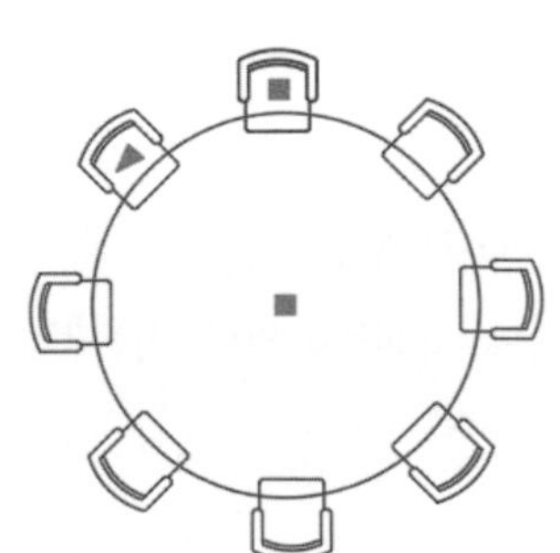

圖 4-82 在一圓中平均分配 8 張椅子

8 在**陣列**工具面板中，將列計數欄位設定為 3，列間距欄位設定為 76，因為有 3 列，所以列總距離欄位自動計算為 152，如圖 4-83 所示，在此面板中，可以由列間距或列總距離欄位來設定列間的距離值。

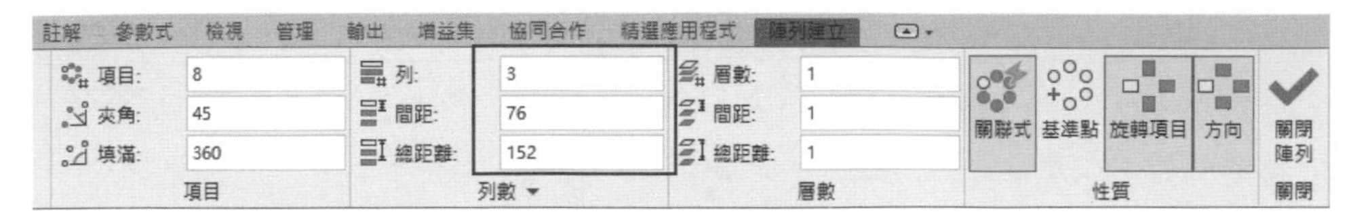

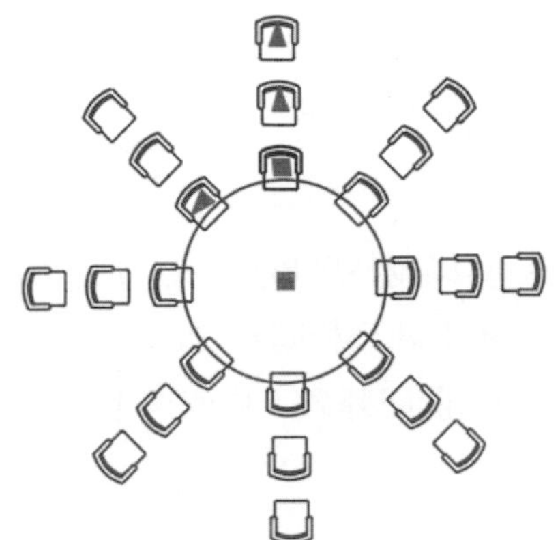

圖 4-83 設定環形陣列之列數及其間距

9 在**性質**工具面板中的旋轉項目工具，此工具可以決定物件是否跟著軸心旋轉，當啟動時（呈現藍色）為跟著旋轉，如圖 4-84 所示，使用滑鼠點擊工具，可以在兩者間做轉換，如圖 4-85 所示，為不啟動狀態而不跟著旋轉。

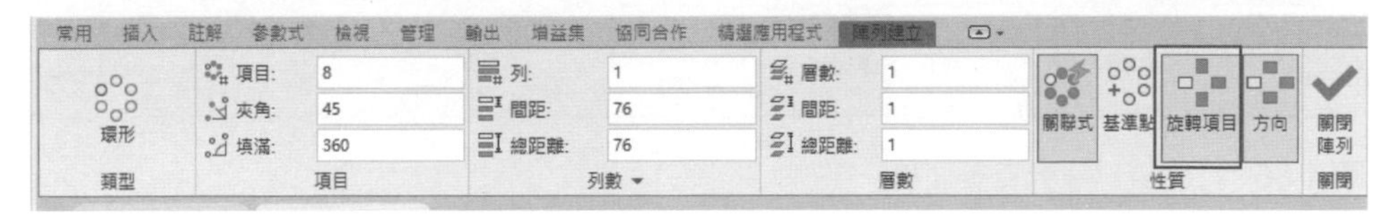

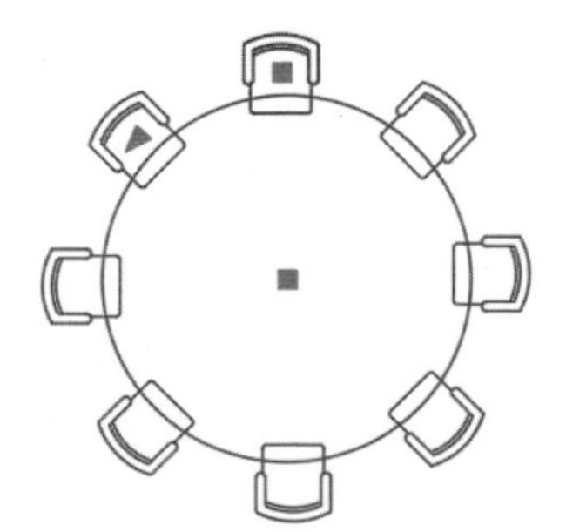

圖 4-84 物件跟著軸心旋轉

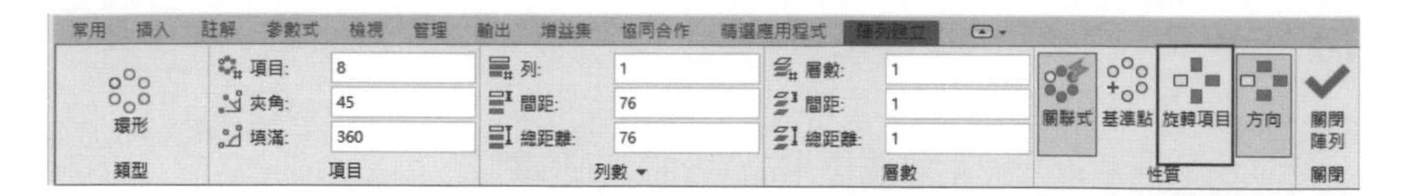

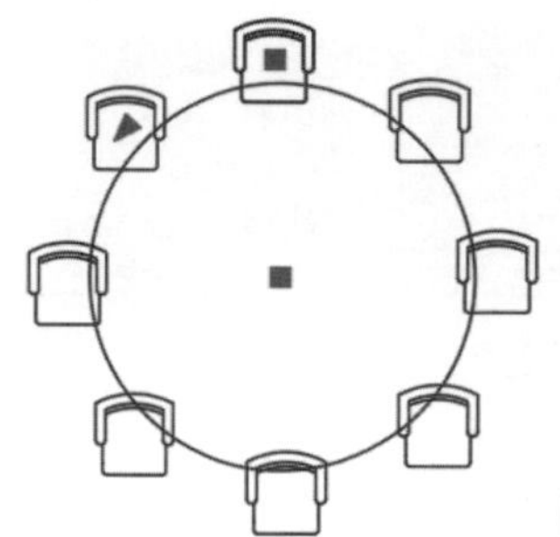

圖 4-85 物件不跟著軸心旋轉

10 在**性質**面板上選取方向工具，可以調整環形陣列建立時為逆時針或順時針的方向，至於其它**陣列**工具和矩形陣列相同，在此不重複說明，如要結束陣列編輯，可以選取關閉面板中的**關閉陣列**工具或按 [Enter] 以結束陣列編輯。

11 當結束關聯式環形陣列後，想要重新編輯陣列，使用滑鼠點擊圖中之任意椅了，可以打開**環形陣列**工具頁籤面板，如圖 4-86 所示，其面板內容大致與矩形陣列頁籤工具面板相同，此處不重複說明。

圖 4-86 打開環形陣列頁籤面板

4-5-3 路徑陣列

1 請打開第四章中的 sample10.dwg 檔案，這是一條弧形曲線及其頂端的小矩形，如圖 4-87 所示，在**修改**工具面板中，請選取**路徑陣列**工具，如圖 4-88 所示，這是以一條路徑曲線做陣列複製。

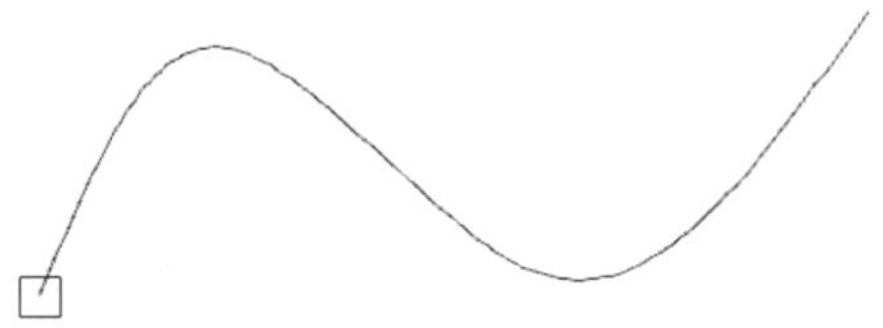

圖 4-87 打開第四章中的 sample10.dwg 檔案

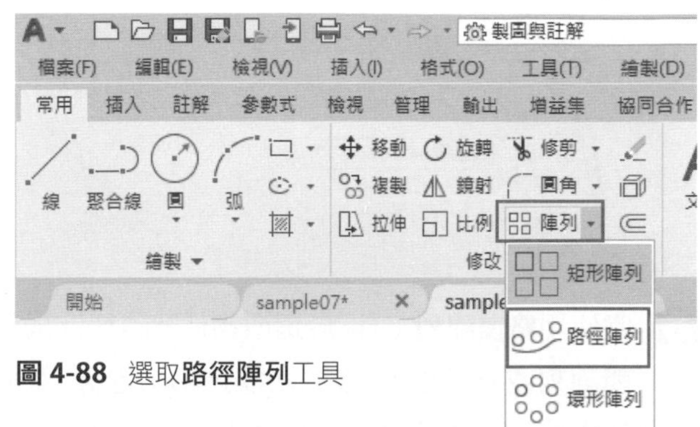

圖 4-88 選取**路徑陣列**工具

2 選取**路徑陣列**工具後指令行提示**選取物件**，請使用窗選方式選取圖形中的小矩形，指令行提示**選取路徑曲線**，請再選取弧形曲線，系統自動會以 12 項目 1 列沿路徑做陣列，如圖 4-89 所示。

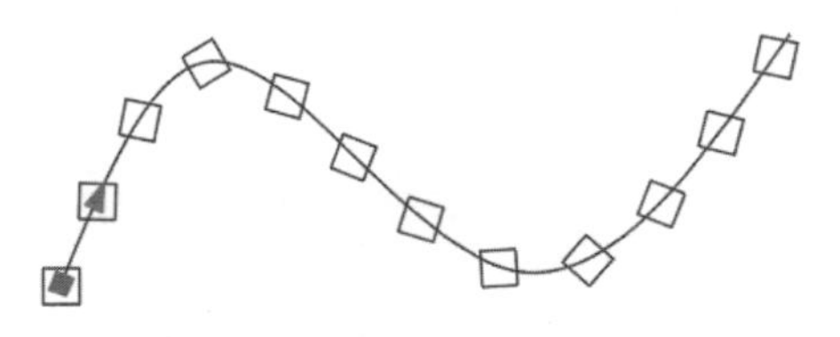

圖 4-89 系統自動會以 12 項目 1 列沿路徑做陣列

3 當選取弧形曲線後，指令行提示**選取掣點以編輯陣列或**，此時按住陣列矩形之小四方形藍點並移動游標可以增加陣列之列數，如圖 4-90 所示，離弧形曲線越遠則列數會越多。

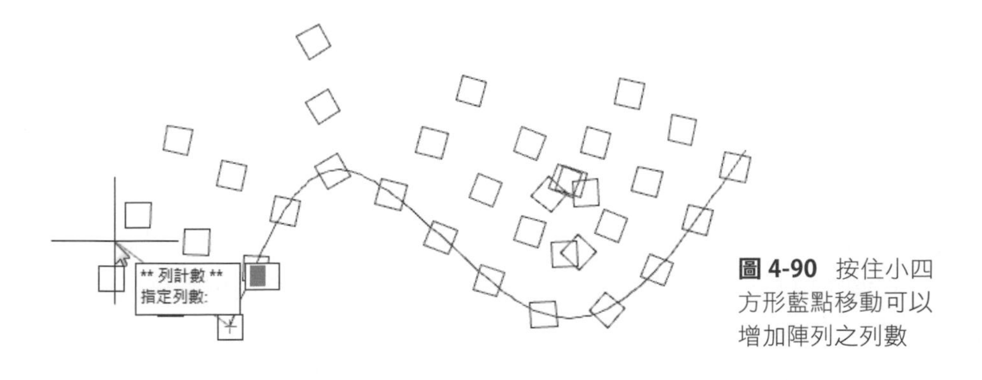

圖 4-90 按住小四方形藍點移動可以增加陣列之列數

4 當選取弧形曲線後，指令行提示**選取掣點以編輯陣列或**，此時按住陣列矩形之小三角形藍點並移動游標可以增減陣列中的項目數，如圖 4-91 所示，往起始點移動增加陣列項目數，往末端移動則減少陣列項目數。

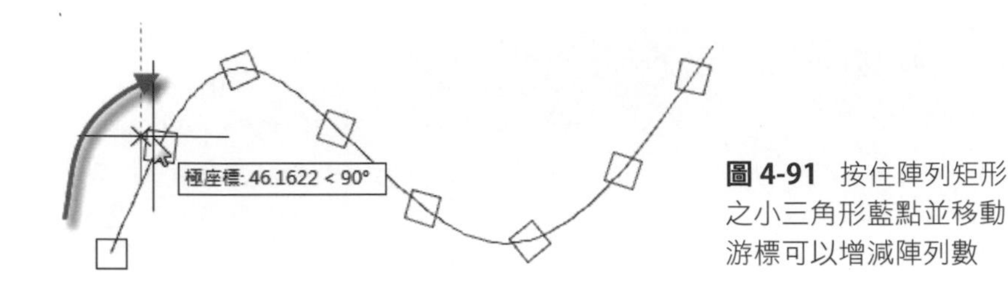

圖 4-91 按住陣列矩形之小三角形藍點並移動游標可以增減陣列數

5 當使用**路徑陣列**工具，於選取物件及路徑完成後，指令行提示**選取掣點以編輯陣列或**，會顯示眾多的功能選項供選擇，如圖 4-92 所示，這些選項之功能與**路徑陣列建立**面板欄位功能相同，其詳細操作將併入陣列建立面板中說明之。

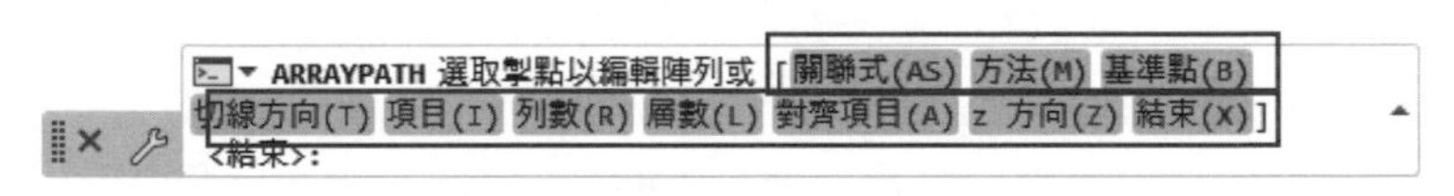

圖 4-92 指令行提供眾多的功能選項供選擇

6 當使用**路徑陣列**工具並選取物件和路徑後，在繪圖區的上方會顯示**陣列建立**頁籤面板，如圖 4-93 所示，在各欄位中可以直接填入數值以控制路徑陣列數量。

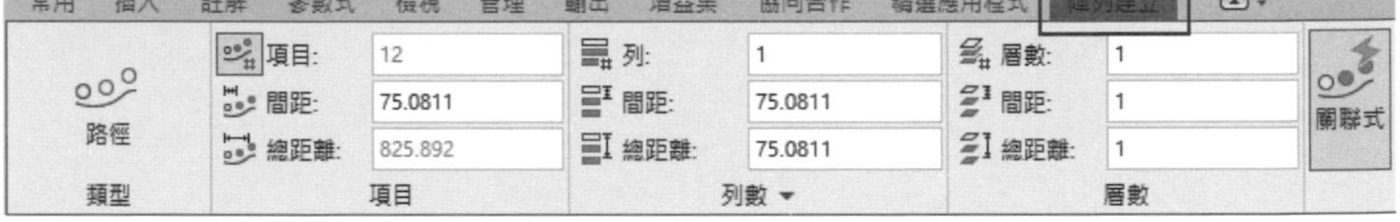

圖 4-93 在繪圖區的上方會顯示**陣列建立**頁籤面板

7 在面板中可以發現路徑陣列與前兩陣列最大不同，是在**項目**工具面板中之項目欄位值為灰色不可編輯，它必需依靠前面示範的移動掣點來調整項目數量。

8 現為說明需要，另外使用**矩形**工具畫一小矩形，並使用**畫線**工具畫一條任意長度的直線，如圖 4-94 所示。

圖 4-94 畫一小矩形及任意長度的直線

9 請選取**修改**工具面板上**路徑陣列**工具，當選取物件及路徑完成後，在**陣列建立**頁籤之**性質**工具面板上選取**切線方向**工具，如圖 4-95 所示，本工具可以設定物件與路徑間的切線角度。

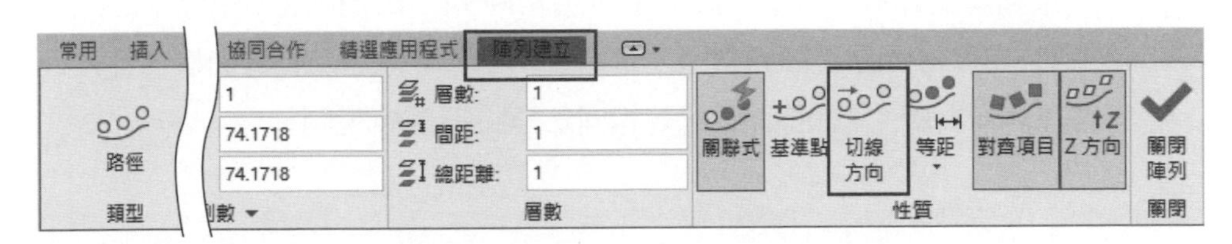

圖 4-95 在**性質**工具面板上選取**切線方向**工具

10 當選取**切線方向**工具後，指令行提示**指定切線方向向量的第一點**，請移動游標到路徑端點定下第一點（圖示 1 點），指令行提示**指定切線方向向量的第二點**，請移動游標至 45 度的約束線上，如圖 4-96 所示。

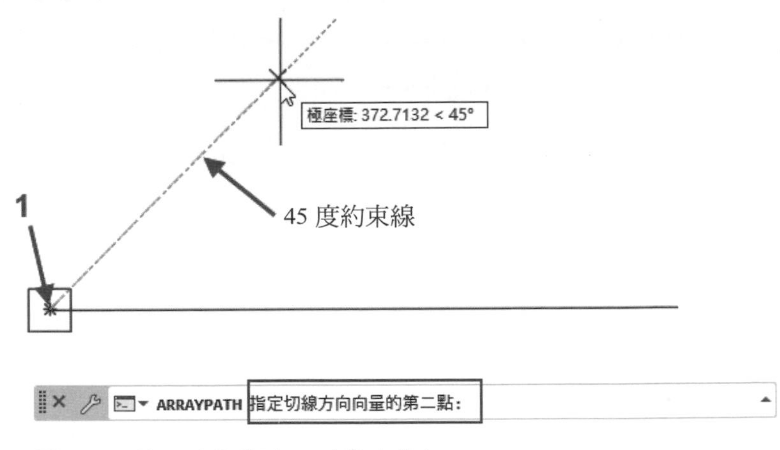

圖 4-96 第二點移動到 45 度約束線上

11 在移動游標定第二點時，也可以隨自己的需要定任何的角度，當定下第二點後，小四方形會以切線方向和路徑成一定角度陣列，如圖 4-97 所示。

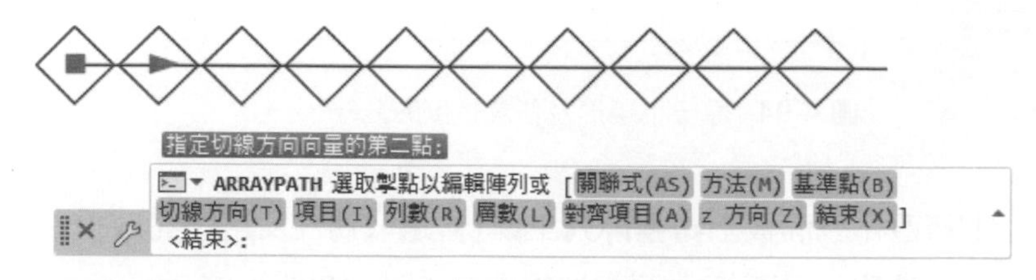

圖 4-97 小四方形會以切線方向和路徑成一定角度陣列

12 當結束關聯式路徑陣列後，想要重新編輯陣列，使用滑鼠點擊圖中之任意小矩形，可以打開**路徑陣列**頁籤工具面板，如圖 4-98 所示，其面板內容大致與**路徑陣列**頁籤工具面板相同，其相同部分將不重複說明。

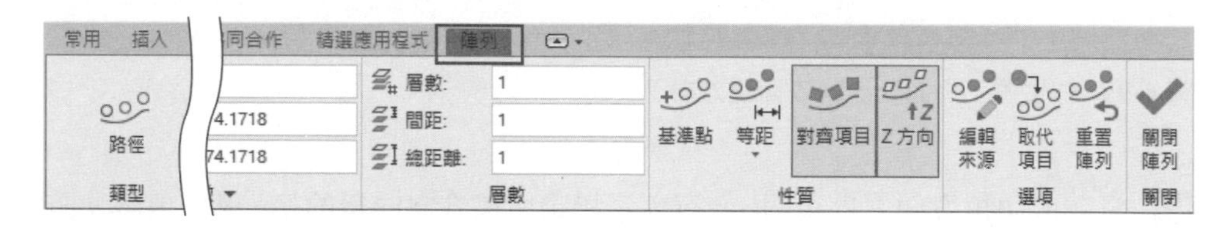

圖 4-98 打開**路徑陣列**頁籤工具面板

13 續前面 sample10 之圖形練習，在**項目**工具面板中，項目及總距離欄位為不可編輯狀態，請將間距欄位調整為 100，則項目欄位值自動調整為 9，總距離欄位值自動設定為 800，如圖 4-99 所示。

常用 插入 註解 參數式 檢視 管理 輸出 增益集 協同合作

類型	項目		列數	
路徑	項目:	9	列:	1
	間距:	100	間距:	75.0811
	總距離:	800	總距離:	75.0811

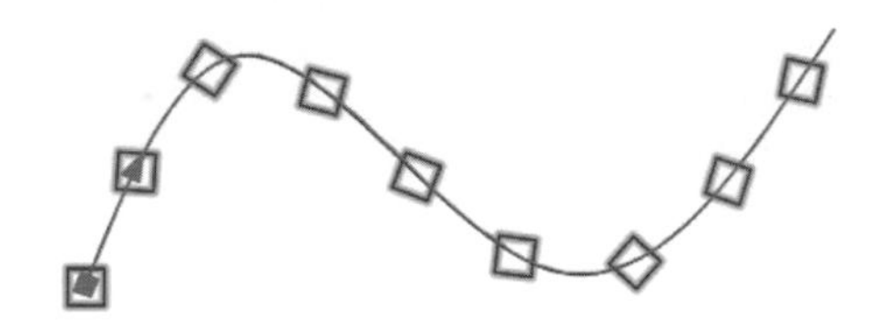

圖 4-99 將間距欄位調整為 100 項目欄位，總距離欄位系統會自動調整

14 在陣列頁籤之**性質**工具面板中選取**對齊項目**工具，則會指定物件是否相切於路徑，如圖 4-100 所示，左側圖為未啟動**對齊項目**工具，而右側圖為啟動**對齊項目**工具。

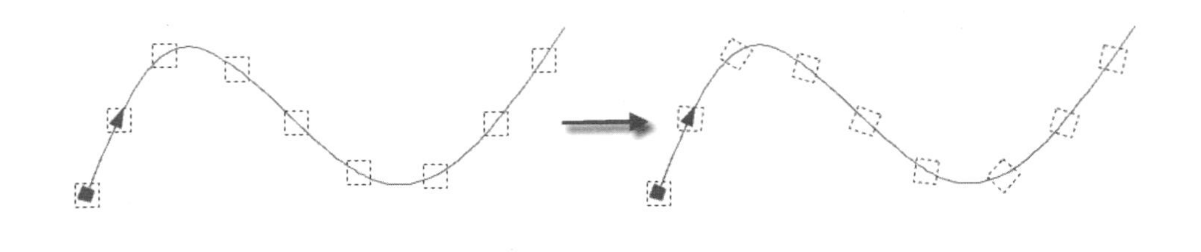

圖 4-100 在**對齊項目**工具中左側圖為未啟動右側圖為啟動狀態

15 在陣列頁籤之**性質**工具面板中選取**基準點項目**工具，指令行提示**指定基準點或**提示，請選取小矩形之右下角（圖示 1 點）為基準點，當按下滑鼠左鍵，即可改變以矩形右下角為陣列基準點，如圖 4-101 所示。

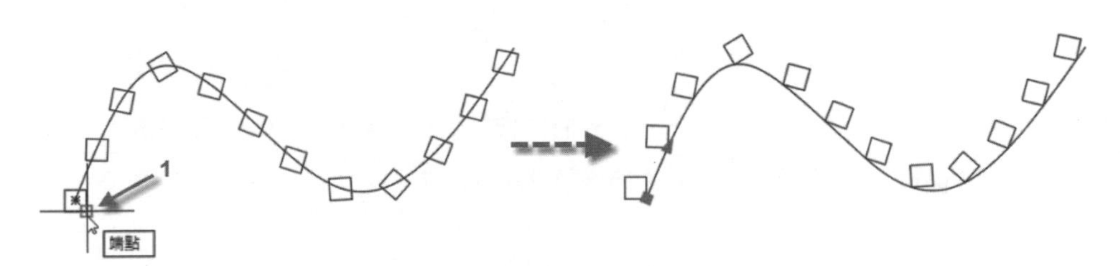

圖 4-101 改變圖形基準點做為路徑陣列

16 在**對齊項目**工具左側尚有**等分**與**等距**兩工具，等分工具為將物件沿路徑長度平均等分。等距工具則為維持物件間的間距，此兩工具請讀者自行練習。

17 Z 方向工具一般運用於 3D 建模空間，在 2D 繪圖中一般運用不到，有興趣的讀者請自行參閱相關使用手冊。

4-6 修剪及延伸工具

1 請輸入第四章 sample11.dwg 檔案，這是由圓及兩矩形組成之圖形，如圖 4-102 所示，並選取**修剪**工具，而修剪及延伸工具位於**修改**工具面板的同一位置上，必須以游標按下拉伸右側的向下箭頭，方足以同時打開兩個工具按鈕，如圖 4-103 所示。

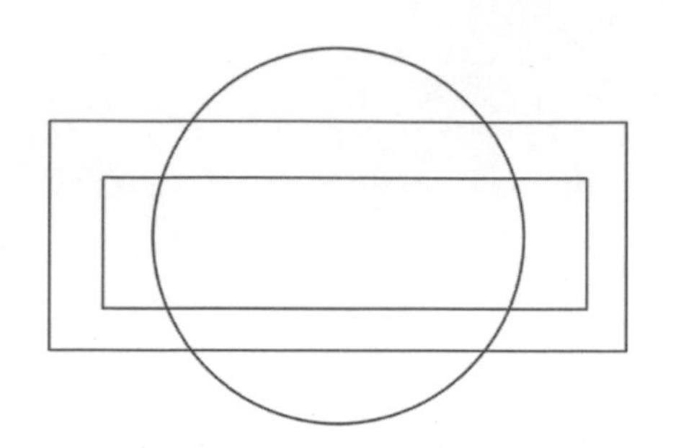

圖 4-102 輸入第四章 sample11.dwg 檔案

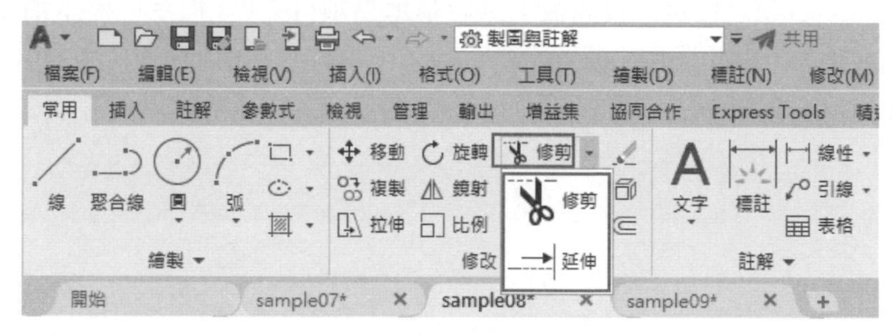

圖 4-103 位於**修改**工具面板上的修剪及**延伸**工具

2 當選取**修剪**工具後，指令行提示**選取物件或（全選）**，系統內定為全選，因此當按下 [Enter] 鍵後則以全部的物件做為修剪邊，移游標至圓內之直線上按下滑鼠左鍵，即可連續將圓內的直線刪除，如圖 4-104 所示。

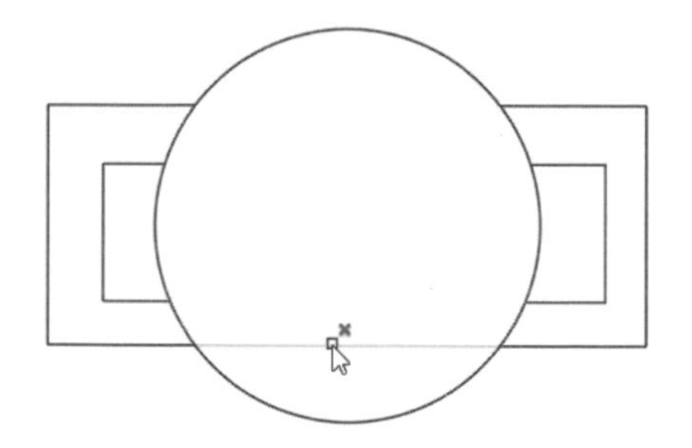

圖 4-104 將四圓以外的直線上按下滑鼠左鍵刪除

3 當選取物件後未進行修剪前，在指令行中有多種物件選取方式之選項供選擇，如圖 4-105 所示，其使用方法在前面章節已做過說明，請讀者自行練習。

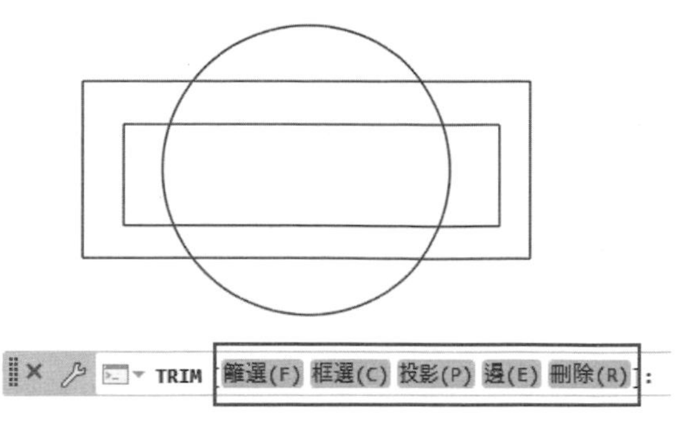

圖 4-105 在指令行中有多種物件選取方式選項供選擇

4 其實**修剪**工具和**延伸**工具是相互通用的，使用**修剪**工具同時按住[Shift] 鍵，即可變為**延伸**工具使用，使用**延伸**工具同時按住 [Shift] 鍵，即可變為**修剪**工具使用。

5 為說明需要，將所有圓內的所有直線修剪掉，選取**延伸**工具，指令行提示**選取物件或 (全選)**，當按下 [Enter] 鍵後，按住 [Shift] 同時移動游標到圓外的直線上，連續在線上按下滑鼠左鍵，即可將圓內之直線補回（執行延伸功能），如圖 4-106 所示。

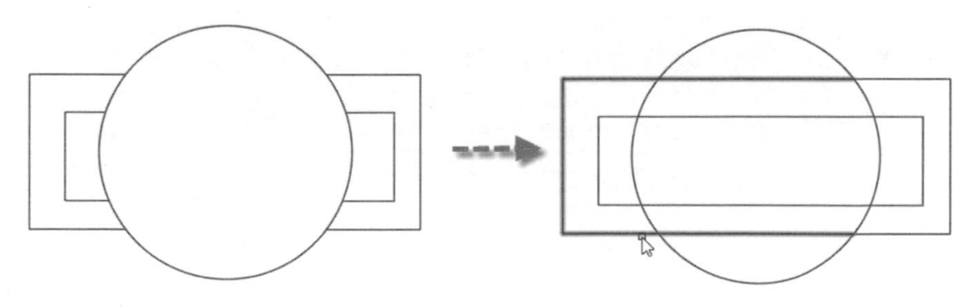

圖 4-106 可將圓內之直線補回（執行延伸功能）

6 如圖 4-108 所示，為兩條不相交的直線，現選取**延伸**工具，指令行提示**選取物件或 (全選)**，當按下 [Enter] 鍵後，先選取圖示 A 的線段，再選取圖示 B 的線段，即可將圖示 B 的線段延伸到圖示 A 線段上，如圖 4-107 所示。

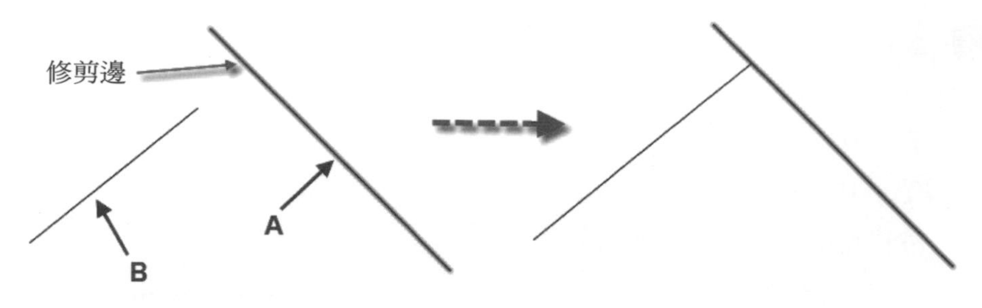

圖 4-107 將圖示 B 的線段延伸到圖示 A 線段上

4-7 圓角、倒角及混成曲線工具

4-7-1 圓角工具

1 **圓角**、**倒角**及**混成曲線**工具位於**修改**工具面板的同一位置上，必須以游標按下圓角右側的向下箭頭，方足以同時打開 3 個工具按鈕，如圖 4-108 所示，圓角、倒角兩工具按鈕和矩形的圓角及倒角選項有點類似。

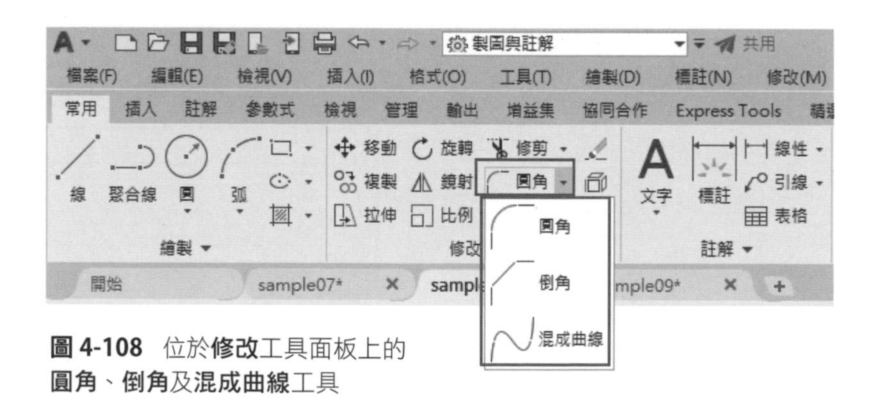

圖 4-108 位於**修改**工具面板上的**圓角**、**倒角**及**混成曲線**工具

2 選取**矩形**工具在繪圖區繪製 1000×500 的矩形，選取**修改**面板上的**圓角**工具，指令行提示**選取第一個物件或**，首先至指令行中選取**半徑**功能選項，如圖 4-109 所示，指令行提示**請指定圓角半徑**，請在鍵盤上輸入 100。

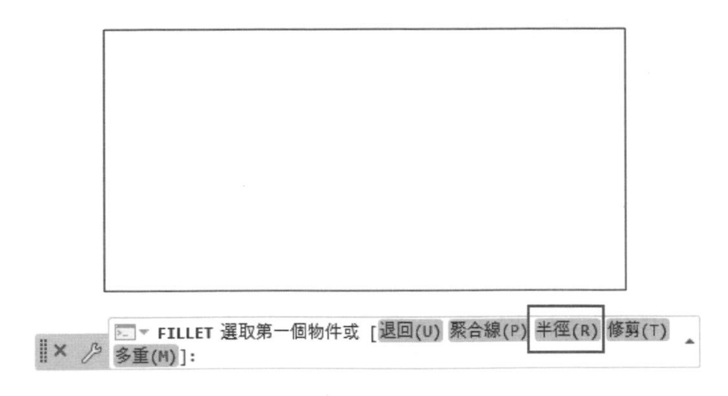

圖 4-109 至指令行中選取半徑功能選項

3 指令行會提示**選取第一個物件或**，請選取圖示 A 線段，指令行會接著提示**選取第二個物件或**，再選取相互垂直的一邊（圖示 B 線段），即可完成倒圓角的工作，如圖 4-110 所示。

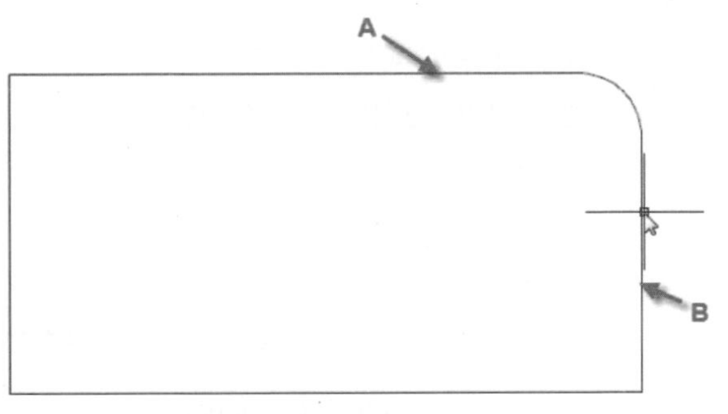

圖 4-110 選取兩邊完成倒圓角的工作

4 再選取圓角工具，移游標至繪圖區中，在指令行中選取**修剪**功能選項，指令行提供**修剪**及**不修剪**兩個功能選單供選擇，如圖 4-111 所示，先前的設定為修剪，所以前面的圓角為呈現修剪的形態。

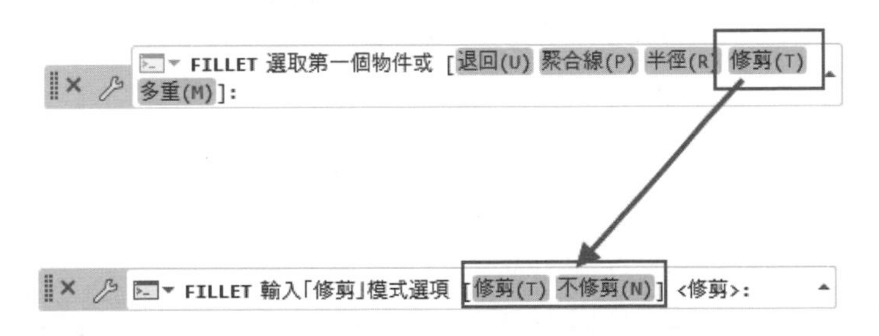

圖 4-111 指令行提供**修剪**及**不修剪**兩個功能選項供選擇

5 這裡選擇不修剪，如果想要不一樣的圓角，請在指令行中選取**半徑**功能選項，設定半徑為 120，對矩形右下角進行倒圓角，其結果如 4-112 所示，因為不修剪所以保留了原來的直角。

圖 4-112 對右下角進行倒圓角

6 退回上面倒圓角工具的執行，重新執行圓角工具，在指令行中選取**修剪**功能選項，將其設為修剪模式，再一次於指令行中選取**多重**功能選項，對右下角及其餘兩直接執行圓角命令，如此可以一口氣做完矩形三個角的倒圓角工作，如圖 4-113 所示。

圖 4-113 可以連續做倒圓角工作

7 如果是兩條不相接的直線，經由圓角命令亦可使其產生倒圓角情形，如圖 4-114 所示，左圖是兩條不相交的線段，右圖是設半徑 50 所做的倒圓角，其施作方法與前面說明完全相同。

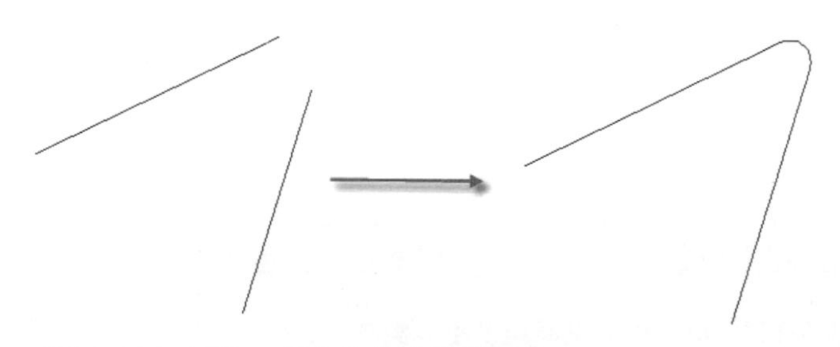

圖 4-114 兩條不相交的線段做倒圓角

4-7-2 倒角工具

1 選取**矩形**工具在繪圖區繪製 1000×500 的矩形，選取修改面板上的**倒角**工具，移游標至繪圖區中，在指令行中選取**距離**功能選項，如圖 4-115 所示。

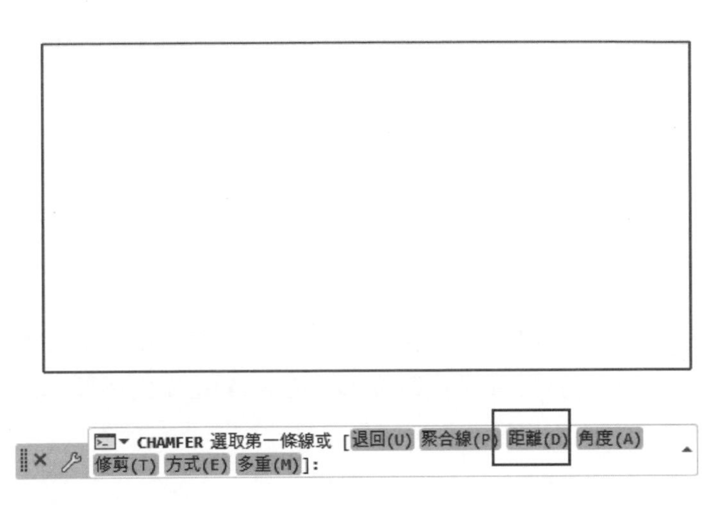

圖 4-115 在指令行中選取**距離**功能選項

2 指令行會提示**請指定第一個倒角距離**，請輸入 100，指令行會接著提示**請指定第二個倒角距離**，此時一樣輸入 100，接下來會如畫圓角工具，請選取圖示 A、B 兩邊，即可完成倒角圖形，如圖 4-116 所示。

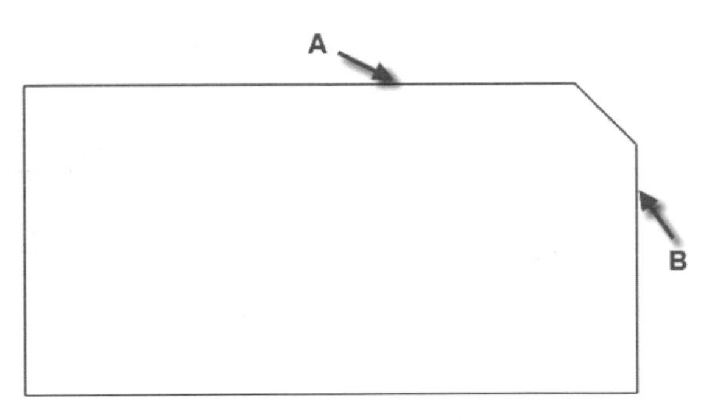

圖 4-116 對矩形右上角做倒角處理

3 選取**倒角**工具，移游標至繪圖區中，在指令行中選取**角度**功能選項，指令行提示**輸入第一條線倒角長度**，此時輸入 100，指令行提示**輸入自第一條線的倒角角度**，請輸入 20，選取矩形右下角的兩條線，其結果如圖 4-117 所示。

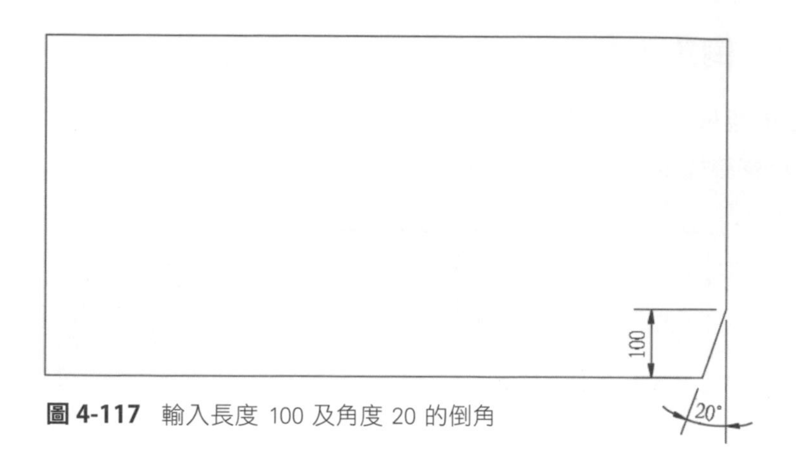

圖 4-117　輸入長度 100 及角度 20 的倒角

4 選取**倒角**工具，移游標至繪圖區中，在指令行中選取**方式**功能選項，指令行提示**輸入「修剪」方法**，並提供**距離(D)/角度(A)**選單供選擇，如圖 4-118 所示，這種操作為前面提及的兩種操作方法。

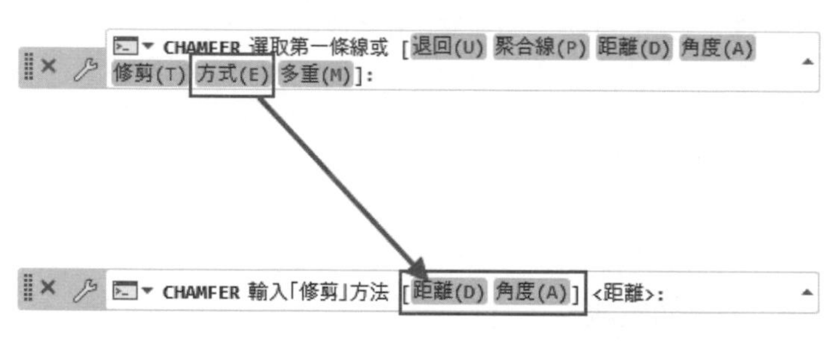

圖 4-118　指令行會再顯示**距離**與**角度**選單供選擇

5 重畫矩形，如前面的操作步驟，重設第一、第二倒角距離為 100，不要直接選邊做倒角，在指令行中選取**多重**功能選項，這時可以連續對矩形四個角做例角處理。

6 在矩形中多畫一條不到頂的垂直線，選取**倒角**工具，設定和右上角相同的 100 倒角距離，依圖示 A、B 所示以做為選取第一、二條線，可以將原不相交兩直線做成倒角並封閉圖形，如圖 4-119 所示，左側圖為原圖形右側圖為倒角後的圖形，此功能為 AutoCAD 2018 版以後新增功能。

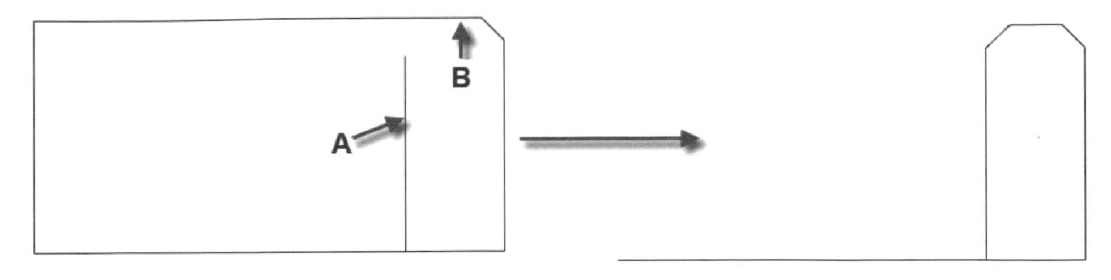

圖 4-119 將不相交兩線段做成倒角並封閉

4-7-3 混成曲線工具

1 **混成曲線**工具能以弧形曲線方式將兩物件做快速聯結。請打開書附範例第四章 Sample12.dwg 檔案，這是隨意繪製的兩個矩形，左邊的矩形以圖示 A 為繪製矩形第一角點，右邊的矩形以圖示 B 為繪製矩形第一角點，如圖 4-120 所示。

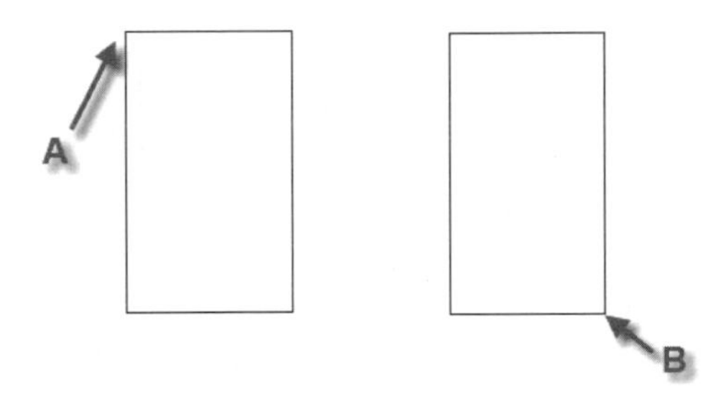

圖 4-120 輸入第四章 Sample12.dwg 檔案

2 請選取**修改**工具面板上的**混成曲線**工具，如圖 4-121 所示，指令行會提示**選取第一個物件或**，請點擊左側圖示 A 處的矩形，指令行提示**選取第二個物件**，請點擊右側圖示 B 處的矩形，在兩矩形第一角點間會形成一條雲形線做為連接，如圖 4-122 所示，如果點擊右側圖示 C 處的矩形，則其連接的雲形線會是大不相同，如圖 4-123 所示。

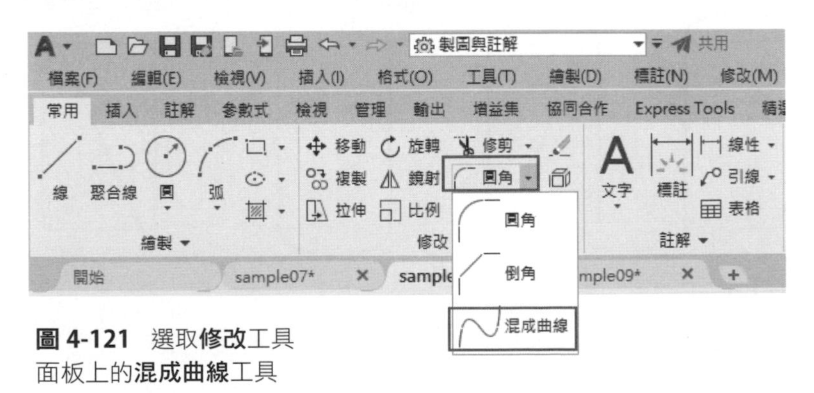

圖 4-121 選取**修改**工具面板上的**混成曲線**工具

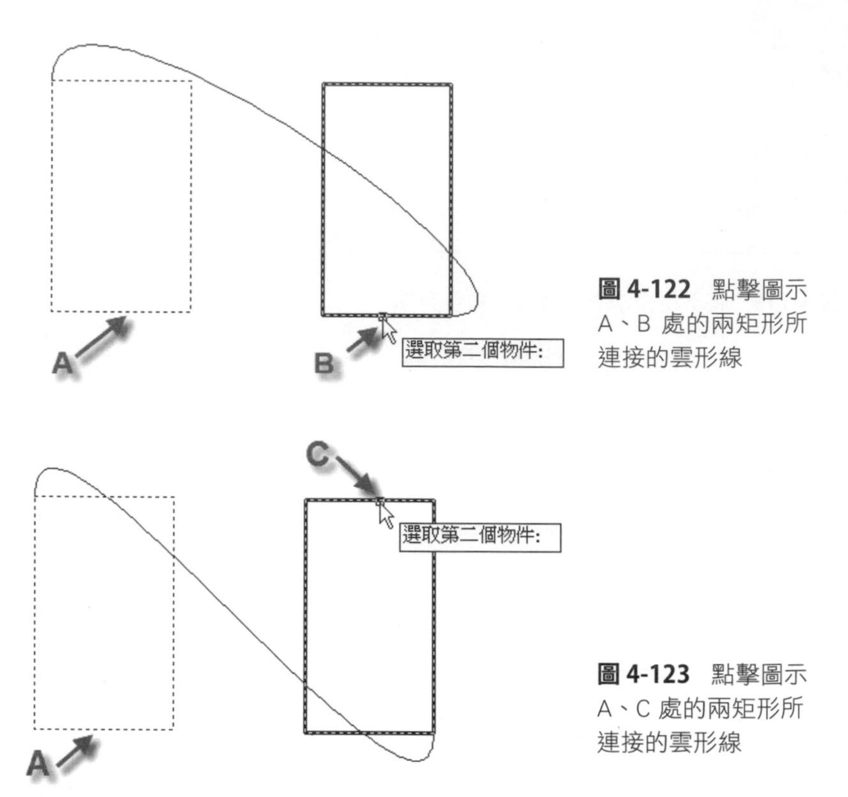

圖 4-122 點擊圖示 A、B 處的兩矩形所連接的雲形線

圖 4-123 點擊圖示 A、C 處的兩矩形所連接的雲形線

3 回復至未執行混成曲線狀態，選取**修改**工具面板上的**分解**工具，將兩矩形先行分解，請選取**修改**工具面板上的**混成曲線**工具，指令行提示**選取第一個物件或**，請點擊左側直立線上端，指令行提示**選取第二個物件**，請點擊另一側的直立線，**混成曲線**工具會依點擊線段兩端的位置，連接不同形狀的雲形線，如圖 4-124 所示，依線段上、下端之不同做出不同形將的雲形線。

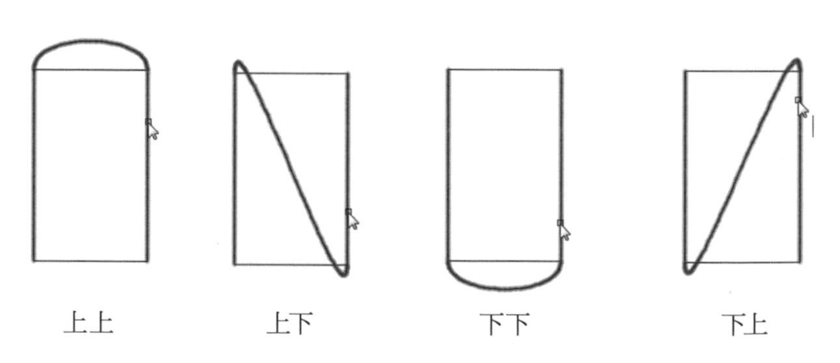

圖 4-124 依點擊線段兩端的位置連接成不同形狀的雲形線

4 當選取**修改**工具面板上的**混成曲線**工具，在未選取物件前，在指令行中選取**連續性**功能選項，接著動態輸入會表列出相切與平滑兩選項供選取，指令行中也會有相同的功能選項供選取，如圖 4-125 所示，目前系統顯示選取相切模式中。

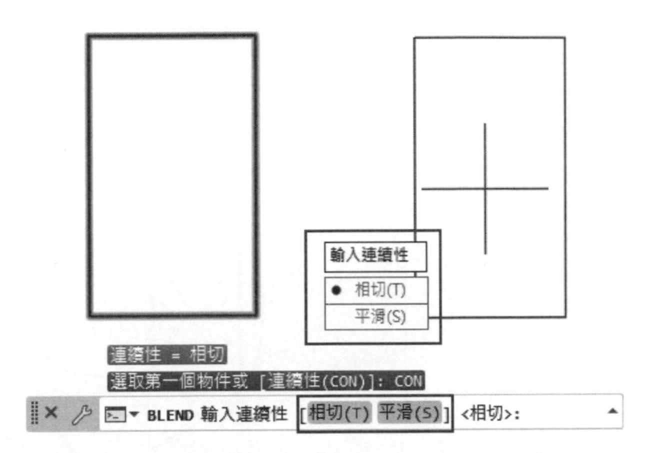

圖 4-125 動態輸入會表列出**相切**與**平滑**兩選項供選取

5 選取不同的模式會使連接的雲形線展現不同的曲度，如圖 4-126 所示，左圖為選擇平滑模式，右圖為選擇相切模式。

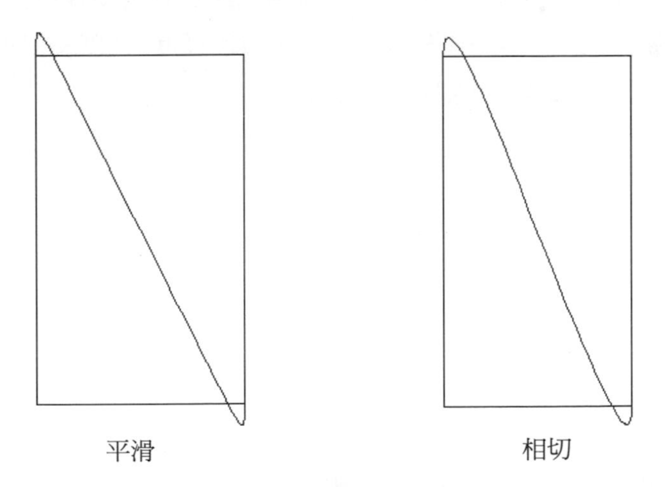

圖 4-126 選取不同的模式會使連接的雲形線展現不同的曲度

4-8 掣點編輯

1 請打開第四章 sample13.dwg 檔案，由矩形、直線、圓等工具繪製的圖形，如圖 4-127 所示，請用滑鼠點取其中的圖形，會有藍色的掣點出現，如圖 4-128 所示。按鍵盤上 [ESC] 鍵可以取消選取。

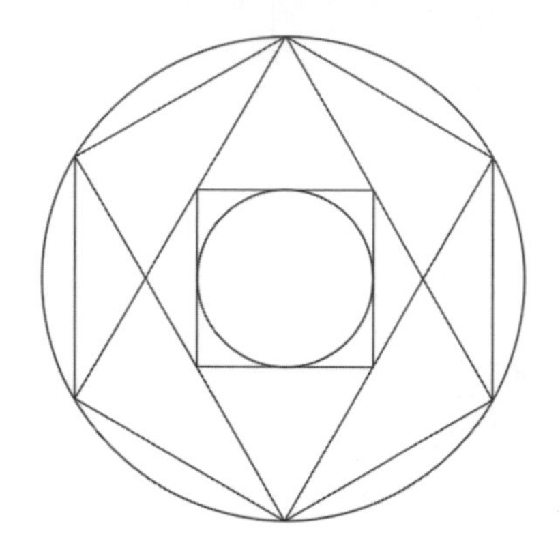

圖 4-127 打開第四章 sample13.dwg 檔案

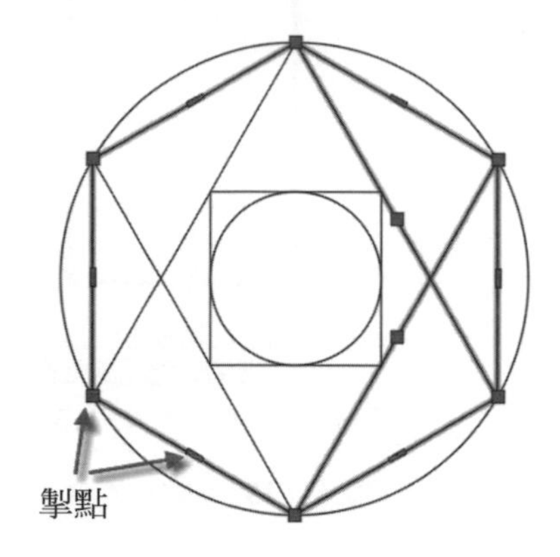

圖 4-128 使用滑鼠點取圖形會有藍色的掣點

2 選取圖中的直線會出現直線的掣點，移動游標到直線端點的掣點上（此時尚未按滑鼠左鍵），此時動態輸入會顯示線段長度、角度及提供**拉伸**、**調整長度**功能表單供選取，如圖 4-129 所示。。

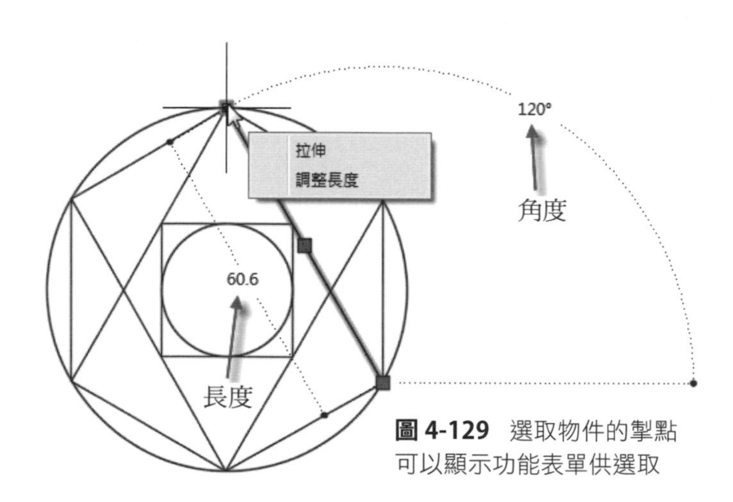

圖 4-129 選取物件的掣點可以顯示功能表單供選取

3 請使用滑鼠點擊**拉伸**功能表單，立即在鍵盤上輸入 20，即可將直線由原 60.6 拉伸至 80.6 單位長度，如圖 4-130 所示。

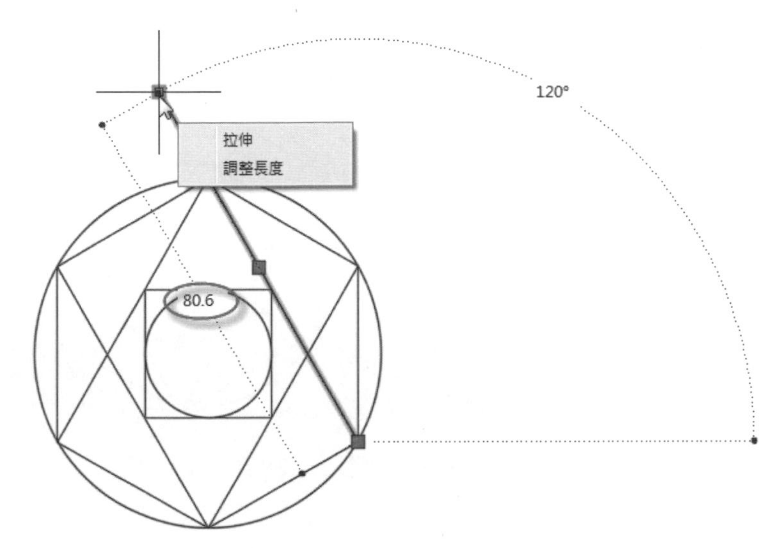

圖 4-130 可以方便加長線段為 80.6

4 回復剛才的操作，當選取掣點後再選取**拉伸**功能表單，按鍵盤上〔Tab〕鍵，使數值輸入區輪到角度輸入的位置上，此時在鍵盤上輸入 0，經按下 [Enter] 鍵，可以使直線改為 0 角度，即為水平狀態，如圖 4-131 所示。

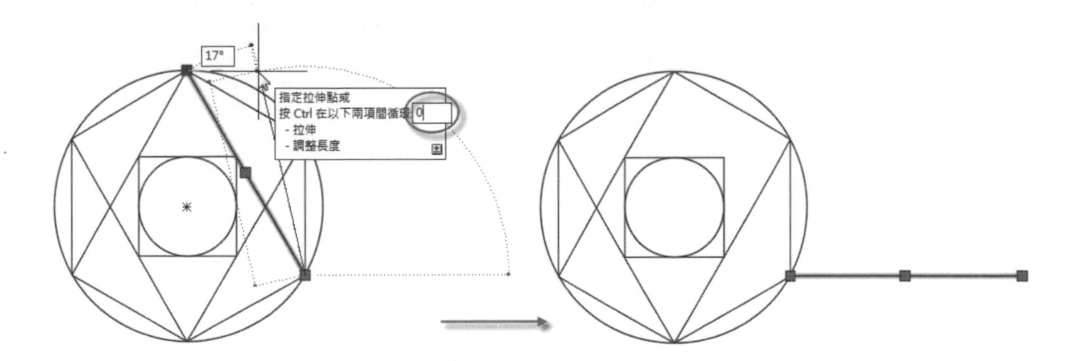

圖 4-131 輸入角度值為 0 使直線變為水平

5 回復剛才的操作，使用游標選取圓，並選取圓周其中一掣點，當掣點呈現紅色時圖面顯示 12.8，表示圓半徑為 12.8，現在鍵盤上輸入 20，將半徑改為 20 單位，如圖 4-132 所示。

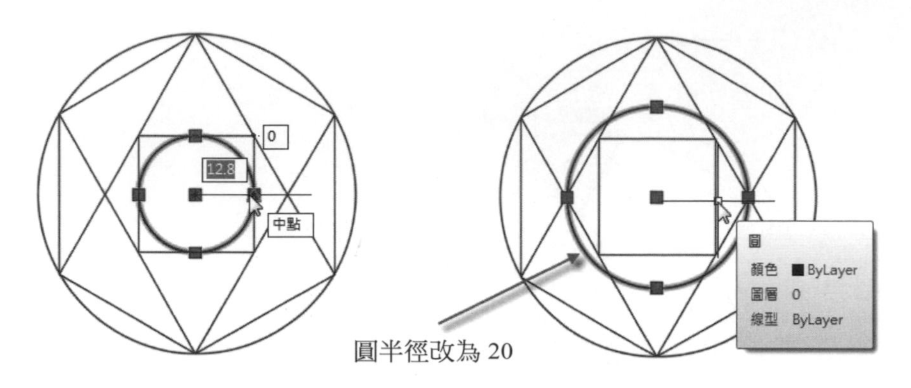

圖 4-132 利用掣點編輯將圓半徑由 12.8 改為 20

6 使用三**點畫弧**工具，在繪圖區中畫任意大小的圓弧線，利用前面的方法選取弧線的掣點，移動游標到弧線端點的掣點上，端點會呈現紅色表示被選取，此時動態輸入會顯示弦高、弧線角度值及提供**拉伸**、**調整長度**功能表單供選取，如圖 4-133 所示。

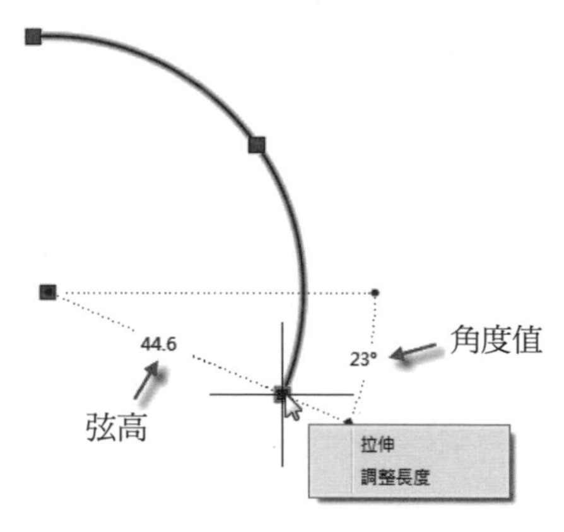

圖 4-133 指令行會顯示弦高、弧線角度值及提供功能表單供選取

7 選取**拉伸**功能表單，選取其掣點，可以將弧形線以弧心為中心將弧線拉長，如圖 4-134 所示。如選擇**調整長度**功能表單，則會以選取的掣點為基點做長度的拉伸，如圖 4-135 所示。

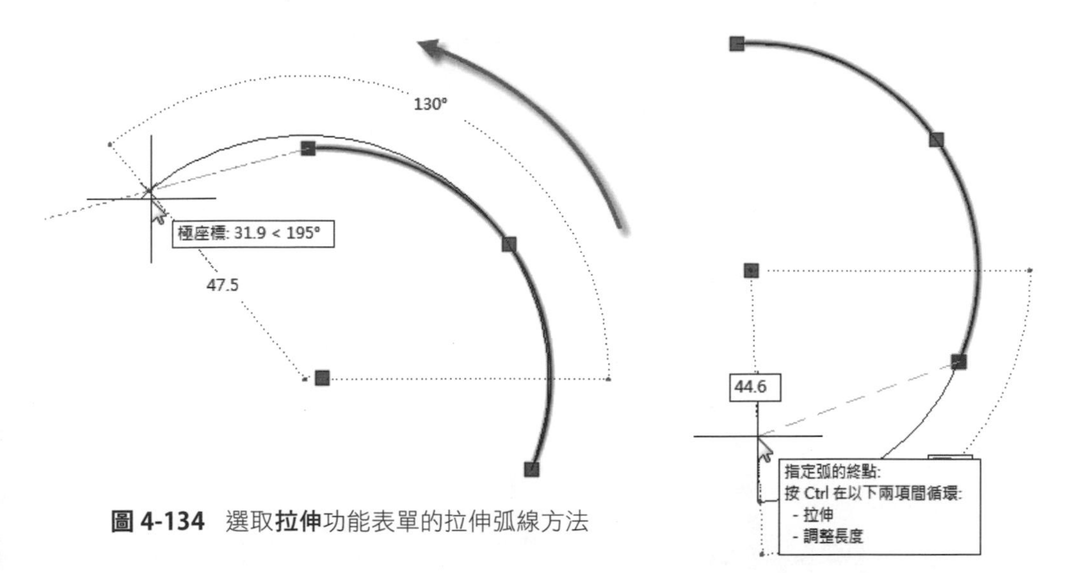

圖 4-134 選取**拉伸**功能表單的拉伸弧線方法

圖 4-135 選擇**調整長度**功能表單的拉伸弧線方法

8 選取弧形線掣點的中點，在動態輸入表列功能選單中選取**拉伸**功能表單，可以將兩端固定不動而將中心點做拉伸，如圖 4-136 所示。如選取半徑功能選單，則可在弧心固定而加大其半徑，如圖 4-137 所示。

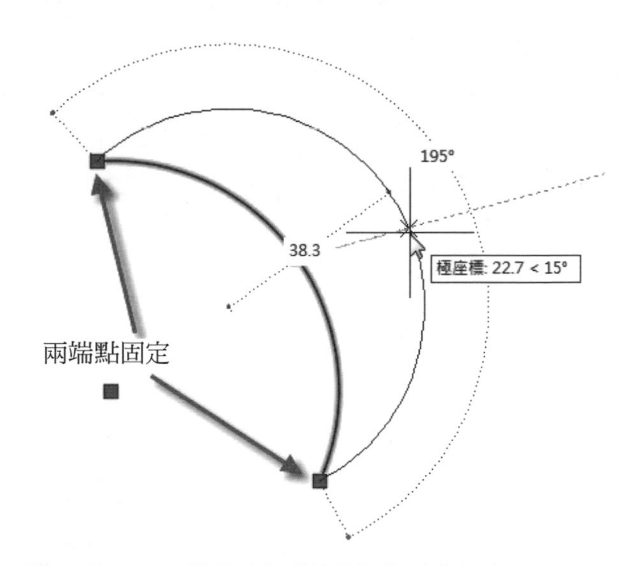

圖 4-136 選取**拉伸**功能表單的拉伸弧線方法

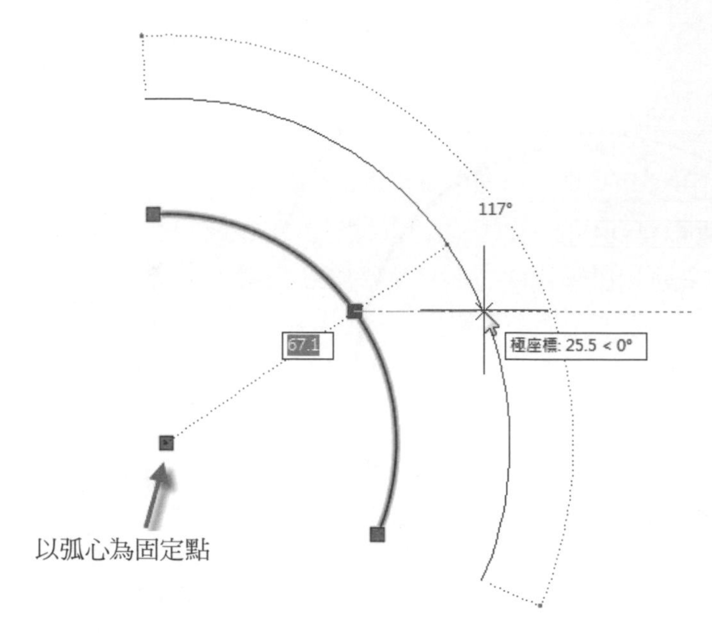

圖 4-137 選取**半徑**功能表單的拉伸弧線方法

9 選取圖中的矩形會出現矩形的掣點，移動游標到矩形角點的掣點上，角點會呈現紅色表示被選取，此時動態輸入會顯示矩形的長度、寬度及提供**拉伸頂點、加入頂點及移除頂點**功能表單供選取，如圖 4-138 所示，其功能相當簡單直接請讀者自行練習。

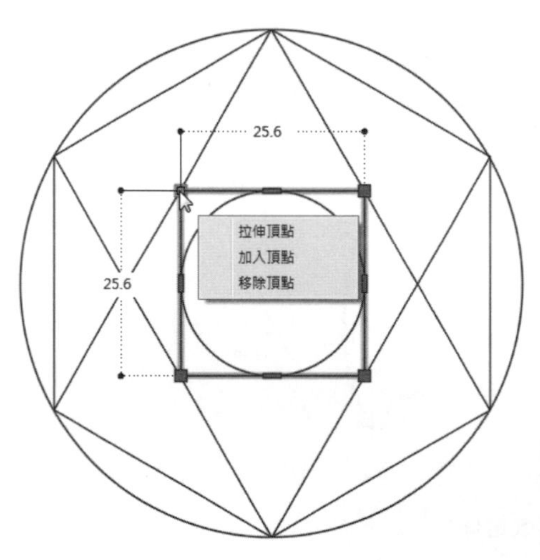

圖 4-138 選取物件的掣點可以顯示各物件的訊息及功能表單供選取

10 請選取矩形中間長方形掣點，在其顯示表列選單中選取**轉換為弧**功能表單，如圖 4-139 所示，可以將此掣點的邊改為弧形線，如圖 4-140 所示。

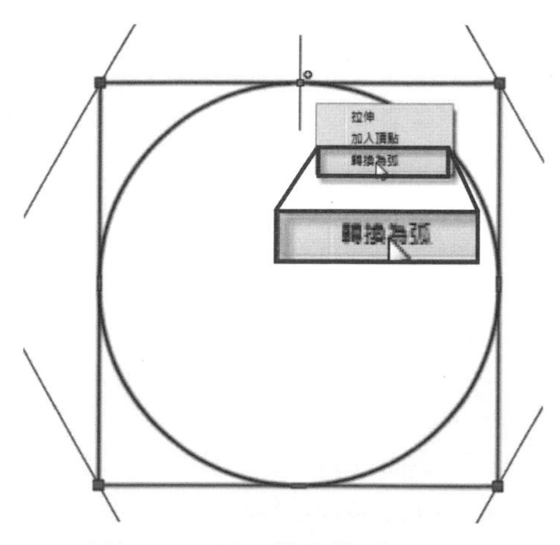

圖 4-139 選取**轉換為弧**功能表單

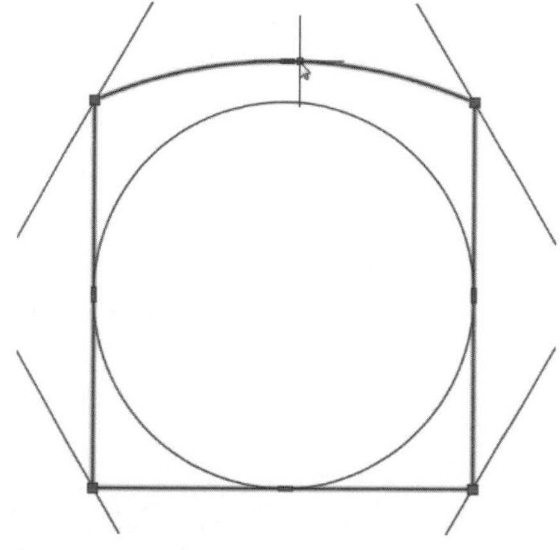

圖 4-140 可以將此掣點的邊改為弧形線

11 選擇剛完成弧形線的中間掣點，在其表列功能選項中選取**加入頂點**功能表單，可以將單弧形線改變為雙弧形線，如圖 4-141 所示。

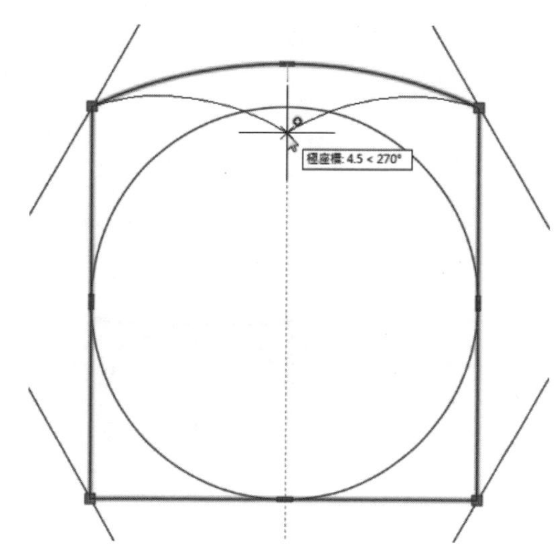

圖 4-141 可以將單弧形線改變為雙弧形線

12 掣點編輯亦可做編輯工具的延伸使用，現說明其操作方法如下：

(1) 使用窗選方式選取圖中之圓及矩形，移動游標至圓心之掣點上使呈紅色，按下滑鼠左鍵後指令行會提示**指定拉伸點或**，如圖 4-142 所示。

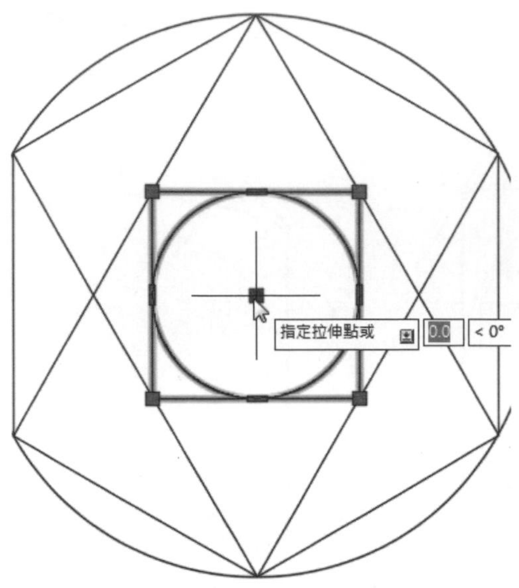

圖 4-142 在圓心掣點上按下滑鼠左鍵

(2) 在圓心點被選取狀態下，按滑鼠右鍵可以顯示其右鍵功能表，在其中有拉伸、移動、旋轉、比例及鏡射等編輯功能表單供選取使用，如圖 4-143 所示。

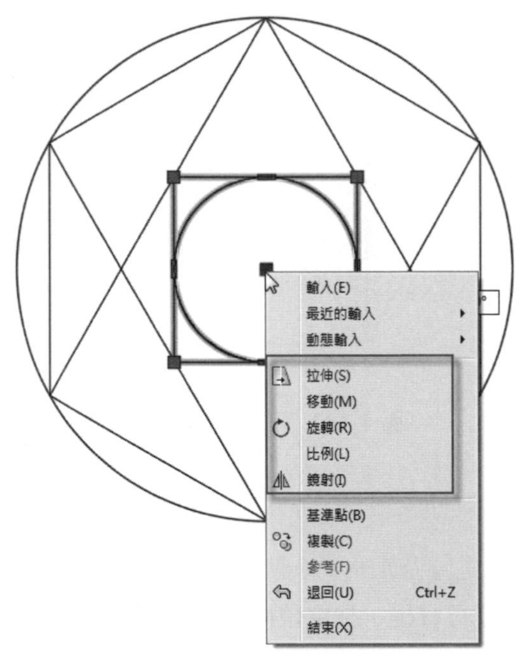

圖 4-143 在右鍵功能表中提供編輯功能表單供選取使用

(3) 如果使用者不想使用右鍵功能表，可以利用（空白鍵）或 [Enter] 鍵，當連續按下按鍵，可以將上述的編輯指令依序出現，如圖 4-144 所示，當按下空白鍵動態輸入及指令行提示**指定移動點或**，代表此時將執行移動工作。

圖 4-144 利用按下空白鍵以選擇要使用的編輯功能

(4) 有關夾點之編輯功能之操作方法，與本章前面諸小節中之編輯工具運用相同，此處不再重複說明，請讀者自行操作。

13 當使用者想要選取多個線段、圓或弧形線之掣點，可以使用滑鼠分別點取即可，如果去除某線段掣點之選取，只要同時按住（Shif）鍵，並使用滑鼠點擊這些線段即可。

14 想要直接移動物件，可以使用滑鼠點擊圖形使出現掣點，此時移動到游標至圖形上（不要位於掣點上），按住滑鼠左鍵再移動，即可以選取的圖形做移動處理，如圖 4-145 所示。

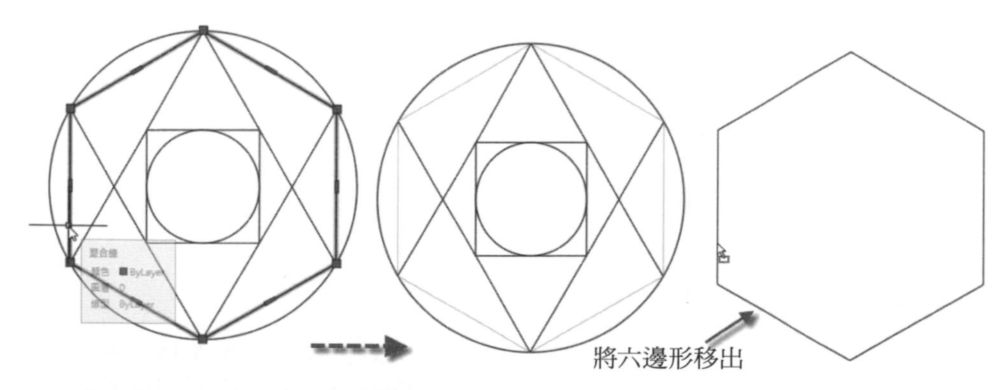

圖 4-145 直接將選取圖形做移動處理

4-9 對齊工具

其實讓兩個圖形對齊的方法不止一種，比如我們可以利用**旋轉**工具內的參照參數，也可以用**對齊**工具。當然使用對齊工具會比較直接方便，唯這個工具一般位於較深層位置，較易為操作者所忽略，以下就介紹此種工具之操作方法如下：

1 請開啟第四章 sample14.dwg 檔案，這是一個六邊形及五邊形的圖形，如圖 4-146 所示，以做為對齊工具之練習。

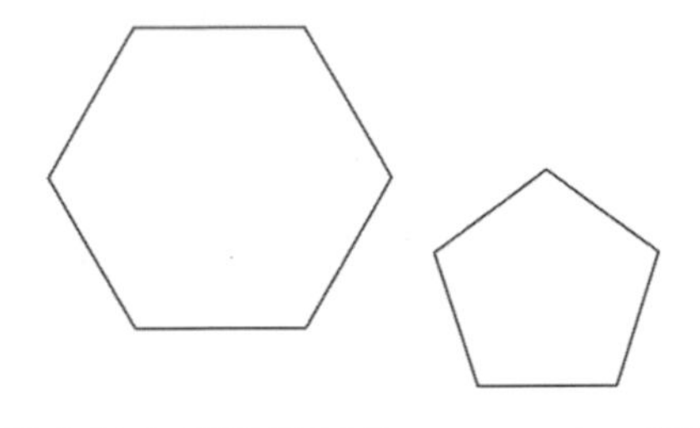

圖 4-146 開啟第四章 sample14.dwg 檔案

2 請執行下拉式功能表→**修改→3D 作業→對齊**功能表單，如圖 4-147 所示，可以執行 ALIGN 之對齊指令，它被歸入到 **3D 作業**的功能選項中，因此在 2D 繪圖中較易為人所忽略。

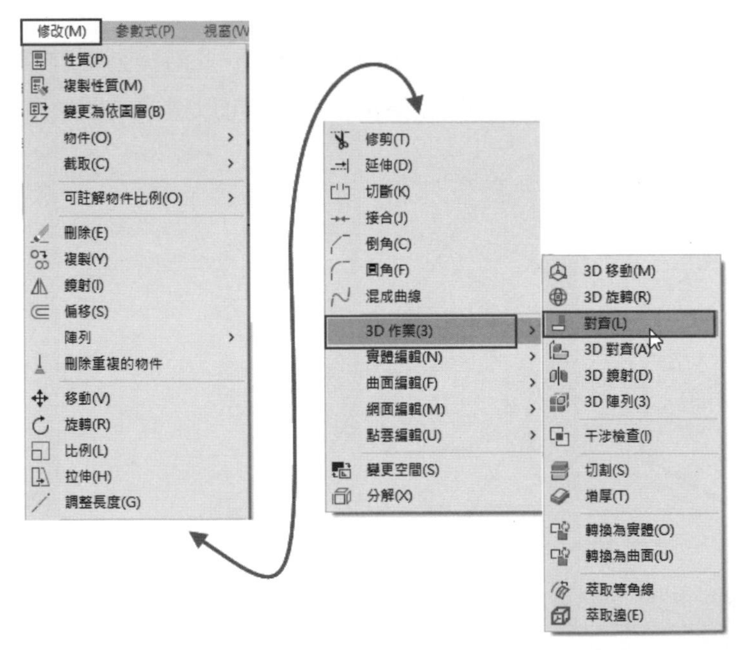

圖 4-147 執行下拉式功能表中之**對齊**功能表單

3 對齊的命令是 ALIGN，亦可直接輸入 AL，如依循本書的直觀操作方式，請選取**修改**工具面板中的對齊工具，如圖 4-148 所示。

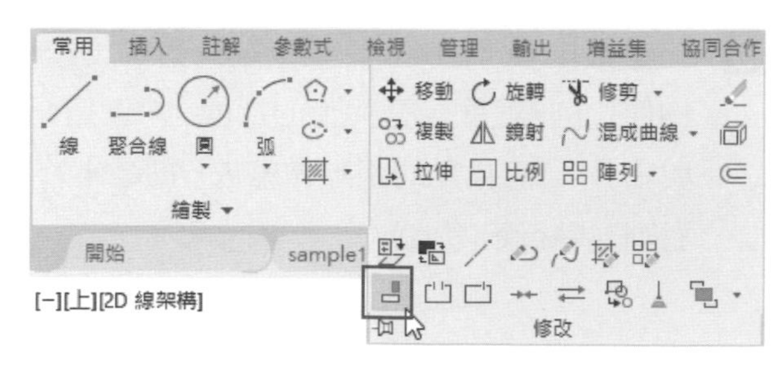

圖 4-148 選取**修改**工具面板中之對齊工具

4 當執行工具後，指令行提示選取物件，請選取五角形做為要移動的對象，命令行會提示指定第一個來源點，將游標移動到五邊形要對齊邊的一個端點處（圖示 1 點），命令行會提示指定第一個目標點，請以六角形中之圖示 2 點做為第一個目標點，如圖 4-149 所示。

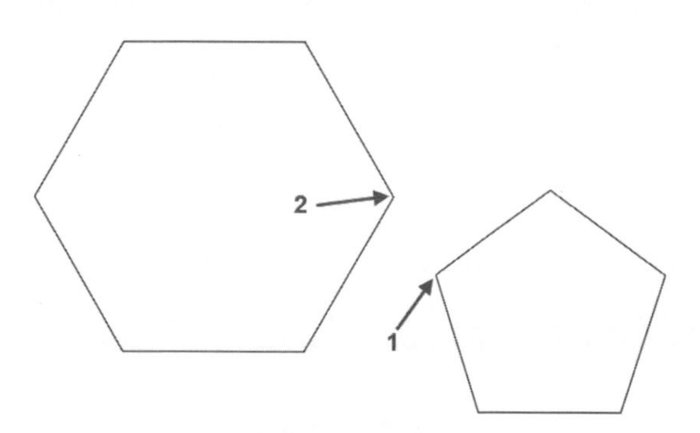

圖 4-149 分別指定第一個來源及第一目標點

5 接著指令行會提示第二個來源及第二目標點，請以圖示 1 點為第二個來源點，請以圖示 2 點為第二個目標點，此時指令行會再提示**指定第三來源點或〈繼續〉**，如圖 4-150 所示。

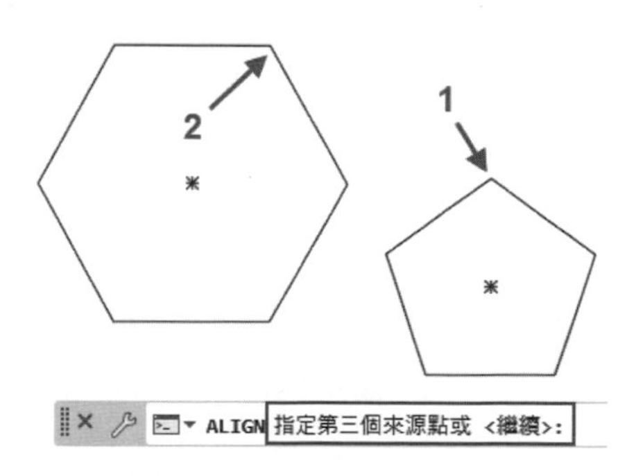

圖 4-150 分別指定第二個來源及第二目標點

6 此處直接按下 [Enter] 鍵以結束對位工作，指令行提示要根據對齊點調整物件比例，並顯示是與否的功能選項，這是詢問使用者是否將對齊的物件與第一、二目標點的距離做縮放，如圖 4-151 所示。左圖為執行不跟隨縮放右圖為執行跟隨縮放。

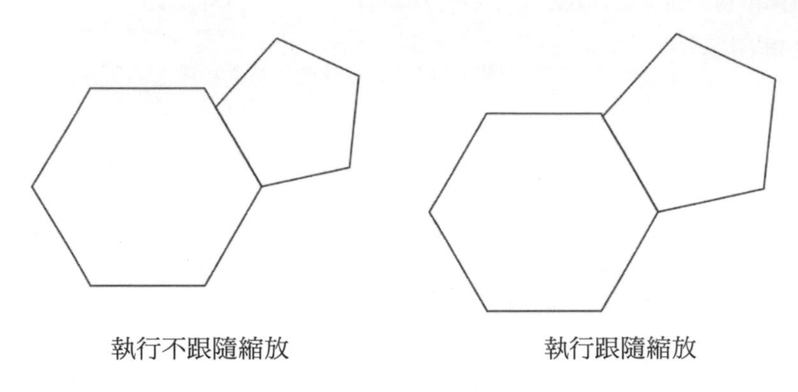

圖 4-151 左圖為執行不跟隨縮放右圖為執行跟隨縮放

7 如果使用者在執行對齊功能表，以圖示 1 點為第一目標點，以圖示 2 點為第二目標點，並選擇不跟隨縮放時，則會以圖示 1 點為對齊點，而此時五邊形會位於六邊形之內部，如圖 4-152 所示。

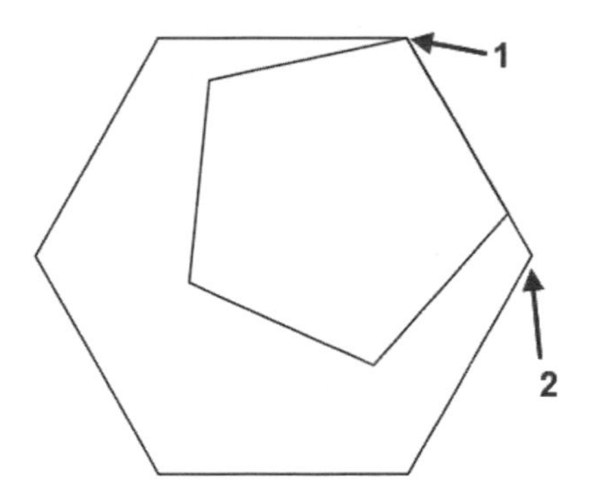

圖 4-152 選擇目標點順序不同影響對五邊形對齊之方向

Chapter

05

建立專屬繪圖樣板

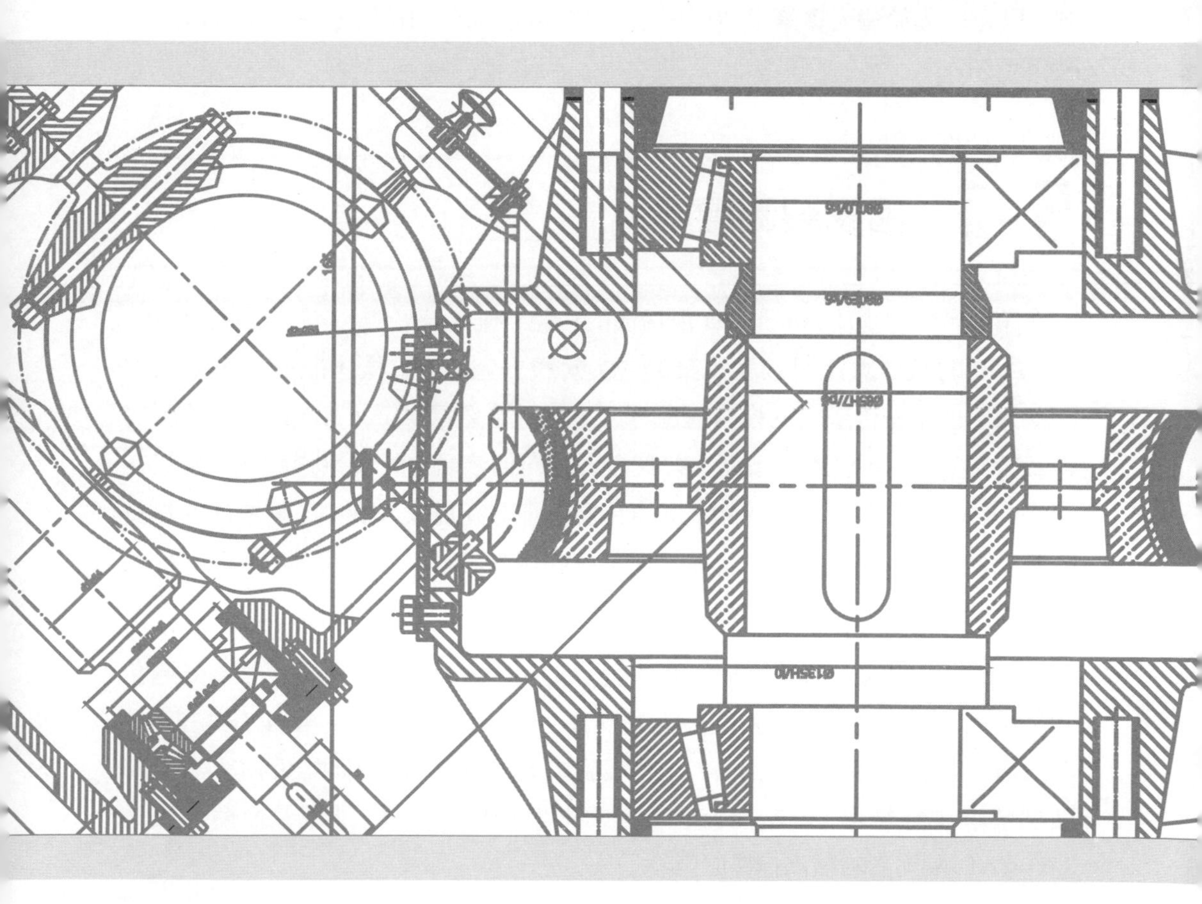

經由前面幾章的練習，可以發現這些圖形幾乎只有數字而沒有單位名稱，這是因為 AutoCAD 基本上對內沒有單位設計，當它在模型空間中作圖時，基本上是以 1:1 的方式在繪製，而想要與外面軟體接觸才會牽涉到尺寸單位。同時，每次在開啟新檔時，也會感覺 AutoCAD 內定的樣板檔並未符合自己需要，因此眾多的 AutoCAD 傳授者，常要求使用者於每次開啟新頁面時，都要重做一些環境設定，其煩無比，其實要有操作簡單快速學習的直觀設計概念，首先就要有符合專業設定的專屬繪圖樣板，這在其它 AutoCAD 書籍中鮮少被論及，本章則會給予有系統、專業的闡述。

本章開始會是訓練成一位專業人員的起步，而所謂專業人員，必有其專業規範及技術性，因此，本章在起始部分會先說明國家製圖的標準，然後依據此標準，在 AutoCAD 中設置合於規範的單位、文字型式、標註型式及多重引線型式，以完成屬於個人專業化樣板模型，至於圖層部分則待第七章說明圖層設置時再予加入。

5-1 國家製圖標準

在第一章中曾論及 AutoCAD 所扮演的角色，應在於平、立面施工圖的表現，而 3D 圖的製作應透過較為專業的 3D 軟體去完成，這樣才能得到事半功倍的效果，也才符合學習的投資報酬率，讀者可能見過 AutoCAD 的 3D 繪圖寫作及教學，但卻不曾看過市面上有其發表的任何表現 3D 場景透視圖，雖然在 AutoCAD 中已加入了 3ds max 的渲染引擎，並且在歷次改版中不斷增加的材質貼圖功能，然經由這些 3D 工具製作透視圖場景，將耗費使用者很多心力，且其結果卻慘不忍睹完全無法被客戶所接納。

3D 場景透視圖一般是完稿後真實場景的呈現，直接、淺顯而易懂，很適合做為與客戶溝通及爭取客戶的最大的媒介。施工圖一般以平、立面方式呈現，非有專業素養不易了解其內容，它是與施工人員傳遞設計者理念的工具，此圖面越清晰越標準化，就越能減少工程的失誤，因此清晰、準確及標準化成為 AutoCAD 製圖者的最高指導原則。

為了讓製圖標準化及制式化，所有的專業製圖都訂有規範，即所謂的國家製圖標準，它是一個國家為了國內的各種專業，所訂定的各種製圖規則。這個規則不但考慮本國的習慣與風情，更因在普遍國際化的時代裡，也要顧及國際慣例，以方便國內外各種專業設計圖的交流與溝通，各國之國家標準代號，如圖 5-1 所示。

國家	代號	國家	代號	國家	代號	國家	代號
美國	ANSI	衣索比亞	ES.	匈亞利	MSZ	南非	SABS
澳洲	AS	埃及	ES.	巴西	NB	芬蘭	SFS
保加利亞	BOS	前蘇聯	GOST	比利時	NBN	以色列	SI
英國	BS	伊拉克	IOS	古巴	NC	瑞典	SIS
加拿大	CAN	印度	IS	荷蘭	NEN	瑞士	SNV
中華民國	CNS	伊朗	ISIRI	法國	NF	新加坡	SS.
斯里蘭卡	C.S.	國際標準	ISO	希臘	MHS	羅馬尼亞	STAS
捷克	CSN	日本	JIS	葡萄牙	NP	土耳其	TS.
墨西哥	DGN	南斯拉夫	JUS	挪威	NS	哥倫比亞	UNCO
西德	DIN	南韓	KS.	紐西蘭	NZS	西班牙	UNE
丹麥	DS.	黎巴嫩	L.S.	波蘭	PN.	義大利	UNI
歐洲地區	EN.	馬來西亞	MS.	巴基斯坦	PS.		

圖 5-1　各國之國家標準代號

我國由經濟部標準檢驗局所訂定的國家標準，簡稱 CNS，而在建築製圖方面常用的標準，主要在 CNS A1042 中，機械製圖標準則位於 CNS3-B1001 中。以下在 AutoCAD 的設置中，將以建築設計做為主要說明，它是以 cm 為單位，再補以機械設計為輔助說明，它是以 mm 為單位，兩者在製圖標準上不盡相同，讀者可以依自己需要，再盡量依據此兩種標準，做為各型式的設立準則。

5-1-1 圖紙尺寸與圖框

1 CAD 工程圖要求圖紙的大小必須按照規定的圖紙幅面和圖框尺寸裁剪，圖幅從大到小分為 6 種圖號：A0、A1、A2、A3、A4、A5，其大小，如表一所示，固定的圖紙尺寸為世界通用，應較無爭議。

◎ **表一 圖紙之尺度表** 單位：mm

圖紙代號	A0	A1	A2	A3	A4	A5
圖紙尺寸	841×1189	594×841	420×594	297×420	210×297	148×210

2 圖框的尺度，則受各國國情之不同而各有出入，依國家標準，其圖紙及圖框關係如圖 5-2 所示，圖紙及圖框標準尺度，如表二所示。

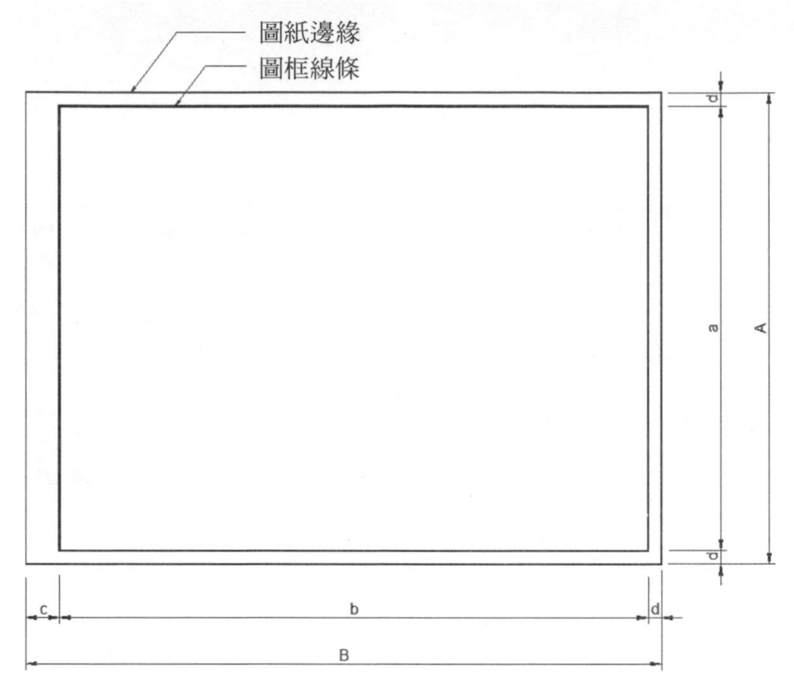

圖 5-2 圖紙及圖框關係

◎ **表二 圖框尺度表** 單位：mm

圖紙號碼	縱向 A	縱向 B	上下及右邊框 d	左邊框 c	圖框尺度 a×b	備 註
A0	841	1189	15	25	811×1149	標準圖紙
A1	594	841			564×801	
A2	420	594			390×554	
A3	297	420	10		277×385	
A4	210 297	297 210	---	---	---	

註 (1)：左邊框較其他邊為寬，以供裝訂。

註 (2)：d 及 c 為最小值，可視需要酌予加大。

3 在上表中，如果不用裝訂，左邊可以同右邊寬度。

4 在六種圖號中 A0 號圖紙對開裁剪，可得兩張 A1 號圖紙，A1 號圖紙對開裁剪，可得兩張 A2 號圖紙，依此類推，可得 A3 號圖紙，直到 A4 號圖紙，圖 5-3 所示。

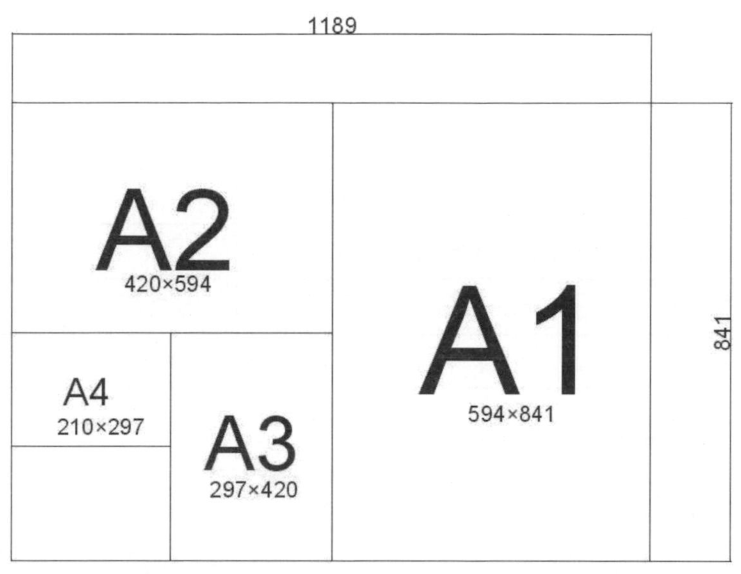

圖 5-3 圖紙尺寸示意圖

5 標題欄樣式雖然另有規定，如表三所示，為圖框線條粗細規定（單位為 mm），但是一般業界為了擁有自己專屬特有風格，各有自訂的標題欄樣式。

◎ **表三 圖框線條粗細** 單位：mm

圖紙號碼	分區欄	區內線	備註
A0	1.0	0.35	
A1	1.0	0.35	
A2	0.7	0.25	
A3	0.5	0.18	
A4	0.5	0.18	

6 圖紙可以橫放或直放，繪圖時應該用粗實線畫框及標題欄框線，通常標題欄上文字的方向為看圖方向。

7 工程圖應依分類裝訂成冊，每冊圖均須加一張封面圖，圖紙及圖框尺度依照規定，封面圖之內容及標示位置，如圖 5-4 所示。

內 容	位 置	中文字高(mm)	英文字高(mm)
業主全銜	圖之正上方	18	12
工程名稱	圖之中上方，亦即業主全銜之下方	18	12
工程圖類別	圖之正中間，亦即工程名稱之下方	27	27
設計單位之全銜	圖之右下方，亦即工程圖類別之右下方	10	10
業主主管簽字	圖之左下方，亦即工程圖類別之左下方	10	10
日期	圖之正下方，亦即工程圖類別之正下方	12	12

註：

(1) 字體大小為 A1 圖幅用, 其他圖幅依比例縮放。

(2) 有關工程圖用途戳章, 如 作廢、僅供參考 等, 應蓋於圖紙右下方。

(3) 封面圖各欄位, 工程主辦機關可視工程特性自行增刪修改。

圖 5-4 封面圖之內容及標示位置

5-1-2 度量衡單位及比例

1 圖樣之度量衡單位，除特別註明外，以公制為準。

2 建築尺寸單位原則以公分（CM）表示，不另記載單位符號，若用其他尺度單位時，應另行註明其單位符號。

3 各製圖應標示比例尺：圖樣如有縮小或放大之可能時，除註明比例外應再加繪比例尺圖，如以 A1 圖紙為例其畫法，如圖 5-5 所示。

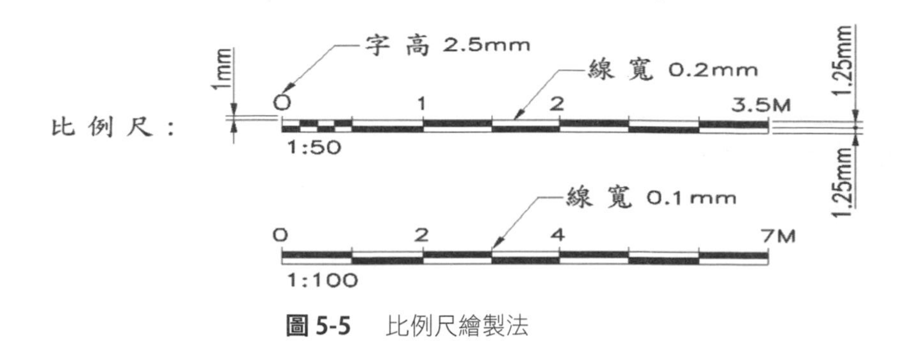

圖 5-5 比例尺繪製法

4 各種圖樣之比例尺，原則如表四所示。

◎ 表四 各圖樣使用比例

項目	圖名	比例尺
1	位置圖	1：50000 1：25000 1：10000
2	平面圖	1：5000 1：1200 1：1000 1：600 1：500 1：200 1：100 1：50 1：30
3	立面圖	1：500 1：300 1：100 1：50 1：30 1：20
4	剖面圖 (斷面圖)	1：100 1：80 1：60 1：50 1：40 1：30 1：20 1：10
5	詳圖	1：30 1：20 1：10 1：5 1：3 1：2 1：1
6	地形圖	1：300000 1:100000 1：50000 1：25000 1：10000 1：5000 1：3000 1：1200 1：1000 1：500 1：200 1：100

5 在機械製圖上所使用比例。

* 常用比例：以 2、5、10 倍數之比例為常用者
* 實際比例：1:1。
* 縮小比例：1:2、1:2.5、1:4、1:5、1:10、1:20、1:50、1:100、1:200。
* 放大比例：2:1、5:1、10:1、20:1、50:1、100:1。

5-1-3 文字及線條規範

前面言及建築是以是公分為單位，有抵銷其與列表機以公釐為單位之比例問題，需於事前預為放大十倍，而機械製圖同樣以公釐為單位，因此無比例問題，所以兩者在處理文字、數字及圖框上的設定上會有 10 倍差距，在此先予告知。

1 建築製圖一般書寫於圖面上的文字字高規範，如表五所示。

◎ **表五 文字規範表**　　單位：mm

適用處	適用圖紙	中文字	英文字	數 字
標題欄、標題圖號 零件編號	A0	7	7	7
	A1、A2、A3、A4	5	5	5
尺寸標註、註解 文字	A0	5		
	A1、A2、A3、A4、A5	3.5	2.5	2.5

2 線條之種類與畫法，如表六所示。

◎ **表六 線之分類與用途**

種類	式樣	粗細	畫法
實線		粗	連續線
		細	
			含鋸齒形彎折之連續線，相對銳角角度約為15度;其角高度約為 2mm
虛線		中	每段約 3mm 間隔約 1mm
鏈線		細	線段長度與間隔之比例均為10：1，中間為一點
		粗	
		粗細	兩端及轉角粗，中間細，兩端粗線長勿超過10mm

3 線條之粗線原則上分為特細、細、中、粗、特粗等五級，如圖 5-6 所示，其單位以 mm 計算。

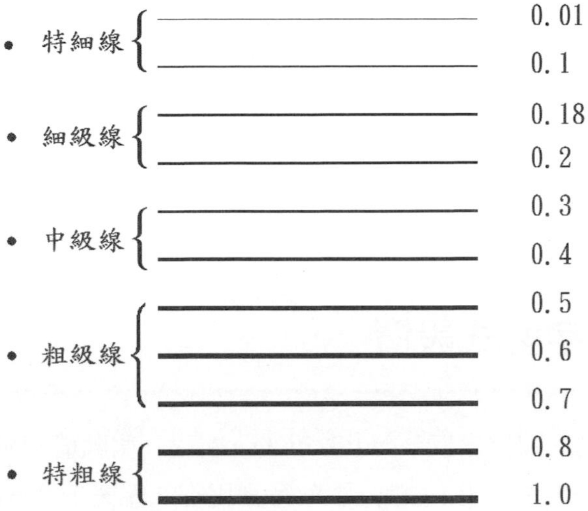

圖 5-6 線條之粗線原則

4 建築製圖線條之用途，如表七所示。

◎ 表七 建築製圖線條之用途表

種 類	粗細	用途
實 線	粗	輪廓線、剖面線、配線、配管、鋼筋、圖框線
	中	一般外形線、截斷線、投影線
	細	基準線、尺度線、尺度延伸線、註解線、剖面外形線、投影線、軌跡線、指標線
虛 線	中、細	隱蔽線、配線、配管、投影線、假設線
點 線	中、細	格子、配線、配管或其他符號
單點線	細	中心線、建築線、基準線
雙點線	中	接圖線、配管、配線、地界線

5 機械製圖使用的線型與顏色的圖層設定，如表八所示。

◎ **表八 機械製圖線條之用途表**

圖層	用途	式樣	粗細	顏色
1	輪廓線	實線	粗	白
2	圖框線	實線	粗	藍
3	尺度線、尺度界線	實線	細	綠
4	中心線	鏈線	細	黃
5	剖面線	實線	細	青
6	隱藏線	虛線	中	紫

5-2 文字型式設置

1 請以系統內定的圖檔樣板(acadiso.dwt),新建一個圖檔,將**輔助**工具面板中的**顯示網格**工具給予不啟動,請執行應用程式視窗工具→**圖檔公用程式**→**單位**功能表單,在開啟的**圖面單位**面板中,將**精確度**欄位設 0.0 亦即小數點一位(使用者亦可自定),**插入比例**欄位設為公分(cm),如圖 5-7 所示。

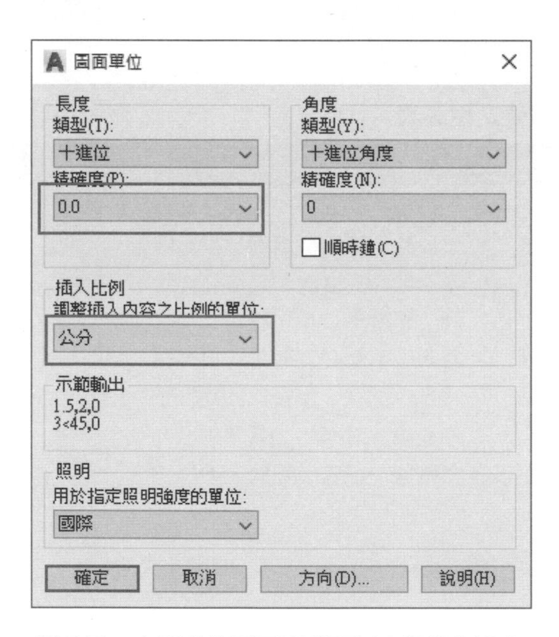

圖 5-7 在開啟的**圖面單位**面板中做單位設定

2 經由前面國家製圖標準的解說，對於文字的大小規範應有一基本的認知，唯它是以 mm 為計算單位，理論上，數字上的小數點應往左移一位才是正辦，如 3.5mm 換算為公分應是 0.35cm，但是在第一章中言及，印表機是以 mm 為計算單位，因此，不用先換算單位，一樣以 3.5 為計算，到列表時自然會被比例回來。

> **溫馨提示**　在本章中之其他格式尺寸標準製作，都會是以 mm 當做 cm 來使用，將不再特別提出說明。

3 如果讀者為機械工程繪圖者，其繪圖是以 mm 為單位，請就以規定的單位為之，如 3.5mm，就以 3.5 為單位，它和印表單位是相同，所以是同比例進行，經由後面章節實例演練，對此觀念當會更容易了解。

4 依國家製圖標準，圖紙可以由 A0 至 A5 選用，文字大小大致可以歸類為 7mm、5mm、3.5mm、2.5mm 四類，在後面的文字型式中，將以此 4 種尺寸做為設定。

5 請選取**註解**頁籤，在**文字**工具面板中按文字標頭右側的向右下箭頭，如圖 5-8 所示，可以打開**文字型式**面板，如圖 5-9 所示，在面板中系統內定型式為 Standard，其中的文字高度為 0。

圖 5-8　在**文字**工具面板中按文字標頭右側的向右下箭頭

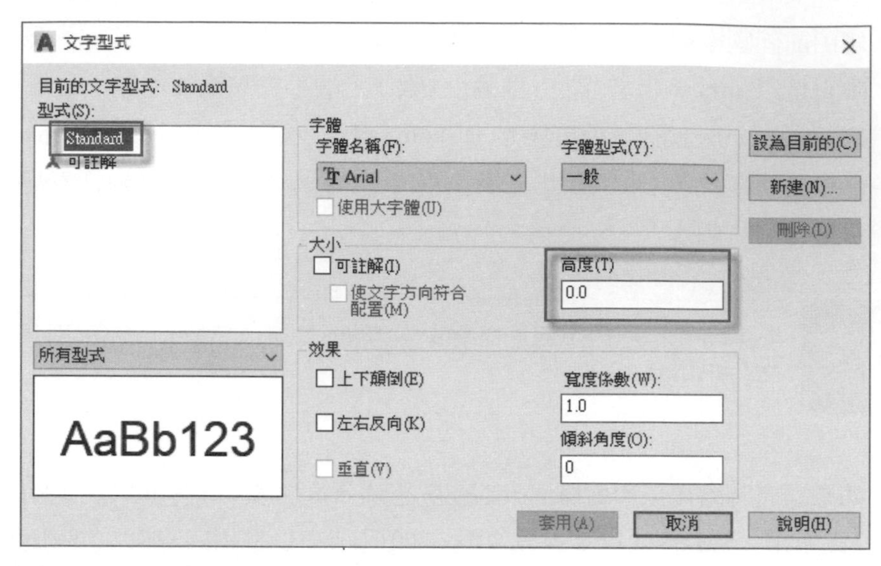

圖 5-9　打開**文字型式**面板

6 請在面板中按**新建**按鈕，可以打開**新文字型式**面板，在型式名稱欄位中輸入「文 5」，以它代表 5mm 大小的文字，如圖 5-10 所示，讀者亦可自取易於辨識的名稱。

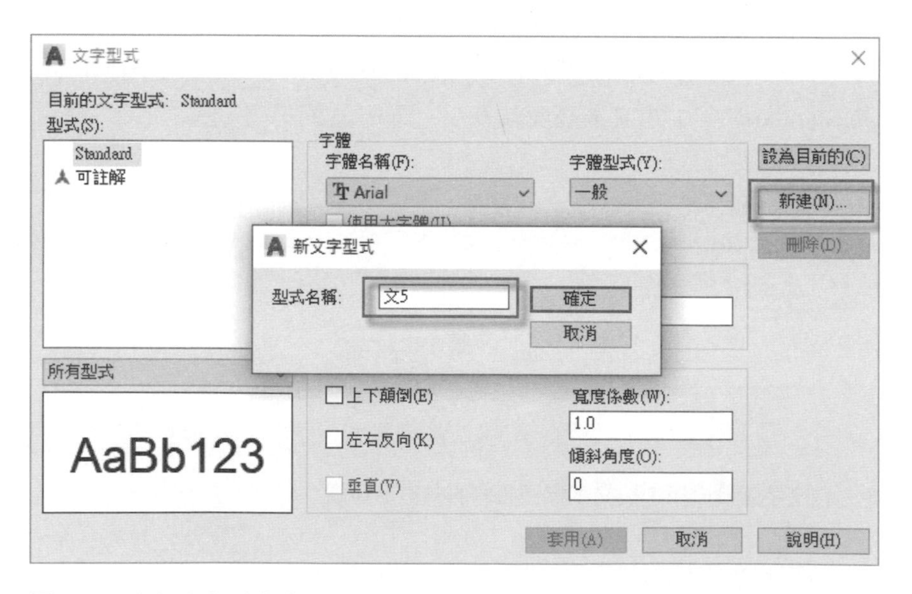

圖 5-10　為新文字型式建立**文 5** 格式名稱

7 在**新文字型式**面板中按下**確定**鍵後，可以回到**文字型式**面板，在**字體名稱**欄位中，選擇新細明體（亦可視個人偏好選擇），**高度**欄中輸入 5，**寬度係數**欄位可視個人需要而設，依一般工程字體慣例，字體長寬比值為 3/4，如果想要字體為瘦長型，可以依 0.75 左右的值設定，如果想要讓尺寸標註容納更多的文字，亦可設定更瘦長的 0. 5 值，本處仍維持預設值設定為 1，如圖 5-11 所示。

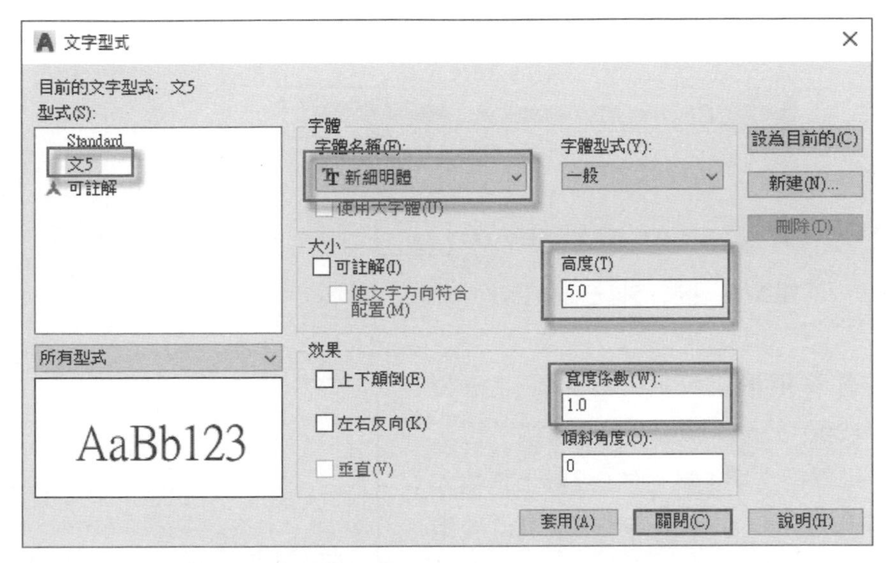

圖 5-11 對**文 5** 字型設定字體及文字高度

8 在面板中先點擊**套用**按鈕，再點擊**設為目前的**按鈕，將**文 5** 的文字型式設為目前使用的型式，然後關閉**文字型式**面板，選取**常用**頁籤，在**註解**工具面板中，選取**單行文字**工具，如圖 5-12 所示。

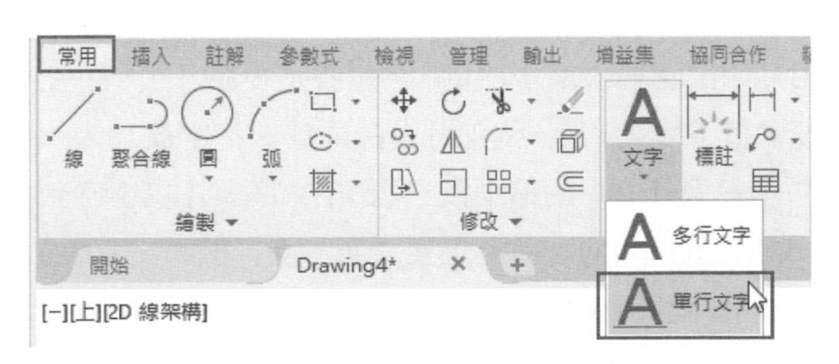

圖 5-12 選取**單行文字**工具

9 選取文字工具後，指令行會提示**指定文字的起點或**，這時按下滑鼠左鍵，可以確立文字的起點，指令行會再提示**指定文字的旋轉角度：<0>**，如果不想旋轉角度，直接按 [Enter] 鍵確定後，即可在鍵盤上輸入文字了，而且直接套用**文 5** 之字型。

10 選取文字工具後在未按下文字起點前，在指令行中選取**型式**表單，指令行會提示**輸入型式名稱**，在輸入區內會出現**文 5** 之預設值，這是已將**文 5** 設為目前的型式，如圖 5-13，此時只要按下 [Enter] 鍵即可。

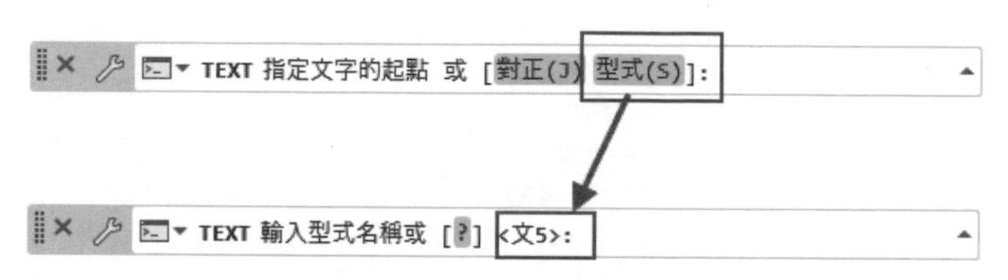

圖 5-13 指令行區已提供目前的文字型式供執行

11 選取**矩形**工具，在繪圖區中繪製 1200 公分×800 公分的矩形，再使用**單行文字**工具，並在鍵盤上請輸入「AutoCAD2022」字樣，使其位於矩形內，此時顯示的文字可能很小，幾乎不可辨認，如圖 5-14 所示。

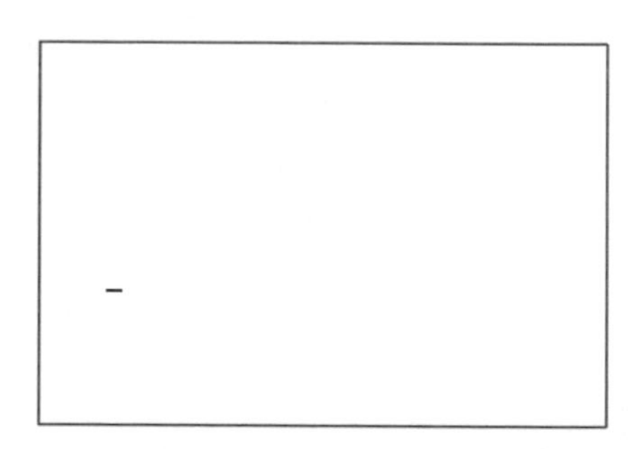

圖 5-14 在矩形入輸入文 5 字型的 AutoCAD2022 字樣

12 由文字輸入後的表現，字型用了 5mm 的高度，在畫面上表現的卻非常小，如果經由列印出圖經再縮小比例，字體會是更細小了，有些人會以系統變數加上經驗值予變動約束，大部分人會是直接把**字高**加大，例如本例加到 50mm，這樣經過 1:100 的縮小後，列印出來的文字又會回到 5mm 的尺寸上，但是，如設計圖中有多種比例要設置，加上多種不同的文字高度，而且輸出比例也可能隨時更改，如此原始的操作模式，是多麼不科學！

13 下面介紹較為專業的解決方案，即在第一章所談的解決非圖形比例問題之註解比例。在繪圖區按下滑鼠右鍵，在顯示的右鍵功能表中選取**選項**功能表單，如圖 5-15 所示。

14 在開啟的**選項**面板中，選取**顯示**頁籤，在顯示面板中的**配置元素**選項內的**為新配置展示頁面設置管理員**及**在新配置中建立視埠**等兩欄位，將其呈打勾狀態，如圖 5-16 所示。

圖 5-15 在右鍵功能表中選取**選項**功能表單

圖 5-16 在**選項**面板中將兩欄位打勾

15 依前面說明的方法，在開啟的**文字型式**面板中選取**文 5** 之文字型式，保持**文 5** 為目前的文字型式，將大小選項中的**可註解**欄位打勾，其餘欄位維持不變，然後按**套用**及**設為目前的**兩按鈕，如圖 5-17 所示。

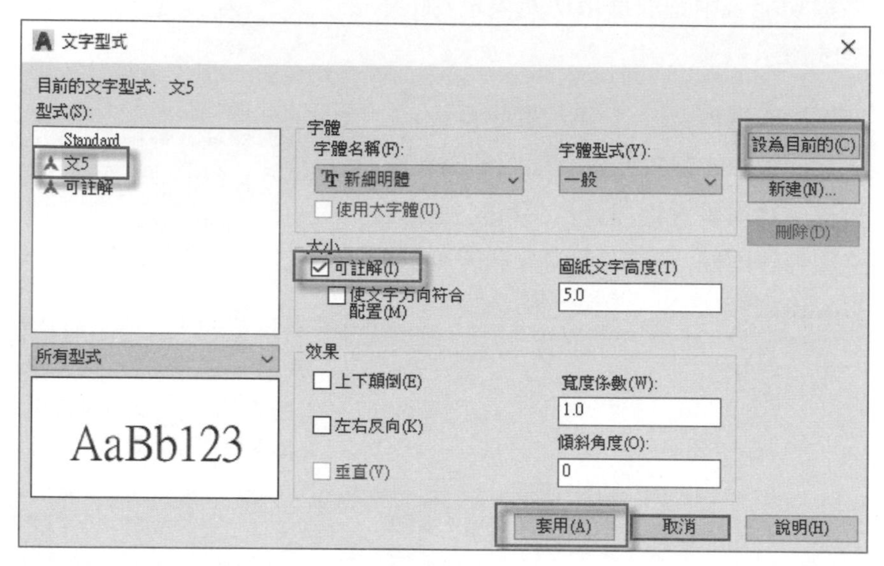

圖 5-17 在**文字型式**面板中勾選**可註解**欄位

16 回到繪圖區，選取**單行文字**工具，設定完**可註解**欄位後，第一次執行文字工具，系統會開啟**選取註解比例**面板，如圖 5-18 所示。此時要預估出圖的比例，如是 1:100 比例的平面配置圖，此預估比例可視實際需要隨時更改之，這時可以選擇 1:10（亦即 10:100，所以如此在第一章中已說明），如圖 5-19 所示。

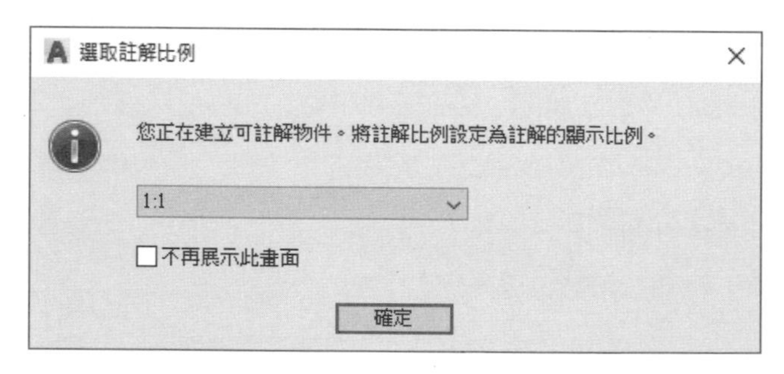

圖 5-18 第一次執行文字工具系統會開啟**選取註解比例**面板

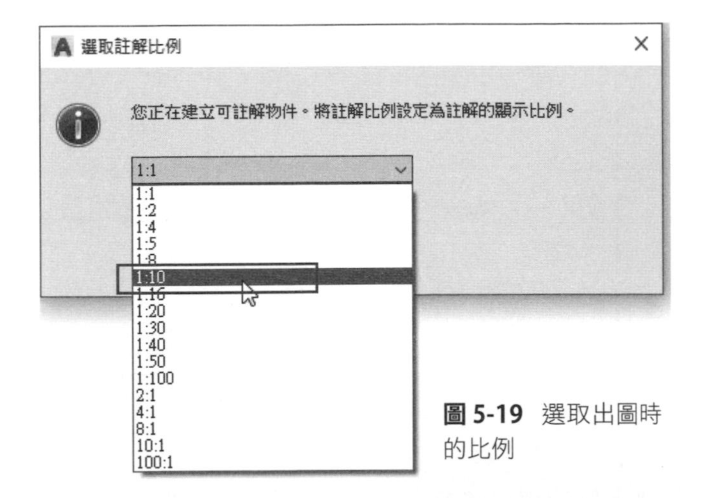

圖 5-19 選取出圖時的比例

17 如果未出現註解比例面板，在輸入文字前請使用滑鼠按**輔助**工具面板上的**註解比例**工具，可以在彈出的表列選單中選取 1:10 的比例，如圖 5-20 所示。

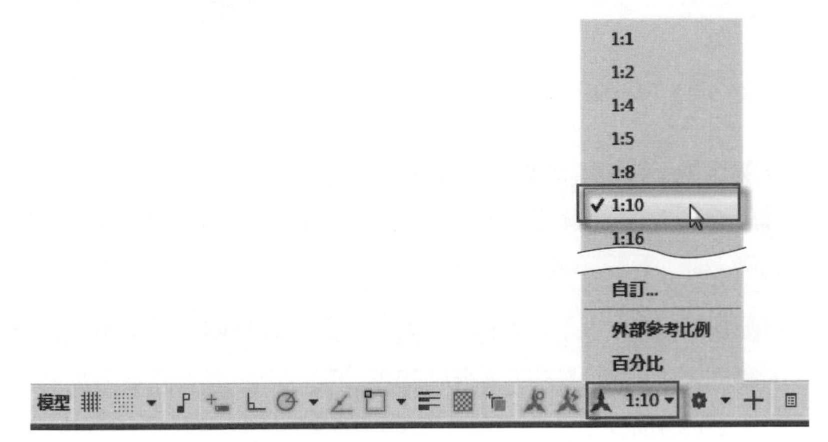

圖 5-20 在**註解比例**工具中選擇 1:10 的比例

18 如果操作者之單位是以 mm 計算者，其比例則照著原來的比例計算，亦即列印時將以 1:100 比例出圖，則註解比例也一樣使用 1:100 的比例。

19 請再一次輸入 AutoCAD2020 字樣，這時文字被放大了 10 倍，何以定為(1:10)應縮小為十分之一，反而放大 10 倍，這是 AutoCAD 將出圖會縮小 10 倍之可註解物件，反轉預為放大 10 倍，如圖 5-21 所示。

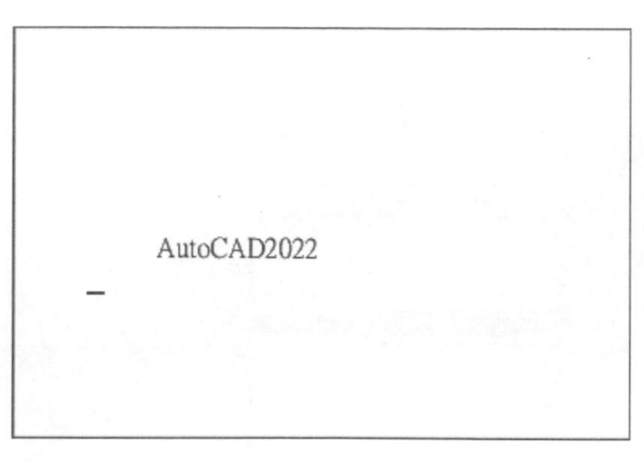

圖 5-21 利用可註解功能將字體預為放大

20 可能有些讀者無法將可註解文字放大，請注意**輔助**工具面板的 3 個工具按鈕，如圖 5-22 所示，現將 3 個工具之用途先說明如下：

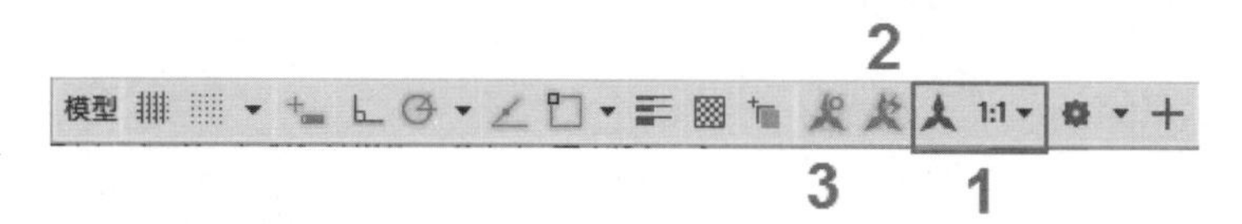

圖 5-22 繪圖區下方**輔助**工具面板的 3 個工具按鈕

(1) **註解比例工具**：當文型式或尺寸標註型式等設定可註解時，均可以此工具設定渠等之註解比例，另外在**性質**面板中亦可更改這些型式之註解比例。

(2) **自動比例工具**：本工具為啟動狀態時，當**註解比例**工具更改了比例設定，則繪圖區中的可註解型式會立即更改顯示，當本工具不啟動時，則不會隨之更改顯示。

(3) **註解可見性工具**：請將**自動比例**工具處於不啟動狀態，當本具為不啟動狀態時，則可註解之型式等同**註解比例**工具設定之比例才會顯示，不符合之比例則不顯示，如圖 5-23 所示，矩形內有兩組不同註解比例的文字，當註解比例設為 1:10 時，則 asdsdas 之文字不顯示（1:5 之註解比例），如圖 5-24 所示，反之如註解比例設為 1:5 時，則 AutoCAD2020 不顯示。

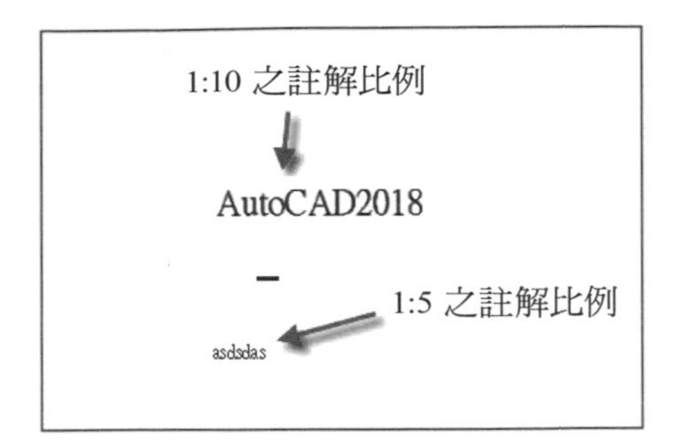

圖 5-23 繪製兩組不同註解比例之文字

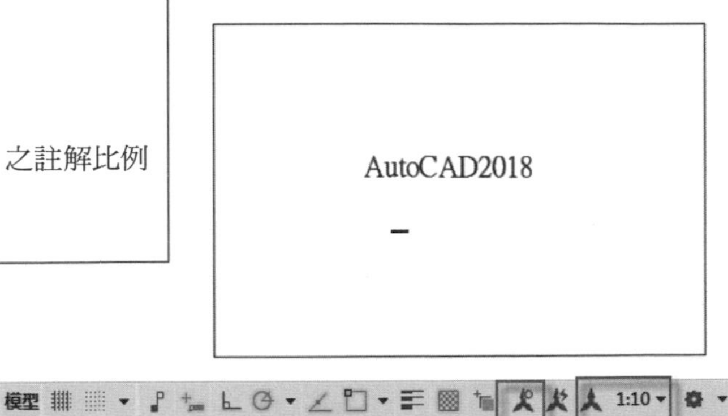

圖 5-24 註解比例設定為 1:10 則註解比例為 1:5 之文字不顯示

21 至於如何在同一圖面輸入不同註解比例的文字，其操作方法如下：

(1) 在**輔助**工具面板中將**自動比例**工具處於不啟動狀態，而將**註解可見性**工具啟動，如圖 5-25 所示。

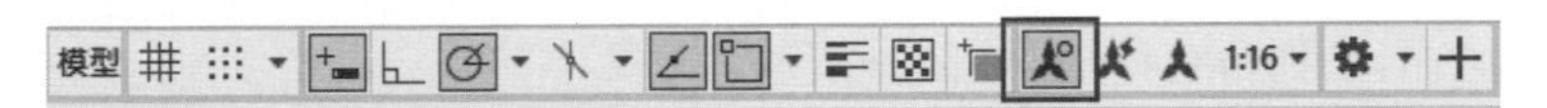

圖 5-25 將**註解可見性**工具啟動

(2) 在輸入文字前請先在**輔助**工具面板中設定註解比例，例如本處設定 1:16 的註解比例，然後使用單行文子工具在矩形內輸入 qwer 文字，則此文子為 1:16 的註解比例，它會比 AutoCAD2022 字體還要大，如圖 5-26 所示。

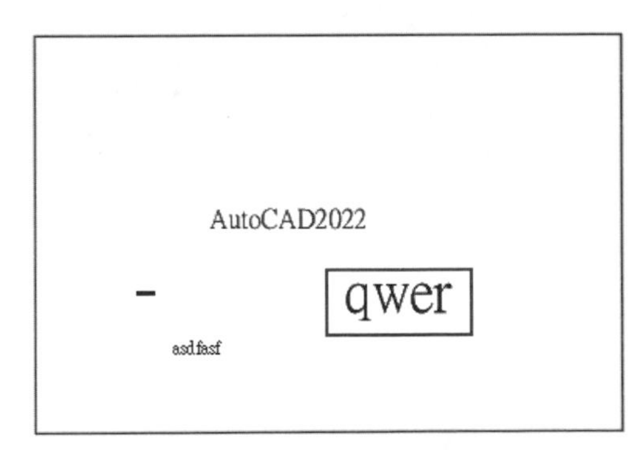

圖 5-26 輸入 qwer 文字並設定為 1:16 的註解比例

(3) 另一種方法即使用**性質**面板，請選取 qwer 文字再按 [Ctrl] + [1] 按鍵，可以打開**性質**面板，在面板中可以看見其**可註解比例**欄位為 1:16，如圖 5-27 所示，使用者可以直接在此修改註解比例，其操作方法在後面章節會做詳細介紹。

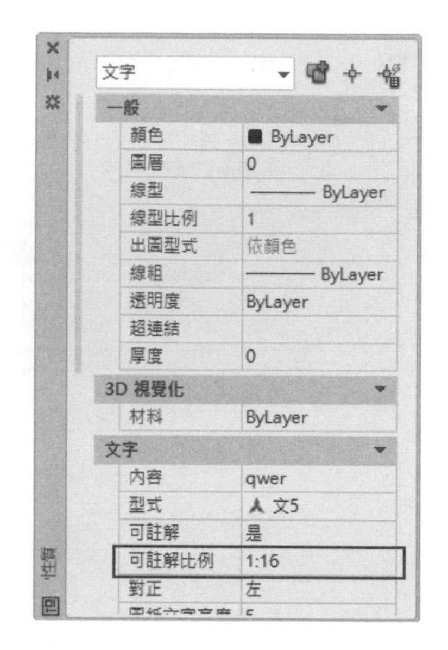

圖 5-27 在**性質**面板中顯示此文字之註解比例

22 為因應國家製圖標準，請依前面建立**文 5** 文字型式方式，在**文字型式**面板上按**新建**按鈕，繼建立文 7、文 3.5 及文 2.5 的文字型式，記得每一文字型式都要更改文字高度，文 7 改字高為 7、文 3.5 改為字高 3.5、文 2.5 改為字高 2.5，且都要勾選**可註解**欄位，如圖 5-28 所示，如為可註解之文字型式，其型名稱左側會有小三角形的藍色標誌。

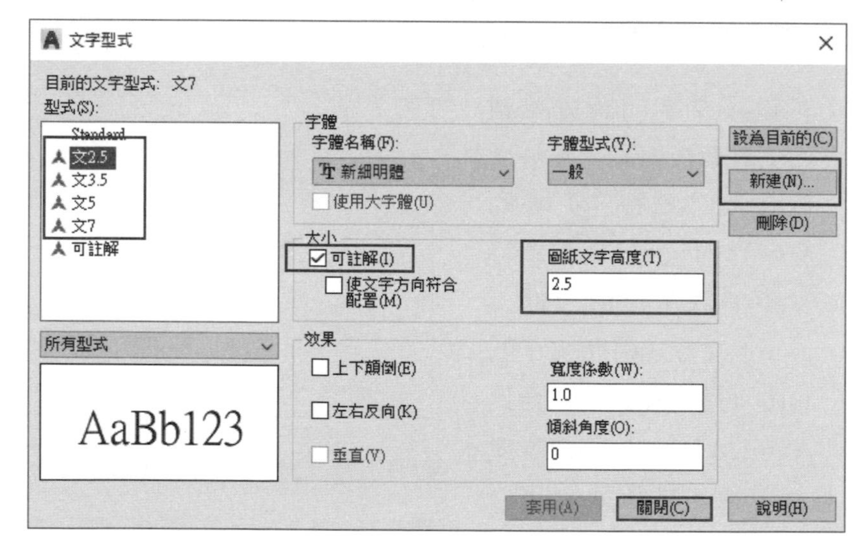

圖 5-28 再建立文 7、文 3.5 及文 2.5 之文字型式

23 在建立之文字型式中，**文 7**、**文 5** 一般應用於標題欄、標題圖號、零件編號上，**文 3.5** 是應用於多重引線標註、註解、文字上，**文 2.5** 則是應用於尺寸標註、英文字及數字上的應用。

24 將繪圖區回復到模型空間，清除繪圖區的所有圖形。到此已完成文字型式的設定，再檢查一次圖面單位的插入比例設定是否已設為公分，小數點的格式為 0.0，**輔助**工具面板上動態輸入、極座標追蹤、物件鎖點追蹤及 2D 物件鎖點等 4 個工具是為啟動狀態，註解比例改回 1:1 設定，如圖 5-29 所示。

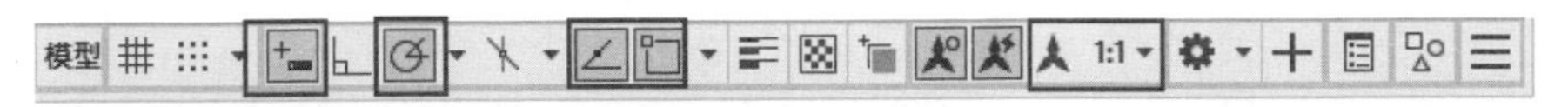

圖 5-29 **輔助**工具面板 4 個工具為啟動狀態並將註解比例改回 1:1

25 這些前面所述設定皆已完備，使用滑鼠點擊 AutoCAD 視窗的左上角應用程式視窗 A 工具按鈕，以打開下拉式表單，選取**另存→圖面樣板**功能選項，如圖 5-30 所示。

圖 5-30 執行另存成圖面樣板功能選項

26 在開啟的**圖面另存成**面板中，儲存路徑依照預設值不予更動，檔案類型內定為 AutoCAD 圖面樣板（*dwt），在檔名欄內輸入「建築製圖樣板」或是自定名稱，如圖 5-31 所示，完成設定後，按**儲存**按鈕，如此，先對剛才的設置預予保存，再繼續以下的練習。

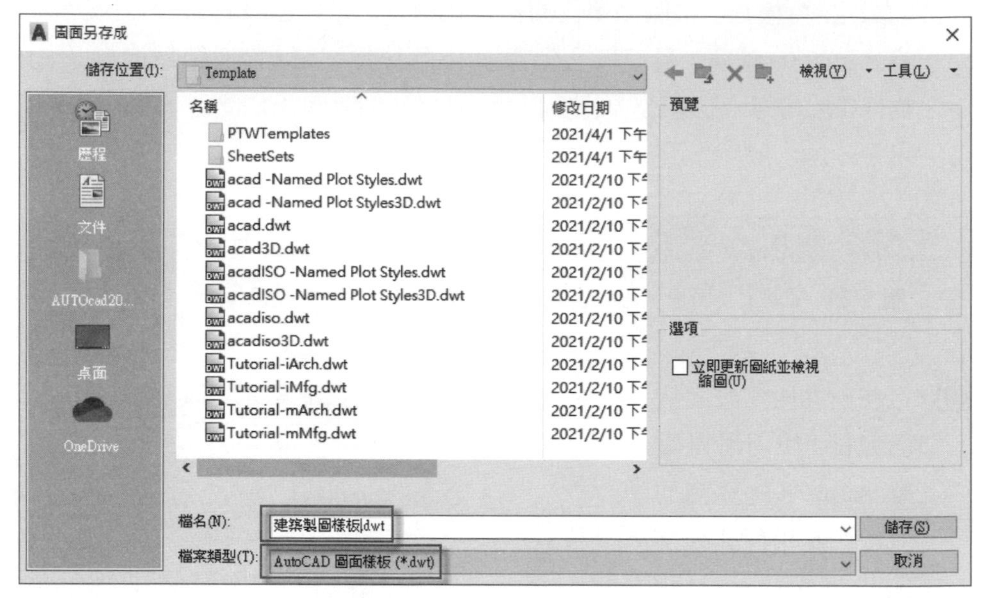

圖 5-31 先保存成 AutoCAD 圖面樣板

27 當按下**儲存**按鈕後，會開啟**樣板選項**面板，如圖 5-32 所示，面板欄位內容依需要自行更改之，當再次按下面板中**確定**按鈕後，即可將此設定儲存成自己的樣板檔案。

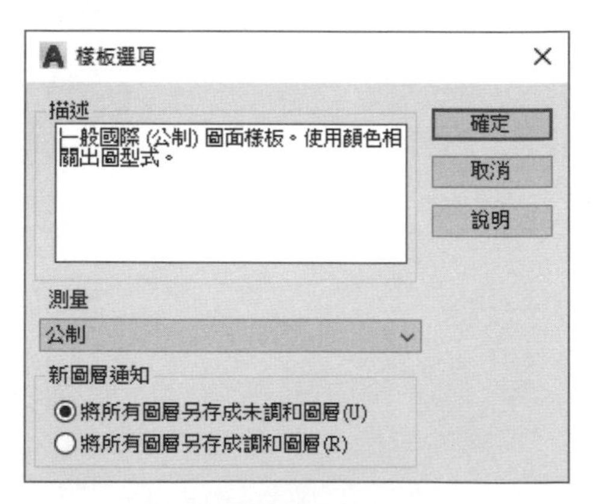

圖 5-32 開啟**樣板選項**面板

28 如果使用者屬於機械製圖者，請以系統內定的圖檔樣板（acadiso.dwt），重新開啟一空白圖檔，依前面的方法，開啟**圖面單位**面板，將單位設定為公釐，其實也是在**圖面單位**面板中將**插入比例**欄位改成公釐，**精確度**欄位設為 0.00，如圖 5-33 所示，角度選項的**精確度**欄位，也可以視需要做更改。

圖 5-33 機械製圖者在**圖面單位**面板中設定單位

29 在**輔助**工具面板中，請依建築製圖樣板的設定將左側的 4 個工具設為啟動狀態，再依前面表五文字規範表中選擇一組文字大小，現摒棄 A0 圖紙，因此選擇 5、3.5 及 2.5mm 等的大小組合做為機械製圖者的文字規範。

30 依建築製圖建立文字型式的方法，建立了機文 5、機文 3.5、機文 2.5 的 3 組文字型式，在**文字型式**面板中，將**字體名稱**欄位設為新細明體（亦可視個人需要選擇不同的字體），**可註解**欄位必需勾選，**文字高度**欄位也依尺寸設定為 5、3.5、2.5，如圖 5-34 所示。

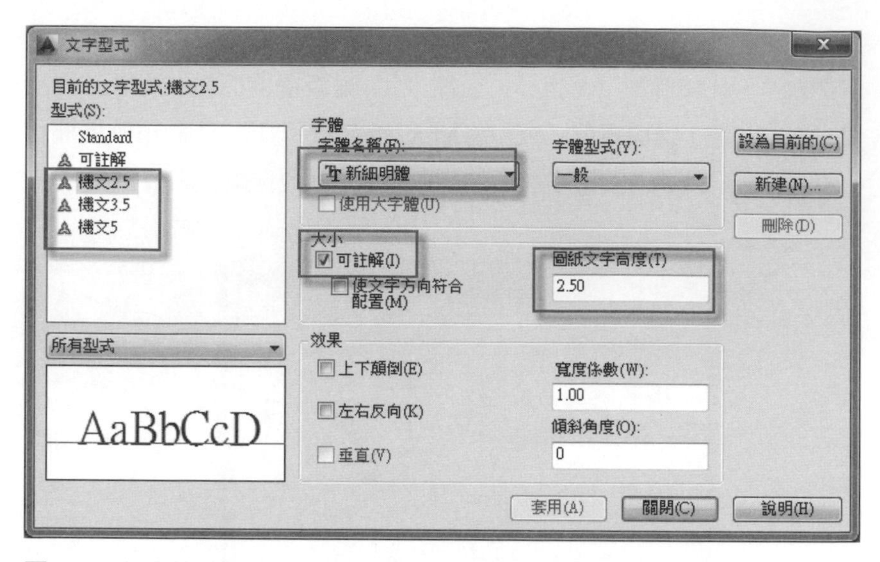

圖 5-34 設定機械製圖的 3 組文字型式

31 另依建築製圖另存樣板方法，將剛才的設定儲存成機械製圖樣板，如圖 5-35 所示，其存放路徑依系統內定路徑即可。

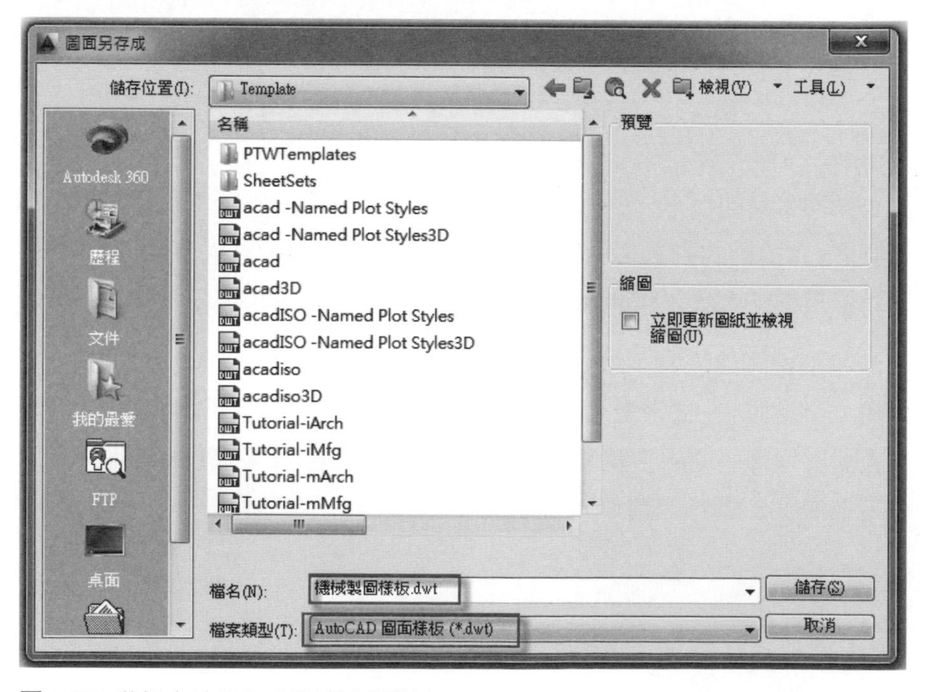

圖 5-35 將設定結果存成機械製圖樣板

溫馨提示

建築製圖與機械製圖最大差異，在於使用公分與公釐之單位不同，而列表機是以公釐為單位認定，因此當設定建築製圖樣板時都先以 10 倍數放大了，而機械製圖者只要尊照國家標準的規定即可，因此，往後的樣板設定將專注於建築製圖的說明，至於機械製圖者只要參照文字樣式的設定模式即可，在往後的設定中將不再另提出說明。

5-3 標註型式設置

1 請執行**快速存取**工具面板中之**新建**按鈕，或是執行 AutoCAD 視窗的左上角應用程式視窗 A 工具按鈕，以打開下拉式表單，選取**新建→圖面功能**選項，系統會自動打開**選取樣板**面板，在面板中會存在剛才建立的兩個樣板檔案，請選擇建築製圖樣板檔案，如圖 5-36 所示。

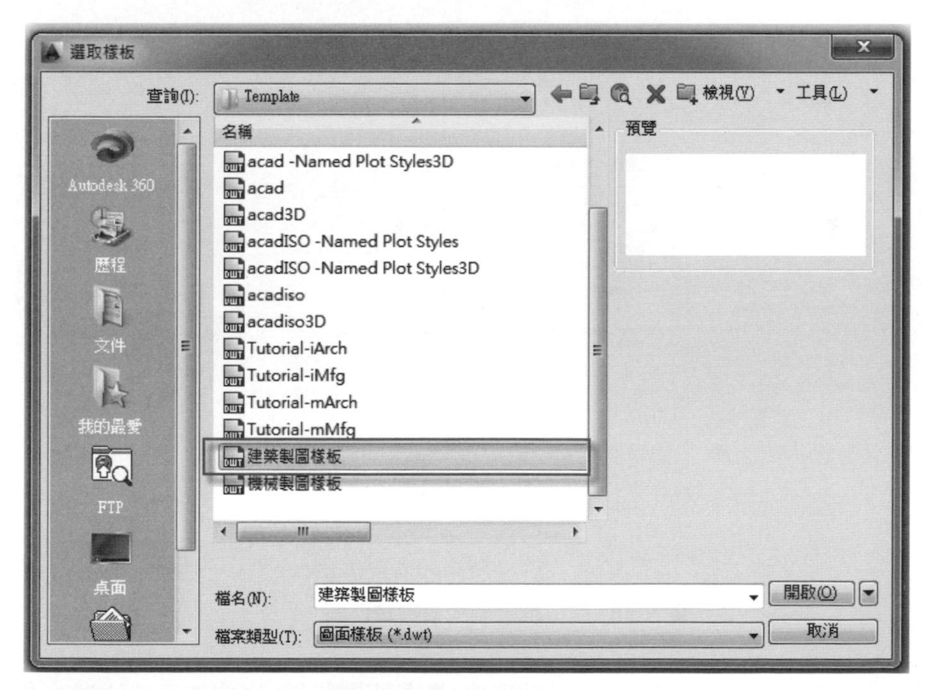

圖 5-36 在**選取樣板**面板中選取**建築製圖樣板**檔案

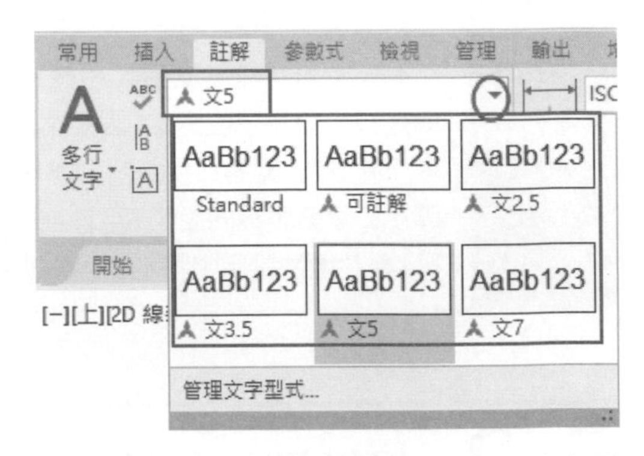

圖 5-37 可以列出本樣板檔已設定的文字字型

2 在面板中按下**開啟**按鈕，可以開啟建築製圖樣板的空白檔案，請選取**註解**頁籤，在**文字**工具面板中按下**文字型式**欄位顯示目前使用中的文字型式為**文 5**，使用滑鼠按下欄位右側的向下箭頭，可以列出本樣板檔已設定的文字字型，如圖 5-37 所示。

3 請在**標註**工具面板中按標註標頭右側的向右下箭頭，可以開啟**標註型式管理員**面板，如圖 5-38 所示。在系統內定情形下，會使用內定的 ISO-25 標註型式，唯這種標註型式不能符合自己的繪圖需求。

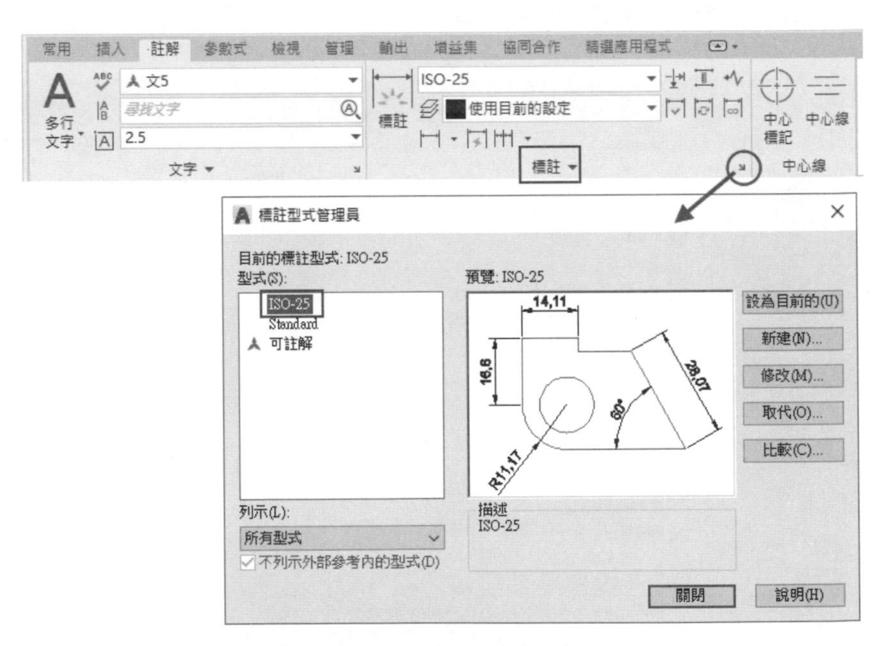

圖 5-38 開啟**標註型式管理員**面板

4 在面板中請按下**新建**按鈕，在開啟的**建立新標註型式**面板中，於**新型式名稱**欄位內輸入「DIM2.5」，並勾選**可註解**欄位，如圖 5-39 所示。

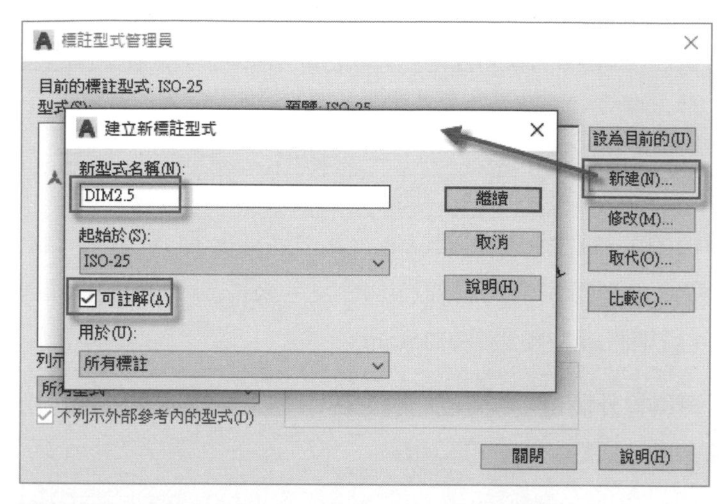

圖 5-39 為新標註型式取一個名字並勾選**可註解**欄位

5 在面板上按**繼續**按鈕，可以打開**新標註型式：DIM2.5** 面板，請選取面板上的**線**頁籤，在**線**頁籤面板**標註線**選項裡，**顏色**欄位請改為 ByLayer 類型，**線型**欄位選擇 ByLayer 線型，在**線粗**欄位中，使用滑鼠點擊右側的向下箭頭，在下拉式選單中選取 0.15mm，在國家製圖標準標註線屬於細線，如圖 5-40 所示。

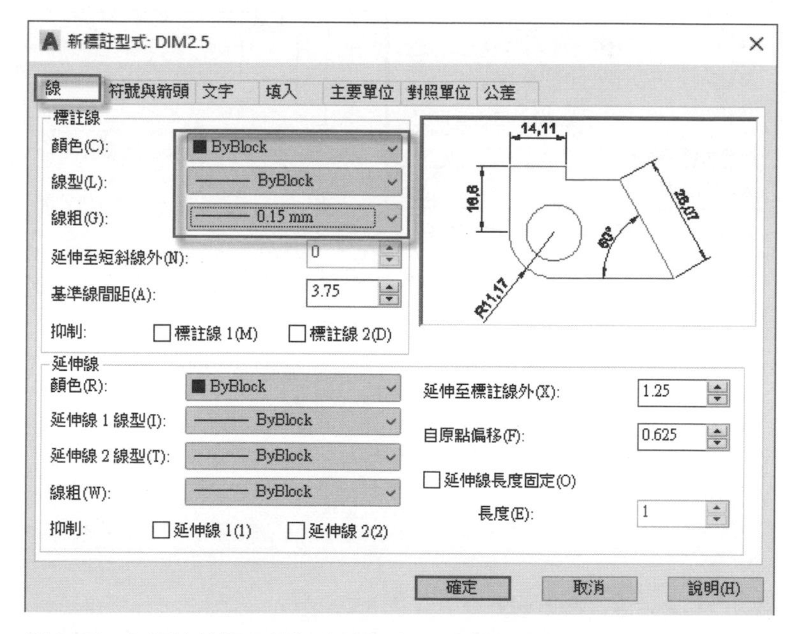

圖 5-40 在標註線選項裡設定線顏色、線型和線粗

> **溫馨提示**
> ByLayer 與 ByBlock 在前面章節已做過說明，本處設定顏色及線型欄位為 ByLayer 類型，其用意即讓標註線的顏色及線型依圖層而定，唯究應選 ByLayer 或 ByBlock 的模式，一般依各人喜好而定。

6 如果將線顏色、線型和線粗欄位全設為 ByLayer 模式，此時，就可以將線顏色、線型及線型粗完全利用圖層中的設定來控制，如此即可很方便做統一管理，此處則將線型預設為 0.15mm。

7 **延伸至短斜線外欄位**：本欄位一般在使用建築斜線時才會起作用，如果為圓點或箭頭時，本欄位為不可編輯。

8 **基準線間距欄位**：本欄位為在基線標註時，兩標註對像標註線間的垂直距離，本欄位一般設定為 8，如圖 5-41 所示，注意，該設置只在基線標註時有效，而在手工標註時兩標註線的距離是手工進行而不受限制，如圖 5-42 所示，圖中的圖示 1、2 條基線標註線間距為 8。

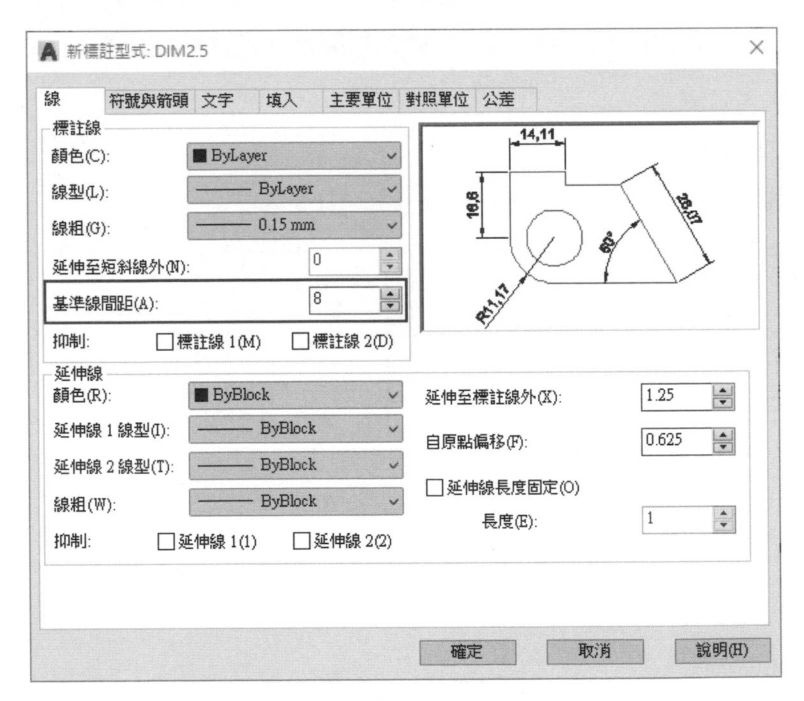

圖 5-41 設定**基準線間距**欄位值為 8

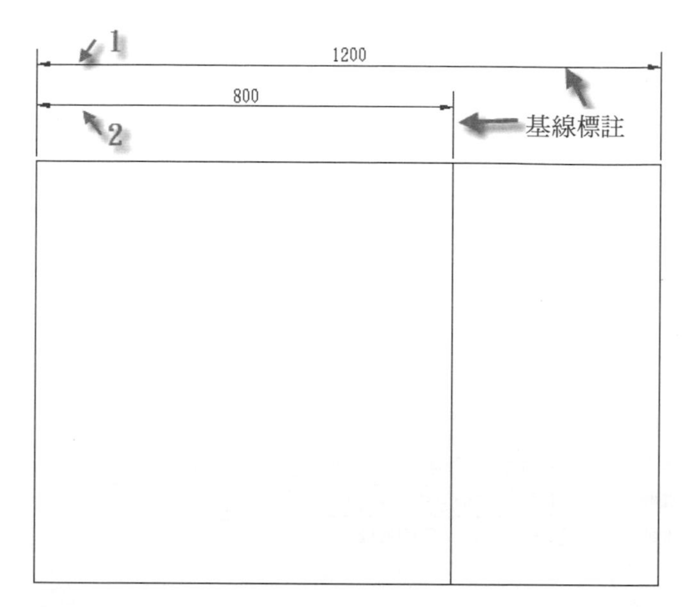

圖 5-42 圖中的圖示 1、2 條基線標註線間距為 8

9 在標註線中之抑制選項：本處有兩標註線抑制欄位提供設定，如圖 5-43 所示，左圖為勾選標註線 1(M)欄位情形，右圖為勾選標註線 2(D)欄位情形，唯一般均維持系統內定的不勾選狀態。

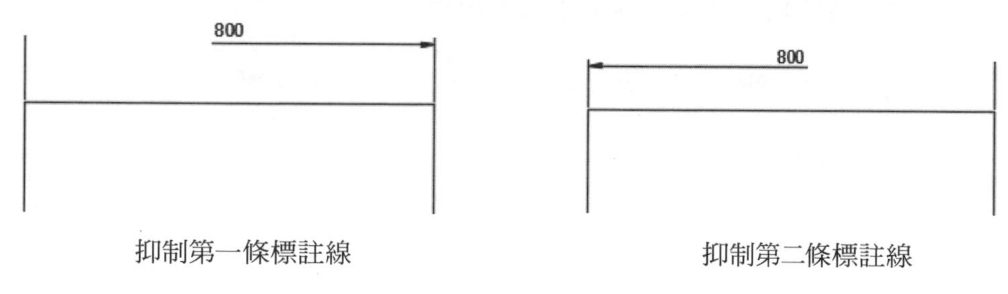

圖 5-43 抑制標註線欄位設置後的表現

10 在延伸線選項中，顏色及兩條延伸線型皆選擇 ByLayer 線型，線粗一樣選擇 0.15mm，此處盡量設定和標註線選項一致，如圖 5-44 所示。

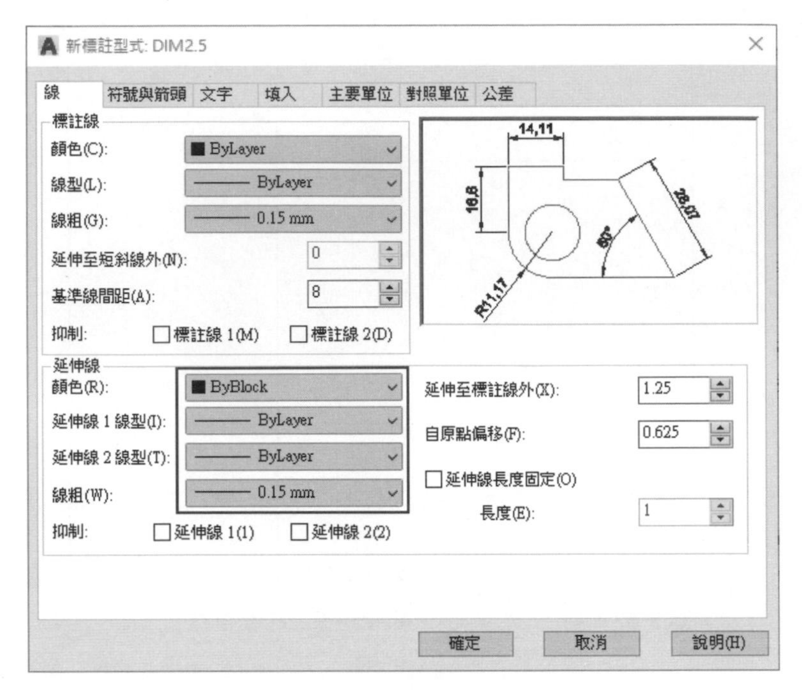

圖 5-44 將顏色及兩條延伸線型皆選擇 ByLayer 線型

11 在延伸線選項中之抑制選項：本處有兩延伸線抑制欄位提供設定，如圖 5-45 所示，左圖為勾選延伸線 1(1)欄位情形，右圖為勾選延伸線 2(2)欄位情形，唯一般均維持系統內定的不勾選狀態。

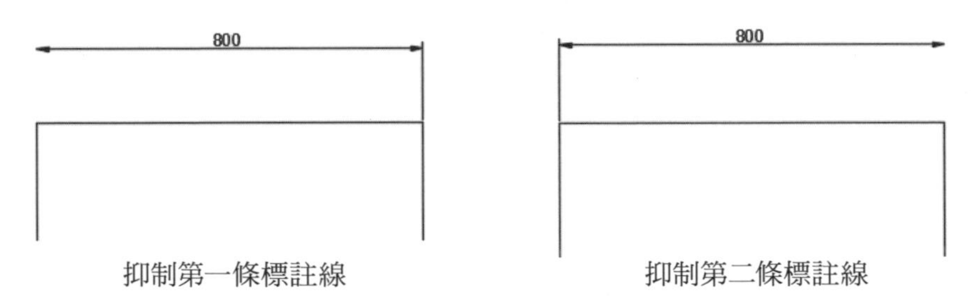

圖 5-45 抑制延伸線欄位設置後的表現

12 在**新標註型式：DIM2.5** 面板中，將面板右側之**延伸至標註線外**欄位設定為 3，**自原點偏移**欄位設定為 2，**延伸線長度固定**欄位維持內定之不勾選，如圖 5-46 所示。

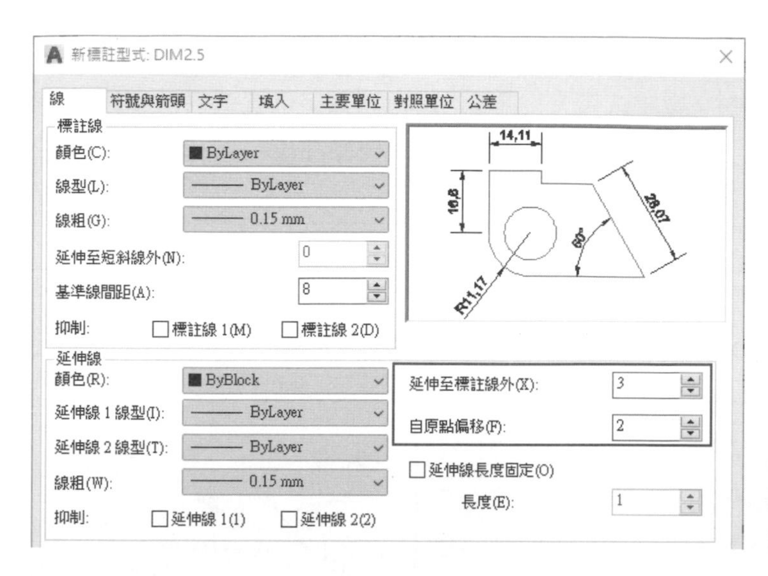

圖 5-46 續對延伸線選項各欄位做設定

13 續選取**符號與箭頭**頁籤，在箭頭選項中，第一、第二及引線等 3 欄位內定為封閉填滿的箭頭，讀者可以自行選擇圓點或建築斜線，中心點標記指的是在進行直徑和半徑標註時的圓心標記，一般採用無選項，事後依繪製圖形的要求下，再回來改採標記或線選項即可，在後面章節有關圓心的設置時會有更詳細說明，其餘欄位均維持預設值不變，如圖 5-47 所示。

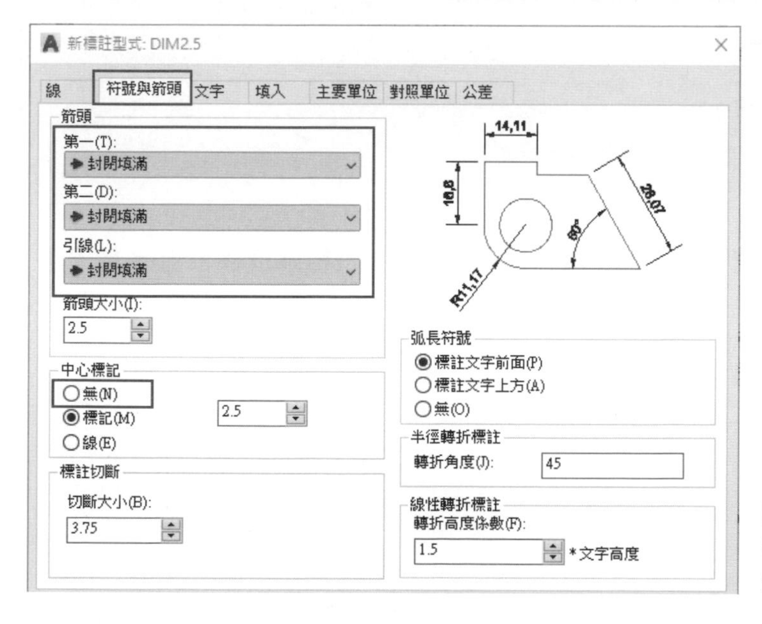

圖 5-47 設定**符號與箭頭**頁籤中各欄位

14 續選取**文字**頁籤，在**文字外觀**選項中，將**文字型式**欄位設定為**文 2.5**，在國家製圖標準中，數字或英文字為 2.5mm。在**文字位置**選項中，**自標註線偏移**欄位內設定為 1。**文字對齊**選項中選擇**對齊標註線**，其餘欄位維持預設值不變，如圖 5-48 所示。

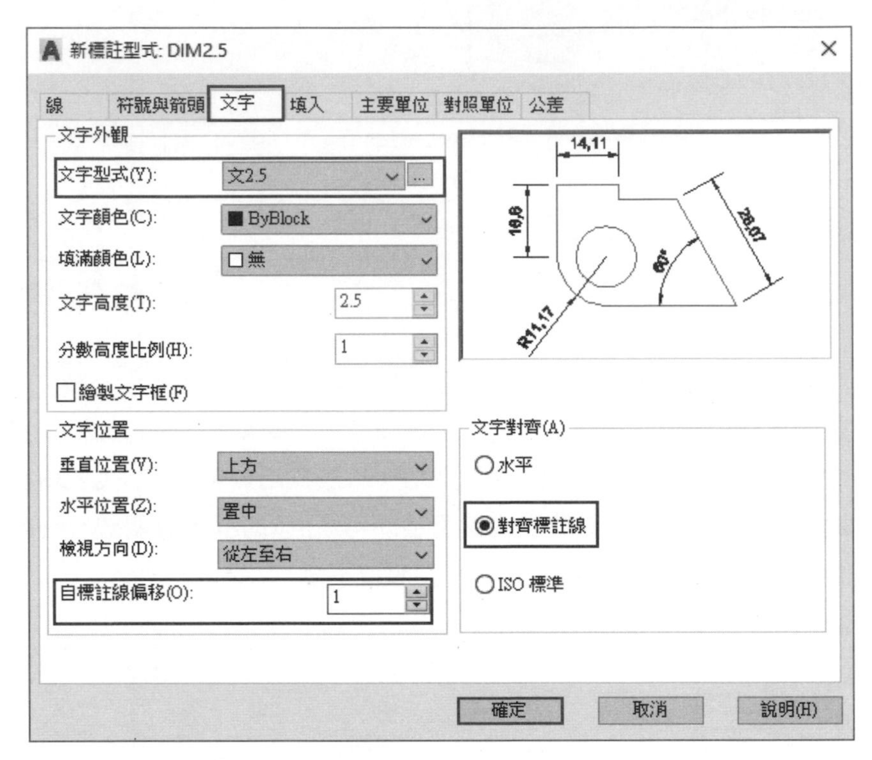

圖 5-48 設定**文字**頁籤中各欄位

15 選取**主要單位**頁籤，在**線性標註**選項中，將**精確度**欄位值改為 **0.0** 為小數點一位（使用者亦可依需要分行設定），**小數分隔符號**欄位設定小數點為**.**(小數點)，其餘欄位維持不變，如圖 5-49 所示。

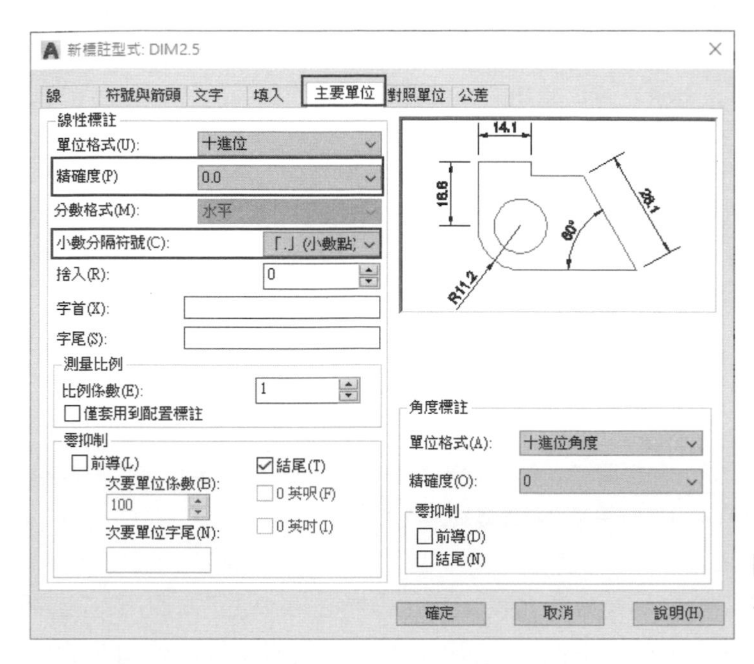

圖 5-49 設定**主要單位**頁籤中各欄位

16 有關**公差**頁籤的設定，在尺寸標註章節中會有詳盡的解說，此處暫維持預設值不變。

17 在面板中按**確定**按鈕，以結束標註型式：DIM2.5 之標註設定，在**標註型式管理員**面板中，可以按**設為目前的**按鈕，將 DIM2.5 標註型式設為目前使用的標註型式，如圖 5-50 所示。如果想要修改標註的設定，只要選取該標註，再按**修改**按鈕即可。

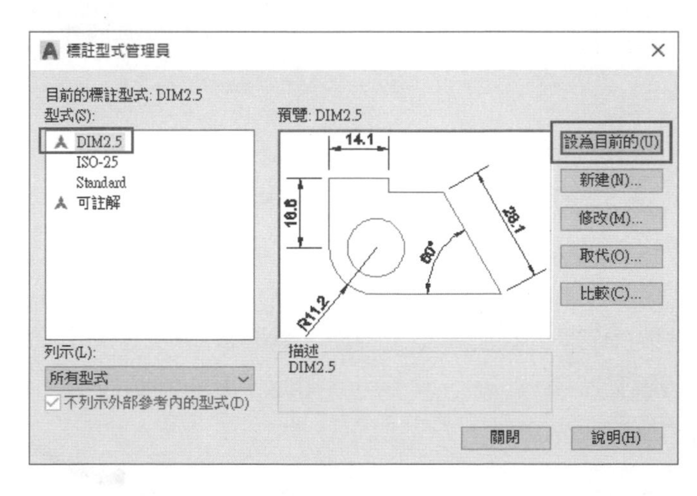

圖 5-50 將 DIM2.5 標註型式設為目前使用的標註型式

18 關閉**標註型式管理員**面板，選取**繪製**工具面板中的**矩形**工具，在繪圖區繪製 **600×400** 的矩形，選取**常用**頁籤之**註解**工具面板中的**線性標註**工具，如圖 5-51 所示。

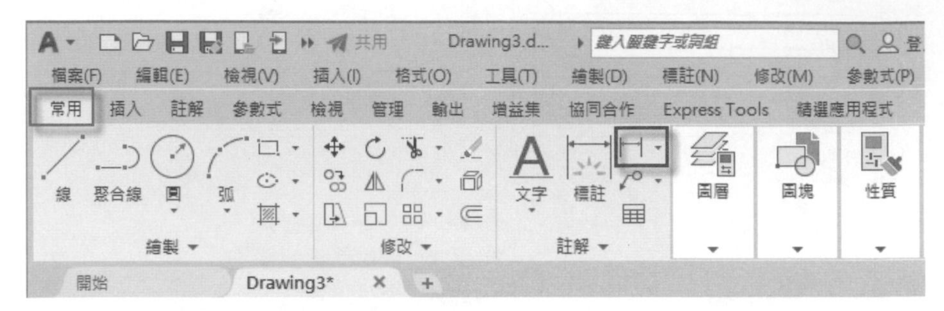

圖 5-51 在**註解**工具面板中選取**線性標註**工具

19 註解比例設定為 1:1，在矩形的上端做出標註線（標註的使用方法，將在第八章中再詳細說明），此時可以發現標註線上的數字或符號均非常細小，如圖 5-52 所示，如果出圖時再經比例縮小更是不可見，因此傳統的作圖方法，會把**型式管理員**面板各頁籤中的欄位值，各以倍數加大，但出圖比例並非固定不變，因此必需設定很多的標註型式方足以應付。

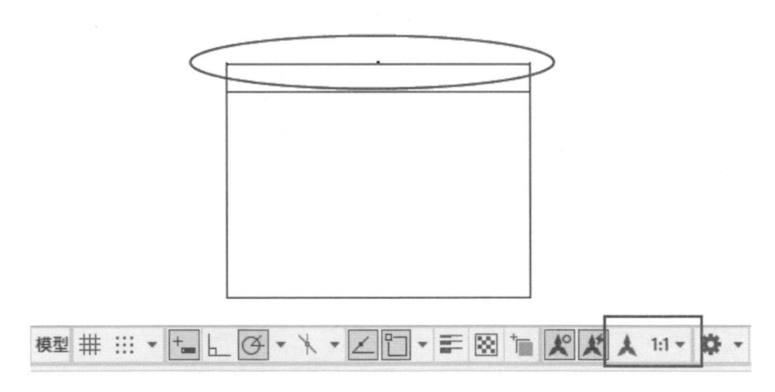

圖 5-52 設定 1:1 註解比例標註資料不可見

20 在調整註解比例前，記得要移動游標至**輔助**工具面板中的註解可見性及自動比例兩工具為啟動狀態，如圖 5-53 所示，如此才能在繪圖區中對不同的標註線做不同的比例註解。

圖 5-53 將註解可見性及自動比例兩工具為啟動狀態

21 原先註解比例設定為 1:1，因此在圖面上感覺尺寸標註之文字非常渺小，現在**輔助**工具面板中將**註解比例**工具重新設定為 1:10，此時圖面標註文字加大了，但到列印經視埠比例縮小，一切標註符號會全符合國家製圖標準的格式，如圖 5-54 所示，摒棄傳統使用這種方法，不但比例準確，而且使標註更具有專業性。

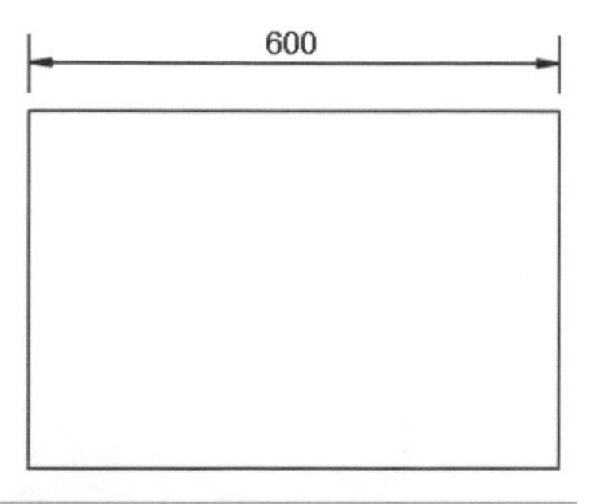

圖 5-54 設定註解比例為 1:10 的尺寸標註

22 刪除現有尺寸標註，將註解比例回復到 1:1，再重新做尺寸標註，此時又恢復到標註文字為不可見狀態，先選取尺寸標註線，再按 [Ctrl] + [1] 鍵以打開**性質**面板，在**性質**面板的雜項選項中，在**可註解比例**欄位內標明為 1:1 的狀況，如圖 5-55 所示。

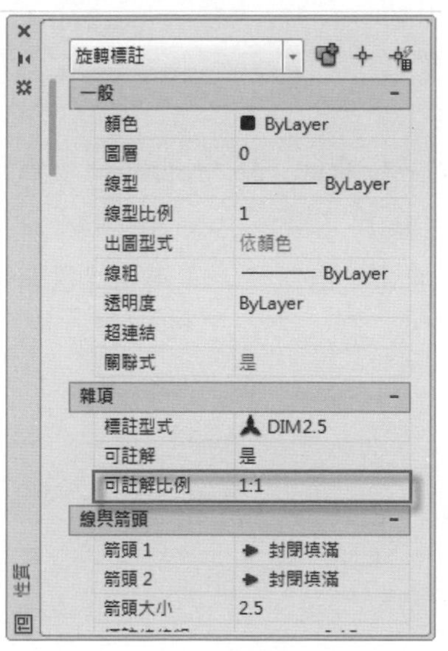

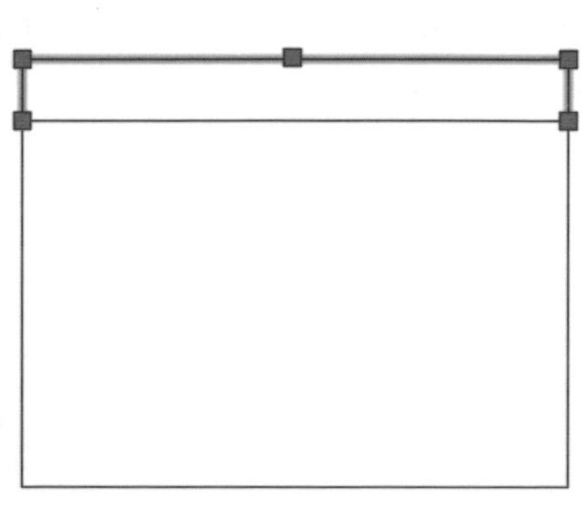

圖 5-55 先選取尺寸標註線再打開**性質**面板

23 使用滑鼠點擊**可註解比例**欄位右側的按鈕，可以打開**註解物件比例**面板，在面板中按**加入**按鈕，可以再打開**為物件加入比例**面板，在面板中選取 1:10 的選項，如圖 5-56 所示，再按**確定**按鈕以關閉面板，回到**註解物件比例**面板。

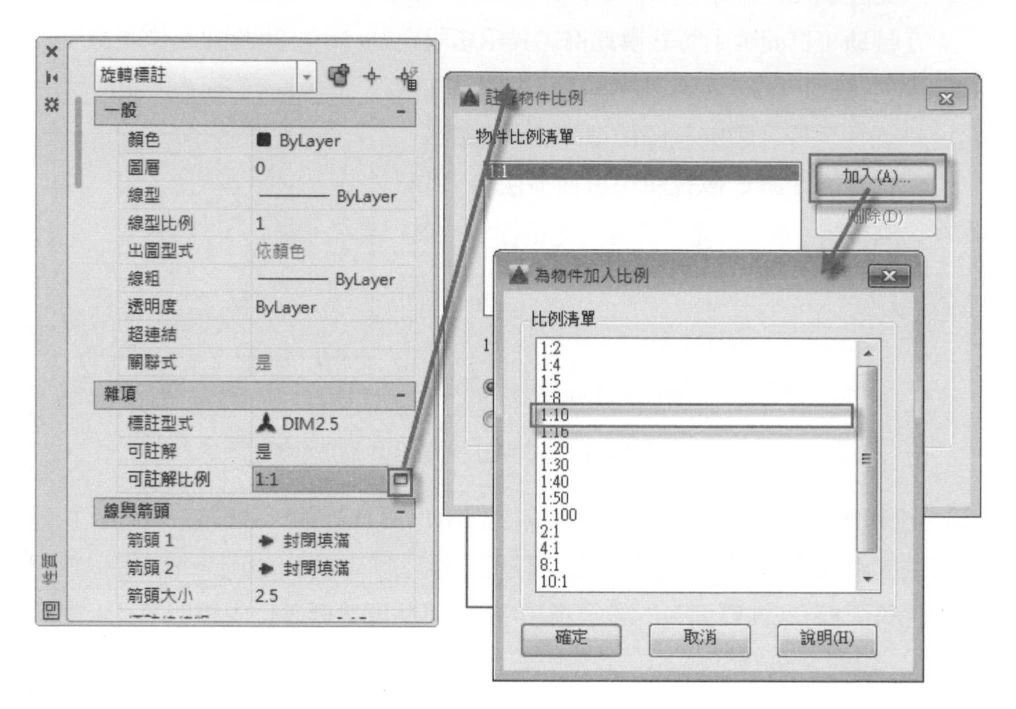

圖 5-56 在**為物件加入比例**面板選取註解比例

24 在**註解物件比例**面板中，選取 1:1 比例並按**刪除**按鈕將其刪除，現**性質**面板中的**可註解比例**欄位為 1:10，而畫面中的尺寸標註也改回到和前面設定註解比例為 1:10 的情況一樣，如圖 5-57 所示。這只是說明使用**性質**面板更改圖形內容的另一種捷徑。

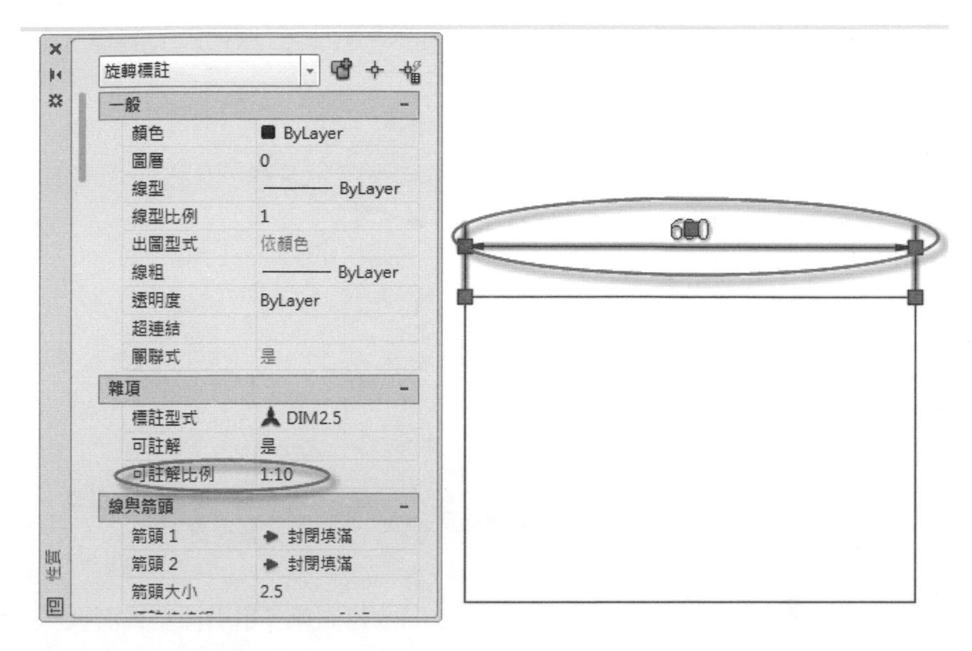

圖 5-57 利用**性質**面板更改註解比例

25 練習完本小節，刪除所有圖面的資料，將註解比例回歸成 1:1 比例，利用前面的方法，以同樣的建築製圖樣板為檔名，再把本樣板儲存一次，以保存標註的所有設定。

> **溫馨提示**
> 至於機械製圖樣板中的標註型式設置，其方法和建築製圖樣板相同，只是其欄位內容略有差異而已，此部分讀者依需要自行設置，此處不再重複說明。

5-4 多重引線型式設置

1 請選取**註解**頁籤，在**引線**工具面板中按引線標頭右側的向右下箭頭，可以開啟**多重引線型式管理員**面板，系統內定為 Standard 型式，如圖 5-58 所示。

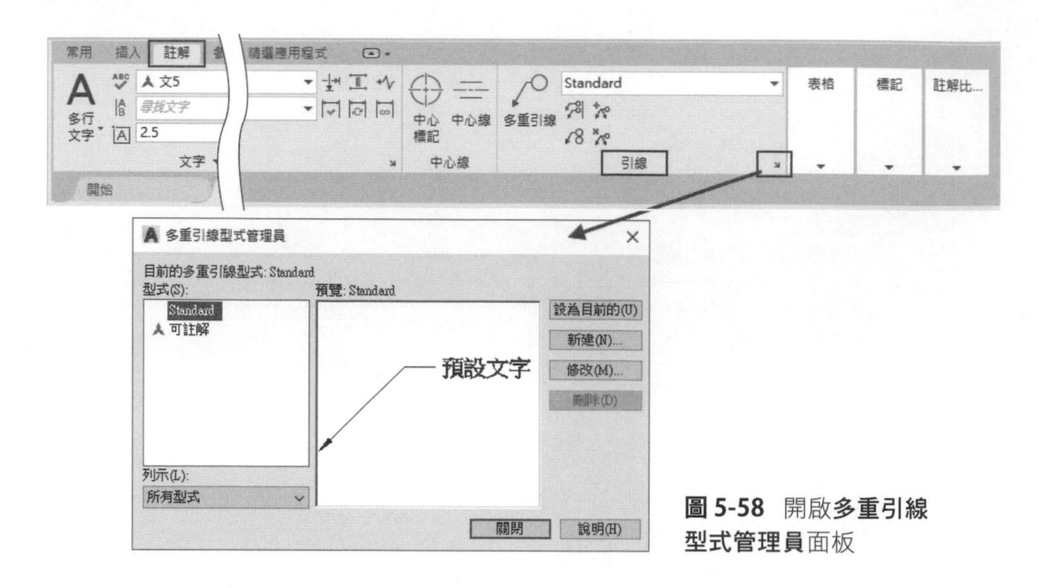

圖 5-58 開啟**多重引線型式管理員**面板

2 在面板中使用滑鼠點擊**新建**按鈕，可以開啟**建立新多重引線型式**面板，在此面板中的**新型式名稱**欄位內輸入 STY3.5，並勾選**可註解**欄位，如圖 5-59 所示。

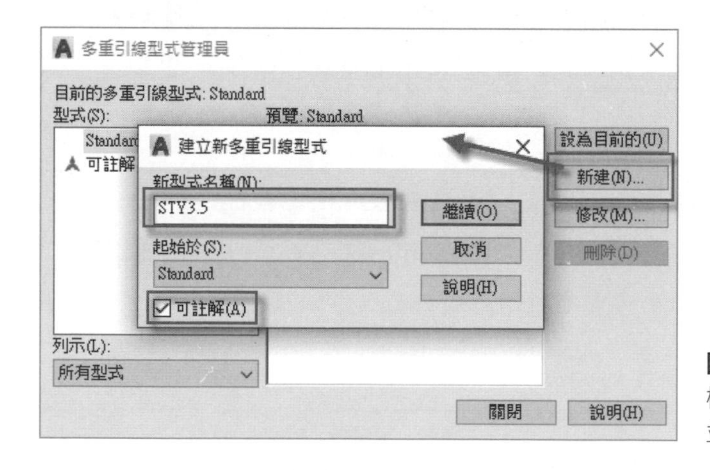

圖 5-59 新型式名稱欄位內輸入 STY3.5 並勾選**可註解**欄位

3 在**建立新多重引線型式**面板中按下**繼續**按鈕，回到**修改多重引線型式：STY3.5** 面板，在**引線格式**頁籤面板一般選項中，將**類型**欄位設定為內定的直線類型，**顏色**欄位設定為 ByLayer 類型，**線型**欄位設定為 ByLayer 線型，**線粗**欄位設定為 0.15，箭頭選項中，**大小**欄位設定為 1.5，其餘欄位維持不變，如圖 5-60 所示。

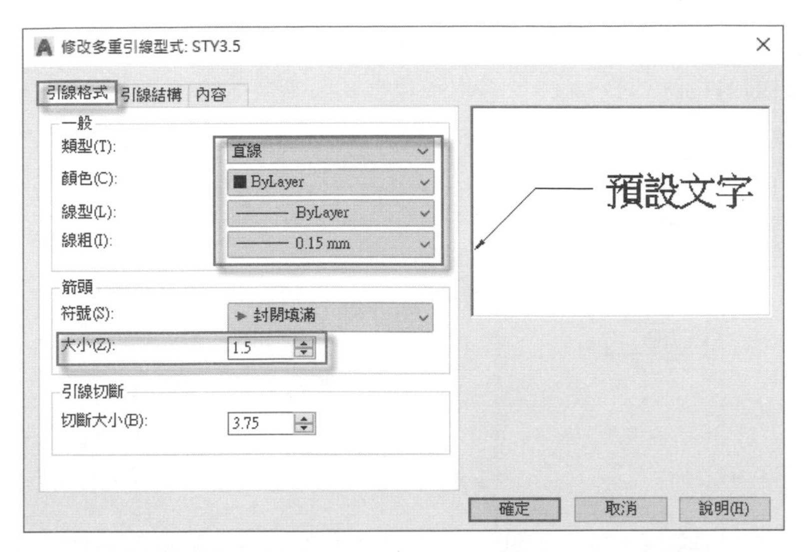

圖 5-60 設置**引線格式**頁籤中各欄位值

4 引線結構頁籤內欄位維持預設值可以不予更動，選取內容頁籤，在文字選項中，將**文字型式**欄位設定為文 3.5 的文字型式，其餘欄位值維持不變，如圖 5-61 所示。

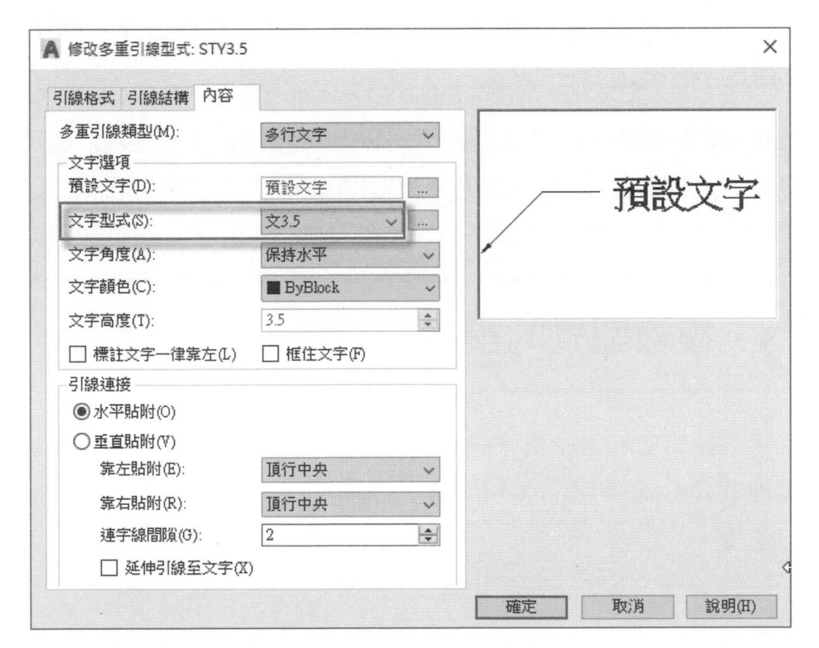

圖 5-61 設定**文字型式**欄位值為文 3.5 的文字型式

5 設定完畢後按**確定**按鈕，回到**多重引線型式管理員**面板中，使用滑鼠點擊**設為目前的**按鈕，將 STY3.5 多重引線型式設為目前的多重引線型式，如想更改其內容，可以點擊**修改**按鈕，如圖 5-62 所示。

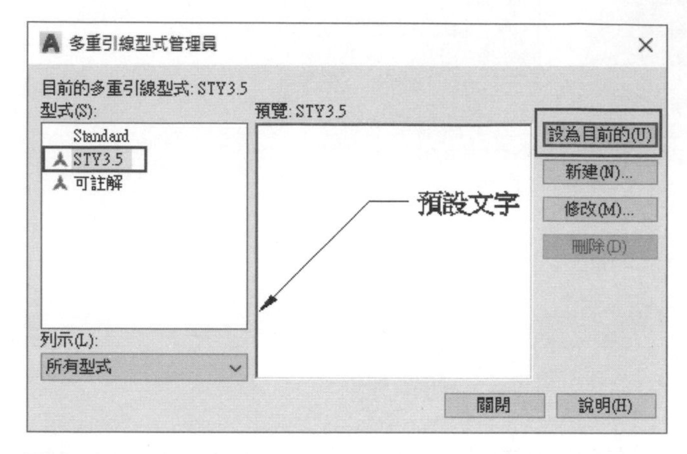

圖 5-62 將 STY3.5 多重引線型式設為目前的多重引線型式

6 練習完本小節，刪除所有圖面的資料，將註解比例回歸成 1:1 比例，利用前面的方法，以同樣的建築製圖樣板為檔名，再把本樣板儲存一次，以保存多重引線的所有設定。

7 至於機械製圖樣板中的多重引線型式設置，其方法和建築製圖樣板相同，此部分讀者依需要自行設置，此處不再重複說明。

5-5 複線型式的設置

1 請執行下拉式功能表→**格式**→**複線型式**功能表單，如圖 5-63 所示，可以開啟**複線型式**面板，如圖 5-64 所示，有關開啟下拉式功能表方法在前面章節中已述及。

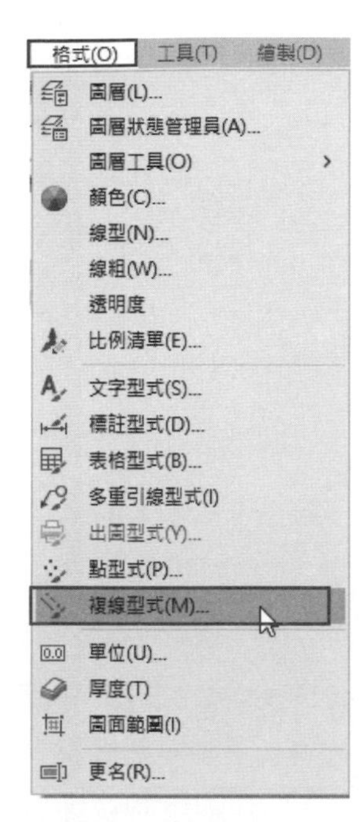

圖 5-63 選取**複線型式**功能表單

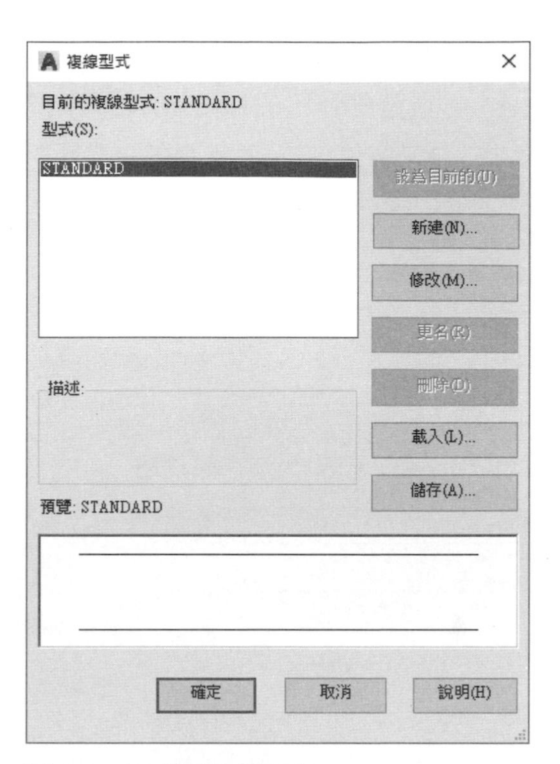

圖 5-64 開啟**複線型式**面板

2 使用滑鼠點擊**新建**按鈕，會打開**建立新複線型式**面板，在**新型式名稱**欄內輸入「實體」做為型式名稱，如圖 5-65 所示。

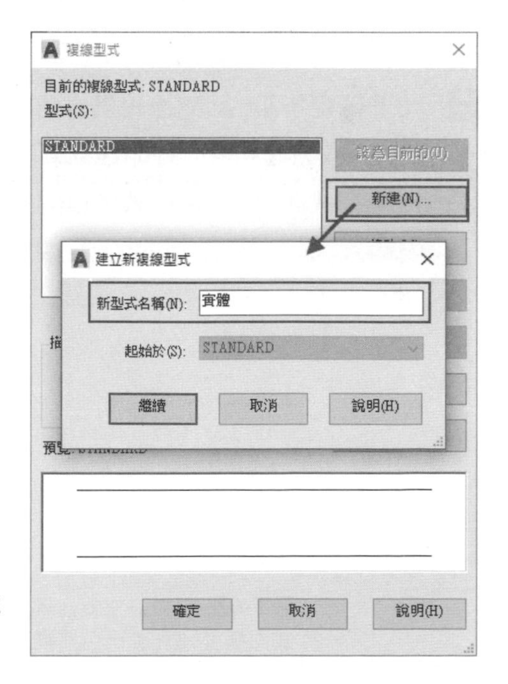

圖 5-65 打開**建立新複線型式**面板並建立複線名稱**實體**

3 按**繼續**按鈕回到**新複線：實體**面板，在**描述**欄位中可以對此複線做約略的描述，在**收頭**選項中，**直線**欄位的起點與終點都打勾，角度維持 90，**填滿**選項中的填滿顏色，這裡選擇了黑色，讓牆體填充黑色顏色，其它欄位維持不變，如圖 5-66 所示。

圖 5-66 在**新複線型式**面板中設定各欄位值

4 按下**確定**按鈕，回到**複線型式**面板，再按**新建**按鈕，打開**建立新複線型式**面板，在**新型式名稱**欄內輸入「框架」做為型式名稱，如圖 5-67 所示。

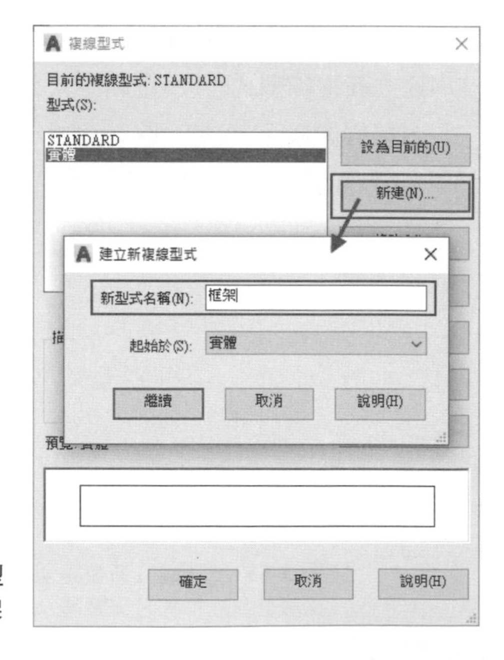

圖 5-67 打開**建立新複線型式**面板並建立複線名稱**框架**

5 按**繼續**按鈕以打開**新複線型式：框架**面板，在面板中填入和剛才相同的資料，但將**填滿**選項中的**填滿顏色**欄位改為無，如圖 5-68 所示。

圖 5-68 在**新複線型式：框架**面板中將**填滿顏色**欄位改為無

6 按下**確定**按鈕，回到**複線型式**面板，選取實體做為目前的複線型式，在**快速存取**工具面板中選取**複線**工具（這個工具在第一章中已詳述加入的方法），如圖 5-69 所示。

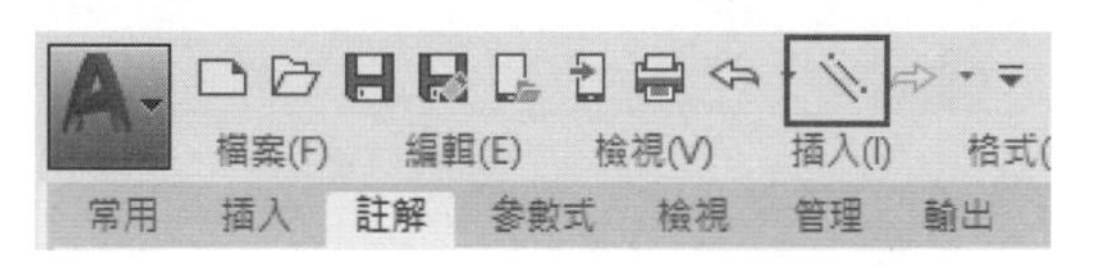

圖 5-69 在**快速存取**工具面板中選取**複線**工具

7 移游標到繪圖區中，不要按下滑鼠，先按下滑鼠右鍵，在右鍵功能表中選取比例功能選單，但在 AutoCAD2022 版本中，最快、最直接的方法就是在指令行中直接選取**比例**功能選項，如圖 5-70 所示，比例選項一般做為牆厚度設定。

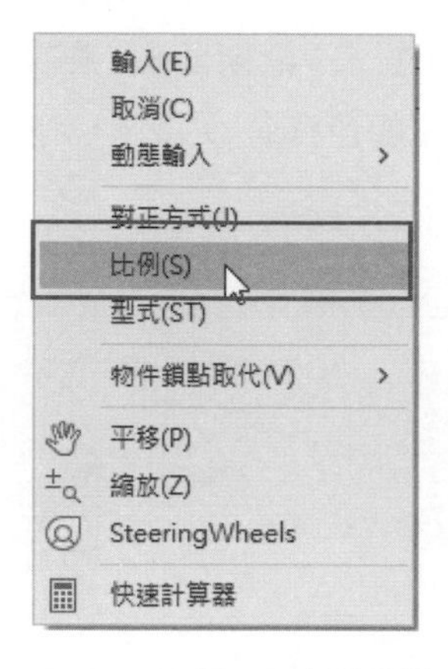

圖 5-70 在指令行中直接選取**比例**功能選項

8 指令行提示**輸入複線比例**，本練習要繪製 24 公分的外牆因此在鍵盤上輸入 24，接著在指令行選取型式功能選項，然後在指令行直接輸入複線型式名稱，如果使用者忘了複製名稱，可以在指令行輸入「?」，則在指令行上方會列出現有複線型式名稱，如圖 5-71 所示。

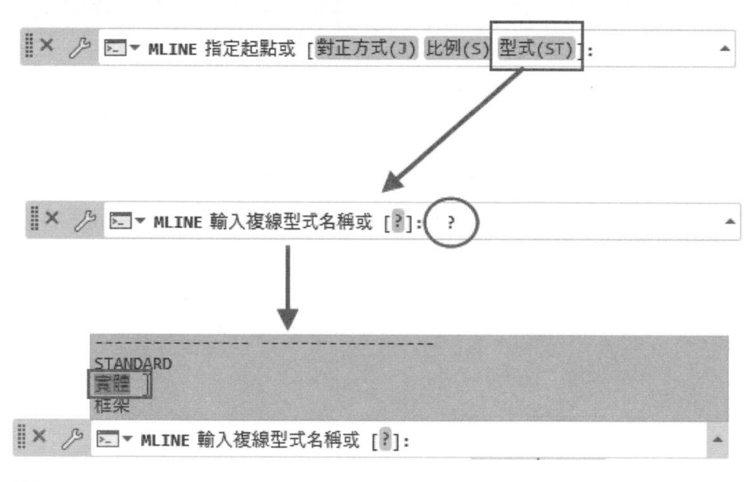

圖 5-71 指令行上方會列出現有複線型式名稱

9 使用文字複製方法複實體字樣，然後將其貼上至指令行，和**畫線**工具畫法一樣，畫水平 800 公分，垂直 300 公分，按 [Enter] 鍵結束畫複線，如圖 5-72 所示。

圖 5-72 畫上一小段的複線做為牆線

10 按下 [Enter] 鍵重新執行**複線**工具，在指令行中選取**型式**功能選項，指令行提示**輸入複線型式名稱**，請在鍵盤上輸入「框架」，如圖 5-73 所示。

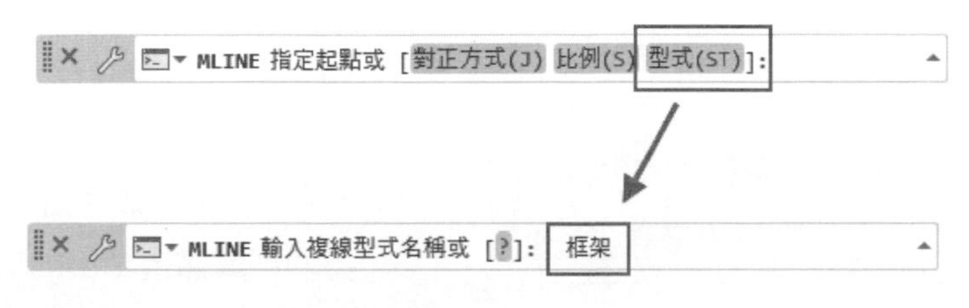

圖 5-73 改變複線型式為**框架**

11 接著依畫線的方法，接續畫 140 公分的複線，按下 [Enter] 鍵結束畫複線，再依前面的方法，再選取**實體**複線型式，續畫 400 公分的牆線，如圖 5-74 所示。

12 當整個牆體繪製完成後，再將窗戶圖塊插入到窗戶的位置上，即可完成整體房屋牆體結構的繪製，如圖 5-75 所示。

圖 5-74 畫上窗戶線再續畫牆線

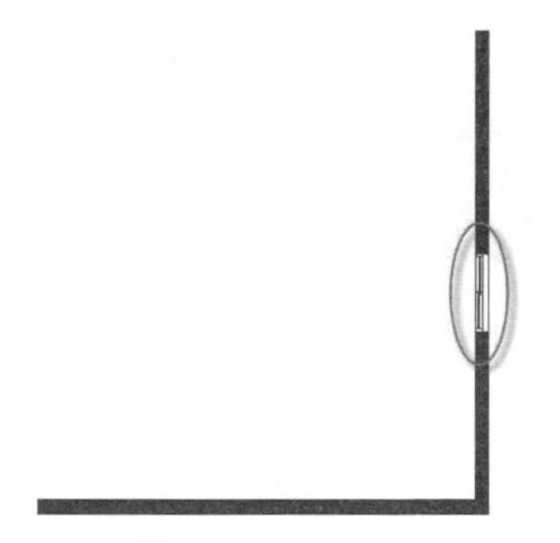

圖 5-75 最後再將窗戶圖塊插入到窗戶的位置上即可完成牆體製作

13 另外一種更直接建立窗戶的方法，利用前面執行建立複線型式的方法，新建立名為 **windows** 的複線型式，如圖 5-76 所示。

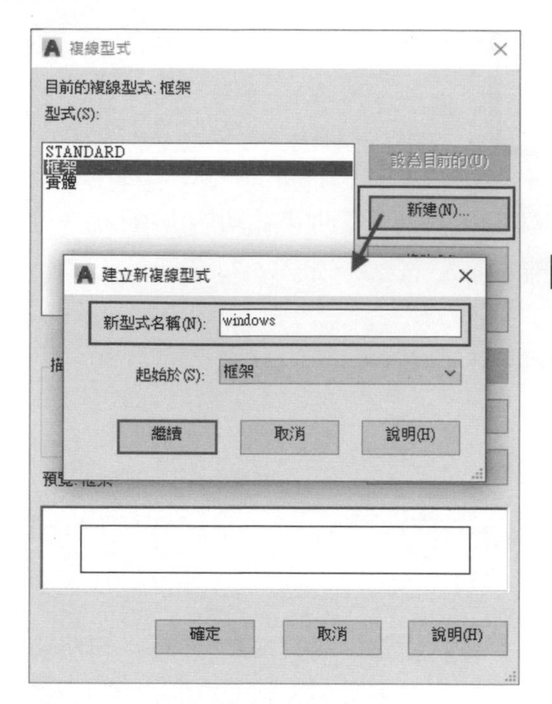

圖 5-76 打開**建立新複線型式**面板並建立複線名稱 **windows**

14 按**繼續**按鈕以開啟**新複線型式:WINDOWS** 面板,在**描述**欄位中可以對此複線做約略的描述,在**收頭**選項中,**直線**欄位的起點與終點都打勾,角度維持 90,**填滿**選項中的填滿顏色,這裡選擇了無,讓牆體填充白顏色,其它欄位維持不變,在右側面板**元素**選項中,按下**加入**按鈕,在**偏移**欄位輸入「0.15」,如圖 5-77 所示。

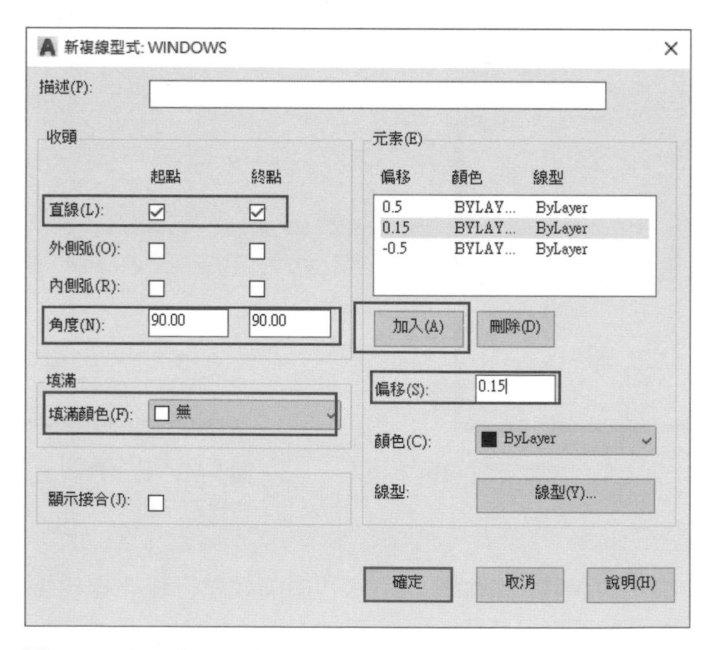

圖 5-77 在元素選項中加入 0.15 的偏移值

15 再按一次**加入**按鈕，在**偏移**欄位輸入「-0.15」，此時在**元素**選項中有了四條線，如圖 5-78 所示。

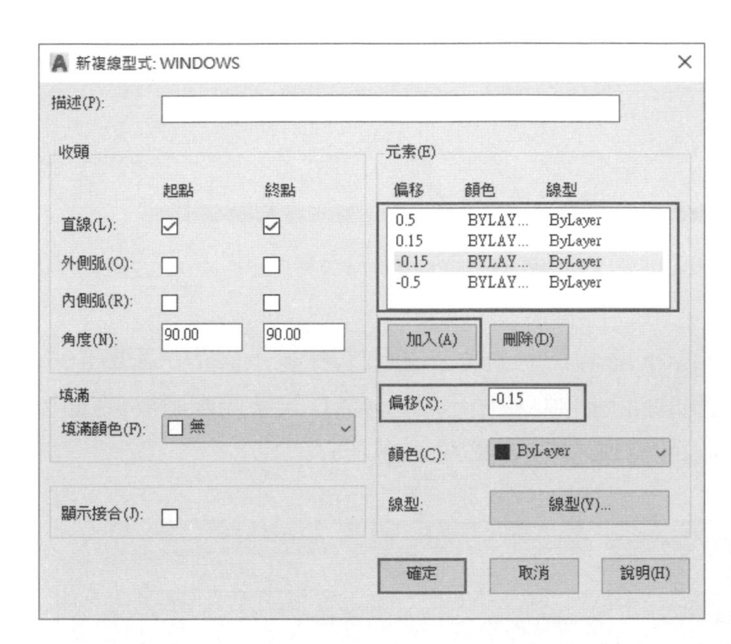

圖 5-78 在元素選項中再加入-0.15 的偏移值

16 按確定回到**複線型式**面板，在面板中可以將它設為目前的複線型式，也可以利用**修改**按鈕，對複線進行修改，在**預覽**欄位中，可以預見此複線的形式，如圖 5-79 所示。

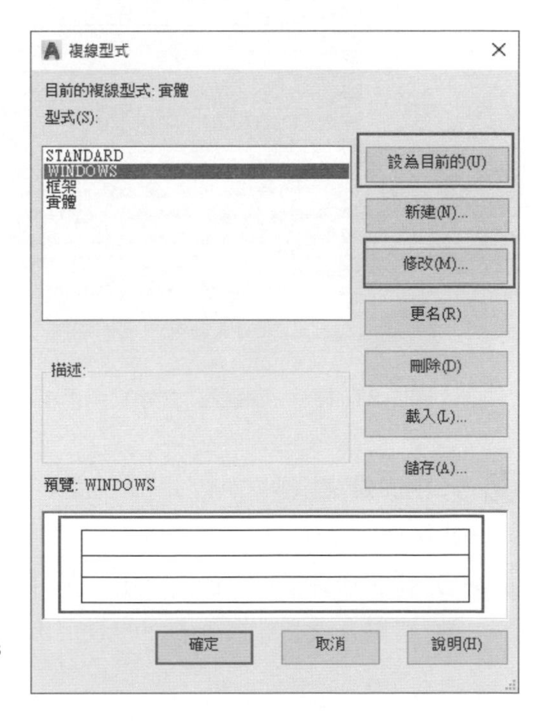

圖 5-79 建立了 windows 的複線型式

17 當選擇了 Windows 複線型式設為目前的型式後，在繪圖區中繪製牆窗戶時，可以直接繪製出窗戶的位置，而不用先畫牆體--框架再事後使用窗戶圖塊插入，如圖 5-80 所示。

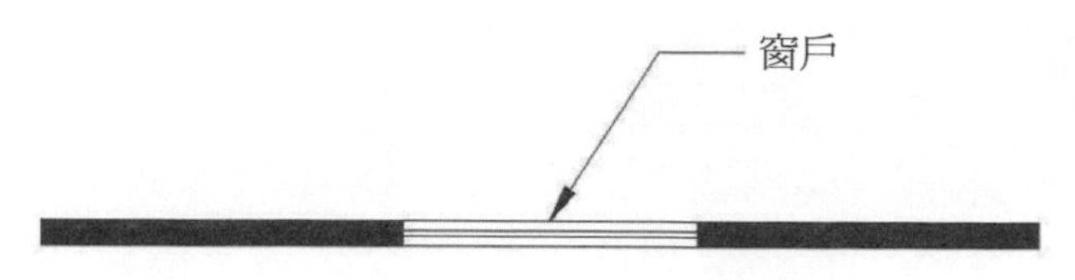

圖 5-80 使用 Wibdow 複線型式直接繪製窗戶

18 如果忘了自行設定的複線型式名稱，在指令行中按下？號功能選項後，或在指令行中按右側的向上箭頭，會顯示 AutoCAD 文字視窗面板，在面板內會顯示曾經設置過的複線名稱，如圖 5-81 所示。

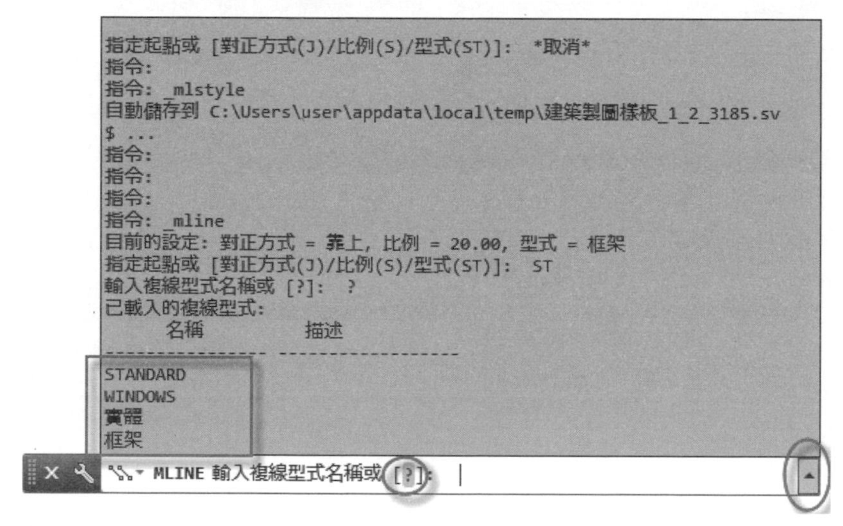

圖 5-81 顯示 AutoCAD 文字視窗面板

19 此視窗是文字型式，因此和一般文字處理模式一樣，只要將想要的文字做成區塊，按 [Ctrl] + [C] 鍵加以拷貝，接著使用滑鼠在指令行點擊一下，即可將此面板關閉，再按 [Ctrl] + [V] 鍵將它複製到指令行，最後按下 [Enter] 鍵，可以完成選取複線名稱的設定工作。

20 選取**複線**工具，依前面的方法設**框架**為目前使用複線型式，在指令行中選取**對正方式**功能選項，指令行提示**輸入對正方式類型**並提供靠上、歸零及靠下等 3 個表列功能選項供選取，如圖 5-82 所示。

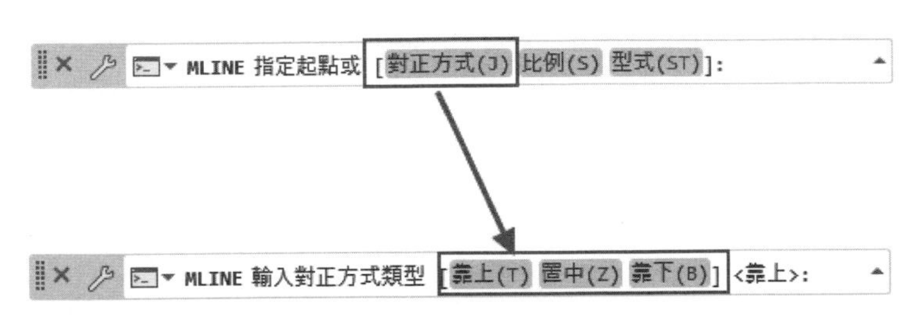

圖 5-82 指令行提供靠上、歸零及靠下等 3 個表列功能選項供選取

21 現說明複線型式之 3 種對正方式的區別：

* **靠上方式**：因複線是一種有寬度的線，以此種對正方式，由逆時鐘方向繪製圖形時，內側代表正確的尺寸。如由順時鏡方向繪製圖形，則外側代表正確的尺寸，如圖 5-83 所示，左圖是順時鐘方向繪圖，右圖是逆時鐘方向繪圖。

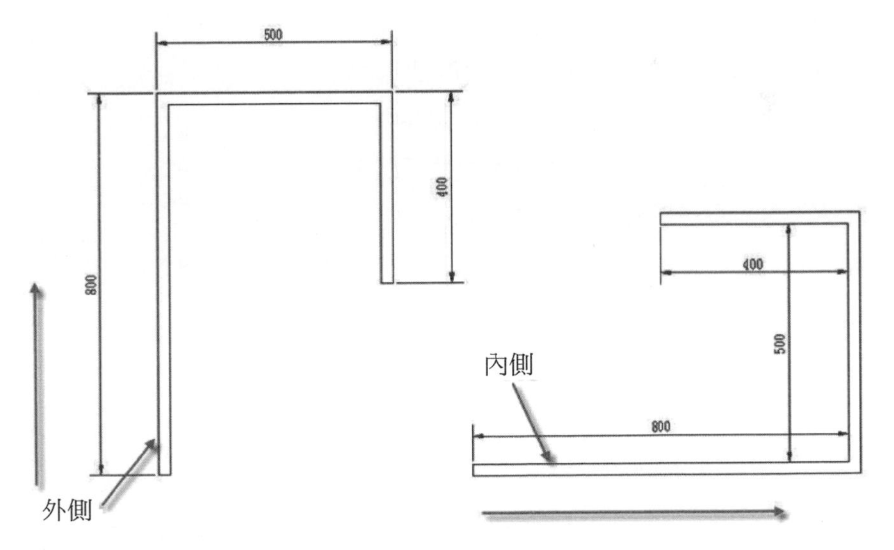

圖 5-83 靠上方式中逆時鐘方向和順時鐘方向作圖方式不同

* **歸零方式**：這是以複線的中心為計算尺寸，因此一般運用在有建築圖可資參考下，可依圖中的牆中心線畫牆體。
* **靠下方式**：此選項剛好和靠上方式相反，由順時鐘方向繪製圖形，內側則代表正確的尺寸，由逆時鐘方向繪製圖形，外側則代表正確的尺寸。

22 練習完本小節，刪除所有圖面的資料，回復註解比例為 1:1，利用前面的方法，以同樣的檔名，再把本樣板儲存一次，以保存前面的所有設定。

5-6 比例清單之設置

AutoCAD 初學者在學習 CAD 時，最惱人的就是比例問題的牽扯不清，有關此問題在第一章中已做過詳細的剖析，而本小節所提之比例清單一詞，就是指 AutoCAD 系統預先登錄儲存的預設比例清單，在此清單中之比例也許並不完全符合使用者需要，因此修改比例清單並存入樣板中，成為學習 AutoCAD 製圖者必要之功課。

1 想要修改系統提供的比例清單有多種途徑，一為執行下拉式功能表→**格式→比例清單**功能表單，如圖 5-84 所示。另亦可在繪圖區中按下滑鼠右鍵，在顯示的右鍵功能表中執行**選項**功能表單後，即可打開**選項**面板，在面板中選取**使用者偏好**頁籤，在顯示的面板中選取**預設比例清單**按鈕，如圖 5-85 所示。

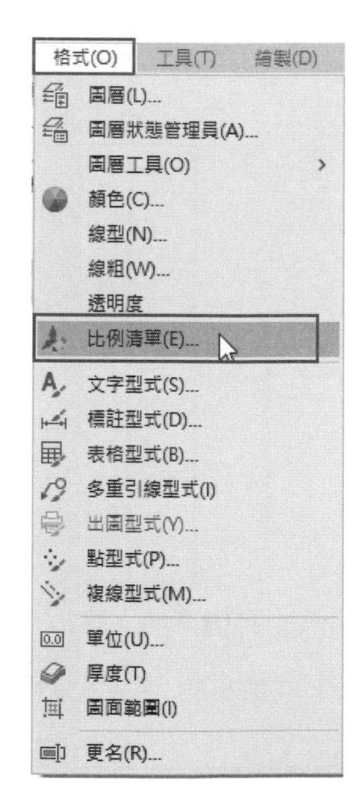

圖 5-84 執行下拉式功能表之**比例清單**功能表單

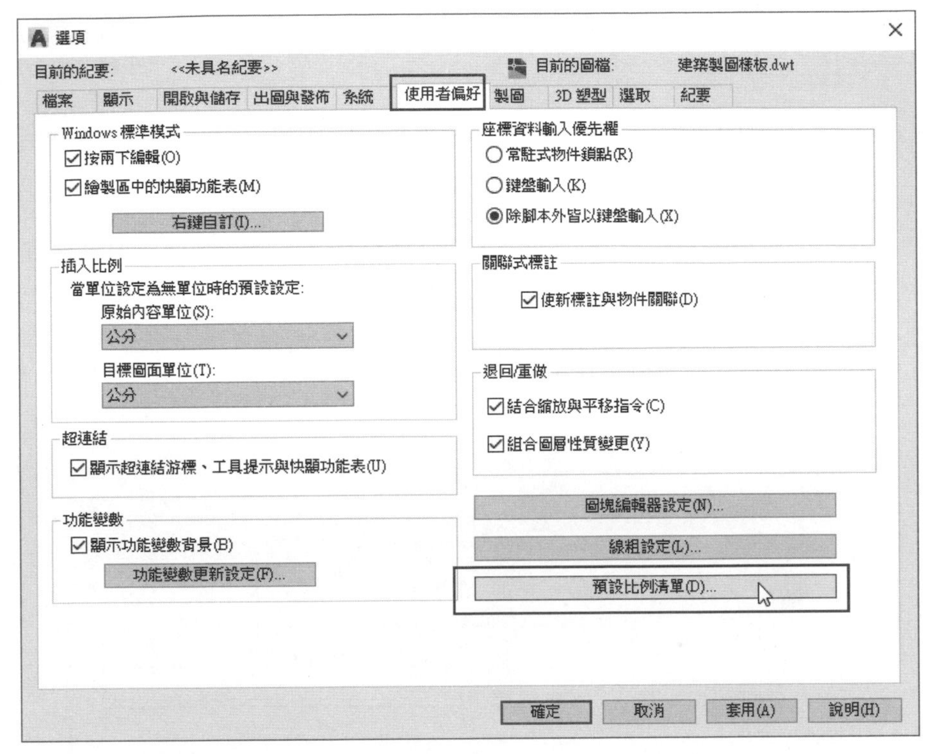

圖 5-85 在**選項**面板之**使用者偏好**頁籤中執行**預設比例清單**按鈕

2 當執行上述之功能表單或按鈕後，會開啟**編輯圖面比例**面板，在此面板系統提供多項按鈕以供編輯，茲將其預為編號，如圖 5-86 所示，現說明其功能如下：

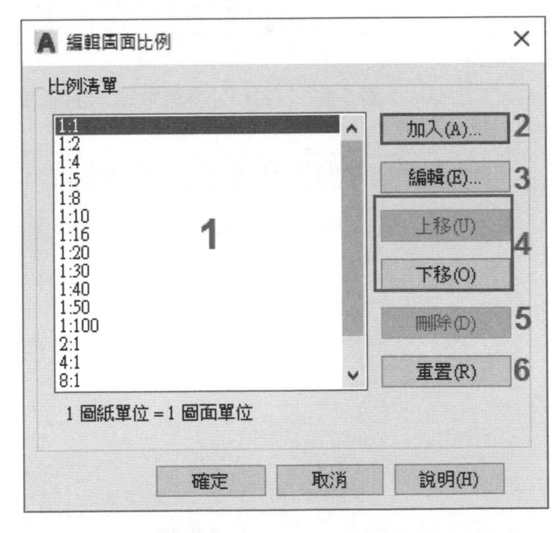

圖 5-86 為**編輯圖面比例**面板中按鈕預為編號

(1) 比例清單顯示區：前面數字代表圖紙的單位，後面數字代表圖面的單位。

(2) **加入**按鈕：此按鈕可以讓使用者加入新的比例，現說明其使用方法如下：

A. 執行此按鈕可以打開**加入比例**面板，在**比例清單中顯示的名稱**欄位中，可以讓使用者為新增加比例命名，例如在清單中缺乏 1:60 之比例，請在此欄位內輸入「1:60」，如圖 5-87 所示。

圖 5-87 在**比例清單中顯示的名稱**欄位中輸入「1:60」

B. 在**比例性質**選項中，將**圖紙單位**欄位設定填入 1，**圖面單位**欄位填入 60，即可完成比例之設定，如圖 5-88 所示。

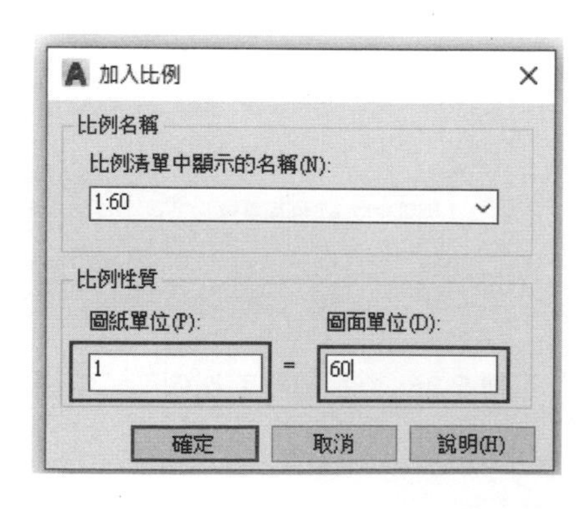

圖 5-88 將**圖紙單位**欄位設定填入 1，**圖面單位**欄位填入 60

C. 當在面板中按下**確定**按鈕，即可立即在比例顯示區中顯下 1:60 之比例，請讀者依製圖規範之規定，依序再增加 1:3、1:200、1:500、3:1、5:1 等比例，如圖 5-89 所示。使用者亦可依自己繪圖需要自行添加之

圖 5-89 依製圖規範之規定增加必要之比例

(3) **編輯按鈕**：先選取比例顯示區中現有比例，再執行此按鈕，可以打開**編輯比例**面板，在面板中可以對此比例內容進行編輯，如圖 5-90 所示。

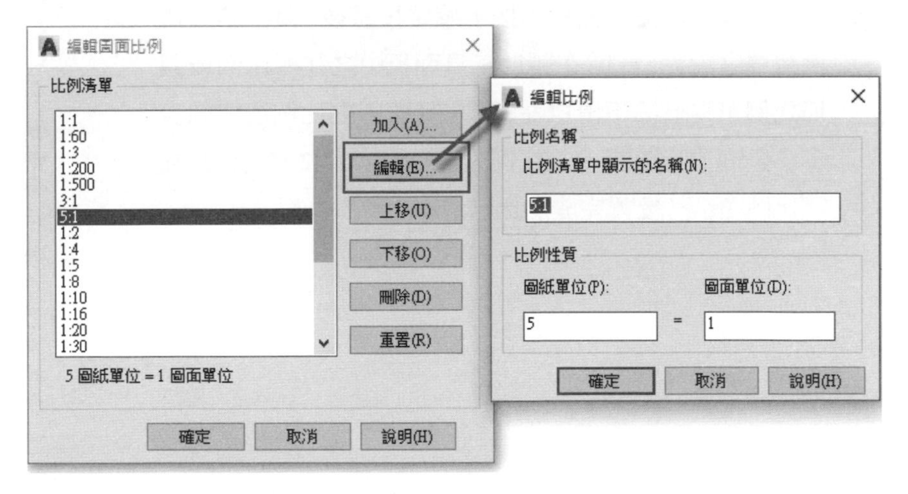

圖 5-90 對現有比例內容進行編輯

(4) **上移、下移**按鈕：將選取之比例往上移或往下移動一個位置，在剛才加入的比例，並未依序排列，請利用此兩按鈕做合理之排列，如圖 5-91 所示。

圖 5-91 將比例清單合理依序排列

(5) **刪除**按鈕：執行此按鈕時，可以將比例清單中不需要的比例移除。

(6) **重置**按鈕：此按鈕可以刪除所有自訂比例，並還原預設比例清單。

3 當在**預設比例清單**面板中按下**確定**按鈕後，即可結束比例清單之設置，此時在**輔助**工具面板中之註解比例或**視埠比例**工具上按下滑鼠左鍵，在其顯示之比例清單列表皆會是剛才設置完成的比例清單，如圖 5-92 所示，為註解比例顯示已設置完成的比例清單。

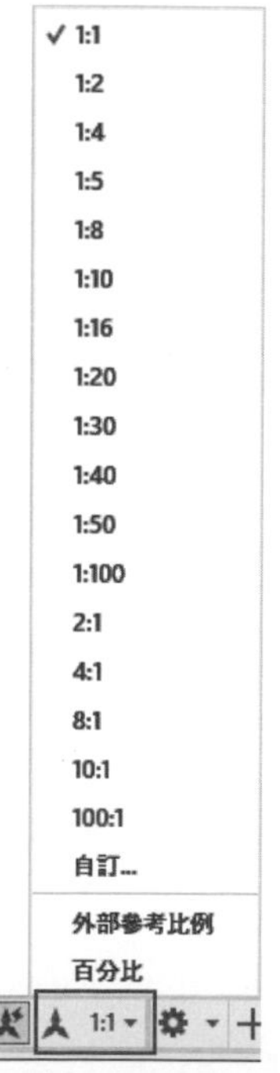

圖 5-92 註解比例顯示已設置完成的比例清單

4 使用者在**輔助**工具面板中之註解比例或**視埠比例**工具上按下滑鼠左鍵，在其顯示之比例清單表列中選擇自訂功能選項，亦可開啟**編輯圖面比例**面板供編輯比例，此處請讀者自行操作。

5 練習完本小節，刪除所有圖面的資料，回復註解比例為 1:1，利用前面的方法，以同樣的檔名，再把本樣板儲存一次，以保存前面的所有設定。

5-7 點型式的設置

1 要執行點型式的設置有多種途徑，可執行下拉式功能表→**格式→點型式**功能表單，如圖 5-93 所示，或是在**常用**頁籤之**公用程式**工具面板中，按下公用程式標頭右側的向下箭頭，於展現全部工具中選取**點型式**工具，如圖 5-94 所示。

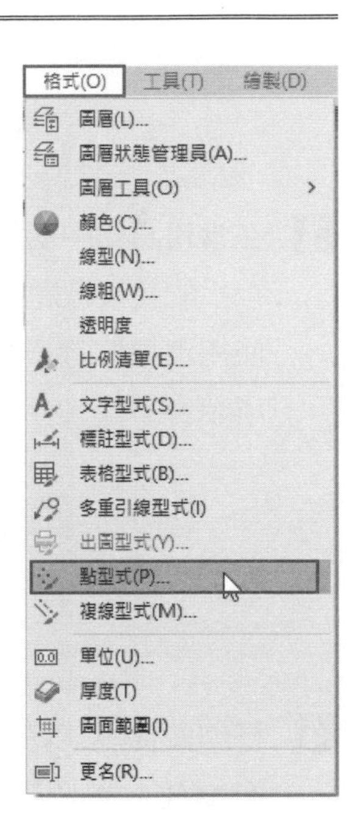

圖 5-93 執行下拉式功能表之**點型式**功能表單

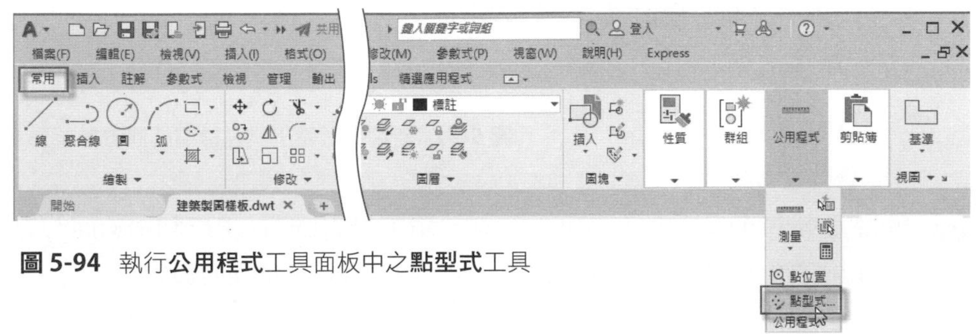

圖 5-94 執行**公用程式**工具面板中之**點型式**工具

2 當選取**點型式**功能表單或**點型式**工具，會開啟**點型式**面板，再於表列的**點型式**面板中選取一種型式，如想變更點型式大小可以改變點**大小**欄位值，此處本欄位改為 2，其餘欄位維持預設值不變，如圖 5-95 所示。

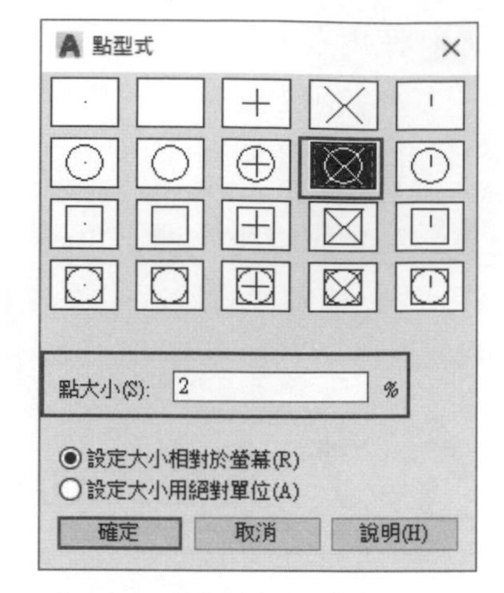

圖 5-95 在**點型式**面板中選取一種點型式並改大小為 2

3 在**常用**頁籤中使用滑鼠點擊**繪製**工具面板中的繪製標題，在增加的工具面板中，使用滑鼠點選取多個點工具，如圖 5-96 所示。

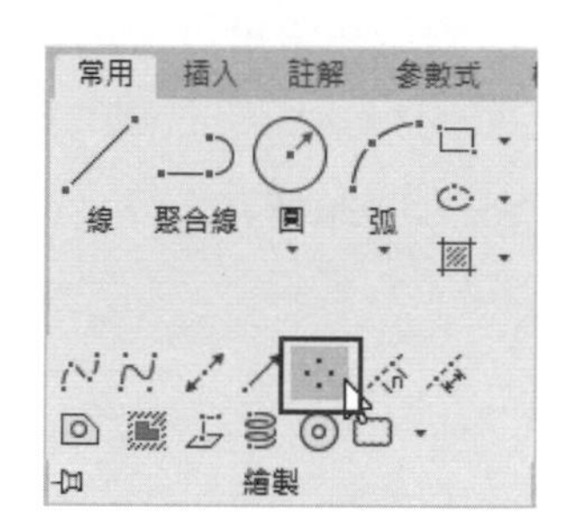

圖 5-96 在**繪製**工具面板中選擇**多個點**工具

4 移動游標，可以在繪圖區中連續建立數個點，這些點一般用做定位指標使用，如圖 5-97 所示。

圖 5-97 使用多個點工具在繪圖區建立數個點

5 練習完本小節，刪除所有圖面的資料，回復註解比例為 1:1，利用前面的方法，以同樣的檔名，再把本樣板儲存一次，以保存前面的所有設定。

5-8 建立圖面樣板檔

建立系統內定的圖面樣板檔，可以不用每次開啟新圖面時，要重複設定繪圖環境的工作，可以節省很多製圖時間，而且製訂了專業的樣板檔，可以展現專業化的個人風格。

在樣板檔中的慣用手法與設定包括如下的項目：

- ⊙ 單位設定：單位類型與精確度。
- ⊙ 圖層設置：圖層名稱及顏色、線型。
- ⊙ 物件鎖點設定。
- ⊙ 透明度：指令行的透明度。
- ⊙ 輔助工具面板的設置
- ⊙ 文字型式。
- ⊙ 標註型式。
- ⊙ 多重引線型式。
- ⊙ 表格型式
- ⊙ 複線型式。
- ⊙ 比例清單。
- ⊙ 點型式。
- ⊙ 圖面範圍。

現依前面各章節的說明，重新整理樣板檔的設定內容，這些設定只是做為讀者參考的依據，如果讀者另有特別考慮或需求也可以不依此設定。

5-8-1 設定圖面各樣板

1 **單位設定：**如前面所言，依製圖類別會使用不同的單位，唯 AutoCAD 對內本無單位設置，它都是以 1:1 的方式繪圖，因此在**單位**設定面板中，也只有在**插入比例**欄位中有單位設置而已，其作用為與外界軟體溝通宣告而已，詳細情形請參考第一章單位設定小節說明。

2 **圖層設置：**圖層是否預為在樣板中設置，見人見智，有人認為在樣板中即設定工作所用到各圖層，也有人認為圖層是隨工作進展而隨機增設。在本章中將不預設圖層，待第七章中說明圖層的使用方法時，再將圖層的預設情形加入樣板檔即可。

3 **物件鎖點設定**：移動游標至**輔助**工具面板上的鎖點游標至 2D 參考點（2D 物件鎖點）工具右側的向下箭頭，按滑鼠左鍵，在顯示表列功能表中選取**物件鎖點設定**功能表單，如圖 5-98 所示，也可以打開**製圖設定**面板中的**物件鎖點**頁籤，如圖 5-99 所示，面板中的物件鎖點設定為作者的喜好設定，讀者可視需要自行斟酌勾選需要項目。

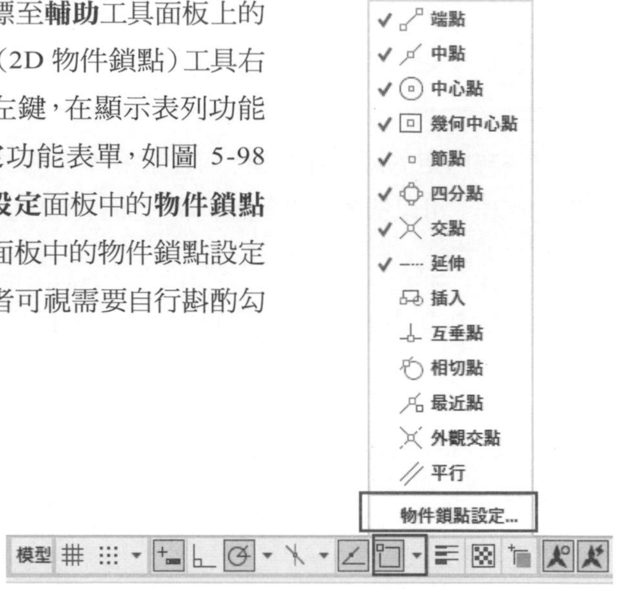

圖 5-98 在物件鎖點工具上選取設定功能表單

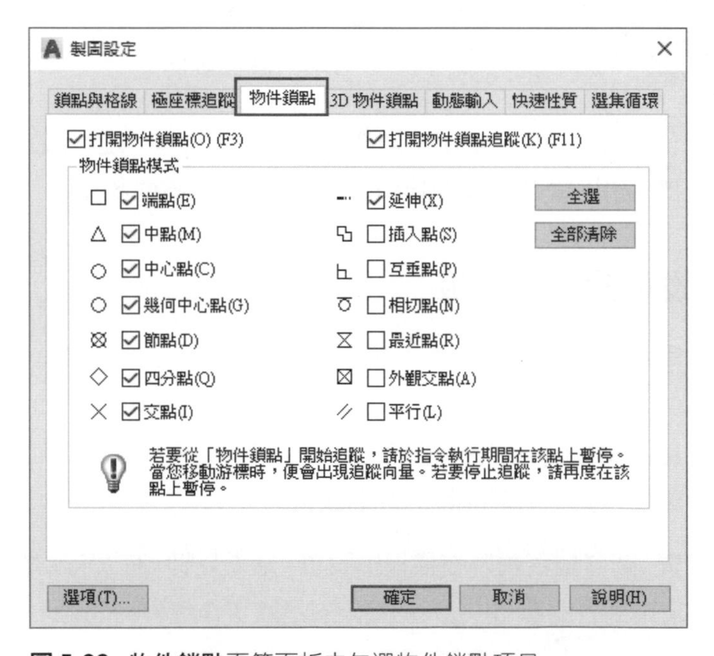

圖 5-99 **物件鎖點**頁籤面板中勾選物件鎖點項目

4 **透明度設置**：本處所指的是指令行的透明度，在第一章中已做過詳細介紹，其雖然可隨處移動，然因繪製大型或複雜圖形，可能會妨礙到圖面的觀看，因此設計成可調整透明狀，此處可視個人需要自由調整其透明度，亦或依預設值設定即可。

5 **輔助工具面板的設置**：有關**輔助**工具面板在第二章中已做過詳細介紹，其中動態輸入、極座標追蹤、物件鎖點追蹤及 2D 物件鎖點等 4 工具必為顯示並處於啟動狀態，如此執行動態輸入模式方為可行，如圖 5-100 所示。

圖 5-100 指令行等 4 工具必需處於啟動狀態

6 文字型式、標註型式、多重引線型式、複線型式、比例清單及點型式，在本章中已做了建築製圖的完整示範，如為機械製圖者，一樣依國家標準規範制作，但它的單位數值皆相同，只是不以 cm 認定，而是以 mm 來計算，所以基本上兩者都可做相同的設定。

7 **表格型式**：表格型式是否預設在樣板檔中，亦是見人見智，本型式之操作在第七章將有詳細說明，有需要的使用者只要在表格型式設置完成，再加入樣板檔中即可。

8 **圖面範圍**：這是老傳統製圖方法所設定之項目，在模型空間與圖紙空間相互運用之新式製圖中，此項設定操作已屬無意義，且違反直觀式操作模式，因此，強烈建議在樣板檔中不做此項設定。

5-8-2 設定系統專屬樣板檔

1 如果依照前一小節的說明，對於繪圖環境及各類型式都已依需要做了必要設置，專屬繪圖樣板已大致完成，請清空繪圖區的圖形，並將主功能表隱藏，使用滑鼠按下應用程式視窗工具，在其下拉表單選擇**→另存→圖面樣板**功能表單，如圖 5-101 所示。

圖 5-101 選取 AutoCAD **圖面樣板**功能表單

2 當執行了**圖面樣板**功能表單後，可以打開**圖面另存成**面板，在面板中選取建築製圖樣板.dwt，這是前幾面小節中重複存檔的樣板檔，如圖 5-102 所示。本樣板檔已存放在書附範例第五章中，以供讀者可以打開新檔方式將它讀入並研究。

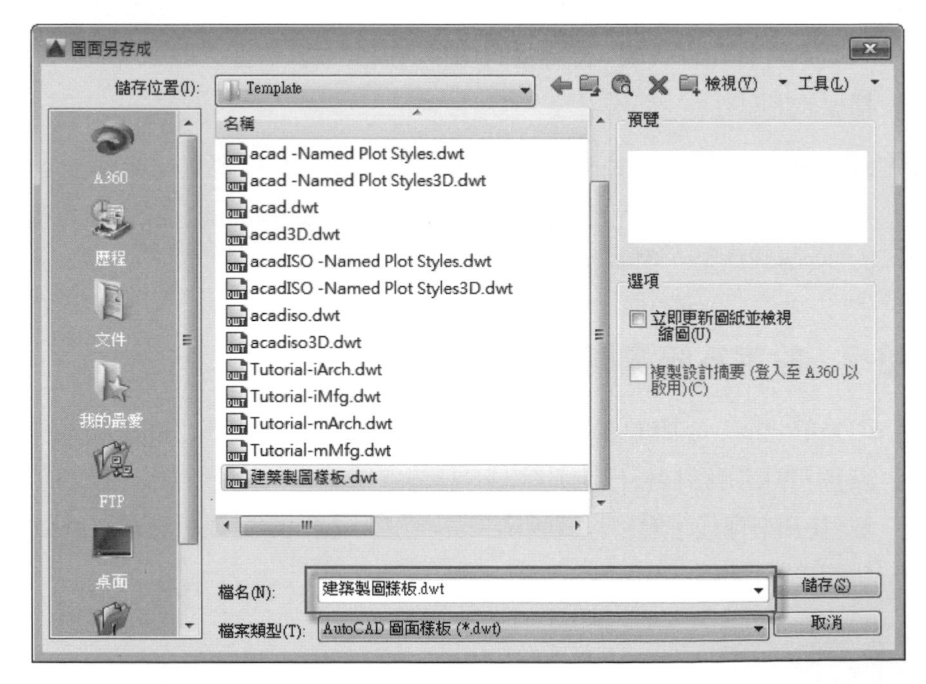

圖 5-102 將前面的設置存成樣板檔

3 依系統路徑儲存的樣板檔案，在 Windows 中其存放路徑為 C:\Users（使用者）\pc（使用者電腦名稱）\AppData\Local\Autodesk\AutoCAD 2022\R24.1\cht\Template 資料夾內，如圖 5-103 所示，本圖面為 Windows10 系統畫面。

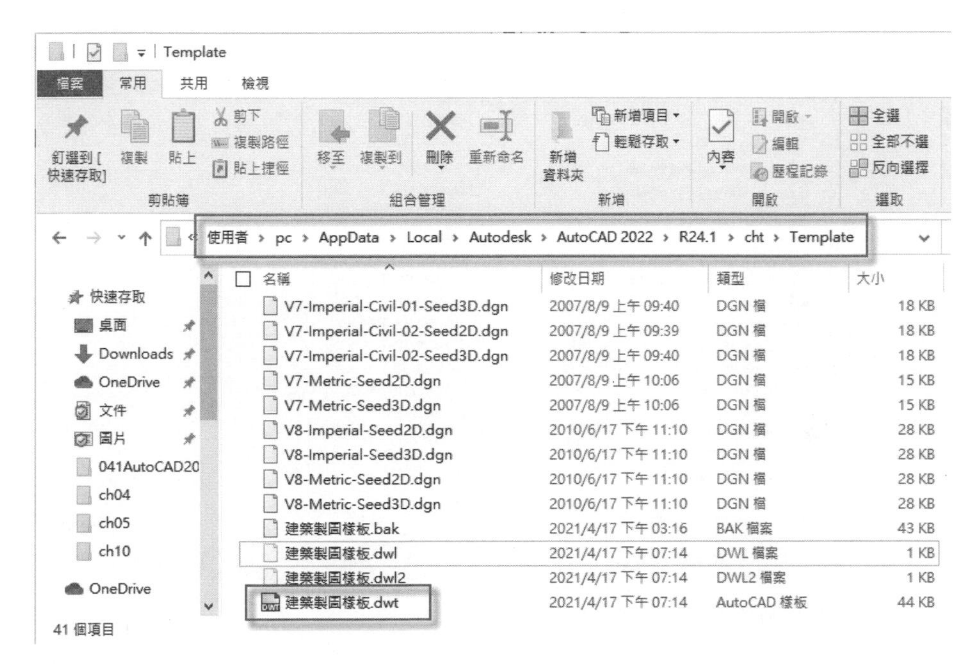

圖 5-103 樣板檔系統存放路徑

4 在上述檔案路徑中之 AppData 資料夾，為系統內定之隱藏資料使用檔案總管它並不會顯示出來，需要先將改為非隱藏資料夾方可，首先打開檔案總管，在檔案總管頂端選取**檢視**頁籤，然後再將**選項**面板中**隱藏的項目**欄位勾選，如此即可將一些隱藏資料夾顯示出來，如圖 5-104 所示。

圖 5-104 將一些隱藏資料夾顯示出來

5 在開啟新檔時，AutoCAD 會打開**選取樣板**面板供選取所要的樣板檔，如圖 5-105 所示，如果讀者未建立樣板檔案，想使用書附範例第五章中所附之建築製圖樣板.dwt 時，可以依前面說明的路徑，將其複製到指定的資料夾中。

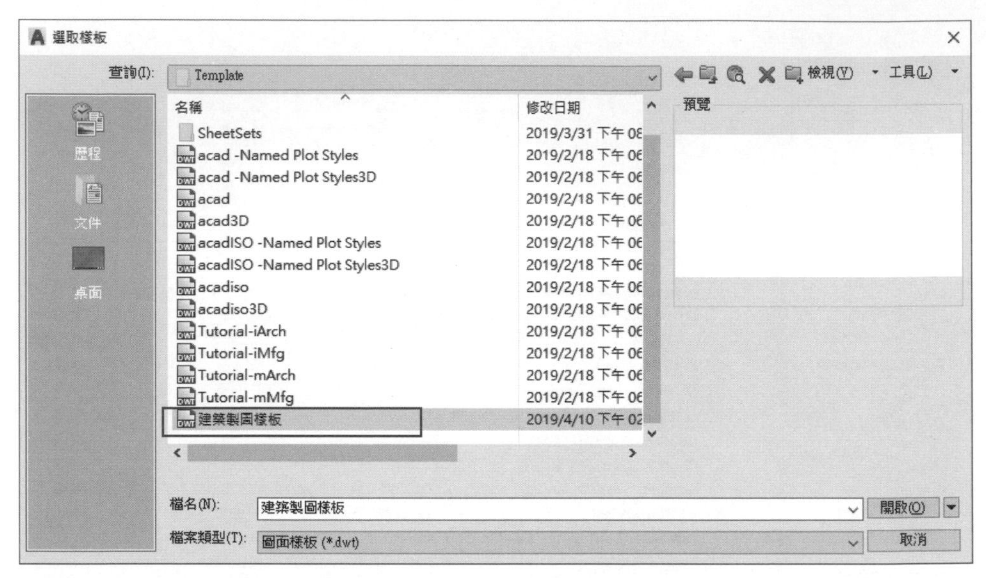

圖 5-105 打開**選取樣板**面板供選取所要的樣板檔

6 另在迎賓畫面中之啟動圖面下方之向下箭頭處，亦可開啟樣板檔案供選取，此在第一章中已做過詳述，本處不再另外說明。

7 然為使啟動 AutoCAD 即能使用此樣板檔做為預設值而直接開啟使用，請在繪圖區中按下滑鼠右鍵，在開啟的右鍵功能表中選取**選項**功能表單，可以打開**選項**面板。

8 在開啟的**選項**面板中，選取**檔案**頁籤，在其面板中使用滑鼠點擊**樣板設定**項目左側的(+)號，可以再打開其下的子選項，如圖 5-106 所示。

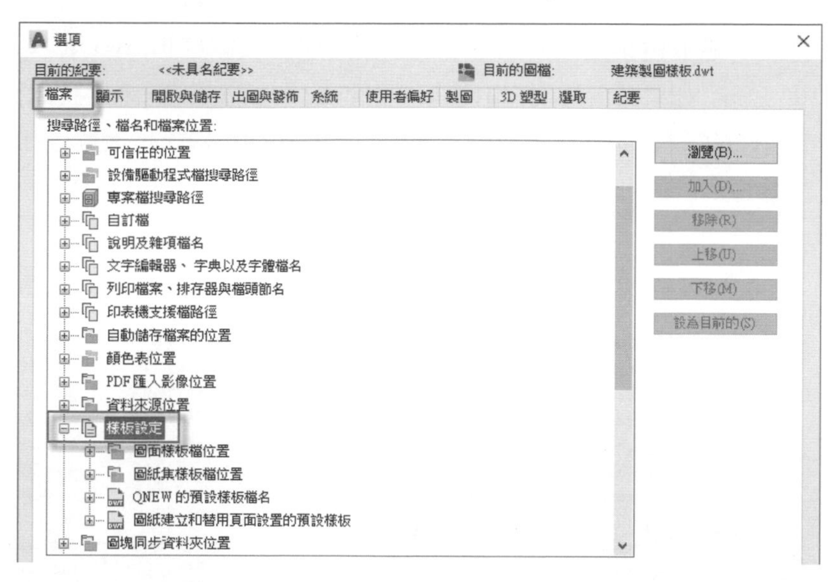

圖 5-106 打開樣板設定項目以顯示其子選項

9 在樣板設定選項下選取 **QNEW 的預設樣板檔名**子選項，一樣使用滑鼠點擊其左側的（+）號，可以再打開其子選項，目前其子選項標示為無，請使用滑鼠點擊右側的**瀏覽**按鈕，圖 5-107 所示，可以打開**選取檔案**面板。

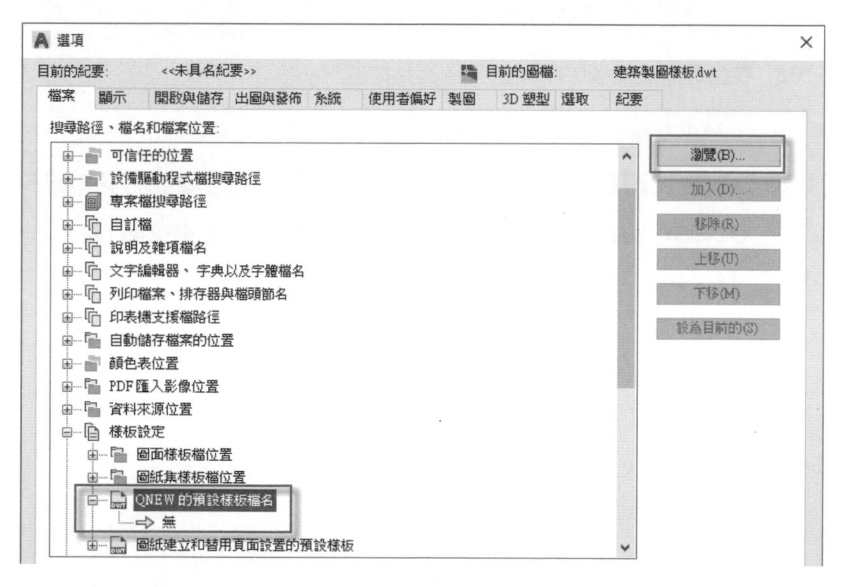

圖 5-107 選取 QNEW 的預設樣板檔名子選項

10 在打開的**選取檔案**面板中，選取剛存檔的建築製圖樣板.dwt 檔案，如圖 5-108 所示，如果讀者使用書附建築製圖樣板.dwt 檔案者，請先將此檔案複製到自建的資料夾中，在**選取檔案**面板中將其路徑直指此檔案位置即可。

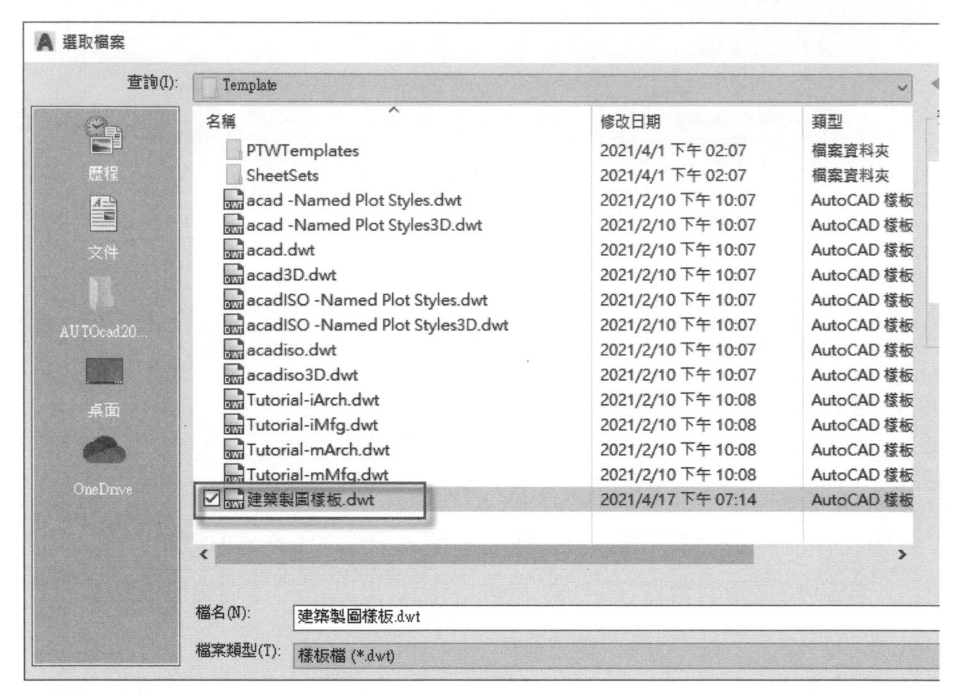

圖 5-108 在**選取檔案**面板中將其路徑直指此檔案

11 當選取檔案後在**選取檔案**面板中按下**開啟**按鈕，在**選項**面板之樣板設定選項下之 **QNEW 的預設樣板檔名**子選項下方會列出剛才選取樣板之路徑及檔名，如圖 5-109 所示。

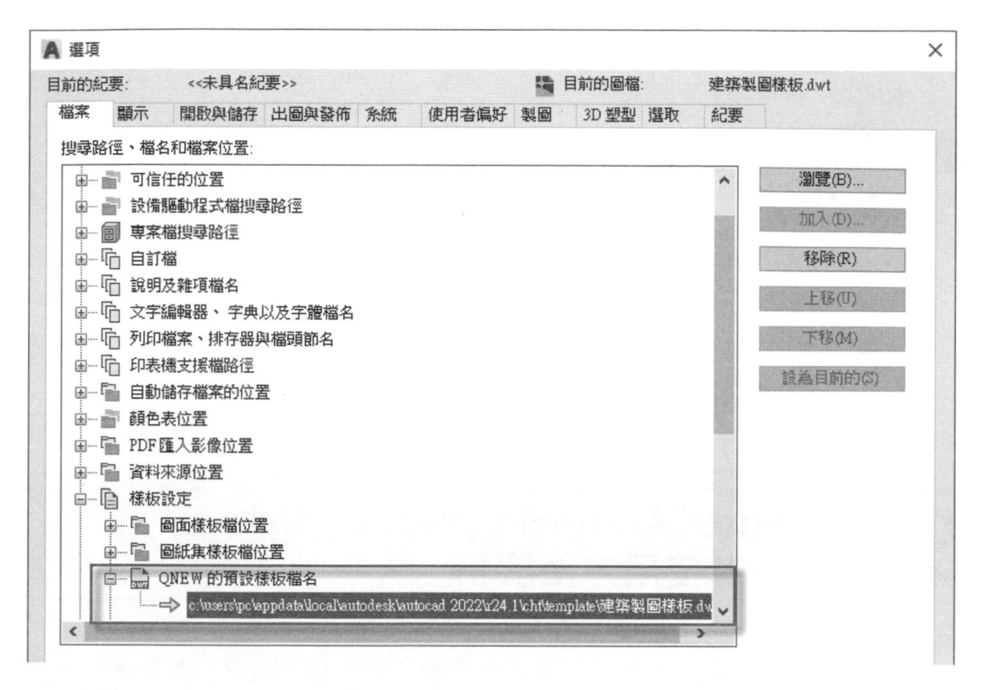

圖 5-109 在預設樣板檔名子選項下方會列出剛才選取樣板之路徑及檔名

12 **選項**面板中按下**確定**鍵完成一切設定，請先退出 AutoCAD 後，再重新啟動 AutoCAD 並開啟一新頁面，此時系統不會再開啟**選取樣板**面板，供選取需要使用的樣板檔，而直接開啟建築製圖樣板供直接製圖，如果讀者沒有自信，可以在工具面板選取**註解**頁籤，可以發現前面設置的文字型式均已存在，如圖 5-110 所示。

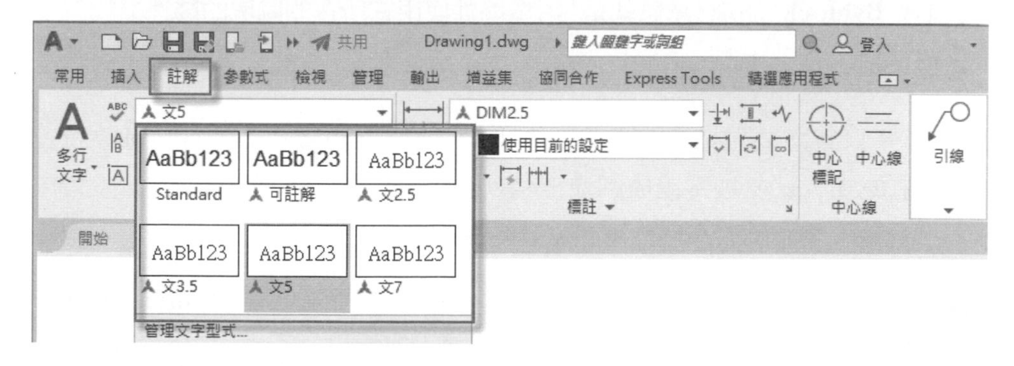

圖 5-110 重新啟動 AutoCAD 一切以自定的樣板檔呈現

13 目前的樣板檔案尚未含有圖層設定，不過只要在第七章中練習圖層的使用說明後，再行加入即可。

14 依前面的說明，AutoCAD 基本上對內是無單位繪圖，因此認定單位為 cm 它就是以 cm 繪圖，如果認定單位為 mm 它就是以 mm 做圖，因此兩者模板是可以通用，只是建築製圖者，經由圖紙空間出圖時會被列表機折掉十分之一，例如以 1/100 出圖，其視埠比例即應設為 1/10，而如機械製圖以 mm 為單位者，其以 1/10 出圖時，則維持同樣的 1/10 視埠比例即可，如果對此觀念尚未理解，在第九章實際範例操作時，即會有更清晰的概念。

5-9 AutoCAD 中的 Byblock、Bylayer 兩者使用方法解析

在 AutoCAD 圖形中對像有幾個基本屬性（顏色，線型，線寬等），這幾個屬性可以控制圖形的顯示效果和列印出圖效果，合理設置好對象的屬性，不僅可以使圖面看上去更美觀、清晰，更重要的是可以獲得正確的出圖效果。我們在設置對象的顏色、線型、線寬的屬性時可以看到列表中都有 Byblock、Bylayer 這兩個選項，初學者都不知道是什麼意思，即使是對 AutoCAD 有一定瞭解的人也不一定能完全清楚他們的作用。

1 首先簡單解釋一下這兩個概念：

(1) **Byblock**：隨塊，意思就是「對像屬性使用它所在的圖塊的屬性」。

(2) **Bylayer**：隨層，意思就是「對像屬性使用它所在圖層的屬性」。

2 通常只有將要做成圖塊的圖形對像才設置這個屬性。當圖形對像設置為 Byblock 並被定義成圖塊後，我們可以直接調整圖塊的屬性，設置成 Byblock 屬性的對象屬性將跟隨圖塊設置變化而變化。

3 如果圖形的對象屬性設置成 Byblock，但沒有被定義成圖塊，此對像將使用默認的屬性，顏色是白色、線寬為 0、線型為實線。

4 如果圖塊內圖形的屬性沒有設置成 Byblock, 對圖塊的屬性調整，這些對像將保持原來的屬性。例如，假設一個圓的顏色設置為紅色，然後將這個圓定義成圖塊，此時調整圖塊的顏色為綠色，可以看到圓仍然是紅色的。

5 當設定成 Bylayer 時，對象的默認對象是隨層，因為圖層作為一個管理圖形的有效工具，通常會將同類的很多圖形放到一個圖層上，用圖層來控制圖形對象的屬性更加方便。

6 使用者通常的做法是根據繪圖和列印的需要設置好圖層，並將這些圖層的顏色、線型、線寬、是否列印等都設置好，繪圖時將圖形放在合適的圖層上就好了。

7 如果圖形比較簡單，沒有分圖層，或者同一圖層上希望在顯示和列印效果上有所區分，每個對象可以單獨設置顏色、線型和線寬。

8 如果塊內對象的屬性設置成了 Byblock，而圖塊的屬性設置成 Bylayer，塊內對像屬性都會隨塊插入的圖層變化，我們也可以直接修改圖塊的屬性來控制塊內對象的屬性。如果塊內對像屬性都設置得是隨層或其他固定屬性，調整圖塊的屬性對塊內對像不會有任何影響。

9 圖塊與圖層之間的關係在 AutoCAD 中牽涉較為複雜，對於初學者產生莫大困擾，沒關係，在第七章中將另闢一小節專門說明圖塊與圖層之關係，並以實際範例做為說明。

10 弄清楚了 Byblock、Bylayer 可能會給對像屬性帶來的影響，在做各型式設定時，就應知道什麼時候應該怎麼選擇什麼設置了。

MEMO

Chapter

06

使用圖塊與外部參考

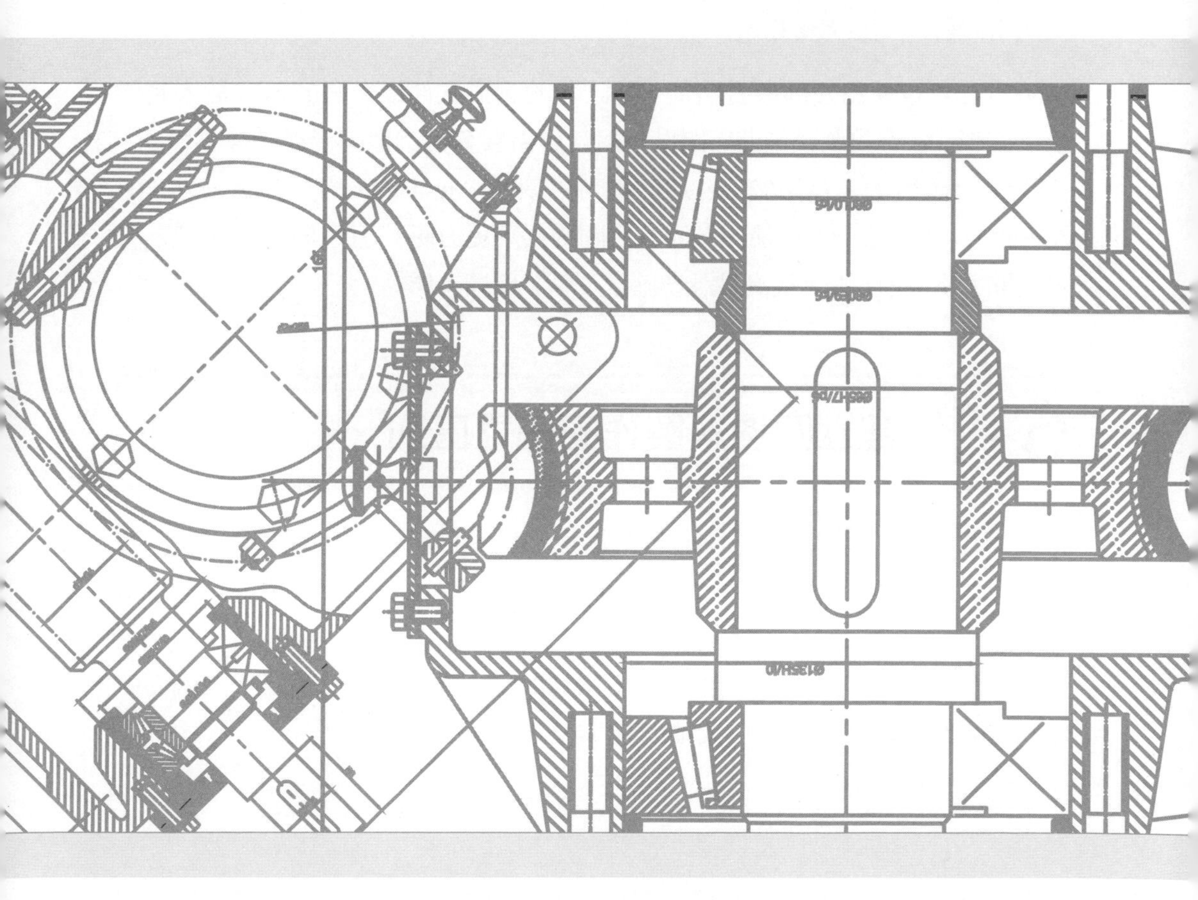

經過前面一章的練習，相信讀者都已自行製作了專屬繪圖樣板，如果還沒有，就請使用第五章所附的建築製圖樣板 .dwt 檔案，因為有了這樣的樣板，才能加快繪圖的準確度與速度，也才能養成專業技能，從本章開始，因為有了它，所有的操作將依實際尺寸繪製出專屬於自己的圖形。

圖塊是 AutoCAD 圖形設計中的一個重要概念，在繪製設計圖中，常會遇到一些需要反覆使用的圖形，如室內設計中的沙發、床組及門窗等，如果建立這些標準圖形組合而成**圖塊**，就可以將同樣的圖塊多次插入到圖形中，而不必每次都重新再創建這些傢俱元素，無形中會提高製圖的效率與速度。

當然，可以把這些元素組成圖塊儲存以供日後重複使用，同時在網路發達的年代，網路上充斥各式各樣精美的圖塊，可供無償下載使用，在充實圖面美觀上，並非事事親力親為才可，在本書**附錄**資料夾中將提供眾多圖形或是圖塊，供讀者設計時的參考使用。

讀者也可以使用**外部參考**功能，把已有的圖形文件以參照的形式插入到當前的圖形中，在繪製圖形時，如果一個圖形需要參照其他圖形或圖像來繪圖，又不希望佔用太多存儲空間，這時就可以使用 AutoCAD 的外部參考功能。AutoCAD 外部參考功能使設計圖紙之間的共享更方便、更快捷，使不同設計人員之間共享設計信息，提高設計準確度及專業協同工作。

6-1 建立圖塊與製作圖塊之區別

圖塊詳細分類當有建立圖塊與製作圖塊之別，剛接觸 CAD 軟體者可能一時還無法體會兩者之區別，有執行 SketchUp 經驗者應能深刻體會，在該軟體中有所謂群組及元件之分，所謂群組即 CAD 中之建立圖塊，而元件即 CAD 中之製作圖塊，兩者共存在最明顯之特性即「獨立性」，因為有了獨立性即可與圖面中之其它圖形分離而獨自存在，如此即可方便移動、複製與編輯。

1 SketchUp 中之群組與元件之屬性相當明確，其差異性如**元件與群組差異表**所示，如能掌控元件的特性，對於創建 3D 模型及 2D 圖形繪製將有相當助益。謹以此做為建立圖塊與製作圖塊之參考。

◎ **元件與群組差異表**　表中〇代表具有，×代表不具有

功能	元件	群組
具關聯性	〇	×
獨立座標	〇	×
具有開洞功能	〇	×
永遠面向鏡頭	〇	×
可否儲存	〇	×
具獨立性	〇	〇

2 建立圖塊與製作圖塊兩者區分較為模糊，可能只有**可否儲存**及**具獨立性**兩項而已，亦即兩者同具獨立性，然而製作圖塊可以儲存供使用者重複使用，而建立圖塊則無。

3 SketchUp 雖然被歸入到 3D 建模軟體，但其本身兼具 2D 圖繪製功能，且經最近幾次的版本升級，不斷加強 LayOut 施工圖說功能，在 3D 場景創建完成後，各面向立面施工圖基本上可以說立即完成，因此，由上表中可以明顯看出 SketchUp 之元件較之 CAD 圖塊功能可能略勝一籌。

4 也許有人會說 CAD 可以創建動態圖塊，其實在 SketchUp2021 版中也有動態元件及即時元件之創設，它們的功能絕對比動態圖塊更有過之而無不及，使用者只要在元件中加入控制函數，亦可以做婉如動畫般之變化，有興趣的讀者可以參閱作者為 SketchUp 寫作之眾多書籍。

5 在 AutoCAD 中圖塊是一些圖形物件的集合，它是經過一些操作將其合併為單一具名的圖形物件，如圖 6-1 所示，為各種比例中的範例圖塊，這些圖塊包含有符號及傢俱等，且其中一個圖塊是建築圖框。

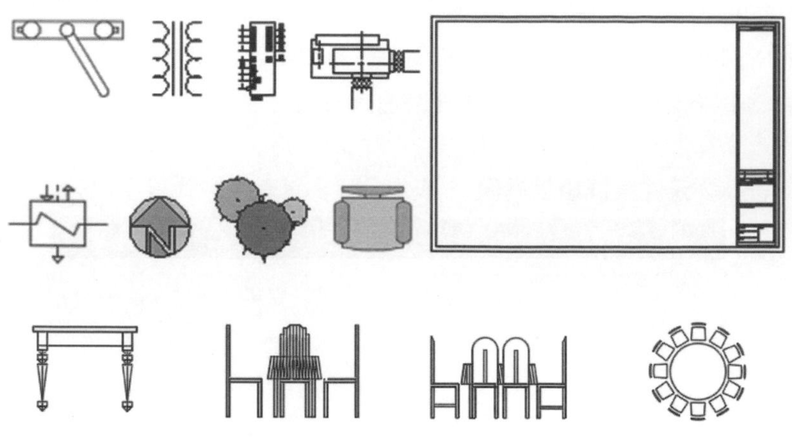

圖 6-1　AutoCAD 中各種比例的範例圖塊

6-2 建立圖塊

圖塊創建通常和圖層的管理相關連，依一般使用原則，圖塊之創建均位於系統內定的 0 圖層中，如此在插入圖塊時才不致於產生圖層錯亂問題，而圖層管理至第七章中才會述及，然在未建立圖層前，系統內定有唯一的 0 圖層存在，正好可做為建位圖塊的圖層。

執行製作圖塊的工作，在製作圖塊前，必先繪製出構成圖塊的各個圖形實體，然後執行**製作圖塊**工具，在圖形實體中指定一點做為塊的插入基點，並且選擇指定構成圖塊的各個圖形實體對象。

1 請開啟第六章中之 sample01.dwg 檔案，它是一張已製作完成之機械圖，如圖 6-2 所示，以做為製作圖塊之練習。

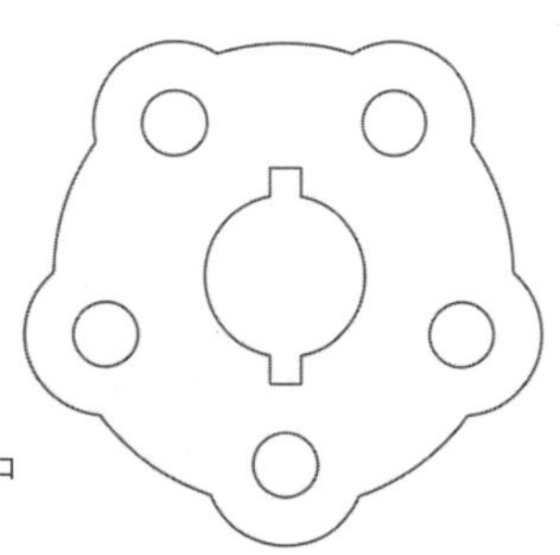

圖 6-2　開啟第六章中之 sample01.dwg 檔案

2 請選取**常用**頁籤，在**圖塊**工具面板上選取**建立圖塊**工具，如圖 6-3 所示，即可立即開啟**圖塊定義**面板，如圖 6-4 所示。

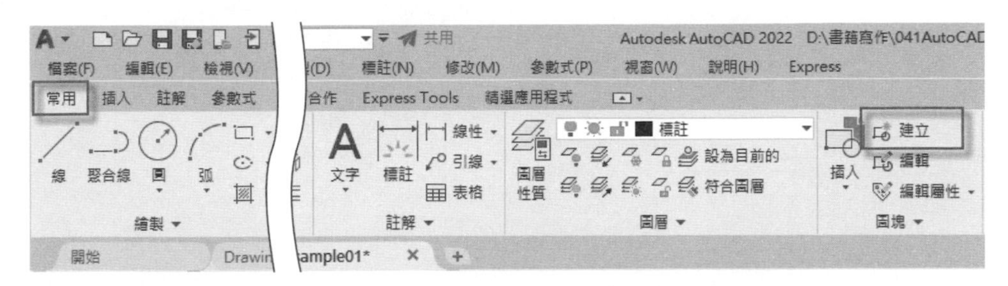

圖 6-3　在**圖塊**工具面板上選取**建立圖塊**工具

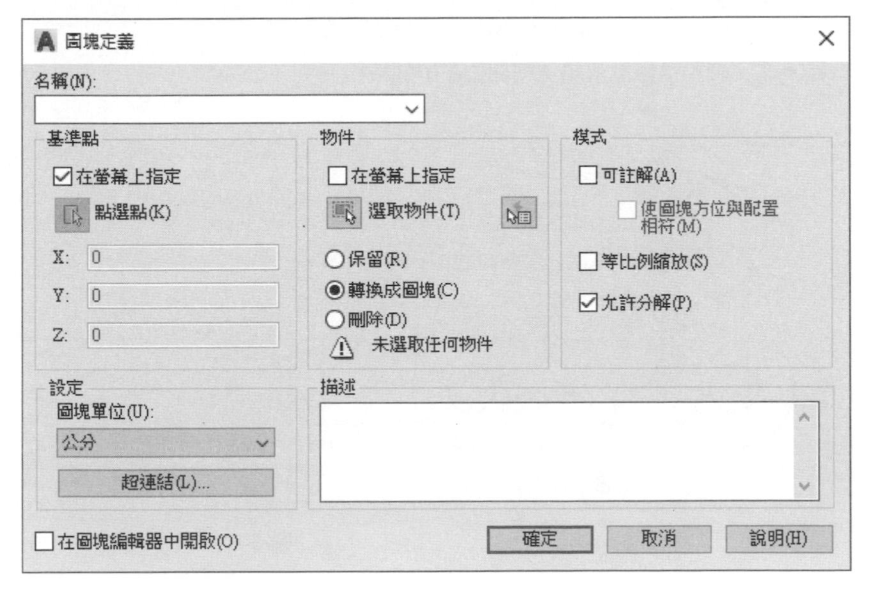

圖 6-4　開啟**圖塊定義**面板

3 在**圖塊定義**面板中，於名稱欄位內輸入「機械 01」，在基準點選項中，將**在螢幕上指定**欄位勾選去除，使用滑鼠點擊**點選點**欄位左側的 **點選點**按鈕，如圖 6-5 所示，會暫時關閉面板回到繪圖區，使用滑鼠點擊圖示 1 點以做圖塊的基準點，如圖 6-6 所示。

圖 6-5　使用滑鼠點擊**點選點**欄位左側的按鈕

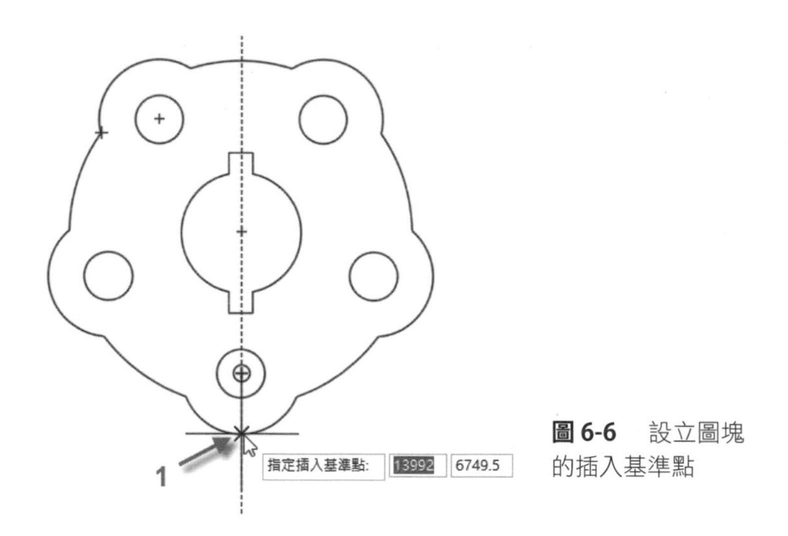

圖 6-6　設立圖塊的插入基準點

4 當定下基準點後，會自動回到**圖塊定義**面板中，在物件選項中，於螢幕上指定欄位勾選去除，使用滑鼠點擊**選取物件**欄位左側的 ⌖ 按鈕，會暫時關閉面板回到繪圖區中，請使用窗選方式（或是以框選方式亦可）選取全部輪軸圖形，如圖 6-7 所示。

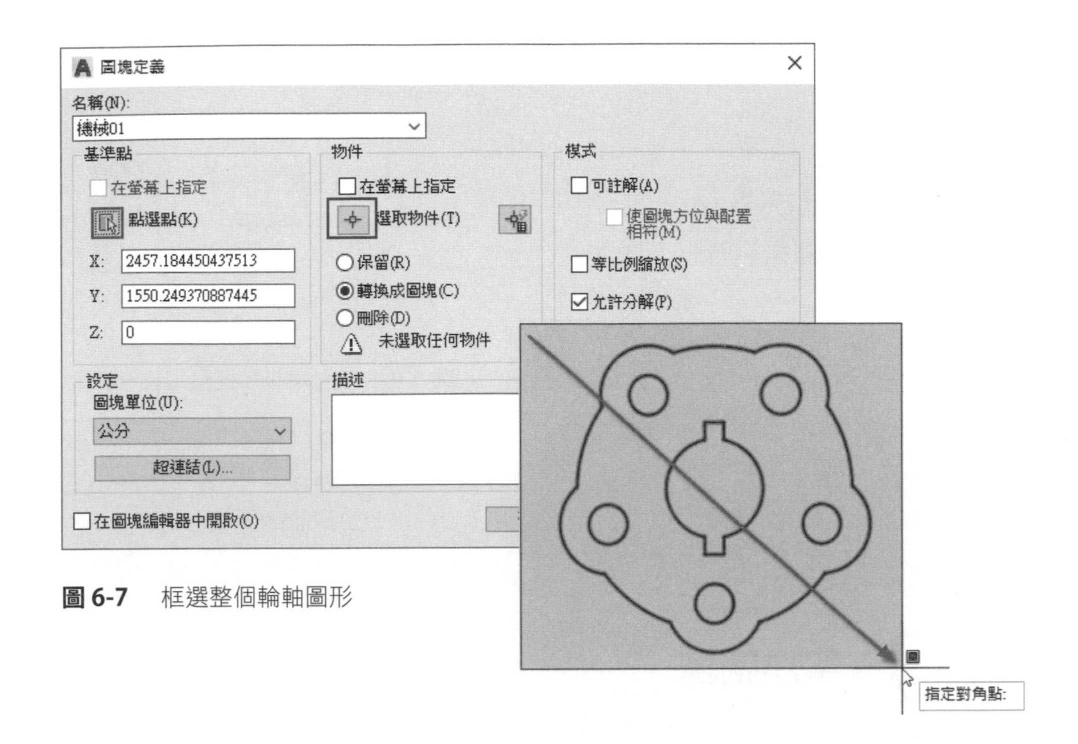

圖 6-7 框選整個輪軸圖形

5 按空白鍵或 [Enter] 鍵確定後，會重新回到**圖塊定義**面板中，在**設定**選項中，將圖塊單位設定為公分，如想對圖塊做描述，可以在**描述**欄內輸入文字，而在名稱欄位右側，可以出現圖塊的縮略圖，如圖 6-8 所示。

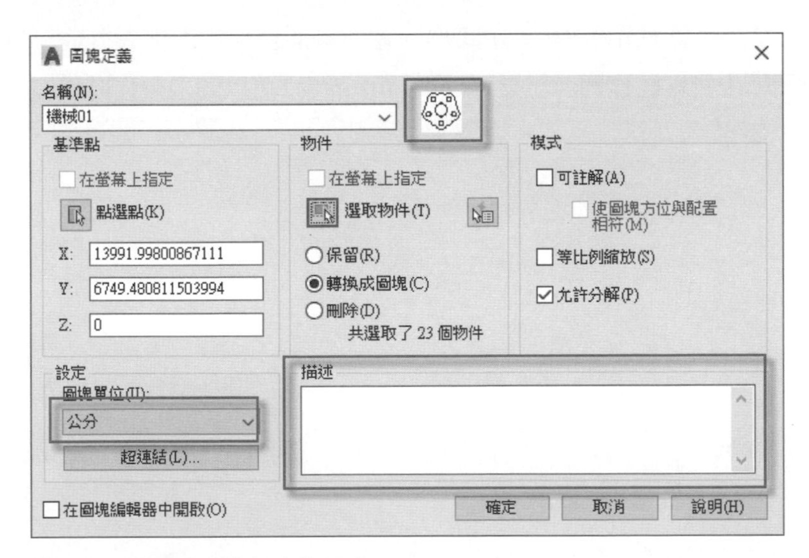

圖 6-8 將圖塊單位設定為公分

6 在**圖塊定義**面板中按下**確定**按鈕，即可完成機械 01 圖塊的設置工作，當移動游標點於任何圖形位置上點取，則整個輪軸圖形都會被選取，這表示已將所有圖形皆組成一圖塊，如圖 6-9 所示。

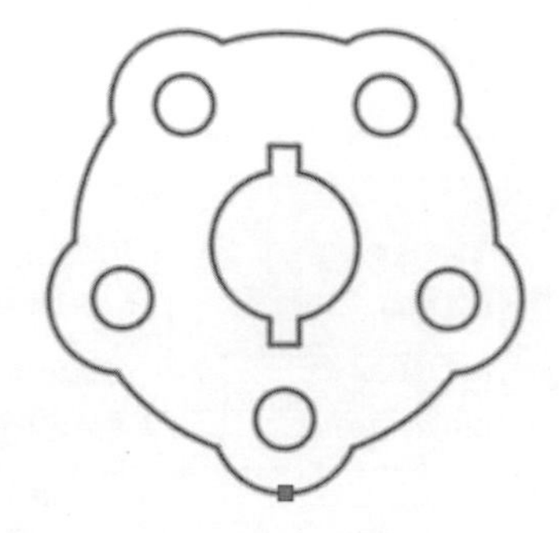

圖 6-9　將整個輪軸圖形組成一圖塊

7 依**建立圖塊**工具製作的圖塊，只具有獨立性質，在未依**製作圖塊**工具製作成圖塊前，只能供本圖檔中使用，而不能另存或同時供其他圖檔使用。

6-3 製作圖塊

圖塊是一種相當好用的工具，它可以讓使用者在不同圖檔間重複使用，也可以存成檔案供他人使用，更有甚者，CAD 好手雲集，在網路上不乏製作精美的圖塊檔案，可供下載使用，本小節即示範如何將圖塊寫入檔案中。

1 建立完上一小節的機械 01 圖塊後，在工具面板中選取**插入**頁籤，於**圖塊定義**面板中選取**製作圖塊**工具，如圖 6-10 所示，可以開啟**製作圖塊**面板，如圖 6-11 所示。

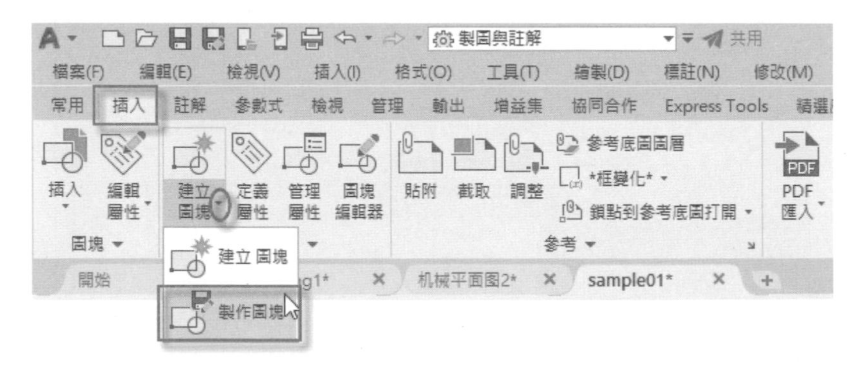

圖 6-10　於**圖塊定義**面板選取**製作圖塊**工具

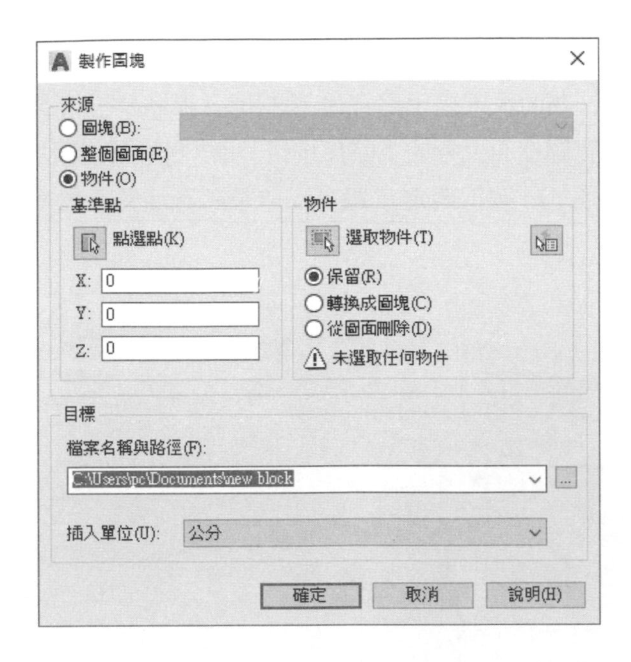

圖 6-11 開啟**製作圖塊**面板

2 **製作圖塊**面板的**來源**選項中，有**圖塊、整個圖面**及**物件**三個欄位供選擇，剛才已製作了圖塊，因此選擇**圖塊**欄位，於右側圖塊列表中選擇機械 01 圖塊，如圖 6-12 所示。

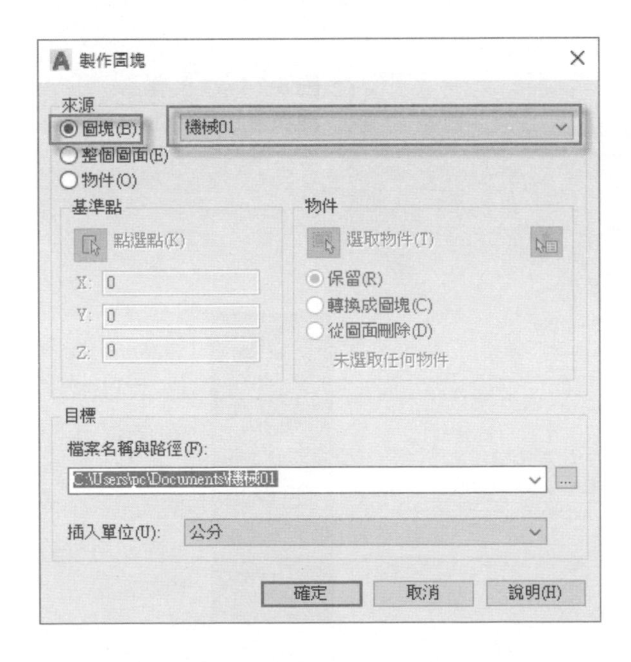

圖 6-12 在**圖塊**欄位中選取**機械 01** 圖塊

3 在**目標**選項中，使用滑鼠點擊**檔案名稱**與**路徑**欄位右側的 [...] 按鈕，可以打開**瀏覽圖檔**面板，在面板中指定儲存位置並指定檔名及檔案格式，如圖 6-13 所示，當在**瀏覽圖檔**面板中按下**儲存**按鈕，可以回到**製作圖塊**面板，將**插入單位**欄位設為公分，按下**確定**按鈕可以結束將圖塊寫入檔案動作，如圖 6-14 所示。

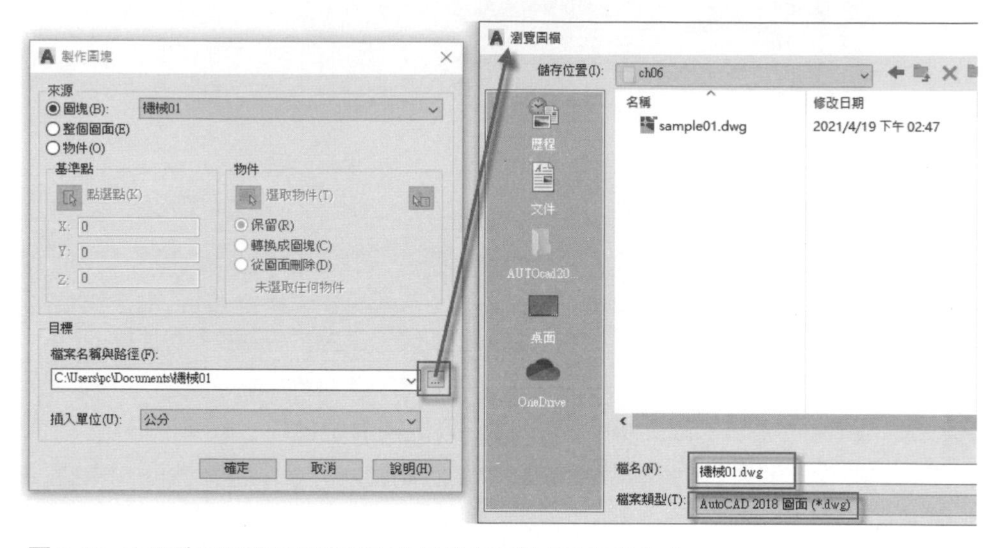

圖 6-13 在**瀏覽圖檔**面板指定儲存位置並指定檔名及檔案格式

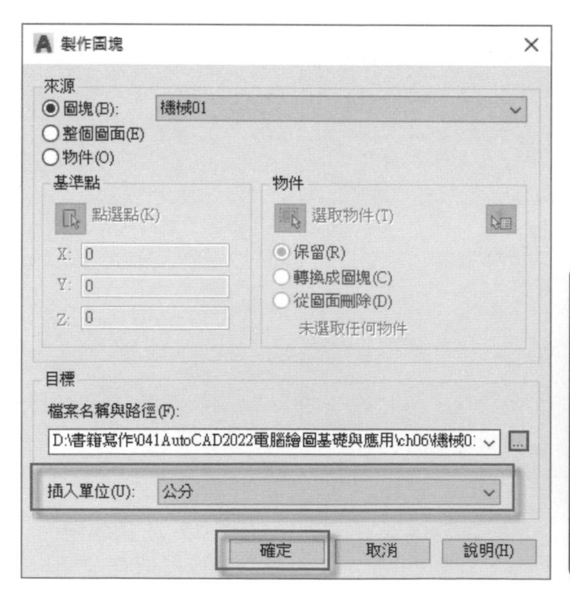

圖 6-14 在**製作圖塊**面板中設定插入單位為公分

溫馨提示

注意：在 AutoCAD2018 版本以後，其內定儲存圖塊的格式為 AutoCAD2018，如果想讓 AutoCAD2017 之前版本使用，請務必降低版本格式。

4 本輪機械圖經製作成圖塊並以機械 01 為檔名，存放在第六章圖塊資料夾中，供讀者自行開啟研究之。

5 請開啟第六章中 sample02.dwg 圖檔，這是已經繪製完成的餐桌椅組立面圖，以此做為製作圖塊之說明，如圖 6-15 所示。

圖 6-15 已繪製完成的餐桌椅組立面圖

6 請在工具面板中選取**插入**頁籤，於**圖塊定義**面板選取**製作圖塊**工具，可以開啟**製作圖塊**面板，在開啟的**製作圖塊**面板中，在**來源**選項中選擇物件欄位，這是因此檔尚未製作圖塊，如圖 6-16 所示。

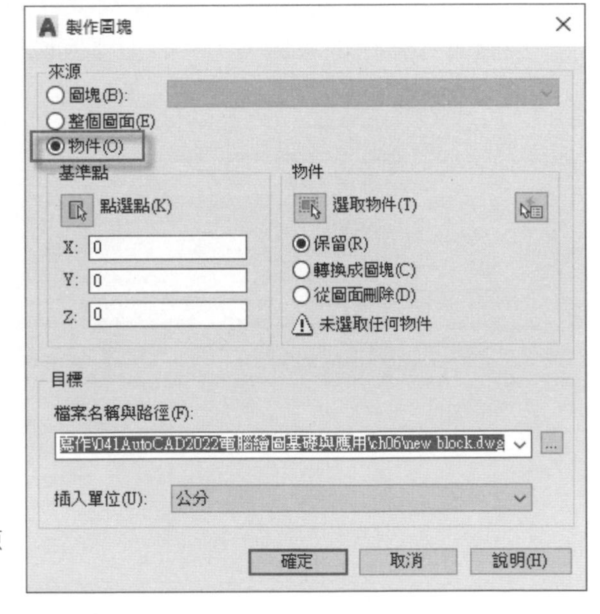

圖 6-16 在面板中在源選項中選擇**物件**欄位

7 和製作機械 01 圖塊的方法一樣，先設定基準點，在基準點選項中，按**點選點** 的按鈕，可以暫時回到繪圖區中，現要在兩餐椅中間的地面點上定基準點，按住 [Shift] 鍵及滑鼠右鍵，在右鍵功能表中選擇 **2 個點之間的中點**功能表單。

8 當指令行提示中點的第一、二點時，使用滑鼠點擊圖示中左、右兩側之桌椅腳第 1、2 點，如圖 6-17 所示，即可定出餐桌椅立面圖的中點為基準點，並回到**製作圖塊**面板中。

圖 6-17 定出左、右兩側之桌椅腳的中點為基準點

9 回到**製作圖塊**面板後，再執行**選取物件**按鈕，可回到繪圖區中框選全部的圖形，再回到**製作圖塊**面板，為圖塊取檔名及路徑，再將單位設為公分，即完成圖塊寫檔工作，如圖 6-18 所示，本圖塊以沙發立面.dwg 為檔名，存放在第六章**圖塊**子資料夾中。

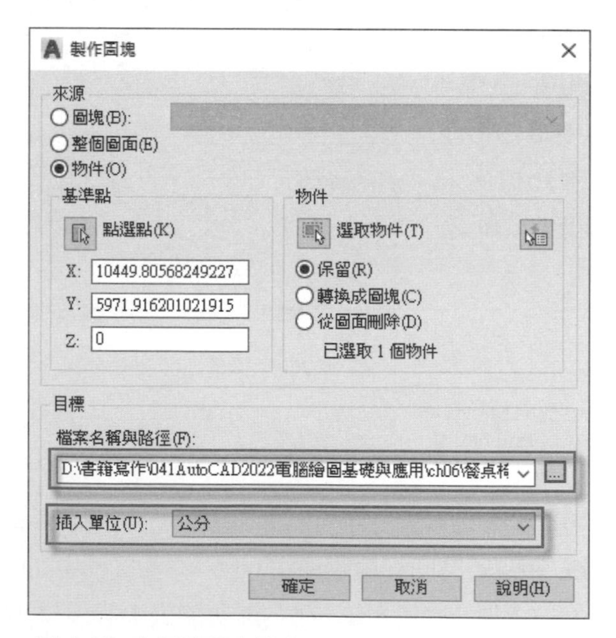

圖 6-18 為圖塊設定檔名及存放路徑

10 請開啟第六章 sample03.dwg 檔案，這是一些五花八門傢俱圖庫的合集，如圖 6-19 所示，這是經由網路蒐集而來的圖塊，其單位已經轉換為公分，且線條顏色與圖層也經整理過，以此做為網路下載平、立面圖形合集，再製作成自己合用的圖塊之操作過程示範，更多的圖塊合集存於書附範例之附錄中。

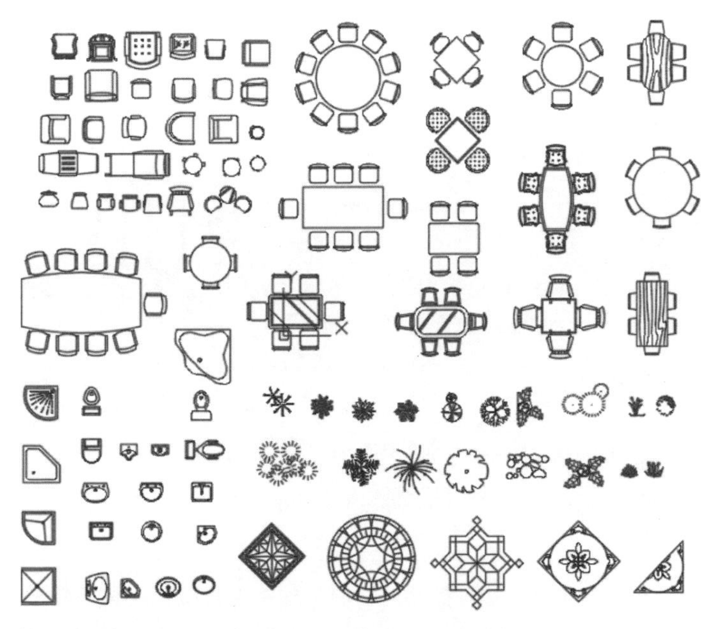

圖 6-19 開啟 sample03.dwg 檔案之部分截圖

11 當開啟一些 dwg 檔案格式時，系統可能會彈出**開啟-外來檔案**面板，並詢問是否繼續或取消開啟檔案之選項，如圖 6-20 所示，這是因為有些檔案並非直接由 AutoCAD 製作之故，此處請直接選擇繼續開啟 DWG 檔案，以後遇此問題時將不再特別提出說明。

開啟 - 外來 DWG 檔案 ×

此 DWG 檔案由非 Autodesk 開發或授權的應用程式儲存。您想要做什麼？

→ 繼續開啟 DWG 檔案
Autodesk 尚未確認應用程式的相容性或此檔案的完整性。

→ 取消開啟檔案

☐ 不論原點為何，永遠開啟 DWG 檔案

按一下此處以取得更多資訊

圖 6-20 打開**開啟-外來檔案**面板

12 請利用前面製作圖塊的方法，選取一組雙人床組之圖形，如圖 6-21 所示，即可從眾多的圖形中將想要的圖形組成圖塊。

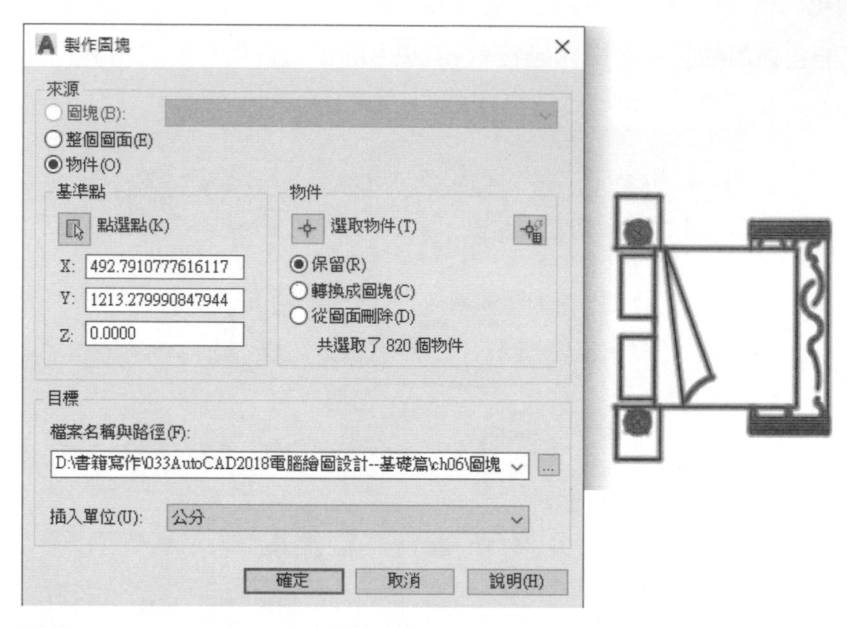

圖 6-21 從眾多的圖形中將想要的圖形組成圖塊

> **溫馨提示**
>
> 和創建 3D 場景一樣，並非所有模型與圖形都非自己親自動手方可，除非必要大可借用現成物件，因此讀者想要豐富自己的作圖內容，平常就得下功夫蒐集並製作圖塊儲存，畢竟網路上流通的這些圖塊圖形都已相當精緻，唯要注意的地方是單位，可能大部分都是 mm 單位，切記。

6-3 使用圖塊

1 現將以一房兩廳的小坪數室內平面傢俱配置圖為例，說明圖塊的使用方法，如圖 6-22 所示，為已設計完成的平面傢俱配置圖，在往下的練習中如有不足處，可做為讀者自行補充之參考。

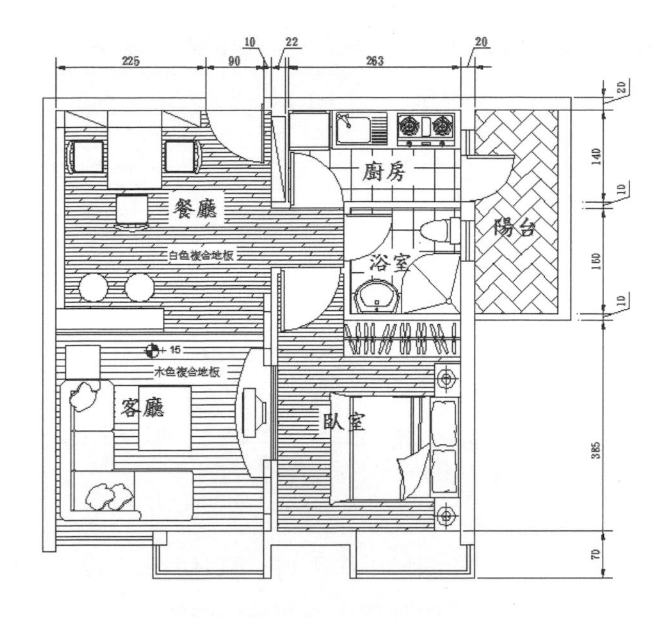

圖 6-22 已設計完成之平面傢俱配置圖

2 請輸入第六章中 sample04.dwg 圖檔，這是一間小套房已完成一些平面設計的平面傢俱配置圖，如圖 6-23 所示，在圖中缺少了很多傢俱圖塊，利用此範例以做為使用圖塊的練習。

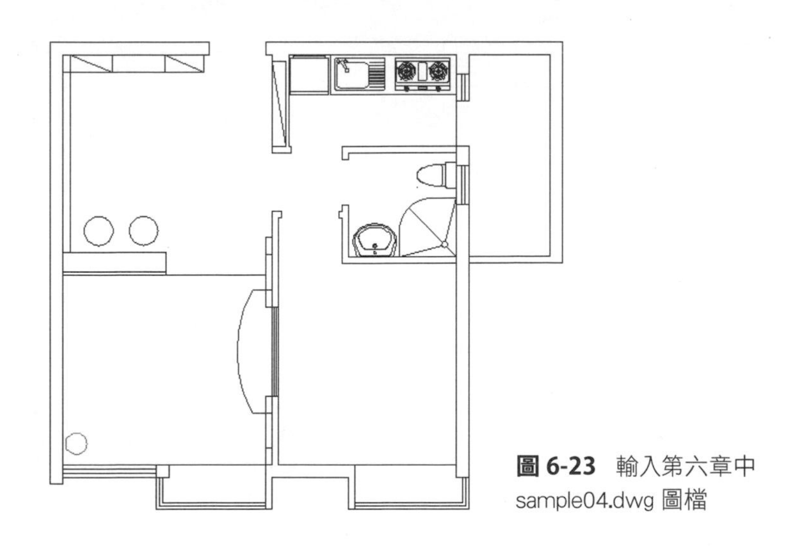

圖 6-23 輸入第六章中 sample04.dwg 圖檔

3 請選取**常用**頁籤中**圖塊**工具面板上的**插入**工具，當使用滑鼠點取工具時，會顯示場景中已存在之圖塊供選取，如圖 6-24 所示。

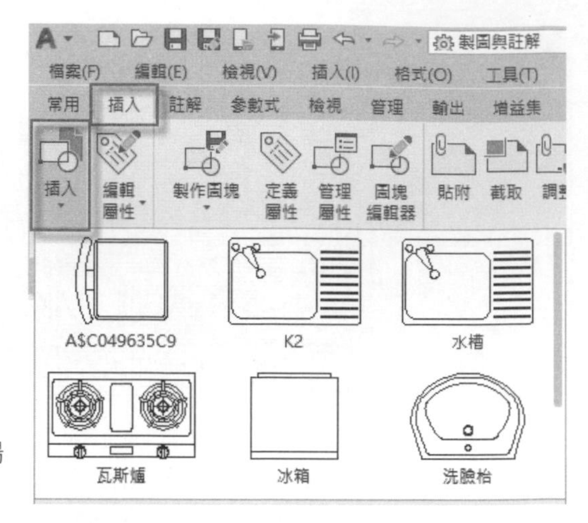

圖 6-24 **插入**工具會顯示場景中已存在之圖塊供選取

4 在場景中現有圖塊並不能滿足工作所需，可以使用滑鼠左鍵點擊面板下方的**最近使用的圖塊**或**最愛的圖塊**或**資源庫中的圖塊**等三選項，可以打開**圖塊**面板，如圖 6-25 所示，為選取最近使用的圖塊選項，這是 AutoCAD 2020 版以後重新設計的**插入圖塊**面板。

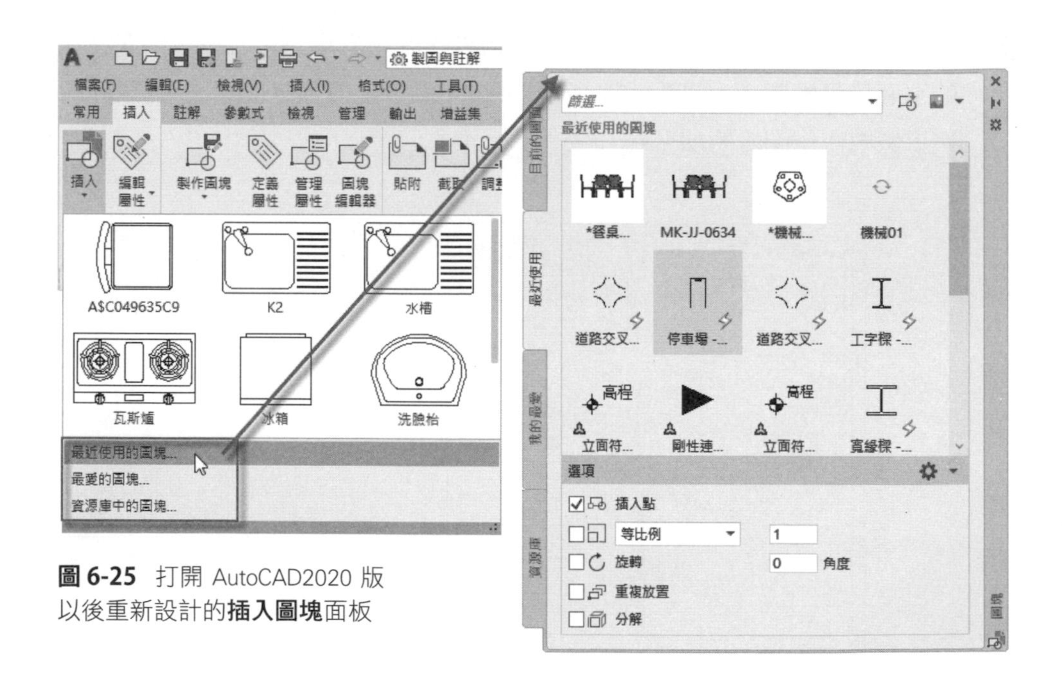

圖 6-25 打開 AutoCAD2020 版以後重新設計的**插入圖塊**面板

5 此重新設計的**插入圖塊**面板，主要原因是為了在插入圖塊的工作流程中提供更好的圖塊視覺預覽。尤其選項板提高尋找和插入多個圖塊的效率，包括新的「重複放置」選項，可節省使用者的時間。

6 在選取最近使用的圖塊選項，而打開重新設計的**插入圖塊**面板，茲為面板中各功能區試為編號，如圖 6-26 所示，現分別說明其功能如下：

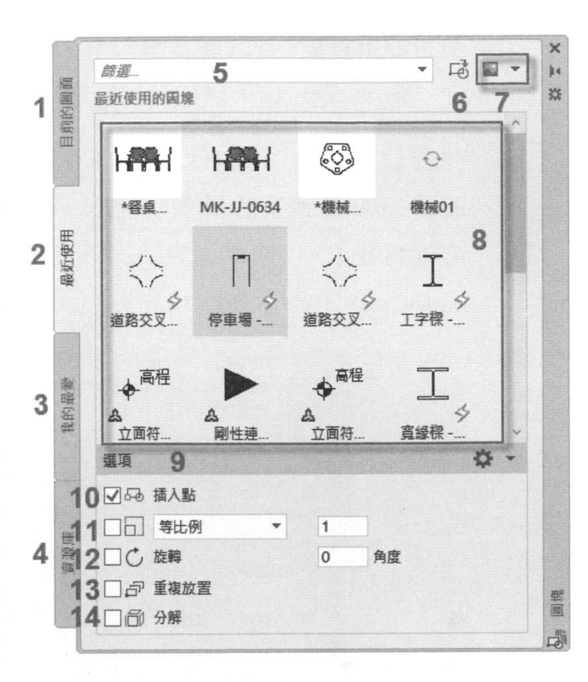

圖 6-26 為**插入圖塊**面板中各功能區試為編號

(1) **目前的圖面頁籤**：選取此頁籤後，可在圖塊顯示區中顯示目前作用中圖面已存在的圖塊，如圖 6-27 所示，可以供使用者直選取現有圖塊以重複使用。

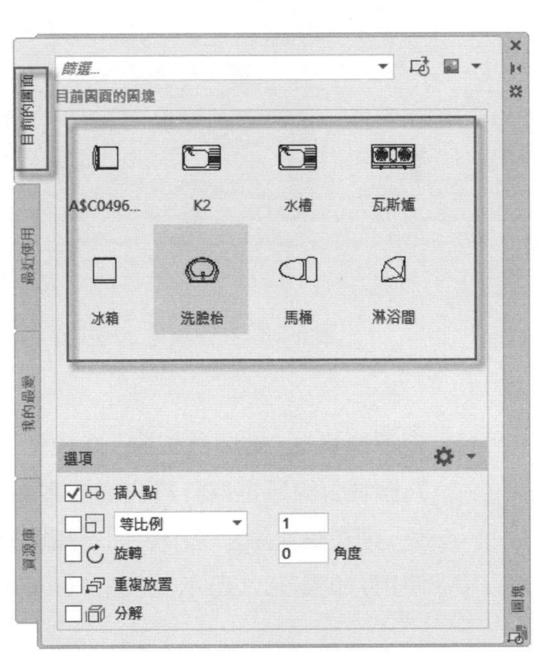

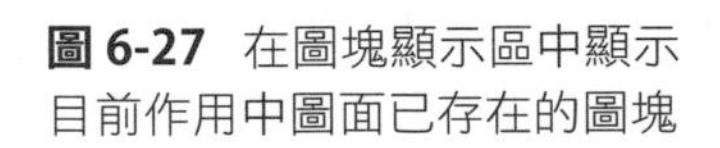
圖 6-27 在圖塊顯示區中顯示目前作用中圖面已存在的圖塊

(2) **最近使用頁籤**:選取此頁籤,可以將使用者在記憶體中現存使用過的圖塊,顯示在顯示區中供使用者選取使用。

(3) **我的最愛頁籤**:選取此頁籤,使用者可以在選取圖塊時,執行右鍵功能表→**複製到我的最愛**功能表單,如此即可將一些圖塊存放在我的最愛頁籤中,供使用者在不同圖面中選取使用,如圖 6-28 所示,此為 AutoCAD 2022 版新增功能。

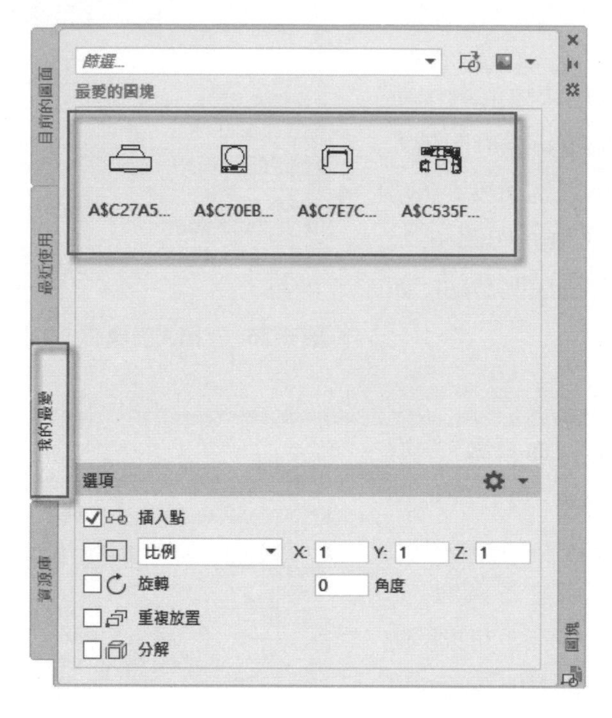

圖 6-28 在圖塊顯示區中顯示目前存放成我的最愛的圖塊

(4) **資源庫頁籤**:選取此頁籤,然後使用滑鼠點取**檔案導覽**按鈕,可以開啟為**圖塊資源庫選取資料夾或檔案**面板,在面板中請選取第六章圖塊資料夾,則在圖塊顯示區中會顯示圖塊資料夾中所有圖塊供使用者直接選取使用,如圖 6-29 所示,此為 AutoCAD 2022 版新增功能。

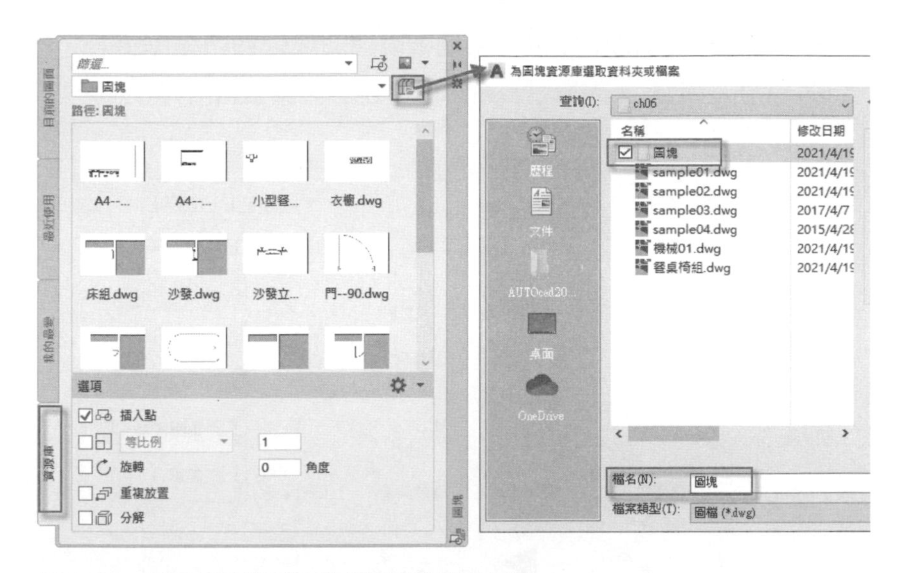

圖 6-29 開啟圖塊資料夾的檔案以套用其圖塊

(5) **篩選欄位**：當圖塊顯示區中顯示之圖塊過多，可以使用此欄位輸入關鍵詞做為篩選，以方便圖塊的選取。

(6) **瀏覽按鈕**：點擊此按鈕，可以打開選取要插入的**檔案**面板，以讓使用者打開欲套用圖塊之圖檔，如此可以在圖塊顯示區中顯示該圖檔所含之圖塊，供使用者直接選取套用，如圖 6-30 所示。

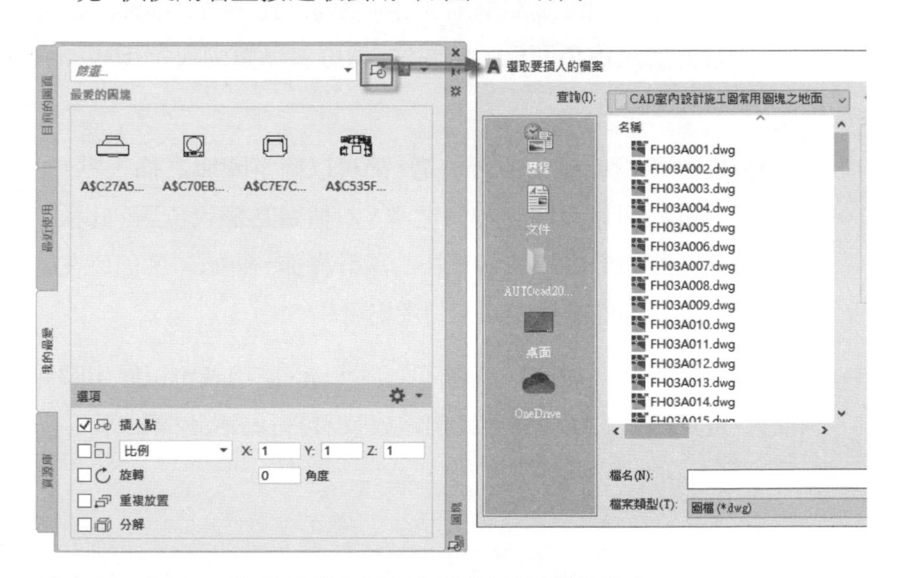

圖 6-30 在選取要插入的檔案板中選取要套用的圖塊檔案

(7) **預覽類型按鈕**：點擊此按鈕系統會表列圖塊之顯示類型供設定，如圖 6-31 所示，系統內定為大圖示模式，此部分請讀依自己喜好設定之。

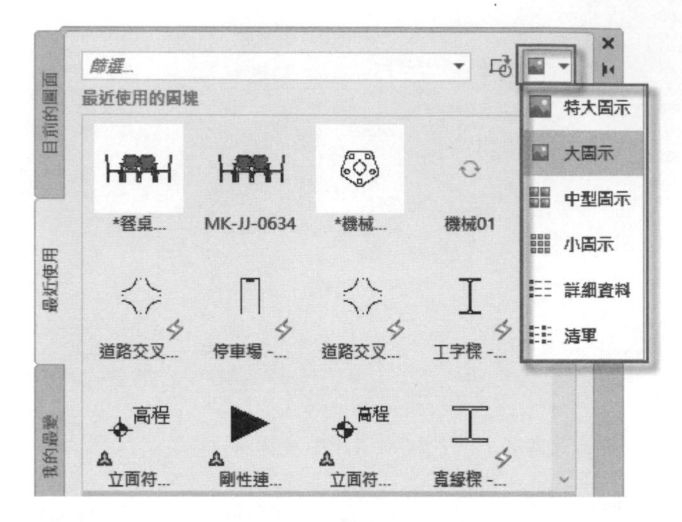

圖 6-31 系統會表列圖塊之顯示類型供設定

(8) 圖塊顯示區。

(9) **插入選項按鈕**：當本按右側的箭頭為向下時，可以展開**選項**面板中各欄位供設定，如果使用滑鼠點擊兩次選項標頭，其右側之箭頭會改變向左方向，而且會隱藏**選項**面板中各欄位，當再次點擊兩次選項標頭會再次展開**選項**面板。

(10) **插入點欄位**：不管此欄位是否勾選，都可以指定圖塊之插入點，唯當此欄位不勾選時，可以設定其右側之 XYZ 值做為插入位置，此種以世界座標值做為插入點，並不符合直觀的設計操作，唯如勾選仍可在繪圖區中自訂插入點，因此本欄位勾不勾選均可。

(11) **比例欄位**：本欄位一般維持系統不勾選狀態，使用者可以使用圖塊原比例插入。當要插入的圖塊需要比例縮放時，再行勾選此欄位即可。

a. 勾選此欄位可以設定等比例方式或是非等比例方式(此即指非等例)做縮放,如圖 6-32 所示,所謂等比例模式為 X、Y、Z 三軸向同比例縮放,而所謂非等比例模式是指二軸向等比或三軸向全不同比例的方式。如本欄位不勾選,其指定比例的方式在則在指令行中為之,其操作方式有如**修改**工具面板中的**比例**工具。

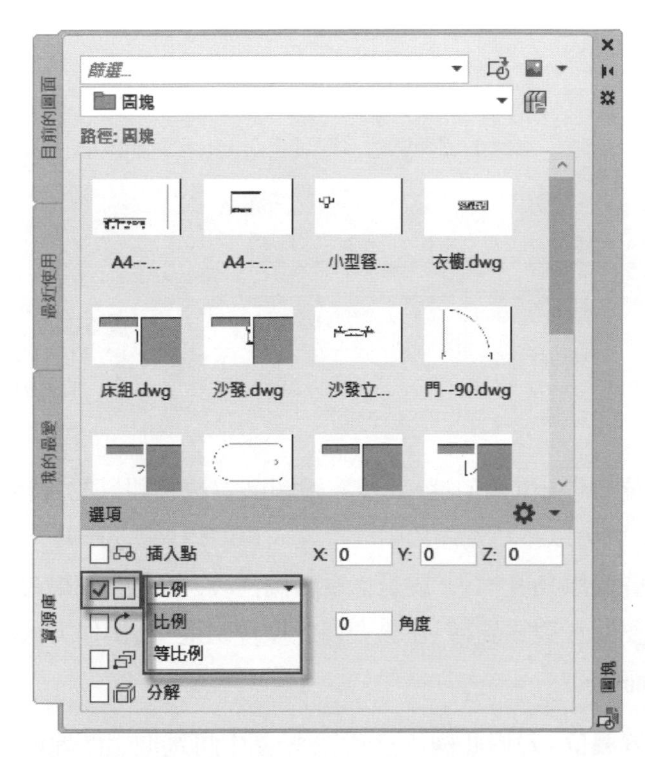

圖 6-32 勾選此欄位可以設定等比例方式或是比例方式做縮放

b. 但當此欄位不勾選時,亦可選擇等比例與比例模式,不過此時的比例模式,則以填入右側 X、Y、Z 三欄位之比例值為之,如圖 6-33 所示,此並不符合直觀的設計操作,當避免此種輸入方式。唯一般插入圖塊,大部分均維持原比例方式插入,因此此欄位勾不勾選均可,唯當以選擇等比例模式為常態。

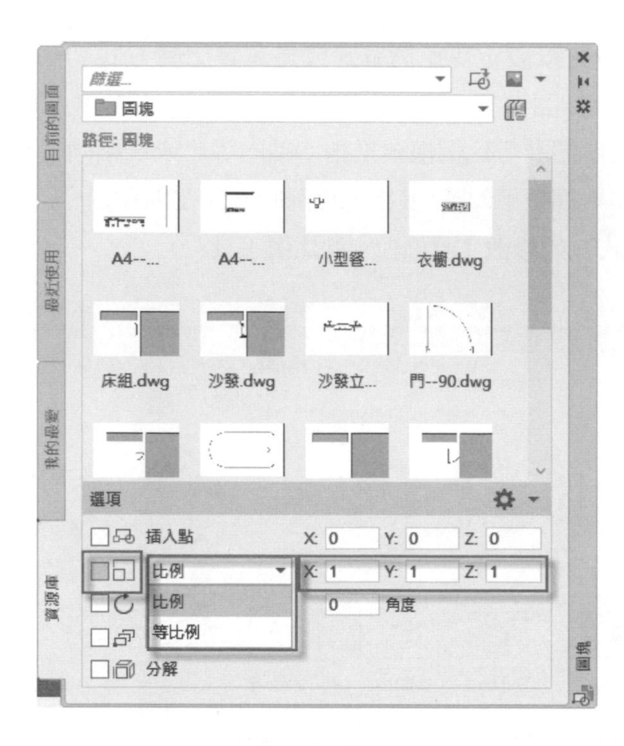

圖 6-33 此欄位不勾選時以填入右側三欄位之比例值為之

(12) **旋轉欄位**：此欄位如勾選，將以在繪圖區中做直觀式的旋轉，如此欄位不勾選，以可以在右側欄位中直接填入角度以做為旋轉，本欄位建議不勾選以圖塊原角度插入，或是以右側欄位填入角度，如果想要在會圖區中依需要做直觀式旋轉，才需要將此欄位勾選，其操作方式端看個人使用習慣而定。

(13) **重複放置欄位**：勾選此欄位，可以在繪圖中將選取之圖塊做重複製的插入動作，有需要時建議維持此欄位之勾選。

(14) **分解欄位**：勾選此欄位，可以將插入的圖塊同時分解的工作，建議應維持不勾選狀態，當有需要分解圖塊時，再使用**修改**工具面板中之**分解**工具即可。

7 在**插入選項**面板中之各欄位已做過詳細解說，請將**旋轉**及**重複放置**兩欄位勾選，其餘各欄位均不勾選，如圖 6-34 所示，使用者亦可只維持**重複放置**欄位勾選，其餘欄位不勾選，而依插入情況再隨機調整即可。

圖 6-34 插入選項面板中之各欄位設定

8 在**插入圖塊**面板中選取**資源庫**頁籤，如果剛才未加入第六章圖塊資料夾者請重新加入，在圖塊顯示區中請選取**門—90** 圖塊，如圖 6-35 所示。

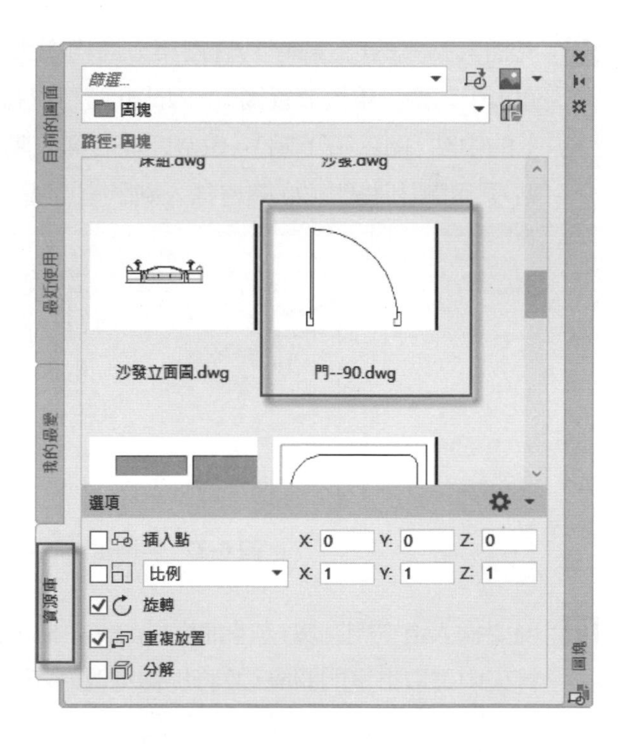

圖 6-35 選取第六章中圖塊資料夾內門--90 圖塊

9 在圖塊顯示區中使用滑鼠點擊門--90 圖塊縮略圖，移動游標到繪圖區中，指令行提示**指定插入點或**，請移動游標到圖示中的第一點（外牆的中點上）按下滑鼠左鍵，做為圖塊的插入點，指令行會提示旋轉角度，直接將游標移到圖示第二點上按下滑鼠左鍵，以代替旋轉角度，即可正確將圖塊插入到進門處的 90 公分門位置上，如圖 6-36 所示。

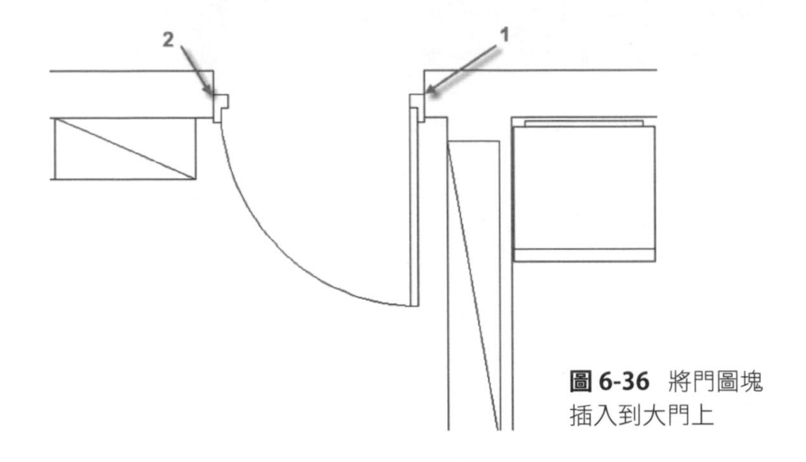

圖 6-36 將門圖塊插入到大門上

10 現插入臥室的門圖塊，其寬度與方向均與大門相同，因為剛才在**插入圖塊**面板中勾選了**重複放置**欄位，因此此時可以持續插入門圖塊，此次選擇內牆上的中點（圖示第 1 點），做為圖塊的插入點，以圖示第 2 點做為圖塊旋轉點，即可順利將門--90 圖塊插入到臥室門處，如圖 6-37 所示。

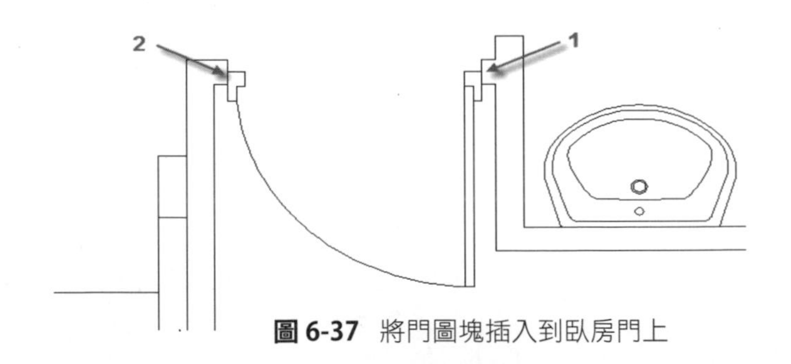

圖 6-37 將門圖塊插入到臥房門上

11 現要插入浴室門圖塊，依前面的方法，在**插入圖塊**面板中選取第六章圖塊資料夾中選取浴室門圖塊，並將旋轉選改為不勾選。

12 在圖塊顯示區中使用滑鼠點擊浴室門圖塊縮略圖，移動游標到圖示 1 點（內牆的中點處），以做為圖塊的插入點，當按下滑鼠左鍵即可完成浴室門圖塊的插入，如圖 6-38 所示，如果沒有適當的圖塊做為浴室門時，亦可用門--90 圖塊以比例縮小方式為之。

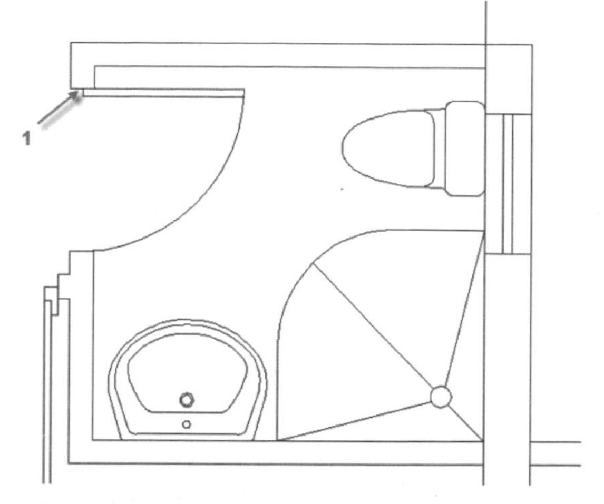

圖 6-38 將浴室門圖塊插入到浴室門位置上

13 現要插入廚房門圖塊，依前面的方法，在**插入圖塊**面板中選取第六章圖塊資料夾中選取浴室門圖塊，一樣將**旋轉**欄位不勾選。

14 當在面板中按下**確定**按鈕，移動游標到圖示 1 點（內牆的中點處），以做為圖塊的插入點，當按下滑鼠左鍵即可完成廚房門圖塊的插入，如圖 6-39 所示。

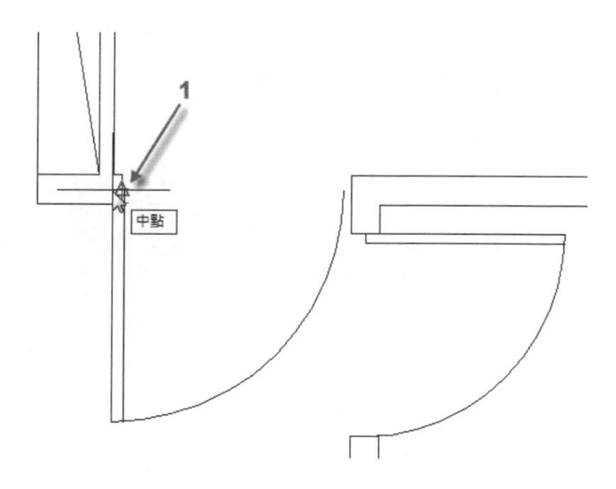

圖 6-39 將廚房門圖塊插入到廚房門位置上

15 由圖面觀之其門方向相反不正確，請在**修改**工具面板中選取**鏡射**工具，以原插入點做為鏡射的第 1 點，以水平約束線的任一點為鏡射的第 2 點，可以將廚房門做上下反向的鏡射，如圖 6-40 所示。

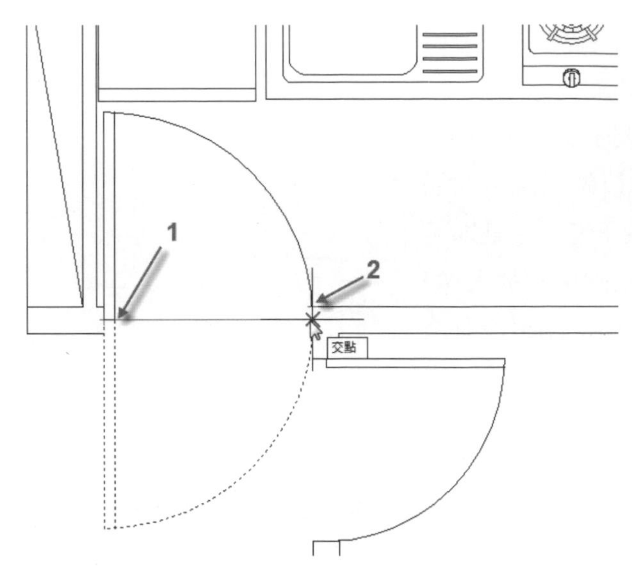

圖 6-40 將廚房門做反向的鏡射

16 當按下滑鼠左鍵後，指令行提示**是否刪除來源物件**，此處請在鍵盤上輸入「Y」，或移動游標至指令行上取**是(Y)**功能選項，即可完成廚房門圖塊的反向操作，如圖 6-41 所示。

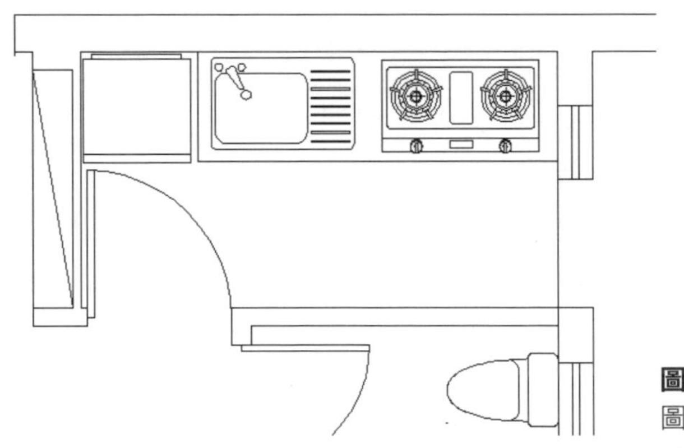

圖 6-41 完成廚房門圖塊的反向操作

17 現要插入客餐廳中的餐桌椅圖塊，在**插入圖塊**面板中點擊**瀏覽**按鈕，請將第六章中**圖塊**資料夾內的小型餐桌椅圖塊選取，在**插入圖塊**面板中**旋轉**欄位維持不勾選，當在小型餐桌椅圖塊上按滑鼠一下，即可將餐桌椅圖塊跟隨游標移動到繪圖區中，如圖 6-42 所示。

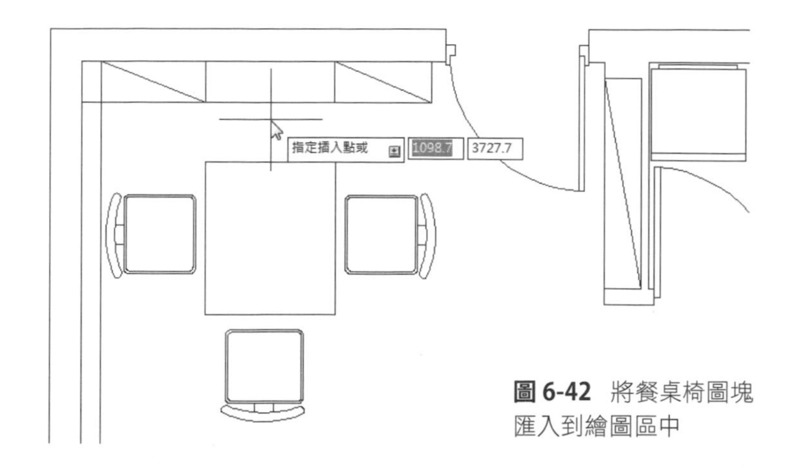

圖 6-42 將餐桌椅圖塊匯入到繪圖區中

18 現要將其插入到餐廳櫃的中間處，在指令行提示**指定插入點或**，不要急著定下插入點，按住鍵盤上 [Shift] 鍵並同時按下滑鼠右鍵，在顯示的右鍵功能表中選取 **2 個點之間的中點(T)**功能表單。

19 當選取功能表單後，以圖示的 1 點做為指令行提示的中間第 1 點，以圖示 2 點做指令行提示的中間第 2 點，即可將餐桌椅圖塊插入到餐廳櫃的理想位置上，如圖 6-43 所示。

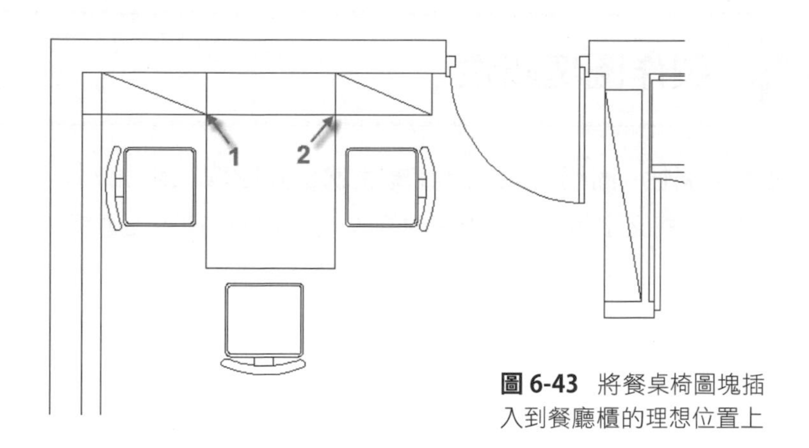

圖 6-43 將餐桌椅圖塊插入到餐廳櫃的理想位置上

20 利用前面操作的方法，使用插入**插入圖塊**面板，依序將第六章圖塊資料夾內沙發、電視機等圖塊插入到客廳位置，將床組及衣櫥等圖塊插入到臥室的位置上，如圖 6-44 所示，其中尚有未完成部分請讀者自行施作。

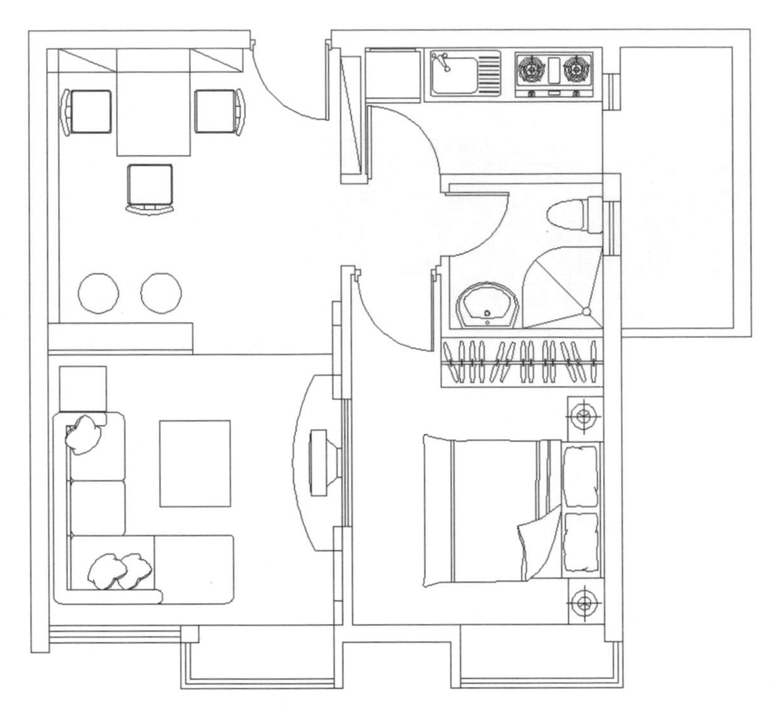

圖 6-44 已完成的傢俱平面配置圖

6-4 製作圖塊屬性

什麼是圖塊屬性，簡單的說，圖塊屬性就是在圖塊上附加一些文字屬性（Attribute），這些文字可以非常方便地修改。圖塊屬性被廣泛應用在工程設計和機械設計中，在工程設計中會用屬性塊來設計軸號、門窗、水暖電設備等，在機械設計中會應用與粗糙度符號定制、圖框標題欄、明細表等。例如建築圖中的軸號就是同一個圖塊，但屬性值可以分別是 1、2、3 等。

1. 請開啟一新檔案，選取**繪製**工具面板上的**矩形**工具，在未定下第一角點時，請按滑鼠右鍵，在右鍵功能表中選取**寬度**功能表單，或直接在指令行中選取**寬度**功能選項，如圖 6-45 所示，先設定線寬。

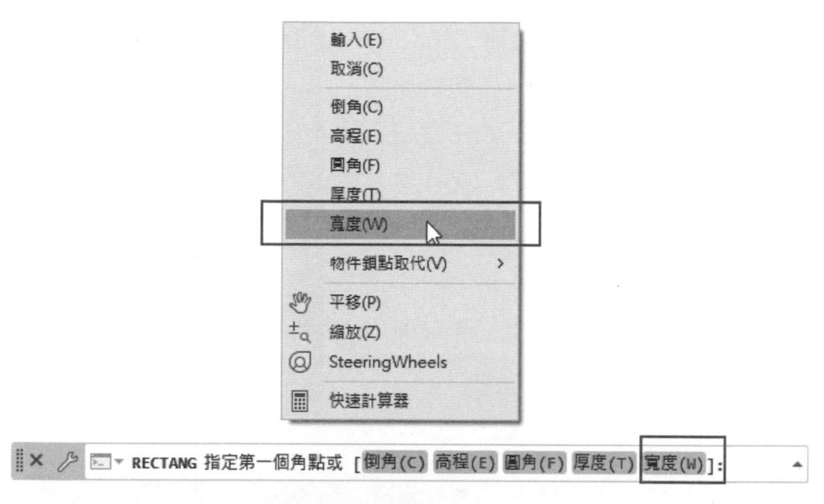

圖 6-45 直接在指令行中選取**寬度**功能選項

2 指令行提示**指定矩形的寬度**，請在鍵盤上輸入 1，將其設定為加大的粗線。指令行提示**指定第一個角點**，在繪圖區中定下第一角點，指令行指示**指定其他角點**，請由第一點往右上移動游標，並在鍵盤上輸入「180, 42」，可以畫 180 公分×42 公分的矩形，如圖 6-46 所示。

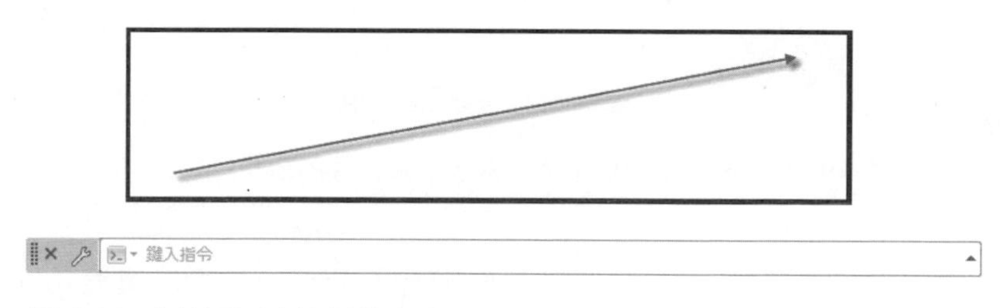

圖 6-46 在繪圖區中繪製帶寬度矩形

3 如果沒看到矩形，可以選取繪圖區右側的導覽列工具面板上的**縮放實際範圍**工具按鈕，如圖 6-47 所示，即可將圖形整個顯示出來，這是因為繪圖區域過大以致圖形過小之故。

圖 6-47 執行**縮放實際範圍**工具按鈕

4 選取**繪製**工具面板上的**聚合線**工具，如 6-48 所示，指令行指示**指定起點**之提示，先不要按下滑鼠，移游標到矩形左上角的圖示第 1 點上，當出現鎖點符號時，往下垂直移動游標，並在鍵盤上輸入 10 並按 [Enter] 鍵，可以定出離圖示 1 點 10 公分的圖示第 2 點，做為畫線的起點，如圖 6-49 所示。

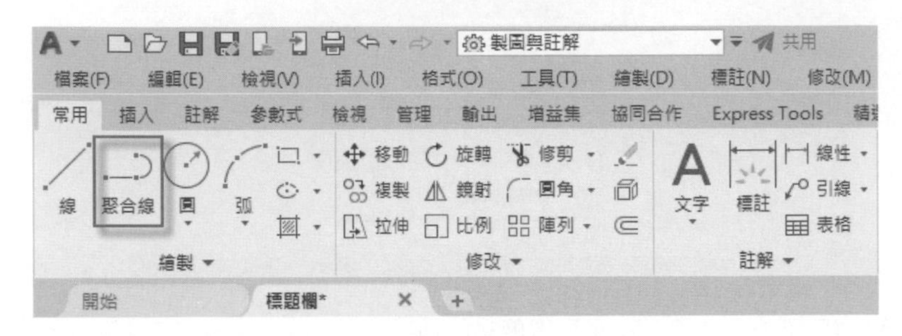

圖 6-48 選取**繪製**工具面板上的**聚合線**工具

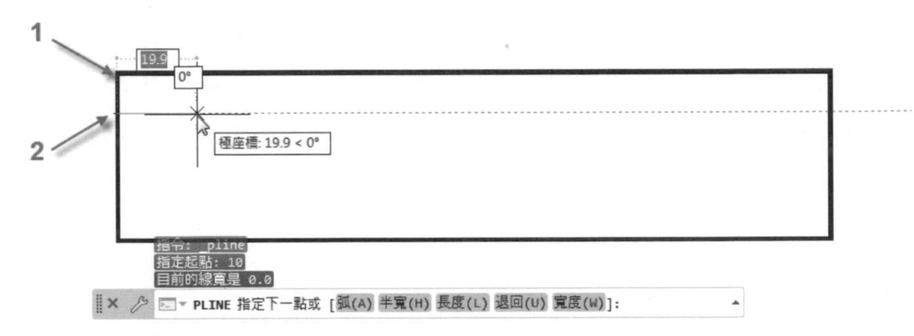

圖 6-49 利用動態定位功能定出畫水平聚合線的起點

5 往右水平移動游標，此時請暫時移動游標至指令行中選取**寬度**功能選項，如圖 6-50 所示，矩形內的線條將改用較細的線。

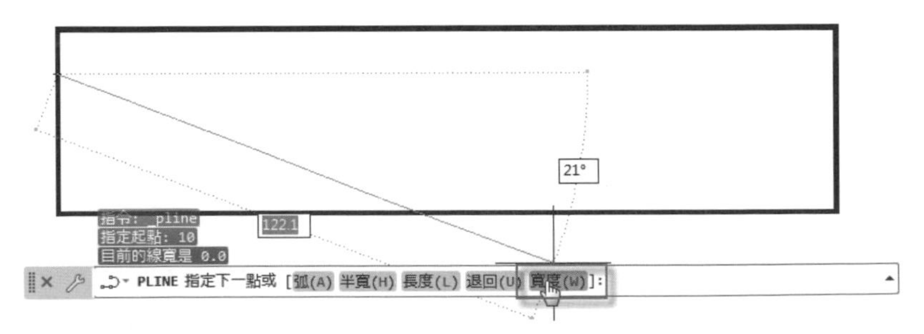

圖 6-50 在指令行中選取**寬度**功能選項

6 點取**寬度**功能選項後，指令行指示起點及終點寬度之提示，請輸入兩次 0.2 的值，再將聚合線繪至矩形的右側直立線上，如圖 6-51 所示。

圖 6-51 設定起點及終點的寬度值後再繪至右側直立線上

7 選取**修改**工具面板上的**偏移**工具，設定偏移值為 10，然後選取剛才繪製的水平線，將它向下偏移複製，再選取複製的線，再向下複製一次，如圖 6-52 所示。

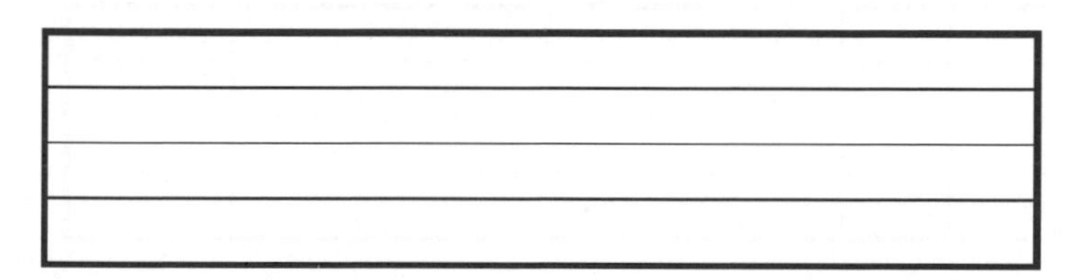

圖 6-52 利用**偏移**工具將 0.2 公分寬的水平線向下偏移複製兩次

8 選取**繪製**工具面板上的**聚合線**工具，指令行指示**指定起點**之提示，先不要按下滑鼠，移游標到矩形右上角的圖示第 1 點上，當出現鎖點符號時，往左水平移動滑鼠，並在鍵盤上輸入 30 並按 [Enter] 鍵，可以定出 30 公分的圖示第 2 點，以做為畫線的起點，如圖 6-53 所示。

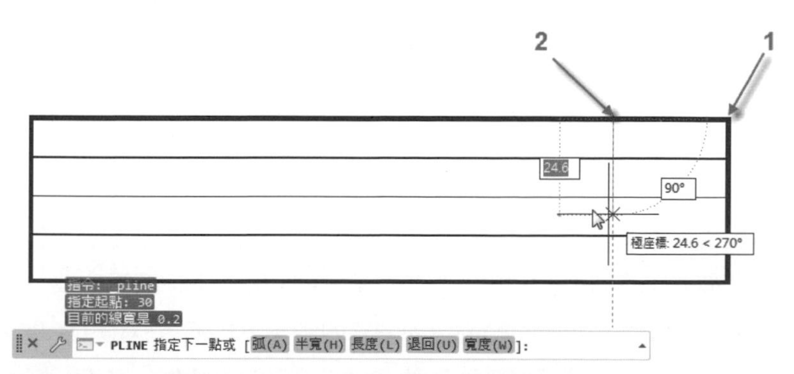

圖 6-53 利用動態定位功能定出畫垂直聚合線的起點

9 因和水平線相同的線寬度，所以不用再定線的寬度，往下垂直移動游標，可以將聚合線繪至矩形的底部水平線上，如圖 6-54 所示。

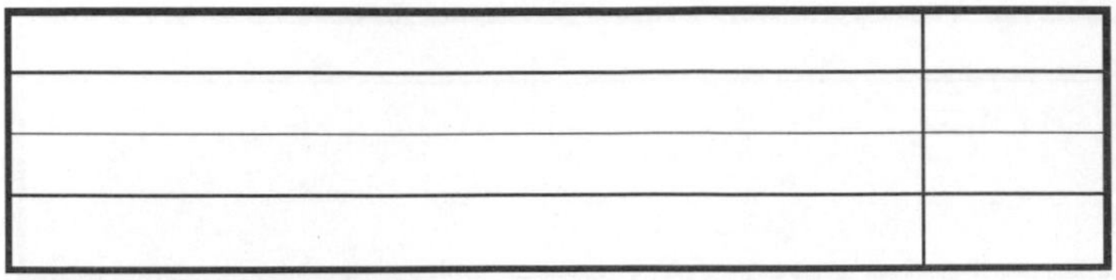

圖 6-54 繪製垂直的聚合線

10 選取**偏移**工具，將偏移值定為 90，將剛畫的垂直聚合線，向左偏移複製一條，重新執行**偏移**工具，將偏移值定為 20，選取新偏移複製的垂直線，向左偏移複製兩條，如圖 6-55 所示。

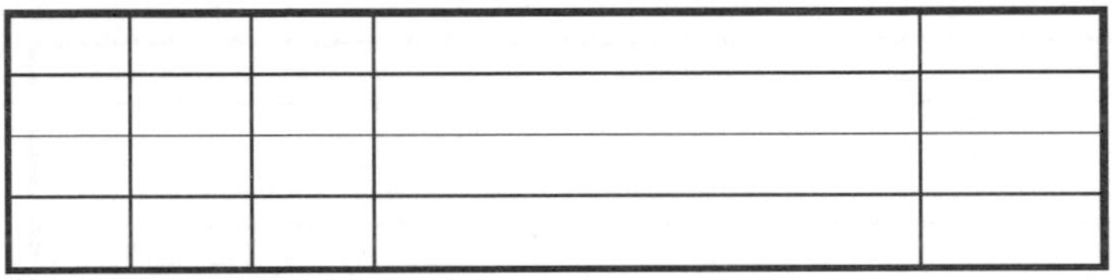

圖 6-55 偏移複製垂直線多次

11 選取**修改**工具面板上的**修剪**工具，指令行提示**選取物件或（全選）**，請按 [Enter] 表示選取全部的圖形做為修剪邊，可以將多餘的線段修剪掉，如圖 6-56 所示。

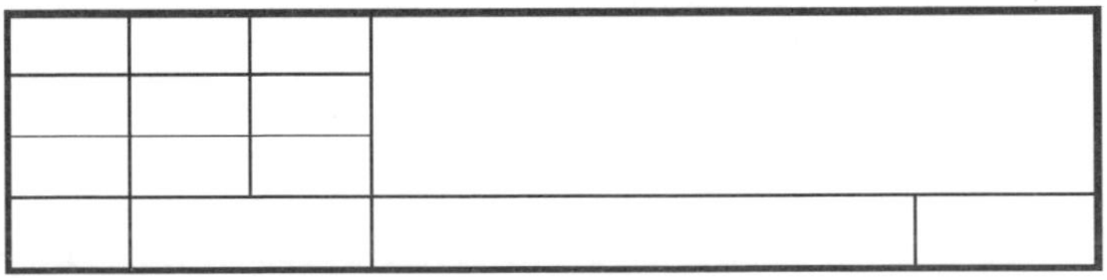

圖 6-56 修剪掉多餘的線段

12 在輸入文字前要先選擇文字型式，請選取**註解**頁籤，在**文字**工具面板中選取**文字型式**工具，可以打開已設定的文字型式供選擇，請點取文 3.5 文字型式，則它會被設定為目前的文字型式，如圖 6-57 所示，如想修改文字型式內容，可選取面板中的**管理文字型式**按鈕，可以打開**文字型式**面板。

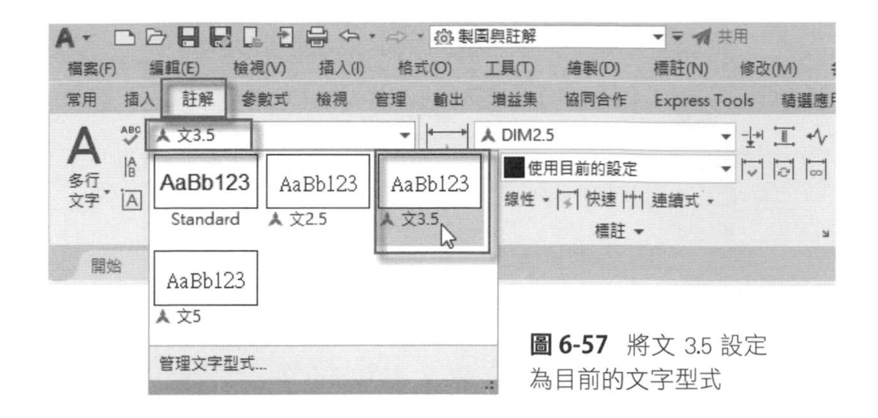

圖 6-57 將文 3.5 設定為目前的文字型式

13 要將文字填入空格內的中央位置，可以先繪製空格內的斜線，以做為定位的補助線，選取**常用**頁籤，在**繪製**工具面板中使用**畫線**工具，在若干小矩形內畫上對角線，如圖 6-58 所示，此處顯示之矩形並非幾何圖形，因此無法使用幾何中心點鎖定功能。

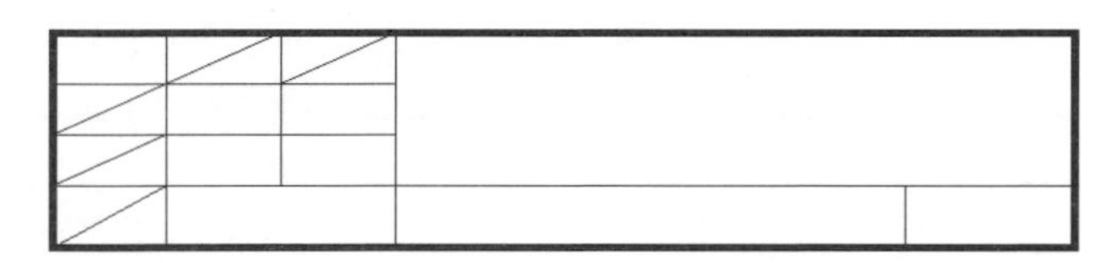

圖 6-58 使用**畫線**工具在小矩形內畫上對角線

14 在**常用**頁籤中選取**註解**工具面板上的**單行文字**工具，如圖 6-59 所示。因第一次執行文字工具，會自動開啟**選取註解比例**面板，如圖 6-60 所示，系統詢問使用註解比例大小，此處按 1:1 處理，因此直接按**確定**鍵結束詢問面板。

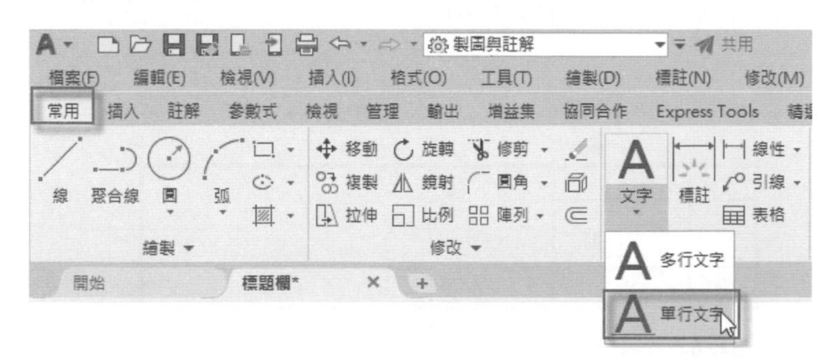

圖 6-59 選取**註解**工具面板上的**單行文字**工具

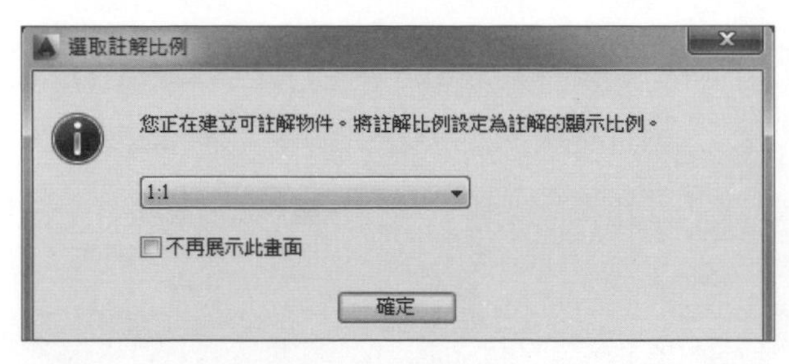

圖 6-60 自動開啟**選取註解比例**面板

15 移游標至繪圖區中，指令行提示**指定文字的啟點**，請移動游標至空白處按下滑鼠左鍵，指令行提示**指定文字的旋轉角度(0)**，如圖 6-61 所示。接著按下滑鼠左鍵以確定旋轉角度為 0，在其上輸入「比例」之文字字樣，如圖 6-62 所示。移動游標至空白處按一下，再按下 [ESC] 鍵或 [Enter] 鍵，可以結束文字輸入。

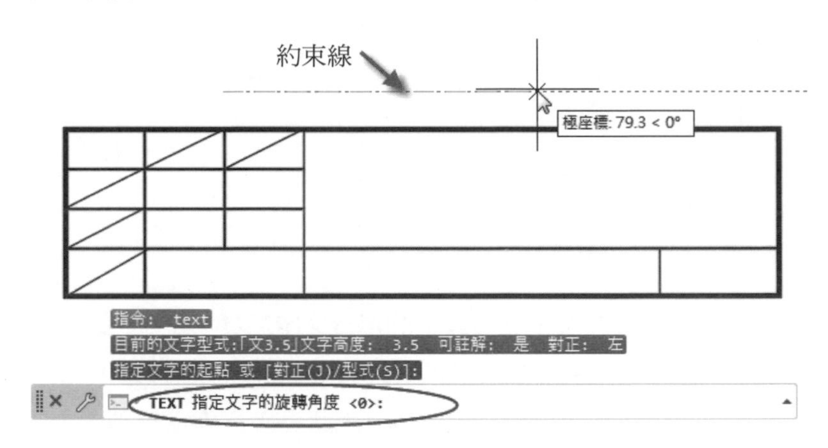

圖 6-61 先定出文字旋轉角度為 0

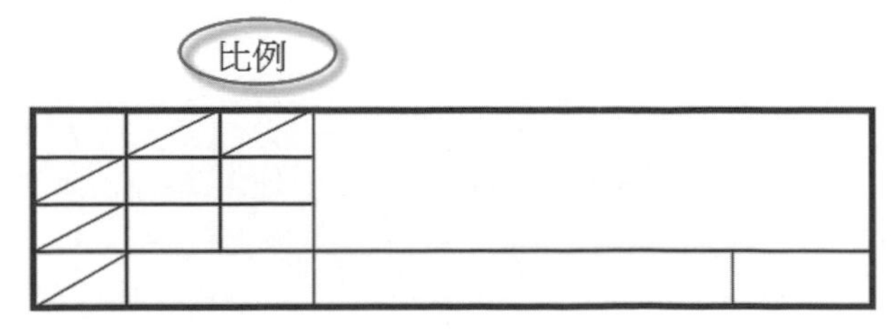

圖 6-62 接著輸入「比例」文字

16 選取**修改**工具面板上的**複製**工具，先選取**比例**文字做為複製物件，在指令行中先選取**模式**功能選項，接著在指令行中會再顯示其次功能選項，請選取其中的**多重**功能選項，如圖 6-63 所示。

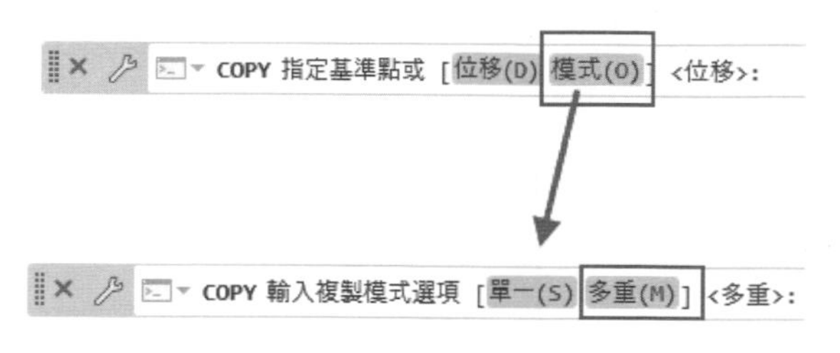

圖 6-63 在指令行中選取**多重**功能選項

17 指令行提示**指定基準點**，請選取比例文字的中央為基準點，移到游標到小矩形框內的斜線中點上，即可順利的將比例複製到各矩形的中央位置上，如圖 6-64 所示。

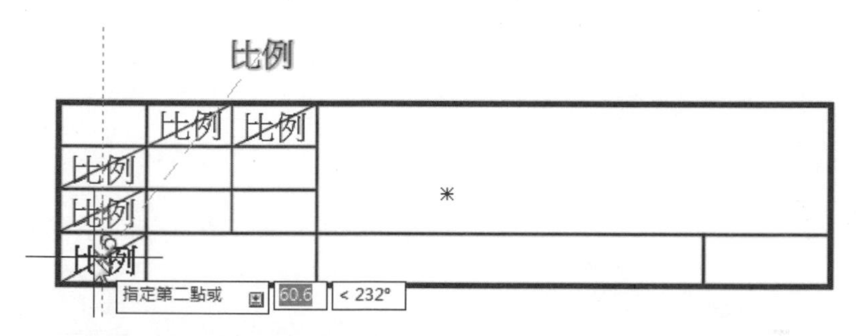

圖 6-64 將比例文字複製到矩形內

18 選取圖框外的文字，按鍵盤上的 [Delete] 鍵將其刪除，在矩形內移動游標至任一比例文字上，在其文字上迅速按滑鼠左鍵兩下，文字會呈藍色區塊，此時可以重新輸入想要的文字，當依圖示內容更改文字完畢後，在空白處按滑鼠左鍵即可結束文字的編輯，如果想要再編輯文字只要在其文字上迅速按滑鼠左鍵兩下，即可再次編輯文字，如圖 6-65 所示。

	簽章	日期		
設計				
審核				
比例				

圖 6-65 移動游標至任一文字上按下滑鼠左鍵可以編輯文字

19 利用此方法可以將比例文字改成想要的文字，而且維持在矩形格內的中間位置，再把斜線刪除，可以完成表格文字的修改，如圖 6-66 所示。

	簽章	日期		
設計				
審核				
比例				

圖 6-66 為修改完成的表格文字

20 選取**註解**頁籤，於**文字**工具面板中設定取 Standard 為目前之文字型式，在文字標頭處按下其右側的向右下箭頭，可以開啟**文字型式**面板，在面板中選取 Standard 文字型式，將其**文字高度**欄位設為 15，並設為目前的文字型式，如圖 6-67 所示。

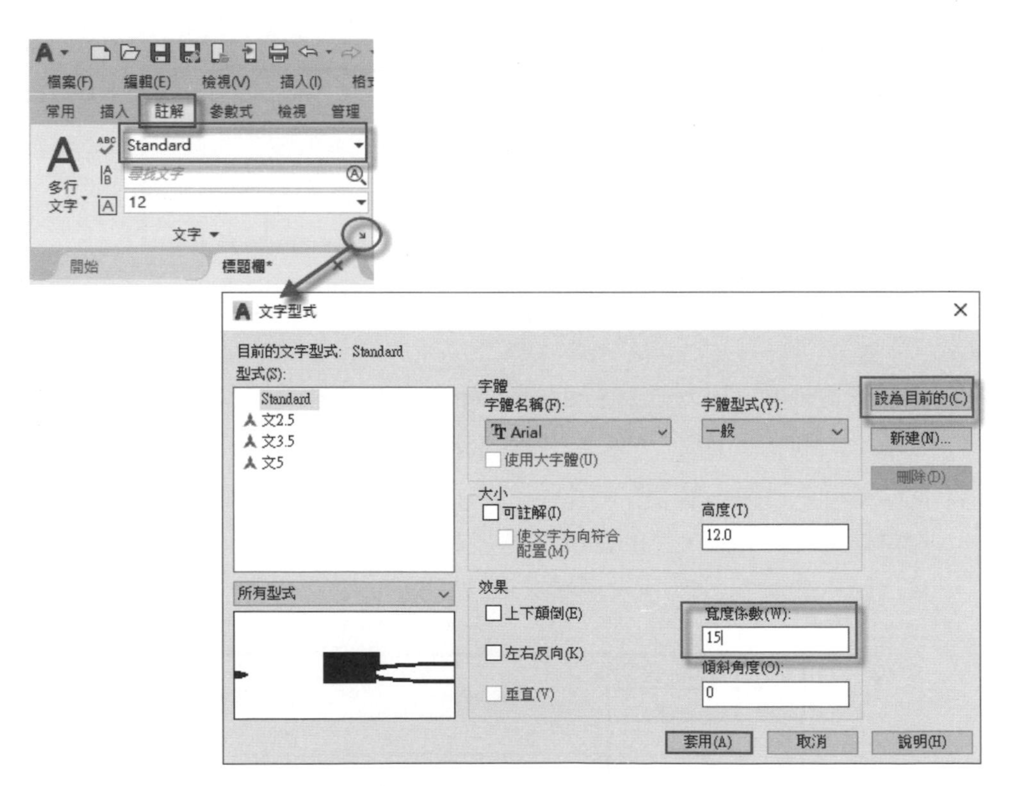

圖 6-67 在打開**文字型式**面板中做各欄位設定

21 使用**畫線**工具為其它矩形畫上對角線，並在最大的空格上輸入自己公司名稱，如圖 6-68 所示，讀者可以依輸入文字多寡自行調整字型的高度。

	簽章	日期	WELSH工作室
設計			
審核			
比例			

圖 6-68 在最大空格處輸入自己公司名稱

22 選取**插入**頁籤，在**圖塊定義**工具面板中，選取**定義屬性**工具，如圖 6-69 所示，可以開啟**屬性定義**面板，現將面板中**樣式**與**屬性**兩選項之欄位給予編號並分別說明其功能如下，如圖 6-70 所示。

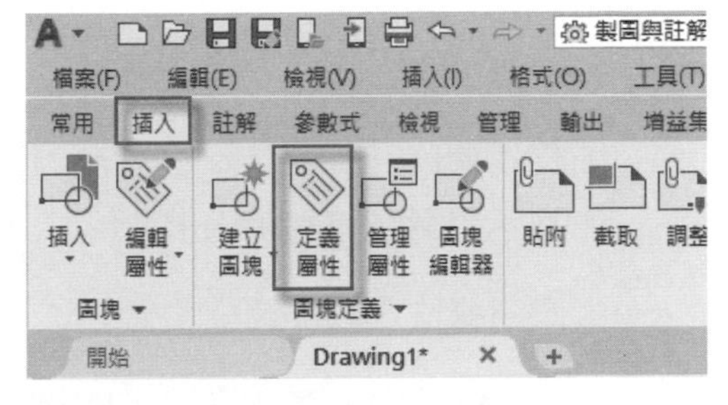

圖 6-69 選取**插入**頁籤中的**定義屬性**工具

屬性定義
模式
1 不可見(I)
2 固定(C)
3 確認(V)
4 預置(P)
5 鎖住位置(K)
6 多行(U)
屬性
7 標籤(T):
8 提示(M):
9 預設(L):
插入點
在螢幕上指定(O)
X: 0
Y: 0
Z: 0
文字設定
對正方式(J): 左
文字型式(S): 文5
可註解(N)
文字高度(E): 5
旋轉(R): 0
邊界寬度(W): 0
對齊前一屬性定義(A)
確定 取消 說明(H)

圖 6-70 **樣式**與**屬性**兩選項之欄位給予編號

(1) **不可見欄位**：選取此欄位，屬性將不在螢幕上顯示。

(2) **固定欄位**：選取此欄位，則屬性值被設置成常數。

(3) **確認欄位**：在插入屬性圖塊時，系統將提醒用戶核對輸入的屬性值是否正確。

(4) **預置欄位**：預先設定屬性值，將用戶指定的屬性預設值做為預設值，在往後的屬性圖塊插入過程中，不再提示用戶輸入屬性值。

(5) **鎖住位置欄位**：鎖定圖塊參照中屬性的位置。

(6) **多行欄位**：指定屬性值可以包含多行文字。

(7) **標籤欄位**：標識圖形中每次出現的屬性，使用任何文字符號組合均可（空格除外）輸入屬性標籤。

(8) **提示欄位**：指定在插入包含該屬性定義的圖塊時顯示的提示，如不輸入提示，屬性標籤將用作提示。

(9) **預設欄位**：指定預設屬性值。

23 首先注意註解比例是否調回 1:1 比例，在**屬性定義**面板中，**屬性**選項的**標籤**欄位輸入「比例」，**提示**欄位輸入「請輸入比例」，**預設**欄位「1:100」。在文字設定選項中，**對正方式**欄位選擇**中央**，文字型式選擇**文 3.5**，**可註解**欄位不勾選，其餘欄位維持不變，如圖 6-71 所示。

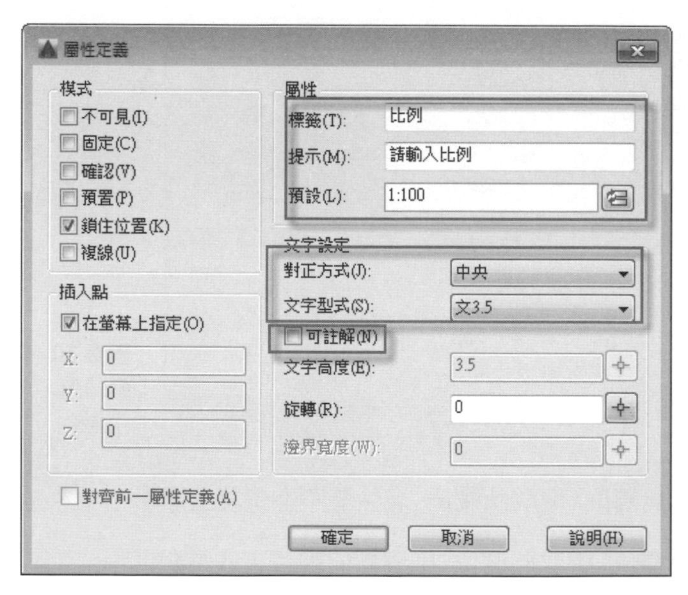

圖 6-71 在面板中設定各欄位的值

24 在面板上按**確定**按鈕後，游標會出現比例名稱字樣，移游標到比例右側的空格斜線上，利用中點抓點功能，按滑鼠左鍵可以將文字自動置空格的中央位置，如圖 6-72 所示，完成比例文字的屬性定義。

	簽章	日期	WELSH工作室
設計			
審核			
比例	比例		

圖 6-72 完成比例文字的屬性定義

25 利用上面相同的方法，再執行在**圖塊定義**工具面板中，選取**定義屬性**工具，做中間較大空格的屬性設定：標籤欄位→圖紙名稱，提示欄位→請輸入圖紙名稱，預設欄位→傢俱平面配置圖，至於其他文字對正、文字型式及可註解欄位和前面的設定相同，如圖 6-73 所示。

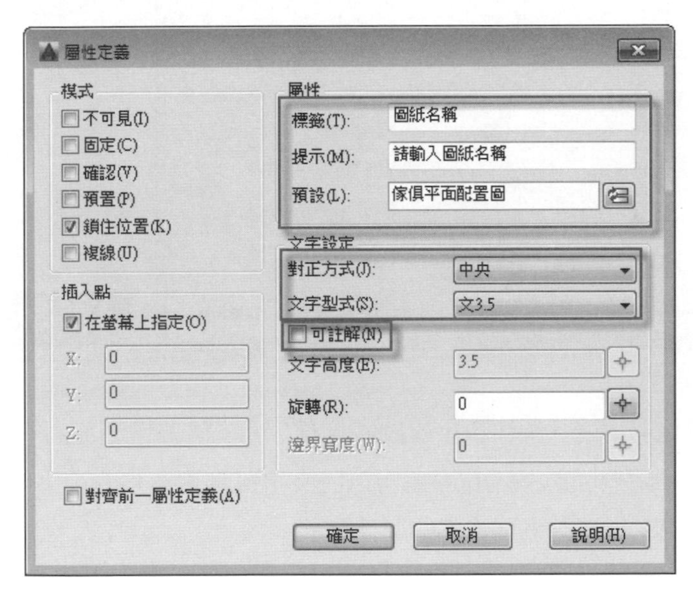

圖 6-73 為中間較大空格做屬性設定

26 在面板上按下**確定**按鈕後，游標會出現圖紙名稱字樣，移游標到較大空格斜線上，利用中點抓點功能，按滑鼠左鍵可以將文字自動置空格的中央位置，如圖 6-74 所示，完成圖紙各稱文字的屬性定義。

	簽章	日期	WELSH工作室	
設計				
審核				
比例	比例		圖紙名稱	

圖 6-74 完成圖紙名稱文字的屬性定義

27 再執行在**圖塊定義**工具面板中，選取**定義屬性**工具，做最右空格的屬性設定：標籤欄位→圖號，提示欄位→請輸入圖號，預設欄位→001。至於其他文字對正、文字型式及可註解欄位和前面的設定相同，如圖 6-75 所示。

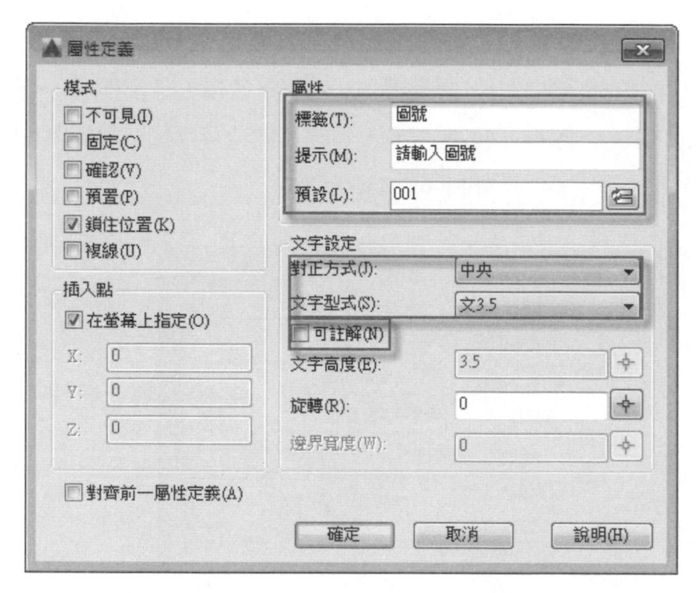

圖 6-75 為最右空格做屬性設定

28 在面板上按**確定**按鈕後，游標會出現圖號名稱字樣，移游標到最右空格斜線上，利用中點抓點功能，按滑鼠左鍵可以將文字自動置空格的中央位置，如圖 6-76 所示，完成圖號名稱文字的屬性定義。

	簽章	日期	WELSH工作室	
設計				
審核				
比例	比例		圖紙名稱	圖號

圖 6-76 完成圖號名稱文字的屬性定義

29 把 3 個空格都做了屬性設定，並將標籤文字置於其中，最後再將斜線刪除，如圖 6-77 所示，整體屬性設置完成。

	簽章	日期	WELSH工作室	
設計				
審核				
比例	比例		圖紙名稱	圖號

圖 6-77 設定完成 3 個空格的屬性設定

30 在**屬性定義**面板文字設定選項中，不勾選**可註解**欄位，其用意在於做為圖框時，是以圖塊方式插入到圖紙中，並不加入到視埠的縮放，因此用不上註解功能，後面的實例製作時，會有較清晰概念。

31 接著要將上面的圖案設置成圖塊並寫入檔案。選取**插入**頁籤，在**圖塊定義**面板中選取**製作圖塊**工具，在開啟**製作圖塊**面板上，依前面製作圖塊的方法製作，基準點設在圖形的左下角，如圖 6-78 所示，本圖塊已存成檔案，以標題欄.dwg 為檔名存放在第六章圖塊資料夾內。

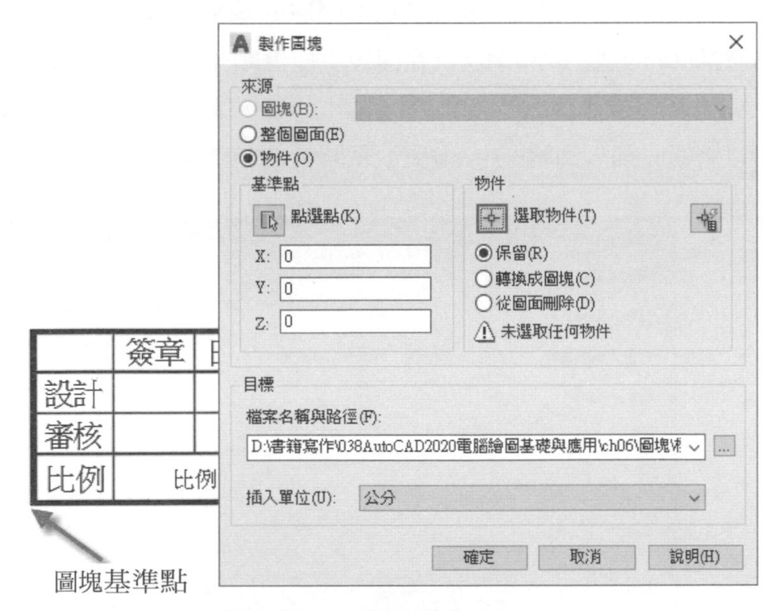

圖 6-78 將標題欄製作成圖塊

32 在 AutoCAD 2022 中再開啟一個新檔案，在**圖塊**工具面板中選取**插入**工具，在**插入圖塊**面板中按選取第六章圖塊資料夾中之標題欄.dwg 圖塊，而在下方的插入選項中只維持內定**插入點**欄位勾選，其它欄位不勾選，如圖 6-79 所示。

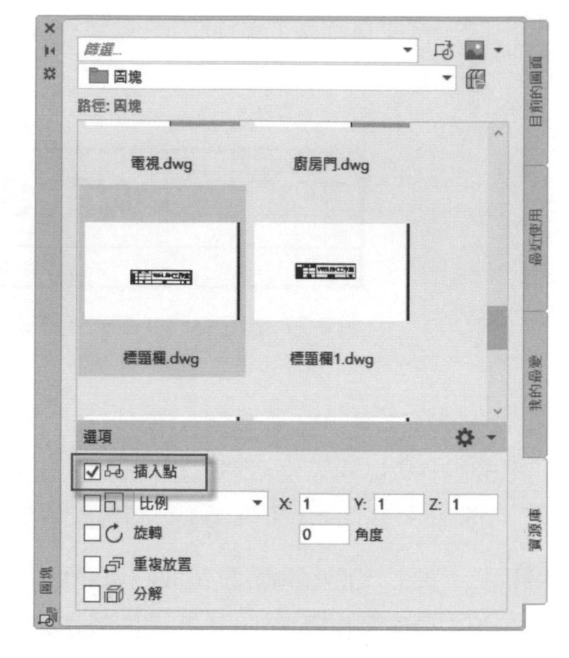

圖 6-79 在插入選項中只維持內定**插入點**欄位勾選

33 請依前面示範的方法，在**資源庫**頁籤中選取第六章圖塊資料夾中之標題欄.dwg 圖塊，當選取檔案後移游標至繪圖區中，指令行提示**指定插入點或**，可以在繪圖區中按下滑鼠左鍵，以定下圖塊的基點，此時系統會自動打開**編輯屬性**面板，如圖 6-80 所示，在面板中提供剛才製作的三個圖塊屬性供更改，如果將圖號欄位改為 002，其它欄位不想更動，按下面板中的**確定**按鈕，可以將圖塊插入到繪區中，並更改了圖號為 002，如圖 6-81 所示。。

編輯屬性
圖塊名稱: 標題欄
請輸入圖號 001
請輸入圖紙名稱 傢俱平面配置圖
請輸入比例 1:100
確定 取消 上一個(P) 下一個(N) 說明(H)

圖 6-80 打開**編輯屬性**面板

	簽章	日期	WELSH工作室	
設計				
審核				
比例	1:100		傢俱平面配置圖	002

圖 6-81 更改了圖號為 002 編號

34 如想事後更改這些欄位值，可以使用滑鼠在 3 個欄位中任一文字上，連續點擊兩下，可開啟**增強屬性編輯器**，在面板中可以很方便改其中的欄位值，如圖 6-82 所示。

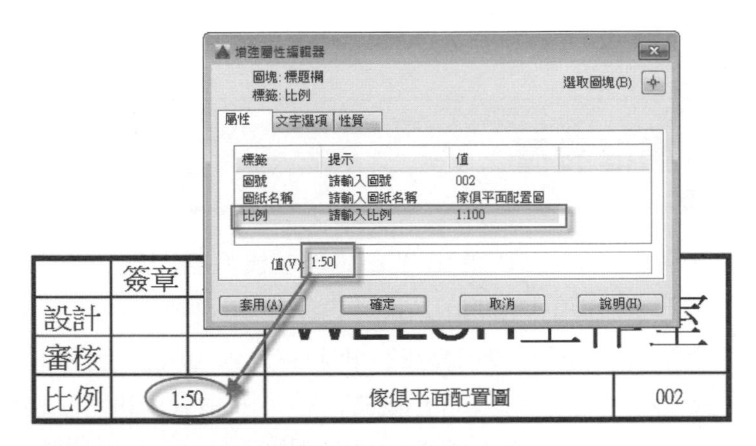

圖 6-82 開啟**增強屬性編輯器**以更改欄位內容

35 在**增強屬性編輯器**中，可以對屬性內容做更深入的編輯，例如在**屬性**頁籤選取圖紙名稱，再選取**文字選項**頁籤，在**文字型式**欄位中改選 Standard 文字型式，**高度**欄位值改為 7，要按下**套用**按鈕，可以立即改變圖塊的屬性，如圖 6-83 所示。

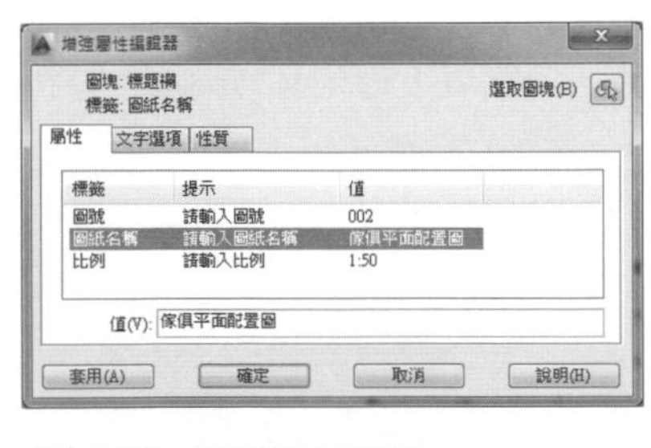

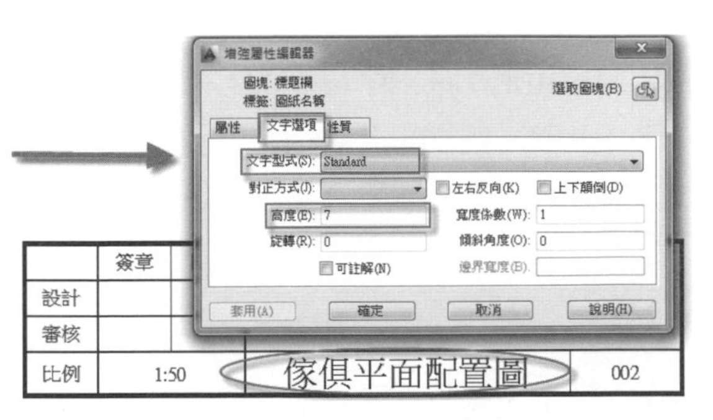

圖 6-83 可以對具屬性欄位做各種性質的編輯

36 **增強屬性編輯器**中選取**性質**頁籤，可以展現更多種欄位供編輯，如圖 6-84 所示，此部分請讀者自行練習。

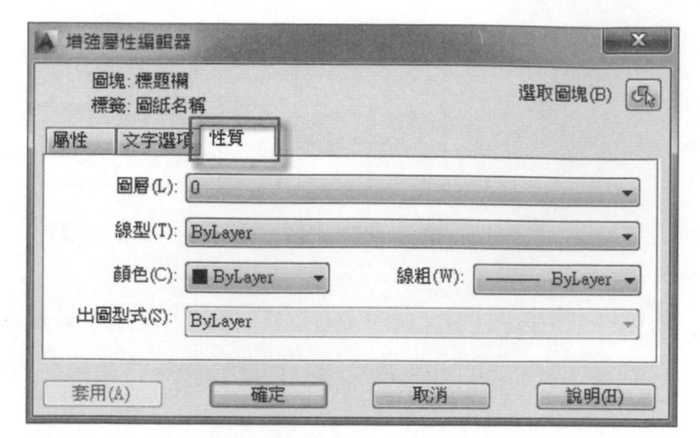

圖 6-84 在**增強屬性編輯器**中選取**性質**頁籤

6-5 圖框設置

前面言及，傳統 AutoCAD 的出圖方式是在模型空間為之，因此，將圖框以 1:1 方式設計在樣板中，在開啟新圖時再以縮圖比例將其放大，例如輸出為 1:100 的平面圖，如設計單位為公分時，則將它放大 10 倍，然後在此圖框中，以 1:1 方式繪製室內設計圖形，在出圖時再以 1:10 方式出圖（即 1:100 比例的圖了），此種出圖方式一點也不科學，而且抹煞了 AutoCAD 的專業功能。本小節要說明的圖框是以圖塊方式存在，而在圖紙空間中，再以圖塊插入，因此本章乃延續上一節圖塊的使用。

台灣 CAD 教學及寫作前輩，曾力諷圖框使用圖塊插入之不當，其實是對 AutoCAD 專業作圖方式的不了解，在這一小節將說明圖框以圖塊方式為之，並分別說明傳統方法與專業方法，至於如何取捨得靠個人去體會運用了。

1 使用**矩形**工具，畫 297 公分×210 公分的矩形，如圖 6-85 所示，這個矩形將做為 A4 圖紙的尺寸。依上面矩形的尺寸，它比實際的紙張放大了 10 倍，這是預為印表機折回公釐計算所需。

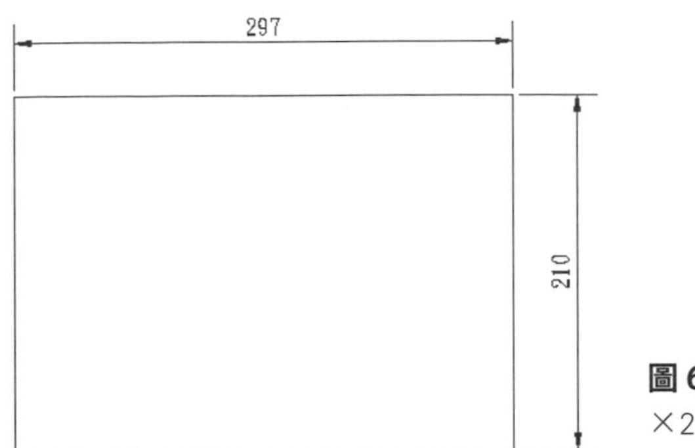

圖 6-85 畫 297 公分×210 公分的矩形

2 本 A4 圖框無設裝訂線，因此四週的邊均留下 12.5 公分的邊，選取**繪製**工具面板上的**矩形**工具，在未按下滑鼠指定第一角點前，在指令行中選取**寬度**功能表單，如圖 6-86 所示，然後設定線的寬度為 1 公分。

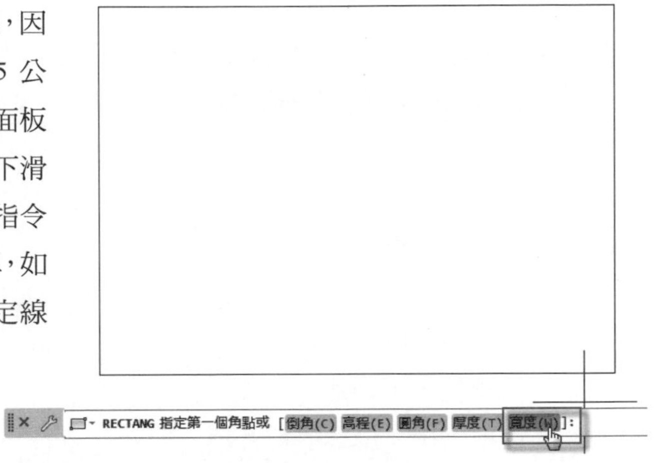

圖 6-86 在指令行中選取**寬度**功能表單

3 移動游標到矩形的左下角，按住 [Shift] 鍵及滑鼠右鍵，在開啟的右鍵功能表中選取**自**功能表單，指令行提示**基準點**，請在矩形的左下角的角點為基點按下滑鼠左鍵，指令行提示**偏移**，請在鍵盤上輸入「@12.5, 12.5」如圖 6-87 所示，記得要加「@」符號。

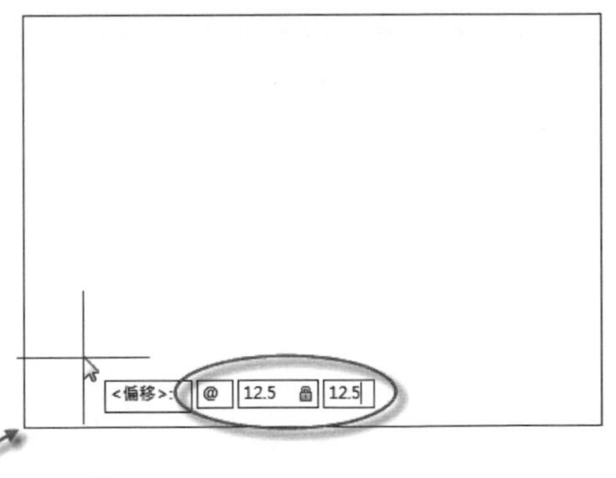

圖 6-87 以左下角點定基點然後輸入「@12.5, 12.5」之值

4 當按 [Enter] 鍵後，可以定下矩形的第一角點，指令行提示**指定其他角點**，可以在鍵盤上輸入「272, 185」，可以繪製出 272×185 公分的矩形（其計算值為 297-12.5-12.5，210-12.5-12.5），如圖 6-88 所示。

圖 6-88 繪製 272×185 公分的矩形內框

5 選取**圖塊**工具面板中的**插入**工具，可開啟**插入圖塊**面板，在此面板中按下**瀏覽**按鈕，在開啟的**選取檔案**面板中選取第六章圖塊資料夾內標題欄.dwg 檔案。

6 然後在**插入圖塊**面板中，在插入選項中，除了**插入點**欄位勾選外其他欄位均不勾選，點選項選擇在螢幕中指定，比例、旋轉兩選項均不予勾選，並將分解欄位也呈不勾選狀態，如圖 6-89 所示。

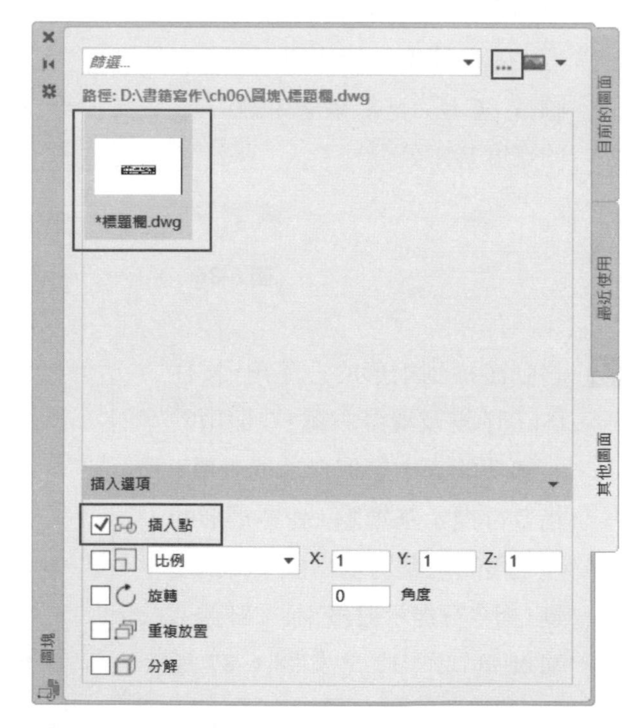

圖 6-89 在**插入圖塊**面板中做各欄位設定

7 在面板上按下**確定**按鈕後，指令行提示**指定插入點或**，請移游標到內框左下角做為插入點，系統會打開**編輯屬性**面板，在面板中提供原先設計的三欄屬性供編輯，現不更改內容直接按**確定**鍵以預設值做為輸入，其結果，如圖 6-90 所示，A4 大小的圖框設計完成。

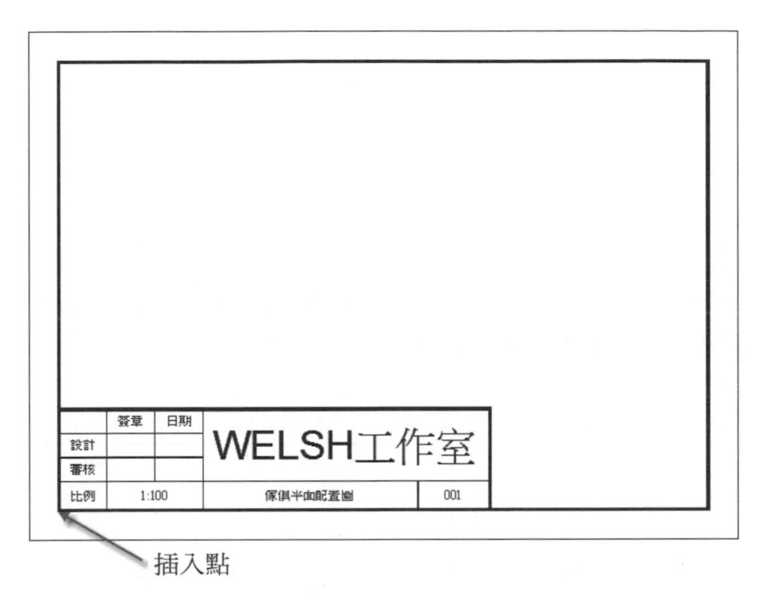

圖 6-90 帶屬性的 A4 大小圖框設計完成

8 現要把圖框製作成圖塊，而傳統在模型空間中出圖與新式在圖紙空間中出圖，其製作圖框之圖塊性質是不同的，亦即傳統圖框之圖塊要帶有註解性質，而新式圖框之圖塊則不帶有註解性質，而要帶有註解性質之圖塊必先執行建立圖塊再轉為製作圖塊的程序方可。

9 現先設置為在傳統模型空間出圖方式，故要把圖框先建立成圖塊，選取**插入**頁籤，在**圖塊定義**工具面板中選取**建立圖塊**工具，可以打開**圖塊定義**面板。

10 在打開**圖塊定義**面板，在名稱欄位填入 A4--傳統，在**模式**選項中將**可註解**欄位勾選（如在圖紙空間出圖，可以不勾選**可註解**欄位），**允許分解**及**在圖塊編輯器中開啟**兩欄位不勾選，如圖 6-91 所示。

圖 6-91 在**圖塊定義**面板中定義各欄位

10 在面板中於基準點選項，**在螢幕上指定**欄位使用滑鼠點選點欄位左側的 **點選點**按鈕，回到繪圖區，選取外框左下角為基準點，如圖 6-92 所示。

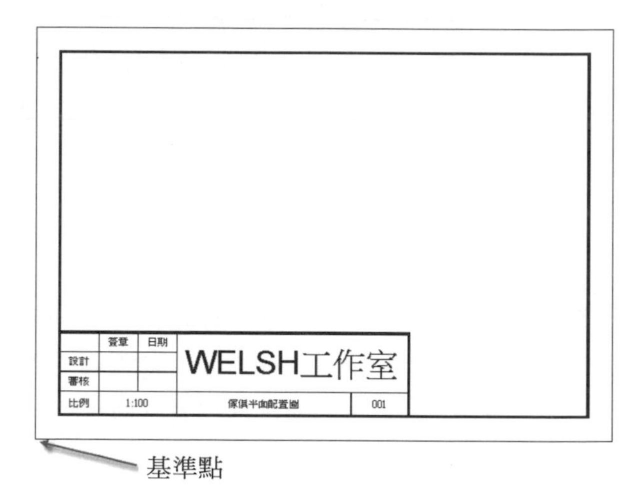

圖 6-92 設定圖塊的插入基準點

12 回到**圖塊定義**面板，在物件選項的在螢幕指定欄位上，選取物件欄位左側的 按鈕，暫時回到繪圖區，使用框選方式選取整個圖框，按下空白鍵回到**圖塊定義**面板，再按下**確定**按鈕，可以打開**編輯屬性**面板，如圖 6-93 所示。

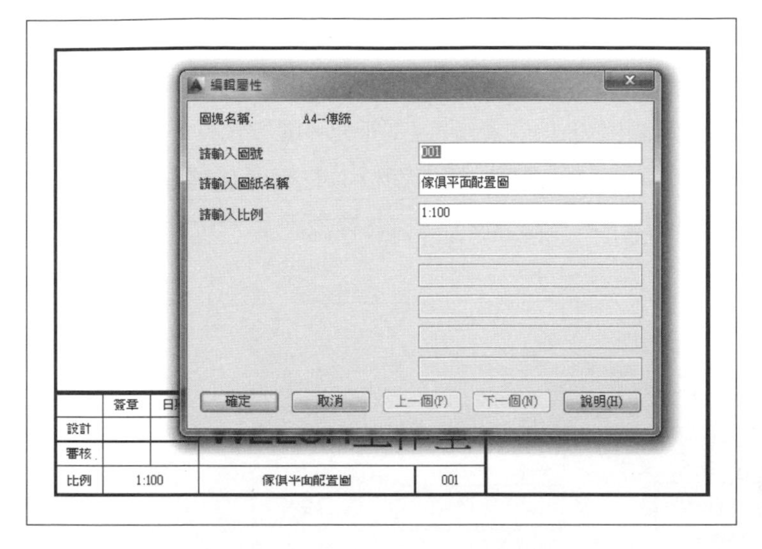

圖 6-93 打開**編輯屬性**面板

13 在打開**編輯屬性**面板中不做更改，直接按下**確定**按鈕，整個圖塊設置完成，現要把它寫成圖塊檔案，請選取**插入**頁籤，在**圖塊定義**工具面板中選取**製作圖塊**工具，可以打開**製作圖塊**面板。

14 在**製作圖塊**面板中，將**來源**選項中選取圖塊欄位，並在下拉表單中選擇 A4-傳統的圖塊名稱，在**檔案名稱**與**路徑**欄位輸入檔名及存放路徑，**插入單位**欄位設為公分，如圖 6-94 所示，即可完成圖塊的寫檔工作，本圖塊經以 A4--傳統.dwg 為檔名存放在第六章圖塊資料夾中。

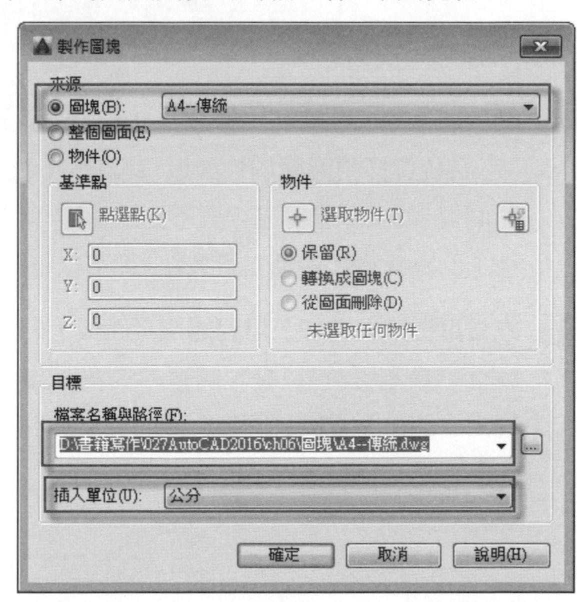

圖 6-94 在**製作圖塊**面板中設定各欄位值

15 如果要製作在圖紙空間出圖的圖框圖塊，可以製作沒有註解的圖塊，直接在**圖塊定義**工具面板中選取**製作圖塊**工具，可以開啟**製作圖塊**面板，**來源**選項選取物件，和製作圖塊方法一樣，設定基準點、選取物件、指定存放路徑和檔名，此處取為 A4-新式為檔名，觀看面板中並無**可註解**欄位之設定，如圖 6-95 所示，本圖塊以 A4--新式.dwg 為檔名存放在第六章圖塊資料夾中。

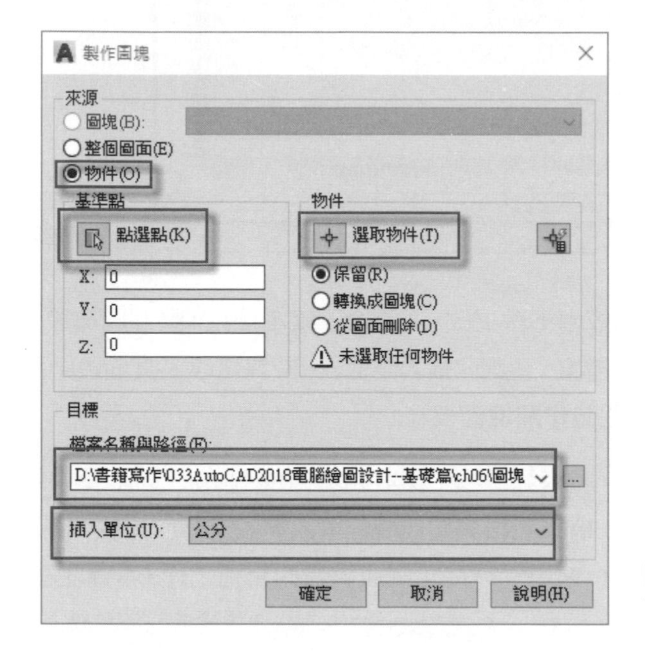

圖 6-95 在**製作圖塊**面板中設定各欄位

16 開啟新圖檔，將註解比例設為 1:10，先插入 A4-傳統圖塊，在定下插入點後，系統會打開**編輯屬性**面板，此處暫不改變屬性內容，請按**確定**按鈕以關閉面板，如果在繪圖區中看不到此圖檔，請執行繪圖區右側的導覽列工具面板上的**縮放實際範圍**工具按鈕，即可以將此圖框縮放至整個螢幕。

17 在**常用**頁籤中選取**公用程式**工具面板上的**距離**工具，如圖 6-96 所示，量取圖框的長寬值，可以發現圖框的長寬值為 2970×2100 公分，可見它是可以經由註解比例來控制圖形比例的大小，而不用再使用**比例**工具做放大處理，如圖 6-97 所示。

圖 6-96 選取**公用程式**工具面板上的**距離**工具

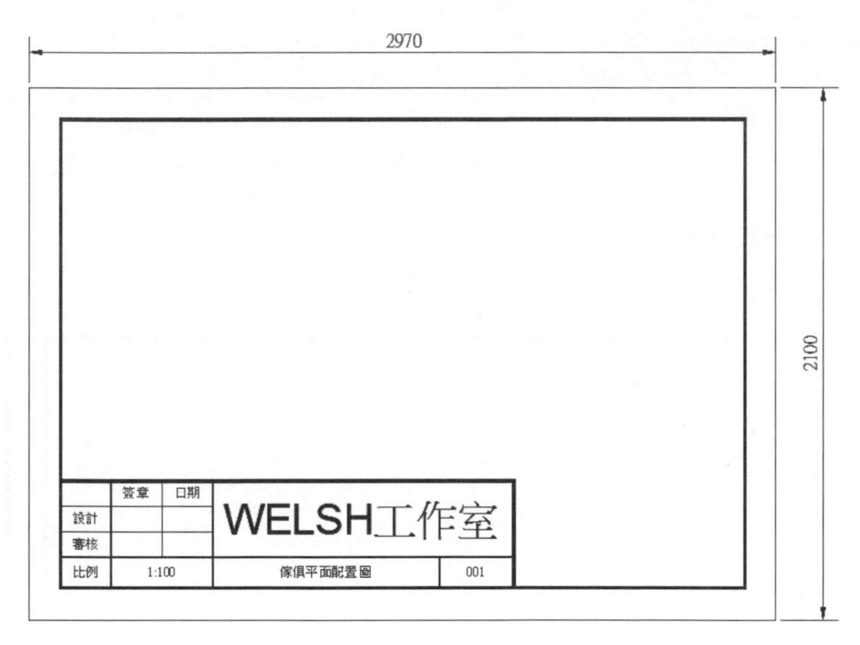

圖 6-97 使用註解比例控制圖框的大小比例

18 經由列印出圖(此部分將在第九章中詳述),在出圖--模型面板設定各欄位值,如圖 6-98 所示,最後執行**預覽**按鈕,可以觀看列印的最後結果,如圖 6-99 所示,經由比例的控制,可以在模型空間中以傳統方式出圖。

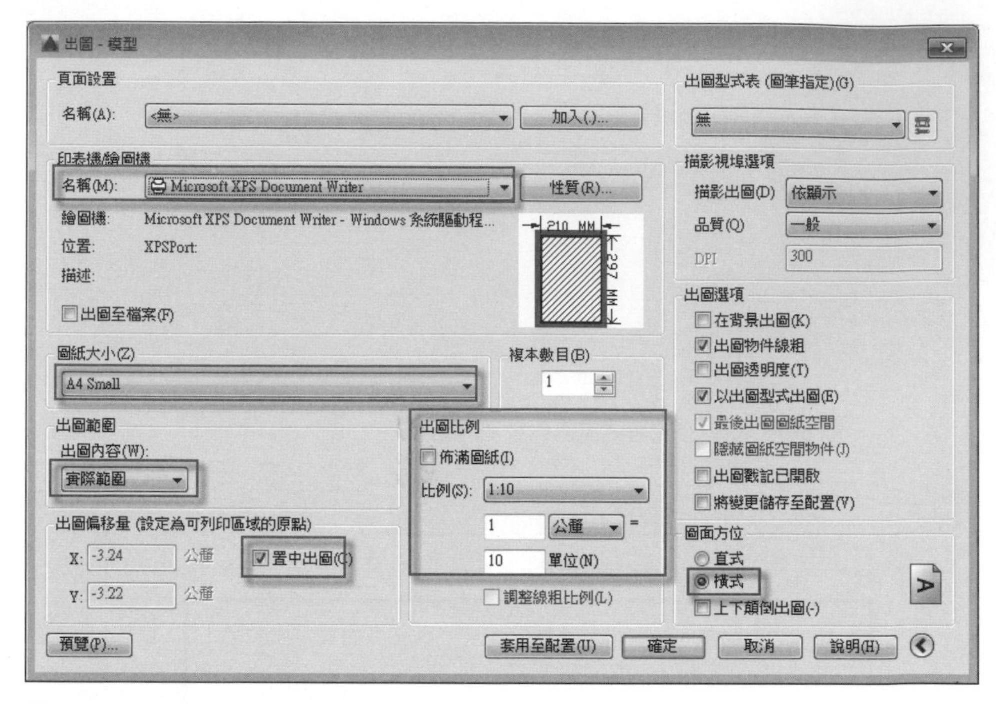

圖 6-98 在**出圖--模型**面板設定各欄位值

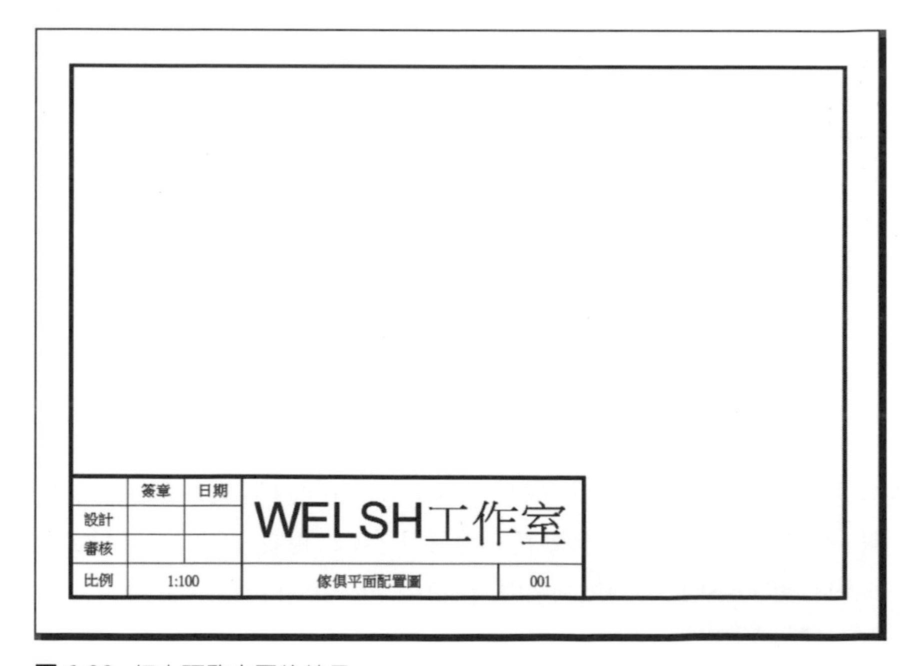

圖 6-99 經由預覽出圖的結果

19 如果插入的圖塊是 A4-新式，它是以原有尺寸插入，已沒有註解比例設置可以自動放大圖框，前面言及，在圖紙空間出圖的方式，圖框是位於視埠外，它不用被視埠比例所縮小，因此它只在意列表機的比例問題，所以在設計圖框時已預為放大 10 倍即 297×210 公分，如果印表機以 mm 來認定即可回復到正常的 297mm×210mm 了，有關這方面的操作，在第九章會再詳細解析。

6-6 動態圖塊

動態圖塊是帶有一個或多個動作的圖塊，選擇動態圖塊可以利用定義的移動、縮放、拉伸、旋轉、翻轉、陣列及查詢等動作方便地改變圖塊中元素的位置、尺寸和屬性而保持圖塊的完整性不變，動態圖塊可以反映出圖塊在不同方位的效果。

6-6-1 初識動態圖塊

1 動態圖塊功能從 AutoCAD 發展至今已相當成熟且功能完備，其型式為眾多軟體爭相模仿的對象，首先要了解什麼是動態圖塊？可先從 AutoCAD 內建的動態圖塊了解起。

2 請執行下拉式功能表→**工具→選項板→工具選項板**功能表單，如圖 6-100 所示，使用者亦可直接按鍵盤上 [Ctrl] + [3] 鍵，即可打開**工具選項板**，如圖 6-101 所示。

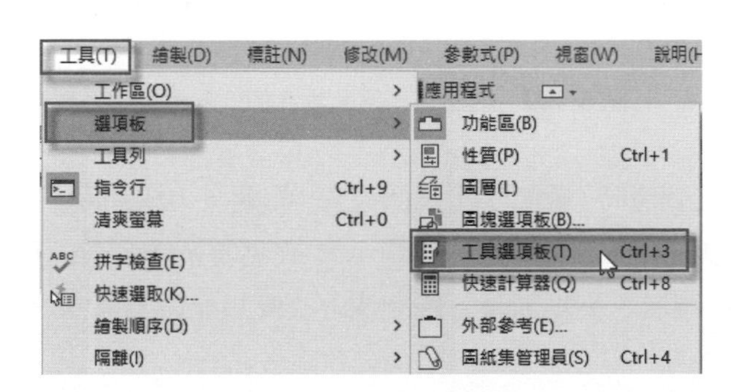

圖 6-100 執行**工具選項板**功能表單

圖 6-101 打開**工具選項板**

3 在**工具選項板**中帶有閃電標誌者即為動態圖塊，請在面板上選取建築選項中的盥洗室—公製，將其從面板上拖到繪圖區中，即可創建一個系統內建的馬桶動態圖塊，如圖 6-102 所示。

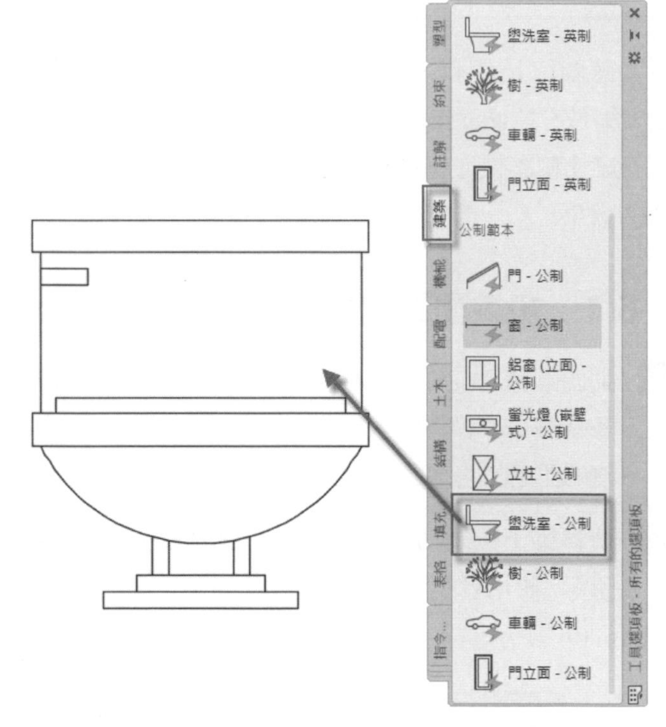

圖 6-102 創建一個系統內建的的馬桶動態圖塊

4 當使用滑鼠點擊此圖塊時，會顯示出三個夾點，如圖 6-103 所示，選取圖示 1 之夾點可將此圖塊做水平翻轉，選取圖示 2 夾點當系統會表列馬桶型式及各視圖供選擇，圖示 3 夾點則為一般圖塊之夾點只能做為移動之基點。

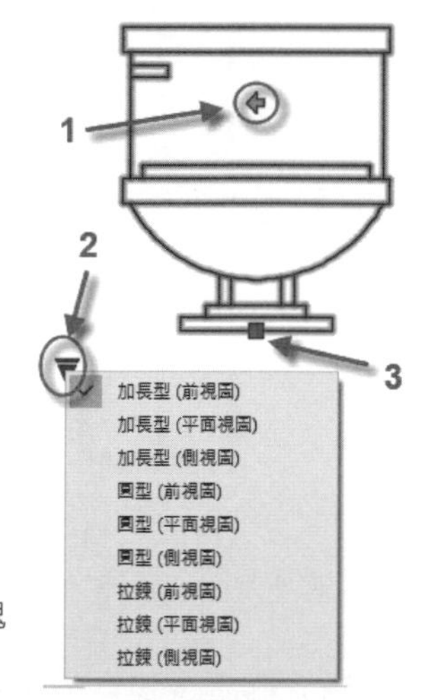

圖 6-103 點擊此圖塊時會顯示出三個夾點

5 當在上圖中選取圖示 2 夾點，並在表列選項中選取拉鍊**前視圖**選項，則圖塊內容馬上更新為拉鍊型式並呈現前視圖狀態，如圖 6-104 所示，其它選項請讀都自行操作練習。

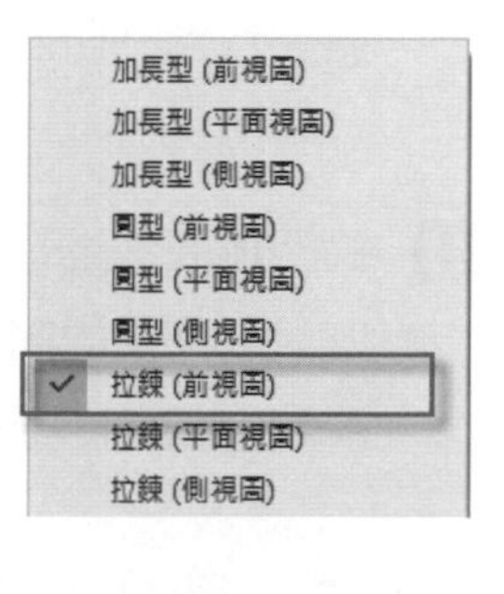

圖 6-104 圖塊內容馬上更新為拉鍊型式並呈現前視圖狀態

6 由上面的操作，可以讓使用者明白圖形、圖塊及動態圖塊之間夾點的區別，如圖 6-105 所示，圖示 1 為一般圖形，選取它時它顯示出許多小方形的藍色夾點。圖示 2 為圖塊它只有一個夾點，其功能就只剩下移動這一種了。圖示 3 為動態圖塊，它除了有了圖塊中之夾點，且有了更多夾點以讓使用者做圖塊的各種動態變化。

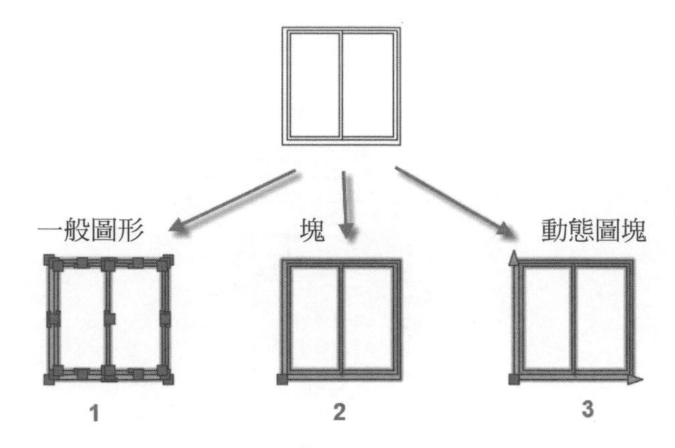

圖 6-105 圖形、圖塊及動態圖塊之間夾點的區別

7 圖塊和動態圖塊可以通過分解命令讓它失去塊的屬性，而成為普通圖形。另外動態圖塊可以進行局部的變化，這就是發明動態圖塊的一個重要意義所在，而圖塊沒有這個功能。

8 但是動態圖塊不能直接做非等比例縮放，如果強行操作的話，它就失去動態的特點，成為普通的圖塊了，這時就可以非等比例縮放的，此為尺有所短，寸有所長了。

9 簡明扼要地說，動態圖塊是建立在圖塊的基礎之上，而青出於藍而勝於藍，既具有圖塊的屬性，更有自己的獨特魅力。製作動態塊是很麻煩的，其製作流程通常是從圖形到圖塊，再由圖塊修改成動態圖塊。

6-6-2 製作動態圖塊

1 請開啟第六章中之 sample05.dwg 檔案，如圖 6-106 所示，以做為窗戶動態圖塊之示範操作。

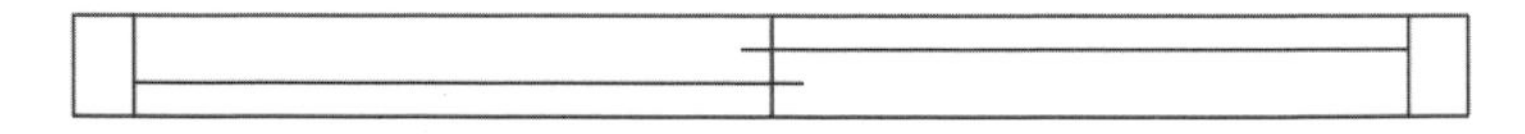

圖 6-106 開啟第六章中之 sample05.dwg 檔案

2 請依前面建立圖塊的方法，建立一 Windows01 名稱之圖塊，並以圖示 1 點做為圖塊之插入點，其餘**圖塊定義**面板中各欄位值，如圖 6-107 所示。

圖 6-107 建立一 Windows01 名稱之圖塊

3 選取此窗戶圖塊，然後在插入頁籤中選取圖塊編輯器工具，可以開啟編輯**圖塊定義**面板，如圖 6-108 所示，在面板中 Windows01 圖塊名稱同時被選取。當在面板中按下**確定**按鈕，可以開啟**圖塊建立選項板**，如圖 6-109 所示。

圖 6-108 開啟編輯**圖塊定義**面板

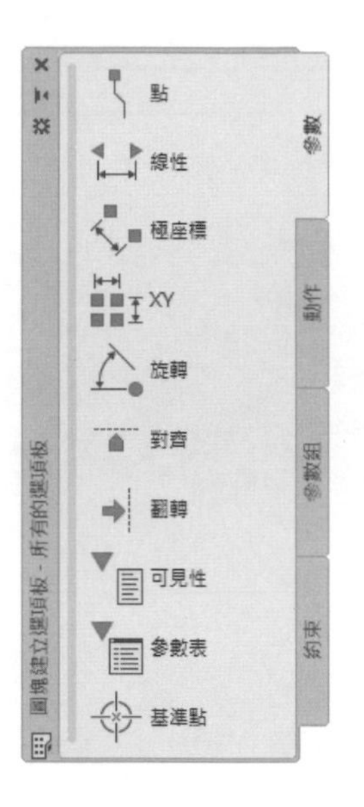

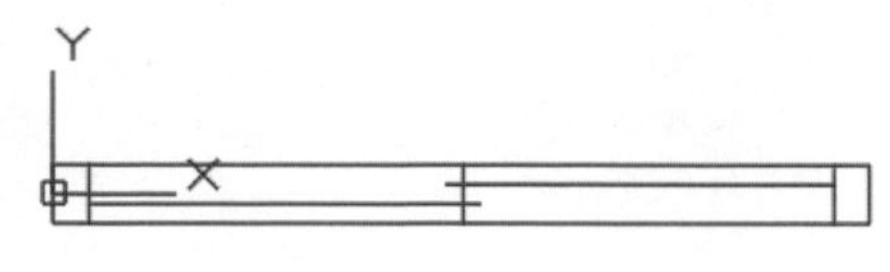

圖 6-109 開啟**圖塊建立選項板**

4 此窗戶圖塊其原始寬度為 140 公分，現想製作成動態圖塊讓使用者自由設定寬度值，請在**圖塊建立選項板**中選取**參數組**頁籤，然後在表列的選項中選取**線性拉伸**選項，如圖 6-110 所示。

5 當選取線性拉伸後，指令行會依序提示起點與第二點，請以圖示 1、2 點為指定的第 1、2 點，此時在圖塊的右下角會顯示一函數圖標，如圖 6-111 所示。

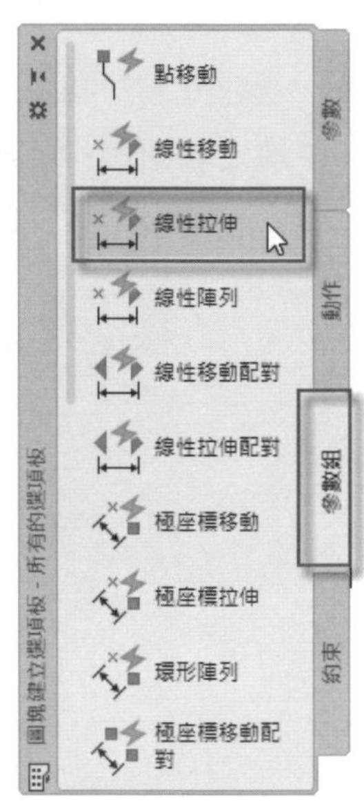

圖 6-110 在表列的選項中選取**線性拉伸**選項

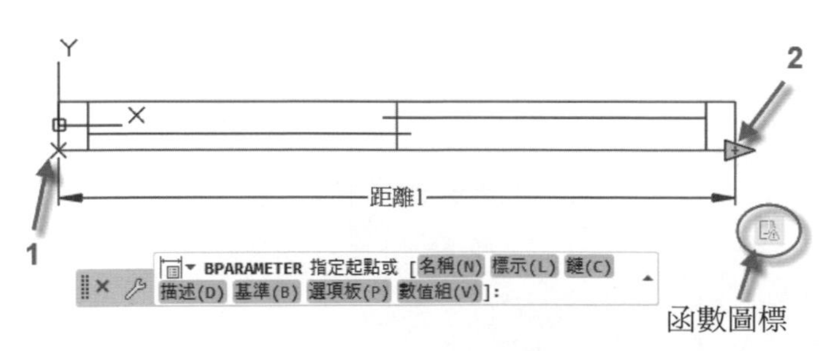

圖 6-111 在圖塊的右下角會顯示一函數圖標

6 選取函數圖標，再執行右鍵功能表→**動作選集→新選集**功能表單，如圖 6-112 所示，然後在圖形的右側以框選方式，由圖示 1 點拉對角線到圖示 2 點上，再框選第二次，此次以要拉伸之圖形為主，由圖示 3 點框選至圖示 4 點上，如圖 6-113 所示，框選完成後按 [Enter] 鍵確定。

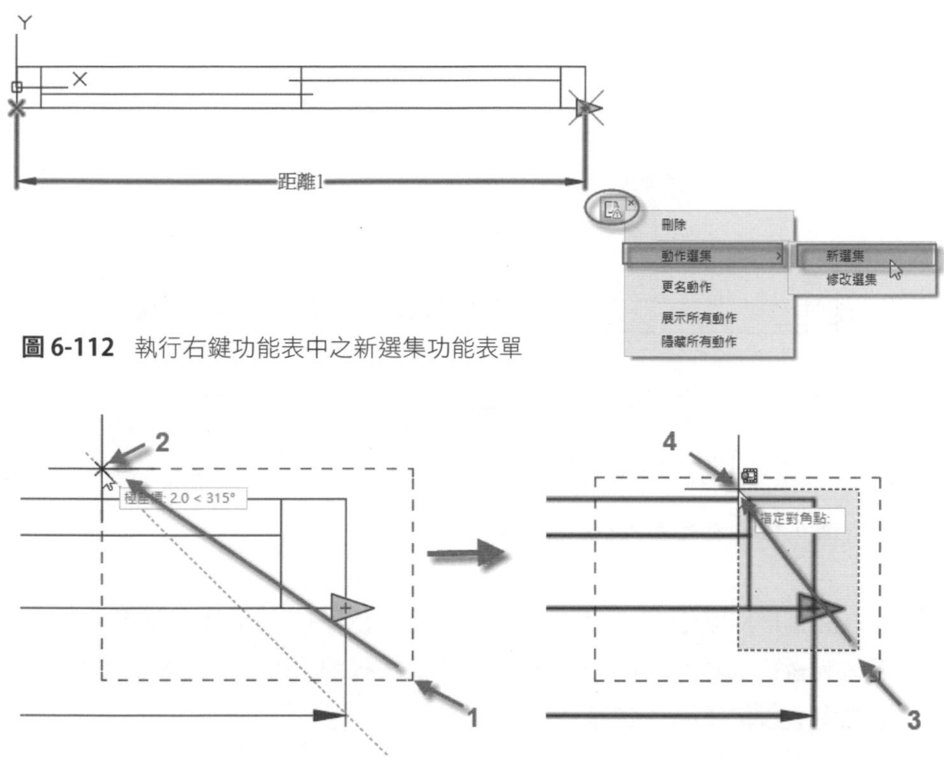

圖 6-112 執行右鍵功能表中之新選集功能表單

圖 6-113 在圖形右側做兩次框選

7 現要做中間圖形之拉伸設定，請在**圖塊建立選項板**中選取**動作**頁籤，然後在表列的選項中選取**拉伸**選項，如圖 6-114 所示。

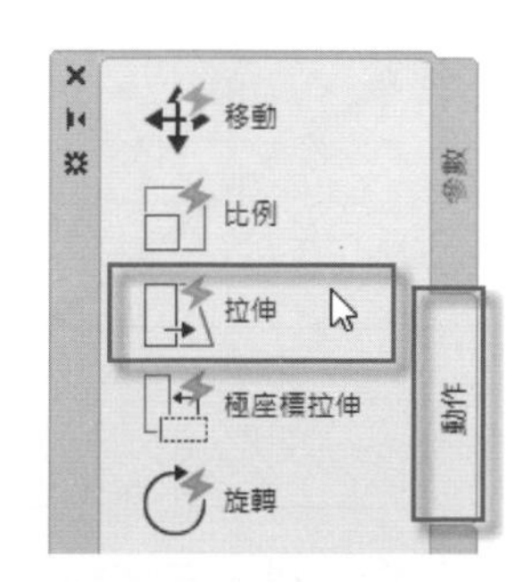

圖 6-114 在表列的選項中選取**拉伸**選項

8 當執行**拉伸**選項後，指令行提示選取參數，請選取圖形中之距離 1 函數，指令行接著提示第二點，請以圖形右側的圖示 1 為第二點，如圖 6-115 所示。

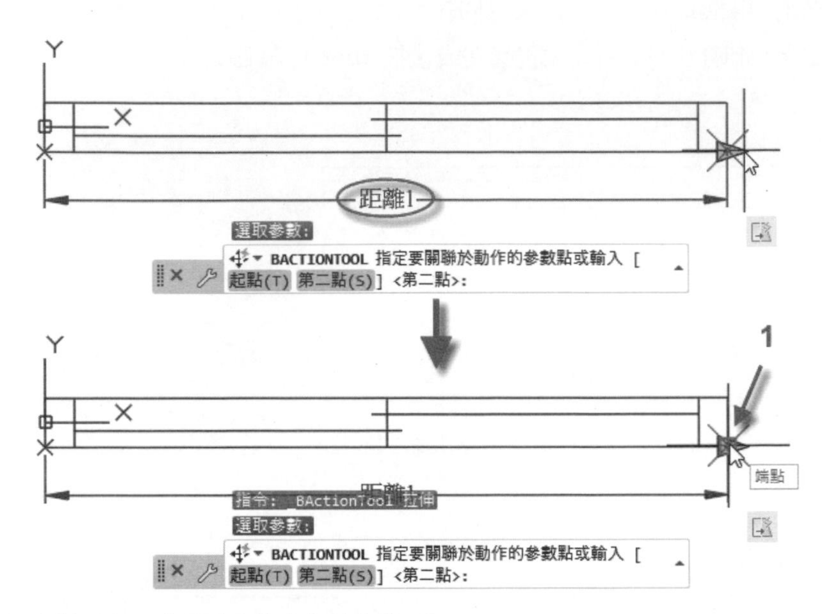

圖 6-115 在圖塊中指定起點與第二點

9 依右側圖形框選的方式，在中間圖形的部分依序拉出圖示 1 與圖示 2 之框選區域，注意圖示 2 框選框，它只框選要做拉伸之圖形，如圖 6-116 所示，框選完成後按[Enter] 鍵確定。

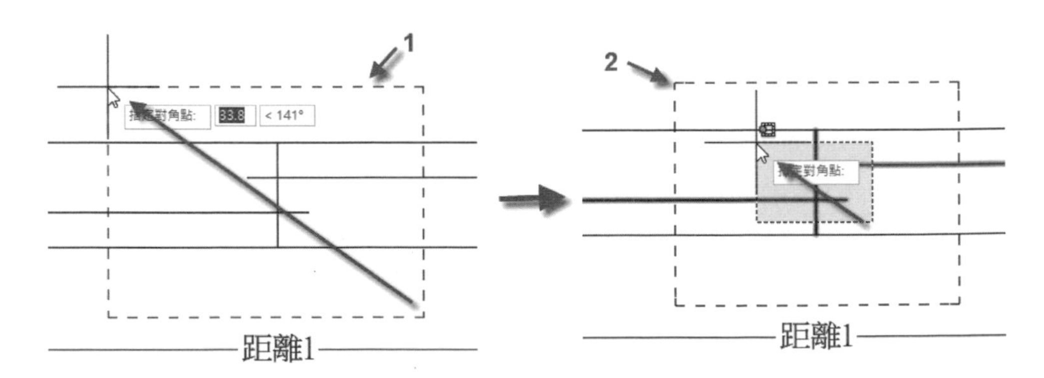

圖 6-116 在圖形右側做兩次框選

10 完成上述動作後在圖塊之右下角會再增選一函數圖標，選取此圖標再按下 [Ctrl] + [1] 快捷鍵以打開**性質**面板，在此面板中請將**距離倍數**設定為 0.5，如圖 6-117 所示，其用意在於當使用者拉伸時，中間的圖形只拉伸一半值而已。

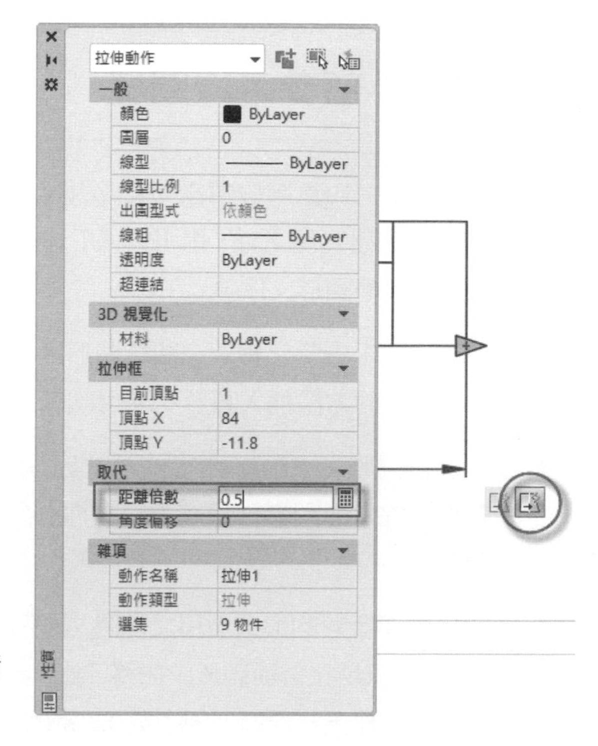

圖 6-117 在**性質**面板中請將**距離倍數**設定為 0.5

11 完成以上動作後，在**圖塊編輯器**面板選取儲存圖塊工具，先將此圖塊給予儲存，然後選取關閉圖塊編輯器工具，以結束動態圖塊之編輯。

12 本圖塊經以前面示範方法製作成圖塊，經以 windows01.dwg 為檔名存放在第六章圖塊資料夾內，讀者可以插入到繪圖區中，當點擊此圖塊時除了原有夾點外另外帶有箭頭的夾點，移動夾點再輸入數值即可定製窗戶的寬度，如圖 6-118 所示。

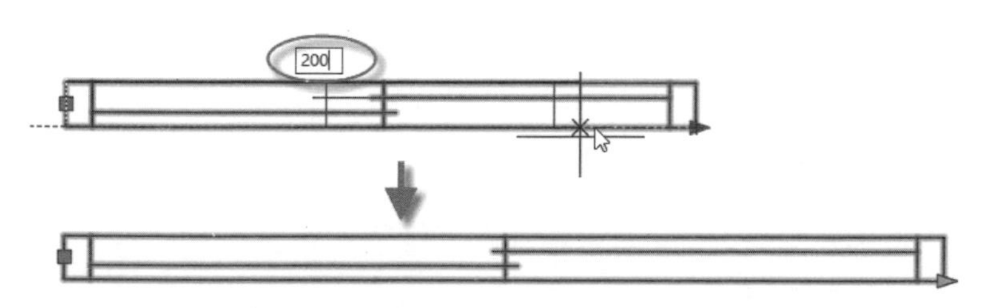

圖 6-118 可以自由設定窗戶的寬度

6-7 外部參考與圖塊

在繪製圖形時，如果圖形中含有大量相同或相似的內容，除了可以把需要重複繪製的圖形創建為塊之外，還可以利用外部參考將已有的圖形文件以圖塊的形式插入到需要的圖形文件中。

1. 在 AutoCAD 中將已繪製完成的圖形調入到當前圖形中有兩種方法：一是用圖塊插入的方法插入圖形。二是用外部參考引用圖形。

2. 當把一個圖形文件作為圖塊來插入時，圖塊的定義及其相關的具體圖形訊息都保存在當前圖形數據庫中，當前圖形文件與被插入的文件不存在任何關聯性。

3. 而當以外部參考的形式引用文件時，並不在當前圖形中記錄被引用文件的具體訊息，只是在當前圖形中記錄了外部參考的位置和名字，當一個含有外部參考的文件被打開時，它會按照記錄的路徑去搜尋外部參考文件，此時，含外部參考的文件會隨著被引用文件的修改而更新。

4. 在電腦繪圖設計中，各專業之間需要協同工作、相互配合，採用外部參考可以保證項目組的設計人員之間的引用都是最新的，從而減少不必要的複製和聯繫，以提高設計質量和設計效率。

5. AutoCAD 允許在繪製當前圖形的同時，顯示多達 32000 個圖形參照，並且可以對外部參考進行嵌套，嵌套的層次可以為任意多層。當打開或列印附著有外部參考的圖形文件時，AutoCAD 自動對每一個外部參考圖形文件進行重載，從而確保每個外部參考圖形文件反映的都是它們的最新狀態。

6. 圖塊的使用較外部參考為單純，適合小團隊繪圖製作中小型圖形需要，而外部參考則較適合大團隊大圖形的需要。如果以小團隊繪製中小型圖形時，執意使用到外部參考，反而會增加圖面維護和繪製過程的複雜度，使用上應有所衡量及節制。

7. 由上面的分析，應用 CAD 外部參照功能尚有很多優勢，茲以建築設計為例試為分析如下：

(1) **保證各專業設計協作的連續一致性**：外部參照可以保證各專業的設計、修改同步進行。例如，建築專業對建築條件做了修改，其他專業只要重新打開圖或者重載當前圖形，就可以看到修改的部分，從而馬上按照最新建築條件繼續設計工作，從而避免了其他專業因建築專業的修改而出現圖紙對不上的問題。

(2) **減小文件容量**：含有外部參照的文件只是記錄了一個路徑，該文件的存儲容量增大不多。採用外部參照功能可以使一批引用文件附著在一個較小的圖形文件上而生成一個複雜的圖形文件，從而可以大大提高圖形的生成速度。在設計中，如果能利用外部參照功能，可以輕鬆處理由多個專業配合、匯總而成的龐大的圖形文件。

(3) **提高繪圖速度**：由於外部參照「立竿見影」的功效，各個相關專業的圖紙都在隨著設計內容的改變隨時更新，而不需要不斷複製，這樣，不但可以提高繪圖速度，而且可以大大減少修改圖形所耗費的時間和精力。同時， CAD 的參照編輯功能可以讓設計人員在不打開部分外部參照文件的情況下對外部參照文件進行修改，從而加快了繪圖速度。

(4) **優化設計文件的數量**：一個外部參照文件可以被多個文件引用，而且一個文件可以重複引用同一個外部參照文件，從而使圖形文件的數量減少到最低，提高了項目組文件管理的效率。

6-8 使用外部參考的準則

1 外部參考相對於圖塊較為專業，尤其是對建築作圖規範，提出了非常嚴格的專業要求，各專業必須嚴格控制圖層，與其它專業無關的內容不能出現在外部參考文件中，否則將會對其他專業處理圖紙帶來極大的不便。

2 使用統一版本的繪圖軟體，例如統一採用 AutoCAD2022 版本，也對順利使用外部參考功能有著不可忽視的作用，因為外部參考功能在不同版本中有所不同。如果版本不同，會影響其他專業的繪圖速度，從而影響了整個專案小組的整體效率。

3. 專案小組制定統一的外部參考文件名命名規則，在文件名中不能出現一些符號，以免出現引用失敗的問題。

4. 外部參考文件的基準點是協同設計的基礎，小組成員應統一默認外部參考的基準點為(0，0，0)點，即建築首層平面 1、A 軸的交叉點。

5. 外部參考文件的 0 圖層不應有任何內容。因為使用外部參考時，當前文件中的 0 圖層及其上的屬性（顏色和線型）將覆蓋外部參考文件的 0 圖層及其上的屬性。

6. 如果不需要外部參考文件時，不要直接刪除該文件，應該利用外部參考管理面板中使用**分離功能**選項按鈕來取消外部參考文件。

7. 與圖塊一樣，外部參考文件也可以改變文件的比例因子、旋轉角度等。

8. 被引用的圖形文件名不能和當前文件的圖塊名相同，否則引用不上，此時只能修改圖塊名稱再引用。

9. 不能直接刪除或者綁定嵌套的外部參考文件。

10. 外部參考定義中除了包含圖像對像以外，還包括圖形的命名對象，如塊、標註樣式、圖層、線型和文字樣式等。為了區別外部參考與當前圖形中的命名對象， AutoCAD 將外部參考的名稱作為其命名對象的前綴，並用符號“ | “ 來分隔。例如，外部參考 kunsung-1.dwg 中名為 **center** 的圖層在引用它的圖形中將自動命名為 **kunsung-1|center**。

11. 當被引用的圖形被改動後，在當前圖形中系統會提示**外部參考文件已修改，可能需要重新載入**訊息。但是設計人員在當前圖形中不容易找到外部參考文件被改動的部分。因此建議讓被引用的圖形文件增加一圖層（共同認定的圖層名），比如叫 exam 圖層，在這個圖層上用鮮豔的顏色將改動的部分勾畫出來**用圓或方塊**，此時當前圖形也會有勾畫的部分，從而輕鬆找到被改動部分。在繪圖過程中再將 exam 圖層關掉。

6-9 貼附圖像與圖形之外部參考

1 請打開第六章 sample06.dwg 檔案，如圖 6-119 所示，這是一張機械製圖，圖中已有各面向視圖的繪製，對於有經驗的識圖者，可以很快建構虛擬的整個機械零件輪廓，但如果能配上一張完整的立體圖則更為理想。

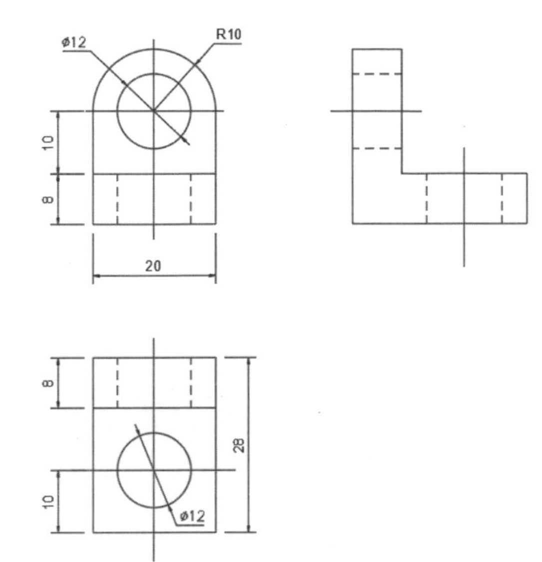

圖 6-119 開啟第六章 sample06.dwg 檔案

2 請選取**插入**頁籤，在**參考**工具面板中選取**貼附**工具，如圖 6-120 所示，在打開的**選取參考檔**面板上，檔案類型選擇所有影像檔，請選取第六章等角投影 A.tif 檔案，如圖 6-121 所示，這是一張經過 Photoshop 處理過的機械實體圖案。

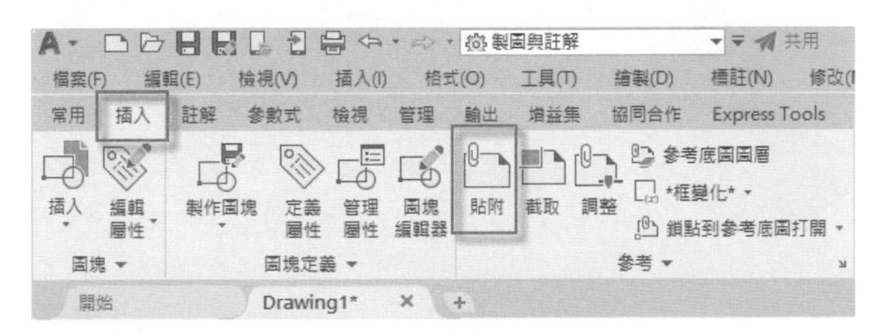

圖 6-120 在**參考**工具面板中選取**貼附**工具

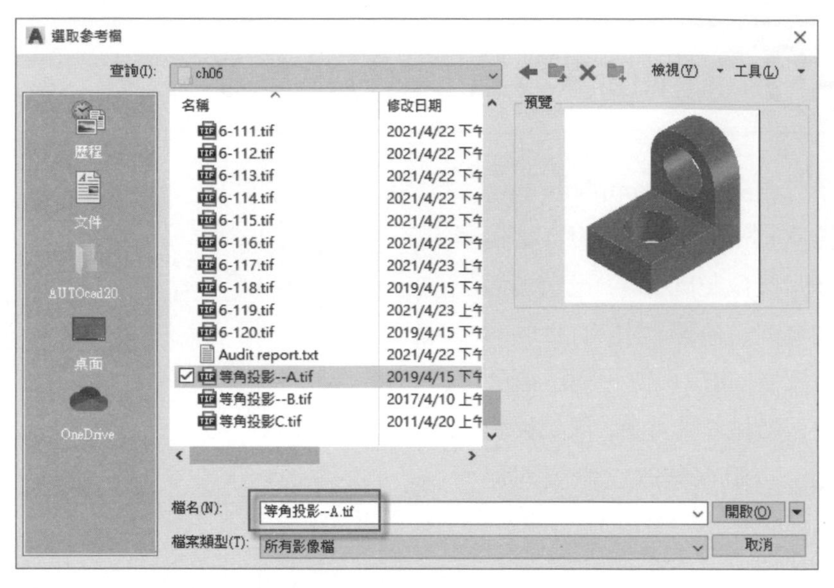

圖 6-121 在**選取參考檔**面板上選取第六章等角投影 A.tif 檔案

3 當按下**開啟**按鈕，可以打開**貼附影像**面板，在面板中**路徑類型**選擇完整路徑（如選擇無路徑則必需位於同資料夾內），於**調整比例**選項上將**在螢幕上指定**欄位打勾，**插入點**選項上將**在螢幕上指定**欄位打勾，如圖 6-122 所示。

圖 6-122 在**貼附影像**面板做各欄位設定

4 在面板上按**確定**按鈕，回到繪圖區，指令行提示**指定插入點**，請在適當空白處按下滑鼠左鍵，隨即移動游標可以決定圖像的大小，如圖 6-123 所示。

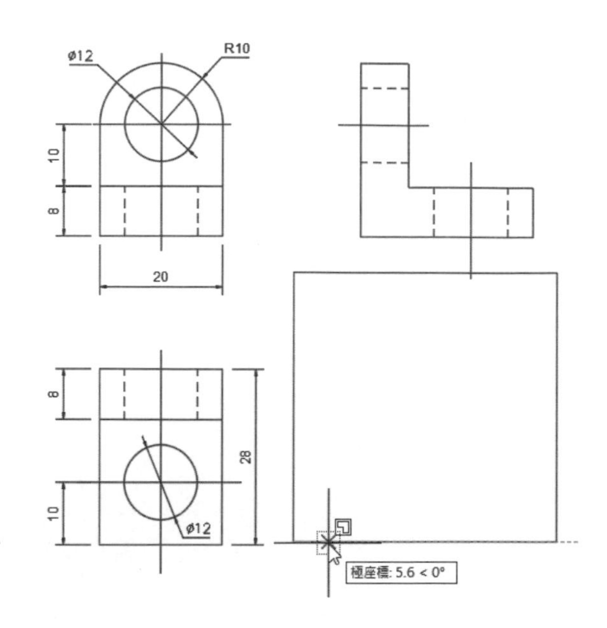

圖 6-123 定下插入點並移動游標可以決定圖像的大小

5 因為是示意圖沒有比例大小的顧慮，可由圖面來決定影像的大小，當移動游標按下滑鼠左鍵，可以順利將影像貼附在圖上，如圖 6-124 所示，在插入影像後使人很容易理解此機件的結構，本圖以機械圖 01 為檔名存放在第六章中。

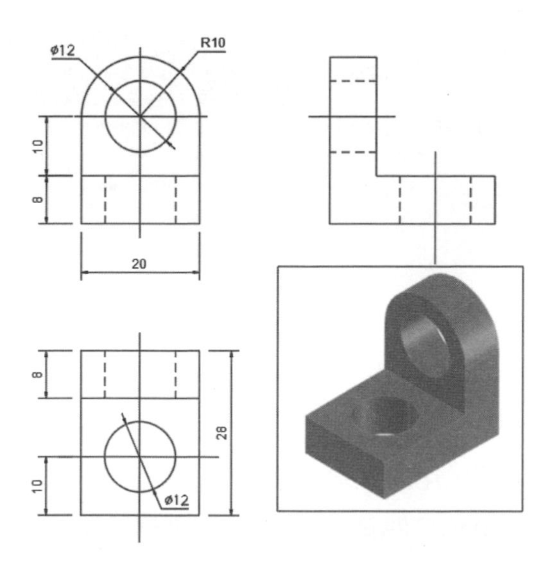

圖 6-124 將影像調整適當大小貼附在圖上

6-10 外部參考選項面板

1 請打開第六章 sample07.dwg 檔案，此時會彈出**參考—找不到的檔案**面板，其原因為外部參考圖檔之路徑變更，以至系統無法找到該貼圖檔，如圖 6-125 所示。

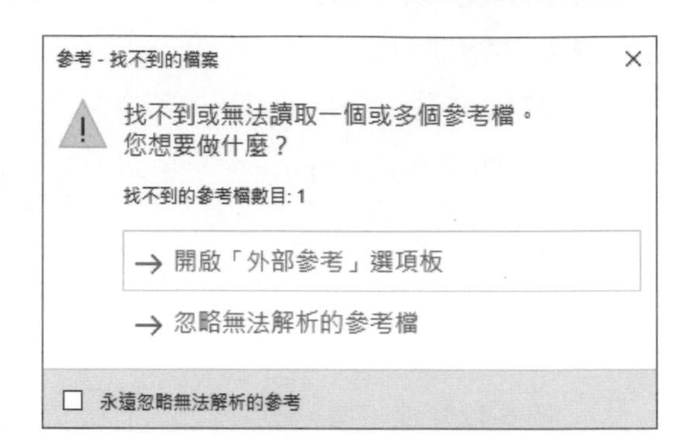

圖 6-125 系統告知無法找到該貼圖檔

2 此時選取擇開啟「外部參考」選項，可以開啟**外部參考**面板，在面板中檔案參考選項內會顯示等角投影 C.tif 影像檔找不到之訊息，請選取此檔案則下面的詳細資料選項內會顯示此檔案之詳細訊息，如圖 6-126 所示。

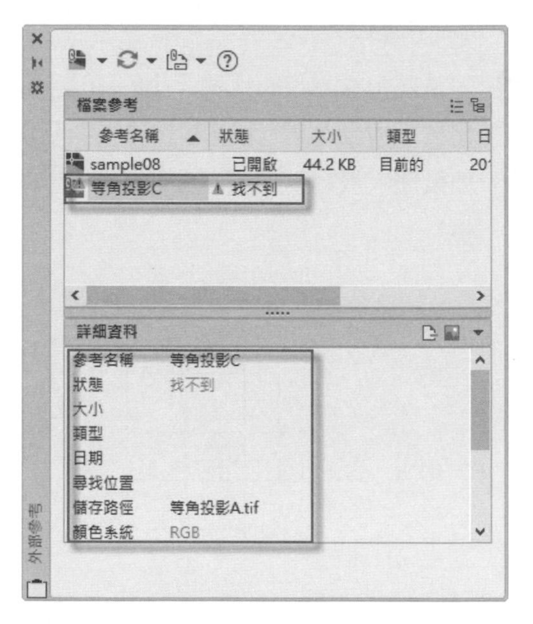

圖 6-126 在開啟**外部參考**面板中選取 C.tif 影像檔

3 在**外部參考**面板中請按下上端之變更路徑右側三角形按鈕，可以表列許多選項，請選取**新路徑**功能選項，可以開啟**選取影像檔**面板，如圖 6-127 所示。

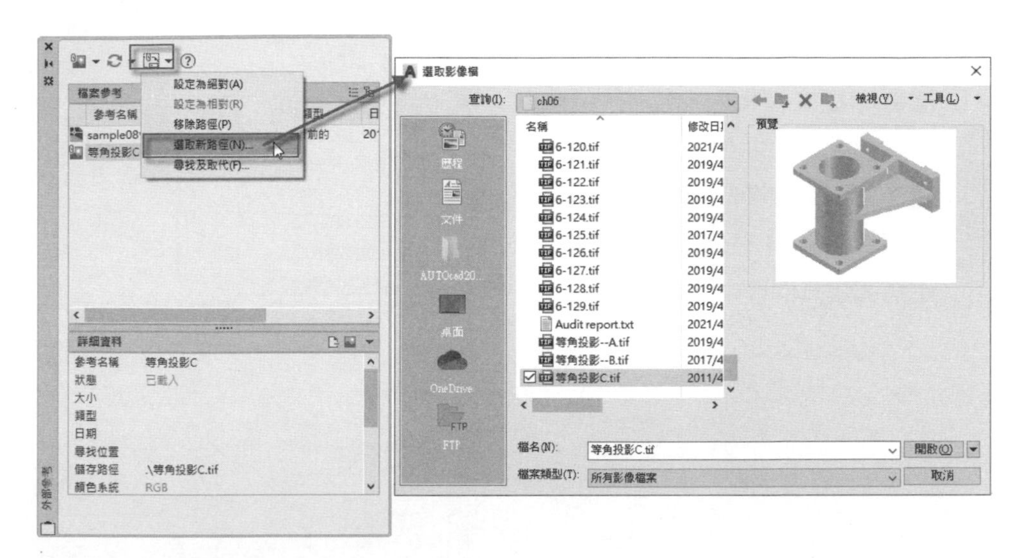

圖 6-127 開啟**選取影像檔**面板

4 在**選取影像檔**面板中選取第六章等角投影 C.tif 檔案，當按下**開啟**按鈕後回到繪圖區中，原來貼附之影像檔已顯示回來，如圖 6-128 所示。

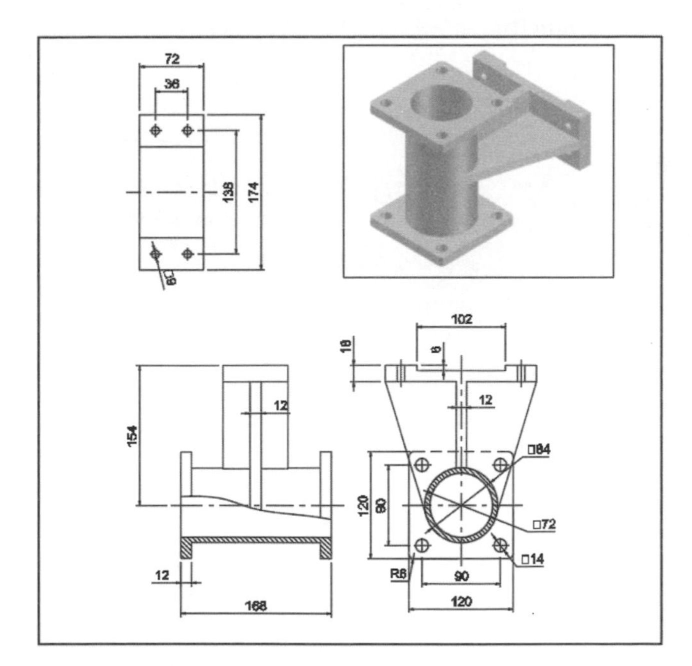

圖 6-128 來貼附之影像檔已顯示回來

5 續使用上面的範例，在打開的外部參考**檔案**面板中，使用滑鼠點擊面板上方之貼附按鈕右側向下箭頭，可以打開表列功能選項供選擇，如圖 6-129 所示，其功能有如**插入**工具面板中之**貼附**工具。

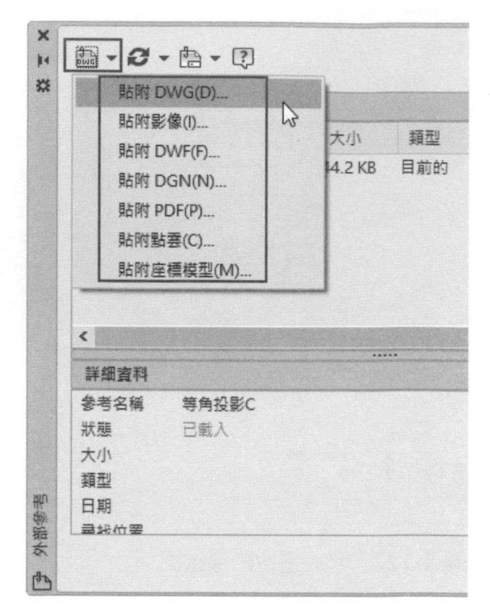

圖 6-129 提供表列功能選項供選擇

6 在表列功能選項中請選取貼附 PDF 選項，即可打開**選取參考檔**面板，在其中請選取第六章如何做一名優秀的 UI 設計師.pdf 檔案，如圖 6-130 所示。

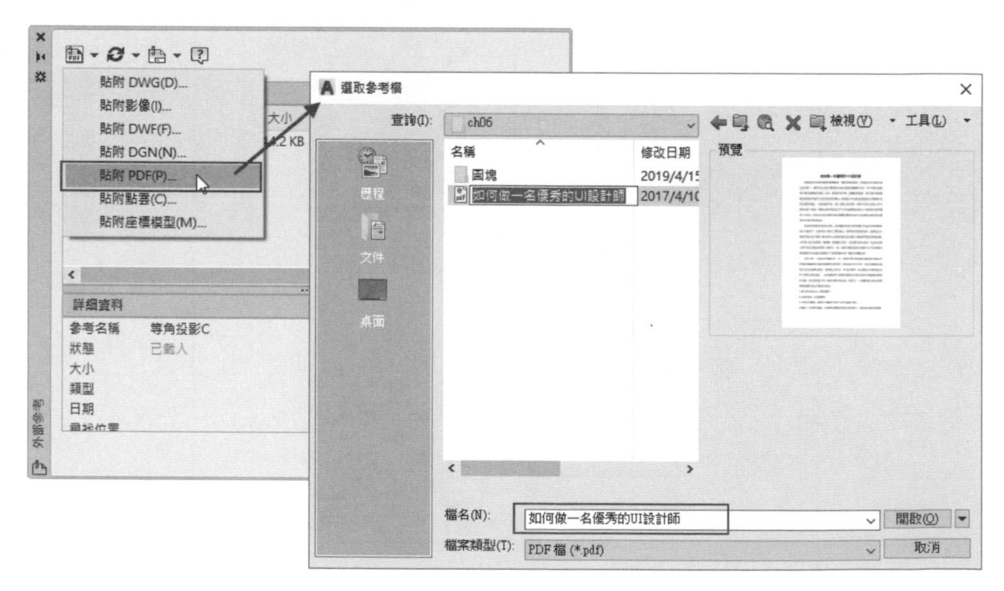

圖 6-130 在其中請選取第六章如何做一名優秀的 UI 設計師.pdf 檔案

7 當在**選取參考檔**面板中按下**開啟**按鈕，會打開**貼附 PDF 參考底圖**面板，其面板內容與之前的**選取影像檔**面板相同，請依前面貼附圖像的方法，將 PDF 文件貼附在機械圖的右側，如圖 6-131 所示。

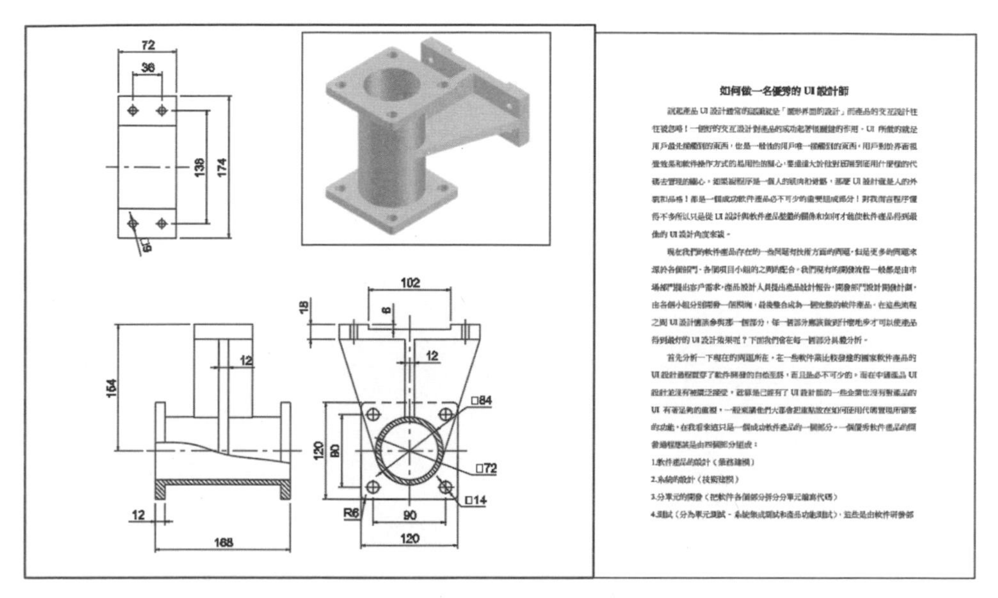

圖 6-131 將 PDF 文件貼附在機械圖的右側

8 如果在圖面中不想要 PDF 文字，依前面使用外部參考的準則小節的說明，請在**外部參考**面板中，選取如何做一名優秀的 UI 設計師檔參考名稱，然後按滑鼠右鍵，在右鍵功能表中選取**分離**功能表單，如圖 6-132 所下，如此即可將 PDF 文件卸下。

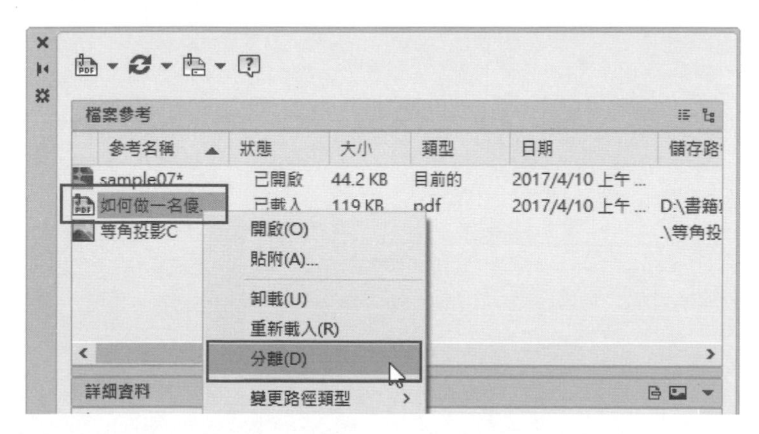

圖 6-132 在右鍵功能表中選取**分離**功能表單

MEMO

Chapter

07

圖層管理與使用文字、表格

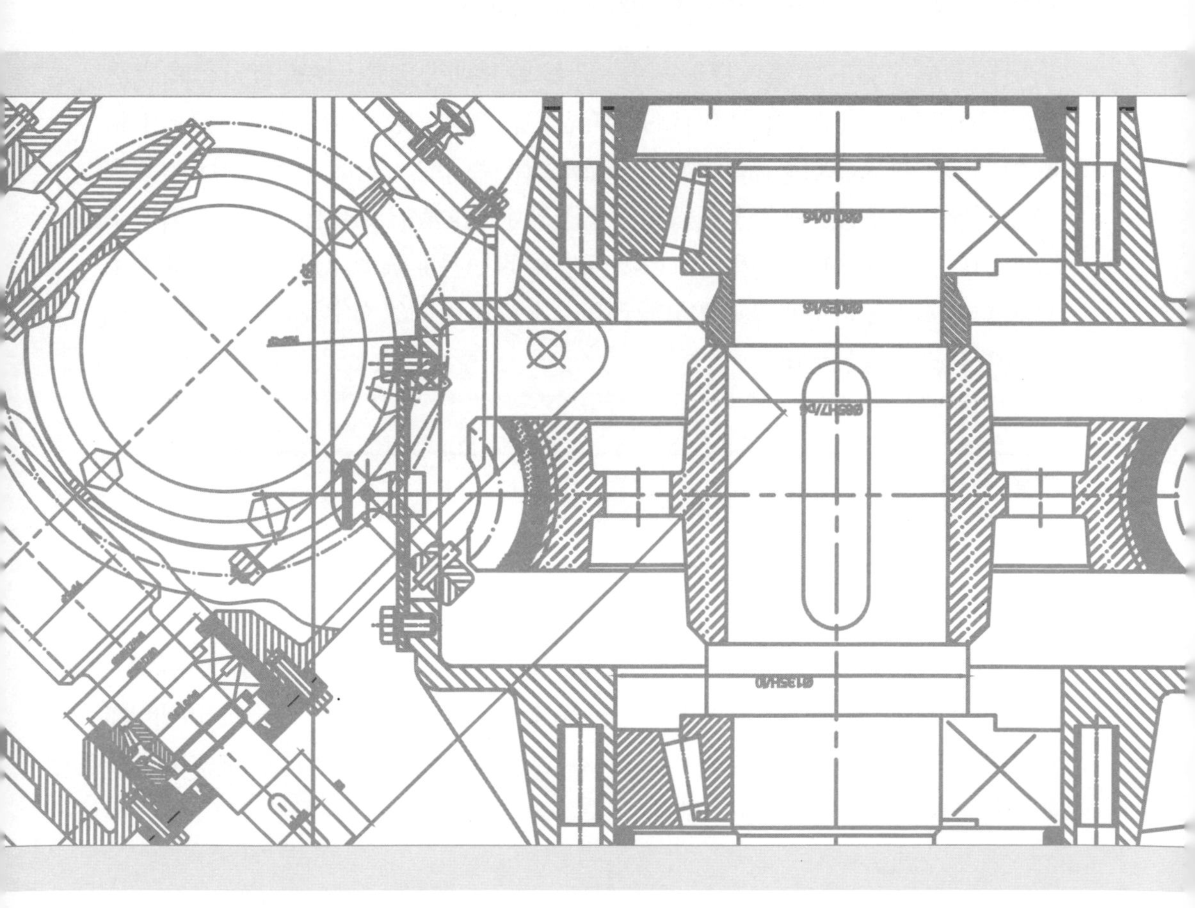

在第五章建立自己專有樣板檔練習中，唯獨缺少圖層一項，使樣板檔案並非完整，這是因為圖層在 AutoCAD 中屬於較為重要的一環，其複雜度也相對較高，需要有較大篇幅的說明，因此在本章中將會延續第五章中樣板檔的製作，把圖檔依業務別製作各自適用的圖層設置，然後併入到已存檔的樣板檔中，以供進入 AutoCAD 時即可立即享用。其實是否預設各圖層存在樣板中以供後續使用，省卻往後再重建的麻煩，這在網路論壇上曾引相當廣泛的討論，在圖層不必事先併入樣板檔的理論中，依這些前輩們的經驗，圖層 0 為設置圖塊的圖層，其他的圖形是不放入此圖層中，然後視需要隨時創建圖層放置，審視其理論基點，也就是在繪製圖形時，依繪圖需要增設必要的圖層，並把它立即設為當前圖層，如此作圖可以保證圖層準確而精簡，省卻設了一堆沒用的圖層。唯此乃見人見智的想法，如果是在學習階段，則可視自己的需要，可以在專屬樣本檔預設一些圖層，以供快速學習之用。

另在一幅完整的建築或機械圖中，即使繪圖功力再強，總會有力有未逮之處，因此，想要清楚表達設計者的總體思想和意圖，除了利用前面介紹基本繪圖和編輯工具來繪製必需的圖形外，通常還需要加注一定的文字說明，由此來增強圖形的可讀性。例如在機械和建築製圖中，常常需要編寫有關的技術要求及明細表格等文字內容，用它來反映圖形中的一些非圖形訊息，使工程圖中不易表達的內容變得更加準確和易於理解，本章後段即以文字及表格的運用，為讀者做詳細的解說示範。

7-1 圖層性質管理員

所有 CAD 軟體及影像軟體都有圖層的設置，它是編輯圖形非常重要的工具，尤其 AutoCAD 的圖層工具更為完善，利用它可以將一張圖紙分為很多層，如圖 7-1 所示，而將不同性質的圖形分類畫在不同的圖層上，並設定不同的顏色和線型，以方便管理及檢驗圖形，同時也擁有任意開關、凍結解凍或鎖定解鎖功能，為繪圖帶來莫大的方便。

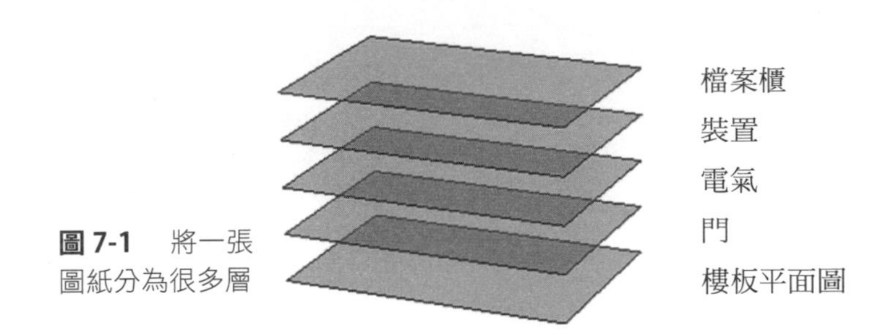

圖 7-1　將一張圖紙分為很多層

7-7-1　圖層性質管理員面板之操作

1 請打開第七章中 sample01 檔案，如圖 7-2 所示，這是一間三房兩廳住家格局的平面圖，選取**常用**頁籤，於**圖層**工具面板中選取**圖層性質**工具按鈕，如圖 7-3 所示，以打開**圖層性質管理員**面板，如圖 7-4 所示。

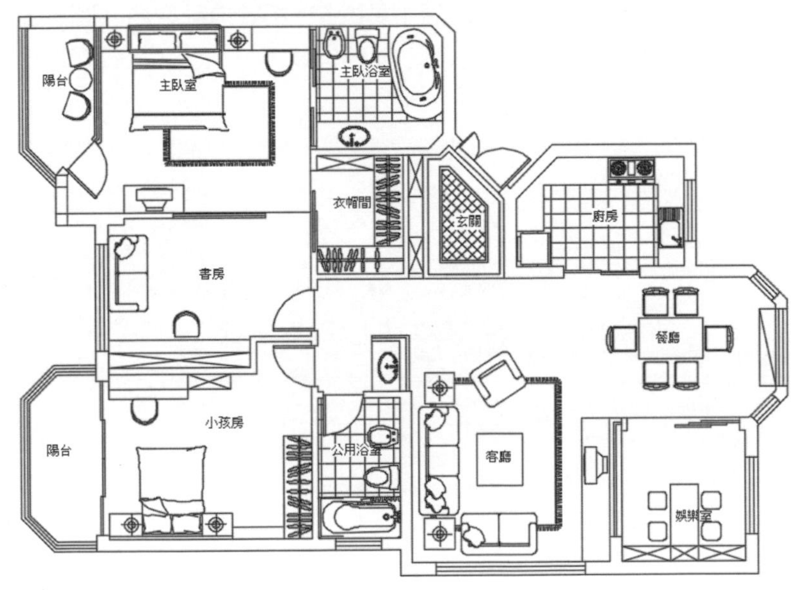

圖 7-2　打開第七章中 sample01 檔案

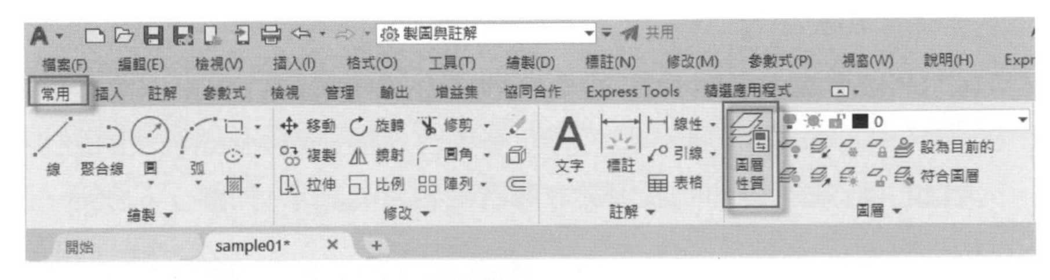

圖 7-3　選取**圖層**工具面板中的**圖層性質**工具

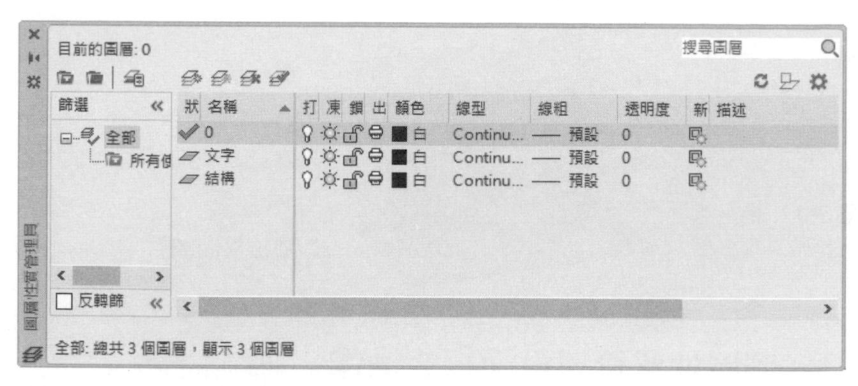

圖 7-4　打開**圖層性質管理員**面板

2 在**圖層性質管理員**面板中，移動滑鼠至任一圖層名稱上，然後按滑鼠右鍵，在右鍵功能表選取**新圖層**功能表單，可以增加一新圖層，如圖 7-5 所示，但亦可點擊面板上頭的 **新圖層**工具按鈕，系統自動取名為圖層 1，此時可以立即為圖層另取一圖層名稱。

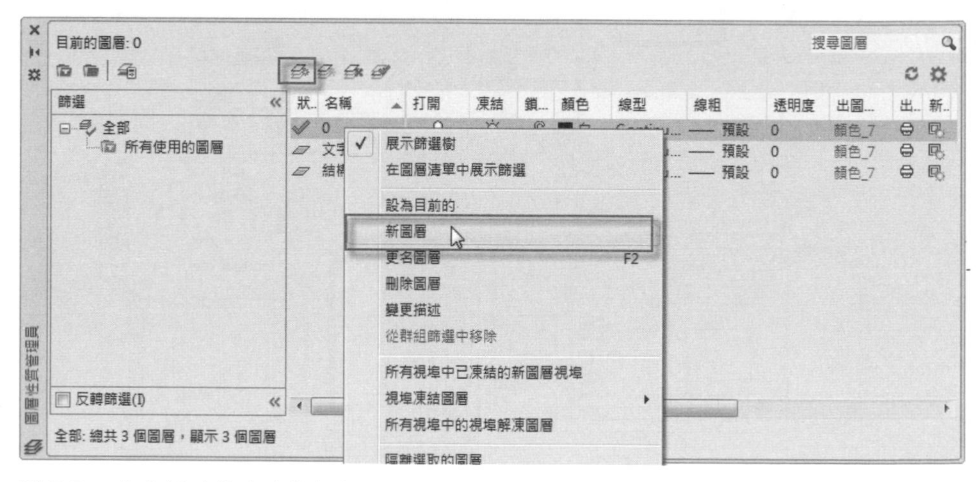

圖 7-5　在右鍵功能表中執行**新圖層**功能表單

3 事後想將圖層更改名稱，可以選取該圖層，在圖層名稱上再點擊滑鼠左鍵一下，游標呈可輸入狀態時，即可將圖層更改名稱，或移游標至該圖層上，按下滑鼠右鍵，在右鍵功能表中選取**圖層更名**功能表單，如圖 7-6 所示，也可以將圖層更名。

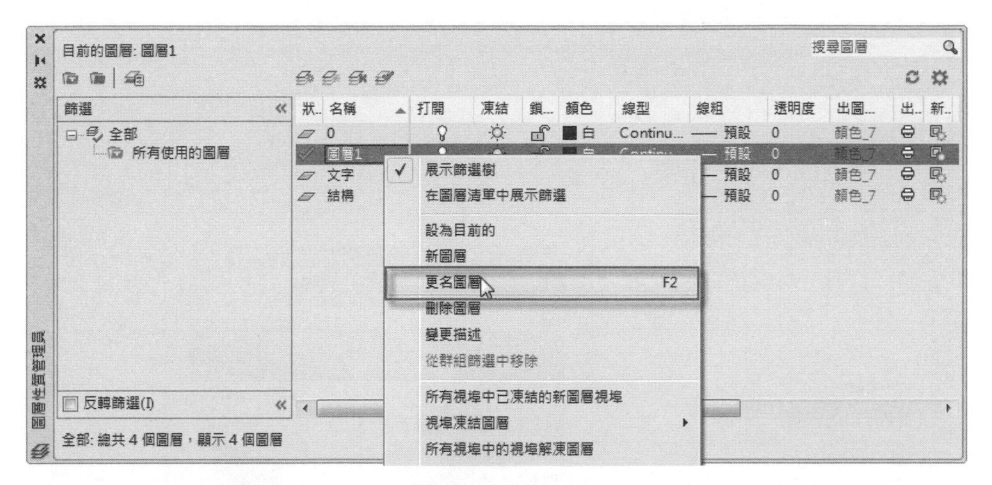

圖 7-6　在右鍵功能表中選取**更名圖層**功能表單

4 在面板中有一些圖標符號，其圖標符號與功能說明，如表一所示。

◎ **表一　圖層性質管理員**　　面板中圖標符號

	開啟圖層		關閉圖層
	解凍圖層		凍結圖層
	圖層解鎖		圖層鎖住
	圖層出圖		圖層不出圖
	新視埠不凍結		新視埠凍結

5 現修改圖層的顏色，請使用滑鼠點擊該圖層**顏色**欄位中的色塊，可以打開**選取顏色**面板，如圖 7-7 所示，選取要修改圖層的顏色，再按下**確定**鍵即可。

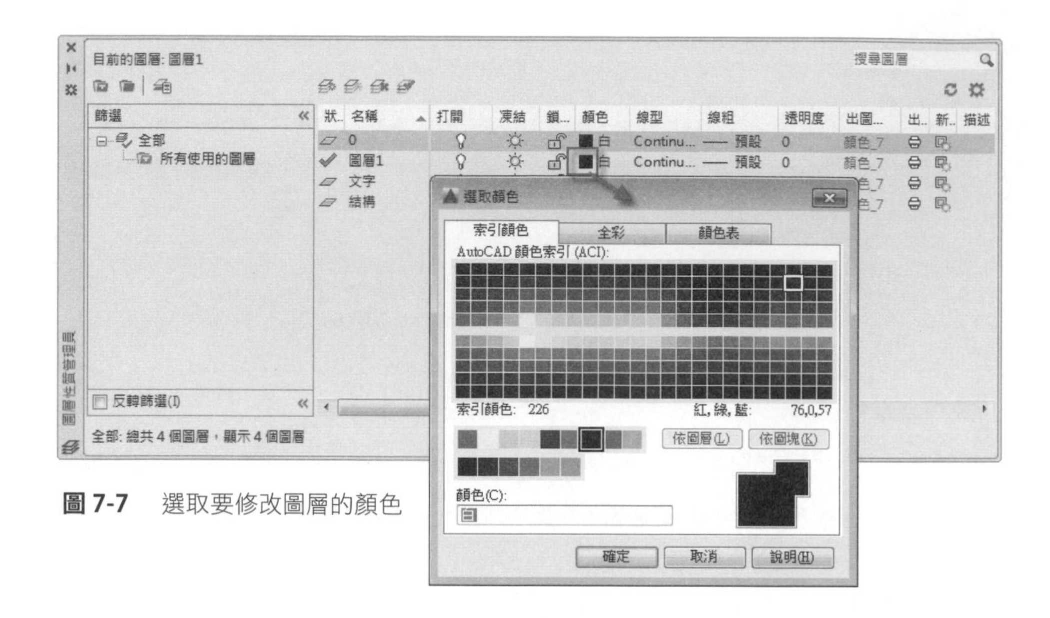

圖 7-7　選取要修改圖層的顏色

6 除了索引顏色表，亦可選取全彩及顏色表，以供選取更多的顏色，如圖 7-8 所示，左圖為全彩右圖為顏色表。

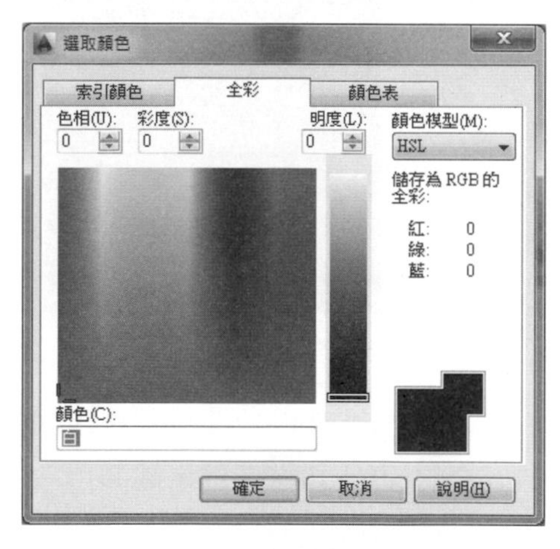

圖 7-8　更多種類的**選取顏色**面板

7 在本檔中為書籍寫作的需要，將所有圖層的顏色都改成黑色，其實它原始圖層顏色應配置各種顏色，此部分讀者如有需要請自行更動之。

8 現設定圖層的線型，請使用滑鼠左鍵點擊該圖層的**線型**欄位，可以打開**選取線型**面板，如圖 7-9 所示，其內定線型為 Continuous（連續線型）。

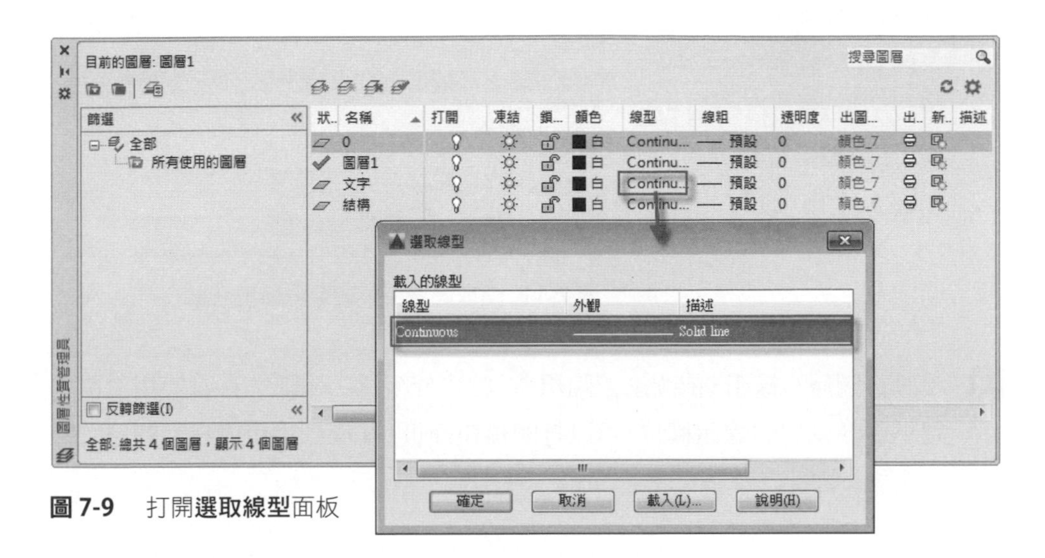

圖 7-9 打開**選取線型**面板

9 在**選取線型**面板中，按下方的**載入**按鈕，可以打開**載入或重新載入線型**面板，如圖 7-10 所示，在面板中可以按住 [Shift] 鍵在起始與結束位置連續選取，或按住 [Ctrl] 鍵跳著加選。

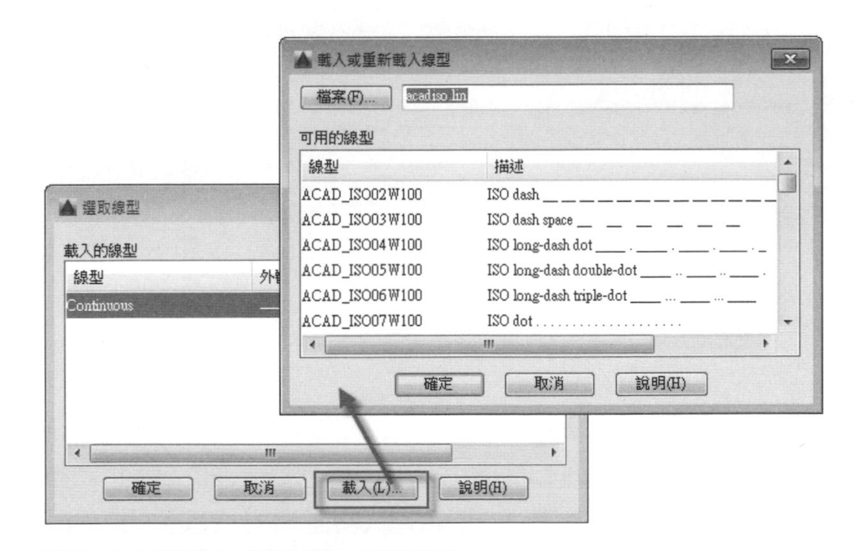

圖 7-10 打開**載入或重新載入線型**面板

10 當選取欲載入的線型後，按下**確定**按鈕後，回到**選取線型**面板，在載入的線型清單中，選取圖層所要設定的線型名稱，按下**確定**按鈕即可，如圖 7-11 所示。

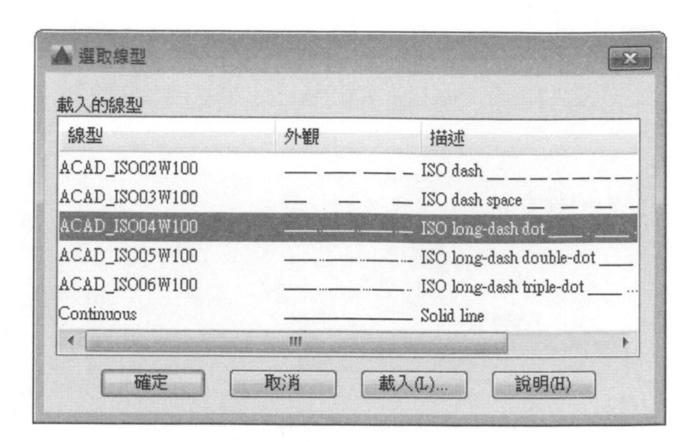

圖 7-11 選取圖層所要設定的線型名稱

11 現設定圖層的線粗，依圖家製圖標準，線可分粗、中、細三組，請使用滑鼠左鍵點擊該圖層的**線粗**欄位，可以打開**線粗**面板，在面板中可以設定圖層的線段粗細，如圖 7-12 所示。

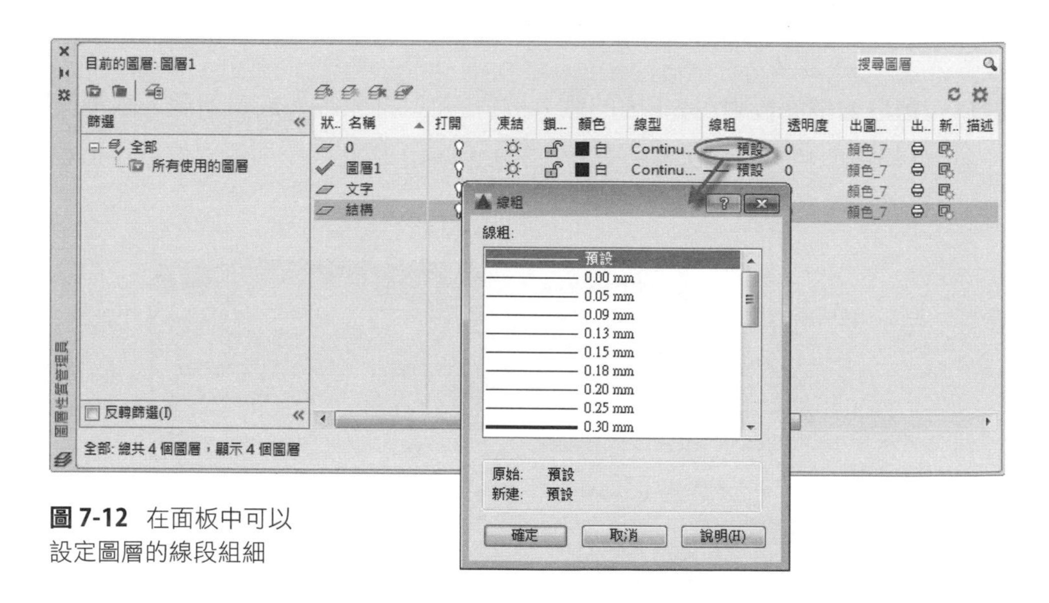

圖 7-12 在面板中可以設定圖層的線段組細

12 現設定圖層的透明度，請使用滑鼠左鍵點擊該圖層的**透明度**欄位，可以打開**圖層透明度**面板，如按向下箭頭按鈕會有表列透明度值面板供調整，如圖 7-13 所示，透明度值為 0 至 90，數值越大會越透明，設定好後按下**確定**鍵即可。

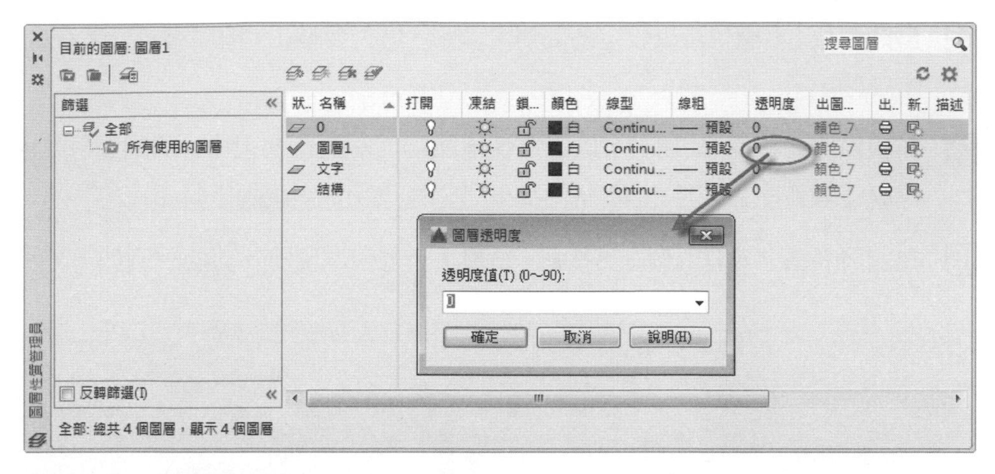

圖 7-13 打開**圖層透明度**面板

13 **出圖型式欄位**：在本圖中因圖層顏色皆為白色（因繪圖區設為白色所以圖塊以黑色顯示），因此出圖式型為顏色_7，如圖 7-14 所示，有關出圖型式與圖層顏色之關係在第九章中會做詳細介紹。

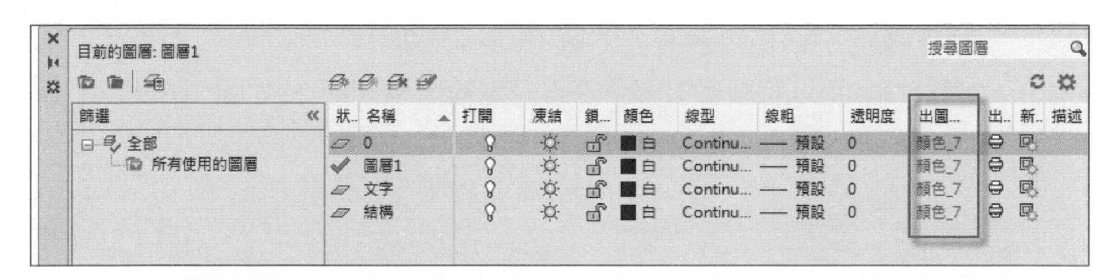

圖 7-14 在**圖層性質管理員**面板中的出圖型式

(1) 出圖型式是處在與顏色相關的出圖型式模式中時，出圖型式將對應到物件的顏色性質，變更顏色以變更出圖型式，出圖型式控制物件的出圖性質，包括：顏色、調色、筆號等 11 種類型。

(2) 使用出圖型式為使用者提供高靈活性，因為可以設定它們取代其它物件性質，或根據需要關閉取代。出圖型式群組以兩種出圖型式表中的任意一種形式進行儲存，與顏色相關的出圖型式表 (CTB) 或具名出圖型式表 (STB)。

14 **出圖欄位**：本欄位可以設定各圖層之圖形，是否要輸出到印表機上，系統內定為輸出。

15 **新視埠凍結欄位**：使用者可以選擇性地凍結與解凍每個視埠中的圖層，以便檢視每個新配置視埠中該圖層中的圖形不會顯示，系統內定為不凍結。

16 在圖層名稱上方有四個工具按鈕，如圖 7-15 所示，現將其功能說明如下：

目前的圖層：0　　1 2 3 4　　搜尋圖層

篩選 «
全部
所有使用的圖層

狀..	名稱	打開	凍結	鎖...	顏色	線型	線粗	透明度	出圖...	出..	新..	描述
✓	0				白	Continu...	—— 預設	0	顏色_7			
	文字				白	Continu...	—— 預設	0	顏色_7			
	結構				白	Continu...	—— 預設	0	顏色_7			
	圖層1				白	Continu...	—— 預設	0	顏色_7			

圖 7-15　圖層名稱上方之三個工具按鈕

(1) **新圖層**工具按鈕：執行此按鈕可以增加新圖層，其操作方法已如前述。

(2) **複製圖層工具按鈕**：執行此按鈕可以將選取的圖層新增到複製圖層，現想將圖層 1 圖層再複製一圖層，可以選取圖層 1 圖層，按面板上方的 按鈕，可以將圖層 1 圖層原有設定複製為圖層 2，如圖 7-16 所示，原圖層 1 之線型也一併複製到圖層 2 中。

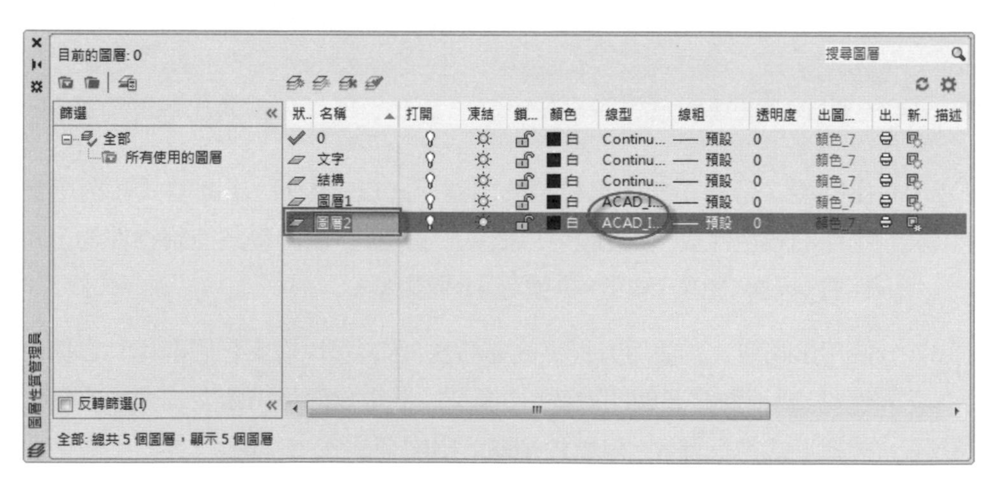

圖 7-16　將圖層 1 之設定內容一併複製到圖層 2 中

(3) **刪除圖層工具按鈕**：想要刪除圖層，可以先選取圖層，再執行此按鈕，即可將選取的圖層刪除，唯當圖層含有物件或為當前圖層時，系統會出現警告訊息。

(4) **設為目前的工具按鈕**：當想要設定圖層 1 為目前作用中圖層，請選取圖層 1，再執行設為目前的 工具按鈕，則圖層 1 之圖層名稱左方會有 的圖標，如圖 7-17 所示，代表此圖層為目前作用中圖層，在繪圖區所繪製的圖形皆會自動歸入到此圖層中。

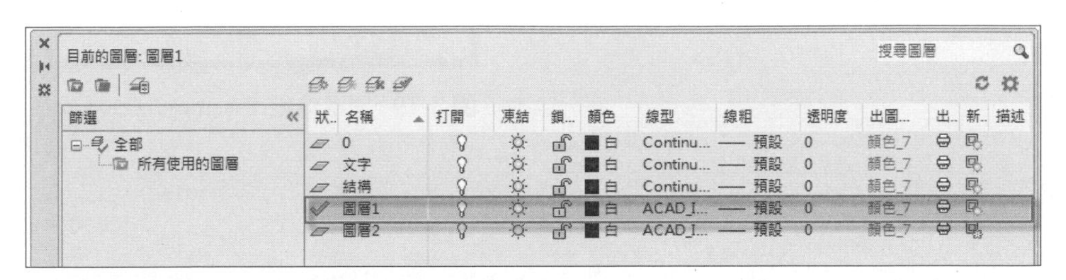

圖 7-17 將圖層 1 設為目前作用中圖層

17 移動游標至圖層上端任一名稱標頭上按下滑鼠右鍵，在顯示的右鍵功能表中會列出**圖層性質管理員**面板上的所示欄位，如圖 7-18 所示，在欄位名稱上打勾者為顯示的欄位，如果不想出現某一欄位，只要將選取它以取消其打勾即可，如想再顯示只要再選取一次即可。

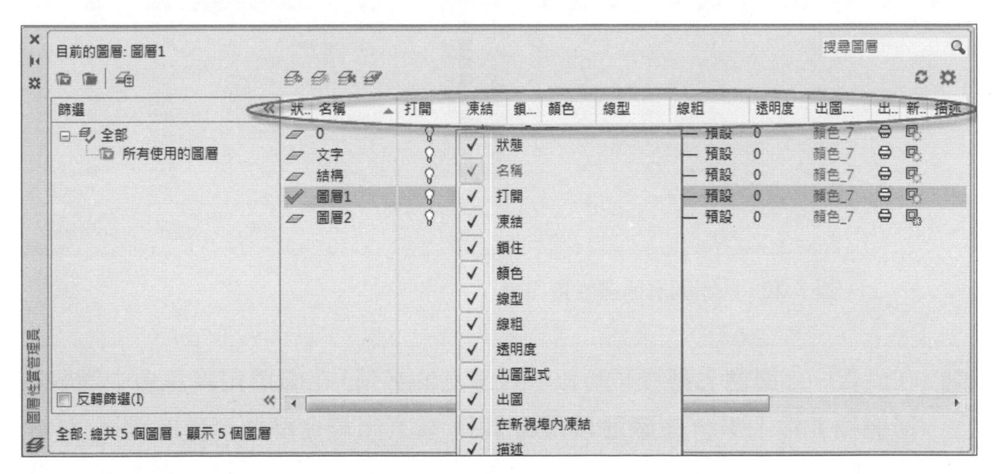

圖 7-18 在圖層上端任一名稱標頭上按下滑鼠右鍵以執行右鍵功能表

7-1-2 新性質與群組篩選

1 請開啟第七章 sample02.dwg 檔案，如圖 7-19 所示，這是一張建築平面圖，請開啟**圖層性質管理員**面板，在面板左上角，選取**新性質篩選**按鈕，可以打開**圖層篩選性質**面板，如圖 7-20 所示。

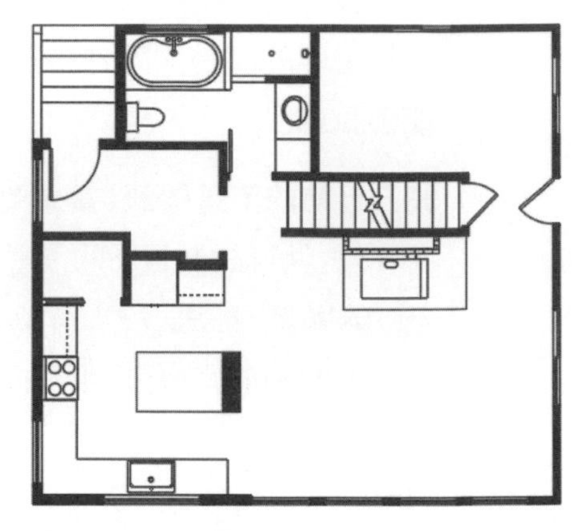

圖 7-19 開啟第七章 sample02.dwg 檔案

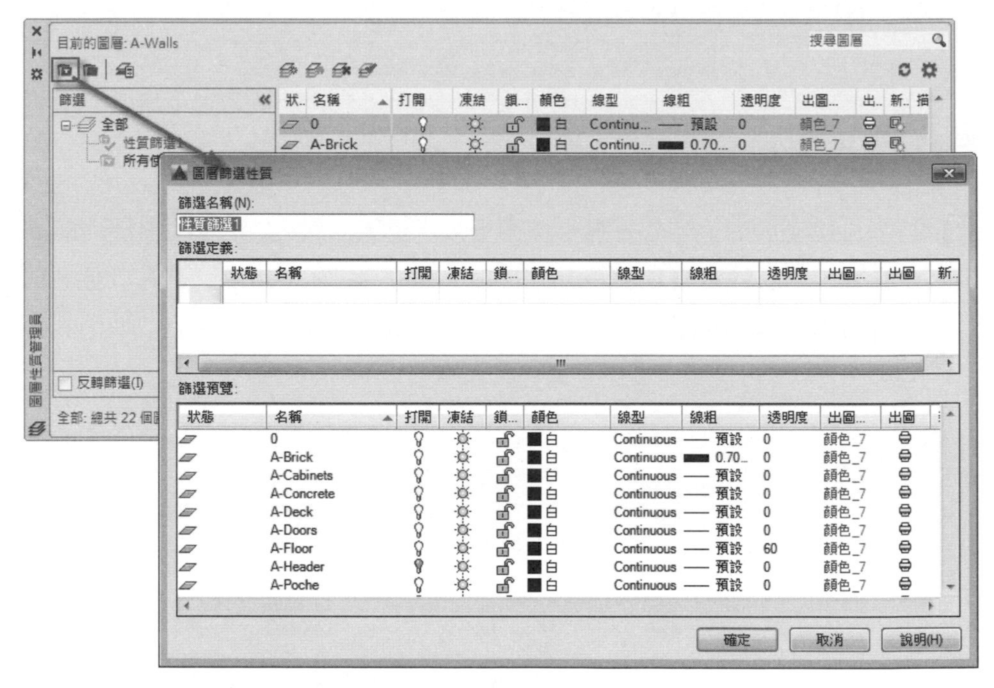

圖 7-20 打開**圖層篩選性質**面板

2 在面板中之**篩選名稱**欄位可以填入篩選的名稱，在**篩選定義**選項中選取名稱欄位並輸入 E*，在**篩選預覽**選項中，會列出符合篩選條件的圖層，如圖 7-21 所示。

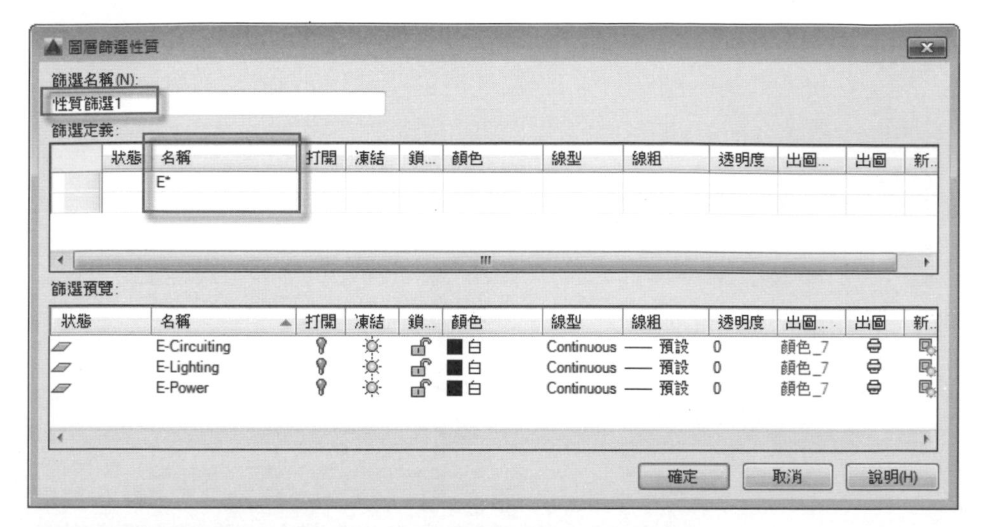

圖 7-21 在**篩選預覽**選項中會列出符合篩選條件的圖層

3 在面板中按下**確定**按鈕，可以回到**圖層性質管理員**面板，其左側欄位會列出篩選名稱，其右側則會列出符合篩選條件的所有圖層內容，如圖 7-22 所示。

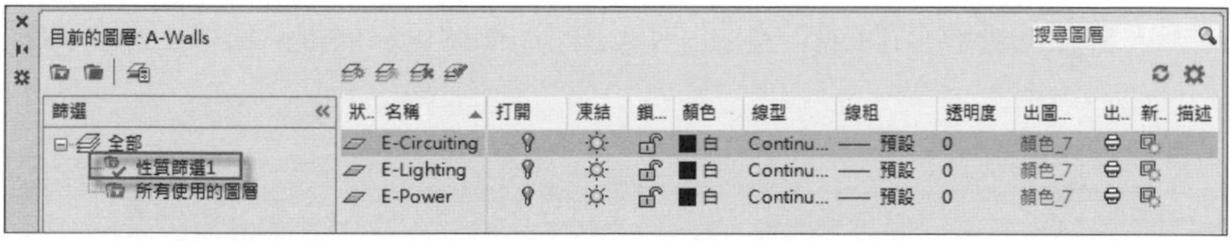

圖 7-22 **圖層性質管理員**面板顯示篩選名稱並列出符合條件的圖層

4 在**圖層性質管理員**面板中，按右上角的**新群組篩選**按鈕，在篩選欄位中會增加（群組篩選 1）之名稱，請將其名稱改名為（Group Filter1）名稱，如圖 7-23 所示。

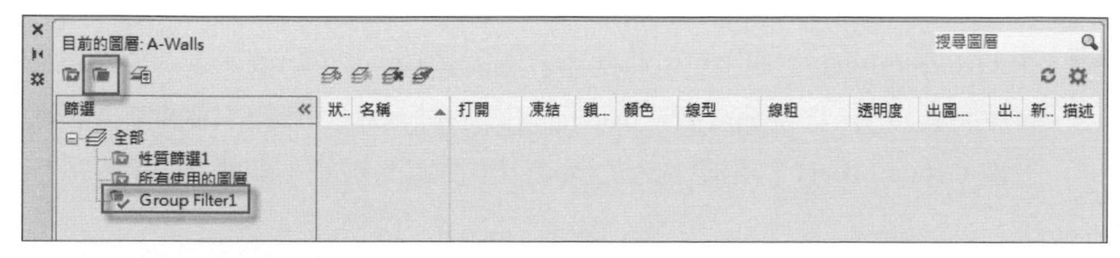

圖 7-23 在篩選欄位中會增加 Group Filter1 名稱之群組篩選

5 在篩選欄位中選取所有使用的圖層，以展現全部的圖層，然後移動游標至想要併入群組的圖層名稱上，按住滑鼠左鍵，分別將它們拖曳到 Group Filter1 群組名稱上，即可完成群組圖層的篩選任務，如圖 7-24 所示。

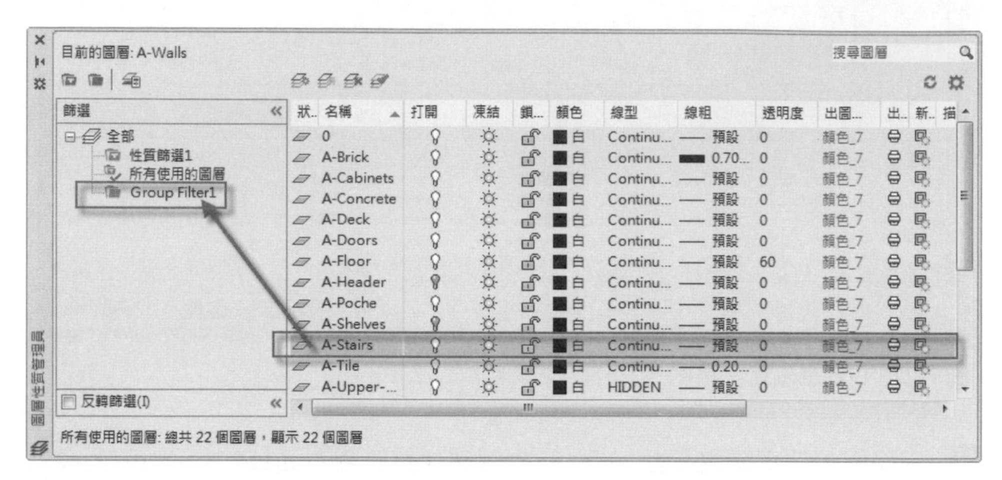

圖 7-24 將想做群組篩選之圖層拖曳到 Group Filter1 群組名稱上

6 在篩選欄位內選取 Group Filter1 群組名稱，其右側會顯示剛才被拖曳併入群組的圖層全部內容，如圖 7-25 所示，如此可以很方便對群組圖層做管理。

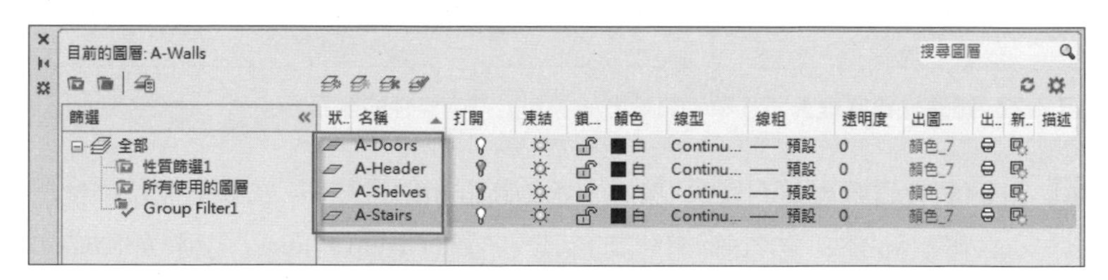

圖 7-25 右側會顯示剛才被拖曳併入群組的圖層內容

7 在 Group Filter1 群組中可以將此所有圖層做統一管理，例如選取全部的圖層並將其關閉，當在篩選欄位選取所有使用的圖層名稱時，右側散在不同地方被 Group Filter1 群組收納入的圖層可以快速的被統一關閉，如圖 7-26 所示。

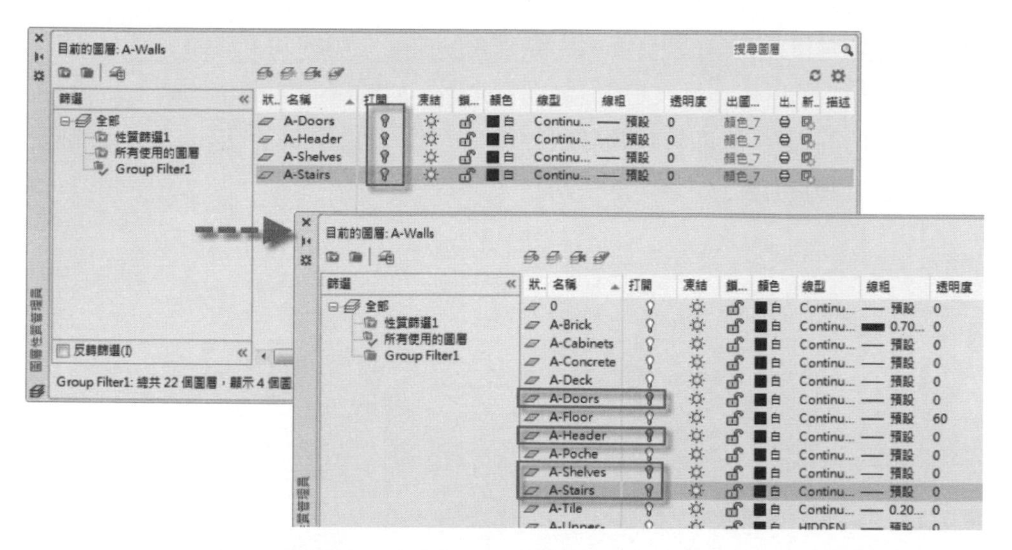

圖 7-26 在全部圖層中被 Group Filter1 群組納入的圖層被統一關閉

7-2 圖層狀態管理員

圖層狀態管理員為 AutoCAD2010 版本以後新增功能，其比**圖層性質管理員**面板上**新性質篩選**及**新群組篩選**工具更為好用，現說明其使用方法如下：

1 請開啟第七章 sample03.dwg 檔案，如圖 7-27 所示，這是一幅比較複雜的機械圖，並已預先做好圖紙空間的配置。

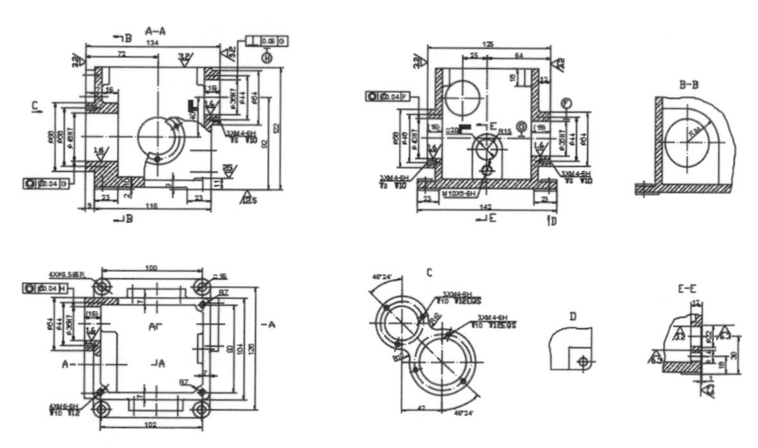

圖 7-27 開啟第七章 sample03.dwg 檔案

2 請選取**常用**頁籤，在圖層面板中點擊圖層標頭右側的向下箭頭，可以打開圖層面板中的所有工具，使用滑鼠點擊**未儲存的圖層狀態**欄位的向下箭頭，在打開的面板中，選取**管理圖層狀態**功能選項，如圖 7-28 所示，可以打開**圖層狀態管理員**面板，如圖 7-29 所示。

圖 7-28 選取**管理圖層狀態**功能選項

圖 7-29 打開**圖層狀態管理員**面板

3 請在面板中按**新建**按鈕，可以再打開**要儲存的新圖層狀態**面板，如圖 7-30 所示，如果執行新圖層狀態功能選項亦可開啟**要儲存的新圖層狀態**面板，如圖 7-31 所示。

圖 7-30 按下**新建**按鈕可以打開**要儲存的新圖層狀態**面板

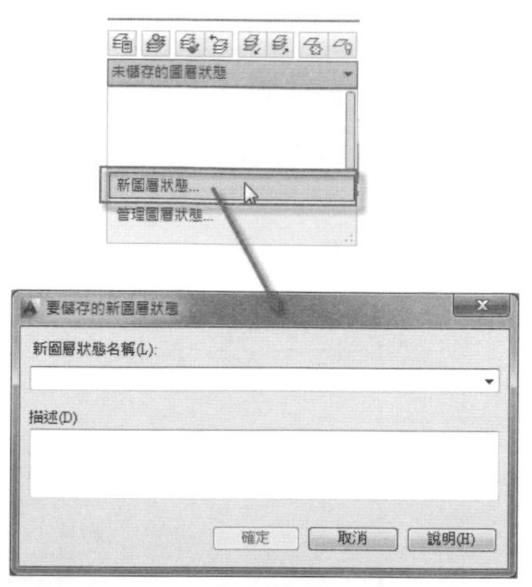

圖 7-31 執行**新圖層狀態**選項亦可開啟**要儲存的新圖層狀態**面板

4 請在**要儲存的新圖層狀態**面板上的**名稱**欄位上，分別建立全部詳圖、無尺寸線及無文字等 3 個圖層狀態，設定好後分別按**確定**鍵即可，如圖 7-32 所示。按下**確定**鍵後，可以在**圖層狀態管理員**面板的名稱欄位建立 3 個圖層狀態，如圖 7-33 所示。

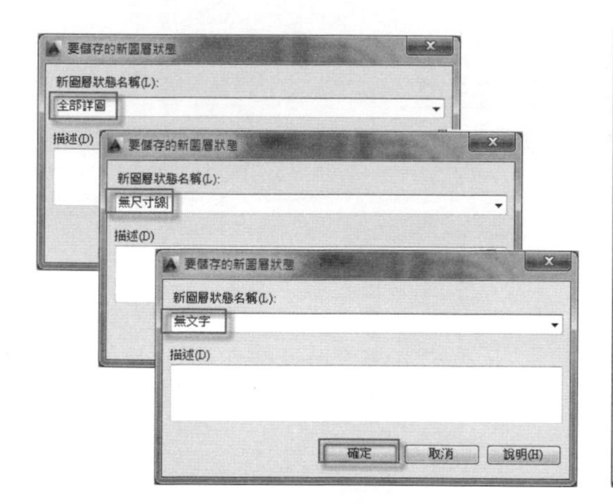

圖 7-32 在新**圖層狀態**面板上的**名稱**欄位上建立圖層狀態

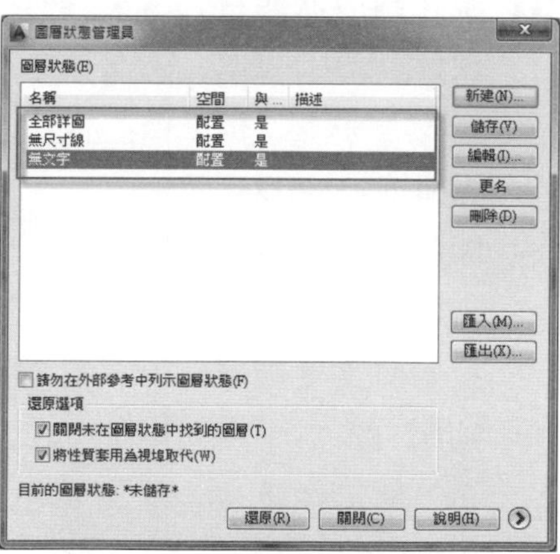

圖 7-33 在**圖層狀態管理員**面板的名稱欄位建立 3 個圖層狀態

5 現在**圖層狀態管理員**面板中，選取無尺寸線狀態，按**編輯**按鈕，可以打開**編輯圖層狀態:無尺寸線**面板，請在此面板中將標註圖層關閉，圖 7-34 所示，設定好後按下**確定**鍵。

圖 7-34 在**編輯圖層狀態**面板中將尺寸層圖層關閉

6 現在**圖層狀態管理員**面板中，選取無文字狀態，按**編輯**按鈕，可以打開**編輯圖層狀態**面板，請在此面板中將文字圖層關閉，圖 7-35 所示，設定好後按下**確定**鍵。

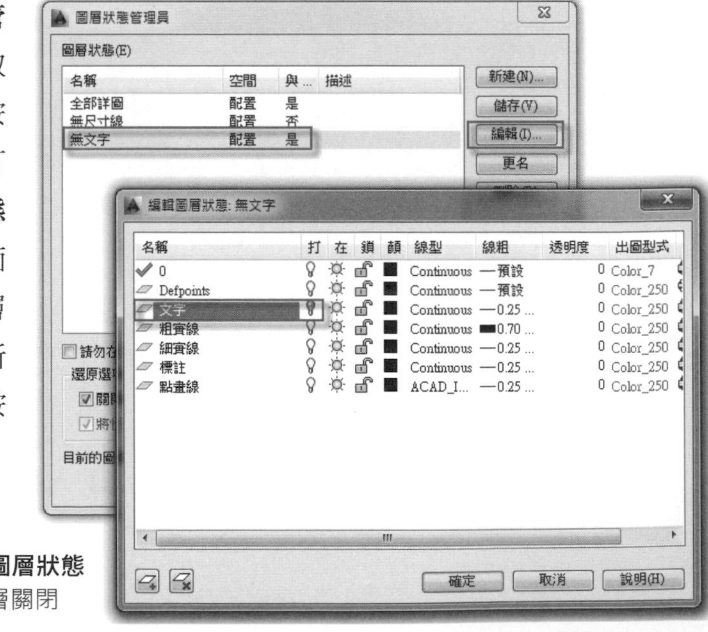

圖 7-35 在**編輯圖層狀態**面板中將文字圖層關閉

7 完全設定好後關閉**圖層狀態管理員**面板，在**圖層狀態**面板中選取**無尺寸線**狀態選項，在繪圖區中整個圖形的尺寸線被隱藏，如圖 7-36 所示。

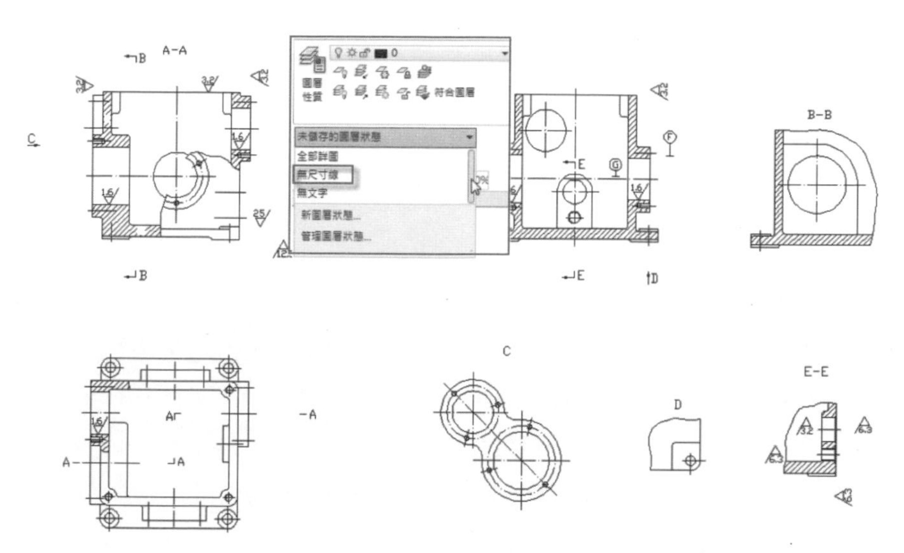

圖 7-36 在繪圖區中整個圖形的尺寸線被隱藏

8 在**圖層狀態**面板中選取**無文字**狀態選項，在繪圖區中整個圖形的文字被隱藏，如圖 7-37 所示。

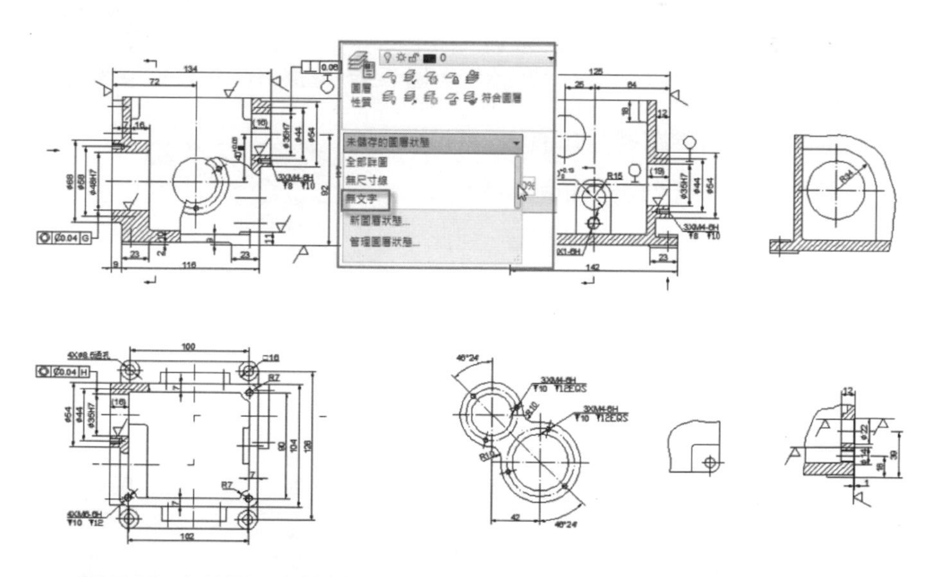

圖 7-37 在繪圖區中整個圖形的文字被隱藏

9 經由圖層狀態管理員的設置，可以很方便的變更設定好的圖層狀態，再配合圖紙空間出圖，當會使圖面更加靈活方便。

7-3 圖層管理

7-3-1 圖層面板上的工具

AutoCAD 提供很多方式的圖層管理，可在**圖層性質管理員**面板中做管理，但最直接的方式即在圖層面板中做管理，如圖 7-38 所示，本小節同樣使用第七章 sample03.dwg 做為示範，現將面板上各項工具之功能說明如下：

圖 7-38 圖層面板上各項工具

1 本選項為圖層工具其內包含多項管理工具，其功能與**圖層性質**工具大致相同，如圖 7-39 所示，可以很方便做圖層管理工作。

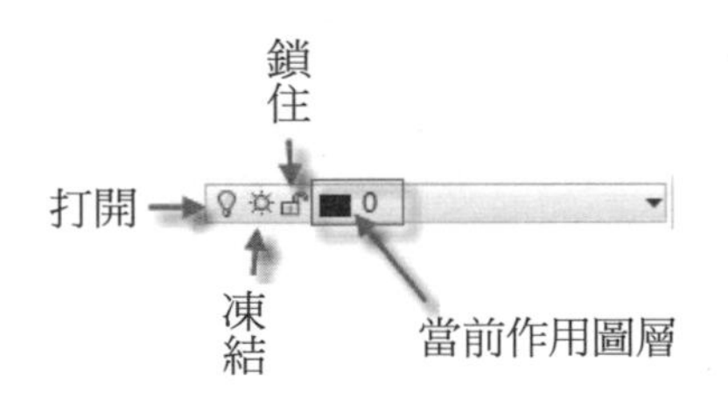

圖 7-39 圖層工具面板內之圖層管理工具

(1) 使用滑鼠點擊**圖層**工具面板，可以展開現有圖層列表，如圖 7-40 所示，以游標選取粗實線圖層，則此圖層會馬上變為目前使用圖層。

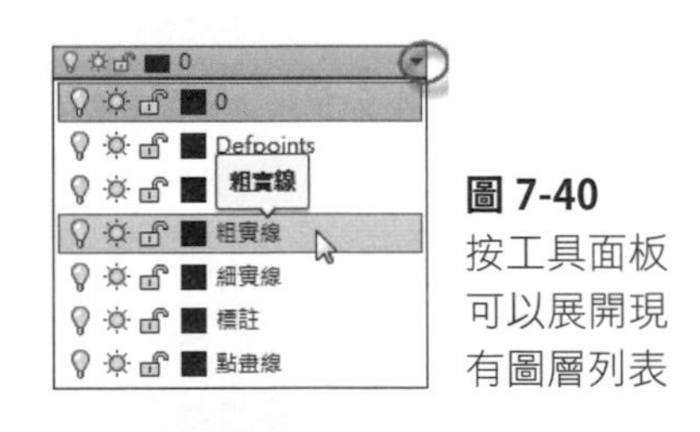

圖 7-40 按工具面板可以展開現有圖層列表

(2) 使用滑鼠點擊面板中前面三個按鈕，亦即打開圖層列表，只要使用滑鼠點擊圖層名稱前面的三個圖示，可以將此圖層做關閉、凍結與鎖住，如圖 7-41 所示，將文字圖層同時做關閉、凍結與鎖住等處理。

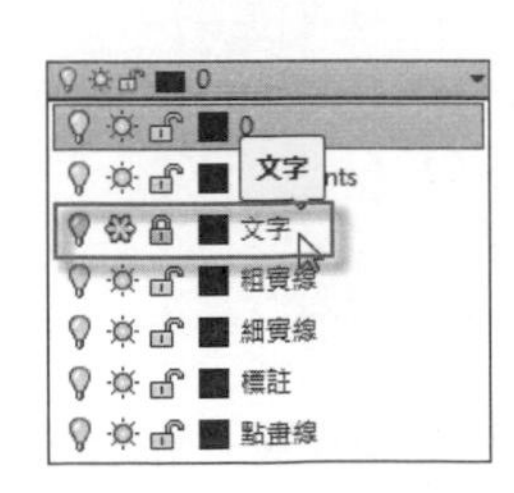

圖 7-41 將文字圖層同時做關閉、凍結與鎖住處理

(3) 在此文字圖層中再對各按鈕按下滑鼠左鍵時，可以逐一解開關閉、凍結與鎖住處理。

(4) 如同**圖層性質管理員**面板，對目前作用中圖層無法執行關閉、凍結處理，但可以執行鎖住處理。

2 **關閉工具**：執行此工具，指令行會提示**在要關閉的圖層上選取物件或**，如果想要關閉標註圖層，可以移動游標至任一標註線上按下滑鼠左鍵，即可以將所有標註線關閉，如圖 7-42 所示。

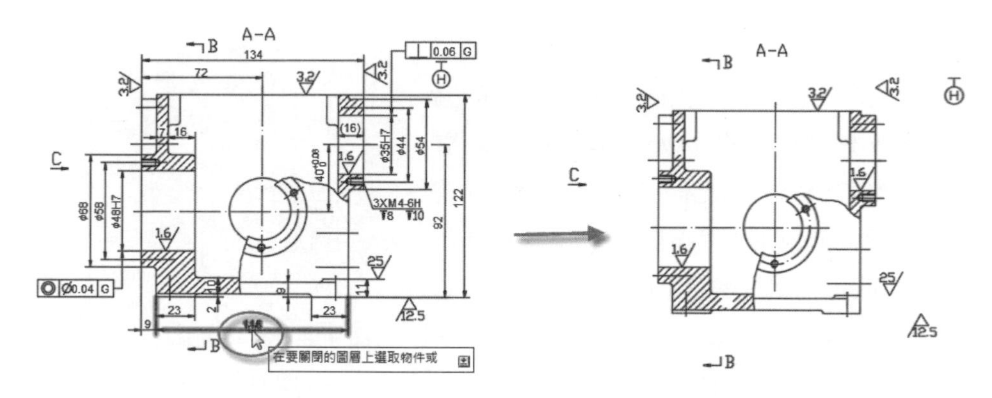

圖 7-42 使用此工具將所有標註線關閉

3 **隔離工具**：執行此工具，指令行會提示**在要隔離的圖層上選取物件或**，請移動游標選取圖示的圓弧線，則屬於圓弧之粗實線為顯示狀態外，所有圖層皆被隔離而隱藏。

4 **凍結工具**：執行此工具，凍結的圖層上的物件不可見，在大圖面中，凍結不需要的圖層可加速包含顯示和重生的操作，在配置中，使用者可以凍結個別配置視埠中的圖層。

5 **鎖住工具**：執行此工具，鎖住所選物件的圖層。

6 **設為目前工具**：執行此工具，將目前圖層設定為選取的物件之圖層。

7 **打開所有圖層工具**：執行此工具，可以打開圖面中的所有圖層。

8 **取消隔離工具**：執行此工具，可以將圖形被隔離工具給予隔離時，回復到未隔離狀態。

9 **解凍所有圖層工具**：執行此工具，可以解凍所有圖層。

10 **解鎖工具**：執行此工具，可以選取鎖住的圖層上的物件並解鎖該圖層，而不需指定圖層的名稱。

11 **符合圖層工具**：如果將物件建立在錯誤的圖層上，可以透選取目標圖層上的物件來變更其圖層。

7-3-2 圖層之管理運用

1 如果想改變圖形的現有圖層，可以先選取此圖形，在圖層工具中將圖形欲歸入的圖層改為當前圖層，例如原繪製在 0 圖層的圖形，想將它改歸入到粗實線圖層，請先選取此圖形，然後設粗實線圖層為當前圖層，再執行**圖層**工具面板上的變更為目前圖層工具，即可將選取的圖形歸入到粗實線圖層中，如圖 7-43 所示。

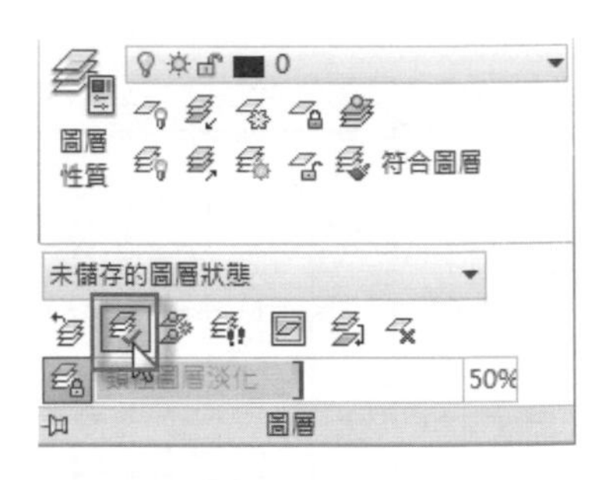

圖 7-43 使用變更為目前圖層工具將圖形更改圖層

2 更改圖層方法，其實更好用的工具是**性質**面板，例如在 0 圖層上畫一圓，先選取圓物件，按鍵盤上 [Ctrl] + [1] 鍵，可以打開**性質**面板，在面板中選取圖層欄位將其改為粗實線圖層，即可馬上將圓歸入到粗實線圖層中。

3 請輸入第七章 sample04.dwg 檔案，如圖 7-44 所示，這是十人座的餐桌椅平面傢俱圖，選取**圖層**工具面板上的**圖層漫遊**工具，可以打開**圖層漫遊**面板，如圖 7-45 所示。

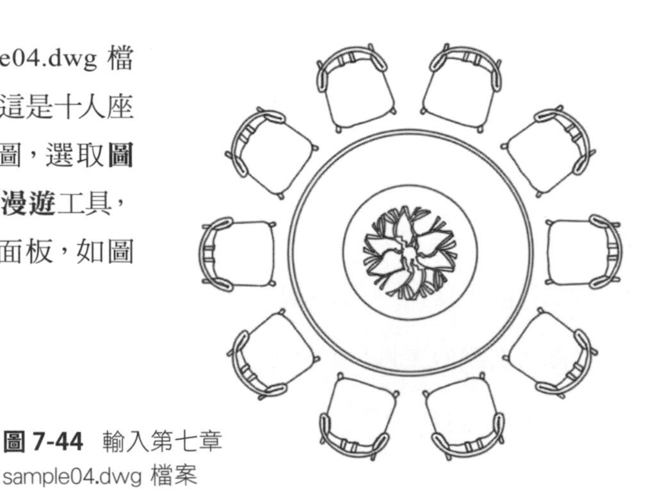

圖 7-44 輸入第七章 sample04.dwg 檔案

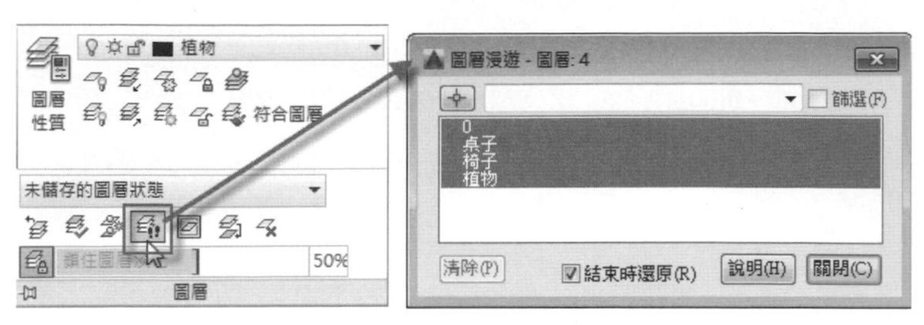

圖 7-45 打開**圖層漫遊**面板

4 在面板中系統內定為選取所有圖層，請試著選取其中桌子及椅子兩圖層，在繪圖區中只會顯示出桌子及椅子的圖形，如圖 7-46 所示。

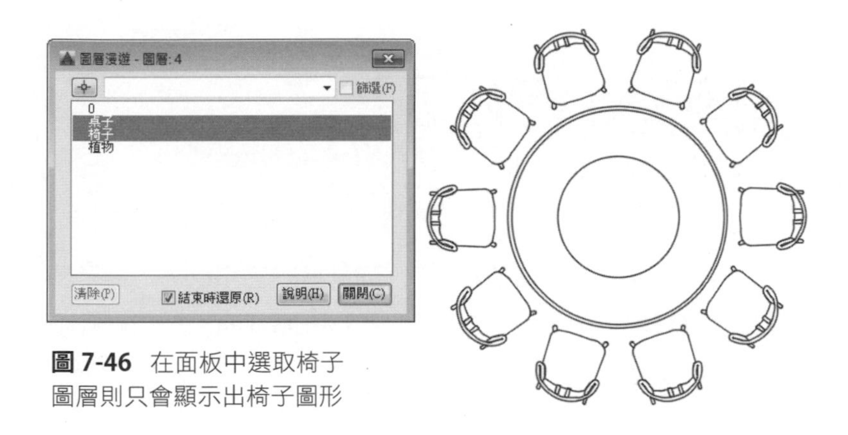

圖 7-46 在面板中選取椅子圖層則只會顯示出椅子圖形

5 在面板上點擊左上角的**選取物件**按鈕 ，暫時回到繪圖區，可以移動游標選取其中一張椅子，選取完成可以再回到面板，則在圖層漫遊面板中，則只有椅子圖層被選取，而繪圖區中只剩下 10 張椅子，如圖 7-47 所示。

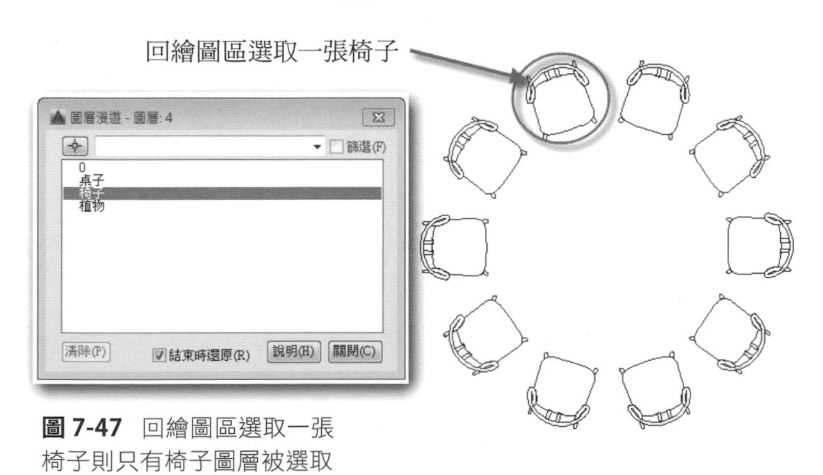

圖 7-47 回繪圖區選取一張椅子則只有椅子圖層被選取

6 在面板下方的**結束時還原**欄位如果勾選，於關閉面板後，圖形的顯示會回復至**圖層漫遊**前的狀態，如果處於不勾選狀態，則於關閉面板後，系統會再顯示**圖層狀態變更**面板，以警告圖層狀態可變更的提示，如圖 7-48 所示。

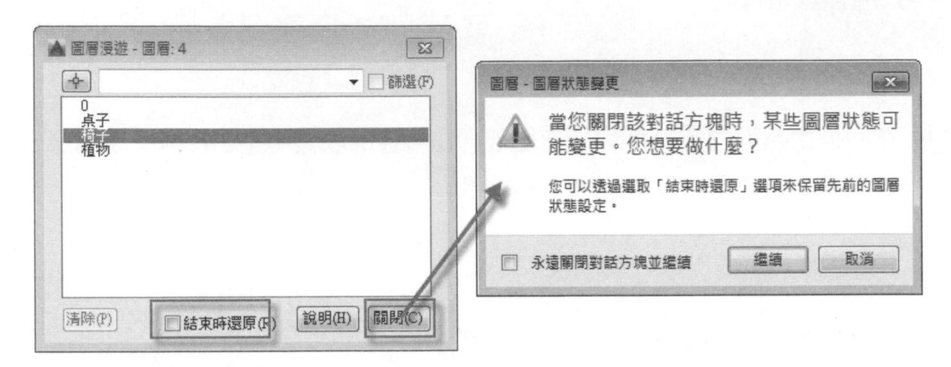

圖 7-48 系統會再顯示**圖層狀態變更**面板

7 當在**圖層狀態變更**面板按下**繼續**按鈕後，回到繪圖區中只剩下椅子圖層，此時打開**圖層性質管理員**面板，除了椅子圖層為打開狀態，其它圖層則呈關閉狀態，如圖 7-49 所示。

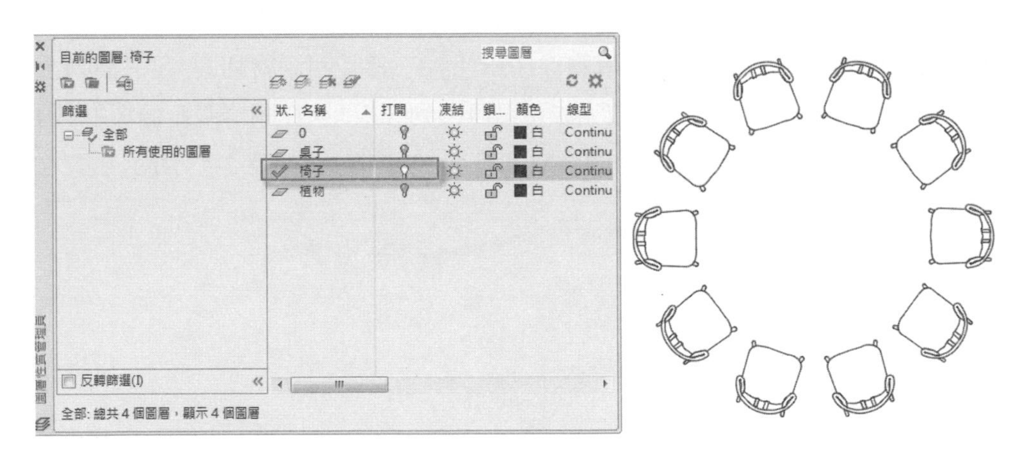

圖 7-49 除了椅子圖層為打開其它圖層則呈關閉狀態

7-4 圖塊與圖層的關係

1 掌握圖塊與圖層特性以繪製圖形，是成為 AutoCAD 高手必備的利器。雖然組成圖塊的各物件都有自己的圖層、顏色、線型和線寬等特性， 但插入到圖形中，圖塊各物件原有的圖層、顏色、線型和線寬特性常會發生很大變化。

2 圖塊組成可分為物件圖層、顏色、線型和線寬的變化，其涉及到的圖層特性包括圖層設置和圖層狀態等。

3 圖層設置是指在**圖層性質管理員**面板中對圖層的顏色、線型和線寬的設置。圖層狀態是指圖層的打開與關閉狀態、圖層的解凍與凍結狀態、圖層的解鎖與鎖定狀態和圖層的可列印與不可列印狀態等。

4 請輸入第七章 sample05.dwg 檔案，這是一張住家的房屋結構圖，並同時開啟**圖層性質管理員**面板，如圖 7-50 所示。

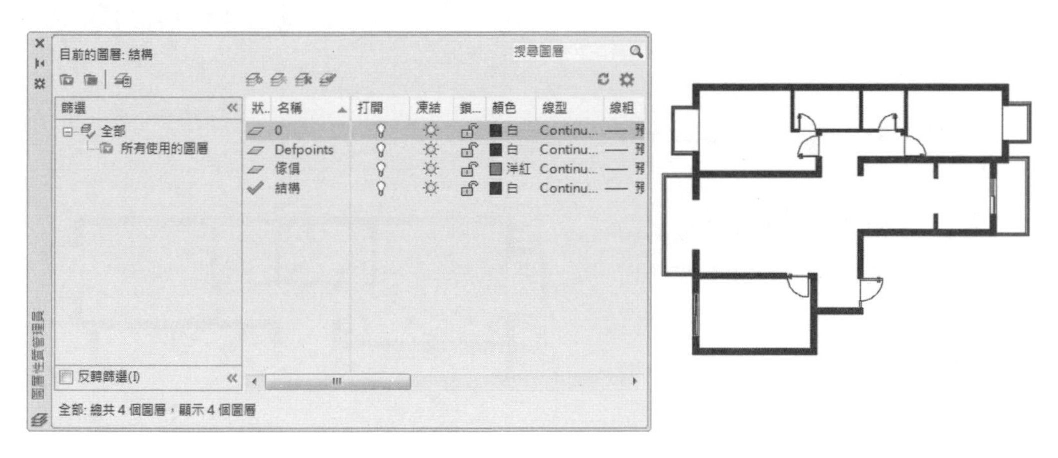

圖 7-50 輸入第七章 sample05.dwg 檔案並同時開啟**圖層性質管理員**面板

5 在**圖層性質管理員**面板中，sample05 圖檔已內建有 4 個圖層，其中的 Defpoints 圖層為 AutoCAD 的暫存用圖層，所以真正只有 3 個圖層。

溫馨提示	Defpoints 圖層通常在標註後會自動產生，它是給 CAD 放一些 (看不見的) 單點或物件，它有一個特性就是預設為不出圖(也不能改成出圖)，所以千萬不要把物件放在這個圖層，否則出圖就會看不見，也不需要刪除它，因為不是刪不掉就是刪掉了下次標註後就會自動產生回來。

6 在 AutoCAD 中同時再打開第七章中沙發.dwg 檔案，並同時開啟**圖層性質管理員**面板，如圖 7-51 所示，此圖已製作成圖塊，並設置了兩個圖層，除了燈具外，其餘圖形均置於 0 圖層上。

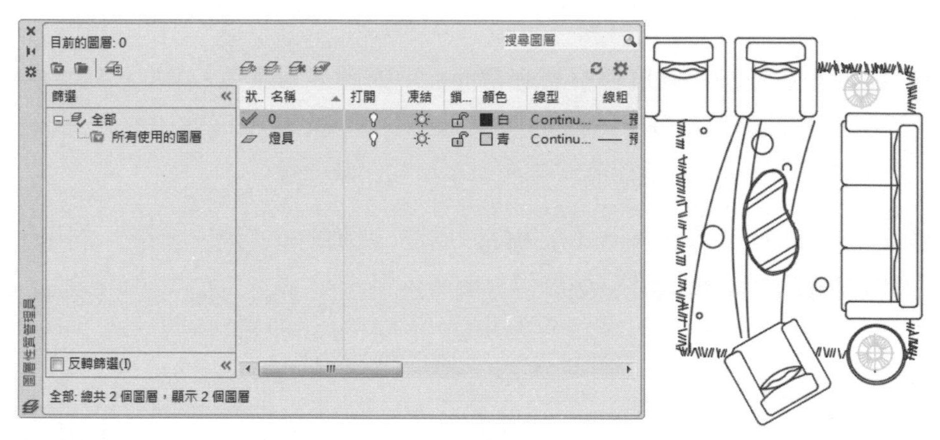

圖 7-51 另外開啟沙發 .dwg 檔案內含兩個圖層

7 在繪圖區上方文件頁籤區中選取 sample05 文件頁籤，並設定其 0 圖層為目前圖層，在**圖塊**工具面板中選取**插入**工具，將第七章中沙發圖塊插入，如圖 7-52 所示。

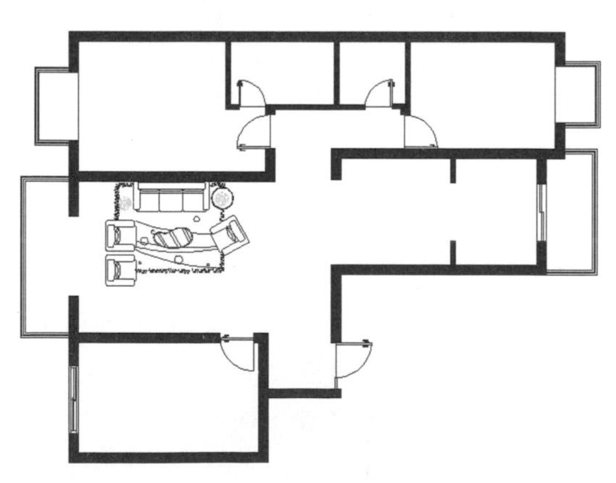

圖 7-52 將沙發圖塊插入到結構圖的客廳中

8 在**圖層性質管理員**面板中，原圖塊 0 圖層的圖形會併入到此 0 圖層中，而原圖塊中的燈具圖層，則會單獨以原圖層名稱加入，並沿續其圖層特性，如圖 7-53 所示。

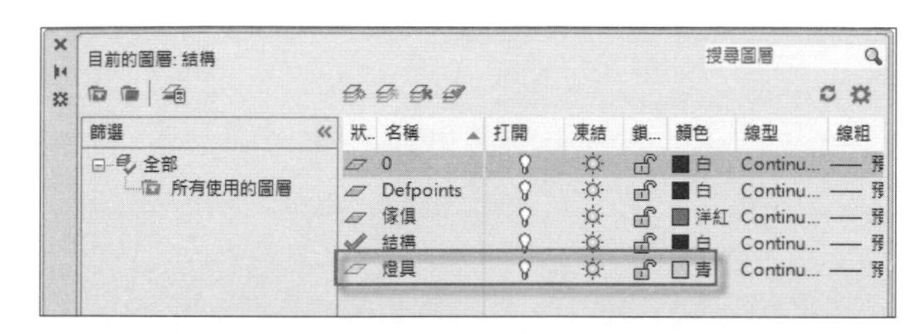

圖 7-53 增加燈具圖層並沿續其圖層特性

9 請回復到未插入圖塊狀態，並在**圖層性質管理員**面板中，改傢俱圖層為目前圖層，再將沙發圖塊插入，在**圖層性質管理員**面板中一樣增加燈具圖層，唯繪圖區的沙發併入到傢俱圖層，並變更沙發為傢俱圖層的顏色，如圖 7-54 所示。

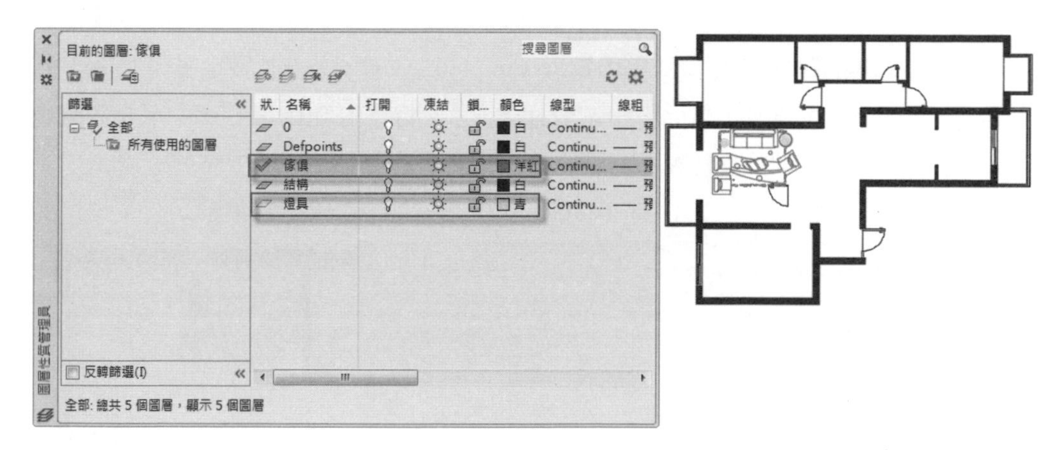

圖 7-54 繪圖區的沙發已變更為傢俱圖層的顏色

> **溫馨提示**
> 在圖塊插入時，圖塊中原 0 圖層上的物件會改變到目前圖層，並隨現有圖層性質而更改。圖塊中原非 0 圖層上的物件圖層會以既有的圖層名稱插入到現有圖面中，且保有原圖層的性質。

10 在 AutoCAD 中同時再打開第七章中單人床.dwg 檔案，並同時開啟**圖層性質管理員**面板，如圖 7-55 所示，此圖已製作成圖塊，並且只有 0 圖層，所有圖形均置於此圖層上，唯圖層顏色為藍色。

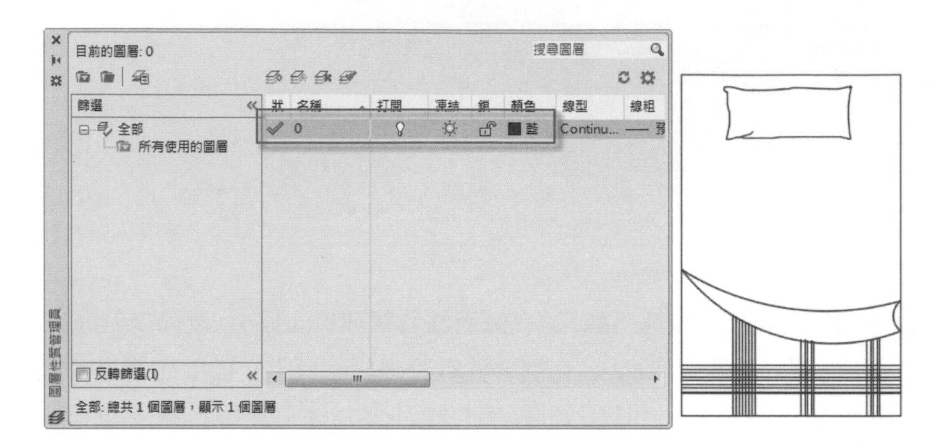

圖 7-55 開啟單人床圖塊內只含 0 圖層

11 在繪圖區上方文件頁籤區中選取 sample05 文件頁籤，並設定其 0 圖層為目前圖層，在**圖塊**工具面板中選取**插入**工具，將書附範例第七章中單人床圖塊插入，單人床圖塊已依 0 圖層的特性改為黑色圖形，如圖 7-56 所示。

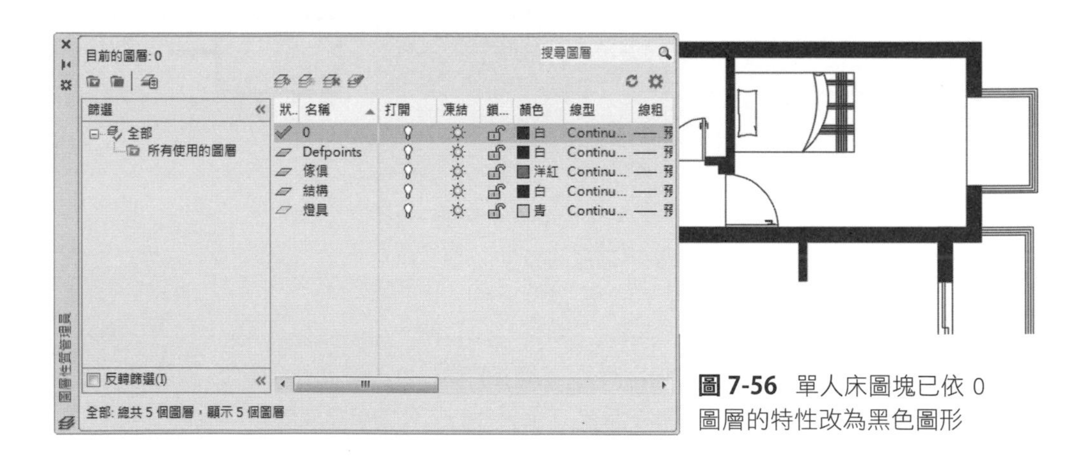

圖 7-56 單人床圖塊已依 0 圖層的特性改為黑色圖形

12 請回復到未插入圖塊狀態，並在**圖層性質管理員**面板中，改傢俱圖層為目前圖層，再將單人床圖塊插入，在繪圖區中單入床圖塊會併入到傢俱圖層，且其圖形顏色會隨傢俱圖層而改變為洋紅色，如圖 7-57 所示。

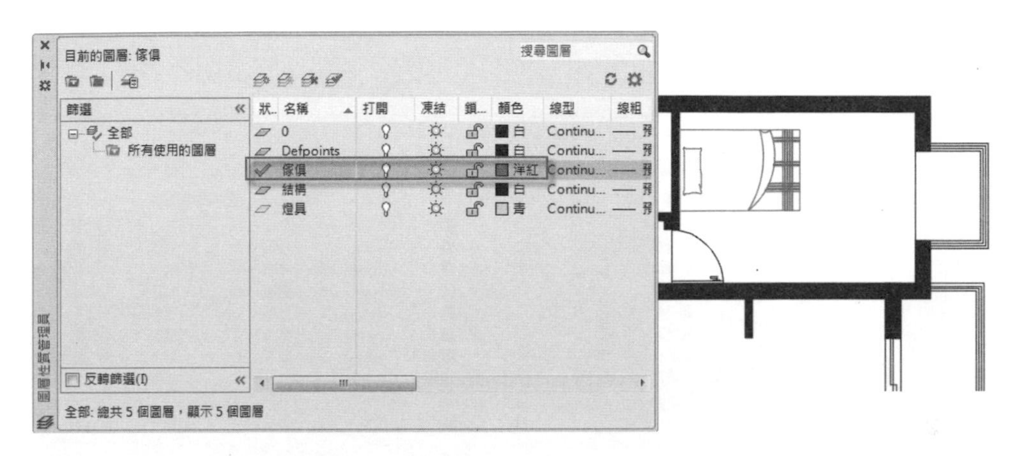

圖 7-57 位於 0 圖層的圖塊會隨目前圖層而改變

13 在 AutoCAD 中同時再打開第七章中餐桌椅.dwg 檔案，並同時開啟**圖層性質管理員**面板，如圖 7-58 所示，此圖形已製作成圖塊，並設置了三個圖層，餐桌椅圖形置於傢俱圖層且其圖層顏色為紅色，盆栽圖形置於植物圖層且其圖形顏色為綠色。

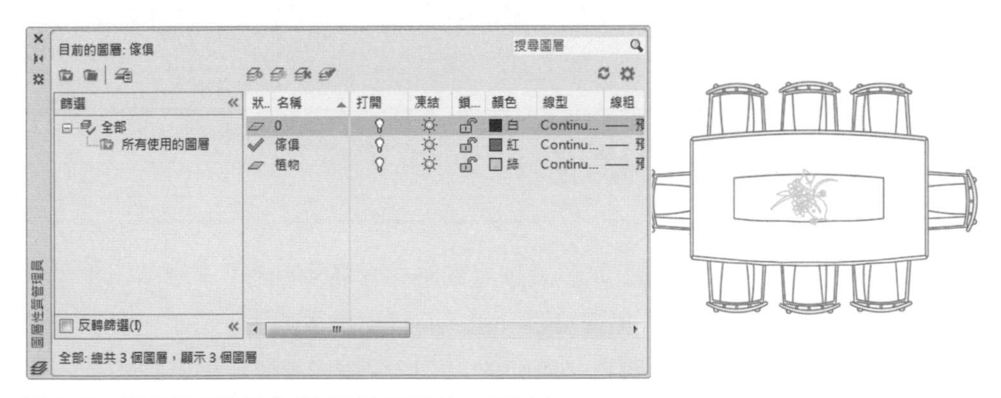

圖 7-58 開啟餐桌椅圖塊其圖形均不置於 0 圖層上

14 在繪圖區上方文件頁籤區中選取 sample05 文件頁籤，並設定傢俱圖層為目前圖層，在**圖塊**工具面板中選取**插入**工具，將第七章中餐桌椅圖塊插入在餐廳的位置上，餐桌椅圖形所位的圖層與目前圖層同名，故歸入到目前圖層並改變為洋紅色，而因盆栽圖塊原屬植物圖層，在此會新增植物圖層，如圖 7-59 所示。

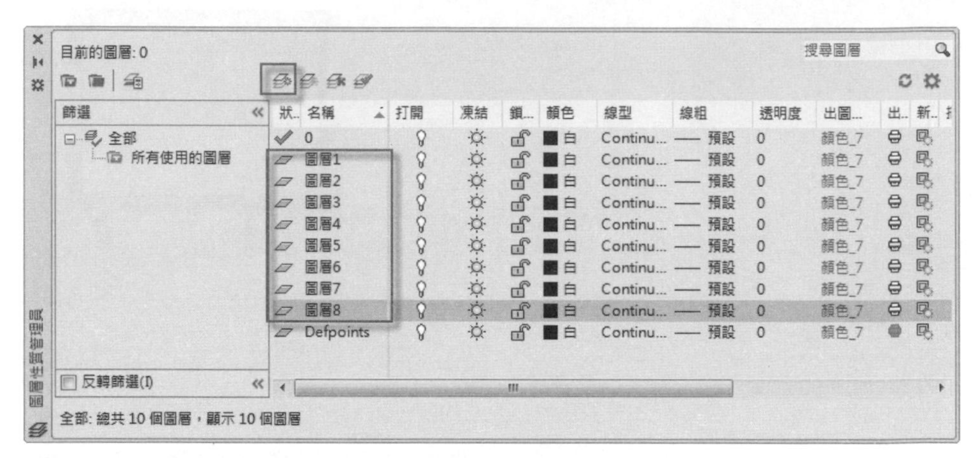

圖 7-59 圖塊中餐桌椅圖形歸入到目前圖層並改變為洋紅色

15 由上面的試驗練習，基本上可以了解圖塊與圖層相互間的關係，以此得知，圖塊以設在 0 圖層為最佳模式，這在繪製複雜圖形中於插入眾多圖塊時，能有效率的控管圖層，因此在本書中一再言及，0 圖層是專為處理圖塊而設，一般圖形應不允許存放在此圖層內。

7-5 創建圖層樣板

是否在樣板檔中預設圖層？如預設圖層則應內含多少圖層？本章前言中已做過詳細的分析，其問題見人見智莫衷一是，而且更重要原因，它不包含在國家製圖規範內，因此，圖層的建置是隨興的，可以視個人需要或繪圖團隊統一規範而製定，並無一定的範本可資尊循，然本小節為說明需要，試建置幾個圖層，以供讀者建置時的參考。

1 重新開啟一新圖檔，選取**常用**頁籤，於**圖層**工具面板中選取**圖層性質**工具，可以打開**圖層性質管理員**面板，請按**新增圖層**按鈕八次以增加 8 個圖層，如圖 7-60 所示。

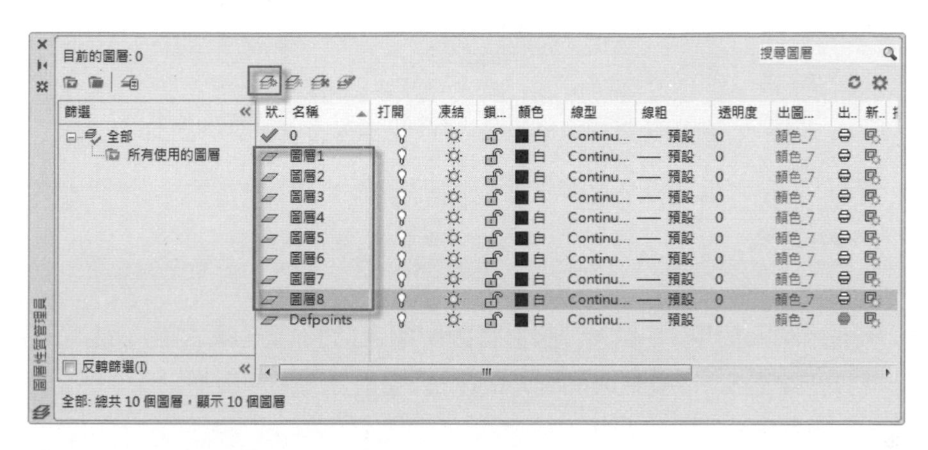

圖 7-60 按**新增圖層**按鈕八次以增加 8 個圖層

2 依前面更改圖層的方法，將圖層名稱依次改為標註、文字、牆、柱、門窗、填充線、傢俱、中心線等八個圖層連同 0 圖層、Defopints（系統自動產生）等共計 10 個圖層，如圖 7-61 所示。

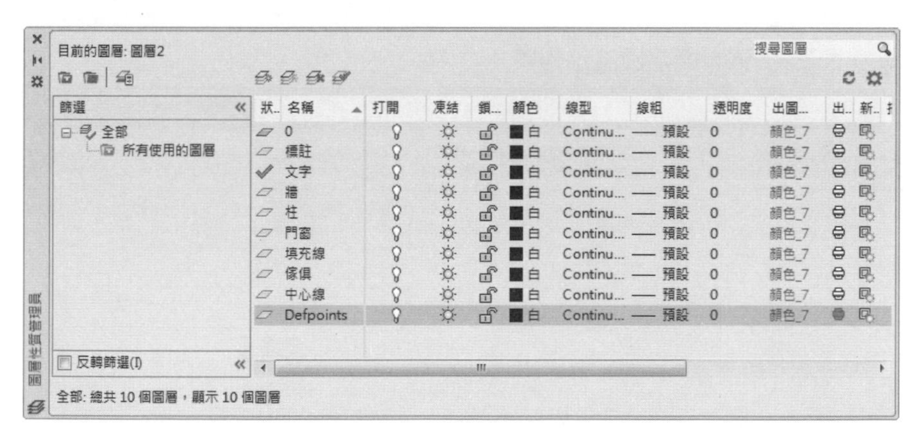

圖 7-61 將新增 8 個圖層依實際需要做更名處理

3 如前面所言，對於圖層的設定本於使用習慣，每個人的設置可能會不同，在此僅就上述 8 個圖層各欄位值，試為規劃如表二所示：

◎ **表二 建築製圖之圖層規劃表**

圖層名稱	搭配顏色	線寬	線型	備註
牆	黑色	0.5mm	連續線	
柱	綠色	0.5mm	連續線	
傢俱	黑色	0.15mm	連續線	
填充線	藍色	0.35mm	連續線	
門窗	藍色	0.35mm	連續線	
標註	黑色	0.15mm	連續線	
文字	紅色	0.15mm	連續線	
中心線	黃色	0.15mm	鏈線	

4 為維持圖面簡單、明瞭，切記勿將圖層顏色設置成五顏六色，而且必需選擇彩度較高者，以免造成閱圖時的困擾，依作者習慣，會把它們全設定成黑色，以利閱圖。

5 使用滑鼠點擊 AutoCAD 視窗的左上角應用程式視窗 A 工具按鈕，以打開下拉式表單，選取**另存→圖面**樣板，依前面第五章方法製作成建築製圖樣板方法一樣，存成相同檔名即可。

6 至於機械製圖者，試擬其圖層設定如表三：

◎ **表三 機械製圖之圖層規劃表**

圖層名稱	圖層顏色	線寬	線型	備註
輪廓線	黑	0.5mm	連續線	
中心線	黃	0.15mm	鏈線	
標註	綠	0.15mm	連續線	
圖框線	藍	0.3mm	連續線	
文字	黑	0.15mm	連續線	
剖面線	青	0.3mm	實線	
隱藏線	紫	0.15mm	虛線	

7 有關機械製圖之樣板檔製作，其方法與建築製圖者相同，此處不再重複說明，有需要者請自行製作。

8 另依室內設計製圖常用 CAD 圖層、顏色與線型之圖層規劃如表四：

◎ **表四 室內設計製圖之圖層規劃表**

圖層名稱		顏色	線型
圖框	LA	青	Continuous
標題欄	OLA	青	Continuous
牆	WL	紅	Continuous
窗戶	WI	青	Continuous
門	DR	綠	Continuous
天花	CL	青	Continuous
地板	FL	白	Continuous
活動家具	FUM	綠	Continuous
固定家具	FUF	綠	Continuous
梁位	BE	紫	Hidden2
尺寸	SI	藍	Continuous
文字	TE	青	Continuous
燈具	LT	青	Continuous
水電	HE	白	Continuous
家電	EA	青	Continuous
衛浴	SAN	綠	Continuous
植栽	PL	青	Continuous
立面圖層	EL	青	Continuous
詳細圖層	DE	青	Continuous

7-6 創建與編輯單行文字

7-6-1 創建單行文字

1 請重新開啟一新檔，茲為練習需要，請選取**註解**頁籤，然後在**文字**工具面板中，使用滑鼠點擊文字標頭右側的向下箭頭，可以打開**文字型式**面板，於型式選項中選取 Standard 字型，並設字體為標楷體，字體高度為 60，且設定為目前的文字型式，如圖 7-62 所示，此文字型式為無註解比例之文字型式。

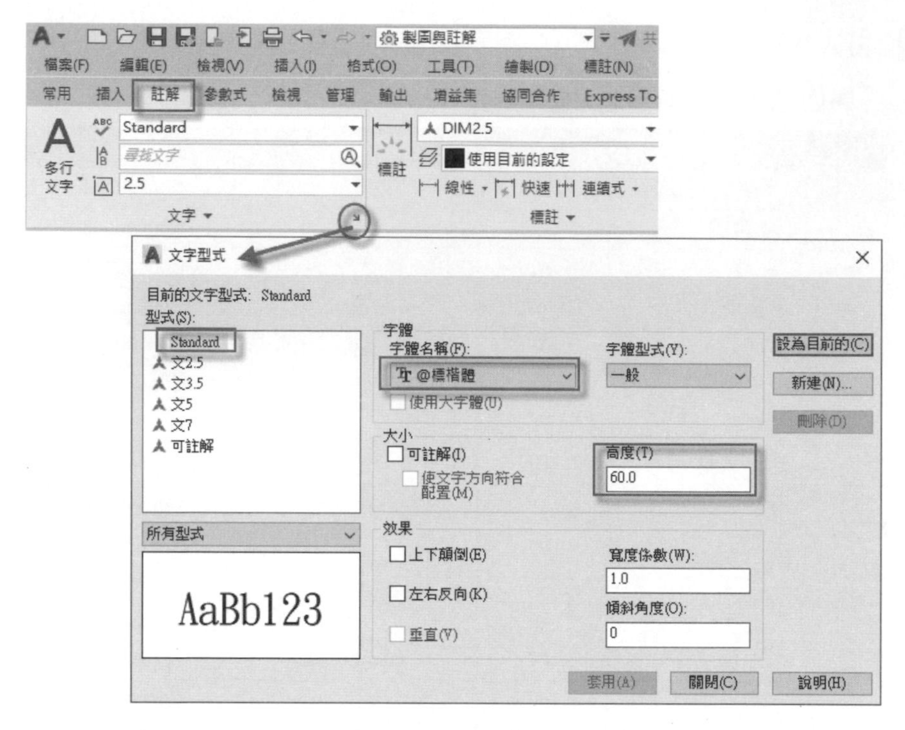

圖 7-62 在 Standard **文字型式**面板中做各欄位設定

2 請選取**常用**頁籤，接著選取**註解**工具面板中的**單行文字**工具，移游標到繪圖區中，指令行會提示**指定文字的起點或**，如圖 7-63 所示。

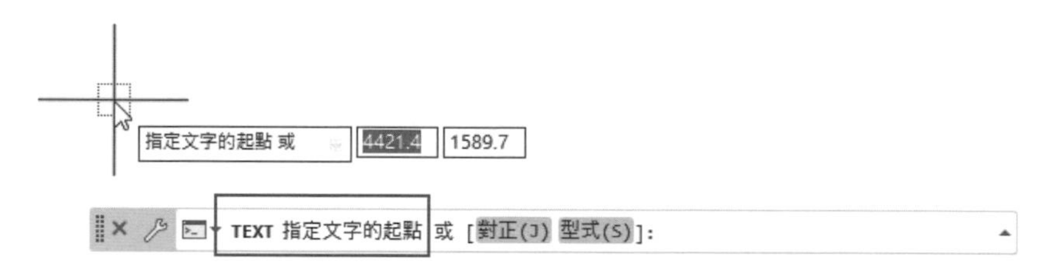

圖 7-63 指令行會提示**指定文字的起點或**

3 於畫面中按下滑鼠左鍵，以定下文字的起點，水平移動游標會有一條極座標追蹤的約束線，此並非輸入文字之始，而是設定文字的角度，在指令行中會提示**指定文字的旋轉角度 (0)**，如圖 7-64 所示，亦即預設值為 0 角度，因此只要按下 [Enter] 鍵即可設定為水平角度。

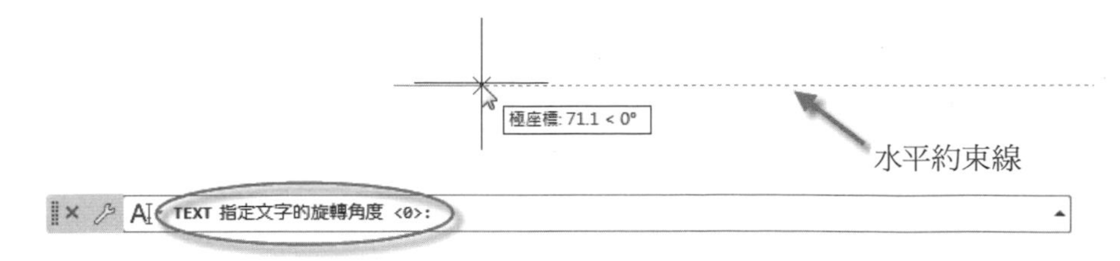

圖 7-64 在指令行中會提示**指定文字的旋轉角度 (0)**

4 當按下 [Enter] 鍵以定文字為水平書寫，在鍵盤上輸入「AutoCAD 單行文字」等字樣，文字輸入完畢後，使用滑鼠在空白處按一下，再按 [ESC] 鍵可以結束文字輸入，其結果如圖 7-65 所示。

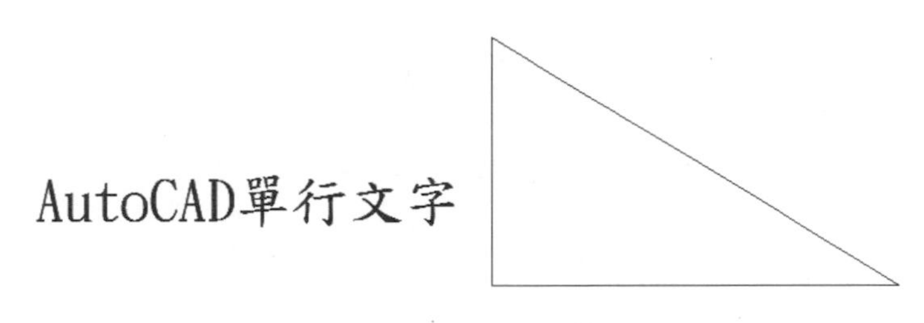

圖 7-65 在繪圖區輸入文字

5 再次執行**單行文字**工具，在圖示 1 點處定下文字輸入的起點，移動游標，指令行提示**指定文字的旋轉角度**時，在圖示 2 點處按下滑鼠左鍵，可以決定文字書寫方向，在鍵盤上輸入文字，則文字會循這條線書寫，如圖 7-66 所示。

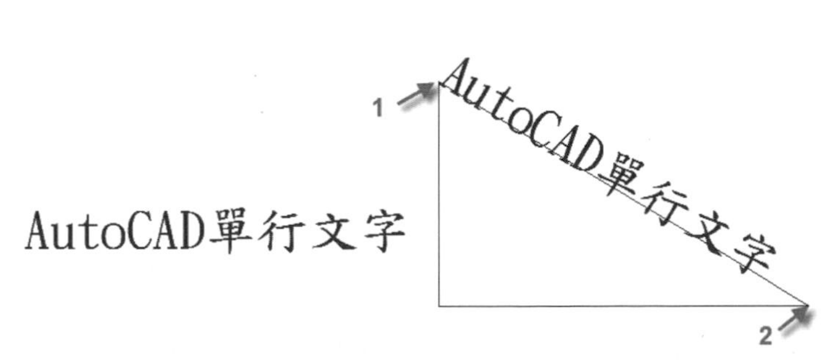

圖 7-66 使文字依指定方向書寫

6 再次執行**單行文字**工具，先不要定文字起點，在指令行中選取**左右對齊**功能選項，如圖 7-67 所示，接著指令行提示**請輸入選項**，並自動表列**左右對齊**方式選單，在指令行中也會呈現左右對齊方式各種功能選項供選取，請選擇其中的**對齊**功能選項，如圖 7-68 所示。

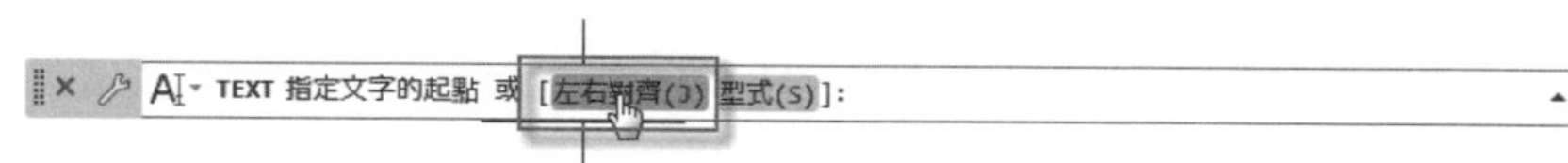

圖 7-67 在指令行中選取**左右對齊**功能選項

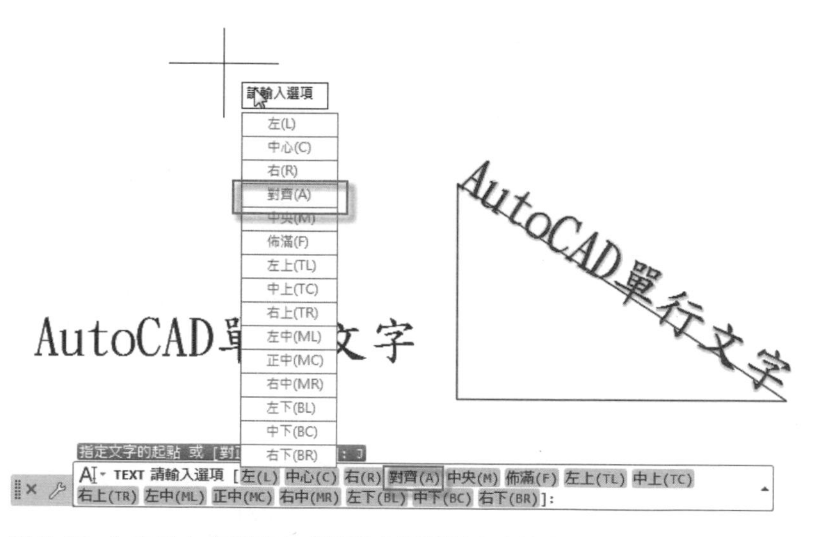

圖 7-68 在表列左右對齊方式選單中選擇**對齊**功能表單

溫馨提示

讀者之指令行列數可能與畫面不同，這是受指令行寬度影響，只要移動游標到指令行的右側，當出現左右移動箭頭時即可調整指令行的長度，如此亦可調整指令行中的列數。

7 指令行提示**指定文字基準線的第一個端點**，當滑鼠左鍵定下第一端點，指令行接著提示**指定文字基準線的第二個端點**，以滑鼠左鍵定下第二端點，繼在鍵盤上輸入「AutoCAD 單行文字」，此時文字大小會以第一、二端點之間的距離以平均分配字體大小，如圖 7-69 所示。

圖 7-69 以對齊方式做單行文字輸入

8 在前面的表列對正方式選單中選擇**佈滿**功能表單，其操作方法完全和前面的對齊表單做法相同，只是它還會考慮字型的原來**文字高度**設定，如圖 7-70 所示。

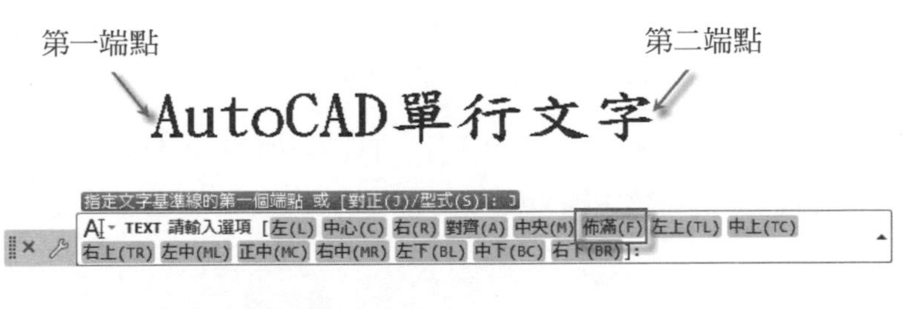

圖 7-70 以佈滿方式做單行文字輸入

9 其它的對正方式，是以文字的各部位置而定，如圖 7-71 所示，說明其各對應的位置，此部分請讀者自行練習。

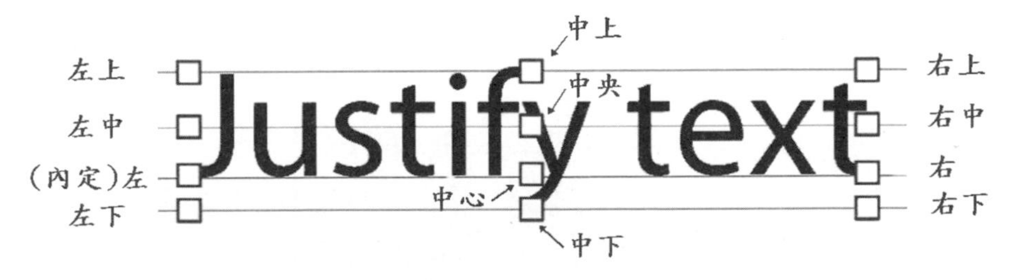

圖 7-71 圖示文字對齊的相關位置

7-6-2 文字編輯

1 選取**註解**頁籤，在其**文字**工具面板中，使用滑鼠點擊**文字型式**工具，會表列出已設定好的文字型式供選擇，此處請選取**文 5** 的文字型式，則文 5 型式會成為目前的文字型式，此文字型式為可註解的文字型式。

2 先將**輔助**工具面板上的**註解比例**工具改為 1:10，然後使用**單行文字**工具，在繪圖區中輸入「WELSH 工作室」文字，則文 5 字型會被放大 10 倍，如圖 7-72 所示。

WELSH工作室

模型 1:10

圖 7-72 先調整註解比例再輸入文字

3 如果事後想要編輯文字，只要使用滑鼠左鍵在 **WELSH 工作室**文字上按兩下，當文字呈藍色區塊時，即可使文字呈可編輯狀態。

4 在文字被選取狀態，按鍵盤上 [Ctrl] + [1] 鍵可以打開**性質**面板，在面板中選取**內容**欄位，則可經由編輯欄位內容，亦可改變繪圖區中的文字。

5 現在面板中將**型式**欄位改為 Standard 型式，**高度**欄位改為 50，**傾斜**欄位改為 30，可以將原來文字做一個大改造，如圖 7-73 所示。

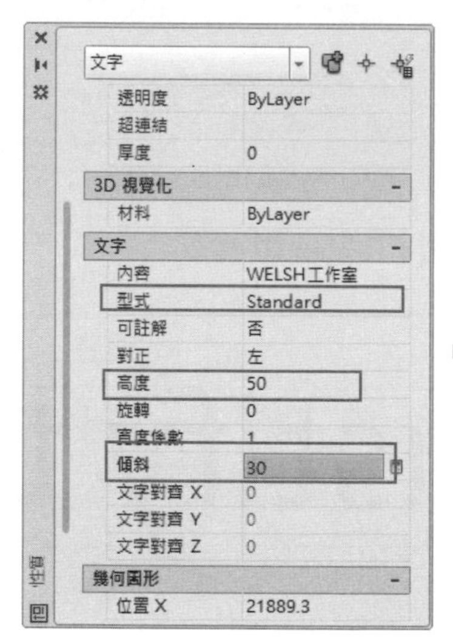

WELSH工作室

圖 7-73 利用**性質**面板中的欄位可對文字做編輯

6 先關閉**性質**面板及放棄文字之選取，選取**註解**頁籤，使用滑鼠點擊**文字**工具面板之文字標頭右側的向下箭頭，可以顯示完整的文字工具，在其中選取文字**比例**工具，如圖 7-74 所示。

圖 7-74 在文字工具面中選取文字**比例**工具

7 移游標至繪圖區中，指令行提示**選取物件**，請選取 **WELSH 工作室**文字，指令行會顯示眾多的功能選項供選擇使用，請選取**既有**選項，如圖 7-75 所示。

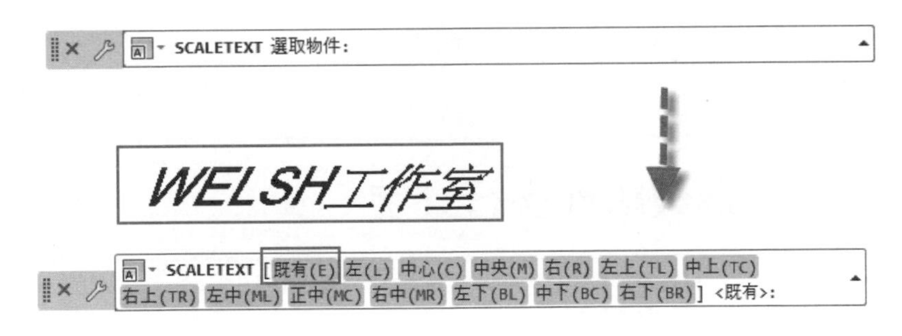

圖 7-75 在指令行中選取**既有**選項

8 當選取既有選項後，指令行提示**指定新的模型高度或**，並在指令行顯示 3 個功能選項供選取，使用者可以在鍵盤上直接輸入文字高度，不過此處請在指令行中選取**比例系數**功能選項。指令行會提示**指定比例係數或**，並提供**參考**功能選項供選取，如圖 7-76 所示。

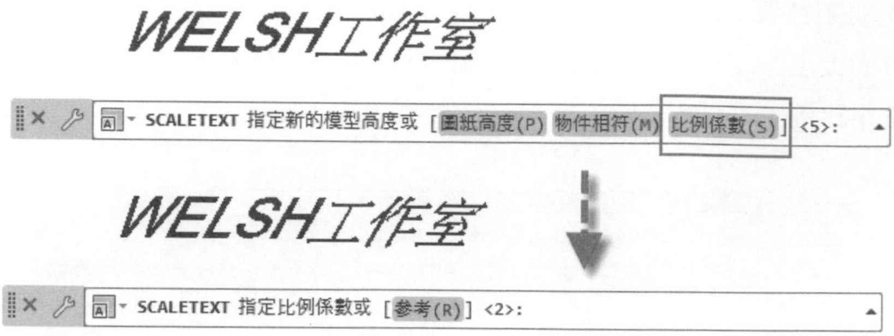

WELSH工作室

SCALETEXT 指定新的模型高度或 [圖紙高度(P) 物件相符(M) 比例係數(S)] <5>:

WELSH工作室

SCALETEXT 指定比例係數或 [參考(R)] <2>:

圖 7-76 指令行提示**指定比例係數或**並提供**參考**功能選項供選取

9 在這裡可以直接輸入數值，大於 1 者為放大，小於 1 者為縮小效果，在此處直接輸入 2，做 2 倍放大處理。其實這些操作方法和**修改**工具面板上的**比例**工具，大致是相同的。

10 在前面指令行提示**指定新的模型高度或**時，在指令行的功能表列中，除已選比例系數選單外，尚有圖紙高度與物件相符兩個選項。圖紙高度選項是根據可註解性質調整文字高度比例。物件相符選項是調整最初選取的文字物件比例，以便與所選文字物件的大小相符，此兩項指令較少使用，其與之前的基準點選項相同，請讀者自行練習。

7-7 創建與編輯多行文字

7-7-1 使用多行文字

1 點取**常用**頁籤，在**常用**工具面板上選取**多行文字**工具，如圖 7-77 所示，或在**註解**頁籤中之**文字**工具面板上選取**多行文字**工具亦可，如圖 7-78 所示。

圖 7-77 在**常用**頁籤中之**註解**工具面板上選取**多行文字**工具

圖 7-78 在**註解**頁籤中之**文字**工具面板上選取**多行文字**工具

2 當選取**多行文字**工具後，指令行提示**指定第一角點**，請使用滑鼠左鍵在繪圖區中任意處按下（圖示 1 點）以定第一角點，指令行接著提示**請指定對角點或**，請拉出對角點，此時指令行會顯示眾多功能選項供選取，如圖 7-79 所示，這些功能選項，在文字編輯器中都會有相對應的工具可使用。

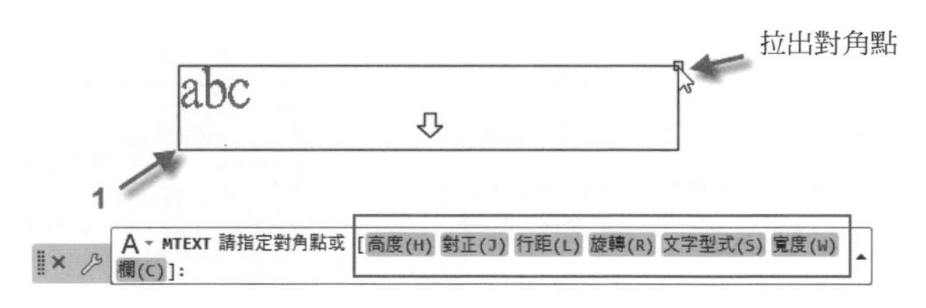

圖 7-79 指令行會顯示眾多功能選項供選取

3 當定下第二角點後，在繪圖區中可以建立現地文字編輯器，工具面板區中也會自動打開多行文字編輯器，該編輯器面板和之前的工具面板大致相同，只在工具面板中增加了一個**文字編輯器**頁籤，如圖 7-80 所示。

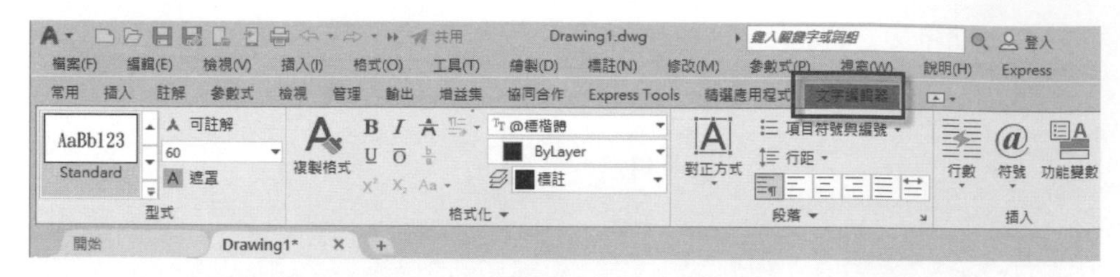

圖 7-80 使用**多行文字**工具開啟了文字編輯器

4 在現地文字編輯器中，移動滑鼠至編輯框中之右側線上可以自由設定欄寬，到編輯框之底端線上可以自由設定欄高，其控制方法和一般文書編輯軟體操作一樣，如圖 7-81 所示。

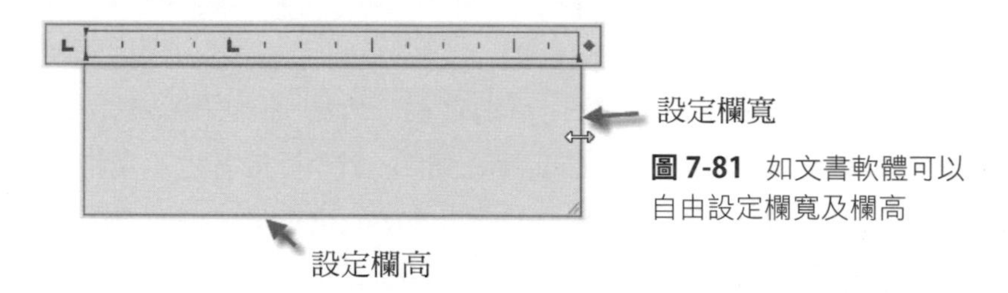

圖 7-81 如文書軟體可以自由設定欄寬及欄高

5 請先選取文 5 之文字型式並將註解比例設定為 1:1，在現地文字編輯器中輸入一些文字，和一般的文字編輯器一樣，在欄框的地方文字會自動折行，如圖 7-82 所示。如果欄高不足，會在右側再產生一個現地文字編輯器，以接續未完的文字段，如圖 7-83 所示。

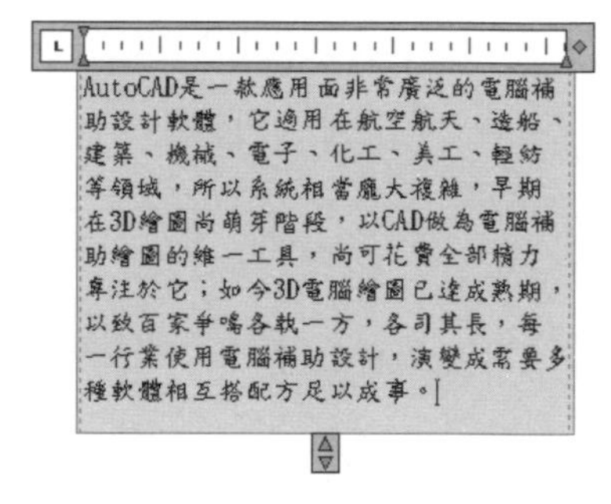

圖 7-82 在欄寬處會自動文字折行

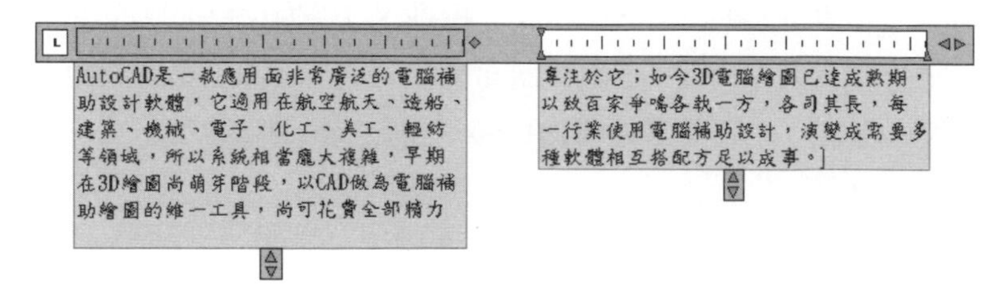

圖 7-83 在欄高不足下會在右側產生另一現地文字編輯器以接續

6 請在工具面板最右側選取**關閉文字編輯器**工具，以結束多行文字編輯，在繪圖區會顯示成果，顯然文字編排結果並非所要，請在文字上按滑鼠左鍵兩下，再次進入文字編輯器中，將欄高加長，以容納整段文字，再退出文字編輯器，其結果如圖 7-84 所示，右側為想要的文字編排表現。

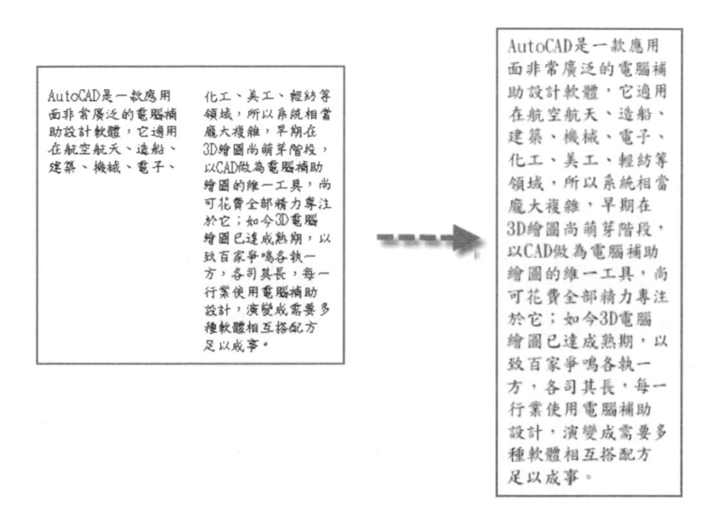

圖 7-84 對文字做較妥善編排

7 在文字編輯器中的**格式化**及**段落**工具面板中，可以對多行文字的輸入做各種編輯，如圖 7-85 所示，此操作方法與一般文書處理軟體大致相同，請讀者自行練習。

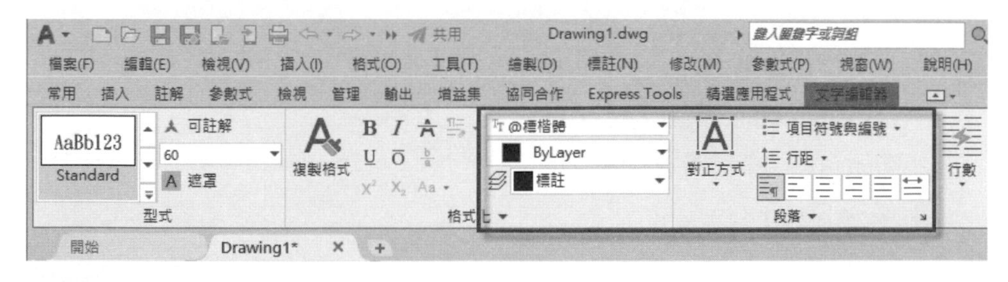

圖 7-85 文字編輯器中的**格式化**及**段落**工具面板

7-7-2 多行文字標尺的使用

在建立文字的時候會顯示文字框，同時在上方會顯示一個標尺，如圖 7-86 所示，平時使用者會調整方框的角點來調整文字的寬度和高度，但其實標尺隱含了一些格式和段落的調整功能，以下就標尺功能略為說明如下：

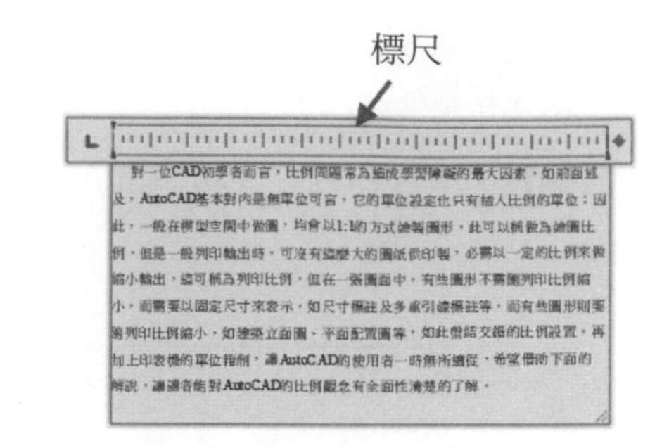

圖 7-86 多行文字上方會顯示一個標尺

1 **調整寬度**：拖動標尺最右側的菱形的圖標，可以調整整個多行文字的寬度，拖動文本框的右下角可以同時調整文字的寬度和高度，如圖 7-87 所示，左圖為調整寬度右圖為調整寬度和高度。

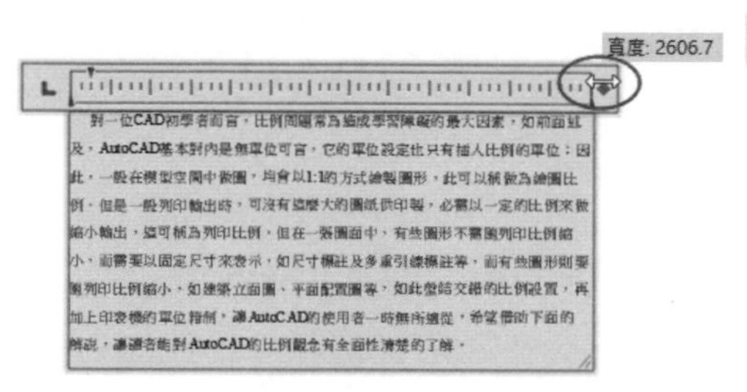

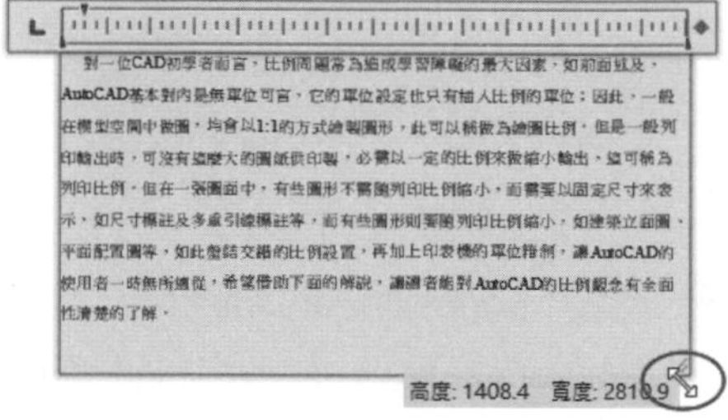

圖 7-87 可以對多行文字調整高度及寬度

2 **首行文字的縮進處理**：移動游標至首行之字頭前，拖動左上方的小箭頭可以調整段落首行縮進的距離，如圖 7-88 所示。

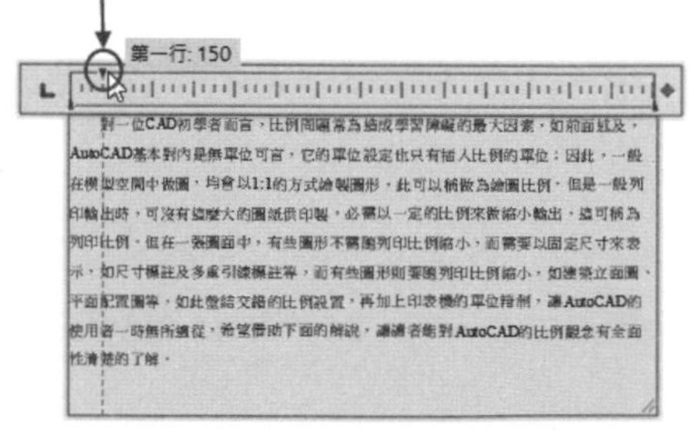

圖 7-88 將首行文字做縮進處理

3 **文字懸掛縮進處理**：選中文字的段落後，拖動標尺左側下方的箭頭，可以將段落中除第一行以外的行文字，設置懸掛縮進的距離，如圖 8-89 所示。

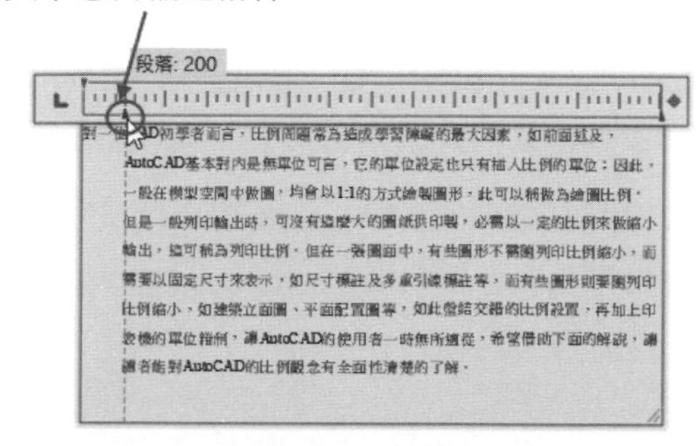

圖 7-89 將首行外文字做懸掛縮進處理

4 **文字右側縮進處理**：選中文字的段落後，拖動標尺右下方的箭頭，可以將整段文字之右側做縮進處理，如圖 7-90 所示。

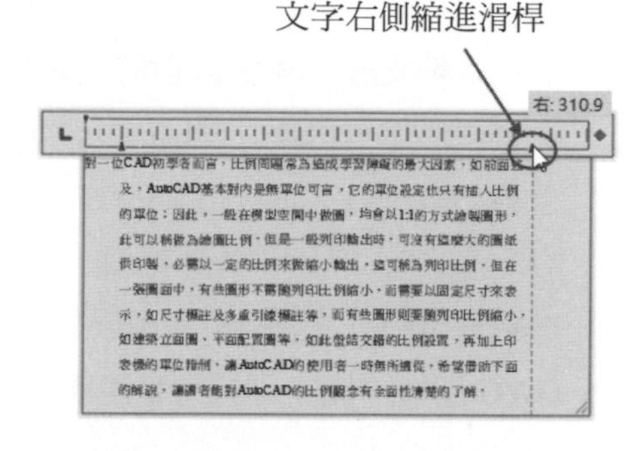

圖 7-90 將整段文字之右側做縮進處理

5 **切換製表定位點按鈕**：在標尺的最左端顯示有製表定位點的按鈕，單擊此按鈕，可以切換製表定位點的樣式，默認是左對齊，可以切換成右對齊、中心對齊和小數點對齊，如圖 7-91 所示。

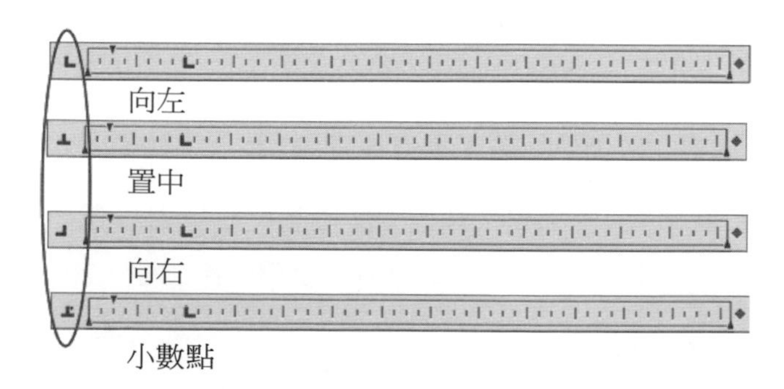

圖 7-91 標尺的最左端顯示有製表定位點的按鈕

7-8 AutoCAD 字體文件格式

在現今電腦繪圖發達年代，多數設計案件普遍存在多工合作的現象，不是單靠個人單打獨鬥足以完成，因此同公司伙伴間協同合作，或是設計機構間的相互交流，也可能是在網路上隨意取得自由檔案，當使用者收到一張 AutoCAD 繪製的 DWG 圖檔，打開後經常會遇到自己沒有的字體，而導致有些字顯示為?號，遇到此類問題如何解決呢？要徹底解決這類問題，就必須對 AutoCAD 的字體文件格式有所了解。

7-8-1 AutoCAD 使用字體的種類

1 當在傳輸交流 DWG 圖檔時，使用者必須提供對方圖檔相關聯的檔案（如字體檔及大字體檔），對方才可以正常顯示圖面中所有文字內容，雖然可以透過「電子傳送」ETRANSMIT 指令，自動將 DWG 圖檔所有字體檔打包成 ZIP 格式檔，連同 DWG 圖檔一併提供給對方，但有了字體檔使用者本身還是必須手動方式，放置到 AutoCAD 系統預設的字型支援路徑中，這樣開啟 DWG 圖檔才能正確找到字體顯示文字內容。

2 AutoCAD 一直以來沒有自動指定替代「中文大字體檔(SHX)」功能，簡單說就是打開 DWG 圖檔後，圖面中若找不到的中文大字體，可透過介面設定以「chineset.shx」大字體暫時替換。目前使用者依預設當找不到中文大字體時，螢幕畫面會出現「替換字體」對話方塊，需以手動方式逐一選用「替代字體檔」，通常選用「chineset.shx」大字體暫時替換。

3 這裡所說的「暫時替換」意思，只是在目前圖面中暫時顯示正確文字內容而已，既有的文字型式大字體並不會替換，也就是說下次關閉 AutoCAD 後，再開啟圖檔或不同電腦開啟仍然需要手動方式選用（替代字體檔）。

4 AutoCAD 使用字體種類。關於 DWG 圖檔中使用的文字字體，可以分別選用 Windows（TrueType 字體）或 AutoCAD（SHX 字體）這二種。

5 Windows 中使用的（TrueType）字體：

(1) 其副檔名為 TTF 檔，使用者在 DWG 圖檔中比較常用的為（細明體）及（標楷體）兩者。

(2) TrueType 字體優點可以同時顯示「英文/數字/中文」，缺點若是圖面中大量使用相當耗用資源，會造成開圖及改圖延遲緩慢等狀況。當使用特殊 TrueType 字體（如華康中黑體、全真中圓體等其他字體），在其他的使用者電腦中若沒有這些特殊字體，系統將自動使預設字體替換。

(3) 選用「TrueType 字體」時，無法選擇大字體。

6 AutoCAD 中使用的（SHX）字體：

(1) 使用者在 DWG 圖檔中比較常用的依照預設為「txt 字體」及「chineset 大字體」這二種。

(2) AutoCAD 使用的 shx 文件分又為三種：

A. 一種是用於顯示數字和英文等單字節符號的小字體。

B. 一種是用於顯示漢字、日文、韓文等雙字節字符的大字體文件。

C. 還有一種是專門保存用於線型等特殊圖形的一些圖形符號的符號形文件。

(3) 小字體檔主要用於顯示（英文/數字），chineset（大字體檔）則用來顯示「繁體中文」，一般「文字型式」使用（SHX 字體）及（SHX 大字體）組合，優點可以有效降低資源消耗，開圖及改圖不會有延遲緩慢等狀況。若是使用特殊 SHX 大字體（如 lsp.shx、china.shx 等其他大字體），在其他的使用者電腦中若沒有這些特殊大字體，當開啟 DWG 圖檔時系統將會出現「替換字體」對話方塊，使用者需手動選擇替換大字體。

(4) 打開圖的時候會因為缺少大、小字體文字無法顯示或雖然有此字體但版本不同缺少某些文字的定義而使文字顯示為?號。要想解決這樣的問題，最好的方法是讓對方把字體文件發過來，其次是自己從網上搜尋同名的字體（同名的字體的內容不一定完全相同）。如果實在找不到的話，只能自己另想辦法了。

7-8-2 解決 AutoCAD 字體不全方法

1 請在繪圖區中按下滑鼠右鍵，在右鍵功能表中選取**選項**功能表單，可以打開**選項**面板，在面板中選取**檔案**頁籤**→文字編輯器、字典以及字體名稱→替代字體檔→simplex.shx** 選項，如圖 7-92 所示。

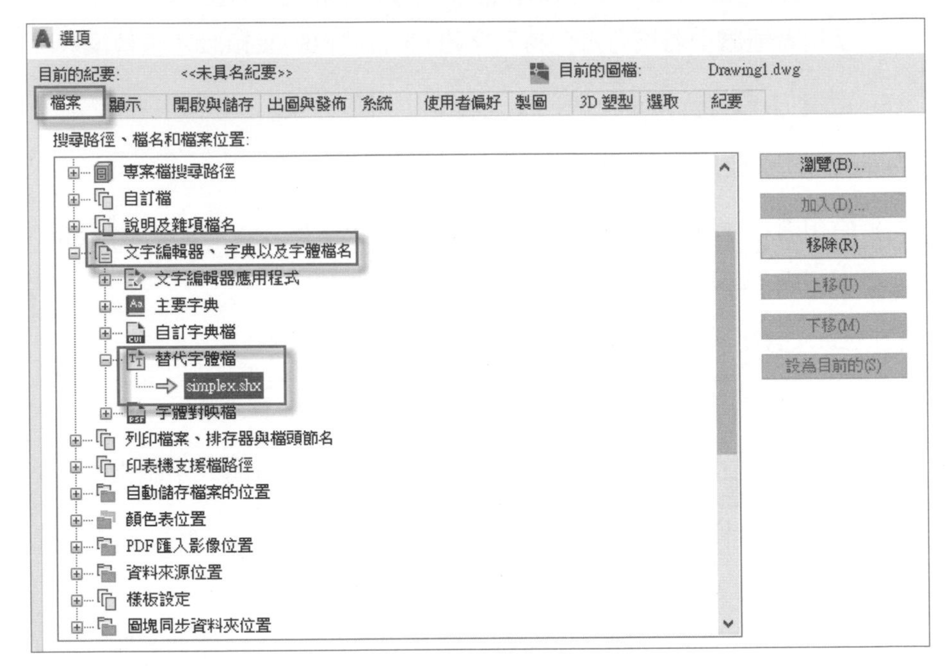

圖 7-92 在**選項**面板中選取替代字體檔→simplex.shx 選項

2 在 DWG 圖檔中 TrueType 字體的文字字串內容為（英文/數字/中文），多行文字（英文/數字）部分會使用 simplex.shx 替代字體，中文部分會使用 Windows 中一個類似字體替換（如細明體）。單行文字（英文/數字）部分會使用 simplex.shx 替代字體，中文部分無法使用字體替換 TrueType 字體，文字內容則會以問號顯示。

3 在同樣**選項**面板中，選取**檔案**頁籤**→文字編輯器、字典以及字體名稱→字體對映檔→C:\Users\............ \autocad2016\r20.1\cht\support\acad.fmp** 選項，如圖 7-93 所示。

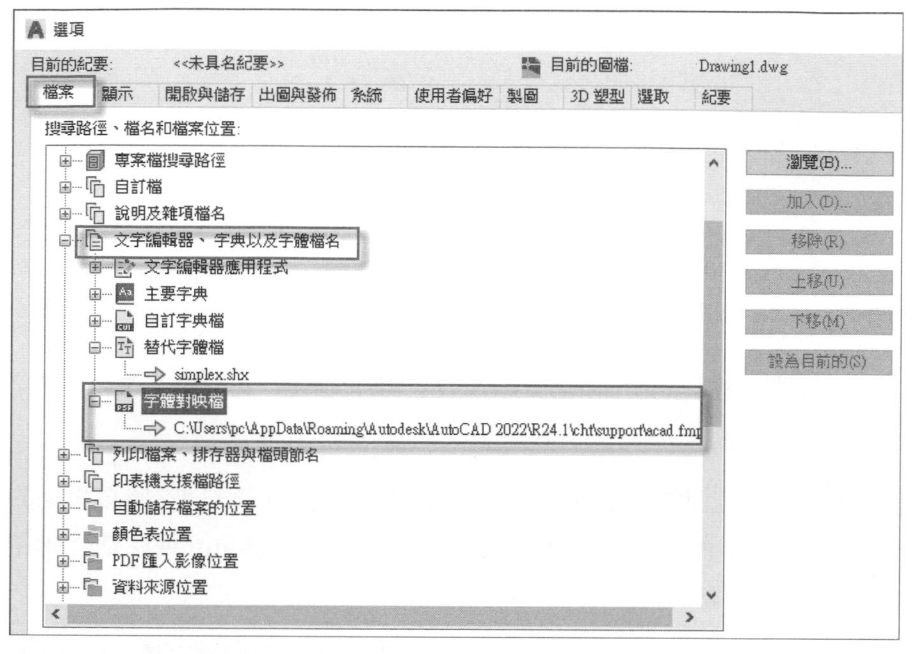

圖 7-93 在**選項**面板中選取字體對映檔→acad.fmp 選項

4 使用者可透過記事本開啟 acad.fmp（字體對映檔），加入對映行內容語法（lsp;chineset.shx），優點日後當電腦找不到的特殊 SHX 大字體（如:lsp.shx），會自動使用 chineset（大字體檔）替代，螢幕畫面不會出現「替換字體」對話方塊。唯其缺點若有五種以上大字體找不到，使用者必需自行逐一加入對映行內容語法，需要先開起 DWG 圖檔查詢找不到的特殊 SHX 大字體名稱。

5 將預設的 chineset.shx（大字體檔），複製後再更名為（@chineset.shx），其目的在於日後開起 DWG 圖檔時找不到大字體檔，螢幕畫面出現「替換字體」對話方塊，利用檔名名稱排序特性，@chineset.shx 大字體檔會置頂為第一個顯示（且為系統內定選項），使用者只需要連續點選**確定**按鈕，不用花時間選用預設（chineset.shx），如圖 7-94 所示。

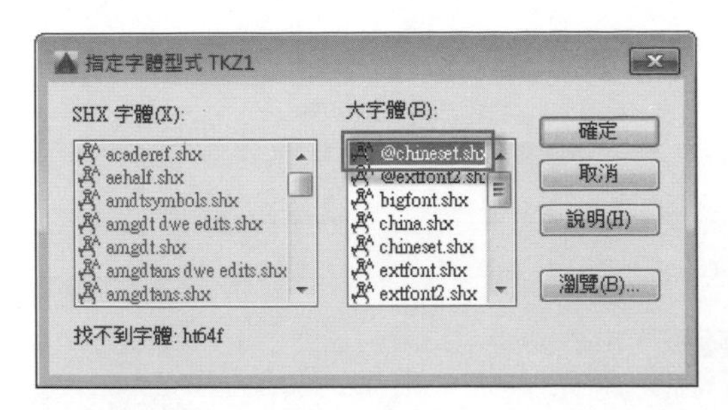

圖 7-94 在指定字體型式面板中第一個（內定）為 @chineset.shx 字體

6 字體庫安裝的最簡單方式就是，SHX 字體就複製到 CAD 的 Fonts 目錄下，TTF 字體就複製到操作系統的 Fonts 目錄下，不過，此時新字體與系統字體相混淆在一起，如果想要清除系統以外的字體將相當麻煩。

7 加入字體最乾淨的方法就是在自己的磁碟機裡自建資料夾，將蒐集來的字體（不管小字體或大字體）置於此資料夾中，再將 AutoCAD 與之聯結即可，現說明其聯結方法如下：

(1) 依前面說明的方法打開**選項**面板，在面板中選取**檔案**頁籤，然後在其下方面板中選取**支援檔搜尋路徑**選項，如圖 7-95 所示。

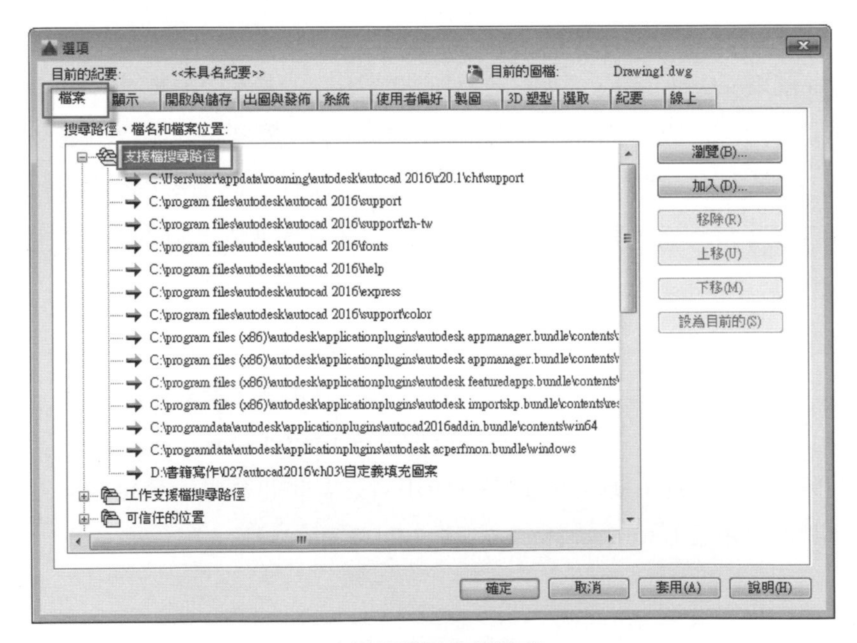

圖 7-95 在**選項**面板中選取**支援檔搜尋路徑**選項

(2) 在面板右側先按下**加入**按鈕，可以在**支援檔搜尋路徑**選項內增加一空白路徑，再按右側的**瀏覽**按鈕，可以打開**瀏覽資料夾**面板，在面板選擇存放 AutoCAD 文字的自定資料夾，如圖 7-96 所示。

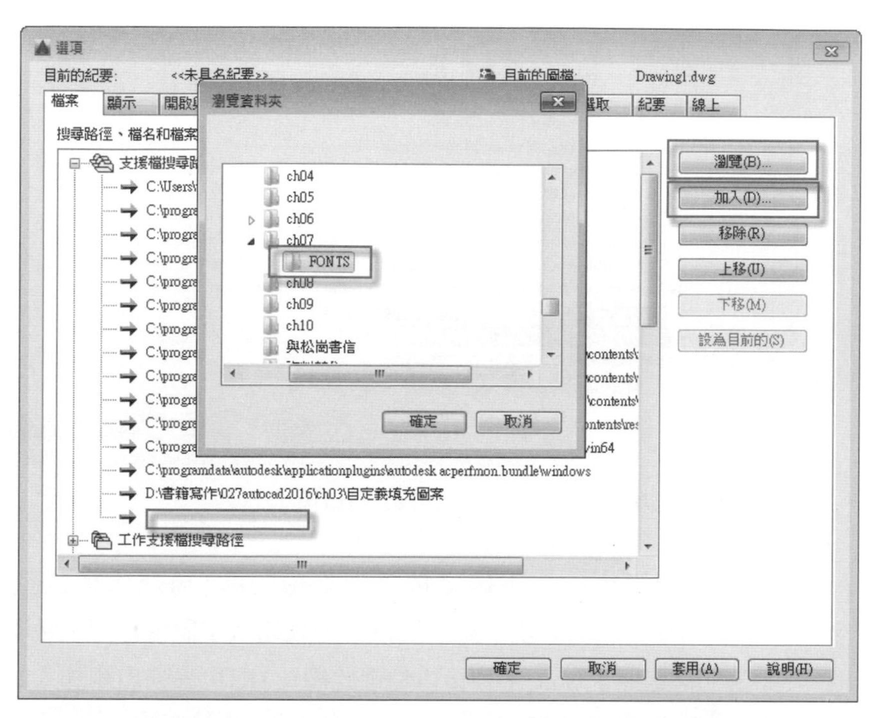

圖 7-96 在**瀏覽資料夾**面板中選擇存放 AutoCAD 文字的自定資料夾

(3) 在**瀏覽資料夾**面板中按下**確定**按鈕，即可在**支援檔搜尋路徑**選項下剛才加入的空白路徑上，顯示完整存放 AutoCAD 文字的自定資料夾路徑，如圖 7-97 所示。

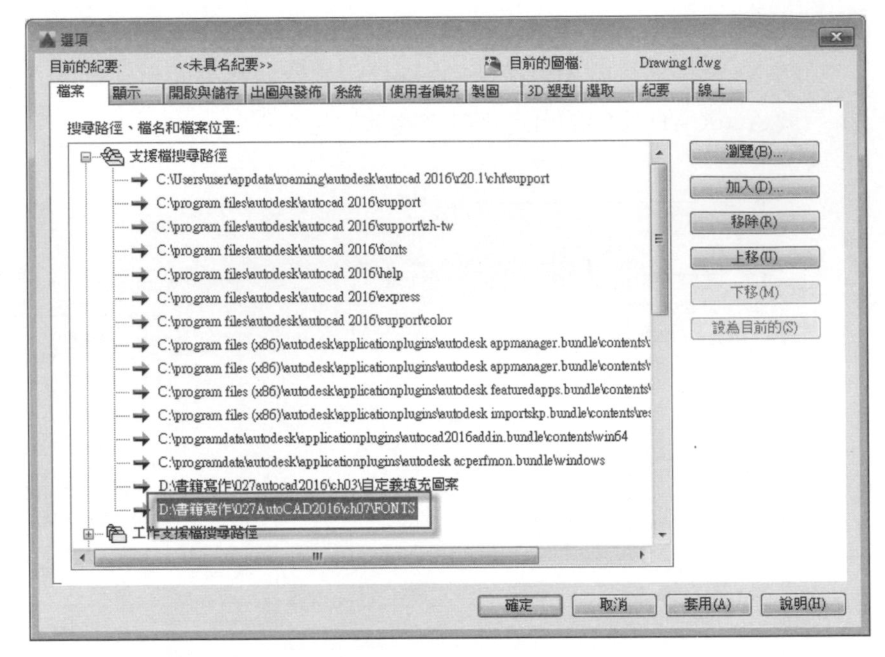

圖 7-97 在**選項**面板中顯示完整的自定資料夾路徑

(4) 當在**選項**面板中按下**確定**按鈕回到繪圖區，再退出程式重新進入 AutoCAD 中，當打開**文字型式**面板，原**使用大字體**欄位呈灰色不可執行狀態，當選擇了 shx 字型後再勾選此欄位，即可表列出剛加入的大字型供選擇，如圖 7-98 所示。

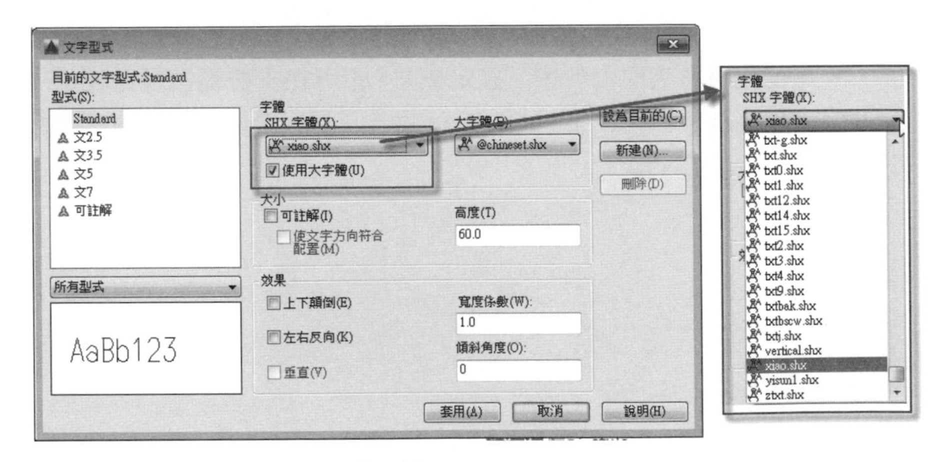

圖 7-98 表列剛加入的大字型供選擇

8 另在第七章中之簡體大字體資料夾內，作者為讀者備有兩款簡體字版之大字體檔，當使用者開啟由簡體製作之 CAD 時，可以使用此兩字體替代，可以暫時解決無法讀取簡體字體之苦惱。

溫馨提示 網路充斥著各式各樣之 CAD 圖檔，可以自由下載以供參考使用，唯基本上它們都是簡體版 AutoCAD 製作而成，使用時應基本了解它可能是以 mm 為單位，文字則為簡體大字體字型。

7-9 在文字中加入特殊符號

1 在工程圖中用到許多符號，都不能通過鍵盤直接輸入，如文字的下劃線、直徑符號等，在 AutoCAD 2012 以後版本中，多行文字的文字編輯器中，其功能相當完備，也備有特殊符號供取用，因此，一般建議多使用**多行文字**工具來書寫文字。

2 當使用者必需使用**單行文字**工具時，必須輸入特殊代碼來產生特定的字符，這些代碼及對應的特殊符號見表五所示。

◎ 表五　特殊符號代碼

代碼	字符
%%o	文字的上劃線
%%u	文字的下劃線
%%d	角度的度符號
%%p	表示『±』
%%c	表示直徑代號

3 選取**多行文字**工具，在現地文字編輯器中輸入 45 度，其中**度**在鍵盤中無法輸入，請在文字編輯器中，選取**插入**工具面板的**符號**工具，可以打開特殊符號列表選單，在其中選擇**度**選單，如圖 7-99 所示。

圖 7-99 在特殊符號列表選單中選擇**度**選單

4 當選擇好選單，在現地文字編輯器中 45 之旁會顯示度的符號，如圖 7-100 所示，如有其他符號需要者，可以比單行文字更方便且多樣取得特殊符號。

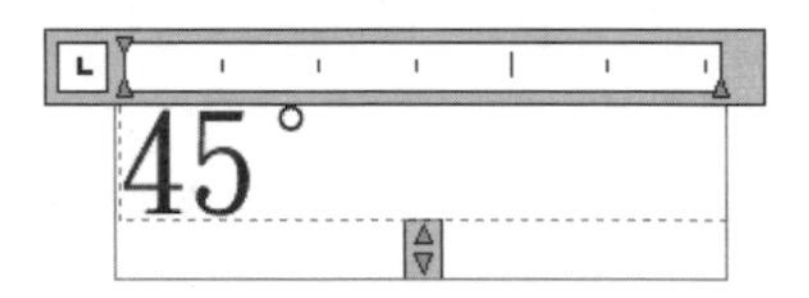

圖 7-100 可以很方便且多樣取得符號

5 如果這些列表尚未能滿足所需，可以選取表列中的**其他**功能表單，可以打開字元對應表，如圖 7-101 所示，在表中系統提供眾多的特殊符號供選取使用。

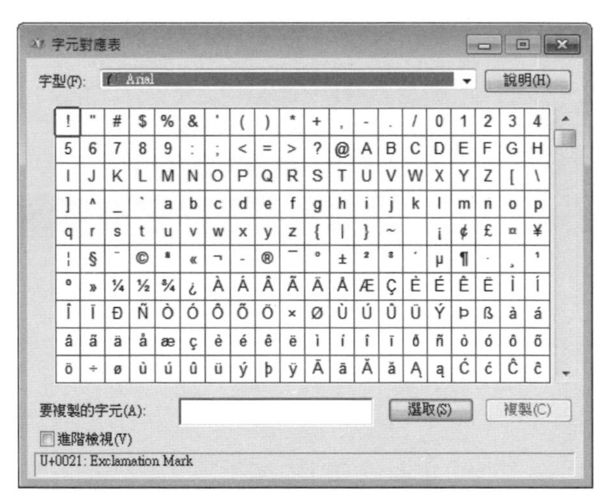

圖 7-101 打開字體對應表

6 在表中使用滑鼠點取要使用的特殊字元，此字元會放大顯示，再按面板中的**選取**按鈕，可以將此字元填入到要複製的字元空白欄位中再按下**複製**按鈕後關閉字元對應表。回到現地文字編輯器中，只要在鍵盤上輸入 [Ctrl] + [V] 鍵以執行貼入動作，即可將剛才複製的特殊字元貼入到多行文字中，如圖 7-102 所示。

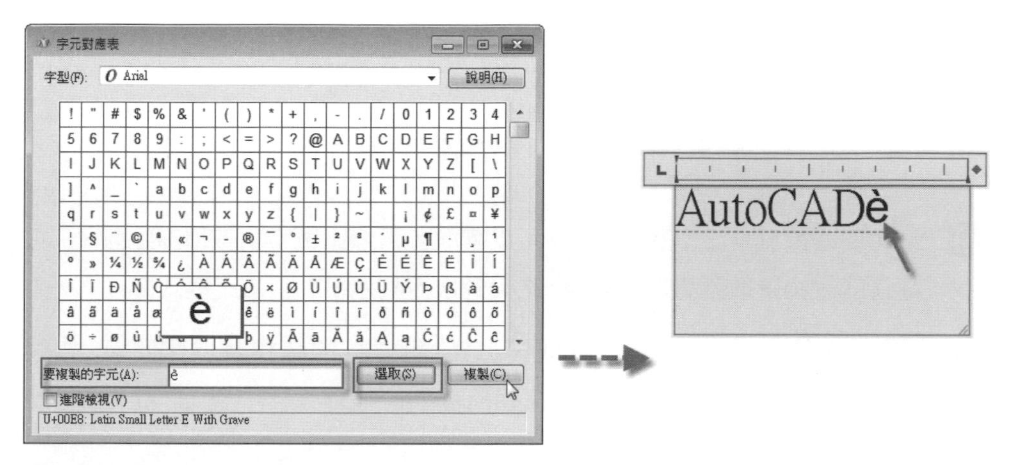

圖 7-102 將選取的字元貼入多行文字中

7 在現地文字編輯器中輸入「列印比例為 1/100」，當按下 [Enter] 鍵後，系統會自動呈現 1/00 的格式，其下方並附帶閃電圖標。當使用滑鼠點擊此閃電圖標時，會出現表列功能表單供選擇（系統內定為水平方式），如圖 7-103 所示。

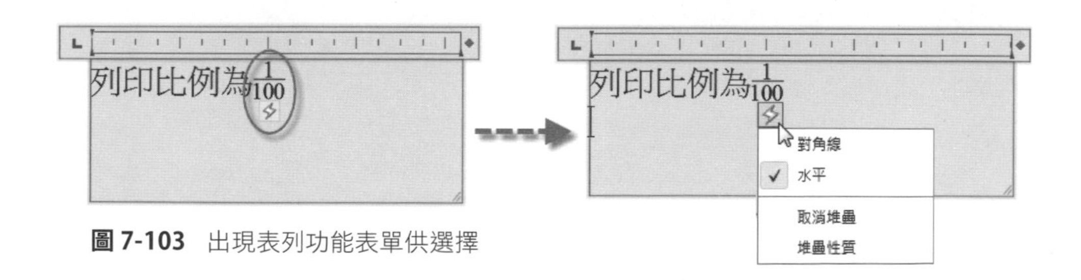

圖 7-103 出現表列功能表單供選擇

8 當在表列項中選取**對角線**功能表單，則百分比型式會呈對角線方式呈現，如圖 7-104 所示，唯當選取**取消堆疊**功能表單後會取消百分比堆疊的型式，且沒有了閃電圖標之顯示。

圖 7-104 以對角線方式顯示百分比

9 當想要恢復百分比型式之顯示，可以選取此百分比數字再按滑鼠右鍵，在右鍵功能表中選取**推疊**功能表單，系又會恢復到水平的百分比模式。

10 在文字編輯器中執行**尋找及取代**工具，可以打開**尋找及取代**面板，如圖 7-105 所示，此面板操作和一般文書處理軟體操作大同小異，請讀者自行練習。

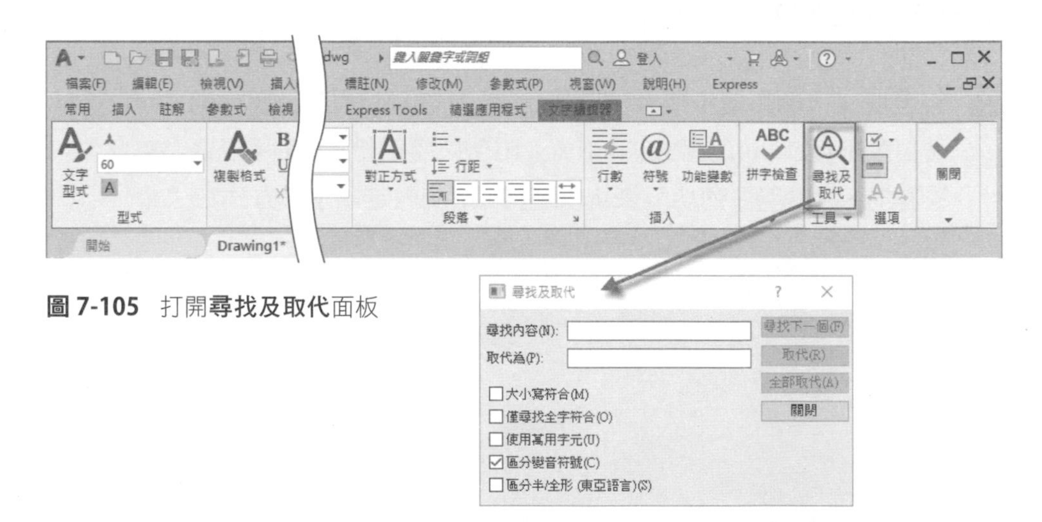

圖 7-105 打開**尋找及取代**面板

7-10 創建表格

1 選取**常用**頁籤，點擊**註解**工具面板上的表格工具，可以打開**插入表格**面板，如圖 7-106 所示，使用者亦可在**註解**頁籤中，點擊表格工具面板上的表格工具。

圖 7-106 打開**插入表格**面板

2 在面板中系統內定為 Standard 表格型式，按右側的向下箭頭，可以打開下拉表單供選擇已設定型式，目前只有一種型式故無法選取，請按 啟動**表格型式**對話方塊按鈕，可以打開**表格型式**面板，在面板中可以按**新建**按鈕，以建立新表格型式，或按**修改**按鈕，以修改現有表格型式，如圖 7-107 所示，本範例以修改 Standard 表格型式做示範解說。

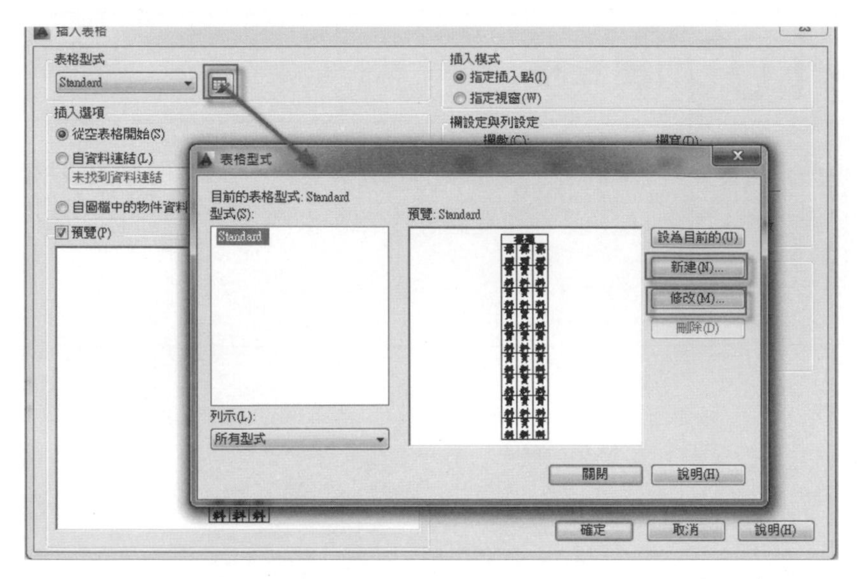

圖 7-107 可以打開**表格型式**面板

3 先不要執行新建或**修改**按鈕，在**表格型式**面板中按下**關閉**按鈕，以回到**插入表格**面板，在面板中，**插入模式**選項可以選擇以指定插入方式或指定視窗方式為之。現以選擇指定插入欄位，其餘欄位設定，如圖 7-108 所示，設定完成後請按**確定**按鈕。

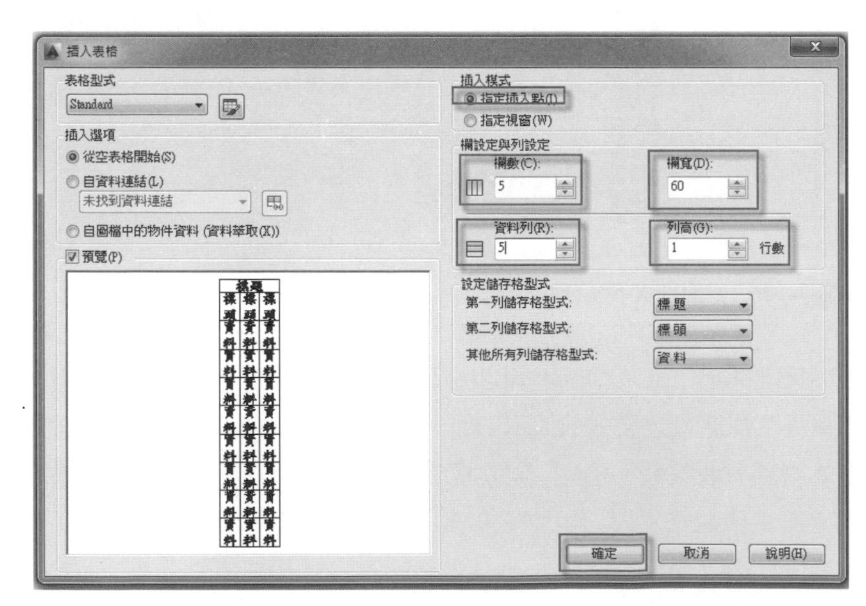

圖 7-108 完成**插入表格**面板中各欄位設定

4 移游標到繪圖區中，指令行提示**指定插入**，當按下滑鼠左鍵定下表格插入後，可以在繪圖區中顯示經設定好格式的表格，如圖 7-109 所示，並呈文字輸入狀態。而系統會自動啟動文字編輯器，以供編輯文字。

	A	B	C	D	E
1					
2					
3					
4					
5					
6					
7					

圖 7-109 在繪圖區中顯示經設定好格式的表格

5 由 Standard 表格型式可以看出，表格的第一行為標題列，第二行為標頭列，三至七行為資料列，如圖 7-110 所示。

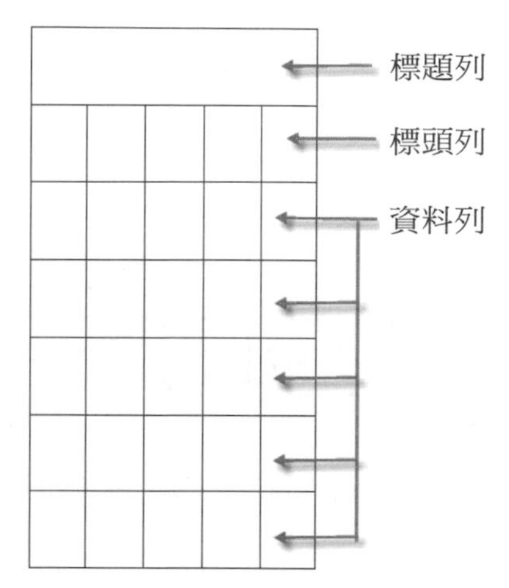

圖 7-110 在 Standard 表格型式中的表格結構

6 在建立了表格之後，可以按一下表格中的任意格線以選取它，然後使用**性質面板**或**掣點編輯**方法來修改它，如圖 7-111 所示。

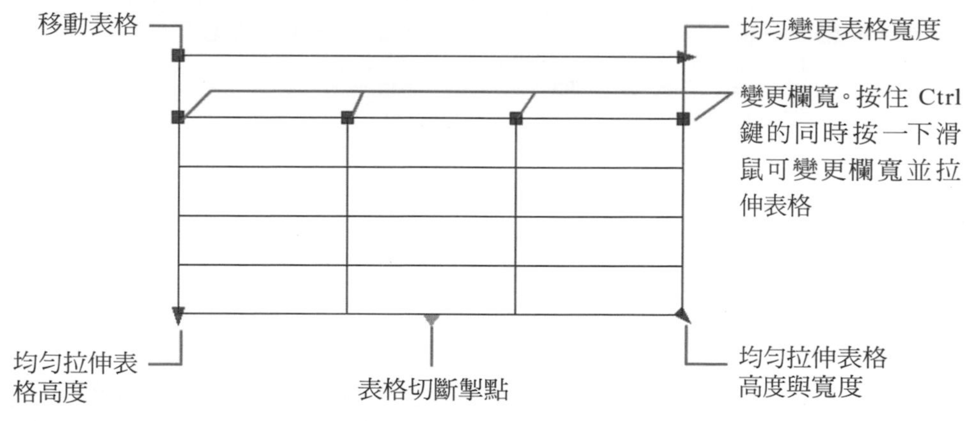

圖 7-111 可以使用**性質面板**或**掣點編輯**方法來修改表格

7 當變更表格的高度或寬度時，僅與已選取的掣點相鄰的列或欄將變更。表格將保留其高度或寬度。若要變更表格的大小，以在比例上適合編輯的列或欄的大小，請在使用欄掣點時同時按住 [Ctrl] 鍵，如圖 7-112 所示。

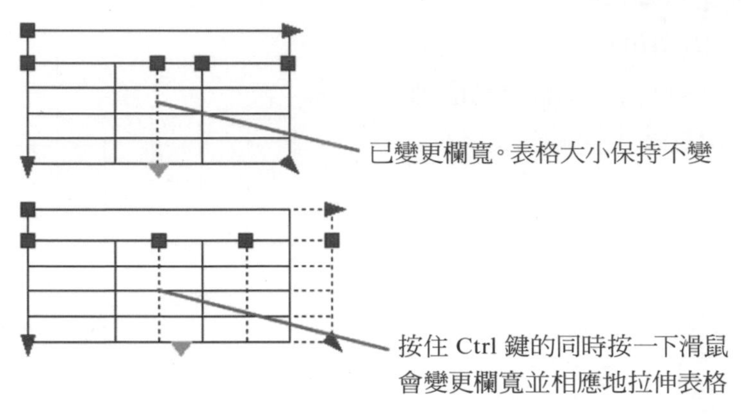

圖 7-112 對列或欄大小的編輯

8 在儲存格內按一下以選取它，掣點將顯示於儲存格邊框的中央，拖曳儲存格上的掣點，以放大或縮小儲存格及其欄或列，如圖 7-113 所示。

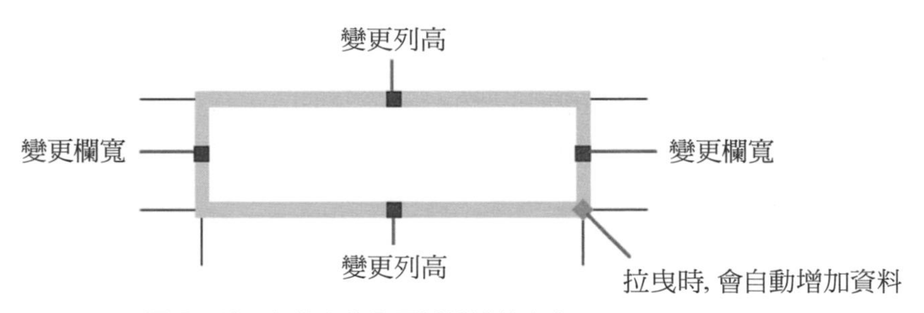

圖 7-113 在儲存格內可以編輯其大小

9 選取**註解**工具面板上的表格工具，在開啟的**插入表格**面板上，在**插入模式**選項中選取**指定視窗**欄位，在此模式下，欄數與欄寬的欄位只選擇其一設定，資料列與列高欄位亦只能選擇其一設定。請試著設定面板中的各欄位，如圖 7-114 所示。

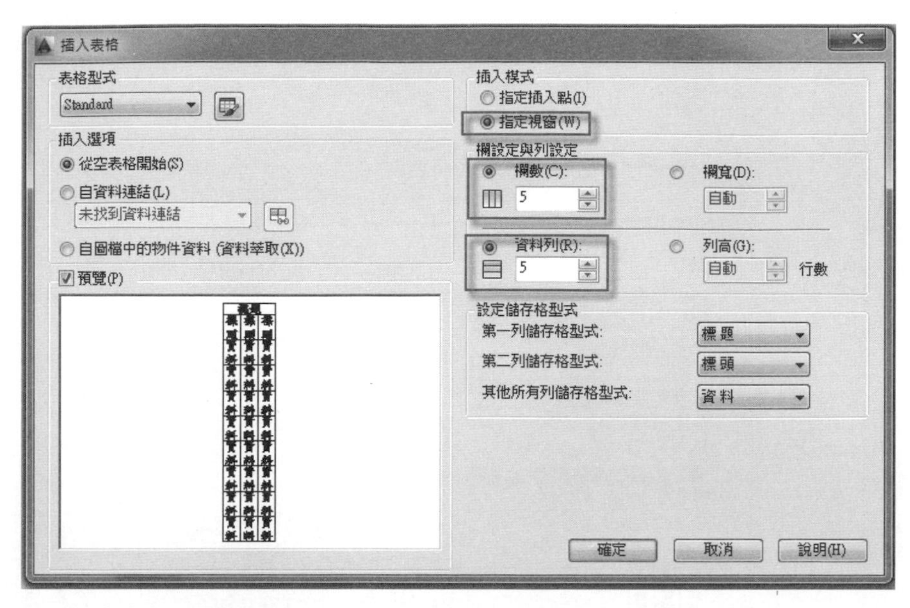

圖 7-114 在**插入表格**面板中選擇指定視窗插入模式

10 在面板上按**確定**按鈕後，指令行提示**指定第一個角點**，當使用滑鼠左鍵定下第一角點後，接著指令行提示**指定第二個角點**，在拉出視窗定出第二角點後，表格會依據視窗的大小，自動調整欄、列的大小，如圖 7-115 所示。

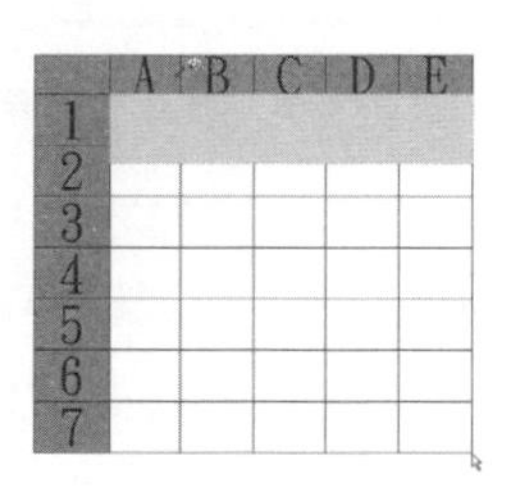

圖 7-115 指定視窗插入模式建立的表格

11 在文字編輯器模式下，對儲存內容的文字輸入與編輯，有如多行文字及一般文書處理軟體的文字編輯，此部分請讀者自行練習。

12 在**插入表格**面板中，當按下啟動**表格型式**對話方塊按鈕後，會開啟**表格型式**面板，在面板中按下**新建**按鈕，可以開啟**建立新表格型式**面板，在此表格中可以輸入新型式的名稱，如圖 7-116 所示。

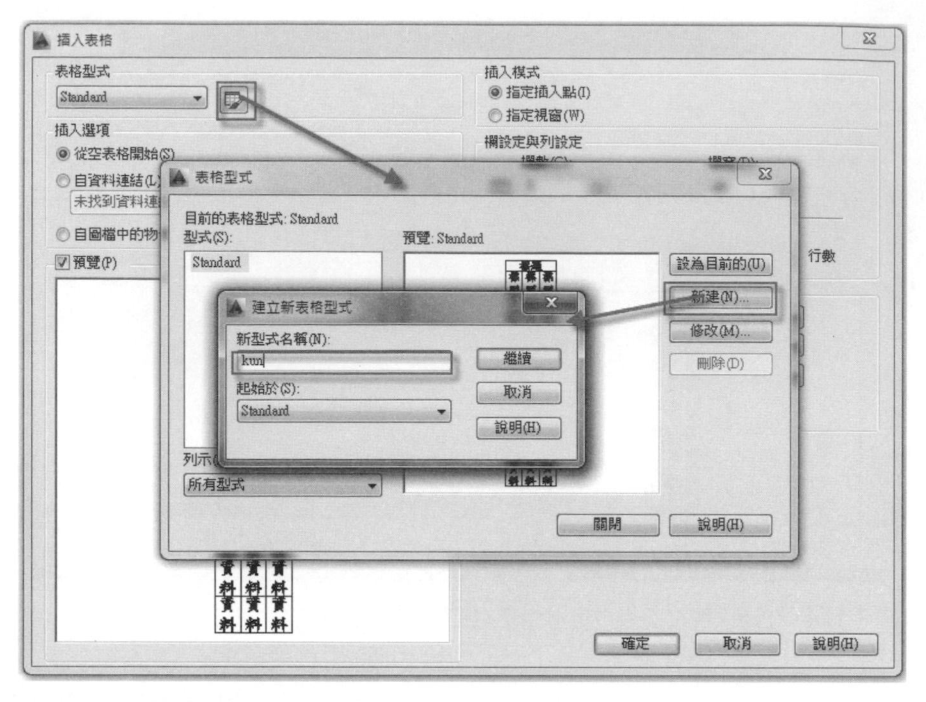

圖 7-116　建立新表格型式面板中輸入新表格型式名稱

⑬ 在**建立新表格型式**面板中按下**繼續**按鈕，可以打開**新表格型式**面板，在面板中可以對各欄位做設定，以設計出符合自己需求的表格型式，以供日後存取使用。

7-11 表格運用

❶ 請輸入第七章 sample06.dwg 檔案，這是一間小套房的天花平頂燈具布置圖，如圖 7-117 所示。

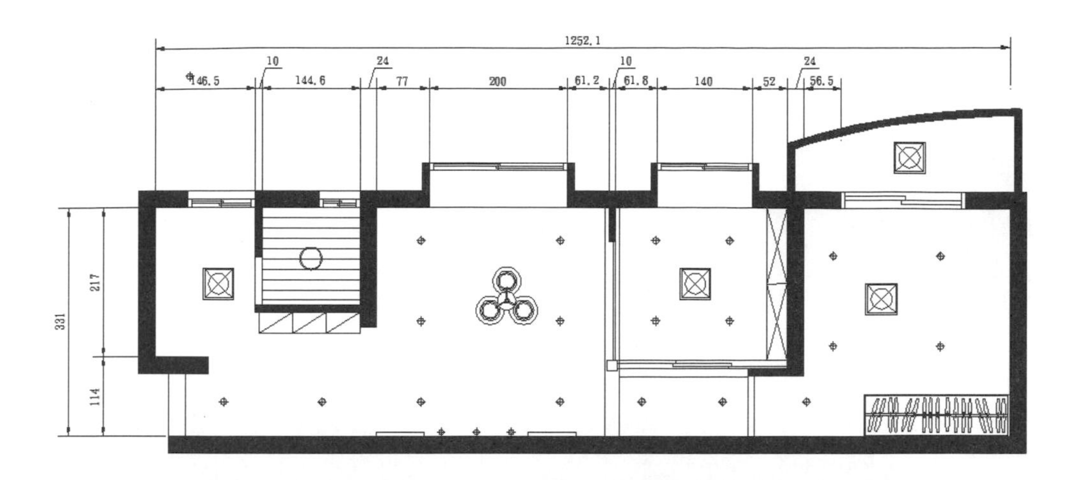

圖 7-117 輸入第七章 sample06.dwg 檔案

2 選取**註解**工具面板上的**表格**工具，依前一小節說明的方法，建立一個 sung 的表格型式，在**新表格型式：sung** 面板中，在**儲存格型式**選項中選取資料，選擇**文字**頁籤，使用 Standard 文字型式，並將**文字高度**設為 15，如圖 7-118 所示。

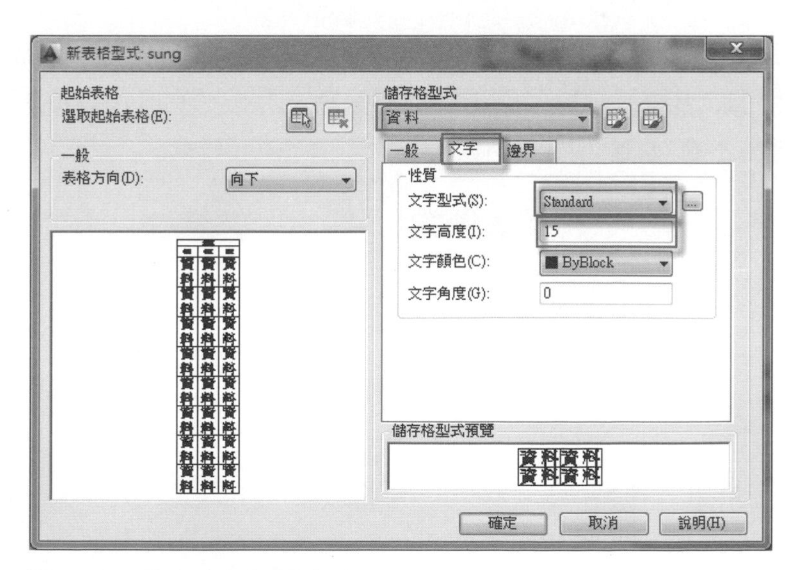

圖 7-118 將資料**文字高度**設為 15

3 續再選取**儲存格型式**選項中選取標頭，**文字高度**設為 15。再選取**儲存格型式**選項中選取標題，**文字高度**設為 20，其它欄位值維持不變，如圖 7-119 所示，左側圖為標頭設定情形，右側為標題設定情形。

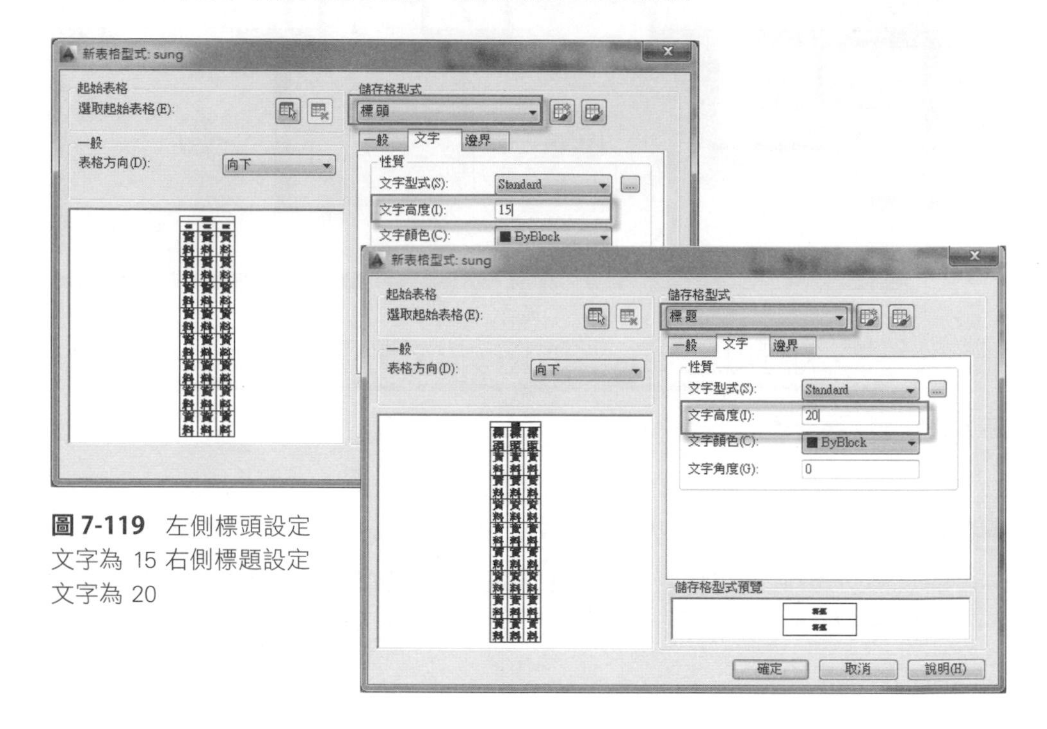

圖 7-119 左側標頭設定文字為 15 右側標題設定文字為 20

4 在面板中按下**確定**按鈕，再於**表格型式**面板按下**關閉**按鈕，當回到**插入表格**面板，插入模式選擇指定視窗模式，欄數設定為 3，資料列設定為 5，其餘欄位維持不變，如圖 7-120 所示。

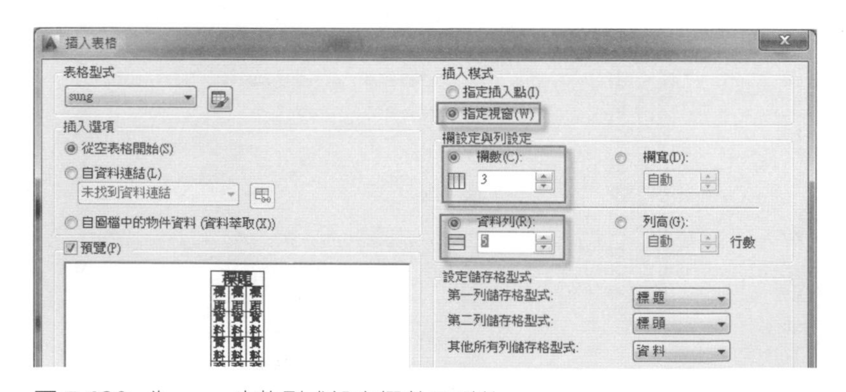

圖 7-120 為 sung 表格型式設定欄數及列數

5 在**插入表格**面板上按下**確定**鍵後，回到繪圖區中，於平面圖的右側定下兩角點，可以自動繪製出所要的表格，如圖 7-121 所示。

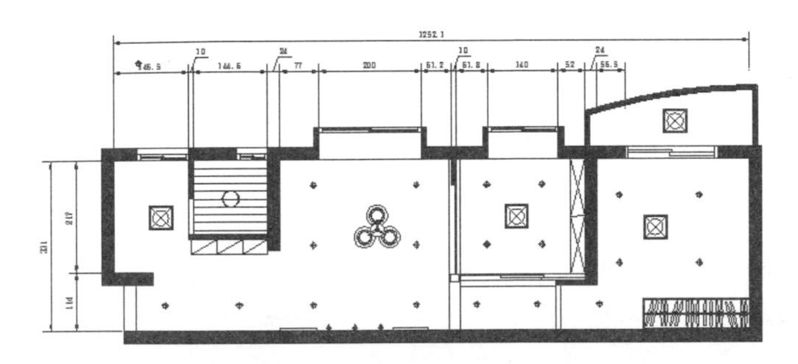

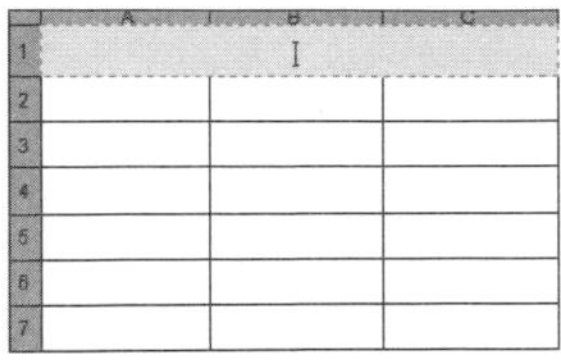

圖 7-121 在平面圖左側自動繪製出所要的表格

6 使用滑鼠在標題處按滑鼠兩下，標題處於可編輯狀態，請輸入「燈具示意圖」，分別在各標頭處按滑鼠兩下，在進入編輯狀態下，分別輸入圖示、品名、數量，如圖 7-122 所示。

燈具示意圖		
圖　示	品　名	數　量

圖 7-122 分別在標題、標頭輸入文字

7 在品名欄內分別輸入客廳美術燈、吸頂燈、浴室吸頂燈、筒燈及投射燈等文字，每輸入一品名時，同時執行儲存格式面板上正中工具，以將這些文字安排在表格中間位置，如圖 123 所示。

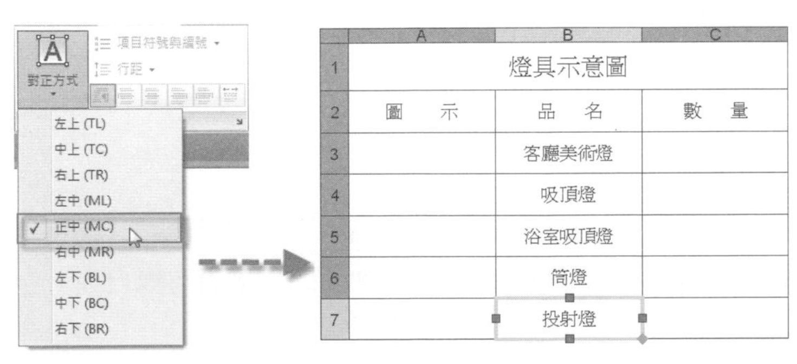

圖 7-123 將品名文字置於表格中間位置

8 在圖示的第一資料格內使用滑鼠點選，在進入編輯模式時，選取**表格儲存格**頁籤內選取**插入**工具面板上的**圖塊**工具，可以打開在表格的儲存格中**插入圖塊**面板，按**瀏覽**按鈕，將第七章圖塊資料夾內客廳美術燈圖塊輸入，整體儲存格對齊欄位選擇正中，亦可以使用**複製**工具，將圖面中的燈具圖塊複製到表格內。

9 利用上面的方法，將第七章圖塊資料夾內其它燈具圖塊，依圖示欄位插入，再在數量欄位填入平面圖中布置燈具的數量，如圖 7-124 所示，為完成整個表格的製作。

燈具示意圖		
圖　示	品　名	數　量
	客廳美術燈	1
	吸頂燈	4
	浴室吸頂燈	1
	筒燈	19
	投射燈	3

圖 7-124 為完成整個表格的製作

10 小套房的天花平頂燈具布置圖，整體製作完成，如圖 7-125 所示，本圖檔經以小套房的天花平頂燈具布置完成圖，存放在第七章中，讀者可以自行輸入研究。

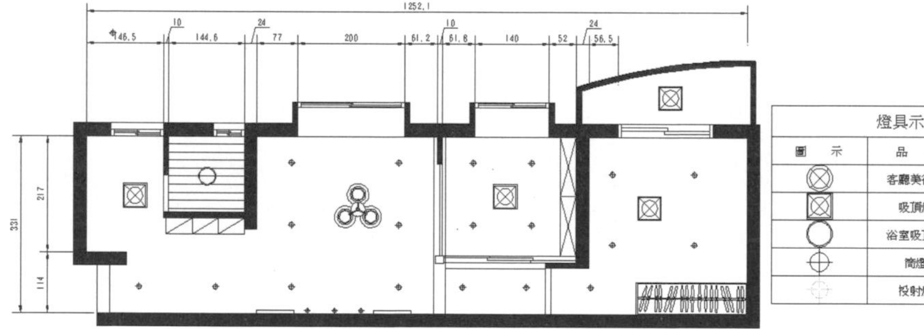

圖 7-125 小套房的天花平頂燈具布置完成圖

11 在**表格儲存格**頁籤中，尚提供列、欄及合併工具面板上各種工具，可以對表格做各種編輯，其使用方法和一般文書處理相同，讀者可以自建一空白表格，再使用工具面板上工具自行練習。

7-12 AUTOCAD 計數功能之操作

AutoCAD 之計數功能為 2022 版本新增加的功能，它可以將作用的圖檔生成報告，以自動統計圖中所使用的圖塊及其數量，更可以將統計的數據以表格形式插入到當前的圖形中，在 SketchUp 2018 版本以後亦有此項功能，它可以統計場景中使用的元件，唯其可統計的欄位有十多種之多，其中可由使用自由設定欄位的多寡。

1 請開啟第七章內之 sample07.dwg 檔案，這是星級酒店某一樓層之平面圖，如圖 7-126 所示，以做為計數功能之操作範例。

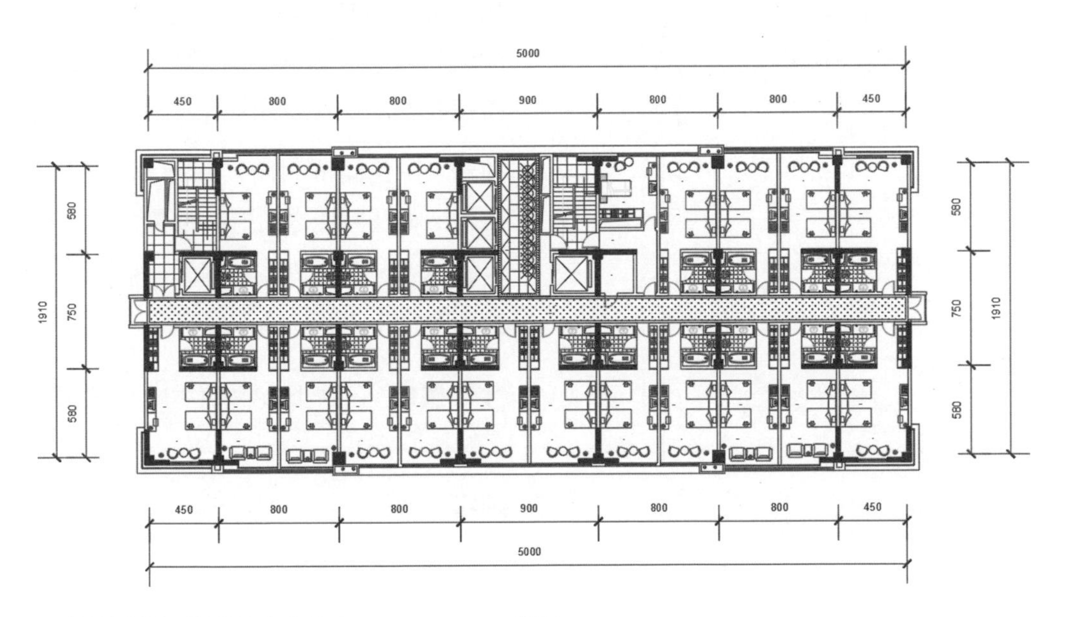

圖 7-126 開啟第七章內之 sample07.dwg 檔案

2 選取**檢視**頁籤，點擊選項板的**計數**工具，如圖 7-127 所示，可以開啟**計數**面板，在面板中系統會對作用中的圖檔表列所有使用的圖塊名稱，並統計各個的使用數量，現對各欄位給予編號，如圖 7-128 所示，並對各欄位功能分別說明如下：

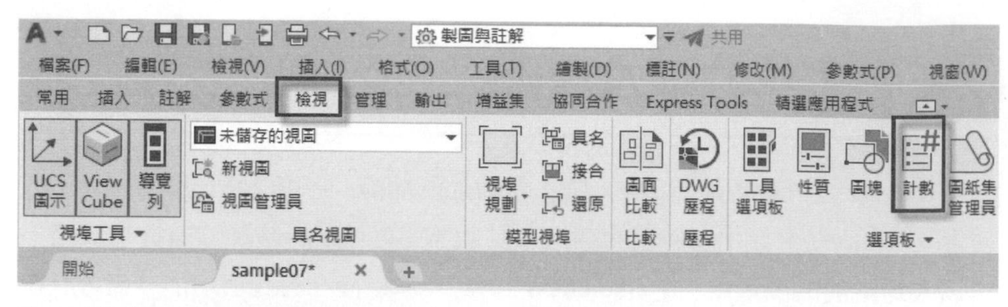

圖 7-127 執行**檢視**頁籤中之**計數**工具

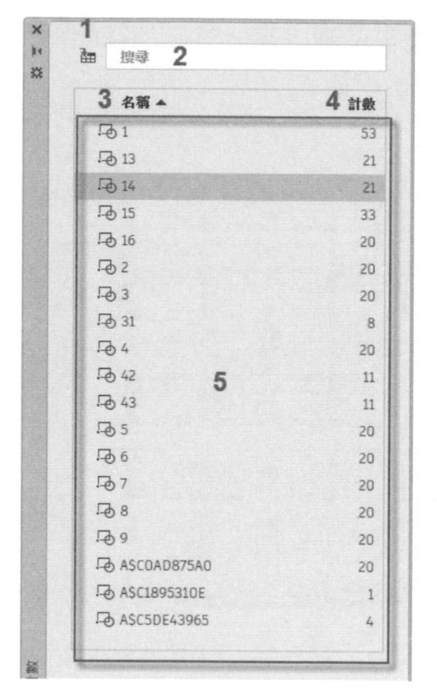

圖 7-128 開啟**計數**面板並對各欄位給予編號

(1) **建立表格按鈕**：執行此按鈕可以將生成之報告生成表格，有關其生成方法將待後續之操作說明。

(2) **搜尋**：在此欄位內輸入關鍵詞，可以將顯示相關圖塊之名稱與數量。

(3) **名稱欄位**：在其下方會顯示所有圖塊名稱。

(4) **計數欄位**：在其下方會顯示所有圖塊之使用數量。

(5) 圖塊名稱與數量之展示區。

3 如果在圖塊名稱與計數之間出現 ⚠ 圖標者，表示此圖塊有錯誤情況，請使用滑鼠選取此圖標，**計數**面板會報告此圖塊之錯誤處，如圖 7-129 所示，當按下面板上方的**返回清單**按鈕，即可回到原來的**計數**面板。

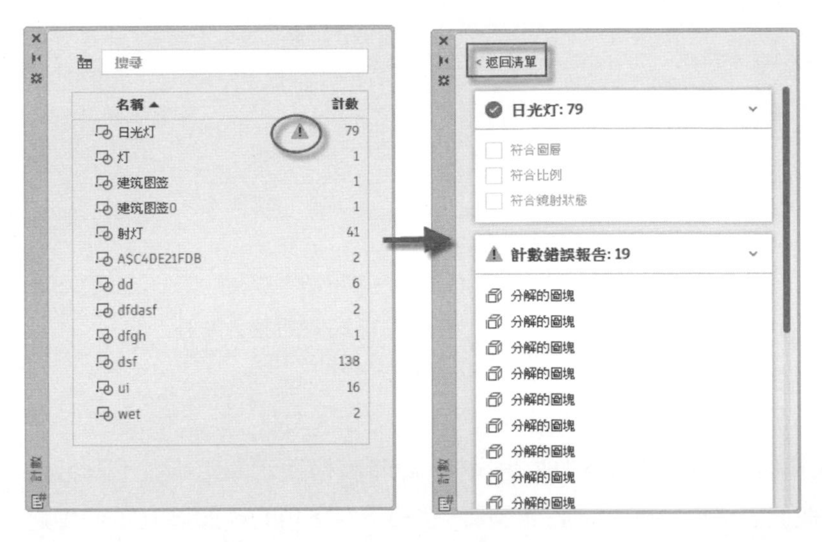

圖 7-129 系統會顯示圖塊之錯誤問題處

4 當使用滑鼠點擊面板中的圖塊名稱時，此時在繪圖區中會顯示**計數**工具面板，現將其工具分別編號，如圖 7-130 所示，並說明其功能如下：

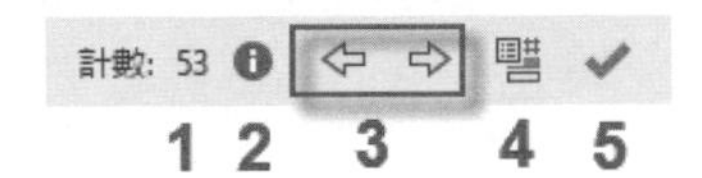

圖 7-130 在繪圖區中會顯示**計數**工具面板

(1) 圖塊數量。

(2) 執行按鈕，可以在**計數**面板中顯示計數的詳細資料，如圖 7-131 所示。

(3) 縮放至計數的下一個或上一個物件按鈕。

(4) 插入計數功能變數按鈕。

(5) 結束**計數**工具面板按鈕。

圖 7-131 在**計數**面板中顯示計數的詳細資料

5 當執行**建立表格**按鈕後，在名稱及圖塊左側會顯示空格，當點擊名稱左側的空格時，圖塊左側空格會全打勾選取，如果想要某圖塊不製作表格可以將其勾選去除，最後使用滑鼠點擊面板右下角的**插入**按鈕，即可在繪圖區中產生表格，如圖 7-132 所示。

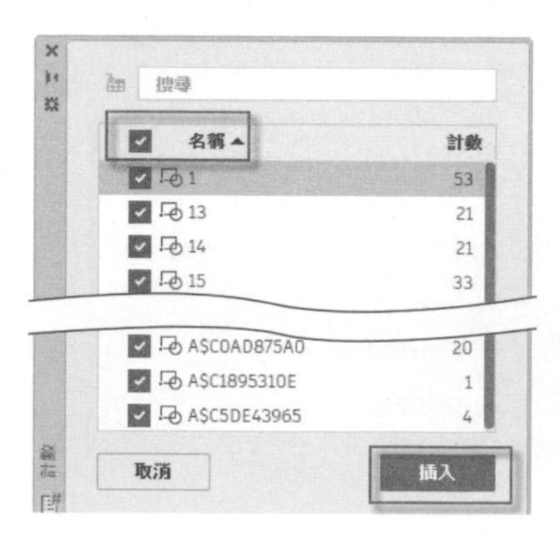

圖 7-132 執行**插入**按鈕即可在繪圖區中產生表格

6 執行**插入**按鈕即可在繪圖區中產生表格，此時表格顯示非常小並不符合需求，請選取此表格它原則是一動態圖塊，請按下右下角的箭頭將其拉伸到適合的大小，並同時打開**性質**面板，如圖 7-133 所示。

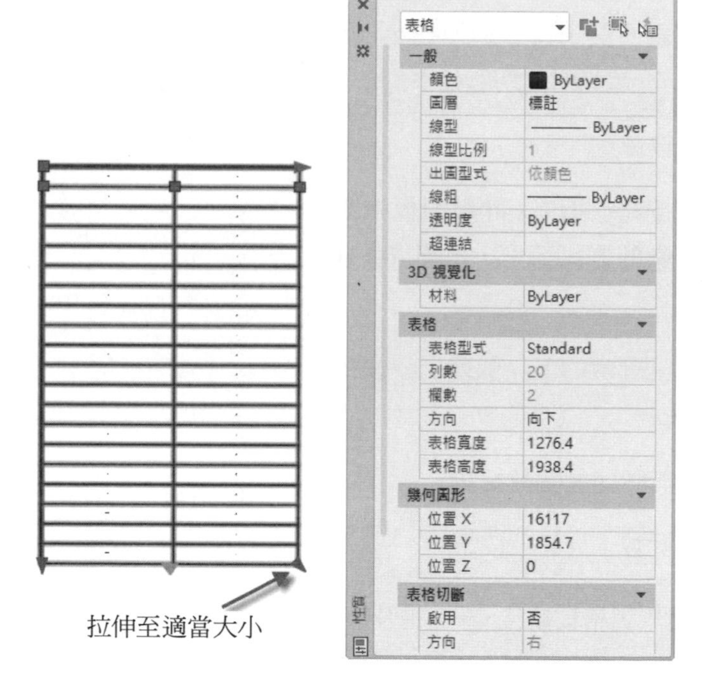

圖 7-133 表格拉伸至適合的大小並同時打開**性質**面板

7 退出表格之動態圖塊編輯，此時文字顯示非常的小，使用框選方式選取表格內全部的文字，如圖 7-134 所示，當全部的文字被選取後，請在**性質**面板中將**文字高度**設為 50（讀者亦可視情況自定文字高度），如圖 7-135 所示，至此表格整體調整完成。

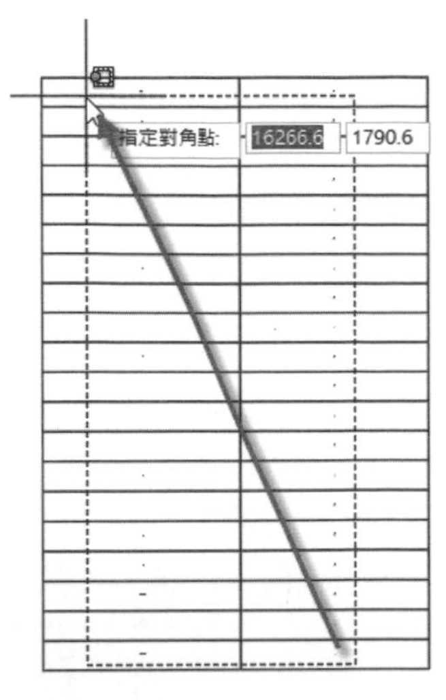

圖 7-134 框選表格內的全部文字

	A	B
1	項目	計數
2	1	53
3	13	21
4	14	21
5	15	33
6	16	20
7	2	20
8	3	20
9	31	8
10	4	20
11	42	11
12	43	11
13	5	20
14	6	20
15	7	20
16	8	20
17	9	20
18	A$C0AD875A0	20
19	A$C1895310E	1
20	A$C5DE43965	4

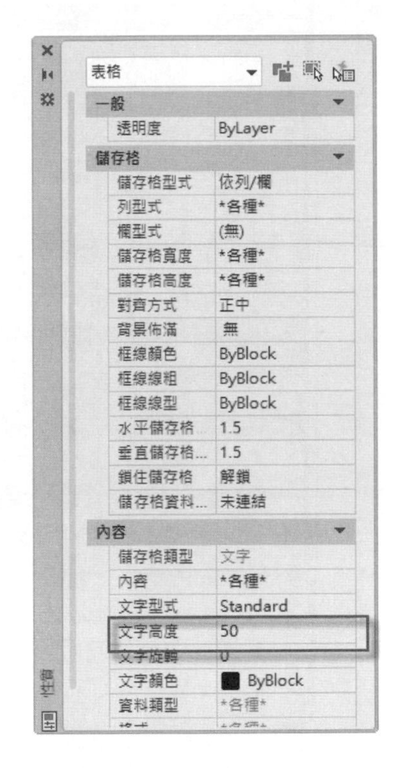

圖 7-135 在**性質**面板中將**文字高度**設為 50

8 整體計數功能之表格製作完成，經以計數表格完成.dwg 為檔名存放在第七章中，以供讀者可以自行開啟研究之，其完成圖，如圖 7-136 所示。

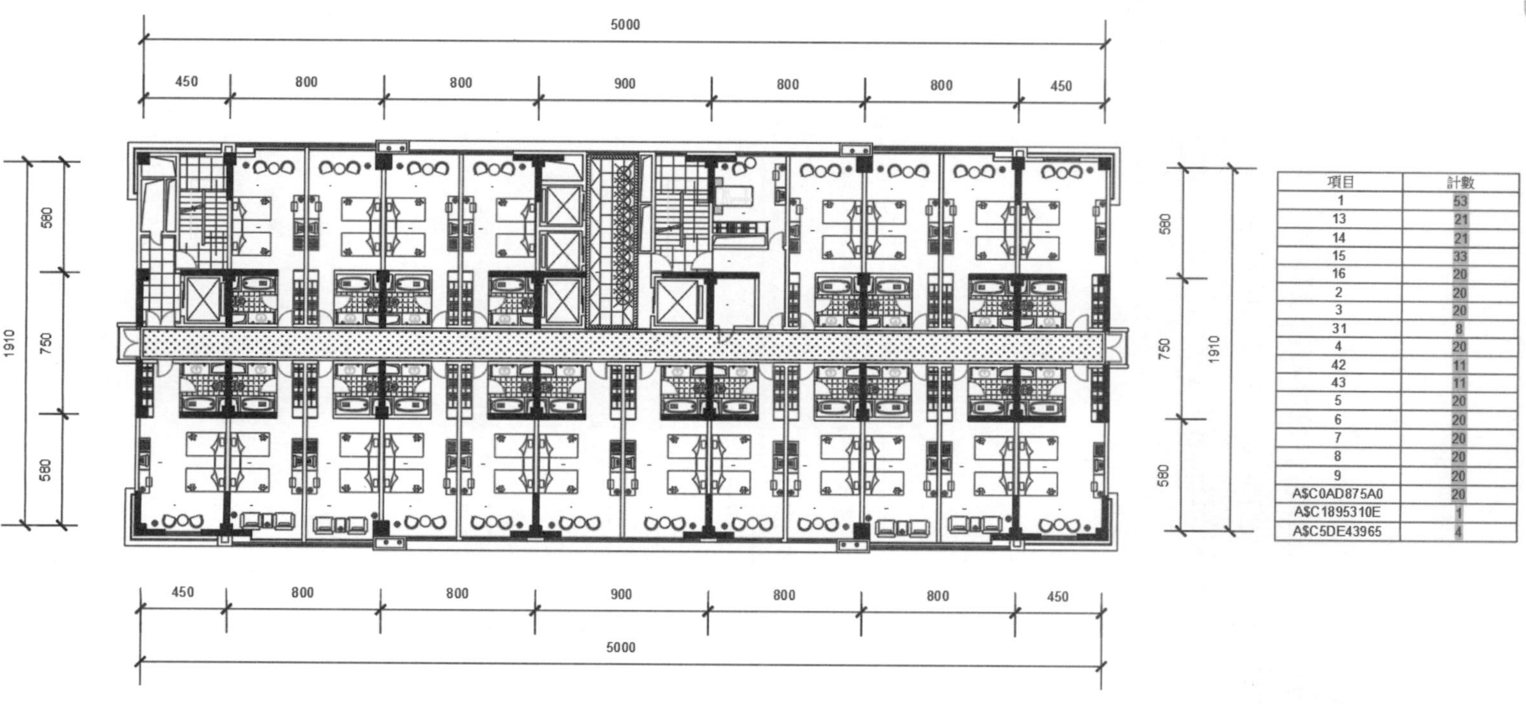

項目	計數
1	53
13	21
14	21
15	33
16	20
2	20
3	20
31	8
4	20
42	11
43	11
5	20
6	20
7	20
8	20
9	20
A$C0AD875A0	20
A$C1895310E	1
A$C5DE43965	4

圖 7-136 整體計數功能之表格製作完成

Chapter

08

尺寸與多重引線標註

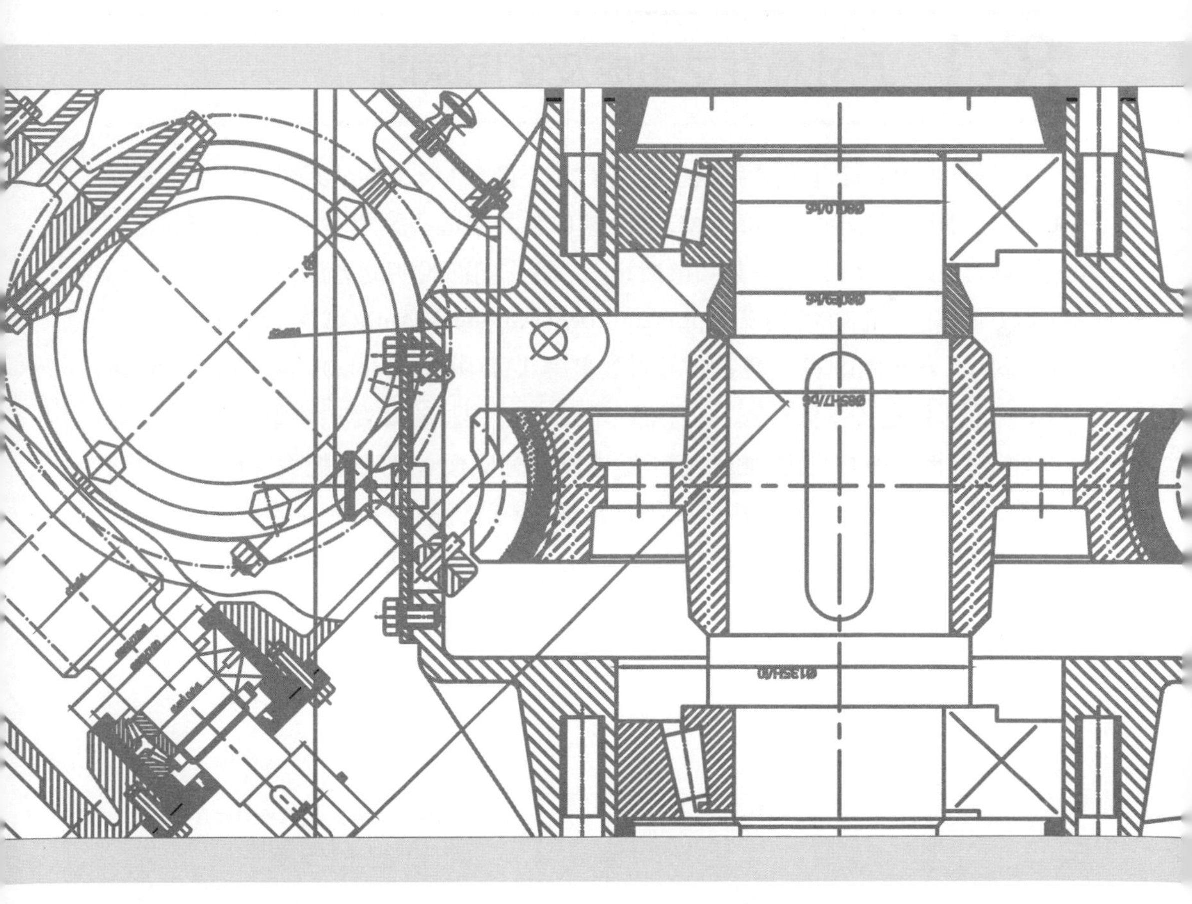

在一張詳實的 AutoCAD 圖形中，一般均會含有文字註釋、尺寸標註及多重引線標註等，它們表達了許多重要的非圖形訊息，如圖形對象註釋、標題欄訊息、規格說明與一些無法使用圖形表達的資訊等。完備且布局適當的文字項目，不僅使圖面更好地表現出設計者的設計概念，同時也使圖紙本身顯得清晰整潔。

尺寸與多重引線標註就是第一章中所指的非圖形比例的標的，在第五章中設定自屬專有的 AutoCAD 樣板，對文字、標註及多重引線型式做了詳細的設置，再利用註解的功能，以實例解說以應付煩人的比例問題。因此，本章中將除型式的設置不再說明外，將更進一步對標註的操作與使用方法，提出更詳盡的說明。

8-1 尺寸標註之組成及使用原則

在第五章中對標註型式做過說明，並設定了 DIM2.5 的型式設置，存在專屬樣板中，所以當啟動了 AutoCAD 後，會自動啟用這些設置，如果還沒有設置，本書第五章中亦附有建築製圖樣板 .dwt，請依前面說明的方法複製到 c:\Users\user（使用者電腦名稱）\AppData\Local\Autodesk\AutoCAD 2022\R24.1\cht\Template\ 資料內即可。讀者亦可開啟書第八章中的 sample01.dwg 圖檔，如圖 8-1 所示，這是一張機械圖，它不僅可做為尺寸標註的練習，圖檔內也包含了專屬建築樣板的所有設定，雖然它不是機械製圖樣板，但只要把視埠比例和出圖比例設成相同即可，如果想要以此做為樣板，請將繪圖區圖形全部刪除，而且將圖層重新設定編排，再依照第五章說明，將其儲存成現成的機械製圖樣板檔。

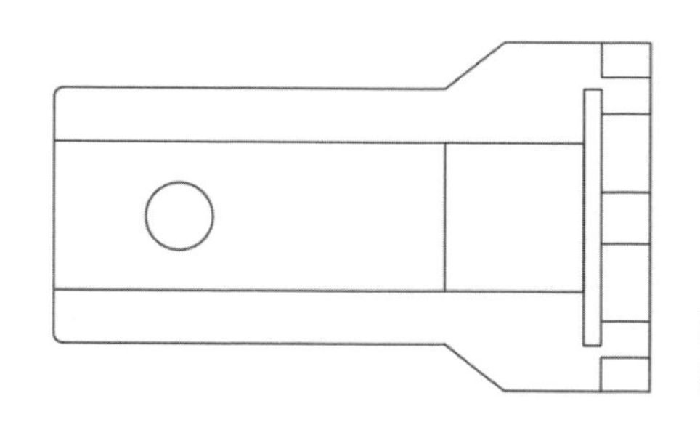

圖 8-1　輸入第八章中的 sample01.dwg 圖檔

8-1-1 尺寸標註之組成

在第五章中曾對尺寸標註型式做過設置，但對於尺寸標註之組成並未多所著墨，而尺寸標註係由一系列直線，箭頭，界線及尺度數值組成，如圖 8-2 所示，現對其各別元素詳述如下：

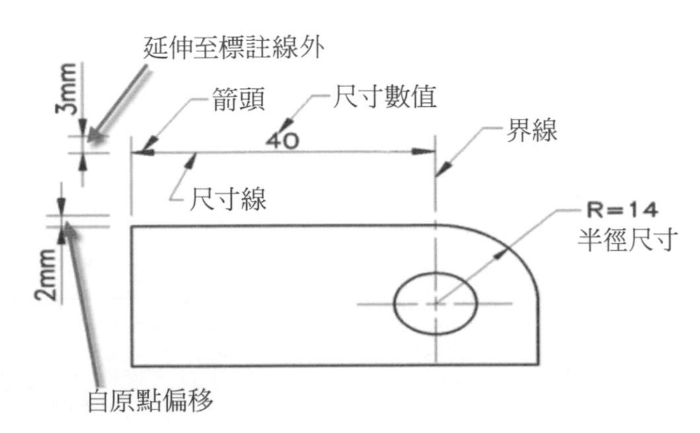

圖 8-2 尺寸標註係由一系列直線，箭頭，界線及尺度數值組成

1 **尺寸線**：通常與所標註對象平行，位於兩尺寸界線之間，用於表示標註的方向和範圍，一般尺寸線要與所標註對象平行，而角度標註的尺寸線則是一段圓弧。

2 **半徑尺寸線**：一般對於圓或圓弧所做的半徑或直徑值的標註。

3 **尺寸數值**：通常位於尺寸線上方或中間位置，表示圖形中各部分的具體大小，在進行尺寸標註時，AutoCAD 會自動生成所標註圖形對象的尺寸數值，使用者亦可對尺寸數值進行修改。

4 **尺寸箭頭**：位於尺寸線兩端，用以表明尺寸線的起始位置，AutoCAD 內定使用閉合的填充箭頭，此外系統還提供多種箭頭符號，以滿足不同行業的需要，如圓點和斜線箭頭等，箭頭大小也可以進行修改。

5 **尺寸界線**：也稱為投影，用於標註尺寸的界線標註時，延伸線從所標註的對象自動延伸出來，它的端點與所標註的對象接近但並未連接到對象上。

6 **自原點偏移值**：即界線與物體之間的距離值，在第五章中 DIM2.5 之尺寸型式中設定其值為 2mm。

7 延伸至標註線外值：即為界線延伸出尺寸線的長度值，在第五章中 DIM2.5 之尺寸型式中設定其值為 3mm。

8-1-2 尺寸標註之使用原則

1 當想與國際接軌，AutoCAD 提供了 ISO-25 的標註樣式，當打開**標註型式管理員**面板時，即列有此標註樣式供選擇，然想擁有註解功能時，則可以選擇 Annotative 標註樣式，如圖 8-3 所示。

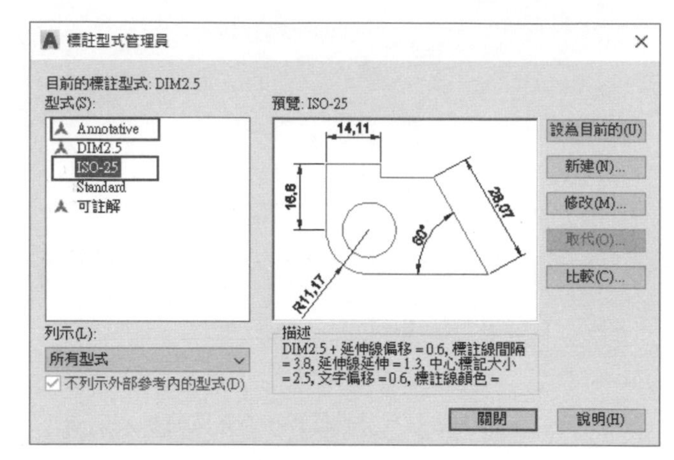

圖 8-3 想與國際接軌 AutoCAD 提供了 ISO-25 及 Annotative 標註樣式

2 物體的真實尺寸大小，應以圖面上所標註的尺寸數值為依據，與圖形的大小及繪製的準確度無關。

3 圖面中的尺寸應統一為公分或公釐，而且需要在圖框中即以註明，而尺寸線中不需要標註計量單位的代號或名稱，如果採用其他單位，則必需註明相應計量單位的代號或名稱。

4 圖面中所標註的尺寸為該圖面所表示的物體最後完工尺寸，否則應另加說明。

5 一般物體的每一尺寸只標註一次，並應標註在最後反映該結構最清晰的圖形上。

6 為所有尺寸標註建立單獨的圖層，通過該圖層就能很容易的將尺寸標註與圖形的其他對象區分開來。

7. 尺寸線不宜相交，當尺寸線相交時宜使用**標註**工具面板中的切斷工具做必要的處理。

8. 尺寸線兩端所用箭頭其長度約為尾寬之三倍。

9. 尺度界線應與圖形物件外形線保留一小空隙約為 2mm，其另端超出尺寸線約為 3mm，此部分在前一小節中已做明確示範。

10. 總尺寸線應位於分段尺寸線之外側。

11. 尺度數值以寫在尺寸線上方中央處為宜。

12. 尺寸線應離開圖之外形線約 15mm，平行之尺寸線其間隔應均勻。

13. 尺寸線箭頭應避免與界線相交。

14. 尺寸標註工具之標示圖例，如圖 8-4 及 8-5 所示。

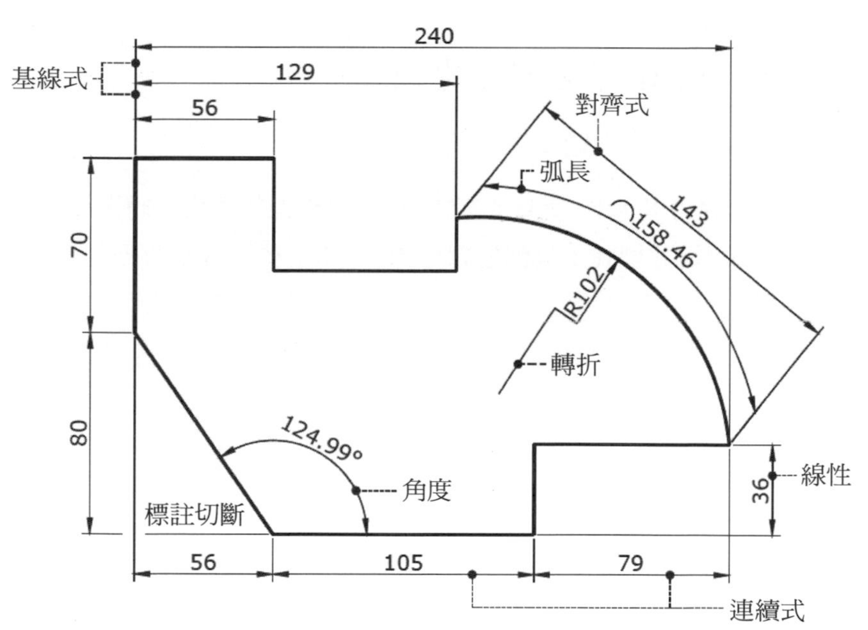

圖 8-4 尺寸標註工具之標示圖例

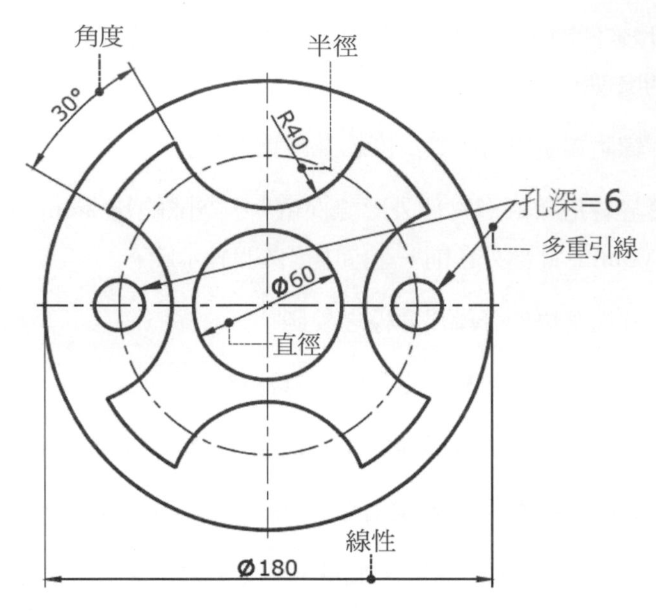

圖 8-5 尺寸標註工具之標示圖例

8-1-3 AutoCAD 標註類型之樣式

1 線性標註—此標註可分為兩類：

(1) 線性標註可以水平、垂直或對齊放置，可根據放置文字時游標的移動方式，使用尺寸標註工具創建對齊標註、水平標註或垂直標註，如圖 8-6 所示。

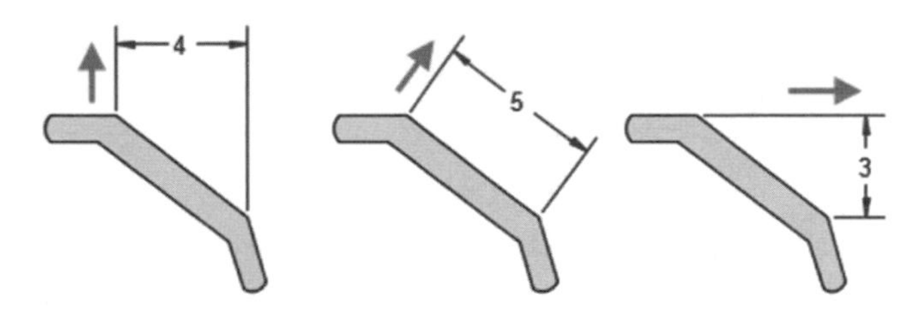

圖 8-6 創建對齊標註、水平標註或垂直標註

(2) 在旋轉的標註中，尺寸線與尺寸界線原點形成一定的角度，如圖 8-7 所示，標註旋轉的指定角度等於該槽的角度。

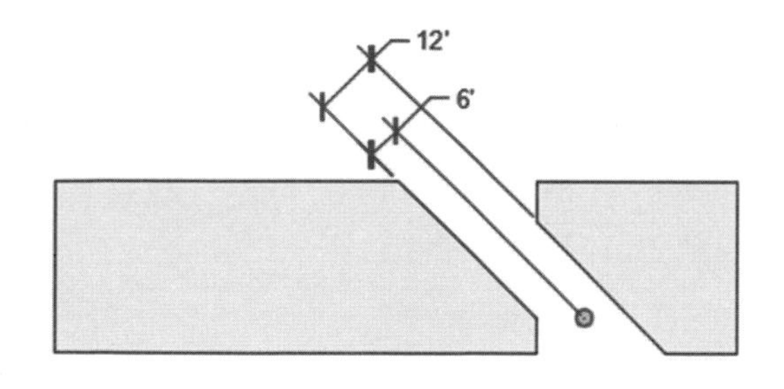

圖 8-7 標註旋轉的指定角度等於該槽的角度

2 **半徑標註**：徑向標註可測量圓弧和圓的半徑或直徑，具有可選的中心線或中心標記。如圖 8-8 所示，顯示半徑標註之多個選項。

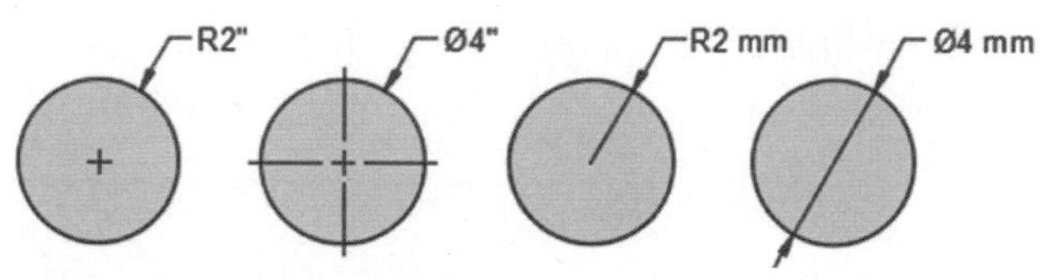

圖 8-8 半徑標註之多個選項

3 **角度標註**：角度標註測量兩個選定幾何對像或三個點之間的角度，如圖 8-9 所示，從左到右，該示例分別演示了使用頂點和兩個點、圓弧以及兩條直線創建的角度標註。

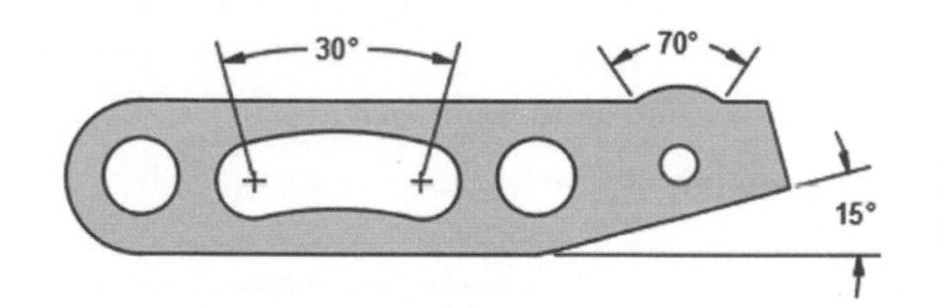

圖 8-9 各種角度標註類型

4 **坐標標註**：坐標標註測量與原點（稱為基準）的垂直距離（例如部件上的一個孔），這些標註通過保持特徵與基準點之間的精確偏移量，來避免誤差增大，如圖 8-10 所示，基準 (0, 0) 表示為圖示面板左下角的孔。

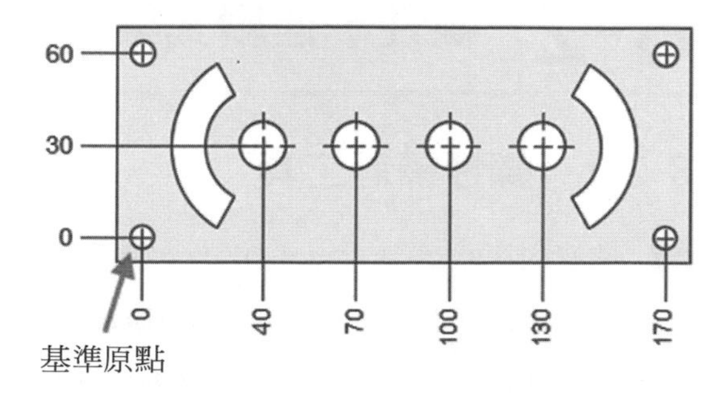

圖 8-10 面板左下角的孔代表基準原點

5 **弧長標註**：弧長標註用於測量圓弧或多段線圓弧上的距離，弧長標註的典型用法包括測量圍繞凸輪的距離或表示電纜的長度。為區別它們是線性標註還是角度標註，默認情況下，弧長標註將顯示一個圓弧符號。圓弧符號（也稱為「帽子」或「蓋子」）顯示在標註文字的上方或前方，如圖 8-11 所示。

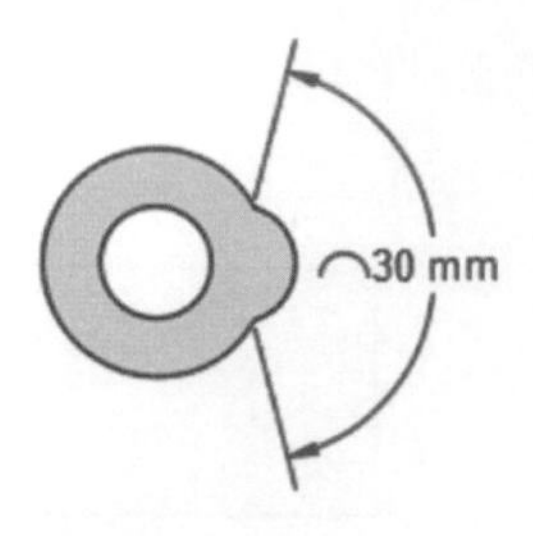

圖 8-11 弧長標註將顯示一個圓弧符號

6 **基線標註和連續標註**：連續標註（也稱為鏈式標註）是端對端放置的多個標註，如圖 8-12 所示。基線標註是多個具有從相同位置測量的偏移尺寸線的標註，如圖 8-13 所示。

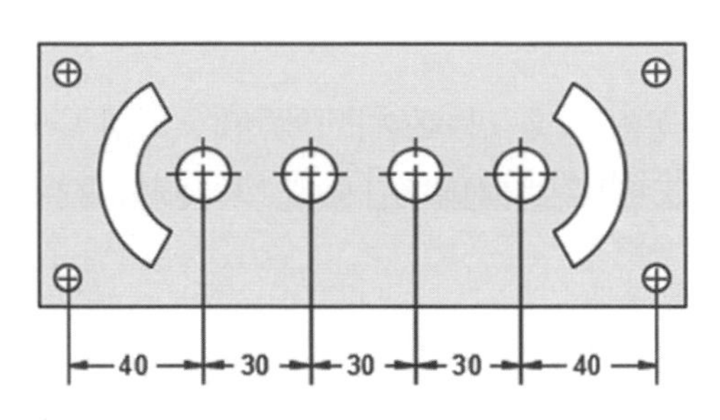

圖 8-12 連續標註之樣式

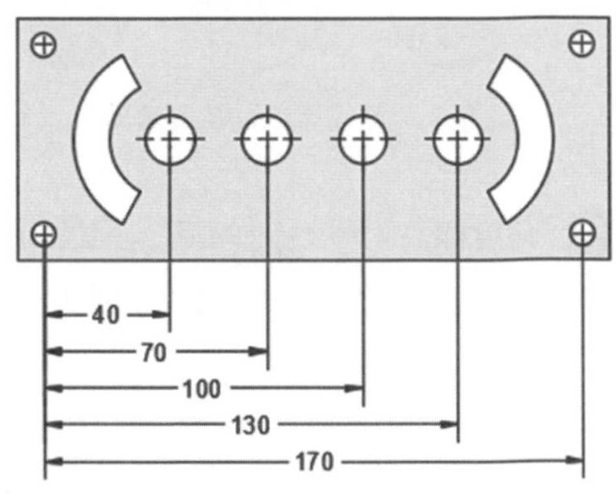

圖 8-13 基線標註之樣式

8-2 線性、連續式與基線標註

8-2-1 線性標註工具

1 續使用第八章中 sample01.dwg 做為標註工具之練習，在繪製尺寸線前，有幾項工作要做，第一項工作就是確定標註型式為 DIM2.5 型式，如果使用本書的樣板檔，即自動將此型式設為系統內定的目前型式。

2 第二項工作就是設定註解比例，因為在模型空間中繪圖都是以 1:1 的模式繪製，因本圖為機械製圖，依前面章節的說明，其視埠比例與出圖比例是相同的，本例假設要以一之一比例出圖，請在**註解比例**工具按鈕上維持其比例為 1:1 模式，如圖 8-14 所示。

圖 8-14 在**輔助**工具面板中將註解比例設為 1:1

3 在未執行標註工具前，請先在**常用**頁籤之**圖層**工具面板中，設定標註圖層為目前圖層，如圖 8-15 所示，則往後繪製之標註線皆會歸入到此圖層中。

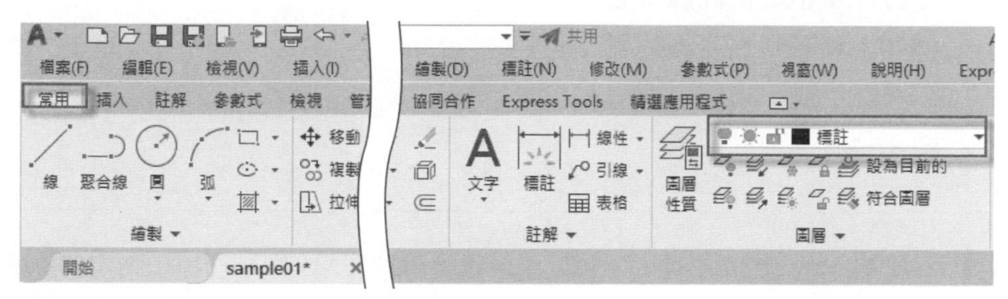

圖 8-15 在**圖層**工具面板中設定標註圖層為目前圖層

4 在**常用**頁籤中選取**註解**工具面板中的**線性標註**工具右側旁的向下箭頭，可以打開表列的尺寸標註工具，如圖 8-16 所示，請選取**線性標註**工具。

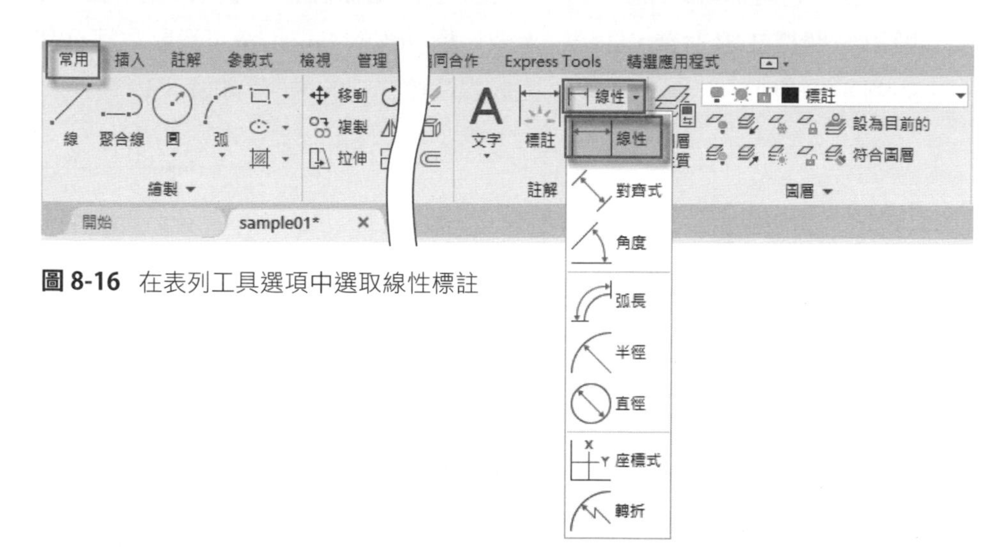

圖 8-16 在表列工具選項中選取線性標註

溫馨提示	**標註**工具面板可以在**常用**頁籤中使用，亦可在**註解**頁籤中使用，唯後者顯示工具較為齊全，所以本章所言之**標註**工具面板，往後皆指在**註解**頁籤中使用。

5 當選取**線性**工具後，指令行提示**指定第一條延伸線原點或（選取物件）**，請在圖中選取圖示 1 點，指令行提示**指定第二條延伸線原點**，接著在圖中選取圖示 2 點，指令行提示**指定標註線位置**，將游標往上移動到想要的位置上，按下滑鼠左鍵，即可定出尺寸線，如圖 8-17 所示。

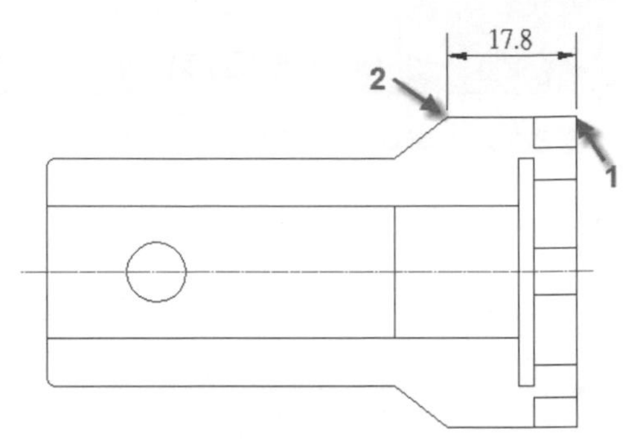

圖 8-17 使用**線性**工具畫出尺寸標註線

6 在鍵盤上按 [Enter] 鍵，重複執行線性標註，利用相同的方法選取圖示 1、2 點，再移動游標往上移動，利用抓點功能與第一個標註線對齊，如圖 8-18 所示。

7 選取**線性標註**工具，指令行提示**指定第一條延伸線原點或（選取物件）**，此時按下鍵盤上 [Enter] 鍵，亦即行使選取物件模式，指令行提示**選取要標註的物件**，請選取圓，指令行提示**指定標註線位置或**，請將游標移至要做標註線的方位上按下滑鼠左鍵，可以完成線性標註線的繪製，如圖 8-19 所示。

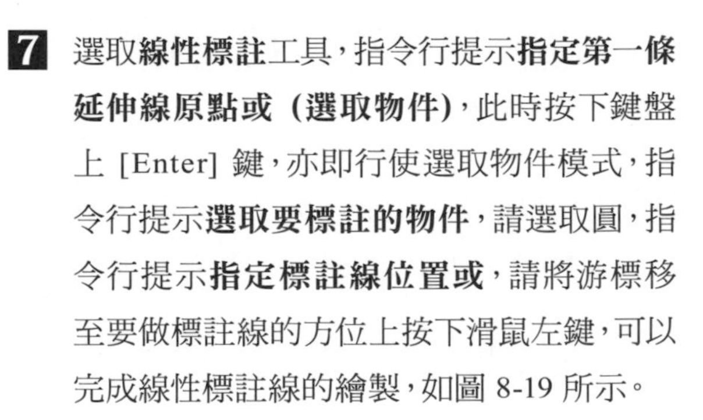

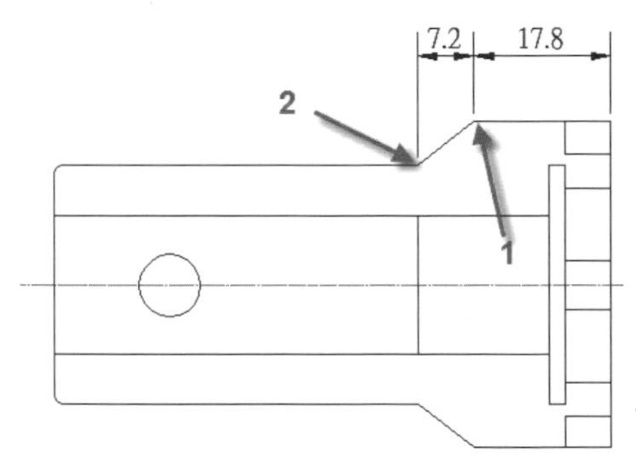

圖 8-18 連續執行線性標註

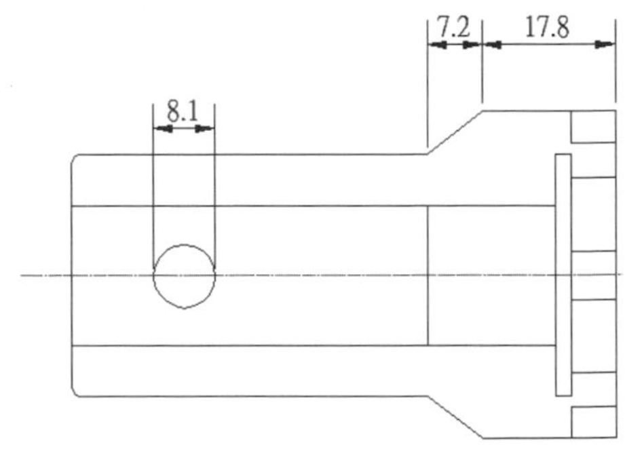

圖 8-19 完成圓的線性標註

8 使用滑鼠在 **8.1** 的文字上按滑鼠兩下，可以進入文字編輯模式，並打開文字編輯器頁籤，請點選**插入**工具面板上的**符號**工具，在其表列功能選項中選取**直徑**功能表單，可以很方便在 8.1 數字前加入直徑符號，如圖 8-20 所示。

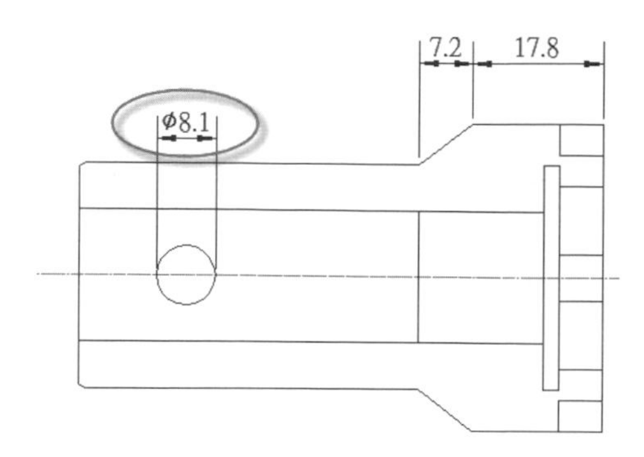

圖 8-20 很方便在 8.1 數字前加入直徑符號

9 選取線性標註，當定下指定第一、二條延伸線原點後，在指令行中有諸多功能選項可供選取，如圖 8-21 所示。

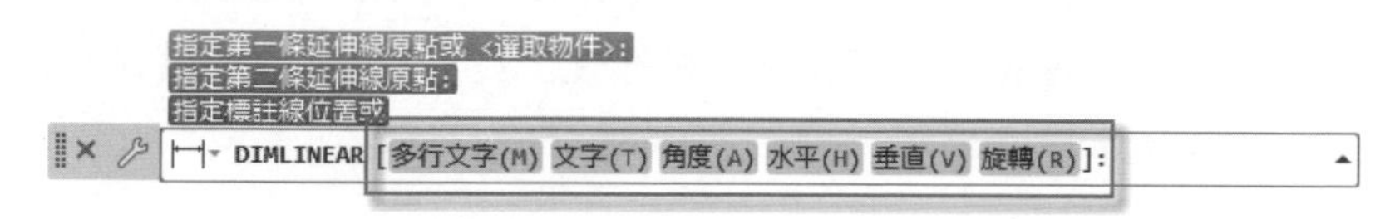

圖 8-21 在指令行中有諸多功能選項可供選取

10 此時請在指令行中選取**角度**功能選項，指令行提示**指定標註文字的角度**，請鍵盤上輸入 45，當畫完線性標註後，標註文字的角度會呈現 45 度角，如圖 8-22 所示。

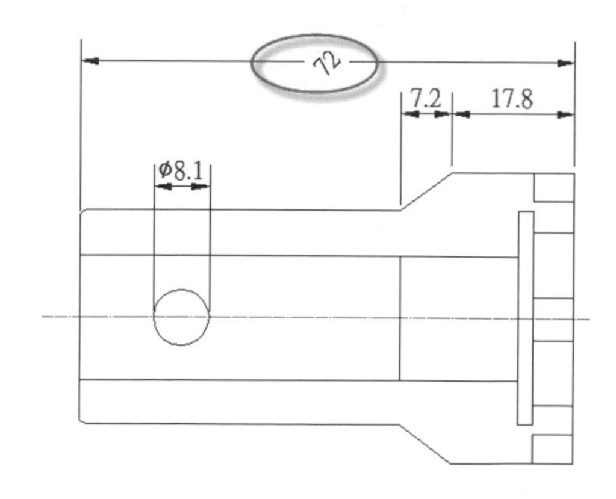

圖 8-22 標註文字的角度會呈現 45 度角

11 選取線性標註，當定下指定第一、二條延伸線原點後，如果在指令行中選取**旋轉**功能選項，指令行提示**指定標註線的角度**，請鍵盤上輸入 30，當畫完線性標註後，標註線的角度會呈現 30 度角，如圖 8-23 所示。

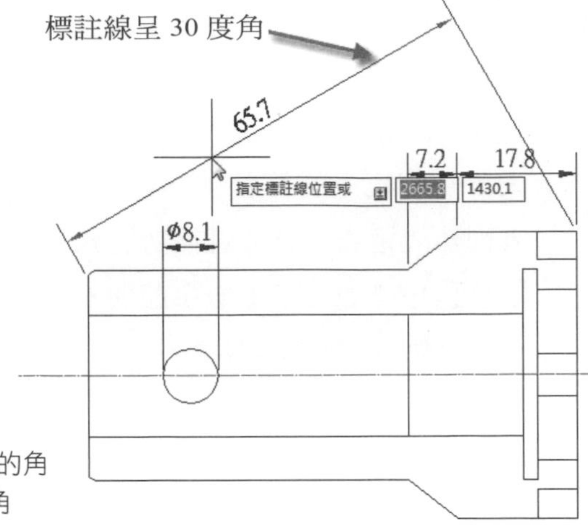

圖 8-23 標註線的角度會呈現 30 度角

8-2-2 連續式及基線標註工具

1 在**註解**頁籤之**標註**工具面板中的連續式工具右側旁，使用滑鼠點擊右側向下箭頭，可打開**連續式**及**基線式**兩個標註工具，請先選取**連續式**標註工具，如圖 8-24 所示。

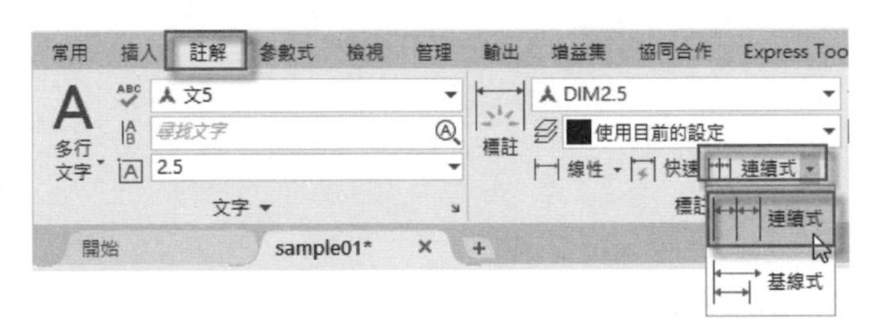

圖 8-24 在**標註**工具面板中選取**連續式**工具

2 要使用**連續式**標註工具，其先期條件是必需先執行線性標註，請選取**線性**工具，在圖示第 1、2 點位置做出線性標註，如圖 8-25 所示。

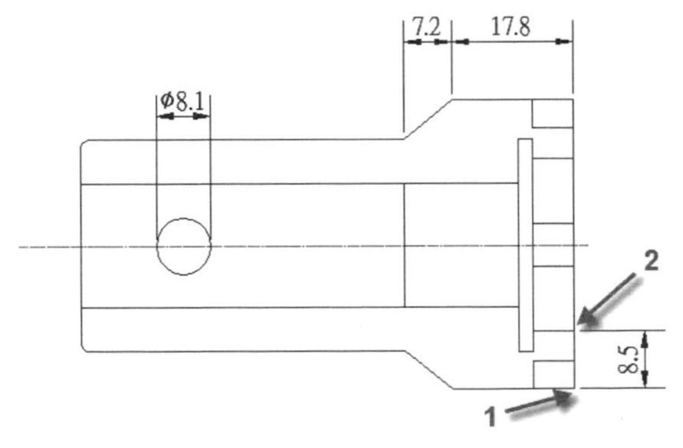

圖 8-25 在圖形右側繪製線性標註

3 在**標註**工具面板中選取**連續式**標註工具，此工具會接續最後一次執行線性標註工作延續標註，指令行提示**指定第二條延伸線原點或**，請直接在圖示 1、2、3、4 點位置，按下滑鼠左鍵，它自動對齊原標註線，如圖 8-26 所示，按下空白鍵可以結束連續式標註。

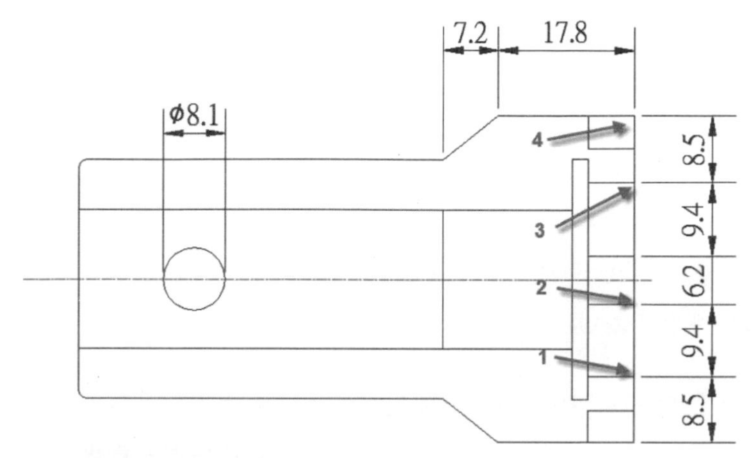

圖 8-26 使用連續式標註

4 如果事後一段時間才想做連續式標註，當選取**連續式**標註工具後，系統會以最後執行線性標處續做連續式標註，唯此處並非連續式標註施作處，此時可以在指令行中選取**選取**功能選項，以重新選擇要接續施作連續式標註的線性標註，如此即可將此線性標註續做連續式標註。

5 選取圖面的所有的標註線，然後按鍵盤上 [Delete] 鍵將其刪除，先繪製第一個線性標註，再選取**註解**工具面板上的基線式工具，如圖 8-27 所示。

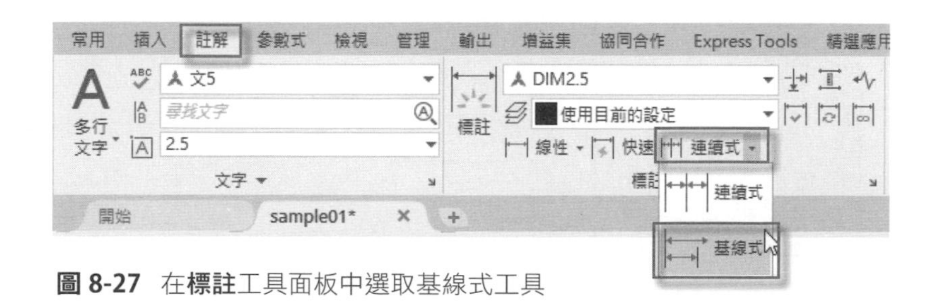

圖 8-27 在**標註**工具面板中選取基線式工具

6 指令行提示**指定第二條延伸線原點或**，請直接在圖示 1、2、3 點位置上，按下滑鼠左鍵，即可繪製出基線式標註線，如圖 8-28 所示。

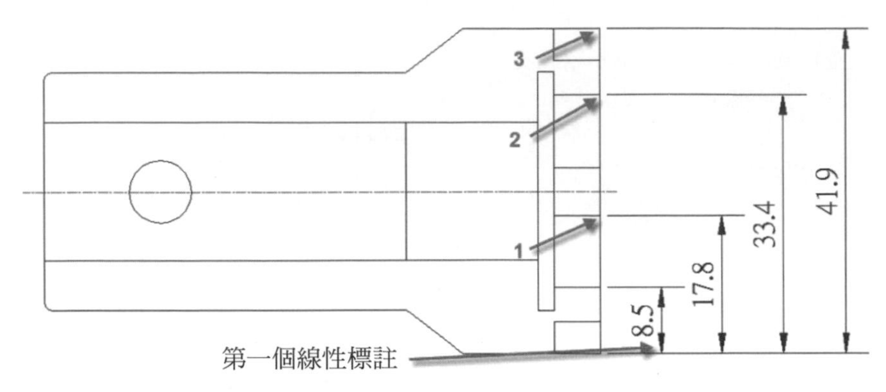

圖 8-28 繪製基線式標註線

7 基線間的間距，是在**標註型式管理員**面板中所做的設定，請使用滑鼠點擊**標註**工具面板上標頭右側的向右下箭頭，可以打開**標註型式管理員**面板，如圖 8-29 所示。

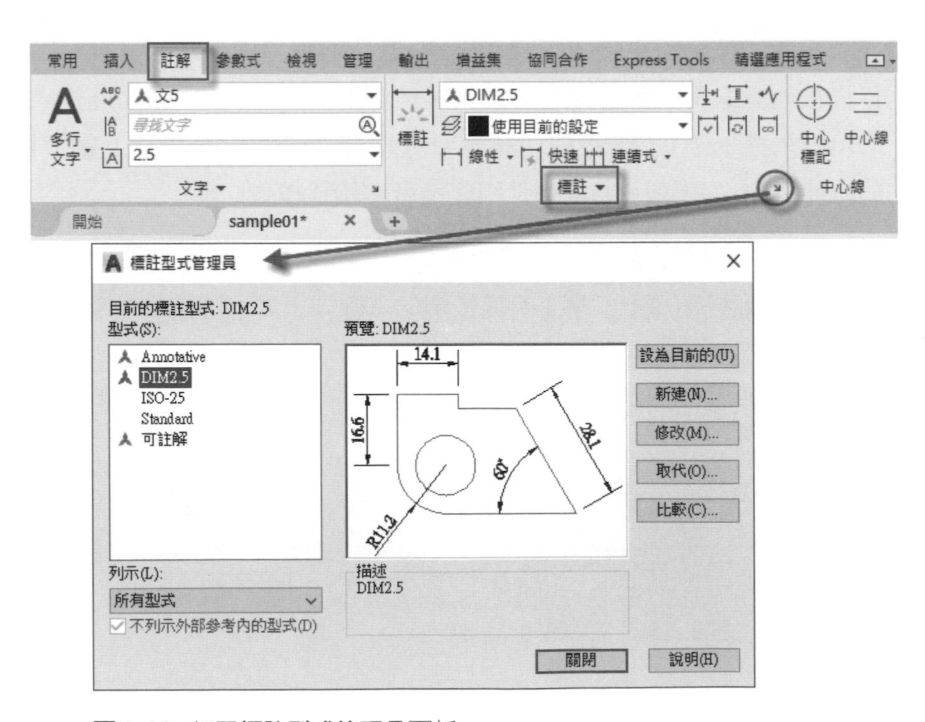

圖 8-29 打開**標註型式管理員**面板

8 請選取 DIM2.5 標註型式，再按面板右側的**修改**按鈕，可以打開**修改型式：DIM2.5** 面板，原**基準線間距**欄位設定為 8，如圖 8-30 所示，使用者可以依各人需要自行更改之。

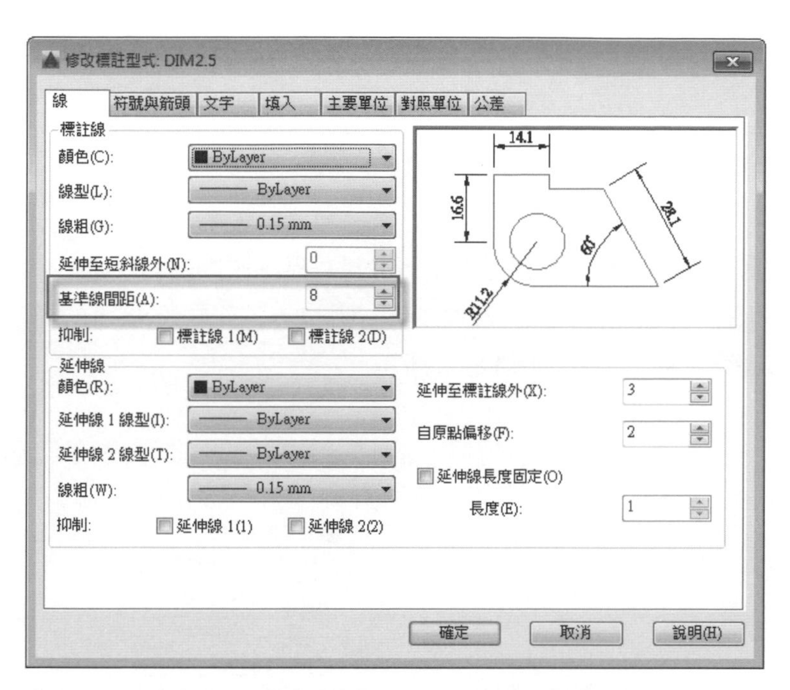

圖 8-30 在**修改型式：DIM2.5** 面板中修改**基準線間距**欄位值

8-3 對齊式與角度標註

8-3-1 對齊式標註工具

1 請選取**常用**頁籤，在**繪製**工具面板中選取**多邊形**工具，設邊數為 6，以外切於圓方式，於原圖形之左側位置，繪製半徑為 30 之六邊形，如圖 8-31 所示。

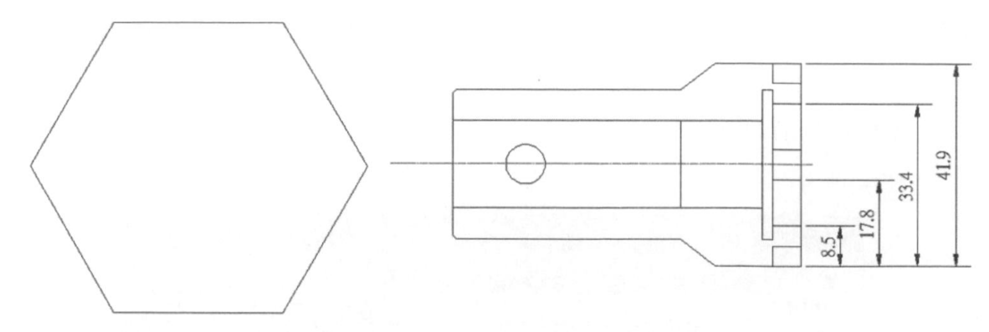

圖 8-31 於原圖形左側繪製 30 半徑之六邊形

2 對齊標註工具用於創建尺寸線平行於尺寸界線原點的線性標註，請在**註解**工具面板上，使用滑鼠按下**線性**工具右側的向下箭頭，於展示的標註列表中選取對齊式標註工具，如圖 8-32 所示。

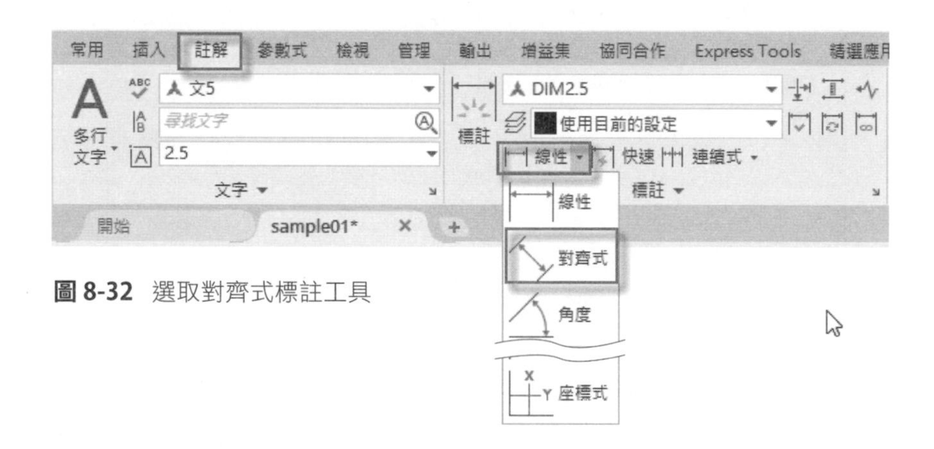

圖 8-32 選取對齊式標註工具

3 選取工具後，指令行提示**指定第一條延伸線原點或 (選取物件)**，請以圖示 1 點為第一原點，指令行提示**指定第二條延伸線原點或**，請以圖示 2 點為第二原點，依照線性標註的操作方法，指令行提示**指定標註線位置或**，請直接移動游標，在圖示 1、2 點的右側按下滑鼠左鍵，此時標註線與圖形的邊界線是處於平行狀態，如圖 8-33 所示。

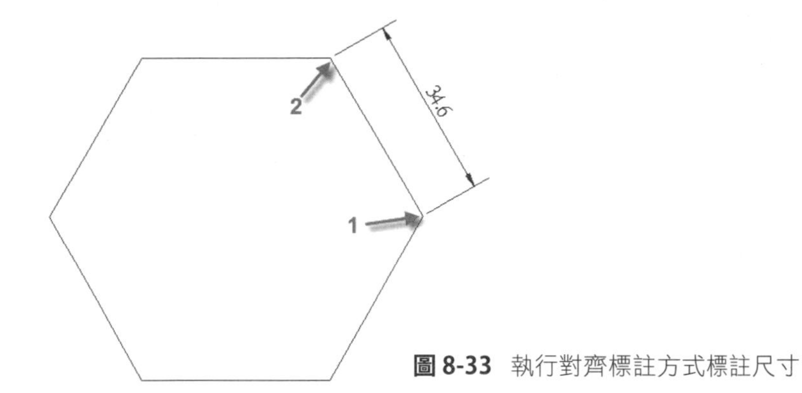

圖 8-33 執行對齊標註方式標註尺寸

4 再選取對齊式標註工具，指令行提示**指定第一條延伸線原點或（選取物件）**，此時可以直接按下 [Enter] 鍵，表示要選取物件，移動游標至圖示 A 的線，如圖 8-34 所示。

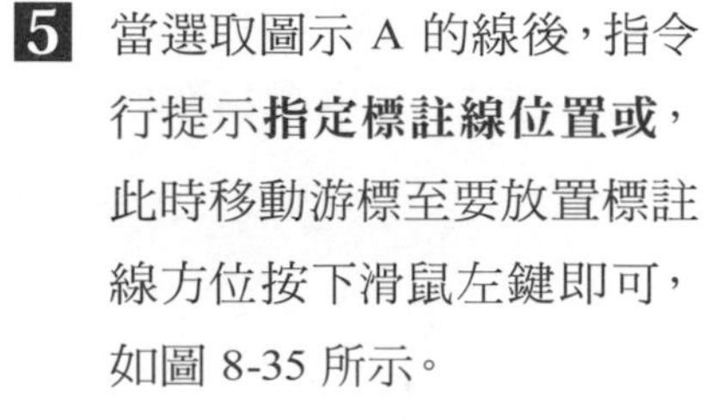

5 當選取圖示 A 的線後，指令行提示**指定標註線位置或**，此時移動游標至要放置標註線方位按下滑鼠左鍵即可，如圖 8-35 所示。

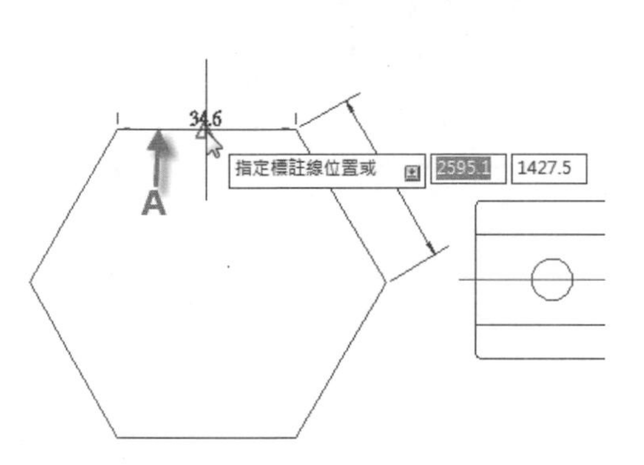

圖 8-34 以選取物件方式做標註

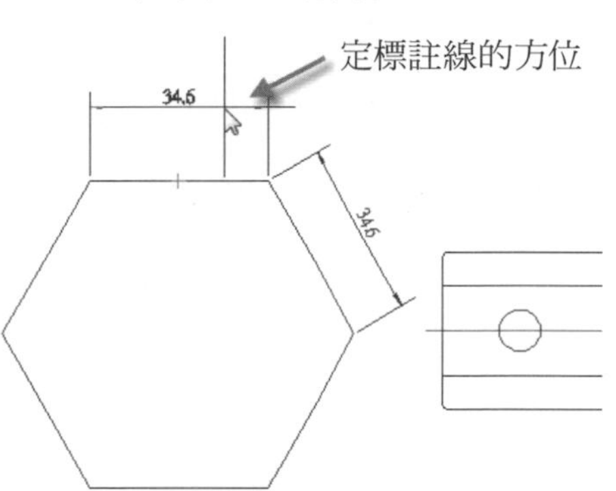

圖 8-35 使用此方法只要選線即可定出標註線

6 將剛才繪製的尺寸線刪除，繼使用對齊式標註工具，請選取圖示第 1、2 點，再拉出標註線，此時標註線會與圖示 1、2 點的虛擬線平行，如圖 8-36 所示。

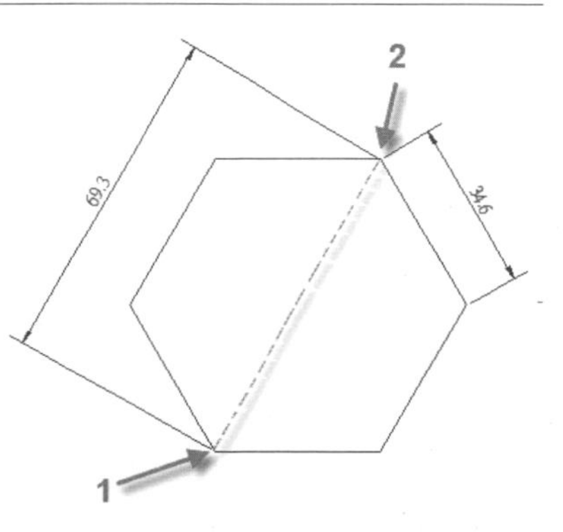

圖 8-36 標註線會與圖示 1、2 點的虛擬線平行

8-3-2 角度標註工具

1 請開啟第八章中 sample02.dwg 檔案，如圖 8-37 所示，這是以繪製工具預先繪製圖形，此處在**輔助**工具面板中將註解工具上先將其預設為 1:1，即以原尺寸列印。

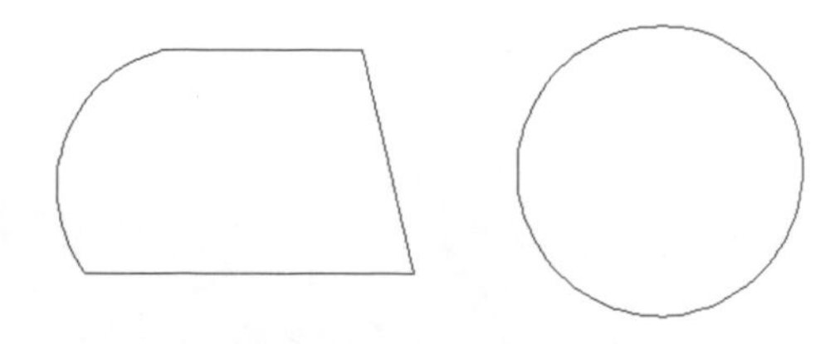

圖 8-37 開啟第八章中 sample02.dwg 檔案

2 角度標註是用於標註圓和圓弧的角度、兩條直線間的角度以及三點間的角度。請在**註解**工具面板上，使用滑鼠按下**線性**工具右側的向下箭頭，於展示的標註列表中選取**角度**標註工具，如圖 8-38 所示。

圖 8-38 選取**角度**標註工具

3 選取**角度**標註工具後，指令行提示**選取弧，圓，線或 <指定頂點>**，請在圖中選取圖示 A 的線，指令行提示**選取第二條線:**，請在圖中選取圖示 B 的線段，指令行提示**指定標註弧線位置或**，接著移動游標向左移動以決定夾角線方位及位置，當按下滑鼠左鍵，即可以製作兩條線夾角的標註線，如圖 8-39 所示。

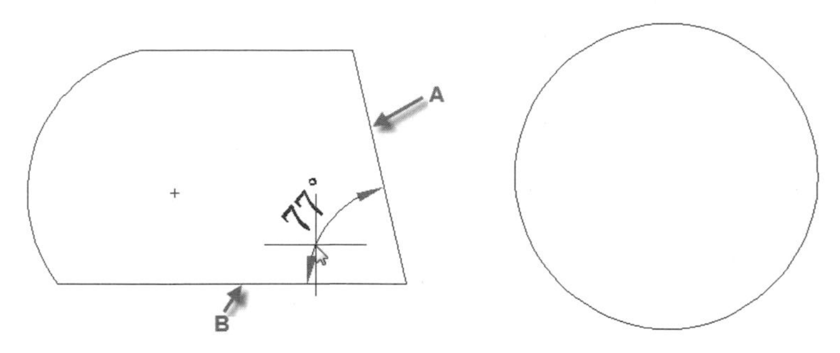

圖 8-39 以兩條夾角線繪製出角度標註線

4 再選取**角度**標註工具，一樣剛才的步驟，當指令行提示**指定標註弧線位置或**，移動剛才定弧形標註的相反方向，按下滑鼠左鍵，可以繪製出另一側的 103 度的角度線，如圖 8-40 所示，利用相同的步驟，當指定標註弧線位置於另兩處時，其標註型式會有不同，如圖 8-41 所示。

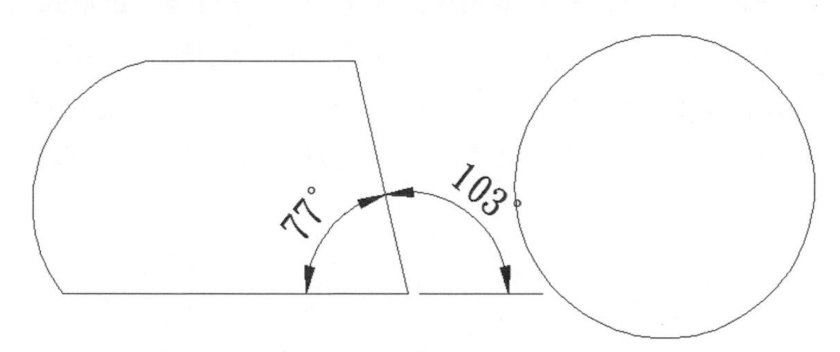

圖 8-40 繪製另一側的 103 度角度線

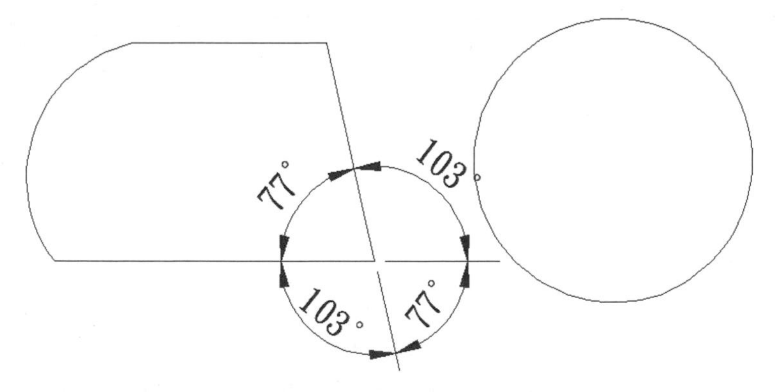

圖 8-41 指定標註弧線位置於另兩處時其標註型式會有不同

5 刪除全部剛才使用角度工具繪製的標註線，再選取**角度**標註工具，指令行提示**選取弧，圓，線或 <指定頂點>**，此時直接選取圖示 A 的弧線，指令行提示**指定標註弧線位置或**，移動游標至弧線左側以定下方位及位置，可以繪製出弧線的角度標線，如圖 8-42 所示。

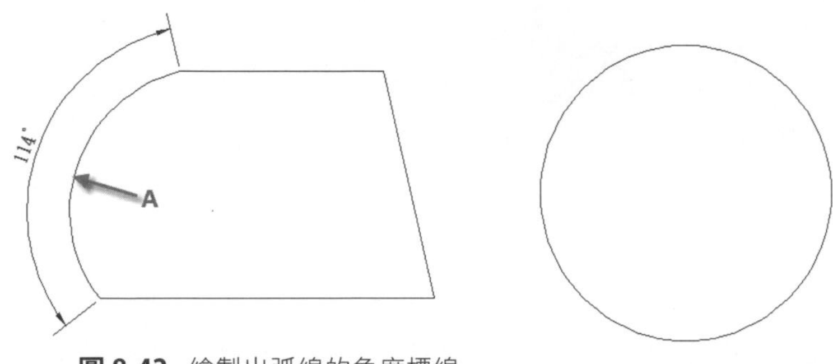

圖 8-42 繪製出弧線的角度標線

6 刪除剛繪製的標註線，再選取**角度**標註工具，指令行提示**選取弧，圓，線或 <指定頂點>**，此時按下鍵盤上 [Enter] 鍵（即代表執行指定頂點），指令行提示**指定角度頂點**，請使滑鼠點擊圖示 1、2、3 的頂點，指令行提示**指定標註弧線位置或**，移動游標至右側，即可繪製出指定頂點的角度標註，如圖 8-43 所示。

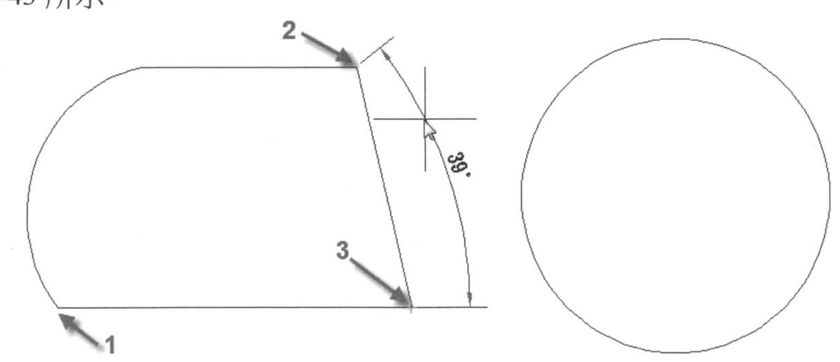

圖 8-43 繪製出指定頂點的角度標註

7 刪除剛繪製的標註線，再選取**角度**標註工具，指令行提示**選取弧，圓，線或 <指定頂點>**，請直接選取圖示 1 的圓四分點上，此時系統會把此四分點當做第一個端點，指令行提示**選取角度的第二個端點**，請選取圖示 2 的圓四分點上，指令行提示**指定標註弧線位置或**，移動游標至右側，即可繪製出指定頂點標註圓局部角度標註，如圖 8-44 所示。

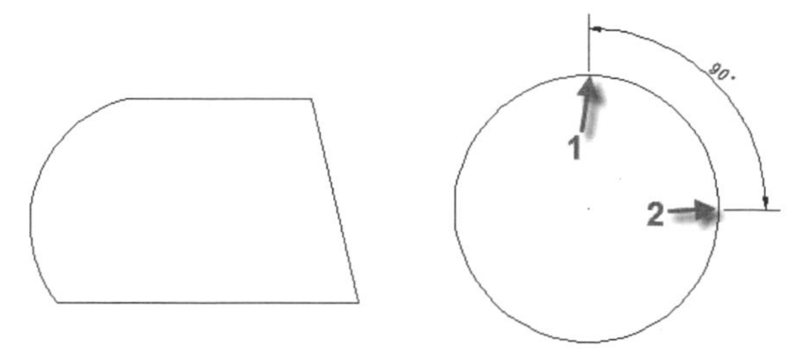

圖 8-44 繪製出指定頂點標註圓局部角度標註

8-4 弧長、半徑及直徑標註工具

8-4-1 弧長標註工具

1 請開啟第八章中 sample03.dwg 檔案，此為預先繪製的幾何圖形，如圖 8-45 所示，此處在**輔助**工具面板中將註解工具先預設為 2:1，即以原尺寸的放大一倍列印。使用滑鼠按下**線性**工具右側的向下箭頭，於展示的標註列表中選取選取**弧長**標註工具，如圖 8-46 所示。

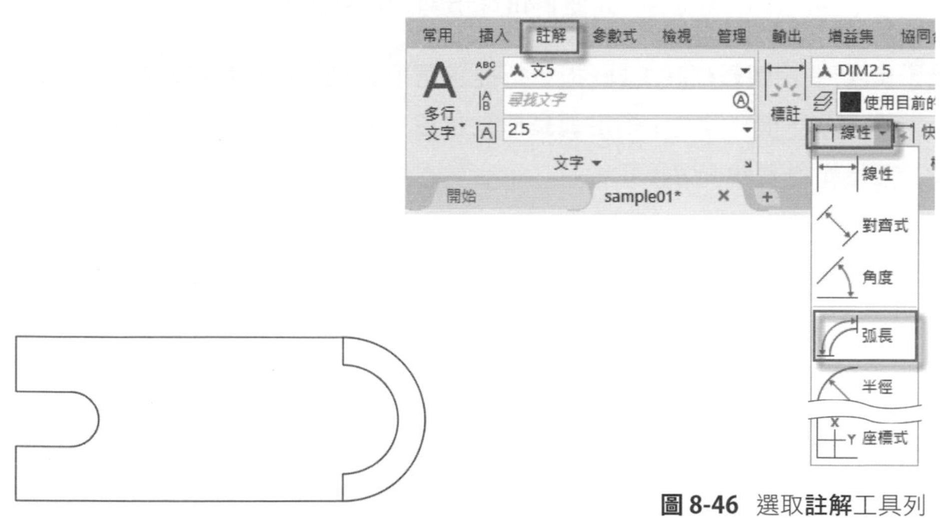

圖 8-45 開啟第八章中 sample03.dwg 檔案

圖 8-46 選取**註解**工具列表中的**弧長**標註工具

2 指令行提示**選取弧或聚合線弧段**，請選取圖示 A 的弧線，指令行提示**指定弧長標註位置**，請往右移動游標，會出現弧的圓心，當按下滑鼠左鍵，以定出方位及位置，此時**弧長**標註工具會以同樣的圓心做弧長標註，而使兩條弧線平行，如圖 8-47 所示。

圖 8-47 選取弧線可以做出與它平行的弧長標註

3 依國家製圖標準，亦可使用**線性標註**工具，標註出弧線的弦長，如圖 8-48 所示。

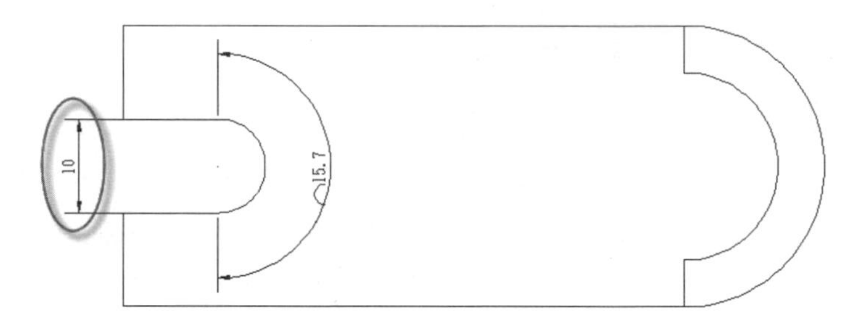

圖 8-48 使用線性標註以標註弦長

4 重新使用**弧長**標註工具，指令行提示**選取弧或聚合線弧段**，請選取圖示 B 的弧線，指令行提示**指定弧長標註位置**，此時在指令行中選取**局部**功能選項，如圖 8-49 所示。

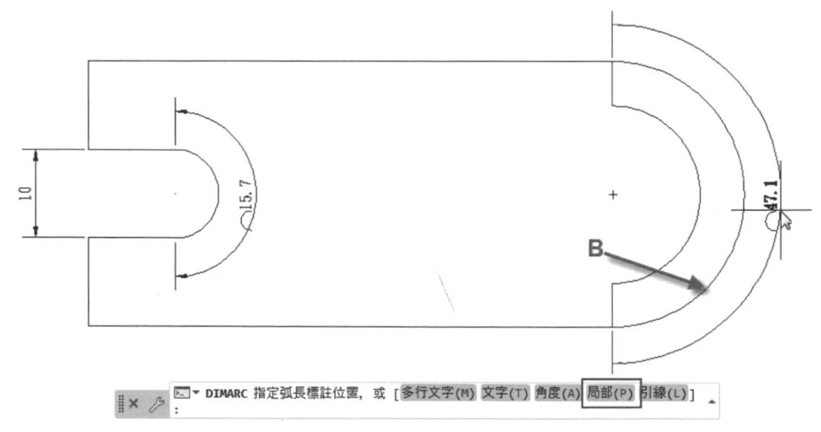

圖 8-49 在指令行中選取**局部**功能選項

5 當選取**局部**功能選項後，指令行提示**指定弧長標註的第一點**，此時請同時按住 [Shift] 鍵及滑鼠右鍵，在顯示的右鍵功能表中選擇**最近點**功能表單，如圖 8-50 所示。

6 此時可以在圖示的 1 點上抓取弧長的第一點，指令行提示**指定弧長標註的第二點**，如前面所示先在右鍵功能表中選擇**最近點**功能表單，然後在圖示的 2 點上抓取弧長的第二點，當定下第二點後，指令行提示**指定弧長標註位置**，請在弧線的右側按下滑鼠左鍵，以定標註的方位和位置，即可標註出局部弧線長度，如圖 8-51 所示。

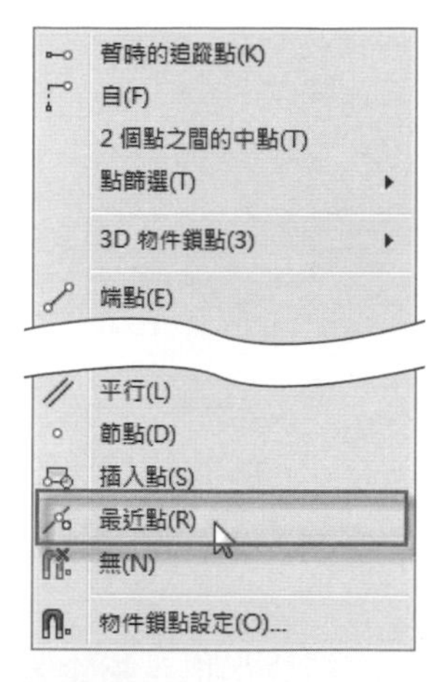

圖 8-50 右鍵功能表中選擇**最近點**功能表單

圖 8-51 標註出局部弧線長度

> **溫馨提示**
> 在弧線上只有兩端點才有鎖點功能，選取最近點鎖點功能，可以讓使用者離開端點鎖點的限制，而沿弧線找到想要的理想點上。

7 重複執行前面弧線標註的操作方法，這次直接選取圖示 A 的弧線，並在指令行中選取**引線**功能選項，如圖 8-52 所示。

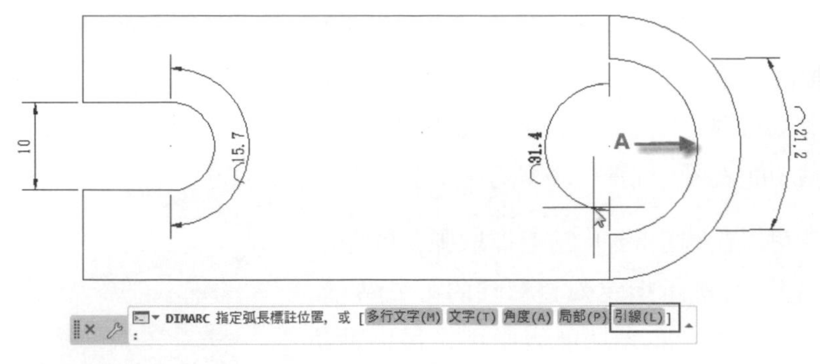

圖 8-52 在指令行中選取引線功能選項

8 當指令行提示**指定弧長標註位置**，請在弧線左側定下尺寸標註的方位及位置後，會產生一條弧引線的標註，如圖 8-53 所示。

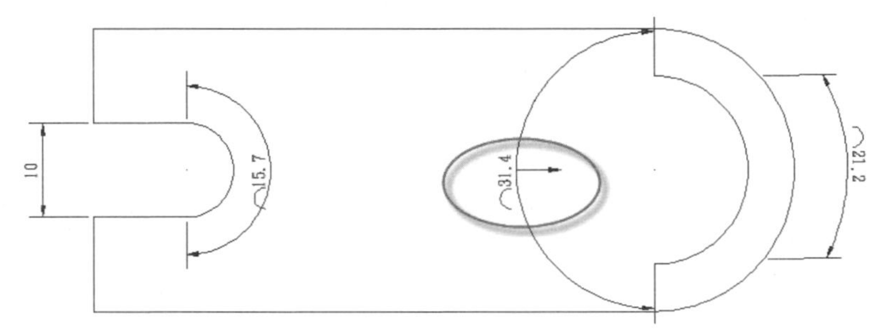

圖 8-53 產生一條弧引線的標註

8-4-2 半徑標註工具

1 選取**畫圓**工具，在 sample03 圖形的左側，繪製半徑為 12 的圓，如圖 8-54 所示，然後在**註解**工具面板上，使用滑鼠按下**線性**工具右側的向下箭頭，於展示的標註列表中選取**半徑**註解工具，如圖 8-55 所示。

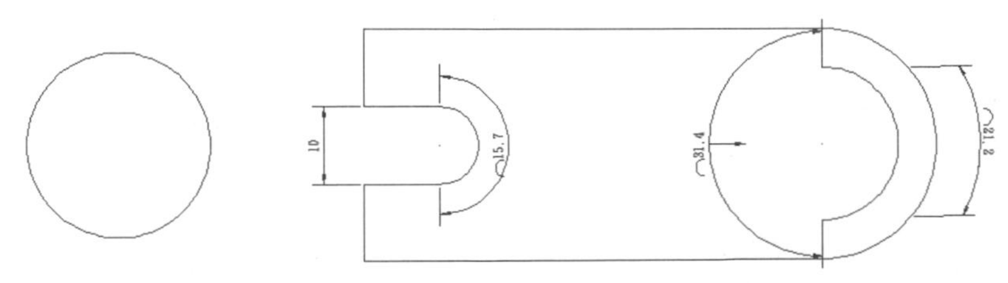

圖 8-54 在 ample03 圖形的左側繪製半徑為 12 公分的圓

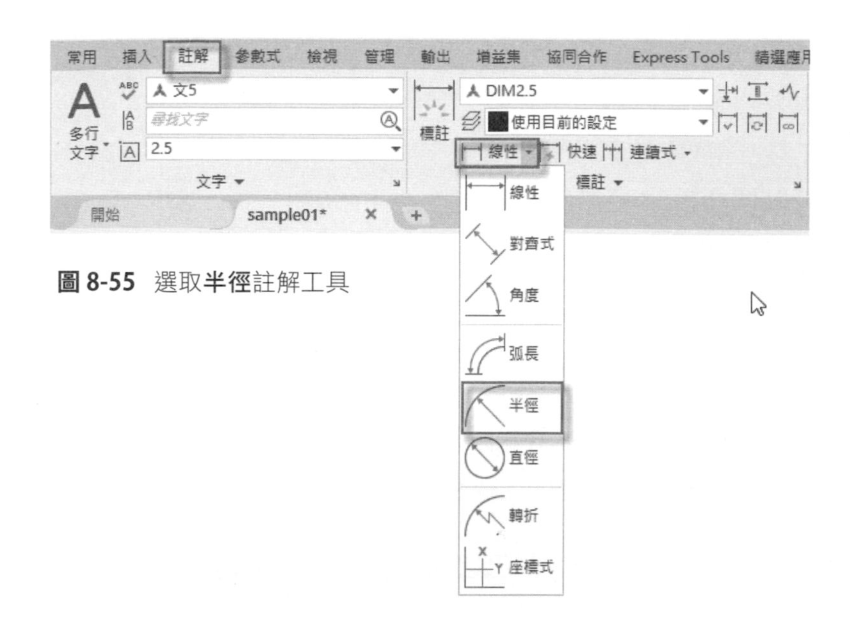

圖 8-55 選取**半徑**註解工具

2 指令行提示**選取一個弧或圓**，請選取此圓，然後移動游標往圓心方向移動，並按下滑鼠左鍵，即可定出半徑標註，如圖 8-56 所示。

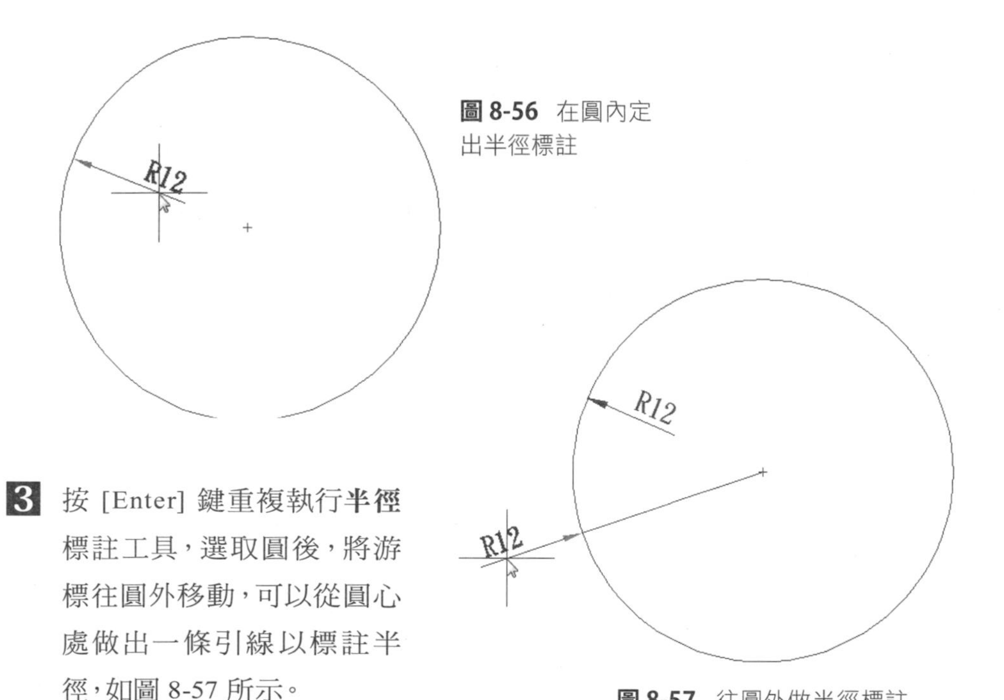

圖 8-56 在圓內定出半徑標註

3 按 [Enter] 鍵重複執行**半徑**標註工具，選取圓後，將游標往圓外移動，可以從圓心處做出一條引線以標註半徑，如圖 8-57 所示。

圖 8-57 往圓外做半徑標註

4 在圓形上方，使用畫弧工具，隨意繪製一弧形線，執行**半徑**標註工具，選取剛繪製的弧線，也可以同樣做出半徑的標註線，如圖 8-58 所示。

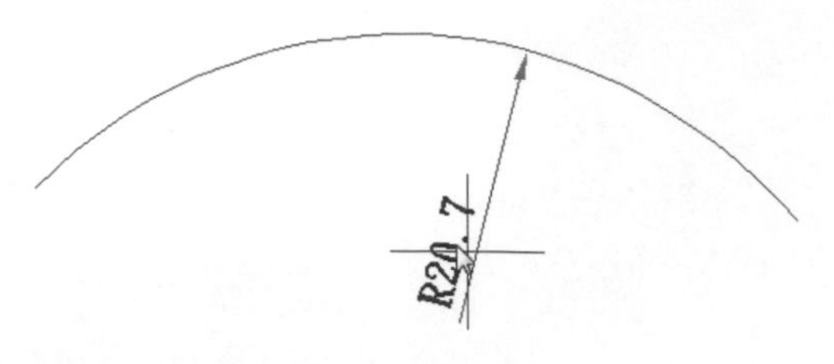

圖 8-58 選取弧線做半徑標註

8-4-3 直徑標註工具

1 利用同樣的圓，把半徑標註刪除，然後在**註解**工具面板上，於打開**註解**工具列表中選取**直徑**標註工具，如圖 8-59 所示。

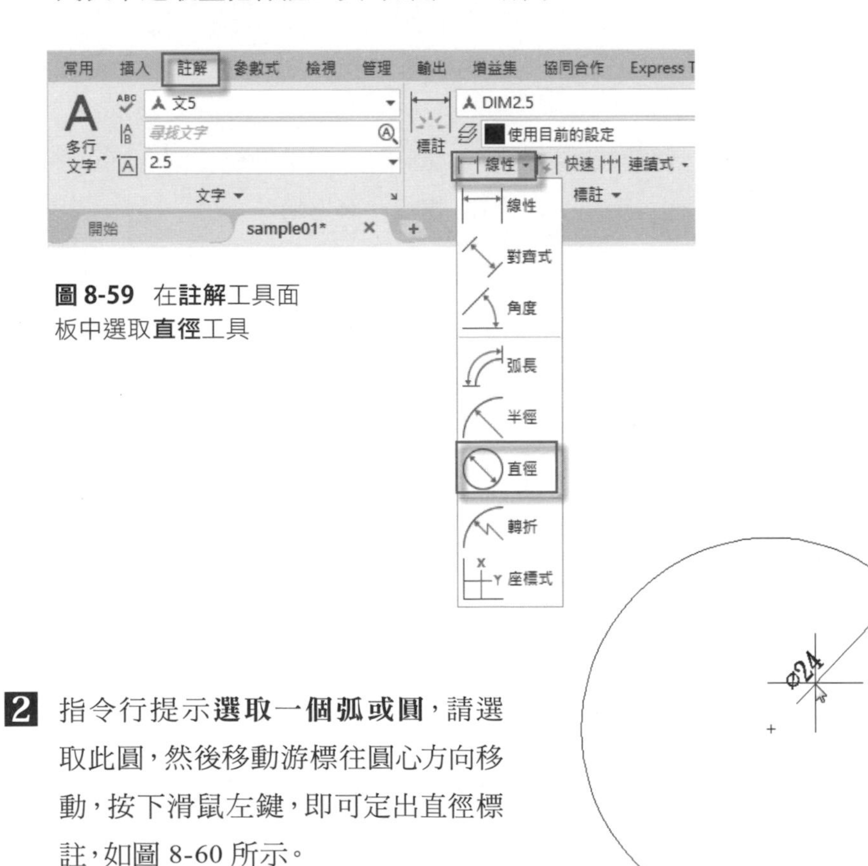

圖 8-59 在**註解**工具面板中選取**直徑**工具

2 指令行提示**選取一個弧或圓**，請選取此圓，然後移動游標往圓心方向移動，按下滑鼠左鍵，即可定出直徑標註，如圖 8-60 所示。

圖 8-60 在圓內定出直徑標註

3 如果讀者在做直徑標註，數字前面未出現直徑的符號時，在未定出標註線位置時，可以先看直徑值，如本例為 24，請在指令行中選取**多行文字**或**文字**功能選項均可，如圖 8-61 所示，然後依前面特殊文字輸入方法，在鍵盤上輸入「%%c24」，然後按 [Enter] 鍵，即可以在數字前標示出直徑符號。

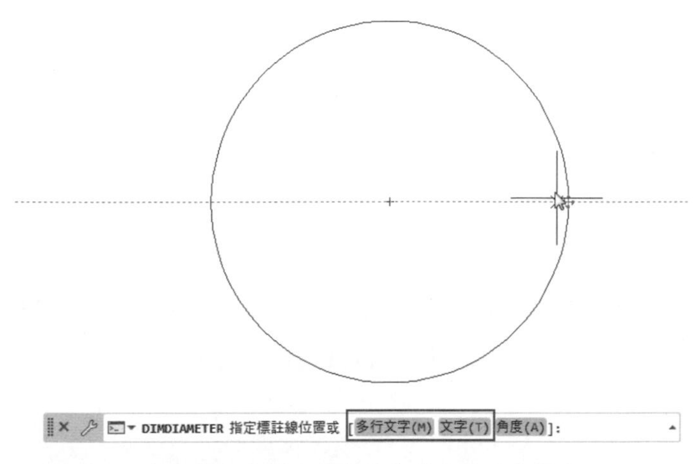

圖 8-61 在指令行中選取**多行文字**或**文字**功能選項

4 繼續執行**直徑**標註工具，指令行提示**選取一個弧或圓**，請選取此圓，然後移動游標往圓外方向移動，按下滑鼠左鍵，即可定一條通過圓心的直徑標註線，如圖 8-62 所示。

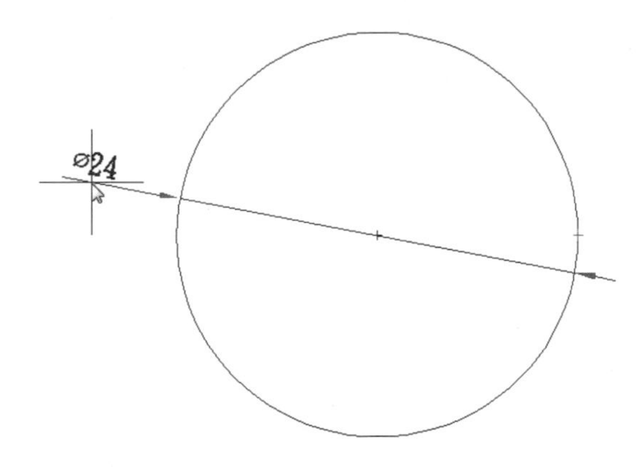

圖 8-62 在圓外做直徑標註

8-5 中心標註、中心線及轉折標註工具

1 請開啟第八章中 sample04.dwg 檔案，此為預先繪製的幾何圖形，如圖 8-63 所示，此處在註解工具上先將其預設為 2:1，即以原尺寸放大一倍列印。

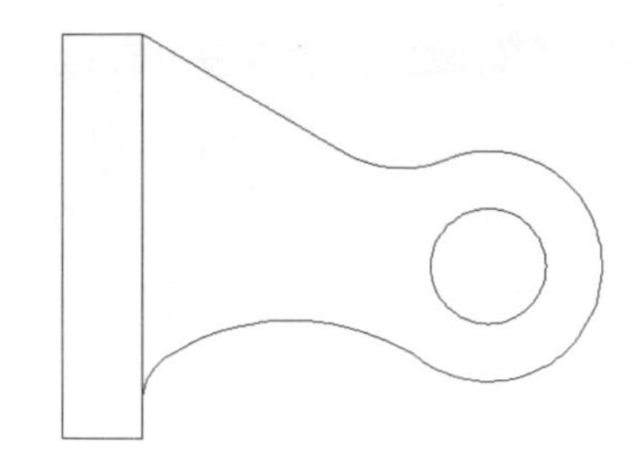

圖 8-63 開啟第八章中 sample04.dwg 檔案

2 在 AutoCAD2018 版本以後新增加了中心線工具面板中之**中心標記**與**中心線**工具，如圖 8-64 所示，以取代原有在**標註**工具面板中的中心標註。

圖 8-64 新增加了中心線工具面板中之**中心標記**與**中心線**工具

3 在中心線工具面板中請選取**中心標記**工具，指令行提示**選取圓或弧以加入中心標記**，請選取圖中之圓形，即可快速在圓上標註圓之中心標註，如圖 8-65 所示。

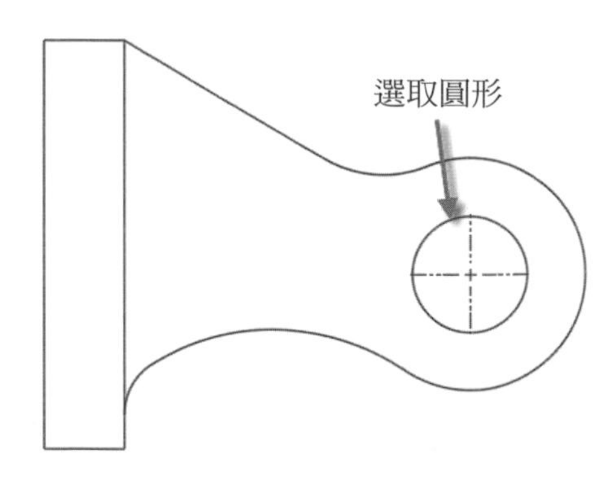

圖 8-65 快速在圓上標註圓之中心標註

4 在中心線工具面板中請選取中心線工具，指令行提示**選取第一條線**，請選取圖示 A 的線段，指令行提示**選取第二條線**，請選取圖示 B 線段，即可快速在圖示 A、B 線段中間標記一條中心線，如圖 8-66 所示。

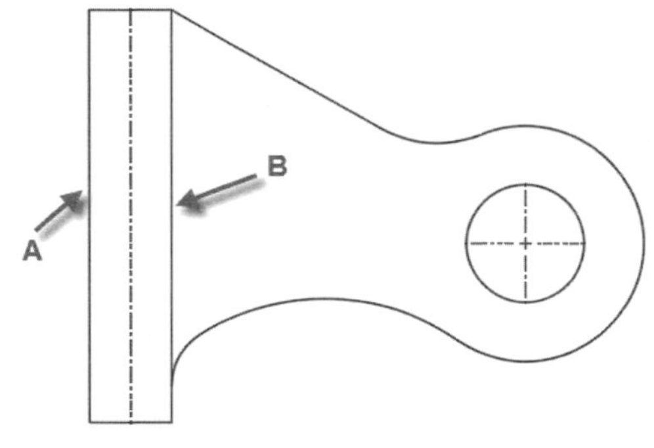

圖 8-66 快速在圖示 A、B 線段中間標記一條中心線

5 在**標註型式管理員**面板中，選取**符號與箭頭**頁籤，在**中心標記**選項中原有多個欄位可供設定，此處應只供開啟舊版圖檔者所使用，在新版設定中已無作用，如圖 8-67 所示。

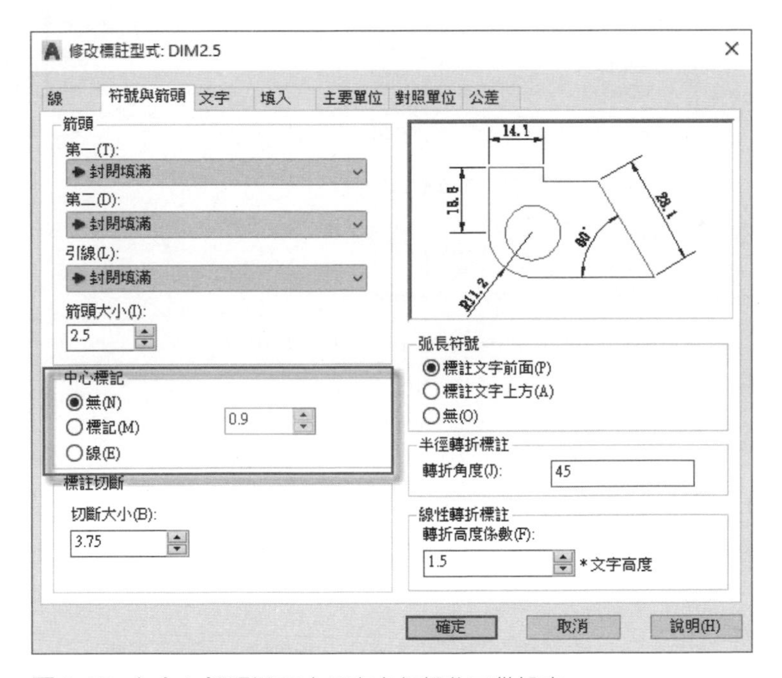

圖 8-67 在**中心標記**選項中原有多個欄位可供設定

6 在 2018 版本以後想要編輯中心標註及中心線，可以選此中心標註或是中心線，按[Ctrl] + [1] 鍵可以打開**性質**面板，在面板中之幾何選項中羅列相當多的欄位，可供快速編輯，如圖 8-68 所示，同時**性質**面板其它選項內欄位，如線型等也均可以對其加編輯。

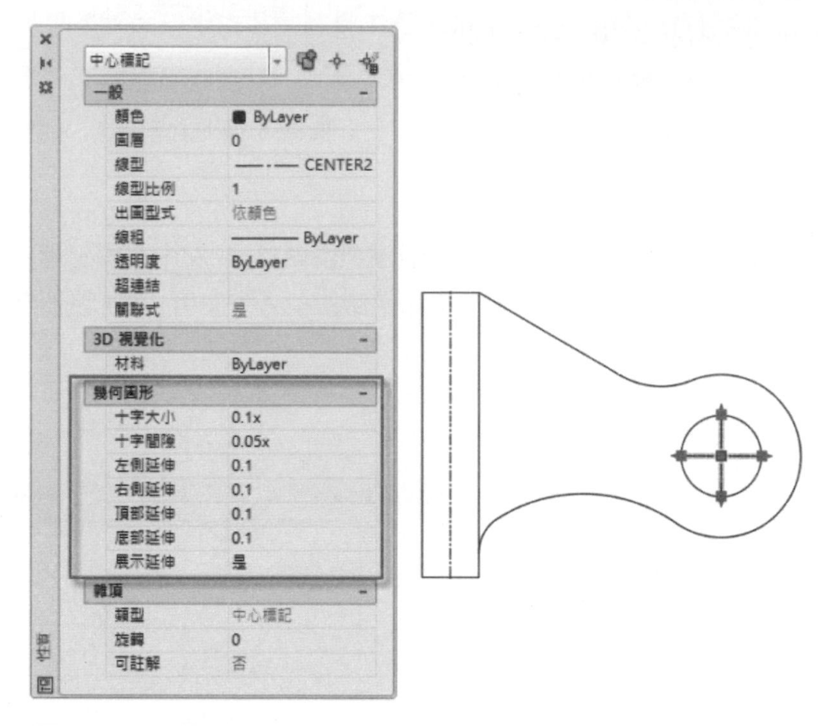

圖 8-68 在**性質**面板中可以對中心標註或是中心線

7 例如想要改變中心標註中心點之大小，可以選取中心標註然後開啟**性質**面板，在面板中系統原定大小為 0.1x，請選取此欄位並改變其大小為 0.5x，則中心標註中心之十字標會變大，如圖 8-69 所示。

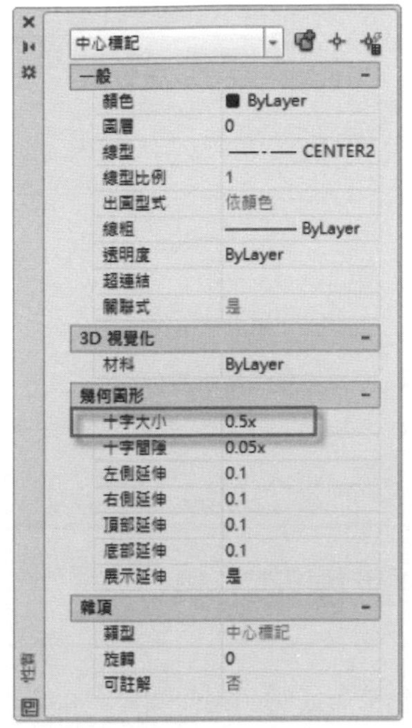

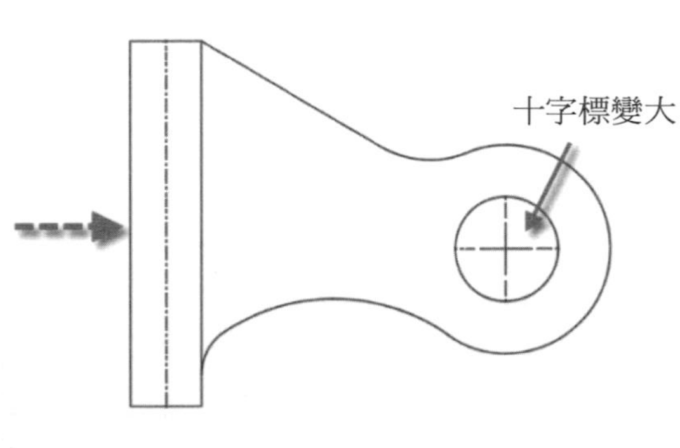

圖 8-69 改變中心標註中心之十字標大小

8 其它欄位之編輯，此處不再示範請讀者自行操作，另外亦可利用掣點編輯方法將其加以改變，其操作方法請參閱第四章之操作說明。

9 使用**線性標註**工具，在圖形的左側繪製線性標註，如圖 8-70 所示，再選取**標註**工具面板上的**標註轉折線**工具，如圖 8-71 所示。

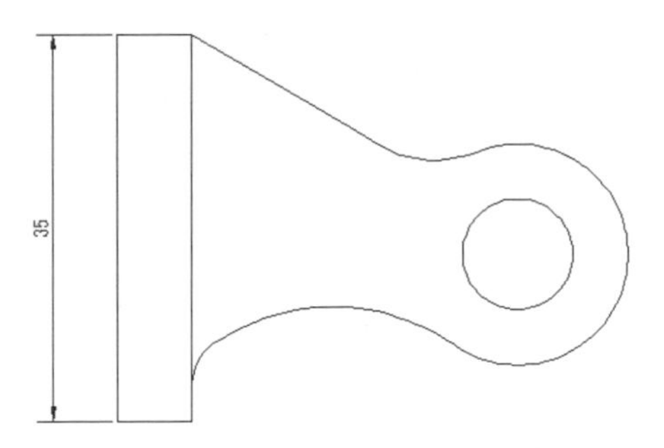

圖 8-70 在圖形的左側繪製線性標註

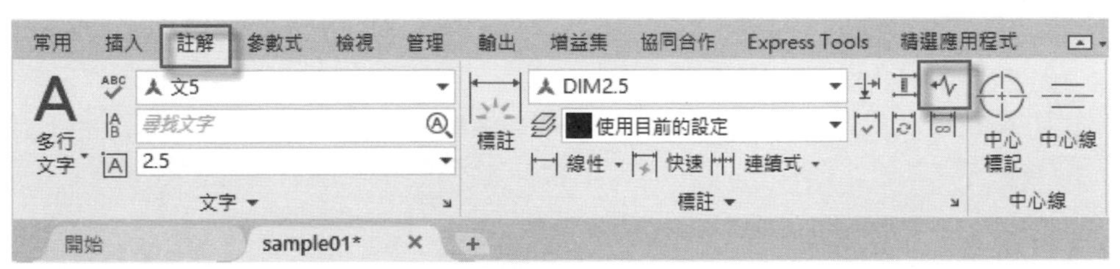

圖 8-71 選取**標註**工具面板上的**標註轉折線**工具

10 使用此工具的前題，必需有線性標註或對齊標註，指令行提示**選取註解以加入轉折或**，選取左側剛畫的線性標註，指令行提示**指定轉折位置**，請使用前面示範**最近點**鎖點方法，可以自由指定要轉折的位置，如圖 8-72 所示，亦可利用將鎖點工具關閉的方法。

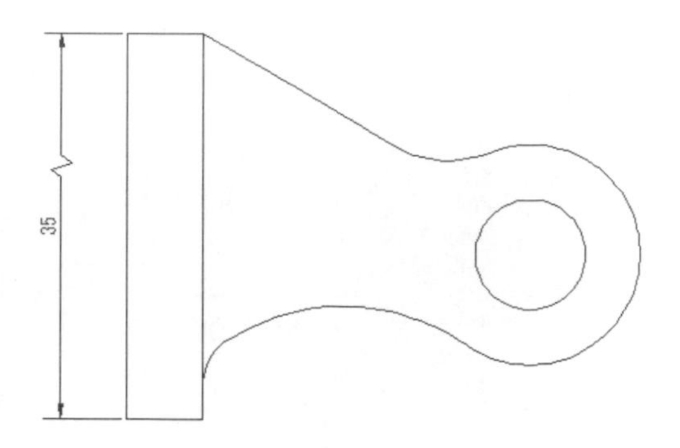

圖 8-72 將線性標註做了轉折

8-6 調整間距、切斷及快速標記工具

1 請開啟第八章中 sample05.dwg 檔案，此為預先繪製的幾何圖形，如圖 8-73 所示，此處在註解工具上先將其預設為 2:1，即以原尺寸放大一倍列印。並請在**註解**頁籤上，於**註解**工具面板中選取**調整間距**標註工具，如圖 8-74 所示。

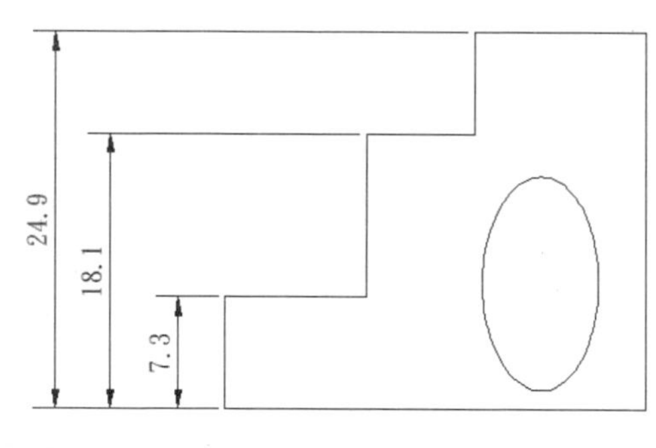

圖 8-73 開啟第八章中 sample05.dwg 檔案

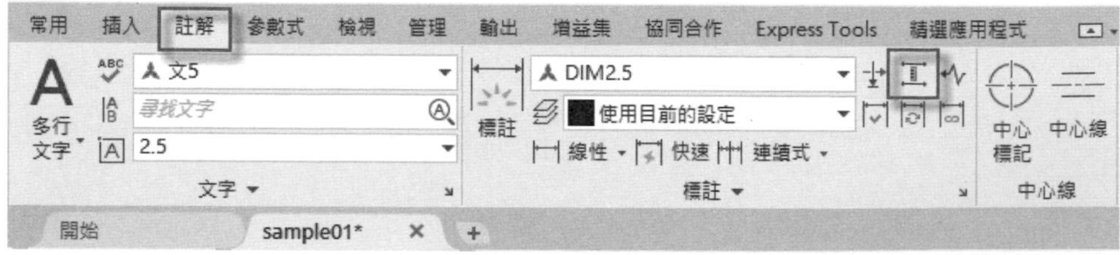

圖 8-74 於**註解**工具面板中選取**調整間距**工具

2 於選取工具後，指令行提示**選取基準標註**，請選取圖示 A 的標註，指令行提示**選取要隔開的標註**，請選取圖示 B、C 的兩標註，按空白鍵或 [Enter] 鍵結束選取，指令行提示**輸入值或 (自動)**，在指令行中並有一自動選項供選取，如圖 8-75 所示。

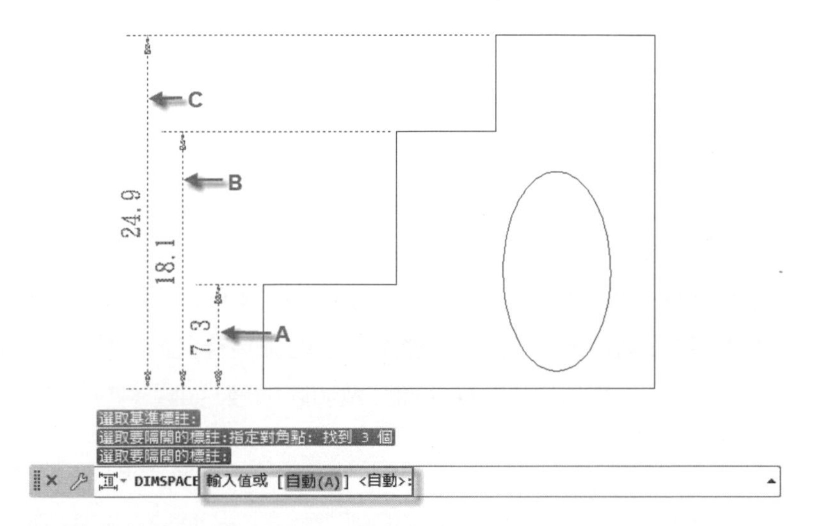

圖 8-75 結束選取後輸入標註間距離值

3 此時可以輸入各線性標註間的距離值或自動讓系統平均分配，此處直接按下 [Enter] 鍵，3 個線性標註自動調整為一樣間距，如圖 8-76 所示。

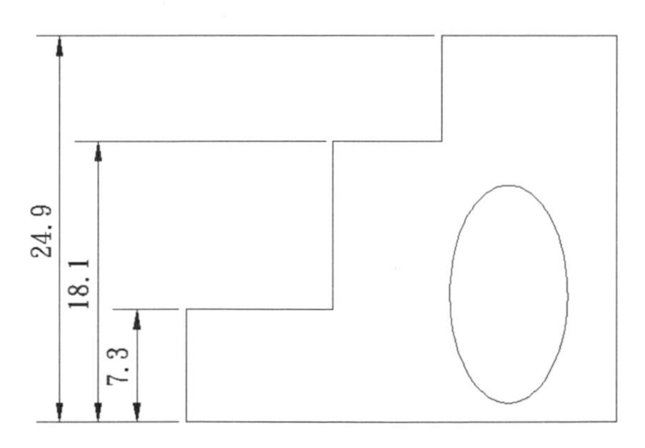

圖 8-76 使 3 個線性標註自動調整為一樣間距

4 刪除左側的 3 個標註線，再使用**線性標註**工具，在圖形上繪製兩個線性標註，如圖 8-77 所示，兩個標註間互相有交錯的現象。

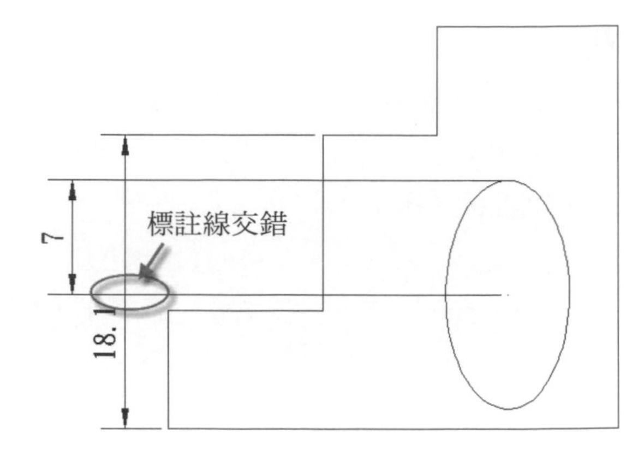

圖 8-77 兩個標註間互相有交錯的現象

5 選取**標註**工具面板上的切斷標註工具，如圖 8-78 所示，指令行提示**選取標註以加入/移除切斷或**，請先選取橢圓半徑的線性標註，再選取垂直方向的線性標註，可以將橢圓半徑的線性標註做切斷處理，如圖 8-79 所示，第一個選取的標註會被切斷。

圖 8-78 選取**標註**工具面板上的**切斷**工具

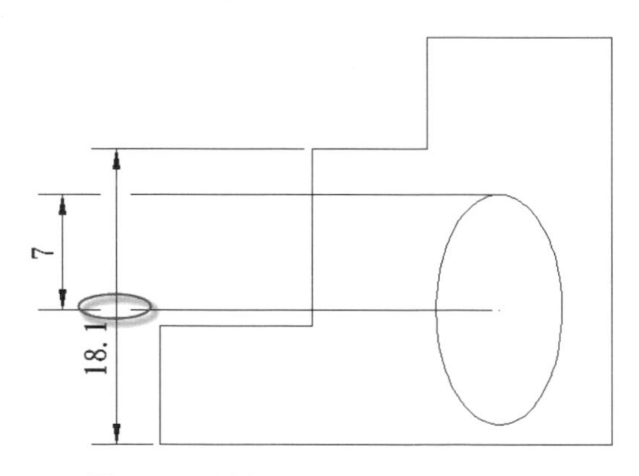

圖 8-79 將橢圓半徑的線性標註做切斷處理

6 刪除剛繪製的線性標註，選取**標註**工具面板上的**快速**標註工具，如圖 8-80 所示，指令行提示**選取要標註的幾何圖形**，請使用窗選或框選方式選取要做為標註的圖形，指令行提示**指定標註線位置或**，此時移動游標到圖形的任一方位，均可拉出那一方位的線性標註，現在圖形左側按下滑鼠左鍵，可以一次標註出 3 個線性標註，如圖 8-81 所示。

圖 8-80 選取**標註**工具面板上的**快速**標註工具

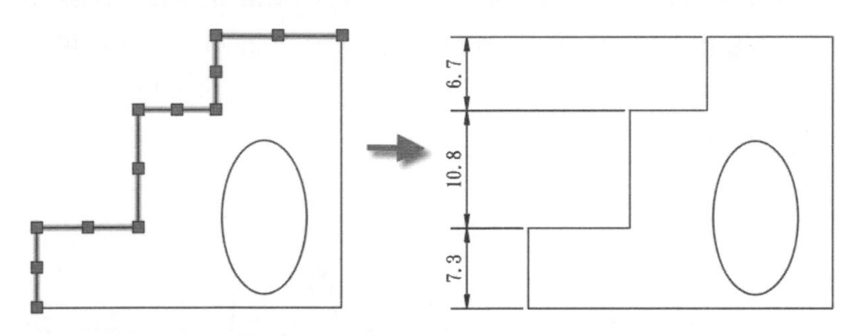

圖 8-81 可以一次標註出 3 個線性標註

8-7 智慧型標註工具

在 AutoCAD 最近幾次的改版中，讓**智慧型**標註工具佔有相當的份量，無疑地它為 AutoCAD 的使用者創造了無限的快速與方便性，它把之前版本中，獨佔**標註**工具面板首位的直線標註工具，擠落到一旁成為無足輕重的工具了，綜合而論，**智慧型**標註工具為集所有標註功能於一身之超級工具，只要單獨使用此一工具，足以擔綱所有尺寸標註工具之大部分操作，在本章之首即應首先介紹此種工具，唯在介紹完其它尺寸工具後，再執行此工具的操作說明，會讓使用者更加深入體會此工具之妙用。

1 請開啟第八章中 sample06.dwg 檔案，此為預先繪製的幾何圖形，將以此做為**智慧型**標註工具之練習，如圖 8-82 所示。

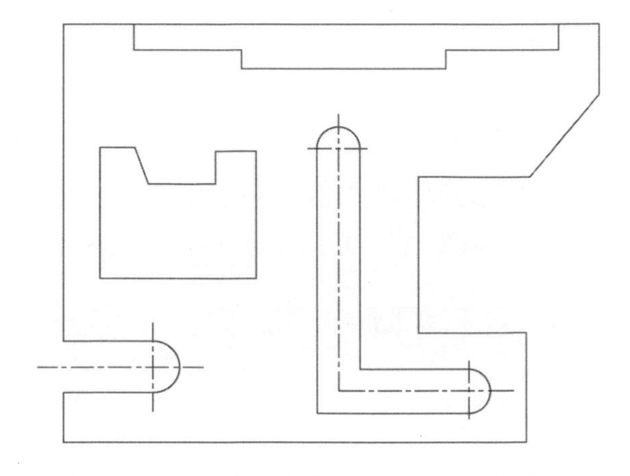

圖 8-82 開啟第八章中 sample06.dwg 檔案

2 啟用**智慧型**標註工具有兩種方式，其一可以在**常用**頁籤之**註解**工具面板中選取**智慧型**標註工具，如圖 8-83 所示，其二在**註解**頁籤之**註解**工具面板中選取**智慧型**標註工具，如圖 8-84 所示，在面板中請同時確定目前的標註型式為 DIM2.5。

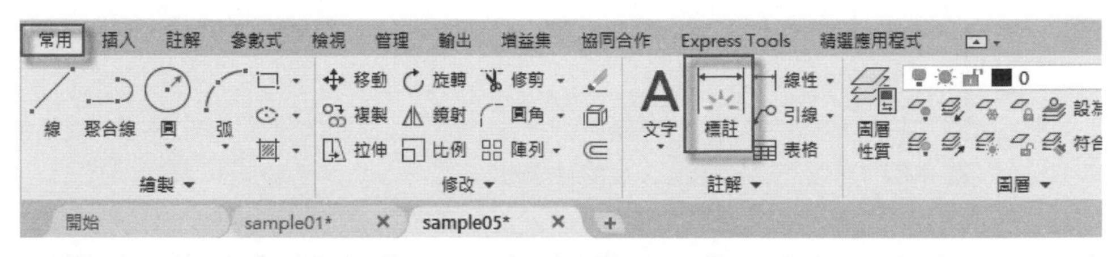

圖 8-83 在**常用**頁籤之**註解**工具面板中執行**智慧型**標註工具

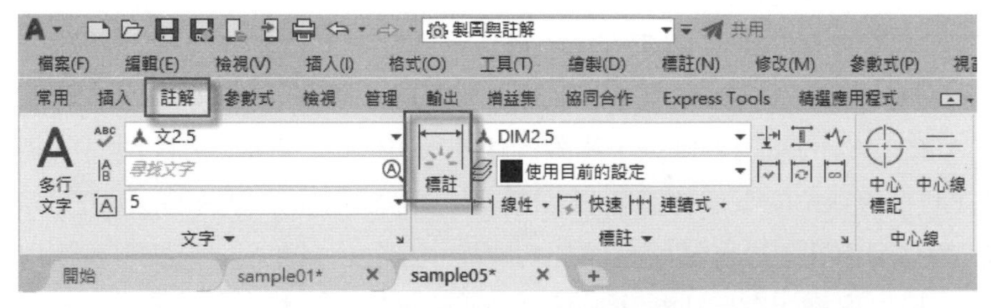

圖 8-84 在**註解**頁籤之**註解**工具面板中執行**智慧型**標註工具

3 在未執行**智慧型**標註工具前，請先在**常用**頁籤之**圖層**工具面板中，設定標註圖層為目前圖層，則往後繪製之標註線皆會歸入到此圖層中。

4 選取**智慧型**標註工具，指令行提示**選取物件或指定第一個延伸線原點或**，現執行線性標註動作，請在圖示 1、2 點處依序按下滑鼠左鍵，移動游標至圖形上方，此時標註線會是與圖示 1、2 點平行的標註線，如圖 8-85 所示。

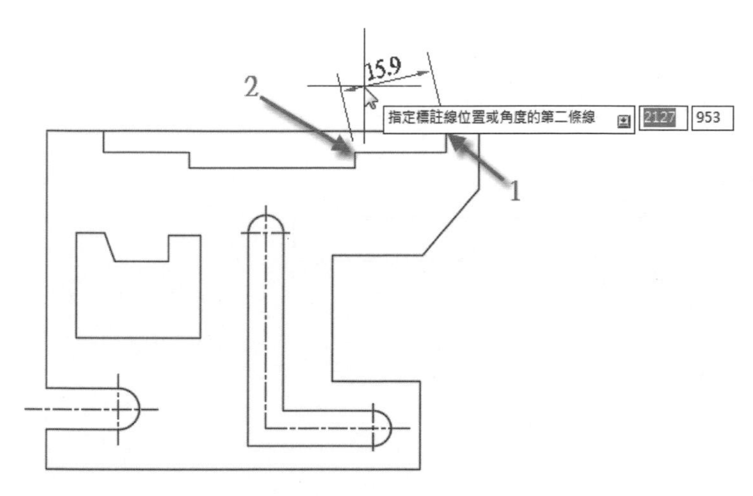

圖 8-85 拉出一條與圖示 1、2 點平行的標註線

5 此與圖示 1、2 點平行的標註線並不是目前所要的，請將游標往右兼往上移動，即可將標註線以水平方式呈現，此時再按下滑鼠左鍵，即可製作出一條水平的線性標註線，如圖 8-86 所示。

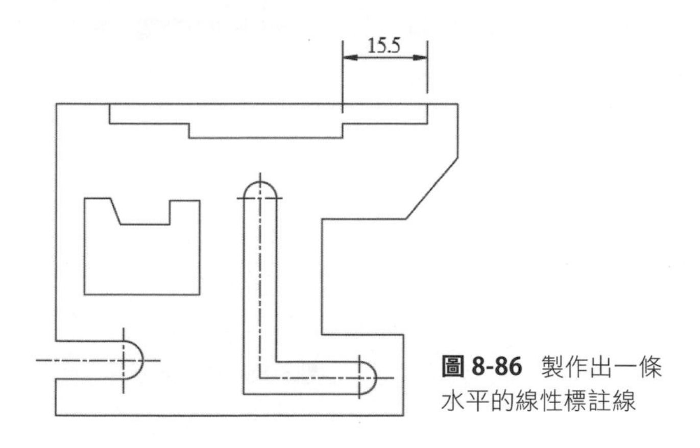

圖 8-86 製作出一條水平的線性標註線

6 現要執行連續標註工作，請在指令行中選取**連續式**功能選項，如圖 8-87 所示，指令行提示**指定第一個延伸線原點以繼續**，請選取剛繪製的線性標註線，再使用滑鼠依序點擊圖示 1、2、3 點（按 [ESC] 鍵以結束編輯），即可繪製出連續標註線，如圖 8-88 所示。

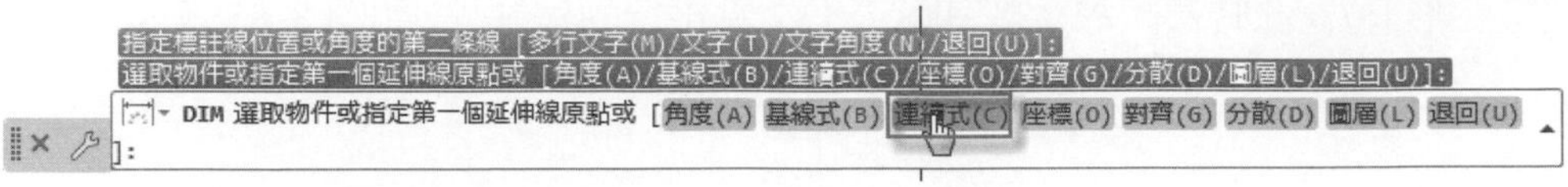

指定標註線位置或角度的第二條線 [多行文字(M)/文字(T)/文字角度(N)/退回(U)]:
選取物件或指定第一個延伸線原點或 [角度(A)/基線式(B)/連續式(C)/座標(O)/對齊(G)/分散(D)/圖層(L)/退回(U)]:
DIM 選取物件或指定第一個延伸線原點或 [角度(A) 基線式(B) 連續式(C) 座標(O) 對齊(G) 分散(D) 圖層(L) 退回(U)]:

圖 8-87 在指令行中選取**連續式**功能選項

9.7
14.8
28.1
15.5
3
2
1

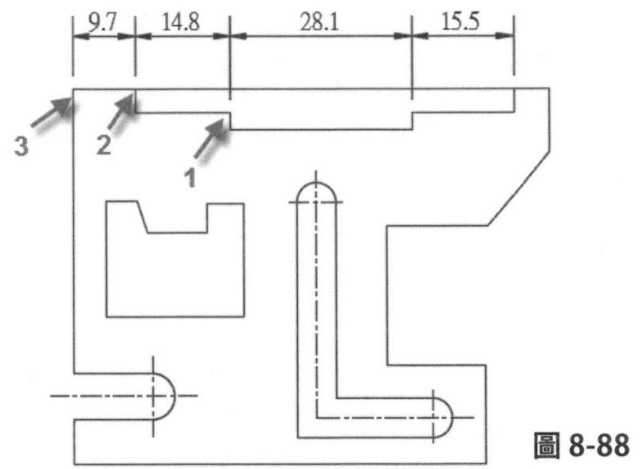

圖 8-88 繪製出連續標註線

7 重新執行**智慧型**標註工具，指令行提示**選取物件或指定第一個延伸線原點或**，請使用滑鼠點擊圖示 A 的線段後，移動游標至連續標註線上方，即可繪製出一條總長度的標註線，如圖 8-89 所示。

73.5
9.7
14.8
28.1
15.5
A

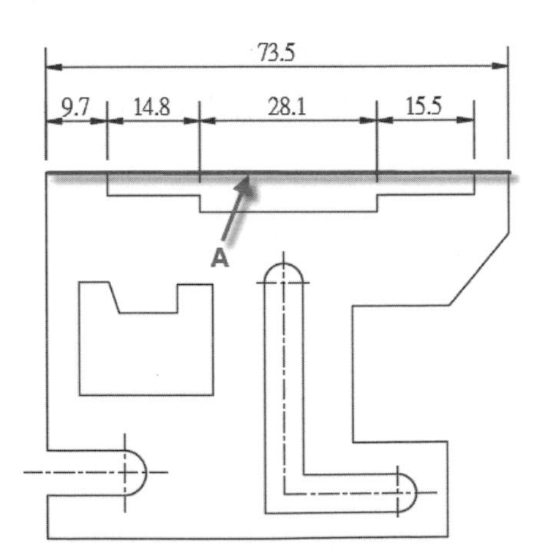

圖 8-89 繪製圖示 A 線段長度之標註線

8 現要執行角度標註工作，請在指令行中選取**角度**功能選項，指令行提示**選取弧、圓、線或**，請使用滑鼠依序選取圖示 A、B 線段，再移游標到圖形的左側，即可繪製出兩線段的角度，如圖 8-90 所示。

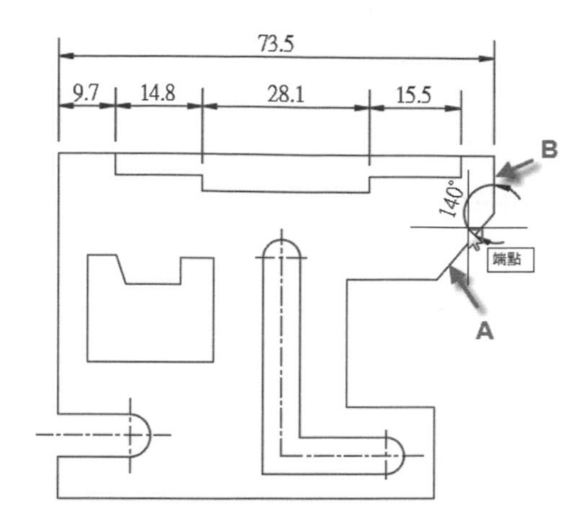

圖 8-90 繪製圖示 A、B 線段夾角的角度標註線

9 現要執行半徑標註工作，當指令行提示**選取物件或指定第一個延伸線原點或**時，請使用滑鼠選取圖示 A 的圓弧線，系統自動會顯示圓弧的半徑值，請移動游標到圓弧右側點下滑鼠左鍵，即可繪製出此圓弧的半徑標註線，如圖 8-91 所示。

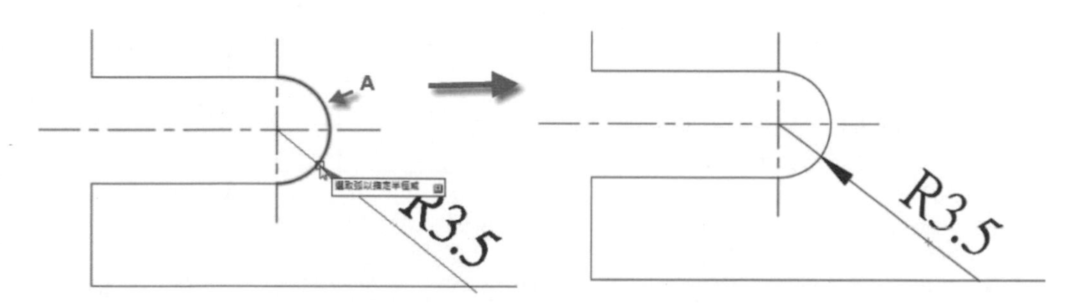

圖 8-91 標註圓弧之半徑標註線

10 現要執行基線標註工作，請先製作右下角 7 公分長度的線性標註線，再選取指令行中的**基線式**功能選項，如圖 8-92 所示，請先使用滑鼠點擊 7 公分長度的線性標註線（圖示 1 點處），再選取圖示 2 點，即可繪製出基線標註線，但關鍵點在於點擊點的位置，如圖 8-93 所示，為圖示點擊在標註線下半段的結果，如圖 8-94 所示，為圖示點擊在標註線上半段的結果。

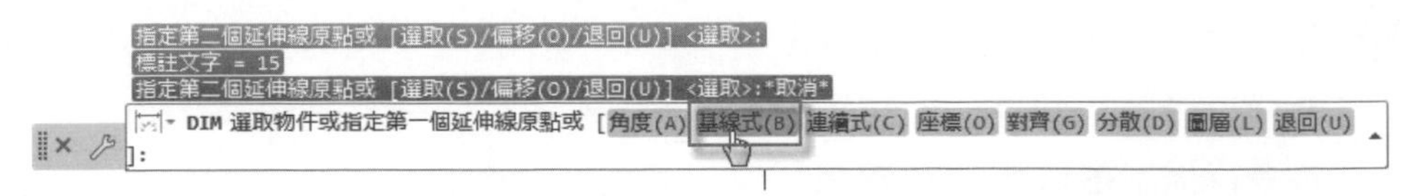

圖 8-92 選取指令行中的**基線式**功能選項

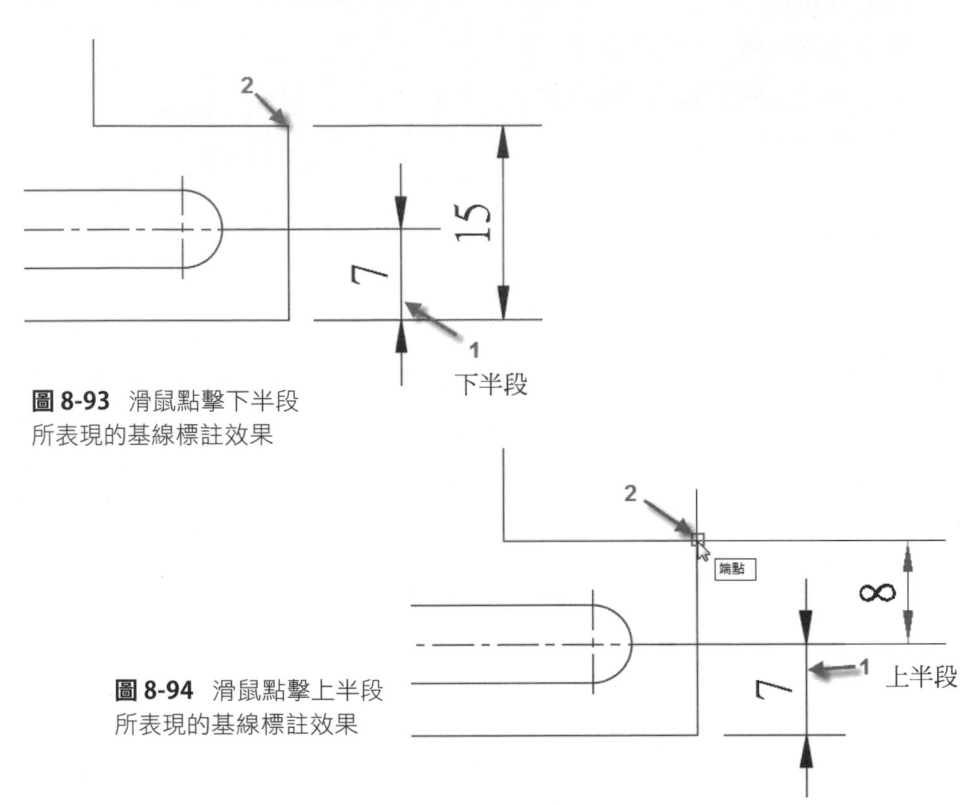

圖 8-93 滑鼠點擊下半段所表現的基線標註效果

圖 8-94 滑鼠點擊上半段所表現的基線標註效果

11 在標註線的文字上點擊滑鼠兩下，可以對標註文字做編輯，在 2022 版本中新增多行文字的編輯方式，對於文字的寬度可以任意做調節，如圖 8-95 所示，當調節欄寬時多餘的文字會自動歸入到下一行。

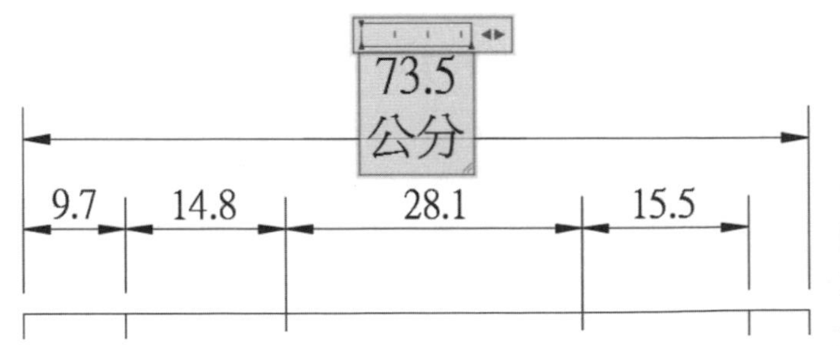

圖 8-95 對標註文字欄位寬度可以任意調整

12 剛才於執行**智慧型**標註工具時，於選取並執行各功能選項時皆為連續性未層間斷，不像以往需一直需重複選取各類型標註工具方可，這是此智慧型工具令人折服的原因。

溫馨提示	在指令行中尚有對齊、分散等功能選項，在前面小節已做過說明，請讀者自行線習。

8-8 公差標註工具

1 請開啟第八章中 sample07.dwg 檔案，如圖 8-96 所示，此處在註解工具上先將其預設為 1:1，即以原尺寸列印。並請在**註解**頁籤上，使用滑鼠點擊標註標頭一下，於展開隱藏之**註解**工具面板中選取**公差**標註工具，如圖 8-97 所示。

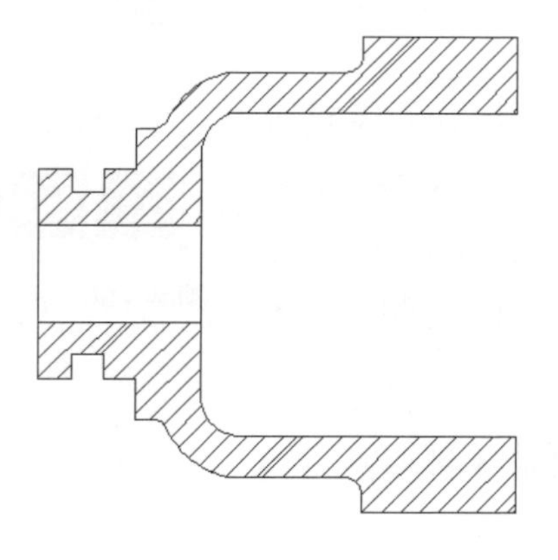

圖 8-96 開啟第八章中 sample07.dwg 檔案

圖 8-97 於**註解**工具面板中選取**公差**標註工具

2 選取工具後會打開**幾何公差**面板，如圖 8-98 所示，在該面板中可以設置公差的符號、值及基準面等參數。

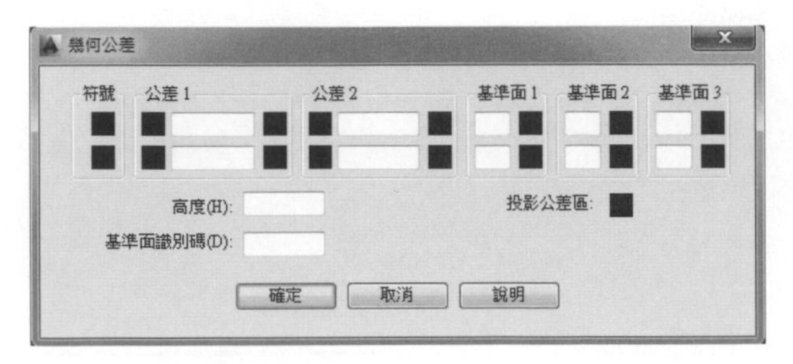

圖 8-98 打開**幾何公差**面板

3 **符號選項**：使用滑鼠點擊該列的黑色圖塊，可以打開**符號**面板，為第 1 個或第 2 個公差選擇幾何特徵符號，如圖 8-99 所示。

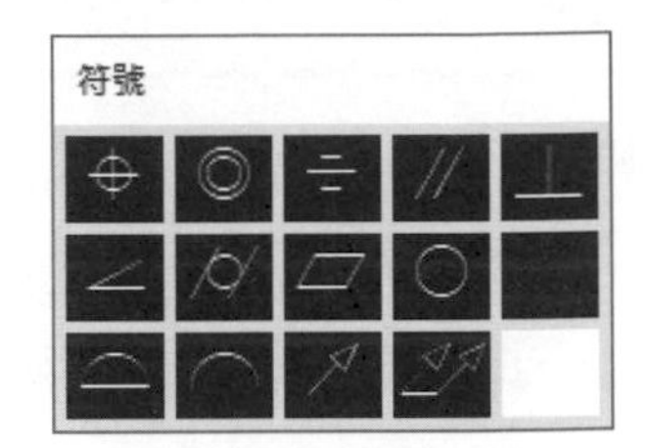

圖 8-99 打開**符號**面板

4 **公差 1 和公差 2 選項組**：使用滑鼠點擊該列前面的黑色圖塊，將插入一個直徑符號，在中間的文字輸入框中，可以輸入公差值，使用滑鼠點擊該列後面的黑色圖塊，可以打開**材料條件**面板，如圖 8-100 所示。

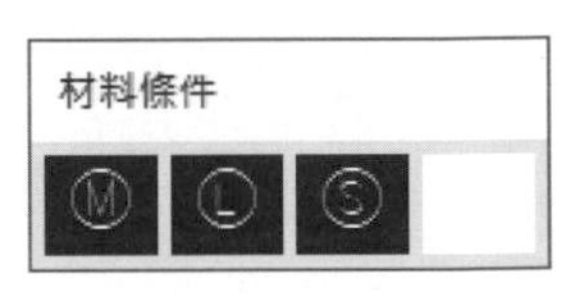

圖 8-100 打開**材料條件**面板

5 **基準面 1、基準面 2 及基準面 3 選項組**：設置公差基準面和相應的包容條件。

6 **高度**欄位：設置投影公差帶的值，投影公差帶控制固定垂直部分延伸區的高度變化，並以位置公差控制公差精度。

7 **投影公差區欄位**：點擊該欄位的黑色圖塊，可以投影公差區的後面插入投影公差區符號。

8 **基準面識別碼欄位**：創建由參照字母組成的基準面識別碼。

9 選取**快速**標註工具，在圖形右側由圖示 1 點至圖示 2 點做出窗選，可以快速在圖形右側繪製出想要的線性標註，如圖 8-101 所示。

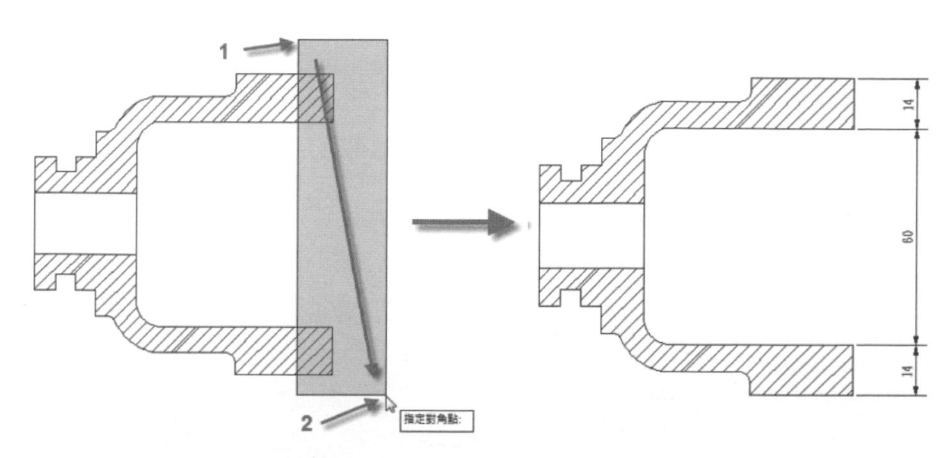

圖 8-101 快速製作線性標註

10 然後點擊**標註**工具面板的標頭右側向下箭頭，可以打開**標註型式管理員**，請選取 DIM2.5 標註型式，並按右側的**修改**按鈕，如圖 8-102 所示。

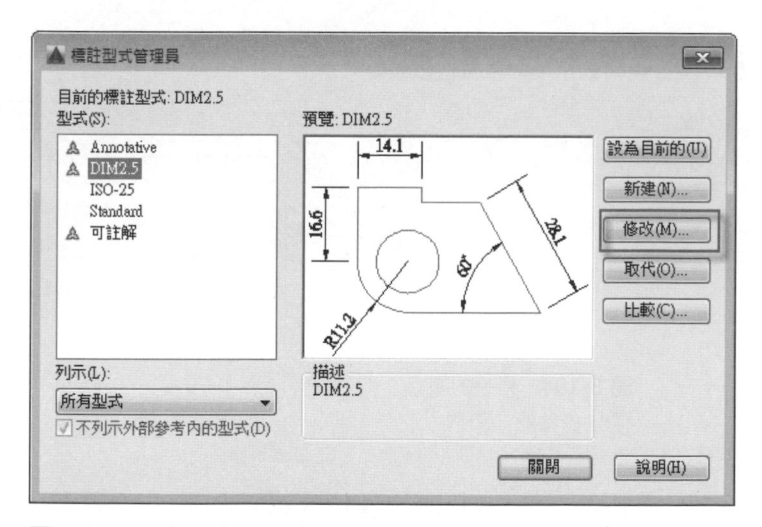

圖 8-102 在**標註型式管理員**面板中選取 DIM2.5 標註型式

11 當按下**修改**按鈕，可以打開**修改標註型式**面板，在面板中選取**公差**頁籤，並對**公差格式**選項內各欄位做設定，如圖 8-103 所示。當結束標註型式修改，原有的線性標註也會隨之更改，如圖 8-104 所示。

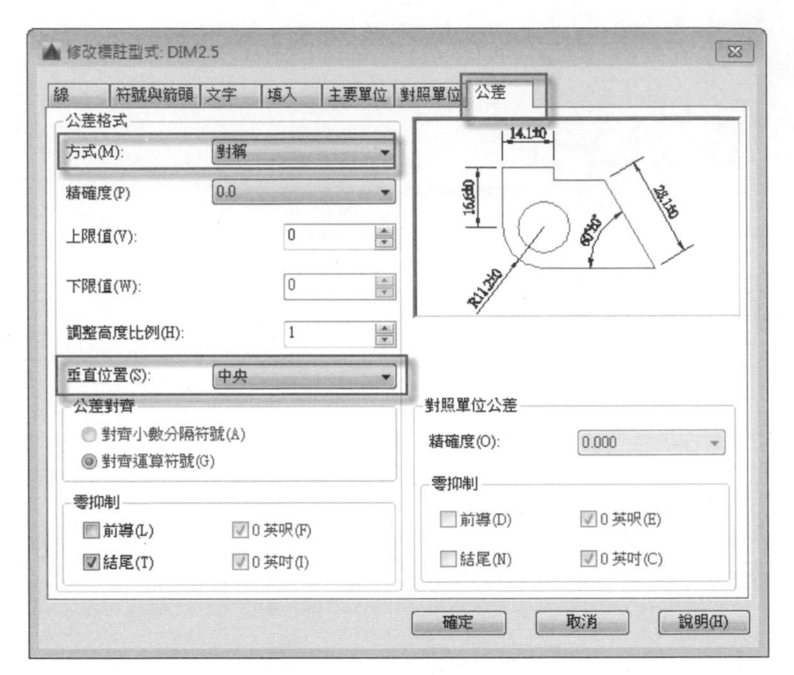

圖 8-103 對**公差格式**選項內各欄位做設定

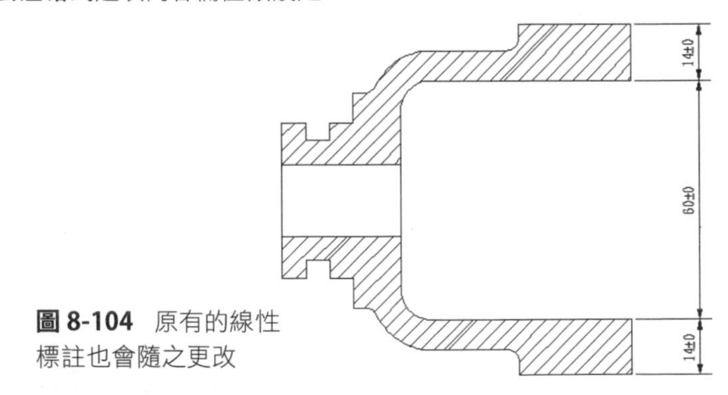

圖 8-104 原有的線性標註也會隨之更改

12 重新選取**公差**標註工具，在打開的**幾何公差**面板中，對想要顯示公差的欄位做設定，如圖 8-105 所示，按下**確定**鍵後，在游標處會出現公差符號，移到適當位置上置放，再做一條多重引線，整個公差標註完成，如圖 8-106 所示。

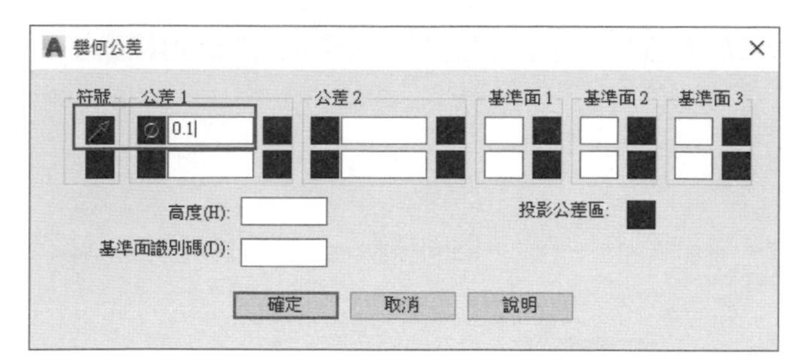

圖 8-105 對想要顯示公差的欄位做設定

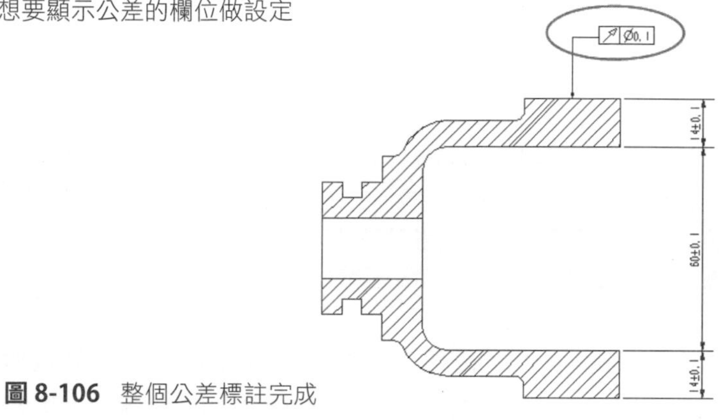

圖 8-106 整個公差標註完成

8-9 關聯式標註工具

1 請開啟第八章中 sample08.dwg 檔案，此為預先繪製的幾何圖形，如圖 8-107 所示，此處在註解工具上先將其預設為 1：10。

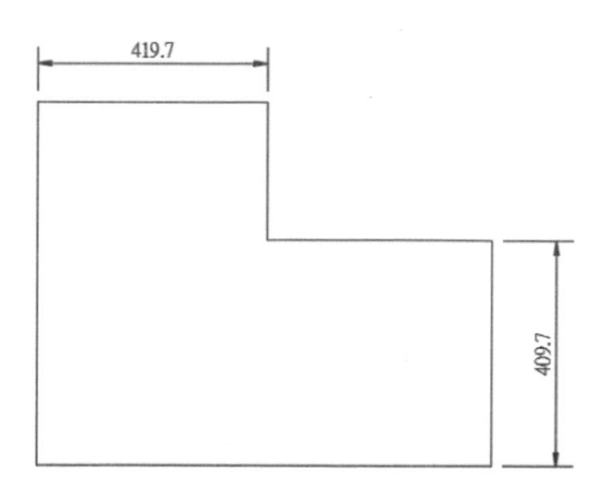

圖 8-107 開啟第八章中 sample08.dwg 檔案

2 在開啟本檔案時，系統內定圖形與標註是產生關聯性，請使用**移動**工具，將圖示 A 線段由圖示 1 點移動到圖示 2 點上，此線段之尺寸標註也會隨同移動位置，如圖 8-108 所示。

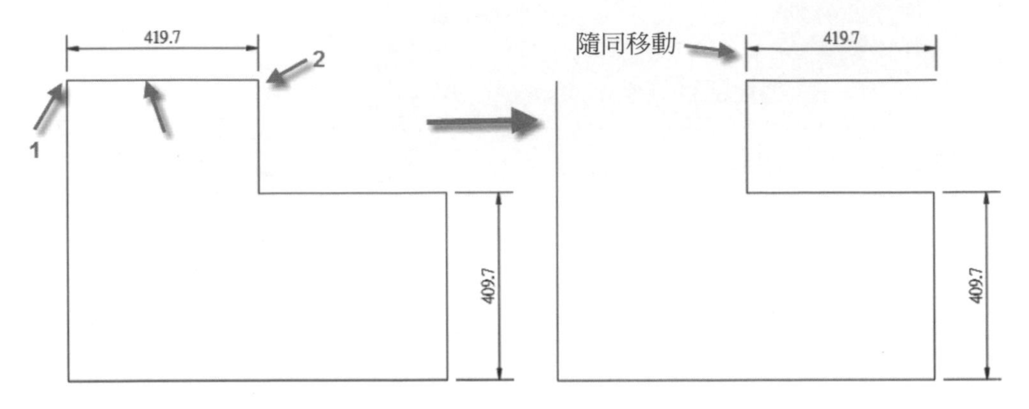

圖 8-108 尺寸標註也會隨同線段移動位置

3 如果想將圖示 A 的線段與其標註取消關聯，可以選取**註解**頁籤，在**標註**工具面板中選取關聯式標註工具，此時繪圖區指令行會提示**選取物件或**，請不要選取物件，直接選取指令行中之**取消關聯**功能選項，如圖 8-109 所示。

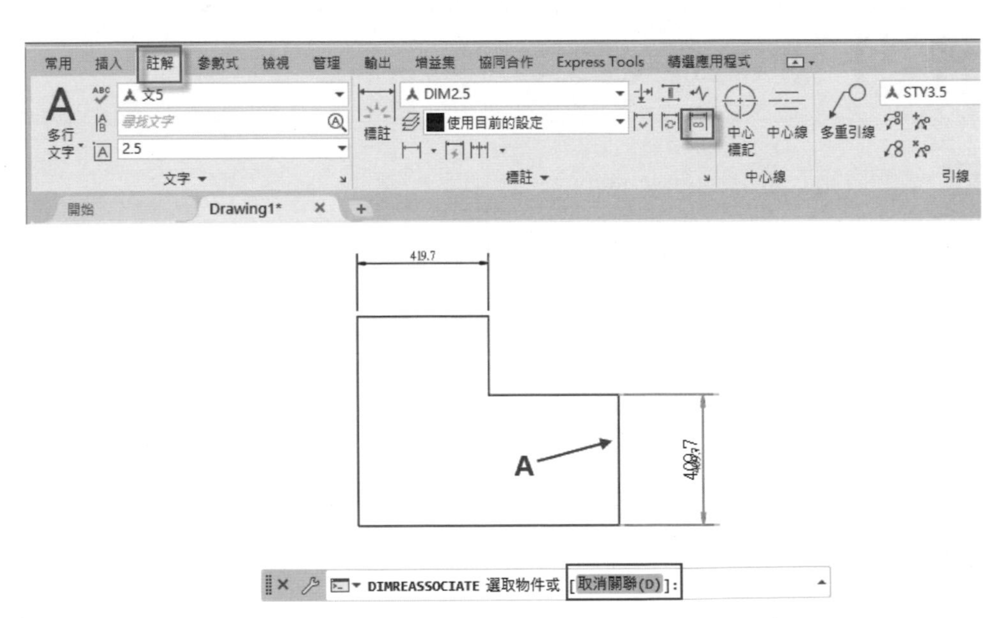

圖 8-109 直接選取指令行中之**取消關聯**功能選項

4 當選取**取消關聯**功能選項時，指令行無任何提示，請移游標至指令行左側時，指令行會顯示**鍵入指令**之提示，請立即在鍵盤上輸入「DDA」文字指令，如圖 8-110 所示，此指令即為移除所選標註的關聯性。

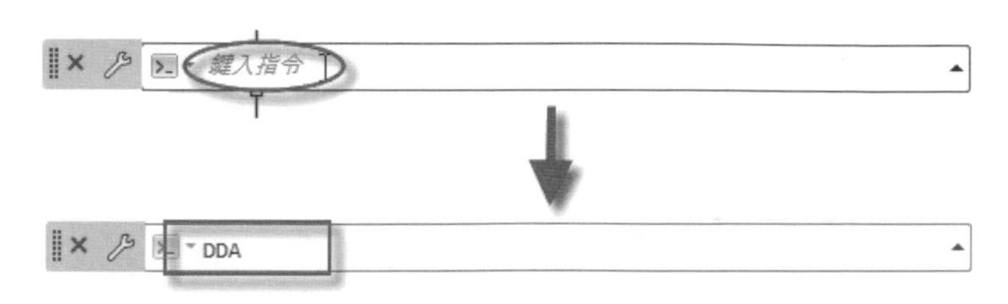

圖 8-110 在鍵盤上輸入「DDA」文字指令

5 當輸入「DDA」指令並按下 [Enter] 鍵確定，指令行會再提示**選取物件**，請選取圖示 A 之標註，如圖 8-111 所示，當按下 [Enter] 鍵後則此標註與線段不產生關聯。

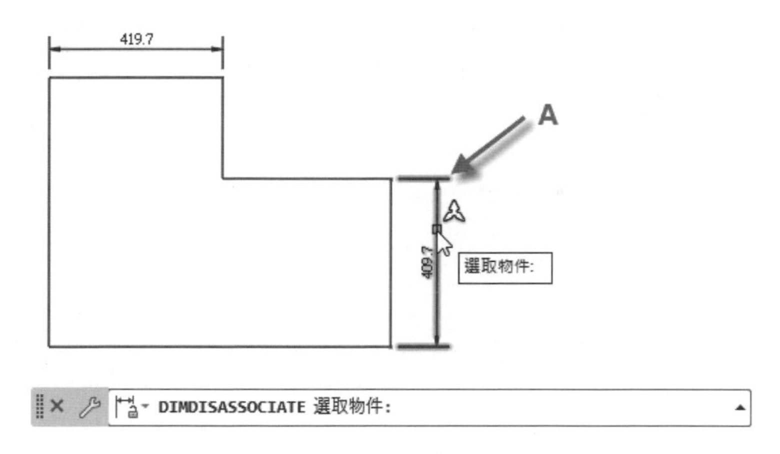

圖 8-111 操作圖示 A 之標註與線段不產生關聯

6 使用**移動**工具，將圖示 A 的線段由圖示 1 點移動到圖示 2 點，則此線段移動位置，而其標註並未產生關聯移動，如圖 8-112 所示，讀者亦可使用其他修改工具自行練習。

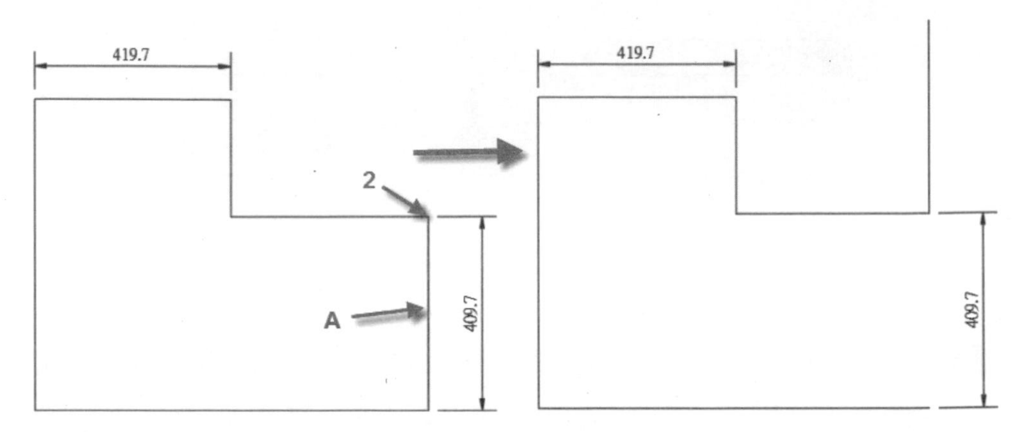

圖 8-112 移動線段其標註並未隨之關聯移動

7 現示範重新產生關聯性之操作方法，先將線段重新移回到原來的位置，請選取**標註**工具面板上之**關聯式**標註工具，指令行會提示**選取物件或**，請選取圖示 A 之標註，如圖 8-113 所示。

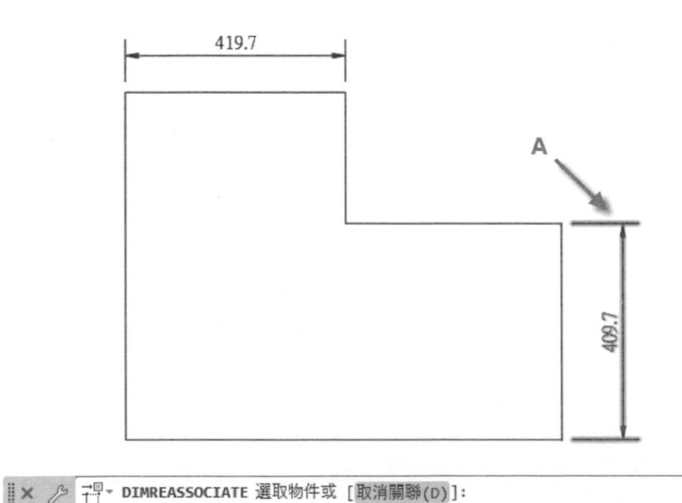

圖 8-113 選取圖示 A 之標註

8 當按下 [Enter] 鍵確定後，指令行會提示**指定第一條延伸線原點或**，並顯示**選取物件**功能選項，請選取此選項，指令行會提示**選取物件**，請選取圖示 A 的線段，如圖 8-114 所示。

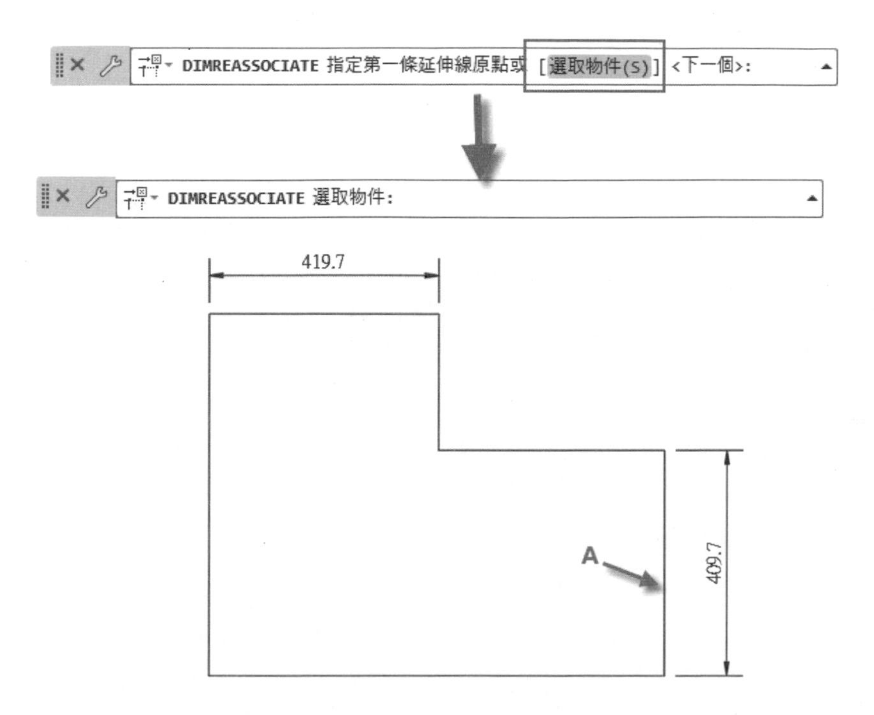

圖 8-114 選取圖示 A 的線段以重新產生與標註之關聯

9 當按下 [Enter] 鍵確定後，線段與標註之間即恢復之間的關聯，讀者可以自行試著前面的方法，將線段移動其標註也會跟隨移動。

8-10 尺寸標註的編輯

1 請輸入第八章 sample09.dwg 檔案，如圖 8-115 所示，此處在註解工具上先將其預設為 1:1，即以原尺寸列印。選取最右側的直線標註線，在出現掣點時選取中間的掣點（按住滑鼠左鍵不放），此時游標移出標註線外，即可以隨意移動標註線，如圖 8-116 所示。

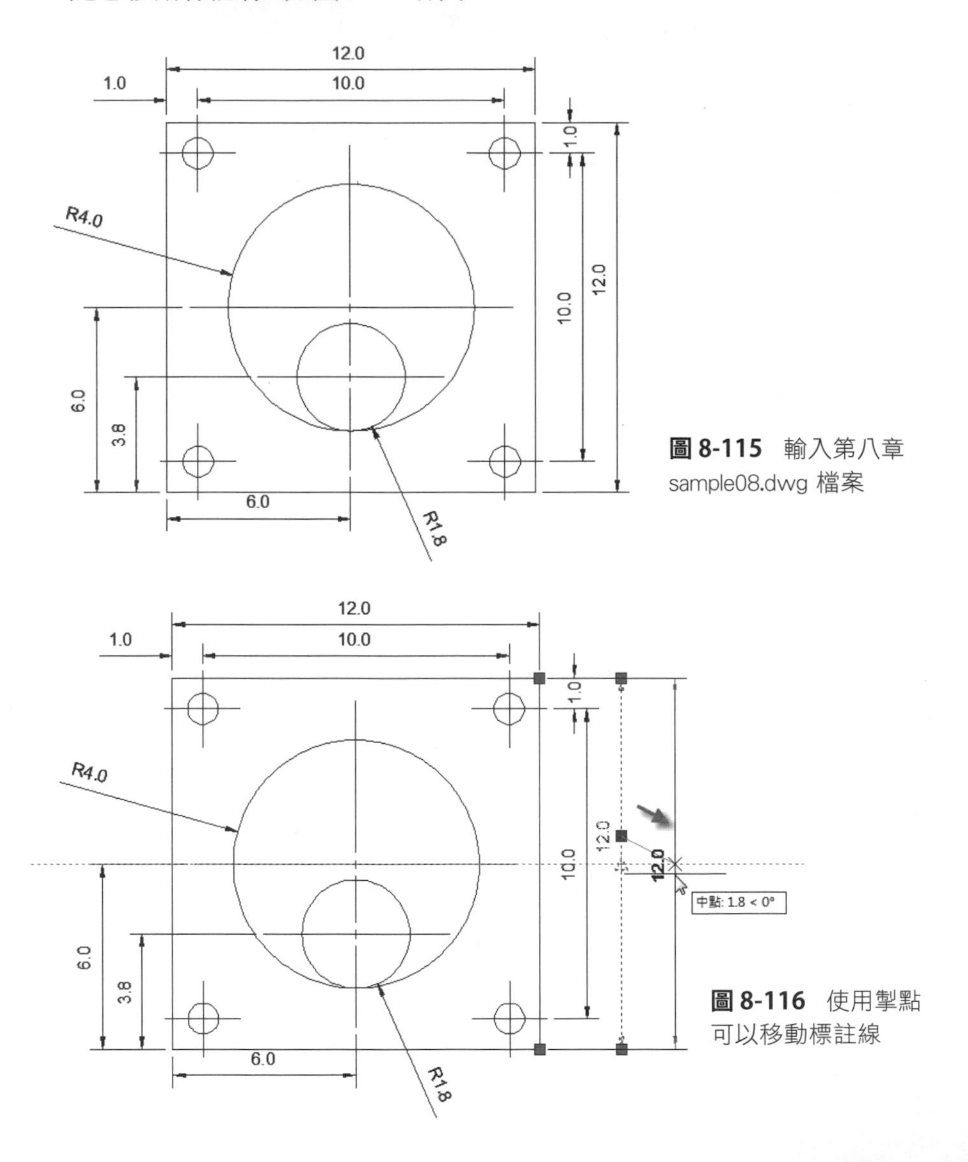

圖 8-115 輸入第八章 sample08.dwg 檔案

圖 8-116 使用掣點可以移動標註線

2 選取中間的掣點(按住滑鼠左鍵不放),使用滑鼠移動它,當游標在標註線上或延伸線上移動,可以將標註的尺寸文字,在標註線上移動位置或移往標註線延伸線的兩端外,如圖 8-117 所示。

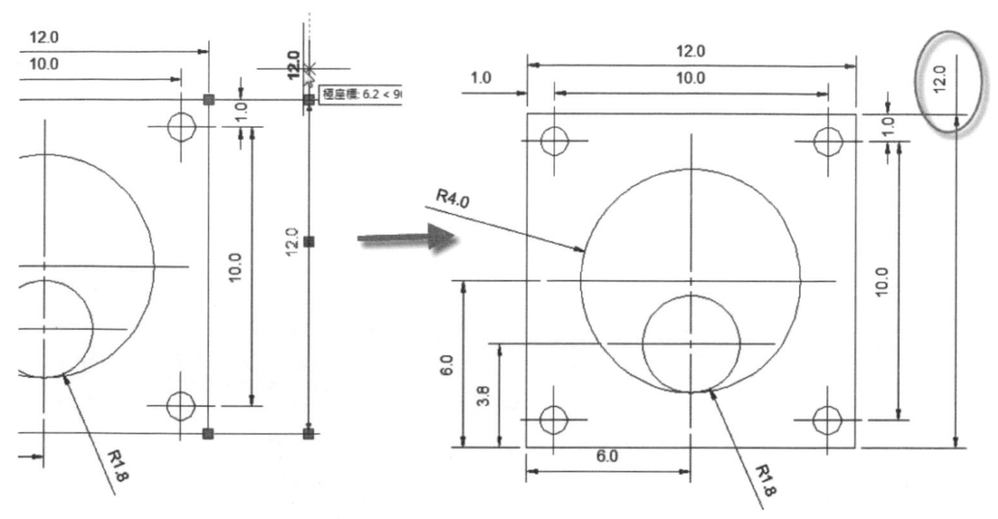

圖 8-117 將標註的尺寸文字移往標註線的兩端

3 如果想要進一步對標註做編輯,可以先選取標註,然後移游標至標註線的中點上駐足(不要按滑鼠按鈕),會自動顯示表列功能選項,以提供眾多的標註線編輯功能,如圖 8-118 所示。

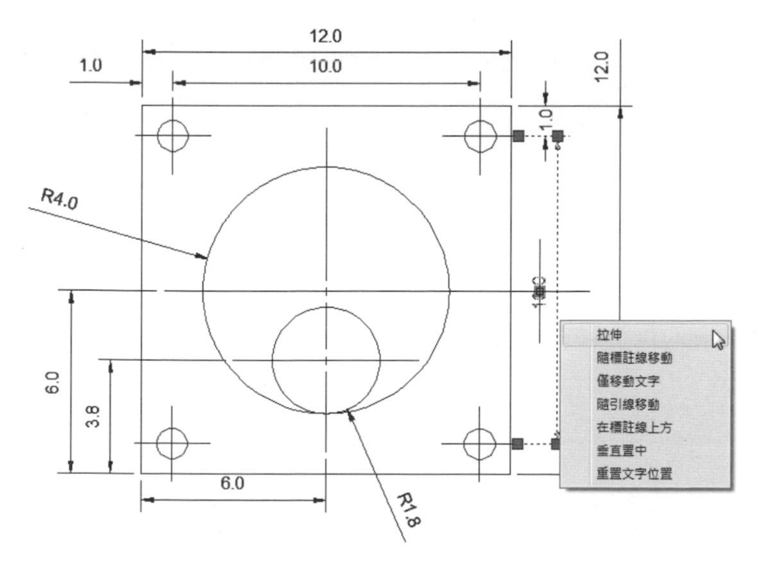

圖 8-118 在表列功能選項中提供眾多的標註線編輯功能

4 在上面的操作模式中，如果按下滑鼠左鍵，指令行提示**指定拉伸或按 [Ctrl] 在下兩項間循環**，可以按下 [Ctrl] 鍵使在選定功能間上下間做循環選擇，當按下 [Ctrl] 鍵時在指令行中亦會顯示相關訊息，如圖 8-119 所示。

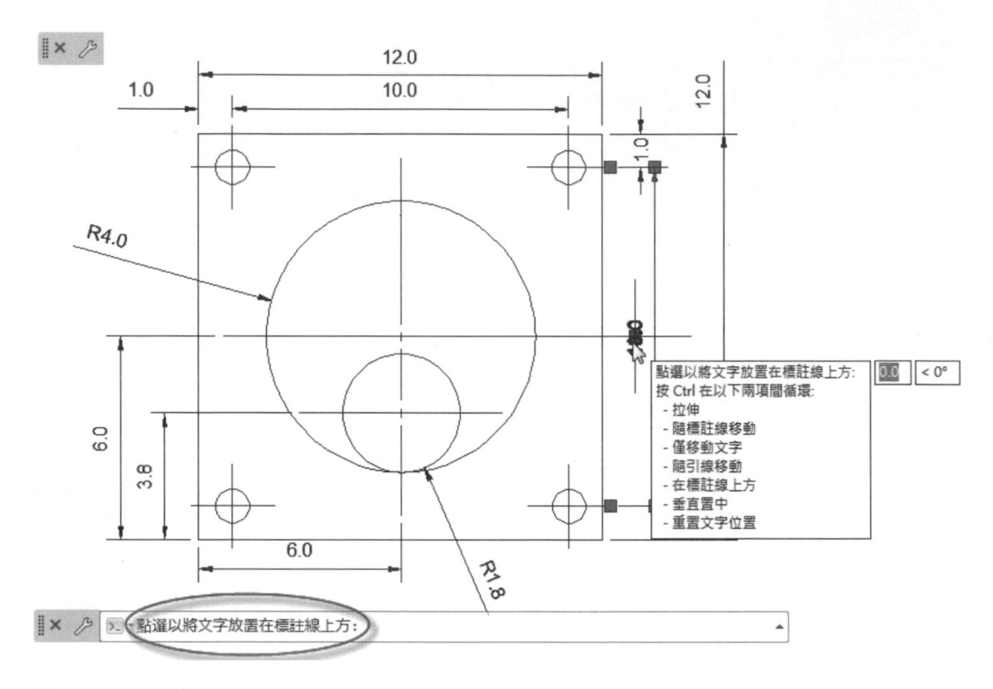

圖 8-119 可以按下〔Ctrl〕鍵使在選定功能間上下兩項間做循環選擇

5 如同第 3 點說明，在自動顯示表列功能表時選取**僅移動文字**功能選項，可以將標註文字做隨意位置的移動。

6 其它功能選項都是對標註文字位置的編輯，讀者可以試著自行練習，如果想恢復原來設定，只要再選取**重置文字位置**功能選項即可。

7 選取半徑標註線，在顯示掣點狀態下，選取外端的掣點，移動滑鼠可以使半徑標註線，以圓的圓心做旋轉，如此可以任意移動半徑標註線，如圖 8-120 所示。

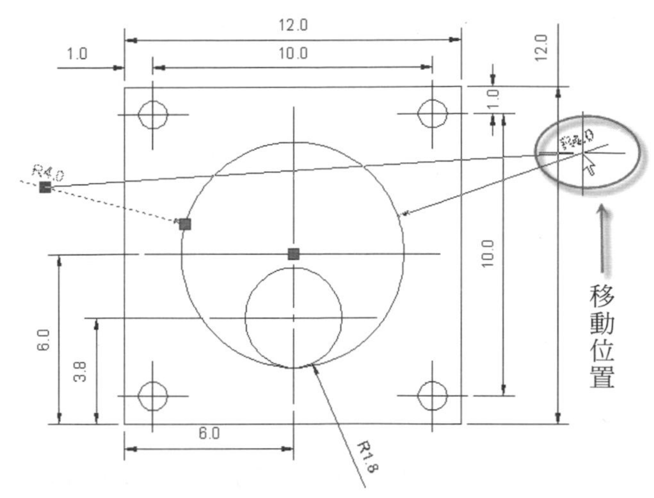

圖 8-120 以圓的圓心可以旋轉半徑標註線

8 選取標註後，可以利用**快速性質**及**性質**面板，對其做更多的編輯，此部分請讀者自行練習。

8-11 建築業常用尺寸、多重引線標註及標記之規範

尺寸及多重引線標註在國家製圖規範中雖然定有字形大小及線粗線之規範，但對於表現方式則未有統一規範，然經由多年的發展，早已有了一套共同的行為法則可資遵行，現將尺寸、多重引線標註及標記等事項，略為說明如下：

1 尺度線應使用細實線，原則上與尺度延伸線相交成直角，其兩端應加之箭號、點號、短斜線符號，如不相垂直時，兩端之尺度延伸線需相互平行。尺度線端部之符號不得混用。

2 尺度須註於尺度線之上方，多重引線原則上用直折線或曲線表示，如圖 8-121 所示。

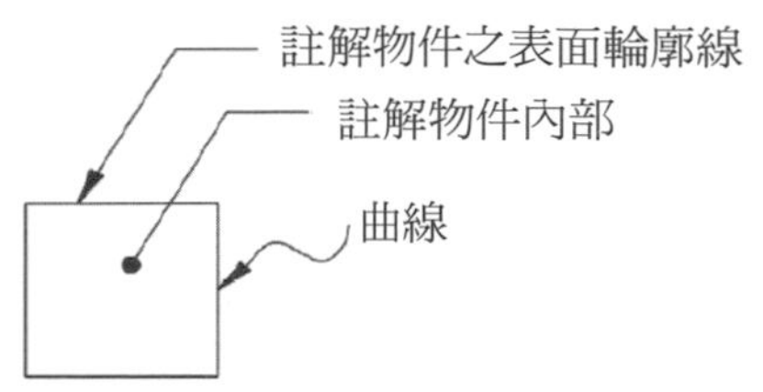

圖 8-121 多重引線原則上用直折線或曲線表示

3 平面圖之尺寸標示，應有固定傢俱尺寸、單元空間尺寸及總尺寸三層 標示。材料、構造圖之斜線標示，原則上以右上左下表示之。如圖 8-122 所示，為牆面多層構造共用多重引線標註，如圖 8-123 所示，為架高地板多層構造共用多重引線標註。

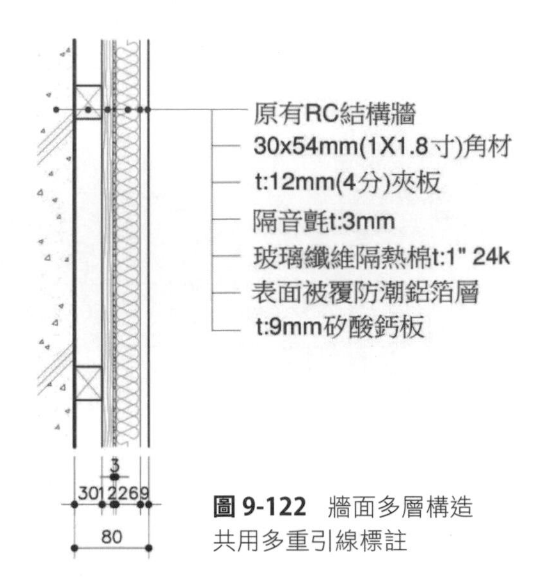

圖 9-122 牆面多層構造共用多重引線標註

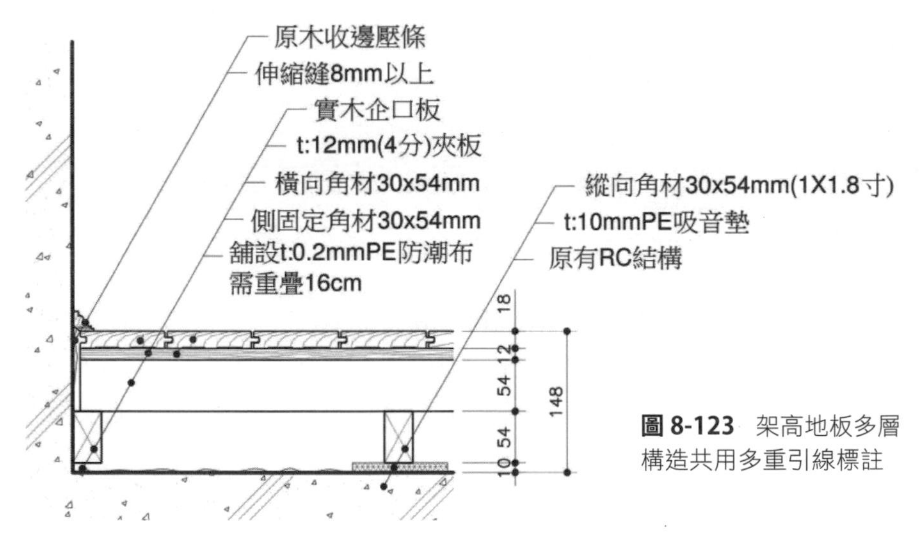

圖 8-123 架高地板多層構造共用多重引線標註

4 高程標示之示意圖，如圖 8-124 所示。

±0　+200

FFL　SFL

粉刷地面高程　結構樓板面高程

圖 8-124 高程標示之示意圖

5 基準線原則上以細實線表示，但混淆不清時得採用細單點線，編號原則上橫座標由左至右以 1，2，3……表示之，縱座標由下而上以 A，B，C……表示之，如圖 8-125 所示。

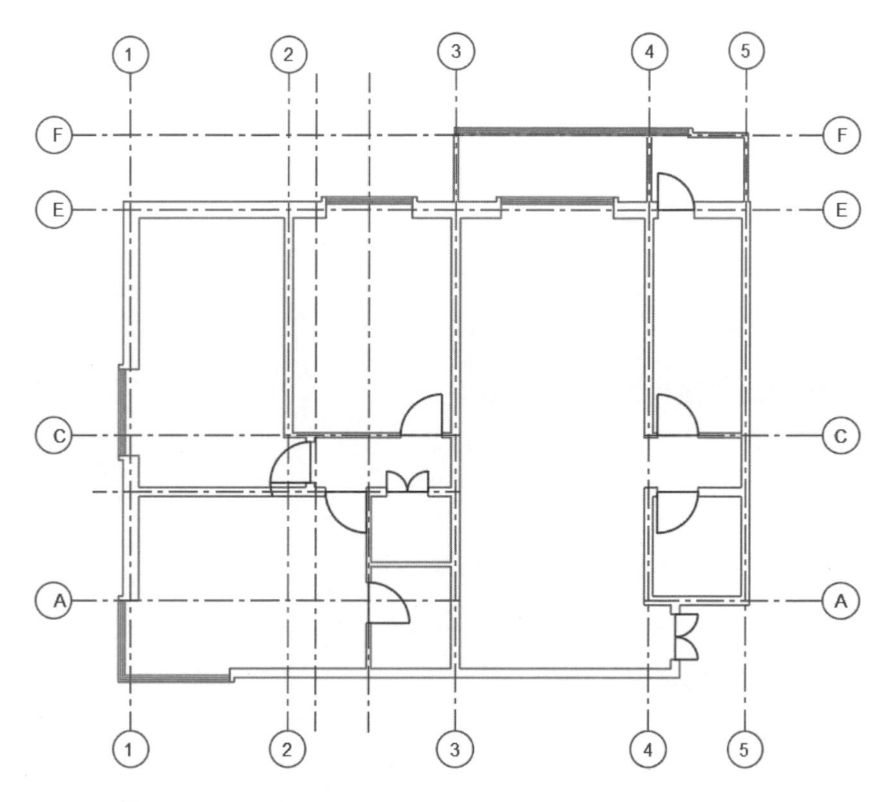

圖 8-125 基準線之表示方式

6 剖面標記之編號以大寫英文中母 A、B、C……(不用 I 及 O 字母)，順序由左至右、由下而上，用於同序列之圖中，如超過 24 個剖面，則繼續用 A1、B1……A2、B2……。如剖面繪製於他張圖時應加註該圖之圖號，如圖 8-126 所示。

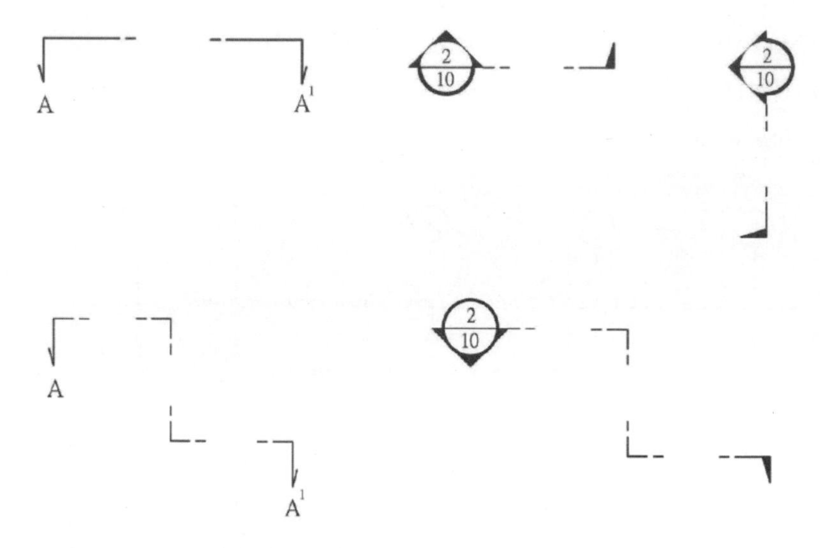

圖 8-126 剖面標記編號之使用規則

7 角度標註方法，當以尺度線角之頂點為中心，兩端各加箭頭符號，如圖 8-127 所示。

8 弧、弦及大圓弧之尺寸標註方法，如圖 8-128 所示。

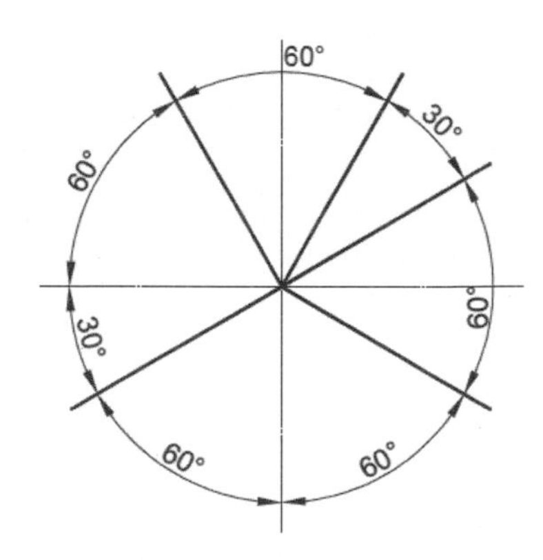

圖 8-127 角度標註方法

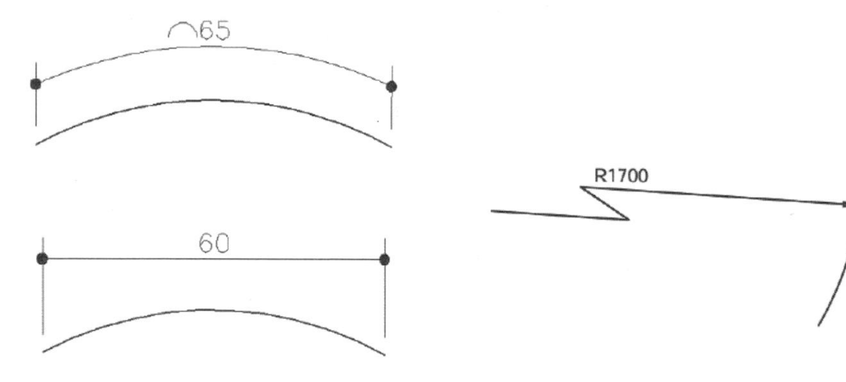

圖 8-128 弧、弦及大圓弧之尺寸標註方法

9 有關坡度標記方法，如下表所示。

◎ 坡度標記方法表

<table>
<tr><th colspan="2">種類</th><th>圖例</th><th>適用場合</th></tr>
<tr><td colspan="2">角度法</td><td>30°</td><td>一般用</td></tr>
<tr><td rowspan="4">正切法</td><td>用 Y/100 表示</td><td>Y
100</td><td>道路坡度</td></tr>
<tr><td>用 Y/10 表示</td><td>10
Y</td><td>斜屋頂坡度</td></tr>
<tr><td>用 1/X 表示</td><td>1
X
1/X</td><td>水溝或天溝坡度、平屋頂排水坡度、地坪坡度。</td></tr>
<tr><td>用 1:X 表示</td><td>X
1
1:10</td><td>擋土牆或道路邊坡</td></tr>
</table>

8-12 多重引線標註工具

在第五章中對多重引線標註型式做過說明，並設定了 STY3.5 的型式設置，存在專屬樣板中，所以當啟動了 AutoCAD 後，會自動啟用這些設置，請開啟第八章中的 sample10.dwg 圖檔，這是間臥室的立面圖，將以它做為多重引線標註練習，本圖為室內設計其尺寸單位為公分，因此如前面章節說明，其與列表機呈 1/10 的差距，檔內也包含了建築製圖樣板的所有設定，如圖 8-129 所示。

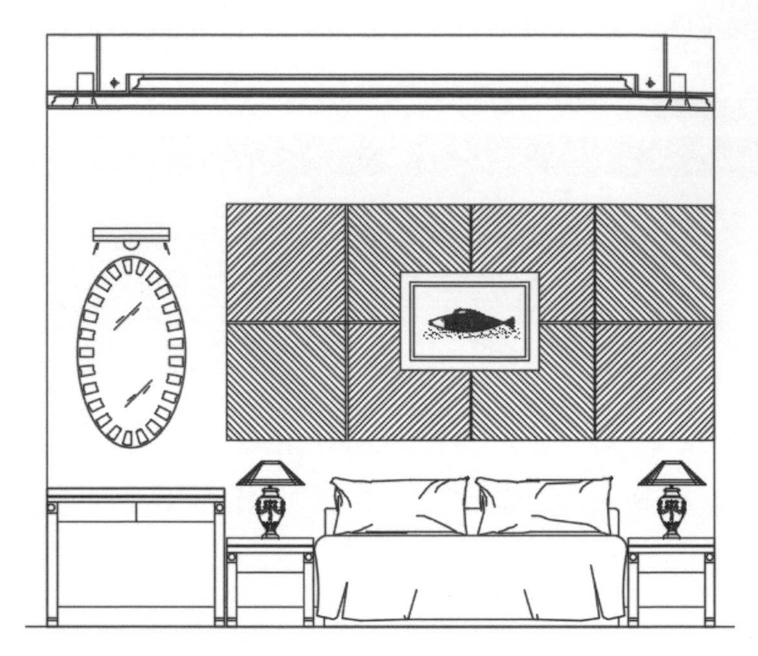

圖 8-129 請開啟第八章中的 sample10.dwg 圖檔

1 在室內設計中，施工圖的比例一般會使用 1:30 的比例繪製，如前面章節所言，比例將被印表機折損十分之一，因此使用滑鼠點擊**註解比例**工具按鈕，在表列選項中選取 1:3 比例，如圖 8-130 所示。

圖 8-130 在表列選項中選擇 1:3 比例

2 將註解比例設定為 1:3，即出圖時將以三十分之一比例列印出圖，現利用剛才學習的**智慧型**標註工具或是其他標註工具，在此臥室立面圖左側及下方標上尺寸標註，如圖 8-131 所示。

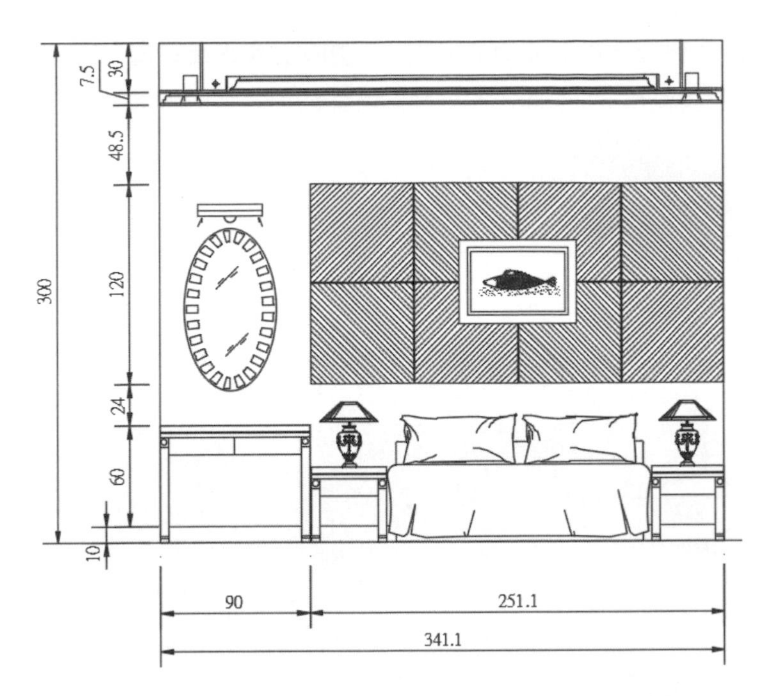

圖 8-131 在此臥室立面圖左側及下方標上尺寸標註

3 原先設置 STY3.5 多重引線型式時，設定箭頭方式為**封閉填滿**的箭頭方式，現要改成圓點方式，請在**註解**頁籤，點擊**引線**工具面板引線標頭右側的向右下箭頭，可以開啟**多重引線型式管理員**面板，在面板中選取 STY3.5 型式，並點擊**修改**按鈕，如圖 8-132 所示。

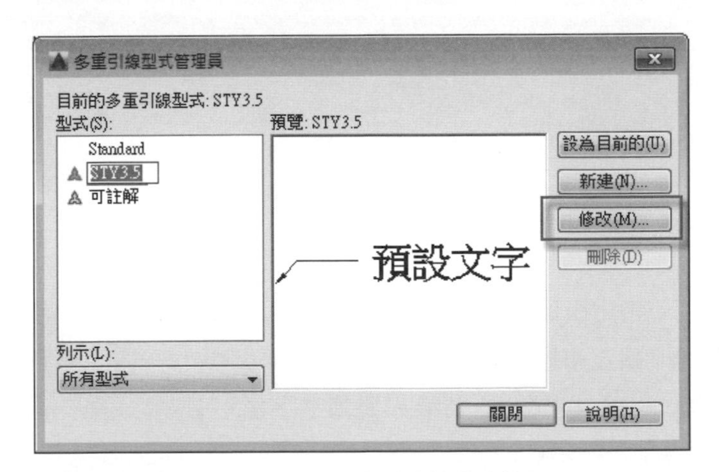

圖 8-132 選取 STY3.5 引線型式並點擊**修改**按鈕

4 在開啟的**修改多重引線型式**面板中，選取**引線格式**頁籤，在面板中箭頭選項，將**符號**欄位改成圓點，**大小**欄位仍維持 1.5，如圖 8-133 所示。

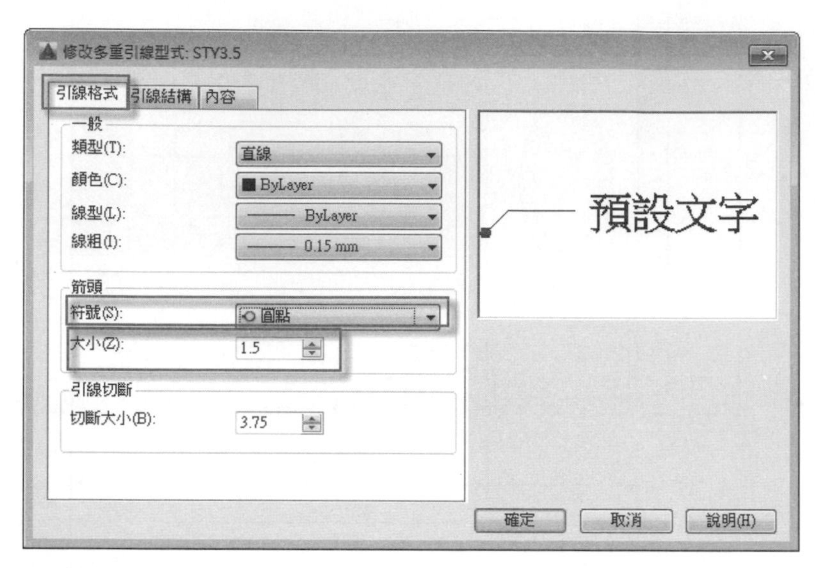

圖 8-133 修改多重引線的箭頭為圓點

5 結束多重引線型式的修改設定，在**註解**頁籤中，選取**引線**工具面板中的多重引線工具，如圖 8-134 所示。

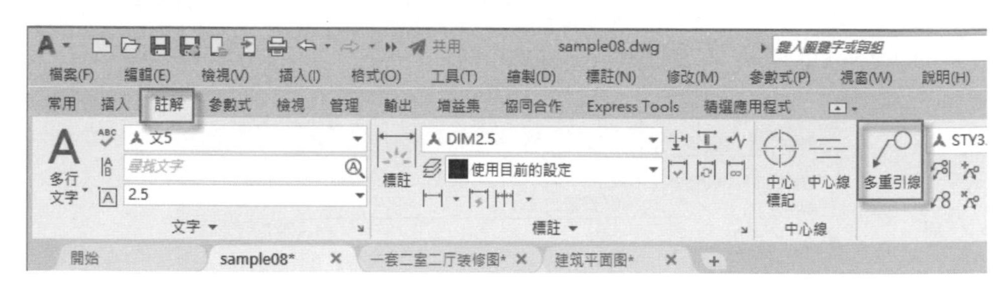

圖 8-134 選取多重引線工具

6 指令行提示**指定引線箭頭位置**，請在圖示 1 點的位置上點擊滑鼠左鍵一下，指令行提示**指定引線連字線位置**，請在圖示 2 點的位置上點擊滑鼠左鍵一下，接者會出現文字輸入，請鍵入**裝飾畫**字樣，可以完成第一個多重引線註解，如圖 8-135 所示。

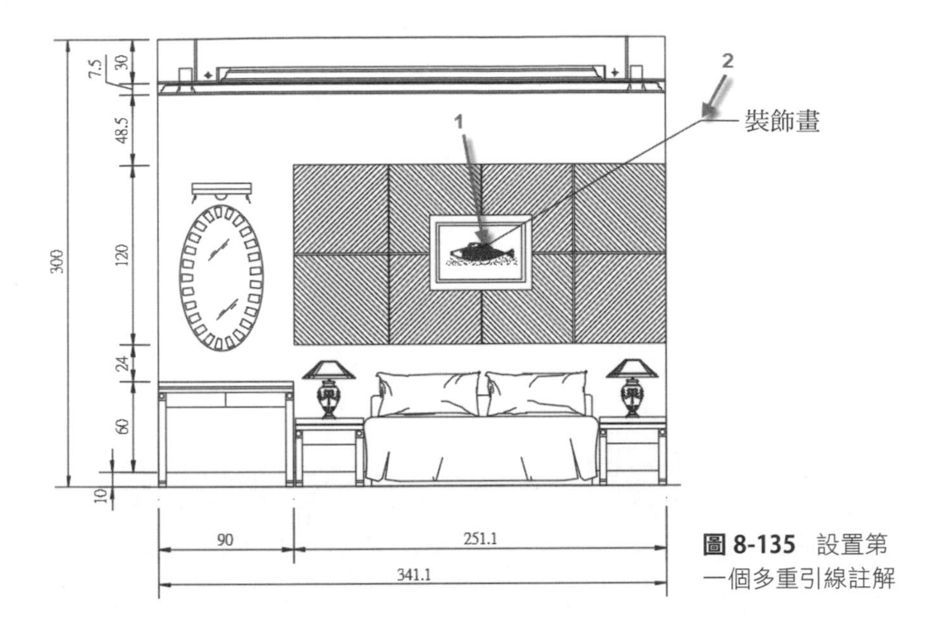

圖 8-135 設置第一個多重引線註解

7 再執行**多重引線**工具，在壁面的圖示 1 點上按下滑鼠，移動滑鼠到圖示第 2 點上，不要按下滑鼠，在出現抓點時往下移動游標，可以出現一條垂直的約束線，如圖 8-136 所示，到圖示 3 點處，才按下滑鼠並輸入「藝術石膏線」字樣，如圖 8-137 所示。

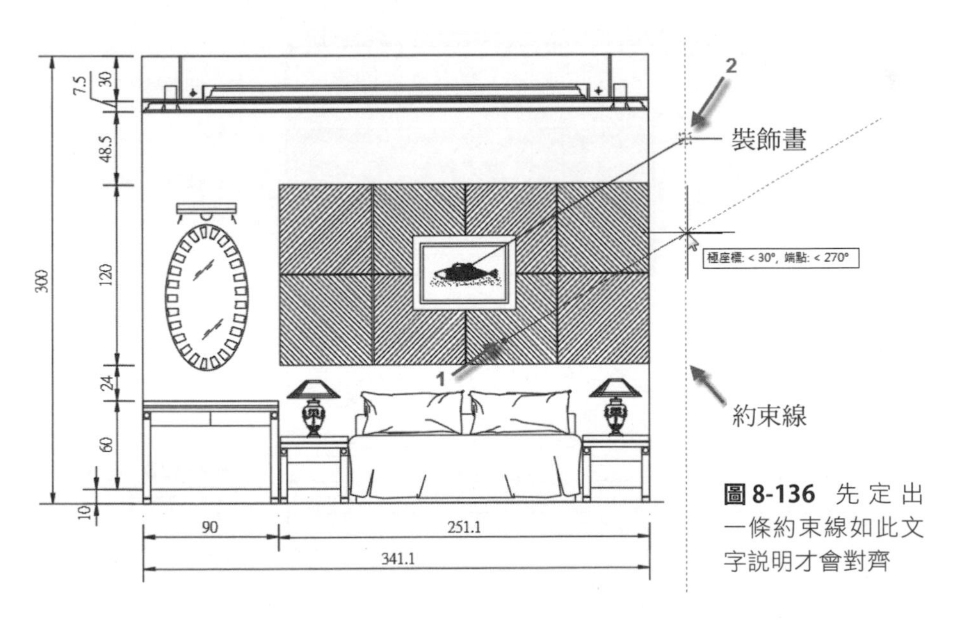

圖 8-136 先定出一條約束線如此文字說明才會對齊

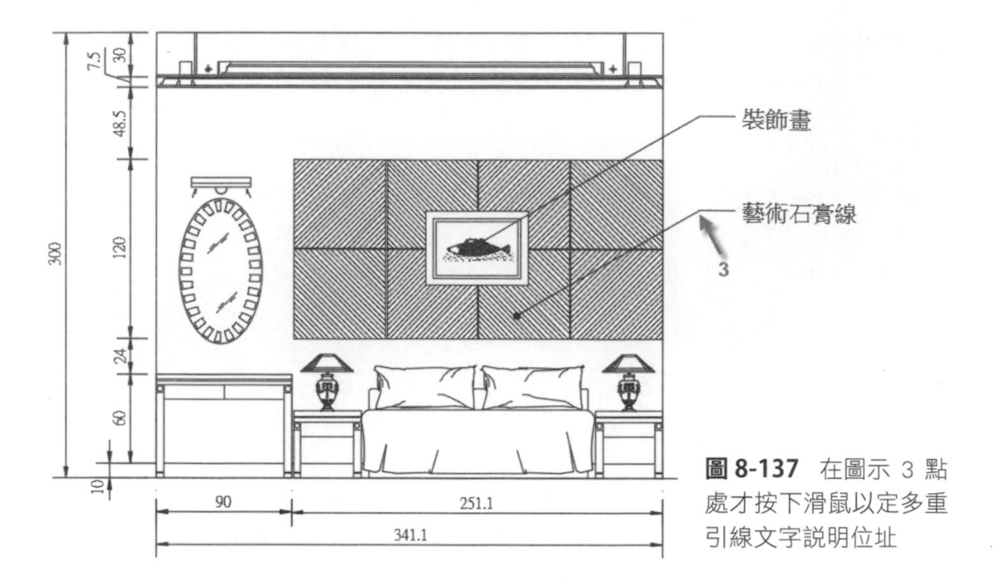

圖 8-137 在圖示 3 點處才按下滑鼠以定多重引線文字說明位址

8 現要在立面圖形上方做多重引線標註，請在床頭櫃圖示 1 點上按下滑鼠左鍵，移動滑鼠到圖示第 2 點上，按下滑鼠左鍵並輸入「黑桃木皮貼列」字樣，如圖 8-138 所示。

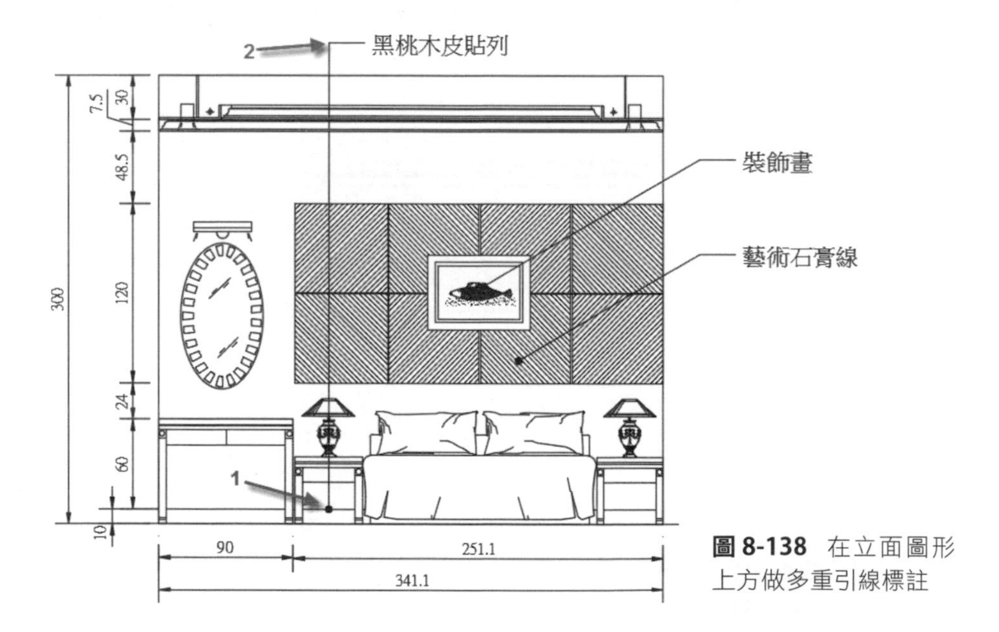

圖 8-138 在立面圖形上方做多重引線標註

9 現要示範另一種多重引線的用法，請在**註解**工具面板上選取加入引線工具，指令行提示**選取多重引線**，請選取圖示 A 之多重引線，指令行提示**指定引線箭頭位置**，請在圖示 1、2、3 點的位置按下滑鼠左鍵，以定下箭頭位置，如圖 8-139 所示。

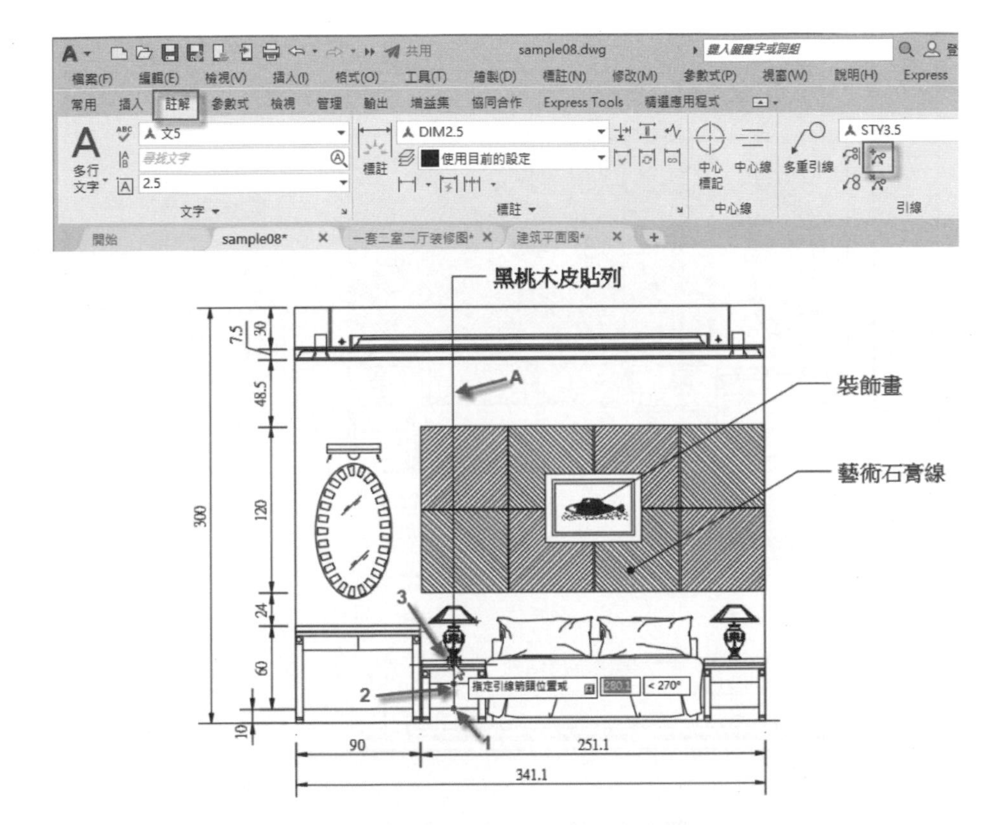

圖 8-139 先選已畫好的標註再定標註箭頭點

10 當定下圖示 3 點後，移動游標至指令行上，在指令行中選擇**刪除引線**功能選項，如圖 8-140 所示。

AIMLEADEREDITADD 指定引線箭頭位置或 [移除引線(R)]:

圖 8-140 在指令行中選取**刪除引線**功能選項

11 當選取**刪除引線**功能選項後，指令行提示**指定要移除的引線或**，請選取圖示的線段（重複的引線），如圖 8-141 所示，則此多重引線會共用一文字說明，除簡潔畫面外，對相同的多重引線也可免除重複設置，如圖 8-142 所示。

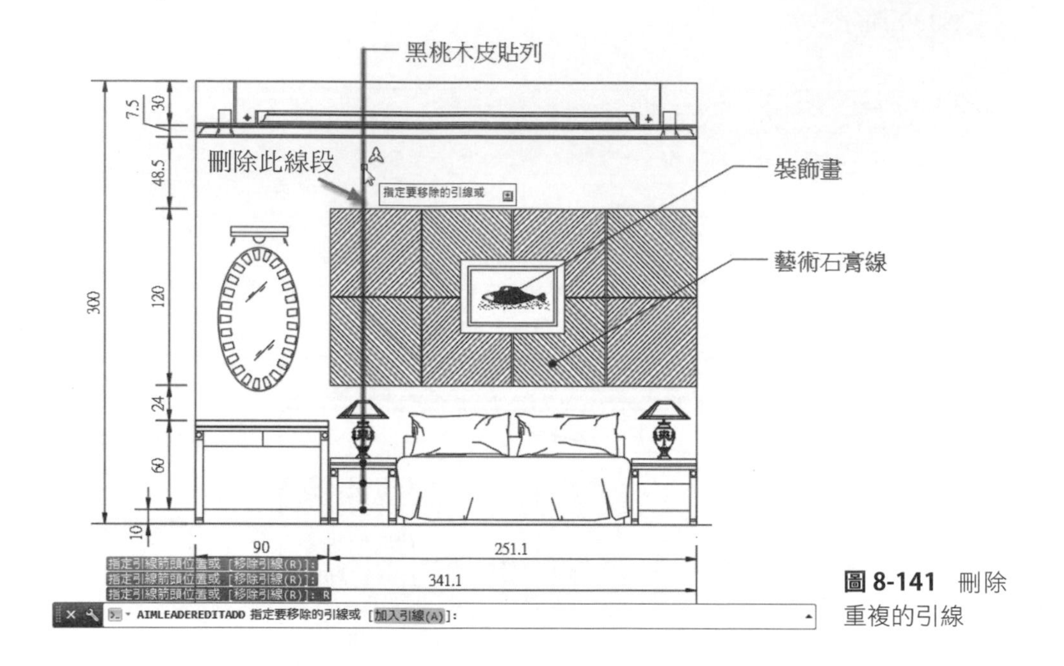

圖 8-141 刪除重複的引線

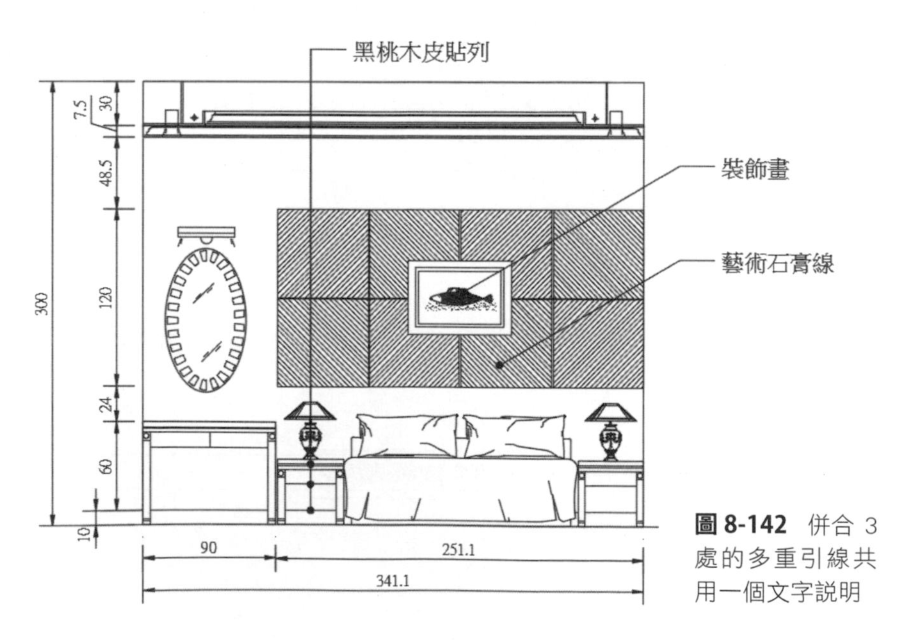

圖 8-142 併合 3 處的多重引線共用一個文字說明

12 觀看此文字說明，原只為門扇貼木皮而說明，如今想加床座部分，因此有需要對此文字說明加以補充，請在此文字說明上快速按滑鼠兩下，可以使它呈文字編輯狀態，請將文字改成**床座及床頭櫃皆貼黑桃木皮**字樣，並將其設定成兩行文字（調整欄寬度），如圖 8-143 所示。

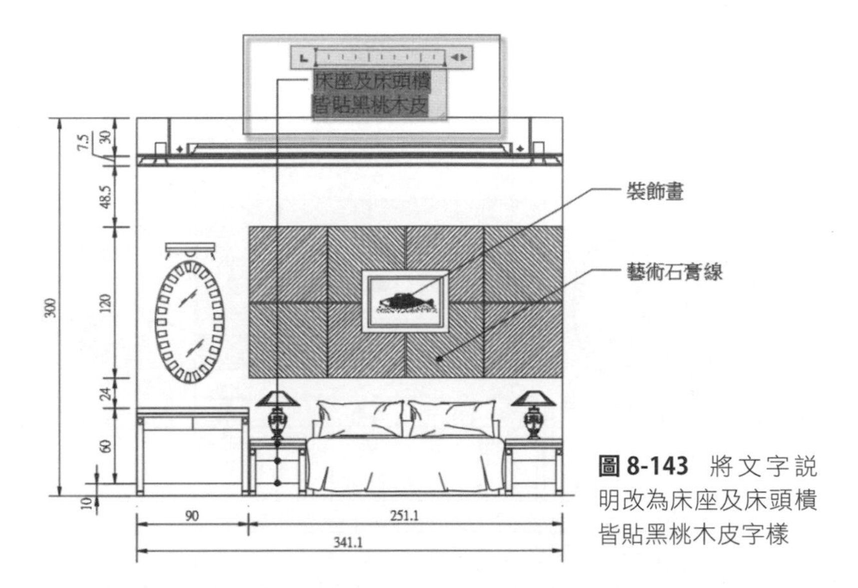

圖 8-143 將文字說明改為床座及床頭櫃皆貼黑桃木皮字樣

13 當完成文字內容的更改後，多重引線文字可能與立面圖有所重疊，請選取此多重引線，利用掣點編輯方法將文字往上移動，與使文字與立面圖不重疊，如圖 8-144 所示。

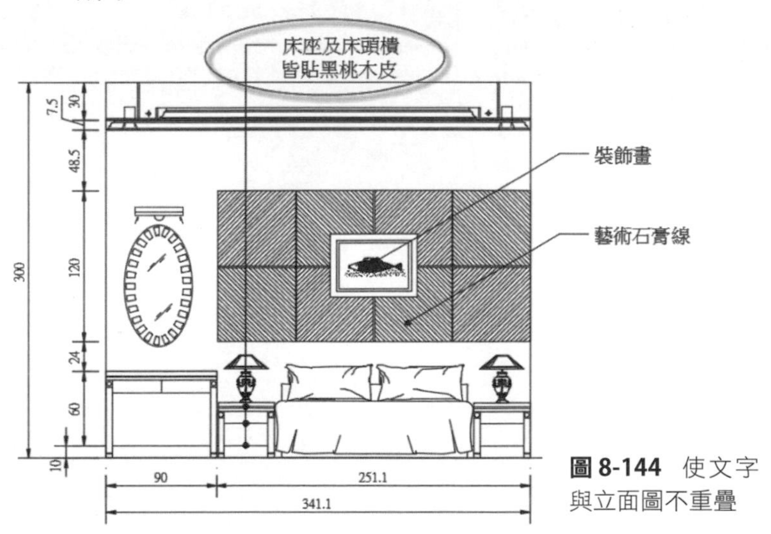

圖 8-144 使文字與立面圖不重疊

14 請自行完成其餘的多重引線標註，其完成圖，如圖 8-145 所示，如果感覺多重引線並非在同一垂直位置上，請在**註解**工具面板上選取對齊工具，如圖 8-146 所示。

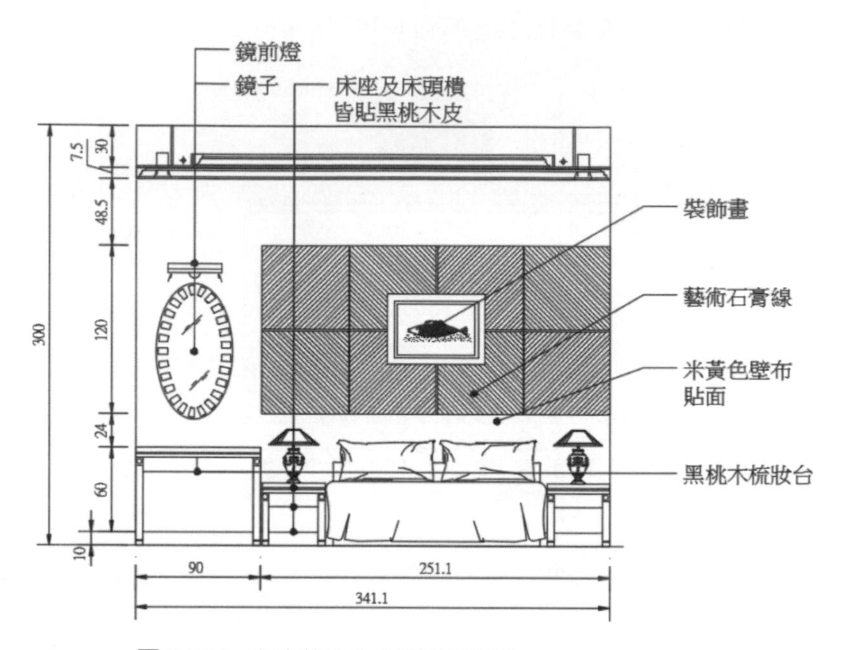

圖 8-145 完成其餘的多重引線標註

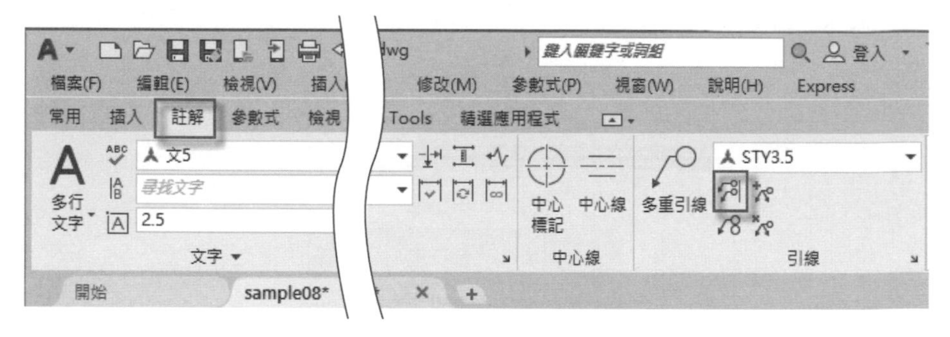

圖 8-146 在**註解**工具面板上選取對齊工具

15 選取工具後，指令行提示**選取多重引線**，請利用框方式選取圖形右側的全部多重引線，按下 [Enter] 鍵以結束選取，指令行提示**選取要對齊的多重引線或 (選項)**，此時移動游標到指令行上選取**選項**功能選項，如圖 8-147 所示。

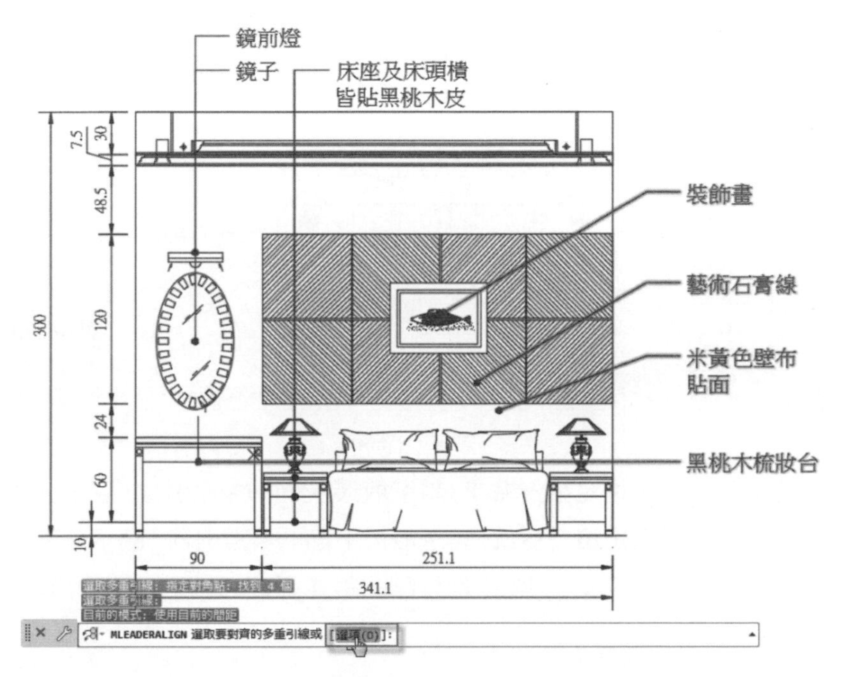

圖 8-147 在指令行中選取**選項**功能選項

16 接著指令行提示**輸入選項**，並於其下表列出多種選項供選取，在指令行中亦有相同的功能選項供選取，請選取**分散對齊**功能選項，如圖 8-148 所示。

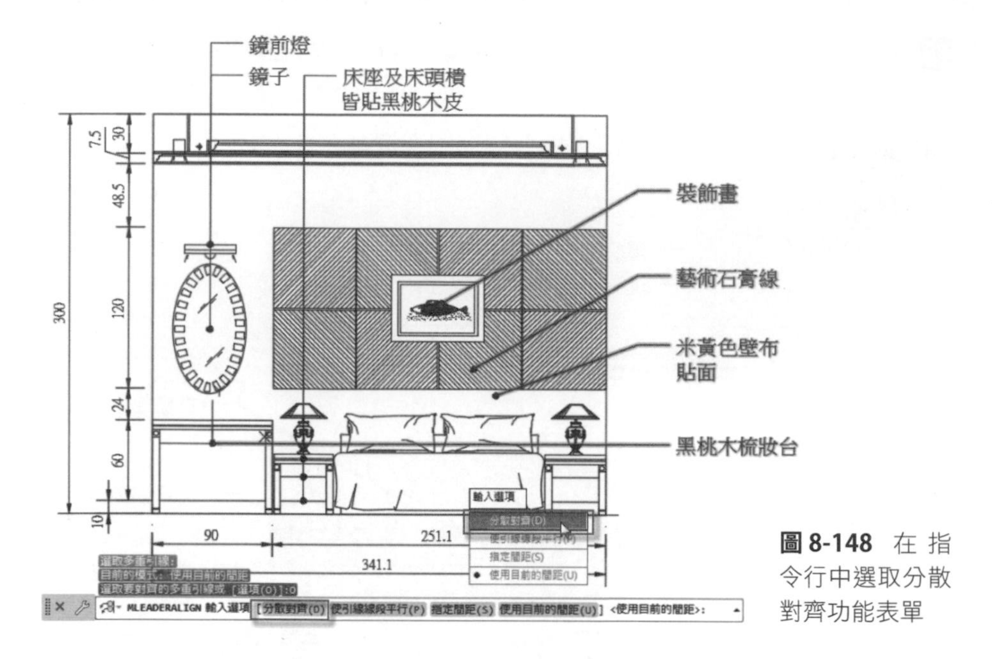

圖 8-148 在指令行中選取分散對齊功能表單

17 接著指令行提示**指定第一點或**，請選取最上面的多重引線（圖示 1 點），接著指令行提示**指定第二點或**，請選取最下面的多重引線（圖示 2 點，如此，系統自動會將此等多重引線平均分配間距並對齊，如圖 8-149 所示。

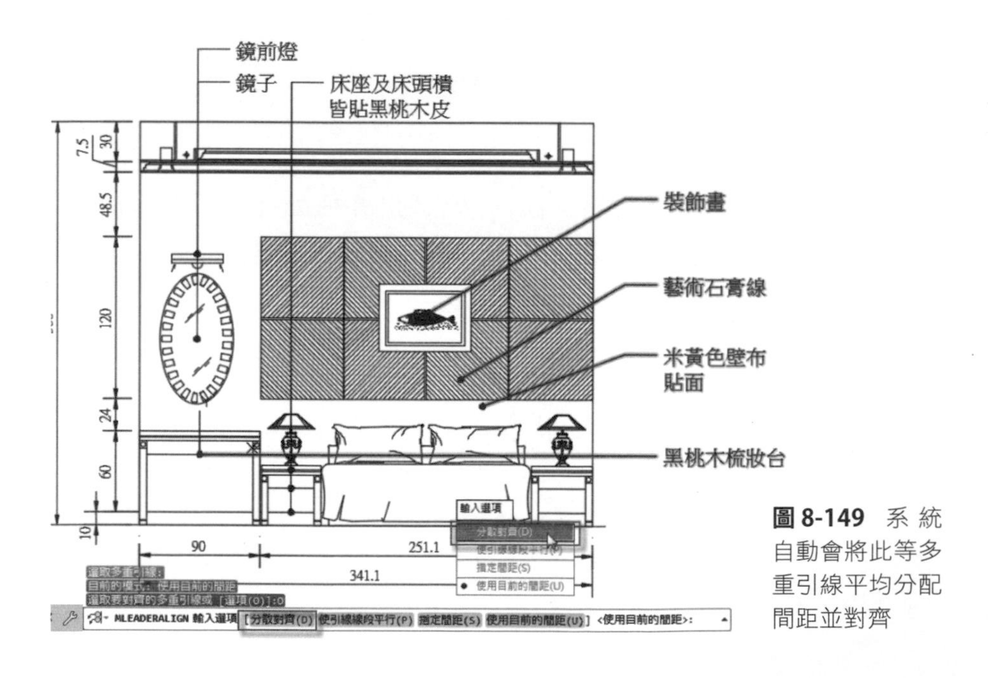

圖 8-149 系統自動會將此等多重引線平均分配間距並對齊

Chapter

09

模型空間與圖紙空間之布局運用

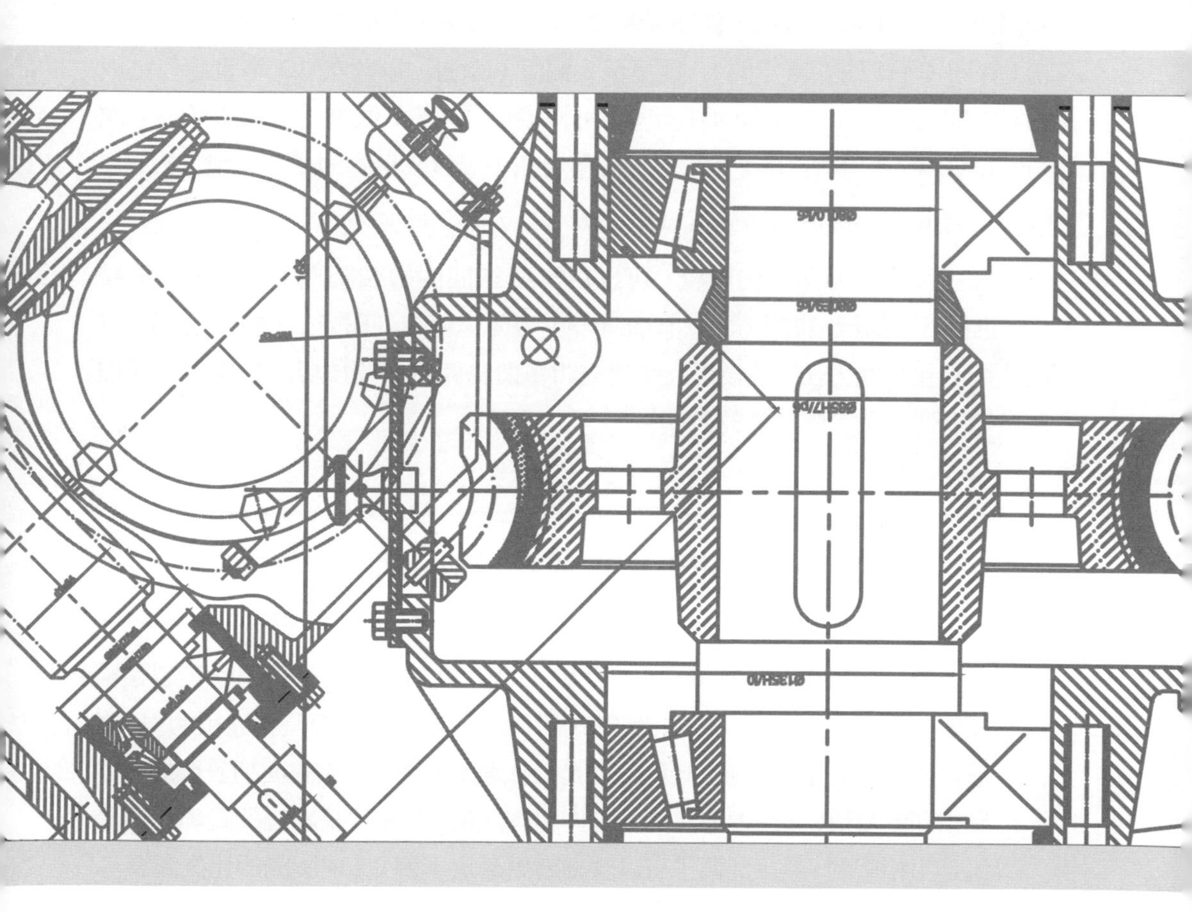

在電腦上以 AutoCAD 繪製的幾何圖形，很多時候必需透過印表機或繪圖機以紙本方式呈現。AutoCAD 繪製及修改圖形都是在模型空間中進行，它是一個無限大的空間，沒有什麼界限可言，而且以 1:1 方式繪製圖形，但是輸出為紙本時，沒有必要以原尺寸做大圖紙輸出，而必需縮小比例方足以容納於紙張中，因此又有了圖紙空間設計，然因牽扯前面章節述及列印比例與視埠比例不同調問題，讓很多初學者感到相當困擾與不解，因此，在本章中將以實例運用為例，對模型空間與圖紙空間做為徹底的解說。

受台灣一般 AutoCAD 書籍內容，模型空間與圖紙空間模糊不分的結果，這些傳授者都以模型空間直接出圖，而通過模型空間只能以一個視埠的圖形為對象，因此一張圖紙只能有一個模型空間，而無法施展對圖紙空間的靈活運用與編輯，這對龐大昂貴的 CAD 系統是一種投資與學習浪費。就以直觀 3D 空間設計的 SketchUp 而言，伴隨著軟體的改版提昇，它的附帶程式 LayOut 系統（等同 CAD 的圖紙空間），也呈現大幅度的改進，以致在 3D 場景建模完成時，立即可以產生各面向的立面圖，再轉換到 Layout 做施工圖紙輸出，這讓 AutoCAD 的效用有日見萎縮之勢，使用者如不思與時俱進的求新求變心態，早晚會被這股時代潮流所淘汰。

前面提到過，列印輸出圖紙，可以在模型空間中繪製圖形完成後，直接輸出，也可以從圖紙空間中輸出，因此本章，將先以傳統列印方式，概略說明由模型空間直接出圖方法。然後再以模型空間轉換為圖紙空間技巧及配置視埠的控制及輸出列印做完整詳細的說明。

9-1 從模型空間中直接列印出圖

1 請開啟第九章中 sample01.dwg 檔案，如圖 9-1 所示，這是借用建築製圖樣板所繪製的一張機械圖，如第五章中所言，其實兩者樣板是相通用的，只要把單位公分認定為公厘即可，它即是機械製圖樣板，然因它與列表機的單位是相同的，所以它的視埠比例就等同出圖比例，此和建築繪圖的視埠比例設置是不相同的，藉由此例子可以讓讀者更深層了解 CAD 製圖的比例觀念。

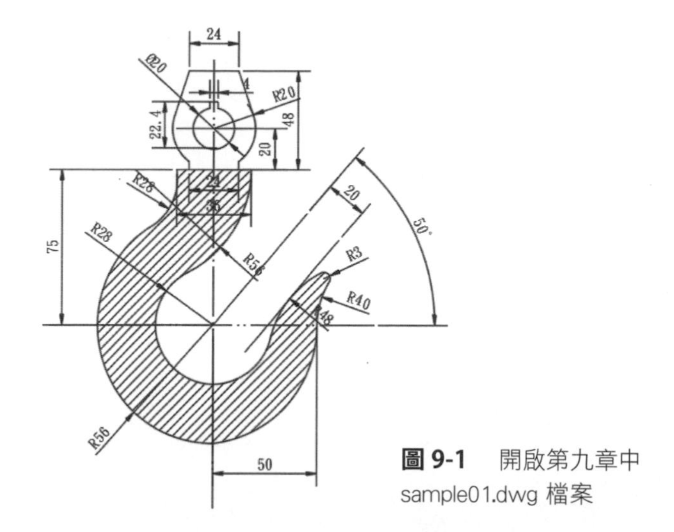

圖 9-1　開啟第九章中 sample01.dwg 檔案

2 本圖以公釐(mm)為單位,原設註解比例為 1:2,然出圖時想以 1:1 比例亦即依原尺寸大小出圖,因此必需更改註解比例,請框選全部圖形,再按 [Ctrl] + [1] 鍵以打開**性質**面板,在面板頂端選擇**旋轉標註**(或任何一種標註),在**可註解比例**欄位,可見原設計註解比例為 1:2 比例,如圖 9-2 所示。

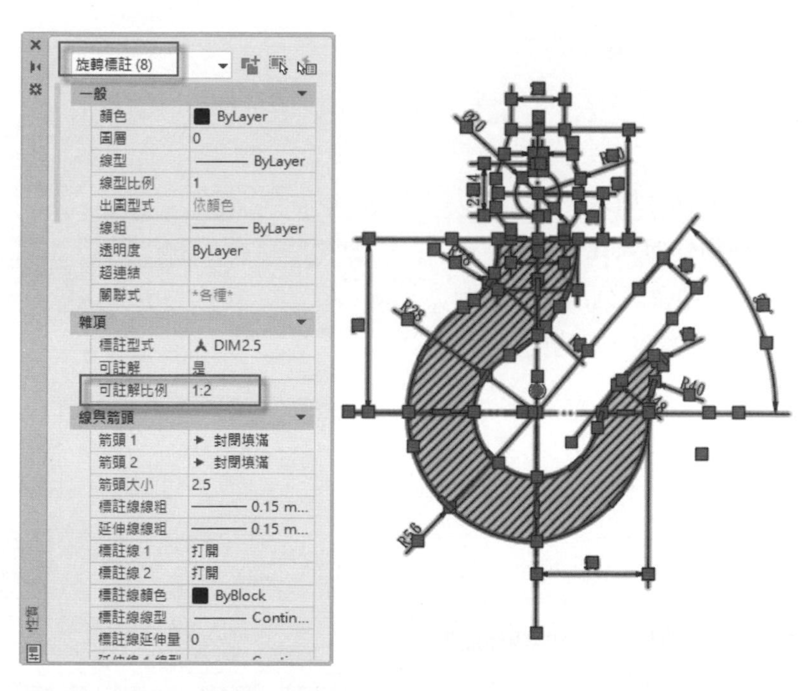

圖 9-2　可以由**性質**面板中顯示出原註解比例

3 在面板中選取**可註解比例**欄位，再使用滑鼠點擊其右側的按鈕，可以打開**註解物件比例**面板，在**物件比例清單**欄位中顯示了 1 個比例選項，如圖 9-3 所示。

圖 9-3　打開**註解物件比例**面板

4 在面板中執行**加入**按鈕，可以打開**為物件加入比例**面板，在比例清單中會表列出所有比例供選取，請選取 1:1 的比例，如圖 9-4 所示。

圖 9-4　在**為物件加入比例**面板中選取 1:1 比例

5 在面板中按下**確定**按鈕以關閉**為物件加入比例**面板，回到**註解物件比例**面板中，在**物件比例清單**欄位中會增加 1:1 比例一項，請選取其他的比例選項，按**刪除**按鈕將其刪除只留下 1:1 比例，如圖 9-5 所示。

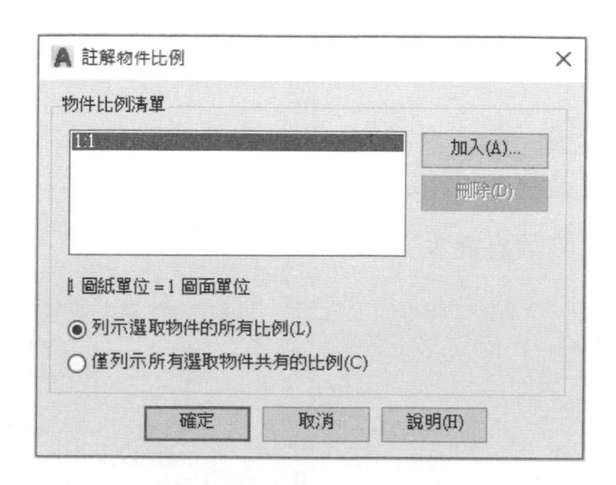

圖 9-5 在**註解物件比例**面板中刪除其它比例選項只餘下 1:1 比例

6 當刪除所有比例選項只留下 1:1 比例後，按下**確定**按鈕以關閉**註解物件比例**面板，在**性質**面板中的**可註解比例**欄位已顯示為 1:1 的註解比例，如圖 9-6 所示。

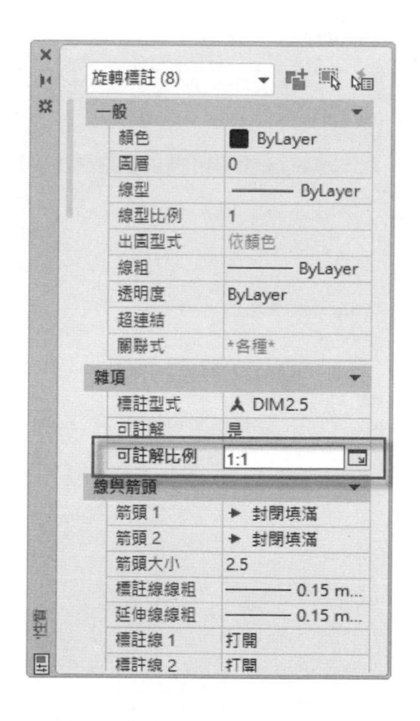

圖 9-6 在**性質**面板中的**可註解比例**欄位已顯示為 1:1 的註解比例

7 依此方法更改註解比例，會使所有型式的標註都改成 1:1 比例的註解了，請在面板上端選取**角度標註**（或任選一種標註），可以發現其**可註解比例**欄位都已更改為 1:1 之註解比例，如圖 9-7 所示。

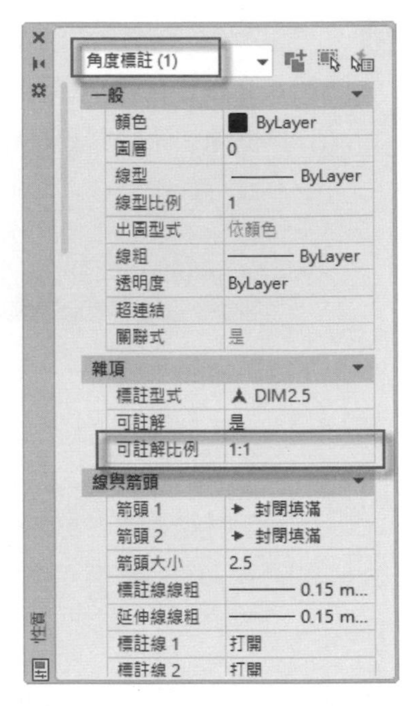

圖 9-7　角度標註也已改成 1:1 之註解比例

8 使用滑鼠點擊應用程式視窗 A- 工具，可以顯示下拉表單，在其中選取**列印→頁面設置**功能表單，可以開啟**頁面設置管理員**面板，如圖 9-8 所示。

圖 9-8　開啟**頁面設置管理員**面板

9 在開啟的面板中，按**新建**按鈕，可以開啟**新頁面設置**面板，在**新頁面設置名稱**欄，維持其**設置 1** 預設值，如圖 9-9 所示。

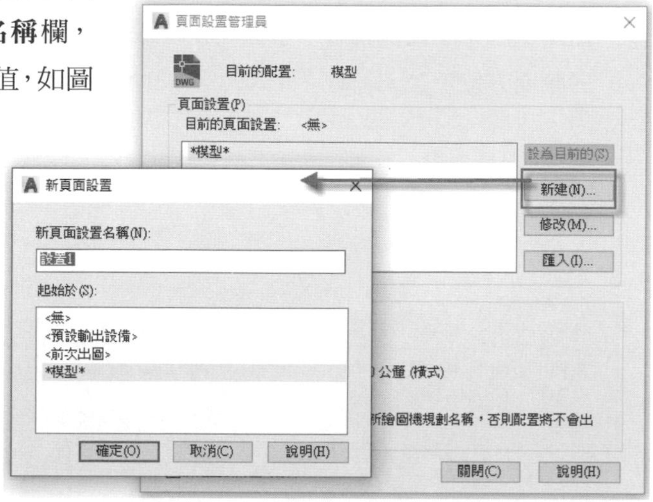

圖 9-9 設置**設置 1** 的新頁面

10 在面板中按下**確定**按鈕後，可以開啟**頁面設置-設置 1** 面板，在印表機/繪圖機選項中的名稱欄位中，可以由下拉的表列選項中選擇使用的印表機名稱，如目前尚未設有列表機者可任選系統提供的印表機，並在**圖紙大小**欄位中擇 A4 圖紙，如圖 9-10 所示。

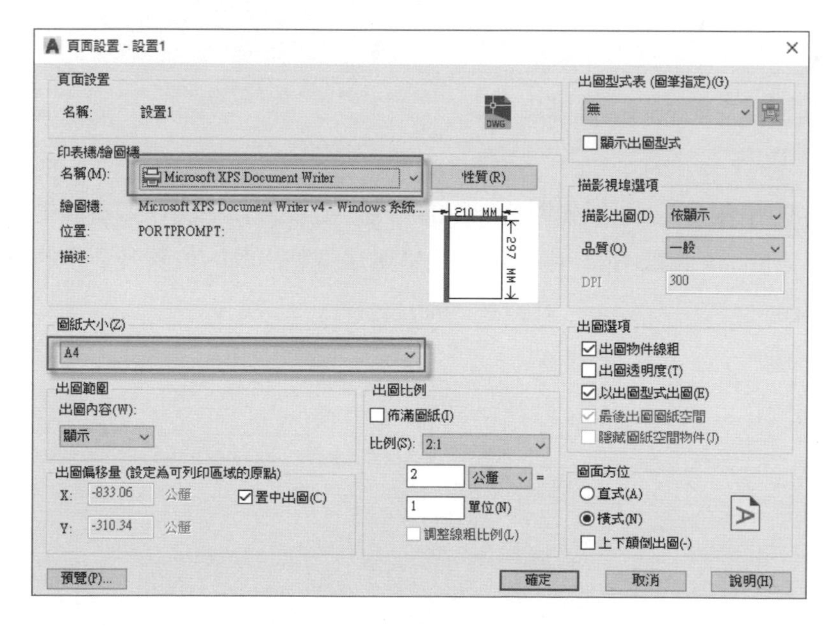

圖 9-10 在面板中選擇列表機型號及圖紙大小

11 在出圖範圍選項的**出圖內容**欄位，可以選擇**實際範圍**，**出圖偏移量**選項，可以勾選**置中出圖**欄位，在**出圖比例**選項中，將**佈滿圖紙**欄位勾選去除，**出圖比例**選項中的**比例**欄位，可以使用下拉式表列方式選擇要出圖的 1:1 比例，另**圖面方位**選項，則維持**直式**勾選，如圖 9-11 所示。

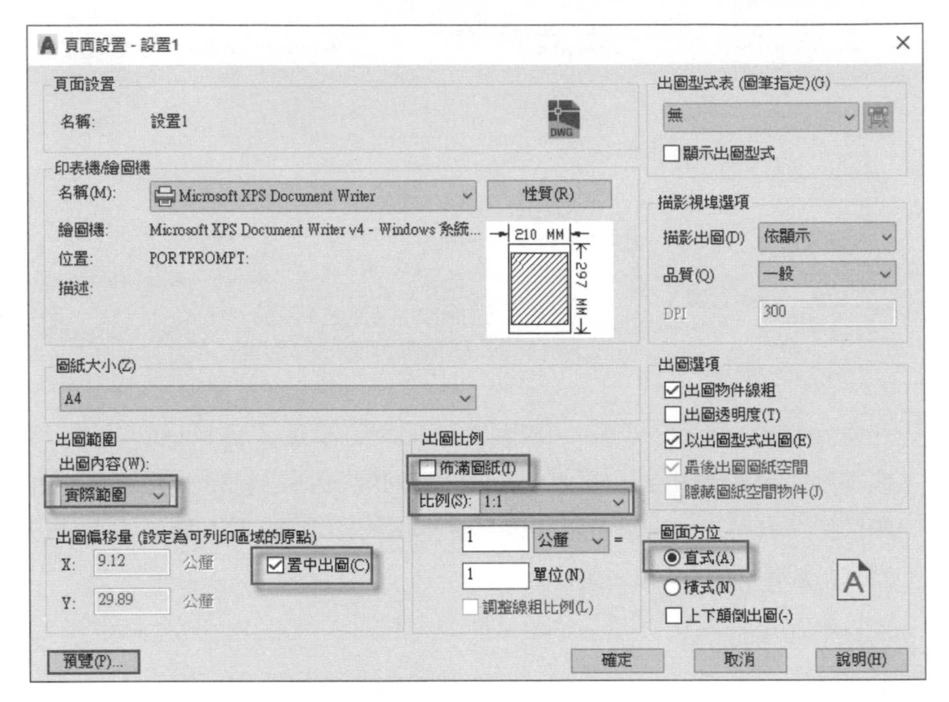

圖 9-11 在頁面設置面板中做各欄位設定

12 選取面板中的**預覽**按鈕，可以先觀看列印的結果，如圖 9-12 所示，如畫面中所示，圖形置於 A4 圖紙中間，唯這種方式是無法調整出圖的位置及更多的出圖編輯設定。

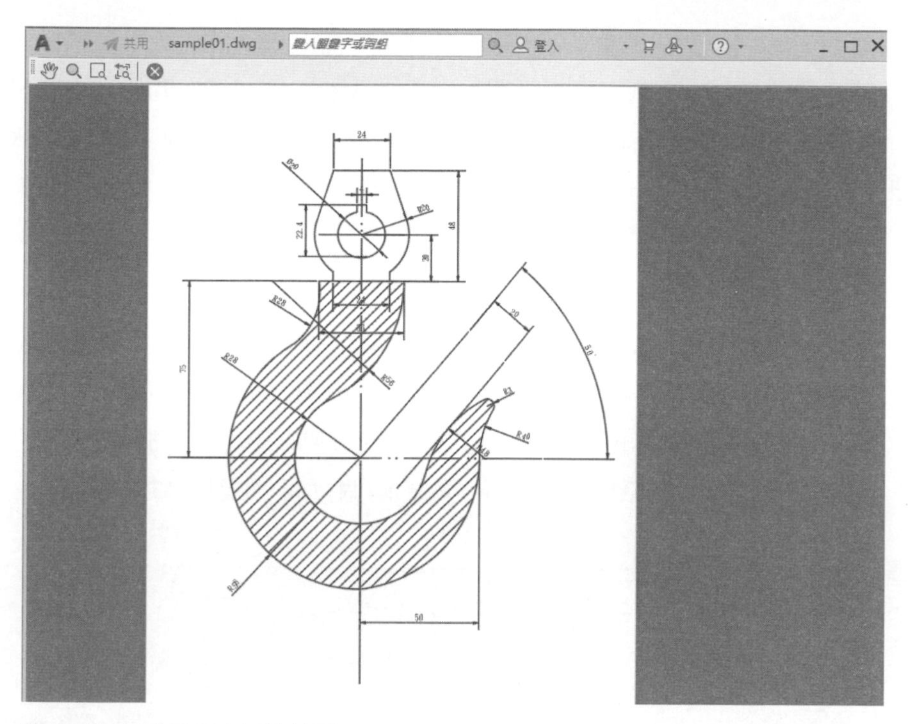

圖 9-12 預覽列印出圖的情形

13 由此練習可以知道，經以模型空間直接出圖，是相當原始的操作方式，它無法對圖形位置做編輯，接下來才是本章的重點，以圖紙空間出圖才是符合人性化及專業性的操作方式。

9-2 圖紙空間的設置與操作

經由上一節通過模型空間直接列印出圖的說明，可以了解到它只能直接列印輸出一個視埠的圖形對象，存在很大的局限與不便，完全無法靈活運用圖面，這時可以運用 AutoCAD 提供的圖紙空間，來規劃視埠的位置與大小。

如前面所言，模型空間是一個無限大的空間，而圖紙空間的大小是依印表機的圖紙大小設置而來，例如頁面設置為 A3 的圖紙，則圖紙空間的大小就是一個 A3 圖紙。但是圖紙空間可以設定無數的頁面，頁面在 AutoCAD 2010 版以後把它改稱為配置，藉由這些配置，可以將模型空間的圖形分配到各個配置上。如本章中 sample03 檔案，將所有施工圖繪製在一模型空間中，但在圖紙空間，則可以分門別類的配給在各個不同的配置中。

1 請開啟第九章 sample02.dwg 圖檔，這是作者寫作 Autocad 室內設計製圖與應用一書中的範例，在繪圖區的左下方，有三個頁籤，即**模型**、**配置 1** 及**配置 2**，而模型空間為預設的模式，亦即所有繪製圖形均會位於此空間中，而配置 1 及配置 2 為系統預設圖紙空間的兩個頁面，如圖 9-13 所示。

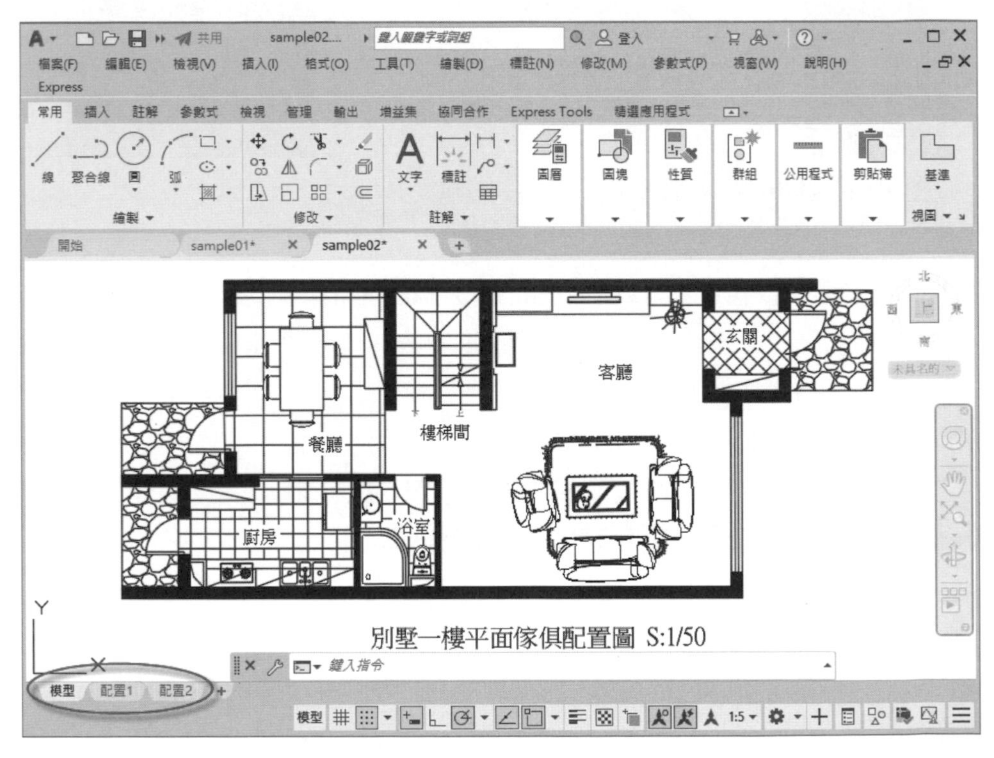

圖 9-13 在繪圖區的左下方有三個頁籤

2 請在繪圖區中按下滑鼠右鍵，在右鍵功能表中選取**選項**功能表單，在開啟的**選項**面板中選取**顯示**頁籤，在**顯示**頁籤面板中請確認圖示 1、2 的兩欄位為勾選狀態，如圖 9-14 所示。

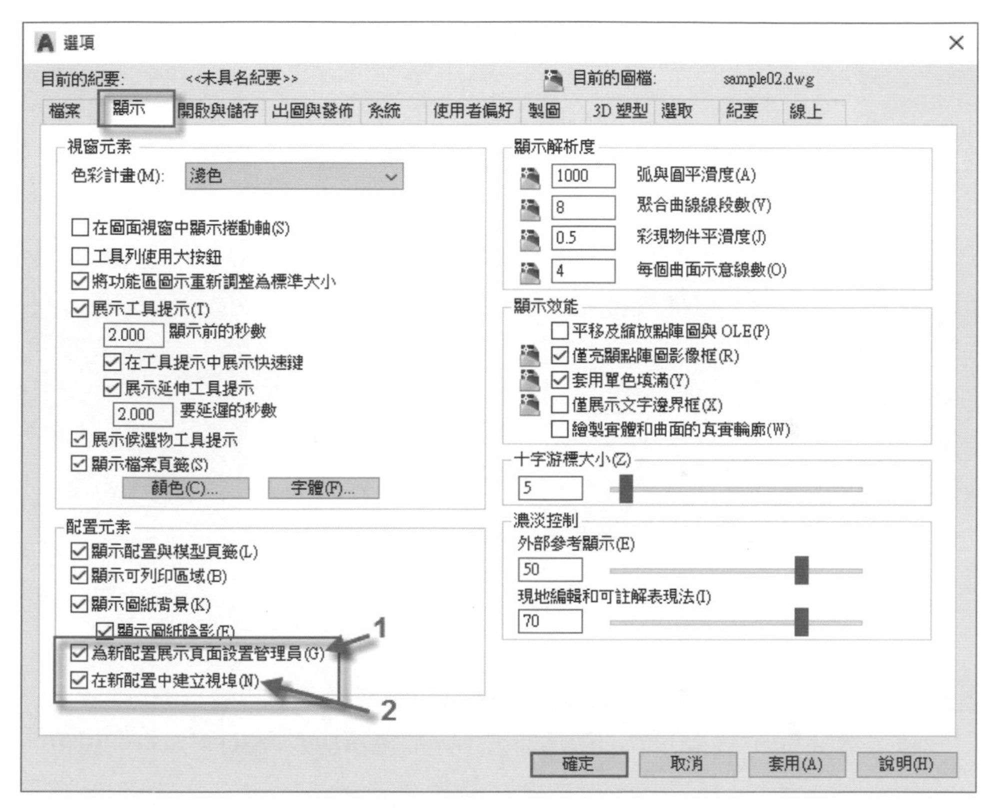

圖 9-14 確認圖示 1、2 的兩欄位為勾選狀態

3 當使用游標選取了**配置 1** 頁籤後，系統會自動產生配置 1 的頁面設置，並呈現圖紙頁面，在圖面中會呈現列印區域及視埠邊框，如圖 9-15 所示，在圖面中並未呈現圖形，其調整方法後續會詳細說明。

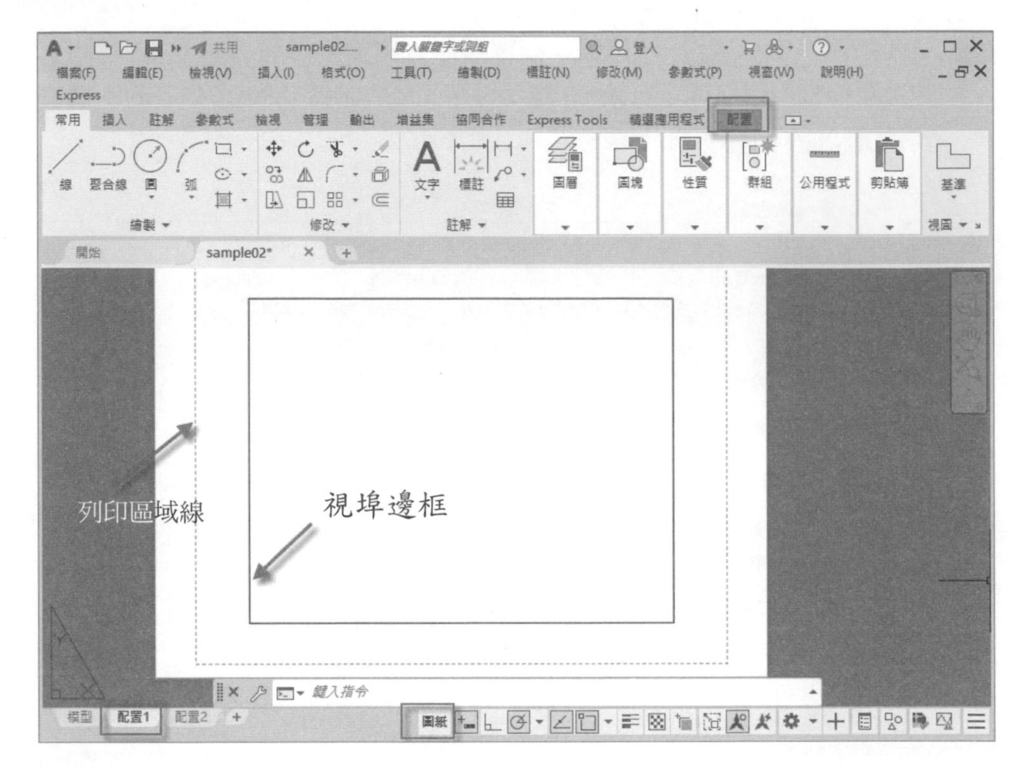

圖 9-15 選取配置 1 在圖紙空間顯示情形

4 在圖紙空間的顯示情形，其實和在**選項**面板的設定相關聯，請在繪圖區中按下滑鼠右鍵，在顯示的右鍵功能表中選取**選項**功能表單，可以打開**選項**面板。

5 在**選項**面板中選取**顯示**頁籤，在**配置元素**選項中有許多欄位可以做設定，如將**顯示可列印區域**欄位及**顯示圖紙陰影**欄位勾選去除，如圖 9-16 所示，則圖紙顯示的狀態會有所不同，圖紙中的虛線不見（列印範圍），及圖紙右、下側的陰影也不顯示。

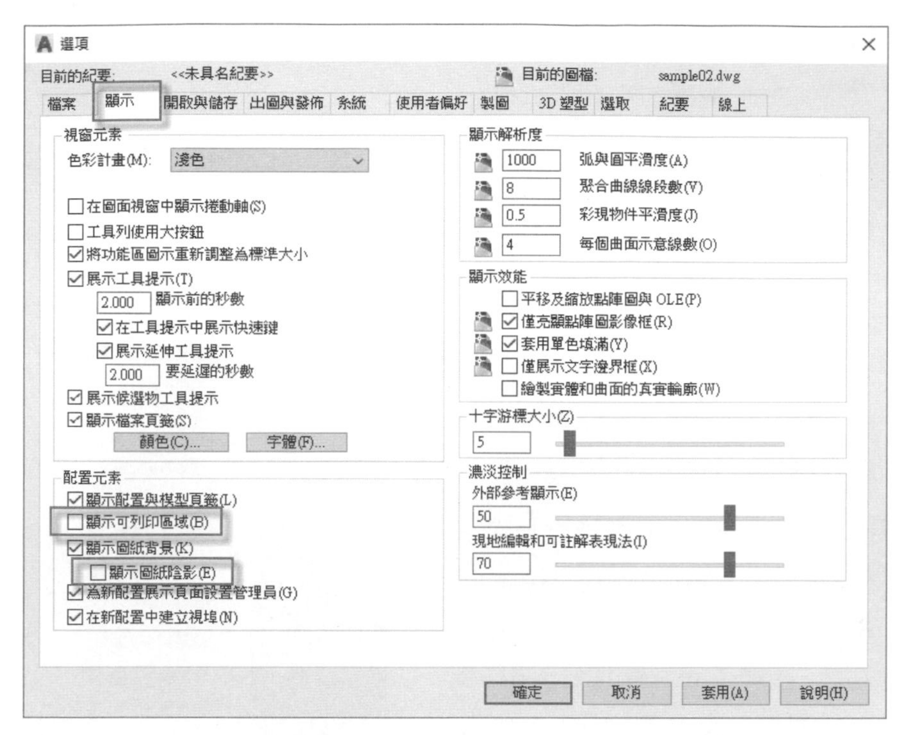

圖 9-16 將顯示可列印區域欄位及顯示圖紙陰影欄位勾選去除

6 在**選項**面板之**顯示**頁籤中，於**配置元素**選項內有兩個重要欄位，即**為配置展示頁面設置管理員**欄位，如將其勾選去除，將於新增配置時不會自動增加**頁面設置管理員**。**在新配置中建立視埠**欄位，如將其勾選去除，將於新增配置時不會自動產生視埠，當然也不會看見視埠邊框了，此時只能使用手動方式產生一途。

7 在**配置元素**選項中各欄位可以隨個人使用習慣自行設定，而這些欄位設定也可以事後再補做回來，唯依使用習慣，有需要將其全部勾選。

8 在圖紙空間模式下，左下角的座標會改成圖紙空間座標，白色區塊明顯縮小，這與印表機頁面設置圖紙大小有關，畫面中的虛線則代表列印範圍，**輔助**工具面板中，原**模型**按鈕會換成**圖紙**按鈕，如圖 9-17 所示，但此時也有可能顯示為**模型**按鈕，只要在此按鈕點擊一下，即可改變為**圖紙**按鈕模式，此部分差異在後面小節會做說明。

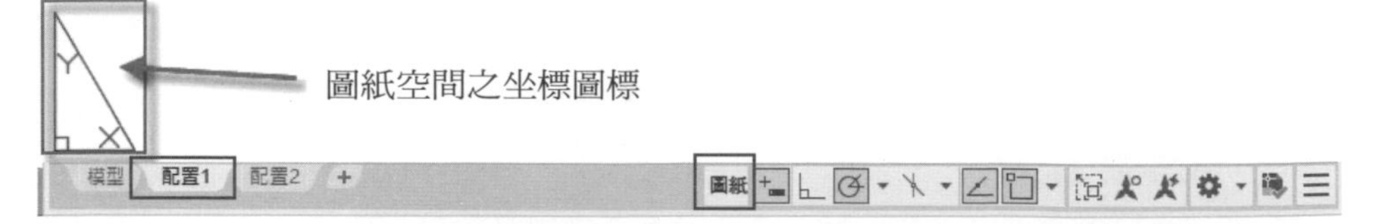

圖 9-17 在圖紙空間時其坐標圖標亦會不同

9 在配置 1 畫面中，有一黑色矩形框這是系統預設的視埠，它是可以編輯，有關這個部分，在下段中會做詳細介紹。

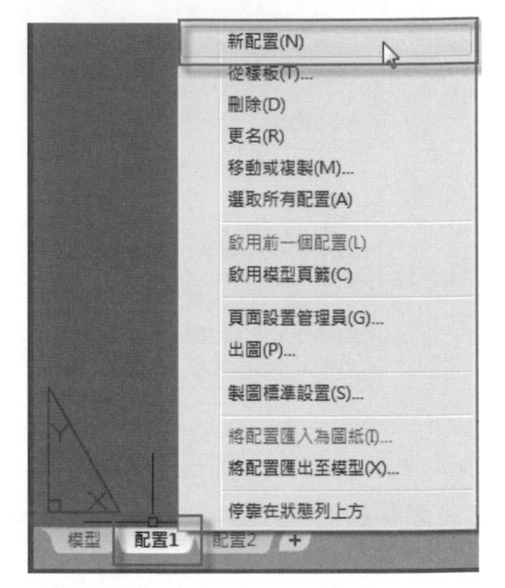

圖 9-18 在**配置**頁籤上使用右鍵功能表以增加新配置

10 面提到過，配置可以設定無限多個，即可以為圖形輸出很多張的圖紙，請移游標到**配置**頁籤上，按下右鍵，在顯示的右鍵功能表中，選取**新配置**功能表單，如圖 9-18 所示，即可再增加新配置。

11 當設定了新配置，如本例設定了配置 3，使用游標選取此配置，則系統會立即為其成立配置 3，並顯示**頁面設置管理員**面板，以提供頁面的各項設置，如圖 9-19 所示。

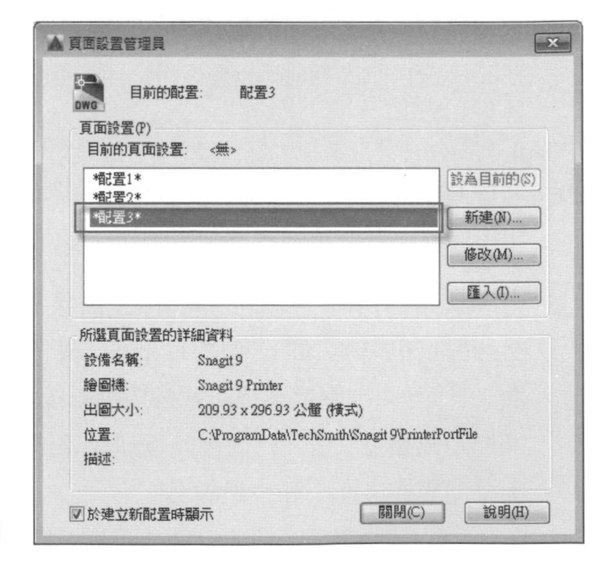

圖 9-19 頁面設置管理員面板

12 請選取配置 1，這是有視埠存在的配置，在**輔助**工具面板中呈現**圖紙**按鈕模式下，視埠的大小是可以編輯甚至刪除，以游標選取視埠框，可以發現它如同在模型空間中一樣，出現藍色的控制點，當移動游標至這些控制點上時，控制點會變為紅色，使用滑鼠左鍵按住這些紅色的控制點上，即可做視埠框範圍大小的編輯或刪除，如圖 9-20 所示。

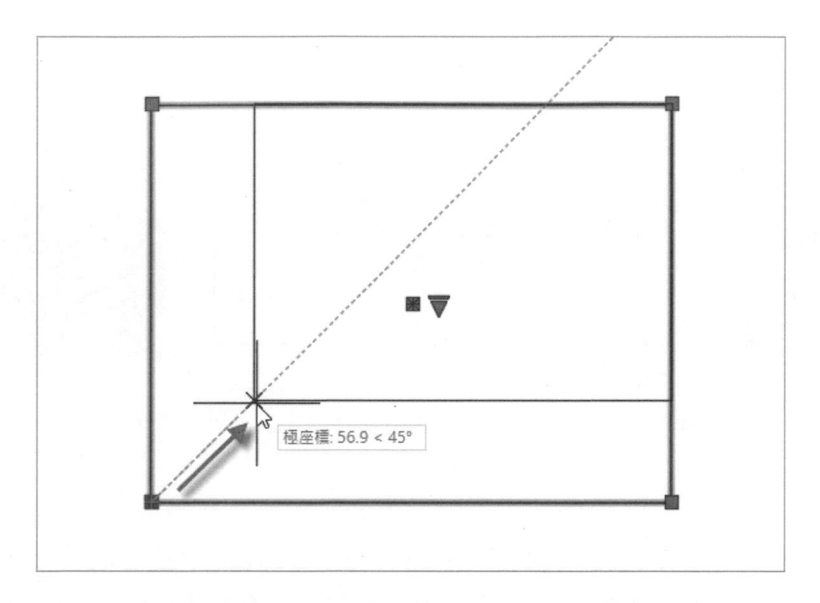

圖 9-20 在圖紙空間中之**圖紙**按鈕模式下可以對視埠邊框做編輯

13 在呈現**圖紙**按鈕情形下，可以對視埠做編輯，也可以對配置頁面做放大縮小處理，其操作方法一如視圖的滑鼠操作。當轉到**模型**按鈕情形下，就不能對視埠做編輯，也不能改變配置頁面大小，唯它可以使用視埠比例設定，以活化視埠內容，並能將視埠內的圖形做位移及放大或縮小處理，如圖 9-21 所示，為將圖形移動到視埠框內。

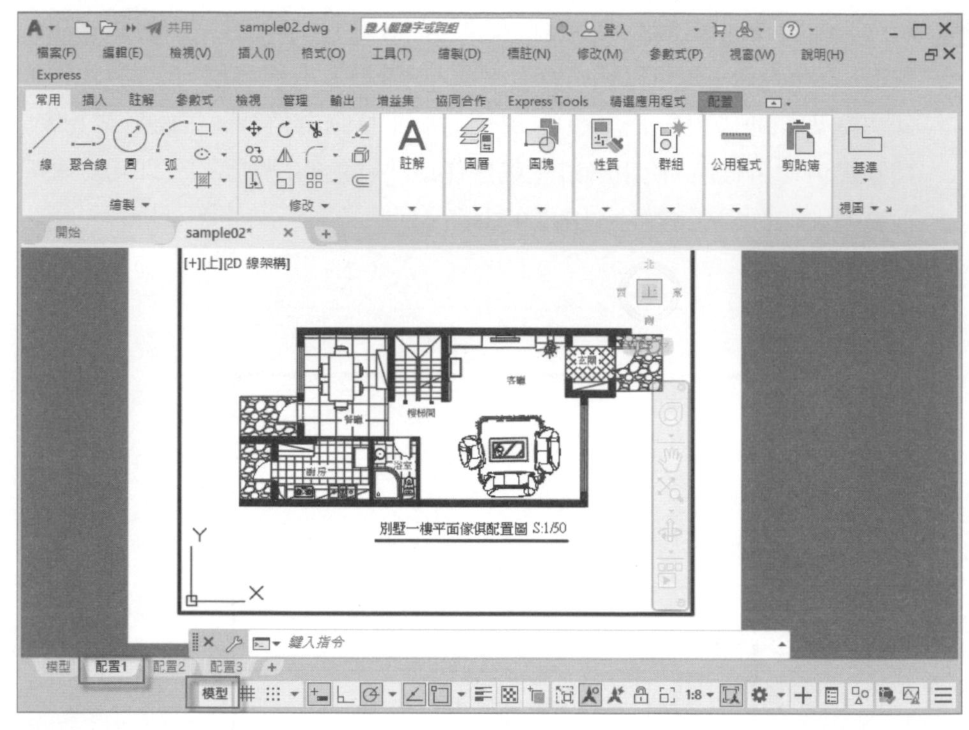

圖 9-21 在**模型**按鈕下可以將圖形移動到視埠框內

14 選取**圖層**工具面板中的**圖層性質**工具，在開啟的**圖層性質管理員**面板中，按**新圖層**按鈕，以增加一新圖層，並將其名稱改為視埠圖層，如圖 9-22 所示。

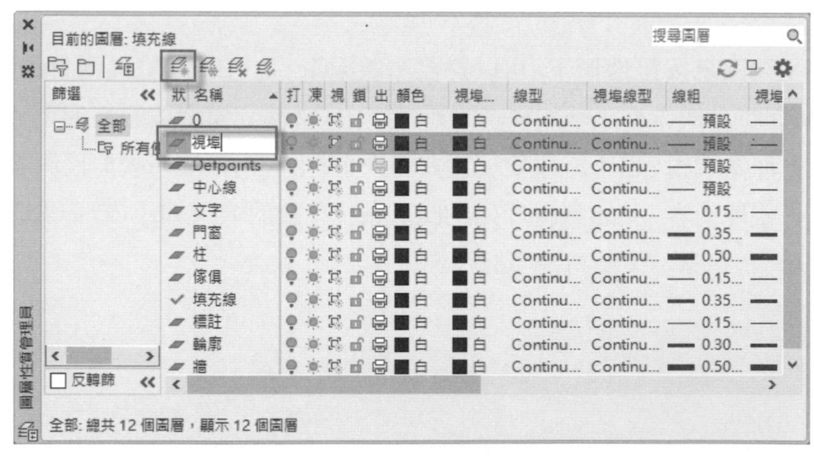

圖 9-22 在**圖層性質管理員**面板中新增視埠圖層

15 **輔助**工具面板中使用**圖紙**按鈕模式，並將**快速性質**工具為開啟狀態，此時選取視埠框時，會立即開啟視埠的**快速性質**面板，如圖 9-23 所示。

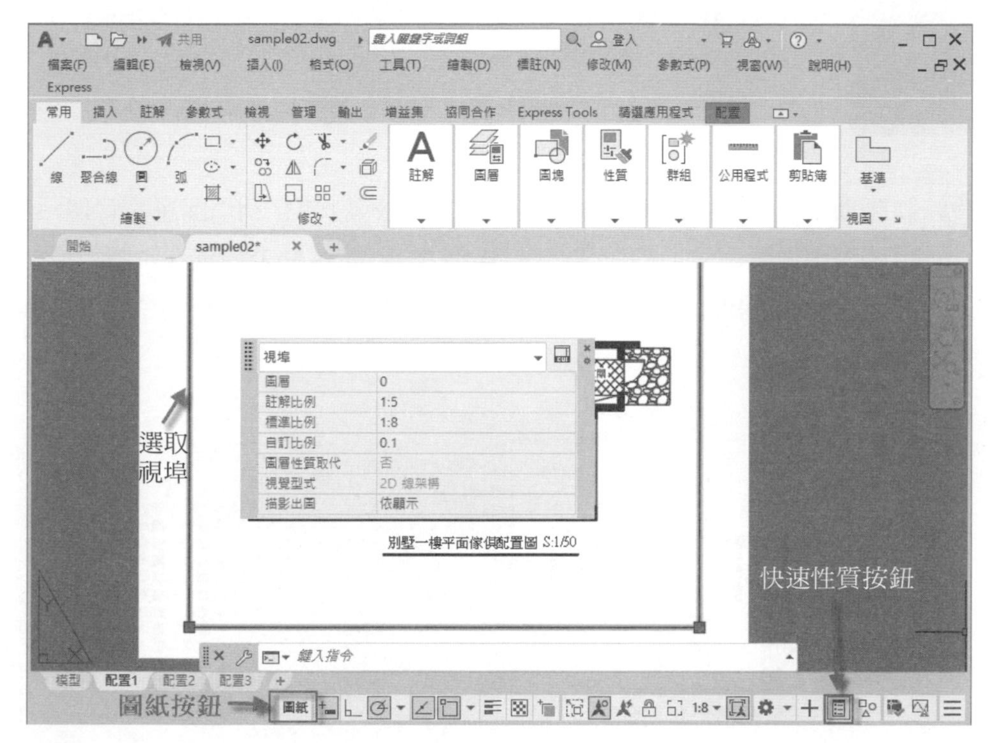

圖 9-23 選取視埠框以啟動**快速性質**面板

16 在圖層欄位中，視埠框原本歸屬於 0 圖層中，在按右側的向下箭頭，在下拉式表列中選擇**視埠**圖層，即可將視埠框歸入到此圖層中，如圖 9-24 所示。

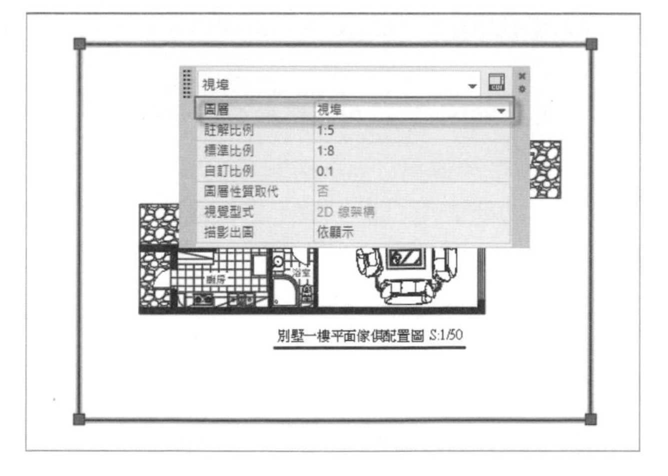

圖 9-24 將視埠框歸入到視埠圖層中

溫馨提示

想改變圖形到另一圖層有多種方法，尚可以按 [Ctrl] + [1] 鍵以打開**性質**面板，它可說是**快速性質**面板的完整版，一般鼓勵在**性質**面板中操作較適宜，因為**快速性質**工具啟動後，不管要不要修改圖形內容，只要選取物件它都會顯示面板，會妨礙到圖形的操作，因此建議要使用快速性質面時再啟動它，當設定完成後立即把它設為不啟動狀態。

17 將**輔助**工具面板中的**快速性質**工具改為不啟動狀態，利用圖層的管理，可以將視埠做隱藏、凍結甚至改變線條型式等，如圖 9-25 所示，為將視埠框關閉情形。使用圖層管理以操控視埠框，在下節實例操作時，將會再詳為解說。

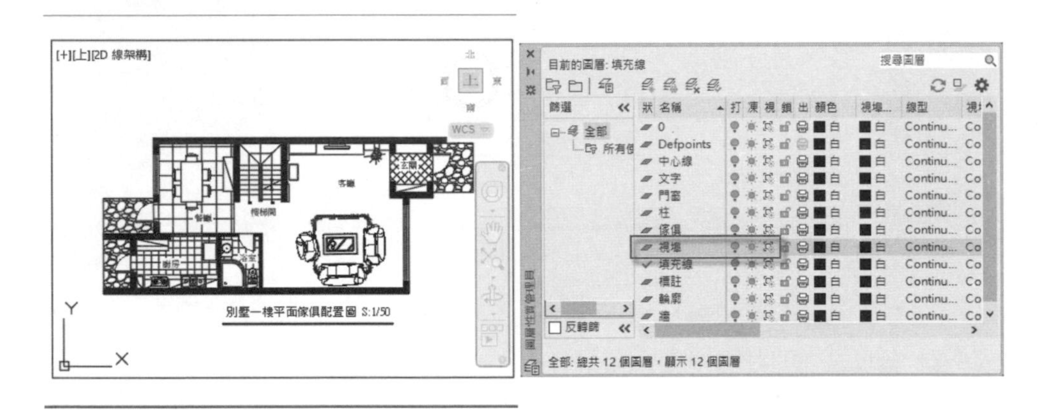

圖 9-25　關閉視埠圖層在配置中可以讓視埠框為不可見

18 想要刪除配置 3，可以移動游標至配置 3 頁籤上，然後執行右鍵功能表，在表中選取**刪除**功能表單，即可將配置 3 刪除，如圖 9-26 所示。

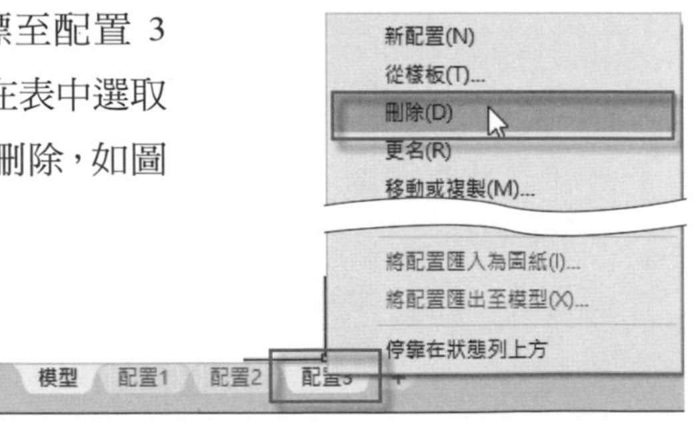

圖 9-26　使用右鍵功能表以刪除配置 3

19 當在圖紙空間的**圖紙**按鈕模式下，使用滑鼠中鍵，可以和在模型空間操作一樣，按住滑鼠滾輪可以在繪圖區中平移配置，按滑鼠滾輪上下轉動，可以放大縮小配置，唯這些操作並不影響圖形的實際比例問題。

20 在圖紙空間運作中，一個主要位在**輔助**工具面板上的**模型**或**圖紙**切換按鈕工具，如果它沒出現，請使用滑鼠點擊**輔助**工具面板上最右側的自訂工具，在顯示表列選項中選取**模型空間**（或**圖紙空間**）選項，讓該選項呈勾選狀態即可，如圖 9-27 所示。

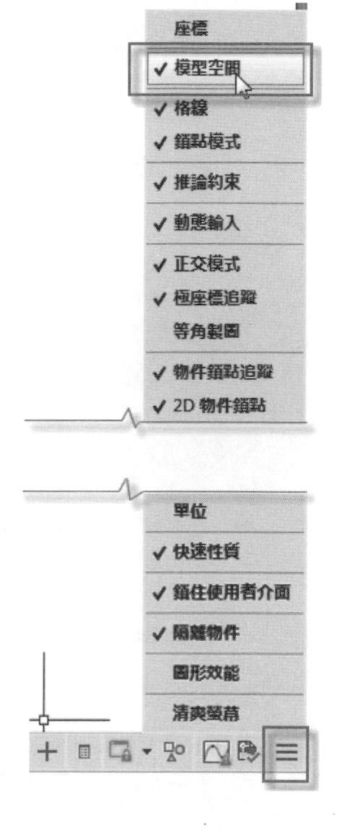

圖 9-27 在顯示表列選項中選取模型空間（或圖紙空間）選項

21 當選取**配置**頁籤，在**圖紙**按鈕模式下，可以對視埠做編輯，但對視埠內的圖形無法做編輯工作，如配置 1 所示的圖形並非所要的表現，這時可以使用滑鼠點擊**圖紙**按鈕，使變成**模型**按鈕，此時，視埠框會變粗，且可以啟動視埠成為一個活動的視埠，而使圖形可隨意移動或縮小，唯對於視埠框則無法編輯。

22 這時試著以滑鼠做平移或放大縮小運動，可以發現視埠是不變動的，但是其內的圖形是可以隨意移動及放大縮小，而這些放大縮小舉動，是會實際影響到圖形的比例，當做縮放時，**輔助**工具面板上的**視埠比例**按鈕，會隨圖形的縮放而變換圖形比例，如圖 9-28 所示。

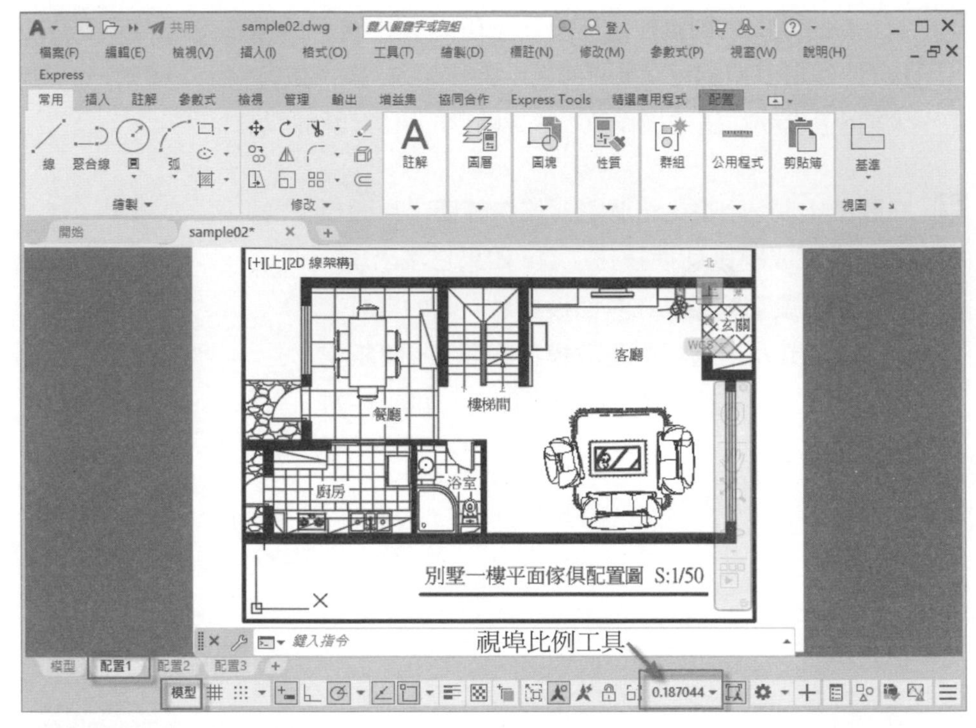

圖 9-28 視埠比例按鈕會隨圖形的縮放而變換圖形比例

23 這種以滑鼠操控比例並非精確的做法，請使用滑鼠按**視埠比例**工具，可以顯示表列的比例選項以供選取。

24 如果表列中沒有所需的比例，請選取**自訂**功能選項，可以開啟**編輯圖面比例**清單面板，如圖 9-29 所示。

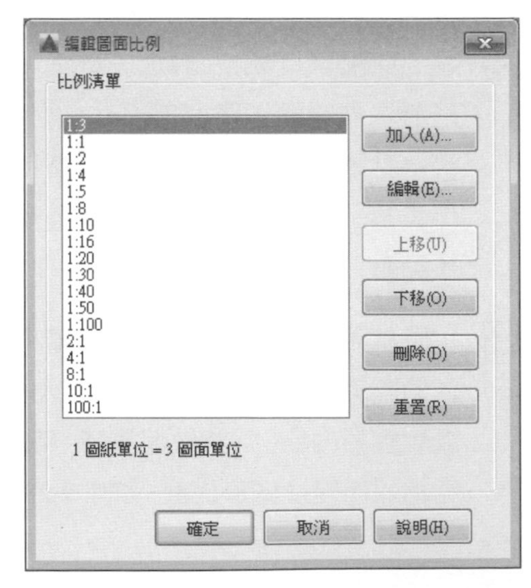

圖 9-29 開啟**編輯圖面比例**清單面板

25 例如在表列清單中缺少 1:6 的比例，請在**編輯圖面比例**清單面板上選取**加入**按鈕，可以開啟**加入比例**面板，在面板中名稱設為 **1:6**，**圖紙單位**欄位設為 1、**圖面單位**欄位設為 6，按下**確定**按鈕，即可完成設定，如圖 9-30 所示。

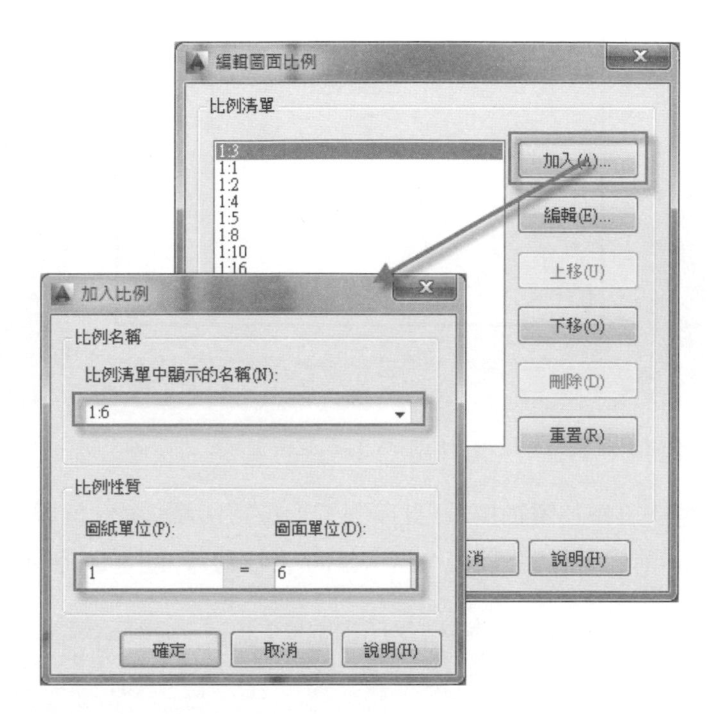

圖 9-30 加入比例面板中設定 1:6 的比例

26 回到**編輯圖面比例**清單面板，使用上移、下移按鈕，可以將新設的比例調整到合適的位置上。

27 如果想以 1:150 的比例列印此圖形，可以將視埠比例設為 1:15 模式，為何如此，前面章節提及，建築是以公分為計算單位，而列表機是以公厘為計算單位，所以已被列表機先折掉十分之一，要設置的視埠比例為 10/150，因此會設視埠比列為 1:15，有關比例問題，請參閱第一章的說明，使用滑鼠中鍵，將平面圖往上移動，如圖 9-31 所示。

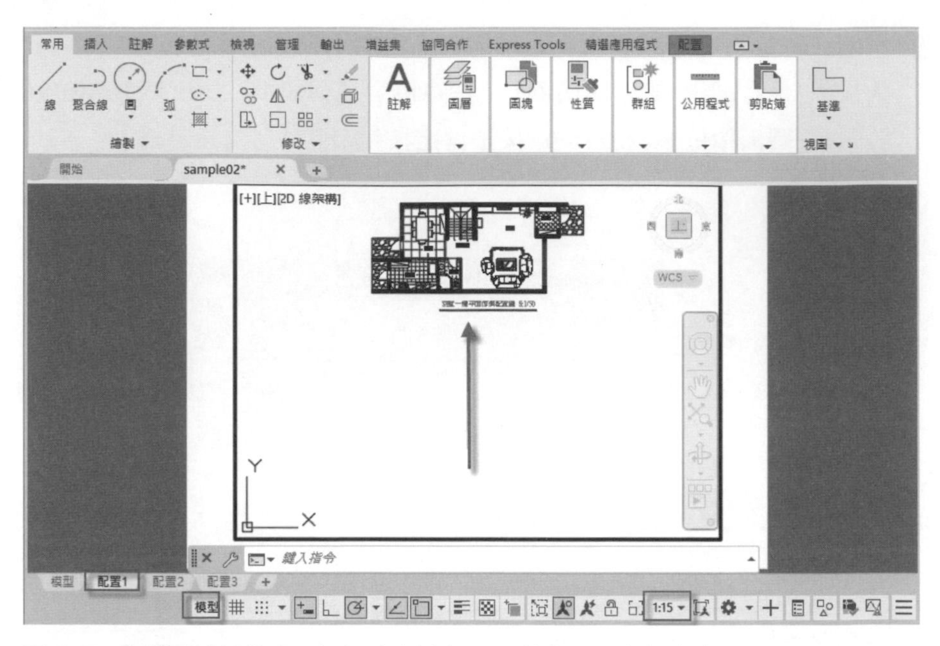

圖 9-31 在**模型**按鈕模式下設視埠比側為 1:15 並將圖形往上移動

28 再將**模型**按鈕轉為**圖紙**按鈕，此時對圖形位置無法編輯，但視埠框則可以編輯，利用前面的說明，將視埠框底端向 上移動，如圖 9-32 所示。

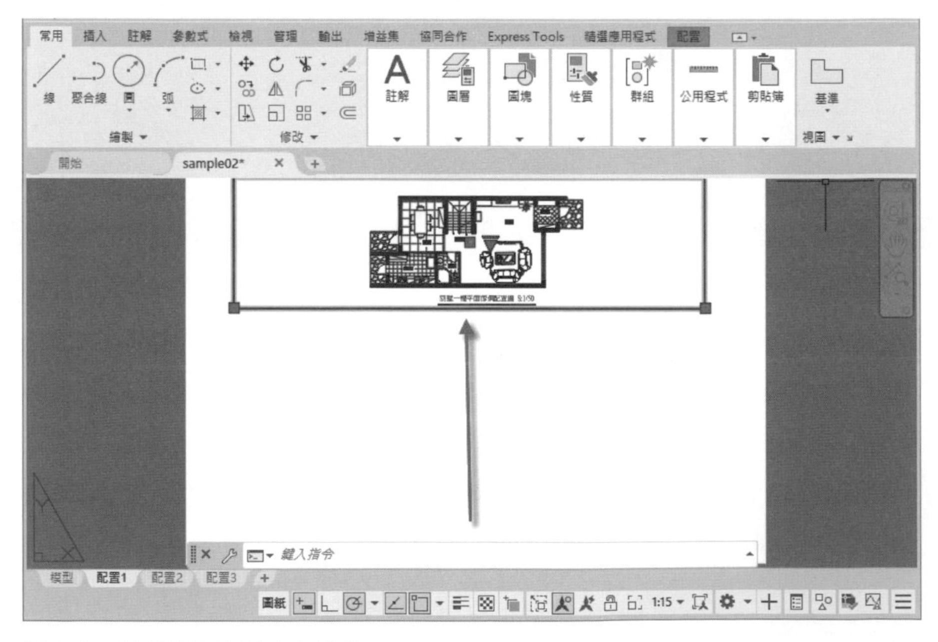

圖 9-32 將視埠框底端向上移動

29 當處於圖紙空間中時，在繪圖區上方系統會自動增加**配置**頁籤（這是 2018 版本以後特有改變），請選取**配置**頁籤，在**配置視埠**工具面板中選取**矩形**工具，如圖 9-33 所示，此工具可以在配置中增加一矩形的視埠框。

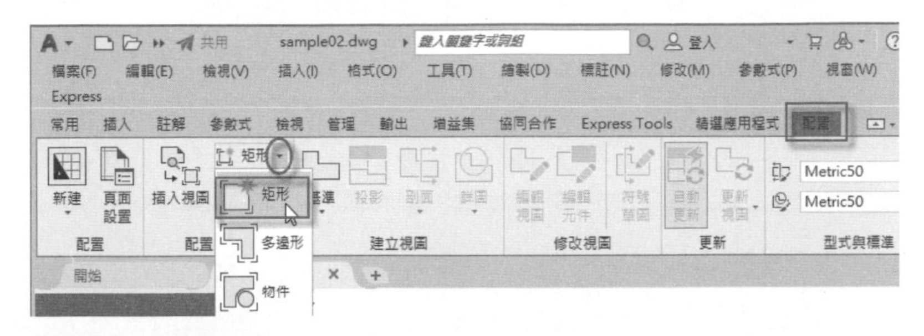

圖 9-33 在**配置視埠**工具面板中選取**矩形**工具

30 接著動態輸入提示**請指定視埠的角點**，請在配置空白處左上角定下第一角點，再在右下角定下對角點，如圖 9-34 所示，可以創建另一新視埠，此時配置中會有兩視埠且各具圖形，如圖 9-35 所示。

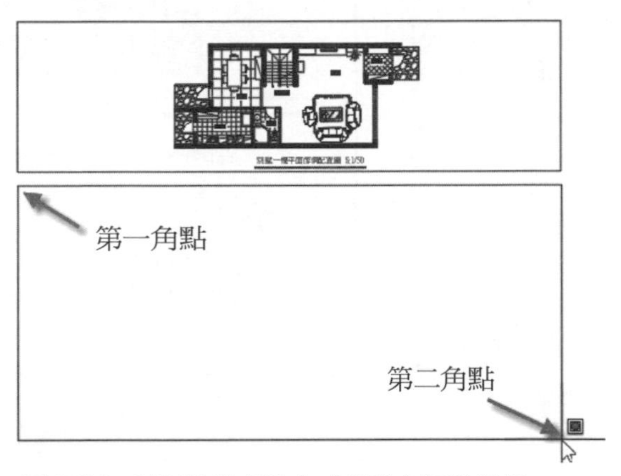

圖 9-34 利用拉對角點方式以建立矩形視埠

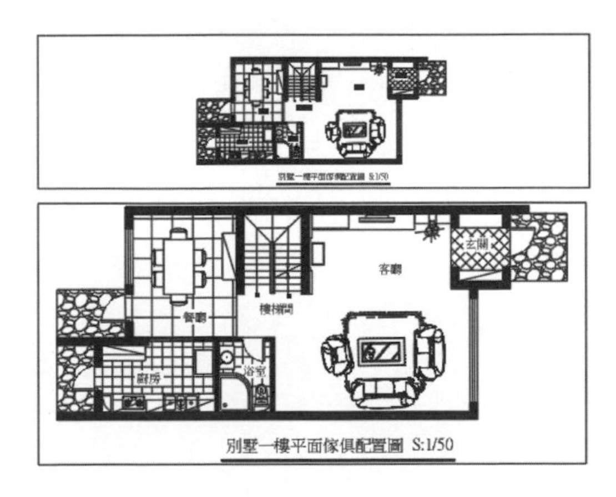

圖 9-35 同一配置中有兩個視埠且各具圖形

31 在**圖紙**按鈕模式下，無法對圖形做編輯，請改成**模型**按鈕模式，請用滑鼠點擊新建的視埠，使其成為活動視埠，在多個視埠中唯有一個視埠是活動的且以粗黑框表示，視埠比例改為 1:10 比例，並將圖形調整到合適的位置，如圖 9-36 所示，如此不同視埠同時可以擁有不同的比例。

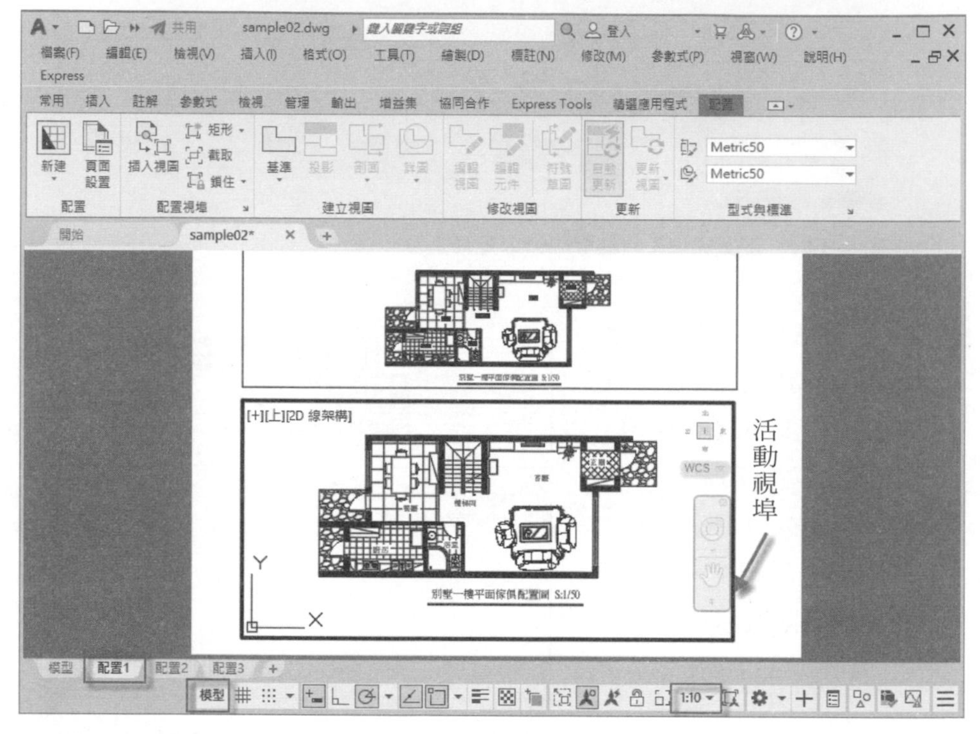

圖 9-36 同一個配置中可以擁有不同比例的視埠

32 將**模型**按鈕模式轉為**圖紙**按鈕模式，選取剛才建立的視埠框，可以出現掣點編輯（必需是**圖紙**按鈕模式才可以編輯視埠），使用右鍵功能表中的刪除功能表單或是直接按鍵盤上的 [Delete] 鍵，可以刪除選取的視埠。

33 在**配置視埠**工具面板中尚有多種工具，可以製作不同方式的視埠，此部分待後面小節中再做說明。

9-3 插入圖框的操作

以模型空間或圖紙空間插入圖框以出圖，兩者操作方法是大不相同，在第六章中，本書試作了兩個 A4 圖框，其中 A4- 傳統 .dwg 檔案是為傳統以模型空間出圖而設，另一個是 A4- 新式 .dwg 檔案，是為圖紙空間出圖而設，A4- 傳統的圖框是帶有註解比例，而 A4- 新式圖框是不帶註解比例，本節即以這兩種出圖方式做詳細說明，希望達舉一反三效果，讓讀者可以完全了解兩者作圖方式。

9-3-1 在模型空間中插入圖框

1. 請重新開啟第九章中 sample01.dwg 檔案，本圖形為機械製圖其單位為 mm 且原註解比例為 1:2，本範例最終希望也以 1:2 比例出圖。

2. 在插入頁籤中之**圖塊**工具面板上選取**插入**工具下拉表列之資源庫的圖塊選項，如圖 9-37 所示，可以打開**圖塊**面板，在面板上方按**瀏覽**按鈕，在開啟的**圖塊**面板中選取 A4--傳統.dwg 檔案，如圖 9-38 所示，如果未連結第六章之圖塊資料夾成資源庫，亦可開啟第九章圖塊資料夾內之同檔名之檔案。

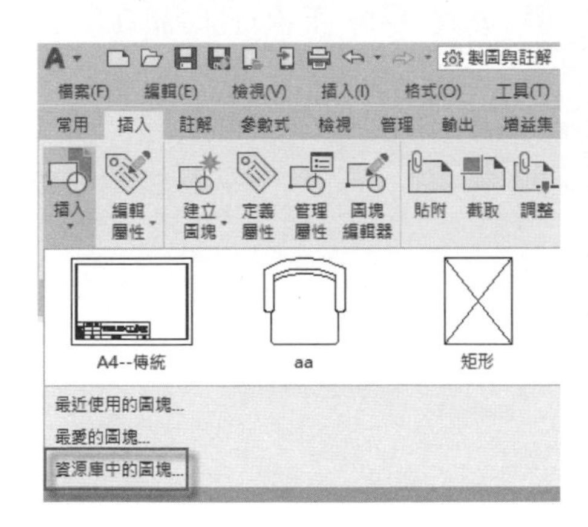

圖 9-37 選取**插入**工具下拉表列之資源庫的**圖塊**選項

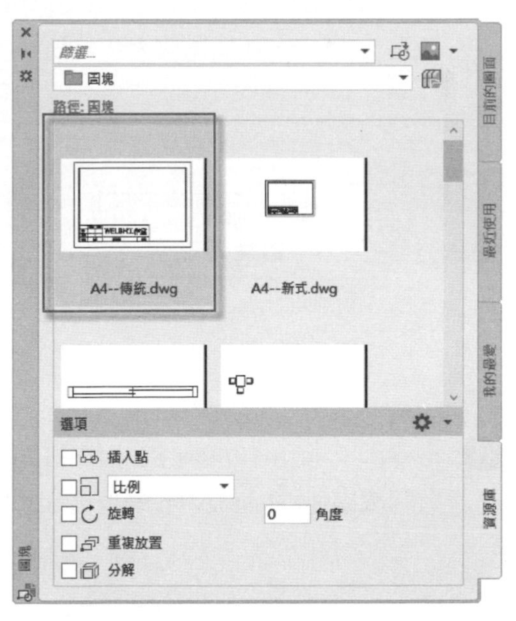

圖 9-38 在資源庫中開啟 A4-傳統.dwg

3 當選取 A4-傳統.dwg 檔案後，在**圖塊**面板之選項上，將**插入點**及**比例**兩欄位勾選，其它欄位則不予勾選，如圖 9-39 所示。

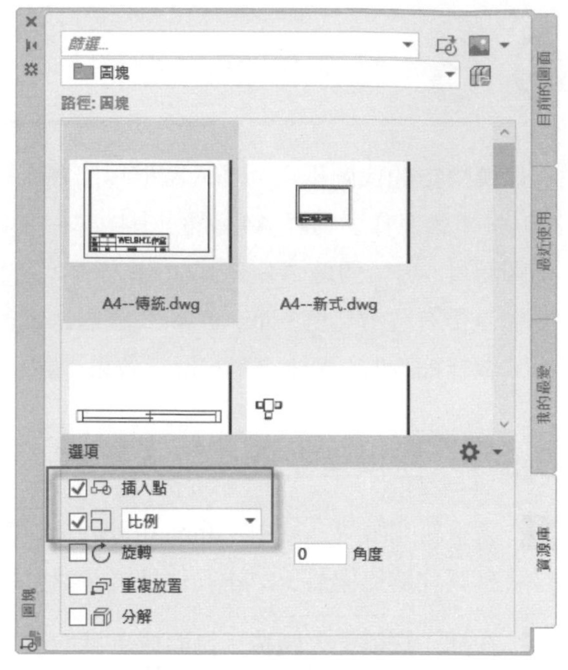

圖 9-39 在**圖塊**面板中做各欄位做設定

4 移動游標至繪圖區中，指令行提示提定插入點，請在繪圖區中任意位置按下滑鼠左鍵，動態輸入提示指定比例係數，如圖 9-40 所示，此時請在鍵盤輸入 2，以定出圖框為放大 2 倍值。

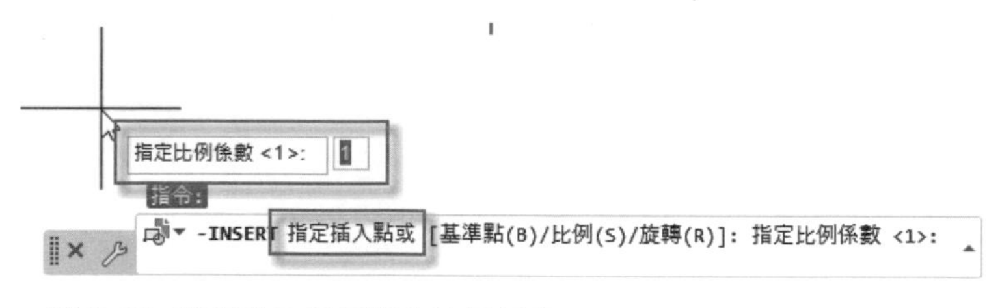

圖 9-40 動態輸入提示指定比例係數

5 當輸入 2 按下 [Enter] 鍵，可以打開**編輯屬性**面板，此圖塊在原設計時即設有圖塊屬性，在面板中各欄位填入想要表示的資訊，如圖 9-41 所示。

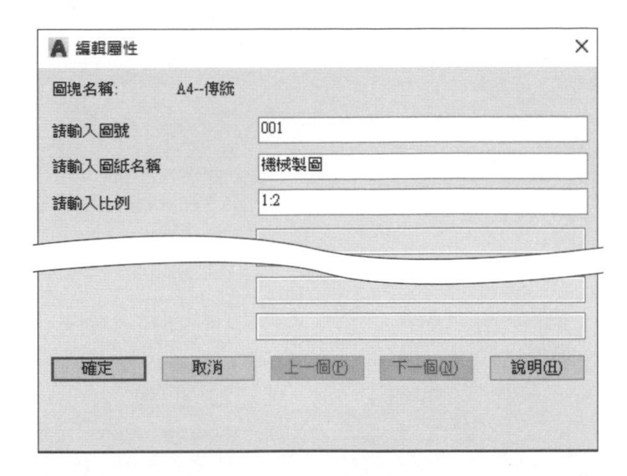

圖 9-41 在**編輯屬性**面板中各欄位填入想要表示的資訊

6 當按下面板上的**確定**按鈕，繪圖區中好像沒有圖框顯示，請使用滑鼠點擊繪圖區右側導覽列的 實際範圍按鈕，可以發現圖框與機械圖距離相當遠，請使用**移動**工具，將圖框移動到圖形外適宜的地方，如圖 9-42 所示。

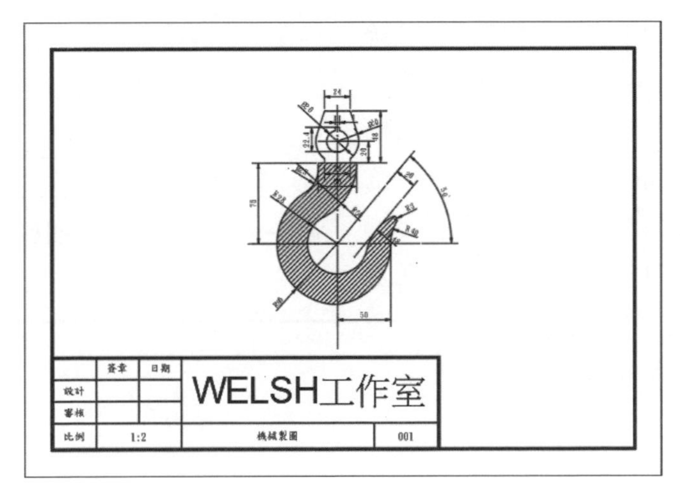

圖 9-42 將圖框移動到圖形外適宜的地方

7 使用滑鼠點擊**快速存取**工具面板上的 **出圖**工具，可以打開出圖－模型面板，在面板中選擇列表機型號，**圖紙大小**選擇 A4，出圖內容選擇**實際範圍**，**出圖偏移量**選擇置中出圖，比例選擇 1:2，圖面方位選擇**橫式**，如圖 9-43 所示。

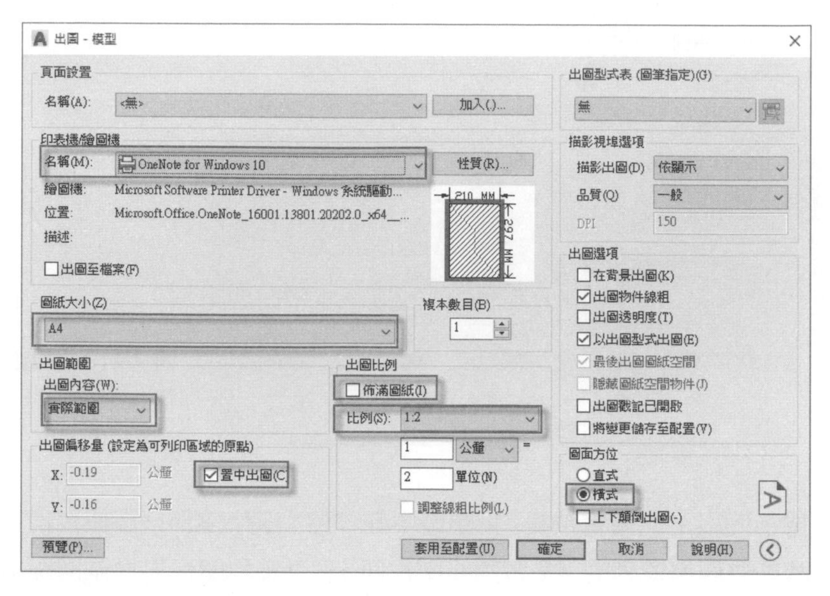

圖 9-43 在出圖－模型面板中做各欄位設定

8 當在面板中按下**預覽**按鈕，系統會開啟**出圖－出圖比例確認**面板，如圖 9-44 所示，當在面板中按下**繼續**按鈕後，即可將整個圖形完整顯示列印後的情形，如圖 9-45 所示，此種方法在未列印前，將非圖形物件（圖框及尺寸標註）預先利用註解比例將做註解放大，如此列印後，非圖形比例回復到國家標準，而本機械圖形則整體縮小了二分之一了。

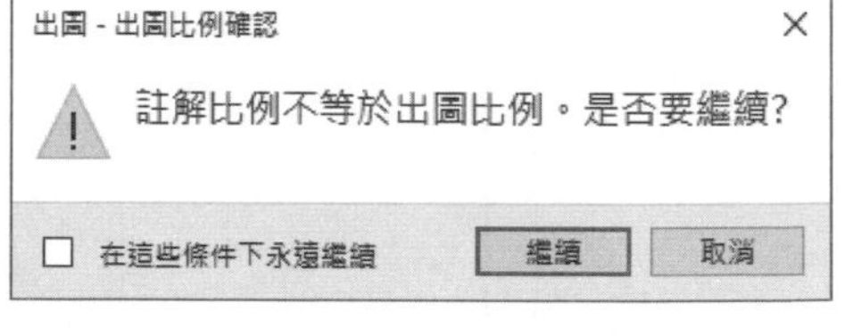

圖 9-44 開啟**出圖－出圖比例確認**面板

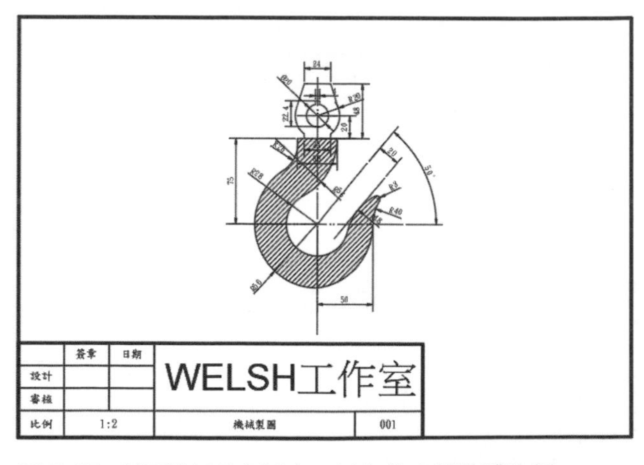

圖 9-45 利用註解比例設定可以完美表現整體比例

9-3-2 在圖紙空間插入圖框

1 一樣利用前面的練習檔案，請將 sample02.dwg 檔案重新輸入，系統會自動為配置 1 及配置 2 設置各自的頁面設置，請先選取配置 1 頁籤，然後移動游標至繪圖區上方，選取**配置**頁籤，在配置工具面板中選取**頁面設置**工具，如圖 9-46 所示。

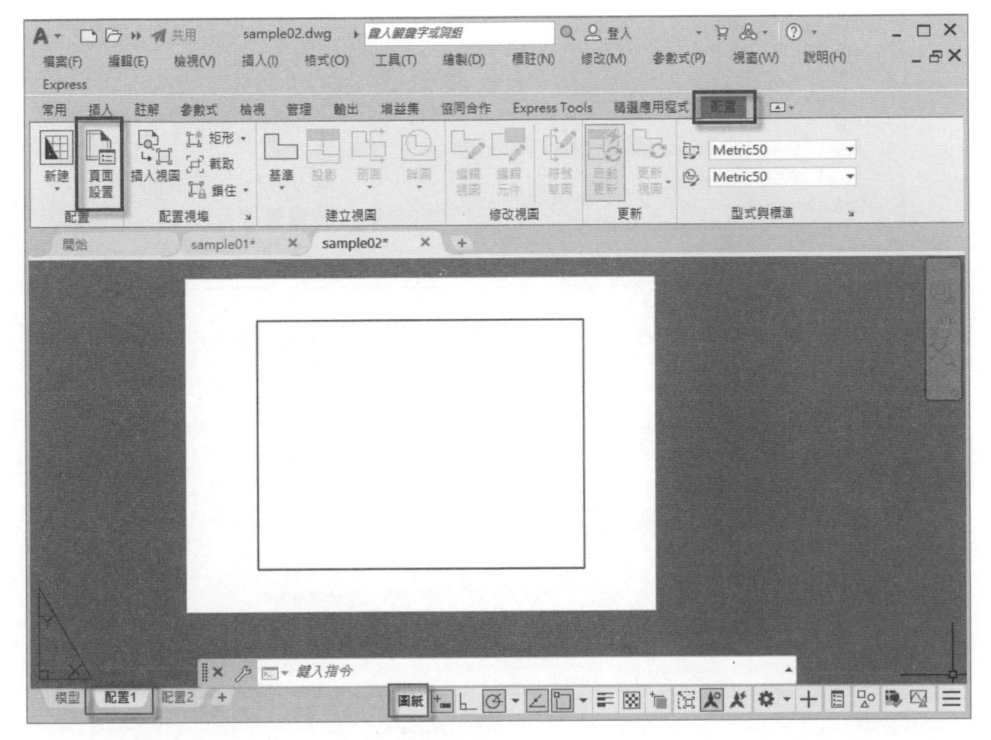

圖 9-46 先選取配置 1 再選取**頁面設置**工具

2 當選取**頁面設置**工具後，會打開**頁面設置管理員**面板，供選取配置，如圖 9-47 所示，請在面板中選取配置 1，再按**修改**按鈕，以開啟頁面設置-配置 1 面板，如圖 9-48 所示。

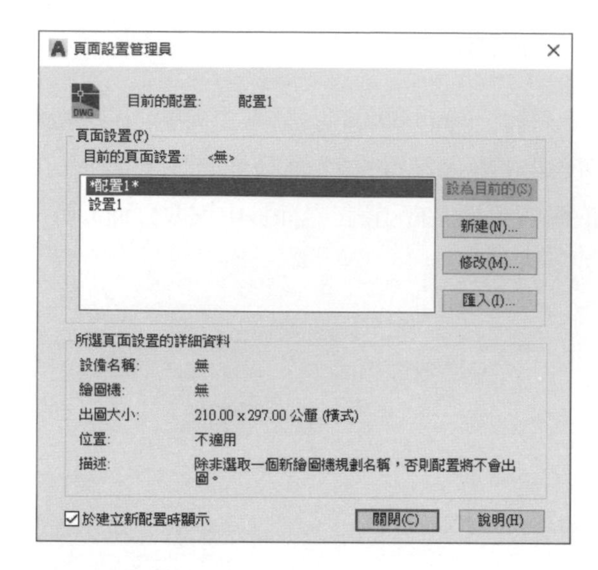

圖 9-47 打開**頁面設置管理員**面板

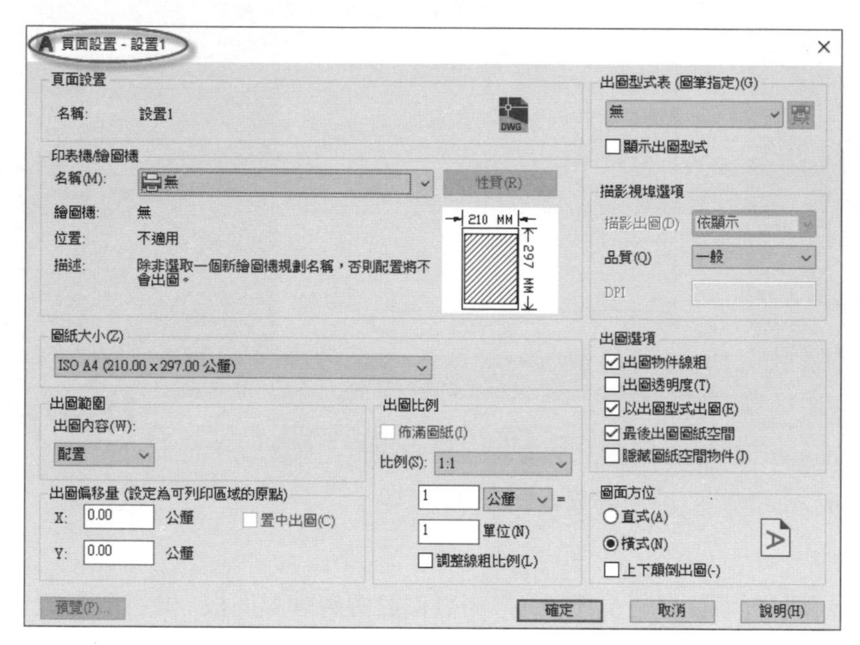

圖 9-48 開啟頁面設置-配置 1 面板

3 在面板中選擇印表機型式，**圖紙大小**欄位選擇 A4 圖紙，**出圖內容**欄位當然選擇**配置**，**比例**欄位為 1:1，**圖面方位**欄位請勾選**橫式**，如圖 9-49 所示。

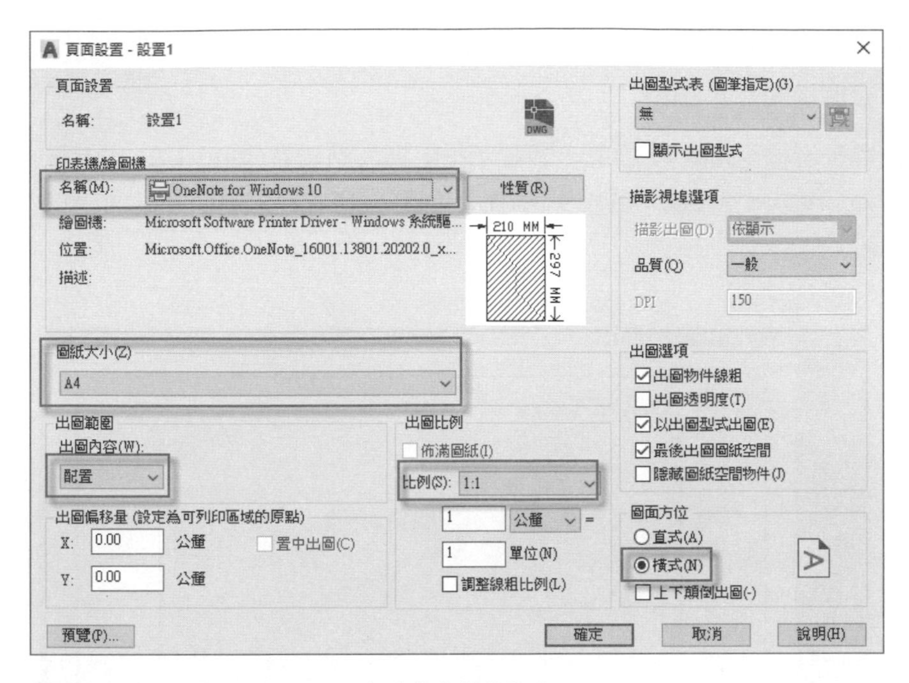

圖 9-49 在頁面設置-配置 1 面板中做各欄位設定

4 在面板中按下**確定**按鈕後，再關閉**頁面設置管理員**面板以回到圖紙空間，在插入頁籤中之**圖塊**工具面板上選取**插入**工具下拉表列之資源庫的**圖塊**選項，可以打開**圖塊**面板，在面板上方按**瀏覽**按鈕，在開啟的**圖塊**面板中選取 A4—新式.dwg 檔案，如圖 9-50 所示。

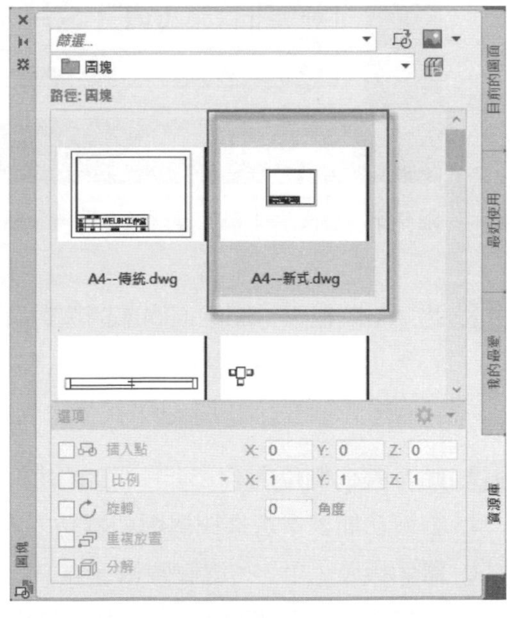

圖 9-50 在開啟的**圖塊**面板中選取 A4—新式.dwg 檔案

5 當選取 A4-新式.dwg 檔案後，在**圖塊**面板之選項上，將**插入點**欄位勾選，其它欄位則不予勾選。

6 移動游標至繪圖區中，指令行提示提定插入點，請在圖示 1 點上（圖紙左下角）按下滑鼠左鍵，如圖 9-51 所示，即可為圖紙插入一不帶註解屬產之圖框。

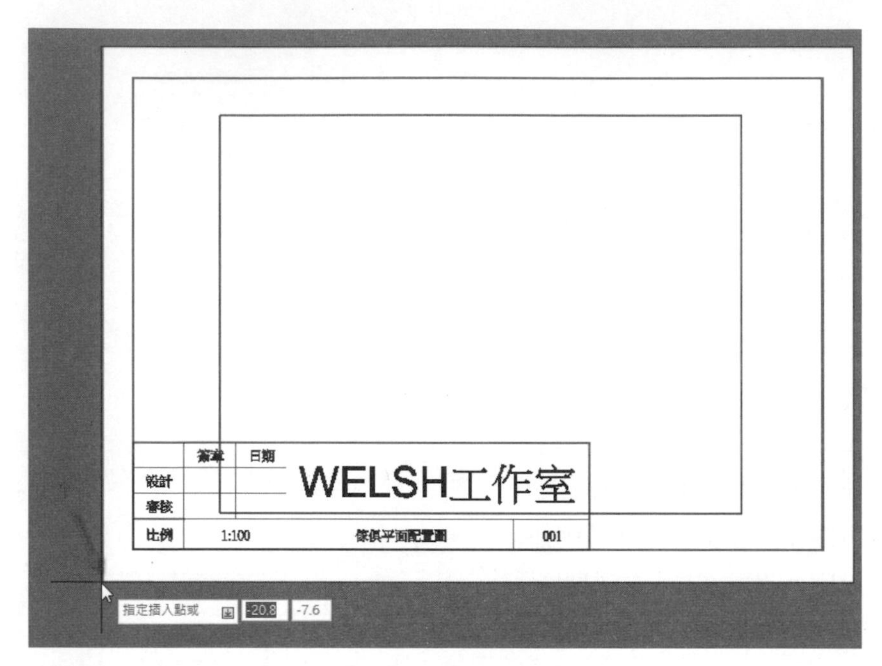

圖 9-51 在圖示 1 點上（圖紙左下角）插入圖框

7 此 A4 圖框不帶屬性但內部圖塊帶有屬性，此時，也可以選擇插入點為 X、Y、Z 為 0，即以原點為插入點，唯有些印表機的原點和 CAD 的原點並非一致，所以一般建議以手動方式插入到圖紙上。

8 此時圖框欄位內容並非所要，請選取圖框並在其上按滑鼠右鍵，在顯示的右鍵功能表中選擇**圖塊編輯器**功能表單，如圖 9-52 所示，當進入到**圖塊編器**面板時，再一次選取圖框並在其上按滑鼠右鍵，在顯示的右鍵功能表中選擇**編輯屬性**功能表單，如圖 9-53。

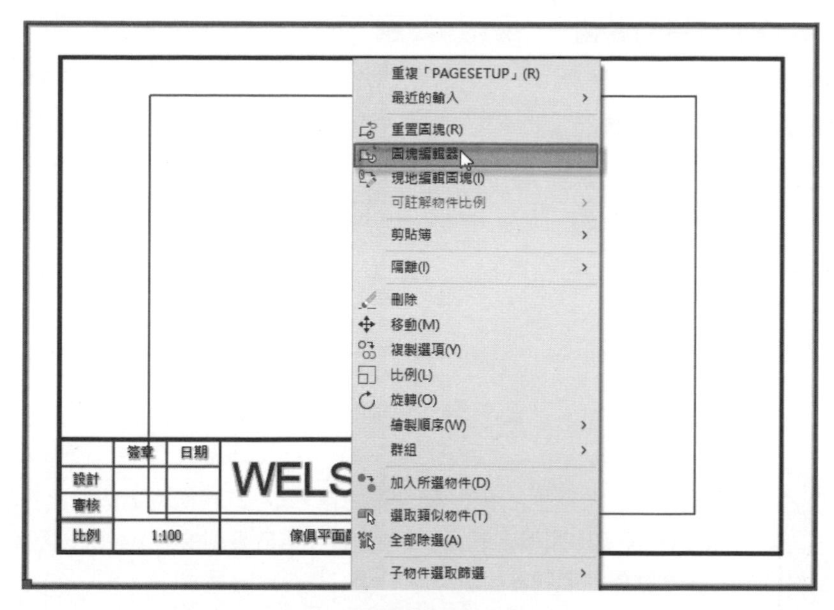

圖 9-52 在右鍵功能表中選擇**圖塊編輯器**功能表單

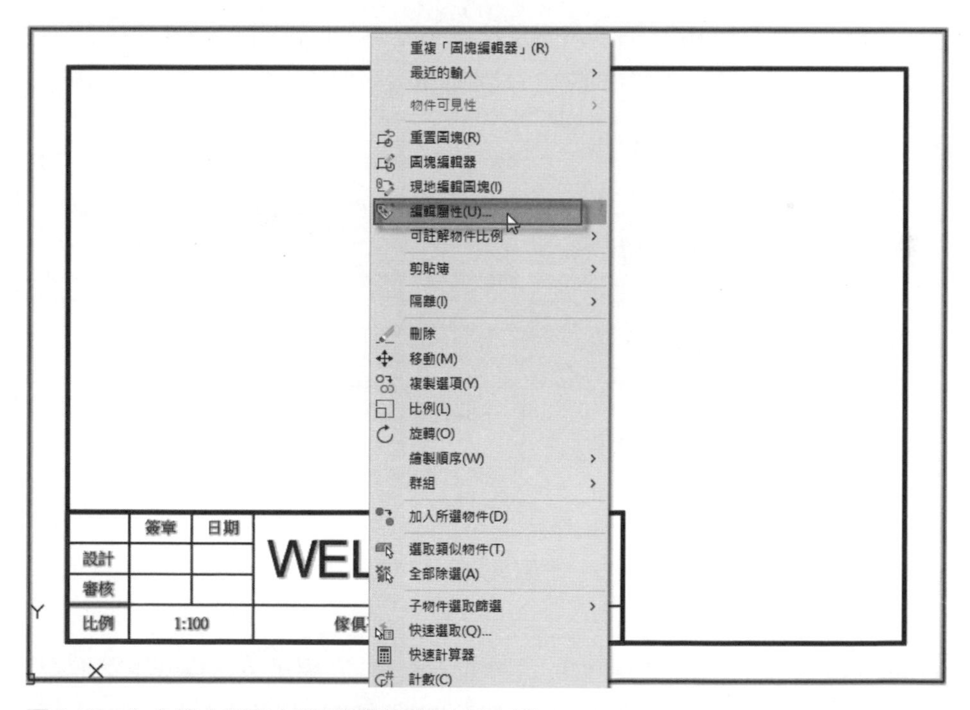

圖 9-53 在右鍵功能表中選擇**編輯屬性**功能表單

9 當執行了選擇**編輯屬性**功能表單後，可以打開**增強屬性編輯器**面板，在面板中會出現原先設定的欄位屬性，如圖 9-54 所示。

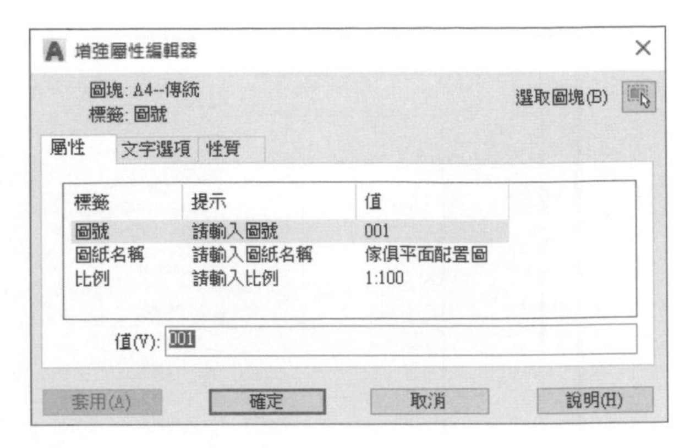

圖 9-54 打開**增強屬性編輯器**面板

> **溫馨提示**
>
> 如果圖框欄位內容並非所要，更快的方法，是在圖框欄位上按滑鼠左鍵兩下，可以打開編輯**圖塊定義**面板，在面板中選取表列中的 A4-新式圖塊，亦可打開**增強屬性編輯器**面板。

10 在面板中可以對圖號、圖紙名稱及比例各等欄位做編輯，讀者可以依自己需要做更改，本處維持原有的設定，請在面板中按下**確定**按鈕，以結束編輯。

11 請執行**關閉圖塊編輯器**按鈕，如果使用者在剛才欄位做了更改，會出現**圖塊—是否儲存參數變更**面板，此處請選擇**捨棄變更**按鈕，如圖 9-55 所示，即可直接回至繪圖區中，如果選擇儲存變更按，則會將變更儲存到 A4-新式。

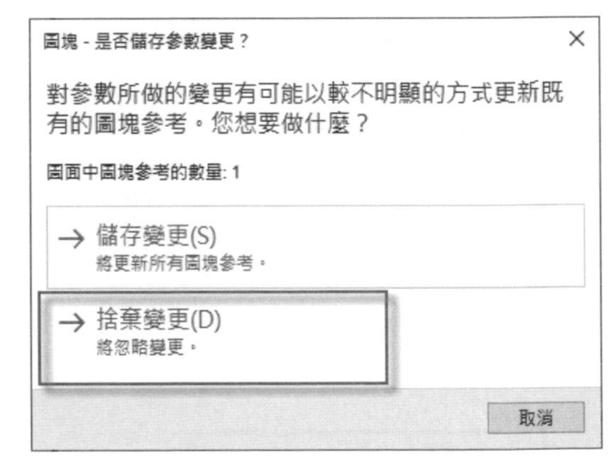

圖 9-55 選擇**捨棄變更**

12 回到繪圖區中視埠框與圖框的邊界並未吻合，在**圖紙**按鈕模式下選取視埠框，利用掣點編輯方法將其四角移動到圖框的四角上，如圖 9-56 所示。

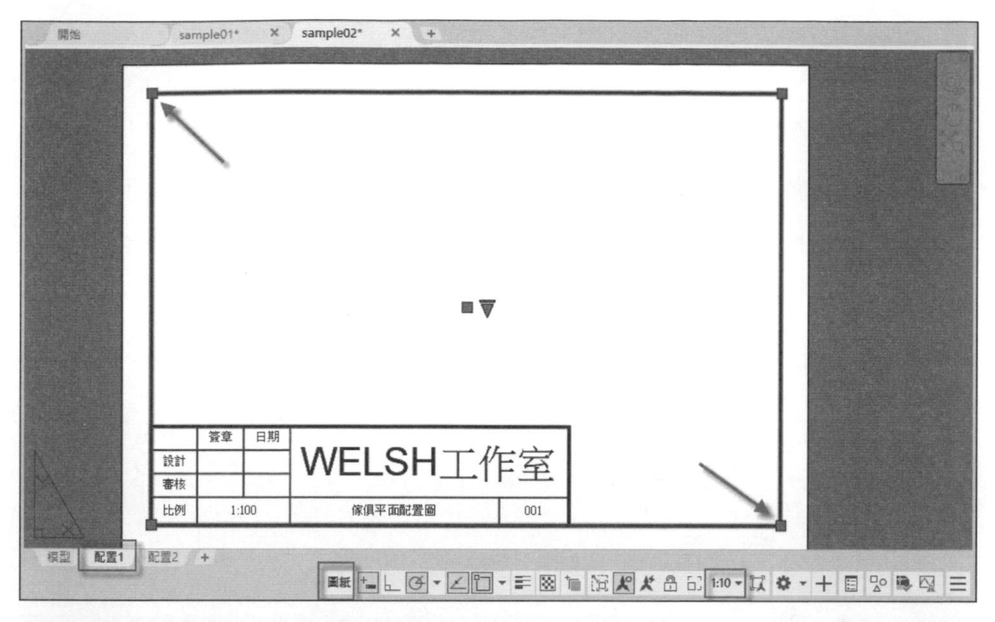

圖 9-56 將視埠框其四角移動到圖框的四角上

13 將**圖紙**按鈕改為**模型**按鈕，**視埠比例**工具設為 1:10，再移動平面圖到圖框的適當位置上，則整張 A4 圖紙設計完成，如圖 9-57 所示。

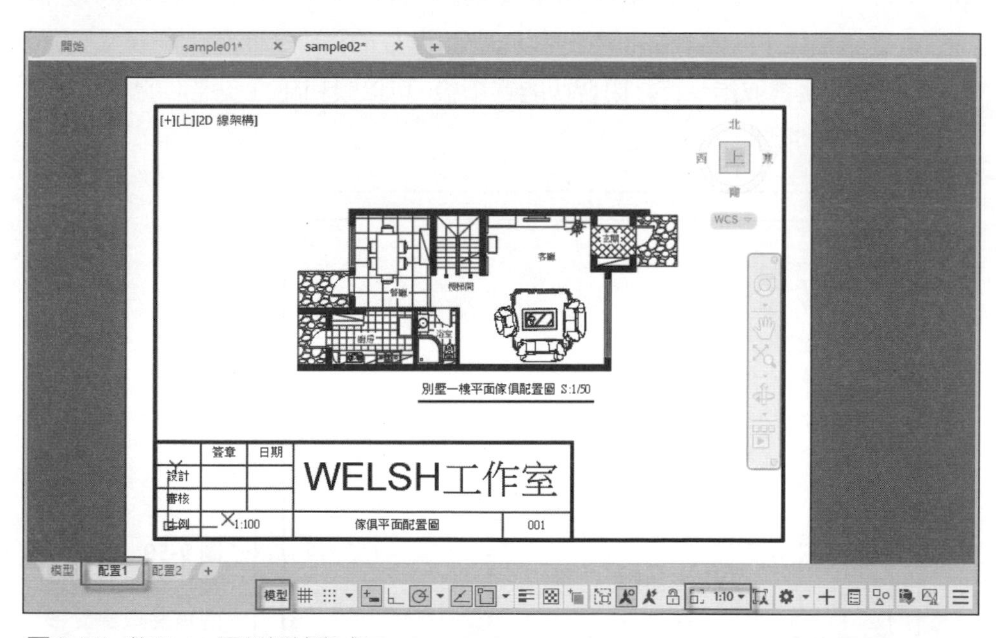

圖 9-57 整張 A4 圖紙設計完成

14 也許原有的視埠框並非使用者所需要的，在**圖紙**按鈕模式下，請使用掣點編輯方式，選取視埠框並按 [Delete] 鍵將其刪除，結果因沒有視埠框，所以圖框內的圖形也隨之消失不見。

15 在**輔助**工具面板中**圖紙**按鈕模式下，請選取**配置**頁籤中**配置視埠**工具面板上的**多邊形**工具，如圖 9-58 所示。或是執行下拉式主功能表**→檢視→視埠→多邊形視埠**功能表單亦可。

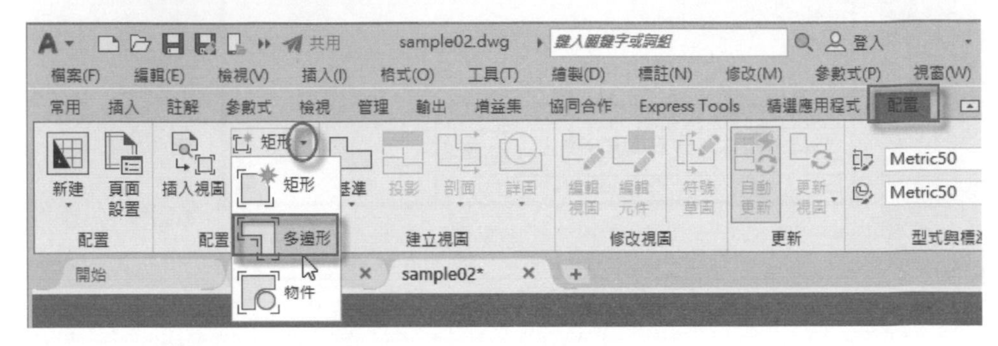

圖 9-58 選取**配置**頁籤中**配置視埠**工具面板上的**多邊形**工具

16 執行工具按鈕後，動態輸入提示**指定起點**，請以圖示 1 點處為起點，動態輸入提示**指定下一點**，請利用抓點功能，以圖框的角點，即圖示 1～6 點的順序，最後再選取指令行之**閉合**功能選項後，可以順利建立多邊形的視埠框，如圖 9-59 所示。

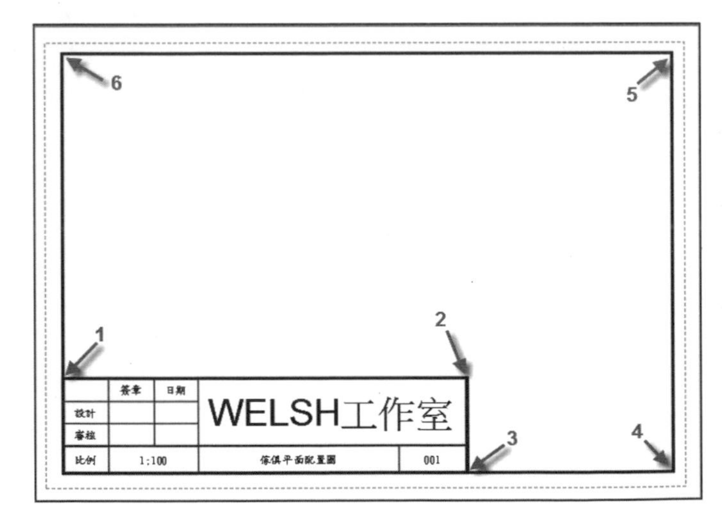

圖 9-59 利用抓點功能抓住圖框的角點以建立多邊形視埠框

17 當建立好視埠框，圖形接著會出現，而圖面中的圖形位置與其比例並非使用者需要，請改**圖紙**按鈕為**模型**按鈕模式，並將視埠比例設為 1:10 模式，再將圖形調整合適的位置，如圖 9-60 所示。

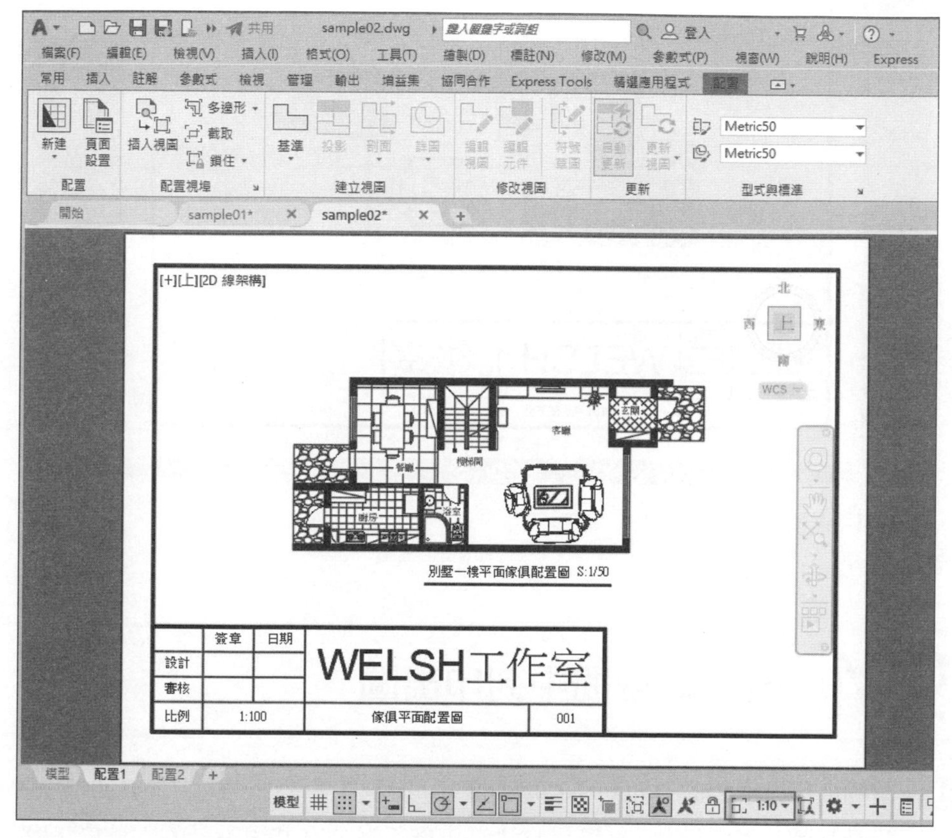

圖 9-60 視埠比例設為 1:10 比例再將圖形調整到合適的位置

18 眼尖的讀者會發現，圖框並未受視埠比例的影響，這是因它在視埠框之外，而原先在設計圖框時使用了 297×210 公分的尺寸，印表機是以公厘計算，所以折回來也只有 29.7×21 公分的尺寸，這在前面章節已做過說明。此時，經預覽列印結果，如圖 9-61 所示。

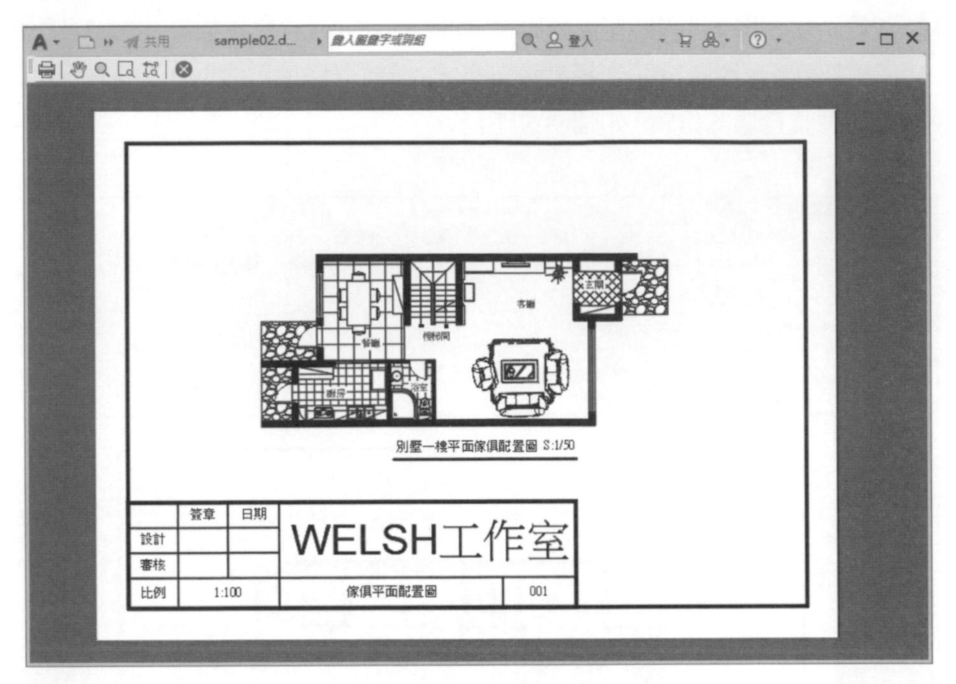

圖 9-61 經預覽列印的結果

9-4 從圖紙空間中列印出圖

1 請輸入第九章中的 sample03.dwg 檔案，這是作者寫作 AutoCAD2012 室內設計製圖一書中範例，本場景為建築事務所辦公室裝潢設計的部分施工圖，內包含有各種平面圖及各面向立面圖等，各使用不同的註解比例為圖形做標註，如圖 9-62 所示，想了解這些施工圖繪製方法，可自行參閱該書內容。

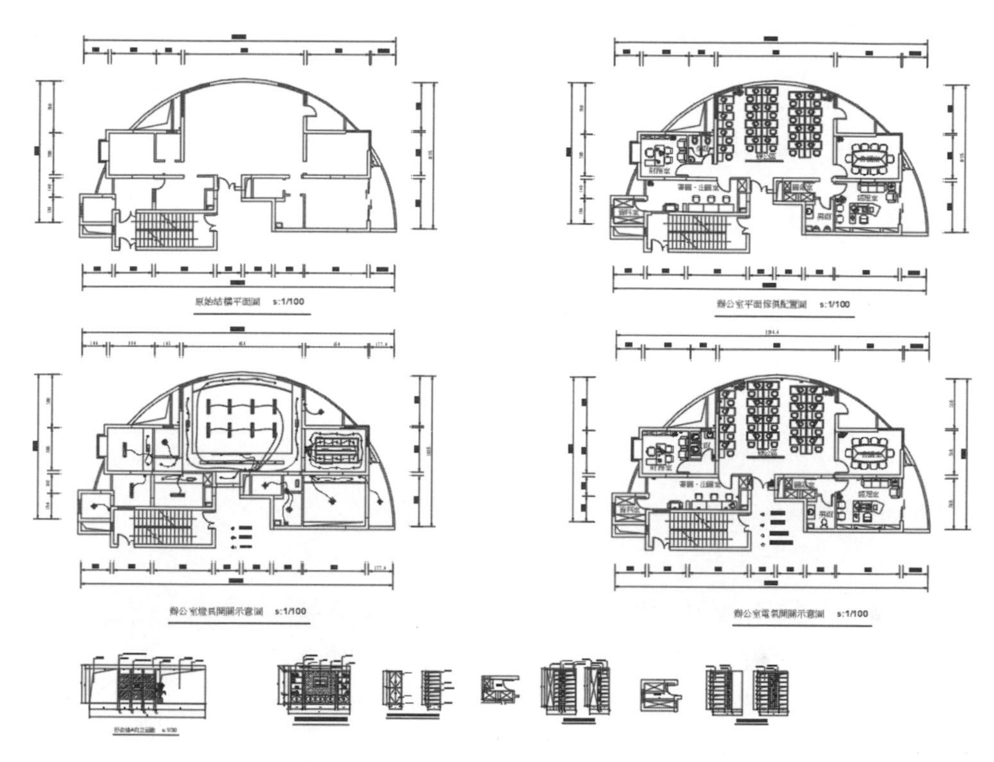

圖 9-62 開啟第九章中的 sample03.dwg 檔案

2 經由前面小節說明，選取現有配置 1、2，則系統即自動產生兩個頁面設置，而依前面說明在**選項**面板中勾選了**為新配置展示頁面管理員**欄位，因此在繪圖區增加了配置 3，當選取此新配置時系統會自動打開**頁面設置管理員**面板，如圖 9-63 所示。

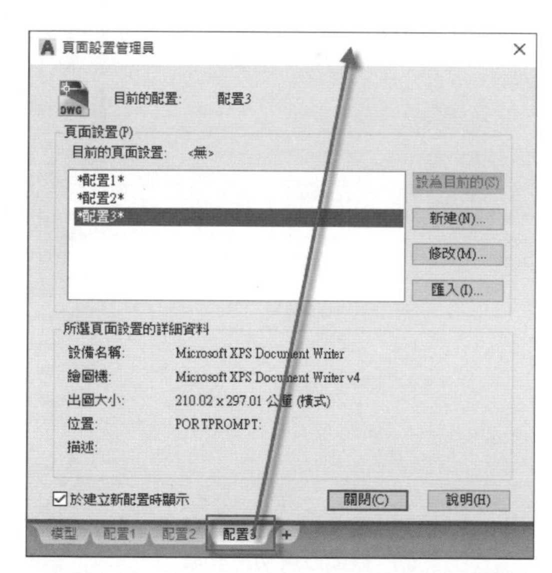

圖 9-63 選取新增加配置會打開**頁面設置管理員**面板

3 要打開**頁面設置管理員**面板之方法有多種，現分述如下：

(1) 先選取配置，在繪圖上之**配置**面板中選取**配置**頁籤，然後在**配置**工具面板中選取**頁面設置**工具，如圖 9-64 所示。

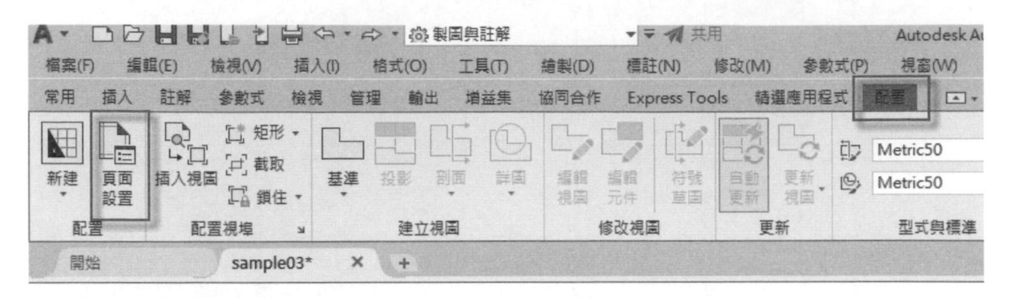

圖 9-64 在**配置**頁籤之配置工具面板中選取**頁面配置工具**

(2) 使用滑鼠點擊應用程式視窗 A 工具，可以顯示下拉表單，在其中選取**列印→頁面設置**功能表單，如圖 9-65 所示。

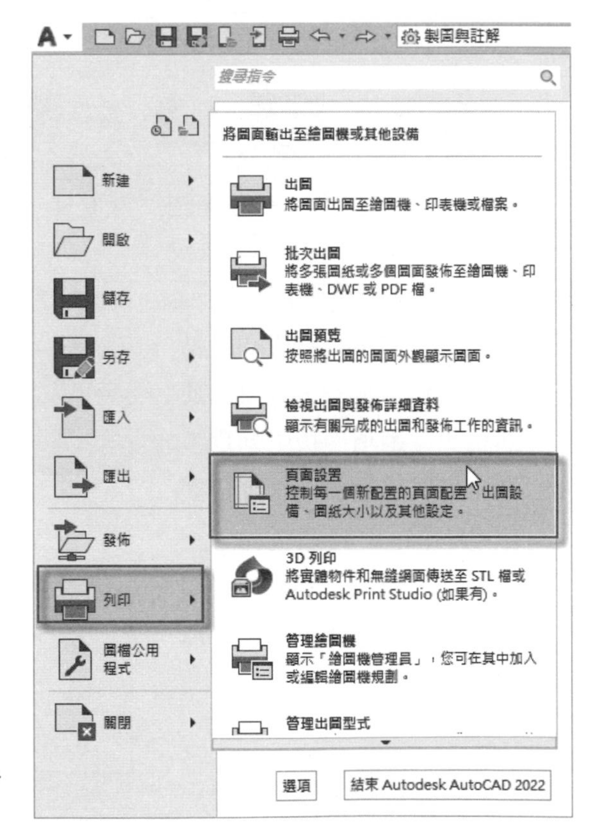

圖 9-65 選取**列印→頁面設置**功能表單

(3) 先選取配置，移動游標至該配置上，接著按下滑鼠右鍵，在顯示的右鍵功能表中選取**頁面設置管理員**功能表單，如圖 9-66 所示。

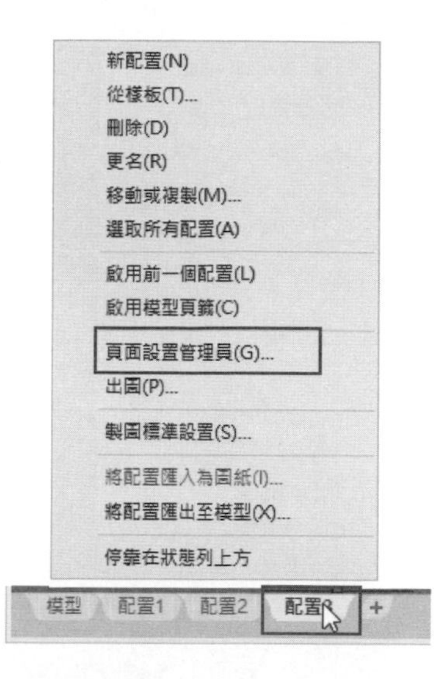

圖 9-66 在右鍵功能表中選取**頁面設置管理員**功能表單

4 當打開**頁面設置管理員**時，請選取配置 3，再按**新建**按鈕，可以打開**新頁面設置**面板，如圖 9-67 所示，使用者可以在**新頁面設置名稱**欄位內設定新頁面名稱。

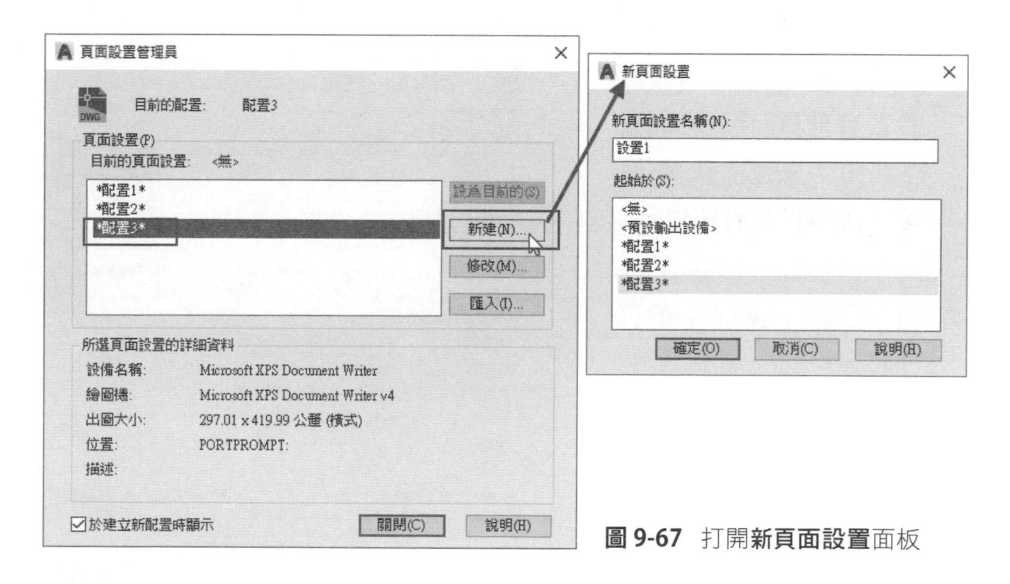

圖 9-67 打開**新頁面設置**面板

5 當在面板中按下**確定**按鈕，可以開**頁面設置—配置 3** 面板，在面板中可以設定列表機型號，及將圖紙大小設為 A3 紙張，如圖 9-68 所示，如果沒有 A3 的印表機，暫時可以選擇 Microsoft XPX Document Writer 型號。

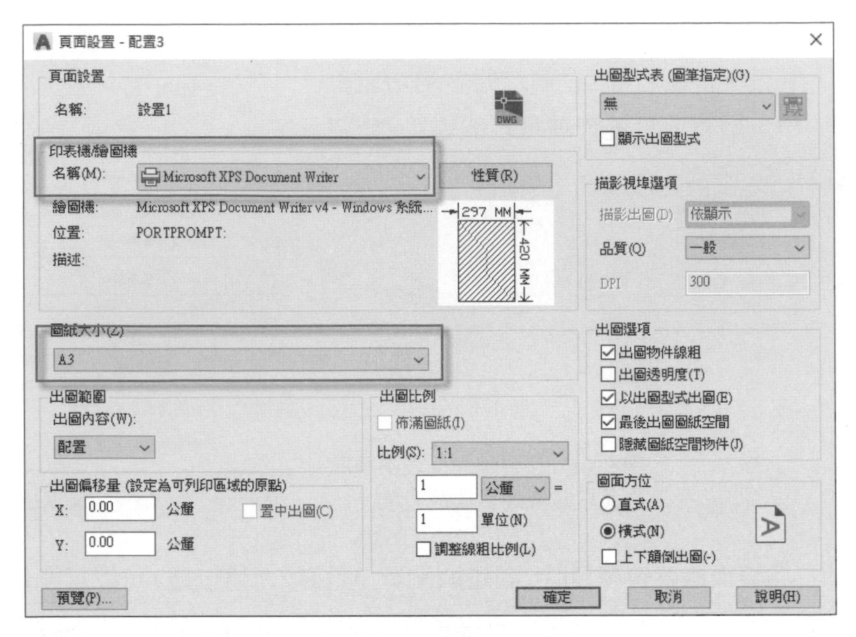

圖 9-68 在面板中設定印表機型號及圖紙為 A3 大小

6 在面板中按下**確定**按鈕，結束頁面設置回到**頁面設置管理員**面板，在面板中設置 1 被選取狀態，請按下**設為目前的**按鈕，如圖 9-69 所示，則配置 3 會自動給予設置 1 的頁面設置。

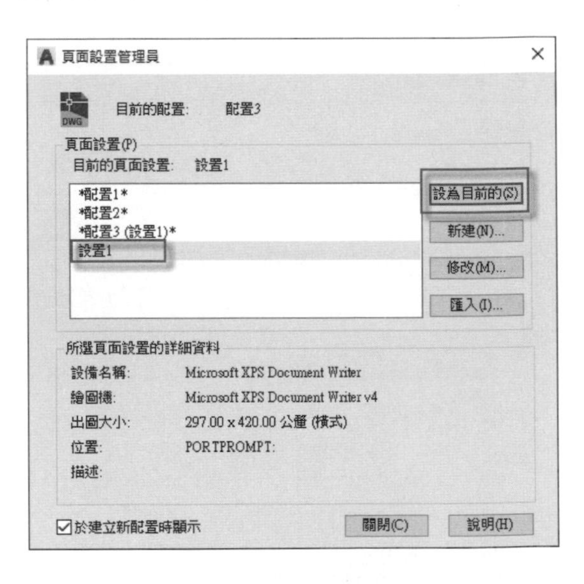

圖 9-69 頁面設置管理員面板中將設置 1 設為目前的

7 在面板中按下**關閉**按鈕，回到**圖紙**按鈕模式下，依前面的方法，選取**圖塊**工具面板中的**插入**工具以開啟**圖塊**面板，將第九章圖塊資料夾內 A3-H 圖塊插入，這是一張 A3 尺寸的圖框，插入點可以設在配置 3 的左下角（圖示 1 點），如圖 9-70 所示，如果讀者的視埠位置與圖面不同，這是因為視埠在**圖紙**按鈕下是可以隨時調整的。

8 在**圖紙**按鈕為顯示狀態，選取視埠框，按 [Ctrl] + [1] 打開**性質**面板，將其歸入到視埠圖層中，如圖 9-71 所示，如果尚未有視埠圖層，請依第七章的說明

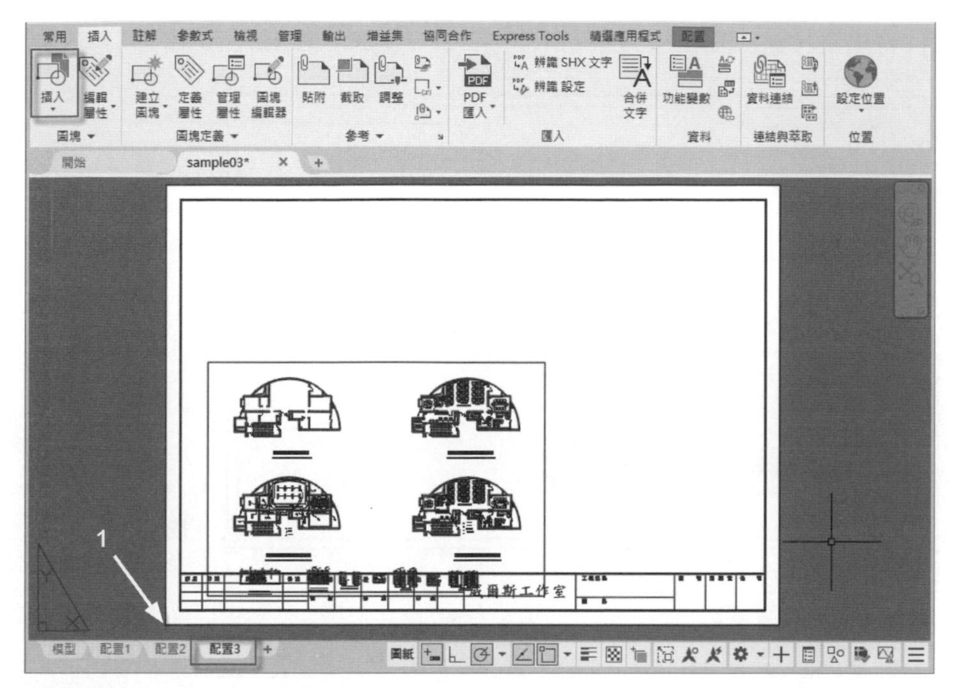

圖 9-70 將 A3-H 圖塊插入到配置 3 中

為其新建一個視埠圖層。

9 此時可以同時調整視埠框位置，請選取視埠框，這時會有 4 個掣點出現，利

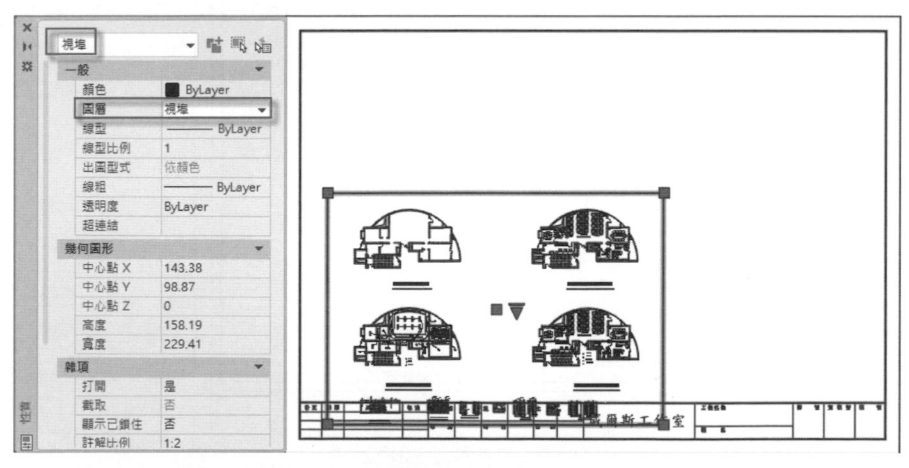

圖 9-71 利用**性質**面板將視埠框歸入到視埠圖層

用掣點編輯方法，將 4 個掣點移到接近圖框的 4 個角點上，最好不要讓其重疊以利往後編輯，如圖 9-72 所示。

10 將**圖紙**按鈕改為**模型**按鈕顯示狀態，設定視埠比例為 1:10 模式，在這裡將把平面圖以 1:100 比例出圖。在視埠內可以使用滑鼠中鍵，將平面圖移到視埠中間，以使它完整呈現，如圖 9-73 所示。

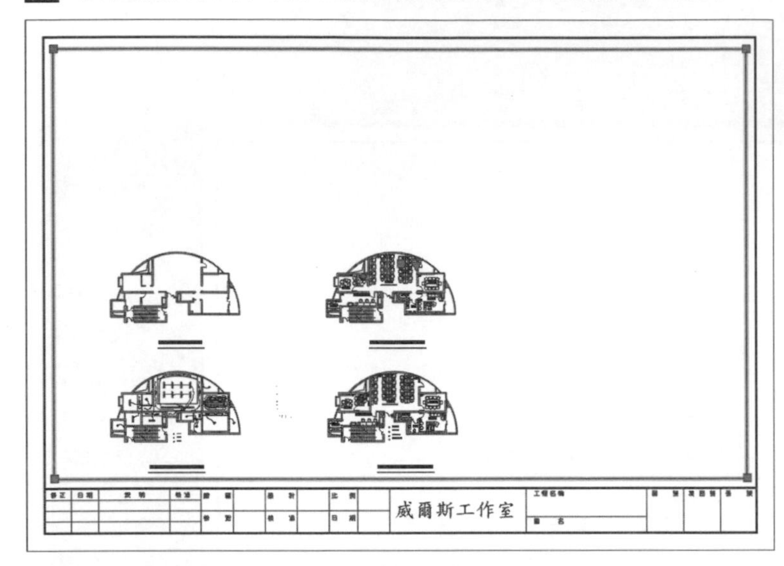

圖 9-72 將 4 個掣點移到接近圖框的 4 個角點上

11 如果想要在圖框中輸入文字，必需把**模型**按鈕改為**圖紙**按鈕，再使用單行

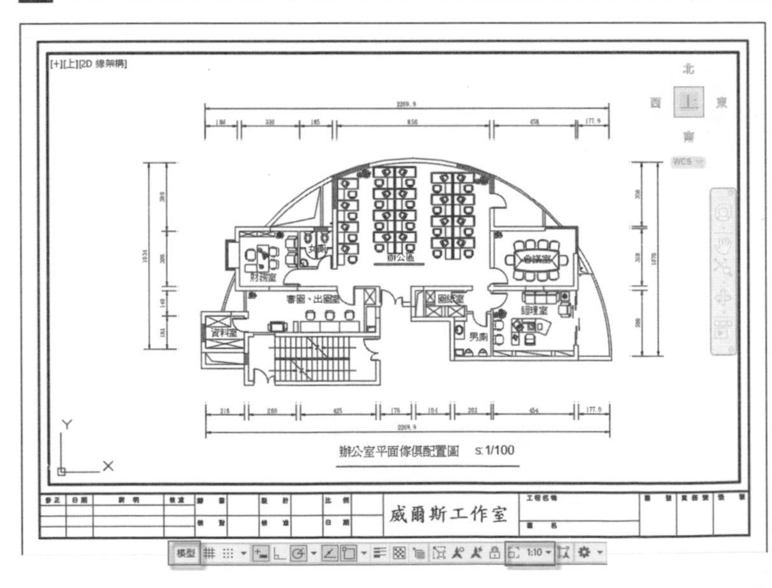

圖 9-73 在**模型**按鈕顯示下調整平面圖位置

或**多行文字**工具輸入文字即可，如圖 9-74 所示。

12 請依前面示範方法，打開**出圖-配置 3** 面板，在面板中按下**預覽**按鈕，可以

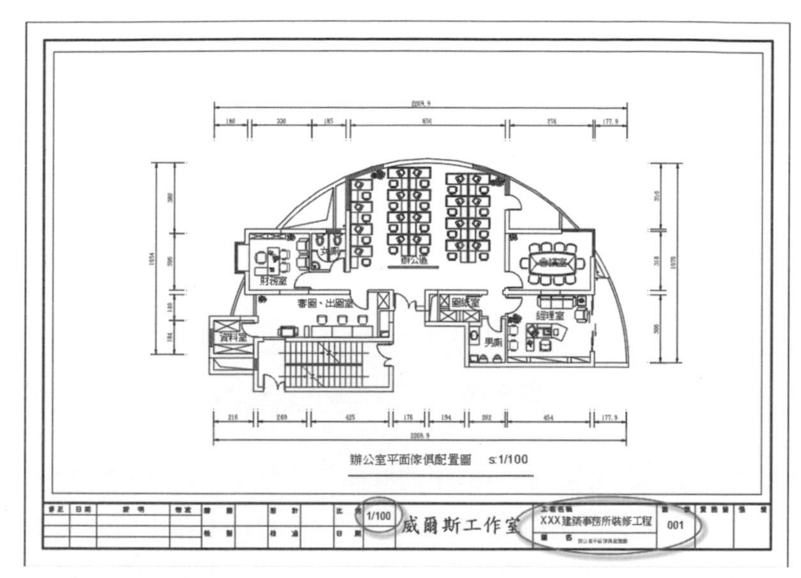

圖 9-74 要在圖框欄位輸入文字必需在**圖紙**按鈕模式下為之

得到實際列印的情形，如圖 9-75 所示，在圖中視埠框為可見顯得有點異常，至於如何隱藏視埠框，在往後示範中再提出說明。

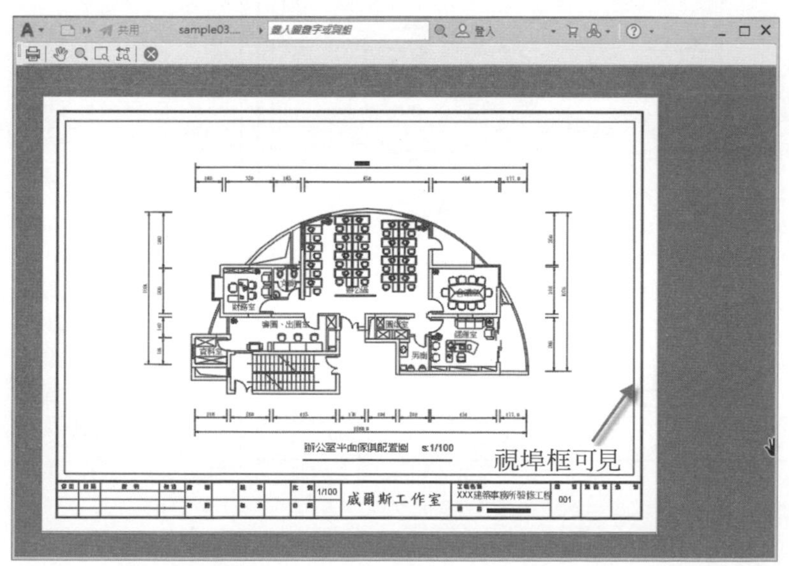

圖 9-75 配置 3 在預覽列印的情形

13 選取配置 1 然後執行右鍵功能表→**頁面設置管理員**功能表單，即可打開**頁面設置管理員**面板，在面板中配置 1 已被選取，請選取設置 1 並執行**設為目前的**按鈕，即可將配置 1 配予設置 1 同樣的印表機設定，依同樣方法完成配置 2 之印表機設定，如圖 9-76 所示。

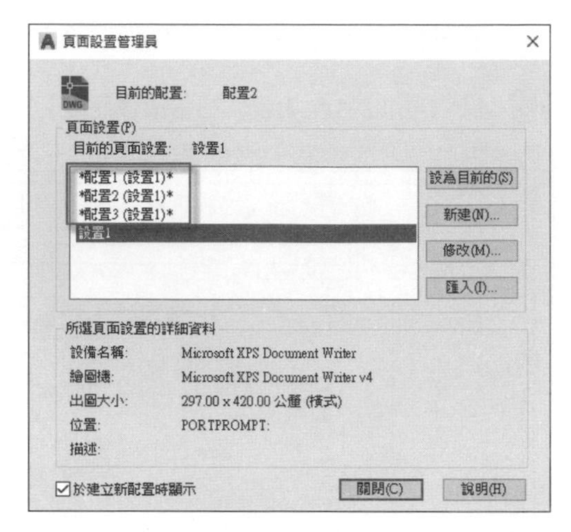

圖 9-76 將三個配置同時賦予設置 1 之印表機設定

14 選取配置 1 並依照前面的方法，將 A3-H 圖框插入，將原視埠框刪除，然後在**檢視**頁籤的視埠工具面板中選取矩形視埠工具，在圖紙中建立與圖框相接近的視埠框，當建立好視埠，在**輔助**工具面板中如果**展示註解物件—在目前比例（註解可見性）**工具不啟動，則註解比例與視埠比例不同者，其圖面的標註及文字是不顯示，如圖 9-77 所示。

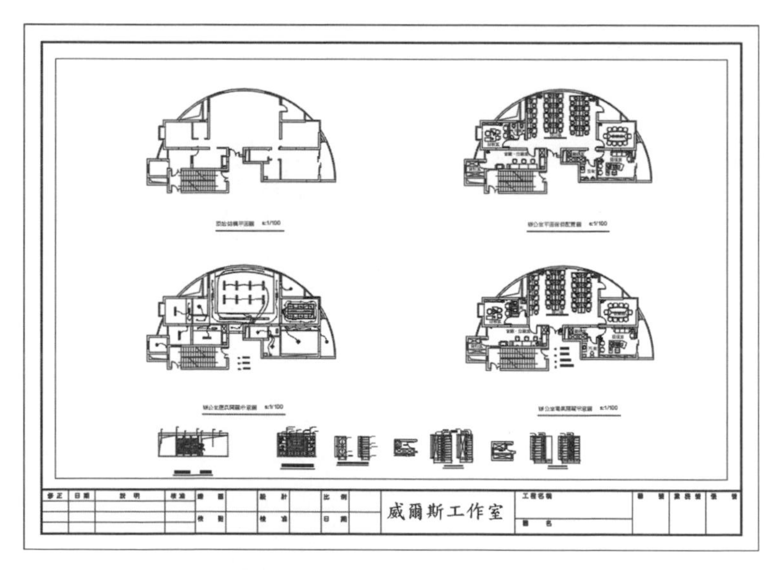

圖 9-77 註解可見性工具不啟動則註解比例與視埠比例不同者其圖面的標註及文字是不顯示

溫馨提示

註解比例與視埠比例不同，以致不顯示的情況，是因為**註解可見性**工具被設定成**僅展示目前比例的可註解物件**模式，如果想改成所有標註及文字均為可見，可啟動**註解可見性**工具。

15 在**輔助**工具面板中，將**圖形**按鈕模式轉為**模型**按鈕模式，設定視埠比例為 1:3，本圖紙將以 1:30 比例出圖，利用滑鼠中鍵，將形象牆 A 向立面圖移到視埠的中間位置，如圖 9-78 所示，此為在**模型**按鈕模式下的表現。

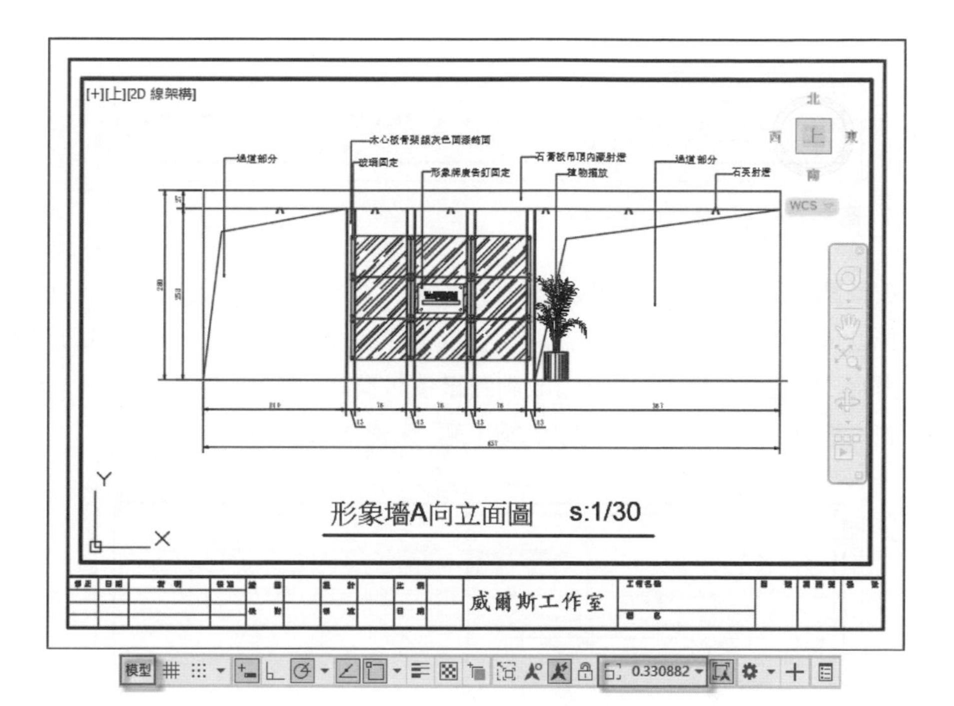

圖 9-78 將形象牆 A 向立面圖建立在配置 1 中

16 選取配置 2，並插入 A3-H.dwg 圖框，再將原有視埠框刪除，在**配置**頁籤的**配置視埠**工具面板中選取**矩形**視埠工具，指令行提示**請指定視埠的角點或**，請以圖示 1 點為視埠的第一角點，指令行提示**請指定對角點**，請依圖示 2 點為第二角點，如圖 9-79 所示。

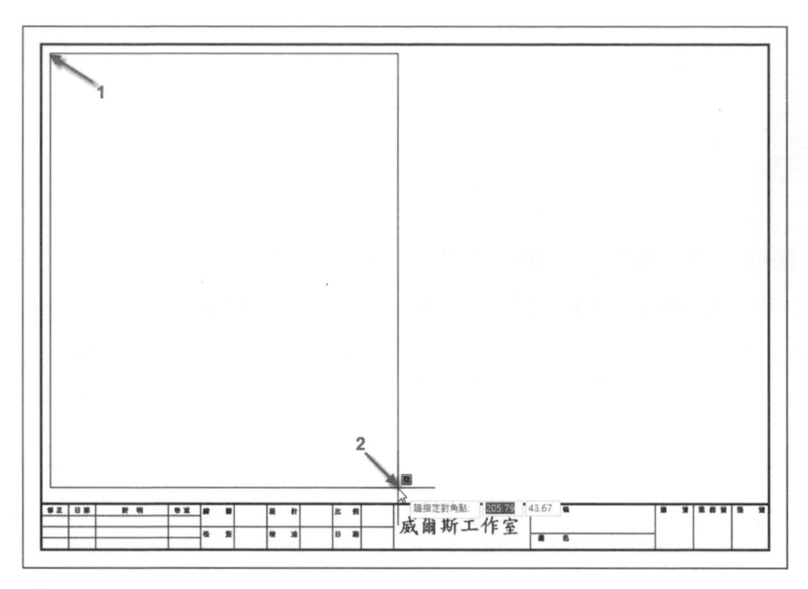

圖 9-79 在配置 2 中建立視埠

17 在**輔助**工具面板中，將**圖紙**按鈕轉為**模型**按鈕，並將視埠比例設定為 1:3，將以 1:30 比例出圖，使用滑鼠中鍵，將經理室 B 向立面圖移到視埠的左邊對齊，右邊視埠框不足處，請改回**圖紙**按鈕模式，使用掣點編輯方法，將右側的邊框向右位移，以容納整個施工圖，如圖 9-80 所示。

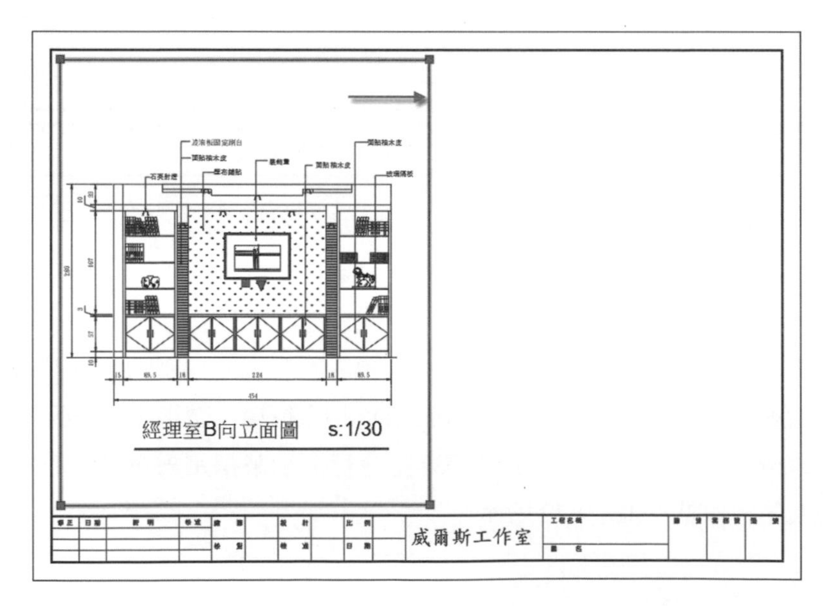

圖 9-80 調整視埠邊框範圍以將圖形全部納入

溫馨提示

在**圖紙**按鈕模式下，可以調整圖紙空間位置及視埠框的大小，在**模型**按鈕模式下，可以調整圖形在視埠框內的位置及調整視埠比例，因此，兩者按鈕模式要相互操作，以得到較佳的圖形表現。

18 在**圖紙**按鈕模式下，再執行**配置**頁籤，使用**配置視埠**工具面板中的矩形視埠工具，在剛製作視埠右側旁再繪製一個視埠框，在**模型**按鈕模式下，設視埠比例為 1:2，然後按住滑鼠中鍵，將審圖、出圖室立面及剖面圖移至該視埠的適當位置上，如圖 9-81 所示，在此範例中，同一配置不同視埠框，可以賦予不同的視埠比例。

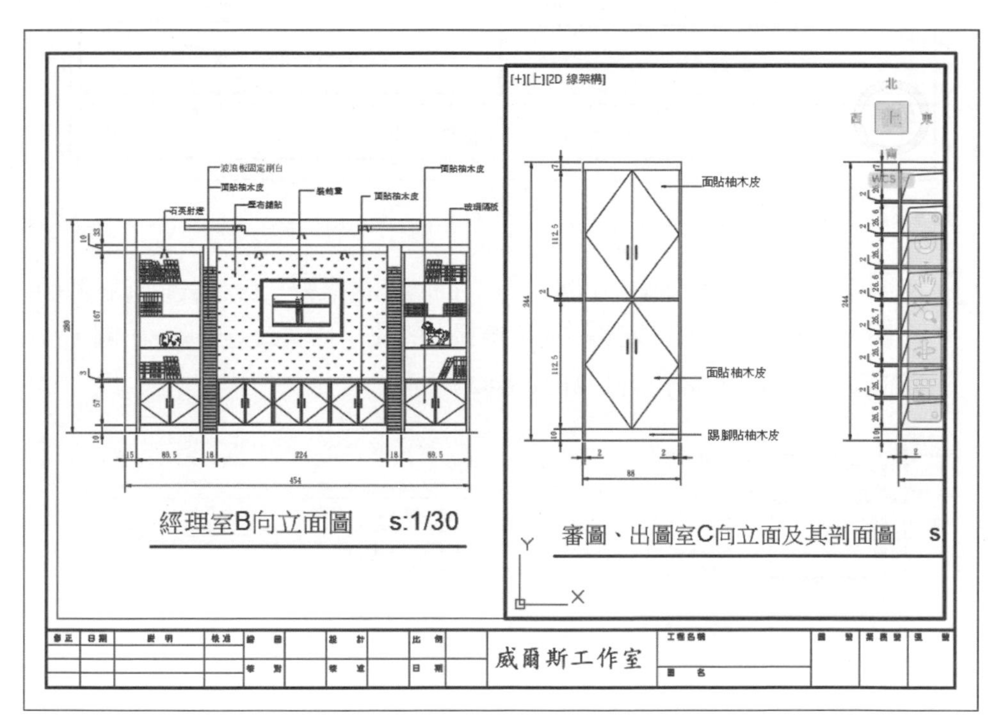

圖 9-81 在同一配置中不同視埠框可以賦予不同的視埠比例

19 在右側的視埠中，圖形與視埠框之寬度顯不搭配，勢必以手動方式加以更改，請將左側之立面圖移動到視埠框中間位置，接著將底下的文字說明，加以必要的更改，如圖 9-82 所示。

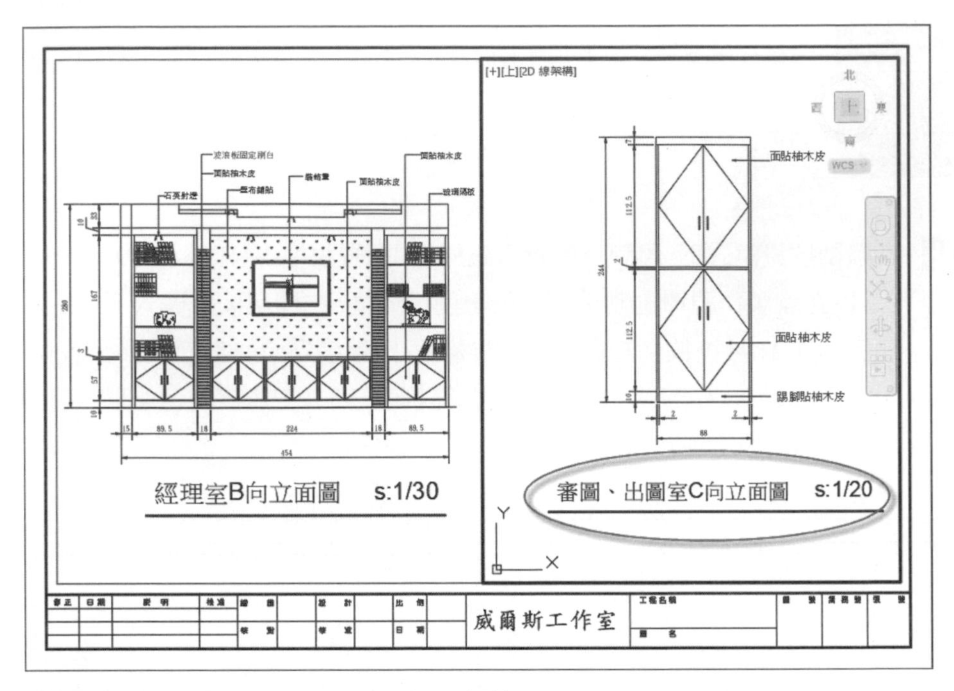

圖 9-82 將右側視埠框內之圖形加以必要調整

20 回到模型空間中，將審圖、出圖 C 向立面圖字樣複製一份到右側圖形下，再複製一份到更右側的平面圖下，並將其中的文字依次改為審圖、出圖 C 向剖面圖及審圖、出圖平面圖，如圖 9-83 所示。

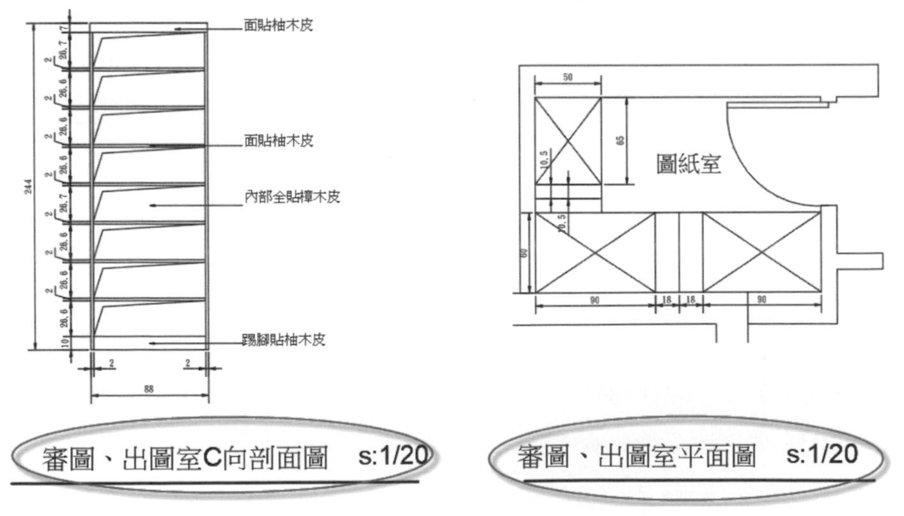

圖 9-83 將兩圖形之文字說明做必要更改

21 新增配置 4 並選取此配置可打開**頁面設置管理員**，在此面板中將配置 4 也同樣使用設置 1 之列印設置。再回到圖紙中，依前面示範方法插入 A3-H.dwg 圖框。

22 刪除原視埠框，所有圖形會消失，在**配置**頁籤的**配置視埠**工具面板中選取矩形視埠工具，在圖紙中繪製矩形視埠框，在**輔助**工具面板中將視埠比例設為 1:2，再將審圖、出圖 C 向剖面圖移至視埠框中間，如圖 9-84 所示，如果視埠框大小不合適請適度調整之。

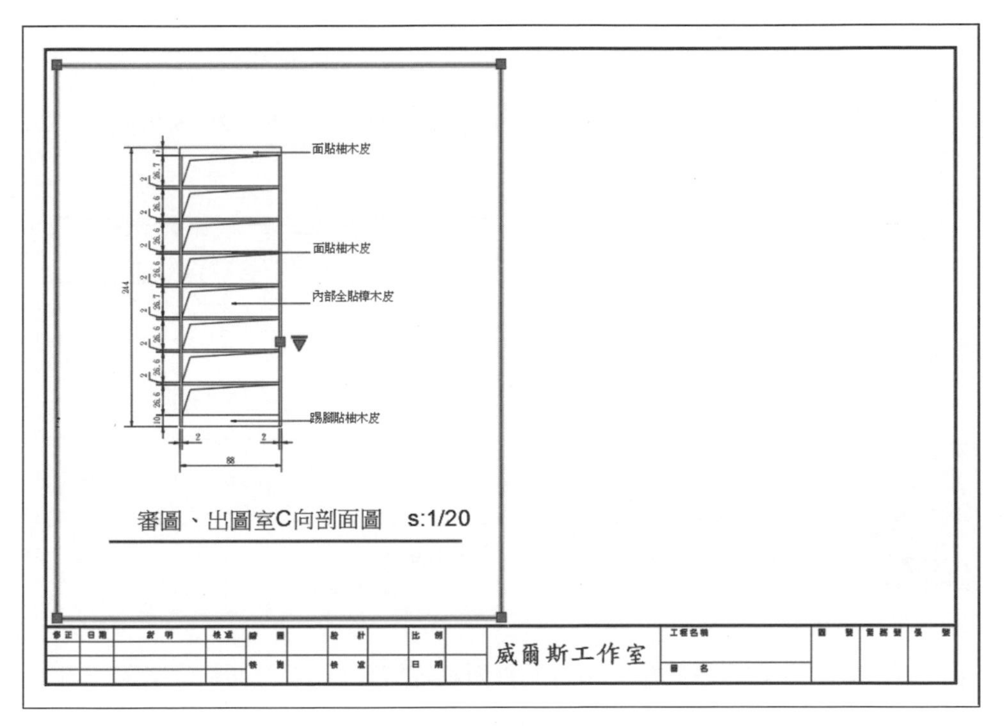

圖 9-84 將審圖、出圖 C 向剖面圖移至視埠框中間

23 在此視埠框之右側再創建一矩形視埠框，調整視埠框適當大小，視埠比例同樣設為 1:2，再將審圖、出圖室平面圖移至視埠框中間，如圖 9-85 所示。

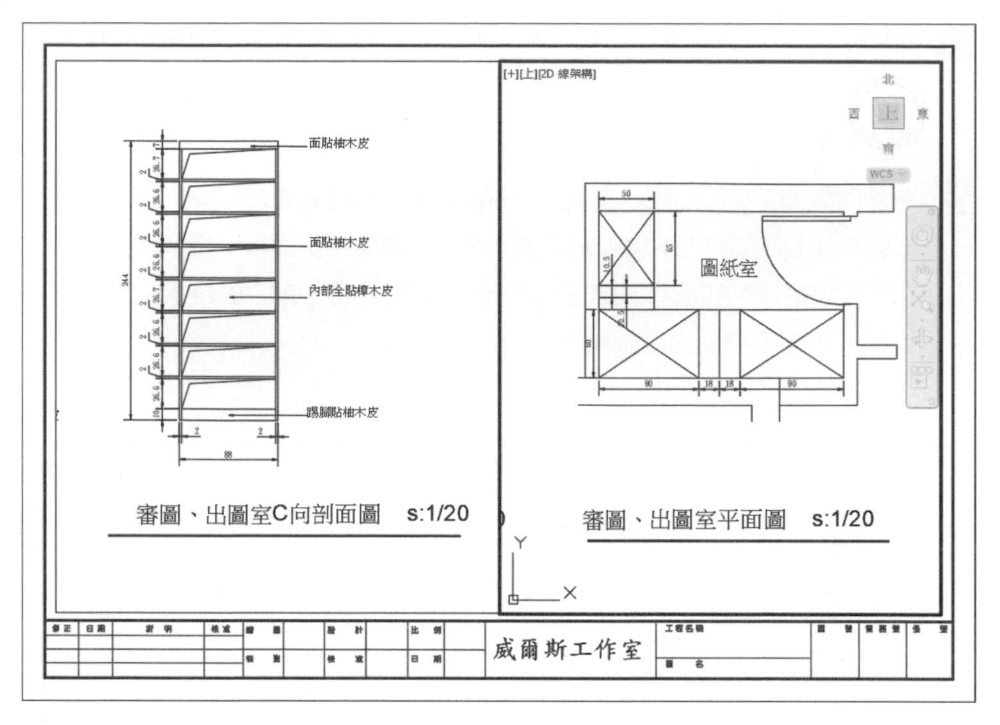

圖 9-85 將審圖、出圖室平面圖移至右側視埠框中間

溫馨提示	在上述的操作中為了節省書中篇幅，將視埠框與圖形之操作，原需要**圖紙**按鈕與**模型**按鈕間來回切換方可，如今只敘述更改後的結果，如果讀者於此時尚有疑惑者，請自行參閱前面的說明。

24 新增配置 5 並選取此配置可打開**頁面設置管理員**，在此面板中將配置 5 也同樣使用設置 1 之列印設置。再回到圖紙中，依前面示範方法插入 A3-H.dwg 圖框，此時原有之視埠框並不刪除。

25 在輔助工具面板中將視埠比例設為 1:2，在**模型**按鈕模式下，將圖紙室 D 向立面圖移到視埠框中，在**圖紙**按鈕模式下，調整視埠框範圍，然後回到**模型**按鈕模式下，將整體圖形做微調移動使置於視埠框中間位置，如圖 9-86 所示。

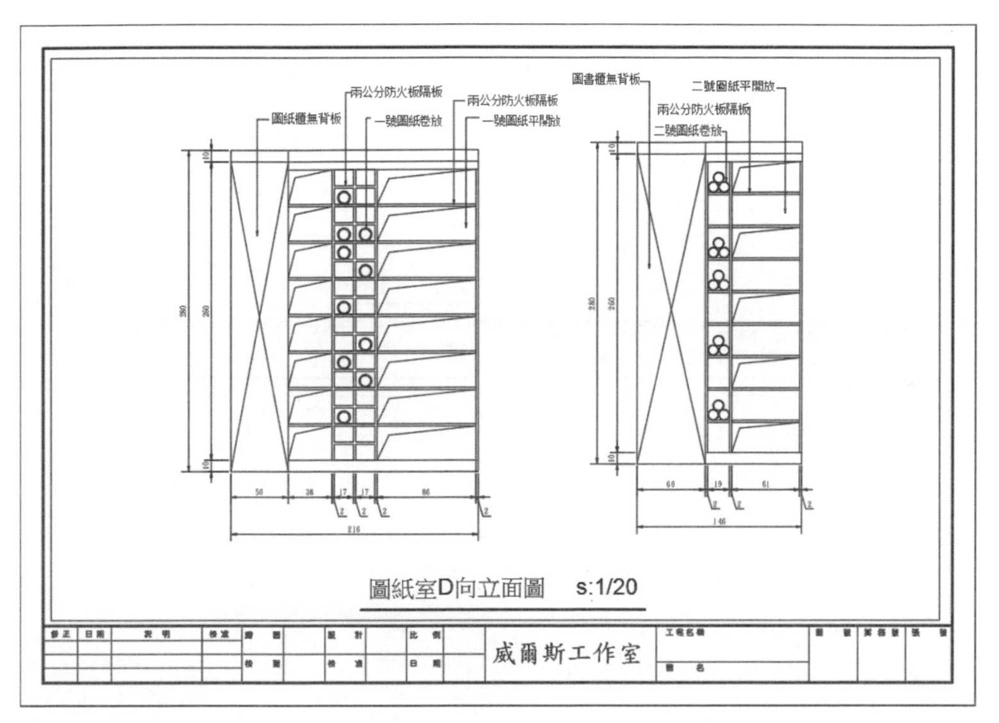

圖 9-86 將圖紙室 D 向立面圖移到視埠框中

26 新增配置 6 並選取此配置可打開**頁面設置管理員**，在此面板中將配置 6 也同樣使用設置 1 之列印設置。再回到圖紙中，依前面示範方法插入 A3-H.dwg 圖框，此時原有之視埠框並不刪除。

27 調整將原有視埠框使其布滿整於圖框內，在**輔助**工具面板中將視埠比例設為 1:2，再將資料室 E 向立面圖移到視埠框中間位置，如圖 9-87 所示。

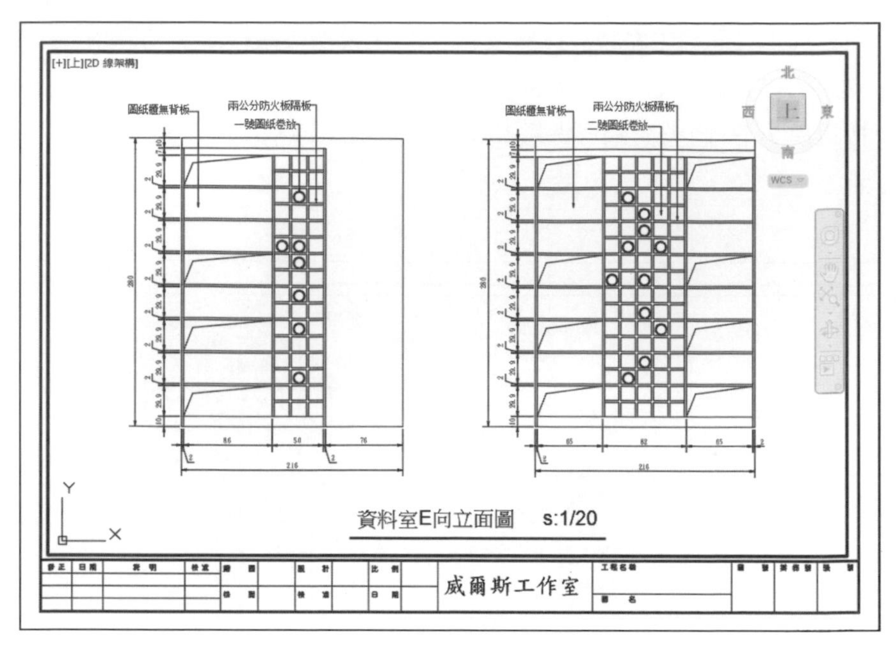

圖 9-87 將資料室 E 向立面圖移到視埠框中間位置

28 資料室尚存一平面圖未列入圖說中，請在**輔助**工具面板中按下**視埠比例**工具按鈕右側三角形，在開啟的表列功能選項中選擇**自訂**功能表單，可以開啟**編輯圖面比例**面板，在面板中請增加 1:2.5 的比例，如圖 9-88 所示。

圖 9-88 在**編輯圖面比例**面板中增加 1:2.5 的比例

29 回到**輔助**工具面板中將視埠比例設為 1:2.5，資料室 E 向立面必將縮小，將此圖形向左調整位置，並在圖紙中將視埠邊框右側線往左移動，最後將底下文字說明改為資料室 E 向立面 s:1/25，如圖 9-89 所示。

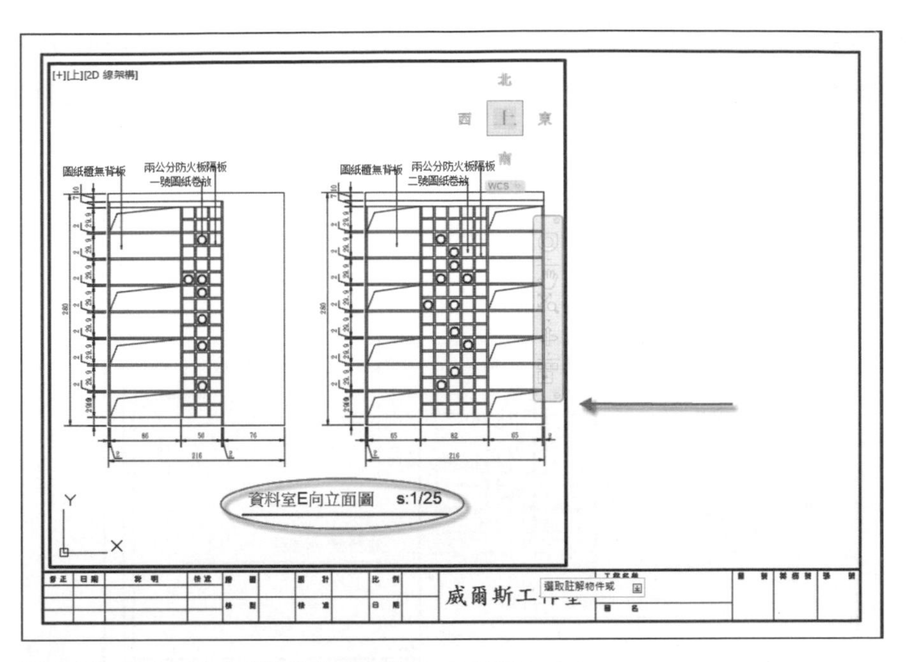

圖 9-89 將底下文字說明改為資料室 E 向立面 S:1/25

30 為容納資料室平面圖於增加的視埠框中，請回到模型空間中，使用**移動**工具，略將資料室 E 向立面之兩圖形往中間靠攏，然後在平面下方加註資料室平面圖 s:1/2 字樣，如圖 9-90 所示。

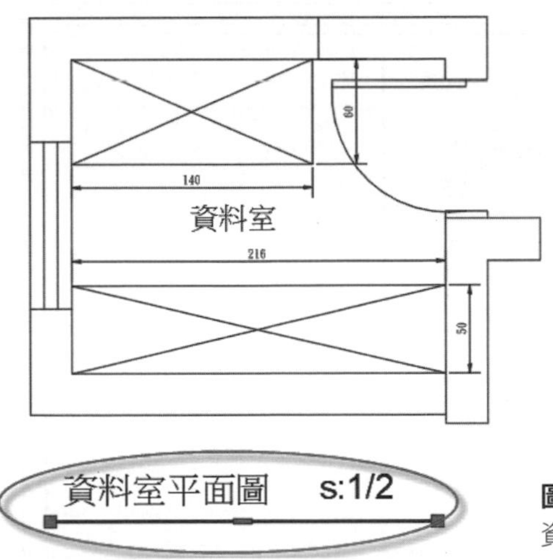

圖 9-90 在平面下方加註資料室平面圖 s:1/2 字樣

31 再選取配置六，在原視埠框右側增加一矩形視埠框，適度調整大小位置，在**輔助**工具面板中將視埠比例設為 1:2，再將資料室平面圖移置到視埠框中間位置，如圖 9-91 所示。

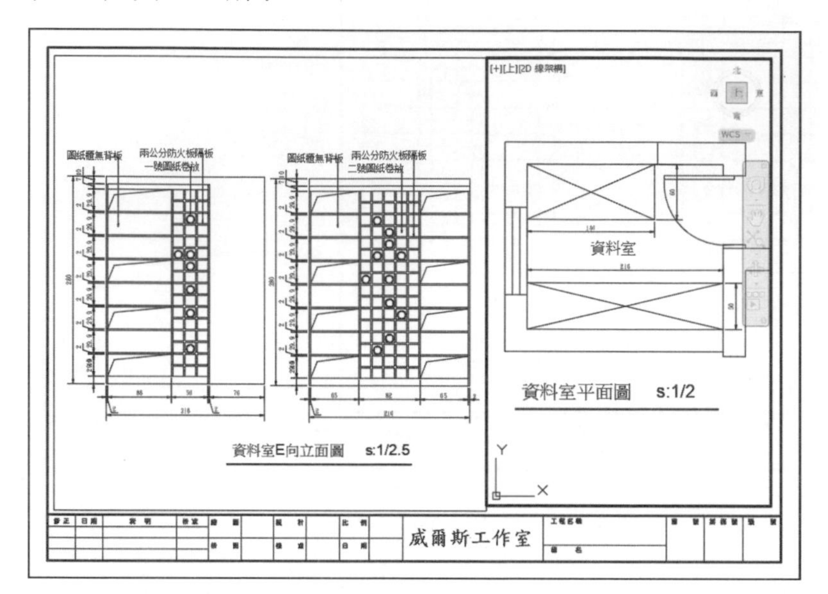

圖 9-91 將資料室平面圖移置到視埠框中間位置

32 選取左側視埠框內之全部圖形，按下 [Ctrl] + [1] 鍵以開啟**性質**面板，在面板中選取旋轉標註，其**可註解比例**欄位系統自定改為 2.5 比例，圖 9-92 所示，如果系統未自動更改，請依前面示範方法將其以手動方式更改之。

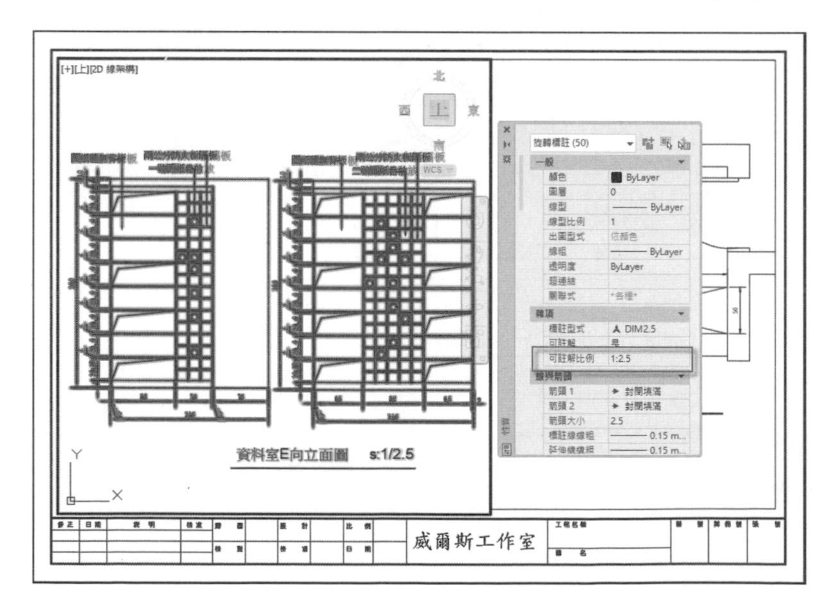

圖 9-92 可註解比例欄位系統自定改為 2.5 比例

33 在圖中可以明顯看到視埠框的存在，會影響圖面的美觀，轉換到**圖紙**按鈕模式，選取此兩視埠框，利用前面已說明過的方法，在**性質**面板中將圖框歸入到視埠圖層，然後開啟**圖層管理員**面板，將視埠圖層予隱藏，即可隱藏視埠框，如圖 9-93 所示。

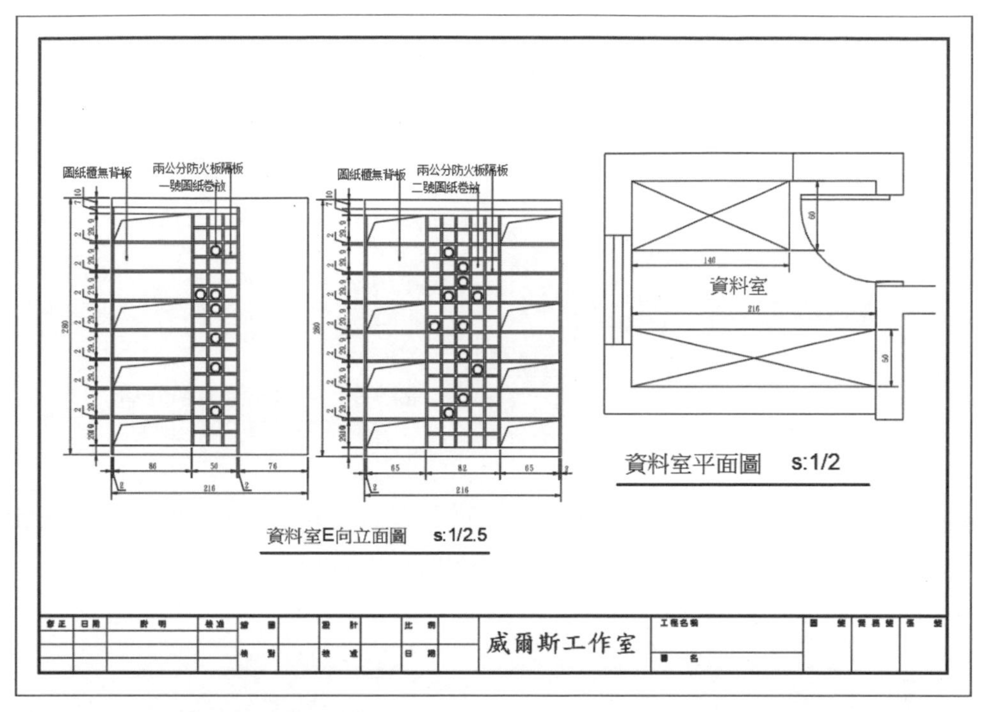

圖 9-93 利用圖層管理員面板隱藏視埠框

34 最後依序選取配置 1 至配置 6，再分別選取其視埠框，再按鍵盤上 [Ctrl] + [1] 鍵以開啟**性質**面板，並將其歸入到視埠圖層，如此即可將所有視埠框隱藏。

35 如果還要繪製其他的施工圖，可以增加配置的方法，一直增加下去。本檔案經以 sample03--配置完成為檔名，儲存在第十章中，有興趣的讀者可以開啟自行練習。

9-5 輸出 PDF 簡報檔

1 AutoCAD 不僅可以輸入 dwg 格式的檔案，亦可以輸出 PDF 檔案格式以供簡報使用。請選取其中一個配置，再選取**輸出**頁籤，在**匯出到 DWF/PDF** 工具面板中，將**匯出**欄位選為**所有配置**，再選取 PDF 工具，如圖 9-94 所示。

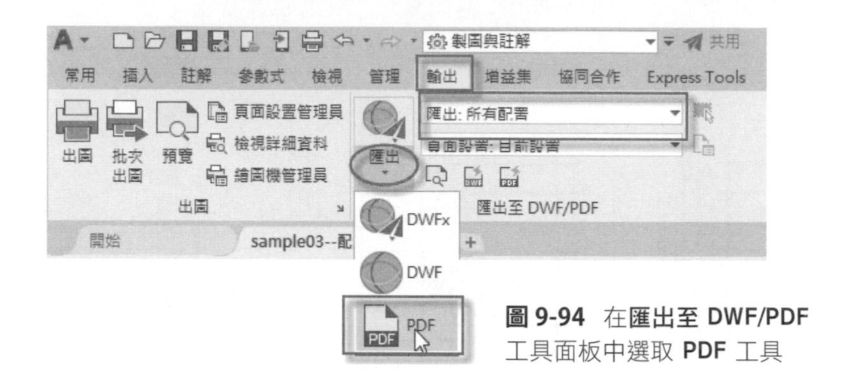

圖 9-94 在**匯出至 DWF/PDF** 工具面板中選取 **PDF** 工具

2 選取工具後，可以打開**另存成 PDF** 面板，在面板中可以設定 PDF 檔存放路徑及檔名，並對輸出控制選項之各欄位做設定，如圖 9-95 所示。

圖 9-95 在**另存成 PDF** 面板中做各欄位設定

3 在面板中選取**選項**按鈕，可以打開**匯出至 PDF 選項**面板，在面板中可以對 PDF 檔案做更進一步設定，如圖 9-96 所示。

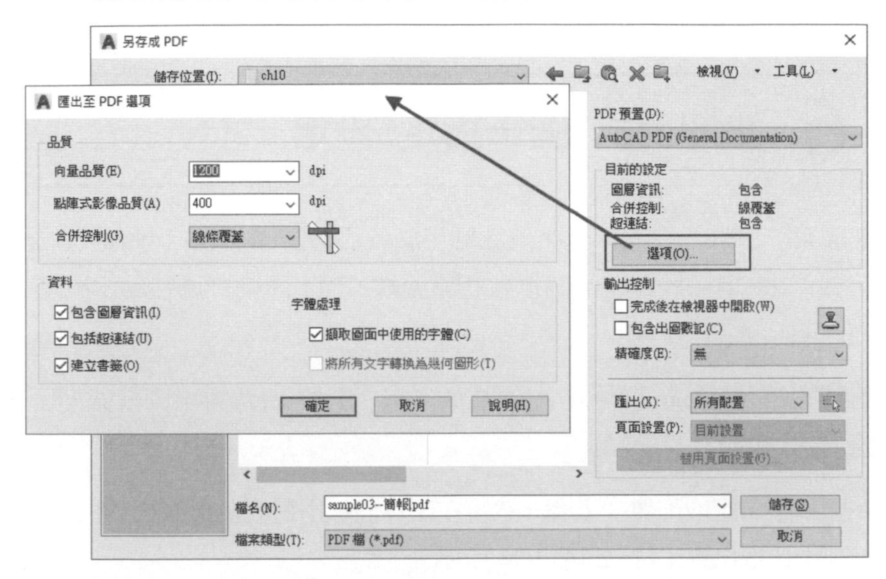

圖 9-96 在打開**匯出至 PDF 選項**面板中對其進一步做設定

4 在面板中按下**儲存**按鈕，系統會運作一些時間，並且把六個配置存成 PDF 檔案，退出 AutoCAD 後，經以 Acrobat Reader DC 軟體開啟 sample03--簡報.pdf 檔案，如圖 9-97 所示，為呈現配置 1 之情形。

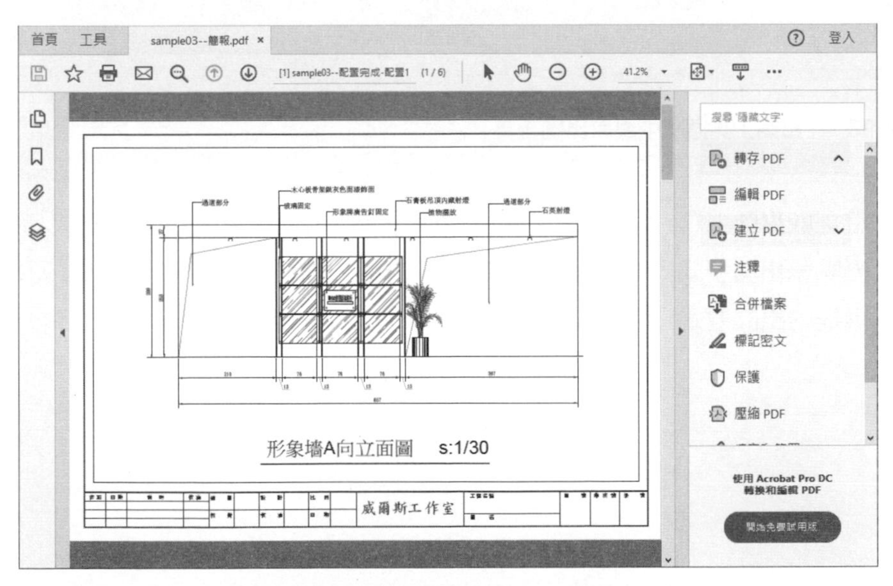

圖 9-97 在 Acrobat Reader DC 軟體中呈現配置 1 之情形

5 本簡報檔案經以 sample03--簡報.pdf 為檔名，存放在書附範例第九章中，可以供讀者自行開啟研究之。

9-6 出圖型式(圖筆指定)設定

如前面第一章所言，AutoCAD 廣泛應用於各行各業，因此在出圖型式的設定上各有其需求，且巧妙各有不同以致相當分岐，以下謹就普遍性的出圖型式做為扼要說明。

1 請打開第九章 sample03--配置完成.dwg 檔案，續做為出圖型式（圖筆指定）設定說明。

2 在圖檔中請選取配置 1 頁籤，然後在工具面板中選取**輸出**頁籤，在**出圖**工具面板中選取**出圖**工具，如圖 9-98 所示。

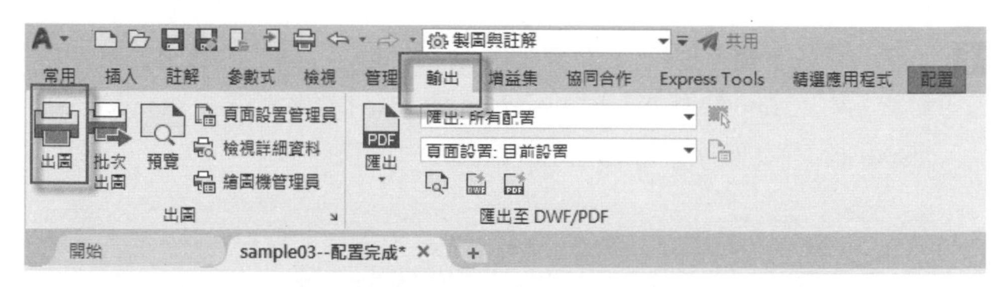

圖 9-98 在**出圖**工具面板中選取**出圖**工具

3 當選取**出圖**工具，可以打開出圖-配置 1 面板，於面板中先設定印表機名稱，再點擊**出圖型式表（圖筆指定）**選項下方欄位右側的向下箭頭，可表列系統拱提的出圖型式，請在其中選取 acad.ctb 型式，如圖 9-99 所示。

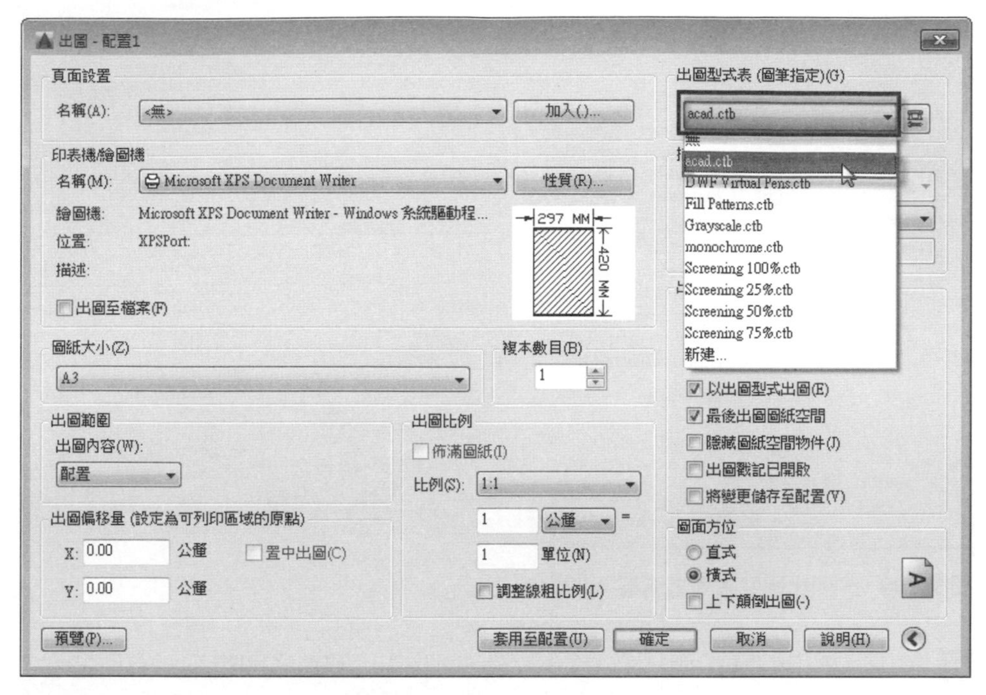

圖 9-99 在表列出圖型式中選取 acad.ctb 型式

4 列印樣式可分為顏色相關列印樣式表（*.CTB）和命名列印樣式表（*.STB）兩種模式。顏色列印樣式以對象的顏色為基礎，共有 255 種顏色相關列印樣式。命名列印樣式表的設置選項跟 CTB 相同，只是左側對應的不是顏色，而是使用者自定義的樣式名。

5 當選取 acad.ctb 型式，此為一般 AutoCAD 中最具典型的 (CTB)出圖型式，請使用滑鼠點擊其右側的 **編輯**按鈕，可以打開**出圖型式表編輯器-acad.ctb** 面板，如圖 9-100 所示。

圖 9-100 打開**出圖型式表編輯器-acad.ctb** 面板

6 如果想使用 CAD 內建的 CTB 文件，同時不同圖形出圖粗細要有所區別，必須給圖層或對象設置好合適的線粗值，因為 CTB 文件中輸出線粗的預設設置是“使用對象線粗”。如果在繪圖的時候沒有設置線粗，但出圖時又希望線粗有差別，就需要對 CTB 文件進行編輯。

7 在**出圖型式表編輯器**面板中做設置，其主要兩個參數就是**顏色**和**線粗**欄位，如圖 9-101 所示，其他參數使用得非常少，一般無需特別調整。左側的顏色也可以按住 [Shift] 或 [Ctrl] 鍵一次選擇多種顏色，然後一次對多種顏色進行設置。

圖 9-101 面板中設置的兩個主要參數就是輸出**顏色**和**線粗**欄位

8 顏色相關出圖型式表中的顏色只包括 256 種索引色，所以要利用出圖型式表，在設置顏色時只能選擇這 256 種顏色中的一種，不能使用真彩色或配色系統，這些顏色在出圖中是不進行處理的，也就是會原色輸出，如果是黑白列表機則會列印為不同程度的灰色。

9 當在繪製圖形時於圖層中設定各種顏色，唯想要以全黑的模式出圖時，可以在**出圖型式表（圖筆指定）**選項中選取 monochrome.ctb 型式即可，如圖 9-102 所示。

圖 9-102 想要以全黑模式列印可以選擇 monochrome.ctb 型式

10 不同行業使用習慣不完全相同，例如機械行業，圖層用的比較少，通常圖層設置好線粗，圖形線粗都隨圖層，這樣出圖時直接選擇 monochrome.ctb 輸出就可以了。工程建設行業通常圖層比較多，而且大部分會使用專業軟體，圖層通常顏色都設置好了，但很少設置線粗，有些管線是利用多段線粗度進行設置的，因此在出圖的時候，通常有必要對 CTB 文件的輸出線粗做相應調整。一般建築事務所對輸出線粗、字高等都有明確規定，在工作單位中設置好一個 CTB 文件，大家複製到 CAD 輸出型式表目錄下直接調用就可以了。

11 在出圖型式表編輯器中，在**顏色**欄位為使用物件顏色出圖，**線粗**欄位為使用物件線粗，這時候就會根據圖層性質管理員中的線粗設定，來決定出圖時候的實際筆寬，此時在自定樣板中設置各類型式時，需要將線、文字等設定成依圖層模式，如圖 9-103 所示。

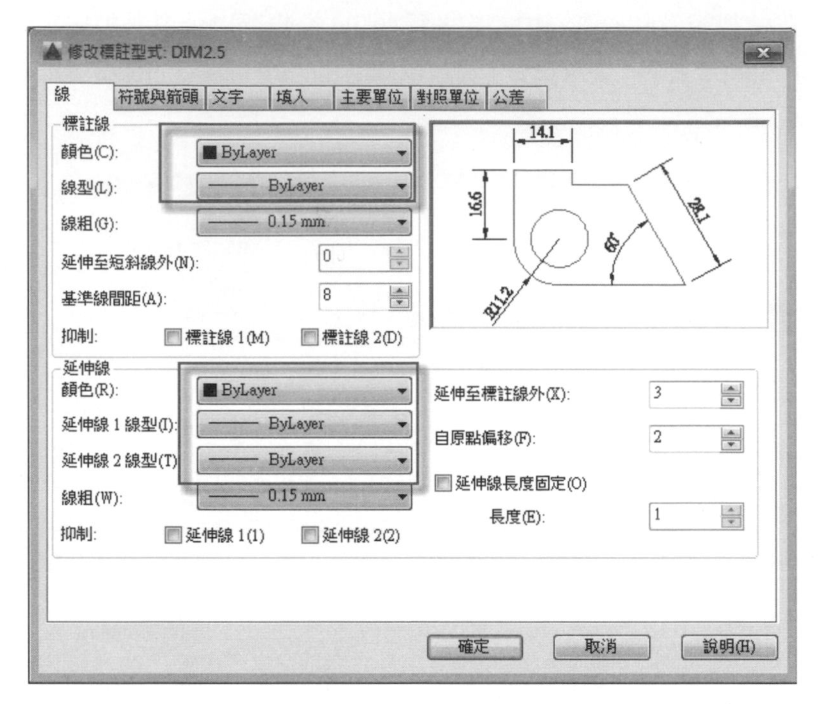

圖 9-103 在設定型式時將線、文字等設定成依圖層模式

12 出圖型式表編輯器中的線粗設定，內定為使用物件線粗，但是也可以依照需求，來使用圖層顏色決定出圖時候的實際筆寬，使用者就必須指定一顏色，再更改線粗，然後將其另存一個 ctb 檔案。

13 當自訂了顏色相關的出圖型式表 (CTB)，在出圖時是以圖層顏色來決定筆寬，所以在圖層性質管理員欲新增圖面中要使用的圖層就有一個規則，如文字圖層可能會設定為顏色 2(黃)、牆壁圖層可能會設定為顏色 7(白)、傢俱圖層可能會設定為顏色 8。但是使用者不能將牆壁圖層設定為顏色 8 或顏色 2(黃)，這樣會造成牆壁圖層將來出圖筆寬太細，當然也不能將文字圖層設為顏色 7(白)。

14 出圖時，線粗 (寬) 的優先順序如下：聚合線之整體寬度＞出圖型式 (ctb) 的顏色線粗＞物件性質的線粗＞圖層的線粗。

15 因為出圖型式 (ctb) 的顏色線粗，其優先順序大於圖層的線粗，所以當要使用一個自設的 xxxx.ctb(假設 255 個顏色都定義線粗)，那用圖層所調整的線粗將會無效，這也就是一般工作場所較少人會用圖層來調整線粗的原因。

9-7 在 CAD 中如何控制圖形的列印線寬

1 無論建築圖紙還是機械圖紙，列印輸出時圖形的線粗都是有區別的，列印的圖紙通常會加粗本專業的重點圖形，而一些輔助線和次要圖形則會用細線或虛線列印。例如建築圖紙中的軸線、機械圖紙的中心線都會用虛線表示，且線粗設置得較細，建築平面圖中會突出牆體、門窗等基本建築構件，而到了電氣、暖通、給排水軟體中則需要突出本身專業的線纜、管線和設備，牆和門窗則會列印成細線。

2 在 CAD 中提供了幾種控制列印線粗的方法，這些方法並沒有孰優孰劣之分，只是結合行業和圖紙的特點可以選擇更適合的方式。例如要機械軟體通常只設置幾個圖層，中心線、細實線、粗實線等，這些圖層中將線型和線粗都設置好了，在繪製圖紙時只要將圖形繪製到相應的圖層上就好了。自己即使沒有機械專業軟體，也不妨建立一個模板，按線型和線粗需要設置好幾個圖層，這樣每次繪圖和出圖時就無需重新設置了。

3 建築行業圖紙相對要複雜一些，通常按建築構件來分層，例如牆體、門窗，有時牆體還會分為好幾個圖層，因此建築圖紙可能有上百個圖層，大部分都採用按顏色來設置輸出線粗。

4 在 CAD 中控制輸出線粗的方式主要有下列三種：

(1) 使用物件線粗來控制輸出線粗：所謂「物件線粗」是給圖形設置的線粗。

a. 物件線粗最好通過圖層來設置，而圖形線粗直接用預設的（Bylayer 隨層）即可，這樣便於對圖形進行整體管理和後續修改。

b. 如果需要某個圖層上圖形使用不同線粗時，只能手動設置圖形的線粗了，選中圖形後，直接在**常用**頁籤之**性質**工具面板中，按下**線粗**欄位，即可表列所有線粗供選取設置，如圖 9-104 所示。

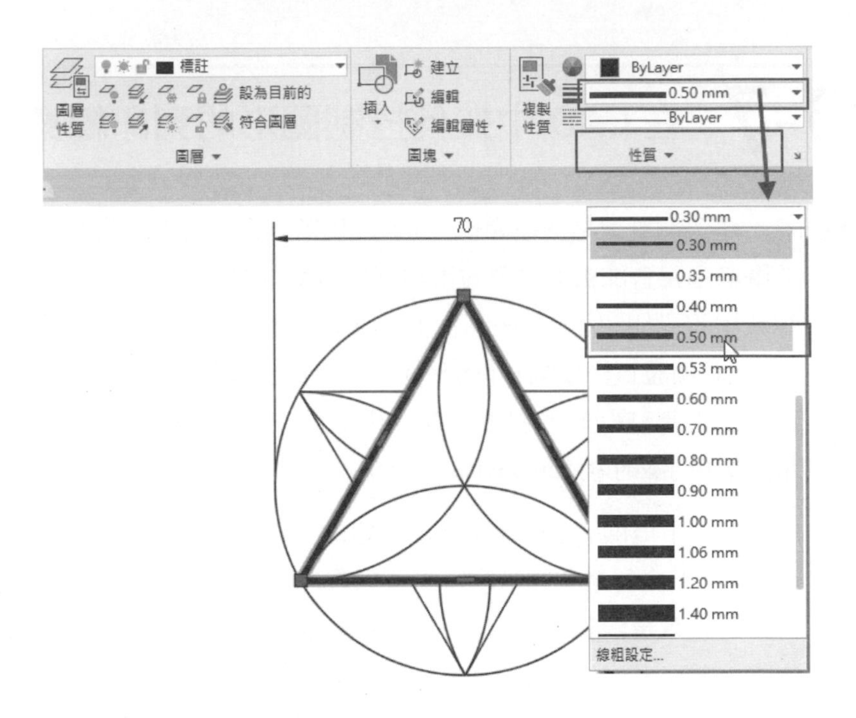

圖 9-104 選取圖形直接設定線粗

c. 在圖中已經設置了線粗後，想按設置的線粗列印的話，必須選擇合適的列印樣式表文件，在列印樣式表中設置輸出線粗為「使用物件線粗」，否則設置的線粗也會被忽略。採用這種方式的好處，在圖中設置好線粗後，無論使用 CAD 內建的彩色或單色的 CTB 文件，系統內定設置都是「使用物件線粗」模式，如圖 9-105 所示，不需要再做任何調整，直接輸出即可。

圖 9-105 統內定設置都是「**使用物件線粗**」模式

d. 線粗是設置好了，但列印時還要注意輸出顏色的設置，選擇合適的 CTB 文件。如果用 STB，每個圖層將設置不同的列印樣式，保證列印輸出效果。這就要看單位的要求了，直接用單位給的模板就好了。

(2) 利用顏色來控制輸出線粗：

a. CAD 中最常用的列印樣式表是 CTB（顏色相關列印樣式表），就是按索引色來控制輸出的顏色、線型、線粗。使用顏色來控制輸出線粗的好處就是直觀，圖紙打開後，顏色可以一目瞭然，設計起來也非常簡單。而線粗相對來說就很難分辨了，即使打開「線粗」顯示，在螢幕上看到的也只是示意效果，即使在佈局中使用了頁面設置中的線粗設置，看到的也並不是實際的寬度。

b. 因此當圖紙使用顏色來控制列印輸出線粗時要注意下面幾個問題：

* **必須使用索引色（256 色）**：要想利用 CTB 控制輸出線粗和顏色，圖層或圖形必須使用索引色（256 色），如果使用了真彩色，輸出顏色和線粗是無法控制的，因為 CTB 中只有針對索引色的設置，如圖 9-106 所示。

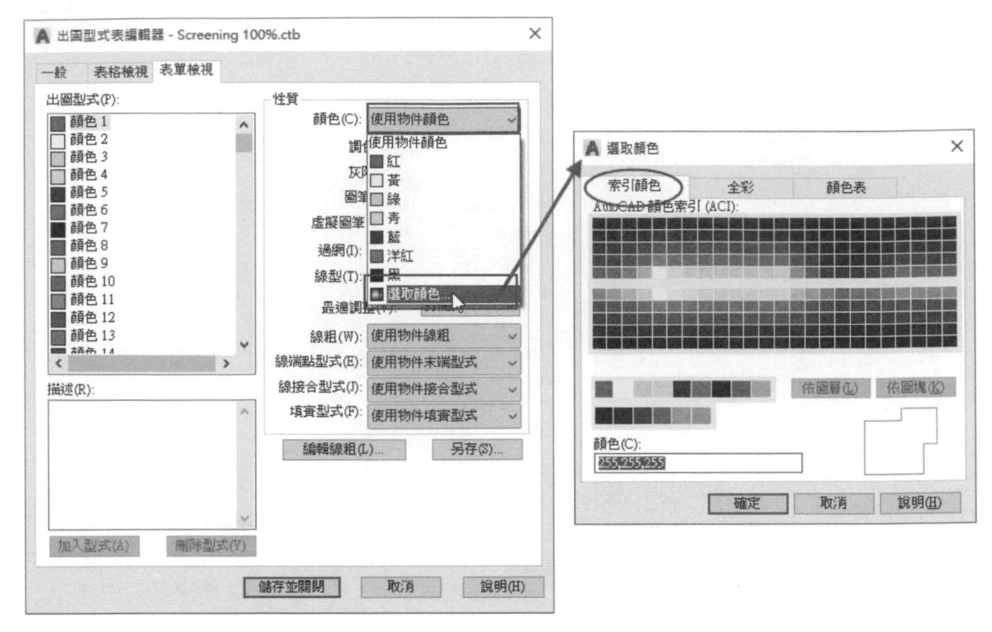

圖 9-106 使用顏色需必須使用索引色（256 色）

* **不要使用太多顏色，特別是需要設置列印線粗的圖形**：用顏色可以在圖面上很好區分不同類型的圖形，CAD 共提供了 256 種索引色，但建議不要使用太多顏色，用 1-7 號色就基本夠了。一般一張圖紙中線粗設置也就 2-4 種，重點要表現的圖形顏色用幾種就可以，這樣在列印樣式表（*.CTB）中設置輸出線粗時簡單一點，出錯的概率也小一點。當然，對於一些次要圖形，只用預設線粗列印的圖形多設幾種顏色倒影響不太大。

* **必須選擇合適的 CTB 文件**：要用顏色控制輸出線粗，圖形肯定五顏六色，但大多數圖紙會黑白輸出，即使使用的是黑白列印機，也要選擇合適的 CTB 文件（monochrome.ctb）。如果自己認為列印機就是黑白的，而沒有選擇單色 CTB 文件，彩色線條會被列印機轉換為灰色而不是黑色，會導致線條列印不清晰。

* **需要對預設 CTB 文件進行編輯**：由於 CTB 文件預設輸出線粗為「使用物件線粗」，由於圖形未單獨設置線粗，必須對 CAD 內建的 CTB 文件進行編輯，調整特定顏色的輸出線粗，否則圖形的輸出線粗都會是預設線粗。如果通常採用相同設置，編輯完 CTB 後可以另存為或覆蓋原有文件，以後就不用重複設置了。

(3) 利用多段線線粗來控制列印線粗：

a. 這種形式通常只在一些專業軟體中使用，例如專業軟體用多段線繪製電氣的線纜、給排水和暖通的管線，這樣可以保證無論設計人員用什麼列印設置出圖，只要出圖比例是對的，線粗就能保證。這些軟體在繪圖前要設置出圖比例，在繪製線纜時寬度會自動乘以出圖比例來保證出圖效果，例如設置 1:100 出圖，線纜列印寬度設置為 0.3，那軟體在繪製多段線時會自動將寬度設置 30。

b. 如果只是用通用 CAD，用多段線控制輸出線粗確實不太方便，不僅設置起來複雜，而且必須要先考慮到出圖比例，而且直線、圓和弧還無法設置寬度。

c. 如果使用者正在使用一款專業軟體，也需要瞭解軟體已經實現了哪些設置，從而決定自己還需要做哪些事情。例如某種機械軟體已經設置好圖層並設置好圖層的線粗，那就只需要將圖形畫在對應的圖層上，列印時合理設置 CTB 就好了。而建築軟體會設置好圖層和顏色，在使用建築軟體功能繪圖時，會自動將圖形放置到相應的圖層上，那需要做的就是列印時按要求選擇和編輯 CTB 文件。

d. 無論使用者是否使用專業軟體，使用哪種專業軟體，在繪圖前必須瞭解單位或行業對出圖比例、文字、線型、線粗輸出的要求，畫圖前就合理規劃，畫完圖後正確設置，才能順利繪製並輸出規範標準的圖紙。

MEMO

Chapter

10

繪製精確各式幾何圖形

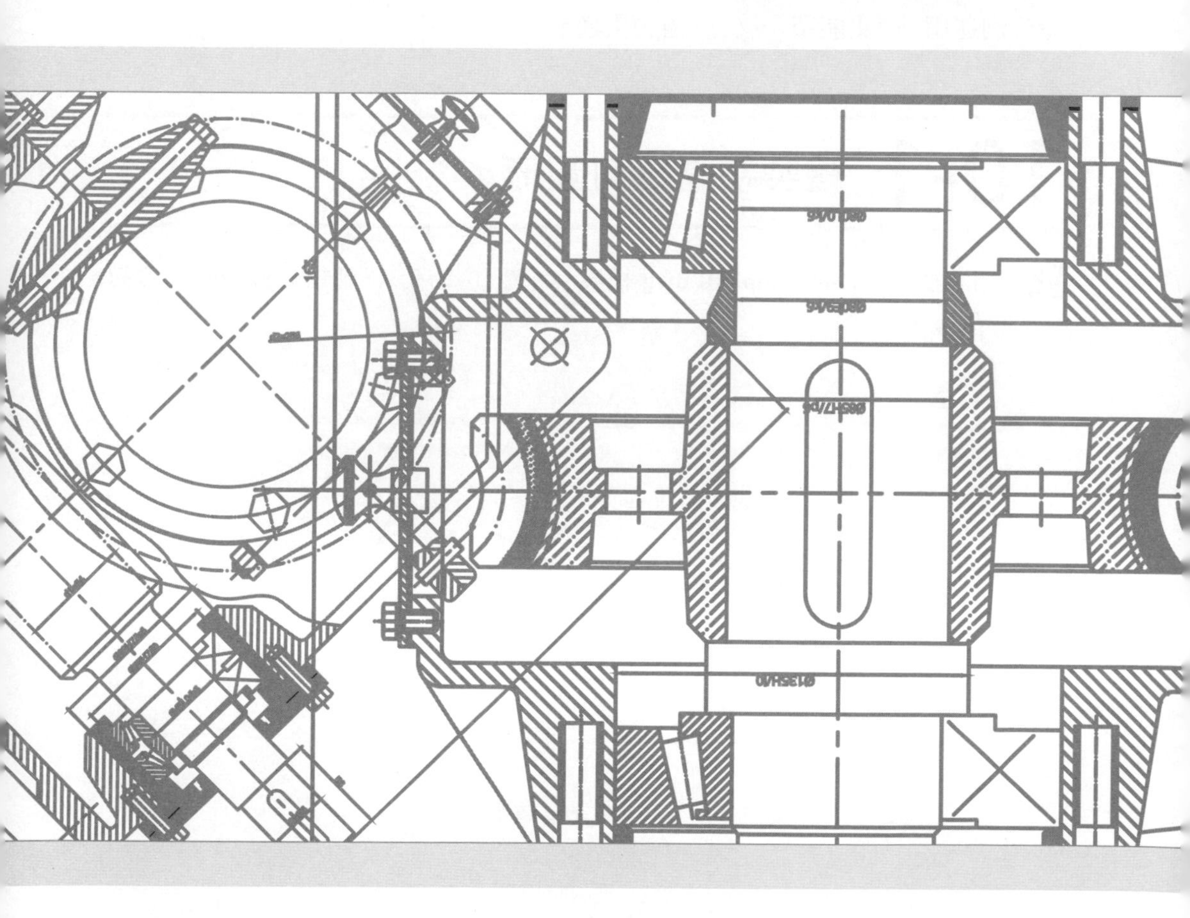

經過前面幾章的練習，對於 AutoCAD 軟體的操作邏輯概念應有了基本的了解，尤其在使用繪製與編輯工具以繪製幾何圖形上，也應有所理解也會使用，但這些都是片斷的工具解說，很難做一連貫的說明，一但遇到有組織的幾何圖形時，可能立即束手無策。在本書第一章開章明義即說明，在現今資訊狂飆的 21 世紀，各行各業使用電腦補助設計，演變成需要多種軟體相互搭配方足以成事，如今想以單一 AutoCAD 軟體做為職場上單獨應用工具，幾乎已成為不可能，因此，只專注於龐大複雜的 AutoCAD 指令操作練習，經再學習其他軟體，等真正要應用於工作上時，可能手執滑鼠而不知如何操作了。

如何快速有效學習 AutoCAD 的方法，在本書第一章已有精闢的解說，另作者寫作書籍習慣，有別於傳統的 CAD 書籍以指令解說為要，完全以實例操作為主，因此本章中將以十八個實例，做為前面幾章練習的總結，讓操作者除了指令分別運用外，更能舉一反三、融會貫通。

10-1 繪製初階幾何圖形

1 請開啟第十章中 sample01.dwg 檔案，如圖 10-1 所示，請求 a 線段的長度與 b 的角度。

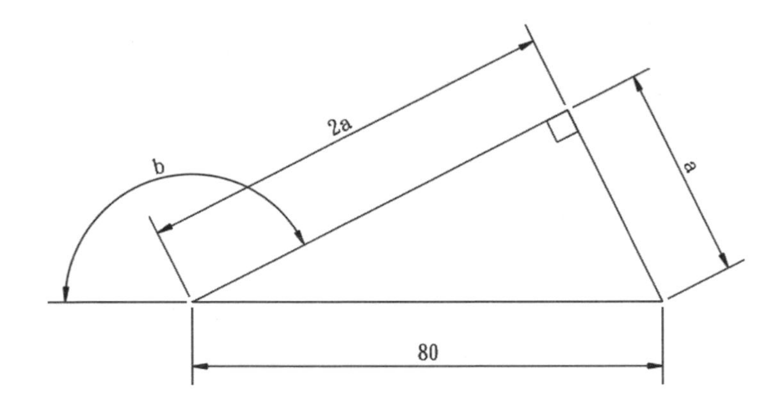

圖 10-1 開啟九章中 sample01.dwg 檔案

(1) 請選取**繪製**工具面板上**畫線**工具，在繪圖區繪製 120 長度的水平線，再畫 60 長度的垂直線，再連接圖示 1、2 兩點使形成三角形，如圖 10-2 所示。也可以是任意長度的水平線，但垂直線必需為水平線的一半。

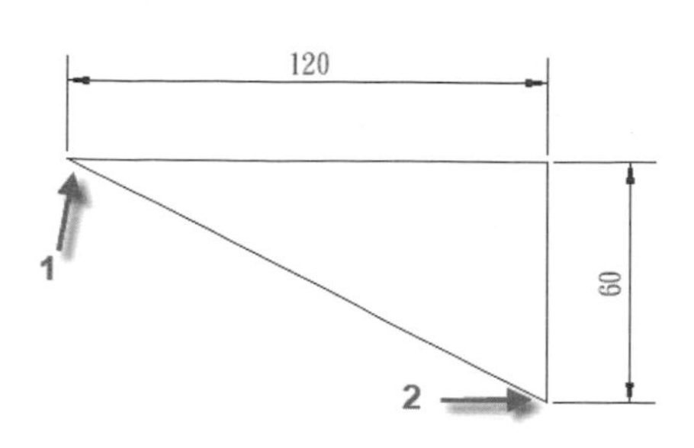

圖 10-2 使用**畫線**工具畫直角三角形

(2) 選取修改面板上的**旋轉**工具，接著選取剛畫三角形為選取物件，指令行提示**指定基準點**，請以圖示 A 點為基準點，指令行提示**指定旋轉角度或**，此時請按滑鼠右鍵，在右鍵功能表中選擇**參考**功能表單，如圖 10-3 所示，使用者亦可在指令行直接選取**參考**選項。

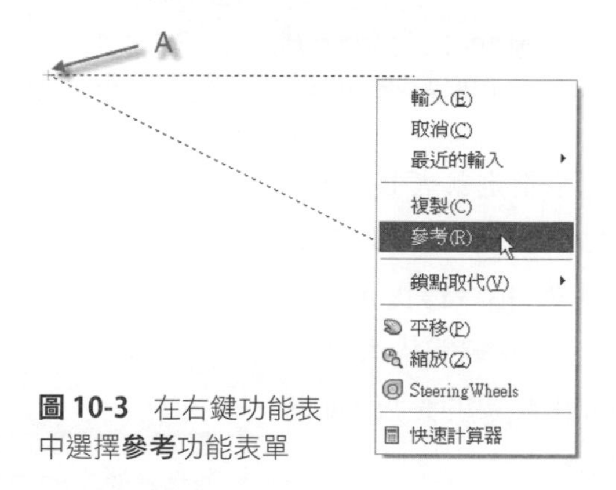

圖 10-3 在右鍵功能表中選擇**參考**功能表單

(3) 指令行提示**指定參考角度**，請以滑鼠點擊圖示的 1、2 點做為參考角度，如圖 10-4 所示。指令行提示**指定新參考角度或**，請在鍵盤輸入 0，即可旋轉出想要的角度，如圖 10-5 所示。

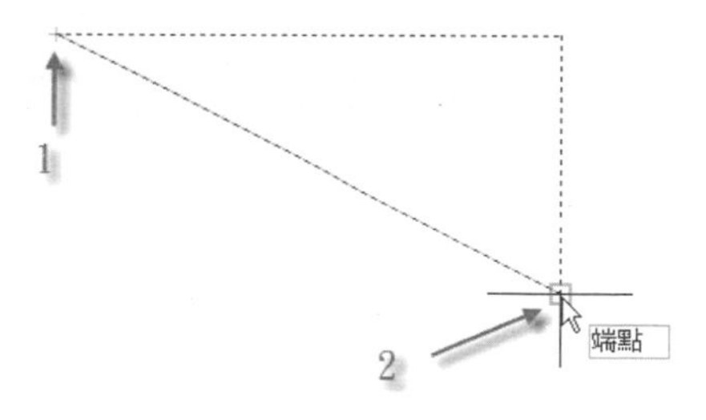

圖 10-4 以滑鼠點擊圖示的 1、2 點做為參考角度

圖 10-5 完成角度的旋轉

(4) 使用**修改**工具面板上的**比例**工具，並選取三角形為比例物件，指令行提示**指定基準點**，請選取圖示的 A 點做為基準點，指令行提示**指定比例係數或**，此時請按滑鼠右鍵，在右鍵功能表中選擇**參考**功能表單，如圖 10-6 所示，使用者亦可在指令行直接選取**參考**選項。

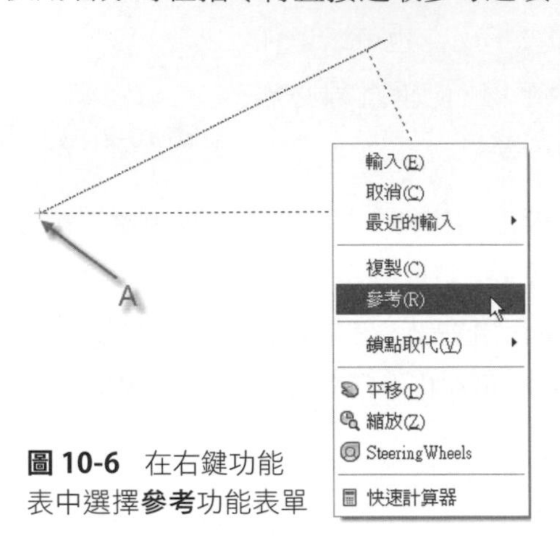

圖 10-6 在右鍵功能表中選擇**參考**功能表單

(5) 指令行提示**指定參考長度**，請以滑鼠點擊圖示的 1、2 點做為參考長度，指令行提示**指定新長度或**，請在鍵盤輸入 80，即可縮放出想要的長度，如圖 10-7 所示。

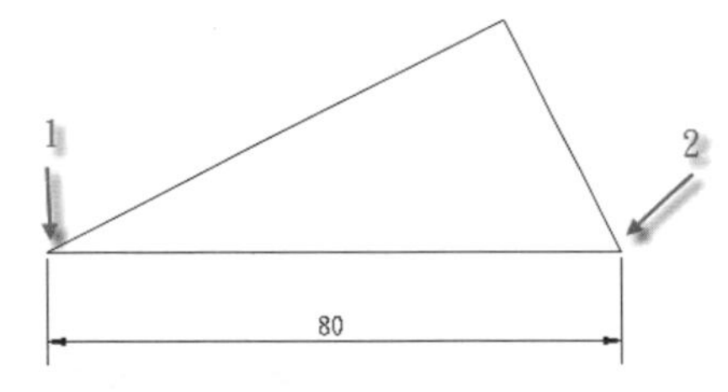

圖 10-7 將圖示 1、2 點的直線縮放成 80 長度

(6) 本圖繪製完成，經賦予尺寸標註後，可以得知 a＝35.8、b＝153 度，如圖 10-8 所示。

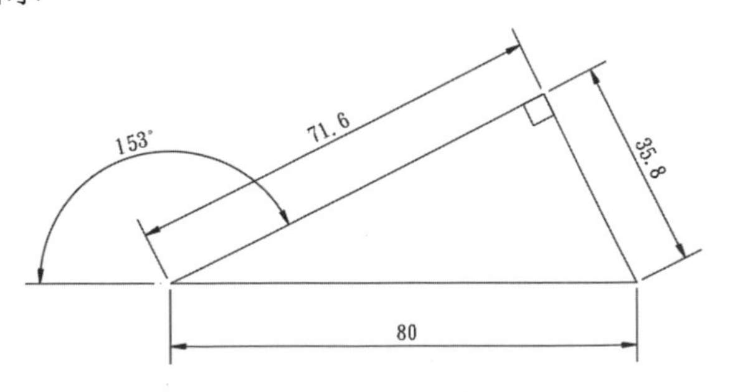

圖 10-8 求得 a＝35.8、b＝153 度

2 請開啟第十章中 sample02.dwg 檔案，如圖 10-09 所示，請求 a 線段的長度。

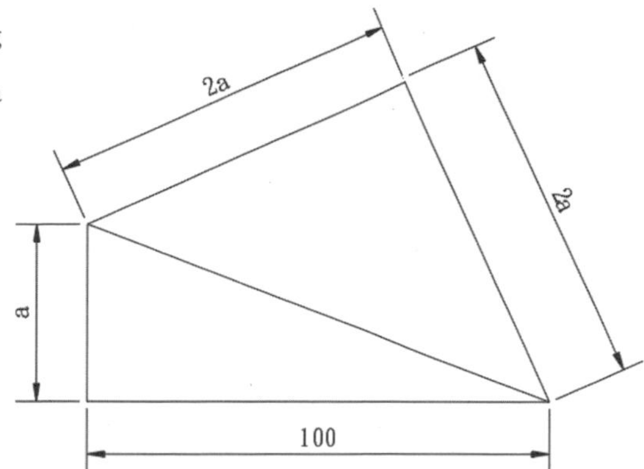

圖 10-9 開啟第十章中 sample02.dwg 檔案

(1) 請選取**繪製**工具面板上的**畫線**工具，在繪圖區繪製任意長度的水平線，再選取**畫圓**工具，以線段的中點為圓心，水平線的一半長度為半徑畫圓，如圖 10-10 所示。

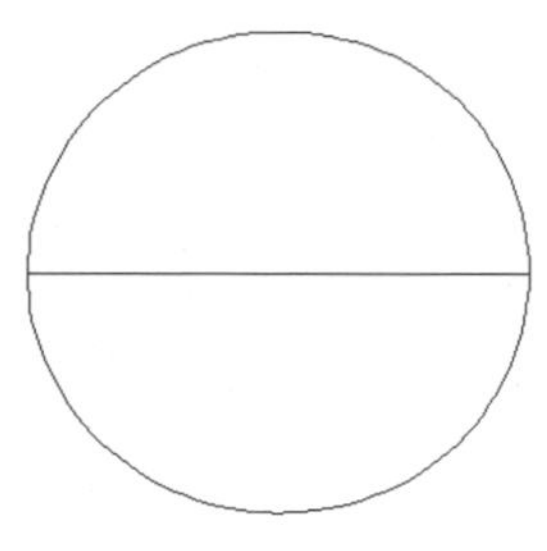

圖 10-10 畫任意長水平線再以此為直徑畫圓

(2) 選取**繪製**工具面板上的**畫線**工具，以圖示 1 點為畫線的起點，連接至圖示 2 點（即圓頂端的四分點），再連接至圖示 3 的點以形成三角形，如圖 10-11 所示。

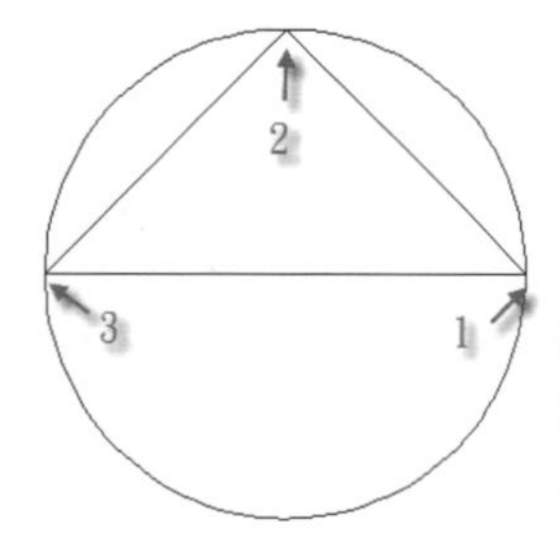

圖 10-11 連接圖示 1、2、3 點以形成三角形

(3) 使用**畫圓**工具，以圖示 3 點為圓心，以圖示 2 至 3 點的線段中點為半徑畫圓，使用**畫線**工具，由圖示 3 的點為畫線起點，連接圖示 4 及 1 的點以形成另外一側的三角形，如圖 10-12 所示。

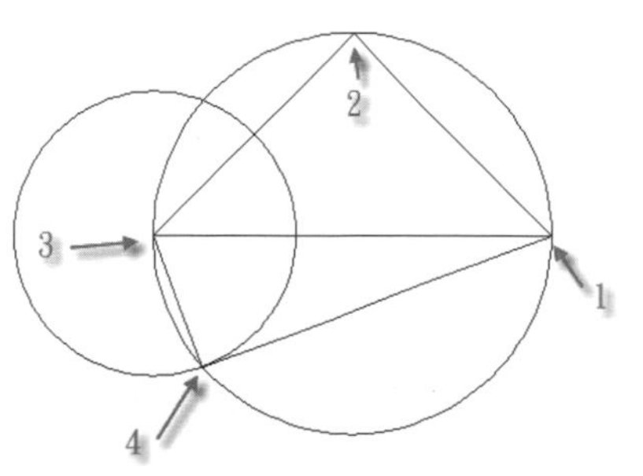

圖 10-12 連接圖示 4 及 1 的點以形成另外一側的三角形

(4) 先刪除小圓，使用**修改**工具面板上**旋轉**工具，利用前面的方法，將圖示 A 的線段旋轉至水平位置上，如圖 10-13 所示。

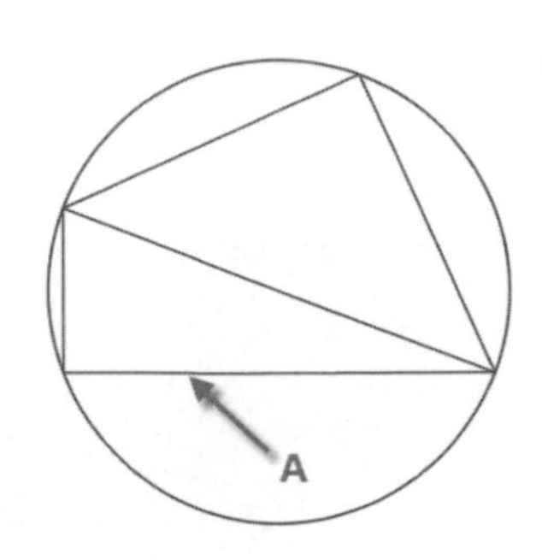

圖 10-13 將圖示 A 的線段旋轉至水平位置上

(5) 使用**比例**工具，也利用前面的方法，將圖示 A 的線段縮放至 100 的長度上，如圖 10-14 所示。

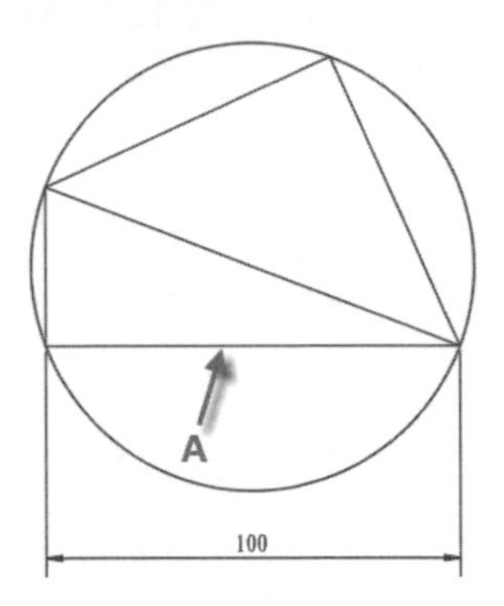

圖 10-14 將圖示 A 的線段縮放至 100 的長度上

(6) 先將圓圖形刪除，使用尺寸標註工具，為圖形標註尺寸，可以得知 a 線段的長度為 37.8，如圖 10-15 所示。

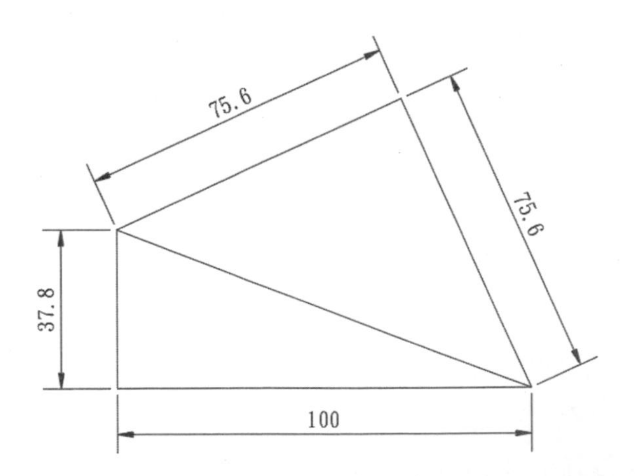

圖 10-15 求得 a 線段的長度為 37.8

3 請開啟第九章中 sample03.dwg 檔案，如圖 10-16 所示，請求取 a 線段長度及 b 圓的直徑。

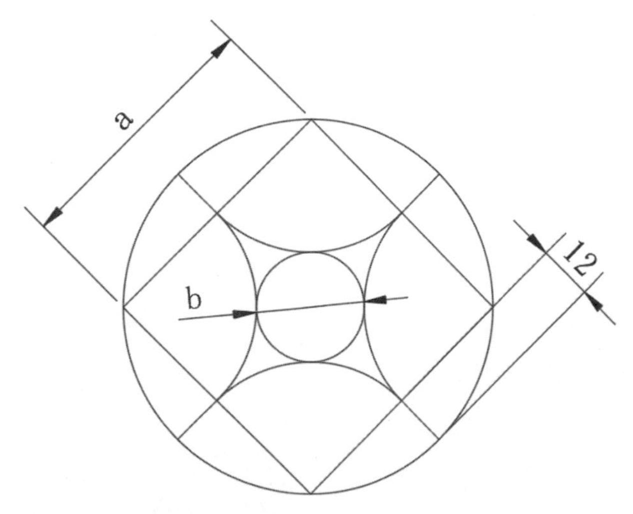

圖 10-16 開啟第九章中 sample03.dwg 檔案

(1) 使用**矩形**工具，在繪圖區中繪製任意大小的正方形，選取**繪製**工具面板上的**三點畫圓**工具，使用滑鼠點擊圖示中的 1、2、3 點，可以畫出一個圓，如圖 10-17 所示。

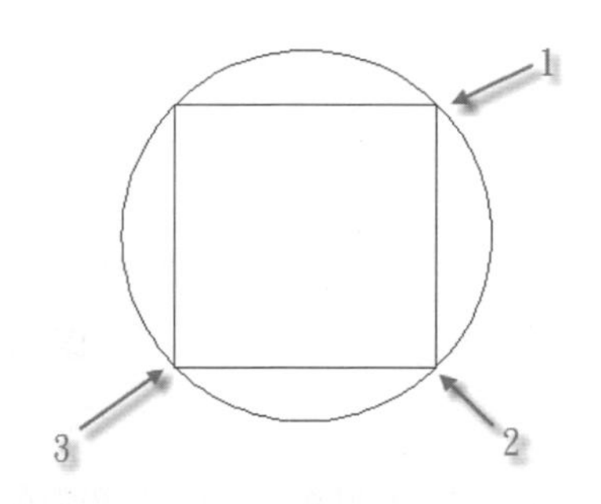

圖 10-17 使用**三點畫圓**工具畫一圓

(2) 使用**繪製**工具面板上的**中心點、起點、終點畫弧**工具，以圖示的三點畫一圓弧，即矩形的角點及兩邊線的中點處，如圖 10-18 所示。

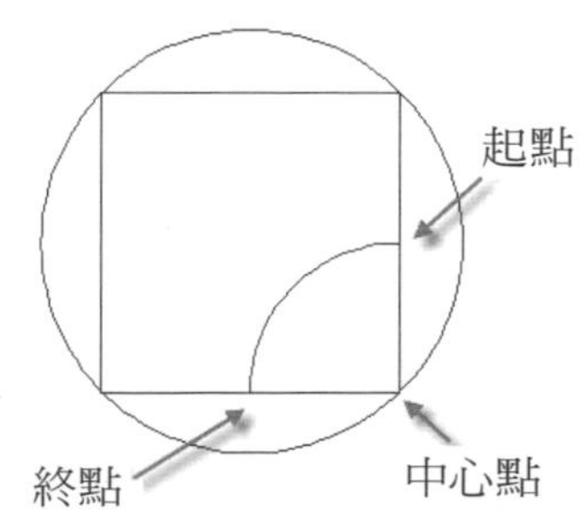

圖 10-18 使用**畫弧**工具畫一圓弧

(3) 使用**修改**工具面板上的**環形陣列**工具，選取圓弧為陣列物件，以圓形的圓心做為陣列的中心點，依前面陣列章節操作方法執行陣列，在**陣列**頁籤中，於**項目**工具面板中將**項目**欄位設為 4，**填滿**欄位設為 360，如圖 10-19 所示，可以將圓弧完成陣列，如圖 10-20 所示。

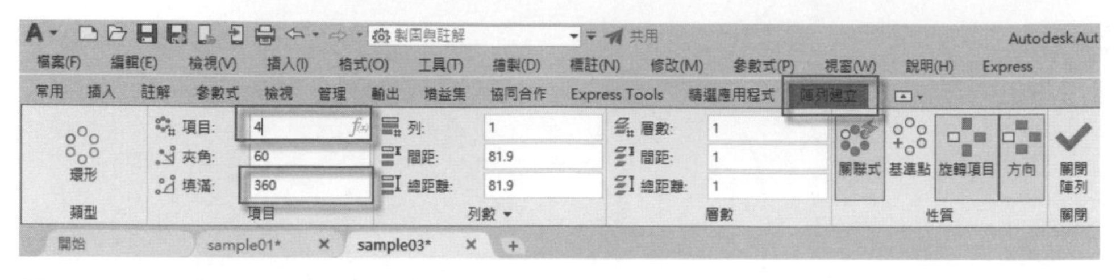

圖 10-19 於**項目**工具面板中各欄位做設定

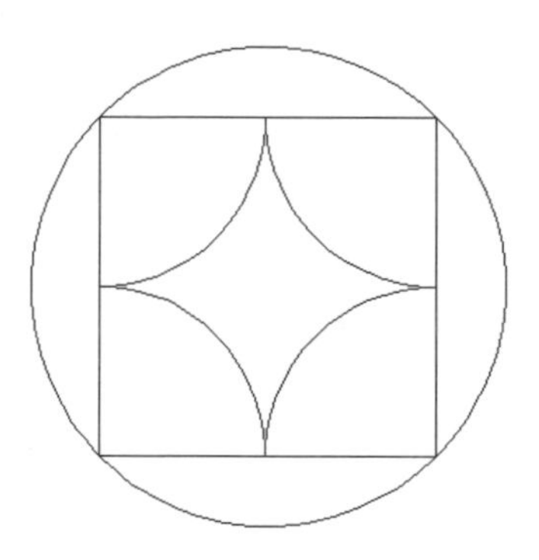

圖 10-20 將圓弧完成陣列

(4) 使用**畫線**工具，由圓弧的端點（即圖示 1、2、3、4 點上）畫線至圓的各個四分點上，如圖 10-21 所示。

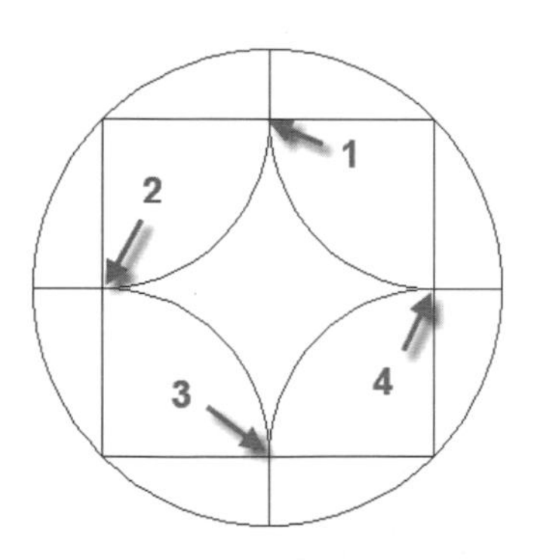

圖 10-21 使用**畫線**工具連接弧線端點與圓的四分點

(5) 選取**修改**工具面板上的**比例**工具，選取全部的圖形做為物件，並以圓的任一四分點做為基準點，再按滑鼠右鍵，在右鍵功能表中選取**參考**功能表單，如圖 10-22 所示。

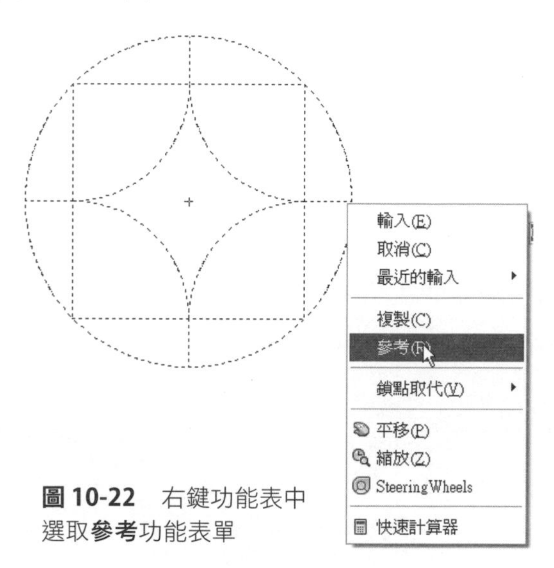

圖 10-22 右鍵功能表中選取**參考**功能表單

(6) 指令行提示**指定參考長度**，請以圖示之 1、2 點做為參考長度，接著在鍵盤上輸入 12，可以將整個圖形做縮放處理，如圖 10-23 所示。

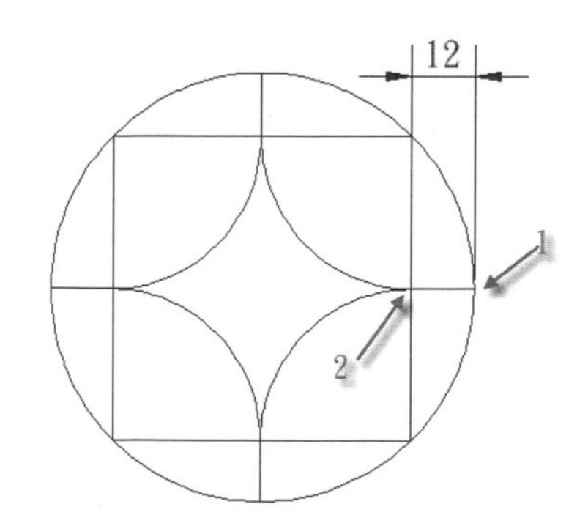

圖 10-23 將整個圖形做縮放處理

(7) 使用**相切、相切、相切畫圓**工具，選取任意 3 個弧形即可在 4 圓弧內畫上一圓，使用**旋轉**工具，以圓心為基準點將整個圖形旋轉 45 度，如圖 10-24 所示。

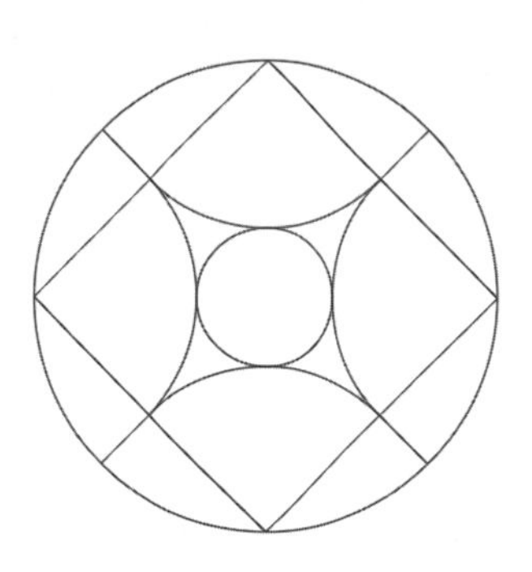

圖 10-24 以圓心為基準點將整個圖形旋轉 45 度

(8) 使用**標註**工具為圖形做上尺寸標註，可以求得 a 線段長度為 57.9、b 圓的直徑為 24，如圖 10-25 所示。

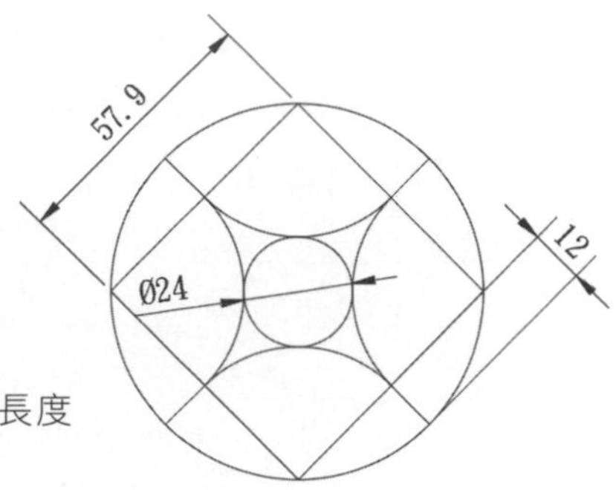

圖 10-25 求得到 a 線段長度為 57.9、b 圓的直徑為 24

4 請開啟第十章中 sample04.dwg 檔案，如圖 10-26 所示，求小圓 a 的半徑為何。

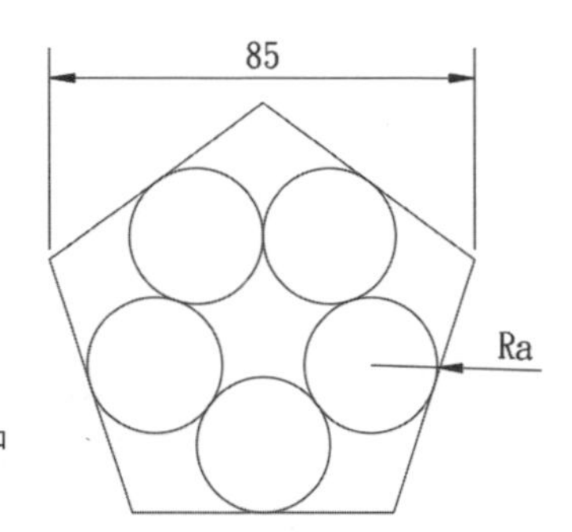

圖 10-26 開啟第十章中 sample04.dwg 檔案

(1) 使用**中心點、半徑畫圓**工具，在繪圖區中繪製任意大小的圓，使用**多邊形**工具，指令行提示**輸入邊的數目**，請在鍵盤上輸入 5 以繪製 5 邊形，以圓的圓心為中心點，指令行提示**內接於圓**及**外切於圓**兩選項供選取，請選取**內接於圓**選項，如圖 10-27 所示。

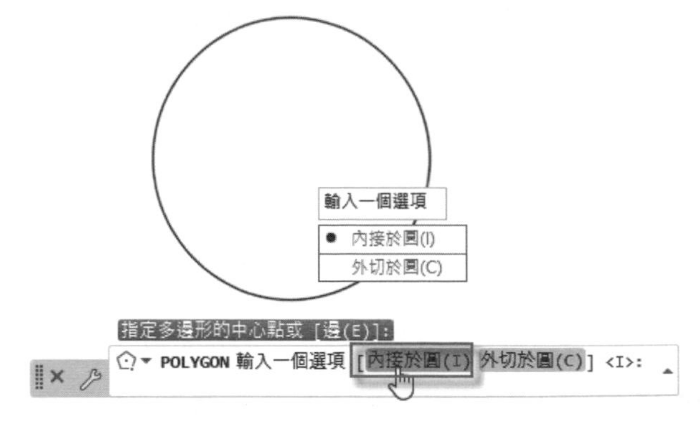

圖 10-27 於指令行選取**內接於圓**選項

(2) 以圓心為 5 邊形的中心點，至圖示 1 點為 5 邊形的半徑值，圖示 1 點必位於垂直的約束線上即可繪製五邊形，選取**畫圓**工具，各以 5 邊形的頂點為圓心，5 邊形邊的一半為半徑畫圓，總共繪製 5 個小圓，如圖 10-28 所示。

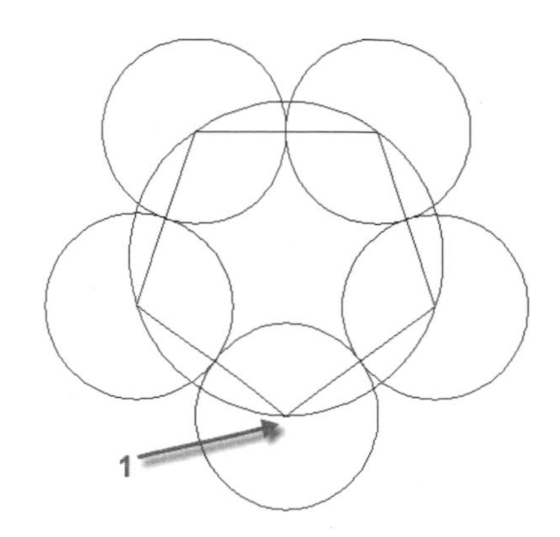

圖 10-28 以 5 邊形的頂點為圓心畫 5 個圓

(3) 使用**相切、相切、相切畫圓**工具，使用滑鼠左鍵點擊圖示 1、2、3 所示的小圓，可以畫出一大圓，如圖 10-29 所示。

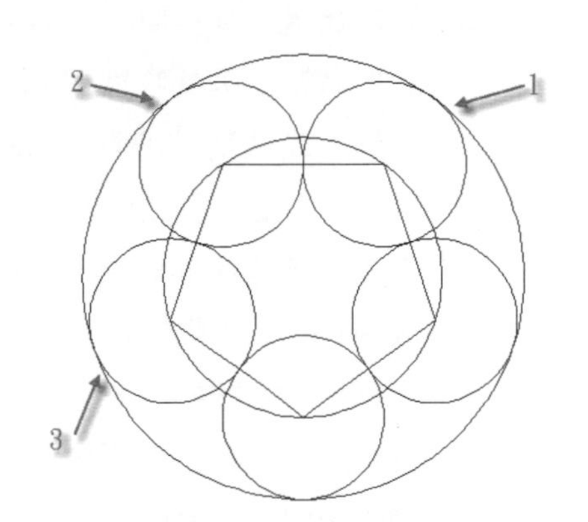

圖 10-29 使用與三圓相切方式畫出一大圓

(4) 使用**多邊形**工具，一樣繪製 5 邊形，當指令行提示內接於圓及外接於圓兩選項供選取，此處請選取外接於圓選項，並以圖示 1 點為邊線的中點，即可繪製出一大 5 邊形，如圖 10-30 所示。

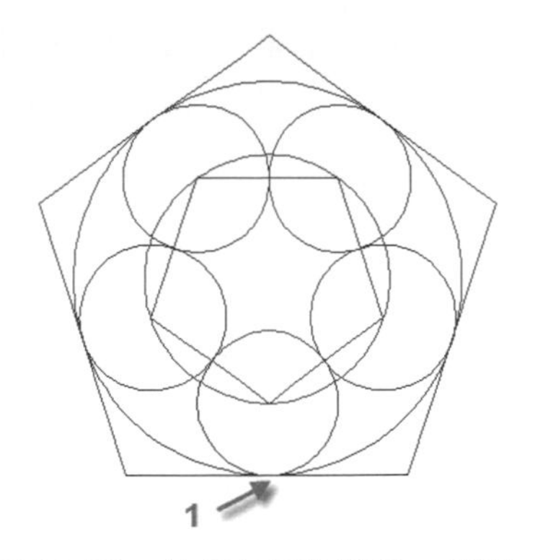

圖 10-30 於最外圍繪製出 5 邊形

(5) 使用掣點編輯方式，留下最大 5 邊形和 5 個小圓，刪除不要的圓及較小 5 邊形，如圖 10-31 所示。

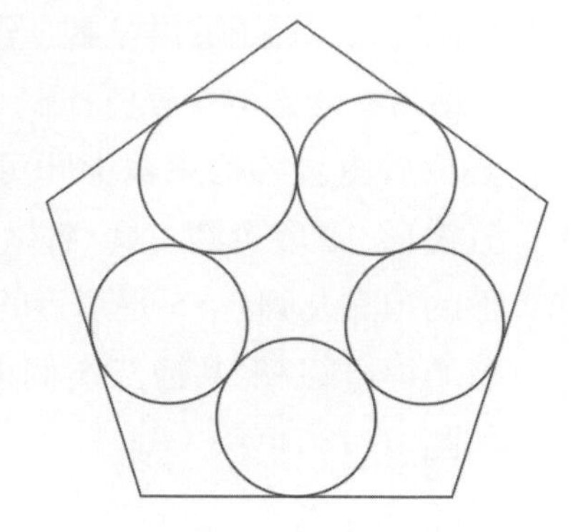

圖 10-31 刪除不要的圖形只留下最大 5 邊形和 5 個小圓

(6) 使用**比例**工具，選取全部的圖形做為比例的物件，以圖示的 1 點做為基準點，立即按滑鼠右鍵，在右鍵功能表中選擇**參考**功能表單，再選取圖示的 1、2 點為參考點，立即在鍵盤輸入「85」，即可將圖形縮放至想要尺寸，如圖 10-32 所示。

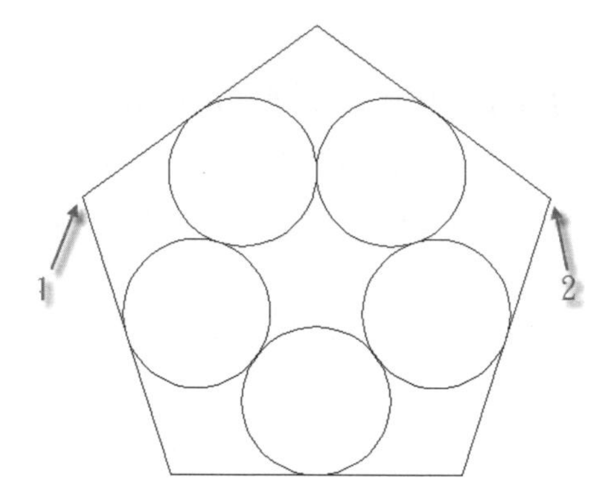

圖 10-32 將圖形縮放至想要尺寸

(7) 使用**標註**工具，為圖形做上尺寸標註，如圖 10-33 所示，即可求得小圓半徑 a＝13.4。

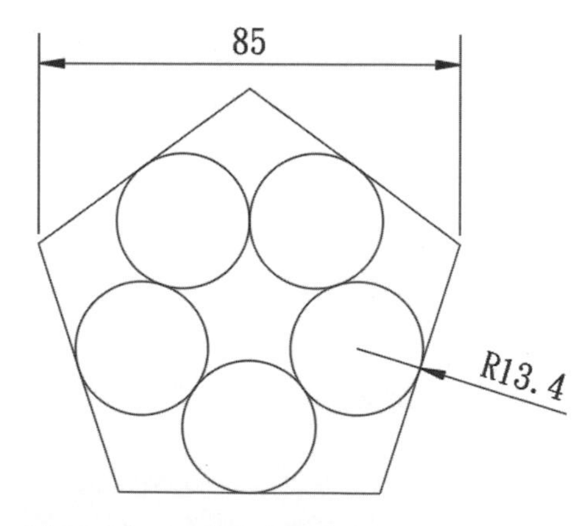

圖 10-33 可求得小圓半徑 a＝13.4

5 請開啟第十章中 sample05.dwg 檔案，如圖 10-34 所示，求線段 a 的長度值為何。

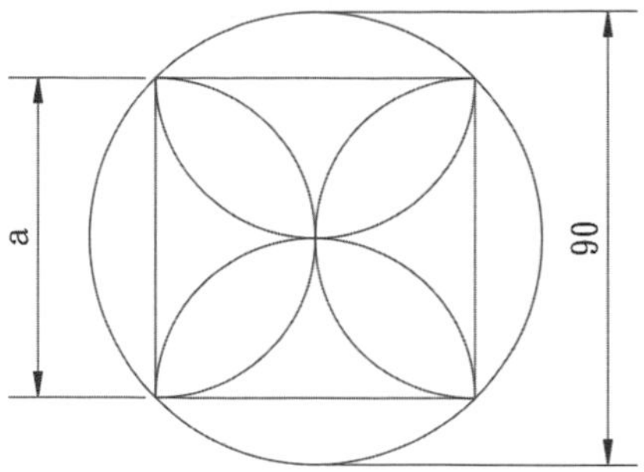

圖 10-34 開啟第十章中 sample05.dwg 檔案

(1) 使用**畫圓**工具，在繪圖區繪製半徑 45 之圓，使用**多邊形**工具，邊數設為 4，以內接於圓模式繪製一四邊形，並以圖示 1 點為畫四邊形之頂點，如圖 10-35 所示。

(2) 使用**旋轉**工具，選取全部圖形為旋轉物件，以圓心為基準點，將四邊形旋轉 45 度，如圖 10-36 所示。

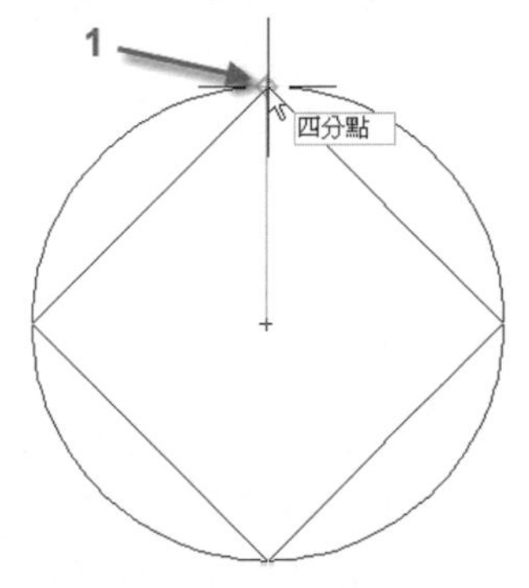

圖 10-35 於圓內繪製四邊形

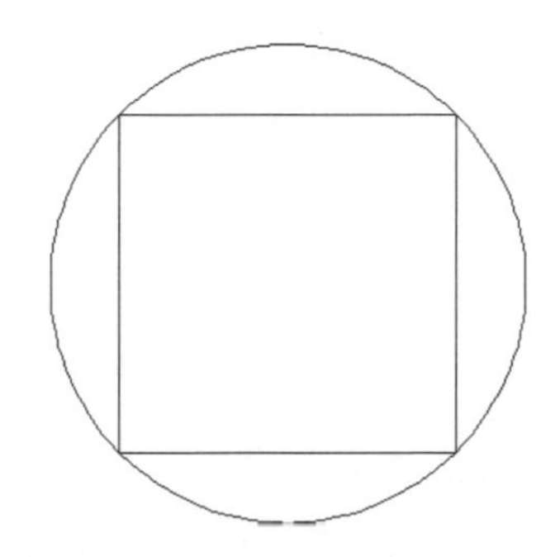

圖 10-36 將四邊形旋轉 45 度

(3) 使用**三點畫弧**工具，以四邊形各邊的兩端點及圓心畫 4 條圓弧線，也可以先畫一條再以環形陣列成 4 條，如圖 10-37 所示。

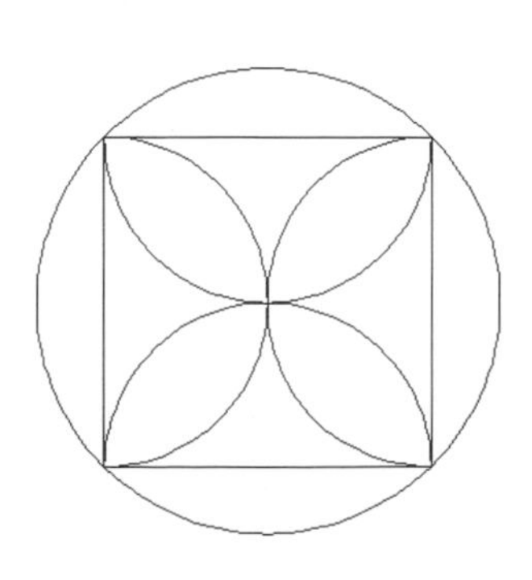

圖 10-37 以四邊形四邊畫圓弧

(4) 使用**標註**工具，為圖形標上尺寸標註，如圖 10-38 所示，可以求得線段 a 的長度值為 63.6。

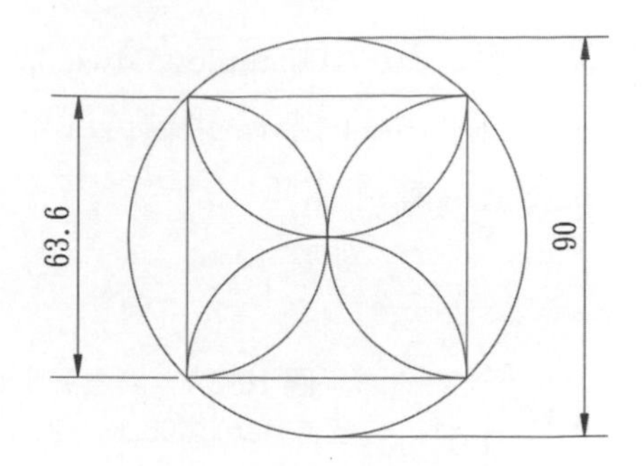

圖 10-38 求得線段 a 的長度值為 63.6

6 請開啟第十章中 sample06.dwg 檔案，如圖 10-39 所示，求取 a 的兩點間隔距離值及圓 b 的直徑值為何。

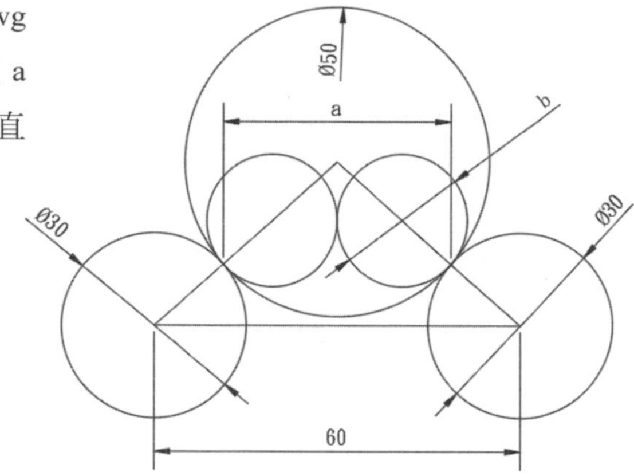

圖 10-39 開啟第十章中 sample06.dwg 檔案

(1) 使用**直線**工具，在繪圖區中繪製 60 長的水平線，再使用**中心點、半徑**畫圓工具，各以直線兩端點為圓心畫半徑 15 的圓，如圖 10-40 所示。

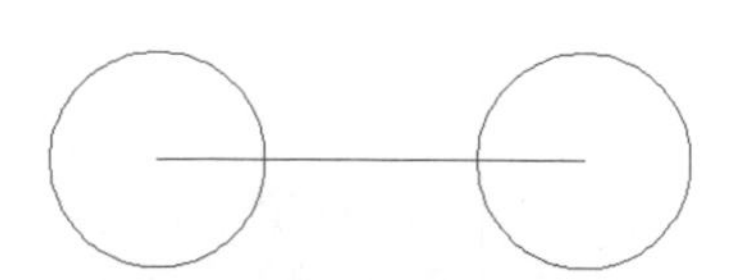

圖 10-40 各以直線兩端點為圓心畫半徑 15 的圓

(2) 使用**相切、相切、半徑**畫圓工具，以剛畫的兩圓為相切圓，在鍵盤上輸入半徑值 25，可以畫出一大圓，如圖 101-41 所示。

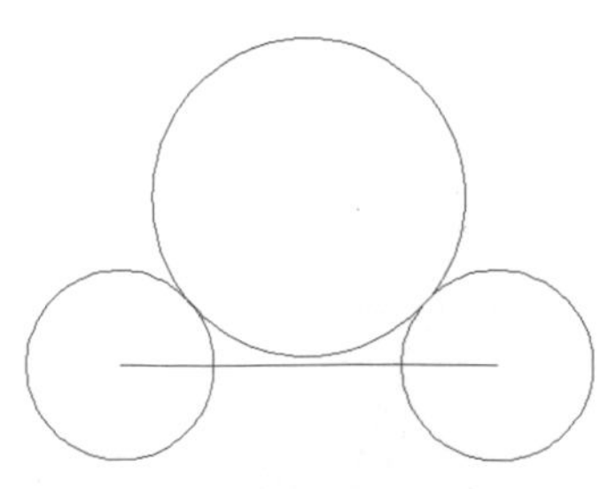

圖 10-41 使用**相切、相切、半徑**畫圓工具畫一大圓

(3) 使用**畫線**工具，連接 3 個圓的圓心，再使用**畫線**工具，由圖示 1 點的圓心畫垂直線到原來的水平線上，如圖 10-42 所示。

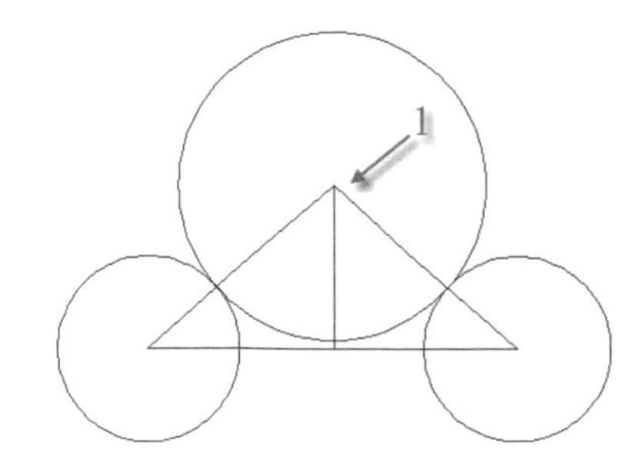

圖 10-42 由圖示 1 點的圓心畫垂直線到原來的水平線上

(4) 使用**三點畫圓**工具，指令行提示**指定圓上的第一點**，此時不要定第一點，請按 [Shift] 鍵＋滑鼠右鍵，在右鍵功能表中選擇**切點**功能表單，如圖 10-43 所示。

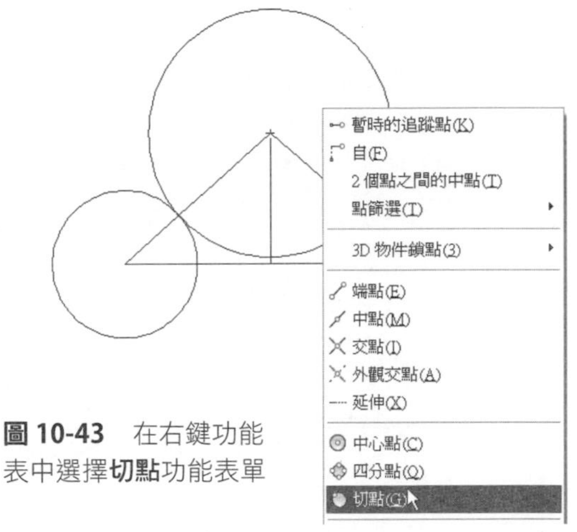

圖 10-43 在右鍵功能表中選擇**切點**功能表單

(5) 此時選取大圓做為相切點，再一次執行右鍵功能表中的**切點**功能表單，此次選取垂直線做為相切點，再一次執行 [Shift] 鍵＋滑鼠右鍵，在右鍵功能表中選擇**互垂**功能表單，如圖 10-44 所示。

圖 10-44 在右鍵功能表中選擇**互垂**功能表單

(6) 選擇**互垂**功能表單後，使用滑鼠點擊圖示 A 的線段，即可繪製一小圓。使用**鏡射**工具，以此小圓為鏡射物件，以圖示 1、2 點為鏡射的第一、二點，可以再複製出一小圓，如圖 10-45 所示。

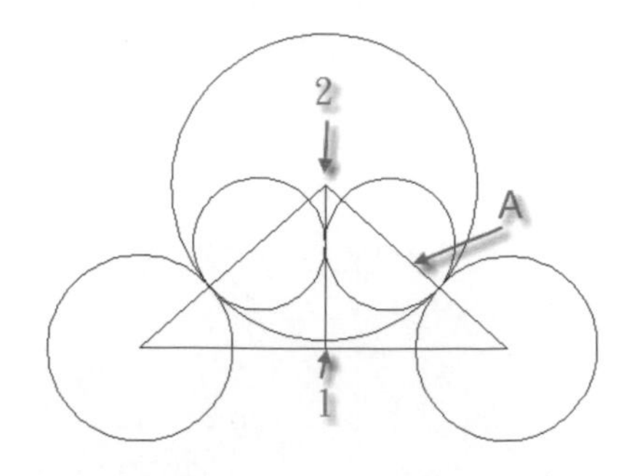

圖 10-45 在大圓內再畫出兩圓

(7) 刪除垂直線，使用**標註**工具，為圖形標上尺寸標註，如圖 10-46 所示，可以求得 a 的兩點間隔距離值為 37.5，小圓直徑 b＝21.4。

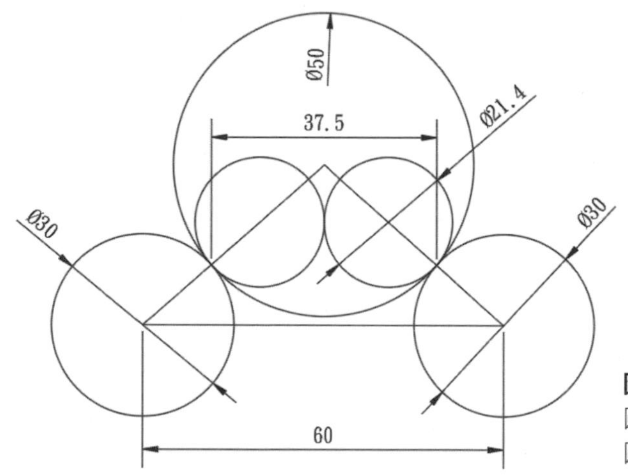

圖 10-46 可以求得兩圓心距離值 a＝21.4，小圓直徑 b＝21.4

10-2 繪製中階幾何圖形

1 請開啟第九章中 sample07.dwg 檔案，如圖 10-47 所示，求 A、B、C 弧線長度及 a、b、c 弧線的半徑值為何

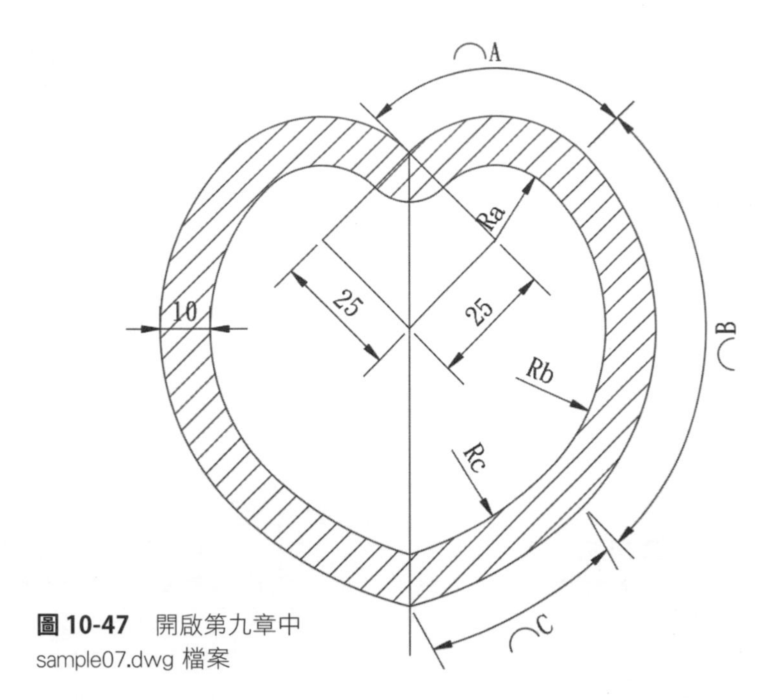

圖 10-47 開啟第九章中 sample07.dwg 檔案

(1) 使用**畫線**工具繪製垂直 100 長度的線段（或任意長度），使用**多邊形**工具，定多邊形的邊數為 **4**，不要急著畫多邊形，按滑鼠右鍵，在右鍵功能表中選取**邊**功能表單，如圖 10-48 所示。

圖 10-48 在右鍵功能表中選取**邊**功能表單

(2) 指令行提示**指定邊的第一個端點**，請在垂直線右側定下第一個端點，水平移動游標，然後在鍵盤上輸入「25」，可以繪製正四邊形，如圖 10-49 所示。

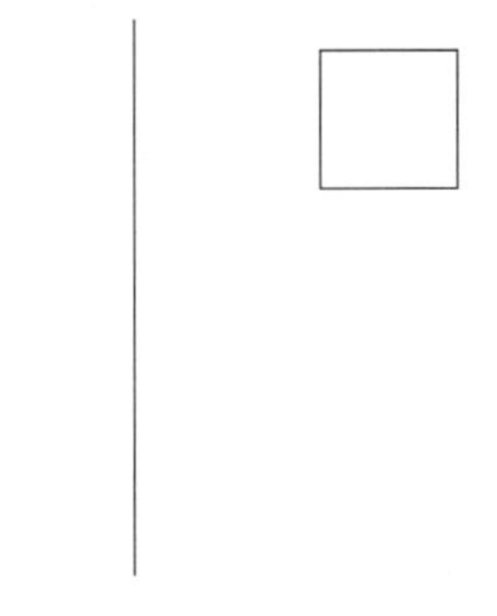

圖 10-49 繪製正四邊形

(3) 使用**旋轉**工具，將正四邊形旋轉 45 度，再使用**移動**工具，將上方的角點對準至垂直線的頂點上，如圖 10-50 所示。

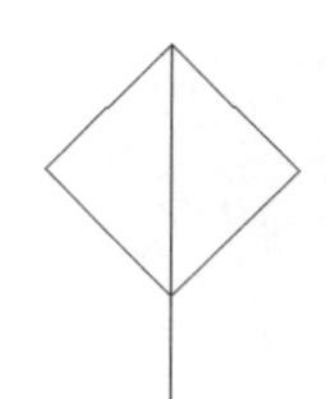

圖 10-50 將正四邊形旋轉再移動至垂直線上

(4) 使用**中心點、半徑**畫圓工具，以圖示 1 的角點為圓心，畫半徑為 10 的圓，以圖示 2 的角點為圓心，以剛畫圓與邊線交點為半徑，再畫一個圓，如圖 10-51 所示。

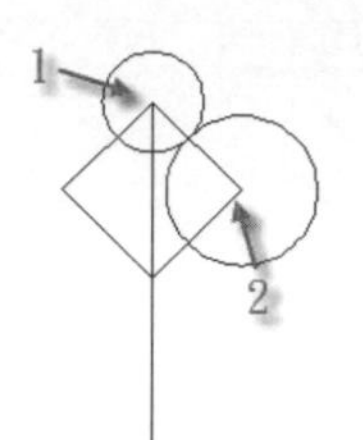

圖 10-51 以兩個角點各畫大小不一的兩個圓

(5) 使用**畫圓**工具，由圖示 1 的角點為圓心，以邊線延長至圖示 3 的圓邊為半徑畫圓，再使用**畫圓**工具，由圖示 2 的角點為圓心，以邊線延長至圖示 4 的圓邊為半徑畫圓，如圖 10-52 所示。

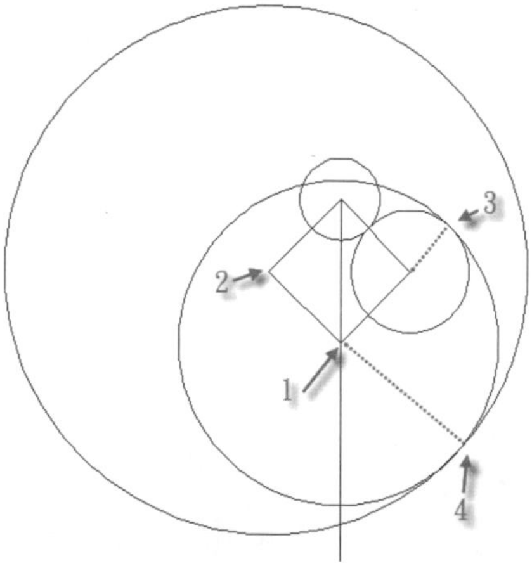

圖 10-52 使用**畫圓**工具再畫兩圓

(6) 使用**修剪**工具，選取全部的圖形做為修剪邊，將多餘的線段刪除，如圖 10-53 所示。

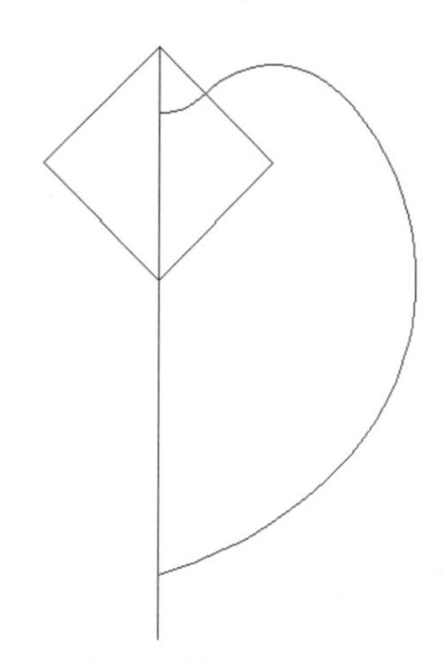

圖 10-53 將多餘的線段刪除

(7) 使用**偏移**工具，設偏移值為 10，將 3 段弧線向上及右側偏移複製，最底下弧線未與垂直線相接，請使用掣點編輯中的延伸方式，先選取垂直線再選取弧線，即可將兩線接合，如圖 10-54 所示。

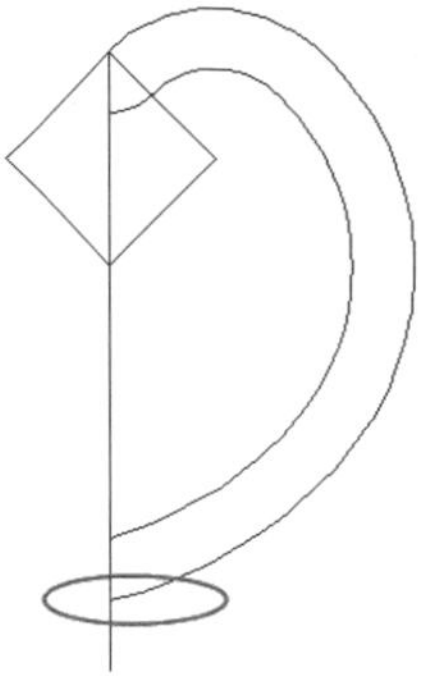

圖 10-54 將弧線偏移複製再延伸至垂直線上

(8) 使用**鏡射**工具，選取全部的弧形線，由圖示的 1、2 鏡射點，向左鏡射複製一份，如圖 10-55 所示。

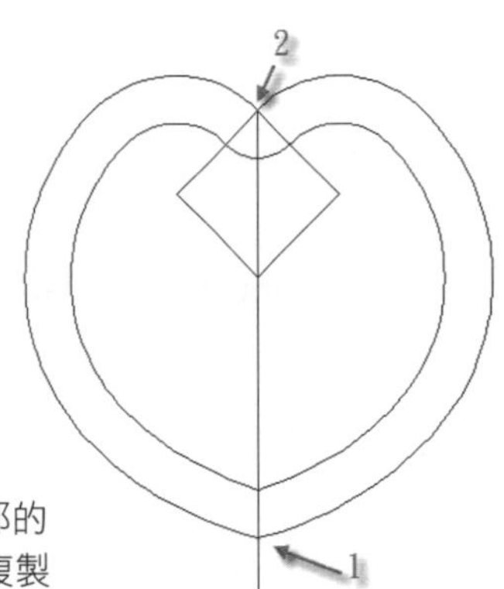

圖 10-55 將全部的弧形線向左鏡射複製

(9) 使用**標註**工具，為圖形標上尺寸標註，並使用**填充線**工具，為圖形內部加入填充圖案，如圖 10-56 所示，可以求得弧線長度 A=39.3、B=78.5、C=41.1，弧線的半徑值 a=15、b=40、c=65。

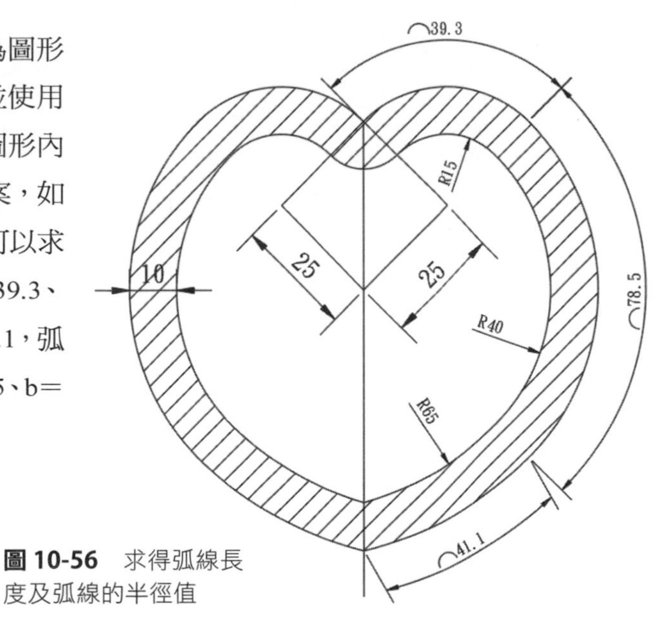

圖 10-56 求得弧線長度及弧線的半徑值

2 請開啟第十章中 sample08.dwg 檔案，如圖 10-57 所示，求弧線 a 的半徑值為何。

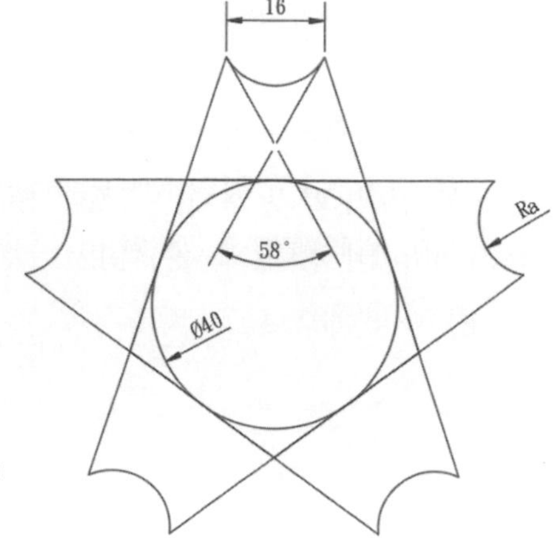

圖 10-57 開啟第十章中 sample08.dwg 檔案

(1) 使用**中心點、半徑**畫圓工具，在繪圖區繪製半徑為 20 的圓，使用**多邊形**工具，以外接於圓模式，以圓心為中心點，以圖示 1 點為 5 邊形之邊線中點，繪製 5 邊形，如圖 10-58 所示。使用**分解**工具，將 5 邊形先行分解。

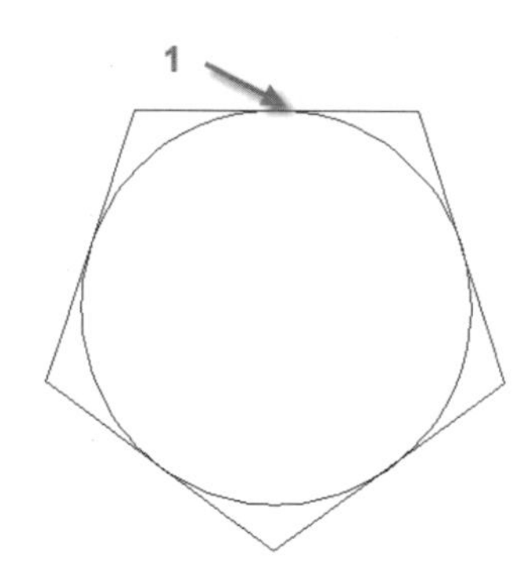

圖 10-58 於圓外繪製 5 邊形

(2) 使用**圓角**工具，設圓角半徑為 0，以圖示 A、B 線段做為圓角工具的第一、二物件，可以繪製出兩條線的延伸線，如圖 10-59 所示。

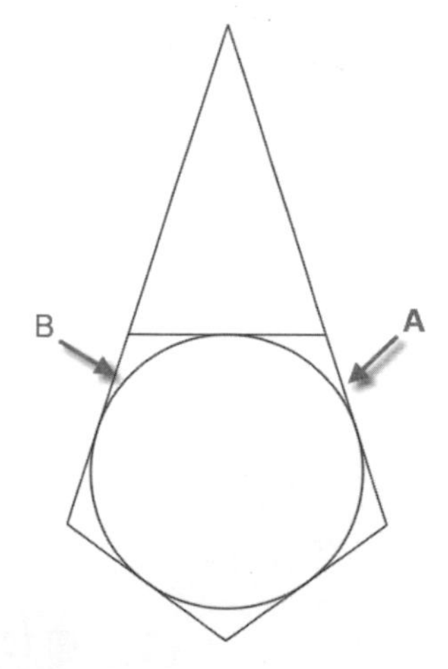

圖 10-59 繪圖示 1、2 的線的延伸線

(3) 使用**畫線**工具，由圓心向上畫出任意長度的垂直線，使用**偏移**工具，設偏移值為 8，將剛畫的垂直線各往兩側偏移複製，如圖 10-60 所示。

(4) 使用**畫線**工具，畫連接圖示 1、2 點的直線，使用**旋轉**工具，以圖示 1 點為基準點，將剛畫的線旋轉複製「-61」度，其計算式為 (180-58) ÷2。再使用**旋轉**工具，以圖示 2 點為基準點，將剛畫的線旋轉複製 61 度，如圖 10-61 所示。

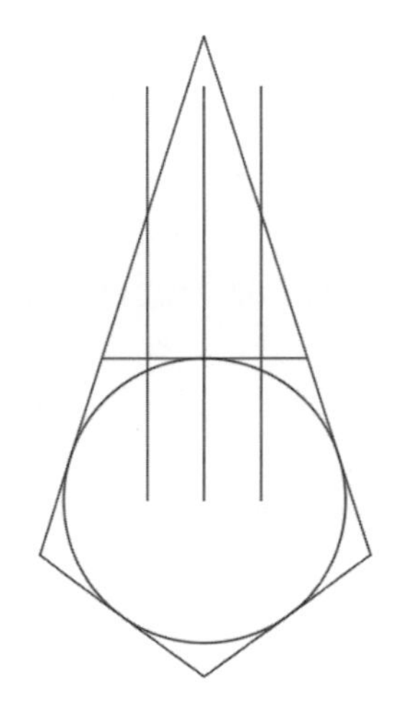

圖 10-60 將中心點的垂直線各往兩側偏移複製

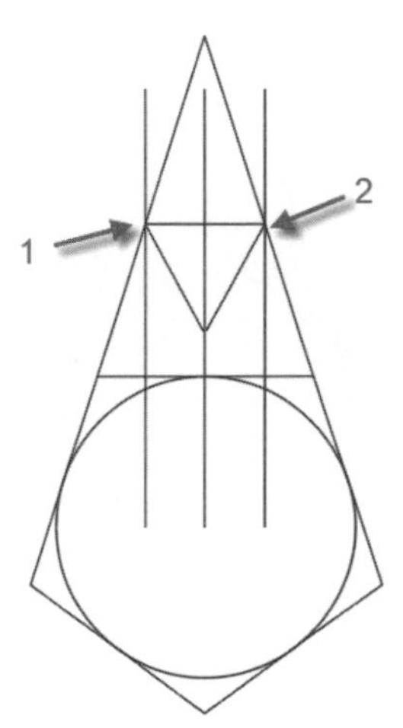

圖 10-61 畫一條水平線再將它旋轉複製

(5) 使用**畫線**工具，由任意點為起點，畫向圖示 A 的線段，先不要按下滑鼠左鍵，按 [Shift] 鍵＋滑鼠右鍵，在右鍵功能表中選擇**互垂**功能表單，然後移動游標至圖示 A 的線段上點擊，可以畫至此線段的垂直線，如圖 10-62 所示。

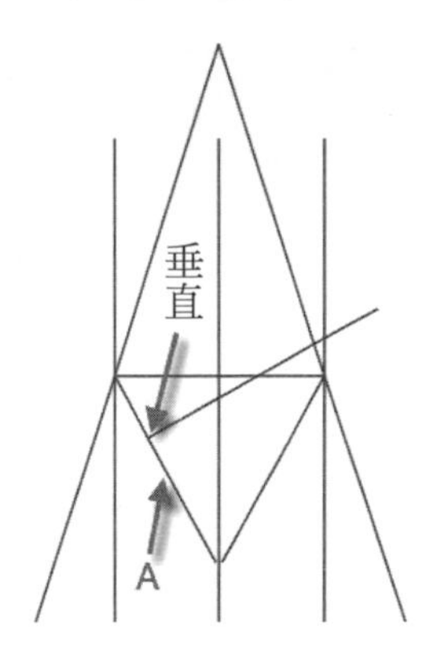

圖 10-62 畫一條 A 線段的垂直線

(6) 使用**移動**工具，將剛畫的線移動到圖示的 1 點上，使用**中心點、半徑**畫圓工具，由原圓心垂直線與此線的交點（圖示的 2 點）為圓心，圖示 1 至 2 點為半徑畫圓，如圖 10-63 所示。

(7) 使用**修剪**工具，以全部的圖形為修剪邊，將多餘的線段修剪掉，再將不要的線段刪除，如圖 10-64 所示。

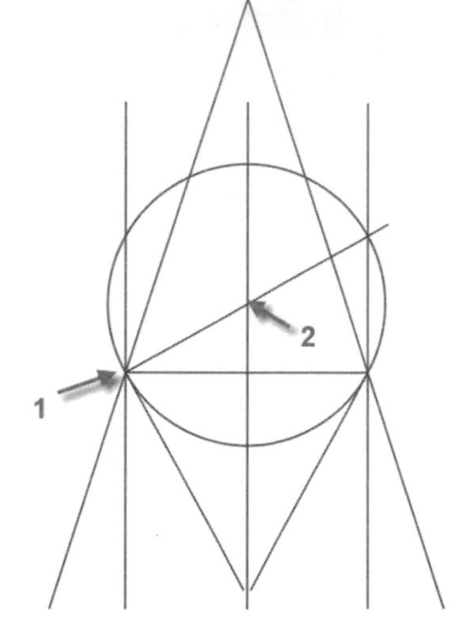

圖 10-63 以圖示 2 點為圓心畫圓

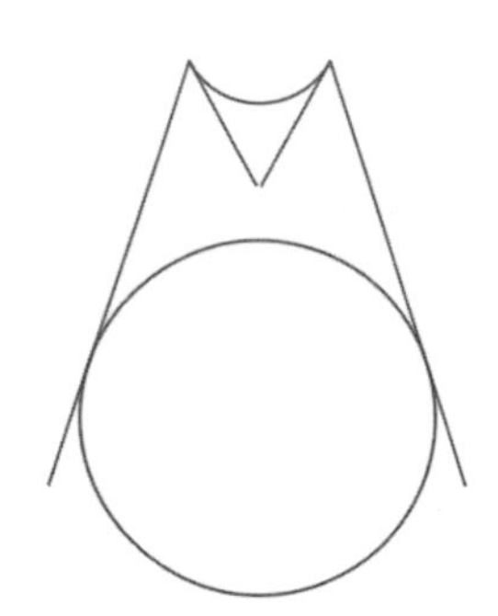

圖 10-64 將不要的線段刪除

(8) 使用**環形陣列**工具，選取圖示 1、2 的線段及圖示 3 的弧線，將其環形陣列，在陣列頁籤的**項目**工具面板上，設**項目計數**欄位為 5，**佈滿角度**為 360，如圖 10-65 所示，其陣列完成圖，如圖 10-66 所示。

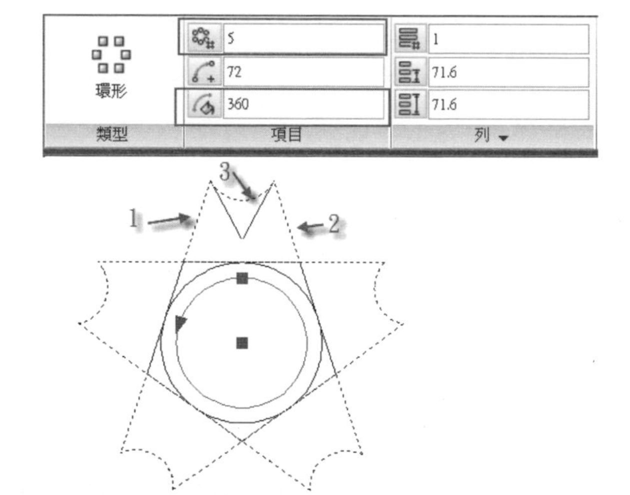

圖 10-65 將圖示 1、2、3 的線及弧做環形陣列

圖 10-66 陣列完成圖

(9) 使用**標註**工具，為圖形標上尺寸標註，如圖 10-67 所示，可以求得弧線 a 的半徑值為 9.1。

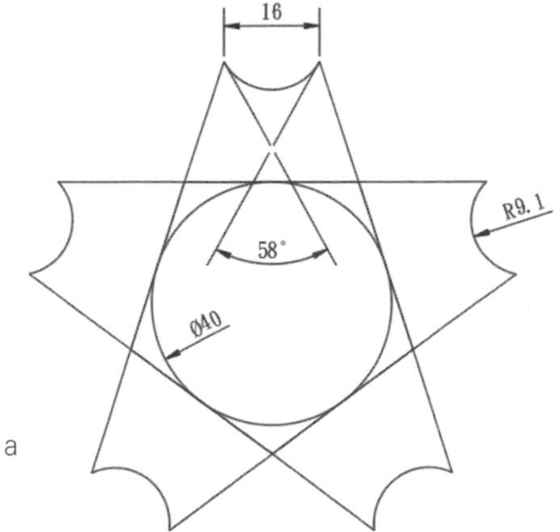

圖 10-67 求得弧線 a 的半徑值為 9.1

3 請開啟第十章中 sample09.dwg 檔案，如圖 10-68 所示，求取 a、b、c 三線段之長度值為何。

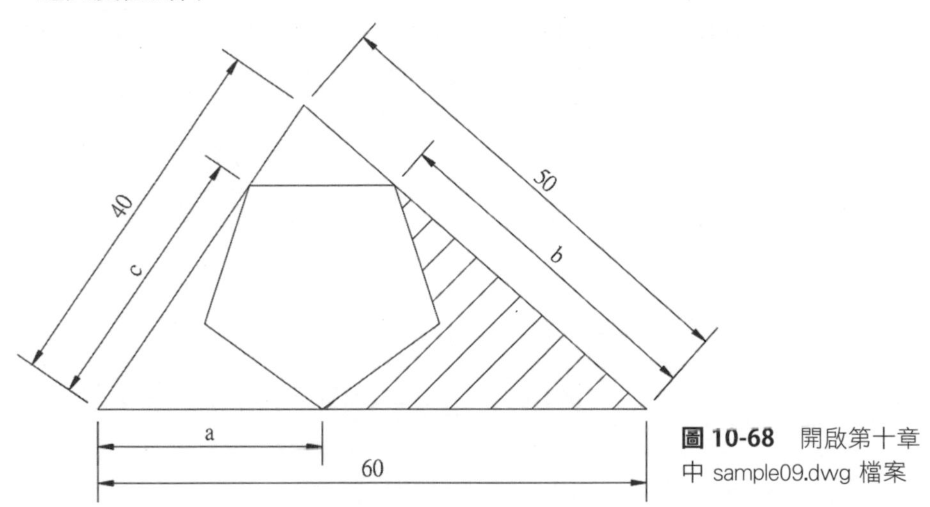

圖 10-68 開啟第十章中 sample09.dwg 檔案

(1) 使用**畫線**工具，在繪圖區中由圖示 1 點畫線長為 60 至圖示 2 點上之水平線，使用**中心點、半徑**畫圓工具，由圖示 1 點為圓心畫半徑 40 之圓，由圖示 2 點為圓心畫半徑 50 之圓，如圖 10-69 所示。

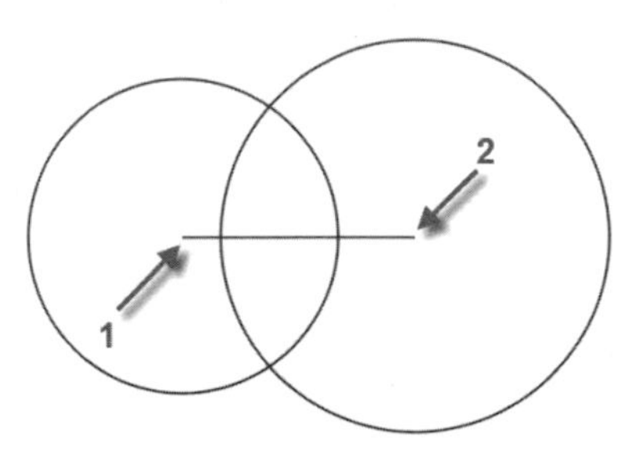

圖 10-69 畫 60 之水平線再由兩端點各畫圓

(2) 使用**畫線**工具，畫圖示 1 點連接圖示 3 點之直線，再畫圖示 2 點連接圖示 3 點之直線，圖示 3 點為兩圓之交點，最後刪除兩圓，即可得 60、50、40 邊長之三角形，如圖 10-70 所示。

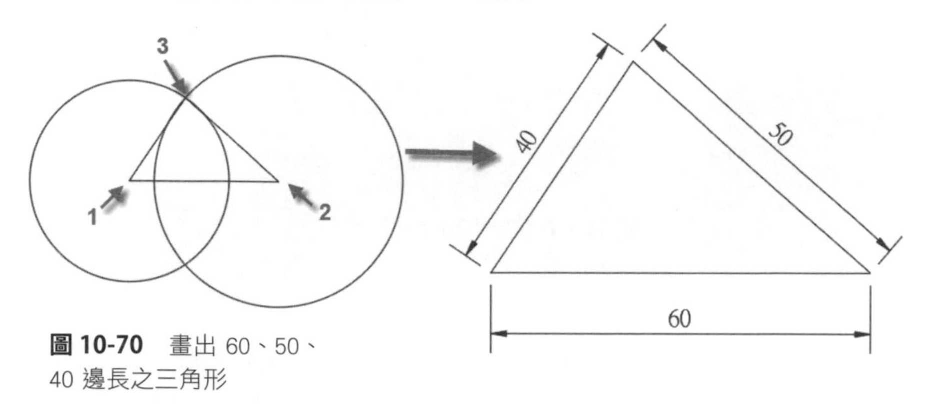

圖 10-70 畫出 60、50、40 邊長之三角形

(3) 使用**多邊形**工具，設邊數為 5 邊形，在三角形內畫任意大小之 5 邊形，唯其頂點之約束線必需垂直向下，如圖 10-71 所示。

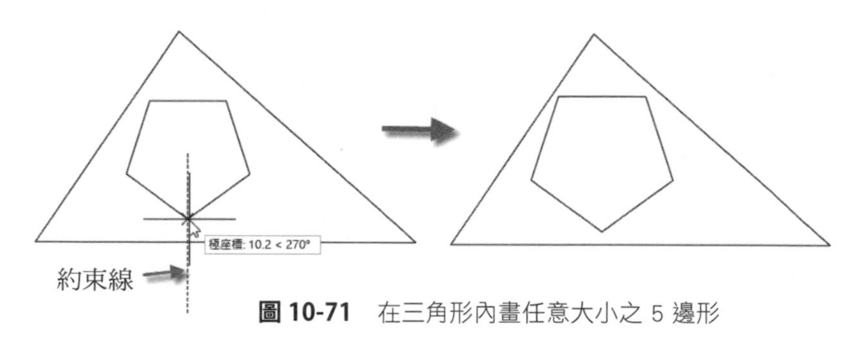

圖 10-71 在三角形內畫任意大小之 5 邊形

(4) 使用**偏移**工具，立即在指令行選取**通過**功能選項，然後將圖示 A、B、C 線段依序以圖示 1、2、3 為通過點，以產生偏移複製 3 線段，如圖 10-72 所示。

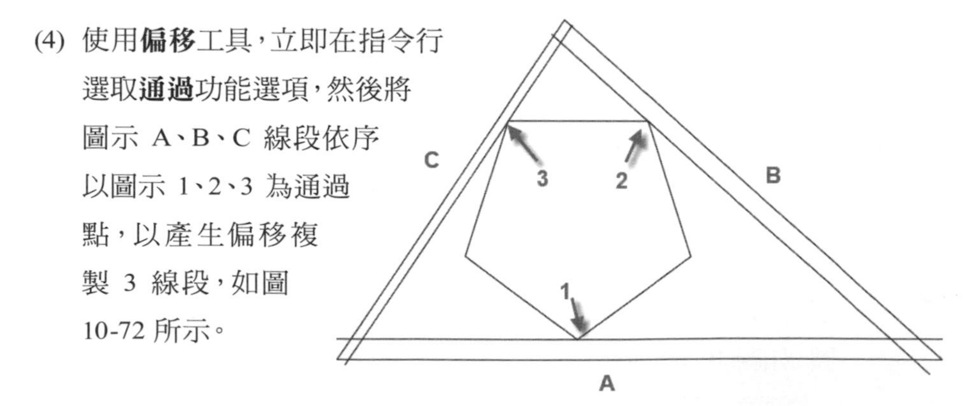

圖 10-72 對圖示 A、B、C 線段操作偏移複製

(5) 先將原三角形線段刪除，再使用**修剪**工具，以全部圖形為修剪邊，將多餘的線段刪除，使用**比例**工具，以圖示 1、2 點參考長度，將圖示 A 線段設定長度為 60，則圖形會改回到原來的 60、50、40 大小的三角形，如圖 10-73 所示。

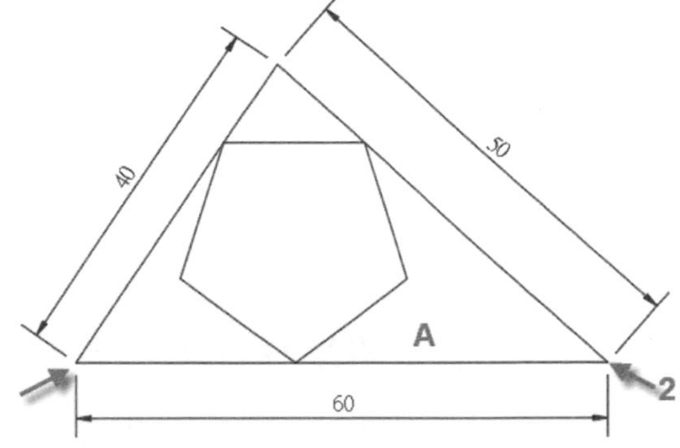

圖 10-73 圖形會改回到原來的 60、50、40 大小的三角形

(6) 使用**標註**工具，為圖形標上尺寸標註，如圖 10-74 所示，可以求得 a、b、c 三線段之長度值各為 24.5、36.8、29.5。

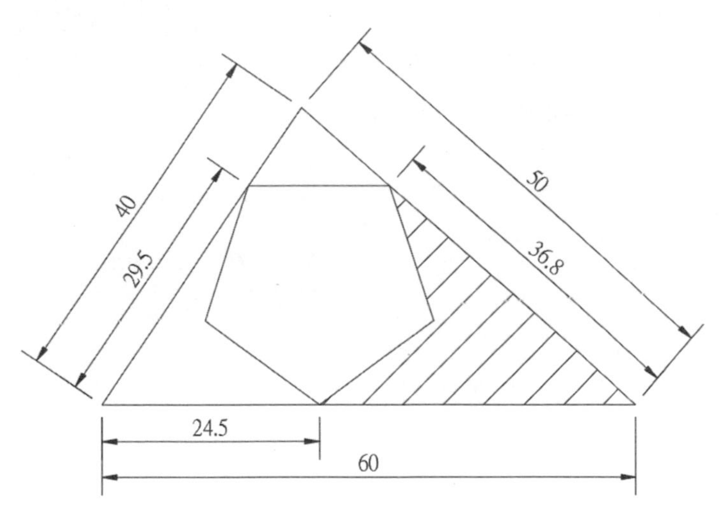

圖 10-74 求得 a、b、c 三線段之長度值各為 24.5、36.8、29.5

4 請開啟第十章中 sample10.dwg 檔案，如圖 10-75 所示，求取 a、b、c 三線段之長度值為何。

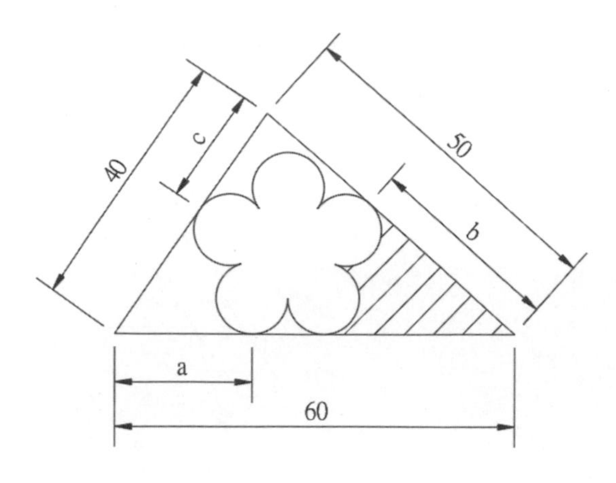

圖 10-75 開啟第十章中 sample10.dwg 檔案

(1) 依前面的方法創建邊長為 60、50、40 之三角形，再使用**多邊形**工具，設邊數為 5 邊形，在三角形內畫任意大小之 5 邊形，唯其頂點之約束線必需垂直向上，如圖 10-76 所示。

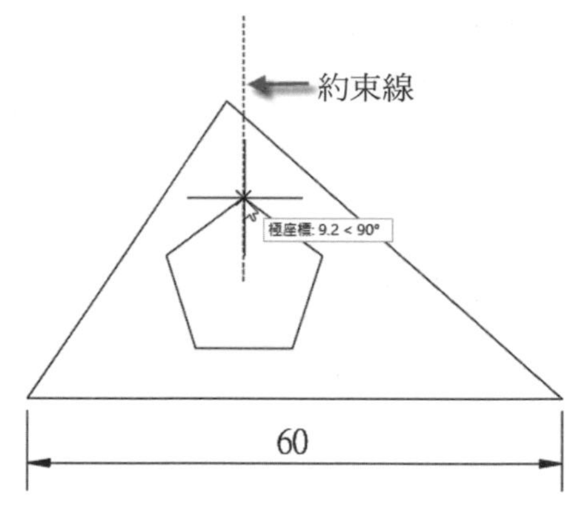

圖 10-76 在三角形內創建任意大小之 5 邊形

(2) 使用**中心點、半徑**畫圓工具，以五邊形之各頂點為圓心邊長一半為半徑畫圓，如圖 10-77 所示，使用者亦可在繪製一圓後，使用複製或**環形陣列**工具加以複製。

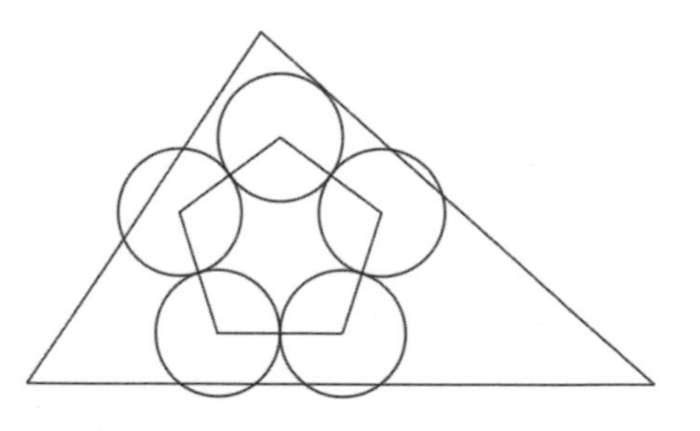

圖 10-77 以五邊形之各頂點為圓心邊長一半為半徑畫圓

(3) 使用**偏移**工具，立即在指令行選取**通過**功能選項，然後將圖示 A、B、C 線段依序以圖示 1、2、3 為通過點，以產生偏移複製 3 線段，如圖 10-78 所示。

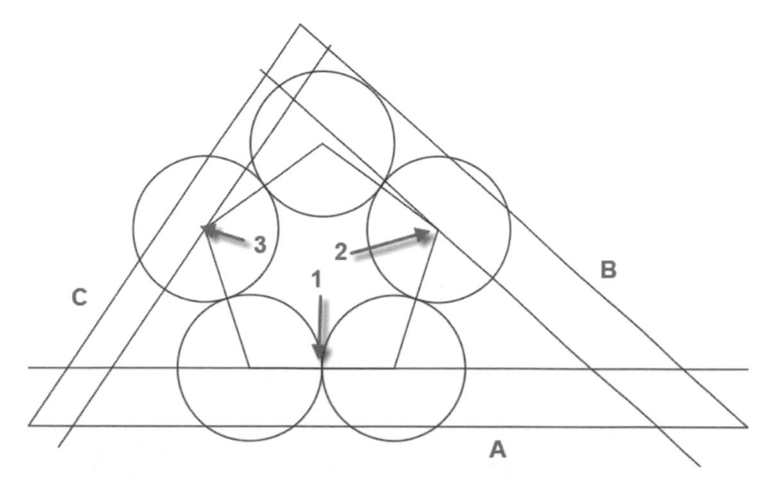

圖 10-78 對圖示 A、B、C 線段操作偏移複製

(4) 將原三角形之邊線刪除，再使用**偏移**工具，設偏移距離值為小圓之半徑，將圖示 A、B、C 三線段各往外偏移複製，如圖 10-79 所示。

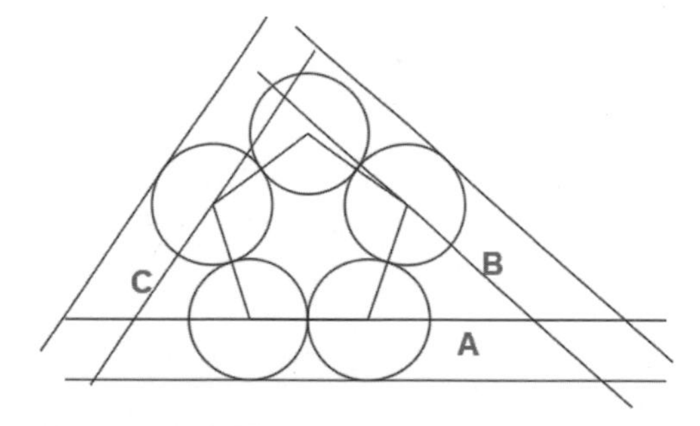

圖 10-79 將圖示 A、B、C 三線段各往外偏移複製

(5) 將內部的五邊形及原偏移複製的 3 條線刪除，如果圖示 A、B、C 之 3 條線未連接上，請使用**倒角**工具，選取相近的兩條線（如 A、B 或 A、C 線）即可將圖示 A、B、C 線連結成三角形，如圖 10-80 所示。

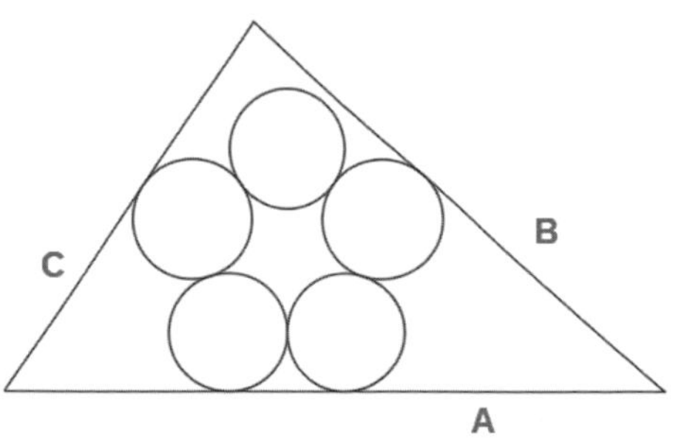

圖 10-80 將圖示 A、B、C 線連結成三角形

(6) 使用**修剪**工具，以全部圖形為修剪邊，將多餘的圓弧線刪除，再利用前面示範方法，使用**比例**工具，將圖形縮放成圖示 A 線段長度等於 60 長度，如圖 10-81 所示。

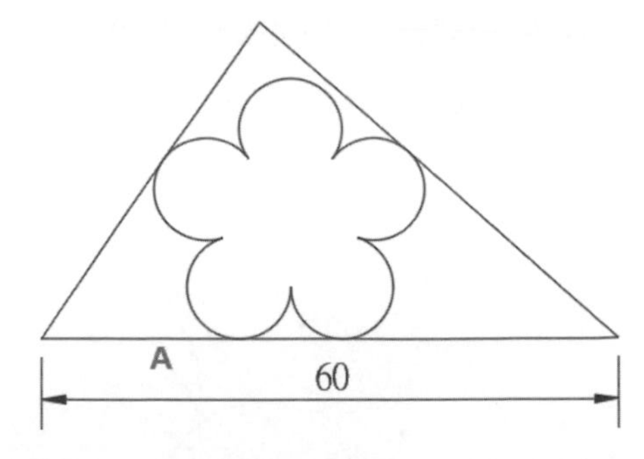

圖 10-81 將圖形縮放成圖示 A 線段長度為 60

(7) 使用**標註**工具，為圖形標上尺寸標註，如圖 10-82 所示，可以求得 a、b、c 三線段之長度值各為 20.3、29.5、17.6。

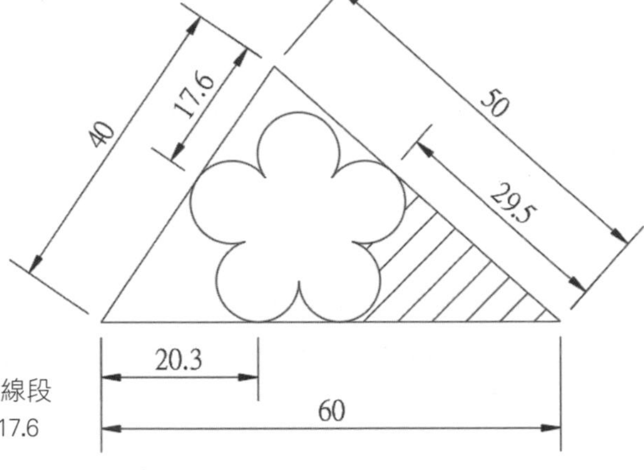

圖 10-82 求得 a、b、c 三線段之長度值各為 20.3、29.5、17.6

5 請開啟第十章中 sample11.dwg 檔案，如圖 10-83 所示，求取 a、b、c、d、e、f 等 6 條圓弧線之半徑值為何。

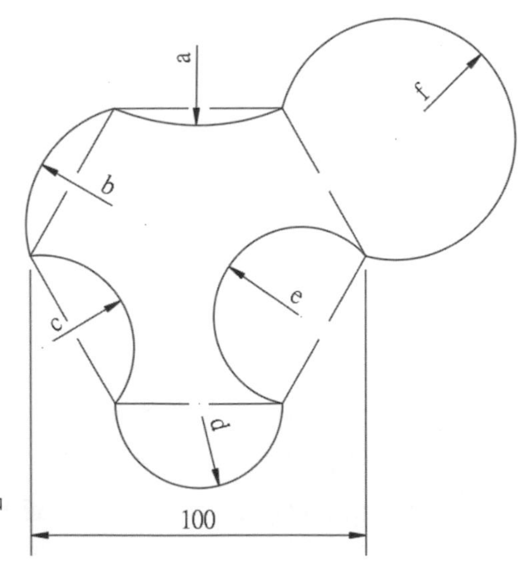

圖 10-83 開啟第十章中 sample11.dwg 檔案

(1) 至於圖中六角形及各圓弧之基本條件，如圖 10-84 所示，請選取**多邊形**工具，設邊數為 6 邊，在繪圖區中以內接於圓方式，繪製半徑 50 之六邊形，其中的頂角必需位於水平的約束線上，如圖 10-85 所示。

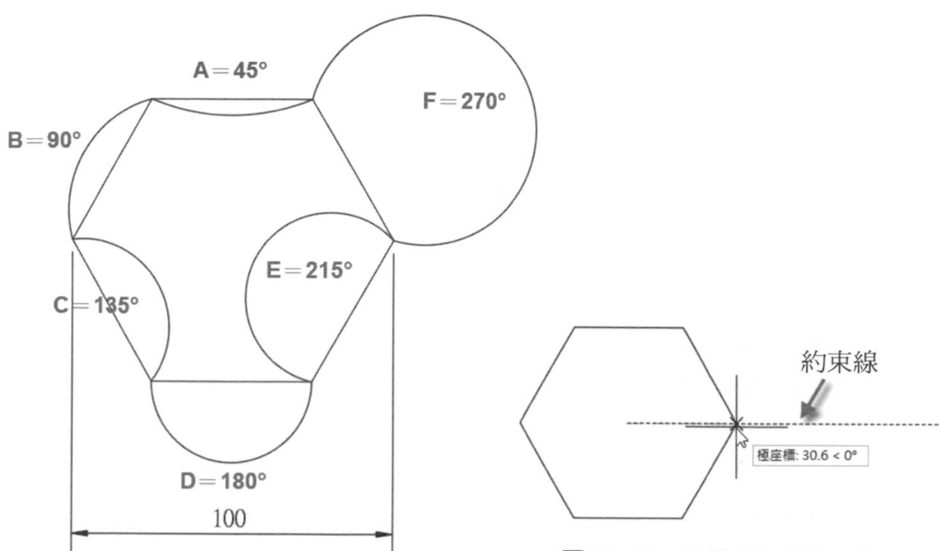

圖 10-84 圖中六角形及各圓弧之基本條件

圖 10-85 繪製六邊形其中的頂角必需位於水平的約束線上

(2) 當使用**起點、終點、角度**畫圓弧工具，其繪製之方位由順時針或逆時針方向所決定，當依序決定起點、終點時，如果是以順時鐘方式，則圓弧線會繪製在多邊形內，如果是以逆時鐘方式，則圓弧線會繪製在多邊形外。

(3) 使用**起點、終點、角度**畫圓弧工具，由圖示 2 點為起點、圖示 1 點為終點設角度為 45，即可繪製圖示 A 弧形線，由圖示 2 點為起點、圖示 3 點為終點設角度為 90，即可繪製圖示 B 弧形線，如圖 10-86。

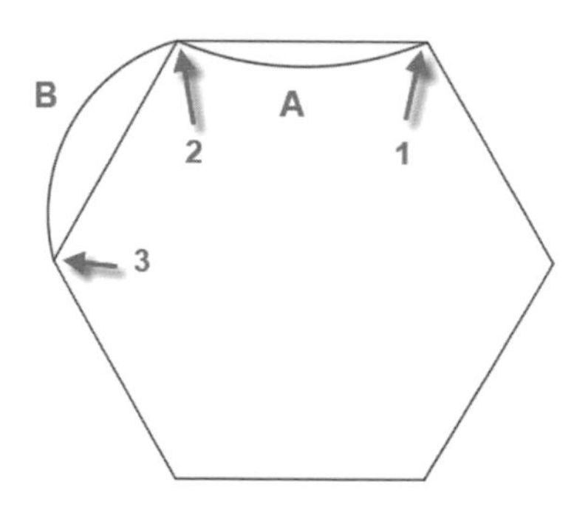

圖 10-86 繪製圖示 A、B 兩弧形線

(4) 請依前面說明方法，再依各圓弧之基本條件，後續以 6 邊形各邊線再繪製出 C、D、E、F 等 4 條圓弧線，如圖 10-87 所示。

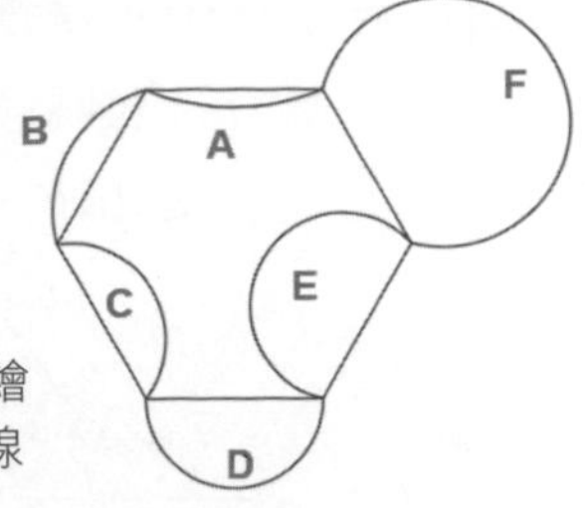

圖 10-87 以 6 邊形各邊線再繪製出 C、D、E、F 等 4 條圓弧線

(5) 使用**標註**工具，為圖形標上尺寸標註，如圖 10-88 所示，可以求得 a、b、c、d、e、f 等 6 條圓弧線段之角度值各為 65.3、35.4、27.1、25、26.2、35.4。

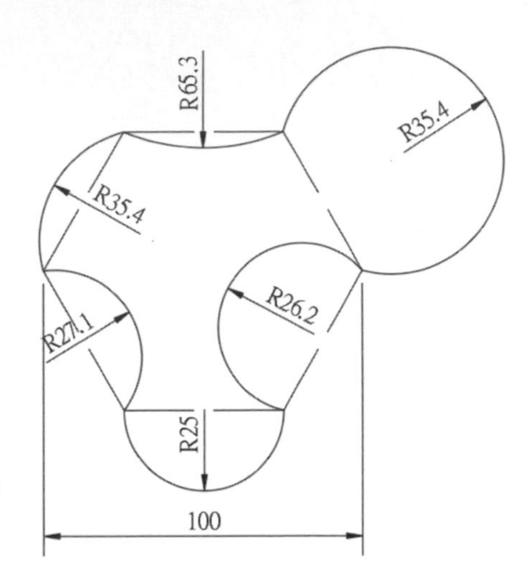

圖 10-88 求得 a、b、c、d、e、f 等 6 條圓弧線段之角度值各為 65.3、35.4、27.1、25、26.2、35.4

6 請開啟第十章中 sample12.dwg 檔案，如圖 10-89 所示，求取 a、b、c 等 3 條圓弧線長及 d 線段之長度值為何。

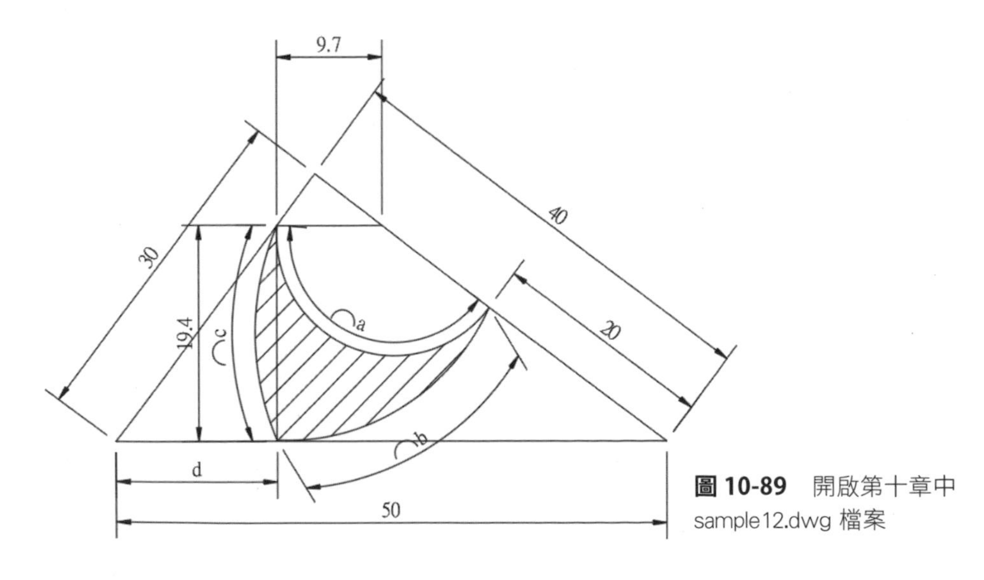

圖 10-89 開啟第十章中 sample12.dwg 檔案

(1) 依前面的方法創建邊長為 50、40、30 之三角形，再使用**畫線**工具，在三角形內繪製兩條相互垂直線段，垂直線段為水平線段的兩倍長（例如本例 a 值設為 8），如圖 10-90 所示。

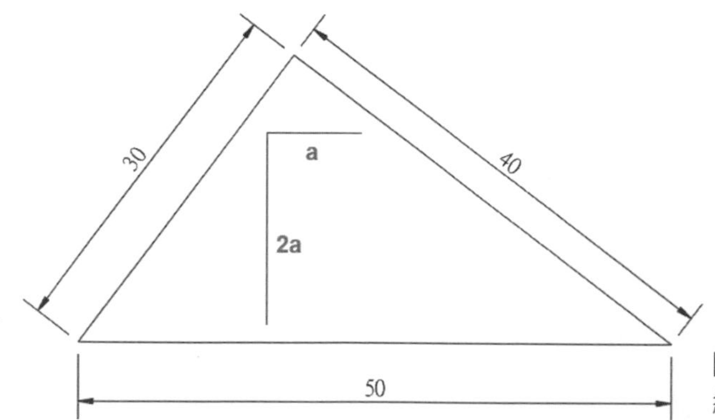

圖 10-90 在三角形內繪製兩條相互垂直線段

(2) 使用**偏移**工具，立即在指令行選取**通過**功能選項，然後將圖示 A、B、C 線段依序以圖示 1、2、3 為通過點，以產生偏移複製 3 線段，如圖 10-91 所示。

(3) 刪除原有三角形邊線，使用**修剪**工具，以全部圖形為剪邊，將多餘的線段刪除，再使用**比例**工具，選取全部圖形，將圖示 A 的線縮放成 50 的長度，如圖 10-92 所示。

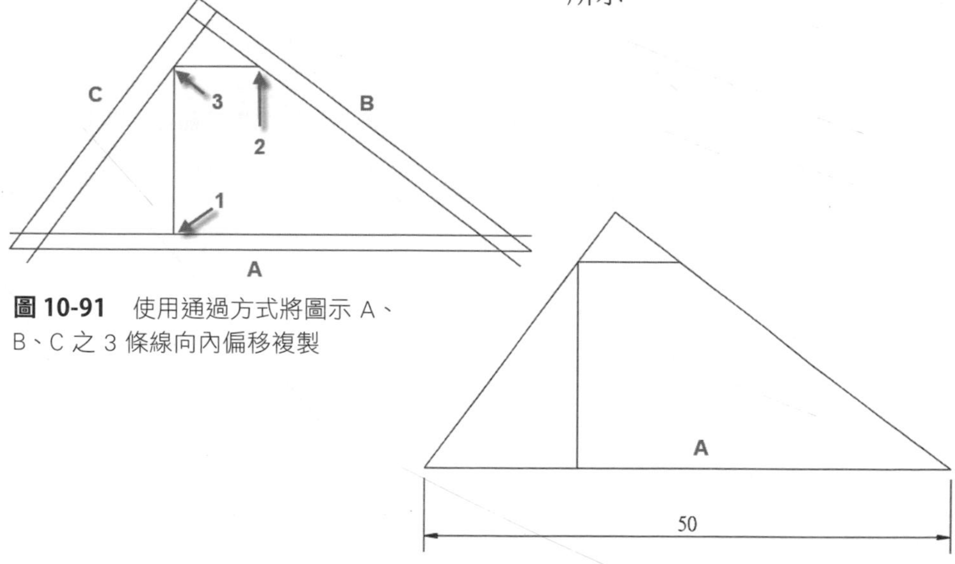

圖 10-91 使用通過方式將圖示 A、B、C 之 3 條線向內偏移複製

圖 10-92 將將圖示 A 的線縮放成 50 的長度

(4) 使用 **3 點畫圓**工具，以圖示 1 點為畫圓第一點，以圖示 2 點（圖示 A 線段的中點）為為畫圓第二點，接著執行 [Shift] ＋右鍵以開啟右鍵功能表，在表中請選取**互垂**功能選項，然後選取 A 線段即可繪製一圓，如圖 10-93 所示。

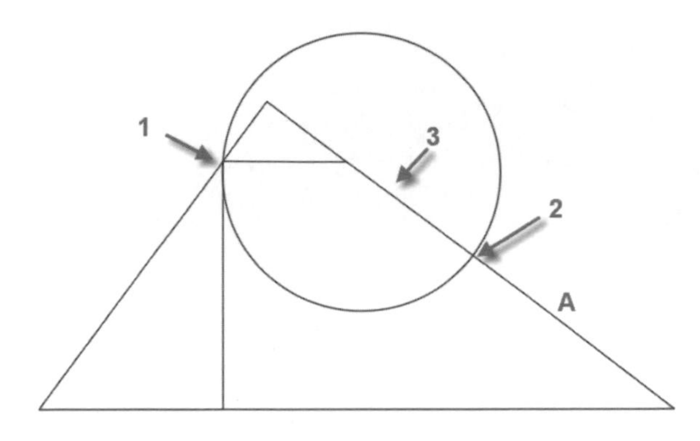

圖 10-93 以 3 點**畫圓**工具畫一圓

(5) 使用 **3 點畫圓**工具，以圖示 1 點為畫圓第一點，以圖示 2 點為畫圓第二點，接著執行右鍵功能表→**互垂**功能表單，然後選取 A 線段即可繪製一圓，如圖 10-94 所示。

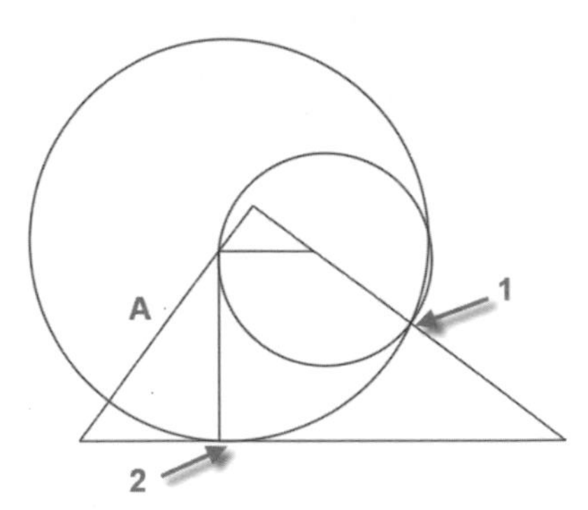

圖 10-94 以 3 點**畫圓**工具再畫一圓

(6) 使用 **3 點畫圓**工具，以圖示 1 點為畫圓第一點，以圖示 2 點為畫圓第二點，接著執行右鍵功能表→**互垂**功能表單，然後選取 A 線段即可繪製一圓，如圖 10-95 所示。

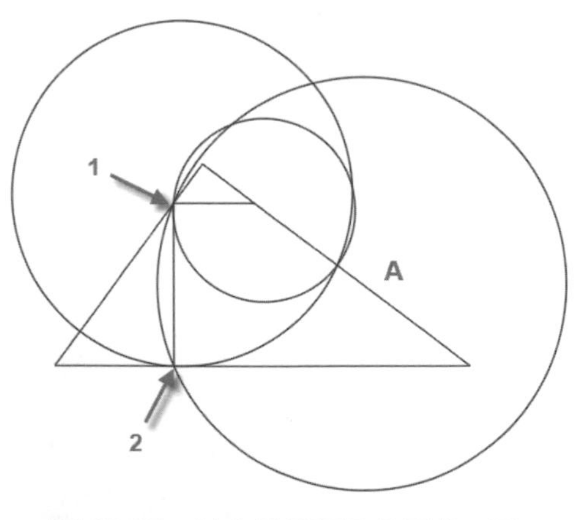

圖 10-95 以 3 點**畫圓**工具再畫一圓

(7) 使用**修剪**工具，以全部的圖形為修剪邊，將多餘的圖形刪除，使用**填充線**工具，為圖示 A 圖形內部添加填充線，如圖 10-96 所示。

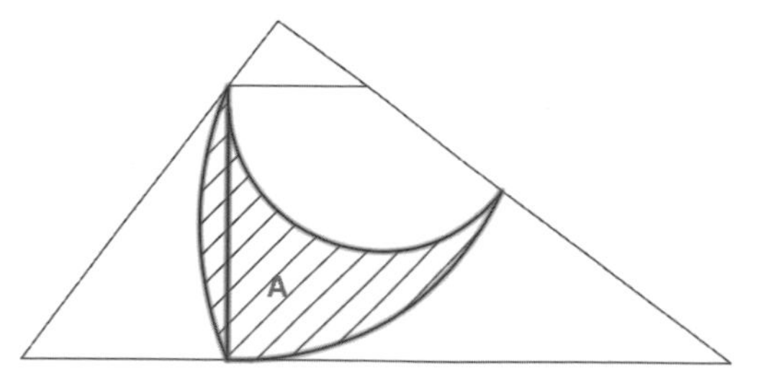

圖 10-96 為圖示 A 圖形內部添加填充線

(8) 使用**標註**工具，為圖形標上尺寸標註，如圖 10-97 所示，可以求得 a、b、c 等 3 條圓弧線段之長度值各為 28、24.2、20，d 線段的長度為 14.6。

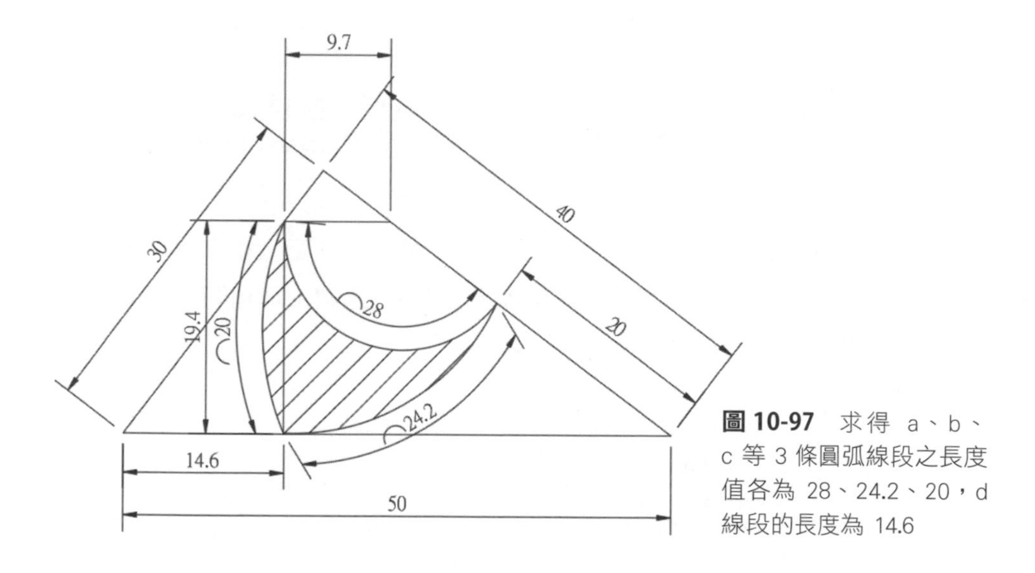

圖 10-97 求得 a、b、c 等 3 條圓弧線段之長度值各為 28、24.2、20，d 線段的長度為 14.6

10-3 繪製高階幾何圖形

1 請開啟第十章中 sample13.dwg 檔案，如圖 10-98 所示，求取 a、b 等 2 條圓弧線長及斜線面積為何。

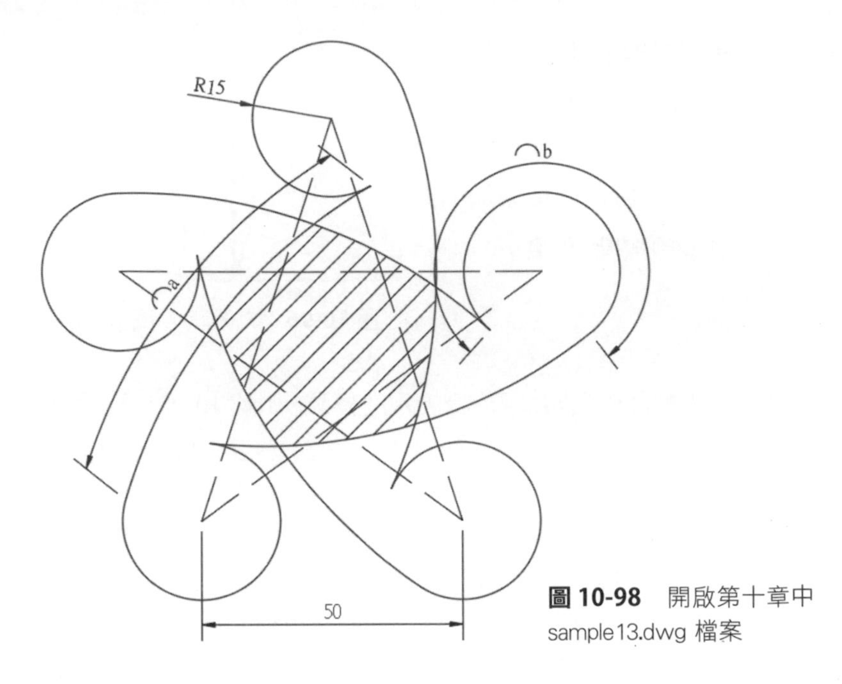

圖 10-98 開啟第十章中 sample13.dwg 檔案

(1) 選取**多邊形**工具，以內接圓方式在繪圖區繪製任意大小之 5 邊形，唯其頂點必需處於上端之垂直約束線上，再使用**比例**工具，將圖示 A 的線段縮放成 50 的長度，如圖 10-99 所示。

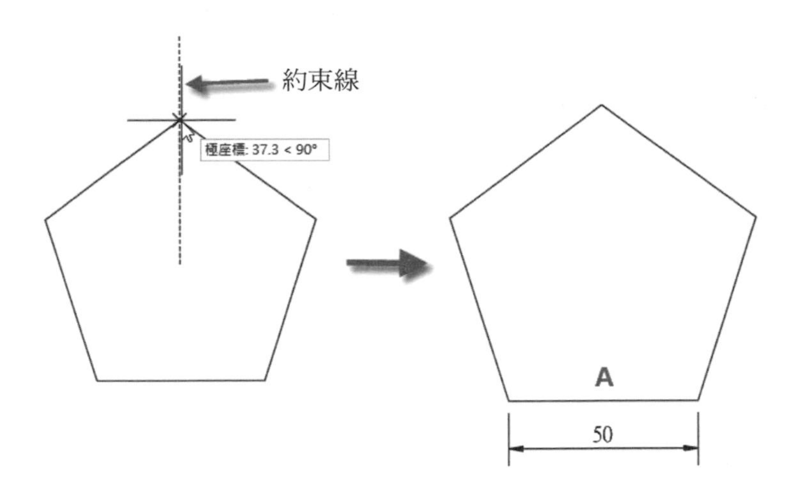

圖 10-99 將圖示 A 的線段縮放成 50 的長度

(2) 使用**畫線**工具，連接 5 邊形各頂點以形成五角星形狀，使用掣點編輯模式，將圖示 A 的線段做出延伸線段，如圖 10-100 所示。

(3) 使用**中心點、半徑**畫圓工具，分別以 5 邊形頂點為圓心畫 15 半徑的圓，如圖 10-101 所示，使用者亦可使用**複製**工具將其中一頂點的圓複製到其它頂點上，或使用**環形陣列**工具亦可以 5 邊形的中心點做環形陣列。

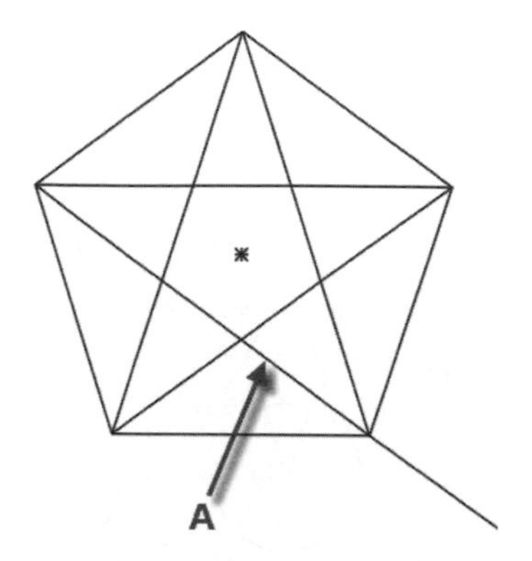

圖 10-100 先畫五角星形狀再將圖示 A 的線段做出延伸線段

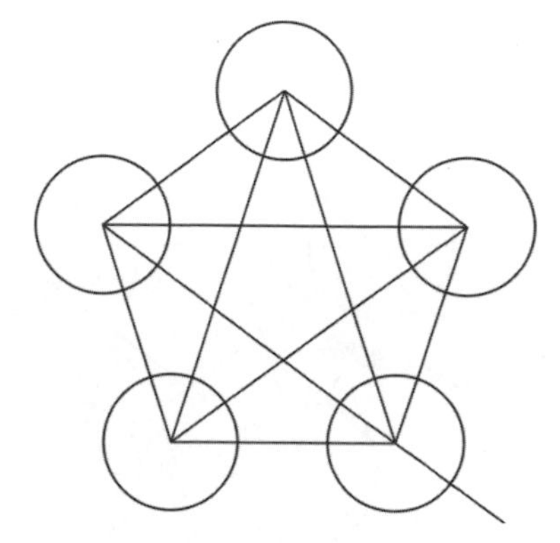

圖 10-101 分別以 5 邊形頂點為圓心畫 15 半徑的圓

(4) 使用三**點畫圓**工具，當分別選取 1、2 點時，按 [Shift] ＋ 滑鼠右鍵以開啟右鍵功能表→**切點**功能表單，以圖示 1、2 點為圓之相切點，當選取第 3 點，則選取**互垂**功能表單，以圖示 A 線段為互垂線段，即可繪製一大圓，如圖 10-102 所示。

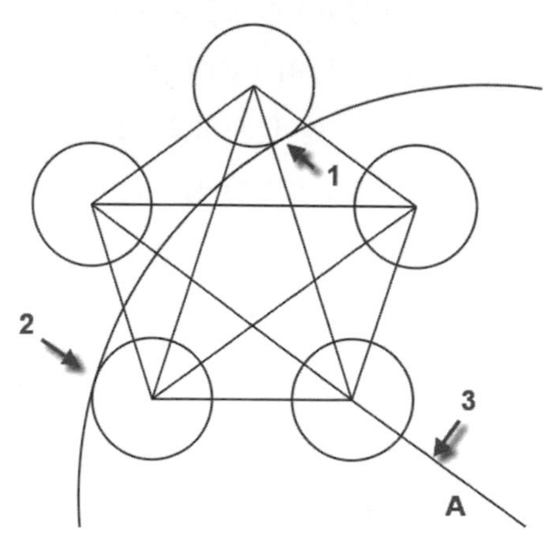

圖 10-102 以**三點畫圓**工具繪製一大圓

(5) 使用掣點編輯模式，將圖示 A 的線段回復到五角星形狀，再使用**修剪**工具，以全部圖形為修剪邊，將大圓不需要的部分刪除而只留下圖示 B 的圓弧線，如圖 10-103 所示。

(6) 使用**環形陣列**工具，選取圖示 A 圓弧線（原留下的圓弧線），以五角形的中心點為基點，做一個**項目**欄位為 5、**填滿**欄位 360 之環形陣列，可以將圖示 A 圓弧線再複製 4 條，如圖 10-104 所示。

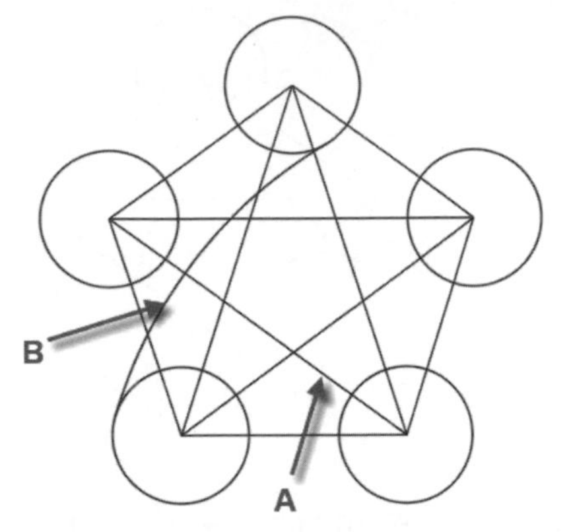

圖 10-103 將大圓不需要的部分刪除而只留下圖示 B 的圓弧線

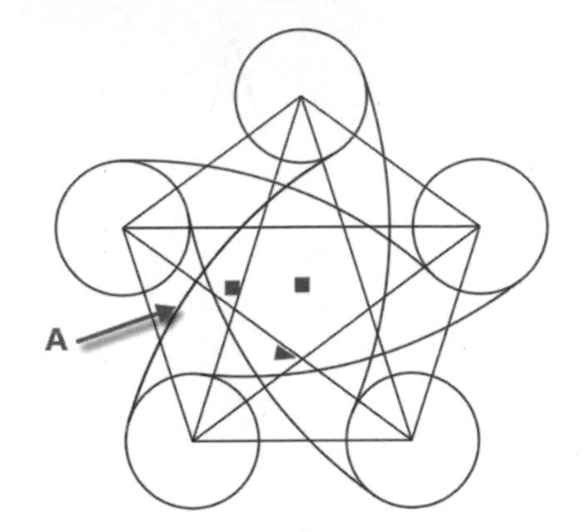

圖 10-104 將圖示 A 圓弧線再複製 4 條

(7) 環形陣列完成後將此 5 條圓弧線先分解（如果陣列具有關聯性），選取原先繪製的 5 邊形刪除，使用**修剪**工具，以全部圖形為修剪邊，將多餘的線段刪除，如圖 10-105 所示。

(8) 將五角星之線條歸入到中心線圖層，再將此圖層隱藏，使用**填充線**工具，為圓弧線圍成的區域賦予填充線，如圖 10-106 所示。

圖 10-105 使用**修剪**工具將多餘的線段刪除

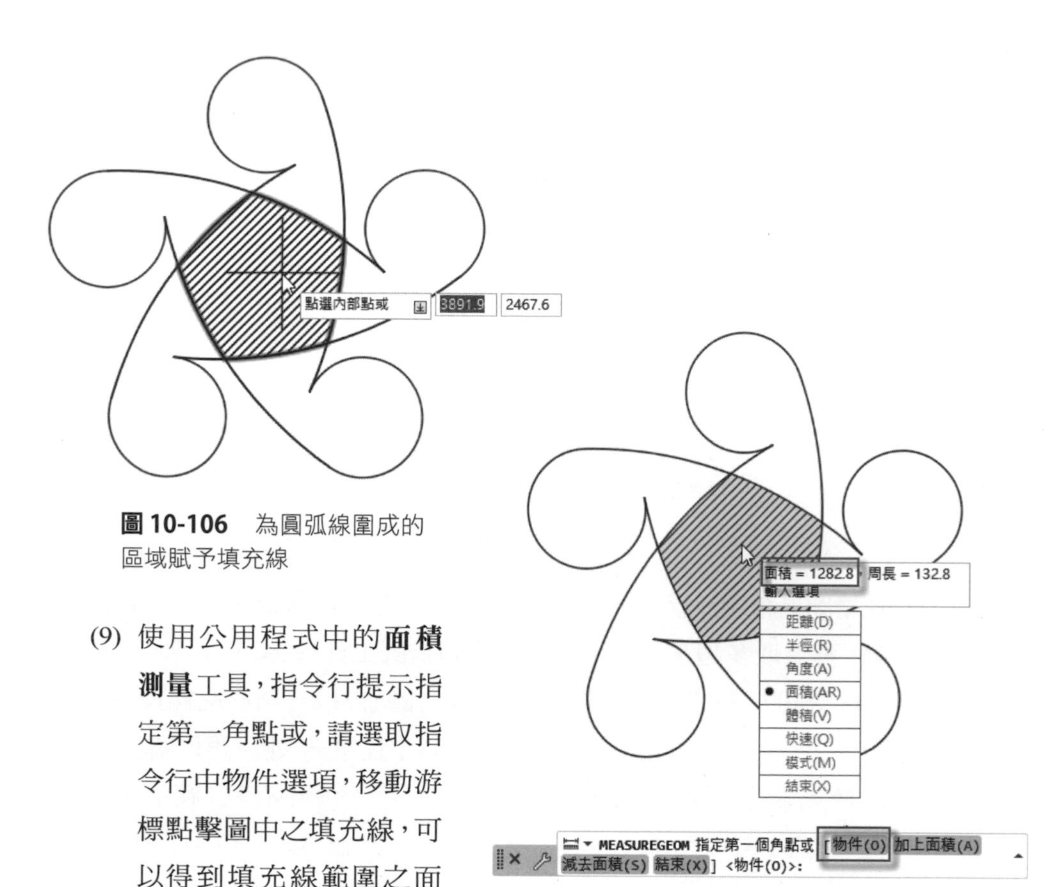

圖 10-106　為圓弧線圍成的區域賦予填充線

圖 10-107　得到填充線範圍之面積為 1282.8

(9) 使用公用程式中的**面積測量**工具，指令行提示指定第一角點或，請選取指令行中物件選項，移動游標點擊圖中之填充線，可以得到填充線範圍之面積為 1282.8，如圖 10-107 所示。

(10) 使用**標註**工具，為圖形標上尺寸標註，如圖 10-108 所示，可以求得 a、b 等 2 條圓弧線段之長度值各為 77.9、73.3、斜線的面積為 1282.8。

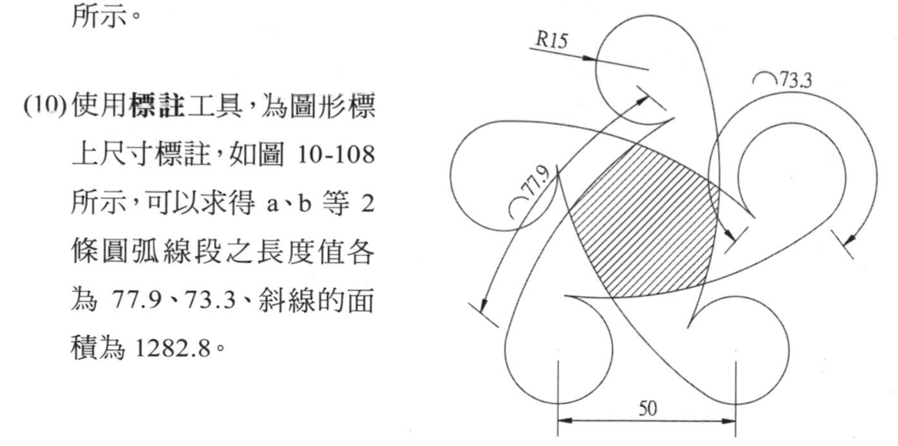

圖 10-108　求得 a、b 等 2 條圓弧線段之長度值各為 77.9、73.3、斜線的面積為 1282.8

2 請開啟第十章中 sample14.dwg 檔案，如圖 10-109 所示，求取 a、b 等 2 條圓弧線長及斜線面積為何。

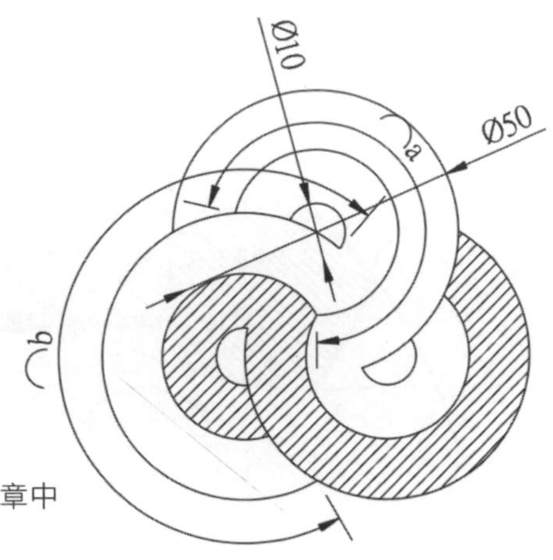

圖 10-109 開啟第十章中 sample14.dwg 檔案

(1) 在繪圖區繪製任意大小的圓，再選取**多邊形**工具，以內接圓方式在圖內繪製正 3 邊形，唯其頂點必需處於上端之垂直約束線上，如圖 10-110 所示。

(2) 將原先繪製的圓刪除，使用**中心點、半徑**畫圓工具，以圖示 1 點（三角形頂點）為圓心，以三角形邊線長（圖示 2 點）為半徑畫一大圓，再以圖示 1 點為圓心，至三角形中心點（圖示 3 點）為半徑畫一小圖，如圖 10-111 所示。

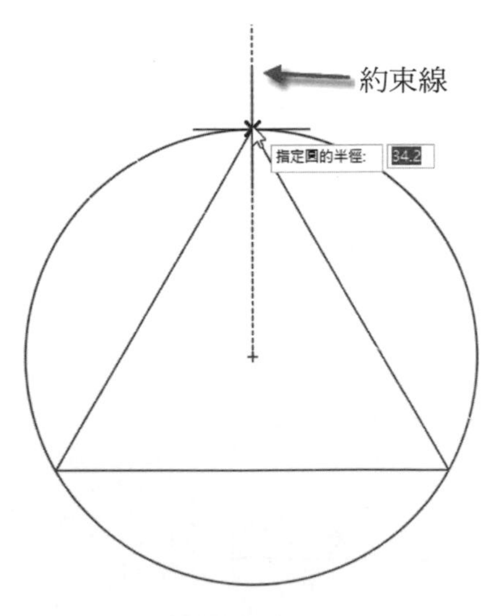

圖 10-110 在圓內繪製正 3 邊形

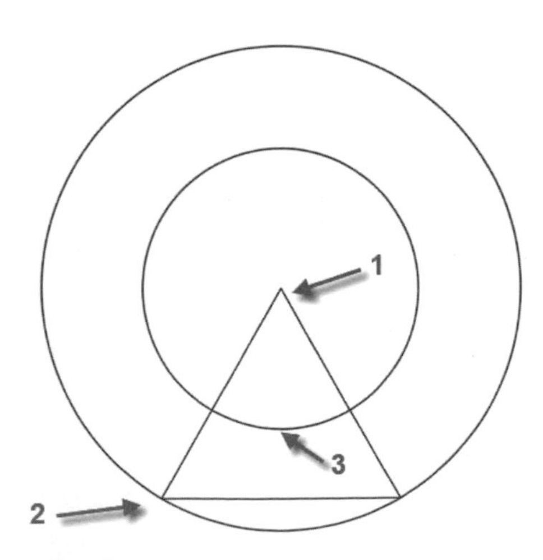

圖 10-111 以圖示 1 點為圓心繪製兩圓

(3) 使用**比例**工具，選取全部的圖形，將圖示 1 至圖示 2（大圓之半徑）之值縮放至 25，再使用中心點、半徑工具，以圖示 1 點為圓心繪製 5 公分半徑之小圓，如圖 10-112 所示。

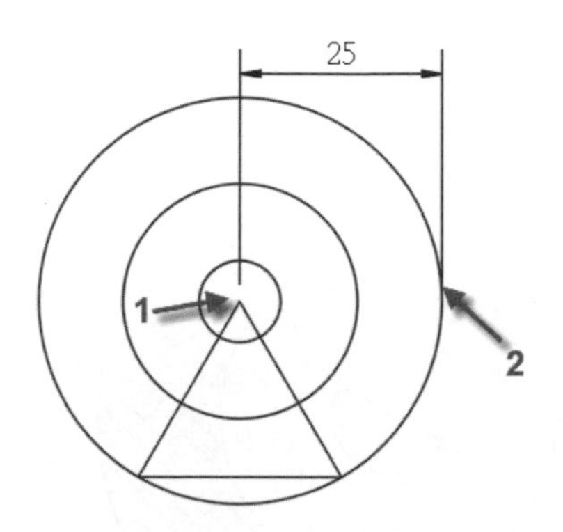

圖 10-112 將全部圖形縮放至大圓半徑為 25 大小再繪製一小圓

(4) 使用**環形陣列**工具，選取 3 圓形線，以三角形的中心點為基點，做**項目**欄位為 3、**填滿**欄位 360 之環形陣列，可以將 3 圓再複製 2 組，如圖 10-113 所示。

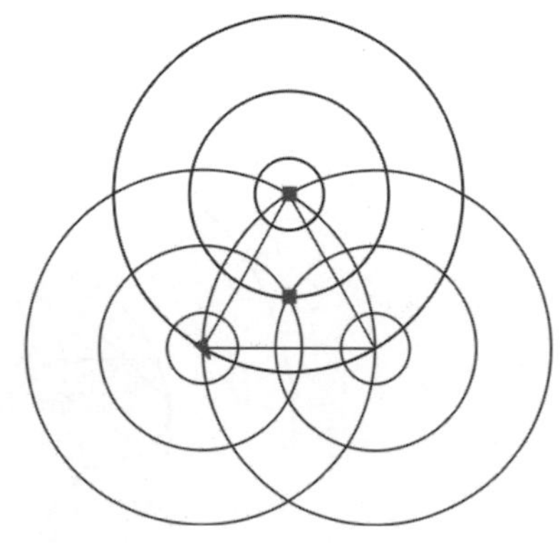

圖 10-113 將 3 圓形線做環形陣列

(5) 選取原先繪製的 3 邊形刪除，使用**修剪**工具，以全部圖形為修剪邊，將多餘的線段刪除，如圖 10-114 所示。

圖 10-114 使用**修剪**工具將多餘的線段刪除

(6) 使用**填充線**工具，在邊界工具面板中選取**點選點**工具，在圖示 A 的區域內按下滑鼠左鍵，即可為此區賦予填充線，如圖 10-155 所示。

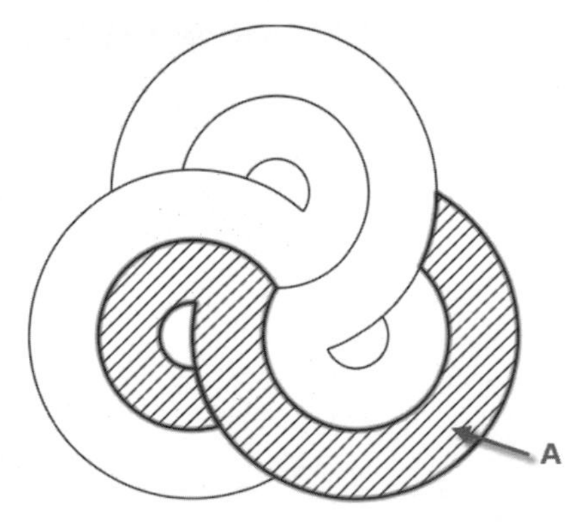

圖 10-115 為圖示 A 的區域賦予填充線

(7) 使用公用程式中的**面積測量**工具，指令行提示指定第一角點或，請選取指令行中物件選項，移動游標點擊圖中之填充線，可以得到填充線範圍之面積為 1301.7，如圖 10-116 所示。

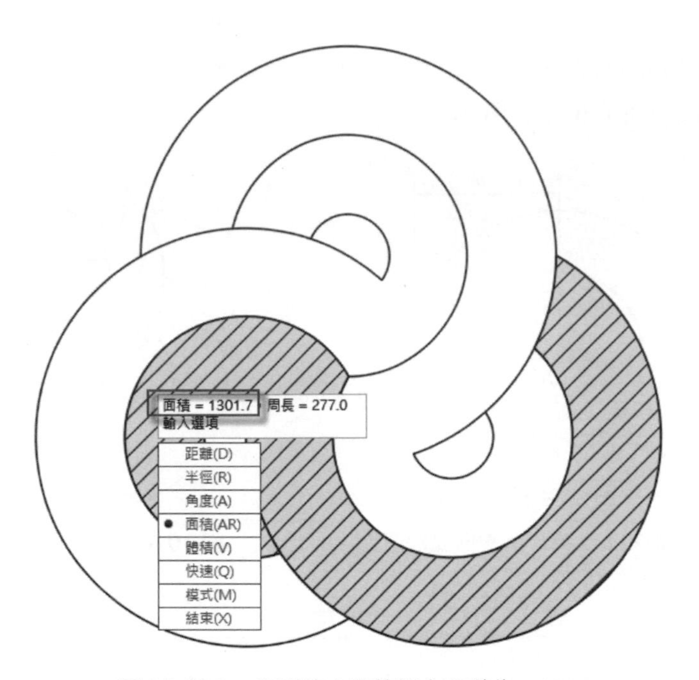

圖 10-116　得到填充線範圍之面積為 1301.7

(8) 使用**標註**工具，為圖形標上尺寸標註，如圖 10-117 所示，可以求得 a、b 等 2 條圓弧線段之長度值各為 64.7、109.7、斜線的面積為 1301.7。

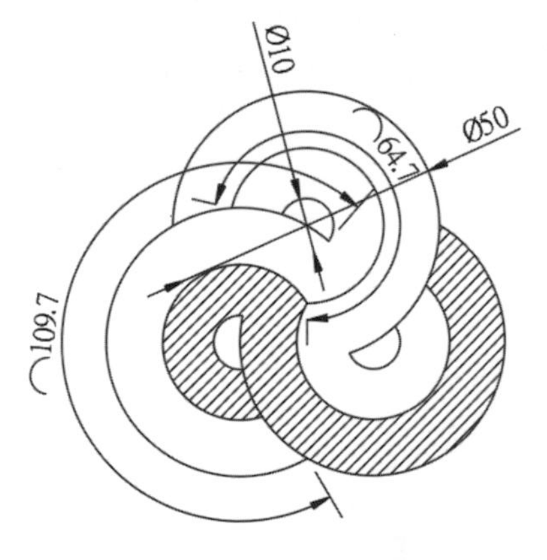

圖 10-117　求得 a、b 等 2 條圓弧線段之長度值各為 64.7、109.7、斜線的面積為 1301.7

3 請開啟第十章中 sample15.dwg 檔案，如圖 10-118 所示，求取 a、b、c、d 等 4 條圓弧線長為何。

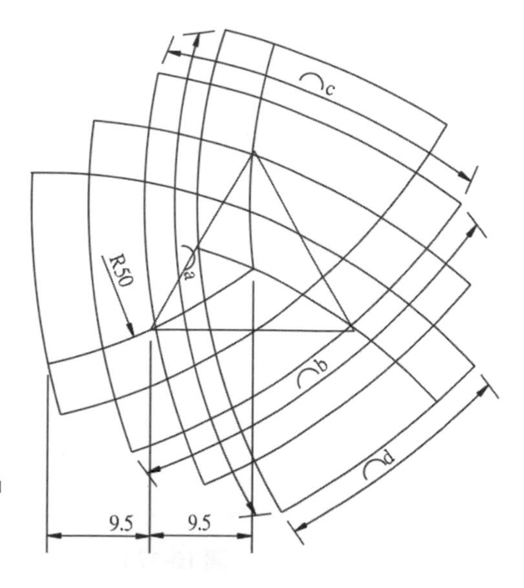

圖 10-118 開啟第十章中 sample15.dwg 檔案

(1) 使用**畫線**工具，繪製 19 水平線段（圖示 A 線段），由線兩端畫任意長度之垂直線，再由圖示 1 點畫 30 度角之直線至圖示 B 線段上，如圖 10-119 所示。

(2) 使用**起點、終點、半徑**畫圓弧工具，由圖示 1 點（圖示 A 線段之中點）為畫圓弧起點，圖示 2 點為畫圓弧終點，畫半徑值為 50 之圓弧，如圖 10-120 所示。

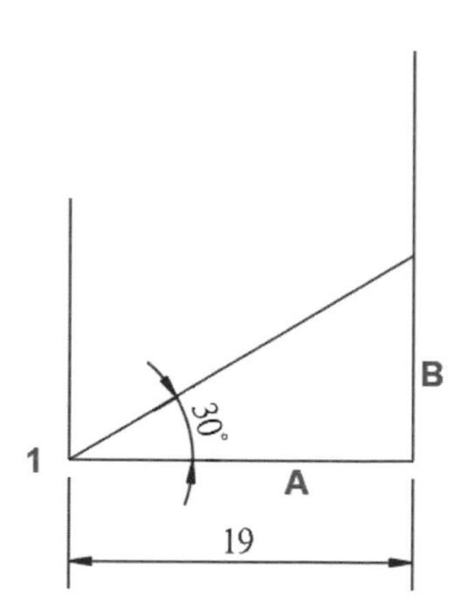

圖 10-119 由圖示 1 點畫 30 度角之直線至圖示 B 線段上

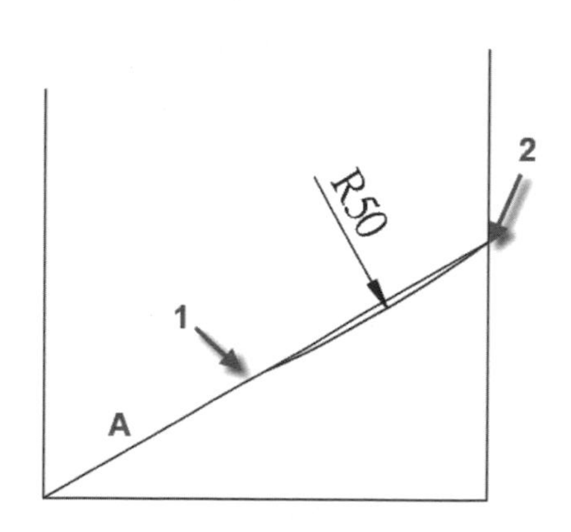

圖 10-120 畫半徑值為 50 之圓弧

(3) 接著使用掣點編輯功能，當選取圖示 A 圓弧時會有 3 個藍色的掣點，請移動游標至圖示 1 的掣點，不要按下滑鼠，當該掣點呈現紅色時會有功能表單供選取，請選取調整長度功能選項，如圖 10-121 所示。

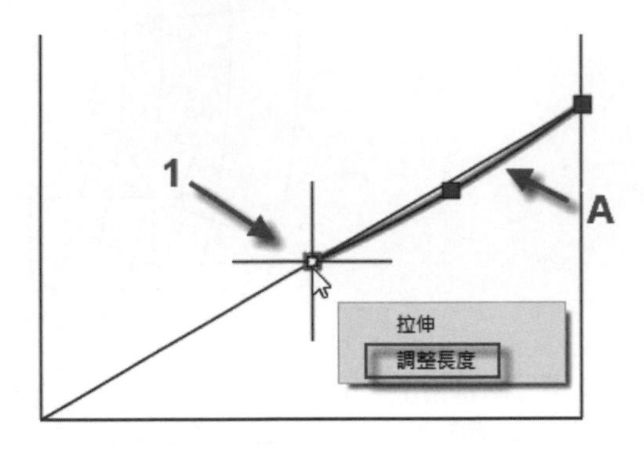

圖 10-121 選取調整長度功能選項

(4) 此時向左移動游標， A 圓弧線之圖示 1 點會隨之往左移動延長至圖示 B 垂直線上，此時並無正確的抓點，請暫時超出 B 線段，再使用掣點編輯將其調回到圖示 B 線段上即可，唯注意要維持圓弧半徑仍為 50，如圖 10-122 所示。

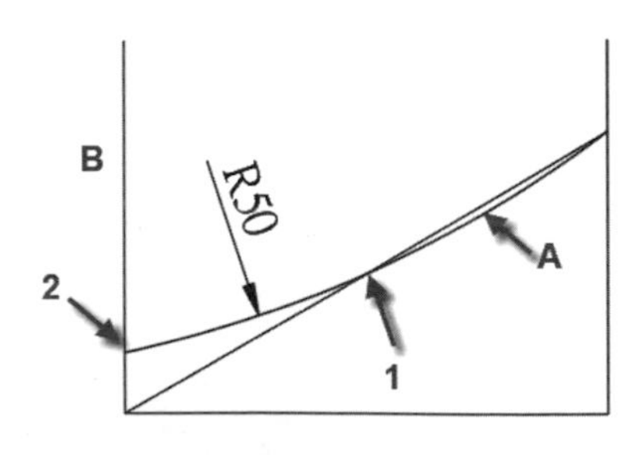

圖 10-122 將 A 圓弧線延長至垂直 B 線段上

(5) 使用**旋轉**工具，將圖示 A 圓弧線由圖示 1 為基點，向右旋轉複製 120、240 度，使用者亦可使用環形陣列方式，將圖示 A 圓弧線環形陣列，如圖 10-123 所示。

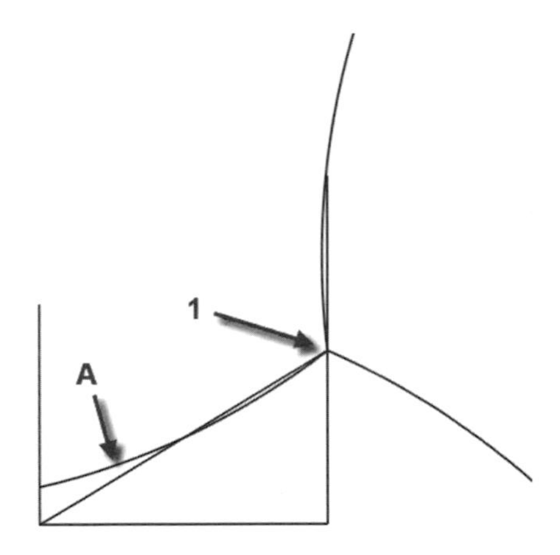

圖 10-123 將圖示 A 圓弧線旋轉複製兩條

(6) 使用**多邊形**工具，設邊數為 3 邊形，接著在指令行選取**邊**選項，當定下第 1、2 點（此兩點為水平方向），並在鍵盤上輸入 19，即可繪製邊長為 19 之正三角形，如圖 10-124 所示。

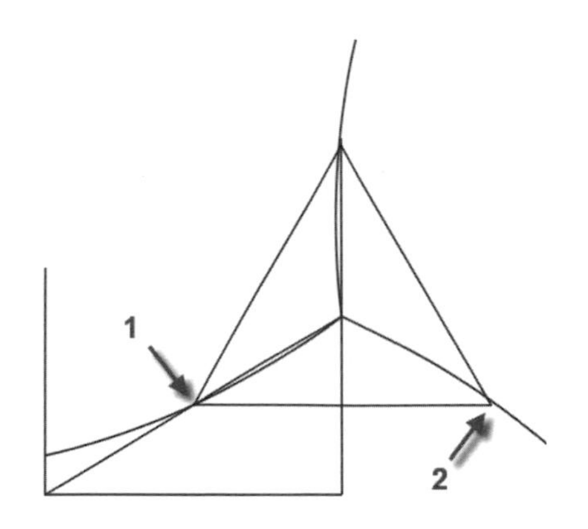

圖 10-124 繪製邊長為 19 之正三角形

(7) 利用前面的方法，將圓弧線（圖示 A）由圖示 1 點延伸至圖示 B 斜線上，行使延伸動作時必需維持半徑值為 50，如圖 10-125 所示。

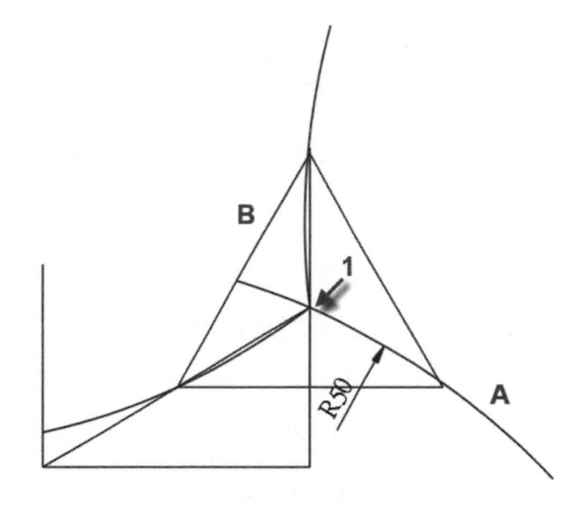

圖 10-125 將圖示 A 圓弧線延伸至圖示 B 斜線上

(8) 在**繪製**工具面板中選取等分工具，將圖示 A 之圓弧線分為 4 等份，點之型式使用者可以在**公用程式**工具面板中設定，如圖 10-126 所示。

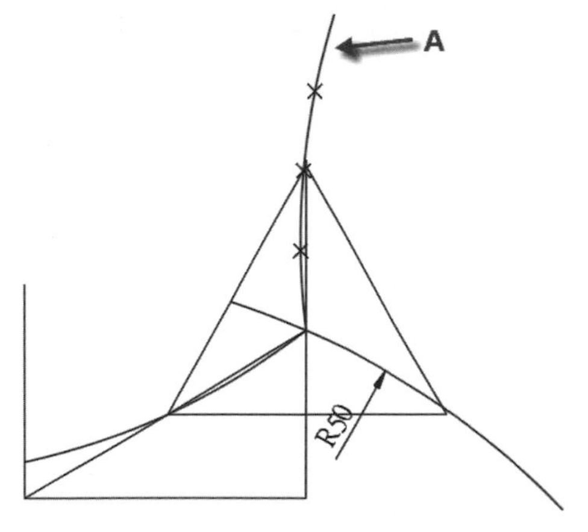

圖 10-126 將圖示 A 之圓弧線分為 4 等份

(9) 使用**偏移**工具，接著在指令行選取**通過**選項，將圖示 A 弧形線往上偏移複製到剛製作的等分點上以及圖示 B 弧形線的端點上，共偏移複製 4 條圓弧線，如圖 10-127 所示。

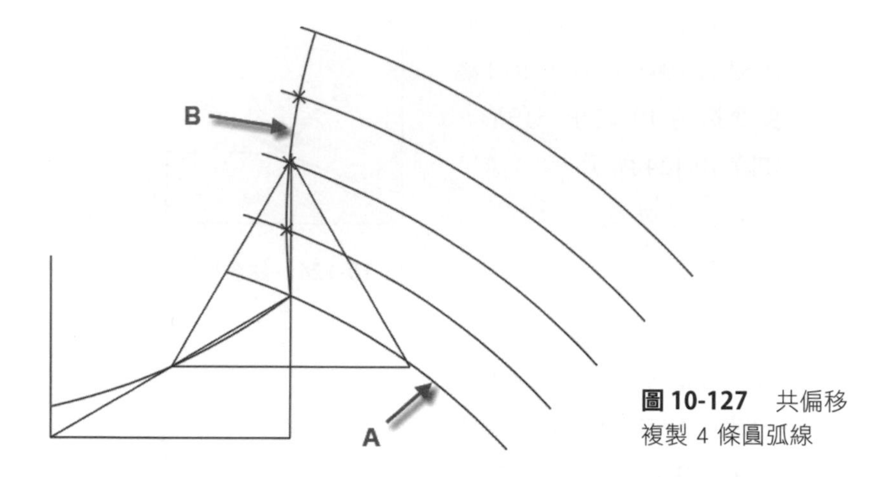

圖 10-127 共偏移複製 4 條圓弧線

(10) 除了三角形及圓弧線以外的線段刪除，使用**環形陣列**工具，選取剛偏移複製的 4 條圓弧線，以圖示 1 點為中心點，做項目 3 填滿度 360 之陣列，如圖 10-128 所示。

(11) 使用前面的方法，將圖示 A、B、C、D 之 4 條圓弧線，使用掣點編輯方法，依序延長至圖示 E、F、G、H 圓弧線上，如圖 10-129 所示。

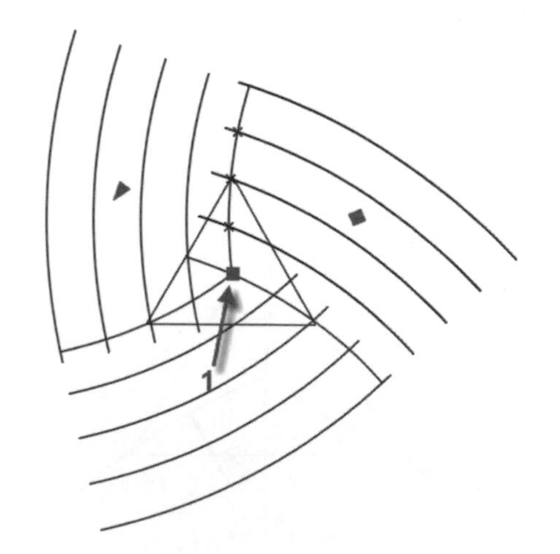

圖 10-128 將 4 圓弧線做項目 3 填滿度 360 之陣列

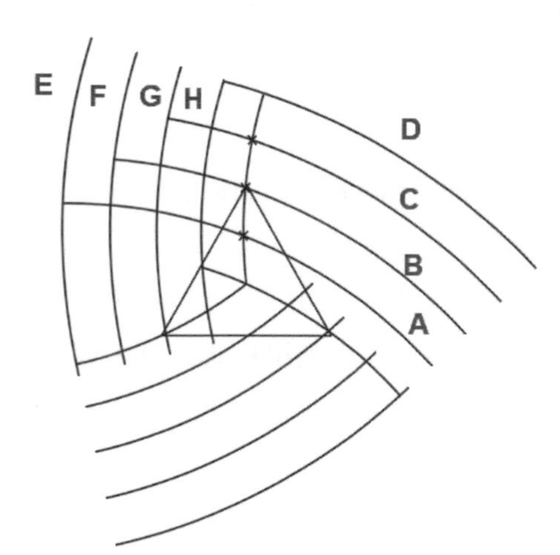

圖 10-129 將圖示 A、B、C、D 之 4 條圓弧線做延伸處理

(12) 保留圖示 A、B、C、D 之 4 條圓弧線，將剛才環形陣列的圓弧線刪除，依前面的方法，選取**環形陣列**工具，將此 4 條圓弧線重做相同的環形陣列，如圖 10-130 所示。

(13) 使用**修剪**工具，以全部圖形為修剪邊，將多餘的圓弧線刪除，如圖 10-131 所示。

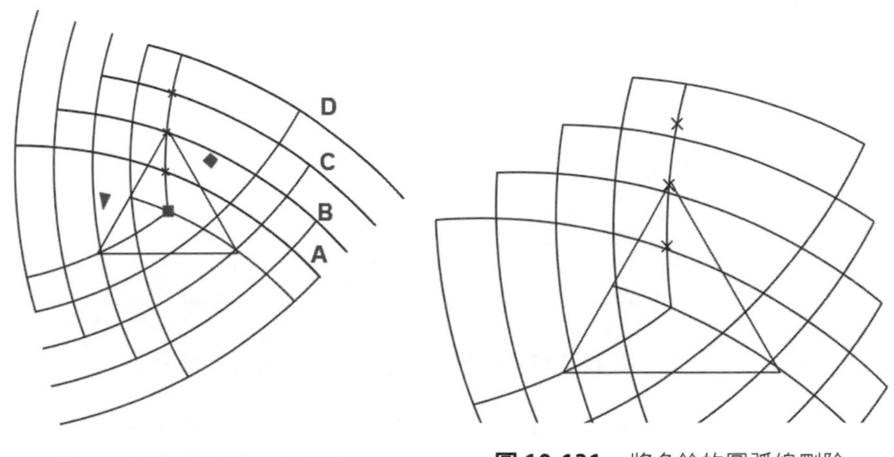

圖 10-130 將此 4 條圓弧線重做相同的環形陣列

圖 10-131 將多餘的圓弧線刪除

(14) 使用**標註**工具，為圖形標上尺寸標註，如圖 10-132 所示，可以求得 a、b、c、d 等 4 條圓弧線段之長度值各為 46、38.7、30.9 及 22.4。

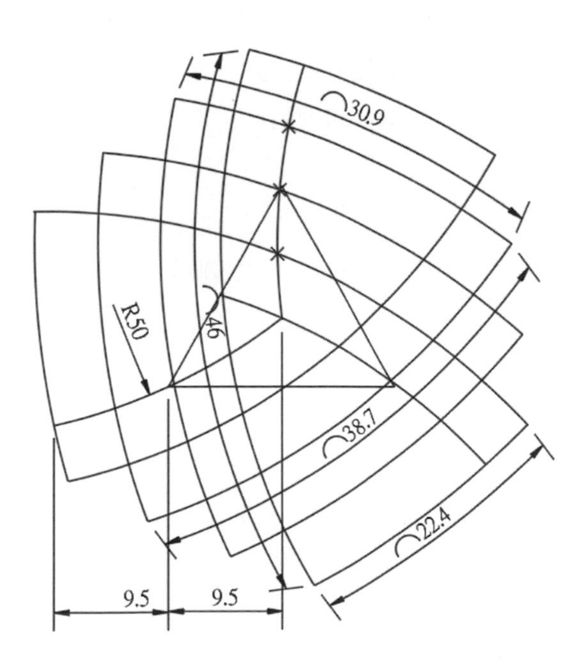

圖 10-132 求得 a、b、c、d 等 4 條圓弧線段之長度值各為 46、38.7、30.9 及 22.4

4 請開啟第十章中 sample16.dwg 檔案，如圖 10-133 所示，求取 a、b 線段間距及 c、d 線段之長度值為何。

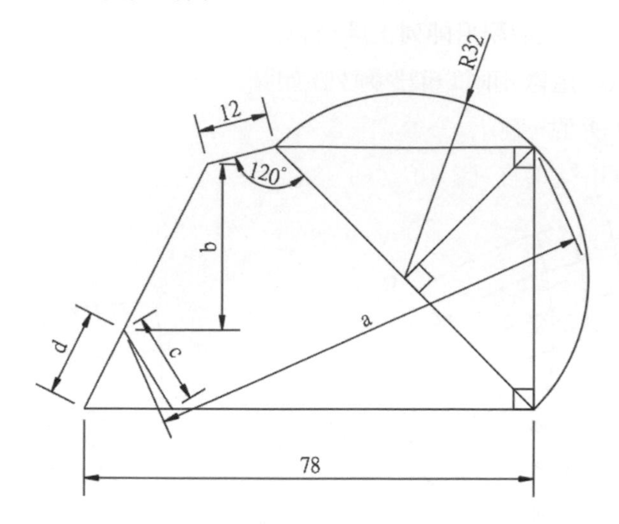

圖 10-133 開啟第十章中 sample16.dwg 檔案

(1) 使用**畫線**工具，繪製 78 長度之水平線（圖示 A 線段），然後由圖示 1 點繪製角度 135，長度為 64 之圖示 B 線段，如圖 10-134 所示。

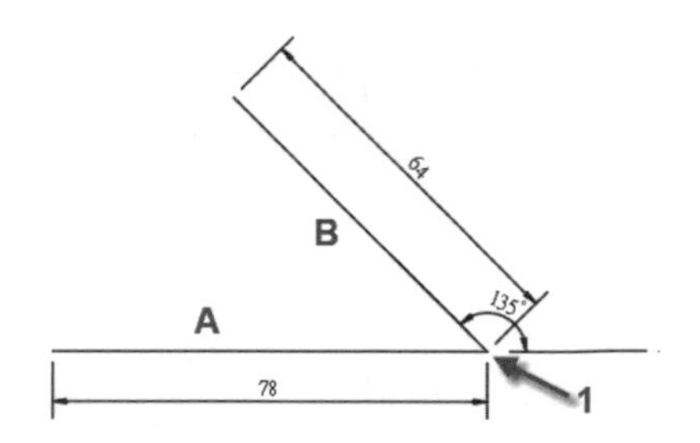

圖 10-134 使用**畫線**工具繪製兩條線

(2) 使用**畫線**工具，由圖示 1 點往右繪製任意長度之參考線（圖示 A 線段），然後再由圖示 1 點往左繪製「-165」度角長度 12 之斜線，接著由斜線之端點（圖示 2 點）連接圖示 3 點之直線，如圖 10-135 所示。

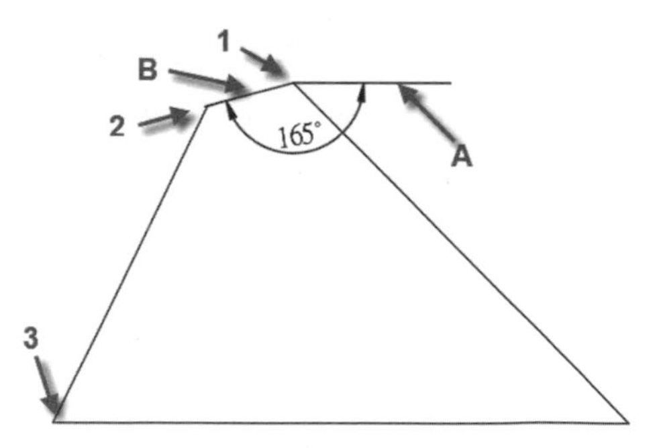

圖 10-135 使用**畫線**工具繪製 3 條線段

(3) 將前圖之圖示 A 參考線刪除，使用**畫線**工具，由圖示 1 點繪製水平線段，由圖示 2 點繪製垂直線，兩條直相交於圖示 3 點，圖示 C、D 兩條線為相互垂直，圖 10-136 所示。

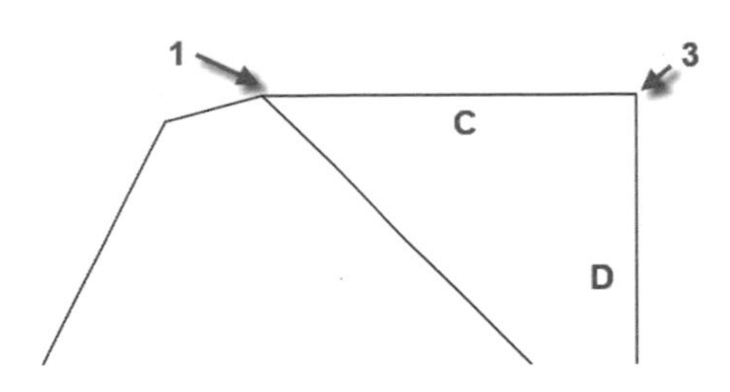

圖 10-136 繪製兩條相互垂直線段

(4) 使用**三點畫弧**工具，可以由圖示 1、2、3 點繪製一圓弧線，使用**畫線**工具，由圖示 2 點繪製一條垂直於圖示 A 線段的垂直線，如圖 10-137 所示。

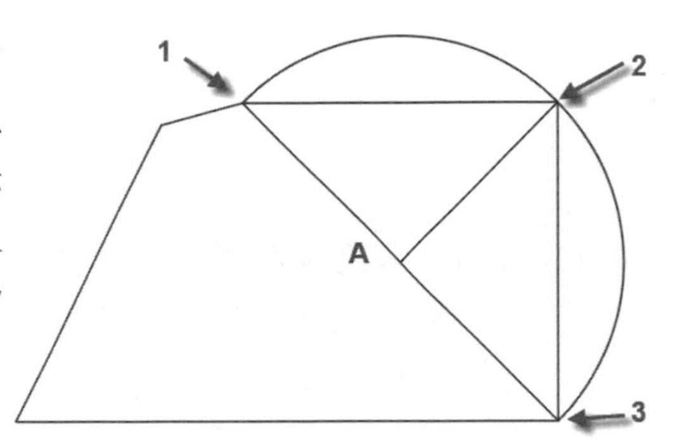

圖 10-137 由圖示 2 點繪製一條垂直於圖示 A 線段的垂直線

(5) 使用**建構線**工具，在指令行選取**二等分**選項，以圖示 1 點為端點，以圖示 A 線段為起點線，以圖示 B 線為端點線，即可繪製通過 1 點之等分建構線，如圖 10-138 所示。

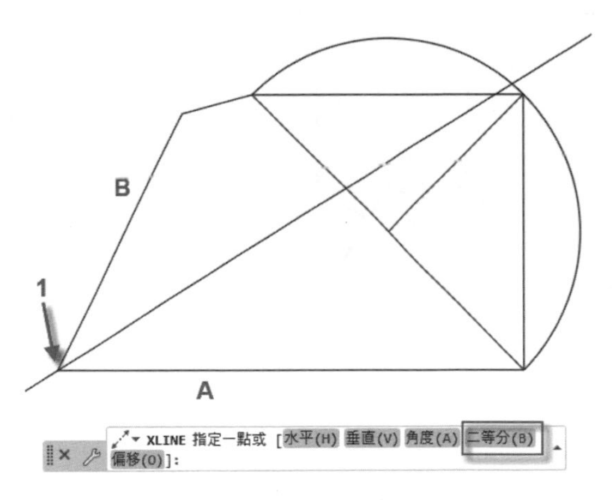

圖 10-138 繪製通過 1 點之等分建構線

(6) 使用**偏移**工具，設偏移值為 8，將圖示 A 之建構線各往上下偏移複製距離 8，使用**畫線**工具，畫連接圖示 1、2 點之斜線，如圖 10-139 所示。

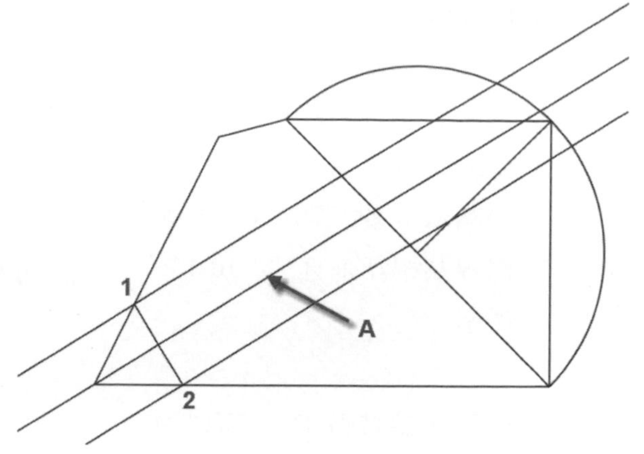

圖 10-139 畫連接圖示 1、2 點之斜線

(7) 先將 3 條建構線刪除，使用**標註**工具，為圖形標上尺寸標註，如圖 10-140 所示，可以求得 a、b 線段間距各為 77.9、28.5 及 c、d 等 2 條段長度為各為 16、15.2。

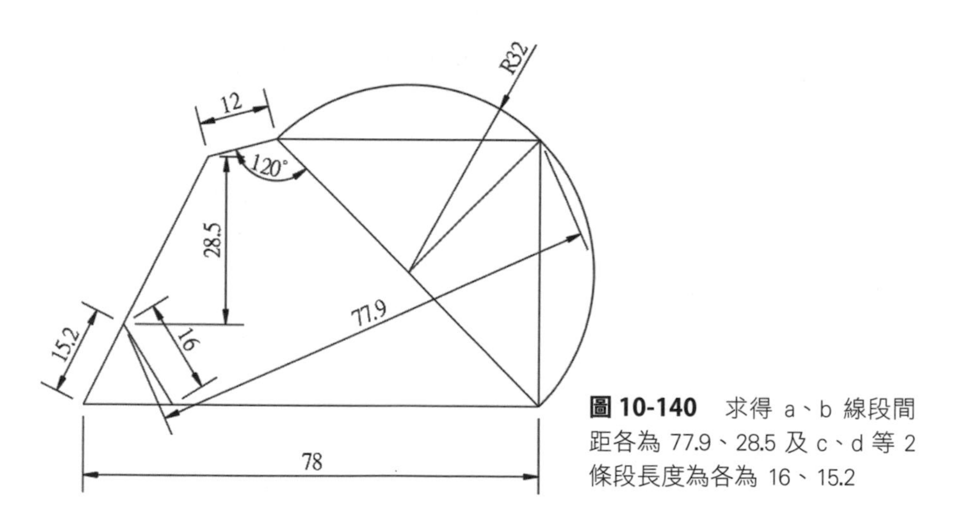

圖 10-140 求得 a、b 線段間距各為 77.9、28.5 及 c、d 等 2 條段長度為各為 16、15.2

5 請開啟第十章中 sample17.dwg 檔案，如圖 10-141 所示，求取 A、B、C 圓弧線之長度及斜線面積為何。

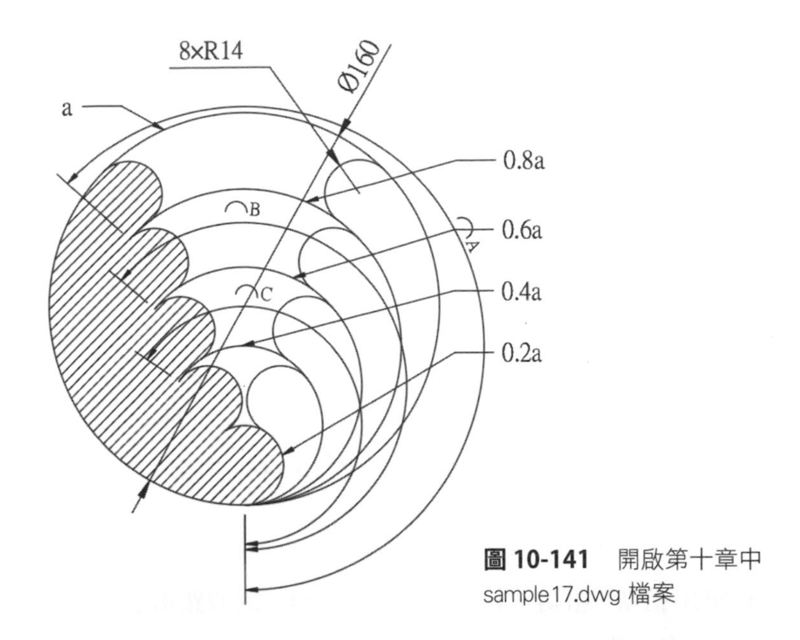

圖 10-141 開啟第十章中 sample17.dwg 檔案

(1) 使用**中心點、半徑**畫圓工具，繪製半徑值為 80 之圓，使用滑鼠點擊圓可出現 4 個掣點，選取最底端的掣點，當掣點轉為紅色時，執行右鍵功能表→**比例**功能表單，如圖 10-142 所示。

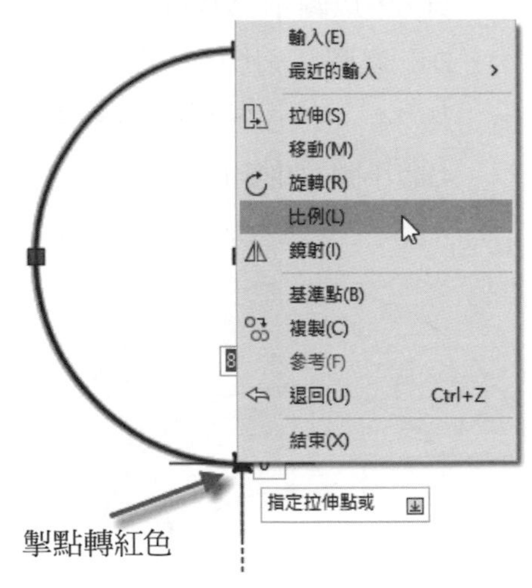

圖 10-142 執行右鍵功能表→**比例**功能表單

(2) 當執行**比例**功能表單後，指令行提示**指定比例係數或**，此時請在指令行選取複製功能選項，如圖 10-143 所示，並立刻在鍵盤分別輸入 0.2、0.4、0.6、0.8 等 4 組數字，即可在圓內複製出 4 個大小不同的圓，如圖 10-144 所示。

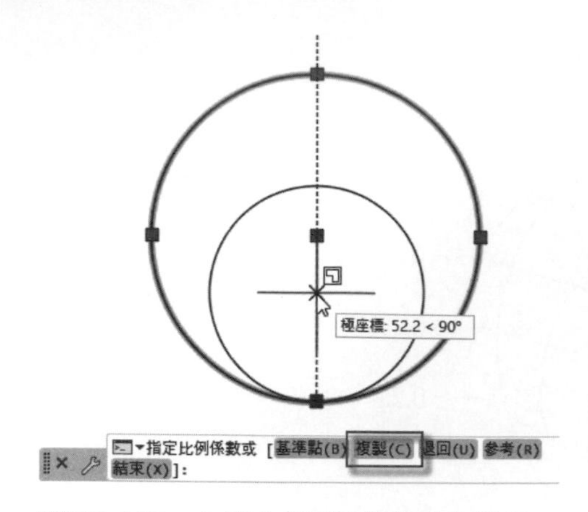

圖 10-143　在指令行選取**複製**功能選項

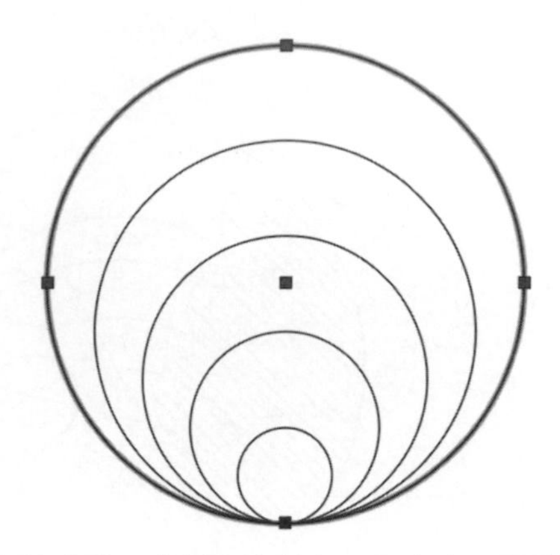

圖 10-144　在圓內複製出 4 個大小不同的圓

(3) 使用**相切、相切、半徑**畫圓工具，各以圖示 AB、BC、CD、DE 之圓為相切圓，設半徑值為 14，可以在各圓內再繪製出 4 個小圓，如圖 10-145 所示。

(4) 選取**鏡射**工具，以剛才繪製的 4 小圓為鏡射物件，並以圖示 1、2 點為鏡射之第 1、2 點，可以將 4 小圓在右側再複製一份，如圖 10-146 所示。

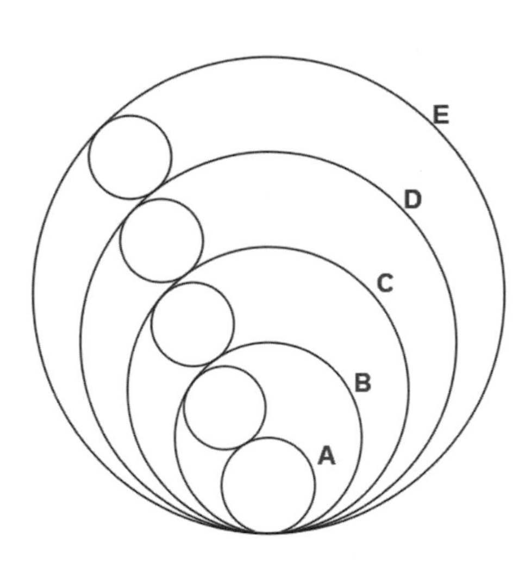

圖 10-145　在大圓內再繪製出 4 個小圓

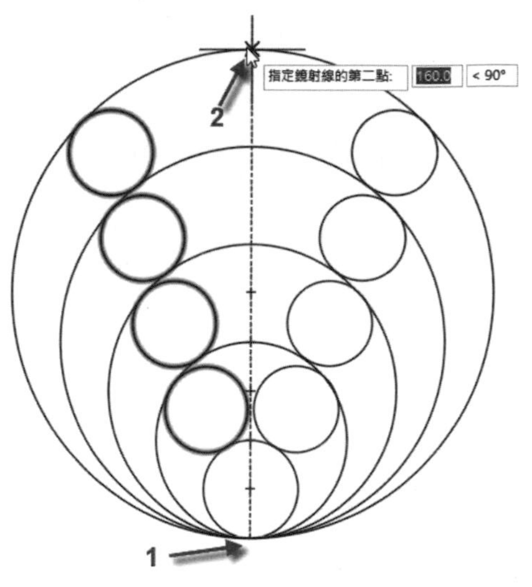

圖 10-146　將 4 小圓在右側再複製一份

(5) 使用**修剪**工具，以全部圖形為修剪邊，將多餘的線段刪除，使用**填充線**工具，在邊界工具面板中選取**點選點**工具，在圖示 A 的區域內按下滑鼠左鍵，即可為此區賦予填充線，如圖 10-147 所示。

(6) 使用公用程式中的面積測量工具，指令行提示指定第一角點或，請選取指令行中物件選項，移動游標點擊圖中之填充線，可以得到填充線範圍之面積為 7483.7，如圖 10-148 所示。

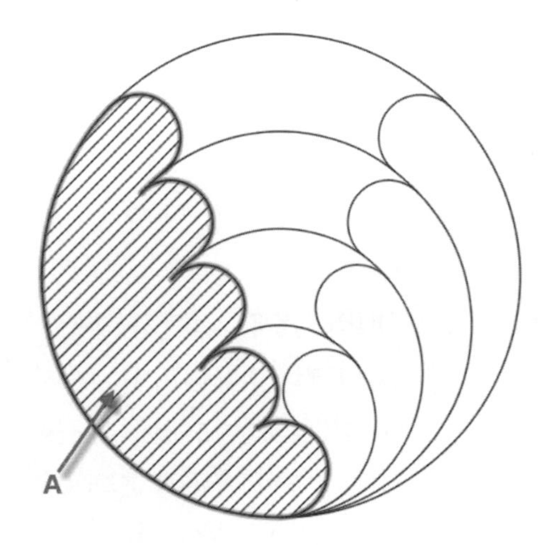

圖 10-147 在圖示 A 區域賦予填充線

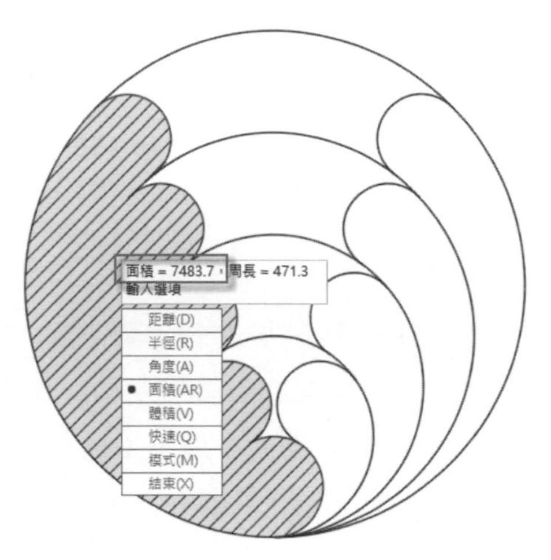

圖 10-148 求得圖示 A 斜線面積為 7483.7

(7) 使用**標註**工具，為圖形標上尺寸標註，如圖 10-149 所示，可以求得 A、B、C 之圓弧長度為 253.7、192.4、131.9 及斜線面積為 7483.7。

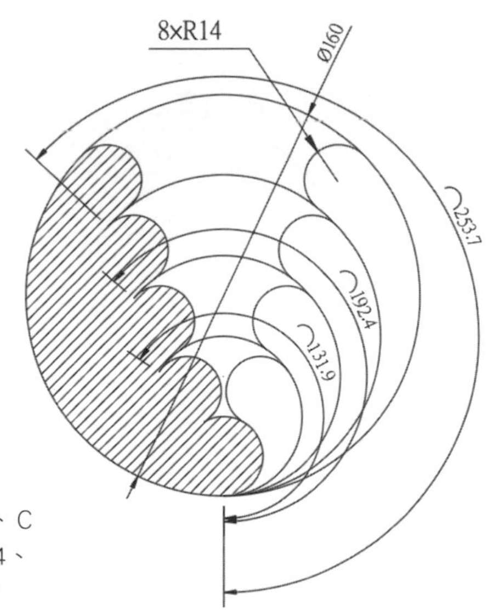

圖 10-149 求得 A、B、C 之圓弧長度為 253.7、192.4、131.9 及斜線面積為 7483.7

6 請開啟第十章中 sample18.dwg 檔案，如圖 10-150 所示，求取圖示 A 填充線圖形之邊長及圖示 B 填充線圖形之面積為何。

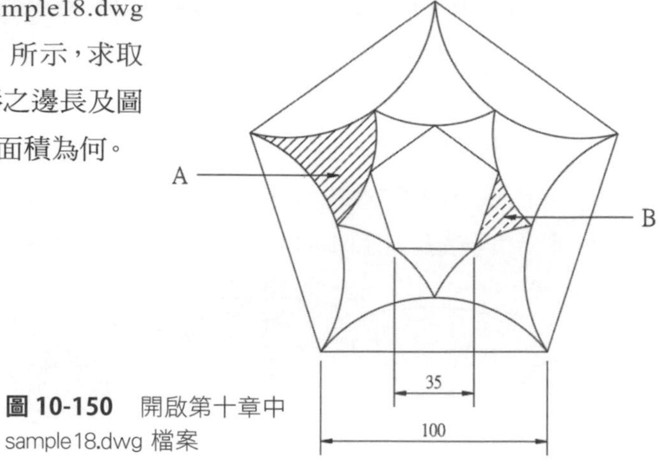

圖 10-150 開啟第十章中 sample18.dwg 檔案

(1) 使用**中心點、半徑**畫圓工具，畫任意大小之圓（本處以 100 為畫圓半徑），使用**多邊形**工具，以內接於圓方式，以圓心為中心點畫 5 邊形，其中 5 邊形之頂點位於上端垂直之約束線上，如圖 10-151 所示。

(2) 使用**多邊形**工具，以外接於圓方式，以圓心為中心點畫 5 邊形，其中 5 邊形之邊線中點位於下方垂直之約束線上，如圖 10-152 所示。

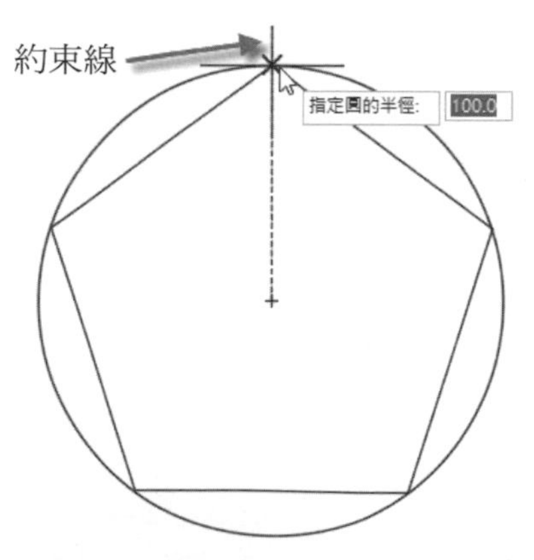

圖 10-151 於圓內繪製一 5 邊形

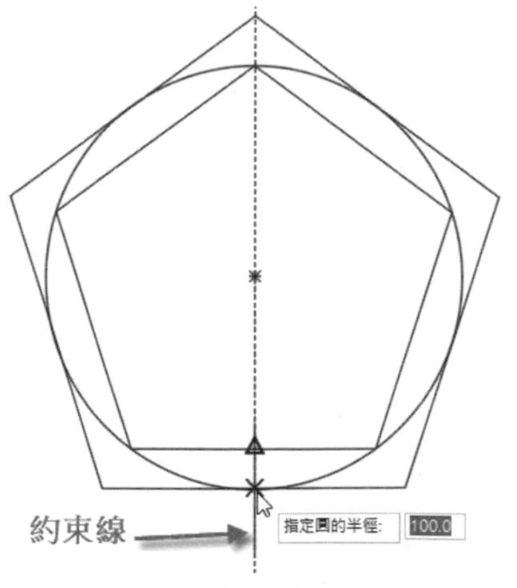

圖 10-152 於圓外繪製一 5 邊形

(3) 使用**比例**工具，分別選取內外兩 5 邊形做縮放，兩者均以圓心為基準點，在指令行選取**參考**功能選項，分別將小 5 邊形之底邊縮放成 35 長度，大 5 邊形之底邊縮放成 100 長度，如圖 10-153 所示。

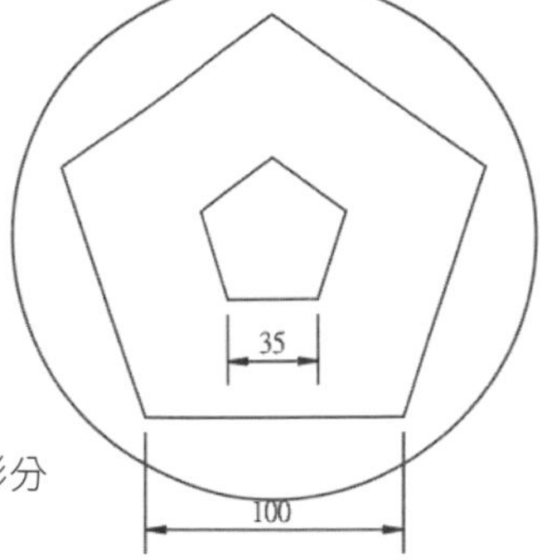

圖 10-153 將大小 5 邊形分別以**比例**工具做縮放處理

(4) 先將剛才畫的圓刪除，使用**中心點、半徑**畫圓工具，以圖示 1 點為中心點，圖示 1、2 點距離為半徑畫一圓，如圖 10-154 所示。

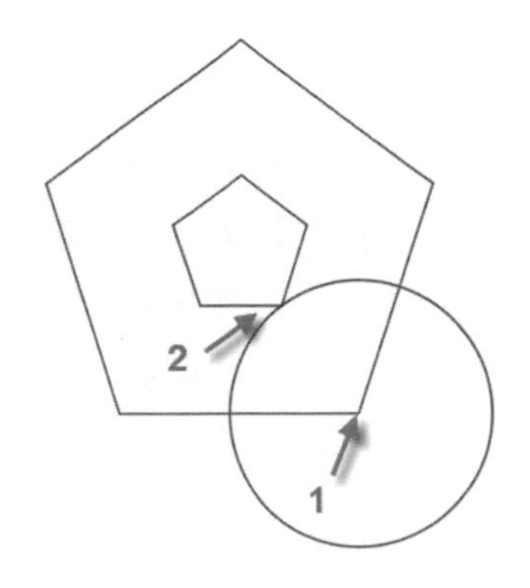

圖 10-154 以圖示 1 點為中心點圖示 1、2 點距離為半徑畫一圓

(5) 使用**修剪**工具，以全部圖形為修剪邊，將多餘的圓弧線刪除，選取**環形陣列**工具，以圖示 A 圓弧線為環形陣列物件，以多邊形的中心點為基點，做一個**項目**欄位 5、**填滿**欄位為 360 之陣列，如圖 10-155 所示。

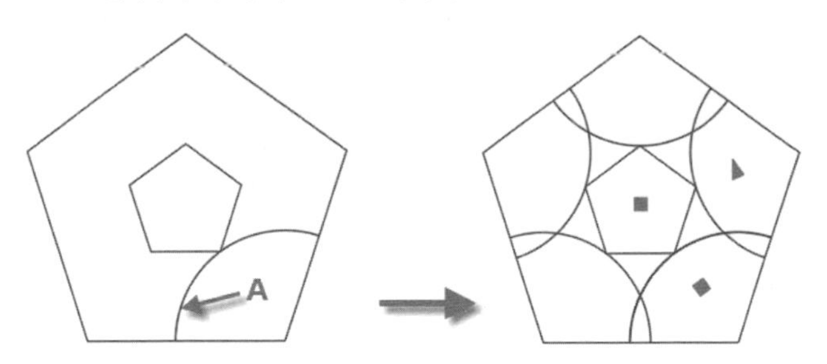

圖 10-155 將圖示 A 圓弧線做項目 5 之環形陣列

(6) 使用三點畫圓弧工具，以圖示 1、2、3 點可繪製一圓弧（圖示 A 弧），續使用**環形陣列**工具，以圖示 A 圓弧線為環形陣列物件，以多邊形的中心點為基點，做一個**項目**欄位 5、**填滿**欄位為 360 之陣列，如圖 10-156 所示。

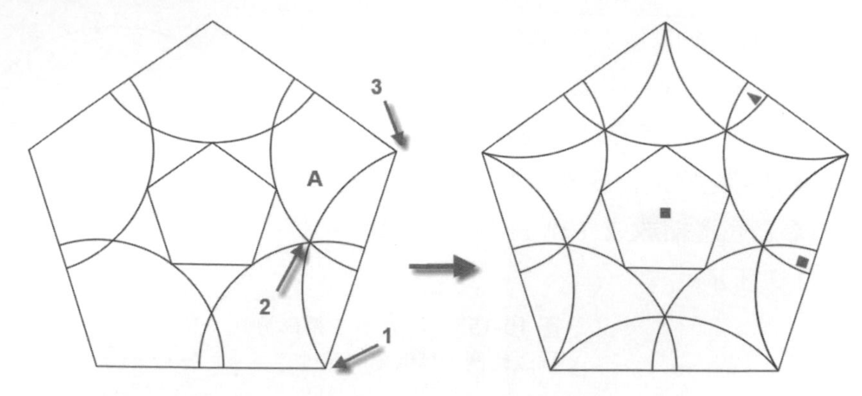

圖 10-156　將圖示 A 圓弧線做項目 5 之環形陣列

(7) 使用**修剪**工具，以全部圖形為修剪邊，將多餘的線段刪除，再使用**填充線**工具，為圖示 A、B 區域各賦予不同的填充線，如圖 10-157 所示。

(8) 使用**標註**工具，為圖形標上尺寸標註，再使用公用程式中的面積測量工具，指令行提示指定第一角點或，請選取指令行中物件選項，移動游標點擊圖中之填充線，可以得到 A 填充線圖形之邊長為 169.7、圖示 B 填充線圖形之面積為 306.3，如圖 10-158 所示。

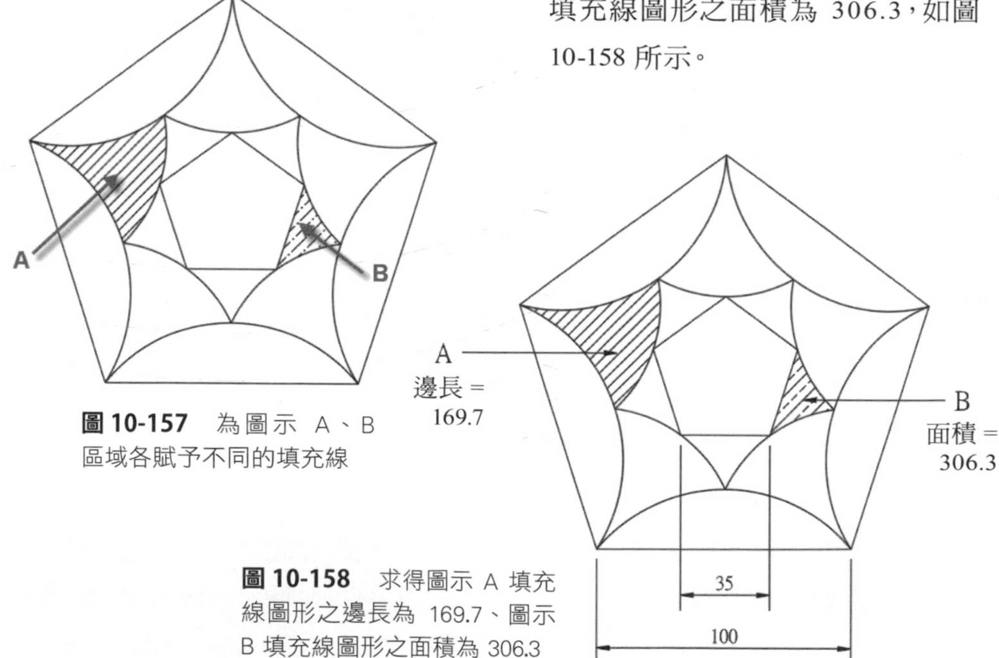

圖 10-157　為圖示 A、B 區域各賦予不同的填充線

圖 10-158　求得圖示 A 填充線圖形之邊長為 169.7、圖示 B 填充線圖形之面積為 306.3

旗 標 FLAG

好書能增進知識　提高學習效率　卓越的品質是旗標的信念與堅持

旗 標 FLAG

http://www.flag.com.tw

旗標 FLAG

好書能增進知識　提高學習效率　卓越的品質是旗標的信念與堅持